当代茶文化研究大系

茶文化的历史学派

陈文华茶文化研究路径与学术贡献

余 悦 主编

中国农业出版社

北京

丛书编委会

组　编　九江职业大学

万里茶道茶学院

《茶文化研究集刊》编辑部

世界茶文化图书馆

主　编　余　悦　江西省社会科学院首席研究员

九江职业大学特聘教授

万里茶道茶学院院长

副主编　连振娟　临沂大学副教授

副主编　李　捷　九江职业大学副教授

文化旅游学院党总支书记

万里茶道茶学院常务副院长

编辑部人员与分工

统　筹　易水霞　九江职业大学副教授

　　　　　　　　《茶文化研究集刊》编辑

　　　　　胡夏青　九江职业大学讲师

　　　　　　　　万里茶道茶学院研究人员

《茶文化的文献审视》

编　者　胡夏青　九江职业大学讲师

助　编　高志琴　豫章师范学院学生

《茶文化的历史学派》

编　者　连振娟　临沂大学副教授

助　编　谢子菁　华南农业大学研究生

《茶文化的科学视野》

编　者　高鸿萍　福建闽江学院副教授

《茶文化的文理通融》

编　者　李　捷　九江职业大学副教授

　　　　余　芳　万里茶道茶学院教师

《茶文化与非遗传承》

编　者　蒋蕙琳　深圳鹏城技师学院教师

　　　　陈福临　念心工夫（潮州）文化传播有限公司创办人

"茶之为饮，发乎神农氏，闻于鲁周公。"中华民族五千年文明画卷，每一卷都飘着清幽茶香。"中国传统制茶技艺及其相关习俗"申遗成功，传承了千年的制茶技艺，融汇了先民与今人的智慧，携着深厚的文化意涵，跨越山海，闪耀世界舞台。

优秀传统文化要想保持源头之水的活力和历久弥新的生命力，需要保护和传承，只有让茶文化更加可亲可见，激发人人"知茶爱茶"的热情，才能更好地传承和发展。改革开放以来，中国茶产业得到迅速恢复与持续发展，茶文化得到不断弘扬并再创辉煌。在这一波澜壮阔的进程中，20世纪八九十年代至21世纪初期涌现出一批茶文化研究领域具有重大影响的专家学者，他们是改革开放后中国茶文化得以复兴与弘扬的倡导者、研究者、传播者，为中国茶文化走向世界也作出了不可磨灭的贡献。如今，这些专家有的已经去世，健在者也已步入高龄。因此，对于他们研究资料的搜集与整理显得尤为迫切。

余悦研究员主编的"当代茶文化研究大系"梳理总结当代茶文化研究成就，彰显老一辈专家学者作出的卓越贡献，凝聚了茶文化研究先行者的心血、智慧与精神，为当代茶文化学术史留下宝贵资料。内容涵盖专家学术成长历程的关键事件、重要节点、师承关系等资料，收集每位专家代表性论文及著作、演讲介绍、专访或报道的原始资料等。这些茶文化研究先行者的学术资料是近代中国茶文化科技发展历史的活档案。"当代茶文化研究大系"的出版是一件十分紧迫且功德无量事。

特此推荐！

陈宗懋

2023 年 5 月 25 日

当下，我们置身前景无比光明的新时代，茶产业、茶文化与历史上任何时代相比都更蓬勃、更繁荣。

《易经》有云：观乎人文，以成化天下。蓬勃发展的茶产业呼唤与时俱进的茶文化。余悦老师从事茶文化研究四十余年，是我国著名的茶文化专家，是改革开放以来推动当代茶文化发展的参与者、观察者、思考者、引领者。他倾心编撰的"当代茶文化研究大系"，聚焦这一阶段的学术分期、研究特点、重要成果，进行深入系统的梳理，这有助于理清当代茶文化学术体系，培育和创新茶文化内涵。丛书中单本资料入选的人员，多为对中国茶文化发展具有重大影响的专家学者。他们是20世纪八九十年代至21世纪初期茶文化研究的先行者与开拓者，是改革开放后中国茶文化得以复兴与弘扬的倡导者、研究者、传播者，为中国茶文化走向世界做出了不可磨灭的贡献。如今，这些专家有的已经去世，在世的也年事已高，对于相关人员研究资料的搜集整理刻不容缓。这项出版工作是在记录和梳理当代茶文化专家学者的学术成长史，更是在记录和书写我国当代茶文化的发展史。

习近平总书记强调，中华文化是我们提高国家文化软实力最深厚的源泉。余悦教授编撰的"当代茶文化研究大系"为中华文化宝库增添了一滴有色有味的"茶水"，可喜可贺。

特此推荐！

刘仲华

2023年9月8日

茶文化学术发展的当代追寻

波澜壮阔的当代社会，发生着激烈与深刻的变化。追随着时代的变迁，中国当代的茶产业、茶文化不断呈现新的面貌，引起国内与国际的瞩目。

中国是茶的原产地、茶文化的发祥地，茶在中国一直具有重要价值、作用与地位。自从唐代茶成为"举国之饮"以来，茶在国家政治、经济、社会、生活、文化、外交等各方面，都扮演着不可替代的角色。并且，通过茶的东传、丝绸之路、茶马古道、万里茶道、茶船古道等途径，茶叶被输送到世界各地，造福于各国人民，让茶的芬芳传遍全球。

中国茶业具有悠久的历史，茶叶曾是中国主要的出口商品，在19世纪80年代中期之前一直饮誉世界。其后，随着殖民主义者扶持并经营世界各殖民地的茶叶生产，形成激烈的竞争与对抗，加之清政府政治腐败，经济落后，致使茶业日趋衰退。民国时期，中国茶业继续备受摧残，洋行、买办和茶栈剥削茶商，茶商又重重盘剥茶农，终使中国茶业走上崩溃的边缘。

1949年10月1日，中华人民共和国成立，茶业生产迎来新的发展时期：从恢复与改良茶园，到发展茶业生产；从茶树的育种栽培，到机械化生产加工；从茶学的科学研究，到茶叶的综合利用，虽然过程有过曲折，但取得的成就举世瞩目。至2012年，中国茶园面积、茶叶产量位居世界第一，茶叶出口位居世界第二，已进入世界产茶大国之列。特别是党的十八大以来，中国茶业发展更是以前所未有的速度高质量发展。如今，中国茶业正在抓住新的机遇，创造新的活力，焕发新的精神。

茶文化作为茶文明的伴生物，茶产业的推动力，茶生活的引领者，茶社会的和美剂，和茶一直相伴相随，共享着快乐与荣光，也经历着曲折与磨砺。"柴米油盐酱醋茶"，茶是物质的，是生活的必需品；"琴棋书画诗曲茶"，茶又是文化的，是精神的营养品。平民百姓的"粗茶淡饭"，达官显贵的"茶来伸手，饭来张口"，文人墨客在品茗活动中"寻找净土，追求高雅，表现自我"。茶受到不同阶层的普遍喜爱，成为阳春白雪与下里巴人的共同知音。茶既是饱餐之后的幸福享受，又是启迪思维的心灵升华，这就是茶文化的魅力所在。

当代社会，伴随着中国茶业的发展，茶文化也再度创造着辉煌。一方面，茶业的突飞猛进，为茶文化复兴提供了活跃展示的平台；另一方面，茶文化的姹紫嫣红，为茶产业高速发展注入了源源不断的动能。

历史名茶的恢复和发展，离不开茶文化的历史挖掘；新创制的名优茶，也依然需要茶文化的滋养；茶叶的生产、营销，同样得益于茶文化的创意与创造。当然，茶文化并非茶产业的"附庸"，或者"随行者"，而是有自身个性、独立地位、价值作用，也有不同凡响的流光溢彩的舞台。诸如：茶道思想，茶艺展示，饮茶器具，茶俗风韵，茶诗茶歌，茶叶书画，品茗空间，茶叶博览。欣欣向荣，蓬勃发展。源于中国的茶文化，无论在广度和深度上，还是在高度和精度上，都达到了新的境界，以博大精深的形象在世界范围内发扬光大。

在当代茶文化的琳琅满目的长廊中，茶文化研究显然是皇冠上的明珠，是亭台楼阁的华表，是引领队伍前进的旗帜。茶文化研究的"长度""宽度"和"高度"，不仅对学术思想、学术进程影响深远，还对茶产业发展、茶事生活、社会进步产生着深刻影响。当代茶文化风气之盛，茶产业成长之速，茶科技进步之快，莫不得益于茶文化研究的营养滋润，无不得益于茶文化研究的拓展创新。

虽然早在唐代，陆羽《茶经》问世之际，就进入茶文化研究领域。但是，传统的茶文化研究，大多局限于叙事性介绍。当代茶文化研究，才形成了具有学理性的学术特征，才与现代的学术观念与学术潮流衔接和融通。在当代社会的不同时期，茶文化研究呈现出各具风采的气象。特别是改革开放以来，茶文化研究成为推进茶事业与茶生活的原动力。作为复合性、开放性的事项，茶文化既延续着传统的根脉，又展现着当代的时尚，其研究纵贯古今，横越广域。哲学、历史、文学、艺术、文化学、人类学、民俗学、社会学、经济学等，都聚焦或者不同程度参与茶文化研究。当中国与世界交流之后，茶文化不仅有丰富多彩的中外交流活动，茶文化研究方面也进行着富有意义的学术对话。当代茶文化研究与历史上任何时期相比较，更为活跃与深刻，更为睿智与多元，更为成果丰硕与著述厚重。中国茶文化学科已经形成，并且其内容融入多学科的研究体系。

"知古易远，明今趋进。"如今，我们站在中国茶文化研究的高地，更需要回眸走过的道路，厘清茶文化研究的演进过程，清理当代以来的学术遗产，揭示茶文化研究的特有规律。这种学术回顾，是过去岁月的系统总结，也是未来前行的探索前瞻。"当代茶文化研究大系"的编撰，是以往学术的延续，也是新研究的开拓。

"当代茶文化研究大系"的编撰，正是基于多方面的思考与追求：

在中华优秀传统文化宝库中，茶文化占据着重要地位。著名古代语言文字专家、传统文化研究专家许嘉璐先生提出中国文化的"一体两翼"，"一体"即中华民族的宇宙观、价值观、伦理观、审美观，"两翼"一为中国医学，一为中国茶文化。继承与弘扬传统文化，自然离不开茶文化。中国茶文化在新的时代，展现新的活力，创造新的辉煌。今年是中华人民共和国成立75周年，总结当代茶文化研究的经验与成果，为今后的持续发展筑牢前行之路，是研究与出版义不容辞的职责。

"当代茶文化研究大系"是创新性、学术性、开拓性著作，是中国茶史、科技文化史、物质文化史、经济发展史、社会生活史重要的基础性研究。

——这是一项学术建设工程。

在21世纪的今天，茶文化研究面临新的发展机遇。当下，电脑、互联网等成为研究的工具，大数据的获取极为便捷，学术发展从传统走向现代。作为学术建设的创新工程，"当代茶文化研究大系"绪论以中国茶文化史、中国学术史的宏阔眼光，首次全面梳理和总结当代茶文化研究成就，综述学术分期、研究特点、未来走向等，并提出真知灼见。丛书在深刻认识当代茶文化研究科学性质的基础上，积极吸收跨学科的学科方法和理论，把宏观的断代专门史研究，微观的学术史人物研究，有机地融会贯通，具有积极的学术前瞻性，并且带有首创性与示范性。

——这是一项文化抢救工程。

"当代茶文化研究大系"并非一般性的学术工程，而是一项具有重要价值的抢救性工程。在当代茶文化研究的史册上，陈文华研究员作为茶文化研究初期的领军人物，朱自振研究员作为茶文化文献的一代宗师，程启坤、姚国坤研究员作为茶科学与茶文化"两栖研究"的双峰并峙，陈香白教授作为茶文化精神核心和人类非遗潮州工夫茶艺研究的引领风骚者，他们的学术硕果已经嵌入历史的年轮。

丛书入选的个案研究对象，都是当代茶文化研究的先行者与开拓者，及在海内外具有重大影响的专家学者。他们是改革开放后中国茶文化得以复兴与弘扬的倡导者和传播者，为中国茶文化走向世界作出了不可磨灭的贡献。如今，这些专家学者有的已经去世10年，在世的也年近九旬，对于相关学案的全面梳理与深入研究，已经刻不容缓。

——这是一项学案探索工程。

"当代茶文化研究大系"的五本著作，均是从学案入手进行探索，彰显出不同的人物风采与学术品格。中国学术史探讨，历来有学案研究的传统。明清之际著名思想家和史学家黄宗羲撰写的《明儒学案》，是中国古代第一部完整的学术史著作，是系统总结明代学术发展、演变及流派的著作，开创了史学上"学案体"史书体裁。《明儒学案》62卷，首列《师说》一篇，作为全书总纲；后面列出17个学案，总叙明代学者210多人。每位学者小传之后，摘录传主的主要学术著作或言论精华，间或撰有按语加以评论，尽量揭明其治学宗旨与精髓，力求全面客观反映每个学案的学术风貌。《明儒学案》是黄宗羲的代表作之一，也是中国古代学术史著述的杰作。

"当代茶文化研究大系"既吸取传统学案的精华，又体现新时代的学术特色，注重学案与多学科紧密结合，为当代茶文化学术史研究开辟了新路径。大系综论"当代茶文化研究的学术历程与未来走向"之后，分别专门论述每位学案研究对象的茶文化学术路径、特点与成就；展示其有代表性、有影响力的学术思想，整体的学术演进与卓越贡献；并且，广泛搜集整理每位学案研究对象的其他原始资料，以见其学术风采与影响。同时，精心编写每位学案研究对象的生平与学术年表，全面系统地凸显出不同的精神风貌。

在"当代茶文化研究大系"编撰之时，我们把宏观研究与微观探索结合起来，既观察当代茶文化研究的发展大脉络，分析学科发展的新情况；又"辨章学术，考镜源流"，对学案对象生平进行细致、精确的考订，对某个学术观点的产生时间，甚至某篇文章的修改、定稿，一一爬梳、整理与分析。正是五年的辛勤耕耘，即将完成这一孜孜以求的文化工程。

在"当代茶文化研究大系"编撰之时，我们深切感受到各方面的信任、支持与帮助。茶界两位中国工程院院士：德高望重、年过九旬的陈宗懋研究员，年富力强、魅力十足的刘仲华教授，都情真意切地撰写出版推荐意见，成为鼓励我们完成任务的动力。每位学案研究对象本人及已故专家遗眷都给予了我们书面授权，表达了对我们的认同与认可。一些专家学者积极参加丛书的研究与编辑工作，还有的毫无保留地提供资料，为丛书的顺利出版作出了奉献。中国农业出版社把本丛书作为重点项目，精心策划和审稿，为打造学术精品提供了良好条件。共同的追求与参与，是我们的学术底气所在。

　　"当代茶文化研究大系"虽然尚未杀青，但是，学术的大厦已经矗立，等待着精雕细刻，雕梁画栋；学术的长卷即将绘就，等待着点睛之笔，装帧美化；学术的乐章正在配器，等待着奏响音符，余音绕梁。当丛书全部完成并正式出版，将是流传久远的经典著述，以及后人研究当代茶文化的案头必备之作。我们有这样的学术自觉与文化自信！

　　编撰"当代茶文化研究大系"，对于我们是一次回顾之旅，熏陶之行，升华之机。在搜集资料时，我们常常为"千里寻踪而不得"焦急，也为"千呼万唤始出来"欣喜；在阅读时，我们常常为字里行间的思想深刻、思维睿智而折服，又为学案研究对象的文字精深、表述精湛而拍案；在思考时，我们常常为当代茶文化研究的波澜壮阔激动不已，也对在这条道路上努力前行者的风范与精神而心生敬意。

　　正是一代又一代人的坚持不懈，才使茶文化事业的发展有着绵延不断的精神动力，才使中国茶文化精神有了丰沛滋润的源头活水。

　　"当代茶文化研究大系"是汇入历史长河的一股清流，又是当代茶文化长河万紫千红的思想风帆。

　　为历史增添风采，为当代延续传承，为未来开拓新路，这正是"当代茶文化研究大系"的编撰初衷与使命！

余　悦

2024 年 10 月 12 日

目录

本书照片提供者：余悦 舒鸣 潘城 孙家骅

梁子 舒曼 陈磊 等

绪论

当代茶文化研究的学术历程和未来走向

和未来走向

余 悦

茶文化的历史学派
陈文华茶文化研究路径与学术贡献

中国茶文化研究的起始，可以追溯到唐代陆羽《茶经》问世，至今已经1220多年。但是，现代学术意义上的中国茶文化研究，真正形成于中华人民共和国成立后的当代社会。特别是20世纪80年代以来的40多年间，是中国茶文化研究最为兴盛的时期。

当代茶文化研究，不仅以专著、论文大量的涌现而为学界注目，更因其学科意识的自觉、论述域界的扩大、学术深度的拓进而成为里程碑。中国传统的围绕着茶的著述内容较为驳杂。而现代以茶的育种、栽培、制作等科学技术内容为主的研究形成从属于农业学科的茶学。但20世纪70年代末，这种情况发生了根本性的变化。以人文社会科学为主要内容的部分逐步从茶学的构架中脱颖而出，演进成具有独特个性的茶文化学。而且，随着茶叶加工的精致、市场销售的变化，也促成了茶业学，亦称茶业经营学或茶叶商品学的分野。可以说，这种三个子学科三足鼎立的状况，是中国茶文化研究当代历程最重要、最有变革性的事件，也为其未来走向规范了最基本也是最核心的路径。中国茶文化学科的构建，从可能变成现实，并且得到不断完善与丰富。

当代茶文化研究的历史分期

当代中国茶文化研究，是历史的继承和发展，是在前人基础上的累积和前行，也是从传统学术向当代学术形态的变革与演进。2002年4月，笔者主持编撰"中国茶叶艺文丛书"时曾将20世纪有代表性的论文编成《茶理玄思——茶论新说揽要》。在为该书写作的专论《含英咀华现茶魂——茶文化论文综说》[1]中，笔者把茶文化论文的写作粗略分为三个阶段：第一个阶段是传统论说文体，这一时期是指从唐代至清代的漫长时期；第二个阶段是现代茶学论文，这一时期是1912年1月至1978年底；第三个阶段是新时期以来的茶文化论文，即1978年底至今，这个过程还在延续中。这种划分不仅符合茶文化论文的状况，也大体适用于整个中国茶文化研究的进程。

按照这种划分，第一阶段可以说是中国茶文化研究的奠基期。有关唐代陆羽《茶经》问世的具体时间，虽然学术界还有不同争议，但大体在公元780年左右是不会有大的偏差的。这部世界上第一部茶书的出现，成为中国茶文化确立期的标志之一，也成为中国茶文化研究进入学术视野的标杆。先秦时期和其后虽然有一些关于茶和茶事的文字，但基本上是零散记述，到陆羽《茶经》才形成体系和规模。这部只有七千多字的茶书，由于其原创性和系统性，也由于其传布广和影响大，至今被视为茶方面的"百科全书式"的著作，也成为研究茶史者和茶文化者绕不开的经典。从唐代到清末，我们现在能够见到和已知的茶书有100多种[2]。这些茶书有综合性的，也有专题性的，相当繁杂。除此之外，还有数量较多的茶文，以论说、序跋、奏议为多，而纯学术意义上的少见。比较而言，清代赵懿的《蒙顶茶说》、震钧的《茶说》《时务报》的《论茶》则颇有学术意味。

现代茶的研究，主要集中在茶学、茶业的探索。假如以1949年中华人民共和国建立为界，无论前期还是后期都没能突破这一构架。被誉为"当代茶圣"的吴觉农先生为中国的茶业奋斗七十多年，并从1921年起就发表论文。但在新中国成立前，除茶树原产地问题，因谈茶史可列入茶文化外，其余多为中国茶业改革、华茶贸易的现在和将来、祁红茶复兴计划、茶树栽培及茶园经营管理等。而新中国成立后，则只有《湖南茶叶史话》（1964）和《四川茶叶史话》（1978）两文因是茶史，可纳入茶文化研究范畴。而晚年大力倡导"中国茶德"的庄晚芳先生，1936—1978年所发表的论文也大多在茶树品种改良和茶叶专卖、毛茶评价与检验、茶叶贸易、茶树栽培等方面，直到1978年才发表《陆羽和〈茶经〉》与《略谈王褒的〈僮约〉》等可属茶文化研究的论文。至于茶的著作，在新中国成立前的十多种茶书中，仅有胡山源编的《古今茶事》录入了一些古代茶文化的内容。而新中国成立后至1978年的130来种茶书[3]，只偶有一二可见茶文化内容，其余均为茶学和茶业的范畴。

新时期以来的茶文化研究，也是一个概括的说法。细究起来，这一时期的研究又大致可划分为三个阶段：

茶文化的复兴和茶文化研究的重视，是随着社会经济的变化而变化的。在中国台湾地区，20世纪70年代的经济起飞使其跻身为"亚洲四小龙"之一。随着对中国传统文化的追寻和回归，1977年第一家茶艺馆的出现，中国茶艺热的兴起，大众对茶文化知识的需要，一些茶文化普及的图书出现，也包括一些研究性的著作。如张宏庸的《陆羽全集》《陆羽茶经译丛》《陆羽研究资料汇编》《陆羽图录》《陆羽书录》和《茶艺》，吴智和的《中国传统的茶品》《中国茶艺》《中国茶艺论丛》和《明清时代饮茶生活》等，以及廖宝秀的《从考古出土饮器论唐代的饮茶文化》《宋代吃茶法与茶器之研究》等，都有相当的学术价值。同时，台湾还出版了一些大陆学者撰写的茶书，如李传轼编选的《中国茶诗》，吕维新和蔡嘉德的《从唐诗看唐人茶道生活》，朱自振和沈汉的《中国茶酒文化史》等。但是，海峡两岸近30年的隔绝，直到1988年两岸茶界才有直接交流。因此，这一时期，海峡两岸茶文化都是各自发展。

而在中国香港，相当部分有影响的茶书系内地学人撰写，如陈彬藩的《茶经新篇》和《古今茶话》，陈文怀的《茶的品饮艺术》，韩其楼的《紫砂壶全书》等。

虽然20世纪50年代以来，陈祖椝、朱自振等致力于茶史资料的搜集整理，翁东辉撰写了《潮州茶经》，但茶文化研究并未形成气候。20世纪80年代以来，随着拨乱反正和思想解放，随着以经济建设为中心和茶叶产业的需要，随着中国文化传统的复兴与弘扬，随着茶文化，茶文化研究热潮在中国受到了关注并逐渐兴起。1981年后，庄晚芳等编著的《饮茶漫话》、张芳赐等译释的《茶经浅释》、陈椽编著的《茶业通史》、刘昭瑞著的《中国古代饮茶艺术》、陆羽研究会编的《茶经论稿》等，都是复兴初期有一定影响的研究和普及之作。特别是吴觉农主编的《茶经述评》，更是权威之作。庄晚芳还发表《中国茶文化的发展与传播》（1982）、《日本茶道与径山茶宴》（1983）、《茶叶文化和清茶一杯》（1986）、《中国茶德》（1989）、《略谈茶文化》（1989）等论文或短论，为新时期茶文化研究推波助澜。这一阶段，茶文化研究者大多是茶学与茶业界人士，主要是从茶史、茶艺等层面切入研究。

20世纪80—90年代，是新时期茶文化研究的重要转型期。1989年9月，在北京举办了"茶与中国文化展示周"，有33个国家和地区的人士参加活动。1990年9月，茶人之家基金会在杭州成立，旨在弘扬茶文化，促进茶文化、科技、教育、生产和贸易的发展。1990年10月，设在杭州的中国茶叶博物馆基本建成并开放。与此同时，1990年起"首届国际茶文化学术研讨会"召开，并形成惯例，每两年举行一次国际性的茶文化研讨会。同时抓住契机，先设立国际茶文化学术研讨会常设委员会，后在此基础上成立中国国际茶文化研究会。从此，全国各种国际性、全国性或专题性的茶文化活动及学术研讨会纷纷举行，极大地推动了茶文化研究的开展。

1991年4月，由王冰泉、余悦主编的《茶文化论》和王家扬主编的《茶的历史与文化》两本论文集出版，集中发表了一批有影响的茶文化论文。也就是在这一年，江西省社会科学院主办、陈文华主编的《农业考古》杂志推出《中国茶文化专号》，此后每年出版两期，成为国内唯一公开出版的茶文化研究刊物。杂志刊登有关茶文化的研究论文和各种不同体裁的文学艺术作品，至今已经33年，出刊65期，约为3250万字。茶文化有分量的学术论文，大多刊登在这份杂志上。适逢其时，社会科学院系统和高等院校的一些人文社会科学研究人员，长期坚持茶文化研究，运用哲学、文学、艺术、历史、文化、民俗、民族、社会学、文献、考古等多学科的知识和多角度的研究，拓展了中国茶文化研究的领域和视野，撰写和发表了许多有独到见解、有影响力的茶文化论文与著作。如余悦主编的"中华茶文化丛书"（10本）、"茶文化博览丛书"（5本），沈冬梅的《宋代茶文化》等都是这一阶段有代表性的著作。

作为这一阶段研究的亮点之一，一批颇有价值和为研究者带来便利的资料性著作与工具书问世。1981年11月，由农业出版社出版的陈祖椝、朱自振编写的《中国茶叶历史资料选辑》，虽然仅有40多万字，却因应一时之需受到欢迎。该书大多对艺文方面的资料视为"游戏之作"，加以删削，又留下遗憾。而陈彬藩、余悦、关博文主编的《中国茶文化经典》则洋洋大观250万字，成为收录古代茶文化资料最全面的资料集。陈宗懋虽然以茶叶生化研究享誉海内外，后成为国内茶学界第一位中国工程院院士，却以极大热情主编《中国茶经》和《中国茶叶大辞典》。这两部大型著作虽然由茶学家主持，却有相当部分关于茶文化的内容与研究成果。此外，还有朱世英主编的《中国茶文化辞典》等。

20世纪即将过去，21世纪即将到来之时，全国各个学科都掀起一股回顾过去、展望未来的热潮，中国茶文化研究也同样进行着深刻的反思。凯亚曾就研究状况分析利弊得失，不无担忧地提出改变"我国现代茶学在理论探索上的贫困现象"（《农业考古·中国茶文化专号》1999年第4期），将提升茶文化研究的整体水平，加强茶文化学科建设摆在了新世纪的面前。

学术研究是长期和艰辛的劳作，不可能"拔苗助长式"地飞快改变局面。21世纪前后，有突破性的研究成果罕见，但偶尔也有耀眼的光芒。如陈文华的《长江流域茶文化》，关剑平的《茶与中国文化》，滕军的《日本茶道文化概论》与《中日茶文化交流史》，均为厚重之作。中国国际茶文化研究会也意识到加强学术研究的重要性，于2005年成立茶文化研究专业委员会，组织一批著名的茶文化专家学者，共同参与并且投入巨资，有组织有计划地完成一批研究课题。江西省社会科学院也把"中国茶文化研究"作为重点学科，集中科研力量和科研经费进行学术研究攻关。

"板凳要坐十年冷，文章不写一句空"。也许这一段时间相对的空寂，但这正是中国茶文化研究在重新集聚力量，在进行一场带有战略性的前哨战。这一阶段，正是中国茶文化研究的突破期。

当代茶文化研究的主要成果

在对中国茶文化研究历程的简单回顾中，可以清楚地看到：虽然地球上茶类植物已经存在六千多万年，但人类发现和利用茶的历史最多可追溯到几千年前；虽然中国人在世界上最早发现和利用茶已有四五千年，但中国茶文化的完备与确立只有一千二三百年的时间；虽然中国茶文化事项的存在与记述，可以追寻到先秦之际，但严格现代学术意义上的中国茶文化研究，兴起才只有40多年。中国茶文化研究的当代历程，几乎是与新时期以来茶文化的发展同步而行。

茶文化研究的当代历程，最重要的是将茶文化与茶的其他方面探讨相区分，自觉增强学科意识，并逐步形成具有独立性的中国茶文化学科。在搜寻古籍汗牛充栋的文字中，只能见到诸如"茶德""茶道"等记载，而没有"茶文化"之类的词语。现代茶书、茶文，也没有这样的说法。目前检索的结果，应该说这一名称是当代社会的产物，并且最迟于1982年就出现了。因为这一年庄晚芳发表了《中国茶文化的发展与传播》。1987年5月由台湾幼狮文化事业公司出版的张宏庸先生撰写的《茶艺》，也采用了"中国茶文化"的名词。1988年6月中国台湾又成立了"中华茶文化学会"。不过，这一时期仍然是过渡期。1989年，国际性的大型活动还称"茶与中国文化周"。中国茶文化作为一个固定搭配的词，还缺乏稳定性和权威性。但是，这种状况很快就发生了根本性的变化。经过长期筹备和批准，1990年在江西南昌设立"中国茶文化大观"编辑委员会，并陆续推出相关书系，包括《茶文化论丛》《茶文化文丛》等。1991年5月，姚国坤、王存礼、程启坤编著的《中国茶文化》由上海文化出版社出版。这是第一本以"中国茶文化"为名称的著作。随后，又有王玲的《中国茶文化》于1992年12月由中国书店出版，陈香白的《中国茶文化》于1998年由山西人民出版社出版。同一名称的著作反复问世，这种"重名"现象除了证明茶文化热，还说明"中国茶文化"名称已经定型并得到公认。

但是，在一段时间内，著作和论文重点关注一些茶文化事项的研究，而对于其整体状况，尤其是学科属性没有涉及。1991年4月，由文化艺术出版社出版的《茶文化论》一书，收入由余悦撰写的《中国茶文化学论纲》（当时署笔名彭勃），对构建茶文化学的理论体系进行了全面探讨。文章认为：茶文化的整体特征包括综合性、民族性、地方性、传承性，还有社会性、集体性、类型性及播布性。中国茶文化是一门独立的学科，又是一门开放的学科，还是一门边缘学科、一门当代之学。论文提出中国茶文化结构体系的六种构想，并进而认为茶文化学必须研究和解决六大问题：茶文化基本原理、茶文化分类学、茶文化历史学、茶文化信息学、茶文化的比较研究、茶文化的研究方法。后来，余悦多次在不同的论著、不同的场合阐述了这些观点。在受《中国茶叶大辞典》编辑委员会委托撰写前言时，余悦又一次阐述围绕茶叶研究的学科，应包括茶学、茶业学、茶文化学三个子学科。建立中国茶文化学的观点与呼吁，受到茶界和茶文化学界的重视。刘勤晋主编的高等学校茶文化教材就以《茶文化学》为书名。随后，又有一些探讨中国茶文化学的论文问世，如王玲的《关于"中国茶文化学"的科学构建及有关理论的若干问题》，陈文华关于茶文化方面情况的梳理与反思，赖功欧、陈香白、丁以寿关于茶文化研究的一些论文，都对茶文化学科体系的完善，提供了有益的滋养，作出了积极的贡献。

任何学科的提出和构架，很重要的是有没有内涵和灵魂。对于中国茶文化精神的探讨，对于中国茶文化思想的内核，这些研究是茶文化学科提升和深入的必备课题。陈香白提出"中国茶道"的内涵是"七义一心"。他具体分析说：中国茶道涵盖着七种主要义理，即所谓的"七义"：茶艺、茶德、茶礼、茶理、茶情、茶学说、茶导引；中国茶道精神的核心，即所谓的"一心"是"和"。一个"和"字不但囊括了所谓"敬""清""寂""廉""俭""美""乐""静"等意义，而且涉及天时、地利、人和诸层面[4]。赖功欧则对儒释道与中国茶文化的关系进行了全面探讨，撰写出版了专著《茶哲睿智·中国茶文化与儒释道》。他认为：中国茶文化的千姿百态与其盛大气象，是儒释道三家互相渗透综合作用的结果。中国茶文化最大限度地包含了儒释道的思想精神，融汇了三家的基本原则，从而体现出"大道"的中国精神。宗教境界、道德境界、艺术境界、人生境界，是儒释道共同形成的中华茶文化极为独特的景观[5]。陈文华在写作《中华茶文化基础知识》时，曾对茶文化和茶道的一些观点进行梳理，归纳为：茶道精神是茶文化的核心，是茶文化的灵魂，是指导茶文化活动的最高原则[6]。而在《长江流域茶文化》一书中，他进一步认为："和是茶之魂，静是茶之性，雅是茶之韵。实际上它们既是中国茶艺的主要特点，也是中国茶道的本质特征。因为茶艺、茶道本来就是互为表里的，故其特征也必然会表里一致。"[7]余悦对茶道进行过系统的阐述："作为以吃茶为契机的综合文化体系，茶道是以一定的环境氛围为基础，以品茶、置茶、烹茶、点茶为核心，以语言、动作、器具、装饰为体现，以饮茶过程中的思想和精神追求为内涵的，是品茶约会的整套礼仪和个人修养的全面体现，是有关修身养性、学习礼仪和进行交际的综合文化活动与特有风俗。茶道具有一定的时代性和民族性，涉及艺术、道德、哲学、宗教以及文化的各个方面。"[8]他具体分析了儒释道和民众观念对茶道的影响，概括出中国茶道精神为：中和之道，自然之性，清雅之境，明伦之礼。中国茶道精神是和中华的民族精神、中华民族性格的养成、中华民族的文化特征一致的。中国茶道精神是中华民族精神、中国文化精神的组成部分，同时又是这一大的背景下的一个分支。在当前经济全球和文化多样性的大背景下，中国茶道精神的走向也必然要进行变化[9]。他以"儒释道和中国茶道精神"为题，在日本东京进行演讲，获得广泛好评[10]。他的这一学术观点已被全国统一的《茶艺师》培训鉴定教材采纳，在更广阔的天地传播[11]。他还把相互关联的中国茶道和中国茶艺加以区别："茶道"是"茶艺"的精髓，"茶艺"是"茶道"的表征。不谈"茶道"的"茶艺"，不免见木不见林，缺少厚重；没有"茶艺"的"茶道"，则不免流于抽象，神韵不足[12]。"艺通于道""道与艺合"，这就把茶道与茶艺两者千丝万缕的联系明晰地解剖清楚了。

在新时期的茶文化研究中，对于茶艺的探讨是重点之一，也是最有成就的方面之一。茶文化的复兴与弘扬，首先是从茶艺实践开始的。喝好一杯茶，从随意的饮茶到艺术的品茗，有高下之分、雅俗之别。从品茗形式的规范，向品茗精神的追求，茶艺经历了一个由肤浅到精深、由表层到厚重的过程。正是在品茗艺术不断深化的进程中，学术界对其关注、探索，不但在技艺层面逐步走向精致，而且在学理层面逐步走向升华。关于茶艺学术方面的争论和成果大致集中在三个方面：

一是茶艺的产生与茶艺名称的由来。比较有代表性的有两种观点，第一种观点认为：

唐代陆羽时期茶艺就有完备的形态，茶艺的定型应该是在唐代。学者们依据大量的文献资料考证，起码在唐代"艺"字就与"茶"字发生联姻；宋代之际"艺"与烹茶、饮茶联系在一起；在这之后，"艺茶"之说频频出现；20世纪30年代，"茶艺"两字连用就已在中国出现。20世纪70年代末，中国台湾使"茶艺"一词广泛使用，并且和茶艺馆产生了紧密的联系。第二种观点认为：中国台湾创造了茶艺名称和茶艺方式。其依据是20世纪70年代后期以来，茶艺一词得到台湾学者的首肯，并且得到广泛的采用，但却忽略了台湾人士都称茶艺源于潮汕等地。比较两种意见，前者有相当多的资料依据，又观照由历史到现实的演变，更有值得重视的必要。

二是茶艺的界定。虽然诸说并起、尘埃未定，但大体说来不过是广义说、狭义说和两者并存说。为台湾茶叶生产和茶艺事业作出重要贡献的吴振铎持广义之说。他在《中华茶艺杂志创刊词》中说："'茶艺'是茶叶产、制、销的技艺与饮茶生活艺术之溶化与升华的总称；是广义的'茶道'与农业、艺术、文学等有密切的关联。"[13] 在大陆，陈香白主张茶艺的广义之说，认为"茶艺就是人对种茶、制茶、用茶的方法与程式。"[14] 台湾茶艺专家蔡荣章和江西茶文化专家陈文华都持"狭义说"。蔡荣章认为："'茶艺'是指饮茶的艺术而言。……讲究茶叶的品质、冲泡的技艺、茶具的玩赏、品茗的环境以及人际间的关系那就广泛地深入'茶艺'的境界了。"[15] 陈文华认为："我们赞成按狭义的定义来理解。通俗地说茶艺就是泡茶的技艺和品茶的艺术。其中又以泡茶的技艺为主体，因为只有泡好茶之后才谈得上品茶。"[16] 台湾茶艺专家范增平则持两说并存论。他认为："广义的茶艺是研究茶叶的生产、制造、经营、饮用的方法和探讨茶业原理、原则，以达到物质和精神全面满足的学问。""狭义的解说，是研究如何泡好一壶茶的技艺和如何享受一杯茶的艺术。"[17] 浙江湖州茶文化专家寇丹也持广义和狭义并存说，并且用词也与范增平相同[18]。余悦具体分析了"茶艺"产生歧义的原因，提出了界定名称的原则认为："所谓'广义'只不过把茶学、茶叶商品学和茶文化学范畴内的其他东西笼而统之拼成'大杂烩'。茶艺只不过是茶文化的一部分，使其独立出来才免得成为其他的附庸。"[9] 他还进一步解释了在给《中国茶叶大辞典》撰写"茶艺"词条时，指出"茶艺是指泡茶与饮茶的技艺"的多重含义[19]。"一是把茶艺的范围仅仅界定在泡茶和饮茶的范畴。种茶、卖茶和其他方面的用茶却不包括在此行列之内。""二是指茶艺包括泡茶和饮茶的技巧。""三是指茶艺包括泡茶、饮茶的艺术。"他总结道："我们认为茶艺的内涵应该是与泡茶、饮茶直接相关的技巧与艺术方面的内容。而与茶艺相关的其他方面，则应该属于其外延。我们之所以把茶艺和其他相关方面严格区别开来，只是使其更为科学更为准确也更有利于发展。当然，茶艺不可能与茶文化的其他方面，甚至茶学的、茶叶商品学的其他方面截然分开，也有交流、交叉，我们也应该清醒地认识到这一点。"[9] 这些争论，进一步明确了茶艺的内涵和外延，也为茶艺的发展奠定了理论基础。

三是茶艺特征的研究。茶艺虽然具有很强的学术研究价值和很强的学理性，但又具有很切近的实践性和很实在的实用性。因此有相当一部分学者的探讨集中在具体品茗艺术的层面，主要集中在茶叶、品茗用水、茶具、冲泡技巧和品茗环境研究。同时，丰富多彩的各民族茶俗，各地独特的饮茶风俗、茶与礼仪等，也成为论著的重要内容。与此相关的中国茶艺馆研究，也进入学者的学术范围。而其中较有理论色彩和理论深度的著作，有《茶馆闲情——中国茶馆的演变与情趣》[20]《中国茶馆》[21] 等。

当代中国茶文化研究取得令人瞩目的成就，还由于学术论文和学术著作内容丰富，涉及茶文化的众多方面。如关于茶文化史研究，包括：①茶文化的断代史，如茶文化的起源，各个历史朝代的茶文化史。②中国饮茶史，如各个不同时期的饮茶方法。③茶业经贸史，如中国古代的茶商和茶叶商帮，古代茶马互市、茶马古道、万里茶道，茶叶外销历史。④著名茶人研究，如探索其生平、思想和对茶文化的贡献。

关于茶与文学艺术的研究，历代茶诗、茶画、茶书法、茶歌、茶舞、茶戏剧、茶建筑都成为论著关注的重点。而且，对于茶艺美学也有初步涉及。关于中外茶文化交流的研究，中国茶的外传可以追溯到2000年前的汉代。在中国对外交流史上，茶叶和丝绸同样发挥着重要的作用。茶文化论文与著作，对于茶叶最早的外传时间，对"茶叶之路"的走向，以及日本茶道、韩国茶礼，以及亚洲其他国家茶事，欧洲的饮茶风尚，世界其他地区的饮茶与茶事，都作了有益的探索。

关于茶文化历史文献的研究，主要集中在陆羽《茶经》，其次为蔡襄《茶录》、宋徽宗《大观茶论》、朱权《茶谱》，以及其他茶书的研究。对于书中的疑难问题，学者们从不同角度提出了不同的看法。此外，还有的论文对现当代茶书作了介绍和评论。

以上所说，远非当代中国茶文化研究成果的全部，而只是其中有代表性的几个方面。据不完全统计，40多年间，茶文化学术性和学术普及性的著作有2000多种，论文则更是不下于6000篇。在这数量庞大的著作和论文中，当中虽然质量高者不多，但却为学术积累和学科建设奠定了厚实基础。更重要的是，茶文化研究方法也开始表现出多样性，注重多学科的交叉，多种方法的运用。特别是学术争鸣初步兴起，成为茶文化研究兴旺发达的前提、学术不断突破的基石，也是学科走向成熟的一个重要标志。

当代茶文化研究的发展思考

当代茶文化研究虽然取得重要的进展，但从总体上来看，还存在许多值得关注和提高的问题。

一是学术的空白点仍很多，有些历史遗留的疑点问题未能解惑，有些热点问题也未解决。在进一步完善中国茶文化学构架的同时，应该更多关注细节问题、细部问题的研究，把宏观和微观研究科学地结合起来。

二是有学术创见、有学术突破的论文不多。任何学科的研究，原创性极为重要。新材料的发现，新角度的选择，新问题的提出，新课题的论证，新方法的运用，都应是题中应有之义。但从目前来看，学术的原创性不足，陈陈相因、拾人牙慧的现象较普遍。

三是治学态度浮躁，急功近利的问题带有一定普遍性。我们曾经做过一项检索，在相当一部分论文中征引的资料，大多是旁人引用、随处可见者；也有的文章，甚至有似曾相识之感或拼凑而成。

这些，不仅是茶文化研究的弊端，也是不少学科学术研究的通病。

中国茶文化研究现在正走在一个十字路口，面临着机遇，也面对着挑战。如果套用一句哈姆雷特式的提问，是否可以说：前进还是后退，厚重还是肤浅，持久还是喧嚣，发展还是衰落，这是一个问题，是一个必须面对的，也是一个必须解决的问题。我们认为：中国茶文化研究要有新的突破和新的发展，要走上学科建设良性循环和持续发展的道路，有五道需要直面的坎，或者说五座需要爬越的坡。

1.学科地位

经过几十年的研究，中国茶文化研究领域及其学科特性已经初步明晰。但是，客观来看，茶文化的学科地位并未完全确立。在相当长的一段时间，全国社会科学基金课题项目的申报方面，茶文化很难进入相关的学科视域，课题指南没有任何相应的内容列入。直到近几年，湖北大学关于万里茶道的课题，武汉大学有关茶马古道的项目，成为国家社会科学基金课题重大项目，才改变了这种状况。而在高校的学科系列中，也难以觅其踪迹，更不用说在本科生、硕士研究生、博士研究生的学科目录上，茶文化未能成为独立学科。因而，目前只有大专、高职的茶艺与茶文化专业，而茶文化本科生、硕士研究生、博士研究生人才培养，只能依附于其他专业招生。

中国茶文化学科地位的不确定，使其不得不始终处于边缘化的境地。造成这种状况，自然有其客观原因：一是因其物态性。茶叶是一种物质存在，茶叶的种植、加工是一种物品的生产，茶叶的包装、销售是一种物资的流通。茶的物态性，使其他方面的光彩受到影响。二是因其实用性。茶叶的品饮，是中国人开门七件事之一。客来敬茶是民间最为常见的习俗和礼节。与人类健康息息相关的茶的功效，是人们最为关注的问题。三是因其多样性。茶文化研究的是有关茶叶的社会与精神功能方面的问题。从具体事项来说，涉及许多方面。例如：经国大事的茶税、茶法、茶马交易；礼节礼仪的宫廷茶仪、宗教茶仪、家庭茶仪；市民生活的茶馆、茶楼、茶坊及茶与人际交往；社会习俗的婚礼茶仪、民族茶俗、地域茶规；文学艺术的茶故事传说、茶书法绘画、茶歌茶舞、茶的建筑等。从学术层面来看，茶文化与哲学、社会学、民俗学、文艺学、文化学、美学和历史学、心理学等互相联系、互相渗透。正是由于这三种特性，既成就了茶文化的学科特质，又影响着茶文化的学科地位。物态性容易导致精神文化被忽视；实用性容易导致思想内涵被淡化；多样性容易导致学科形象被边缘化。

但是，正如俗话所说的：有一利必有一弊。同样的道理，利弊在一定的条件下是可以转化的，弊也是可以转化为利的。归根结底，茶文化学科地位的不确定，还是在于自身，在于自身的学术成果和学术影响力。在目前的情况下，茶文化研究最有可能产生较强影响力的方面大体有六个：一是与哲学相关的研究，即中国茶文化与儒释道及其他思想层面的探讨，中国茶文化精神的进一步探寻；二是与历史学相关的研究，如茶文化各个历史阶段和事项的研究；三是与文学艺术相关的研究，许多文学艺术形式都有关于茶的内容，都值得关注和探讨；四是与民俗相关的研究，中国许多民族和地区都有饮茶的习惯，许多民族传统习俗中也有用茶的风俗，这方面还有许多未被发掘的领地，包括"中国传统制茶技艺及其相关习俗"成为"人类非物质文化遗产"名录项目，应该加强研究；五是与美学相关的研究，茶艺可以说是美的集中表现，但对这一形态的美学思想和审美情趣都缺乏有深度的成果；六是与文化学相关的研究，茶文化本质上属于文化学的范畴，由于文化学的学科定位的游移性，也影响到茶文化。不过，社会学中有文化社会学，也有文化学的位置。更多地导向与文化学相关的茶文化事项研究，无疑也是良策之一。这六个方面的茶文化研究，都与已经有明确定位的学科相衔接，更有利于在某方面或多方面研究的突破。只要茶文化事项的诸多研究在其归属的学科有位置，那么，就有利于茶文化学科整体地位的确立与凸显。

2.学术视野

我们常说大视野，其实这只是一种空间的说法。大视野只是一种广阔的概念，不一定有纵深感。学术视野应该有更多的要求，既要有广度，又要有深度。打一个比方，学术视野应该具备广角镜、聚焦镜、长焦镜、近摄镜多种功能。学术视野应该既关注历史的化石，又关注现实的动态，还关注未来的走势。学术视野应该既关注区域的事项，又关注全国的事物，还关注世界的变化。中国茶文化研究要有新的突破，必须使我们的学术视野更有洞察力、穿透力。但是，当前学术视野在广度和深度上还存在相当的差距。一是在学术研究领域方面，大多集中在少数区域，如茶艺、茶具等方面较为热门，而有的则为冷清之地。二是缺乏将历史与现实会通研究的能力。关注于历史的说得头头是道，而对现代的流变漠不关心。研究茶文化现实问题的，对历史知之不多，谈起来往往信口雌黄。历史是现实的源头，现实是历史的延伸。只有把两者会通研究，才能正确和准确地弄清茶文化的运行轨迹。三是研究方法的单纯和乏力。人文社会科学研究历史告诉我们，研究方法是建立体系的重要手段，有的学派体系就是建立在新的方法上的。在茶文化领域中，历史研究、综合研究、分类研究、比较研究、专题研究、实证研究、交叉研究，都发挥过积极的作用，并将继续发挥应有的效用。但是，任何方法都不是万能的、完美无缺的。对不同的课题内容，要用不同的研究方法。对某些比较复杂的问题，要使用多种方法。对一些新兴的研究命题，不仅要采取传统的行之有效的方法，还要与时俱进采用新的有效方法。如果方法太过单一和狭窄，取得丰硕的学术成果是不太可能的。

提升学术视野的办法，一是科学理智地总结过去的学术研究，清楚哪些问题是解决了的，哪些是有待解决的，还有哪些是需要研究而又没有企及的。二是学习其他学科，特别是相邻相关学科的进展，吸取它们有益的经验和教益，丰富和发展茶文化研究。三是要有学术流派意识，朝着形成和建设不同的学术流派而努力。学术流派是一个学科完善和成熟的表现之一，也是学术视野在高级层面的产物。我们强调学术视野，并不是漫无边际的。任何学术视野即使再广再深，也是有一定限度的。形成和建设不同的学术流派，就可以发挥各自的优势，立于一隅而面向全局，由局部的视角凝聚成广阔而深邃的视野。

3.资料发掘

中国茶文化研究的深入，还有赖于新资料的发掘与发现。新时期以来的茶文化研究，其基础性工作之一就是多部资料性的著作问世。这既是茶文化研究的成果，也为茶文化研究者提供了极大的便利。这些资料集，主要是三个方面的：一是历史资料的汇编。最有代表性的是最早出版的《中国茶叶历史资料选辑》[2] 和资料最翔实的《中国茶文化经典》[22]，还有收录现存茶书最多的《中国历代茶书汇编校注本》[23] 和古代现代茶文化资料的影印大型图书《中国茶文献集成》[24]。据悉，编写《中国茶文化经典》时原始资料有600多万字，而收入书中的仅有280万字。随着近些年学术出版的发展，越来越多的古籍资料被发现，一些大型古籍图书的出版，也越来越显示出增补这类图书的必要。我们正在坚持不懈地努力做沙里淘金的工作，并期望能够出版电子版，增加多种检索功能，使用更为便捷。二是地方志资料的搜集整理。《中国地方志茶叶历史资料选辑》[25]，将南宋嘉泰年间（1201—1204）至民国三十七年（1948）编撰的地方志（计有16个省、自治区的1226种省志与县志）中有关茶和山、水的历史资料悉予收入，可惜因初版只印行500本流传不广。好在中国农业出版社将其列入《吴觉农集》重新出版，才使之逐步被更多人知晓。《中国茶叶历史资料续辑（方志茶叶资料汇编）》[26]收入26个省、自治区、直辖市的1080种方志中有关茶叶的资料，以"物产"一项最为详尽。据统计，全国方志有2000多种，也许还在其他方志中有茶的资料。更何况除了物产、茶和山、水外，还有关于茶俗、艺文、谚语、茶史的许多资料也都需要钩沉。三是现当代和专题的茶文化资料。《中华当代茶界茶人辞典》[27]宗旨为系统介绍1949年以来存在的茶叶单位情况和著名茶人传记，并酌收海外华人开办的茶叶单位情况和著名茶人传记。但当时只完成"初编"，收入茶人传记418篇，单位简介264篇，名录1694条，介绍国外茶业机构64个，而拟议中的"续编""三编"未能完成，缺漏甚多。更何况，该辞典出版于1995年，现在情况发生了很大变化，也需要进行充实。此外，茶的传说故事集《清茗拾趣》[28]，以及收录茶的诗词、散文、小说、歌曲和论文的"中国茶叶艺文丛书"[29-33]，也都给研究者带来很大的便利，却并非这类资料的"全编"。除了这些类型的资料搜集，还有大量基础性工作，还可以从更广泛的范围去搜集资料，如最新文物考古的发现，民间茶俗、茶事的调查。而且，随着时代的变迁，如书面的、器物的、语言的、照片的、摄像的等多种载录方式，以建立起更为完备的现代茶文化资料库。

　　4.国际交流

　　与茶相关的国际交流，可以说是古已有之于今更盛[34]。古代茶方面的国际交流有三个明显的特点：一是单向的。由于中国是茶的原产地，也是茶文化的发祥地。所以，基本上是由中国向国外的输出和传播。二是区域性的不平衡。中国茶早在汉代就已传到朝鲜半岛和日本，最迟唐代就已将茶文化传到他们的国度。这是因为同属于东方文化圈，文化易于交流和影响。虽然唐代就已开辟，宋元时进一步发展的海上"茶叶之路"，却只是将茶叶传向南洋，并于16世纪逐步传播到欧洲等地，但基本上只是茶叶的传输，而缺乏茶文化内容。三是传播方式的差异。茶文化向朝鲜半岛和日本传播，主要是僧侣和遣唐使等，并且使茶叶和茶书、茶器、饮茶方法同时传入，而向南洋和欧美传播主要是商业贸易行为。这种情况，直到20世纪80年代以来才发生根本性的变化。中国和日本、韩国进一步加强了茶文化交流。而新加坡、马来西亚也以喝中国茶、学习中国茶艺为荣，甚至美国、法国也有一些人对中国品茗艺术产生了浓厚的兴趣，进行学习和交流。这一时期，茶文化交流更成气候和规模，多表现为双向度的交往与交流，品茗艺术成为最具亲和力的纽带。更可喜的是，许多海外人士积极参与在中国举办的国际性茶文化研讨会和茶事活动，加强了对双方学术研究、学术兴趣、学术进展的了解，促进了茶文化的学术对话。中国的专家学者也纷纷应邀到国外讲授茶文化课程，参加国际性的茶文化学术研讨会，能够更多地放眼看世界。但是在这种热热闹闹的国际茶文化交流表象的背后，从学术层面来看，还有不尽如人意的地方。例如：在各种国际研讨会上，大多数情况下是"自话自说"，缺少学术观点的撞击，缺乏深入的探讨。由于文献资料的不足，双方的了解有限，交流时，也很难专注有深度的学术问题。现在中国最有影响力的茶文化专家，大多年岁已高，外语水平特别是口语水平欠缺，也影响了直接交流。在经济全球化和文化多样性的态势下，茶文化研究的国际交流是一种趋势。从表面的升温，走向实质的深入，这是一个过程。需要加强交流，增进直接对话，加深双方的学术积累和学术了解。这样，中国茶文化研究就能够不断得到提升。

5.人才培养

任何事业的发展都需要人才的支撑。茶文化研究的兴盛也取决于人才的素质。40多年来，随着茶文化的繁荣，茶文化方面人才的需求也越来越旺盛。茶文化教育受到重视，国内已经形成人才培养的网络系统。不过茶文化教育目前重在培养茶学人才和实用型人才[35]。现在大学教育正在由精英教育走向大众教育，硕士特别是博士研究生教育，才是培养高级的研究型人才。而茶文化教育方面，专业只有大专层次的，茶学才有本科以上的，附带学习一些茶文化课程。茶文化教育本科缺位，硕士和博士教育更是未提上议事日程。也有以茶文化方面的论文获得硕士和博士学位的，但或是茶学专业招进的学生或是其他专业（如古代文学与历史等），而对茶文化感兴趣者。我们主张学科的综合和交叉，也不排除各个专业都为培养研究型的茶文化人才出力。但是，茶文化专业有自身的学科体系和素养要求，旁及或兼顾自然有时会出"奇招""绝招"，却也会给人留下"野路子"的印象。其实，国外就有值得学习和借鉴的经验，如韩国有专业学习茶文化的研究生，我们这么一个茶文化发源的大国为什么不能够设置相应的学位呢？这和学校教育课程设置的滞后，学位设置的不合理相关联。对于一些边缘性的，或是综合性的，或是交叉性的，或是新兴的学术不重视，难于突破固有的模式和规则，也必然影响这些学科的发展。不仅茶文化研究型人才培养如此，还有一些同样类型的实例。当然，要改变思维定式不是一朝一夕的，要改变原有的潜规则更非易事。在现存的条件下，唯有面对现实，又积极进取。一是把茶文化研究向更多的学科拓展和延伸，形成规模和产生影响，引起对这方面研究人员培养的重视。二是在茶学专业的基础上进行"嫁接"，争取多设置一些茶文化学位方向，并且采取文史与农学学员兼收的办法，扩大生源基础和学生理论知识的领域，培养复合型的研究人才。三是在一些文科专业领域，如文学、历史、文献、民俗、文化、旅游、社会学、文化人类学等学科，也增加茶文化学位方向，使更多的具有人文素质的人才成为茶文化研究队伍的后备力量。对现有的从事茶文化普及与研究的人员，也要追踪学术前沿，不断提高学术水准。

除了上述五个方面，也许还有许多值得关注的问题。但是，只要这些解决好了，茶文化研究就会充满锐气和后劲，就会在基本理论的深化、茶文化历史与现实的探讨方面有新的作为，促进中国茶文化学科的完善与提升。

我们虽然可以预测事物的未来，但是，不该也不可能使这种预测演化为一成不变的指向。不过，我们对于中国茶文化研究的未来走向感到乐观。这是因为：社会存在决定着事物走向。用茶、饮茶在中国有几千年的历史，特别是引起极大恐慌的传染性非典型肺炎、新型冠状病毒感染来临时，茶对人类免疫力增强的极好功能，对人体身心健康的极好效用，进一步证明：茶是原子时代的饮料，是21世纪最值得青睐的健康饮品[36]。这种现实需要，将形成有利于茶文化研究生存的广阔空间。

文化的多样性是通过具体的文化事项表现出来的。茶文化是最具有大众性、民族特色、地方特点的文化形态。现在，世界上对非物质文化遗产保护力度越来越大。而茶文化是一种物质与非物质融为一体的文化，既是历史的遗存，又充满活泼的张力。认识她，研究她，正是题中应有之义。

茶文化一贯是与哲学、与社会、与人生、与学术紧紧相依存的。宋代大儒朱熹曾常以茶阐述高深的理学，当代学术名家钱穆曾指出："苟写一部中国饮茶史，亦即中国社会史人文史中重要一项目。"[37]这种学术的血脉，是不可能割裂和割断的。

　　作为茶文化的研究者，我们定会心存信念，我们也会心存感念，更重要的是坚定不移地走自己的路，正像广告词里所说的："我们一直在努力！"

参考文献

[1] 余悦,赖功欧.茶理玄思·茶论新说揽要[M].北京:光明日报出版社,2002.

[2] 陈祖椝,朱自振.中国茶叶历史资料选辑[M].北京:农业出版社,1981.

[3] 余悦,周志刚.中国古今茶书简目[M].北京:光明日报出版社,1999.

[4] 陈香白.中国茶道的义理与核心[J].农业考古,1992(4):17-21.

[5] 赖功欧.茶哲睿智·中国茶文化与儒释道[M].北京:光明日报出版社,1999.

[6] 陈文华.中华茶文化基础知识[M].北京:中国农业出版社,1999.

[7] 陈文华.长江流域茶文化[M].武汉:湖北教育出版社,2004.

[8] 余悦.中国茶文化史上的第一座高峰:唐代茶道的特征及其历史地位[C]//法门寺唐文化国际学术讨论会论文集.北京:五洲传播出版社,2000.

[9] 余悦.中国茶韵[M].北京:中央民族大学出版社,2002.

[10] 余悦.儒释道和中国茶道精神[J].农业考古,2005(5):115-129.

[11] 劳动和社会保障部中国就业培训技术指导中心.茶艺师（基础知识）[M].北京:中国劳动社会保障出版社,2004:18-19.

[12] 余悦.探求中国茶道的真谛[M]//林治.中国茶道.北京:中华工商联合出版社,2000.

[13] 吴振铎.中华茶艺杂志创刊词[J].中华茶艺协会专刊,1987(1).

[14] 陈香白,陈再舞."茶艺"论释[J].农业考古,2001(4):48-49.

[15] 蔡荣章.现代茶艺[M].台北:台湾中视文化事业股份有限公司,1983.

[16] 陈文华.中华茶文化基础知识[M].2版.北京:中国农业出版社,2003.

[17] 范增平.台湾茶文化论[M].台北:台湾碧山岩出版公司,1992.

[18] 寇丹.茶艺初论——在五台山国际茶会上的发言[J].农业考古,1997(4):55-58.

[19] 陈宗懋.中国茶叶大辞典[M].北京:中国轻工业出版社,2000.

[20] 吴旭霞.茶馆闲情:中国茶馆的演变与情趣[M].北京:光明日报出版社,1999.

[21] 连振娟.中国茶馆[M].北京:中央民族大学出版社,2002.

[22] 陈彬藩,余悦,关博文.中国茶文化经典[M].北京:光明日报出版社,1999.

[23] 郑培凯,朱自振,中国历代茶书汇编校注本[M].北京:商务印书馆（香港）2007.

[24] 许嘉璐.中国茶文献集成[M].北京:文物出版社,2006.

[25] 吴觉农.中国地方志茶叶历史资料选辑[M].北京:农业出版社,1990.

[26] 朱自振.中国茶叶历史资料续辑（方志茶叶资料汇编）[M].南京:东南大学出版社,1991.

[27] 王冰泉,余悦.中华当代茶界茶人辞典[M].北京:光明日报出版社,1995.

[28] 王冰泉,余悦.清茗拾趣[M].北京:中国轻工业出版社,1993.

[29] 余悦.茶吟遣兴:茶诗茶词撷英[M].北京:光明日报出版社,2002.

[30] 余悦.茶情雅致:茶文散记粹编[M].北京:光明日报出版社,2002.

[31] 余悦.茶间况味:茶事小说辑录[M].北京:光明日报出版社,2002.

[32] 余悦.茶韵悠然:茶歌茶曲集萃[M].北京:光明日报出版社,2002.

[33] 余悦.茶理玄思:茶论新说揽要[M].北京:光明日报出版社,2002.

[34] 余悦.茶趣异彩:中国茶的外传与外国茶事[M].北京:光明日报出版社,1999.

[35] 余悦.茶艺教育发展的新阶段[J].农业考古,2002(4):120-128.

[36] 余悦.家庭茶知识手册[M].北京:中国人口出版社,2004.

[37] 钱穆.现代中国学术论衡[M].台北:台湾东大图书股份有限公司,1985.

第一篇

陈文华茶文化研究专论

茶文化的历史学派
陈文华茶文化研究路径与学术贡献

余悦 等

茶文化研究历史学派的领军者
——陈文华茶文化研究综论

余悦

2024年，是农业考古学创立者、著名茶文化专家陈文华研究员90诞辰，也是他与世长辞10周年。在这样的时刻，我们特别思念这位为中国学术事业作出杰出贡献的卓越学者。

之所以强调陈文华研究员的学者身份，是社会对他具有诸多标签，而予以第一位的认定，并非具有排他性与唯一性。由于他具有口若悬河、滔滔不绝的演讲才能，策划并主持过许多大型活动，被称为"茶文化活动家"；由于他古稀之年，投身新农村建设，取得众所周知的成就，被赞誉为"茶文化践行者"；由于他开发种植皇菊，带动了这个产业的发展，甚至被有的消费者误认为，他仅仅是技术高超的皇菊开发者与成功者。其实，陈文华研究员是著作等身、成绩卓著的学者，是以学术研究作为职业与生命的佼佼者。学者是陈文华的第一身份，是他安身立命的根本，著作是他的宝贵思想成果，是遗存后世的学术财富。

当代茶文化研究的前阵队列，经过三十多年的打拼，已经自觉或者自然而然地形成了不同学派。茶文化的理论学派、文献学派、历史学派、民俗学派、交叉学科学派，都若隐若现地活跃在茶界。作为茶文化研究的引领者之一，陈文华研究员的学术根底、研究旨趣、方法运用，无不体现出历史学的风格。他以睿智的学术思考、厚重的研究成果、专题的教学用书、普及的大众读物、编辑的茶事刊物，凝聚形成的合力与影响，成为茶文化历史学派的领军者。

一

学派之说，并非标新立异。中国学派之实，早在先秦时代就初露端倪。先秦诸子百家，尤其是儒、墨、道、法四家，便是古代的学派。至迟在明代，"学派"一词已经出现。如今受到关注的王阳明，《明史·卷二八三》（列传第一七一）追寻其学术流变称："阳明学派，以龙溪、心斋为得其宗。"

在中国传统学术范畴，因师承传授导致门人弟子同治一门学问，或者自于同一师门且学术观点相同，或者由于交谊密切而学术思想相近，这种"师承性学派"特征最为显明。所以，《辞海》解释"学派"词条称之为："一门学问中由于学说师承不同而形成的派别。"陈文华作为茶文化历史学派的领军人物，其学术路径，首先源自他的学习经历与师承关系。

1954年—1958年，陈文华在厦门大学历史系读书。厦门大学是由著名爱国华侨领袖陈嘉庚先生于1921年创办的，是中国近代教育史上第一所华侨创办的大学，学校具有鲜明的办学特色，严谨的学术传统，形成了"爱国、革命、自强、科学"的优良校风，注重中华文化海外传播。陈文华就读之时，著名历史学家傅衣凌教授正在学校任教，并且主管历史系。傅衣凌学识渊博，学术思维活跃，学术兴趣广泛，形成了独特的治史风格和特有研究方法。他致力于中国社会经济史，尤其是明清经济史研究，却又不囿于正史资料与传统方式。注重民间记录的搜集，运用民间文献来证史，是傅衣凌的治史特点之一。他扩大史料来源，把前人很少注意的契约文书、族谱、地方志，充分利用来研究经济史。吸取多学科营养，增强经济史根基，是傅衣凌的又一治史特点。在研究工作中，他把社会史和经济史相结合，既继承传统学术的看家本领，又吸取西方社会学、经济学、民俗学的长处。在当时的社会环境与学术氛围，这显然是大胆、破格和标新立异的。但是，对于年轻的陈文华来说，傅衣凌教授等前辈学者的教益，潜移默化的影响，成为他历史研究的启蒙教育。敢于发前人所未发，提出独到的新见解，成为伴随他整个学术生涯的追求，也是他茶文化研究的底色所在。

从东西方学派考察，其形成的机缘，除了师承关系，还有学术地域、学术问题的聚集。三者并非泾渭分明，而是互有联系、交流互鉴、相得益彰。陈文华的茶文化研究，既是江右文化的熏陶结晶，又是农业考古的自然发展，还展现出自身的风采与魅力。陈文华的学术起步，以致整个学术生涯，都是生活、工作在素有"文章节义之邦"美誉的江西大地。1958年，他从厦门大学历史系毕业，分配到江西省博物馆从事考古工作。其间，他先后参与了近千座古墓的挖掘考古，掌握了大量第一手资料。1961年，26岁的陈文华受命主持"江西通史"陈列。1968—1971年，陈文华身居赣南农村三载，让他深入了解江西农村、农业、农民，思考了中国的农业文明与特质。陈文华1975年提出，1978年创办，并于当年10月正式展出的"中国古代农业科技成就展览"，立即引起省内外的强烈反响。这个展览，是利用文物考古资料为农业科技发展服务的有益尝试，内容以生产力发展为主要线索，展示了中国古代农业科技的辉煌成就，适应了当时正在试行的农村改革的客观需要，产生了出乎意料的轰动效应。因此，各种相关内容的讲课邀请纷至沓来。他的演讲才能得到极大地展露与发挥，又进一步促进了中国古代农业文明内容的传播。

面对巨大的成功，陈文华敏锐地发现了学术问题，抓住了历史的机遇。他发现交叉学科的魅力与研究突破的可能，将农史研究与考古学结合起来会有广阔的前景。于是，适逢其时提出"农业考古"的概念，努力创建并形成一门新兴的边缘学科。1981年，他创办了大型学术刊物《农业考古》（半年刊），为农业考古学科建设搭建起交流平台，聚集起海内外的多学科学术力量。英国研究中国科技史的权威、以《中国的科学与文明》（即《中国科学技术史》）享誉世界的李约瑟博士来信赞扬："《农业考古》充满了迷人的作品，它是我们东亚科学史图书馆最有价值的刊物。它将引起西方世界的极大兴趣。"中国史学权威白寿彝教授在专稿中赞扬："《农业考古》是近年来办得很有生气、很有特色、很有影响的一个刊物。""在考古学、民族学、历史学、农史学等学科的交叉点上开拓了新的领域。"这个"新的领域"，就是中国农业考古学。日本考古学界更是赞不绝口，称陈文华为"中国农业考古第一人"。

茶文化研究成为陈文华先生的另一个学术支点，同样是学术问题与学术机遇的汇合。1989年，《中国茶文化大观》编委会成立，由时任江西省文化厅厅长的郑光荣教授为编委会主任，时任江西省群艺馆馆长、江西省艺术中心主任的王冰泉，《文艺理论家》主编的余悦为主编，组织江西省文化系统和省社会科学院的一批中青年学者，从搜集原始文献入手进行茶文化研究。当时，吴觉农先生刚刚去世，健在的王泽农、陈椽、庄晚芳教授任顾问，江西的文史大家姚公骞、农业考古专家陈文华也应邀担任顾问。《农业考古》从创刊开始就辟有"茶叶"专栏，过去侧重于栽培技术史的研究。担任《中国茶文化大观》顾问后，陈文华开始与茶文化结缘，他看到以文化视野研究茶叶的广阔前景，毅然加入那时极少人文学科学者涉足的茶文化队伍。1991年，陈文华把《农业考古》由半年刊改为季刊，每年创办两期《中国茶文化专号》。如今，已经延续了34年。专刊登载了一批有分量的茶文化研究论文，为推动中国茶文化事业发展作出了重要贡献。与此同时，陈文华也以极大的热情投身茶文化研究，留下了丰硕的学术成果，成为宝贵的思想文化遗产。

从踏入大学之门，到人生谢幕的近60年时光里，陈文华经历了历史学科的启蒙与洗礼，考古挖掘的实践与积累，农业文明展览的编创与收获，农业考古学科的思考与创建，茶文化研究高地的追求与攀登，以农业考古探索与茶文化研究的双翼，在学术的天空自由翱翔，成为农史学科与茶文化史学的一代大师。

二

在茶文化方面，陈文华先生发表了几十篇学术论文，参加了多种图书的写作，他独自撰写与主编的茶书就有10种。这些著述，既有厚重的理论著作，又有浅近的普及读物；既有深入的学术研究，又有丰富的专题教材，无不展示出陈文华先生的研究特色与学术个性。

任何学者学术研究，都有其立足的本位，展现的本体，坚持的本色。茶文化研究的整体把握，基于对研究对象的认识，对茶文化学科建设的认知。陈文华对中国茶文化学的研究对象有清晰的界定，有鲜明的理论诉求。在《中国茶文化学》一书，陈文华开宗明义指出：

中国茶文化学的研究对象主要是人们在茶叶生产及消费过程中的行为模式和在此过程中所孕育出来的价值观念、审美情趣。具体地说，大体包括下列几个方面：
茶树的起源、演变、发展和传播。
茶叶饮用方式的产生、演变、发展和传播。
茶叶的品饮技艺的形成和发展。
品茶之道的形成和发展及其与哲学、宗教之间的关系。
各地、各民族饮茶习俗的产生，演变和发展。
茶学著作的产生和发展。
茶与文学艺术（茶诗、茶画、茶歌、茶舞、茶戏、小说、散文、传说、茶联、茶谜）的关系。

中国茶文化研究对象的广博，决定了必须采用多学科的方式方法。当然，其最基础的、最普遍的，是历史学。陈文华特别强调茶文化的历史属性，指出：

中国的茶文化有几千年的历史，因此茶文化学本质上是属于历史学的范畴，没有历史学的知识是无法真正了解中国茶文化的历史。因此研究中国茶文化学就必须了解中国历史，要了解中国历代社会、政治、经济、文化的发展脉络，要了解中国古代的历史典籍和文化艺术，要用历史学家的眼光来审视茶文化的历史走向。

正是在这样的学术思想指导下，陈文华的茶文化研究，从理论构架，到问题阐释，以及资料搜集，方法运用，都体现出鲜明的历史学色彩与个性。

首先，陈文华著述的理论构架，是以历史经纬来编撰的。

每一本著作的目录，是其提纲挈领的点睛之笔，也是精心论述的逻辑走向，还是全面编织的网络线索。翻开陈文华撰写的茶书，几乎每一本都有历史源流赫然在目。《中华茶文化基础知识》（中国农业出版社1999年出版），是陈文华撰写的第一本茶书。这本10多万字的著作，用作者的话来说："本书所述的仅是一些基本常识，权当一个向导，读者可以根据本书提供的一些线索进一步阅读有关著作，以丰富自己的茶文化修养。"全书正文包括七个部分："中国是茶的故乡"内容为：茶树的起源，茶叶的种类，茶叶的外传；"中国饮茶简史"，依次介绍：原始阶段（先秦），南方饮茶已成风气（两汉、魏晋、南北朝），饮茶风气传播全国（唐代），饮茶风气的兴盛（宋代），饮茶风气的鼎盛（明清），中国茶叶再现辉煌（现代）；"饮茶方法的演变"同样是以时间为序：烹茶（唐代），点茶（宋代），泡茶（明代），罐装茶（今后）；"茶具的基本常识"；"为何要喝茶"；"如何喝好茶"；"何谓茶文化"则是按照类别叙述。虽然这是普及读物，由于该书的权威性、知识性、通俗性，曾经多次重印，并进行了再版，成为影响许多人的茶文化启蒙读物。而且，历史学的理论构架，贯穿了陈文华所有茶书的写作。

《长江流域茶文化》（湖北教育出版社2004年8月出版）是陈文华先生最厚重、最见学术功力的茶文化著作，列入著名学者季羡林教授任总主编的"长江文化研究文库"。全书篇幅49万字，分为导论、正文和后记三部分。导论部分，在梳理各家论述后，对于茶艺、茶道、茶文化等重要概念提出了自己的观点。正文共8章，分别是：第一章"南方有嘉木"，论述茶树起源、茶叶种类、功效和传播；第二章"源远流长的茶文化"，叙述从旧石器时代至当代中国茶文化的历史；第三章"茶滋于水，水藉于器"，探讨饮茶方式流变及茶具发展史；第四章"品茗艺术"，论述历代品茗艺术内涵与特点；第五章"品茶之道"，讨论中国茶道精神的形成及与儒释道和民众观念的关系；第六章"异彩纷呈的茶俗"，叙述长江流域上游、中游、下游及闽台两广不同地域的茶俗；第七章"茶文化的外传"，介绍东西南北四路茶文化传播世界各地的情况；第八章"茶文化与文学艺术"，叙述历代茶诗、茶画、茶歌、茶舞、茶戏、茶小说、茶散文、茶传说、茶谚、茶谜、茶联等。《长江流域茶文化》所论，并非仅仅局限于"长江流域"，而是广泛涉及古今中外的茶文化。这部视野开阔、论述充分的茶文化专著，其叙述构架同样体现出严谨的史学追求。对于《长江流域茶文化》的写作，陈文华强调："本书偏重于从历史角度来考察茶文化发展的历史进程，这固然与本人专业有关，但也因为以史学的眼光来观照古代事物易于找准历史坐标，许多问题，只要把它的来龙去脉搞清楚，就可迎刃而解。"作者自道，诚哉斯言！

《中国茶文化学》是陈文华的又一本重要茶书，被视为《长江流域茶文化》的姊妹篇。全书约31万字，主要讲述了：茶叶基本知识、中国茶文化简史、饮茶器具、品茗艺术、品茗之道、茶馆、茶会、茶宴、饮茶习俗、中国茶文化的外传、古代茶书、茶文化与文学艺术，浓缩了关于茶历史、茶生态、茶具、茶艺、茶生活、茶习俗、茶传播、茶艺术等多领域内容。这部著作的历史特色，并非从古至今简单编年分代，而是古今中外各种资料的运用融通，历史与科学的学科会通，内外兼备的逻辑贯通，追根溯源与历史流向的变迁，理论体系与知识空间的涵盖，形成历史的张力与时代的交互探索得以深化。

陈文华生前最后出版的一本茶书《茶文化概论》（中央广播电视出版社，2013年7月），是他对茶文化的最新思考与总结，凝聚了先生最后的心血。该书是在《中国茶文化学》著作的基础上，根据远程开放教育的特点和要求，加以拓展的著述。本书共为十一章，分别为：概论，茶叶基本常识，中国茶文化史，饮茶器具，品茗艺术，品茗之道，茶馆，茶会、茶宴，饮茶习俗，茶文化的外传，古代茶书。其架构与叙述，依然是史学的风格。

至于陈文华的其他茶书，如《中国古代茶具鉴赏》《中国茶文化典籍选读》，从书名就显而易见是遵循历史的脉络。《中国茶道学》《中国茶艺学》《中国茶艺馆学》等著作，都是从相关事项的历史发展脉络入手，在明源流、辨大势的基础上，再进行条分缕析的类别论述。甚至《茶叶的种植、加工和审评》一书，讲解茶叶的栽培、加工及评审等知识，也对茶树的起源、茶叶的历史、古代的茶叶加工等进行阐述。对于历史学，陈文华是"念兹在兹，无日或忘"。

其次，陈文华著述的学术理路，是以历史脉络来追索的。

治学者遵循的治学逻辑、研究路径，认同的治学重心、目标定位、价值标准，依照的思维方式、操作模式，构成了学术理路。学术理路成熟的群体展示，形成学术流派。陈文华作为历史学派的领军者，他倡导与践行的学术理路成为历史学派形成的学理依据。在他的著述中，中国茶道学、中国茶艺学，都是用单本著作来进行阐释的，都是以历史脉络的追本穷源得出结论的。

在《中国茶道学》一书，陈文华通过翻阅大量的历史典籍，对于魏晋时期茶道精神的萌芽、唐代茶道精神的形成、宋元时期的茶道精神、明清时期的茶道精神、当代的茶道精神，进行了系统梳理；并且对于中国茶道与儒释道的关系、与民众思想，以及茶道类型、茶道与美学进行了专题论述。他认为："茶道是品茗之道的简称，是人们在品茶过程中所应遵循之道。它是人们在茶艺操作过程中所追求、所体现的精神境界和道德风尚，它经常是和人生处世哲学结合起来而具有一种教化功能，成为茶人们的行为准则，也就是通常所说的以茶悟道。因此茶道是茶艺的灵魂，是茶文化的核心，是指导茶文化活动的最高原则。"（《中国茶道学》，江西教育出版社，2010年5月，第4页）他还力图改变用四个字表述中国茶道精神的模式，提出"静是茶之性，和是茶之魂，雅是茶之韵"，尝试以"静、和、雅"三个字概括中国茶道的本质特征。虽然，他的一家之言未能成为共识，但是，其见解是建立在历史脉络基础上的。诚如他在《中国茶道学》后记坦陈的："只有全面、客观地认识中国茶文化的整个发展历史之后，才可能对中国茶道问题有较公允、准确的理解。这就是我写本书的原因。"

茶文化是以品茗艺术为中心的综合性文化体系，茶艺是茶文化的核心组成部分，也是推广茶文化的重要平台。20世纪90年代起，茶艺的著作不断增加，从小众图书成为大众读物。但是，系统性的理论阐释与知识传播还是缺乏。2009年10月，陈文华编著的《中国茶艺学》出版，系统总结和梳理茶艺的理论、历史、美学、技艺，为茶艺教育提供理论支撑、丰富知识和实践指导。在此之前，虽然有以"茶艺学"为名称的著作，但其理论构架、系统程度、文化深度、审美高度，都不能同日而语。这本著作，目标明确，架构清晰，内容全面，知识连贯，共分为六章，包括茶艺概论、茶艺历史、茶艺分类、茶艺要素、茶艺美学、茶艺表演。从章节安排来看，"茶艺历史"仅占其一，不过，全书从整体到局部、从宏观到微观，历史脉络有着深刻的内在联系和逻辑关系，历史眼光、历史追索、历史情感充斥着字里行间。如传授品茗"色香味形"知识与技艺时，不是按照常规介绍概念与方法，而是依照历史脉络，从唐代对"色香味形"的审美情趣入手，分门别类选择诗词歌赋描叙的品饮体验，依次介绍宋明清的品茗审美特点。在了解历代的美学意蕴后，才根据现代茶艺的科学要求，呈现与指导学生理解和掌握"色香味形"的品饮艺术。这种从历史脉络出发的阐释，贯穿着全书的各个篇章，充分体现陈文华的茶艺学思想是立足于中国传统茶文化的悠久历史和丰富内涵基石之上，并为当今茶艺教育提供了体验、感受、技艺、审美融合的理论思考。

最后，陈文华著述的问题阐释，是以历史方法来解决。

任何学科都有其方法，历史学的方法并非单一的，而是综合的、开放的。传统的史料考证、史料析论、分析方法、归纳方法、比较方法、综合方法，是史学家的"看家本领"。史学方法的承旧见其功底与功力，而史学方法的创新，也是显现出史学家的博学与睿智、胸襟与深邃。在茶文化研究的道路上，陈文华一贯遵循史学方法，却又不墨守成规，学术方法的变易屡见不鲜。

作为著名农业考古和茶文化专家，陈文华非常重视资料的搜集、整理与分析。长期以来，他既博览群书，又实地考察；既着重正史，又关注野史；既运用考古发现、民族资料，又搜罗岩画遗存、金石碑刻；既重视农史材料、方志记载，又广及各种类书、历代文集；既采用茶书笔记、诗词歌赋，又佐以散文小说、民间传闻；既汲取中外研究成果，又采用古今资料汇编。这样的史料采纳，使陈文华著作学术视野的广阔与严谨深入的论述，有机结合在一起。

陈文华的厚重之作《长江流域茶文化》，是历史学方法承袭与创新的典范。茶叶发现与利用的起源，一般依据陆羽《茶经》的说法："茶之为饮，发乎神农氏，闻于鲁周公。"据此推算，茶叶的发现与利用在8000—4000年前的新石器时代。不过，由于时代久远，史料缺乏，难以实证。陈文华却将中华民族利用茶叶的历史分为四个阶段，即：食（将茶叶作为食物来吃等）、喝（将茶叶当作解毒的药物熬成汤汁来喝）、饮（将茶叶作为解渴、提神的饮料来饮用）和品（将茶叶煎、煮、泡成茶汤来品赏它的色、香、味、形）。由此得出结论：茶叶作为食物被人类利用的时间，应该是旧石器时代（60万年—1万年前）的中晚期。于是，茶文化的历史从新石器时代推进到旧石器时代，这无疑是大胆的，甚至是石破天惊的。然而，这并非是简单的历史想象，却蕴含着历史真实，是基于多学科的综合考察。这部著作，不仅充分利用茶文化学、农史学的丰富史料，而且采纳考古学、民俗学、人类文化学等学科的最新成果，力图进行"通古今之变，成一家之言"的探索。作者翻阅大量前人和当代的研究成果，运用校勘、辨伪、考异的历史考证方法，廓清神话传说和历史现实的差异与关联，提出了茶史研究的新思路与新观点。其之说，虽非定论，却值得参考。更重要的是，他把多学科资料运用于茶史研究的方法，为茶文化探索拓宽了新视野与新天地。

总之，陈文华研究员的学术根基是历史学，其经历的每一个阶段，都是这一根须的延伸与舒展，犹如他故乡的大榕树，根深叶茂，郁郁葱葱。陈文华的茶文化研究，以历史学的基础，建构起宏伟的学术大厦。历史学的本色，在陈文华的茶文化著述中，表现得淋漓尽致，并且贯穿始终。

三

在当代波澜壮阔的中国茶文化进程，日益提升的中国茶文化研究，陈文华学术底色的坚固，学术本色的坚守，使他成为卓越的领军者之一。他的美誉度、影响力、凝聚力，长盛不衰，还在于他与众不同的学术个性与学术亮色。概括而言，有六个方面：

第一，从历史到现实的关照。

陈文华的学术研究，重点是富有中华文明特质的茶文化、茶历史。但是，"知古鉴今，古为今用"的学术传统滋养着他，影响着他。一方面，他致力于中国茶文化血脉的追寻与传承，深耕中国茶文化传统的肥田沃土。另一方面，他具有守正不守旧、尊古不复古的进取精神，研究历史却又关照现实。他的著作，这种特色极为鲜明。《中国茶艺馆学》（2010年2月出版），就是这方面的例证。

从传统茶馆走向茶艺馆，是当代社会大众饮茶场所传承与提升的标志之一。20世纪90年代初期，陈文华曾经引领时尚创办"神农茶艺馆"，虽然无果而终，但他一直没有放弃努力，后来又参与创建"白鹭原茶艺馆"，获得极大的声誉。作为学者，如果说，办茶艺馆是"文化实验"，研究茶艺馆才是职责所在。他撰写的《中国茶艺馆学》，全景式展现茶馆的清晰历史脉络、厚重的文化内涵，以及在中华茶文化中的闪光足迹，全面系统地梳理漫长历史长河中有关茶馆的标志性人、物、事，对从茶馆到茶艺馆的转变进行条分缕析地阐述。如果仅此而已，这本著作与早前出版的类似茶馆简史的图书，就会大同小异，新意难觅。陈文华敏锐地发现，在从茶馆向茶艺馆演变时，经营者逐渐具有自觉、主动的文化意识。在取得经济效益的同时，经常举办茶艺讲座、开展茶文化活动，传授品茶技艺和传播茶文化知识，成为积极弘扬中华优秀茶文化的载体。茶艺馆的文化属性，现在已经司空见惯，当时却是令人耳目一新。陈文华从现实关照出发，为中国茶艺馆业的健康发展，提倡以茶艺服务为中心的文化型茶艺馆的经营模式。他还从方向正确、特色鲜明、人员优秀、质量上乘、服务周到、营销策略六个方面，对茶艺馆的经营管理进行了阐述。这就使《中国茶艺馆学》不仅是一本书斋论道之作，而且是具有实践指导意义的经世致用之书。

第二，由艺道到理论的探求。

1992年，陈文华夫人程光茜老师会同几位志同道合的同事，创办了南昌女子职业学校，他理所当然成为智囊与志愿者。其时，陈文华先生和我，先后被聘为学校高级顾问、茶艺教授。办学伊始，茶艺成为学生的兴趣课程，后开设茶艺选修课，系统进行茶艺教育，组建学生"茶艺表演艺术团"。1999年，经过教育主管部门批准，开办了中专茶艺专业，2002年又开办了大专茶艺班。学校先后培养数以千计的茶艺师，茶艺毕业生遍布全国各地，甚至到境外就业，被誉为"全国茶艺师的摇篮"。

陈文华身体力行，兴趣盎然编创茶艺，逐步完善成为历史系列、民族系列、民俗系列的茶艺节目体系。茶艺表演多次在全国大赛中获奖，先后为国内外许多贵宾表演，并多次获邀到法、日、韩、芬兰、俄罗斯等国家和港、澳、台地区表演与交流。陈文华还编写教材，亲自授课。在茶艺的实践过程中，陈文华积极参与，不断观察，深入思考，进行探索。从艺道的传播，到理论的探讨，是陈文华学术研究的路径之一。他的《中国茶艺学》，正是从实践到理论的升华。他把茶艺简明扼要的概括为"泡茶的技艺和品茶的艺术"，深入浅出，容易记忆，便于传播，来源于艺道的实践与理论浓缩。

第三，由研究到教育的拓展。

陈文华先生撰写的茶文化著作，既是学术研究的心血结晶，更多的是面向茶文化教育的教学用书。1999年，他的第一本茶书《中华茶文化基础知识》，就是为教学而作。从

2006年起，陈文华先生负责为全国高等教育自学考试"中国茶艺专业"编写教材。他先后撰写与出版六种教材（因均由江西教育出版社出版，故不一一注明出版社）：《中国古代茶具鉴赏》（2007年12月出版）、《中国茶文化典籍选读》（2008年2月出版）、《中国茶艺学》（2009年10月出版）、《中国茶道学》（2010年5月出版）、《中国茶艺馆学》（2010年2月出版）、《茶叶的种植、加工和审评》（2011年2月出版）等。在我担任江西广播电视大学茶文化学科建设专业委员会主任时，组织编写"茶文化专业系列教材"，陈文华先生又毅然担纲了《茶文化概论》（中央广播电视大学出版社2013年7月出版）的写作，奉献出40多万字的教材。

第四，由办刊到探讨的链接。

陈文华的学术生涯，有三十多年是和编辑工作紧密联系在一起的。他的大量研究成果，也是在办刊过程中不断积累与深化的。1981年，陈文华创办《农业考古》杂志，他的农业考古系列成果相继问世。例如：1988年，《中国稻作的起源》一书在日本东京出版。1990年，《论农业考古》一书出版。1991年，出版大型学术著作《中国古代农业科技史图谱》。1994年，出版大型学术图录《中国农业考古图录》。2005年，《中国古代农业文明史》出版。2007年，《中国农业通史夏商西周春秋卷》出版。1991年，陈文华创办《农业考古·中国茶文化专号》，首开中国茶文化学术期刊先河。在编辑茶文化刊物的同时，陈文华同时进行深入的学术研究，其茶文化著作的编撰都是在这一时期。出版界历来有"编辑学者化"的讨论，在陈文华身上，编辑和学者的身份是完美结合在一起的。回顾《长江流域茶文化》的写作，陈文华感慨地说："我自1991年在《农业考古》上开辟《中国茶文化专号》以来，每年两期，每期六十万字左右，至今已经出版了26期，共发表三千篇文章，其中有一半以上是属于研究性的学术文章，涉及茶文化的方方面面，反映了中国当代茶文化研究的主要成就。如果没有这些文章，我是没有办法现在就写出这本书来的。因此，本书可以说是我十多年来在编辑这些文章过程中的一些学习心得。"虽然是作者自谦之词，却也说出了办刊与研究的相得益彰。

第五，由学术到实践的合一。

由实践到理论，又由学术到实践，陈文华在循环往复中不断探索与前行。2004年，年近七旬的陈文华来到婺源县上晓起，投身新农村建设，打造"中华茶文化第一村"。他以发现的一套水力捻茶机为契机，深入挖掘村庄的茶文化要素、地方文化、传统民俗、茶叶资源，保护通向上晓起村车辙压过的石板路，恢复茶作坊、传统茶亭、运茶古道、灵泉古井、溪边茶园，建设茶艺画廊、茶画馆、茶客栈，研制"晓起皇菊"并发展形成产业，开发茶文化旅游成为热点。这是一次茶文化学术的回归乡里，也是一次学术的返璞归真。在茶文化践行时，陈文华不忘乡村的茶文化普及。他应出版社之邀，将《中华茶文化基础知识》删削成5万余字的《茶文化基础知识》（中国农业出版社，2006年6月出版）。该书列入"建设社会主义新农村书系"文化生活篇，内容包括中国是茶的故乡、中国饮茶简史、饮茶方法的演变、茶具基本常识、如何喝好茶五个方面，努力使农村文化生活变得更加多姿多彩。陈文华的著述，与他投身"中华茶文化第一村"上晓起的新农村建设是一脉相承的，体现出知行合一的精神风范。

第六，由国内到世界的传播。

当代学术的传播，除了传统的著述之外，还呈现出新的特色与风貌。各种规模与主题的学术研讨会，丰富多彩的茶文化活动，都是学术思想传播的平台。陈文华是热情洋溢的茶文化活动家、激情满怀的茶文化演说家。他策划、组织、参与、主持过许多重要国际茶文化研讨会、国际茶博览会和国际茶会，他也以昂扬斗志参加各种茶文化活动，足迹遍布海内外。他还多次应邀出访美国、日本、韩国、英国、法国、德国、瑞典、芬兰、丹麦、泰国等地讲学交流，积极推动中国茶文化走出去，努力构建全方位、多层次的茶文化走出格局。他用生动、幽默的语言，对茶历史和茶文化进行诠释，展示中华茶文化的独特魅力，增强茶文化的国际影响力。参加茶文化学术讨论会，成为陈文华学术研究的延伸，也是吸引海内外各界人士了解茶文化，将中华民族优秀茶文化传播出去的舞台。

正由于陈文华茶文化研究的诸多亮色，汇聚传播与影响的"合力"，形成学术的"原动力"与"冲击波"。"主佐合德，文采必霸。""深文隐蔚，余味曲包。"重读陈文华的著作与论文，我的脑海中涌现出《文心雕龙》的佳句。以此评价陈文华的茶文化研究，是恰如其分的。"日试万言，倚马可待。"陈文华有如此的才情与风采，才能使学术的底色、探索的本色、传播的亮色相辅相成，才能充满着学术的元气，坚守住学术的骨气，彰显出学术的大气！

"登山则情满于山，观海则意溢于海。"陈文华茶文化研究的气韵，既是时代风云际会，也是锦山秀色滋养。他的整个学术生涯都在赣都大地，和赣派学术与文化有无法割舍的血肉联系。他生命最后的十年，致力于"中华茶文化第一村"的建设，同时从"最美的乡村"吸取学术的养料。看看这一时期他的成果，就会深刻感受到大地与生活的给予。

在上晓起村，陈文华开池植荷，嘱我作文，草成《茶村荷池赋》，他勒石刻碑，其迹犹存。其文不长，照录如下：

茶村荷池赋

晓起茶村，肇之唐宋。地处楚越，形胜峥嵘。北依高山曰后龙，南面峻岭笔架峰，徽婺古道曲折往西，晓溪清流蜿蜒向东。银桥卧波，倒影如虹；粉墙黛瓦，徽州古风。千年老树，浓荫蔽空；莺飞草长，万紫千红。茶生其间，郁郁葱葱。操传统捻茶机，全凭水功；产高山生态茶，毛尖毛峰。中华茶村，茗香涌动；名传遐迩，文化兴农。

更辟荷池，绿满坡陇。仰耀朝霞，俯照雍容。禀天地之淑丽精华，生淤泥而外直中通。万柄亭亭出碧漪，千蕊晔晔映日红。雾露集而珠流，光风动而憧憧。自含秋露贞姿洁，不竞春妖冶态禾农。莫怨西风吹残绿，长夏孤芳惟芙蓉。人面荷花相辉映，白发悠然唱大风。

朱子以茶喻理，濂溪于莲情钟。一朝风月，万古长空。吾爱一钩新月，暗香盈袖，莲池影动。啜佳茗而神清，对芳荷而吟咏，豪兴徜徉，禅心从容。无尽今来古往，多少春夏秋冬。愿天上人间胜境，似年年今夜星空！

余悦丙戌年于洪都旷达斋

这篇短文，既是观景，又是记事；既是抒怀，更是写人。

陈文华著述，像《爱莲说》般的隽永，《叶嘉传》般的恢弘，不正应该如此吗？

"人面荷花相辉映，白发悠然唱大风。"陈文华的学术精神与学术风范，不正具有如此的魅力吗？

　　如今，陈文华先生的衣冠冢安置在上晓起村。"中华茶文化第一村"陪伴着先生，陈文华先生的学术生命与灵魂像绿水青山一样长存！

应陈文华邀请，余悦为"中华茶文化第一村"作《茶村荷池赋》，陈文华特勒石刻碑，余悦在此留影纪念

茶文化研究的历史追索与阐扬燎原

——陈文华茶文化研究特点与成就

连振娟

　　2007年1月16日，在江西省社会科学院第二会议室举行了"陈文华先生开创农业考古三十周年座谈会"，总结了陈先生30年学术事业，被江西省社会科学院、江西省社联授予"农业考古30年荣誉奖"。

　　陈文华在农业考古领域的成就得到了国内外人士的认可："中国古代农业科技成就展览"在全国21个省份巡回展出；创办的农史学界的权威刊物《农业考古》，被研究中国科技史的英国权威专家李约瑟博士盛赞；创立了"农业考古"学科，被日本考古学界誉为"中国农业考古第一人"。

　　陈文华学术生涯的前半段贡献给了农业考古，余下的热情则给了中国当代茶文化。1991年起，《农业考古》每年增辟两期《中国茶文化专号》，成了权威性的茶文化刊物；2004年，江西省社会科学院在全国率先将"茶文化学"确认为重点学科，陈文华担任学科带头人；2004年起，陈文华在江西婺源打造了"中国茶文化第一村"。陈文华将他在农业考古学科30年的成功经验、洞察历史潮流的眼光，应用到了中国当代茶文化研究中，历经20余载，取得了令人瞩目的成就。

一、以理论辨析阐释茶文化学理

陈文华先生认为："茶文化事业的发展，必然要求学术界、理论界来解决它在发展中产生的一些基本理论问题。因为任何一个学科、任何一个事业，它的生命力归根结底在于它的理论基础如何。"[1] 在《论中国茶道的形成历史及其主要特征与儒、释、道的关系》中说："没有坚实的理论基础，茶文化就不能成为一门真正的学科，茶文化就缺乏足够的底气，甚至有可能把握不住发展方向。"[2] 基于此种深刻的认识，陈文华的著述中对于茶文化、茶艺、茶道的探讨占了很大的比重，且始终坚持原则，不牵强附会，不妄自菲薄，以史家眼光辨析，以求实态度论证。

陈文华30年的农业考古生涯，是以扎实求真的学术研究为基础的。茶文化研究则一以贯之，阐述的每一个问题都是以丰富的资料为基础，从严密的论证中得出结论。"论从史出"，是陈文华最基本的治学方法。

茶道、茶艺是茶文化的核心，陈文华有多篇作品论及。专门探讨茶道的文章及著作有《茶艺·茶道·茶文化》《论中国茶道的形成历史及其主要特征与儒、释、道的关系》《中国茶道与美学》《浅谈唐代茶艺和茶道》《中国茶道学》；论述茶艺的有《论当前茶艺表演中的一些问题》《关于〈禅茶〉表演的几个问题》《论中国历代的品茗艺术》《论中国的茶艺及其在中国茶文化史上的地位——兼谈中日茶文化的不同发展方向》《中国茶艺的美学特征》《中国茶艺的美学特性》《中国茶艺学》等。这些著述往往通过大量古代典籍、诗词等文献，甚或佐以出土文物为证，条分缕析，得出令人信服的结论。

比如《论中国茶道的形成历史及其主要特征与儒、释、道的关系》，文章明确提出"以历史的视角"[2] 探索中国茶道的形成、主要特征及其与儒、释、道三家哲学思想的关系。梳理"中国茶道的形成历史"中晋代时期，就用到了《舜赋》《晋书·桓温列传》《晋中兴书》《南齐书·武帝本纪》四则史料加以分析。对于陆羽《茶经》中的文字也进行仔细辨析，而非人云亦云。"茶道的源头确实在中国，'茶道'一词也最早诞生于中国，然而自唐代以后，中国历史上的茶道观念并不发达，至少在宋元明清时期是如此，这是不争的事实，我们应该有勇气承认这一点。"[2] 在《论当前茶艺表演中的一些问题》也谈道："中国历代茶人不太谈'茶道'，不将老百姓日常的饮茶之道硬抬到'非常之道'的高度，中国古代也没有专谈茶道的论著，这是不争的事实，毋庸讳言。现在有许多文章和著作大谈茶道，论证茶道在中国自古有之，不让日本专美于世。然而更多的是从古籍中发掘出一些处于萌芽状态的零星章句，然后以自己的现代意识加以深化，加以升华。但这些最多只能说是现代茶人对中国茶道的理解和阐述，并不等于古代就有如此丰富、如此完备、如此理想的理论体系。至于这些理解和阐述是否就是准确无误，能否为大家所接受，形成共识，更需经过时间和实践的考验，并不以个人意志或地位而转移。"[3]

陈文华这种求实的治学态度，使得他的文章具有极大的信服力。这些文章探讨了茶文化的基本内容，从最基础的概念界定，到文化体系的整体架构，为中国当代茶文化的理论深入探讨奠定了坚实的根基。

对于茶文化史上的一些有争议的细节问题，陈文华也在文章中予以辨析。比如关于古代烹茶用水的争议，其在《论中国古代的品茗艺术》"择水"部分探讨了陆羽辨南零岸水是否可能、陆羽评天下20处泉水的批驳问题，从用水的地理特点、历史变迁、诗文的写作时间先后等角度进行阐发，让人豁然开朗。

二、以著述夯实茶文化研究基础

陈文华的茶文化研究论文与系列著作，构建起了比较完整的茶文化知识体系，为茶文化的传播普及提供了良好的媒介，同时引领了茶文化研究的深入发展。

陈文华的著作共有10本，《中华茶文化基础知识》（1999）、《长江流域茶文化》（2004）、《中国茶文化学》（2006）、《中国古代茶具鉴赏》（2007）、《中国茶文化典籍选读》（2008）、《中国茶艺学》（2009）、《中国茶道学》（2010）、《中国茶艺馆学》（2010）、《茶叶的种植、加工和审评》（2011）、《茶文化概论》（2013）。这些著述，基本涵盖了茶文化研究的各个方面，既有深入的学术研究的理论著作，又有浅近的普及读物；既有概论性质的教材，又有多角度的专题读本，展示出陈文华茶文化研究的体系架构与学术个性。

比如《中国茶艺馆学》，是其鸟瞰茶艺馆的发展现状，及时反思茶艺馆繁荣昌盛表面下的问题，为了当代茶艺馆更好地、积极地、健康地向前发展而出版的成果。该书共七章，第一章探讨从茶馆到茶艺馆的变化、茶艺馆的功能、中国茶艺馆学的研究对象和研究方法；第二章追溯茶馆的发展历程；第三章按照不同标准给茶艺馆分类；第四章介绍茶艺馆的建设；第五章给茶艺馆的经营提出建议；第六章辨析茶艺馆的茶俗、茶艺、茶会；第七章回顾并反思茶艺馆的现状。虽然茶艺馆仅有30年的历史，但已经成为一类新兴的产业，有大量的从业人员，这是茶文化事业兴旺的一个重要标志。为了使之健康蓬勃发展，需要及时从各个方面进行总结。该书将此现象视为一支新兴的分支学科——中国茶艺馆学，架构起一个完整的知识体系，联结历史，反思现状，提出建议，来满足学校和社会的要求。既可作为学校的专业教材，亦能为茶艺馆经营者提供理论指导，还可为研究者提供学术方向，引领茶文化学科的发展。

中国当代的茶文化研究起步相对较晚，陈先生作为这一领域的领军人物，他的诸多著述为茶文化的稳步发展搭建起完整的体系，并发展成为一门新兴的学科。

陈文华对于茶文化的重要意义有着极为深刻的认识，除了通过自己的文章、著作阐释茶文化的内涵，还积极进行茶文化活动。早在1992年，陈文华发表的最早的一篇茶文化文章《群策群力，为振兴中国茶文化而共同奋斗》中就提出在深入开展茶文化学术研究的基础上，当务之急是先抓三方面工作：倡议建立各具特色的茶艺馆；要有自己的宣传舆论阵地；成立茶文化学会组织，举办各种茶文化活动和茶艺表演，加强交流和合作[4]。陈文华不仅倡议，而且身体力行地实践了这些"当务之急"，推动了中国的茶文化活动进入一个新阶段。

三、以专刊开拓茶文化研究阵地

陈文华教授在创办《农业考古》杂志时，就重视茶叶历史和茶文化研究工作，特辟专栏发表有关茶叶历史和茶文化的研究文章。

1991年，为了进一步推动茶文化的学术研究，陈文华将《农业考古》由半年刊改为季刊，每年增设了2期《中国茶文化专号》，夏冬两季定期出版。《农业考古·中国茶文化专号》开辟了茶文化研究、茶话、茶诗、茶艺、茶俗、茶具、茶馆、茶与名人等十多个栏目，每期60万字左右，配有彩色图片，融学术性、资料性于一炉，内容丰富，可读性强。从此，这个刊物就成为中国茶文化研究的阵地，汇聚了各个学科的茶文化研究者，发表了数量众多的研究成果，推动了中国当代茶文化研究迅速发展。

为了进一步扩大杂志的影响，1994年又与香港茶艺中心理事长叶惠民先生合作，联合出版《中国茶文化专号》海外版，在香港对外发行。

《农业考古·中国茶文化专号》可以说是茶文化研究领域里影响最大、权威性最强的刊物，可传播最新的学术信息，发表有价值的学术研究成果，壮大研究队伍，推动茶文化学科建设。陈文华为此刊物付出了巨大的心血。

四、以学术论坛扩大茶文化影响

陈文华不是囿于书斋中的学者。在研究农业考古时，他就主办了农史展览，巡回全国21个城市，在全国各地演讲100多场次，积极宣传研究心得。他同样赞同普及茶文化，且认为需要将茶文化展示给人们看，让人们了解进而喜欢茶文化，所以他积极策划茶文化活动，力图将中国茶文化传播至世界各地。这些年来他先后举办或协助举办或参与了一些规模不等的茶会、茶文化节和学术研讨会，对全国的茶文化事业起到了很大的推动作用。

1992年，参加福建省福安市"第二届中国闽东福安茶文化交流会"、湖南省常德市"第二届中国国际茶文化研讨会"。

1993年，协助云南省普洱市成功主办"首届中国普洱茶国际学术讨论会"。

1994年，参加"首届上海国际茶文化节"。

1996年，出席在韩国汉城举行的"第四次国际茶文化研讨会"。

1997年，参加"第四届上海国际茶文化节学术讨论会"。

1998年，主持在美国洛杉矶举行的"走向21世纪的中华茶文化国际学术研讨会"。

2000年，主办江西庐山"天下第一泉新世纪国际茶会"。

陈文华还先后于2003年、2004年、2009年三次应邀带领南昌女子茶艺队组成的"中国茶艺代表团"出访法国，参加法国举办的"中国茶文化节"，进行茶艺表演，受到各界人士的欢迎。

陈文华认为茶文化交流活动的活跃同样是茶文化事业繁荣的标志之一，所以国内外举行的很多茶文化重要活动中都可看到他的身影。或策划组织，或协助举办，或发表讲话，或学术交流，他以辛勤的付出、不懈的努力、不停歇的脚步，推动茶文化事业的发展。

五、以学校教育培养茶文化人才

陈文华是茶文化尤其茶艺教育的推广者。1999年他协助南昌女子职业学校在全国首家创办中专班"中国茶艺"专业，2002年又创办了大专班"中国茶艺"专业，并为大专班的学生讲授"中国茶文化学"课程。现在南昌女子职业学校在校学生2000多人，十几年来已培养近万名茶艺人才，足迹遍布全国各地，成为"全国最大的茶艺培训基地"，被誉为

"中国茶艺师的摇篮"。为方便学生实习,在学校门口开办了"白鹭原茶艺馆",既作为茶艺专业学生的教学实习基地,也是提升人们对茶艺馆的认识。

陈先生在为南昌女子职业学校授课的过程中感于教材的缺乏而编写了多部著作。某种程度上说,他的著作多是教学需要催生出来的。《中华茶文化基础知识》(中国农业出版社1999年出版),是陈文华先生撰写的第一本茶书,也是全国较早的茶文化教材。当时,江西的茶艺教育属于全国领先者之一。陈文华先生在茶艺教学讲义的基础上,完成了该书的写作。曾经多次再版,成为影响许多人的茶文化启蒙读物。《中国茶文化学》(中国农业出版社2006年出版)是解决"困境之一就是教材的缺乏"而写作的。为了满足全国高等教育自学考试"中国茶艺专业"教学的需要,应江西教育出版社之约,陈文华编写了"中国茶文化学教程丛书",共有六册:《中国古代茶具鉴赏》《中国茶文化典籍选读》《中国茶艺学》《中国茶道学》《中国茶艺馆学》《茶叶的种植、加工和审评》。2013年又编写了40多万字的《茶文化概论》(中央广播电视大学出版社2013年7月出版)。

在编著最早的一本教材《中华茶文化基础知识》的时候,陈文华就谈道:"对于茶艺馆工作人员来说,只懂得如何泡茶是远远不够的。要想使自己成为一名出色的茶艺师,使泡茶成为一门具有审美价值的艺术,就需要扩大知识面,提高自己的审美能力。"[5] 陈文华的理念中,茶艺不仅是一门技艺,还是茶文化的组成部分,所以他的著作总是兼具教材性质,也可作为茶文化普及读物。

六、以品牌培育实践茶文化产业

陈文华先生还是罕有的将茶文化研究和茶文化产业结合起来的学者,他于杖国之年打造完成了"中国茶文化第一村",为茶文化事业增添了一块新园地。

缘起于一架至今还在使用的靠水力驱动的木制捻茶机,小小的上晓起村因其独特的茶文化遗存吸引了陈文华,使得他本应颐养天年的生活变得辛苦又幸福。在这里,投入了他多年的积蓄,占据了他晚年的主要精力,焕发了这个古老茶村的生机,开拓了社会主义新农村建设的新天地。他成立婺源县华韵茶文化发展有限公司(任董事长);办幼儿园、茶作坊、茶客栈、农民文化宫,带领农民成立上晓起新农村合作社;创制的晓起皇菊,成为享誉全国的名牌产品;开发乡村特色旅游,带领农民走共同致富的道路。

"在近百年茶文化发展断代的时候,陈文华先生起了承上启下的作用。"(香港协和茶行的黄锦枝先生语)陈文华教授在茶文化界的突出贡献,已被公认为"全国茶文化界的领军人物"之一。在他开拓好的研究园地里,在他永不停歇的学术追求引领之下,学人们终将在这个领域越走越宽,中国茶文化将继续焕发勃勃生机。

参考文献

[1]陈文华.在97上海国际茶文化节学术讨论会上的讲话[J].农业考古,1997(2):36-37.

[2]陈文华.论中国茶道的形成历史及其主要特征与儒、释、道的关系[J].农业考古,2002(2):46-45.

[3]陈文华.论当前茶艺表演中的一些问题[J].农业考古,2001(2):10-25.

[4]陈文华.群策群力,为振兴中国茶文化而共同奋斗[J].农业考古,1992(4):1-3.

[5]陈文华.《中华茶文化基础知识》前言[J].农业考古,1999(2):50-51.

第二篇

陈文华茶文化学术思想

陈文华

茶文化的历史学派
陈文华茶文化研究路径与学术贡献

茶文化综论

群策群力，为振兴中国茶文化而共同奋斗

茶文化热潮正在中华大地上兴起，已为世人所瞩目。这股热潮的出现，是社会生活的客观需要，是时代前进的产物，也是历史发展的必然。因此，令人为之兴奋，为之喝彩，同时也应为之擂鼓助威，推波助澜。

一、茶文化研究和普及意义重大

中国是茶叶的故乡，也是世界上最早利用茶叶的国家，至少已有4000多年的历史。早在西汉，茶叶已成为商品，已开始讲究茶具和泡茶技艺。到了唐代，饮茶已蔚成风气，茶叶种植已成为重要生产部门。饮茶也开始传入朝鲜、日本。17世纪前后，茶叶又传入欧洲各国，如今已成为世界三大饮料之一。世界各国的"茶"字发音都来自中国北方"茶叶"和闽南语或"广州话""茶"的拼音。就农作物来说，茶叶是继水稻、小米、黍稷、蚕桑之后，中华民族对世界物质文明的又一巨大贡献。同时，中国茶叶生产和品饮在发展过程中，又和宗教、礼仪、文学、艺术、科学、医学、旅游以及陶瓷生产等交汇融合，形成了丰富多彩、独具特色的中华茶文化。因此，中国又是茶文化的发祥地，它对朝鲜的"茶礼"、日本的"茶道"、英国的"下午茶"以及世界各国饮茶习俗的形成都产生巨大的促进作用。可以说，中华茶文化的形成和传播是中华民族对世界精神文明的重要贡献之一。宣传茶文化，普及茶文化，是弘扬民族优秀文化的重要内容之一，也是向广大群众进行爱国主义教育的生动教材。如果所有种茶、采茶、制茶、售茶、饮茶的人都能对祖国茶文化的丰富内涵和对世界文明的巨大贡献有所了解，那么他们在生产或消费过程中的精神境界就会升华到一个更高的层次，这是其他途径所难以达到的。仅此一点就可看出茶文化研究和普及的重大意义。

在近年来掀起的饮食文化热潮当中，酒文化的势头最为强劲。在饮料世界中酒的历史比茶还悠久，并且一直占据统治地位。酒是烈性饮料，适量饮酒有益健康，并能使人兴奋、热烈、奔放、勇敢、拼搏，具有一往无前的英雄气概，这是任何饮料都无法代替的。但是饮酒过量就有害健康，兴奋过度，就能乱性，使人失去理智，就会误事、害事以至丧生误国，这在历史上和现实生活中都是屡见不鲜的。曾有统计资料显示，有38%的犯罪案件与酗酒有关[①]。中国7480万名低能儿的父亲有50%以上是酒鬼！同时，喝酒总与大吃大喝和不正之风联系在一起，容易引起老百姓的反感，所谓"酒杯一端，政策放宽"之类的

---

① 见《中国检察报》1991年8月8日申世良文章。

顺口溜的出现就是例证。此外，酒是用粮食酿造的，据报道，仅1988年用于酿酒的粮食多达300亿千克，而我国常年进口粮食约150亿千克，才只够酿酒的一半。这对于一个11亿人口，人均只有400多千克粮食的大国来说，不能不引起注意。而茶叶却是"吃"太阳长大的，它也不需占用良田，每年出口茶叶，创汇超过蚕丝和植物油的总和[①]，为国家作出很大贡献。随着人们文化和物质生活水平的提高，对大吃大喝风气的厌恶，在中西文化的激烈碰撞中遭受洋饮料的猛烈冲击之后，人们又会冷静、理智地肯定茶叶是最有益于健康、最文明的饮料。饮茶会使人冷静、清醒、理智、温和、善良、谦恭、友好、融洽，使人进入一个更为高雅的精神境界。"清茶一杯依旧，祖国万象更新"成为清正廉明的象征。因此提倡饮茶，普及茶文化，对于陶冶人们的情操，提高修养，改良社会风气，促进精神文明建设，都有很大的积极意义。

随着茶文化活动的开展和普及，中国茶叶在国际上的地位必将增强，如由于饮茶热的兴起，过去出口茶叶的日本又变成茶叶进口国，英国的饮茶量也占三大饮料总量的40%以上。这对中国茶叶外销的贡献就更加巨大。因为作为产茶大国，我国人均消费量远远落后于不产茶的英国，也大大落后于日本，每人年均消费茶叶还不到250克。只要每人每年多喝100克，就是11万吨，超过年总产量的1/5。如果人们喝茶已不再是仅仅为了解渴，只停留在满足生理需要的低层次，而是提高到追求艺术意境的品茗阶段，成为一种精神享受，其茶叶消费量就会增大，国内市场的需求潜力就是不可估量的。因此，将开展茶文化活动与经贸促销相结合，对发展中华茶叶经济来说是如虎添翼，有巨大的直接经济效益。可以说，茶文化活动是文化为经济服务的排头兵！

由此可见，无论是从政治、文化、社会、经济哪个角度来考察，开展茶文化的研究和普及活动，都是十分有益的，非常必要的。

二、加快推进茶文化活动进入新阶段

我们不但对茶文化的重要意义要有足够的认识，还应该有强烈的紧迫感和使命感。应该清醒地意识到我国茶文化活动长期以来落后于日本，以致外国（甚至国内人士）是通过日本茶道才了解茶文化的具体内涵。我们还应该看到海峡对岸的同行也远远走在我们的前面。他们经过将近20年的卓有成效的努力，使茶文化事业在宝岛上蓬勃发展，茶艺馆如雨后春笋，遍布各地，成立专门出版社，出版茶文化杂志和著作，成立茶文化学会，开展国际交流，从而对台湾茶叶经济的复兴和繁荣作出很大贡献。我们应该向他们学习，努力工作，促进茶文化高潮早日到来。

茶文化内涵极为丰富，要做的事情很多，在深入开展茶文化学术研究的基础上，当务之急是先抓三方面工作。

一是倡议各地尽快建立各具特色的茶艺馆，使之成为开展茶文化活动的前哨阵地。这种茶艺馆有别于昔日的茶楼茶馆，它重视品茗，无论环境、装潢、茶具、桌椅和服务都讲究艺术气氛，充满文化色彩，气质典雅，格调高尚。服务对象也大都是具有一定文化素养的人士。茶艺馆既是品茗休息的地方，也是以茶会友、交流信息、谈公洽商或思考问题、

---

① 游修龄《门外谈茶》。

构思佳作的场所。它还可举办茶艺知识讲座和培训班，普及茶艺，建立茶友队伍。也可进行茶艺表演和具有民族风格的文艺演唱。茶艺表演队应具有浓厚的地方特色和民族特色，切忌千篇一律，到处都是同一模式。

二是要有自己的宣传舆论阵地，办好中国茶文化刊物，在条件成熟时，还应该尽快办一张茶文化报，向广大群众进行经常性的普及教育。同时还要依靠新闻界的力量，在报刊、电视、电台上经常报道、宣传有关茶文化的活动。我们应该重视著书立说，出版有关书籍，但更要充分认识报纸、刊物、电视的巨大作用。

三是尽快成立全国茶文化学会组织，各地亦可成立分会，有计划有重点地开展工作，举办各种各样的茶文化学术活动和茶艺表演，加强海内外茶文化界的交流和合作，尽快将中国茶文化活动推向一个新阶段。

三、共同振兴茶文化

中国茶文化是炎黄子孙的共同财富，振兴中国茶文化是我们大家共同的事业，需要大家共同来努力奋斗。我国地域辽阔，民族众多，各地的茶俗、茶艺丰富多彩，茶文化内容很丰富，急需我们去发掘、整理和提高，这是取之不尽的源泉。更可贵的是我们已有一大批在努力开拓发展中国茶文化的仁人志士，这些年来已做了很多开创性工作，取得可喜的成绩。如北京、天津、浙江、江苏、福建、湖北、江西、广东、四川……，都陆续成立茶文化学术团体，开办各具特色的茶艺馆，建立茶艺表演队，并且先后多次举办茶文化节和国际性的学术活动，越来越引起社会各界人士的广泛注意，形势是很好的。

但是，目前更迫切需要的是有关政府领导部门能给予足够的重视和扶持。同时也需要具有文化战略眼光的茶业界有关人士给予支持，因为茶文化活动的进一步开展，无论是对精神文明建设还是物质文明建设都有明显的积极作用，茶文化是两个文明建设相结合的典型。因此，我们必须同心同德，群策群力，共同为振兴中国茶文化而努力奋斗，促进中国茶文化高潮的早日到来。

（文章原载《农业考古》1992年第4期）

论中国历代的品茗艺术

品茶是一种享受，也是一门艺术。要艺术地品好茶，首先就要科学地泡好茶，而且还要艺术地泡好茶，不但让人们喝到芳香可口的茶汤，还要让人赏心悦目，得到审美上的满足。因此就需要有一定的规范和程序，具有可操作性，才能在社会上推广开来。

品茗艺术的形成有一个历史过程，是经过长期的实践、积累、演变才逐渐成熟定型的。目前尚不知汉代饮茶有何具体的规范和程式。北魏杨衒之《洛阳伽蓝记》卷三记载："时给事中刘缟慕肃之风，专习茗饮。"说是刘缟钦慕王肃之风度而专门学习茗饮。"茗饮"需要"专习"，可见不是任何人都会茗饮的，而是有一定的技巧和程式。唐代韩翃《为田神玉谢茶表》说道："吴主礼贤，方闻置茗。晋臣爱客，才有分茶。"[1]"吴主礼贤"两句是指三国吴帝孙皓让韦曜以茶代酒的事。"晋臣爱客"两句是指晋代桓温、陆纳设茶宴款待客人的事（事见《茶经·七之事》）。关剑平认为这里的"分茶"就是指程式化、技能化的烹茶，他结合对杜育《荈赋》的研究，认为赋中涉及茶叶、用水、茶具、茶汤、功效等方面，都有一定要求，并为陆羽《茶经》所吸收继承，得出结论是："《茶经》所反映的茶文化体系的雏形在晋代已经形成。"[2] 也就是说，品茗艺术在晋代已初步形成。

《封氏闻见记》卷六"饮茶"记载：

楚人陆鸿渐为《茶论》，说茶之功效，并煎茶、炙茶之法、造茶具二十四事以都统笼贮之。远近倾慕，好事者家藏一副。有常伯熊者，又因鸿渐之论，广润色之。于是茶道大行，王公朝士无不饮者。御史大夫李季卿宣慰江南，至临淮县馆，或言伯熊善茶者，李公请为之。伯熊著黄衫、戴乌纱帽，手执茶器，口通茶名，区分指点，左右刮目。茶熟，李公为歃两杯而止。既到江外，又言鸿渐能茶者，李公复请为之。鸿渐身衣野服，随茶具而入。既坐，教摊如伯熊故事，李公心鄙之。茶毕，命奴子取钱三十文酬煎茶博士。

就茶艺角度而言，这段记载有几处值得加以讨论。一是陆羽在《茶经》中规范了"煎茶、炙茶之法"，并被大家接受，"远近倾慕"。即茶艺的基本程式已经形成。二是常伯熊在陆羽制定的茶艺程式基础上加以改进提高（"广润色之"），从而在社会上广为流行，"茶道大行"，就是经过"润色"之后的煎茶、炙茶之法"大行"，结果是"王公朝士无不饮者。"说明原来的方法确有不足之处。三是常伯熊在烹茶时身穿黄衫，头戴乌纱帽，手拿茶具，口里通报茶名，进行讲解，"区分指点，左右刮目"，有着一系列的形体动作，这恐怕是历史上有记载的最早的一次茶艺表演。四是陆羽后来的烹茶程式"教摊如伯熊故事"，即接受了常伯熊改进过的程式，在已经看过常伯熊烹茶之后的李季卿眼里就没有什么新鲜感，再加上陆羽不修边幅，"身衣野服"，犯有口吃病的陆羽的讲解大概也并不流利，因此"李公心鄙之"。看来，陆羽的演示不如常伯熊更具观赏性，或者说是缺乏程式美和艺术美。五是由此推测现在我们所看到的《茶经》中有关煮茶的一整套程式，很可能就是陆羽参照常伯熊的"润色"而修订过的。事实上，陆羽也的确对《茶经》进行过修订，这其中就可能包括对烹茶程式的修改。

综观《荈赋》《茶经》和历代茶书中有关烹茶技艺、程式的记载，其重点都是在茶叶、用水、器具、环境、烹煮、品尝等六个方面，现在就根据这六个方面纵览并略加讨论一下我国古代的品茗艺术。

一、选茶

品茶的物质基础是茶叶。因而任何文章和著作在谈论饮茶之时必然先要谈论茶叶，也只有在选择好茶叶之后才能确定烹点或冲泡方式，决定使用何种茶具。最早的茶叶诗歌《荈赋》开篇就先谈茶叶的生长环境："灵山惟岳，奇产所钟。瞻彼卷阿，实曰夕阳。厥生荈草，弥谷被岗。承丰壤之滋润，受甘灵之霄降。"说的是仙山福地生长珍奇的物产，远望蜿蜒山陵的西面，漫山遍野都是野生茶树，承受肥沃土壤的滋润和天上雨露的浇灌。接着描写采茶情况："月惟初秋，农功少休。结偶同旅，是采是求。"在初秋季节，农事稍有空闲，成群结队去采摘茶叶。《荈赋》没说加工的事，可能是《荈赋》原文已散佚，现存的是唐宋时期类书收集的残篇，有关加工茶叶的赋文已散失。但也可能当时是采好茶叶后便直接煮饮，因为下文接着就谈用水问题。

正式谈论茶叶加工的是陆羽的《茶经·三之造》，当时是加工成饼茶。详细谈论茶叶选择的是《茶经·一之源》："野者上，园者次。阳崖阴林，紫者上，绿者次；笋者上，芽者次；叶卷上，叶舒次。阴山坡谷者，不堪采掇，性凝滞，结瘕疾。"陆羽认为野生的茶叶比茶园中栽培的要好，生长在向阳阴林中的茶叶紫色的比绿色的要好，呈笋状的茶芽尖比普通茶芽要好，叶子卷的比张开的要好，长在背阳的阴山坡谷的茶叶不好，茶性凝滞，会导致疾病，不要去采摘。在《茶经·八之出》中，陆羽在介绍各地生产的茶叶时，也分别指出其品质的好坏。如山南地区是"以峡州上"，淮南地区是"以光州上"，浙西地区是"以湖州上"，剑南地区是"以彭州上"，浙东地区是"以越州上"。另外还有南方11个州的情况"未详"，但"往往得之，其味极佳。"显然上述那些被评为上等的茶叶也一定是"其味极佳"的。作这样的区分自然也是为了品茗的需要。唐代裴汶在《茶述》中也就当时的茶叶品质分出上下，以"顾渚、蕲阳、蒙山为上。"五代十国之蜀国毛文锡的《茶谱》，在介绍四川地区的茶叶时则强调以早春之芽茶为上："其横源雀舌、鸟嘴、麦颗，盖取其嫩芽所造，以其芽似之也。又有片甲者，即是早春黄茶，芽叶相抱如片甲也。蝉翼者，其叶嫩薄如蝉翼也。皆散茶之最上也。"由此亦可知五代时期民间有很多人是喜欢饮散茶的，因此特别喜爱芽茶。

最早提出品茗时选择茶叶的标准者应该是宋代的蔡襄。他在《茶录》"上篇论茶"中按色、香、味三个方面来论说："色，茶色贵白，而饼茶多以珍膏油其面，故有青黄紫黑之异。善别茶者，正如相工之瞟人气色也，隐然察之于内，以肉理润者为上，颜色次之，黄白者受水昏重，青白者受水鲜明。故建安人斗试，以青白胜黄白。"因宋代斗茶以白为上，故"茶色贵白"。"香，茶有真香。而入贡者微以龙脑和膏，欲助其香。建安民间试茶，皆不入香，恐夺其真。若烹点之际，又杂珍果香草，其夺益甚。正当不用。"蔡襄主张品味茶叶的天然香气，反对掺杂其他香料，宋代福建民间斗茶也是强调茶的真香。"味，茶味主于甘滑，惟北苑凤凰山连属诸焙所产者味佳。隔溪诸山，虽及时加意制作，色味皆重，莫能及也。"蔡襄认为茶味以甘滑为上，只有北苑凤凰山所产之茶味道最佳，其他地方所产都不如它。蔡襄所谈的茶叶是饼茶，故只谈色、香、味，而没有像现代选茶时所强调的"形"。宋徽宗在《大观茶论》中也以此三个标准来论说茶叶，只是次序正好倒过来："夫茶以味为上，香甘重滑，为味之全。惟北苑、壑源之品兼之。其味醇而乏风骨者，蒸压太过也……若夫卓绝之品，真香灵味，自然不同。""茶有真香，非龙麝可拟。要须蒸及熟而压之，及干而研，研细而造，则和美具足，入盏则馨香四达，秋爽洒然。""点茶之色，以纯白为上真，青白为次，灰白次之，黄白又次之。天时得于上，人力尽于下，茶必纯白。"书中也谈到从外形来鉴别饼茶的质量："茶之范度不同，如人之有面首也……其首面之异同，难以概论。要之，色莹彻而不驳，质缜绎而不浮，举之则凝然，碾之则铿然，可验其为精品也。"

明代因盛行散茶冲泡，故其色、香、味标准与宋代有所不同，如张源《茶录》："香，茶有真香，有兰香，有清香，有纯香。表里如一曰纯香，不生不熟曰清香，火候均停曰兰香，雨前神具曰真香。""色，茶以青翠为胜。""味，味以甘润为上。"散茶冲泡，可保持茶叶本色，故"以青翠为胜。"罗廪《茶解》也说："茶须色、香、味三美具备。色以白为上，青绿次之，黄为下。香如兰为上，如蚕豆花次之。味以甘为上，苦涩斯下矣。"在解释"茶色贵白"时说："白而味觉甘鲜，香气扑鼻，乃为精品。"这里所说的白，与宋代斗茶贵白不同，是指茶汤颜色清淡，不要过浓，因为他接着就批评有些人"或虑其色重，一注之水，投茶数片，味既不足，香亦杳然，终不免水厄之诮耳。"明代的名茶据《茶谱》《茶笺》《茶疏》等茶书记载有50多个品类，而黄一正的《事物绀珠》"茶类"（1591）中提到全国各地的名茶则有96种之多。其中雅州的雷鸣茶、荆州的仙人掌茶、苏州的虎丘茶和天池茶、长兴和宜兴的罗岕茶与阳羡茶、霍山的六安茶、绍兴的日铸茶、灉湖的含膏茶、杭州的龙井茶以及福建的武夷茶等都是历史名茶，有很多至今也还受到人们的珍爱。同一时期的屠隆在《考槃馀事》（1590）中特别指出虎丘、天池、阳羡、六安、龙井、天目等六种茶最为名贵："虎丘，最号精绝，为天下冠，惜不多产。""天池，青翠芳馨，瞰之赏心，嗅亦消渴。诚可称仙品，诸山之茶，尤当退舍。""阳羡，俗名罗岕，浙之长兴者佳，荆溪稍下。细者其价两倍天池，惜乎难得。""六安，品亦精，入药最效……茶之本性实佳。""龙井，不过十数亩，外此有茶，似皆不及……精者天池不能及也。""天目，为天池、龙井之次，亦佳品也。"但是，这只是江苏、浙江一带的人们所喜欢的炒青绿茶，其他各地所产的名茶仍有很多被列为贡茶，自然也是当地人们品茶时的首选佳茗。不过江苏、浙江一带的茶人对绿茶的品评其精，要求也相当严。如明代文学家袁宏道，虽是湖北人，因为万历年间在江苏吴县（今苏州）当过知县，其对绿茶的鉴赏要求具有代表性。他在《龙井》一文中对江南所产名茶之特色有过精当的点评："石篑因问龙井茶与天池孰佳。余谓龙井亦佳，但茶少则水气不尽，茶多则涩味尽出。天池殊不尔。大约龙井头茶虽香，尚作草气，天池作豆气，虎丘作花气。唯岕非花非木，稍类金石气，又若无气，所以可贵。岕茶叶粗大，真者每至二千余钱。余觅之数年，仅得数两许。近日徽有送松萝茶者，味在龙井之上，天池之下。"也许是因为袁宏道在苏州一带做官，对当地生产的天池茶、虎丘茶情有独钟，故对其评价都在龙井茶之上。但是同样也是在苏州一带生活的同时代文学家徐渭，却是浙江绍兴人，在《徐文长先生秘集》的"名茶"中，他列举了全国30种名茶，仍将龙井列在罗岕、天池、松萝、顾渚、武夷之后，排名第六。冯梦桢《快雪堂漫录》中也指出：当时人们品茶"以虎丘为第一"，岕茶第二，"虎丘其茶中王种耶。岕茶精者，庶几妃后。天池、龙井，便为臣种。馀则民种矣。"由此可见，龙井茶在明代的名气还不像后来那么大。这也反映明代茶人品茗时对选茶是非常严格的。

清代的茶叶生产更加发达，名茶辈出，许多上等佳茗都要进贡皇室。据清初学者谈迁《枣林杂俎》记载，明末清初有44个州县要进贡芽茶。仅是顺治年间，据《清会典》记载："每岁茶芽合计四千二百三十斤。"除了贡茶之外，各地还有很多名茶，如《枣林杂俎》所说："自贡茶外，产茶之地，各处不一，颇多名品，如吴县之虎丘、钱塘之龙井最著。"龙井茶在清代已被列为贡品，声名日隆。成书于清代康熙年间的陆次云《湖壖杂记》"龙井"条中对它有极高的评价："其地产茶，作豆花香，与香林、宝云、石人坞、乘云亭者绝异。采于谷雨前者尤佳。啜之淡然，似乎无味。饮过后，觉有一种太和之气，弥沦乎齿颊之间，此无味之味，乃至味也。为益于人不浅，故能疗疾，其贵如珍，不可多得。"特别是乾隆皇帝对它尤为钟情，六次南巡杭州，就有四次到过西湖茶区，并写下许多茶诗，其中如《观采茶作歌》的"西湖龙井旧擅名，适来试一观其道"和《坐龙井上烹茶偶成》的

"龙井新茶龙井泉，一家风味称烹煎。寸芽生自烂石上，时节焙成谷雨前。何必凤团夸御茗，聊因雀舌润心莲。呼之欲出辨才在，笑我依然文字禅。"，都是直接赞誉龙井茶的。皇帝的夸奖，自然使龙井茶身价百倍，历久不衰，遂成为绿茶中之翘楚。汪孟鋗《龙井见闻录》（1762）引《西湖游览志》云："其地产茶，为两山绝品。郡志称宝云、香林、白云诸茶，乃在灵竺葛岭之间，未若龙井之清馥隽永也。"袁枚在《随园食单·茶》中也说："杭州山茶处处皆清，不过以龙井为最耳。每还乡上冢，见管坟人家送一杯茶，水清茶绿，富贵人家所不能吃者也。"沈初《西清笔记》（1795）也说："龙井新茶向以谷雨前为贵，今则于清明节采者入贡为头纲。颁赐时，人得少许，细仅如芒。瀹之微有香，而未能辨其味也。"

　　清代对茶叶的追求有越早越好的倾向，如贡茶一般都要求进贡芽茶，并且限定在谷雨之后十日就得起运进京。如《清会典》记载："顺治七年，礼部照会产茶各省布政司，每年谷雨后十日起解，定限日期到部，延缓者参处……十二年题准，荐新芽茶，务遵期赴部，如有玩延，将督抚布政司一并参处。""康熙十七年题准，浙江、江南、湖广、福建应解芽茶，俱照江西例，布政司汇齐，仍应谷雨后十日，照例起解。"各省官府，生怕误期受罚，尽量提早采茶加工，提早起运进京。但是过早采摘，茶叶所积累的营养不够，会影响茶叶的品质。这一点，在帝王之中，似乎只有深入过茶区且精于品茶的乾隆皇帝才会注意到。他在《于金山烹龙井雨前茶得句》诗中就指出："贡茶只为太求先，品以新称味未全。"他在注中指出："茶以清香妙，太新则味未全也。"据此而封乾隆为品茶名家，当是受之无愧的[①]。

　　对于选茶，清末震钧在《天咫偶闻·卷八·茶说》一文中有独到的见解。他首选碧螺春茶："茶以苏州碧螺春为上，不易得，则杭州之天池、次则龙井。岕茶稍粗，或有佳者，未之见也。次六安之青者，若武夷、君山、蒙顶，亦止闻名。古人茶皆碾，为团，如今之普洱，然失茶之真。今人但焙而不碾，胜古人。然亦须采焙得宜，方见茶味。若欲久藏，则可再焙，然不能隔年。佳茶自有其香，非煎之不能见。今人多以花果点之，茶味全失。且煎之得法，茶不苦反甘，世人所未尝知。若不得佳茶，即中品而得好水亦能发香。""煎茶水候既得，其味至甘而香。"看来，震钧常喝的是江苏、浙江一带的绿茶，故尤喜碧螺春。其他地方的名茶他往往是"止闻名""未之见也"，未能给予具体的评价。但是他提出"若不得佳茶，即中品而得好水，亦能发香"的观点，却是很有见地的。品茶自然追求名贵佳品，但也不是越贵越好，如果得不到上等好茶，即使是中等茶叶，只要有好水又煎饮得法，一样会泡出好茶汤来，这才是真正的品茶行家。

　　清代由于茶叶品种齐全，各大茶类均已产生，绿茶、黄茶、青茶、红茶、白茶、黑茶以及花茶等，品种丰富，品质优异，风味独特，各具风韵，可供各地人们选择，从而也改变过去单一选用一种茶叶的现象，使各地饮茶方式更加丰富多彩。因为地域辽阔，民族众多，各地也形成各具特色的饮茶习俗，各有其格外珍爱的茶类，如北方地区的人们爱饮茉莉花茶，长江流域的人们爱饮绿茶，福建和广东地区的人们爱饮乌龙茶，广东和云南地区的人们喜欢红茶和普洱茶，西北地区的少数民族则喜欢饮用砖茶等，使得我国饮茶方式呈现百花齐放的局面。他们在选择茶叶之时，自然都会有其具体的标准，不能泛泛而论。同

---

　　① 最早指出这一点的文人是明代文震亨，他在《长物志》中谈到岕茶时即已说道："采茶不必太细，细则芽初萌而味欠足。不必太青，青则茶已老而味欠嫩，惟成梗带叶绿色而团厚者为上。"未知乾隆是受文震亨的启发，还是英雄所见略同。

时各地也会将其所生产茶叶的极品选送皇宫以邀赏，常被列为贡茶，因而也会影响京师王公贵族们的饮茶习惯，如云南的普洱茶就是一例。阮福《普洱茶记》（1825）指出："普洱茶名遍天下，味最酽，京师尤重之。""每年进贡之茶，例于布政司库铜息项下，动支银一千两，由思茅厅领去转发采办。"

到了现代，名茶之多，更是令人眼花缭乱，目不暇接。由于地域、民族的不同，人们的爱好和口味也不同，尽管每年都会评出一些名茶，诸如"十大名茶""金奖""银奖"之类，到底如何选择茶叶，还是难以规定一个统一而又具体的标准，只能是因地制宜、因人制宜、因时制宜。我们觉得童启庆教授在她的《习茶》一书中所介绍的一些选购茶叶的一般原则与方法，可供大家参考。

选购茶叶的原则一般可依用途、季节、地区及民族习惯等进行选择。

（1）以用途分。如果是自饮，宜选择价廉物美、适合家人口味的品种，重内质而不重外形和包装。如果是待客，必须用好茶，既重内质又重外形，包装则可不讲究（可存在家中的茶罐里），如条件许可，则备有绿茶、乌龙茶和花茶几种，以满足南北客人所需。如作为礼品，宜选择较为名贵的茶叶或当地名茶，且要有精美的包装，以表示对客人的尊敬。

（2）以季节分。绿茶、黄茶、白茶以春茶为贵，秋茶次之，夏茶味带苦涩而最差。红茶恰好相反，春季气温低，嫩叶茶多酚含量较少，加上发酵困难，品质反不如夏茶。乌龙茶亦以夏茶为佳，秋茶次之，春冬者较差。花茶的茶坯以春茶为佳，但窨制的香花如茉莉花以伏花（七八月）最香，故新花茶要在九月方能上市。因此，选购茶叶要在新茶上市时购买为好。另外，不同季节可侧重饮用不同的茶类。如春季、夏季宜饮名优绿茶、黄茶、白茶。秋季可饮新上市的花茶，冬季宜饮乌龙茶。但这只是一般而言，对于喜欢某一种茶类的爱茶人来说，当然依个人爱好可以专饮一种茶叶。

（3）依地区习惯。应从本地消费习惯来考虑茶叶选购问题。特别是茶艺馆经营者，除了照顾各地顾客的品饮习惯而购置各类茶叶之外，要侧重本地区、本民族的大众爱好。如浙江、江苏、安徽、江西、河南、湖北、广西均以饮用绿茶为主，花茶次之，红茶更少。山东、北京、天津、河北、陕西、贵州以及东北各地均以饮用花茶为主，绿茶为次。广东以红茶、乌龙茶为主，次为绿茶、花茶。福建以乌龙茶、花茶为主，次为绿茶。台湾大部分饮用乌龙茶，少数饮用红茶、绿茶。四川少数民族主饮砖茶、沱茶，城市多饮花茶，绿茶少量。西藏、青海、宁夏、新疆等地均饮紧压茶。海外各地侨胞喜饮乌龙茶、普洱茶、黄茶、白茶以及名优绿茶。

（4）依泡饮方法而定。如玻璃杯泡法多用于绿茶、黄茶或花茶。盖碗杯泡法多用于冲泡花茶或绿茶，也有用于冲泡乌龙茶。紫砂壶泡法多冲泡乌龙茶或绿茶。选好茶叶就可与茶具及冲泡方式相协调，相得益彰。此外，还有一些工业化新产品，如袋泡茶、浓缩茶、速溶茶、保健茶以及即开即饮的罐装茶饮料等，也须根据客人的不同需要而添购。不过，就品茗艺术而言，这些都不是主要的选择对象。

选购方法在确定选购的茶类之后，就要注意茶叶的花色、等级和一些品质指标。一般来说，先从特色、加工等方面考虑，然后通过感官辨别茶样。主要的诀窍是：

（1）一摸。以手触摸样茶，可判别茶叶的干燥程度。选一茶条，上手轻折易断，断片放在拇指与食指之间用力一研即成粉末，则干燥程度是足够的。若为小碎粒，则干燥程度不足，即使购买也需事后加以处理，否则茶的品质不易保持。但是不要大把抓取，尤其是夏天手上汗水会使茶叶受潮，冬季涂抹的护肤品香气会混入茶中，也不要多次抓取，以免茶叶断碎过多。

（2）二看。茶样放入盘中（或用白纸代替），双手持盘顺时针或逆时针旋转摇动，看干茶外形是否具备该花色的特点，色泽是否理想，匀净度和整碎度是否合乎要求。如是，即可选购。

（3）三嗅。嗅闻干茶的香气高低和香型，并辨别有否烟、焦、酸、馊、霉等劣变气味和各种夹杂的气味。

（4）四尝。当干茶的含水量、外形、色泽、香气均符合要求后，取数条干茶放入口中含嚼辨味，根据味感进一步了解茶的内质优劣，这是需要有一点审评茶叶的基本功力方能做到。

（5）五泡。如果可能，最好能开汤审评，最简单的方法是取一撮干茶（3～4克）置杯中或碗里，冲入开水150～200毫升，名绿茶不必加盖，其他茶叶均需加盖，5分钟后将茶汤倒入另一杯或碗中，看汤色、尝味，嗅叶底的香气，观看和触摸叶底。

通过以上方法，基本上可辨别出茶的优劣和有无弊病，可以决定是否选购。如果有条件的话，最好用正规的审评杯碗等器具，用标准的审评方法来评定质量之优劣和是否合意，但事先要经过正规茶叶审评的训练才能做到。[3]

二、择水

当饮茶成为一门艺术之后，人们对茶叶的色、香、味日益讲究，而这些都需要靠水来体现，故有所谓"器为茶之父，水为茶之母"之说。明代张源在《茶录》中说："茶者水之神，水者茶之体，非真水莫显其神，非精茶曷窥其体。"许次纾在《茶疏》中也说："精茗蕴香，借水而发，无水不可与论茶也。"都说明水在品茗艺术中的重要地位，因此如何选择好泡茶的水就成为品茗艺术中的要素之一。

最早谈到饮茶用水的是西晋杜育的《荈赋》，在描写"结偶同旅，是采是求"的采茶活动之后，说："水则岷方之注，挹彼清流。"意思是烹茶使用的水是来自岷山的涌流，汲取其中清澈的流水。这里说的是四川地区的情形，因为《荈赋》是描写四川一带的茶事活动，故只提到岷山一处的清澈流水，而且不提平原地区的河水和井水，这与陆羽"山水上"的观点是接近的，故陆羽在《茶经·五之煮》中就引用杜育的观点："其水，用山水上，江水中，井水下。（《荈赋》所谓：水则岷方之注，挹彼清流。）其山水，拣乳泉、石池漫流者上。其瀑涌湍漱，勿食之，久食，令人有颈疾。又多别流于山谷者，澄浸不泄，自火天至霜郊以前，或潜龙蓄毒于其间，饮者可决之，以流其恶，使新泉涓涓然，酌之。其江水，取去人远者。井，取汲多者。"陆羽在《茶经》中所论是全国范围的饮茶用水，故不以具体的地点立论，而是超地域性地论述"山水上，江水中，井水下"。"江水，取去人远者"是为了减少人为的污染，"井，取汲多者"是多为人汲取的井必然泉活水鲜。

自陆羽《茶经》论水之后，唐人对煮茶用水已相当重视，注意鉴赏品评水的品质，甚至还评出等级来。如与陆羽同时代的刘伯刍，据《旧唐书》本传记载："淮南杜佑辟为从事，府罢，屏居吴中。"他居住在江苏期间，从煮茶的角度对附近的水进行品评，分为七级：

称较水之与茶宜者，凡七等：
扬子江南零水第一；
无锡惠山寺石泉水第二；
苏州虎丘寺石泉水第三；
丹阳县观音寺水第四；
扬州大明寺水第五；
吴淞江水第六；
淮水最下第七。

晚于刘伯刍半个多世纪的张又新曾对此七等水加以检验："斯七水，余尝俱瓶于舟中，亲挹而比之，诚如其说也。"证明刘伯刍所言不虚。

但张又新也听人说过，浙江也有许多好泉水适合烹茶，有心记住，等他到浙江做官时留意观察，果然如此。"客有熟于两浙者，言搜访未尽，余尝志之。及刺永嘉，过桐庐江，至严子濑，溪色至清，水味至冷。家人辈以陈黑坏茶泼之，皆至芳香。又以煎佳茶，不可名其鲜馥也，又愈于扬子南零殊远。及至永嘉，取仙岩瀑布用之，亦不下南零。以是知客之说，诚哉信矣。"可见张又新本人对煮茶用水也是相当留心，甚有素养的。在《煎茶水记》中张又新还记述元和九年，他曾在江西鄱阳荐福寺中，在一位来自楚地的和尚那里看到一篇《煮茶记》文章，里面记载着陆羽煮茶评水的故事：

代宗朝李季卿刺湖州[①]，至维扬，逢陆处士鸿渐。李素熟陆名，有倾盖之欢，因之赴郡。至扬子驿，将食，李曰："陆君善于茶，盖天下闻名矣。况扬子南零水又殊绝。今者二妙千载一遇，何旷之乎。"命军士谨信者，挈瓶操舟，深诣南零。陆利器以俟之。俄水至，陆以杓扬其水曰："江则江矣，非南零者，似临岸之水。"使曰："某棹舟深入，见者累百，敢虚绐乎？"陆不言，既而倾诸盆，至半，陆遽止之。又以杓扬之曰："自此南零者矣。"使蹶然大骇，驰下曰："某自南零赍至岸，舟荡覆半，惧其鲜，挹岸水增之。处士之鉴，神鉴也。其敢隐焉！"李与宾从数十人皆大骇愕。李因问陆："既如是，所历经处之水，优劣精可判矣。"陆曰："楚水第一，晋水最下。"李因命笔，口授而次第之：
庐山康王谷水帘水第一；
无锡县惠山寺石泉水第二；
蕲州兰溪石下水第三；
峡州扇子山下有石突然，泄水独清冷，状如龟形，俗云虾蟆口水，第四；
苏州虎丘寺石泉水第五；
庐山招贤寺下方桥潭水第六；
扬子江南零水第七；
洪州西山西东瀑布水第八；
唐州柏岩县淮水源第九；
庐州龙池山岭水第十；

① 据蒋寅《大历十诗人研究》下编《陆鸿渐生平考实》考证，李季卿当时是宣抚山东淮南，并非任湖州刺史。

丹阳县观音寺水第十一；

扬州大明寺水第十二；

汉江金州上游中零水第十三；

归州玉虚洞下香溪水第十四；

商州武关西洛水第十五；

吴淞江水第十六；

天台山西南峰千丈瀑布水第十七；

郴州圆泉水第十八；

桐庐严陵滩水第十九；

雪水第二十。

据张又新自己说，他也尝试过这二十种水，并有独到的见解：

此二十水，余尝试之。非系茶之精粗，过此不之知也。夫茶烹于所产处，无不佳也。盖水土之宜，离其处，水功其半。然善烹洁器，全其功也。

这是一段著名的也是最有争议的有关古代烹茶用水的故事，在谈论古代烹茶用水时是回避不了的。

对此早提出异议的是北宋文学家欧阳修，他在《大明水记》中认为陆羽《茶经》中曾指出"其瀑涌湍漱勿食之"，而《煎茶水记》中却说陆羽将庐山康王谷中的水帘泉瀑布列为第一，岂不自相矛盾，因而说陆羽将天下名泉分为二十等不可信。欧阳修还否定陆羽能辨南零水的记载："其述羽辨南零岸水，特怪其妄也。"此后附和欧阳修意见者不少，但赞成者也不少，如早于欧阳修的北宋诗人王禹偁就写有《谷帘水》[1]：

泻从千仞石，寄逐九江船。

迢递康王谷，尘埃陆羽篇。

何当结茅室，长在水帘前。

稍后于欧阳修的苏轼，对谷帘泉则赞不绝口，他在《元翰少卿宠惠谷帘水一器、龙团二枚，仍以新诗为贶，叹味不已，次韵奉和》诗中赞道：

岩垂匹练千丝落，雷起双龙万物春。

此水此茶俱第一，共成三绝鉴中人。

显然，苏轼是赞成谷帘水为"第一"的。

南宋的陆游从江南乘船沿长江而上去四川，路过九江庐山时，朋友史道志送他几瓶庐山谷帘泉的水，他用以煎茶，品尝之后赞道："真绝品也！甘腴清冷，具备众美。前辈或

---

[1] 此诗系张又新《谢庐山僧寄谷帘水》诗中的第二、第九、第十三行集句，张又新诗见《全唐诗续补遗》卷八。至少可以说明王禹偁是赞同张又新的观点的。

斥水品以为不可信。水品固不必尽当，然谷帘卓然，非惠山所及，则亦不诬也。"[1]在庐山做过官的朱熹也写有《康王谷水帘（节选）》一诗：

> 飞泉天上来，一落散不收。
> 披崖日璀璨，喷壑风飕飗。
> 追薪爨绝品，瀹茗浇穷愁。
> 敬酹古陆子，何年复来游。

诗中也明显表露出对陆羽评谷帘泉水为天下第一的赞许和肯定。

以今天的眼光来看，张又新的《煎茶水记》中的诸多问题确实是值得讨论的。

首先是陆羽辨南零岸水是否有可能。不但古人斥之为妄，如欧阳修《大明水记》中就说："羽辨南零岸水，特怪其妄也。"今人也说"陆羽能辨别临江和南零之水，这是绝对不可能的"[4]。这是茶文化史上的一个很有名的故事，后来被演化为王安石辨别三峡水的小说情节。明代冯梦龙《警世通言》第三卷《王安石三难苏学士》中叙述王安石拜托苏轼送家眷回四川时，顺便取一瓮长江瞿塘三峡之中峡水，以便烹阳羡茶好治病。苏轼因鞍马劳顿睡过了头，醒来时船已过中峡进入下峡。他喊停船，急问请来的老者，三峡中哪一峡的水最好。老者说三峡相连，并无阻隔。上峡流于中峡，中峡流于下峡，昼夜不断，一样江水，难分好歹。于是苏轼就叫人取了一瓮下峡的水封存起来，带给了王安石。王安石用银铫煮水，投入阳羡茶，见茶色半晌方见，便说："此乃下峡之水，如何假名中峡？"苏轼大惊，承认因睡觉误时，故取下峡之水，并问何以区别。王安石说："瞿塘水性，出于《水经补注》，上峡水太急，下峡太缓，惟中峡缓急相半。此水烹阳羡茶，上峡味浓，下峡味淡，中峡浓淡之间，今见茶色半晌方见，故知是下峡。"苏轼听后离席谢罪，佩服不已。王、苏的故事当然是虚构的，陆羽也未必真的辨别过南零之水，但是古人能鉴别江中、江边之水却并非完全不可思议。实际上，由于客观自然条件不同，同一条江河各段的流速是不一样的，同段的江河岸边和江中的流速也是不一样的，因此其中所含的物质也是不同的，用它们来烹茶，其味道自然也是不同的。精明的品茶专家是有可能掌握它们的特点的。陆羽在《茶经》中说"其江水，取去人远者。"就是这个道理。比如今天江西省九江市东郊的湖口县，在石钟山前面的长江水与鄱阳湖水交汇之处，在夏季是有极明显的区别。长江因受上游洪水影响含沙量增大，江水呈红色。而鄱阳湖水却因江西地区没有暴发山洪，水流缓慢，湖水清澈，呈绿色。当湖水与江水交汇时，却没有混合为一色，而是红绿分明呈一条界线向下游流去。所以同样是长江中的水，其水质、水色以及水味自然也就不同。如果有人各取一桶水来，人们是容易区别开来的。所以明代徐献忠在《水品》中就指出："陆处士能辨近岸水非南零，非无旨也。南零洄洑渊渟，清激重厚，临岸故常流水耳，且混浊迥异，尝以二器贮之自见。昔人且能辨建业城下水，况零岸！故清浊易辨，此非诞也。欧阳修《大明水记》直病之，不甚详悟耳。"今人刘昭瑞也说："唐代陆羽能辨别扬子江南零水真伪，向来人们认为不可思议。……现在我们明白了陆羽是用水质轻重不同的办法来鉴别不同的水，也就觉得不是那么神秘莫测了。"[5]

---

① 陆游《入蜀记》卷四。

　　至于陆羽评天下二十处泉水，最早进行批驳的是欧阳修的《大明水记》，但是欧阳修的意见也不见得很有说服力。他特别强调陆羽在《茶经》中说过"其瀑涌湍漱，勿食之"，因此不可能把康王谷中的谷帘泉列为第一。看来欧阳修并没有亲自到过谷帘泉，如果他到过现场也许就会改变看法了。实际情况是，谷帘泉发源于庐山汉阳峰顶，它和其他瀑布不同，并不是悬空而下直冲潭中，把潭水搅动得翻腾不已，即并非"瀑涌湍漱"。而是顺着岩石斜坡分成百十数缕，款款而下落进潭中，在潭中稍做沉淀，再漫溢出来，流向山下，这与《茶经》中所说"乳泉、石池漫流者"很相似。特别是在枯水季节更是如此，而陆羽正是贞元二年（786）冬天到过庐山的。戴叔伦《劝陆三饮酒》诗中就说："寒郊好天气，劝酒莫辞频。"《庐山志》纲之五《历代人物·唐》记载："肖瑜领洪州，羽自信州移至洪州玉芝观，尝至庐山。"[6] 冬天的谷帘泉流水更细小，其下面的潭水更加清澈甘甜，以之烹茶自是绝佳。不但陆游当年赞叹为"真绝品也。"经科学机构化验，谷帘泉水中的各种矿物质特别丰富，水质甘腴清冷，是泡茶的优质泉水。2000年初夏，曾在瀑布前举行"天下第一泉新世纪国际茶会"，来自各国的茶人们亲眼瞻仰了谷帘泉的美姿，品尝了谷帘泉的甘甜，大家才信服张又新所记不虚。退一步说，即使陆羽没有品评过泉水，完全是张又新的假托，至少也能说明从唐代起就有人认为谷帘泉为天下第一名泉。谷帘泉在20世纪90年代公路修通以前，一直是人迹罕至之处。在唐代更是荒僻之野，没有任何知名度。相反，附近却有几条名气很大的瀑布，如玉帘泉、三叠泉、黄岩瀑布，后二者是李白题诗歌颂过的，名声显赫。张又新为何不说这些瀑布，偏偏要拿鲜为人知的谷帘泉来造假呢？也有现代的学者举出唐代独孤及《慧山寺新泉记》中曾提及陆羽可能写过一篇《惠山寺记》，文中叙述过惠山泉，但并没有提到惠山泉是天下第二泉的事，于是认为是张又新自己杜撰出来的。第二泉不成立，第一泉自然也就不攻自破了。[7] 笔者认为，要评天下第二，只有到了天下第一泉之后才有可能，因为没有第一就不会有第二。独孤及死于公元777年，那么他的《慧山寺新泉记》和陆羽的《惠山寺记》都是在此之前写成的。此时陆羽根本没有到过庐山，自然就不可能有第一、第二的评判了。陆羽到庐山是唐代贞元二年冬天，即公元786年，是独孤及死后九年的事情，独孤及自然是不可能在文章中谈到这些事，陆羽的《惠山寺记》也不可能有第二泉的记载。因此是不能用九年前的文章来否定九年后可能发生的事情。研究历史的人，首先要把年代先后弄清楚。笔者并不完全相信张又新的文章所说一定是千真万确的，只是认为，没有充分的根据是不能轻易否定前人的记述。即使这二十处名泉的名次是张又新假托陆羽名义提出来，他还是有一定事实做依据的，如所谓"楚水第一，晋水最下"，就是颇有科学根据的。因为黄土高原土壤的盐碱含量较大，其水泡茶自然是最差的，远非南方的山泉可比。张又新是不愧为历史上一位精通鉴赏泉水的名家[8]。同时，陆羽评天下二十处名泉，仅是他个人品尝过的二十处，并非是对天下所有泉水的品评。关于这一点，徐献忠在《水品》中也指出过："陆处士品水，据其所尝试者，二十水尔，非谓天下佳泉水尽于此也。"明代罗廪《茶解》也说："即古人亦非遍历宇内，尽尝诸水，品其次第，亦据所习见者耳。"当然，任何人的品评都是个人的意见，并不一定就非常正确，会为众人所接受。因此后人也经常对陆羽所评的二十处泉水提出不同意见。更何况由于历史的变迁，环境的恶化，在古代是优异的泉水，后来却变差了，这是很自然的事情。有些后代的学者就是用当时的情况来否定古人的意见，这也是不大公平的。

此外，《煎茶水记》还有一段话后人也有分歧，即在记述完二十处泉水次第之后的"此二十水，余尝试之。非系茶之精粗，过此不之知也。夫茶烹于所产处，无不佳也。盖水土之宜，离其处，水功其半。然善烹洁器，全其功也。"这段话，很多古代学者和现代的学者都认为是陆羽说的。但是细观原文，应该是张又新自己的话。因为他在文章开头介绍刘伯刍品评七处泉水之后就说过："斯七水，余尝俱瓶于舟中，亲揖而比之。诚如其说也。客有熟于两浙者，言搜访未尽，余尝志之。及刺永嘉，过桐庐江，至严子濑，溪色至清，水味甚冷。家人辈用陈黑坏茶泼之，皆至芳香。又以煎佳茶，不可名其鲜馥也，又愈于扬子南零殊远。及至永嘉，取仙岩瀑布用之，亦不下南零。以是知客之说，诚哉信矣。夫显理鉴物，今之人信不逮于古人。盖亦有古人所未知，而今人能知之者。"说明张又新是经常对前人的鉴评进行验证的。所以在介绍完陆羽所评的二十处名泉之后他就接着说了"此二十水，余尝试之……"等一段话，口气也很相似。特别是"夫茶烹于所产处……"和"夫显理鉴物……"等句更是相似。如果说这段话是陆羽所说的，则与所评的话有矛盾，如评"商州武关西洛水第十五"时就注明"未尝，泥。"既然是"未尝"，则与"此二十水，余尝试之"相矛盾。可见，这段话确实是张又新所说。因为这段话经常被当作陆羽原话而引用，且"夫茶烹于所产处，无不佳也……"的确很有见地，明代田艺蘅《煮泉小品》就说："鸿渐有云：'烹茶于所产处无不佳，盖水土之宜也。'此诚妙论。"只是此妙论应功归张又新，是他对烹茶用水方面的一大贡献，故不得不辨。

在陆羽、张又新之后，对烹茶用水提出具体要求的是宋徽宗，他在《大观茶论》即说："水以清轻甘洁为美，轻甘乃水之自然，独为难得。"清、轻、洁是指水质而言，甘则是指水味。清是指水要清澈澄明，不能混浊。轻是指水的质地要轻，古人认为好水质地轻，劣水质地重。与现代科学所说的软水、硬水相似。每升水含有8毫克以上钙、镁离子的称为硬水，8毫克以下者为软水。软水泡茶色香味俱佳，硬水泡茶则色香味都差。此外，水的轻重还包括水中所含其他矿物质成分的多少，如铁盐溶液、碱性溶液都能增加水的重量，用铁、碱过多的水泡茶，茶味也会变。洁是指水要洁净，不能混浊。水质清洁没有杂质就会透明无色，才能显出茶之颜色。甘则是指水入口中有甜美之味，这也是一般山泉的特点，以之泡茶更能使得茶汤甘甜味美[5]。苏辙《和孔武仲金陵九咏·八功德泉》诗中的"热尽自清凉，苦除即甘滑。"说的也是水味以甘甜为好。宋诗也有称为甘香的，如郭祥正《和杨公济钱塘西湖题·其五十五·白沙泉》："幽泉出白沙，流傍野僧家。欲试甘香味，须烹石鼎茶。"

其实宋代对水的要求还有"活""冷"二项，唐庚《斗茶记》指出："水不问江井，要之贵活。"蒲寿宬《登北山真武观试泉》："泉鲜水活别无法，瓯中沸出酥雪妍。"苏轼《汲江煎茶》："活水还须活火烹，自临钓石汲深清。"南宋胡仔《苕溪渔隐丛话》评述道："茶非活水，则不能发其鲜馥，东坡知此理矣。"所谓活水是指流动的有源之水，而不能用静止不动的池水、塘水，如不得已用井水，也要像《茶经》中所说的"取汲多者。""冷"也称作"冽"，如阮阅《郴江百咏并序·圆泉》："清冽渊渊一窦圆，每来尝为试茶煎。"是指泉水入口有清凉感。苏轼《井华水》："其次井泉，甘冷者皆良药也。"[9]杨万里《谢木韫之舍人分送讲筵赐茶》："下山汲井得甘冷，上山摘芽得苦硬。"章甫《叶子逸以惠山泉瀹日铸新茶饷予与常郑卿》："惠山泉甘苦不冷，日铸茶香方是真。"前述苏辙诗中的"自清凉"，也是指泉水的冷冽，入口自然感到清凉。

明代以后因废团饼茶，改为叶茶冲泡，对水的品质更为讲究。因此明清的许多茶书都经常要谈论水品，并且出现了一些专门讨论水品的著作，如明代田艺蘅的《煮泉小品》、徐献忠的《水品》等，其余谈论泉水的文章就更多了。总的来说，明清时期的茶人对水在泡茶过程中的作用极为重视，如张源在《茶录》中专列"品泉"一节，说："茶者水之神，水者茶之体。非真水莫显其神，非精茶曷窥其体。"他还指出同样是清澈的泉水，但因地理条件不同而各有特点："山顶泉清而轻，山下泉清而重，石中泉清而甘，砂中泉清而冽，土中泉淡而白。流于黄石为佳，泻出青石无用。流动者愈于安静，负阴者胜于向阳。真源无味，真水无香。"许次纾在《茶疏》中也设"择水"一节，指出"精茗蕴香，借水而发，无水不可与论茶也。"他根据自己的经历得出"有名山则有佳茶""有名山必有佳泉"的结论，并说"余所经行，吾两浙、两都、齐鲁、楚粤、豫章、滇、黔，皆尝稍涉其山川，味其水泉，发源长远，而潭此澄澈者，水必甘美。即江湖溪涧之水，遇澄潭大泽，味咸甘冽。唯波涛湍急，瀑布飞泉，或舟楫多处，则苦浊不堪。盖云伤劳，岂其恒性。凡春夏水长则减，秋冬水落则美。"田艺蘅在《煮泉小品》中对泉水则强调清、寒、甘、香四大特点："清，朗也，静也，澄水之貌。寒，冽也，冻也，覆水之貌。泉不难于清，而难于寒。""甘，美也。香，芳也。""泉惟甘香，故亦能养人。然甘易而香难，未有香而不甘者也。""味美者曰甘泉，气芳者曰香泉，所在间有之。"张大复在《梅花草堂笔谈》中的"试茶"对于水与茶的关系有一段精辟的论述："茶性必发于水，八分之茶，遇水十分，茶亦十分矣；八分之水，试茶十分，茶只八分耳。"意思是茶的色、香、味、形等特性要靠水才能体现出来。稍差的茶叶用优质的水来冲泡，仍然可以泡出好茶来。如果是优质的茶叶用稍差的水来冲泡，茶的特性就显现不出来，十分好的茶叶只能泡出八分水平的茶汤了。这是对水的质量在泡茶过程中的重要作用的最高评价。宋代的一则斗茶故事，可以作为典型例证。江休复《嘉祐杂志》记载："苏才翁尝与蔡君谟斗茶。蔡茶精，用惠山泉。苏茶劣，改用竹沥水煎，遂能取胜。"苏氏之茶逊于蔡襄之茶，但因用取自浙江天台山的优质泉水点茶，才能获胜。张大复所言除了本人的实践经验之外，也还有历史依据呢。

清代梁章钜在《归田琐记》卷七"品泉"中说："按品泉始于陆鸿渐，然不及我朝之精。"清代品泉之精主要是体现在讲究以水的轻重来鉴别水质的高低。这其中尤以乾隆皇帝最为热心。乾隆对水的要求强调味甘、质轻。他在《玉泉山天下第一泉记》文中说："水之德在养人，其味贵甘，其质贵轻。然三者正相资。质轻者味必甘，饮之而蠲疴益寿。故辨水者恒于其质之轻重，分泉之高下焉。"乾隆身体力行，自制一银质小方斗，利用他出巡各地时精量各地泉水的轻重而分出高低，"尝制银斗较之：京师玉泉之水，斗重一两；塞上伊逊之水，亦斗重一两；济南之珍珠泉，斗重一两二厘；扬子江金山泉，斗重一两三厘。则较玉泉重二厘、三厘矣。至惠山、虎跑，则各重玉泉四厘；平山重六厘；清凉山、白沙、虎丘及西山之碧云寺，各重玉泉一分。是皆巡跸所至，命内侍精量而得者。然则是无轻于玉泉之水者乎？曰：有。为何泉？曰：非泉，乃雪水也。尝收积素而烹之，较玉泉斗轻三厘。雪水不可恒得，则凡出于山下而有冽者，诚无过京师之玉泉……故定为天下第一泉。"乾隆还对刘伯刍、陆羽等人的品泉次第发表意见："昔陆羽、刘伯刍之论，或以庐山谷帘为第一，或以扬子为第一，惠山为第二。虽南人享帚之论也，然以轻重较之，惠山固应让扬子，具见古人非臆说。而惜其不但未至塞上伊逊，并且未至京师，若至此，则定以玉泉为天下第一矣。"[10] 应该说，乾隆的评价还是客观的，他用水的轻重来区别水质的优劣也是符合今天的科学道理的。他不但多次深入龙井茶产地考察制茶过程，还能如此细心地鉴赏各地泉水，不愧是一位热爱茶艺并且也是精通茶艺的爱茶皇帝，怪不得他会发出"君不可一日无茶"的感慨。

乾隆认为雪水比玉泉水还轻也符合事实。现代科学证明，自然界的水，只有雪水和雨水是纯软水，因而比玉泉水要轻，也是最为适合用来泡茶的。古人是很喜欢用雪水和雨水泡茶的，称之为天泉或天水。早在唐代，陆羽就将雪水评为第二十等，只是说"用雪不可，太冷"而已（张又新《煎茶水记》）。古人有很多描写用雪水煮茶的诗句，如唐代白居易《晚起》："融雪煎香茗"。宋代丁谓《煎茶》："痛惜藏书箧，坚留待雪天。"宋代李虚己《建茶呈使君学士》："试将梁苑雪，煎勋建溪云。"元代谢宗可《雪煎茶》："夜扫寒英煮绿尘，松风入鼎更清新。""寒英"即是比喻雪花。明代屠隆在《茶说》专设"择水"一则，认为："天泉，秋水为上，梅水次之。秋水白而冽，梅水白而甘。甘则茶味稍夺，冽则茶味独全，故秋水较差胜之。春冬二水，春胜于冬。皆以和风甘雨得天地之正施者为妙。惟夏月暴雨不宜……雪为五谷之精，取以煎茶，幽人情况。"稍后的熊遇明在《罗岕茶记》中也说："烹茶之水功居大。无泉则用天水，秋水上，梅水次。秋水冽而白，梅水醉而白。"这里的天水是指雨水。罗廪《茶解》认为："梅雨如膏，万物赖以滋养，其味独甘。"乾隆皇帝也喜欢用雪水泡茶，他在《烹雪叠旧作韵》诗中写道："圆瓮贮满镜光明，玉壶一片冰心裂。"诗中还注明："宜兴磁壶煮雪水茶尤妙。"乾隆还有一首《雪水茶》诗："山中雪水煮三清，大邑瓷瓯入手轻。"其注云："水以最轻者为佳，此处水较京都玉泉为重，惟雪比玉泉犹轻云。"小说中描写用雪水泡茶最有名的要算《红楼梦》中描写的妙玉用贮藏了五年的从梅花上扫下来的雪水烹茶了。当林黛玉问道："这也是旧年的雨水？"妙玉冷笑道："你这么个人，竟是大俗人，连水也尝不出来！这是五年前我在玄墓蟠香寺住着，收的梅花上的雪，统共得了那一鬼脸青的花瓮一瓮，总舍不得吃，埋在地下，今年夏天才开了。我只吃过一回，这是第二回了。——你怎么尝不出来？隔年蠲的雨水，那有这样清淳？如何吃得！"[①]

除了雪水、雨水以外，古人还爱用露水泡茶，特别是喜欢将荷叶上的露珠收集起来泡茶。最热衷此道者还是那位"不可一日无此君"的乾隆皇帝，他曾以《荷露烹茶》为题写了六首诗，现择抄几首以窥其具体情形：

荷叶擎将沆瀣稠，天然清韵称茶瓯。
胜泉且免持符调，似雪无劳拥帚收。
气辨浮沈原有自，火详文武恰相投。
灶边若供陆鸿渐，欲问曾经一品不。

平湖几里风香荷，荷花叶上露珠多。
瓶罂收取供煮茗，山庄韵事真无过。
惠山竹炉仿易得，山僧但识寒泉脉。

---

① 曹雪芹《红楼梦》第四十一回《贾宝玉品茶栊翠庵》。

> 泉生于地露生天，霄壤宁堪较功德。
>
> 冬有雪水夏露珠，取之不尽仙浆胲。
>
> 越瓯吴荚聊浇书，匪慕炼玉烧丹炉，金茎汉武何为乎？
>
> 秋荷叶上露珠流，柄柄倾来盏盏收。
>
> 白帝精灵青女气，惠山竹鼎越窑瓯。
>
> 学仙笑彼金盘妄，宜咏欣兹玉乳浮。
>
> 李相若曾经识此，底须置驿远驰求。

诗的最后两句是指唐代宰相李德裕不远千里递运惠山泉水的典故。宋代唐庚《斗茶记》中就提到："唐相李卫公，好饮惠山泉，置驿传送，不远数千里。"从无锡惠山到京都长安有四千里之远，李德裕为了要泡茶，竟派专人为之运送惠山泉水，真是劳民伤财，奢靡至极。明代屠隆《考槃馀事》"人品"条中就批评道："李德裕奢侈过求，在中书，不饮京城水，悉用惠山泉，时谓之水递。清致可嘉，有损盛德。"所以连乾隆都说他如果懂得用荷露烹茶的话，就用不着千里迢迢远途运水了[①]。

现代人泡茶用水，当然不可能也用不着像古人那么讲究。但是只要有条件，人们还是愿意汲取一些名泉来泡茶。最有名的当数杭州的"虎跑泉，龙井茶"了。其实各地都有泉水，大都适合用来泡茶，能用当地的泉水来泡当地所产的名茶，自然是最理想不过了，正如张又新所说的"夫茶烹于所产处，无不佳也，盖水土之宜。"根据现代科学的理化测定和感官审评，泡茶用水确实以泉水为佳，其次为去离子水，但茶的色香味均偏淡。城市自来水因有氯气，使香、味均受影响。井水和河水均属下品，相比之下，以浅井水为佳[3]。但对大多数城市居民而言，难以获得鲜活的泉水，甚至在现代化的城市里，连一般的井水也得不到了。只能用自来水泡茶了。不过用自来水泡茶需预先经过处理才好泡茶，因为目前各地自来水厂供应的生活用水虽已达到国家卫生标准，但含氯气而带有漂白粉气味，直接使用会影响茶汤的香味。简易的处理方法有：

（1）澄清。将自来水放入陶瓷缸里，放置一昼夜，氯气挥发后没有漂白粉的气味，就可以使用。

（2）煮沸。将自来水煮开（不宜煮得太久）以后，打开壶盖，让水中的异味挥发掉即可使用。

（3）过滤。有条件的可以购买质量良好的滤水器，将自来水过滤后再用来泡茶。也可以在自来水龙头上套接离子交换净水器，让自来水通过树脂层，将氯气和钙、镁等矿物质离子除去，变成去离子水，然后用以泡茶。

此外，如果经济许可，可以直接购买市面上供应的矿泉水和纯净水，因厂家在制造时已经处理过，没有任何异味，用来泡茶是比较理想的，特别是专门供人品茗的场所，更应该使用它们，而尽量不用自来水。

不过，从品茗艺术角度而言，应该尽量多用天然的泉水。不但是泉水甘美能助茶性，精茗蕴香，借水而发，而且各地许多名泉，只要有一定年代的历史，往往会伴有许多传说

---

① 最早记载此事的是唐代无名氏《玉泉子》。

故事或名人逸事以及诗词歌赋，具有浓郁的文化色彩，与名茶结合，相得益彰，会增强品茗艺术的审美情趣，丰富茶文化内涵，这是一般的井水、矿泉水和纯净水所不能比拟的。

三、备器

"茶滋于水，水藉乎器"明代许次纾在《茶疏》中的这句话说出了茶具在品茗艺术中的重要地位。这部分要叙述的是历代茶人有关茶具艺术性方面的论述。因为，人们在品茗之时，不但要欣赏茶叶的色、香、味、形，而且会欣赏泡茶器具的艺术美。当然这是随着时代的演进，饮茶方式的变化，品茗艺术的发展而逐渐形成、趋于成熟的。

最早具体谈到茶具的是杜育的《荈赋》："器择陶简，出自东隅。"说的是选择浙江一带出产的陶瓷茶具，虽未指明具体器具名称，但不外是茶碗或茶壶（瓶）之类。晋代浙江最有名气的陶瓷器就是青瓷。杜育《荈赋》描写的四川一带的饮茶情形，指明水要选用岷山之水，但茶具却要选择浙江的青瓷，这里显然不是看中浙江青瓷器的使用功能，恐怕更多的是考虑浙江越窑青瓷器的形和釉色之美，就是说，茶具的艺术美已经进入古代茶人的视野了。这一点到唐代就更加明显。

《茶经》明显接受《荈赋》的观点。陆羽在"四之器"中在谈到茶碗时就直接引用上述《荈赋》的那两句话，不过略有修改："器择陶拣，出自东瓯。"意思差别不大。陆羽除了指出瓯越瓷窑出产的茶碗在器形上的特点为"口唇不卷，底卷而浅，受半升已下。"之外，还着重指出："越州瓷、岳瓷皆青，青则益茶。"青瓷的优点是可以使茶汤颜色显得更绿，使人赏心悦目。他还特地将越窑青瓷和当时北方另一名窑河北邢窑的白瓷进行比较，认为邢窑白瓷不如越窑青瓷："若邢瓷类银，越瓷类玉，邢不如越一也；若邢瓷类雪，则越瓷类冰，邢不如越二也；邢瓷白而茶色丹，越瓷青而茶色绿，邢不如越三也。"这里比较的主要是茶碗的釉色及其对茶汤颜色的影响，都是从饮茶者的观赏角度出发，而不是从实用角度出发。可以说陆羽是历史上对茶具艺术美提出具体标准的第一人。唐代对茶具提出具体要求的不止陆羽一人。苏廙《十六汤品》也对茶具提出要求。如"富贵汤，以金银为汤器，惟富贵者具焉。""秀碧汤，石，凝结天地秀气而赋形者也。琢以为器，秀犹在焉。其汤不良，未之有也。""压一汤，贵厌金银，贱恶铜铁，则瓷瓶有足取焉。幽士逸夫，品色尤宜。"他认为，使用金银茶具，可以显示富贵人家的豪华气派。没有条件的文人雅士则可以使用石质茶具或者瓷器茶具，"秀犹在焉"，"幽士逸夫，品色尤宜。"甚为幽雅潇洒，只是"勿与夸珍炫豪臭公子道。"可以看出，苏廙心里还是瞧不起那些豪门贵族臭公子们的奢靡作风，他欣赏的还是富有雅趣的石、瓷茶具。显然，他也不是从实用角度来考虑问题的。

唐代诗人们对茶具也十分重视，有许多人还专门写了歌咏茶具的诗篇。如皮日休的《茶中杂咏·茶瓯》：

邢客与越人，皆能造兹器。
圆似月魂堕，轻如云魄起。
枣花势旋眼，蘋沫香沾齿。
松下时一看，支公亦如此。

唐代诗人徐夤有描写茶盏的诗篇《贡馀秘色茶盏》：

> 捩翠融青瑞色新，陶成先得贡吾君。
> 巧剜明月染春水，轻施薄冰盛绿云。
> 古镜破苔当席上，嫩荷涵露别江濆。
> 中山竹叶醅初发，多病那堪中十分。

秘色瓷是唐代最为名贵的青瓷器，是越窑青瓷的极品。它釉色青幽如碧玉，釉质晶莹润澈，胎质细腻，为当时达官贵人所宠爱。陆龟蒙在《秘色越器》诗中曾形容它"九秋风露越窑开，夺得千峰翠色来。"唐末五代的吴越国王钱镠将秘色瓷作为宫廷专用瓷，并向后唐、后晋、宋、辽王朝进贡。但是长期以来一直没有和考古实物对上号，因而带有神秘的色彩。直到1987年陕西省扶风县法门寺地宫出土一批越窑青瓷茶碗，在同出的《物帐碑》上明确记载："瓷秘色碗七口""瓷秘色盘子"等，才解开了这千年之谜。

陆羽在《茶经》中还对生火的器具"风炉"进行专门的艺术设计，这个造型像只古鼎，因而唐代诗人也有称风炉为茶鼎的。上有双耳，下有三足，每一足上分别铸有"坎上巽下离于中""体均五行去百疾""圣唐灭胡明年铸"等文字。三足之间设三窗，每一窗口铸有两字，合起来是"伊公羹，陆氏茶"。炉子上还要装饰禽、兽、鱼等图案和离、巽、坎三个卦象，因为卦象中是"巽主风，离主火，坎主水。风能兴火，火能熟水，故备其三卦焉"。风炉一般是用铜铁浇铸，也可用陶泥制作。唐代诗人皮日休写有《茶中杂咏·茶鼎》一诗："龙舒有良匠，铸此佳样成。立作菌蠢势，煎为潺湲声。草堂暮云阴，松窗残雪明。此时勺复茗，野语知逾清。"作为生火烧水的炉子，本是日常的生活用具，但是陆羽为了增强"陆氏茶"文化色彩，特地设计这种装饰有各种文字和图案的风炉，赋予它那么多的文化内涵。应该说这种风炉是陆羽匠心独运的艺术作品，陆羽也是历史上第一位赋予茶具以深刻文化含义的茶艺大师。

唐代的饮茶方式是煮茶，从炙茶开始到水之三沸，其间还要添盐、舀水、竹筴搅水、倒进茶末，再倒入原来舀出的一勺水，直至最后从茶镬里舀出茶汤到茶碗里，这一切都是在风炉上的茶镬中进行，人们的视线一直没离开风炉，它成为人们注视的中心。如果风炉的式样没有任何艺术性和文化内涵，必然要影响整个煮茶过程的观赏效果。所以陆羽那么重视风炉的式样及其装饰艺术，确实是应该的。

但是到了宋代，盛行的是点茶法，茶艺的重心不在风炉上面，而是在茶盏中，如何冲点，如何击打使之产生泡沫，是人们注意的焦点。正如宋代罗大经《鹤林玉露》所指出："然近世瀹茶，鲜以鼎镬，用瓶煮水，难以候视。"点茶的中心器具是茶盏，所以宋代对它的式样、釉色、质地都高度重视，而其审美的标准与唐代大不相同。唐代喜欢青瓷茶碗，而宋代则爱好黑色茶盏。其原因正如蔡襄《茶录》所说："茶色白，宜黑盏。建安所造者，绀黑，纹如兔毫，其坯微厚，熁之久热难冷，最为要用。出他处者，或薄或色紫，皆不及也。其青白盏，斗试家自不用。"宋代盛行斗茶，斗茶时的茶汤和泡沫的颜色以白色最好，所以斗茶时使用黑色茶盏，更容易衬托出茶汤的白色，茶盏内壁是否附有水痕也看得更清楚。宋代祝穆《方舆胜览》记载："(斗茶)之法，以水痕先退者为负，耐久者为胜。""茶色白，如黑盏，其痕易验。"这是因为饮茶方式的改变，使得人们的审美标准也跟着改变。福建建阳水吉镇生产的建盏的主要优点除了黑釉易显茶色，在视觉上使人有更为舒适的感觉外，还有其造型上的特点：即口大底小，盏壁外敞斜直，像一只倒置的斗笠。盏口面积大就可以容纳更多的泡沫。盏壁斜直，饮茶时容易将茶汤和茶末喝尽。盏沿下有一内折线，又能起到注汤时的标准线作用。宋徽宗《大观茶论》中也说："盏色贵青黑，玉毫条达者为上，取其焕发茶采色也。底必差深而微宽。底深则茶直立，易以取乳；宽则运筅旋彻，不碍击拂。"这些可以说都是和斗茶技艺直接有关的，虽是宋代茶艺的基本要求，毕竟主要还是为了满足点茶的实用需要。然而并不止此而已，宋代的黑釉茶盏除了单色黑釉之外，还生产了许多不同花纹图案的产品。最著名的就是所谓"兔毫盏"，一即《茶录》所说的"纹如兔毫"。它是胎中的铁在高温下有部分熔入釉里，釉层中产生气泡把这些铁质带到釉面，当温度高达1300℃时，釉层流动，铁质流成条纹状，冷却时从中析出赤铁矿小晶体，就形成了细密像兔子毛一样的纹饰，故被称为"兔毫盏"。建窑除了兔毫盏外，还出产金毫盏、银毫盏、玉毫盏、异毫盏以及釉面呈油滴状的像是鹧鸪身上图案的"鹧鸪斑"茶盏。而外省各地窑口出产的黑釉盏也很多，其纹样更是丰富多彩。其中如江西的吉州窑黑釉茶盏就享有盛名，其品种有油滴、玳瑁、鹧鸪斑、虎皮斑以及剪纸贴花和木叶纹样等。剪纸贴花的制作过程是先在胎上施一层黑釉，再把剪纸纹样贴在盏的内壁上，在上面再施一层色调更淡的釉，取走剪纸纹样，再入窑烧制，这样剪纸下面就会出现黑色的图案。木叶纹盏的制作方法是，先在胎上施一层黑釉，然后在经过特殊处理的桑树叶或菩提树叶上面施一层淡色的釉，再将树叶贴在盏内的底部，烧制后就会留下一张树叶纹样，极富有野趣。剪纸纹样常以飞禽、花卉为内容，试想，当人们用剪纸或木叶纹盏来点茶，喝完盏中的茶汁和汤花之后，盏中突然显现出几只飞禽或是一片树叶时，那将会多么令人喜悦呀！这时所产生的审美愉悦，就会极大地丰富品茗艺术的内涵。除了黑釉茶具之外，各地生产的青白瓷器、白瓷、彩绘瓷和刻花、划花、剔花、印花等手法的运用，都极大地丰富了宋代茶具的艺术性。此外，宋代点茶是用瓷瓶注水，它也是当时重要茶具之一，所以各地烧制的瓷汤瓶无论是造型还是纹饰，也都是非常精致美观的，其艺术水准也不在茶盏之下，这从各地的考古发现可以得到证明。总之，追求茶具的艺术美在宋代已经达到很高的水平，已经进入一个成熟的历史时期。

到了明代，情况又有变化。明代已废除饼茶，不流行点茶，也不盛行斗茶，因而黑釉茶盏就被冷落了。朱权《茶谱》说："茶瓯，古人多用建安所出者，取其松纹兔毫为奇。今淦窑所出者与建盏同，但注茶，色不清亮。莫若饶瓷为上，注茶则清白可爱。""淦窑所出"是指吉州窑出产的黑釉茶盏。饶瓷是指景德镇生产的青白瓷茶具，用以冲泡绿茶自然"清白可爱"。屠隆《考槃徐事》卷三也说："宣庙时有茶盏，料精式雅，质厚难冷，莹白如玉，可试茶色，最为要用。蔡君谟取建盏，其色绀黑，似不宜用。"张源《茶录》中也主张："盏以雪白者为上。蓝白者不损茶色，次之。"张谦德在其所撰的《茶经》中也明确指出：蔡襄强调用黑釉建盏，还说"其青白盏，斗试家自不用。此语就彼时言耳。今烹点之法，与君谟不同。取色莫如宣定，取久热难冷莫如官哥。向之建安黑盏，收一两枚以备一种略可。"许次纾《茶疏》在"瓯注"中同样强调："其在今日，纯白为佳，兼贵于小。定窑最贵，不易得矣。宣、成、嘉靖，俱有名窑，近日仿造，间亦可用。次用真正回青，必拣圆整，勿用畸窳……往时龚春茶壶，近日时彬所制，大为时人宝惜。盖皆以粗砂制之，正取砂无土气耳。随手造作，颇极精工。"沈长卿《沈氏日旦》中也说"盏瓯白者为上。"可见明代对茶盏之类的茶具盛行白釉瓷器，其次是青花（"回青"）瓷。同时，紫砂壶具也开始流行，为人们所珍惜。总之，从唐代重青瓷、宋代重黑盏，到明代提倡用白瓷茶具，人们的审美观点有着明显的变化，这是时代发展的必然结果。

此外，明代对茶盏形制讲究小巧。如许次纾所说的"纯白为佳，兼贵于小。"罗廪的《茶解》也强调"瓯，以小为佳。不必求古。只宣、成、靖窑足矣。"冯可宾的《岕茶笺》也说："茶壶以小为贵。每一客，壶一把，任其自斟自饮，方为得趣，何也？壶小，则香不涣散，味不耽搁，况茶中香味不先不后，只有一时，太早，则未足；太迟，则已过。酌见得恰好一泻而尽，化而裁之，存乎其人。施于他茶，亦无不可。"从小壶小盏的流行，可以看出明代的品茗艺术日趋精致化、艺术化。联想到清代袁枚《随园食单》记载武夷山寺庙中的茶具"杯小如胡桃，壶小如香橼，每斟无一两，上口不忍遽咽"。似乎也可以认为以小壶小杯为主要特点的工夫茶艺在明代已开始形成，这是茶艺史上的又一个重要成就。

明清两代，正是中国瓷器生产鼎盛时期，尤其是在釉下彩和颜色釉方面获得很大成功，除了青花、斗彩、五彩之外，还创造了粉彩、珐琅彩、胭脂彩、豇豆红、桃红、宝石蓝、苹果绿等品种，还有脱胎、玲珑等特殊工艺的应用，都是当时瓷器生产的重大成就，也为明清两代茶具呈现五彩缤纷、琳琅满目的局面创造了条件。明清时期的茶具还盛行用文字（题画诗）、人物故事、风景名胜、花鸟虫鱼和吉祥图案作装饰，成为绘画艺术的重要载体，常常是一件茶具就是一幅精美的绘画作品，令人赏心悦目、爱不释手。观赏茶具装饰艺术已成为当时茶艺的重要内容。

紫砂茶壶具的兴盛也是明清茶具艺术发达的重要标志。它在茶具史上的地位已经直逼景德镇瓷器，甚至是并驾齐驱，因而有"景瓷宜陶"之称。紫砂壶艺在清代有长足的发展，出现了陈鸣远、杨彭年、陈曼生、邵大亨等名家，将紫砂壶艺推向新的高峰。陈鸣远制作的梅干壶、束柴三友壶、包袱壶、南瓜壶等，都是以自然物体的形态作为茶壶的造型，是个重要创造，为后来陶艺家所效仿。陈曼生与杨彭年兄妹合作，由杨彭年等制作，待泥坯半干时再由陈曼生刻上诗文书画，则是文人和工匠合作的范例，增添文化内涵，开创了紫砂壶艺的新风。于是，紫砂壶从单纯的饮茶器具逐渐演化为以观赏为主的艺术品，其价格也扶摇直上，"能使土与黄金争价。"（周高起《阳羡茗壶系》）紫砂壶艺发展到现代，从日常实用器皿日益发展为独立意义的工艺品，除了一些匠师生产大量的日用品外，高水平的陶艺家们则倾心于紫砂陶艺的艺术创作。在20世纪80年代改革开放以后，有些工艺美术大师的作品竟卖出几万元、几十万元的天价，重现"与黄金争价"的盛况。这些大师的作品，固然都具有泡茶的实用性，但是谁也不可能拿几十万元天价买来的紫砂壶去泡茶吸饮或是待客，其价值主要在于它的艺术性。因此大师们创作紫砂壶作品，已脱离了茶艺的范畴，而成为文物爱好者们的收藏品。

从现代茶艺角度而言，茶具是为茶艺服务的，它首先要能满足冲泡品饮的功能要求，符合实用、便利的原则，在此基础上再来讲究造型、色彩、装饰方面的艺术性（作为纯艺术收藏品的壶艺作品，不在本节的讨论范围之内）。因此茶具的选择，无论是质地还是颜色都要根据茶叶的特点和茶艺主题要求来进行，才能相得益彰。

瓷器、玻璃等高密度质地的器具，气孔率低，吸水率小，泡茶时茶香不易被吸收，适合于冲泡风格清雅的茶叶，如各种名优绿茶、花茶、红茶和白毫乌龙。玻璃杯还有便于观赏茶叶形态、色泽的优点。而低密度的紫砂陶器，因其气孔率高，吸水率大，适合于冲泡香气低沉的乌龙茶、普洱茶等。泡茶后，持壶盖或者杯盖即可闻到醇厚的茶香。在泡台式工夫茶时，对其闻香杯质地则要求密度较高，通常是瓷杯或是在紫砂杯内施有白釉，这样当闻香杯中的茶汤倒入品茗杯后，其残余茶香不易被吸收，很快散发出来，达到闻香的目的。茶具颜色主要是指釉的颜色和装饰纹样的颜色，通常可以分为蓝、绿、青、白、灰、黑等冷色调和黄、橙、红、棕等暖色调。选择的原则也是与茶叶相配要协调。饮具的内壁以白色为好，可以真实反映茶汤的色泽与明亮程度。还要注意整套茶具（壶、盅、杯、盘等）的色彩搭配，既要避免单调，又要求统一和谐，富有审美情趣。具体而言，名优绿茶一般可以使用透明无花纹的玻璃杯或白瓷、青瓷、青花瓷无盖杯。花茶可以使用青瓷、青花瓷、斗彩、粉彩瓷器的盖碗、盖杯或壶、杯。普洱茶和一些半发酵及重焙火的乌龙茶可以使用紫砂壶杯具。黄茶可以使用奶白瓷、黄釉颜色瓷和以黄、橙为主色的五彩瓷壶杯具、盖碗和盖杯。红茶可用内壁施白釉的紫砂杯、白瓷、白底红花瓷、红釉瓷的壶杯具和盖碗、盖杯。白茶可用白瓷壶杯具，或用反差很大的内壁施釉的黑瓷，以衬托出白毫。轻发酵及重发酵的乌龙茶可用白瓷和白底花瓷壶杯具或盖碗、盖杯[3]。

在当代茶文化热潮中，各地茶艺工作者编创了许多表演型的茶艺节目，这些茶艺都有一定的名称和主题，从茶叶、茶具到服装、音乐、背景都经过精心选择和设计，具有很强的艺术性，有人曾称之为"主题茶艺"[11]。在编创"主题茶艺"时，对茶具的要求就比较严格，它必须根据主题要求来选择甚至是设计茶具。茶具也就成了"主题茶艺"中极重要的组成部分。其中成功的例子很多，如江西的《文士茶》，演示的是明清时期徽州地区文人雅士们的茶艺，冲泡的是婺源绿茶，表演者身穿当地清末民初富贵人家的蛋青色镶蓝边的青衫罗裙，显得清雅脱俗，选配的茶具都是景德镇出产的青花瓷器，非常协调，令人赏心悦目，收到很好视觉效果。广西横县的《茉莉花茶》，表演者身穿白色镶绿边的服装，头插白色的茉莉花，在江苏民歌《茉莉花》优美旋律伴奏下冲泡花茶，他们选用的是白色的瓷器茶具，也取得相得益彰的效果。又如杭州高级茶艺师袁勤迹编创的《龙井问茶》和《九曲红梅》，在茶具的配置上也是很成功的。前者演示的是龙井绿茶的冲泡技艺，她身穿白色镶绿边的旗袍，所有的茶具（茶壶、茶盘、茶杯、茶托、水缸、花瓶、香炉）全是透明无花纹的玻璃器皿，为了避免单调，增强视觉效果，在各个器皿的口沿贴上一道细小的绿边和三个竹叶图案，正式表演时背景上还要挂上墨竹国画，旁边还要插上一枝新鲜的竹枝，令人仿佛置身于竹林幽境中品赏佳茗，不由得想起唐代钱起的著名茶诗："竹下忘言对紫茶，全胜羽客醉流霞。尘心洗尽兴难尽，一树蝉声片影斜。"和冷色调的《龙井问茶》相反，《九曲红梅》因泡的是红茶，采用暖色调，所有的茶具都选用红色瓷器，服装也选择浅红色配有暗花的短袖旗袍，红色花瓶上还插上一枝鲜艳的红梅，观后让人心里有一种暖融融的感觉①。

当然，不成功的例子也有，如在一次国际茶会上表演的《唐代宫廷茶艺》，表演者身穿仿唐服装，在古典音乐伴奏下，手提现代的玻璃水壶在冲泡盖碗茶，其茶具却是青花瓷器。且不说唐代没有玻璃水壶，也没有盖碗瓷杯，就是青花瓷也是元代以后才盛行起来，唐代根本不可能有青花茶具的出现，这是因为缺乏历史常识才造成"秦琼战关公"的笑

---

　　①　袁勤迹编创的《龙井问茶》和《九曲红梅》所使用的茶具组合，可参见《农业考古》2001年2期封三的彩色照片。

话。因此，在茶具的选择上是不能掉以轻心的。

四、雅室

品茗需要在一定的场所进行。这场所可以大到山林野外，也可以小到陋屋斗室，甚至是小到一张茶桌或是一个茶盘。环境如何对人们品茗的心境有很大的影响，因而自古以来茶人们对环境十分讲究。大体说来，品茗环境可分为野外、室内和人文三类。

（一）野外环境

中国古代知识分子受道家"天人合一"哲学思想影响很深，追求与大自然的统一。他们常把山水景物当作感情的载体，借自然风光来抒发自己的感情，与自然情景交融，因而产生对自然美的爱慕和追求。所以，古代茶人们都喜欢到大自然的环境中去品茶。

陆羽在《茶经·九之略》中提到，"其煮器：若松间石上可坐，则具列废……若瞰泉临涧，则水方、涤方、漉水囊废……若援藟跻岩，引絙入洞，于山口炙而末之，或纸包、盒贮，则碾、拂末等废。"可见当时人们常常到野外松林下岩石上，或泉水边、溪涧旁，或是爬上山上岩洞口去煮茶品尝。因是到野外去品茶，陆羽就认为可以省略掉一些器具。在唐诗中也常有反映这方面的内容。最典型的要算唐代吕温的《三月三日茶宴序》写道："三月三日，上巳禊饮之日也，诸子议以茶酌而代焉。乃拨花砌，憩庭阴。清风逐人，日色留兴，卧指青霭，坐攀香枝。闲莺近席而未飞，红蕊拂衣而不散。乃命酌香沫，浮素杯，殷凝琥珀之色，不令人醉？微觉清思，虽五云仙浆，无复加也。座右才子南阳邹子、高阳许侯，与二三子顷为尘外之赏，而曷不言诗矣。"吕温和他的几位诗友们在莺飞草长、山花盛开的春天野外，品茶赋诗，花草云天都融化在青霭之中，碗中的茶汤呈现琥珀的色泽，在这样美丽的景色中品茗，实在是一种美的享受，怎不令人陶醉呢？类似的唐诗还有很多，除了上节所举的钱起《与赵莒茶宴》"竹下忘言对紫茶"等描写竹林品茶之外，还可略举几首为例。有的茶人爱在松树林中扫雪煮茶：

奉和袭美茶具十咏·煮茶

唐·陆龟蒙

闲来松间坐，看煮松上雪。
时于浪花里，并下蓝英末。
倾余精爽健，忽似氛埃灭。
不合别观书，但宜窥玉札。

有的茶人喜在郊外篁绿花红簇拥的亭中品茗：

东亭茶宴

唐·鲍君徽

闲朝向晓出帘栊，茗宴东亭四望通。
远眺城池山色里，俯聆弦管水声中。

幽篁引沼新抽翠，芳槿低檐欲吐红。
坐久此中无限兴，更怜团扇起清风。

有的茶人寻找池边树荫下品茗：

睡后茶兴忆杨同州

唐·白居易

昨晚饮太多，嵬峨连宵醉。
今朝餐又饱，烂漫移时睡。
睡足摩挲眼，眼前无一事。
信脚绕池行，偶然得幽致。
婆娑绿阴树，斑驳青苔地。
此处置绳床，傍边洗茶器。
白瓷瓯甚洁，红炉炭方炽。
沫下麴尘香，花浮鱼眼沸。
盛来有佳色，咽罢馀芳气。
不见杨慕巢，谁人知此味。

有的茶人乐于乘舟至野外潭水边烹茶：

与元居士青山潭饮茶

唐·灵一

野泉烟火白云间，坐饮香茶爱此山。
岩下维舟不忍去，青溪流水暮潺潺。

更多的茶人则喜欢到野外山泉旁边，拾取柴薪，敲石取火，煮茶寻趣，以求正味，以话高人：

与孟郊洛北野泉上煎茶

唐·刘言史

粉细越笋芽，野煎寒溪滨。
恐乖灵草性，触事皆手亲。
敲石取鲜火，撇泉避腥鳞。
荧荧爨风铛，拾得坠巢薪。
洁色既爽别，浮氲亦殷勤。
以兹委曲静，求得正味真。
宛如摘山时，自歠指下春。
湘瓷泛轻花，涤尽昏渴神。
此游惬醒趣，可以话高人。

　　唐代茶人们对大自然的倾慕为宋代的文人们所继承，他们同样喜欢到大自然的怀抱中去寻找诗情画意。为了取得好水烹煎名茶，茶人们最喜欢到山泉旁边去品茗论道：

和陈洗马山庄新泉

宋·徐铉

已开山馆待抽簪，更要岩泉欲洗心。

常被松声迷细韵，忽流花片落高岑。

便疏浅濑穿莎径，始有清光映竹林。

何日煎茶酻香酒，沙边同听暝猿吟。

谷帘泉（节选）

宋·李纲

庐山深处为谷帘，度岭穿云费时日。

道人裹饭时一到，敲火烹茶资野逸。

康王谷水帘（节选）

宋·朱熹

飞泉天上来，一落散不收。

披崖日璀璨，喷壑风飕飀。

追薪爨绝品，瀹茗浇穷愁。

敬酹古陆子，何年复来游。

和杨公济钱塘西湖百题·其五十五·白沙泉

宋·郭祥正

幽泉出白沙，流傍野僧家。

欲试甘香味，须烹石鼎茶。

约赵委顺北山试泉

宋·蒲寿宬

拟寻青竹杖，同访白云龛。

野茗春深苦，山泉雨后甘。

鸟声尘梦醒，花事午后酣。

静趣期心会，逢人勿费谈。

　　如附近没有合意的山泉，人们就到溪涧旁边去煎茶：

自宝应逾岭至潜溪临水煎茶

宋·宋庠

关塞云西路，僧庐左右开。

过岩逢石坐，寻水到源回。

天籁吟松坞，云腴溢茗杯。

宫城才十里，导骑莫相催。

或者直接到江中深处汲取江水煎茶：

汲江煎茶

宋·苏轼

活水还须活火烹，自临钓石取深清。

大瓢贮月归春瓮，小杓分江入夜瓶。

雪雨已翻煎处脚，松风忽作泻时声。

枯肠未易禁三碗，坐听荒城长短更。

过扬子江二首·其一

宋·杨万里

只有清霜冻太空，更无半点荻花风。

天开云雾东南碧，日射波涛上下红。

千载英雄鸿去外，六朝形胜雪晴中。

携瓶自汲江心水，要试煎茶第一功。

舟泊吴江三首·其一

宋·杨万里

江湖便是老生涯，佳处何妨且泊家。

自汲淞江桥下水，垂虹亭上试新茶。

也有乘船到江边高山上烹茶的：

离临安日范伯达送茶约至钓台烹之正月十八日宿台下兼简务德

宋·朱翌

过尽长滩唤落帆，舟人取火上高岩。

已携败絮来投宿，记有珍茶旋启缄。

忽忆住时同短舣，要须于此办长镵。

可怜一夜梅花雨，点滴犹随舳尾衔。

还有在太湖边山上一边品茗一边"登绝顶，望太湖"的：

惠山谒钱道人，烹小龙团，登绝顶，望太湖

宋·苏轼

踏遍江南南岸山，逢山未免更流连。

独携天上小团月，来试人间第二泉。

石路萦回九龙脊，水光翻动五湖天。
孙登无语空归去，半岭松声万壑传。

还有人在桥上品茶的：

和山行回坐临清桥啜茶

宋·韦骧

云輧回处引笙箫，疑向春宵度鹊桥。
桥上茗杯烹白雪，枯肠搜遍俗缘消。

茶人们都很喜欢到竹林中品茶：

钓鳌石（节选）

宋·苏舜元

汲泉沙脉动，敲火石痕斜。
应是任公子，竹间曾煮茶。

邦衡侄季怀亦惠二诗再次韵二首一颂其叔侄之美一解季怀生日不送茶之嘲

宋·周必大

竹林终日醉流霞，下客穷空祇厄茶。
更欲打门奴酪粥，何殊敛手捧姜芽。
赐金指日挥疏傅，盛馔常时设谢家。
莫为唱酬供一笑，从今便废尔羧嘉。

尚长道见和次韵二首·其二（节选）

宋·周必大

钟山处士映高霞，止酒帷亲睡起茶。
远向溪边寻活水，闲于竹里试阳芽。

也有人喜欢在桑树下烹茶以追求农家野趣：

华干携茶入园晚坐柔桑下

宋·朱翌

光穿两脚间彤霞，声急城头集暮鸦。
且与凤雏桑下坐，共烹龙焙雨前茶。
的中蕙嫩莲新采，笋上竿成竹已斜。
读得齐民书熟烂，把锄今作老生涯。

当然，有更多的人面对清香的梅花品茶，以显得清雅脱俗：

梅花下饮茶又成二绝

宋·吴蒂

昨日花前酒太过，今朝怕见近流霞。

不应辜负花枝去，且嗅清香倍饮茶。

强拈茶碗对梅花，应是花神笑我多。

更取香醪拼一醉，不禁风味恼人何。

宋代的茶人到寺院中去品茶，也是因为寺庙都是坐落在远离城市山林之中，环境优美幽静，又可兼得禅趣：

赐僧守璋

宋·赵构

古寺春山青更妍，长松修竹翠含烟。

汲泉拟欲增茶兴，暂就僧房借榻眠。

鹤林寺

宋·冯多福

春郊躬劝相，税驾拟禅关。

院古深藏竹，堂虚净对山。

日暄农父醉，云伴老僧闲。

暇日还携茗，同来沦虎斑。

煮茶

宋·方岳

瀑近春风湿，松花满石坛。

不知茶鼎沸，但觉雨声寒。

山好僧吟久，云深鹤睡宽。

诗成不须写，怕有俗人看。

烹茶鹤避烟

宋·林希逸

隔竹敲茶臼，禅房汲井烹。

山僧吹火急，野鹤避烟行。

入鼎龙团碎，当窗蚓窍鸣。

紫云飞不断，白鸟去边明。

云舍飘犹湿，风巢远更惊。

通灵数椀后，骑汝访蓬瀛。

访僧归云庵

宋·陶崇

閒过选佛场，归云翠如泼。

入门偶有言，启颊师便喝。

掩耳煨芋炉，但把火深拨。

呼童酌玉虹，注之旃檀钵。

嘘灰然微红，横铛水煎活。

茶酣登甲亭，双眸为之豁。

鸟啼空山幽，翔来集木末。

风月一何佳，团圞共披抹。

悠然澹忘归，于兹得解脱。

正如诗中所言，宋代爱茶的文人们之所以寄情于山水之间，在于要摆脱闹市尘俗的纷扰，淡泊名利之心，在陶醉、欣赏大自然的美景满足审美的愉悦的同时，使自己的心灵得以净化，精神上的桎梏得以解脱。

但是由于宋元时期，民族矛盾尖锐，内忧外患，社会动荡不安，大多数人不可能都能超然物外，回避矛盾，忘情于山水。宋代的茶书还来不及对此加以总结，未见有明确的记述。直到明代之后，社会日趋统一安定之后，特别是散茶冲泡盛行，对品茶环境更为讲究，于是一些茶书才对此予以论述。如明初朱权的《茶谱》提到："凡鸾俦鹤侣，骚人羽客，皆能志绝尘境，栖神物外。不伍于世流，不污于时俗。或会于泉石之间，或处于松竹之下，或对皓月清风，或坐明窗静牖，乃与客清谈款话，探虚玄而参造化，清心神而出尘表。"这里的"明窗静牖"是指品茗的室内环境，而"泉石之间""松竹之下""皓月清风"等则是指室外的自然环境。明代中期的许次纾的《茶疏》提到的品茗环境有："心手闲适，披咏疲倦，意绪梦乱，听歌闻曲，歌罢曲终，杜门避事，鼓琴看画，夜深共语，明窗净几，洞房阿阁，宾主款狎，佳客小姬，访友初归，风日晴和，轻阴微雨，小桥画舫，茂林修竹，课花责鸟，荷亭避暑，小院焚香，酒阑人散，儿辈斋馆，清幽寺观，名泉怪石。"其中"心手闲适""听歌拍曲""鼓琴看画""宾主款狎""访友初归"等是属于人文环境。"明窗净几""洞房阿阁""儿辈斋馆""清幽寺观"等，是属于室内环境。而"风日晴和，轻阴微雨，小桥画舫，茂林修竹""荷亭避暑，小院焚香""名泉怪石"等则是属于室外的自然环境。许次纾在书中还首次提出不适合作为品茶的环境是离阴室、厨房、城市噪音、小儿啼哭、童奴吵闹太近的场所，或者是酷热斋舍等地方。徐渭在《徐文长秘集》中对于适合品茗的环境也有概述："品茶宜精舍，宜云林……宜永夜清谈，宜寒宵兀坐，宜松月下，宜花鸟间，宜清流白云，宜绿藓苍苔，宜素手汲泉，宜红妆扫雪，宜船头吹火，宜竹里飘烟。"

（二）室内环境

人们日常品茶最多的还是在室内，即便是文人雅士、达官贵人们也是如此。因此古人对室内的环境布置也是相当重视的。室内环境大体可分为众人饮茶的场所和个人饮茶的场所。前者主要是指经营茶水的茶坊、茶馆之类，至少从唐代就已出现。

1.茶馆

据唐代封演的《封氏闻见记》记载："自邹、齐、沧、棣渐至京邑，城市多开店铺，煮茶卖之，不问道俗，投钱取饮。"既然是卖茶水的店铺，从商业角度出发，一定会有所装潢布置，其室内环境定然要比一般民居要高雅一些。可惜的是因缺乏明确文字记载，不明其具体情况。

但是到了宋代，这种"煮茶卖之"的店铺空前繁荣，并且有了专门的名称，称为茶肆、茶坊。这些茶馆的环境就装潢得很讲究，吴自牧《梦粱录》卷十六《茶肆》记载当时杭州茶肆的室内布置是："汴京熟食店，张挂名画，所以勾引观者，留连食客。今杭城茶肆亦如之，插四时花，挂名人画，装点店面。""今之茶肆，列花架，安顿奇松异桧等物于其上，装饰店面。"随着城市商品经济的发达，茶馆在明清时期有更大的发展，市井是卖茶的场所，其名称有茶室、茶社、茶馆、茶亭、茶铺子、茶棚子等。这在明清的小说《金瓶梅》《镜花缘》《儒林外史》等书中都有生动的记载。这些茶馆不但讲究室内装饰的雅致，而且还讲究周围环境的选择，让顾客一边品茗一边欣赏窗外的优美风景。如"乾隆末叶，江宁始有茶肆。鸿福园、春和园皆在文星阁东首，各据一河之胜，日色亭午，座客常满。或凭栏而观水，或促膝以品泉。"（徐珂《清稗类钞》）像杭州西湖周围各名胜景点更是茶室密布，也是因其周围环境之优美，可令客人在湖光山色之中品茗，恍如置身于仙境而飘飘欲仙了。而杭州吴山（俗称城隍山）也因其风景迷人而成为品茗佳处，在那里也设立了许多茶室。清人范祖述《杭俗遗风》记载："吴山茶室，正对钱江，各庙房头，后临湖山，仰观俯察，胜景无穷。下雪初晴之候，或品茗于茶室之内，或饮酒于房头之中，不啻置身于琉璃世界矣。"

2.茶室

至于个人的品茗场所，在古代称为茶寮或茶室。有文献记载的茶室至少可以追溯到唐代。据《旧唐书·宣宗本纪》记载，唐代宣宗年间，洛阳有一位和尚寿高130岁，宣宗问他服用何药才能如此长寿，僧答："臣少也贱，素不知药，性惟嗜茶，凡履处惟茶是求，或遇百碗不以为厌。"宣宗将他留在京城保寿寺。他日常煎茶、饮茶的斗室就称为"茶寮"。明代杨慎《艺林伐山》也说："僧寺茗所曰茶寮。"虽不知这茶寮内部是如何布置的，推想总不外整洁雅致，设有桌椅，放有整套煮茶的器具，除了自己吸饮之外，还可接待少数知心好友共品佳茗。

对茶室最为讲究的是明代文人，如高濂《遵生八笺》卷七就谈到茶寮的具体布置："侧室一斗，相傍书斋。内设茶灶一，茶盏六，茶注二，余一以注熟水。茶臼一，拂刷、净布各一，炭箱一，火钳一，火箸一，火扇一，火斗一，可烧香饼。茶盘一，茶橐二。当教童子专主茶役，以供长日清谈，寒宵兀坐。"屠隆《考槃馀事》卷三也说："构一斗室，相傍书斋，内设茶具，教一童子专主茶役，以供长日清谈，寒宵兀坐，幽人首务，不可少废者。"许次纾《茶疏》"茶所"一节中对茶室内的环境布置要求也很详细、具体："小斋之外，别置茶寮。高燥明爽，勿令闭寒。壁边列置两炉，炉以小雪洞覆之。止开一面，用省灰尘腾散。寮前置一几，以顿茶注、茶盂，为临时供具。别置一几，以顿他器。旁列一架，巾帨悬之，见用之时，即置房中。斟酌之后，旋加以盖。毋受尘污，使损水力。炭宜远置，勿令近炉，尤宜多办宿干易炽。炉少去壁，灰宜频扫。总之，以慎火防热，此为最急。"明代冯可宾《岕茶笺》中谈到品茶诸宜时，其中之一就是"精舍"，就是茶室要精洁雅致，具有浓厚的文化氛围。在饮茶"禁忌"中还特地指出："壁间案头多恶趣。"就是茶室里的布置俗不可耐，会影响品茶者的兴致，绝对要避免。当然这种茶寮的设置，需要一定经济基础，并非人人都能做得到。然而却可以由此看出，明代文人对品茗艺术的刻意追求，饮茶技艺日趋精致化，饮茶环境日益艺术化，从而将品茗艺术向前推进了一大步。

（三）人文环境

除了个人独自饮茶之外，品茗在更多的情况下是与他人共饮，或是二三知己，或是三五好友聚饮，有时甚至是一大群人在开茶会。俗话说，"人品即茶品，品茶即品人。"品茶时的对象素质如何，会影响到品茗者心境的好坏，所以自古以来茶人们对品茶时的人文环境也是非常讲究的。

陆羽在《茶经·一之源》说茶："为饮最宜精行俭德之人。"精行俭德之人，就是注意品行、具有俭朴美德之人。既然这些人"为饮最宜"，那么共品佳茗的茶友也应该是这样的人。只有具备相同的素质，相同的文化修养，才有共同的审美情趣，共同的心理状态，营造和谐的环境，才有可能一起领会品茗艺术的真谛，共享品茗艺术的审美愉悦。皎然《九日与陆处士羽饮茶》诗中写道："九日山僧院，东篱菊也黄。俗人多泛酒，谁解助茶香？"显然，能够赏菊品茗体味茶香自然是超脱尘俗之人，如果对方只是一个酒徒，岂不大煞风景？宋代文学家欧阳修在《尝新茶呈圣俞》诗中就说道："泉甘器洁天色好，坐中拣择客亦佳。"苏轼也有诗云："禅窗丽午景，蜀井出冰雪。坐客皆可人，鼎器手自洁。"[1]这些"可人"的佳客，都是一些风流儒雅、志趣相投的文人雅士。白居易称之为"别茶人""爱茶人"。[2]"茶人"一词流传至今，其内涵是十分丰富的。宋徽宗《大观茶论》也说道："至若茶之为物，擅瓯闽之秀气，钟山川之灵禀。祛襟涤滞，致清导和，则非庸人孺子可得而知矣。""而天下之士，厉志清白，竞为闲暇修索之玩，莫不碎玉锵金，啜英咀华，较箧笥之精，争鉴裁之妙。"这些能够啜英咀华的爱茶人自然不是庸人孺子，而是"厉志清白"的"天下之士"。

明代的茶人也是非常重视茶友的选择。陆树声的《茶寮记》"人品"指出："煎茶非漫浪，要须其人与茶品相得。故其法每传于高流隐逸，有云霞泉石、磊块胸次间者。"冯可宾在《岕茶笺》中提出品茶"十三宜"，其第二宜就是"佳客"，即审美趣味高尚，懂得茶中奥妙的客人。其他还有"吟诗""挥翰""会心""鉴赏"等，都是指品茗者能诗会画，可助茶兴，声气相通，懂得观赏茶叶的色、香、味、形，就能使品茗活动收到理想的效果。明代屠隆《考槃馀事》卷三"茶笺"也专设"人品"一节："茶之为饮，最宜精行俭德之人，兼以白石清泉，烹煮如法。不时废而或兴，能熟习而深味，神融心醉，觉与醍醐甘露抗衡，斯善赏鉴者矣。使佳茗而饮非其人，犹汲泉以灌蒿莱，罪莫大焉。有其人而未

---

①　苏轼《到官病倦，未尝会客，毛正仲惠茶，乃以端午小集石塔，戏作一诗为谢》，《苏轼诗集》第六册1879页，中华书局，1982年第一版。

②　白居易《谢李六郎中寄新蜀茶》："故情周匝向交亲，新茗分张及病身。红纸一封书后信，绿芽十片火前春。汤添勺水煎鱼眼，末下刀圭搅麹尘。不寄他人先寄我，应缘我是别茶人。"《山泉煎茶有怀》："坐酌泠泠水，看煎瑟瑟尘。无由持一碗，寄与爱茶人。"

识其趣，一吸而尽，不暇辨味，俗莫大焉。"屠隆不但要求茶人"烹煮得法"，精通泡茶技艺，而且是"精行俭德之人"，具有高尚的品德操行。同时又要能鉴赏茶之色香味形，懂得茶中三昧，具有一定的联想能力，一杯茶汤入口，"神融心醉"，觉得赛过醍醐甘露。如果泡出好茶汤，给不懂得品茶的人喝，就好比是拿高山名泉去浇灌野草，简直是浪费。如果将茶汤端起来"一吸而尽"，不是细细品味，徐徐下咽，那真是俗不可耐的行为呵！许次纾《茶疏》中亦有"论客"一节："宾朋杂沓，止堪交错觥筹；乍会泛交，仅须常品酬酢。惟素心同调，彼此畅适，清言雄辩，脱略形骸，始可呼童篝火，酌水点汤。"也是强调与情投意合、风流洒脱之士共品佳茗，才能获得品茶的真正乐趣。因此有人主张品茶不宜人数太多。张源《茶录》说："饮茶以客少为贵。客众则喧。喧则雅趣乏矣。独啜曰神，二客曰胜，三四曰趣，五六曰泛，七八曰施。"即独自品茶能体会茶之神韵。两人对吸，能进入茶的胜境。三四人品茶能得到品茶之乐趣。五六人饮茶，只能是泛泛而饮，情趣大打折扣。至于七八个人在一起，那不叫饮茶，只能算是施舍茶水了。

此外，为了使品茗环境更为幽雅，富有情趣，明代茶人还采取了焚香伴茶的办法。文震亨《长物志》卷十二"香茗"条云："香、茗之用，其利最溥，物外高隐，坐语道德，可以清心悦神。初阳薄暝，兴味萧骚，可以畅怀舒啸。晴窗拓帖，挥麈闲吟，篝灯夜读，可以远辟睡魔。青衣红袖，密语谈私，可以助清热意。坐雨闭窗，饭余散步，可以遣寂除烦。醉筵醒客，夜语蓬窗，长啸空楼，冰弦戛指，可以佐欢解渴。品之最优者，以沉香、岕茶为首，第焚煮有法，必贞夫韵士，乃能究心耳。"焚香和品茶都是中国古代文人生活中的雅事，两者结合，在轻烟袅袅、清香扑面的环境中品茗、谈心，无疑会增添更多的乐趣，也使品茗的人文环境增强浓郁的文化氛围。

时代发展到今天，我们不可能都按照古人的要求去做，现代大多数的城里人也难以具备这样的条件。但是从品茗艺术角度而言，在可能的条件下，还是应该尽量努力使品茗的环境清雅一些。

如在家里品茶，一般人不易有专门的茶室，只能在客厅、书房甚至是卧室的一角寻找适宜的位置，配以茶几、沙发或台椅，如能靠窗向阳更好。窗台上摆点花卉，墙壁上挂点书画，即是相当不错的品茗环境了。遇到天气暖和，而屋外景观又不错，也可在阳台品茶。如无条件，也不必勉强，只要窗明几净，安静舒适，便于在袅袅茶香之中促膝谈心即可。

如有条件，可结伴去郊区野外，寻一山清水秀之处，在青松翠竹掩映之下，一边欣赏鸟语花香，小桥流水，一边品茗叙谈，吟诗歌咏，可体会融入大自然怀抱中天人合一的境界，是种难得的高品位的艺术享受。

目前比较方便的是邀上三五知己到茶艺馆品茶。因为现在的茶艺馆，不管其风格是古典的还是西洋的，其装修都比较考究，环境幽雅，灯光柔和，音乐悦耳，具有浓厚的文化氛围，且有专门的茶艺师为客人表演茶艺，或帮助客人学习冲泡方法。在茶艺馆品茗，是现代城里人的一种文化享受，越来越受到大众的青睐。

五、冲泡

冲泡是品茗艺术的关键环节，一壶茶泡的好坏，全看冲泡技巧掌握得如何。冲泡包括两个部分，一是煮水，一是泡茶[①]。在这方面古人也积累了相当丰富的经验，只是随着时代的演替，饮茶方式的改变，其泡茶技巧自然也不相同。

（一）煮水

煮水在古代称为煎水，宋代苏辙《和子瞻煎茶》诗中即说："相传煎茶只煎水，茶性仍存偏有味。"可见煮水的重要性。在唐代以前的文献中缺乏这方面的详细记载，如三国时张揖《广雅》："荆巴间采茶作饼，成以米膏出之。若饮先炙令色赤，捣末置瓷器中，以汤浇覆之……"既然是"以汤浇覆之"，则肯定是先要烧水。但烧水的具体要求则不得而知。从西晋左思《娇女诗》中的"止为荼菽据，吹嘘对鼎立"。可知是将水装在锅里放到三脚的灶（鼎）上去烧的。烧到什么程度没有明言，大概总要烧开了才能用。

对煮水提出明确而又具体要求的是陆羽《茶经·五之煮》："其沸，如鱼目，微有声，为一沸。缘边如涌泉连珠，为二沸。腾波鼓浪，为三沸。已上水老，不可食也。"就是说，水烧到开始出现鱼眼般的气泡，微微有声时，即为第一沸。继续烧，边缘就像泉涌连珠一样水泡往上冒，即为第二沸。到了水面似波浪般翻滚奔腾时，即为第三沸。三沸以上，就"水老不可食"了。按《茶经》要求，水烧到二沸时，就要将碾好的茶末放入锅中去煮。唐末诗人温庭筠《采茶录》中记载李约对煮水的要求："茶须缓火炙，活火煎。活火谓炭火之有焰者。当使汤无妄沸，庶可养茶。始则鱼目散布，微微有声。中则四边泉涌，累累连珠。终则腾波鼓浪，水汽全消。谓之老汤。三沸之法，非活火不能成也。"活火就是用木炭燃烧出火焰，其温度更高，以之烧水最好。这是对用火提出的要求，为《茶经》所未及。成书于唐代的《十六汤品》中也强调煮水的重要性并提出一个标准："汤者，茶之司命。若名茶而滥汤，则与凡末同调矣。""火绩已储，水性乃尽，如斗中米，如秤上鱼，高低适平，无过不及为度。""薪火方交，水釜才炽，急取旋倾。若婴儿之未孩，欲责以壮夫之事，难矣哉。""人过百息，水愈十沸，或以话阻，或以事废，始取用之，汤已失性矣。"文中还以"汤之老嫩"来形容水沸的程度，提出"无过不及"的标准，也是为了及时掌握火候，水烧开后要及时煮茶，烧过头了就会影响茶汤的质量。

《茶经》等著作关于煮水的要求，已被广大茶人所接受，因此唐代的茶诗中经常会提及。如：

> 汤添勺水煎鱼眼，末下刀圭搅麹尘。（白居易《谢李六郎中寄新茶》）
> 沫下麹尘香，花浮鱼眼沸。（白居易《睡后茶兴忆杨同州》）
> 滩声起鱼眼，满鼎漂清霞。（李群玉《龙山人惠石廪方及团茶》）
> 香泉一合乳，煎作连珠沸。时看蟹目溅，乍见鱼鳞起。（皮日休《茶中杂咏·煮茶》）
> 兔毛瓯浅香云白，虾眼汤翻细浪俱。（吕岩《大云寺茶诗》）

蟹目、虾眼比鱼眼略小些，都是形容第一沸的状态，即开始的水泡小如虾眼、蟹眼，随即如鱼眼一样大，即为第一沸。因为唐代煮水用的镀，是种敞口的铁锅，可以用肉眼直接观察锅里的水烧到什么程度，便以开水冒泡的情形来标志一沸、二沸、三沸。到了宋

---

① 在唐宋时期则是煮茶和点茶。

代，饮茶方式起了变化，由煮茶改为点茶，不是用镀而是用瓶来烧水，瓶里的水烧到什么程度，肉眼看不见，难以判断。北宋的蔡襄《茶录》说："候汤最难，未熟则沫浮，过熟则茶沉。前世谓之蟹眼者，过熟汤也。沉瓶中煮之不可辨。"于是人们就根据瓶中水沸时的声音来判断。南宋罗大经《鹤林玉露》丙篇卷三记载：

余同年李南金云："《茶经》以鱼目涌泉连珠为煮水之节。然近世瀹茶，鲜以鼎镀，用瓶煮水，难以候视，则当以声辨一沸二沸三沸之节。又陆氏之法，以末就茶镀，故以第二沸为合量而下，未若今以汤就茶瓯瀹之，则当用背二涉三之际为合量。乃为声辨之诗云：'砌虫唧唧万蝉催，忽有千车稻载来。听得松风并涧水，急呼缥色绿瓷杯。'其论固已精矣。然瀹茶之法，汤欲嫩而不欲老，盖汤嫩则茶味甘，老则过苦矣。若声如松风涧水而遽瀹之，岂不过于老而苦哉！惟移瓶去火，少待其沸止而瀹之，然后汤适中而茶味甘，此南金之所未讲者也。因补以一诗云：'松风桧雨到来初，急引铜瓶离竹炉。待得声闻俱寂后，一瓯春雪胜醍醐。'"

所谓"背二涉三"是指水烧到刚过第二沸快要到第三沸时，用来瀹茶最为合适。李南金的"声辨之诗"是描写水初沸时，响声如台阶下的虫声唧唧，又如蝉声一片。过一会儿是水之二沸，像是千辆载货的大车吱吱哑哑响个不停。等到水声像松林涛声和涧水的喧闹，已是第三沸了，赶快提瓶注入已盛好茶末的绿瓷杯中。罗大经本人则认为如果等到三沸声如松风涧水时，汤已过老，瀹茶会产生苦味。要移瓶离火稍待片刻再瀹茶，则"汤适中而茶味甘"。以声响来判断水沸程度并不始于南宋，早在唐代即有以瓶煮水来瀹茶的，如"痷茶法"就是将茶末"贮于瓶缶之中，以汤沃焉"。当是用瓶烧水。因此唐代茶诗中就有这类描写：

银瓶贮泉水一掬，松雨声来乳花熟。（崔珏《美人尝茶行》）
骤雨松声入鼎来，白云满碗花徘徊。（刘禹锡《西山兰若试茶歌》）
看著晴天早日明，鼎中飒飒筛风雨。（秦韬玉《采茶歌（一作紫笋茶歌）》）
滩声起鱼眼，满鼎飘清霞。（李群玉《龙山人惠石廪方及团茶》）
声疑松带雨，饽恐生烟翠。（皮日休《茶中杂咏·煮茶》）
瑟瑟香尘瑟瑟泉，惊风骤雨起炉烟。（崔道融《谢朱常侍寄蜀茶剡纸二首》）

许多早于罗大经的宋代诗人，也有许多描写水沸之声的作品：

常被松声迷细韵，忽流花片落高岑。（徐铉《和陈洗马山庄新泉》）
轻微缘入麝，猛沸却如蝉。（丁谓《煎茶》）
天籁吟松坞，云腴溢茗杯。（宋庠《自宝应逾岭至潜溪临水煎茶》）
蟹眼已过鱼眼生，飕飕欲作松风鸣。（苏轼《试院煎茶》）
茶乳已翻煎处脚，松风忽作泻时声。（苏轼《汲江煎茶》）
曲几蒲团听煮汤，煎成车声绕羊肠。（黄庭坚《以小龙团及半挺赠无咎并诗用前韵为戏》）

不嫌水厄幸来辱，寒泉汤鼎听松风。（黄庭坚《答黄冕仲索煎双井并简扬休》）

兔褐金丝宝碗，松风蟹眼新汤。（黄庭坚《西江月·茶》）

汤响松风，早减了、二分酒病。（黄庭坚《品令·茶词》）

松风竹雪，金鼎沸溪潺。（陈师道《满庭芳·咏茶》）

银瓶瑟瑟过风雨，渐觉羊肠挽声度。（释德洪《无学点茶乞诗》）

磨急锯霏琼屑，汤鸣车转羊肠。（王之道《西江月·和董令升燕宴分茶》）

藻间蟾光动，松风蟹眼鸣。（史浩《南歌子·熟水》）

雪浪溅翻金缕袖，松风吹醒玉酡颜。（周紫芝《摊破浣溪沙·茶词》）

槐火初钻燧，松风自候汤。（陆游《北岩采新茶用忘怀录中法煎饮欣然忘病之未去也》）

小磑落茶纷雪片，寒泉得火作松声。（陆游《池亭夏昼》）

鹰爪新茶蟹眼汤，松风鸣雪兔毫霜。（杨万里《以六一泉煮双井茶》）

松梢鼓吹汤翻鼎，瓯面云烟乳作花。（杨万里《谢岳大用提举郎中寄茶果药物三首日铸茶》）

石乳香甘，松风汤嫩，一时三绝。（李处全《柳梢青·茶》）

便将槐火煎岩溜，听作松风万壑回。（罗愿《日涉园次韵五首·其四·茶岩》）

……

松声、雨声、蝉声、虫声、滩声、车声，都是形容水一沸时所发出的声音，瀹茶者根据它来确定点茶的时间。不过从宋诗来看，以松声的使用最为普遍，看来它最符合宋代煮水时的响声。可能是宋代用一种瘦长形的瓷瓶来烧水，水沸时发出的声音在瓶中产生一种共鸣，很像是风吹松树林时形成松涛的声音，诗人也特别喜欢这个带有诗意的形容词，故在茶诗中出现的频率较高。

明代以后，饮茶方式又发生了重大的变化，废除了团饼茶之后，改用散茶冲泡，先将茶叶装入壶中，用开水冲入后再将茶汤注入茶杯里。泡茶的水烧得如何对茶汤的质量关系很大，因而明代茶人对煮水也非常重视，明代的茶书也常有专节论述。早期的茶书如朱权的《茶谱》在谈到"凡候汤不可太过"时引用蔡襄《茶录》的话："未熟则沫浮，过熟则茶沉。"之后，在"煎汤法"一节中又引用温庭筠《采茶录》中的话："用炭之有焰者谓之活火。当使汤无妄沸。初如鱼眼散布，中如泉涌连珠，终则腾波鼓浪，水汽全消。此三沸之法，非活火不能成也。"能提出比较具体意见的是田艺蘅的《煮泉小品》："有水有茶，不可无火。非无火也，有所宜也。李约云：'茶须缓火炙，活火煎。'活火，谓炭火之有焰者。苏轼诗：'活水还须活火煎'是也。余则以为山中不常得炭，且死火耳，不若枯松枝为妙。若寒月多拾松实，畜为煮茶之具更雅。人但知汤候，而不知火候。火然则水干。是试火先于试水也。""汤嫩则茶味不出，过沸则水老而茶乏。惟有花而无衣，乃得点瀹之候耳。"张源的《茶录》也重视用火问题，指出："烹茶旨要，火候为先。炉火通红，茶瓢（按：即水壶）始上。扇起要轻疾，轻声稍稍重疾，斯文武之候也。过于文则水性柔，柔则水为茶降。过于武则火性烈，烈则茶为水制，皆不足于中和，非茶家要旨也。"许次纾在《茶疏》中强调指出："茶滋于水，水藉乎器，汤成于火，四者相须，缺一则废。"并说："沸速则鲜嫩风逸，沸迟则老熟昏钝，兼有汤气，慎之慎之。"许次纾也和田艺蘅一样重视火候问题，他说："火必以坚木炭为上，然木性未尽，尚有余烟。烟气入汤，汤必无用。故先烧令红，去其烟焰，兼取性力猛炽，水乃易沸。既红之后，乃授水器，仍急扇之，愈速愈妙，毋令停手。停过之汤，宁弃而再煮。"至于煮水方法，许次纾则主张："水一入铫，便须急煮。候有松声，即去盖，以消息其老嫩。蟹眼之后，水有微涛，是为当时。大涛鼎沸，旋至无声，是为过时。过则汤老而香散，决不堪用。"这里的铫也是指水壶，烧到壶里响起松声，就打开壶盖，然后用肉眼观察，水面冒出蟹眼一般的水珠，微微掀起波涛时，就可泡茶。如煮过头，没有响声，就会"汤老而香散"，不能用来泡茶。

明代煮水的器具称之为瓢、铫或汤瓶，一般是用锡做的水壶（富贵人家则有以金银为之）。或者是用陶瓷制成的。张源《茶录》即说："桑苎翁煮茶用银瓢，谓过于奢侈，后用瓷器，又不能持久，卒归于银。愚意银者宜贮朱楼华屋。若山斋茅舍，惟用锡瓢，亦无损于香、色、味也。但铜铁忌之。"《茶疏》也认为："金乃水母，锡备柔刚，味不咸涩，作铫最良。"用锡壶煮水，仍然需要借助于声音来作为汤候的标准。不过，明代锡壶的壶口要比宋代的汤瓶之口要大，揭开壶盖后还是可以观察到水面的状况，因此也可以用形状来判断。此外，还可以用水汽来判断。张源在《茶录》中就将此三者结合起来考察："汤有三大辨，十五小辨。一曰形辨，二曰声辨，三曰气辨。形为内辨，声为外辨，气为捷辨。如虾眼、蟹眼、鱼眼、连珠皆为萌汤，直至涌沸如腾波鼓浪，水汽全消，方是纯熟。如初声、转声、振声、骤声，皆为萌汤，直至无声，方是纯熟。如气浮一缕、二缕、三四缕，及缕乱不分，氤氲乱绕，皆为萌汤，直至气直冲贯，方是纯熟。"

明清两代的泡茶方式基本相同，因此明代茶书关于烧水的要求，多为清代茶人所接受，清代茶书中有关烧水的记述几乎都是抄自前人的，很少有新的见解。这也可以说明，古代的烧水技术已相当成熟。

古人对烧水问题如此重视，是因为水温对茶汤的质量有极大影响。所谓"嫩汤"就是水温太低，茶叶中的有效成分浸出不快、不全，滋味淡薄，汤色不美。同时水中的钙、镁等离子不能及时沉淀，也会影响茶汤滋味。所谓"老汤"就是水煮得太久，水中含有的二氧化碳散失殆尽，即古人所谓"水汽全消"，会减弱茶汤的鲜爽度。还会破坏水中原来含有的有利于茶汤的物质，以之泡茶，汤色不明亮，滋味不醇厚。所以在谈泡茶时古人十分重视火候、汤候，是很有道理的。

现代的饮茶方式与明清基本相同，因此泡茶的方法也相似。只是烧水的器具质地有所不同。一般常用的多为不锈钢水壶或陶瓷水壶，也是看不见壶中水沸的情形，因此也是可以采用"声辨"的方法来判断壶中水沸的程度。如果使用石英壶烧水，其壶壁透明如玻璃，肉眼可以看见壶中水沸的情形，就可参照《茶经》等书记载的"形辨"方法来判断。当然也可以根据水汽的状况采取"气辨"方法来判断。不过现代社会讲究科学，不能只是定性的描述，而是要求有定量的分析，才能更为精确地测定水的温度，以便针对不同的茶叶采用不同温度的开水泡出可口的茶汤。有的专家甚至要求用温度计来测定水温。初学者不妨备置一个以随时测定水温，等熟练之后，就可凭经验来掌握。

泡茶的水温要根据不同的茶叶来确定，不能一概而论。如泡普通的绿茶、花茶和红茶，因原料老嫩适中，可用85～90℃开水冲泡。原料细嫩的高级名优特茶如西湖龙井、君山银针、洞庭碧螺春等，只能用75～80℃的开水冲泡，如果温度过高，茶芽就会软而不坚，色泽由翠绿变为灰白，茶汤的香味降低，维生素C等营养成分被破坏，白白糟蹋了高档茶叶。可以先将烧开的水壶移开炉子，稍放一会儿，待水温降低到80℃时再泡茶。还有一种方法是：先将开水注入空玻璃杯中，此时水温会下降，再将茶叶投入杯中，让其徐徐伸展，溶出汁液。这是明代茶书上所说的冲泡绿茶方法之一的"上投法"，现已被普遍采用。冲泡乌龙茶则要求较高的水温，因为乌龙茶不用细嫩的茶芽而是采用较成熟的茶叶制成，要用95℃以上的开水冲泡才能将茶汁及时浸出。

泡茶所需的水温还与泡茶的器具有关。如用玻璃杯泡绿茶，因玻璃传热性能好，杯中的茶叶放得不多，一般100毫升的玻璃杯只放2克左右的茶叶，茶与水的比例是1∶50，水温就可以略低些。如果是用紫砂小壶来泡乌龙茶，根据工夫茶艺的要求，茶叶要占茶壶容积的2/3以上，注入的开水不可能多，就需较高的水温，有时需要100℃的开水先温壶，再冲泡，随后还要淋壶以保持壶内的水温，才能将乌龙茶特有的香味和韵味浸泡出来。

（二）泡茶

由于历代的饮茶方式变化很大，泡茶的方式和名称也不相同。如唐代是煮茶或者煎茶，在宋代则是点茶，也有称为煎茶的。明代以后称为瀹茶，也就是现代的所谓泡茶。泡茶是茶艺的核心，一壶或是一杯茶的好坏，除了水和茶叶的质量之外，全靠泡茶的技艺如何。正如唐代张又新在《煎茶水记》中所说的，能"善烹洁器，全其功也"。高超的泡茶技艺是可以弥补茶、水之不足的，即同样的水和茶叶，会泡和不会泡，其效果是大相径庭的。

唐代以前是如何泡茶的，具体情况不大清楚。目前最早的资料就是《广雅》所记载的"荆巴间采茶作饼，成以米膏出之。若饮先炙令色赤，捣末置瓷器中，以汤浇覆之。用葱姜之"。这种方法与陆羽《茶经》中记载的"痷茶法"很相像。即西南一带在六朝时期就已经饮用饼茶，其冲泡技术是先将茶饼烘烤成红色，再将它捣成粉末，放入瓷罐中，然后用烧开的沸水浇灌进去，同时还要加进葱、姜等佐料。其茶艺程序主要有炙茶（"炙令色赤"）、捣茶（"捣末"）、置茶（将茶末"置瓷器中"）、煮水、冲泡（"以汤浇覆之"）等环节。联系到晋代杜育《荈赋》中关于茶汤泡沫的描绘："惟兹初成，沫沉华浮。焕如积雪，晔若春敷。"意思是刚煎点的茶汤，茶末下沉，泡沫上浮，其光彩白如积雪，亮丽像春天的花卉。关剑平也考证指出，南北朝时就已经采用茶筅搅打茶汤使之产生泡沫[2]。那么，还应加上"击拂"一道程序。由此看来，宋代的点茶技术是可以直接追溯到《广雅》所记载的三国时期，比陆羽《茶经》要早5个世纪。过去常把中国的茶艺源头归结到《茶经》，现在看来，实在过于保守了。

唐代泡茶最典型的就是陆羽《茶经·五之煮》中所记载的煮茶法了。煮茶法最大的特点是将茶饼碾磨成粉末后，要放到锅（镂）里去煮。具体的煮法是：先将茶放在炭火上烘炙，两面都要烘到起小泡如虾蟆背状，然后趁热用纸囊包起来，不让精华之气散失。等茶饼冷却后，将它碾磨成茶末，再用茶罗将它筛成茶粉。等水烧到冒起的水珠如鱼眼一样，同时微微发出响声，称为一沸，要放点食盐进去调味。等水烧到锅边如涌泉连珠是为二沸，先舀出一瓢水备用，再用竹筴环击汤心。然后将茶粉从中间倒下去。过一会儿，锅里的水翻滚，就将刚才舀出的那瓢水倒下去，此时锅里的茶汤会产生美丽的泡沫，陆羽称之为"汤华"。这时茶汤就算煮好，分别舀入茶碗中，就可敬奉嘉宾了。如果水已三沸还继续煮下去，陆羽认为"水老不可食也"。由此可知陆羽《茶经》推广的茶艺程序是：炙茶、碾茶、罗（筛）茶、烧水、一沸时加盐、二沸时舀水和环击汤心、置茶（倒入茶粉）、点水（"以所出水止之"）、分茶入碗。整套程序是相当完整的，其技术要求也是颇为明确、具体的。尤其是《茶经》特别强调煮茶汤时要注意培育出均匀美丽的"沫饽"，陆羽称之为"汤之华"。华者，花也。所谓汤华就是茶汤表面上浮泛一层细密均匀的白色泡沫。陆羽在《茶经》中特地用了一大段篇幅来描写"汤华"："沫饽，汤之华也。华之薄者曰沫，厚者曰饽，细轻者曰花。如枣花漂漂然于环池之上，又如回潭曲渚青萍之始生，又如晴天爽朗有浮云鳞然。其沫者，若绿钱浮于水湄，又如菊英堕于樽俎之中。饽者，以滓煮之。及沸，则重华累沫，皤皤然若积雪耳。《荈赋》所谓'焕如积雪，烨若春敷'有之。"陆羽用枣花、青萍、鳞云、绿钱、菊英、积雪、春敷等美丽的名词来形容汤华，可见他对此是何等的重视。唐代的诗人们也是很欣赏汤华的，他们也常用乳、花等美好字眼来描写它：

素瓷雪色缥沫香，何似诸仙琼蕊浆。（皎然《饮茶歌诮崔石使君》）

汤添勺水煎鱼眼，末下刀圭搅麹尘。（白居易《谢李六郎寄新茶》）

沫下麹尘香，花浮鱼眼沸。（白居易《睡后茶兴忆杨同州》）

铫煎黄蕊色，碗转曲尘花。（元稹《一字至七字诗·茶》）

欲知花乳清泠味，须是眠云跂石人。（刘禹锡《西山兰若试茶歌》）

碧云引风吹不断，白花浮光凝碗面。（卢仝《走笔谢孟谏议寄新茶》）

声疑松带雨，饽恐烟生翠。（皮日休《茶中杂咏·煮茶》）

碧流霞脚碎，香泛乳花轻。（李德裕《故人寄茶》）

惟忧碧粉散，常见绿花生。（郑遨《茶诗》）

可见，唐代煮茶并不是只煮出一锅普通的茶水，而是对茶汤面上的沫饽（汤花）十分讲究，我们可以想象一下，唐代煮茶煮出来的茶汤是呈金黄色（如杜牧《茶山诗》："泉嫩黄金涌"，元稹《一字至七字诗》："铫煎黄蕊色"。），而汤华是"焕如积雪"的白色，唐代的茶碗又是青绿色的。一碗在手，会让人赏心悦目，不忍遽咽的。因此汤华就会在品茗的时候成为一种审美对象。饮茶至此确实是走上了艺术化的道路，陆羽《茶经》对中国茶艺的贡献确实是具有开创性的。

正是由于唐代茶人们对"汤华"的追求，促进了古老的"煮茶法"向宋代的"点茶法"跃进。当宋代的茶人们发现将茶粉直接放在茶盏中冲点击拂会产生更多更好更美的泡沫（汤华）时，自然就会放弃唐代的煮茶方式了。宋代点茶法的最大特点正是在于对泡沫的追求，它成为斗茶的重要标志之一。

有关宋代点茶技艺以蔡襄《茶录》和宋徽宗《大观茶论》两书的记载最为详细。蔡襄在《茶录》的上篇"论茶"中有关点茶的技艺主要有下列诸项：

（1）炙茶。将茶饼"以钤箝之，微火炙干。然后碎碾。"

（2）碾茶。将茶饼"先以净纸密裹，捶碎。然后熟碾。"

（3）罗茶。将碾后的茶末放到茶罗中过筛，筛得越细越好，"罗细则茶浮，粗则水浮。"

（4）候汤。就是烧水，要求火候合适，"未熟则沫浮，过熟则茶沉。"

（5）熁盏。将茶盏温热。"凡欲点茶，先须熁盏令热，冷则茶不浮。"

（6）点茶。点茶要求茶与水的比例要合适，"茶少汤多，则云脚散。汤少茶多，则粥面聚。"即茶粉太少而水太多，击拂不起泡沫。茶粉太多而水太少，则盏面会像粥一样浓稠。都是不理想的。一般是每盏"钞茶一钱七，先注汤调令极匀，又添注入，环回击拂。汤上盏可四分则止。视其面色鲜白、著盏无水痕为绝佳"。意思是每盏舀入一钱七分的茶粉，先注入少量开水，将它调成非常均匀的茶膏，然后一边注水一边用茶匙环回击拂，使茶汤产生白色的泡沫（即陆羽《茶经》上所说的"汤之华""沫饽"）。一般茶汤注到茶盏内壁6/10处即可，这样击拂后的汤面泡沫就不会溢出茶盏。成功的点茶要求茶汤表面的泡沫能够较长久贴在盏壁上，不露出水痕为绝佳。实际上点茶是包括三个部分，即调膏、击拂、注水，其技艺要求是比较高的。

点茶法的茶艺要求基本上是和斗茶相同的，不过斗茶的目的是要决出胜负，自有其评判标准，除了一般品尝茶汤的滋味和香气外，它更强调茶汤的泡沫和颜色。正如梅尧臣的茶诗《次韵和永叔尝新茶杂言》中所言："造成小饼若带銙，斗浮斗色倾夷华。""斗浮"就是看谁茶汤面上的泡沫能够较长久地贴在茶盏内壁上，称之为"咬盏"。《大观茶论》解释道："乳雾汹涌，溢盏而起，周回凝而不动，谓之'咬盏'。"如果谁的泡沫先消失，露出水痕者就是输家。《茶录》就说："建安斗试以水痕先退者为负，耐久者为胜。故较胜负之说曰：相去一水二水。"宋代茶诗中也有"烹新斗硬要咬盏"（梅尧臣《次韵和再拜》），"云叠乱花争一水"（王珪《和公仪饮茶》），"水脚一线争谁先"（苏轼《和蒋夔寄茶》），"斗处人间一水争"（曾巩《寨磻翁寄新茶二首·其二》）等诗句。

《大观茶论》对斗茶时的点茶技艺有更为具体的要求。如：

（1）碾茶。要求："碾必力而速，不欲久，恐铁之害色。"因为当时多用熟铁制作茶碾，故要求要用力、快速，不要过久，以免茶叶与铁碾接触太久而影响茶的颜色。

（2）罗茶。要求："罗欲细而面紧，则绢不泥而常透。""罗必轻而平，不厌数，庶已细者不耗。惟再罗，则入汤轻泛，粥面光凝，尽茶之色。"即要将茶粉筛得越细越好，才能使茶汤击拂后更好地产生泡沫，汤面上有光泽辉映。

（3）茶盏。要求："底必差深而微宽。底深则茶直立，易以取乳；宽则运筅旋彻，不碍击拂。""然须度茶之多少，用盏之大小。盏高茶少，则掩蔽茶色；茶多盏小，则受汤不尽。"

（4）熁盏。"盏惟热，则茶发立耐久。"要求将茶盏熁热，便于击拂后容易产生持久的泡沫。

（5）调膏。"量茶受汤，调如融胶。环注盏畔，勿使侵茶。势不欲猛"。

（6）击拂。蔡襄《茶录》是用金属茶匙击拂，《大观茶论》则改用竹制的茶筅击拂。"茶筅以箸竹老者为之，身欲厚重，筅欲疏劲，本欲壮而末必眇"。击拂时，"先须搅动茶膏，渐加击拂，手轻筅重，指绕腕旋，上下透彻，如酵蘖之起面，疏星皎月，灿然而生，则茶之根本立矣。"显然，用竹制的茶筅击拂比用金属茶匙要更容易击发出汤花来。《大观茶论》甚至要求先后注水、击拂七次，才能做到"分轻清重浊，相稀稠得中"。盏面上已经："乳雾汹涌，溢盏而起，周回凝而不动，谓之'咬盏'。""茗有饽，饮之宜人。"

（7）注水。击拂时需随时加水，用的金银质地的汤瓶（民间则多用瓷瓶）。"注汤利害，独瓶之口嘴而已。嘴之欲口大而宛直，则注汤力紧而不散。嘴末欲圆小而峻削，则用汤有节而不滴沥。盖汤力紧则发速有节，不滴沥，则茶面不破。"用瓶嘴圆小峻削的汤瓶注水，水流集中有力，不会将已经击拂好的溢满盏面的汤花给破坏掉。

可见，经过半个多世纪的实践，《大观茶论》所记载的点茶技术要比《茶录》中的记载更为复杂细致，要求也更为严格。特别是宋徽宗以皇帝的身份撰写茶书，经他的提倡，在社会上产生更大的影响，使斗茶技艺在宋代茶艺中占据主导地位，将中国的品茗艺术向前推进了一大步。

明代废除饼茶后，散茶冲泡的瀹茶法已经占据主导地位，"今人惟取初萌之精者，汲泉置鼎，一瀹便啜，遂开千古茗饮之宗。"（沈德符《万历野获编》）因而明代的泡茶技艺也与宋代大不相同。

明代初期，许多人还受宋元时期的点茶法影响，尽管废除了饼茶，他们还是要将茶叶碾成粉末进行冲点。最典型的就是朱权的《茶谱》（1440年前后）中所记载的"烹茶之法"。他说："然天地生物，各遂其性，莫若叶茶，烹而啜之，以遂其自然之性也。予故取烹茶之法，末茶之具，崇新改易，自成一家。"他的创新之处，就是以叶茶代替团茶，将茶叶直接碾磨成粉末，再按宋代的点茶法进行冲点。具体的做法："于谷雨前，采一枪一旗者制之为末，无得膏为饼，杂以诸香，失其自然之性，夺其真味。大抵味清甘而香，久而回味，能爽神者为上。"具体点茶时的程序，基本上与宋代一样："凡欲点茶，先须熁盏。盏冷则茶沉。茶少则云脚散。汤多则粥面聚。以一匙头盏内，先注汤少许调匀，选添入，环回击拂。汤上盏可七分则止，着盏无水痕为妙。"

朱权还自行编创一套烹茶程式，类似今天的茶艺表演："命一童子设香案携茶炉于前。一童子出茶具。以瓢汲清泉注于瓶而炊之。然后碾茶为末，置于磨令细。以罗罗之。候汤将如蟹眼，量客众寡，投数匙入于巨瓯，候茶出相宜。以茶筅撺令沫不浮，乃成云头雨脚，分于啜瓯，置之竹架。童子捧献于前。主起，举瓯奉客曰：'为君以泻清臆。'客起接，举瓯曰：'非上不足以破孤闷。'乃复坐。饮毕，童子接瓯而退。话久情长，礼陈再三。遂出琴棋陈笔砚。或庚歌，或鼓琴，或弈棋，寄形物外，与世相忘，斯则知茶之为物，可谓神矣。然而啜茶大忌白丁，故山谷曰：'著茶须是吃茶人。'更不宜花下啜，故曰'金谷看花莫谩煎'是也。卢仝吃七碗、老苏不禁三碗，予以一瓯，足可通仙灵矣。使二老有知，亦为之大笑。"朱权的创作虽然没有成为明代饮茶的主流，但是其"巨瓯"之设，似乎传之东瀛。笔者曾在韩国汉城的一次国际茶会上，看到一圈茶人席地而坐，手捧巨瓯而轮流啜饮，比之《茶谱》还要更简朴些。

至明代中期，用叶茶直接冲泡才在社会上流行起来，此时的茶书才有所涉及。如钱椿年的《茶谱》（1539）中谈道："凡烹茶先以热汤洗茶叶，去其尘垢冷气，烹之则美。"既然茶叶可以洗，就不是用茶末冲泡。同一时期的田艺蘅《煮泉小品》（1554）说得更明白："茶之团者片者，皆出于碾硙之末，既损真味，复加油垢，即非佳品，总不若今之芽茶也。盖天然者自胜耳……且末茶瀹之有屑，滞而不爽，知味者当自辨之。"陈师的《茶考》（1539）记载当时杭州一带用茶瓯直接冲泡茶叶的"撮泡法"："杭俗烹茶，用细茗置茶瓯，以沸汤点之，名为撮泡。"文震亨在《长物志》卷十二中也说："吾朝所尚又不同，其烹试之法，亦与前人异。然简便异常，天趣悉备，可谓尽茶之真味矣。至于洗茶、候汤、择器，皆各有法。"周高起《阳羡茗壶系》"别派"中说："壶供真茶，正在新泉活火，旋瀹旋啜，以尽色声香味之蕴。"指出了散茶冲泡的真正特点在于"旋瀹旋啜"，并且指明当时是将茶叶直接放在茶壶内冲泡的，而不是放在茶碗、茶盏或是"巨瓯"中来冲泡的。

至少在明代晚期，散茶冲泡已占据主导地位，因此这一时期的茶书对之有较为详细的记述。关于泡茶的整个过程，许次纾在《茶疏》（1597）"烹点"中有具体记载："未曾汲水，先备茶具。必洁必燥，开口以待。盖或仰放，或置瓷盂，勿意覆之。案上漆器、食气，皆能败茶。先握茶手中，俟汤既入壶，随手投茶汤，以盖覆定。三呼吸时，次满倾盂内，重投壶内，用以动荡香韵，兼色不沉滞。更三呼吸顷，以定其浮薄。然后泻以供客，则乳嫩清滑，馥郁鼻端。病可令起，疲可令爽，吟坛发其逸思，谈席涤其玄衿。"

综合明代中、晚期的茶书所述，明代散茶冲泡的技艺主要有下列几个要点：

（1）涤器。"茶瓶、茶盏、茶匙生铁，致损茶味，必须先时洗洁则美。"（钱椿年《茶谱》）"一切茶器，每日必时时洗涤始善，若膻鼎腥瓯非器矣。"（张德谦《茶经》）"汤铫瓯注，最宜燥洁。每日晨兴，必以沸汤荡涤。用极熟黄麻巾帨向内拭干，以竹编架，覆而庋之燥处。烹时随意取用。修事既毕，汤铫拭去余沥，仍覆原处。每注茶甫飞翔，随以竹筋尽去残叶，以需次用。瓯中残渖，必倾去之，以俟再斟。如或存之，夺香败味。人必一杯，毋劳传递，再巡之后，清水涤之为佳。"（许次纾《茶疏》）"饮茶先后，皆以清泉涤盏，以拭具布拂净。不夺其香，不损茶色，不失茶味，而元神自在。"（程用宾《茶录》）"茶瓶、茶盏不洁，皆损茶味。须先时洗涤，净布拭之以备用。"（文震亨《长物志》）

（2）煮水。"烹茶旨要，火候为先。炉火通红，茶瓢始上。扇起要轻疾，轻声稍稍重疾，斯文武之候也。过于文则水性柔，柔则水为茶降。过于武则火性烈，烈则茶为水制。皆不足于中和。非茶家要旨也。"（张源《茶录》）"水一入铫，便须急煮。候有松声，即去盖，以消息老嫩。蟹眼之后，水有微涛，是为当时。大涛鼎沸，旋至无声，是为过时。过则汤老而香散，决不堪用。"（许次纾《茶疏》）"汤之得失，火其枢机。宜用活火，彻鼎通红，洁瓶上水，挥扇轻疾，闻声加重，此火候之文武也。盖过文则水性柔，茶神不吐。过武则火性烈，水抑茶灵。"（程用宾《茶录》）"先令火炽，始置汤壶，急扇令涌沸，则汤嫩而茶色亦嫩。"（罗廪《茶解》）

（3）熁盏。"凡欲点茶，先须熁盏。盏冷则茶沉。"（朱权《茶谱》）"凡点茶，先须熁盏令热，则茶面聚乳，冷则茶色不浮。"（钱椿年《茶谱》、屠隆《考槃馀事》）"凡欲点茶，先须熁盏令热，则云脚方聚。冷而茶色不浮。"（张谦德《茶经》）"伺汤纯熟，注杯许于壶中，命曰浴壶，以祛寒冷宿气也。"（程用宾《茶录》）

（4）洗茶。"凡烹茶，先以热汤洗茶叶，去其尘垢冷气，烹之则美。"（钱椿年《茶谱》）"凡烹蒸熟茶，先以热汤洗一两次，去其尘垢冷气而烹之则美。"（张谦德《茶经》）"芥茶摘自山麓，山多浮沙，随雨辄下，即着于叶中。烹时不洗去沙土，最能败茶。必先盥手令洁，次用半沸水，扇扬稍和，洗之。水不沸则水汽不尽，反能败茶。毋得过劳以损其力。沙土既去，急于手中挤令极干。另以深口瓷盒贮之，抖散待用。洗必躬亲，非可摄代。"（许次纾《茶疏》）"芥茶用热汤洗过挤干，沸汤烹点，缘其气厚。不洗则味色过浓，香亦不发耳。自馀名茶，俱不必洗。"（罗廪《茶解》）"先以上品泉水涤烹器，务鲜务洁。次以热水涤茶叶。水不可太滚。滚则一涤无馀味矣。以竹筋夹茶于涤器中，反复涤荡，去尘土黄叶老梗净，以手搦干置涤器内盖定，少刻开视，色青香烈。"（冯可宾《茶笺》）明代洗茶还有专门的器具，或用银制，或以陶瓷烧成。"茶洗以银为之，制如碗式而底穿数孔，用洗茶叶，凡沙垢皆从孔中流出，亦烹试家不可缺者。"（张谦德《茶经》）"以砂为之，制如碗式，上下二层。上层底穿数孔，用洗茶，沙垢皆从孔中流出，最便。"（文震亨

《长物志》）"茶洗，式如扁壶，中加一盎鬲，而细窍其底，便过水漉沙。"（周高起《阳羡茗壶系》）"岕茶德全，策勋惟归洗控。沸汤泼叶即起。洗鬲敛其出液。候汤可下指，即下洗鬲排荡。沙沫复起，并指控干闭之。"（周高起《洞山岕茶系》）

（5）置茶。"杭俗烹茶，用细茗置茶瓯，以沸汤点之，名为撮泡。"（陈师《茶考》）"投茶有序，毋失其宜。先茶后汤，曰下投。汤半下茶，复以汤满，曰中投。先汤后茶，曰上投。春秋中投，夏上投，冬下投。"（张源《茶录》）"先握茶手中，俟汤既入壶，随手投茶汤，以盖覆定。"（许次纾《茶疏》）"汤茶协交，与时偕宜。茶先汤后，曰早交。汤半茶入，茶入汤足，曰中交。汤先茶后，曰晚交。交茶，冬早夏晚，中交行于春秋。"（程用宾《茶录》）"盖他茶欲按时分投，惟岕既经洗控，神理绵绵，止须上投耳。倾汤满壶，后下叶子，曰上投，宜夏日。倾汤及半，下叶满汤，曰中投，宜春秋。叶着壶底，以汤浮之，曰下投，宜冬日初春。"（周高起《洞山岕茶系》）

（6）注水。"汤嫩则茶味不出，过沸则水老而茶乏。惟有花而无衣，乃得点瀹之候耳。"（田艺蘅《煮泉小品》）"候汤眼鳞鳞起沫饽鼓泛，投茗器中，初入汤少许，俟汤茗相投，即满注，云脚渐开，乳花浮面则味全。则古茶用团饼碾屑，味易出。叶茶骤则乏味，过熟则味昏底滞。"（陆树声《茶寮记》）"探汤纯熟，便取起，先注少许壶中，祛荡冷气，倾出，然后投茶。茶多寡宜酌，不可过中失正。茶重则味苦香沉，水胜则色清气寡。""罐热则茶神不健，壶清则水性常灵。稍俟茶水冲和，然后分酾布饮，酾不宜早，饮不宜迟。早则茶神未发，迟则妙馥先消。"（张源《茶录》）"俟汤既入壶，随手投茶汤。以盖覆定。三呼吸时，次满倾盂内。重投壶内，用以动荡香韵，兼色不沉滞。更三呼吸顷，以定其浮薄。然后泻以供客。"（许次纾《茶疏》）

（7）分茶。"量客多少，为役之繁简。三人以下，止若一炉。如五六人，便当两鼎。""一壶之茶，只堪再巡。初巡鲜美，再则甘醇，三巡意欲尽也。"（许次纾《茶疏》）"协交中和，分酾布饮。酾不当早，吸不宜迟。酾早元神未逞，吸迟妙馥先消。"（程用宾《茶录》）

综观明代茶书关于叶茶撮泡技艺的记述，可以看出明代茶人对品茶艺术是越来越讲究，对冲泡过程中的技术要求也比前代要细致、严格得多了。其突出之处表现在涤器、洗茶、熁盏、置茶等几项。

明代几部重要的茶书都强调要在泡茶之前将茶具洗涤清洁，以免影响茶汤滋味。饮茶之后，也要及时将茶具洗干净，免得影响以后的泡茶。这是前人所没有强调的。

明代是直接冲泡叶茶品饮，大约当时制作散茶的工艺还不太精湛，茶叶中含有一些泥沙，如不进行洗茶，沉淀在壶杯中，自然会影响茶汤的质量，同时洗茶也有利于茶叶香气的挥发，所以明代茶书特别强调洗茶是有道理的。但是如果是一些精制的名优特茶，则不一定要洗茶。罗廪在《茶解》中就指出："自馀名茶，俱不必洗。"

熁盏虽然是宋代点茶中的一项技艺，当时是为了使得茶盏中的茶膏击拂时能多产生泡沫，才"熁盏令热"，而明代是用于叶茶冲泡，用完整的茶叶冲泡比用茶粉冲点需要更高的水温才能泡出好味来。正如《茶寮记》所说的："盖古茶用团饼，碾屑味易出。叶茶骤则乏味，过熟则味昏底滞。"同时，明代泡茶的壶杯都是比较小巧，容积不大，开水注入后温度会降低，不能很快浸泡出茶汁，就会影响茶汤的滋味和香气。将壶杯预先温热（即所谓"熁盏"和"浴壶"），可以保证其中的水温，使得茶汁及时浸出。《茶寮记》中在谈到注水时说"投茗器中，初入汤少许，俟汤茗相投，即满注。"即相当于现在茶艺中的"温润泡"，也是先注入少量开水让茶叶先吸取水分，也使壶杯中具有一定温度，再用开水冲泡至满，就能泡出好茶汤来。

在置茶方面的最大成就是创造了"三投法"，就是冲泡绿茶时的"上投法""中投法""下投法"（或称"晚交""中交""早交"），这是前所未有的，直到今天在江苏、浙江一带冲泡绿茶时仍然在采用这三种方法，可谓影响深远。

就是在此基础之上，大约在明末清初之际，江南地区形成了极具艺术品位的工夫茶艺。虽然清代的品茗艺术基本上是直接继承明代的，没有什么太大的突破，但是从茶艺角度而言，工夫茶的形成和成熟，确是清代的一大成就。

工夫茶是适应叶茶撮泡的需要经过文人雅士的加工提炼而成的品茶技艺。大约在明代形成于江苏、浙江一带的都市里，扩展到福建、广东等地，在清代则转移到以闽南、潮汕一带为中心。至今仍以"潮汕工夫茶"之名称享有盛誉，并且经过现代茶艺工作者的改良提高，已成为今天茶艺馆里的主要泡茶方式之一。最早记述工夫茶艺者要算本书第三章第一节中所提到的袁枚，他在《随园食单》（18世纪80年代）记载乾隆五十一年（1786）他在福建武夷山寺庙中品茶，"杯小如胡桃，壶小如香橼。每斟无一两，上口不忍遽咽。先嗅其香，再试其味，徐徐咀嚼而体贴之。果然清芬扑鼻，舌有余甘。一杯之后，再试一二杯，令人释躁平矜，怡情悦性。"

虽然袁枚没有提到"工夫茶"名称，但他所记载的茶具和冲泡方式正是工夫茶艺的特色，我们有理由相信，工夫茶艺应该在他到武夷山之前就已产生。因为在十几年之后成书的俞蛟《梦厂杂著》（1801）卷十中就有正式条目"潮嘉风月·工夫茶"："工夫茶，烹治之法，本诸陆羽《茶经》，而器具更为精致。炉形如截筒，高约一尺二三寸，以细白泥为之。壶出宜兴窑者最佳，圆体扁腹，努嘴曲柄，大者可受半升许。杯盘花瓷居多，内外写山水人物，极工致，类非近代物。然无款志，制自何年，不能考也。炉及壶、盘各一，惟杯之数，则视客之多寡。杯小而盘如满月。此外尚有瓦铛、棕垫、纸扇、竹夹，制皆朴雅。壶、盘与杯，旧而佳者，贵如拱璧，寻常舟中不易得也。先将泉水贮铛，用细炭煎至初沸，投闽茶于壶内冲之，盖定，复遍浇其上。然后斟而呷之，气味芳烈，较嚼梅花更为清绝，非拇战轰饮者得领其风味。"这里所记载的清代工夫茶冲泡技艺，已有备器、煮水、冲泡、淋壶诸项，与现代潮州工夫茶已大体相当。

清末徐珂《清稗类钞》中有"邱子明嗜工夫茶"一节，其中关于冲泡技艺也说："客至，将啜茶，则取壶。先取凉水漂去茶叶尘渣，乃撮茶叶置之壶，注满沸水，即加盖，乃取沸水徐淋壶上，俟水将满盘，覆以巾。久之，始去巾，注茶杯中，奉客。客必衔杯玩味，若饮稍急，主人必怒其不韵也。"这里多了洗茶、覆巾等环节。该书同一节中还记述了闽人邱子明的泡茶技艺："其烹茶之次第：第一铫，水熟，注空壶中，荡之泼去。第二铫，水已熟，预置酌定分两之叶于壶，注水，以盖覆之，置壶于铜盘中。第三铫，水又熟，从壶顶灌其四周，茶香发矣。注茶以瓯，甚小。客至，饷一瓯，含其涓滴而咀嚼之。若能陈说茶之出处、功效，则更烹尤佳者以进"。这里又多了一项"温壶"，与现代工夫茶艺更为接近。

总之，明清时期的叶茶撮泡技艺，至此已臻于完善，整个冲泡过程已具有相当程度的程式美。也为现代茶艺的发展奠定了坚实的基础。

现代的茶叶冲泡技艺，因为茶叶生产的发达，茶叶品类的增多，也由于各地的民情风俗各不相同，形成了各具特色的冲泡技艺。因此，不但不同的茶叶有不同的泡法，就是同一种茶叶，因原料老嫩不同，地区、民族不同，其泡法也是不尽相同的。但是不管何种泡法，都有几个环节是要共同做到的，其程序大体是相同的。概括起来，主要有下列几项：

（1）备器。将泡茶的器具及装茶的茶罐放置在茶几或茶桌上。将烧水的炉具放在旁边，如果是电炉、酒精炉等也可放在茶桌上面。

（2）煮水。一般是将先烧好的开水装在水壶里再放到茗炉上（酒精炉或电炉）继续烹煮。最好是将装好矿泉水和纯净水的水壶直接在电炉上烧煮。如果条件不具备，也可将刚烧开的水装在热水瓶中备用，但是在茶艺馆里一般是不宜采用这种办法的。

（3）备茶。从茶罐中将适量的茶叶倒在茶则里备用。如果是高级名茶，可以将茶叶装在茶荷或是茶盏里，端给客人让其先欣赏茶叶的外形、色泽，然后闻香。

（4）温壶（杯）。先用开水注入茶壶、茶杯，接着烫壶、烫杯，然后倒掉，以提高壶、杯的温度，同时也可使茶具洁净。类似古代的涤器和燲盏和工夫茶中的温壶。

（5）置茶。将茶则里的茶叶通过茶漏或直接倒入壶（杯）中，如壶口较小，可使用茶匙将茶则里的茶叶拨入壶中，不能用手直接抓取茶叶。如果是用玻璃杯冲泡名优绿茶，可以采用明代的"三投法"。

（6）初泡。随即将烧好的开水注入壶中，浸泡数秒钟即将茶汤倒入茶海（或称茶盅、公道杯），然后分注各茶杯中，再将杯中茶汤倒入水盂。总之，这一道茶汤是不喝的，类似于古代的洗茶，因此有人就称这一道程序为洗茶。也有人称为"温润泡"，让茶叶先吸取水分，舒张芽叶，为正泡打好基础。如果是用紫砂壶泡茶，也可将这一道茶汤倒在壶的外壁，一来可以保温，二来时间长了可使茶壶颜色、光泽变得古朴厚润，称为"润壶"。

（7）正泡。将开水再次注入壶中，加盖30～60秒钟，即可将茶汤倾入茶杯中，分敬客人。通常在壶中注水八分满为度，但如果是泡乌龙茶，则需冲水溢出口沿外，加盖后还要在壶外淋浇开水，以提高壶温，使茶的香味更加浓郁。

（8）分茶。将壶（杯）中的茶汤倾入茶杯，亦以八分满为度。各杯分量、浓淡要求均匀。然后端至客人面前，供其品尝。

以上是共性，具体到每种茶叶和茶具，其冲泡方法各有特点，并不一样。特别是在茶艺馆中为客人泡茶，要求严格，有时带有表演性质，其程序和动作都要求规范，需要认真对待，努力掌握茶艺要领，才能泡出一壶好茶[①]。

六、品尝

品尝茶汤是品茗艺术的最后一个环节，茶汤冲泡得好坏固然重要，但是尽管茶泡得很好，如果遇到不会鉴赏品茶艺术的饮者，好比是一件艺术精品没有知音，是在对牛弹琴，显然是非常遗憾的事情，有时会有一种功亏一篑甚至是前功尽弃的感觉。正如明代屠隆在《考槃馀事》中所说的："使佳茗而饮非其人，犹汲泉以灌蒿莱，罪莫大焉。有其人而未识其趣，一吸而尽，不暇辨味，俗莫甚焉。"

---

① 关于各种茶叶的具体冲泡方法，有兴趣的读者可以参阅拙作：《中华茶艺基础知识》，或者童启庆教授的《习茶》。

喝茶是为了满足生理上的需求，重在提神、解渴、保健，没有什么特别的讲究。品茗则是为了追求精神上的满足，重在意境的感受和追求，将饮茶视为一种艺术欣赏活动，要细细品啜，徐徐体察，从茶汤美妙的色、香、味、形得到审美的愉悦，引发联想，从不同角度抒发自己的情感。早期的文献谈到饮茶时，多是侧重于茶的药理和营养功能，即使是陆羽的《茶经》也未能脱此窠臼。在《茶经·一之源》谈到"茶之为用"时，只说"若热渴凝闷、脑疼目涩、四肢烦、百节不舒，聊四五啜，与醍醐、甘露抗衡也。"在《茶经·五之煮》中关于品尝也只说："乘热连饮之。以重浊凝其下，精英浮其上，如冷，则精英随气而竭，饮啜不消亦然矣。"仅此而已。也许是在刚提倡饮茶之时，强调茶的保健效能更能引起众人的重视。这一点很像当今茶文化热潮刚兴起之际，有许多人也是尽力强调饮茶对人身体健康的好处，以此来引起人们对茶文化的重视，而不是从文化学的角度去阐述茶文化的价值所在。

只有西晋的杜育在《荈赋》中才提到茶的功效除了"倦解慵除"外，还可以"调神和内"。[①]即饮茶可以调节精神，和谐内心。这是从精神层面上来解释茶叶的功能。同一时代的张载在《登成都楼诗》中也有"芳茶冠六清，溢味播九区"诗句，这是首次描写到茶叶的芬芳和滋味胜过其他饮料，香飘四处的特性，是真正从芳香和滋味的角度来品赏茶汤。因此我们将晋代视为我国品茗艺术之滥觞期，当非空穴来风。

品茗艺术的成熟时期是在唐代中期。这时的诗人们已经从审美情趣的角度来品茶了。如诗僧皎然《饮茶歌诮崔石使君》诗中描写他端着茶沫飘香的瓷碗饮茶时的美妙感受：

> 一饮涤昏寐，情来朗爽满天地。
> 再饮清我神，忽如飞雨洒轻尘。
> 三饮便得道，何须苦心破烦恼。

皎然的"三饮"是饮茶的三个层次，从解困、清神到悟道，即是从生理上的满足到精神上的享受，不但获得审美的愉悦，而且进入一个哲理的境界。

卢仝的《走笔谢孟谏议寄新茶》诗中也描写了喝七碗茶时的不同感受：

> 一碗喉吻润，两碗破孤闷。
> 三碗搜枯肠，唯有文字五千卷。
> 四碗发轻汗，平生不平事，尽向毛孔散。
> 五碗肌骨轻，六碗通仙灵。
> 七碗吃不得也，唯觉两腋习习清风生。

一碗是解渴，喉咙湿润，是生理上的满足。二碗破除孤闷，令人情思爽朗。三碗使人灵感涌动，文思喷发。四碗令人心胸开阔，忘却烦恼。五碗至七碗，身轻神爽，飘飘欲仙，达到天人合一物我两忘的最高境界。品茶至此，真可获得"茶仙"的桂冠了。

具体而言，唐代诗人们品茶，着重从色、香、味、形四方面来欣赏。这从大量的唐代

---

① 引自《北堂书抄》卷一四四"饮篇"。参见关剑平《茶与中国文化》370页，人民出版社，2001年第一版。

茶诗中可以得到印证：

（1）色。

盛来有佳色。（白居易《睡后茶兴忆杨同州》）

铫煎黄蕊色。（元稹《一字至七字诗·茶》）

泉嫩黄金涌。（杜牧《题茶山》）

炉动绿凝铛。（齐己《咏茶十二韵》）

烹色带残阳。（齐己《谢邕湖茶》）

合座半瓯轻泛绿，开缄数片浅含黄。（郑谷《峡中尝茶》）

兔毛瓯浅香云白。（吕岩《大云寺茶诗》）

（2）香。

芳气满闲轩。（陆士修《月夜啜茶联句》）

俗人多泛酒，谁解助茶香？（皎然《九日与陆处士饮茶》）

文火香偏胜。（皎然《对陆迅饮天目山茶，因寄元居士晟》）

素瓷雪色缥沫香。（皎然《饮茶歌诮崔石使君》）

坐饮香茶爱此山。（灵一《与元居士青山潭饮茶》）

沫下麹尘香。（白居易《睡后茶兴忆杨同州》）

咽罢馀芳气。（白居易《睡后茶兴忆杨同州》）

牙香紫璧裁。（杜牧《题茶山》）

兰气入瓯轻。（李德裕《忆平泉杂咏·忆茗芽》）

角开香满室。（齐己《咏茶十二韵》）

堪消蜡面香。（齐己《谢邕湖茶》）

香搜睡思轻。（齐己《尝茶》）

蘋沫香沾齿。（皮日休《茶中杂咏·茶瓯》）

满火芳香碾麹尘。（李群玉《答友人寄新茗》）

茶饼嚼时香透齿。（李涛《春昼回文》）

（3）味。

一汲清泠水，高风味有馀。（裴迪《西塔寺陆羽茶泉》）

欲知花乳清泠味，须是眠云跂石人。（刘禹锡《西山兰若试茶歌》）

味击诗魔乱。（齐己《尝茶》）

寒泉味转嘉。（皎然《对陆迅饮天目山茶，因寄元居士晟》）

香洁将何此，从来味不同。（姚合《病中辱谏议惠甘菊药苗，因以诗赠》）

煮雪问茶味。（喻凫《送潘咸》）

疏香皓齿有馀味。（温庭筠《西陵道士茶歌》）

（4）形。

投铛涌作沫，著碗聚生花。（皎然《对陆迅饮天目山茶，因寄元居士晟》）

湘瓷泛轻花。（刘言史《与孟郊洛北野泉上煎茶》）

育花浮晚菊。（张又新《谢庐山僧寄谷帘水》）

白云满碗花徘徊。（刘禹锡《西山兰若试茶歌》）

松花满碗试新茶。（刘禹锡《送蕲州李郎中赴任》）

满瓯似乳堪持玩。（白居易《萧员外寄新蜀茶》）

花浮鱼眼沸。（白居易《睡后茶兴忆杨同州》）

碗转麹尘花。（元稹《一字至七字诗·茶》）

松花飘鼎泛。（李德裕《忆平泉杂咏·忆茗芽》）

白花浮光凝碗面。（卢仝《走笔谢孟谏议寄新茶》）

云母滑随倾。（齐己《咏茶十二韵》）

碧流霞脚碎，香泛乳花轻。（李德裕《故人寄茶》）

冰碗轻涵翠缕烟。（徐夤《尚书惠蜡面茶》）

功剜明月染春水，轻施薄冰盛绿云。（徐夤《贡馀秘色茶盏》）

惟忧碧粉散，常见绿花生。（郑邀《茶诗》）

玉尘煎出照烟霞。（李郢《酬友人春暮寄枳花茶》）

滩声起鱼眼，满鼎漂清霞。（李群玉《龙山人惠石廪方及团茶》）

枣花势旋眼。（皮日休《茶中杂咏·茶瓯》）

声疑松带雨，饽恐生烟翠。（皮日休《茶中杂咏·煮茶》）

龟背起纹轻炙处，云头翻液乍烹时。（刘兼《从弟舍人惠茶》）

（5）意境。

洁性不可污，为饮涤尘烦。（韦应物《喜园中茶生》）

流华净肌骨，疏瀹涤心源。（颜真卿《月夜啜茶联句》）

尘心洗尽兴难尽。（钱起《与赵莒茶宴》）

更觉鹤心通杳冥。（温庭筠《西陵道士茶歌》）

一瓯解却山中醉，便觉身轻欲上天。（崔道融《谢朱常侍寄贶蜀茶、刬纸二首》）

爽得心神便骑鹤。（郑谷《宗人惠四药》）

由此可见，尽管唐代的茶书对品尝艺术所述甚简略，尚未给予理论上的归纳和总结，但从上述所引的一部分诗句，可以证明唐代的诗人们在品茗实践中，已经从艺术欣赏的角度对茶的色、香、味、形以及心灵感受诸方面，进行审视和体味，标志着我国的品茗艺术已经进入趋于成熟的阶段。

到了宋代，品茗已经成为一种自觉的艺术实践，宋代的茶书对此已有概括的认识。如黄儒《品茶要录》说："自国初已来，士大夫沐浴膏泽，咏歌升平日久矣。夫体势洒落，神观冲淡，惟兹茗饮为可喜。园林亦相与摘英夸异，制卷鬻新，而趋时之好。故殊绝之品，始得自出于蓁莽之间，而其名遂冠天下……其好事者，又尝论其采制之出入，器用之宜否，较试之汤火。"宋徽宗的《大观茶论》也说："至若茶之为物，擅瓯闽之秀气，钟山川之灵禀，祛襟涤滞，致清导和，则非庸人孺子可得而知矣。冲淡闲洁，韵高致静，则非遑遽之时可得而好尚矣。""韦布之流，沐浴膏泽，熏托德化，咸以雅尚相推从事茗饮。故近岁以来，采择之精，制作之工，品第之胜，烹点之妙，莫不咸造其极。""天下之士，厉志清白，竞为闲暇修索之玩，莫不碎玉锵金，啜英咀华，较箧笥之精，争鉴裁之别，虽否士于此时，不以蓄茶为羞。可谓盛世之清尚也。"既然"烹点之妙"已成"盛世之清尚"，当有一定的规范要求。就品尝艺术而言，宋代已明确提出色、香、味的要求。最早当属蔡襄的《茶录》：

茶色贵白。而饼茶多以珍膏油其面，故有青黄紫黑之异。善别茶者，正如相工之瞟人气色也，隐然察之于内。以肉理润者为上，颜色次之。黄白者受水昏重，青白者受水鲜明。故建安人斗试，以青白胜黄白。

茶有真香。而入贡者微以龙脑和膏，欲助其香。建安民间试茶，皆不入香，恐夺其真。若烹点之际，又杂珍果香草，其夺益甚。正当不用。

茶味主于甘滑，惟北苑凤凰山连属诸焙所产者味佳。隔溪诸山，虽及时加意制作，色味皆重，莫能及也。又有水泉不甘，能损茶味。前世之论水品者以此。

不过，蔡襄既是福建人，又在福建督造贡茶，他所谈论的侧重于建茶的色香味。而成书于半个世纪之后的《大观茶论》，虽然也肯定建茶之味香甘重滑"兼之"，但主要的则是针对全国的茶叶而言。但是他却将"味"摆到第一位：

味，夫茶以味为上，甘香重滑，为味之全。惟北苑、壑源之品兼之。其味醇而乏风骨者，蒸压太过也。茶枪乃条之始萌者，木性酸，枪过长，则初甘重而终微涩。茶旗乃叶之方敷者，叶味苦，旗过老，则初虽留舌而饮彻反甘矣。此则芽胯有之。若夫卓绝之品，真香灵味，自然不同。

香，茶有真香，非龙麝可拟。要须蒸及熟而压之，及干而研，研细而造，则和美具足，入盏则馨香四达，秋爽洒然。或蒸气如桃仁夹杂，则其气酸烈而恶。

色，点茶之色，以纯白为上真，青白为次，灰白次之，黄白又次之。天时得于上，人力尽于下，茶必纯白。天时暴暄，芽萌狂长，采造留积，虽白而黄矣。青白者，蒸压微生；灰白者，蒸压过熟。压膏不尽则色青暗。焙火太烈则色昏赤。

从上述两书的记载来看，虽然宋代的斗茶重在"斗浮斗色"，实际上还是很重视茶汤的滋味和香气的。蔡襄就明言："建安民间试茶，皆不入香，恐夺其真。"

在皇室贵族和政府官吏的提倡下，社会各界在品茗之时自然也会对茶之色香味予以高度重视。因此在宋代茶诗中也可读到很多这样的诗句：

（1）味。

回味宜称橄榄仙。（陶弼《效胡峤饮茶诗》）

试茶尝味少知音。（王禹偁《陆羽泉茶》）

清味通宵在。（李虚己《建茶呈使君学士》）

坐余重有味。（赵湘《饮茶》）

罗细烹还好，铛新味更全。（丁谓《煎茶》）

头进英华尽，初烹气味醇。（丁谓《北苑焙新茶》）

斗茶味兮轻醍醐。（范仲淹《和章岷从事斗茶歌》）

此味赏音知有意，不将甘醴作交情。（宋庠《观文丁右丞求赐茶因奉短诗二章》）

味馀喉舌甘。（梅尧臣《宋著作寄凤茶》）

将云比脚味甘回。（梅尧臣《谢人惠茶》）

汤嫩水轻花不散，口甘神爽味偏长。（梅尧臣《尝茶和公仪》）

汤嫩乳花浮，香新舌甘永。（梅尧臣《得雷太简自制蒙顶茶》）

自欲清醒气味嘉。(梅尧臣《次韵和再拜》)

味甘回甘竟日在。(梅尧臣《次韵和永叔尝新茶杂言》)

甘滑杯中露。(蔡襄《即惠山煮茶》)

绿云浮面味回长。(强至《谨和答惠茶之什》)

辅车津润味全回。(韦骧《和刘守正月十日新茶》)

雪花雨脚何足道,啜过始知真味永。(苏轼《和钱安道寄惠建茶》)

明窗倾紫盏,色味两奇绝。(苏轼《游惠山》)

欲试甘香味,须烹石鼎茶。(郭祥正《白沙泉》)

亦使色味超尘凡。(黄裳《龙凤茶寄照觉禅师》)

每思北苑滑与甘。(黄裳《谢人惠茶器并茶》)

味触色香当凡尘。(黄庭坚《送张子列茶》)

花乳轻泠遍知味。(吕南公《和得茶杂韵》)

味如橄榄久方回,初苦终甘要得知。(邹浩《修仁茶》)

石鼎煎来甘有味,乳花浮处色尤鲜。(李正民《与客往天宁素饭以惠山水煎茶》)

放下兔毫瓯子,滋味舌头回。(葛长庚《水调歌头·咏茶》)

但恨此味无人领。(陆游《睡起试茶》)

细看香篆味茶甘。(喻良能《游龙井》)

齿颊尽日留甘香。(章甫《谢张倅惠茶》)

一以此味沃天下。(薛师石《寄谢黄元信惠茶》)

槟榔是弟橄榄兄,大抵苦涩味乃深。(刘黻《送茶》)

欲知花乳清泠味。(马廷鸾《东平精舍十八阿罗汉尊者真赞一尊者顾奴子点茶》)

入茗味如参。(谢翱《雪水》)

(2) 香。

碾细香尘起。(丁谓《咏茶》)

细香胜却麝。(丁谓《北苑焙新茶》)

斗茶香兮薄兰芷。(范仲淹《和章岷从事斗茶歌》)

左铛沸香殊有韵。(宋庠《新年谢故人惠建茗》)

香殊兰茝得天真。(石待举《谢梵才惠茶》)

绝品不可议,甘香焉等差。(梅尧臣《李仲求寄建溪洪井茶七品,云愈少愈佳,未知尝何如耳,因条而答之》)

碾破云团此焙香。(梅尧臣《尝茶和公仪》)

饮啜气觉清。(梅尧臣《答宣城米主薄遗鸦山茶次其韵》)

新香嫩色如始造。(欧阳修《尝新茶呈圣俞》)

凭君汲井试烹之,不是人间香味色。(欧阳修《送龙茶与许道人》)

鲜香筹下云。(蔡襄《即惠山煮茶》)

鲜明香色凝云液。(蔡襄《和杜相公谢寄茶》)

露芽轻嫩研香馥。(苏颂《再次韵》)

香浓夺兰露,色嫩欺秋菊。(苏轼《寄周安孺茶》)

香泛雪盈杯。(舒亶《菩萨蛮》)

兔瓯试玉尘，香色两超胜。（陆游《烹茶》）

饭囊酒瓮纷纷是，谁赏蒙山紫笋香。（陆游《效蜀人煎茶戏作长句》）

细啜襟灵爽，微吟齿颊香。（陆游《北岩采新茶用忘怀录中法煎饮，欣然忘病之未去也》）

濡香过齿浓。（袁说友《谢吴斗南教授惠贡茶》）

惜此馀香滞喉颊。（薛师石《寄谢黄元信惠茶》）

玉纤分处落花香。（吴文英《望江南·茶》）

（3）色。

轻瓯浮绿乳。（徐铉《和门下殷侍郎新茶十二》）

浅色过于筠。（丁谓《北苑焙新茶》）

黄金碾畔绿尘飞。（范仲淹《和章岷从事斗茶歌》）

越瓷涵绿更疑空。（宋庠《新年谢故人惠建茗》）

云供烹处碧。（宋祈《通利茹太博息家园新茗》）

色斗琼瑶因地胜。（石待举《谢梵才惠茶》）

越瓯新试雪交加。（余靖《和伯泰自造新茶》）

色薄牛马潼。（梅尧臣《宋著作寄凤茶》）

向此烹新绿。（梅尧臣《金山芝芝二僧携茗见访》）

碾成雪色浮乳花。（梅尧臣《英成续太祝遗双井茶五品茶具四枚近诗六十篇因以为谢》）

茶开片铸碾叶白。（梅尧巨《得福州蔡君谟密学书并茶》）

造成小拌若带夸，斗浮斗色倾夷华。（梅尧臣《次韵和永叔尝新茶杂言》）

碾为玉色尘。（梅尧臣《答建州沈屯田寄新茶》）

泛之白花如粉乳，乍见紫面生光华。（欧阳修《次韵再作》）

水味标茶录。（欧阳修《虾蟇碚》）

色香俱绝品，雪泛满瓯花。（祖无择《袁州庆丰堂十闲咏》）

休将洁白评双井，自有清甘荐五华。（陈襄《和东玉少卿谢春卿防御新茗》）

香尘散碧琉璃碗。（陈襄《古灵山试茶歌》）

十分调雪粉，一啜咽云津。（陈舜俞《谢人寄蒙顶新茶》）

桥上茗杯烹白雪。（韦骧《和山行回坐临清桥啜茶》）

遂令色香味，一日备三绝。（苏轼《到官病倦，未尝会客，毛正仲惠茶，乃以端午小集石塔，戏作一诗为谢》）

皓色生瓯面，堪称雪见羞。（苏轼《赠包安静先生茶二首》）

汤发云腴酽白。（苏轼《木兰花·茶词》）

磨转春雷飞白雪，瓯倾锡水散凝酥。（苏辙《宋城宰韩秉文惠日铸茶》）

色味新香各十分。（葛胜仲《谢通判惠茶用前韵》）

黄金碾入碧花瓯，瓯翻素涛色。（王庭珪《好事近·茶》）

色香味触未离尘，清意元自朝空轮。（刘才邵《方景南出示馆中诸公唱和分茶诗次韵》）

碧玉瓯中散乳花。（陈崖《煎茶峰》）

（4）形。

金瓶汤沃越瓯花。（宋白《宫词》）

烹新玉乳凝。（丁谓《咏茶》）

花随僧箸破，云逐客瓯圆。（丁谓《煎茶》）

乳花烹出建溪春。（林逋《茶》）

瀑水烹来斗百花。（释·重显《谢郎给事送建茗》）

紫玉瓯心雪涛起。（范仲淹《和章岷从事斗茶歌》）

云腴溢满杯。（宋庠《自宝应逾岭至潜溪临水煎茶》）

铛浮汤目偏，瓯涨乳花匀。（宋祁《答朱彭州惠茶长句》）

春瓯乳花乱。（梅尧臣《茶灶》）

北焙花如粟。（梅尧臣《金山芷芝二僧携茗见访》）

粟粒烹瓯起。（梅尧臣《建溪新茗》）

末品无水晕，六品无沉渣。五品散云脚，四品浮粟花。三品若琼乳，二品罕所加。（梅尧臣《李仲求寄建溪洪井茶七品，云愈少愈佳，未知尝何如耳，因条而答之》）

吐雪夸春茗，堆云忆旧溪。（梅尧臣《茶磨二首》）

浮花泛绿乱于霞。（梅尧臣《七宝茶》）

雪冻作成花，云间未垂缕。（蔡襄《试茶》）

云脚浮动瓯生光。（强至《谢通判国博惠建茶》）

石鼎沸蟹眼，玉瓯浮乳花。（刘挚《煎茶》）

一杯酌官寿，云腴浮乳英。（刘挚《石生煎茶》）

点疑白雪盈瓯泛。（韦骧《又借前韵谢惠茶》）

乳雾浮浮啜新茗。（韦骧《和刘守正月十日新茶》）

龙团细碾，雪乳浮瓯。（李之仪《满庭芳》）

烹茗僧夸瓯泛雪。（苏轼《安平泉》）

丰腴面如粥。（苏轼《寄周安孺茶》）

自看雪乳生玑珠。（苏轼《黄鲁直以诗馈双井茶，次韵为谢》）

茶乳已翻煎处脚，松风忽作泻时声。（苏轼《汲江煎茶》）

盏浮花乳轻圆。（苏轼《木兰花·茶词》）

捧碗纤纤春笋瘦，乳雾泛冰瓷。（谢逸《武陵春·茶》）

浮瓯乳花圆。（郭祥正《谢胡丞寄锡泉十瓶》）

云散乳成花。（郭祥正《元舆试北苑新茗》）

点处成云蕊，看时变雪花。（郭祥正《谢君仪寄新茶二首》）

泛瓯银粟无水脉。（黄庭坚《和答梅子明王扬休点密云龙》）

乳粥琼糜雾脚回，色香味触映眼来。（黄庭坚《奉同六舅尚书咏茶碾煮茶》）

已醺浮蚁嫩鹅黄，想见翻成雪浪。（黄庭坚《西江月·龙焙头纲春早》）

紫玉瓯圆，浅浪泛春雪。（黄庭坚《一斛珠》）

乱乳泛瓯雪。（晁补之《次韵苏翰林五日扬州石塔寺烹茶》）

乳堆盏面初肥。（毛滂《西江月》）

清风生两腋，雪乳啜云团。（喻良能《饮茶》）

滴雪浮瓯浅。（袁说友《谢吴斗南教授惠贡茶》）

膏翻玉雪团香帖。（赵汝腾《和饶计使北苑焙观贡品》）

云脚似浮庐瀑雪。（林希逸《用珍字韵谢吴帅分惠乃弟山泉所寄庐山新茗一首》）

要撷春香煮雪花。（陈著《次韵戴帅初觅茶子二首》）

且看盏面浓如乳。（无名氏《渔家傲》）

鹧斑碗面云萦字，兔褐瓯心雪作泓。（陈寒叟《送新茶李圣喻郎中》）

（5）意境。

不如仙山一啜好，泠然便欲乘风飞。（范仲淹《和章岷从事斗茶歌》）

夜啜晓吟俱绝品，心源何处著尘埃。（宋庠《谢答吴侍郎惠茶二绝句》）

亦欲清风生两腋，从教吹去月轮傍。（梅尧臣《尝茶和公仪》）

烦醒涤尽冲襟爽，暂适萧然物外情。（文彦博《和公仪湖上烹蒙顶新茶作》）

玉川不暇尽七碗，已觉两腋清风翔。（强至《谢通判国博惠建茶》）

绿云杯面呷未尽，已觉清液生心胸。（强至《谢元功惠茶》）

洗涤肺肝时一啜，恐如云露得超仙。（吕陶《答岳山莲惠茶》）

悠然淡忘归，于兹得解脱。（陶崇《访僧归云庵》）

白雪飘落甘露碗。清风吹破玉川屋。（王翊龙《煎茶》）[①]

我们之所以不厌其烦地爬梳出这么多诗句，是想证明从色、香、味、形等角度来品尝茶汤，在宋代文人当中已蔚为风尚，从宋诗中还可以看出"色香味"已成为一个专门名词，被称为三绝（苏轼诗："遂令色香味，一日成三绝。"）。比起唐代的诗人们来说，宋代诗人们对"色香味"的追求更为热衷、执着，也更为自觉。

在宋徽宗等人的提倡下，宋人品尝茶汤时确实很注意"尝味"，追求"味馀喉舌甘""滋味舌头回""齿颊尽日留甘香"，味以"甘滑"为上，饮后喉舌回甘，达到"口甘神爽味偏长"的理想效果。有的诗人还以橄榄的味道来比喻茶味，"味如橄榄久方回，初苦终甘要得知。"咀嚼橄榄始则苦涩，终则回甘，与饮茶时的感觉颇为相似，这个比喻颇为生动贴切。诗人喜欢以兰花来比喻茶的香气，"斗茶香兮薄兰芷""香浓夺兰露"，茶人们追求饮后齿颊留香，满口兰花芬芳的享受，是"饭囊酒瓮"们难以理解得了的。与唐代煮茶追求青绿的色彩不同，宋代点茶以白色为贵，因此宋代茶诗中描写茶汤的颜色虽然也有少数赞美绿色的，如"轻瓯浮绿乳""向此烹新绿""水味标茶绿"等，但更多的是赞美白色，常以雪花、粉乳来形容茶汤颜色。如"碾成雪色浮乳花""泛之白花如粉乳""雪放满瓯花""皓色生瓯面，堪称雪见羞"等，与"茶色贵白"的记载是相符的。宋代点茶是因盏中茶粉较多，注入少量沸水之后经过调膏、击拂之后，会将一部分空气搅打进去，产生细小的气泡，形成白色的乳沫状，诗人们称之为乳花："玉瓯浮乳花""春瓯乳花乱"。又因气泡很小，像粟米粒一样，故又称为"粟花"："北焙花如粟""四品浮粟花""乳粥琼糜雾脚回"。因乳花是白色的，就有"雪乳""玉乳"之形容："雪乳浮瓯""自看雪乳生玑珠""烹新玉乳凝"。试想，当诗人们手捧精致晶亮的黑釉建盏，盏面上浮动着雪白的乳花

---

①　以上茶诗均引自陈彬藩、余悦等人主编的《中国茶文化经典》"宋代诗词"部分，该书共收录宋代茶诗800余首，虽不能说已将宋代茶诗网罗无遗，但已相当全面，可以窥知宋代茶诗的基本面貌，因此从中爬梳有关资料还是具有典型意义的。

（正是"乳堆盏面初肥"情景），散发出诱人如兰芷般的芳香，这是一幅多么赏心悦目、令人陶醉的景象！真是令人不忍遽咽。此时，盏中的茶汤已不仅仅是物质意义上的东西，早已不是解渴祛乏之物，而是成了审美实践的对象，可见茶之所以能成"艺"，至少在宋代就已经成为事实了。然而真正的品尝艺术还不到此为止，因为以上一切都还是感官上的接受，仅是从味觉、视觉、嗅觉方面去感受。品茗的高级阶段正在于通过以上的感受而升华为一种精神境界上追求，也就是要让心灵进入一个天人合一、物我两忘的诗意境界。显然，宋代的诗人们已有这种追求，所以他们在诗中经常有这方面描述："烦醒涤尽冲襟爽，暂适萧然物外情。""夜啜晓吟俱绝品，心源何处著尘埃。""不如仙山一啜好，泠然便欲乘风飞。""洗涤肺肝时一啜，恐如云露得超仙。"此时此际，所有的烦恼和不快，一切不平和忧愤，统统抛到九霄云外，心灵得到了净化，达到了"悠然淡忘归，于兹得解脱"的境界。品茗至此，才算掌握了茶中三昧。所以宋诗中就经常出现歌颂茶中三昧手的诗句，如："乳花元属三昧手"（张扩《谢人惠团茶》），"击拂共看三昧手"（邓肃《道原惠茗以长句报谢》），"来试点茶三昧手"（苏轼《送南屏谦师》），"何时来施三昧手"（洪迈《陈德瑞馈新茶》），"须烦佛界三昧手"（杨万里《惠泉分茶示正孚长老》）等。

明代改为叶茶撮泡以后，杯中的茶汤就没有"乳花"之类好欣赏，对茶汤的颜色也从宋代的以白为贵变成以绿为贵，因此品尝时更看重茶汤的滋味和香气。明代的茶书对此也相当重视，一些茶书开始论述品尝问题。陆树声《茶寮记》（1570年前后）的"煎茶七类"条目中首次设有"尝茶"一则，谈到品尝茶汤时具体步骤：

"茶入口，先灌漱，须徐咽。俟甘津潮舌，则得真味。杂他果，则香味俱夺。"

要求茶汤先在口灌漱几下，再慢慢下咽，让舌上的味蕾充分接触茶汤，感受茶中的各种滋味，此时会出现满口甘津，齿颊生香，才算尝到茶之真味。品茶时不要杂以其他有香味的水果和点心，因为它们会夺掉茶的香味。

许次纾的《茶疏》（1597）中也有"饮啜"一则，说："一壶之茶，只堪再巡。初巡鲜美，再则甘醇，三巡意欲尽矣。""所以茶注欲小，小则再巡一终。宁使馀芬剩馥尚留叶中，犹堪饭后供啜漱之用。"

许次纾主张用小壶泡茶，一壶只能供两道茶汤，第一道的滋味鲜美，第二道的滋味甘醇，第三道以后茶汤就淡了。而小壶正好只供两道茶，此时壶中的茶叶仍有香味，可以供饭后"啜漱"之用，不能用来品茗。

程用宾的《茶录》（1604）主张饮茶也趁热快喝，慢了茶之香味就会减弱、消失："协交中和，分酾布饮。酾不当早，吸不宜迟。酾早元神未逞，吸迟妙馥先消。"

"协交中和"就是茶汤泡到最合适的程度，然后分注杯盏中供客品尝。但是分茶不宜太早，因为茶中元素还没有很好溶解出来，味、香就差。饮茶要快，趁热快喝，冷了香韵俱减。但是饮时还是要徐徐下咽，细细品味。

关于茶的香味，程用宾认为有不同的类型："茶有真呼？曰有。为香、为色、为味，是本来之真也。抖擞精神，病魔敛迹，曰真香。清馥逼人，沁人肌髓，曰奇香。不生不熟，闻者不置，曰新香。恬淡自得，无臭可伦，曰清香。论干葩，则色如霜脸菱荷。论酾汤，则色如蕉盛新露。始终如一，虽久不渝，是为嘉耳。丹黄昏暗，均非可以言佳。甘润为至味，淡清为常味，苦涩味斯下矣。"

程用宾认为，真品的茶叶必须香、色、味俱佳，能清馥逼人使人精神振奋的就是奇香、真香。

而茶叶又以甘润为至味，淡清为常味，苦涩之味则为下等。至于茶汤颜色，"如蕉盛新露"，是以青绿为贵。显然，在品尝茶汤过程中，必须从这几方面进行鉴赏，才算是品茶行家。

罗廪的《茶解》（1609）也专门谈到品尝问题："茶须徐啜，若一吸而尽，连进数杯，全不辨味，何异佣作。卢仝七碗，亦兴到之言，未是事实。山堂夜坐，手烹香茗，至水火相战，俨听松涛，倾泻入瓯，云光缥缈，一段幽趣，故难与俗人言。"

罗廪主张品尝茶汤要徐徐啜咽，细细品味，不能一饮而尽，连灌数杯，毫不辨别滋味如何，那就等于佣人劳作，牛饮解渴一般，是俗不可耐的事情。真正茶人品茶，最好是山堂夜坐，亲自动手，观水火相战之状，听壶中沸水发出像松涛一般的声音，香茗入杯，茶烟袅袅，恍若置身于云光缥缈之仙境，这样的幽人雅趣，是凡夫俗子所难以领会的。

冯可宾的《岕茶笺》（1642年前后）也提出以小壶泡茶："茶壶以小为贵。每一客，壶一把，任其自斟自饮，方为得趣。何也？壶小则香不涣散，味不耽搁。况茶中香味，不先不后，只有一时，太早则未足，太迟则已过。酌见得恰好一泻而尽，化而裁之，存乎其人，施于他茶，亦无不可。"

冯可宾认为茶壶以小为贵是为了便于每人一壶，可以自斟自饮，便于掌握壶中茶汤的浓淡适口，能得品茶之真趣。冯可宾谈的是产于浙江长兴的匽茶的品尝方式，不过他认为泡其他茶同样可以用此方法，"施于他茶，亦无不可。"

清代的品尝技艺则以工夫茶最具代表性。前期记载就是袁枚《随园食单》，其所记武夷品茶时就提到："上口不忍速咽，先嗅其香，再试其味，徐徐咀嚼而体贴之。果然清芬扑鼻，舌有徐甘。一杯之后，再试一杯。"同时期的俞蛟《梦厂杂著》谈到工夫茶时也说："然后斟而呷之，气味芳烈，较嚼梅花更为清绝，非拇战轰饮者得领其风味。"所谓"斟而呷之"就是"徐徐咀嚼而体贴"之意，与"拇战轰饮者"有天地之别。稍后的梁章钜的《归田琐记》（1845）在"品茶"一节中也提到"泉州厦门人所讲工夫茶"的名称。并指出茶之香味可分为四个品级："一曰香，花香小种之类皆有之。今之品茶者以此为无上妙谛矣，不知等而上之则曰清，香而不清，犹凡品也。再等而上之则曰甘，香而不甘，则苦茗也。再等而上之则曰活，甘而不活，亦不过好茶而已。活之一字，须从舌本辨之，微乎微矣，然亦必渝以山中之水，方能悟此消息。"将茶之香味区分为香、清、甘、活四个品级，要从舌头上去细细辨析、体味，由此可以看出清代品茶之精已是何等高明。清末徐珂《清稗类钞》提到邱子明泡工夫茶时，也说："注茶以瓯，甚小，饷一瓯，含其涓滴而咀嚼之。"咀嚼的自然是茶汤之色香味也，也须从舌本去辨析茶味之香、清、甘、活。可以说，我国古代品茗艺术中的品尝技艺至此已达到近于完美的程度。

现代茶艺中的茶汤品尝，仍然继承唐宋明清以来形成的优良传统，只是随着时代的进步、科学的发展以及茶具材料的变化，今天的茶人可以根据现代饮茶方式的进步，利用科学知识，赋予品茗艺术新的内涵。总的来说，现代茶艺的品尝方法，仍然是从色、香、味三个方面着手，即：一是观色，二是闻香，三是品味。

（1）观色。主要是观察茶汤的颜色和茶叶的形态。茶叶冲泡后，形状发生变化，几乎恢复到自然状态，汤色也由浅入深，晶莹澄清。各类茶叶，各具特色，即使是同类茶叶也有不同的颜色。如同是绿茶，其汤色就有浅绿、嫩绿、翠绿、杏绿、黄绿之分，以嫩绿、翠绿为上品，黄绿为下品。红茶有红艳、红亮、深红之别，以红艳为好。同是黄茶，就有杏黄、橙黄之分。同是乌龙茶，就有金黄、橙黄、橙红、橙绿之分。茶叶的形状也是千差万别，各有风致，特别是一些名优绿茶，嫩度高，加工考究，芽叶成朵，在碧绿的茶汤中徐徐伸展，亭亭玉立，婀娜多姿，令人赏心悦目。有的芽头肥壮，芽叶在水中上下浮沉，最后簇立于杯底，犹如枪戟林立，使人好像回到茶林之中，重沐茶乡风光。此时，观赏杯（特别是玻璃杯）中富有诗情画意的景象，就成了观色的重点。此外，在观赏茶汤颜色的同时，还要观察茶汤的明亮度，以清澈明亮为最好（清澈是无沉淀、无浮游物，明亮是有光泽），灰暗的最差，混浊和沉浊都是不好的。因此在饮用之前，要先将茶汤审视一番，好好欣赏一下，是懂得品茶的表现，切勿接过茶杯，未加观赏就一口吞下，被人讥为牛饮。

（2）闻香。观色之后就是闻香。前者是视觉上的感受，后者则是嗅觉上的感受。好茶的香气是自然、纯真，闻之沁人心脾，令人陶醉。低劣的茶叶则有一种烟焦味和青草味，甚至夹杂着馊臭味。茶叶的香气是由多种芳香物质综合组成的，不同种类及数量的芳香物质综合，形成各种茶类的香气特征。不同的茶叶具有不同的香气，泡成茶汤后，会出现清香、花香、果味香、栗子香……种种香味，仔细辨析，兴味无穷。一般而言，原料细嫩、制作精良的名优绿茶具有清香型（香气清纯，柔和持久，香虽不高但缓缓散发，令人有愉快感）和嫩香型（香气高洁细腻，新鲜悦鼻，有的似熟板栗香或熟玉米香）的香气，有的绿茶还天然带有兰花香。红茶带有苹果香。工夫红茶则带有干果香（枣香、桂花香）、蜜糖香。祁门红茶具有玫瑰香。武夷岩茶因原料较老含梗较多，制造中干燥时火工足，糖类焦糖化而形成一种火香，包括米糕香和锅巴香等。乌龙茶则属于花香型，散发出各种类似鲜花的香气，又可分为清花香和甜花香两种。清花香有兰花香、栀子香、珠兰花香、米兰花香、金银花香等；甜花香有玉兰花香、桂花香、玫瑰花香等。铁观音、包种、乌龙、水仙、台湾乌龙等茶叶均属于这两种花香型。至于花茶，因窨制用花不同，各具独特的花香。典型的如茉莉花香、珠兰花香、米兰花香、白兰花香、玫瑰花香、玳玳花香、栀子花香、桂花香等。这些只是大概而言，并非绝对如此，如有些轻发酵的乌龙茶（特别是台湾出产的一些高山茶）就具有绿茶的清香，与铁观音、大红袍等典型乌龙茶有明显的区别。总之，嗅闻茶香是品尝茶汤时最难的一环，需要具备一些基本常识，细心品尝，认真辨析，并经过长期的实践才能很好地掌握。

（3）品味。闻香之后，就可以开始品尝茶汤的滋味。与茶的香气一样，茶的滋味也是非常复杂多样的，要很好地品出各种不同的味道来，也是有很大的难度的。不管何种茶叶泡出来的茶汤，初入口时，都有或浓或淡的苦涩味，但只要是好茶，咽下之后，很快就口里回甘，韵味无穷。这是茶叶的化学元素刺激口腔各部位感觉器官（其中最主要的是舌头）的作用。茶叶中对味觉起主导作用的物质是茶多酚（包括儿茶素及各种多酚类物质）、氨基酸，起辅助作用的是咖啡因、还原糖等化合物。红茶中还有茶黄素和茶红素等物质。在不同的条件下，这些物质的含量与组成比例的变化，表现出各种不同茶类的滋味特征。茶汤入口后，舌面上的味蕾受到各种呈味物质的刺激而产生兴奋波，经由神经传导到中枢神经，经大脑综合分析后产生不同的滋味感。舌头各部位的味蕾对不同的滋味感受不一样，如舌尖最易为甜味所兴奋，舌的两侧前部最易感受咸味，两侧后部易感受酸味，舌心对鲜味最敏感，近舌根部位易辨别苦味。所以，茶汤入口后，不要立即下咽，而要在口腔中稍作停留，使之在舌的各部位打转，充分感受到茶中的甜、酸、咸、苦、涩五味，才能充分欣赏茶汤的美妙滋味。

茶叶的品种繁多，其滋味多种多样，千差万别，而且都是凭感觉器官直觉的感受，很难用文字加以精确描述，只能大体而言。童启庆教授在《习茶》一书中，将茶叶的滋味分为14个类型，可作为参考：

①清鲜型。清香、味鲜、爽口。鲜叶细嫩、制作精工的名优绿茶和红茶都有此滋味。如碧螺春、蒙顶甘露、南京雨花茶、都匀毛尖等。

②鲜浓型。味鲜而浓，回味爽口，似吃新鲜水果的感觉。鲜叶嫩度高，叶厚芽壮，制造及时合理而成。如黄山毛峰、婺源茗眉等。

③鲜醇型。味鲜而纯，回味鲜甜爽口。鲜叶较嫩、新鲜，制造及时，揉捻较轻者。如太平猴魁、顾渚紫笋等，还有揉捻正常的高级祁红、宜红。

④鲜淡型。味鲜甜舒服，较淡。如君山银针、蒙顶黄芽等。

⑤浓烈型。有清香和熟板栗香，味浓而不苦，富收敛性而不涩，回味长而爽口，有甜感。凡芽肥壮、叶肥厚，嫩度较好的一芽二叶、三叶，内含物丰富，制作合理的均属此型，如屯绿、婺绿等。

⑥浓强型。味浓厚黏滞舌头，刺激性大，有紧口感。鲜叶适中采摘，内含物丰富的良种或大叶种，萎凋程度偏轻，揉切充分，发酵偏轻的红碎茶属此类型。

⑦浓厚（爽）型。有较强的刺激性和收敛性，回味甘爽。采摘原料细嫩，叶片厚实，制造合理，如凌云白毫、南安石亭绿、舒绿、遂绿、滇红、武夷岩茶等。

⑧浓醇型。收敛性和刺激性较强，回味甜或甘爽。鲜叶嫩度好，制造得法如优良的工夫红茶、毛尖、毛峰及部分乌龙。

⑨甜纯型。有鲜甜醇厚之感。原料细嫩而新鲜，制造讲究，如安化松针、恩施玉露、白毫银针、小叶种工夫红茶等。

⑩醇爽型。不浓不淡，不苦不涩，回味爽口。鲜叶嫩度好，加工及时、合理，如蒙顶黄芽、霍山黄芽、莫干黄芽以及一般中、上级工夫红茶。

⑪醇厚型。味尚浓，带刺激性，回味略甜或爽。鲜叶内质好，制工正常的绿茶、红茶和乌龙茶均有此味型，如涌溪火青、高桥银峰、古丈毛尖、庐山云雾、水仙、乌龙、色种、铁观音、祁红、川红以及部分闽红。

⑫醇和型。味欠浓鲜，但不苦涩，有厚感，回味平和较弱，如中级工夫红茶、天尖（包括贡尖、生尖）、六堡茶。

⑬平和型。清淡正常，不苦涩有甜感。原料采摘粗老，芽叶一半以上老化，制茶正常的低档红茶、绿茶、乌龙茶以及中下档黄茶、中档黑茶。

⑭陈醇型。陈味带甜。制造中经渥陈醇化，如普洱茶、六堡茶等。

当然，这些都是茶叶专家在评审茶叶时所使用的专门术语，没有经过长期的专门学习、缺乏专业知识的人，是难以掌握和理解的。对于一般的品茶者来说，未必一定要成为精通此道的行家里手，只要了解到茶叶的滋味是复杂多样的，品茶时注意细心鉴赏，努力体察，自然就会感到津津有味，达到心旷神怡的境地。但是作为一位茶艺工作者，或是有志于从事茶艺工作的人来说，则要尽量多掌握一些专业知识，并且要具备一定的审美能力，吸取古人品茗艺术的精华，从茶艺美学的高度来观照品茗艺术中的品尝技艺，努力攀登中国茶艺尽善尽美的高峰。

参考文献

[1]董诰.全唐文[M].北京:中华书局,1983.

[2]关剑平,茶与中国文化[M].北京:人民出版社,2001.

[3]童启庆.习茶[M].杭州:浙江摄影出版社,1996.

[4]陈祖梁.中国茶叶历史资料选辑[M].北京:农业出版社,1981.

[5]刘照瑞.中国古代饮茶艺术[M].台北:台湾博远出版有限公司,1989.

[6]周志刚.陆羽年谱史进考辨[J].农业考古,1999(4):222.

[7]王河.唐代茶文与茶杂著述略[J].农业考古,2000(2):66.

[8]侯军.庐山访泉记[J].农业考古,2000(2):79.

[9]苏轼.苏轼文集[M].北京:中华书局,1985.

[10]陈彬藩.中国茶文化经典[M].北京:光明日报出版社,1999.

[11]寇丹.谈"主题茶艺"[J].农业考古,2001(2):26.

（文章原载《农业考古》2002年第4期）

异彩纷呈的长江流域茶俗

　　所谓茶俗，是民间长期生活积累、演变、发展而自然积淀起来与饮茶相关的文化现象，简单地说，茶俗就是民间的饮茶习俗。俗话说："十里不同风，百里不同俗。"由于历史、地理、民族、文化、信仰、经济等条件的不同，各地的茶俗无论是内容还是形式都具有各自的特点，呈现百花齐放、异彩纷呈的繁盛局面。特别是有些地区的茶俗，因地理环境和历史原因，保留着古老的饮茶方式，使我们得以窥见远古先民的饮茶情形，具有珍贵的历史价值。同时，茶俗又能真实反映人民大众的文化心理，折射出各族民众对美好生活的积极追求和向往，是中国茶文化宝库中的珍贵财富。

　　现在，按地理区划来鸟瞰一下各地、各族的茶俗风情，以便对长江流域茶俗有一个概括的印象。

一、上游地区的茶俗

　　长江流域的上游地区一般是指重庆、四川，还有云南、贵州的部分地区以及陕西西南角略阳地区（它们的水系都流入长江上游）。这里地处古代巴蜀地区及云贵高原，是我国茶树和饮茶的发源地。这里由于地理环境复杂、民族众多，因而保留了多种多样的饮茶习俗，有些茶俗还保留着远古先民饮茶习俗的原生态，具有特殊的历史价值。其中尤以云南和贵州地区的少数民族茶俗最具特色。

1.古老的饮茶习俗

　　地处西南边陲的云南省，其北部许多水系流入长江上游的金沙江。云南处于高原山地，气候温暖，地形复杂，民族众多，少数民族占全省1/3的人口，有许多少数民族因长期居住在与外界隔绝的山区，较少受到外部先进文明的影响，过着较为原始的采集、农耕和狩猎生活，因而保留着许多古老的饮茶习俗。如：

（1）滇南腌茶。滇南地处亚热带地区，雨量充沛，土地肥沃，茶叶生长快，三四寸的茶芽也非常稚嫩，住在山区的许多少数民族将它制成腌茶食用。其制法比较简单，先将采下的鲜茶芽放入灰泥缸内，用重盖子压紧，边放边压，直到压满为止，然后用泥巴封住，经过数月之后，就可食用。吃时将香料与腌茶充分拌匀，直接放到嘴里细嚼，既有香味，又很清凉。

（2）凉拌茶。比腌茶更原始的是凉拌茶，这是基诺族的独特吃法。他们将肥壮鲜嫩的茶芽揉碎后放入大碗中，再调入红辣椒粉、黄果叶以及捣碎的蒜泥与盐巴，然后加入清凉的山泉水拌匀，就可连吃带喝地享用。凉拌茶具有清凉咸辣、清香爽口的特点，吃后能提神醒脑，有一定的营养价值。

（3）水茶。水茶也叫淹茶或嚼茶，是居住在滇西地区德昂族的一种特殊饮茶方式。其制法与滇南腌茶有点类似。将从茶树上采下的鲜嫩茶叶，经过日晒稍微萎凋后，拌上盐巴，再装入小竹篓里，一层层压紧，一周以后，就可以取出来嚼食。该茶清香可口，又带有咸味，能解渴生津。

（4）竹筒茶。居住在滇南的傣族、景颇族、哈尼族是用竹筒茶当蔬菜食用，其制法别具一格：从茶树上采下鲜嫩茶叶用锅蒸熟或者日晒使之柔软，然后放在竹帘上搓揉，再把它装入长一尺左右、茶碗口粗、一端有节的竹筒里，用木棒舂实。筒口用石榴树叶或竹叶堵塞，再将竹筒倒置于地，使竹筒内的茶叶中汁水淌出。两天以后，余水基本淌尽，再用泥灰封住筒口，让茶叶在竹筒内发酵。二三月后，竹筒内的茶叶变黄，这时劈开竹筒，取出紧压的茶叶晾干，装入瓦罐中，加入香油浸腌，随时可取出作蔬菜食用。家里来了客人，用腌茶炒蒜或用其他佐料，吃来别有风味。

（5）彝族烤茶。居住在云南哀牢山区的彝族人，特别喜欢饮用烤茶。先将土制的小罐放到火炉上烤热后拿下来，抓半把本地产的绿茶放进罐中，再将土罐放到炭上焙烤，直到茶叶烤香烤黄后，再用开水冲进罐中，熬煨片刻，便可饮用。如来客人，主人就递上一个土罐，一个茶盅，让客人自烤、自斟、自饮。故在这一带有"喝别人烤的茶不过瘾"之说。

很显然，彝族的烤茶比起基诺族的凉拌茶、德昂族的水茶、傣族的竹筒茶或其他民族的腌茶来说，是个进步，因为凉拌茶等是直接嚼吃茶叶，是将茶叶当食物。而烤茶则是将茶叶进行熬煮，饮用其汤汁，是将茶叶当作饮料。与此相类似的有拉祜族烤茶、白族的响雷茶、哈尼族煨酽茶和佤族苦茶、烧茶及僾尼人的土锅茶等。

（6）拉祜族烤茶。先将当地出产的小土陶缸放在火塘上烤热，再放入新鲜茶叶进行烘烤，待到茶叶焦黄时，冲入适量开水，去掉表面上的浮沫后，再加入一些开水，即可倒入碗中饮用。

（7）响雷茶。云南白族，每当家里来了客人，主人便将刚采摘下来的鲜茶叶投入砂罐内烘烤，等茶叶烤得焦香，立即将开水冲入砂罐内，罐中会发出雷鸣般响声，在场的客人会哈哈大笑，当地人认为响声伴着笑声，是吉祥的象征。稍煮片刻之后，将茶汤倒入茶盅，由少女双手端献给客人饮用。

（8）煨酽茶。煨酽茶是云南哈尼族的饮茶方式：先用铜壶或大口缸在火炉上将水烧滚，抓一大把茶叶放入滚水中，再用火熬煮片刻即成。茶浓、味苦，能提神醒脑。煨酽茶一般是烧一次只饮一道，招待客人时必须煨三次，方为礼备。

（9）苦茶。居住在云南阿佤山上的佤族喜饮熬煮的苦茶。选用阿佤山上的初制绿茶或自制的大叶茶，每次用50克左右的干茶放入砂罐中熬煮，一直熬到茶水颜色黑红为止，其味道极苦，外人一般难以接受，但阿佤人喝起来有种沁人心脾的爽快感觉，淡了反而不过瘾。

（10）烧茶。烧茶是佤族另一种饮茶方式。先用瓦壶或铜壶将水烧沸。同时在火塘上架一块铁板，将茶叶放在铁板上烤至焦黄以后，放入壶内煮数分钟，再将茶汤倒入碗中饮用，汤色黄亮，有焦香味。一般是一趟茶烧一趟水，现烧现饮。

（11）土锅茶。居住在云南勐海县南糯山下的僾尼人是哈尼族的支系，他们喜饮古老的土锅茶。先用大土锅盛山泉水，待烧开后，放入南糯山特制的"南糯白毫"茶，煮开五六分钟，然后将茶汤舀入竹制的茶盅内，再分送给客人饮用。

上述的几种饮茶方式中，又以拉祜族烤茶和白族的响雷茶更为古老，因为它们是用新鲜茶叶直接进行烘烤，比起采用干茶进行烘烤的其他方式来说，它属于更为原始的形态。

（12）竹筒香茶。居住在滇南勐海县勐宗地区拉祜族的竹筒香茶与傣族的竹筒茶不同：将砍下的竹子锯成一段一段的，一端留着竹节，另一端不留竹节，洗净竹筒内部，将新鲜的茶叶装入竹筒内，边装边放在火塘上烘烤。先装进的茶叶在竹筒内遇热变软，体积缩小，用木棒舂紧继续装入茶叶，直到装满舂紧为止，再用木塞塞好，拿到火塘上烘烤。待到竹筒表面烤得起泡流油焦黄，便可将竹筒劈开取出茶叶。取少许放入碗中，冲入沸水，三五分钟后即可饮用。因茶叶易吸收异味，烤竹的特殊香味渗入茶叶之中，故名竹筒香茶。此茶汤色黄绿澄亮，既有茶香，又有竹香，使人饮后心旷神怡。

（13）青竹茶。布朗族人居住的地方到处都有青竹，每当他们到野外劳作和狩猎时，只要带上一把干茶叶，口渴时，砍下一段碗口粗的鲜竹，一端留有节作为煮茶的工具。捡拢一堆干柴烧起大火，把竹筒内盛满山泉水，放在火上烧沸，然后放入干茶。煮好后，再倒入短小的竹筒内，当作茶杯饮用。茶中竹香浓郁，风味特殊，常在吃竹筒饭和烤肉后饮用。

除了上述一些饮法之外，许多少数民族还喜欢在茶叶中加入其他食品一块熬煮，如侗族打油茶和豆茶、纳西族油茶、贵州火锅油茶以及羌族的罐罐茶、藏族的酥油茶等都是典型的例子。

（14）打油茶。生活在云南、贵州、湖南、广西四省份交界的侗族盛行饮用打油茶。打油茶的茶叶是将鲜叶采回放在甑锅里蒸煮，待茶叶变黄以后取出淌干，加入少许米汤略加揉搓，再用明火烤干，装入竹篓，挂在火塘上的木钩上烟熏，使之更加干燥。烹制时，先将花生米、大豆、芝麻、玉米、糯粑、蕨粑、干笋子等土特产品（称为"粒粒子"）放在油锅里用猛火炒黄炒熟，分别抓一小撮放入茶碗中备用。再用同样的方法将茶叶用油略炒一遍，随即注入清水煮沸，加入一些姜、盐、葱之类的调料，然后将茶叶捞出，把茶汤注入盛有"粒粒子"的茶碗中，就成了打油茶。打油茶的烹制和敬献都由妇女承担，头遍煮后捞出的茶渣一般还要将它放入擂钵内用擂棒擂烂，再放进锅里去煮，后又捞出再擂再煮，反复擂煮，直到茶叶只剩下叶脉为止。侗族同胞每天清晨出工前、下午收工后，都要喝打油茶。用它招待客人，每位客人必须喝上三碗，表示对主人的敬意。打油茶味道又香又辣，别有风味。

（15）油茶。居住在滇西北的纳西族饮用的油茶与侗族的打油茶有所不同：先将瓦罐烤烫，放入少量猪油熬透，投入一小撮食盐和少量桃仁及大米，在油罐内炒黄，再放入茶叶烘烤焦黄，冲入沸水，即成为油茶。然后倒入茶杯中饮用。既有焦香的茶味，又有油盐的滋味。

（16）油盐茶。云南傈僳族的油盐茶则较简单些。其制法是：先把茶叶投入陶缸内，放到火塘上加热，不断摇动，使茶叶受热均匀，待茶叶变成焦黄时，再放入茶油和食盐，然后注入开水煮数分钟，即成油盐茶，再将茶水倒入茶盅里饮用。这种茶具有焦香和油盐味，十分可口。

（17）酥油茶。酥油茶是藏族群众喜欢的一种饮料。藏族主要居住在西藏自治区，但有一部分藏族居住在青海、甘肃，还有一部分居住在四川西部和云南西北部。云南的藏族有10万人左右，主要分布在迪庆藏族自治州的中甸、维西和德钦三县，少数散居在丽江、贡山、永胜等县。藏族酥油茶的制法：先将砖茶捣碎放到锅里熬煮成红浓的茶水，再倒入三四尺长、直径五六寸的光亮的铜制茶筒里，放入适量的酥油和一点点食盐。用一根一端有木板的长棒在茶筒里用劲捣打，让酥油和茶水充分融合到一块，然后倒入锅里或茶壶里，复放到火上烧热，便成了酥油茶。酥油茶喝起来清香可口，比奶茶的味道好，既可解渴，又可滋润肺腑。酥油茶能产生大量热量，可以御寒，适合高寒地区的人们日常饮用。喝酥油茶也有一定的规矩。客人一边喝，主人就会一边添，一碗不能一口喝完，因此碗里一直是满的，如果不添满，便是主人对客人不尊敬。如果客人不想再喝，则不要动它，到告辞话别时再一饮而尽。如果人还未走而让碗空着，则是对主人的不敬。

（18）豆茶。贵州黔东南州北部侗乡一带盛行的豆茶，其主要原料是炒米花、热水拌草木灰泡的苞谷、大豆、青茶叶等。豆茶分清豆茶、红豆茶、白豆茶三种。清豆茶一般在节日里饮用，其原料由主办村寨负担或大家一块凑份，将凑拢来的原料放在大铁锅中清煮，由煮茶的老者分舀给参加茶会的乡亲们。红豆茶是在办喜事时饮用，用猪肉熬汤，再加入炒米花、苞谷和大豆及茶叶，由新郎新娘将熬好的豆茶敬献给客人。白豆茶则是在办丧事时饮用，用牛肉熬汤，加入炒米花、苞谷、大豆和青茶叶一起煮成。由丧者的子女向前来吊唁的客人敬献。凡是饮了白豆茶的客人，都要在饮完之后封一些钱在碗底回赠给主人，作为答谢，称为"茶礼钱"。

（19）火锅油茶。贵州北部道真的三桥、大矸一带的火锅油茶也很有特色。其制法是：将铁锅烧热，放入猪油或菜油，等到油煎好后，再投入新鲜茶叶翻炒几下，加入清泉水。水的多少以淹湿茶叶为度。此时，火不要太猛，用木瓢在锅内将茶叶揉成浆状，再掺入水，一般50克茶叶加水3千克。等水烧开之后，再加入适量的猪油渣、芝麻面等佐料，便是火锅油茶。

（20）罐罐茶。居住在陕西西南角略阳县的羌族同胞，自古就有喝罐罐茶的习俗。罐罐茶就是用陶瓷罐烧煮的茶，可分为面罐茶和油炒茶两种。面罐茶是用两只大小相当的瓦罐熬制。大罐高约15厘米，直径12厘米左右。小罐高约12厘米，直径约10厘米。大罐用于熬煮面浆，将水注入大罐容积的2/3左右，配以葱、姜、茴香、花椒、藿香等香料，加适量盐，置于火塘上熬煮，水沸后片刻，将用凉水调成的面浆兑入罐内，边兑边搅拌，煮熟待用。小罐用于煮茶，把带有粗老梗秆的晒青茶或紧压茶放入罐内，添进适量的水，用文火熬煮至沸，待茶汁充分煮出后，将茶汤倒入面罐搅匀，再倒入小碗内，然后加入炒好的腊肉、核桃、花生米、豆腐和鸡蛋等佐料，就成了面罐茶。面罐茶的佐料一律要先切成碎丁，分别用油加五香调料在炒瓢中炒好备用，然后再煮茶熬面。由于佐料比重不同，分别悬于面罐茶的上中下不同位置，俗称三层楼。每一层的风味都不相同。油炒茶的制法：先将茶罐在火塘上烘热，加上一勺猪油，烧开后移到火塘边稍凉片刻，又放入一小勺白面，同时将一枚香杏仁或一瓣桃仁捣碎放入罐内，再移罐在火塘上翻炒，炒好后用竹筷搪于罐壁，再添油烧热，加入上等细嫩茶叶和少量食盐翻炒至茶香浓郁，加入水煮沸后斟入一种称为"牛眼"的小茶盅中，这时，主人双手将它端给客人。客人也须双手相接，先闻香气，再看汤色，最后用唇舌吸吮少许茶汤，发出啧啧之声为佳，表示对主人茶汤的赞赏，然后才能徐徐咽下，抿嘴咂舌，以示回味。然后放下茶盅，称赞茶好，向主人道谢。"牛眼"茶盅虽小，但必须分三五次饮下，才算得善于品位，否则就是失礼。油炒茶香气高爽，汤色红艳，滋味醇和，饮后回味无穷，一直是羌族招待客人的上好饮品。

这些将茶叶和其他食物混合熬煮的饮茶习俗，实际上是古老饮茶方式的孑遗。因为人类在远古时代就是将茶叶当作食物，并且经常是与其他食物放在一起煮食的。直到三国时期《广雅》还记载："荆巴间采叶作饼……欲煮茗饮，先炙令赤色，捣末置瓷器中，以汤浇覆之，用葱、姜、橘子芼之。"云贵地区的少数民族是直接将茶叶（有的还是用鲜叶）和其他食物放在一起熬煮，比《广雅》记载的还要原始。因此，除了从这些茶俗中了解到少数民族的热情好客、纯朴善良的道德风尚之外，还可从中窥视到远古先民食用和饮用茶叶的古老方式。它们是古老茶俗的"活化石"，具有重要的学术价值，因而深受学者们的重视。

2.茶叶在爱情、婚姻中也扮着重要角色

（1）以茶求偶。云南靖县三锹、藕团、大堡子一带的苗族村寨都建有"茶棚"，供男女青年唱歌娱乐、交结朋友。每到"忌戊"之日，本寨后生相约去客寨的茶棚里结交女友。姑娘们也邀伙结伴在自己寨子的茶棚接待来访的青年，双方一边唱歌一边喝茶，通过接触了解结为好朋友，并相约下次再会面，一起先吃油茶，然后通宵达旦地对歌。以后在正月初三、端午、七月十五、中秋和过年时，都要在茶棚中赠送礼品，互相致贺。云南中甸地区的藏族未婚男女也通过赛歌茶会来结交朋友。当男女双方结队来到借好的房舍，在正屋的火塘边分主宾两队坐定，火塘边备有糖茶水，可以边唱歌边喝茶。通过这种方式了解对方，培养感情，确定自己喜爱的对象，日后就可结为夫妻。

（2）以茶定亲。云南的拉祜族人民不但善于种茶、制茶，还善于品茶，因而茶叶成为美好的礼品。当男方上女家提亲时，必须带上一包茶叶、两只茶罐和其他礼品。女方家通过品尝男方送来的茶叶质量好坏，作为了解男方劳动本领高低的手段。如果表示赞成，就可选择一个吉日举行婚礼。白族语称送彩礼为"央吉可"，分为大小礼。大礼是在结婚时送，订婚时送小礼。小礼包括红、蓝、黑、紫、青、艳蓝六色布和六色金银首饰外，还有茶、烟、糖、酒等"四色水礼"。佤族将订婚礼仪称为朵帕，即在恋爱关系确定后，男方要向女方父母正式求婚。事前，男方家中要杀鸡敬神，然后向女方父母送六瓶氏族酒，另加茶叶和芭蕉等礼品。这些礼品由女方氏族中的长者分食，意在求得全氏族人的承认。云南德昂族"登用"婚俗也很有意思，当姑娘愿意嫁给男方而遭到女方家长反对时，在征得姑娘同意之后，在约定的时间和地点将她带走。男方要在姑娘家门上悄悄挂上一包干茶叶，表示姑娘已经离家。两天以后，男方则请媒人到姑娘家提亲，托媒人带上一包茶叶、一串芭蕉和两条咸鱼。如果姑娘父母没退回茶叶等礼物的话，即表示同意。如退回则表示不同意。若是女方家长坚决不同意时，男方只得将姑娘送回。

（3）以茶陪嫁。云南西双版纳地区的布朗族青年要举行两次婚礼，在举行第一次婚礼后，丈夫可在夜间到妻家同宿，时间为三年。有了孩子后，放在妻家抚养。在这段时间内，如果夫妻感情不和，可以离婚，如果感情融洽，则可以举行第二次婚礼。第二次婚礼称为正式婚礼，当天夫方派一对夫妻前去接亲，妻方派一对夫妻送亲。妻方父母给女儿的嫁妆包括茶树、竹篷、铁锅、土布和公鸡、母鸡各一对，富裕人家可陪送金银首饰和猪、牛等，但茶树是绝对不能少的，因为布朗人把茶树当作坚贞不渝之物。藏族的姑娘出嫁，也常以砖茶做彩礼。新娘到了夫家，要向夫家客人献茶，称为婚礼茶。四川阿坝地区的羌族结婚时要请吃茶，这"吃茶"要随迎亲队伍一路进行。迎亲日，每过一个村寨先放礼炮三声，寨中的人便要出来看热闹。送亲和迎亲队伍要暂停，男女双方亲戚都要拿出事先准备的由玉米、青稞、麦子、大豆制成的糖和茶水来招待大家。饮过茶，吃过糖以后才能继续前进。即使走上八个十个村寨，一个都不能少，只有沿途茶吃够了，新娘才能娶到家。双方对新人的祝福以及彼此的亲密友情，都从一路吃茶中得到充分体现。

（4）婚礼用茶。婚礼中用茶更是普遍的现象。白族青年结婚，男方在接新娘的头一天晚上，要邀请男方的亲戚朋友来家中喝茶、吃糖果、瓜子，同时要请人唱板凳戏（一种坐唱形式的曲艺），大家一边喝着白族的响雷茶，一边观赏演唱。云南南部地区的少数民族的男女青年在举行婚礼时，必须共同喝一杯茶，称为合杯茶，是由普洱茶泡成的红艳茶汤，新人同喝合杯茶，表示夫妻恩爱，白头偕老。云南盈江的景颇族在婚礼中有一种特殊的"舂茶"仪式。结婚之日的午夜，分别在邻居家里休息的新娘新郎被寨子里的青年人拉到新郎家的楼下，共持一把木杵，舂捣石臼中早已盛放的茶叶、鸡蛋、姜、蒜等食物，共计需要连续舂捣十杵。舂捣时，围观的青年男女不停地嬉闹，挑逗新人。由于新娘害羞，常常没有捣完十杵就停止，围观的青年不肯放过，只好重新舂捣，往往要反复多次才能捣到十次，这时，才肯放新郎新娘上楼共寝。

（5）以茶退婚。有趣的是茶叶还可以用来表示退婚。贵州侗族男女婚姻大多由父母包办，如果姑娘本人不同意，可以用退茶的形式来退婚。具体做法：姑娘悄悄准备好一包茶叶，选择一个适当机会，亲自跑到男方家中，对男方父母说："舅舅、舅娘，我没有福分来服侍两位老人家，你们去另找一个好媳妇吧。"说完，赶紧把茶叶放在堂屋的桌上，转身往回跑。不过如果退茶时被男方或他的亲戚抓住，按规矩可以马上杀猪请客，举行婚礼。姑娘必须事先考察清楚，要选择既要对方父母在家又没有其他人的时候前去退茶。因此，退茶成功的姑娘往往会得到人们的称赞。如果退茶成功，做父母的也要将女儿打骂一顿以示维持尊严，然后还得去男方家办理具体的退婚手续。在这里，茶叶实际上成为爱情、婚姻的象征性物品，所以退茶就是退婚。

3.茶叶也被使用在丧事祭祀方面

（1）合帕。云南德昂族人在安葬死者前，由亲属用竹篾编织成三所小竹房，以五色装饰。其中一个罩于棺木上，里面要放上茶叶、草烟、芭蕉、米粒、水酒等供物，还有部分死者生前使用过的器具，表示供其在阴间使用。其余两座小竹房也随死者到坟地烧掉。德昂人称这种象征性竹屋为"合帕"。合帕中的其他食物可多可少，但茶叶是绝对不可少的。

（2）含殓。云南丽江一带的纳西族称含殓为"纱撒坑"。当病人快要断气时，病人的儿子将一个包有茶叶、碎银和米粒的小红布包放入病人口腔内，边放边说："您去时不要有什么牵挂。"当病人咽气后，再将红布包取出，挂于死者胸前。碎银表示给死者在阴间使用，米粒表示到阴间有饭吃，茶叶则表示有茶喝。

（3）鸡鸣祭。纳西族办丧事一般在开吊当天五更鸡鸣时分进行，故称为"鸡鸣祭"。五更时，家人备好了粥品、糕点等供于灵前。死者的女儿一边哭诉，一边往脸盆中冲水拧水，一边往茶罐中冲泡茶，然后倒入茶盅里，意为请死去的父母起来洗脸喝茶。云南中甸地区的纳西人在死后当天后半夜，由子女煨一罐酽茶，供在桌上。鸡叫头遍时，帮忙的吹鼓手吹起一对牛角号，敲锣打鼓，呼唤亲人起来洗脸喝茶。与此同时，死者的亲属哭诉死者的一生，表示对死去亲人的怀念。

中国以茶随葬的历史非常古老，也非常普遍，甚至皇帝死后也要用茶叶随葬，所以南齐武帝临死时才会下诏，灵前唯设茶饮等为祭。这说明茶叶已成为人们须臾不可缺少的东西，皇帝如此，老百姓也是如此，长江上游地区本是茶叶的起源地，茶已与人们的日常生活紧密结合在一起，不管是生前还是死后都离不开茶，因而各族民众无论生老病死、婚丧嫁娶，处处都需要茶，形成极具特色的中国茶俗。

二、中游地区的茶俗

长江流域的中游地区包括湖北、湖南、江西以及安徽西南部地区，同时陕西西南部地区因是汉水的上游，其水系最终在湖北流入长江，故亦可划属长江中游地区。长江中游是中国茶叶非常重要的产区，尤其是湖北西部还与茶叶起源地有关，同时湖北、湖南的西部山区居住着一些少数民族，也保留着一些古老的饮茶习俗，因此这一地区的茶俗资源也是非常丰富的。

（1）鄂西土家族油茶汤。湖北西部来凤县的土家族同胞，历来有喝油茶汤的习俗，并成为待客的佳品。其原料有茶叶、玉米、大豆、花生米、核桃、米花、干豆腐丁、粉条等，都用油炸焦或煎制，并加入少量食盐、大蒜和胡椒等佐料。其制法：先将茶叶用茶油稍微炸黄，然后加入清水，熬煮至滚沸后片刻。在瓷碗中放入用油炸好的原料和佐料后，再把熬好的油茶汤注入碗中，放上一枚调羹。由家庭主妇双手端送给客人。客人们用调羹慢慢舀着品尝。

（2）湘西土家族油茶汤。居住在湖南西部的土家族同样喜欢喝油茶汤，饮法有自己的特点。原料是油炸的茶叶、阴米粉丝、豆腐干、腊肉粒、炒大豆、炒玉米、炒芝麻、炒花生米，另加姜、葱、蒜、辣椒等调味品。其制法：先将茶叶用茶油炸黄之后，掺入泉水煮沸，再放入其他配料一起稍煮即成。喝时主人会给客人一根筷子拨动杯中的食物。但会喝的客人一般不用筷子，而是边吹边喝。油茶汤的味道清香爽口，能提神解渴，又富有营养。据说土家人身体健壮与喝油茶汤有关。

（3）侗族油茶。湖南侗乡的侗族同胞也喝油茶汤，其制法类似于土家族的油茶汤。但随着季节的变化和场合的不同，油茶汤的佐料也有所不同。在婚嫁喜事时，吃猪肝粉肠油茶，表示喜庆。在农历二月春社日，吃艾叶粑油茶。四月初八吃虾仔鱼仔油茶。有时还举行大小不同类型的油茶会。

（4）镇巴烤茶。陕西汉中地区的镇巴县，地处秦巴山区，山民们无论春夏秋冬都喜欢饮用烤茶。女主人把几只搪瓷茶杯一字排放在火塘旁边，先用火塘里的柴灰将茶具擦拭一遍，然后用清水洗涤干净，揩干放在一旁。从悬挂在火塘上空的竹篓里抓出一把上等的手工晒青茶，分放在每只茶杯里，再将火拨旺，把茶杯置于飘动的火焰上烘烤，一边不停地摇动，使杯中的茶叶受热均匀。一会儿，杯中烘烤的茶叶发出一股焦香，女主人又迅速将茶叶翻炒几下，放在火塘旁边，用小葫芦瓢从火塘中间悬空吊着的鼎锅里舀出翻滚的开水，分别注入茶杯中，再煨在火塘边的文火中慢慢煮三滚后，吹去水面上的泡沫，双手敬献给客人。这种烤茶味道醇厚，略带微苦，焦香浓郁。

（5）湘阴姜盐豆子茶。位于洞庭湖南滨的湖南省湘阴县，自古就有喝姜盐豆子茶的习俗。其配料是细茶叶、大豆、芝麻和盐姜。其制法是把炒熟的大豆、芝麻、茶叶和用盐腌制的姜片或姜丝取适量放入茶杯或茶碗里，用开水冲泡后，就成了姜盐豆子茶。此茶不仅味道清香，还有咸味和姜辣味，十分可口，还具有健脾胃、祛风寒、去油腻、强身体的作用。来客时，主人便端上热气腾腾的姜盐豆子茶。当客人杯中的茶水稍喝下去一点，主人便立即给斟满，如此反复，直到客人再三申明不能再喝了才作罢，这时，客人用手掌拍打杯口，将其中的茶料倒入嘴里吃掉。当地传说姜盐豆子茶是南宋抗金名将岳飞发明的，故也称为岳飞茶。南宋绍兴年间，岳飞被朝廷派到湖南汨罗市追剿杨幺领导的农民起义军，因岳军中多中原将士，水土不服，腹胀呕吐，厌食乏力，削弱了作战能力。岳飞常读医书，颇通医学，他根据当地盛产茶叶、大豆、芝麻、生姜等物品，便将它们混合在一起煎熬成汤，军士们喝后精力恢复，士气高涨。消息传出军营，附近百姓纷纷效仿，从此相沿成习。这当然只是当地不懂得茶叶历史的百姓们想当然的故事。实际上，这种与食物一起煮食的茶俗的历史远在宋代以前的很久远年代，它们和上一节介绍的云南等地少数民族的饮茶习俗一样都是远古以茶为食物时期的孑遗。

（6）洞庭湖畔姜盐茶。在洞庭湖区域内如西南部的益阳、中部的沅江、北部的澧县等地都有与姜盐豆子茶相类似的习俗，也是用生姜、熟芝麻、熟大豆和茶叶一起沏泡而成，不过只称为姜盐茶而已。它也有一个传说，但与岳飞无关，说是一对老渔民夫妇在一个寒冷的初春，从湖中救起一个落水的姑娘。见姑娘一直昏迷不醒，渔妇发现船上有一块生姜，想到生姜能驱寒，便将它切片与茶叶一起熬煮，加上一点盐，给姑娘灌下，不久姑娘就苏醒了。于是这一带就养成喝姜盐茶的习惯。为了增加滋味和营养，后来又加上芝麻和豆子。但人们仍按原来的习惯称为姜盐茶。这个传说比较朴素，也较符合渔民的生活习性，只是没有反映这对渔民是什么年代的人物。依我们的看法，加生姜和食盐都是三国以前的古老饮茶方式，所以其历史依然是十分久远的。

（7）常宁糖姜茶。与洞庭湖畔姜盐茶相接近的是常宁糖姜茶，须易盐为糖。常宁糖姜茶是用红糖加生姜和茶叶一起熬煮而成，当地农民外出劳作和偶患风寒感冒，用糖姜茶来驱寒，效果很显著，也是我国民间常用的保健饮料。

（8）湘东煎茶。湖南东部的浏阳、茶陵、炎陵县一带的民间喜欢饮煎茶。煎茶用的是本地的红茶。其制法也相当简单：在一个土罐内，放上占土罐1/3体积的茶叶，盛满泉水，放到火塘上烧烤，待罐中茶水烧沸之后，再倒入比酒杯稍大一点的茶盅里，即可饮用。煎茶的色泽红浓，香气浓郁。第一罐茶水倒完以后剩下的茶渣可再煎一罐茶水，便可以倒掉。煎茶也是一种古老的煮茶方式。用它招待客人时，还配有油炸麻花、糖果、饼干等茶点，边喝边吃，气氛融洽。

（9）宁乡烟熏茶。湖南省宁乡市一带有喝烟熏茶的习惯。据说烟熏茶与当地春天多雨的气候有关。每年谷雨前后，茶树枝上吐出了肥壮的雀舌般茶芽，这时经常细雨蒙蒙，茶芽不能及时处理，容易变质、变老。传说古代有个居住在桃江和宁乡交界的老茶农，在谷雨季节采下了许多雀舌，经炒制揉捻后没有遇上晴天，老茶农只好拣拢来许多枫球子，生起烟火，把揉捻好的茶芽放在竹筛上慢慢熏干。结果熏干的茶叶有一种特殊的烟香味，很受顾客的欢迎，被抢购一空。烟熏茶沏在碗里，茶水呈深红色，有一种带烟的香味，喝起来沁人心脾，提神醒脑。

（10）湘北三道茶。地处湘北的湖南益阳地区敬客也有三道茶，但与云南白族的三道茶不同。每当贵客临门，女主人就端着一个长方形的木茶盘，给每位客人敬上一小茶盅煎茶，客人必须一饮而尽，立即将茶盅放回茶盘。这是第一道茶，意思是为客人洗尘。喝完第一道茶，女主人将客人让进厢房，在八仙桌旁坐定。桌上摆着土产茶点：红色的盐姜、花色齐全的巧果片、糖醋藕片、炒花生、南瓜子等。这时女主人又端上了第二道茶。茶盘内放着几只金边瓷茶碗，每只碗内放有三个煮熟的剥壳鸡蛋，几粒荔枝或龙眼干，用红糖水浸泡着。吃第二道茶时，女主人不再在旁边等候，由客人自己慢慢吃。当大部分客人吃完第二道茶时，女主人就上第三道茶。第三道茶是洁白如奶的擂茶。女主人首先给每位客人敬上一碗，喝完了可以再添。第三道茶是不限量的，每当主人看到客人的茶碗空了，就会主动给他们添茶，如果客人不想喝了，主人也不会勉强。一般是喝第三道茶的时间较长，一边喝茶，一边聊天。最后才上宴席喝酒吃饭。

（11）湘北新婚交杯茶。湖南北部的洞庭湖区，新婚夫妇在拜堂之后，入洞房以前，要喝交杯茶。交杯茶的盛茶器具是两只小茶盅，茶水是早已熬好的红糖茶水。男家的姑娘或嫂姐用四方茶盘盛着两只茶盅，双手献给新郎新娘。新郎新娘用右手端起茶盅，相互用端茶盅的右手挽起连环套，然后一饮而尽，不许有半点茶水泼掉。表示夫妻恩爱，同甘共苦，家庭幸福美满。

（12）衡阳新婚合合茶。湖南衡阳地区青年结婚时，新郎新娘被安排背对背地坐在堂屋里的两条板凳上。两位调皮的小伙子使劲将新娘扳过180°，让她与新郎面对面坐下，膝盖挨着膝盖。另一位小伙子搬起新娘的左脚搁在新郎的右大腿上，又把新郎的左脚搬起搁在新娘的右大腿上。然后，将新郎新娘的右手抬起，扳开他们的拇指和食指，合并成一个椭圆形。旁边另外的一个人立即将早就准备在手的瓷杯放入两手拼成的椭圆形里，马上注满茶水，让前来道贺的亲戚朋友轮流把嘴凑上去喝一口。喝干了，又注上。客人一边喝，一边嬉笑，直到所有的人都喝遍为止。一则表示对客人的敬意，二则表示夫妇共同培育一株茶树，来年会开花结果。

（13）湖南擂茶。擂茶也是种古老的饮茶方式，且随着客家人的足迹传遍南方各地甚至远传台湾。但是各地的擂茶制法各有特色，仅湘北中部地区就有三种擂茶：①桃花源擂茶，原名三生汤，是用生姜、生米、生茶叶放在擂钵内，用芳香的山楂木作擂棒擂碎，倒入冷开水调匀，其色泽黄白，清凉解渴。桃花源擂茶也有一个传说，说是三国时蜀国将领张飞带兵抗击曹军，路过乌头村（桃花源）时，许多将士水土不服，上吐下泻，连行军都困难。同时军中的药品也用完，无计可施，急得张飞团团转。此时有位老者挑担擂茶汤来见张飞，说此乃家传秘方，又名三生汤，可治军士疾病。果然，军士们饮后不久都康复了，张飞喜出望外，感谢不尽。从此，桃花源擂茶也就远近闻名了。②桃江擂茶，离桃花源不远的桃江县擂茶，其原料是芝麻、花生、绿豆和茶叶，将这些原料放在有内齿的瓦钵中（当地人称为擂钵），以油茶木棒擂碎后，调入冷开水，即是擂茶。其色泽洁白如奶，味道清凉可口。夏天饮用时，若加上一点白糖，味道更佳，有清凉解暑、促进消化的功能。桃江擂茶也有一个传说：古时一个夏天，久旱无雨，桃花江边的村民浑身长满了疱疮，流脓不止，最后溃烂而死。一天，来了位老者，见状就打开包袱，取出一个有内齿的瓦钵，抓出几把芝麻、花生仁、绿豆和茶叶放在钵内，用一根木杖在钵内擂磨起来。片刻，叫人舀来桃花溪水倒入钵内。顿时钵中之水变成了奶白色。老者口中念念有词，将钵中之水一半洒遍病人全身，一半灌入腹内。不一会儿，奄奄一息的病人居然坐起来了。而老者却忽然不见了，只留下包袱和拐杖。打开包袱，里面尽是一些芝麻、花生、绿豆和茶叶。拐杖上写着"太白金星"四字。据说当诸葛亮率蜀军攻打曹操路过桃江时，正值酷暑，许多士兵中暑病倒，桃花江的村民送来擂茶给他们喝，使蜀军很快恢复了战斗力，打败了曹操的军队。③安化擂茶，与桃江相比邻的安化县，其制法又不一样：原料除茶叶外，有炒熟了的花生米、大米、绿豆、大豆、玉米、生姜、南瓜子、胡椒和食盐，用擂钵和擂棒擂成粉状备用，将锅里的水烧开以后，再把这些配料粉倒进沸水中，熬成糊状。每当客人来访，好客的主人便操起竹筒勺子或木制勺子，给客人盛上一大碗，双手端给客人。如果客人刚喝下一口，主人便马上给添满，因此喝起来便没完没了。按照当地规矩，客人真的不想喝的话，添满之后就不要再喝，直到临走时才一口气喝完便告辞。安化擂茶的特点是稠如浓粥，香中带咸，稀中有硬。每碗茶里，有喝的，有嚼的，喝上一碗就是一餐不吃饭也不会觉得饿。

（14）赣南擂茶。同处长江中游的江西南部也有擂茶，这是客家人当初从中原带来的古老饮茶习俗。但经过历史演变，有些原料与古代并不完全相同。赣南擂茶的主要原料是茶叶、芝麻和花生仁。将这三种原料放入擂钵中用擂棒擂成粉末状，然后倒入锅中加水煮开，加入少量食盐，即成为色泽黄白、味道清凉芳香、微带咸味的赣南擂茶。在赣南擂茶中，瑞金市的擂茶很有特色。先用铁锅将大豆炒熟，又将花生仁炒熟，然后同茶叶一起放在擂钵中擂烂，还放入一只辣椒、一点盐、一点姜末、一些白芝麻，擂好后将滚烫的开水倾入，最后还要倒入一汤匙熟茶油，这时擂钵中洋溢着茶香、豆香、花生香、芝麻香以及麻辣香，令人胃口大开[1]。

从上述几种擂茶看来，当以桃花源的"三生汤"最为古老，是擂茶的早期形式，其他几种擂茶是它的发展，添加进许多食物，有许多是外来作物，如花生、玉米等都是晚至明代才从外国传入中国的，因此其历史当是在明代以后逐渐形成的。而三生汤的原料生姜、生米和茶叶在中国都有数千年甚至上万年以上的历史，又是用冷水直接冲饮，它们的产生，应该是在《广雅》所记载的荆巴间煮饮饼茶掺杂葱、姜、橘皮等方法出现之前。

（15）赣北芝麻豆子茶。江西北部的修水、武宁一带流行一种芝麻豆子茶，与湖南的姜盐豆子茶类似，应是属于同一体系的，因为这两县的地理位置都靠近湖南。芝麻豆子茶的原料是芝麻、熟大豆、熟花生米、盐姜和茶叶，将它们一起放在茶杯中用开水冲泡，清香中带微咸微辣，饮嚼均可，即喝完茶汤时要连杯中佐料一起吃掉。

修水县的芝麻豆子茶很有特色，根据原料的多少大体可分为四种：仁乡茶，以该县朱溪乡为代表，原料除茶叶外，通常使用的是菊花、大豆、芝麻三种，因其用料比较简单，流传较广，其特点是茶色淡雅，清香可口。奉乡茶，以该县上奉乡为代表，在仁乡茶的基础上，还要掺进萝卜干，其特点是清香味浓，嚼之脆脆作响，满嘴生津。泰乡茶，以该县三都乡代表。同以上两种茶相比，更具特色。通常以"爆米花"为主要原料，因而当地又称"爆米茶"。还有以小麦为主要茶料的"小麦茶"和以嫩玉米为主要茶料的"苞芦茶"，其特点是芳香可口，既能充饥，又能解渴。十锦茶，其原料最为丰富，多能凑出十样八样，故称十锦茶。主要原料有茶叶、菊花、大豆、芝麻、花生、柑橘皮、生姜、萝卜干、花椒、桂花、川芎等。茶色五彩斑斓，具有营养成分和药用价值，长年饮用，可增强体质，延年益寿[2]。

（16）武宁川芎茶。武宁县还流行一种川芎茶，即在茶水中加入芎片或芎末，具有清香开味的作用。《武宁县志》记载："茗之性寒，芎子性散，皆有明文。土人两物并用，老者寿考康宁，少者强壮自茗，未尝见有毫发之损。"川芎茶应该算是民间传统的保健茶。

（17）赣西春茶会。江西西部的安福县经常在春天插秧结束以后的农闲时节举办请春茶活动。人们要逐家邀请茶友或轮流做东。请茶的主妇要在前一天晚上到各家去邀请，并把茶碗收集起来，并在碗上做好记号，以免搞错。请茶这天，做东的主妇要打扫卫生、洗碗、烧水、沏茶，忙得不亦乐乎。茶叶是平常珍藏的上等好茶或是自制的山茶，茶碗中除了茶叶外，还有冰姜、胡萝卜干、腌香椿芽、韧皮豆、炒芝麻等佐料。每只碗里还放上一根约五寸长的竹签或芦棒，以便客人从茶碗中扒出食物吃掉。大家边喝边聊，洋溢着一片团结和睦的融洽气氛。兴致高时，还可大唱采茶歌，更将春茶会推向高潮。实际上，春茶会是一种传统的以茶联谊的很好方式[3]。

（18）婚礼用茶。长江中游地区的婚礼中也离不开茶。如江西修水的"相亲茶"就颇具特色。男方到女方家相亲，女方用茶盘上茶时，如果男方不同意就不吃茶便告辞，如女方不同意，就不再上第二碗茶。如果双方同意，当女方端出第二碗茶时，男方将红纸包好的茶盘礼放在盘上，俗称"压茶盘"。因此修水人不便直接问姑娘家是否有对象，通常是问："压没压茶盘？"湖北东南部大冶一带，在婚礼中除了要备喜酒款待客人外，还要办茶筵招待宾朋，形式有多种。如接腰茶筵，男方请人去女方抬嫁妆，女家要办茶筵接腰，一般以糖茶一碗，佐以糕点、花生、瓜子等，然后每人一碗肉片面。迎亲茶筵，花轿到后鸣炮奏乐，众宾客就座之后，要端出糖茶。然后开始举行茶筵，嫁姑和伴娘们开始唱茶歌相贺。接着新娘上轿，来到新郎家，拜过天地之后，在酒宴之前先行茶礼，给宾客端上清茶一碗，冷盘四样或六样，寓意四季发财或六六大顺。吃过之后再上酒席，这种婚礼茶筵俗称摆茶。新人入洞房，一长老端来有红枣、花生米数粒的糖茶三杯，新人各一杯交换茶杯，长老一杯，先祭天，后祭地，再洒床前。长老祝词，新人喝交杯茶。随后长老退出，新娘坐帐，开始闹洞房。婚后三日新娘回娘家或是孩子满月，要举行香泡茶筵，即用糯米、豌豆、蚕豆、绿豆、大豆等加上芝麻、茶叶合煮成浓浓的犹如八宝粥似的香泡茶，男女老幼都被请去喝茶，以求热闹，图个吉利。而湖南湘阴地区闹洞房时，最热闹的则是比赛喝姜盐豆子茶，宾客中分成两派，比试海量，欢声雷动，将婚事推向高潮[4-5]。

与上游地区相比，长江中游地区的茶俗较少受到少数民族的影响，而是更多地保留着汉族传统茶文化色彩，不管是姜盐豆子茶、芝麻豆子茶还是各具特色的擂茶，其实都是古代中原和长江地区的汉民族饮茶习俗的流风遗韵，比起基诺族的凉拌茶、德昂族的水茶以及傣族、景颇族、哈尼族的竹筒茶等还停留在将茶叶当作食物的阶段来说，已经有很大的进步。如果说上游地区茶俗保留着更多的原始饮茶习俗的话，那么，中游地区的茶俗则更多地保留着从原始过渡到近代饮茶方式的中间形态，因而也是研究古代饮茶方式的很有价值的资料。

三、下游地区的茶俗

长江下游地区是指安徽东南部、江苏南部和浙江北部，不过习惯上把江苏、浙江都算作长江下游地区。这里是我国历史上非常著名的茶叶产地，第一个专为皇宫生产贡茶的唐代贡茶院就设在江苏常州和浙江湖州交界的顾渚山。浙江杭州的龙井茶和江苏洞庭山的碧螺春都是妇孺皆知的名茶。这一带历来是经济、文化都很发达的地区，人口绝大部分是汉族，因此是典型的汉族茶文化区，其茶俗自然也带有这个特点。其中有几种饮茶方式很有特色：江南元宝茶春节期间，好客的江南人会给你端上一杯元宝茶。其制法很简单：在精美的茶碗内放上两颗青橄榄和几片高级茶叶，沏上开水就成。青色的橄榄沉在黄亮的茶水底部，甚是好看，喝起来别有一番滋味。客人在喝完茶汤后，再吃掉两颗青橄榄。两颗橄榄代表一对金银元宝，表示恭喜发财。

（1）杭州七家茶。每年立夏之日，杭州茶区的茶农家家户户都要用当年采制的新茶烹成茶水，并配以诸色细果为茶点，馈送亲友和邻居。赠送的范围一般是左三家右三家，加上自己一家，共计七家，故称七家茶。一来是让左邻右舍分享劳动成果，二来是展示自己的制茶技术，三来可以相互交流，提高制茶技术。

（2）皖南琴鱼茶。居住在安徽南部泾县琴溪镇的民众喜欢饮用一种奇特的琴鱼茶。泾县琴溪镇旁边有一条小河叫琴溪河。河里生长着一种体积不过一寸的小鱼，当地人称为琴鱼。这种鱼味道极其鲜美。嗜好饮茶的琴溪人将它捕捞回来，趁鲜放入锅内，加入适量的盐、茶叶、茴香和食糖，用温火焙熟，再用炭火烘干备用。如果家里来客人或自己家人要喝茶时，在玻璃杯内放上几条琴鱼干，冲入沸水。这时琴鱼会在透明杯里的沸水中上下翻动，恰似活琴鱼在戏水，栩栩如生，十分有趣。琴鱼茶汤色黄亮，清香味醇，风味独特。实际上，琴鱼茶也是远古时代先民将茶叶和其他食物（包括鱼、蚌、螺、蛤等水产品）一起煮食烹饪方法的孑遗，只是因时代的进步而演变成精致的沏泡方式。

（3）畲族新婚甜茶。浙江一带的畲族男女在结婚时，整个婚礼中新娘是不向大家敬酒的，也不同丈夫喝交杯酒或合杯酒。唯一的礼节是新娘给前来道贺的客人一一敬茶，每人一小杯甜茶。客人们喝完茶以后，都要送个小红包放入茶杯内，以回敬新娘。甜茶就是在熬制好的茶汤里加入一点砂糖而已，象征着新婚夫妇今后的生活甜甜蜜蜜。

（4）德清新春茶。浙江省德清县人民在每年阴历新年来临之际，有喝新春茶的习俗。从正月初一到初三，客人到来，主人就会敬上一碗新春茶。新春茶又称为四连汤，是在一个精美的小瓷碗内放有几粒煮熟的枣子、桂圆、莲子，用白糖水浸泡着，喝起来甘甜可口，实际上新春茶是一种无茶之茶，借以祝愿客人生活过得甜甜美美、圆圆满满。

（5）德清十景全花茶。每当盛夏酷暑之际，德清人都喜欢喝十景全花茶。其配料除茶叶外还有冰片、甘草、金银花等，经文火煎熬以后，汤色红黑，味道清凉。实际上是种掺有中药的保健茶，为夏天消暑解热、清凉去毒的好饮料。

（6）德清熏豆茶。德清人喝茶叫吃茶，即连汤带茶叶一起吃下去。当地人沏茶常加入许多佐料，如芝麻、腌橙子皮、烘青豆、笋干、丁香萝卜、豆腐干、老姜、番薯干等，称为熏豆茶，因为味道是咸的，又称为咸茶。当客人喝下两三口后，主人立刻给添满，至少要喝三巡，然后把茶叶和佐料一起吃下去。

（7）打茶会。浙江湖州地区农村，有"打茶会"的习惯。农闲时，村里的妇女们东邀西请，十多人抱着儿孙，带上针线活，凑在一起，主人拿出最好的茶叶配上佐料，不管大人小孩，每人都给沏上一碗，边做针线活边拉家常边喝茶，气氛融洽，其乐无穷。每年这样的茶会要举办五六次，轮流做东，这种活动与江苏周庄的"阿婆茶"类似，对加强邻里间的团结友爱起着良好的作用，是一种以茶联谊的很好方式。

（8）亲家婆茶。湖州地区农村还盛行吃"亲家婆茶"。女儿出嫁以后的第三天，父母要去女婿家"望招"。必须带去250克左右的雨前茶和烘青豆等佐料。这时，男家就邀请亲戚、长辈来家吃"亲家婆茶"。吃了"亲家婆茶"的乡邻，在新娘过门的第一年内，要请新娘去吃茶，名曰"请新娘茶"。

（9）江浙新婚三道茶。旧时，江苏、浙江一带举行婚礼时，要行三道茶仪式。在拜完天地以后，家人送上第一道茶，是一杯白果汤，新郎新娘接过以后对着神龛作揖，然后向嘴边送去。当茶杯刚触及唇边时，家人立即将茶杯收回，再献上第二道茶，是莲子红枣汤。新人接过之后又对着神龛作揖，再喝茶。但茶水刚到唇边又被家人收走，再献上第三道茶，这是一杯红浓的茶汤。新人接过，对着神龛作揖，就可一饮而尽。三道茶只饮最后一道，因为前两道是献给神灵和父母的。行完三道茶之后，才可进入洞房。

（10）苏州跳板茶。旧时苏州在婚事中最热闹的场面就是跳板茶。新女婿或舅爷进女方家门后，稍坐片刻，立即拆掉正间屋里的台凳，在左右两边靠墙的地方各摆两把太师椅，头位与二位由女婿和舅爷坐，三位和四位由同辈的至亲坐。落座以后，就由当地的"茶担"（专门受雇为人家烧水泡茶招待客人的专职人员）右手托着放有四只盖碗茶杯的茶盘，扭着舞蹈的步伐一走一跳地走着如意步，边把茶碗送给客人，说声"请用茶！"四个客人才开始双手捧着茶碗喝茶。当客人将茶喝完时，"茶担"又一走一跳地扭着如意步来到客人面前，分别将茶碗收走。如意步有正反两种，合称"四合如意"，讨个吉利的口彩。"茶担"表演结束，会获得周围观众的齐声喝彩，增添欢乐气氛，将婚事礼仪推向高潮。

（11）菊花茶。东南沿海一带喜欢喝菊花茶，尤以浙江杭州等地最为时兴。菊花茶起源于唐宋以前，唐代诗人皎然《九日与陆处士饮茶》诗中写道："九日山僧院，东篱菊也黄。俗人多泛酒，谁解助茶香？"以菊花入茶可助茶香。据说苏东坡也很喜欢饮菊花茶，因菊花具有清心、明目、去热、解毒等功能，至今杭州人还盛行喝菊花茶。不过早期的菊花茶是以白菊花和茶叶一起冲泡，现在有的人干脆只冲泡菊花而不用茶叶，又成了非茶之茶。

（12）上海老虎灶。过去上海滩的老百姓喜欢喝早茶。天刚麻麻亮，街道边的小茶馆，老虎灶上的铜壶内，沸水突突，白气腾腾。在古老的街道边、小巷里，低矮的四方小桌边，坐满了一桌又一桌的茶客。他们大多都是一些拉车的、做小买卖的和打零工的市民。每人一壶茶，加上两个大饼或几根油条，就算是一顿早餐。现在随着改革开放经济水平的提高，老虎灶已经退出历史舞台，代之而起的是各大酒店的早茶，或者去茶艺馆品茶。

与上游、中游地区相比，长江下游的茶俗所保存的"活化石"成分较单薄，更贴近于近现代的生活实际，这是因为下游地区经济文化发展的步伐更大，现代化进程更快，古老的饮茶习俗较早地退出历史舞台。但即使如此，我们仍然可以从琴鱼茶、熏豆茶等茶俗中窥视到一些远古历史的影子。问题是随着时代的进步，人们经济、文化水平的提高，生活方式的改变，这些茶俗也在迅速地退出现实生活，逐渐会被人们所遗忘。因此，如何整理、研究、保护、开发这些茶俗资源，是摆在广大茶文化工作者面前的一个重要课题。

四、闽台两广的茶俗

福建、广东、广西的水系东南流，都与北边的长江无关，故不属长江流域，但是因为它们与长江中游地区的省份紧密相连，经济文化都有千丝万缕的联系，故谈论长江流域茶文化不能回避福建、广东、广西地区。台湾受福建影响很大，台湾的茶树和茶文化都是从福建传播过去的，所以福建和台湾总是连在一起讨论。福建、台湾、广东、广西也是我国重要的茶叶产区，在茶艺、茶俗方面也有很重要的贡献，因此放在一起叙述。

（1）闽粤工夫茶。福建南部地区和广东潮汕地区饮茶的器具和方式都与外地不同，别具特色，称为工夫茶。使用的茶叶是闽粤特产乌龙茶，泡茶的器具有烧水的玉书碨和潮汕炭炉，泡茶的紫砂小壶孟臣罐，饮茶的瓷杯称为若琛瓯，合称四宝。在长方形的瓷盘中放有一紫砂小壶和四个小瓷杯。壶如拳头，杯如胡桃，小巧玲珑。客人来临，主人用清水涤净器具，将乌龙茶放入孟臣罐里，茶叶的体积要占罐内容积2/3。注满沸水后，立即将壶盖盖好，用沸水浇淋壶上，再用毛巾覆盖在茶壶上，以此保温。片刻以后，拿走毛巾，提壶将茶水倒入杯中，一一奉给客人。客人须衔杯细品细啜，玩赏滋味，若一饮而尽，便被视为牛饮，令主人失望。工夫茶大约形成于明代，现在已经流传全国各地，并被茶艺专家们加工成富有艺术韵味的工夫茶艺，经常在各种茶文化活动中表演，这是从茶俗提升到茶艺层次的典型例子。

（2）闽南侨乡七分茶。闽南侨乡生产茶叶，尤以乌龙茶最为著名。不管生人熟人，无论你走到哪一家，热情的主人都会泡上热气腾腾的乌龙茶请你品尝。其冲泡方式也很讲究，当水壶里的水沸腾以后，不立即冲泡，而是等水壶出炉片刻，才把开水冲入放好茶叶的壶内。冲泡时，手提水壶离茶壶有一尺多高，让开水奔泻入茶壶内，冲得茶叶在壶中翻滚，待茶水满后，再盖上壶盖。用茶壶斟茶时，壶嘴要离茶杯口很近，称为"高冲低斟"。斟茶时不能将茶杯斟满，到七分满即可，斟得太满了就有可能烫着客人的手，故有"酒满敬人，茶满伤人"之说，因此称为"七分茶"。

（3）将乐擂茶。福建将乐地区也有喝擂茶的习惯。家庭主妇每天上午、下午都要为全家擂一钵头擂茶。人们下班后第一件事就是喝擂茶，有些单位还有专人为职工打擂茶。将乐的擂茶原料有茶叶、芝麻、花生米、橘皮和甘草。盛夏酷暑，加入淡竹叶和金银花。秋凉寒冬，加入陈皮等。将乐擂茶的传说与湖南等地不一样。湖南的传说多与张飞、孔明、岳飞等历史名人连在一起。将乐的传说则与一位道婆有关。据说古代将乐有一座道观，周围生长着很多芝麻。有一年，正当芝麻成熟的季节发生了大旱灾。观中的一位姓伍的道婆，因没有多余的粮食接济百姓，便将芝麻与茶叶磨成细末，用开水冲泡了十几缸芝麻茶，饥民饮后，既解渴生津，又能充饥，靠此度过了饥荒。从此，百姓们就养成喝擂茶的习惯，并在擂茶中加入了其他食物，更加美味可口。这个传说至少有了两个可供思考的线索，一是擂茶的最主要功能是可以充饥，这是远古时期的饮茶方式，与湖南等地传说是相一致的。二是擂茶的出现与道教有关。前面我们已经指出，擂茶的历史可能在三国时期以前就形成，而当时正是道教盛行的时期。道士们在寻求丹药的过程中，也将茶叶作为药用，经常会将茶叶和其他食物放在一起熬炼，作为追求长生不老的养生滋补食品，擂茶可能就是其中一项。至少当时炼丹的道士们，会发现自古传下的擂茶有益于人们的身体健康，因而经常服用。那么，说擂茶与道教有关并非无稽之谈。

（4）福安少女的茶规。在福建省东北部福安一带的农村，未婚少女到亲戚朋友家做客是不能随便喝人家的茶水的。凡未婚少女没有父母领着独自出外做客，什么东西都可以吃，就是不能轻易喝人家的茶水。如果她喝了谁家的茶，就意味着她同意做哪家的媳妇。这是一个古老的习俗，一直在民间流传着。

（5）福安新娘茶。闽东北福安地区，新娘在拜堂的第二天，要上堂屋拜见夫家的女眷，其见面礼就是敬献糖茶。女眷分别坐在堂屋两边，新娘在伴娘的引导下，沿堂屋四周逐个向左右长辈施礼，俗称走四角坪。然后，再由伴娘引领认亲，敬献糖茶。这糖茶不是用茶叶加糖，而是用红枣、冬瓜糖、冰糖、炒花生和茶叶冲泡而成，沏于精致的小茶盅内，盅内备有银勺，以便客人搅拌或舀吃。喝完新娘茶后，夫家女眷要向新娘回赠一个红包，作为见面礼。

（6）畲族宝塔茶。福建省福安市松罗乡一带的畲族，在女儿出嫁时要敬宝塔茶。在新娘过门之前，男方的亲家伯带着接亲的四位轿夫来到女方家。当接亲的人们一走进门，女方的亲家嫂便将五个大碗茶叠成三层。一碗作底，中间码三碗，顶上再压一碗，外形酷似宝塔，故名宝塔茶。亲家伯接茶时，先要用牙齿咬住"宝塔"顶端的一碗茶，右手指夹住中间的三碗，左手端着底下的另一碗，分别递给轿夫，然后当着众人的面一口饮干咬着的那碗热茶，要是茶水一点也不漏出，就会获得满堂彩，若是茶水溅出或倾洒，会遭到奚落。敬献宝塔茶妙趣横生，热闹非凡，给新婚嫁娶增添乐趣。

（7）随葬茶树枝。福安地区的畲族有以茶树枝随葬的习俗。当有人逝世，在下葬时，让逝者右手执一茶树枝，供其在归阴时作开路用。相传茶树枝是神农的化身，能避开邪气，驱赶魔鬼，还能使黑暗变成光明。逝者在阴间路上遇到妖魔鬼怪时，只要将手中的茶树枝一挥，妖魔鬼怪就会逃之夭夭，黑暗就可变成光明。逝者可以平安到达阎王殿上听候阎王发落。这虽然是一种迷信行为，但是我们透过迷雾可以看到实质，这是远古时代人们以茶树为图腾，认为作为图腾的茶树就会保佑它的后代子孙，甚至还可保护它们在死后的安全。只是现在离原始时期太遥远了，人们并不了解以茶树枝随葬的历史意义。传说神农尝百草时，一日遇七十二毒，得茶乃解，因此才将茶树视为神农的化身。也说明这一习俗起源实际上是非常古老的。

（8）汉族"龙籽袋"。福安地区一带的汉族人民过去在埋葬死者时，要在将棺材放入地穴之前，地师先生还得先在地穴里铺上一块红毯，口中念念有词，在一片香火缭绕、鞭炮声声的气氛之中，将一把把茶叶、麦豆、谷子、麻、竹钉以及钱币等撒在地穴中的红毯上。再由亡人家属一起收集起来，用布袋装好带回家去悬挂在楼梁式木仓内，长久保存，称之为"龙籽袋"。"龙籽袋"是死者留给家人的财富，具有象征性的意义。茶叶是吉祥之物，能保佑后代安康，人丁兴旺。麦豆、谷子等象征后代年年五谷丰登、六畜兴旺。钱币等表示金银财富，后代不愁吃穿。

（9）广东瑶族竹茶筒。广东省连南瑶族自治县南岗乡油岭村，地处大山区，盛产楠竹，这里的瑶族同胞喜欢用竹筒盛茶水。他们用长约一尺、直径约二寸的竹筒，将一端竹节打通，上有木塞，另在上端钻两个小孔穿上绳带作为背带，用它来盛茶水。每当翻山越水到野外劳作时就将它带上，休息时，拔开木塞，就可对着竹筒直接饮用。其优点是不易变味，不易破碎，便于携带，非常方便。

（10）顺德的跪茶。广东珠江三角洲顺德一带旧时有一种习俗，即新娘到夫家见公婆时有跪茶的规矩。当新娘来到夫家之前，男方家的堂屋里就预先摆着一张四方桌子，桌上有盛茶水的茶壶一把，茶盅两只。新娘过了夫家堂屋的门槛以后，必须膝行至方桌前，叩头三下，再膝行至桌后，又叩头三下，然后再站起身来给公婆敬茶，每人一盅。这种茶礼叫作"跪茶"。

（11）敲点桌面的习俗。广州人喝茶，当主人端茶给客人或是给客人续水的时候，客人要用中指和食指在桌面上轻轻地点几下，以表示感谢。相传这一礼俗与清朝皇帝乾隆下江南有关。据说乾隆在广州微服私访，进入一家茶馆，当茶馆伙计端上茶具沏泡好茶时，他就提起茶壶给身边的随从斟茶。按照皇宫规矩，皇帝给臣下递送东西时，臣仆必须立即下跪接受。但因为是微服私访，不能暴露身份，无法下跪。情急之下，一个头脑机敏的臣仆，伸出右手的食指和中指屈成双腿的样子，在桌上敲点几下，表示是向皇帝下跪，以谢圣上恩典。以后就在广东各地流传开来，至今仍在沿用。

（12）茶壶揭盖的由来。广东的茶楼，如果茶客不将茶壶盖子揭开并放在壶口边或桌面上的话，服务员是不会过来给你添水的。这一习俗相传是从清代开始的。据说有一天，八旗子弟提着鸟笼上茶楼喝茶，故意将一只小鸟偷偷放进空茶壶里，再盖上壶盖。茶楼的伙计不知是计，提着水壶过来添水。当揭开壶盖时，小鸟冲出，飞到茶楼外面去了。八旗子弟便诬陷是伙计放跑了小鸟，便漫天要价，勒索赔偿。店主无奈，只好忍痛照赔。为了吸取教训，便订下一条规矩：今后茶客饮完一壶茶后，必须自己将壶盖揭开，否则一律不给添水。从此成了各地茶楼的一条不成文的规矩。

（13）桂林虫屎茶。该茶产自广西桂林的龙胜一带，老百姓把野藤、茶叶、大白解和换香树枝叶堆放在一起，引来许多极小的黑虫吃枝叶。当这些黑虫吃完枝叶后，便留下美丽的细小屎粒，当地人取名为虫珠。当地人用筛子将之筛出之后晒干，在180℃的热锅里炒上20分钟取出，每500克虫珠中加入93克蜂蜜和93克茶叶，虫屎茶便泡制成功。虫屎茶没有异味，其颗粒比芝麻还小，在茶杯中大部分被开水溶解，只剩下极细小的茶叶末。喝后使人感到心情舒畅，具有消热、解暑、防止煤气中毒的特效，又可治疗胃病和糖尿病，是一种特殊的保健茶，颇受各地群众的欢迎。

（14）壮乡筛鞋敬茶。筛鞋是广西壮族的婚俗。部分壮乡青年结婚，女方的众姐妹都要到男方家来送亲。新郎新娘拜堂后，由送亲队伍中的最长者二至三人在堂屋里对着男方家的宾客唱一组"十说歌"，其内容是劝说亲戚今后多加关照、指教她们的亲妹子。然后男方在正堂屋里摆开筵席，举行敬茶、敬酒仪式。男方敬茶时，由一个善唱山歌的后生右手提一把精美的茶壶，左手拿着一只茶杯，缓步入堂，逐个献茶，每人一杯。他一边唱歌，一边敬茶，表达敬意。女方送亲的人也一边接茶，一边唱和，表示谢意，以唱代话，内容都是一些客气话。敬茶完毕再敬酒。敬酒毕，男方一后生捧出一个竹筛，依次来到每个送亲者面前，送亲者则把事先准备好的礼鞋放入筛中，男方也将红包封好，送给每位送亲者作为答谢。

（15）侗族坐夜打油茶。在广西三江、武洛江一带的侗族男女青年相识以后，女方便给男方留下详细地址，在约定的时间内，小伙子便上姑娘家做客。当夜幕降临，姑娘摇动着带小耳的纺车，声音特别响亮。小伙子便在门外唱山歌。经过反复试探以后，姑娘就开门让他进屋。接着又是一阵礼节性的对歌。之后开始进入倾诉钟情的对歌和交谈。在此期间，姑娘用打油茶招待客人。一边喝打油茶，一边交谈。如果姑娘不先提出休息，小伙子便不能走，否则就是扫了姑娘的面子。直到女方多次提出休息以后再走，才是表示尊敬和真诚。当地人谓之"坐夜"。往往要坐到天明时客人才走。若感情融洽，双方同意结婚，还需要通过明媒正娶才行。

（16）侗族闹油茶。广西三江平岩一带侗族青年，在新娘回门之头天晚上要举行"闹油茶"。当夜幕降临，山寨里一些调皮的小伙子结伴来到新郎家里，新娘立即躲到洞房里不出来。小伙子们不见新娘就故意把木楼踩得咚咚响，又动手到炉子里烧起大火，将空铁锅烧得通红，还丢进一些鞭炮，炸得满屋烟雾弥漫。新娘怕弄坏锅头，只得装出又生气又无可奈何的样子出来打油茶。小伙子们马上在房中的凳子上规规矩矩坐着等喝油茶。新娘将早已准备好的花生仁、芝麻、茶叶的油茶佐料倒入擂钵中擂打，不一会儿，就将油茶打好了。按规矩，每人得喝上三碗，当喝上最后一碗时，小伙子们都要掏出一元钱左右的人民币，作为"针线钱"放在碗中，双手送给新娘。

（17）瑶族煎油茶。广西榴江（今柳州东北的鹿寨）的瑶族也盛行煎油茶待客，来客必双手高举过头捧上油茶，表示极为尊敬。清代徐启明曾为此撰写一首《瑶民竹枝词》[6]："逢人欢喜唤同年，待客油茶次第煎。一盏擎来双手捧，此中风俗礼为先。"（民国《榴江县志》卷九《文艺·诗》）

（18）盘古瑶族新婚敬茶。广西盘古瑶族姑娘出嫁，都要由陪娘给撑伞来代替花轿。新娘来到新郎的寨子前，男方迎亲的队伍夹道欢迎，寨子里的男女老少也来助兴，在村边的桐果树下或八角树边，接亲娘接过陪娘的花伞后，新婚仪式便开始了。首先由男方家的专人向新娘和送亲的人们一一敬茶。一人一盏，并用山歌互答，表示酬谢。继而由吹鼓手绕着送亲的队伍吹奏，连绕三圈。然后，又把送亲队伍分成四队走八阵图，至少三遍，这就是所谓的"串亲家"。随后，又来到新郎新娘的房前一一敬茶和对歌。这时，双方竞相燃放鞭炮，持续一两小时，新郎新娘不用拜堂便可进入洞房。

（19）台湾相亲、定亲茶。台湾青年经人介绍对象，要先"相亲"。男方约定好时间，由父母亲友至少六人前往女方家里做客，一般要在中午十二点钟以前完成，不能留在女方家里吃饭。男方宾客到达时，女方的小姐则端出甜茶奉献给客人。当女方小姐来收茶杯时，喝过茶的客人要给"压茶钱"。在奉茶、收杯的过程中，男女双方互相观察对方。数日后，通过介绍人传递消息，决定亲事是否能成。若双方有意，即择定时间举行订婚礼，届时男方所送的礼物中也要有茶叶在内。结婚时，女方的礼物中也要包括茶叶在内。无论是闽南籍还是客家籍的台胞，在婚礼中都要用茶叶作为礼物。

（20）番社教茶。台湾的一些少数民族，开始并不习惯饮茶。清吴廷华在《社寮杂诗》中写道："独惜未经娴茗战，春风辜负采茶歌。"注曰："产茶，性极寒，番不敢饮。"（同治《淡水厅志》卷十五）但在汉人饮茶习俗风行的影响下，少数民族也逐渐饮茶，并受汉人影响，茶叶在婚俗中也发挥重要作用。清刘家谋《台海竹枝词》中写道："侬似紫姑长送嫁，教茶时节看人忙。"注曰："紫姑，送嫁妇也。"结婚当日，要教授新娘学会有关礼节："是日教以跪拜进退献于舅姑尊长之礼，谓之教茶。"[6]

（21）台湾新娘茶。台湾地区举行婚礼的当天晚上，新人回到新房后，也有闹洞房的习俗。新郎新娘要准备好甜茶招待宾客，由新娘端着茶盘依照长幼次序奉茶。新娘走到客人面前时，客人要先说几句诙谐的好话来祝福新人（最好是四句组成的押韵诗句），再接受奉茶。新人来收茶杯时，客人要在调侃新人之后将红包放在茶盘上，再用茶杯压住，称为"压钱"。一场吃新娘茶活动往往要闹到午夜才尽欢而散。

（22）为神明点茶。台湾各地庙宇很多，有许多中老年人一大早就提着一壶茶到庙里为神明点茶。在神明的神龛上往往摆着三个杯子，大清早将茶杯注满新茶叫"点茶"。在各地的土地公和妈祖庙最容易看到这种情形。

（23）乡间奉茶。台湾乡间，人们经常在路边的树下或亭中放置一个茶桶，桶上用红纸写着"奉茶"两字，供来往行人饮用。其原因是有人因个人或家人疾病、灾难而祈求神明保佑，许愿若痊愈即做奉茶供路人饮用，也有的是民众为了消灾避难做功德而主动设奉茶。至今在偏僻乡间尚可见到这种习俗。

（24）台湾擂茶。台湾擂茶是由客家人带去的。台湾大约有400万客家人，主要是广东惠州、嘉应和福建西部一带迁移而来的。台湾的客家擂茶是将茶叶、芝麻、大米、生姜、胡椒、食盐等原料放在特制的擂钵内，以硬木擂棍在钵里旋转擂烂成细粉，然后用开水冲泡而成。一般的汤色为黄白或象牙色，新鲜绿茶或包种茶占的比例较多时，则呈绿黄色，有点果实香，滋味适口，风味特别。在花莲县、新竹县、桃源县、苗栗县的一些地方都还保留着喝擂茶的习惯，只是所配的原料略有不同而已，如有的要加绿豆，有的要加紫苏，有的要加甘草或香菜等[7]。

与长江下游相比，闽台两广地区自古交通较为不便，与外界的交流较少，又居住着一些少数民族和客家人，因而这一地区的茶俗具有较浓厚的民族色彩和鲜明的地方风格，具有相当的研究价值。至于台湾地区的茶俗，很明显地可以看出大多与闽广地区相类似，如为神明点茶，至今闽南地区的农村，每逢农历初一、十五，都有向佛祖、观音菩萨、地方神灵敬奉清茶的习俗。农民群众在当日清早要泡上三杯铁观音茶水放在菩萨座前，祈求菩萨保佑全家平安。以茶相亲、以茶定亲和新娘敬茶、客人压红包等，在闽南各地都很普遍。至于擂茶更不必说，自然是客家人当年渡海带过去的。因此，闽台的茶俗同属一个类型，没有本质上的区别[8-12]。

参考文献

[1] 毛瑞林.茶音袅袅[J].农业考古, 2001(4): 80.

[2] 丁格非.修水茶俗[J].农业考古, 2000(4): 101-102.

[3] 赵从春.赣西山区春茶会[J].农业考古, 2001(2): 141-142.

[4] 余炳贤.别具风情的嫁娶茶筵[J].农业考古, 2000(4): 99-100.

[5] 曹子丹.湖南洞庭湖区的茶俗[J].农业考古, 2000(4): 104-105.

[6] 方健.竹枝词中的茶文化(续)[J].农业考古, 2002(2): 216-221.

[7] 范增平.中华茶艺学[M].北京: 台海出版社, 2000: 94 - 99.

[8] 吴尚平, 龚青山.世界茶俗大观[M].济南: 山东大学出版社, 1992.

[9] 余悦.问俗[M].杭州: 浙江摄影出版社, 1996.

[10] 王玲.中华茶文化[M].北京: 中国书店, 1992.

[11] 唐祈, 彭维金.中华民族风俗辞典[M].南昌: 江西教育出版社, 1988.

[12]《思想战线》编辑部.西南少数民族风俗志[M].北京: 中国民间文艺出版社, 1981.

（文章原载《农业考古》2003年第4期）

韩国茶文化简史

中国茶文化何时传入朝鲜半岛，学术界历来有不同看法，如有的人主张早在西汉时期中国茶文化就已经传入日本，之后传入朝鲜半岛；有的则认为是在公元4世纪末5世纪初因佛教从中国传入朝鲜半岛而将饮茶之风传入朝鲜半岛等。但是终因缺乏明确的文献记载而难以定论。

朝鲜半岛北端与中国辽宁、吉林两省接壤，因此彼此来往较为方便，文化交流也较频繁。如早在三四千年以前，中国的稻作文化就传入朝鲜半岛。西汉时期甚至将之划入版图，设立了乐浪等郡。因此说中华文化早在西汉时期就传入朝鲜是不错的，但是当时是否就将茶叶传播过去，还值得研究。因为西汉时期，饮茶还只是在巴蜀地区流行，尚未传播到长江中下游，也未在都城长安一带流行，更不要说东北地区的辽宁、吉林一带，因此当时就将饮茶习俗传播到朝鲜的可能性是不大的，至少是没有明确的文献记载，只能是一种推论而已。

至于有人说"公元4世纪末至5世纪初，佛教由我国传入高丽，随着天台宗、华严宗的往来，饮茶之风亦进入朝鲜半岛。"云云，也有待确切史料来证实。因为至今尚没有文献记载说明早在4世纪末至5世纪初之际，茶事已在中国的佛门盛行，也未听说过早期的天台宗、华严宗与饮茶有什么密切关系。佛门与茶结下不解之缘的是中国的禅宗。禅宗的始祖菩提达摩是中国佛教禅宗的创始者。传说他在河南嵩山少林寺坐禅时有一次打瞌睡，醒来后非常懊悔，就将眼皮撕下丢在地上，结果长成了茶树。这当然荒诞不稽，但也反映了禅宗与茶叶很早就产生了关系，也许达摩当时就已经饮茶提神。然而，达摩来中国是6世纪初（南朝梁武帝时期）的事情。禅宗的成熟则是在7世纪以后的唐代，而茶事的兴盛更是在8世纪中唐时期。因此，文献上有明确记载的也是中唐时期。

据朝鲜半岛高丽时代金富轼的《三国史记·新罗本纪》（第十）兴德王三年（828）十二月条记载："冬十二日月，遣使入唐朝贡，文宗召对于麟德殿，宴赐有差。入唐廻使大廉廻持茶种子来，王使植地理（亦称智异）山。茶自善德王有之，至于此盛焉。"而史书《东国通鉴》也记载："新罗兴德王之时，遣唐大使金氏，蒙唐文宗赐予茶籽，始种于金罗道之智异山。"善德王在位时间为632—647年（相当于中国唐太宗贞观六年至二十一年），也就是说，在唐代初期或者在此之前，茶叶已传入朝鲜。显然，从善德王至兴德王将近两个世纪之间，肯定还会有人从中国将茶树引入朝鲜的，只是没有文字记载罢了。兴德王三年这一次因为是唐代皇帝亲自赐予的茶树种子，由遣唐大使带回来，是个重要的事件，必然要在史书上记载。

又据高丽时代普觉国师一然撰写的《三国遗事》中收录的金良鉴所写的《驾洛国记》记载："每岁时酿醪醴，设以饼、饭、茶、果、庶馐等奠，年年不坠，其祭日不失居登王之所定年内五日也。"这是驾洛国金首露王的第十五代后裔新罗第三十代文武王即位那年（即661年，唐高宗龙朔元年），金首露王庙合祀于新罗宗庙，祭祖时所遵行的礼仪，其中的祭品就有茶，这很可能是受中国南朝齐武帝"以茶为祭"的影响。这说明，在公元7世纪，相当于中国唐代前期的时候，朝鲜的一些地方已有饮茶习俗，因而才有以茶祭祀的现象。但是只有到了相当唐代后期（9世纪）的兴德王时期茶事活动才兴盛起来，这也与中国在唐代中期以后饮茶之风才大为兴盛的现象相吻合。

公元868年，年仅12岁的新罗国少年崔致远秉承父命到大唐求学，18岁中进士，一直在中国为官。有一次得到上级赐给他的新茶，专门写了一篇《谢新茶状》，其中有段写道："始只采撷之功，方就精华之味；所宜烹绿乳于金鼎，泛香膏于玉瓯。若非精辑禅翁，即是闲邀羽客，岂其仙觋，猥及凡儒，不假梅林，自能愈渴，免求仙草，始得忘忧。"[1] 看得出，他对唐代烹茶技艺是相当熟悉的，也是很有感情的。因此，当他于唐僖宗中和四年（884）回国时，就带了许多茶叶上船。显然，回国之后，崔致远必然是一位热衷推广饮茶活动的人士。据说他还写了《茶谱》一书，可惜失传。总之，朝鲜半岛茶事兴盛于9世纪不是偶然的。

因此在新罗时代（668—892，唐高宗总章元年至唐昭宗景福元年）是茶叶从中国传入朝鲜并开始流行于僧侣、贵族之间的时期，也是茶道思想开始酝酿的时期。它为后来的高丽时代（936—1392，后晋高祖天福元年至明太祖洪武二十五年）茶风鼎盛打下了基础。

虽然朝鲜半岛自善德王时期起就种植茶叶，但因自然条件局限或是技术水平不高，所生产的茶叶一直品质不好，味道苦涩。因此直到北宋末年，社会上都喜欢饮用来自中国的茶叶。

北宋徽宗宣和六年（1124），徐兢奉命出使高丽，回国后撰写《宣和奉使高丽图经》一书，其三十二卷《器皿》"茶俎"中记载了当时宋代的茶事情况：

> 土产茶，味苦涩不可入口，惟贵中国腊茶并龙凤赐团。自锡赉之外，商贾亦通贩。故迩来颇喜饮茶。益治茶具，金花乌盏、翡色小瓯、银炉汤鼎，皆窃效中国制度。凡宴则烹于廷中。覆以银荷，徐步而进。候赞者云：茶遍！乃得饮。未尝不饮冷茶矣。馆中以红俎布，列茶具于其中，而以红纱巾幂之。日尝三供茶，而继之以汤。高丽人谓汤为药。每见使人饮尽，必喜，或不能尽，以为慢己，必怏怏而去，故常勉强为之啜也。

这段记载使我们得以了解高丽时代宫廷茶事的具体情况。首先是当地虽产茶，但苦涩难以入口，故贵族们是不喝的。他们喝的都是来自中国的腊面茶和龙凤团茶，这种珍贵的茶除了皇宫赏赐之外，市面上亦有商贩出售，可以得到，因此大家都喜欢饮茶。其次是讲究茶具，描有金花的黑釉茶盏，色如翡翠的青瓷茶瓯，银制的火炉和茶鼎，形制完备，都是仿效中国的制度。再次是举行茶宴时，要在庭院中进行烹煮。茶煮好后装入茶碗，上面要用银制荷叶形盖子覆盖，然后端上茶徐徐而进，奉给各位贵宾。饮茶之人，要等到每人都接到茶后才能开始饮之，因此经常是茶汤已经冷了。最后是将用完的茶具洗涤干净，放在红桌布上，再用红纱巾覆盖。每天要供三次茶，喝完再加水。高丽人认为茶汤即如药汤一样可以防病治病。如果客人不喝完，就认为是怠慢主人，会使主人很不满。由此可见当时朝鲜的饮茶水平是相当高的，其形式也是相当完备的，和中国宋代的点茶是相似的，可以看出是受到宋代饮茶文化的强烈影响。

关于以茶为药的问题，日本的熊仓功夫教授曾经指出："阅读这些宋朝的茶书会感到，不论在哪里，视茶为药的观念都是淡薄的。在中国，自古以来不论何处提到茶都是嗜好品而不是药物。然而，在中国的影响下接受了茶的朝鲜半岛，认为茶是药，并且在日本，茶也是养生之仙药。"[2] 其中缘由熊仓功夫教授没有展开论述。其实，中国古代也是谈论茶叶药效的，在陆羽《茶经》出现以前的古籍，凡提到茶者多数都强调茶的药效，在《茶经》之后，中国的茶书确实不再强调之药效的问题了，但在各种医书中还是继续将茶当作一种可以防病治病的良药来记述。而唐宋以后中国的饮茶已经发展为品饮艺术，强调的是如何泡出一杯色、香、味俱佳的茶汤，如何欣赏其美妙的滋味，追求诗化的意境，力求得到一种审美情趣上的满足，茶之疗效问题已经不是茶人追求的重点。所以中国古代的茶书很少花费笔墨来谈论这个属于医学上的问题。但是，当茶传入陌生的国度和地区，文化背景完全不同，人们对茶为何物一无所知。为了吸引更多的人来饮茶，必须首先强调其药效作用，然后才能慢慢引导到文化上的享受。这一点朝鲜和日本都一样，是不足为奇的。正因如此，当年荣西和尚从中国带上茶叶、茶籽回国时，尽管日本早在中国唐代时期就已经饮茶，但他还是写了一本茶书叫作《吃茶养生记》，顾名思义，他要让更多人知道饮茶对身体健康的好处，尽管他本人对饮茶的了解早已不在这个层次上。凡是茶文化活动开展较晚地区，一开始都是先宣传饮茶对健康的好处，而开展较早的地区，则是多强调茶叶的品饮艺术，具有更高层次的追求。

从上述徐兢的记述中，可以看出宋代的点茶方式已经传播到朝鲜。因为书中提到的黑釉茶盏（金花乌盏）和青瓷茶杯（翡色小瓯）等都是宋代点茶的典型器具。所用蜡面茶和龙凤团茶都是属于末茶一类，即要碾磨成粉末才能烹点的。高丽时代的李奎报（1168—1241）《东国李相国集》卷十四有一首《谢人赠茶磨》：

> 琢石作弧轮，回旋烦一臂。
> 子岂不茗饮，投向草堂里。
> 知我偏嗜眠，所以见寄耳。
> 研出绿香尘，益感吾子意。

从石制的茶磨中研磨出芳香的绿色茶粉，有如范仲淹《和章岷从事斗茶歌》中的"黄金碾畔绿尘飞"诗句，可知是在描写点茶时所需的碾茶情形。

李奎报还有一首《访严师》诗，其中写道：

> 僧格所自高，唯是茗饮耳。
> 好将蒙顶芽，煎却惠山水。
> 一瓯辄一话，渐入玄玄旨。
> 此乐信清谈，何必昏昏醉。

诗中提到茗饮，却用的是中国的典故，希望能喝到用无锡的惠山泉煎煮的四川蒙顶茶。可见李奎报对中国的饮茶情况如数家珍，是何等熟悉。李奎报身为宰相，其生活年代相当于中国南宋中后期，可见宋代的点茶技艺已为当时的朝鲜半岛所完全接受。

元末明初，中国盛行叶茶冲泡法，也很快就传入了朝鲜半岛。高丽末期李穑的诗集《牧隐集》中有《煎茶即事》及《茶后小咏》等诗，后者有"小瓶汲泉破铛烹，露芽耳根顿清静"诗句，应该是将茶叶放到锅里煎煮之意。稍晚于李稿的郑梦周的《圃隐集》中也有题目为《石鼎煎茶》的一首诗，写的也是煎煮茶叶的情形："报国无效老书生，吃茶成癖无世情。幽斋独卧风雪夜，爱听石鼎松风声。"

朝鲜的《李朝实录》太宗二年五月壬寅条下记载赠茶给明朝使臣，所赠之茶为"雀舌茶"，雀舌历来是一芽二叶之芽茶的称谓，可见叶茶已在当时占据主流。熊仓功夫教授指出："从抹茶到煎茶这一倾向，当然可以说是中国从宋代到明代饮茶之风变化的反映。"[2]

也是在这一时期，朝鲜半岛开始形成了具有一定规范形式的茶会制度，称之为茶礼。《李朝实录》中有许多关于茶礼的记载，贯穿整个李朝，其中以15、16世纪为多。凡是明朝使者来时一般都要举行茶礼，其中从持瓶、泡茶、敬茶、接茶、饮茶等都有规定的程序，最后以茶叶为礼互相赠送而结束。随着茶礼器具的完备及泡茶技艺化的发展，形成固定的程序，成为传统并被保持到后代，如在肃宗七年就专门为来访的清朝使者设茶宴，成为朝鲜宫廷活动中的重要礼仪。除了世俗茶礼之外，还有宗教茶礼。世俗茶礼是以儒家思想为指导，特别是南宋儒学大师朱熹的学说传播到朝鲜之后，就以朱子（朱熹）的"家礼"为依据，主要是在成年（冠礼）、成亲（婚礼）、丧事（丧礼）、祭祀（祭礼）这人生四大礼仪中使用。佛教的茶礼主要是依照"百丈清规"和"禅苑清规"等来实行，分为大礼、小礼、灵山作法三种仪式。还有道教茶礼是以白瓷的茶盅（茶碗，上有绿色的"茶"字）为主要道具，用饼、茶汤、酒作为祭品来祭祀诸路神仙，还要以冠笏礼服行祭，并须焚香百拜。[3-5]

进入朝鲜时代，因崇儒抑佛殃及茶叶，茶事一度衰落。连原来种植的茶树也任其自生自灭，以至枯死。至朝鲜末期，经过重农学派的著名学者丁若镛及其弟子草衣禅师，还有与草衣禅师同年的金石学家金正喜等人大力提倡，聚徒授课，种茶、著书，广为宣传，使得濒临废绝的茶道再度兴盛起来，其中又以草衣禅师的贡献最为突出。

草衣禅师张意恂（1786—1866）是朝鲜王朝后期的高僧，也是一位大学者，他生活的时代相当于中国的清朝中后期。他对中国的文化非常熟悉，对中国的茶书也很有研究，他曾经摘抄明朝张源《茶录》中的采茶、造茶、辨茶、藏茶、火候、汤辨、汤用老嫩、泡法、投茶、饮茶、香、色、味、点染失真、茶变不可用、品泉、井水不宜茶、贮水、茶具、茶盏、拭盏布、茶道共22篇编成《茶神传》一书，在韩国广为流传，对韩国饮茶风气的振兴作出重要贡献，受到韩国茶道界的敬仰。

草衣禅师曾写过一首茶诗《石泉煎茶》：

> 天光如水水如烟，此地来游已半年。
> 良夜几同明月卧，清江今对白鸥眠。
> 嫌猜元不留心内，毁誉何曾到耳边。
> 袖里尚馀惊雷荚，倚云更试杜陵泉。

从诗中我们可以看到，他对品茶艺术的实质是有相当深刻的领会和把握的，他的这首诗与中国明清时期的文人茶诗相比较，也是毫不逊色的。因此，他在韩国所推广的品茶艺术更多地带有文人色彩，是属于文人茶文化范畴，这与同时期日本的茶道大师们所推广的日本茶道带有浓厚的佛教色彩，是有着很明显的差别的。因此，草衣禅师的茶法一直受到重视，对后代亦产生了深远的影响。

不过，草衣禅师对韩国茶文化更大的贡献是在他52岁时候（1837），他以诗歌体裁作颂写了《东茶颂》一书。全书共31篇，赞美韩国的土产茶，并加注及引申意义，涉及茶的原产地及茶树生态、古代饮茶人物、历史名茶和典故、韩国本土茶和泉水的优越、学习茶道的要点、在智异山种植茶树的情形、制茶的窍门、泡茶要领以及饮茶的境界、品茗的环境、茶人等，曾被韩国茶人誉为"韩国的《茶经》"。草衣禅师在《东茶颂》中也揭示了韩国的茶道精神。他在书中指出："体神虽全犹恐过中正，中正不过健灵并。"意思是：茶的基础是水（体）和茶气（神）。虽然两者俱全，若失去"中正"还是不好喝。"中正"是指不仅茶的汤色要好，茶的味道也要适宜。他又说："体与神气相和，健与灵相并，至此茶道尽矣。"他在注释中引用陆羽《茶经》中的煮茶法指出：茶壶里应放进适量的茶叶，使之不失"中正"。若茶叶量过多则味苦，且品不出茶香；若水量过多则味道过淡，色泽过浅也品不出茶香；若泡茶时间过短则泡不出茶气；若不及时喝茶则香气殆尽。不可用老水，要保持"中正"。换句话说，"茶健"与"水灵"要彼此和谐。只有两者达到非常和谐的境界才是完美的茶道。韩国延世大学尹炳相教授就此阐述："草衣禅师教导我们的茶道精神中的"中正"指的是茶人在凡事上不可过度也不可不及的意思，也就是劝人要有自知之明，不可过度虚荣，知识浅薄却到处炫耀自己，什么也没有却假装拥有很多。人的性情暴躁或偏激也不合中正精神。所以中正精神应在每一个人的人格形成中成为最重要的因素，从而使消极的生活方式变成积极的生活方式，使悲观的生活态度变成乐观的生活态度，这种人才能称得上是茶人，"中正"精神也应成为人与人交往中的生活准则。"[6] 实际上，草衣禅师的"中正"也就是中国儒家所提倡的"中和"思想，很显然，韩国茶道精神的形成与中国传统文化的关系也是非常密切的。韩国的茶文化发展至此也进入了成熟时期。

日俄战争之后，朝鲜半岛沦为日本的殖民地（1910—1945），日本统治者在朝鲜半岛推行日式的茶道教育，朝鲜半岛的茶文化再次受到挫折。1945年日本战败投降之后，不久又发生了朝鲜战争（1950—1953）。动荡不安的战争年代，自然会给茶文化造成严重的不利影响。战后，韩国才开始流行喝红茶，政府也开始奖励茶叶种植和加工，到了1960年，红茶已能自给自足。1970年以后，喝绿茶的人开始增加，目前韩国以生产绿茶为主，红茶产业已经没落了。

20世纪80年代以来，韩国的茶文化日趋活跃，活动频繁，并积极开展国际性茶文化活动，与中国、日本及东南亚各国的茶文化界都建立日益密切的联系。目前，在韩国有许多茶文化组织，其中影响最大的是总部设在汉城的"韩国茶人联合会"（其前身是成立于1979年的"韩国茶人会"）和总部设在釜山的"韩国茶道协会"。前者曾在1996年5月25—28日举办了"第四届国际茶文化研讨会"，来自中国、日本、韩国、美国、马来西亚的600余人参加了这次盛会。后者也在1993年和1999年分别举办第三届和第六届"韩中日国际茶道联合大会"，每次都有四五百人参加。更为难得的是，上述两个茶文化组织，在全国各地都有基层组织，经常开展活动，因而具有相当广泛的群众基础。比如，2002年5月25日世界杯足球赛在济州岛举行的时候，韩国茶道协会在济州岛的西归浦支部举办了"世界杯足球赛国际茶文化交流大会"，应邀参加的有中国江西南昌女子职业学校茶艺队、台湾天仁茶艺文化基金会及日本茶道团体等。

其实韩国现代茶文化活动还可追溯到1976年，当时由金美熙女士在牛耳洞设立韩国最早的现代茶室"绿茗斋"，1979年创设"韩国茶人会"，后来由其女儿金宜正女士继承母亲遗业成立了"茗园文化财团"，以发展韩国传统茶文化为宗旨，经常为全国妇女和青少年举办传统茶文化、家庭礼节特别讲座，每年有"茗园茶文化赏"的颁赠以奖励后进，还附设有"茗园茶礼传授馆""三清阁传统文化教室"等机构，进行韩国传统茶文化及国乐、工艺等教学；也曾多次举办中韩茶文化交流活动和组团来中国参加茶会活动。此外，韩国的佛教界人士也积极参与茶文化活动，经常来中国进行茶文化交流。如龙云法师自1990年起就多次带领茶友来中国浙江、湖南、云南、陕西等地参加国际茶会，并将台湾地区的"无我茶会"形式引入韩国，曾在韩国举办了"第四届国际无我茶会"。韩国的"佛教春秋社"等组织也多次来我国参与"禅茶一味研讨会""中韩茶文化交流会"等活动，都与中国茶文化界结下了深厚的友谊。

总之，韩国的茶文化已经进入一个新时代，相信在新世纪必将取得更为出色的成就。

参考文献

[1] 李嘉球.读崔致远《谢新茶状》[J].农业考古，1992(4): 263.

[2] 熊仓功夫，玉美，云翔.略论朝鲜的茶[J].农业考古，1992(2): 251-253.

[3] 金明培.韩国的茶与文化[J].农业考古，1999(2): 280-281.

[4] 孙旻伶.韩国茶礼史的考察——第二步朝鲜时代[M].台北：碧山岩出版社，1992.

[5] 王家杨.茶文化的传播及其社会影响——第二届国际茶文化研讨会论文选集[M].台北：碧山岩出版社，1992.

[6] 尹炳相.韩国的茶文化与新价值观的创造[J].农业考古，1997(2): 273-275.

（文章原载《农业考古》2005年第2期）

我国饮茶方法的演变

有关我国古代饮茶方式的记载，最早见于西汉，从王褒《僮约》"烹茶尽具"之句可知，当时饮用茶叶是采用烹煮方法，但到底是如何烹煮不得而知，有可能是和原始煮茶法一样，将摘下的新鲜野茶树叶直接放到锅里去煮。如唐代杨晔《膳夫经手录》记载："茶，古不闻食之，近晋宋以降，吴人采其叶煮。"直到唐代的江南还有人采叶煮茶，汉代当亦如此。当然也有可能是采用原始"烧茶"法，即像云南傣族、佤族那样，将鲜茶叶放在火上烧烤至叶色焦黄再投入壶中煎饮。烧茶的优点是可降低新鲜野生茶叶的苦涩和草青味，使其芬芳。还有一种可能是将茶叶在太阳光下晒干，再用干茶来煮饮。不过它还是会有苦涩和草青味，并不可口，因此，需要加进一些佐料（如花椒、生姜、桂皮之类）才好喝。唐代樊绰《蛮书·云南管内物产第七》记载："茶出银生城界诸山，散收无采造法。蒙舍蛮以姜、椒、桂和烹而饮之。"推测汉代时期也是如此饮法。

大约在汉代时期可能出现饼茶，因为三国时的《广雅》已记载："荆巴间采茶作饼，成以米膏出之。若饮，先炙令色赤，捣末置瓷器中，以汤浇覆之，用葱姜芼（掺和之意）之。其饮醒酒，令人不眠。"朱自振先生认为："饼茶大致是秦汉以前在原始散茶的工艺基础上，仿效饼食制作的某些方法发展起来的一种新的茶类。"[1] 其饮用方法是将茶饼放在火上烘烤到呈赤红色，将它捣碎成粉末状，放到瓷壶或瓷罐中，再冲上开水，还要加入生葱和生姜。《三国志·吴书·韦曜传》："（孙）皓每飨宴……坐席无能否率以七升为限，虽不悉入口，皆浇灌取尽。韦曜素饮酒不过二升，初见礼异时，常为裁减，或密赐茶以当酒。"既然以茶代酒，可见其饮用方式与饮酒无甚差别，其煮茶的方法可能和上述《广雅》一样也是捣末置瓷器中冲泡，并加入葱姜桂皮之类的佐料。这种方法与唐代的"茶"法基本相同。陆羽《茶经·六之饮》："乃斫、乃熬、乃炀、乃舂，贮于瓶缶之中，以汤沃焉，谓之痷茶。"这里的"瓶缶"自然也是瓷器烧成的。

根据关剑平先生研究，在南北朝时期后魏贾思勰《齐民要术》卷七《白醪曲第六十五》记载："取鱼眼汤沃浸米泔二斗，煎取六升，著瓮中，以竹扫冲之，如茗渤。"意思是在加工白醪时，有一道工序是把用鱼眼汤浸泡的米泔水煎煮浓缩后，放在陶瓷盆罐里，用竹帚击打搅拌出像茶那样的泡沫，可见当时人们对于使用竹帚搅拌茶汤可以有效地搅拌出泡沫已经有了明确的认识。因此，可以推论至少在南北朝时期人们饮茶时已经使用竹帚搅拌茶汤，使之产生泡沫。[2] 如是，则宋代的点茶法可以远溯至南北朝时期。也许，《广雅》记载三国时荆巴间饮茶"捣末置瓷器中，以汤浇覆之"以后，还要用竹帚击打搅拌使之产生泡沫后才饮用，只是没有明白记载而已。因为杜育《荈赋》中有"惟兹初成，沫沈华浮。焕如积雪，晔如春敷。"等句，描写的也是茶汤泡沫的状况。所以我们的推测并非毫无道理。

唐代茶叶的种类较多，《茶经·六之饮》就说："饮有粗茶、散茶、末茶、饼茶者。"茶类不同，其饮用的方法自然也不同。不过唐代最盛行的还是饼茶，其饮用方法是煮茶法。煮茶即烹茶，也称煎茶。唐代的饼茶制法，据《茶经·三之造》记载："晴，采之、蒸之、捣之、拍之、焙之、穿之、封之，茶之干矣。"即在晴天将茶叶采下，先放在甑釜中蒸一下，然后将蒸软的茶叶用杵臼捣成茶末，放在铁制的模中拍压成团饼，将茶饼串起来，将它烘干，最后封存。饮用时，据《茶经·五之煮》记载，先要将饼茶放在火上烤炙，去掉水分，然后用茶碾将茶饼碾成粉末状，再用筛子筛成细末，放到锅里去煮。煮茶的水最好用泉水，其次用江水，再次用井水。煮时，水刚开，水面出现细小的水珠像鱼眼一样，并"微有声"，称为一沸。此时加入一些盐到水中调味。当锅边水泡如涌泉连珠时，为二沸，此时要用瓢舀出一瓢开水备用，再用竹夹在锅中心搅打使开水成旋涡状，然后将茶末从旋涡中心倒进去。稍后，锅中的茶水"腾波鼓浪""势若奔涛溅沫"，称为三沸。此时要将刚才舀出来的那瓢水再倒进锅里，一锅茶汤就算煮好了。如果再继续烹煮，陆羽认为"水老不可食也。"最后，将煮好的茶汤舀进茶碗里饮用。"凡煮水一升，用（茶）末寸匕。若好薄者减，嗜浓者增。""凡煮水一升，酌分五碗，乘热连饮之。"前三碗味道较好，后两碗较差。五碗之外，"非渴其莫之饮。"

陆羽《茶经》中只说煮茶要放盐，反对掺和其他佐料。但是民间还是按老习惯，"或用葱、姜、枣、橘皮、茱萸、薄荷之等，煮之百沸，或扬令滑，或煮去沫，斯沟渠间弃水耳，而习俗不已。"被陆羽视为沟渠弃水的这种饮茶法，就是《广雅》所记述的荆巴地区的煮茗方法，从汉至唐数百年间一直在民间流传着。这是古代以茶作为菜羹到以茶作为单纯饮料之间的过渡形态，即古代以茶为菜羹时，可能也是和一些佐料放在一起煮，而且既然作为菜食，一定也会加盐才好下饭。后来不再做菜食，而是煮成茶汤作为饮料，但还是和一些佐料一块熬煮，以减轻茶叶的苦涩和草青气，保持原有的风味。也许正是这个原因，尽管陆羽反对用葱姜橘皮等来煮茶，却保留加盐的做法，因为自古以来茶汤的味道就是带有咸味的。由于到了唐代，茶树栽培技术已相当成熟，茶树品种得到很大改良，茶叶的苦涩程度和草青气味都大为降低，不加其他佐料，茶的真味容易显现，日益为饮茶者所追求。到了宋代以后，就连盐也不加了。

煮茶法到了宋代已不流行，唐代的“痷茶法”却得到发展、完善，进而演变成“点茶法”。据蔡襄《茶录·论茶》记载，点茶法主要有如下特点：

先将饼茶烤炙（“茶或经年，则香色味皆陈。于净器中以沸汤渍之，刮去膏油一两重乃止。以钤箝之，微火炙干。然后碾碎。若当年新茶，则不用此说。”），再敲碎碾成细末，用茶罗将茶末筛细（“碾茶先以净纸密裹捶碎，然后熟碾。其大要旋碾则色白，或经宿则色已昏矣。”“罗细则茶浮，粗则水浮。”）。点茶以前还要先将茶盏在火上烘烤一下，称为“熁盏”（“凡欲点茶，先须熁盏令热。冷则茶不浮。”）。正式点茶时，要掌握好投茶量，过多过少均不宜（“茶少汤多，则云脚散。汤少茶多，则粥面聚。”）。先舀一钱七分茶末放入茶盏中（约占茶盏容量十分之一），注入少量开水，搅拌均匀（“钞茶一钱七，先注汤调令极匀。”）。再注入开水，用一种竹制的类似小竹刷子的“茶筅”反复击打，使之产生白色泡沫，再注入四成开水后就可饮用。如果饮茶之后茶盏边壁不留水痕者为最佳状态（“又添注入环回击拂。汤上盏可四分则止，视其面色鲜白，著盏无水痕为绝佳。”）。

点茶法和唐代的煮茶法最大不同之处就是不再将茶末放到锅里去煮，而是放在茶盏里，用瓷瓶烧开水注入，再加以击拂，产生泡沫后再饮用，也不加食盐，保持茶叶的真味。点茶法在宋代就已经传入日本，流传至今。现在日本茶道中的抹茶道采用的就是点茶法。

点茶法也是宋代斗茶时所使用的方法。斗茶在唐代称为“茗战”，唐冯贽《记事珠》：“斗茶，建人谓斗茶为茗战。”或称为“斗新”，如白居易《夜闻贾常州崔湖州茶山境会亭欢宴》诗中就有“青娥递舞应争妙，紫笋齐尝各斗新。”“斗新”，顾名思义就是斗试新茶。宋代亦有称之为“斗试”，如蔡襄《茶录》：“其清白者，斗试家自不用。”实际上“斗茶”就是茶艺比赛，通常是二三人或三五知己聚在一起，煎水点茶，互相评审，看谁的点茶技艺更高超，点出的茶色、香、味都比别人更佳。斗茶有两条具体标准：一是斗色，看茶汤表面的色泽和均匀程度，鲜白者为胜；二是斗水痕，看茶盏内的汤花与盏内壁相接处有无水痕，水痕少者为胜。即如蔡襄《茶录》所说：“视其面色鲜白，著盏无水痕者为绝佳。”但是蔡襄又说：“建安斗试，以水痕先者为负，耐久者为胜，故较胜负之说，曰相去一水两水。”看来，闽北茶区的斗茶标准与蔡襄的要求有所不同。

对宋代斗茶进行生动描写的是宋代诗人范仲淹的《和章岷从事斗茶歌》：

年年春自东南来，建溪先暖水微开。
溪边奇茗冠天下，武夷仙人从古栽。
新雷昨夜发何处，家家嘻笑穿云去。
露芽错落一番荣，缀玉含珠散嘉树。
终朝采掇未盈襜，唯求精粹不敢贪。
研膏焙乳有雅制，方中圭兮圆中蟾。
北苑将期献天子，林下雄豪先斗美。
鼎磨云外首山铜，瓶携江上中泠水。

黄金碾畔绿尘飞，碧玉瓯中翠涛起。

斗茶味兮轻醍醐，斗茶香兮薄兰芷。

其间品第胡能欺，十目视而十手指。

胜若登仙不可攀，输同降将无穷耻。

吁嗟天产石上英，论功不愧阶前蓂。

众人之浊我可清，千日之醉我可醒。

屈原试与招魂魄，刘伶却得闻雷霆。

卢仝敢不歌，陆羽须作经。

森然万象中，焉知无茶星。

商山丈人休茹芝，首阳先生休采薇。

长安酒价减百万，成都药市无光辉。

不如仙山一啜好，泠然便欲乘风飞。

君莫羡花间女郎只斗草，赢得珠玑满斗归。

　　范仲淹先是描写福建武夷山茶区气候温暖，出产的名茶历史悠久，名冠天下。茶农们清晨就上山采摘茶芽，在北苑贡茶院精心制作方如圭版圆如团月的饼茶，以进贡皇家。然后写在进贡以前先要"斗美"的情形：用首山铜磨制的风炉来煮上好的江水，以金属茶碾将茶饼碾成绿色的粉末，装入碧玉制成的茶瓯中，因注入开水而产生绿色的泡沫，好似翠绿的波涛。其味胜过醍醐，其香胜过兰芷。斗茶是在众人面前进行，众目睽睽之下，谁也蒙混不过去。因此斗胜者如同天上的仙子高不可攀，斗败者如同战败的降将无限羞耻。最后写其饮用的后果，认为武夷岩石上生长奇茗，胜过卜知吉凶的蓂草，喝了之后可使人清醒，连死去的屈原也可招回魂魄，醉酒的刘伶也能从酣睡中醒来。卢仝岂敢不为它写赞歌，陆羽必须将它写入《茶经》中。冥冥苍穹之中，怎敢说没有茶星？商山四皓不需再吃灵芝，首阳先生不需再采薇而食。长安城的酒价一落千丈，成都的药市也黯然失色。饮酒吃药统统不如饮此一盏奇茗好，饮后可以使人两腋生风，飘飘欲仙。

　　但是，范仲淹并没有亲眼看到武夷山的斗茶情况，仅是根据文字材料和传闻有感而发，因此有些地方并不准确，如蔡襄就指出他的失误。南宋王十朋《会稽风俗赋》记载："《青锁高议》：蔡君谟谓范文正曰，公《采茶歌》曰'黄金碾畔绿尘飞，碧玉瓯中翠涛起。今茶绝品，其色甚白。翠绿乃下者尔。欲改为玉尘飞、素涛起如何？希文（即范仲淹）曰善。"不过苏轼的咏茶诗词《水调歌头》中也有"轻动黄金碾，飞起绿尘埃。"之句，可见范仲淹的描写并不是毫无根据的，也许其他地方的斗茶不像福建那么注重白色，至少诗人们的审美眼光和茶学家们的科学描述还是有所区别的。苏轼也写过描写斗茶的诗词，如《月兔茶》中的诗句："君不见斗茶公子不忍斗小团，上有双衔绶带双飞鸾。"又如《行香子·茶词》："绮席才终。欢意犹浓。酒阑时、高兴无穷。共夸君赐，初拆臣封。看分香饼，黄金缕，密云龙。斗赢一水，功敌千钟。觉凉生、两腋清风。暂留红袖，少却纱笼。放笙歌散，庭馆静，略从容。"据说苏轼自己就曾和蔡襄斗过茶，因用水不如蔡襄讲究而稍逊，后改用好水才转败为胜（《江邻几杂志》："苏才翁尝与蔡君谟斗茶，蔡茶水用惠山泉，苏茶小劣，改用竹沥水煎，遂能取胜。"）

　　然而诗人们的艺术描写终究不够具体，对斗茶时点茶技艺的记载还是宋徽宗的《大观茶论》更为详细：

> 点茶不一，而调膏继刻，以汤注之。手重筅轻，无粟文蟹眼者，谓之静面点。盖击拂无力，茶不发立，水乳未浃。又复增汤，色泽不尽，英华沦散，茶无立作矣。
>
> 有随汤击拂，手筅俱重，立文泛泛，谓之一发点。盖用汤已故，指腕不圆，粥面未凝，茶力已尽，云雾虽泛，水脚易生。
>
> 妙于此者，量茶受汤，调如融胶，环注盏畔，勿使侵茶。
>
> 势不欲猛，先须搅动茶膏，渐加击拂，手轻筅重，指绕腕旋，上下透彻，如酵蘖之起面，疏星皎月，灿然而生，则茶之根本立矣。

点茶的关键是茶筅的运用要得法，击拂时，如果是手重筅轻，注水点茶后，茶汤表面没有产生泡沫，叫作"静面点"。如果手筅俱重，泛起的泡沫星星点点，很快就消失，称之为"一发点"。正确的方法是"量茶受汤，调如融胶"，即将盏中的茶末调好，茶与水的比例要适中，产生的泡沫要均匀，有胶质感。注水时要从盏边注入，不能太猛，先搅动茶膏，渐加击拂，要手轻筅重，运用手指和手腕的力量"上下透彻"，使茶汤表面好像发酵起泡一样，整盏茶汤看起来就像是"疏星皓月"一样，才算是成功。

> 第二汤自茶面注之，周回一线，急注急上，茶面不动。击拂既力，色泽渐开，珠玑磊落。

第二次注水是从茶面上向下急注，绕盏一周，再有力击拂，茶汤颜色逐渐显现出来，泡沫变大，像珠子一样明亮美观。

> 三汤多寡如前，击拂渐贵轻匀，周环旋复，表里洞彻，粟文蟹眼，泛结杂起。茶之色十已得其六七。

第三次注水后，击拂时要轻而均匀，"周环旋复，表里洞彻"，使泡沫匀细如粟粒和蟹眼一样大小。茶汤颜色已基本达到要求。

> 四汤尚啬。筅欲转稍宽而勿速。其真精彩华，既已焕发，轻云渐生。

第四次注水后，茶筅在盏中旋转击拂，速度不能太快，盏中茶汤的泡沫膨胀，华彩焕发，盏中的茶烟如同云雾一样。

> 五汤乃可稍纵。筅欲轻盈而透达，如发立未尽，则击以作之。发立已过，则拂以敛之。结浚霭，结凝雪，茶色尽矣。

第五次注水后，用筅要轻匀。如泡沫发得不够，则继续击打，如泡沫发得好，则只用筅轻拂则可。这时茶盏中的汤花如美丽的雾霭、洁白的凝雪，茶色已达理想程度。

六汤以观立作，乳点勃然，则以筅著居，缓绕拂动而已。

第六次要看具体情况而定，如果尚未达到要求，盏中乳点勃结，用茶筅绕着茶盏轻缓拂动。

七汤以分轻清重浊，相稀稠得中，可欲则止。乳雾汹涌，溢盏而起，周回凝而不动，谓之'咬盏'。宜匀其轻清浮合者饮之。

第七次注水是为了使茶汤轻、清、重、浊适当，稀稠适宜，此时，茶盏中乳雾汹涌，溢盏而起，称之为"咬盏"，这时就可以正式品饮。

显然，《大观茶论》中对点茶的要求比蔡襄《茶录》要严格、细致得多。由此亦可看出，宋代的点茶法远比唐代煮茶法更为讲究，更为复杂，可以说，斗茶的盛行对宋代点茶技艺起了促进作用，也大大提高了宋代饮茶的艺术品位。

斗茶时的茶汤和泡沫的颜色以白色最好。《大观茶论》即说："点茶之色，以纯白为上真。青白为次，灰白次之。黄白又次之。天时得于上，人力尽于下，茶必纯白。"因此斗茶时所使用的茶盏多为黑色的，更容易衬托出茶汤的白色，茶盏内壁是否附有水痕也更容易看到。蔡襄《茶录》就说："茶色白，宜黑盏，建安所造者绀黑，纹如兔毫，其坯微厚，之久热难冷，最为要用。出它处者，或薄或色紫，皆不及也。其青白盏，斗试家自不用。"因此，当时福建建窑生产的黑釉茶盏最受欢迎，江西吉州窑生产的黑釉茶盏也很有名。黑釉茶盏在明代初年传入日本，当时的日本僧侣从浙江天目山携带黑釉茶盏回国，因不明其产地，遂称之为天目碗。

明代由于朱元璋废除进贡饼茶，虽然在明朝初期还有些人在饮用饼茶，如明初的一些茶书还在介绍点茶方法。有些人喜欢将茶叶放到瓷瓶中直接去煮（如陈师《茶考》："烹茶之法，唯苏吴得之，以佳茗入磁瓶火煎。酌量火候，以数沸蟹眼为节，如淡金黄色，香味清馥。"）但早在民间流行的散茶冲泡法很快就成为主流。人们也普遍认为散茶比饼茶更能体现茶叶的真味。如田艺衡的《煮泉小品》就说："茶之团者片者，皆出于碾硙之末，既损真味，复加油垢，即非佳品，总不若今之芽茶也。盖天然者自胜耳。……且末茶瀹之有屑，滞而不爽。知味者当自辨之。"许次纾《茶疏》也说："（饼茶）不知何以能佳，不若近时制法，旋摘旋焙，香色俱全，尤蕴真味。"文震亨《长物志》亦指出："吾朝所尚又不同，其烹试之法，亦与前人异。然简便异常，天趣悉备，可谓尽茶之真味矣。"周高起《阳羡茗壶系》亦云："壶供真茶，正在新泉活火，旋瀹旋啜，以尽色声香味之蕴。"

"旋瀹旋啜"的散茶冲泡也称之为"撮泡法"，陈师《茶考》："杭俗烹茶，用细茗置茶瓯，以沸汤点之，名为撮泡。"具体的方法就是将茶叶投放在茶瓯（杯）中用开水冲泡，类似今天的盖碗茶冲泡法。还创造了三种投放茶叶的方法："投茶有序，毋失其宜。先茶后汤，曰下投。汤半下茶，复以汤满，曰中投。先汤后茶，曰上投。春秋中投，夏上投，冬下投。"（张源《茶录》）"投茶"在明代也有叫作"投交"的："汤茶协交，与时偕宜。茶先汤后，曰早交。汤半茶入，茶入汤足，曰中交。汤先茶后，曰晚交。交茶，冬早夏晚，中交行于春秋。"（许次纾《茶疏》）这三种投茶法，至今仍为江浙一带用玻璃杯冲泡明前绿茶时的基本方法。另一种方法是将茶叶放到瓷壶中再用开水冲泡。茶壶开始是盛行瓷壶，"其在今日，纯白为佳。兼贵于小，定窑最贵，不易得矣。宣（德）成（化）嘉靖，俱有名窑。近日仿造，间亦可用。"后来更盛行紫砂壶，"往时龚春茶壶，近日时彬所制，大为时人宝惜。盖以粗砂制之，正取砂无土气耳。随手造作，颇极精工。"（许次纾《茶疏》）。文震亨《长物志》也说："壶以砂者为上。盖既不夺香，又无熟汤气。供春最贵，第形不雅，亦无差小者。时大彬所制又太小。若得受水半升而形制古洁者，取以注茶，更为适用。"

壶泡法在明清时期经过文人的改进，日益讲究品饮的艺术情趣。除了注重茶叶的品质、泉水的选择和茶具的精美之外，对冲泡程式如涤器、洗茶等也有一定的要求。如文震亨《长物志》就有"涤器""洗茶"等项："涤器。茶瓶茶盏不洁，皆损茶味。须先时洗涤，净布拭之以备用。""洗茶。先以滚汤，候少温洗茶。去其尘垢，以定碗盛之。俟冷点茶，则香气自发。"程用宾《茶录》也有"治壶""洁盏"等要求："治壶。伺汤纯熟，注杯许于壶中，命曰浴壶。以祛寒冷宿气也。倾去交茶，用拭具布乘热拂拭，则壶垢易遁，而瓷质渐锐。饮讫，以清水微荡。覆净再拭藏之。令常洁冽，不染风尘。""洁盏。饮茶先后，皆以清水涤盏，以拭具布拂净，不夺茶香，不损茶色，不失茶味，而元神自在。"这已经具有工夫茶艺的一些特色。因此，进入清代，工夫茶艺就更加成熟了。袁枚《随园食单·茶》（18世纪80年代）："余向不喜武夷茶，嫌其浓苦如饮药。然丙午秋，余游武夷，到曼亭峰天游寺诸处，僧道争以茶献。杯小如胡桃，壶小如香橼。每斟无一两，上口不忍遽咽。先嗅其香，再试其味，徐徐咀嚼而体贴之，果然清芬扑鼻，舌有馀甘。一杯之后，再试一二杯。令人释躁平矜，怡情悦性。……且可以瀹至三次而其味犹未尽。"这是典型的壶杯冲泡方式，也就是今天工夫茶艺的原型。经过一个世纪的发展，至清代晚期，工夫茶艺就已经很成熟了。据清代寄泉《蝶阶外史·工夫茶》记载，其具体冲泡程式如下：

> 壶皆宜兴沙质。龚春、时大彬，不一式。每茶一壶，需炉铫三候汤，初沸蟹眼，再沸鱼眼，至连珠沸则熟矣。水生汤嫩，过熟汤老，恰到好处，颇不易。故谓天上一轮好月，人间中火候一瓯，好茶亦关缘法，不可幸致也。
>
> 第一铫水熟，注空壶中荡之泼去；第二铫水已熟，预用器置茗叶，分两若干立下，壶中注水，覆以盖，置壶铜盘内；第三铫水又熟，从壶顶灌之周四面，则茶香发矣。
>
> 瓯如黄酒卮，客至每人一瓯，含其涓滴咀嚼而玩味之；若一鼓而牛饮，即以为不知味。肃客出矣。

由上可知，工夫茶使用的茶具是十分讲究的宜兴紫砂，富贵人家还要使用龚春、时大彬等名家制作的紫砂壶。水开后，先要注入空壶荡一荡再倒去以提高壶温（类似明代的"浴壶"和今天的工夫茶的"温壶"）。然后放入茶叶，注水，盖上壶盖，将茶壶放在铜盘里，再用开水从壶顶浇淋壶之四周（类似今天工夫茶的"淋壶"），以发茶香。喝茶时，每人一小杯，"含其涓滴咀嚼而玩味之"，即慢慢品味欣赏，若是一口就喝光，被视为牛饮，不懂得品尝工夫茶，甚至要被人赶出门外。可见当时对品茶十分重视沏泡技巧和追求艺术韵味，也说明作为冲泡乌龙茶特有的方式工夫茶艺，在清代已经形成一整套完整的而又富有艺术情趣的程式，成为中国传统茶艺宝库中的一颗明珠。

"旋瀹旋啜"的"撮泡法"600多年来一直长盛不衰，直到进入21世纪的今天，仍然是广大群众饮茶的主要方式，而且可以预见，将来它还会被人们长期沿用。只是因为各人饮茶的目的不尽相同，具体饮用方式也有所差别。如在日常生活中只是为了解渴，一般是将茶叶直接放进瓷器或玻璃茶杯里用开水冲泡即可，也有用茶壶冲泡再分别倒进茶杯中饮用。如果是为了品饮佳茗，多根据茶叶种类来选择不同茶具。如品饮绿茶多选择玻璃杯或盖碗杯冲泡，品饮花茶多用盖碗杯，品饮乌龙茶则多用紫砂小壶小杯来冲泡，并且还要讲究冲泡技艺的一整套程式，以增添品茶时的艺术氛围。目前在茶艺馆中多采用这几种冲泡方式。

但是，随着科学技术的进步、工业的发达、人们生活节奏加快，传统的茶叶产品和饮用方式已不能完全满足人们的需要，在一些青少年当中，甚至对传统的撮泡法也嫌麻烦，追求快速、简便、易于操作和携带方便的茶叶产品及新的饮茶方式。于是在20世纪后半叶就陆续出现了许多新型的茶叶产品：袋泡茶、速溶茶、浓缩茶和罐装茶饮料。袋泡茶是将茶叶加工成碎末装在纸袋中，放在茶杯中用开水浸泡，喝完茶水后将纸袋中的茶渣连同纸袋丢弃，比较方便，也比较简单。速溶茶则是利用现代科学技术以各种成品茶叶为原料，用热水萃取茶叶中的可溶物，将之过滤弃去茶渣，获得茶汤，经浓缩、干燥制成固态的速溶茶，饮用时直接将它放在开水中溶化即可，不需要再倒茶渣。也可不经干燥阶段直接制成液态的浓缩茶，兑水即可饮用，或者直接将茶汤装入瓶、罐制成罐装茶饮料，即开即饮，非常方便。罐装茶饮料是工业化的产品，科技含量较高，与传统手工产品形态的茶叶有着质的区别，在日本和欧美迅速发展，在我国台湾地区和大陆地区也日益受到消费者的欢迎，它有着广阔的前景，在新世纪中将得到长足的发展，成为大众化的饮料。它也必将对传统的饮茶方式产生冲击，因为它即开即饮，可以满足流动人口快节奏生活的需要，可以说，这是自600多年前朱元璋废除饼茶改散茶冲泡以来饮茶史上的又一次革命。尽管它主要是用以解渴，不可能取代"旋瀹旋啜"富有艺术情趣的散茶冲泡方式，但毕竟是一种全新的产品形态和饮用方式，具有越来越多并且是超越国界的消费者群体，因此在人类饮茶史上具有重大的历史意义。

参考文献

[1] 朱自振. 茶史初探[M]. 北京：中国农业出版社，1996: 171.
[2] 关剑平. 茶筅的起源[J]. 农业考古，1997(7): 193-194.

（文章原载《农业考古》2006年第2期）

中国古代民间和宫廷的茶具

一、古代茶具的发展概况

茶具就是饮茶的器具，它是为饮茶服务的。什么样的饮茶方式决定使用什么样的茶具。因此在探讨茶具的产生和变化之前，需要先了解我国饮茶方式的演变情形。

在现有文献资料中，最早具体记载饮茶方式的是三国时期张揖的《广雅》："荆巴间采茶作饼，成以米膏出之。若饮，先炙令色赤，捣末置瓷器中，以汤浇覆之，用葱姜芼之。其饮醒酒，令人不眠。"其饮用方式是将茶饼放在火上烘烤到呈赤红色，将它捣碎成粉末状，放到瓷器中，再冲入开水，还要加入生葱和生姜。可见当时使用的茶具是瓷器做的，虽然没有讲明具体形状，总是壶、罐、瓮一类的容器，喝的时候还要从瓷器中舀出来倒在杯碗中。

《三国志·吴书·韦曜传》："（孙）皓每飨宴……坐席无能否率以七升为限，虽不悉入口，皆浇灌取尽。曜素饮酒不过二升，初见礼异时，常为裁减，或密赐茶荈以当酒。"既然以茶代酒，应是装在酒壶中，再倒进酒杯里。这里是利用酒具当茶具。所饮之茶应该就是《广雅》所说的掺有葱、姜的茶汤。这种方法与唐代的"痷茶法"基本相同。陆羽《茶经·六之饮》："乃斫、乃熬、乃炀、乃舂，贮于瓶缶之中，以汤沃焉，谓之痷茶。"这里的"瓶缶"正可与《广雅》的"瓷器"相印证，乃知是瓷瓶和瓷罐（缶）。

到了唐代，盛行饼茶，其煮茶方式据陆羽《茶经·五之煮》记载是：先将茶饼烘烤去掉水分，用茶碾将茶饼碾成粉末，筛成茶粉，再放到锅里去煮。煮时，水刚开，水面出现细小像鱼眼一样的水珠并微有声响，称为一沸。此时加入一点盐到水中调味。当锅边水泡如涌泉连珠时，称为二沸，此时要用瓢舀出一瓢开水备用。再用竹夹在锅里搅打使开水形成旋涡状，然后将茶粉从旋涡中心倒进去。稍后，锅中的茶水"腾波鼓浪""势若奔涛溅沫"，称为三沸，将刚才舀出来的那瓢水再倒进锅里，一锅茶汤就煮好了。然后分五碗奉给客人品饮。显然，煮茶用的器具要比"痷茶"复杂多了，至少有烧火的炉，烧水的锅（《茶经》称镀），烤茶的夹子，碾茶的茶碾，筛茶的筛子（《茶经》称罗），搅打开水的竹夹，舀茶的瓢，盛茶汤的碗。

宋代流行点茶法，据蔡襄《茶录·论茶》记载，是先将茶饼烘烤、碾碎、筛成粉末，然后将茶粉舀进茶盏，注入少量开水，将茶粉调匀，再注入开水，用竹夹击拂使之产生泡沫，再注入开水就可直接饮用。与唐代煮茶相比较，宋代点茶不用锅烧水，而是用汤瓶，茶粉不是放到锅里去煮，而是放在茶盏里击拂使之产生泡沫，茶盏既是点茶的器具又是饮茶的器具，具有双重身份，显得格外重要，击拂茶汤的工具叫茶筅，是新出现的茶具，这些都说明较之唐代，宋代的茶具独具特色。

明代因为废除饼茶，改为散茶冲泡方式，当时称为"撮泡法"。陈师《茶考》指出："杭俗烹茶，用细茗置茶瓯，以沸汤点之，名为撮泡。"即将茶芽放在茶杯里，用开水冲泡。这种方法与今天的盖杯泡法一样，茶杯成为最重要的器具。也有将茶叶放到茶壶里冲泡的，现代称壶泡法，最典型的壶泡法就是工夫茶艺。清代寄泉《蝶阶外史·工夫茶》记载：

每茶一壶，需炉铫三候汤，初沸蟹眼，再沸鱼眼，至连珠沸则熟矣。水生汤嫩，过熟汤老，恰到好处，颇不易。故谓天上一轮好月，人间中火候一瓯，好茶亦关缘法，不可幸致也。

第一铫水熟，注空壶中荡之泼去；第二铫水已熟，预用器置茗叶，分两若干立下，壶中注水，覆以盖，置壶铜盘内；第三铫水又熟，从壶顶灌之周四面，则茶香发矣。

瓯如黄酒卮，客至每人一瓯，含其涓滴咀嚼而玩味之；若一鼓而牛饮，即以为不知味。肃客出矣。

可见，茶壶、茶杯（瓯）是壶泡法中最重要的器具，"壶供真茶，正在新泉活火，旋瀹旋啜，以尽色声香味之蕴。"因此紫砂壶艺应运而生，发展为一门极富艺术性的陶艺产业。

　　"旋瀹旋啜"至今仍然是广大群众的饮茶方式，在可预见的将来，这种泡茶方式还会被长期沿用，可见它富有很强的生命力。或者说，我们的祖先经过千百年的摸索，终于掌握了一种散茶冲泡的最佳方式。这是人类饮茶史上的一个重大成就。

　　那么，最早的茶具应该是什么样子的呢？

　　茶叶最早是食用的，使用的是一般饮食器具，即使是作为药用的时候，也很难认定哪些器具是茶具。因此，早期是没有独立的茶具的。只有当茶叶成为真正的饮料之后，才有可能出现专门的茶具。

　　最早提到茶具的文献是西汉王褒《僮约》中的"烹茶尽具"，意思是"煮茶和清洗茶具"，但没有指明是什么样的茶具，从《广雅》提到的"捣末置瓷器中，以汤浇覆之"和陆羽《茶经》提到的"贮于瓶缶之中，以汤沃焉"，可知当时的茶具是陶瓷烧制的瓶缶。瓶的器形是长圆形的，缶则是鼓腹小口的瓮罐之类的容器。

　　1990年在浙江省湖州市一座东汉晚期墓葬中出土了一件青瓷瓮，通高33.5厘米，里外都施有青绿色釉，在肩部刻有一个"茶"字，显然与茶叶有关，推测可能是墓主人生前喜欢用的器物，因此，才会埋到墓里去。现在茶文化界一般是将这件器物解释为装茶叶的茶罐，这似乎没有错，但仔细研究起来并不尽然。该瓮肩部有4个系，是用来穿绳便于提携，一般汉墓中出土的这种带系的容器大多是用来盛装液体的。特别是该瓮里外都施青釉颇值得注意，因为如果只是用来装茶叶，用不着在里面施釉，完全可以露胎。在瓮的内部施釉应该是为了盛装液体便于清洗。因此我们认为这件刻有"茶"字的青瓷瓮很可能是用来泡茶的器具。联系上述《广雅》"捣末置瓷器中，以汤浇覆之"以及《茶经》"贮于瓶缶之中，以汤沃焉"等记载，则更可推测这件青瓷瓮是用来"浇""沃"茶叶的容器。因此，这是目前已发现的时代最早、用途最明确的泡茶器具。

　　在南方的吴、晋、南北朝时期的墓葬中，经常出土一些精美的青瓷器，其中有鸡首壶和五盅盘等，过去一向被当作酒器。鸡首壶多为盘口，壶嘴作短颈鸡首形，壶把跨在盘口和壶肩上。五盅盘则是在一个青瓷盘上放置五个小瓷杯。它们原是酒器，但在饮茶之风开始流行的江南地区，没有出现独立的茶具，利用酒器来饮茶也是很有可能的。联系《三国志·韦曜传》以茶代酒的故事、唐代茶壶的造型与鸡首壶接近的现象，可以将它们视为茶酒兼用的器具，或者视作过渡型的茶具。

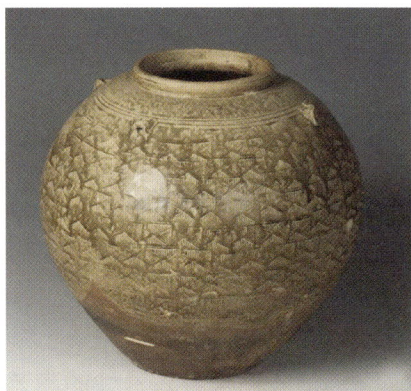

东汉刻有"茶"字青瓷瓮

真正的茶具出现在唐代，这是因为饮茶只有到了唐代才风行全国，饮茶方式已经定型，它与饮酒有很大差别，酒器已不能满足煮茶技艺的需要，必然产生独立使用的茶具。

在唐代考古发现中，多为瓷壶、瓷碗。湖南省文物考古研究院和中国茶叶博物馆都收藏有湖南长沙窑古窑址出土的瓷碗，碗底中央书有"荼""茶境"等字，这是真正用来饮茶的茶碗。"茶"字是唐代中期才流行开来，在此之前都写作"荼"，可见这种茶碗应是唐代中期以前的产品。长沙窑古称岳州窑，在唐代颇有名气，陆羽《茶经》指出，用青釉茶碗装盛茶汤，可使茶汤显得更加青绿。长沙窑生产的瓷壶畅销全国，有的壶底还烧有"卞家小口天下有名"，"郑家小口天下第一"等字号，可见质量上乘，才敢夸口天下第一。这种瓷壶在唐代称为"茶瓶"。如唐代《十六汤品》："茶瓶用瓦"。西安市出土的一件绿瓷壶底部墨书自称"茶社瓶"，可见是专门用来泡茶的陶瓷茶壶。其使用方法可能就是陆羽《茶经》中所说的"贮于瓶缶之中，以汤沃焉"的"痷茶"。《茶经》所说的"瓶"应该就是茶瓶，也就是以上物中的瓷壶。

这种茶瓶在考古报告中常被称为执壶，在西安、洛阳、福州各地都有出土，时代以晚唐居多，并常有茶盏伴出。它应该就是"痷茶"（即点茶法）的器具，即将茶粉放进壶中用开水冲泡，再倒入茶碗（盏）中饮用。由此亦可见晚唐时期，点茶法已经在民间甚为流行。

南朝青瓷五盅盘

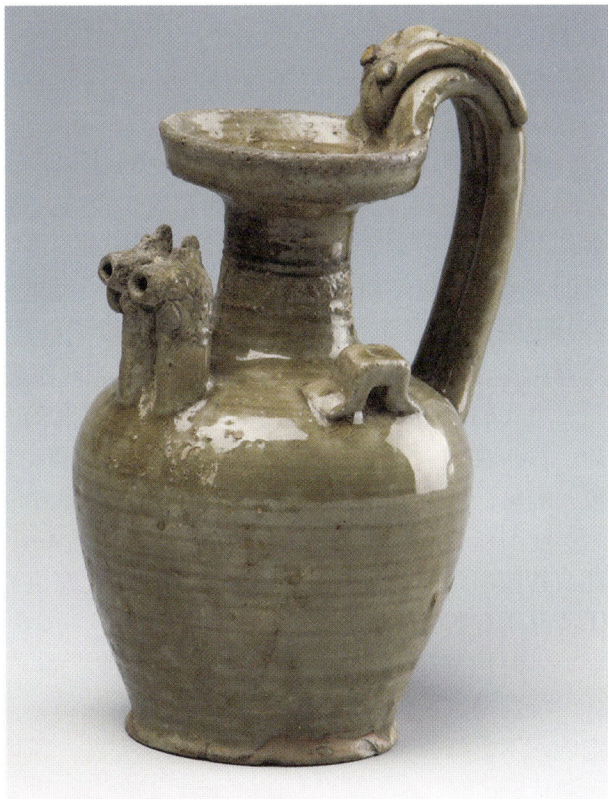

南朝青釉龙柄双鸡首壶（藏于南安市博物馆）

唐代前期长沙窑烧制的茶碗

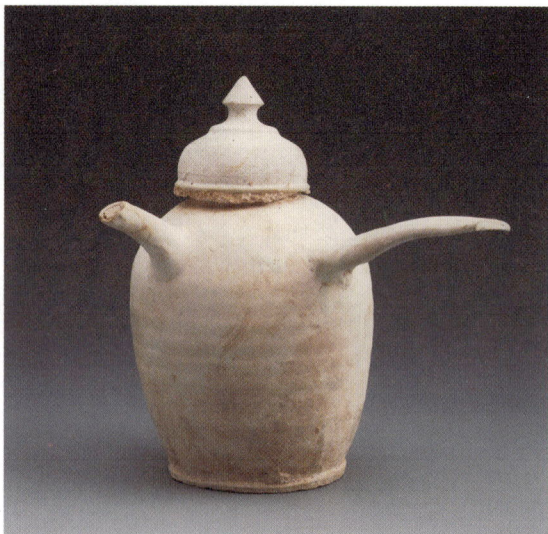

晚唐白釉横把壶

二、古代的民间茶具

唐代中期以后，特别是陆羽《茶经》问世以后，民间盛行的饮茶方式是煮茶法，《封氏闻见记》记载："楚人陆鸿渐为茶论，说茶之功效，并煎茶、炙茶之法，造茶具二十四事，以都统笼贮之，远近倾慕，好事者家藏一副。"可见陆羽《茶经》促进了唐代饮茶风气的兴盛，促进了唐代茶具的规范和生产，也提高了茶具在茶事活动中的地位。《唐国史补》记载："巩县陶者，多为瓷偶人，号陆鸿渐。买数十器，得一鸿渐。"说明陆羽在当时陶瓷业者心目中有很高的地位，也反映了当时茶具生产贸易的兴旺情况。

唐代的民间茶具经陆羽整理规范，总共有27件，据《茶经·四之器》所载可归纳为风炉、笤、炭挝、火筴、镀、交床、竹夹、纸囊、碾、罗、合、则、拂末、水方、漉水囊、瓢、鹾簋、熟盂、揭、碗、畚、札、涤方、滓方、巾、具列、都篮。

陆羽所提倡的饮用饼茶的煮茶法使用的茶具，其中最重要的是碾茶、煮茶、饮茶器具，其他都是辅助性茶具，除了城里富贵人家讲究排场需要齐备外，民间百姓可以根据具体情况而有所省略。

当时民间还有饮用末茶、散茶的习惯，如"痷茶法"等主要是用"瓶缶"之类的壶具，特别是直接煮饮散茶时，其器具更为简单，煮茶可以用普通的鼎罐或铁锅，饮茶则用瓷碗，不需像《茶经》中所要求的那么完备。所以各地瓷窑遗址中出土最多的茶具就是瓷壶和瓷碗。

宋代因盛行点茶，程序比唐代煮茶简略些，有些烧水的器具就不划在茶具范围内，因不再加盐，也就无须鹾簋之类的器具。蔡襄《茶录》中提到的茶具只有藏茶用的茶笼，碾茶用的茶碾、茶罗，注茶用的茶盏，击拂茶汤用的茶匙（即茶筅）以及点茶用的汤瓶等6种。赵佶的《大双茶论》中提到的茶具也是罗、碾、盏、筅、瓶、杓6种。审安老人的《茶具图赞》出现的茶具最多，但也只有12种而已，其中重要的是韦鸿胪（茶笼）、金法曹（铜碾）、石转运（石磨）、罗枢密（茶罗）、漆雕秘阁（托盏）、陶宝文（茶碗）、汤提点（茶瓶）、竹副帅（茶筅）8种。其中铜碾和漆雕托盏应是富贵人家所使用的，民间更多的是使用瓷器烧制的茶碾和茶碗。茶筅则是因点茶法的盛行而必须使用的茶具，一般是用竹片制成。《大观茶论》说："茶筅以箸竹老者为之，身欲厚重，筅欲疏劲，本欲壮而末必眇。"

元代哥窑青釉双鱼耳炉

宋代福清窑黑釉盏

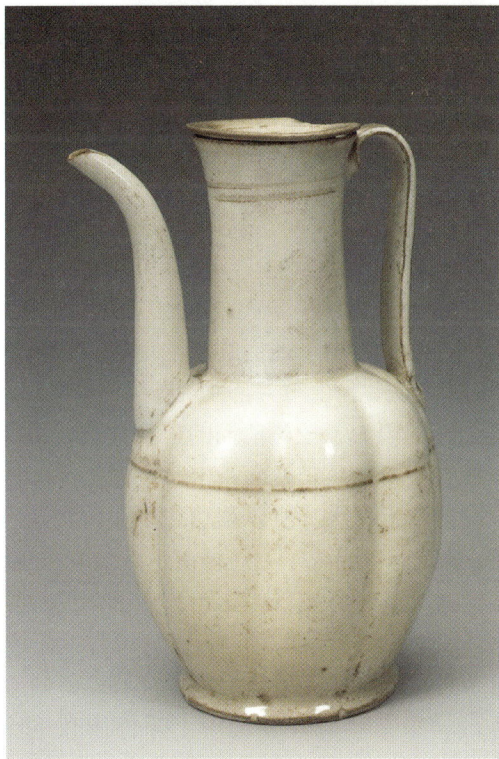

宋代青白釉瓜棱执壶

　　因民间盛行斗茶，讲究茶盏中浮起的泡沫越白越多越持久者为胜，用黑釉茶盏更便于观察，于是建窑（福建建阳水吉镇）的建盏和吉州窑（江西吉安永和镇）的黑釉茶盏就大受欢迎，畅销全国甚至远销日本、朝鲜。不流行斗茶的其他地区，人们则喜欢使用青白釉瓷器，如江西景德镇窑的白釉茶具，浙江龙泉窑的青瓷茶具，哥窑的龟裂开片纹茶具，北方河南汝窑的青白瓷茶具，河南禹州钧窑的青瓷茶具，河北曲阳定窑的刻花白瓷茶具，陕西铜川耀州窑的青釉和黄釉茶具，以及河北磁州窑的彩绘茶具等，在当时都享有盛名。茶具种类也不限于茶盏，还有瓷壶、瓷瓶、托盏、碗、杵、碾钵等。

　　元朝时期，景德镇创制了青花瓷器，名闻天下。青花茶具也格外受到欢迎，甚至远销阿拉伯国家。到了明代，又在青花瓷的基础上创造了斗彩瓷器和五彩瓷器，使得茶具百花园中呈现了五彩缤纷、相互辉映的灿烂局面。与此同时，江苏宜兴的紫砂茶具开始大放光彩，到了清代以后更是取得辉煌成就，与景德镇瓷器茶具并驾齐驱，有"景瓷宜陶"之称。

清代紫砂加彩花蝶纹竹节壶

清代五彩描金花鸟纹茶壶

三、古代的宫廷茶具

历代统治阶级由于他们的政治地位和经济水平与平民百姓有天壤之别，他们在茶文化活动中所追求的文化价值与劳苦大众有很大差异，因而体现在茶具审美价值方面也有根本的不同。

王公贵族们为了炫耀他们的显赫地位，讲究豪华气派，在饮茶时喜欢使用金银玉石以及精密华贵的瓷器茶具。晚唐茶书《十六汤品》中就有一道"富贵汤"，明确指出："以金银为汤器，惟富贵者具焉。所以策功建汤业，贫贱者有不能遂也。汤器之不可舍金银，犹琴之不可舍桐，墨之不可舍胶。"蔡襄在《茶录》中也说过茶匙"黄金为上"。这与陆羽的观点大不相同，他在《茶经》中曾经指出：煮茶汤的镀用生铁铸之即可，如"用银为之，至洁，但涉于侈丽。"但是，统治阶级是不会按陆羽《茶经》的精神行事的。他们不但生前饮茶使用金银玉石茶具，死后还要用它们殉葬，所以各地唐宋墓葬中经常出土许多金银器皿。

考古学家至今已经发现了上千件唐代的金银器，其中多为饮食器具，早期以酒器为多，晚期以茶具为多。有些金银器具如金杯、金壶、银杯、银壶等过去多定名为酒器，其实这些金银器也是可以用来饮茶的。陕西省西安市和平门外曾出土过7件唐代大中年间的银质鎏金托盘，器身錾文中自称"茶托子"和"茶拓子"，可知是真正的金银茶具。[1]

西安市何家村出土的2件银锅是放在风炉上煮茶汤用的，就是陆羽《茶经》中所说的镀。1987年在陕西省扶风县法门寺地宫出土了一大批唐代皇室宫廷使用的金银、玻璃、秘色瓷等器具，它埋葬于873年，同时出土的《物帐碑》记载："茶槽子、碾子、茶罗子、匙子一副七事，共重八十两。"可知是一套真正的茶具。从其铭文中可知是唐僖宗所供奉的宫廷茶具，实为空前的大发现。主要的金银茶具有：

1.鎏金鸿雁流云纹银茶碾

由槽身、槽座、辖板组成。底部铭文："咸通十年文思院造银金花茶碾子一枚共重廿九两。"是将茶饼碾成粉末的工具。

2.鎏金团花银锅轴

由执手和圆饼组成，纹饰鎏金，是上述茶碾的碾轮。

3.鎏金仙人驾鹤纹银茶罗

钣金成形，纹饰鎏金，由盖、套框、筛罗、屉和器座组成，是筛茶粉的工具。

4.鎏金飞鸿银匙

匙面呈卵圆形，微凹，柄上錾花鎏金，是用来搅打镀中开水"环击汤心"的工具。

5.系链银头著

上粗下细，通体素面，上端为宝珠顶，以银丝编结的链条套链，是夹茶饼烘烤的工具。

6.鎏金人物画银坛子

盖顶为宝珠形提钮，坛身下部为双层仰莲瓣，坛身四面各錾有一幅人物画，是装茶饼的容器。

7.鎏金银龟盒

钣金成形，纹饰鎏金，整器作龟形，四足着地，以背甲作盖，是装茶粉的容器。

8.鎏金摩羯纹银盐台

由盖、台盘、三足架组成，盖上有莲蕾捉手，中空，有铰链可以开合，是盛盐的器具。

9.金银丝结条笼子

器身为椭圆形，以银丝编织而成。上有金丝编成的提梁，是装茶饼的容器。

10.鎏金镂孔飞鸿球路纹银笼子

器身为模冲成形，通体为镂空的球路纹，呈圆柱形，四足，盖心有圆环钮用银链与提梁相连，是装茶饼的容器。

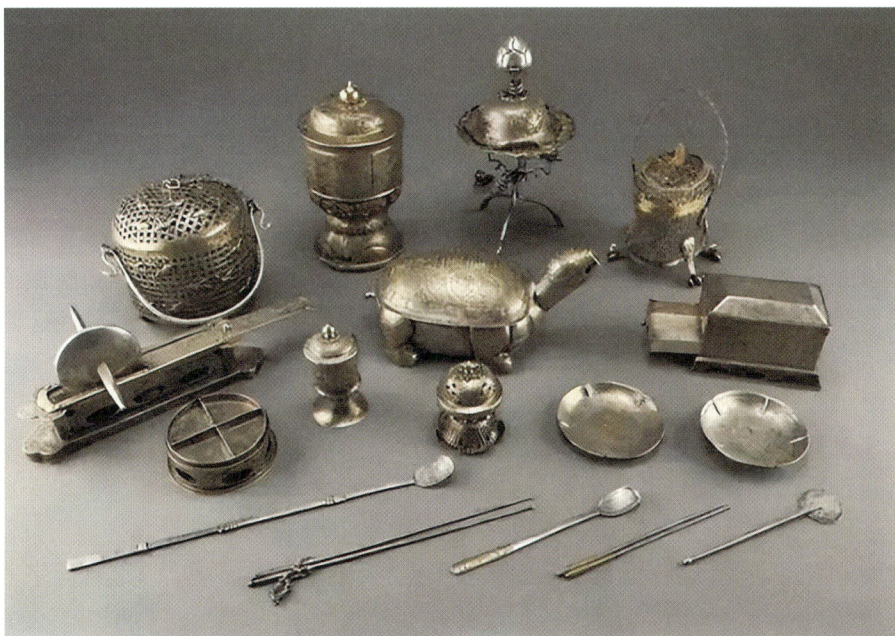

法门寺地宫系列茶具

与金银茶具一起出土的还有极为精美的琉璃器和瓷器，都是饮茶的器具。如：

（1）琉璃茶托盏。通体呈淡黄色，有光亮透明感，茶盏侈口，腹壁斜收，茶托口径大于茶盏，呈盘状，高圈足，是装茶汤饮用的器具。

（2）秘色瓷茶碗。共出土十几件青瓷碗，其中以五瓣葵口圈足碗最有特色。通体施均匀凝润的青釉，是点茶用的容器。

唐代法门寺琉璃茶托盖

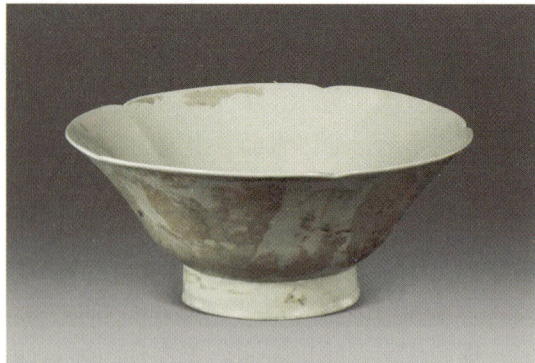

唐代秘色瓷茶碗

法门寺地宫出土的这套茶具，让我们亲见唐代皇宫煮茶的整套器具，了解其煮茶的整个程序，加深了对《茶经·五之煮》有关煮茶过程的理解。它显示了皇权至尊的气派、君临天下威镇臣民的庄严，揭示了唐代宫廷茶文化的历史面貌及其价值追求。因此，具有很大的历史价值和学术价值，所以出土后引起了国内外茶文化界的高度重视。

唐代宫廷这种崇金尚银的作风，也为后代宫廷所延续。《大观茶论》中就主张"瓶宜金银""碾以银为上"。蔡襄《茶录》更说汤瓶以"黄金为上"，茶匙也是"黄金为上"。茶碾"以银……为之。"（茶碾不用黄金是因为"黄金性柔"，碾磨茶饼功效不高而已）。元代周密《癸辛杂识》曾记载宋代湖南地区制造进贡皇宫的金锻茶具的情形："长沙茶具，精妙甲天下，每副用白金三百星，或五百星。凡茶之具悉备。外则以大缕银合贮之。赵南仲丞相帅潭日，尝以黄金千两为之，以进上方。"其奢华程度令人咋舌。各地墓葬中也常有银执壶（银瓶）、银托盏等银质茶具出土，都是王公贵族们生前使用的实物。流风所及，甚至连塞外的少数民族也不例外。如1986年内蒙古奈曼旗辽陈国公主墓就出土了大量金银、玛瑙、水晶器物，其中就有银执壶和银托盏，同时出土的玛瑙碗、水晶杯等也应该是茶具，其价值之昂贵并不在金银之下。陈国公主是辽国国王景宗次子秦晋国王耶律隆庆之女，属于皇亲国戚，其茶事活动自然也应划归宫廷茶文化范畴。

除了金银茶具之外，皇宫中还大量使用极为珍贵的名瓷茶具。唐代的秘色瓷、宋代的五大名窑及建窑黑釉茶盏、元代的釉里红、明清的青花瓷及斗彩、粉彩、五彩茶具的精品都要首先进贡皇宫，有的还是专门为皇宫烧制的，如明代在景德镇设立御器厂，厂内按生产任务分为23作，如大碗作、碟作、盘作、盅作等，官匠三百多人，工人千余人，规模巨大，技术高超，贡品的质量要求极高，选择极严，往往是百里挑一，所谓的次品也不准他人使用，通通捣毁埋入地下。御器厂自然也要生产很多青花茶具，其成本价值丝毫不逊于金银。由此亦可见皇家茶事活动之奢靡豪华达到何等惊人程度。

明清时期，紫砂茶具异军突起，日益受到人们的欢迎，清代皇室自然不会放过。有几位皇帝还亲自指定烧造样式，于是紫砂茶具中之精品也从民间步入皇宫，成为宫廷茶文化的一分子。紫砂也由此身价百倍，贵胜金银。"一壶重不数两，价重每一二十金，能使土与黄金争价。"[2]

四、结　语

综上所述，中国古代茶具的产生与发展是与饮茶方式密切相关的。最早的茶具是借用食器和酒器，只有当饮茶之风普及全国，饮茶成为一种生活艺术行为，即进入品饮的阶段之后，真正的茶具才出现。这个时候正好是唐代中期，自唐之后，中国的茶具蓬勃发展，并形成了成熟的茶具文化。由于人们的社会、政治、经济地位的不同，对茶具的使用价值和文化价值的追求也不相同。民间注重经济、实用、美观的原则，以陶瓷茶具为主。统治阶级则为了炫耀他们的显赫地位，讲究豪华气派，喜欢使用金银玉石茶具，以富贵、华丽、精致为审美标准。而法门寺出土的宫廷茶具，所显示的是皇权至尊的气派，君临天下、威镇臣民的庄严，但也揭示了作为中国茶文化的一个组成部分"宫廷茶文化"的历史面貌及其价值追求，因而在中国茶文化历史上具有重要意义。

参考文献

[1] 马得志.唐代长安城平康坊出土的鎏金茶托子[J].考古，1959(12): 4.

[2] 周高起.阳羡茗壶系[M] // 王晫，涨潮.檀几丛书.上海：上海古籍出版社，1992.

（文章原载《中国农史》2006年第4期）

我国古代的茶会茶宴

一、早期的茶会、茶宴

按照现代词典的解释，茶会就是用茶点招待宾客的社交性集会。用茶叶和各种原料配合制成的茶菜举行的宴会，就叫作茶宴。但在古代，茶会和茶宴都是指用茶来招待客人的聚会。聚会时，除了饮茶之外，有时也吃其他东西，甚至还喝酒吃菜。现在人们多把只喝茶汤和吃茶点的集会称为茶会，而把吃茶菜的宴会称为茶宴。

最早在宴会上出现饮茶现象的是三国时期东吴皇帝孙皓的一次宴会上，因为他的爱臣韦曜不善饮酒，孙皓就暗中将茶汤装进韦曜的酒壶里以茶代酒。既然是偷偷放进酒壶里，说明其他人都是在喝酒，因此是酒宴而不是茶宴，更不算是茶会。

正式的茶宴是出现在西晋时期，当时的吴兴太守陆纳招待谢安将军的宴会是"所设唯茶果而已。"他侄子怪他太寒酸，就摆出事先准备好的山珍海味。事后，陆纳打了他四十大板，怪他破坏了自己的清廉名声。虽然这是一次没办成功的茶宴，但陆纳在平时应该也会用茶宴来招待其他宾客。《晋书·桓温传》也记载："温性俭，每宴惟下七奠柈茶果而已。"这种只有供给茶果的宴会自然就是茶宴。

因此茶会、茶宴的历史至少可以上溯至西晋时期。

二、唐代的茶会、茶宴

茶会、茶宴也有称茶集的，正式名称出现在唐代。如钱起的《与赵莒茶宴》《过长孙宅与朗上人茶会》，刘长卿的《惠福寺与陈留诸官茶会》，王昌龄的《洛阳尉刘晏与府掾诸公茶集天宫寺岸道上人房》、李嘉祐的《秋晓招隐寺东峰茶宴，送内弟阎伯均归江州》、武元衡的《资圣寺贲法师晚春茶会》、鲍君徽的《东亭茶宴》等，写的都是集会品茶的情形。不管是茶会、茶宴还是茶集，都是以茶代酒的文人雅集，如吕温在《三月三日茶宴序》中写道：

> 三月三日，上巳祓饮之日也，诸子议以茶酌而代焉。乃拨花砌，憩庭阴，清风逐人，日色留兴，卧指青蔼，坐攀香枝。闲莺近席而未飞，红蕊拂衣而不散。乃命酌香沫，浮素杯，殷凝琥珀之色。不令人醉，微觉清思，虽五云仙浆，无复加也。座右才子南阳邹子、高阳许侯，与二三子顷为尘外之赏，而曷不言诗矣。

钱起在《过张成侍御宅》诗中也有"杯里紫茶香代酒"之句，都是描写文人集会"以茶酌而代"酒的情形。陆士修等人的《五言月夜啜茶联句》也是描写一次茶会的情形，文人们在品茶之时还要联句赋诗：

> 泛花邀过客，代饮引清言（陆士修）。
> 醒酒宜华席，留僧想独园（张荐）。
> 不须攀月桂，何暇树庭萱（李崿）。
> 御史秋风劲，尚书北斗尊（崔万）。
> 流华净肌骨，疏瀹涤心原（颜真卿）。
> 不似春醪醉，何辞绿菽繁（皎然）。
> 素瓷传静夜，芳气满闲轩（陆士修）。

从"代饮引清言"和"不似春醪醉"等诗句可以看出此次聚会也是只喝茶不饮酒的。

官府举办的茶会就要气派得多，有名的一次是在浙江湖州和江苏常州交界的境会亭举行的茶宴。每年春季为了品评顾渚紫笋茶和宜兴阳羡茶的贡茶质量，两州太守相约在境会亭举行盛大茶宴，邀请各界名士参与品评，当时在苏州任职的白居易也受到邀请，但因病未能出席，特地写了一首《夜闻贾常州崔湖州茶山境会亭欢宴》寄去：

> 遥闻境会茶山夜，珠翠歌钟俱绕身。
> 盘下中分两州界，灯前各作一家春。
> 青娥递舞应争妙，紫笋齐尝各斗新。
> 自叹花时北窗下，蒲黄酒对病眠人。

虽也是以品茶为主，但宾朋满座，还有歌舞相伴，自然热闹非凡，非一般文人聚会可比。

唐代宫廷也经常举办茶会。鲍君徽是唐代德宗时期的宫女诗人，她的《东亭茶宴》就是描写宫女妃嫔的茶会情形：

闲朝向晚出帘栊，茗宴东亭四望通。
远眺城池山色里，俯聆弦管水声中。
幽篁引沼新抽翠，芳槿低檐欲吐红。
坐久此中无限兴，更怜团扇起清风。

这是宫女们在郊外亭中举行茶宴的情形，诗中的"茗宴"就是"茶宴"。

现存台北故宫博物院的唐代茶画《宫乐图》表现了宫女们在室内举行茶会（宴）的情形，图中共绘12人，两侍女站立左旁，其他10人围坐在长方桌旁边各行其是：饮茶、舀茶、取茶点、摇扇、弄笙、吹箫、调琴、弹琵琶、吹笛、放茶碗、端茶碗等。站立左旁后侧的侍女在吹排箫。长桌中间放着茶汤盆、长柄勺、漆盒、小碟、茶碗等。这是妃嫔们的一次聚会，从图中可以看出除了供应茶汤、茶点之外没有其他食物，更没有酒水菜肴，但有乐器演奏，而且演奏者面前也有茶碗，是在自娱自乐，是典型的茶会。

唐代《宫乐图》

宫廷茶宴最豪华的当属一年一度的"清明宴"。唐朝皇宫在每年清明节这一天，要举行规模盛大的"清明宴"，以新到的顾渚贡茶宴请群臣。唐朝政府在浙江湖州的顾渚山设贡茶院，专门制作贡茶供皇宫饮用，规定在清明节之前一定要送到长安。从湖州到长安有一千多里路，必须提早采摘制作才能不误期限。李郢的《茶山贡焙歌》就描写了赶制赶运贡茶的紧张情况：

一时一饷还成堆，蒸之馥之香胜梅。
研膏架动声如雷，茶成拜表贡天子。

> 万人争啖春山摧，驿骑鞭声署流电。
>
> 半夜驱夫谁复见，十日王程路四千。
>
> 到时须及清明宴，吾君可谓纳谏君。

当贡茶运到京城之后，整个皇宫都忙碌起来，如《湖州贡焙新茶》中描述的场景：

> 凤辇寻春半醉回，仙娥进水御帘开。
>
> 牡丹花笑金钿动，传奏吴兴紫笋来。

可以想见，这样的茶会一定规模巨大，气势宏伟，对唐代茶会、茶宴之风的兴盛产生极大的推动作用。

三、宋代的茶会

宋代文人也经常举行茶会，并且还有当众表演茶艺的。如宋初陶谷《清异录》记载的"沙门福全能注汤幻茶，成诗一句，并点四瓯，泛乎汤表。檀越日造门求观汤戏。"这种有人参观而表演的汤戏，实际上也是一种小型的茶会。杨万里《澹庵坐上观显上人分茶》写的也是在胡铨（澹庵）府的一次茶会上观看分茶表演。宋代最有名的茶宴当是宋徽宗亲自参加的在延福宫举行的曲宴。"宣和二年十二月癸巳，召宰执亲王学士曲宴于延福宫，命近侍取茶具，亲手注汤击拂。……饮毕，皆顿首谢。"既然是召集"宰执亲王学士"等人参加，且由皇帝亲自点茶的茶会，其规模一定很大，影响自然也是深远的。

宋徽宗还绘过一幅描绘文人茶会的《文会图》。描绘了在一个豪华庭园里的几株大树下，摆设着一个巨大的镶有贝雕的黑漆桌案。案上摆放着八盘果品和六瓶插花。桌案右边和左边各放着一件套放在注碗中的执壶，在宾主的面前都放着瓷托盏。

北宋赵佶《文会图》

有八位文士围桌而坐，有两人起身与旁边的人交谈。有的或举杯品饮，或与侍者轻声细语，或独自凝神沉思。有侍者二人正端杯盏至桌边献茶。画面左边大树下有两位文士在交谈。画面后面的大树下摆有一石案，案上放着一张古琴和一个香炉。在画面的前景中心是煮茶场面，有五个人煮水点茶。从《文会图》中还可以看出，当时的茶会就是饮茶和吃果品，没有菜肴，但与插花（桌上有六瓶花）、弹琴、焚香（后面石案上有古琴和香炉）等项艺术相结合，显示出我国文人茶会的高雅风韵。也让我们直观了解了宋人茶会的具体情形。

四、明清的茶会

明清文人举行的茶会，可以用文徵明的《惠山茶会图》作为代表。该图描绘明朝正德十三年清明时节，文徵明与好友蔡羽、汤珍、王守、王宠等人游览无锡惠山，在惠山泉边聚会饮茶赋诗的情景。画面自左向右为：青山绿水树下，有茶桌置于草地，桌上摆着各种精致的茶具，桌边有一长方形的风炉正在烧水。一文士拱手而立，似向草亭中两文士致意。桌边有两侍童正忙着烹茶。画面中心为一草亭，亭中有一井，井旁有两个文士倚井栏而坐，正在凝神思索。亭后一条小径通向密林深处，两个文士正一路交谈，漫步而来。前面有一书童在引路。整个画面布满苍劲的松树树干和浓密的枝叶。这是一次文人的露天茶会。

文徵明《惠山茶会图》

清代的茶宴盛行，与清宫的重视有关。乾隆皇帝一生嗜茶，提倡在重华宫举行茶宴，据记载曾举行过60多次。《清朝野史大观》"茶宴"条记载，每年元旦后三天举行茶宴，由乾隆亲点能赋诗的文武大臣参加。茶宴开始时，乾隆升座，群臣两人一几，边饮茶边看戏，由御膳茶房供应奶茶。还要联句赋诗，"仿柏梁体，命作联句以记其盛。复当席御制诗二章，命诸臣和之，岁以为常。"

《养吉斋丛录》卷十三记载重华宫举行茶宴的详细情况：

列坐左厢，宴用果盒杯茗。预制诗云："杯休醲醁劳行酒，盘饤饾饳饦可侑茶。"纪实也。初人数无定，大抵内直词臣居多。体裁亦古今并用，小序或有或无。后以时事命题，非长篇不能赅赡。自丙戌始定为七十二韵，二十八人分为八排，人得四句。每排冠以御制，又别有御制七律二章。题固预知，惟御制元韵，须要席前发下始知之。与宴仅十八人，寓登瀛学士之意。诗成先后进览，不待汇呈。颁赏珍物，叩首祇谢，亲捧而出。赐物以小荷囊为最重，谢时悬之衣襟，昭恩宠也。余人在外和诗，不入宴。

这也是真正的茶宴，所享只是"果盒杯茗"而已，但要赋皇上的御制诗，题目虽然预先通知，韵脚却是临时告诉，没有真才实学还真不好应付。

后来在各种宴会上都要用茶，如康熙、乾隆两朝举行过四次规模巨大的"千叟宴"，多达两三千人，把全国各地65岁以上的代表性老人都请来，席上也要赋诗。但开始也要饮茶，先由御膳茶房向皇帝进献红奶茶一碗，然后分赐殿内及东西檐下王公大臣，连茶碗也赏给他们，其余赴宴者则不赏茶。被赏茶的王公大臣等接茶后均行叩礼，以谢赏茶之恩。以后就开始上酒菜正式开宴。此外皇宫举行的各种宴会开始都要先进奶茶，再摆酒席。从此以后，茶宴中的酒水菜肴的比重越来越大了，逐渐演变成真正的宴会了。

（文章原载《农业考古》2006年第5期）

中国古代的茶文化典籍

一、茶书定义与分类

（一）茶书定义

典籍本指记载古代法制的图书，也泛指古代图书。茶文化典籍是指古代记载有关茶文化内容的图书，简称为茶书。

茶书是指专门论述茶叶种植、加工、冲泡、品尝的古代茶学著作，也包括许多专门论述历代茶政、茶法和茶叶贸易的著作。但后者大多属于社会经济史和法制史范畴，如宋代的《本朝茶法》《茶法易览》和明代的《茶马疏》《茶马志》《历朝茶马奏议》等，与茶艺专业没有直接关系，故就专门学习茶艺的作者来说，可暂不涉猎此类茶书。古代还有一些农学著作，如唐代的《四时纂要》、元代的《王祯农书》、明清的《农政全书》《抚郡农产考略》等，其中也有关于茶叶种植的记载，但只是该农书某个章节的一部分，不是专著，故不属于茶书。

中国茶书始于唐代，在此之前只有零星篇章涉及茶事，没有专门的茶书。自唐代中期陆羽《茶经》问世到清代末年为止，我国历史上刊印的各类茶书有百种之多，但多数失传，流传至今的不过四五十种（其中有些还是后世辑录的，并非全貌）。这些茶书记载了历代茶叶种植、采制、品饮、进贡、贸易等方面的情况，具有极为重要的学术价值，是我们研究中国茶文化历史的主要资料来源。

不过，虽说是茶书，除了明清的几部汇编类茶书的篇幅较大外，多数只有数千字（陆羽《茶经》算是篇幅较大了的，也只有7000字）甚至有的只有数百字，以现在的标准衡量，只能算是文章而已。这可能是古代雕版刻印，字体较大，每页字数较少，一篇文章也能装订成一册薄薄的书本。有的则是因为原书已佚，只留下断简残篇，人们仍以茶书称之。

本文所论茶书之下限至清末，当前市面上出现的众多茶书，是否都能成为典籍，还须经过时间的考验，一时不易定论，故暂不涉及。

（二）茶书分类

按内容划分，茶书可分为综合、地域、专题、汇编四大类。[1]

1.综合类茶书

此类茶书是全面综述有关茶叶的形态、名称、茶树环境、栽培管理、采摘、加工制作、烹煮冲泡、品尝欣赏、茶具、茶俗、茶史、茶事、诗词等的茶书。如唐代陆羽的《茶经》，宋代赵佶的《大观茶论》，明代朱权的《茶谱》、许次纾的《茶疏》、罗廪的《茶解》等。

2.地域类茶书

此类茶书是专门记述某一地区茶叶的采摘、制作、名茶、贡品的茶书。如宋代蔡襄的《茶录》、宋子安的《东溪试茶录》、赵汝砺的《北苑别录》、熊蕃的《宣和北苑贡茶录》等，都是专门记述福建建安北苑茶区的茶叶生产情形。明代熊明遇的《罗岕茶记》、冯可宾的《岕茶笺》是专门记述江苏宜兴与浙江长兴交界罗岕茶区的茶叶生产情形。清代程淯的《龙井访茶记》则是专门记述浙江杭州龙井茶区采摘、制作和品尝等情形。

3.专题类茶书

此类茶书是专门记述茶事活动中某一方面的茶书。如唐代张又新的《煎茶水记》、明代田艺蘅的《煮茶小品》和徐献忠的《水品》专门记述各地宜茶之水。唐代苏廙的《十六汤品》和宋代蔡襄的《茶录》等是专讲煮茶、点茶等品饮艺术。五代毛文锡的《茶谱》是专门记载各地茶叶的品级。宋代审安老人的《茶具图赞》和明代周高起的《阳羡茗壶系》等是专门记述点茶器具和紫砂茶具的。

4.汇编类茶书

此类茶书是将历代有关茶叶的历史资料汇编成书，具有保存资料便于后人查阅的价值。此类茶书又分为两种：一种是简单地将各种茶书合为一集刊印，如明代喻政的《茶书全集》，就是将历代26部茶书合在一起而成书的。另一种是摘录散见于各种著作中的有关茶文化资料再分类编辑成书的，如清代刘长源的《茶史》和陆廷灿的《续茶经》等。这些汇编的茶书虽然没有原创的见识，但保存了一些后来已经失传的茶史资料（如唐代裴汶的《茶述》，宋代罗大经的《建茶论》等），为今人研究茶史提供了很多方便，因而也具有很大价值。

就茶艺专业来说，要重点阅读的是那些涉及品茶艺术的茶书，其中既有综合类和地域类的茶书，也有专题类的专门论述宜茶之水、品饮艺术和茶具的茶书。本文所述即是这几类茶书。

二、古代茶书分类概况

根据上一节茶书分类的原则，以下对四大类茶书的概况分别进行介绍：

（一）综合类茶书

这一类茶书按时代顺序主要有：

（唐）陆羽《茶经》——全书共十章，分别记述茶叶的起源、形状、名称、功效及茶与生态条件的关系、采茶制茶工具、茶叶采摘时间与方法、制茶方法、茶叶种类和等级、煮茶饮茶用具和各瓷窑产品的优劣、烤茶和煮茶的方法以及水的品质、饮茶的历史、茶的种类、饮茶风俗、古代有关茶的故事和茶药效史料、全国茶区的分布及茶叶的品级、某种情况下可以省略或必须具备的茶具。

（宋）赵佶《大观茶论》——全书在序之后分为地产、天时、采择、蒸压、制造、鉴辨、白茶、罗碾、盏、筅、瓶、杓、水、点、味、香、色、藏焙、品名、外焙共有20则，对茶的产地、茶季、采茶蒸压、制造、品质鉴评白茶等进行论述，对各种茶具和点茶技法进行了研讨，还论述了茶叶的色、香、味、贮藏、品名等问题。

（明）朱权《茶谱》——全书在绪论之后分为品茶、收茶、点茶、熏香茶法、茶炉、茶灶、茶磨、茶碾、茶罗、茶架、茶匙、茶筅、茶瓯、茶瓶、煎汤法、品水共有16则，对采茶、焙茶、点茶、茶具、用火、宜茶之水，都有精到的见识。

（明）钱椿年《茶谱》——内容包括茶略（茶树性状）、茶品（各种名茶）、艺茶（种茶）、采茶、藏茶、制茶诸法、煎茶四要（择水、洗茶、候汤、择品）、点茶三要（涤器、熁盏、择果）、茶效等。

（明）屠隆《茶说》——内容包括茶寮（茶室）、茶品、采茶、日晒茶、焙茶、藏茶、择水、养水、洗茶、注汤、择器、洗器、熁盏、择薪、择果、茶效、人品、茶具等。

（明）张源《茶录》——内容包括采茶、造茶、辨茶、藏茶、火候、汤辨、汤用老嫩、泡法、投茶、饮茶、香、色、味、点染失真、茶变不可用、品泉、井水不宜茶、贮水、茶具、茶盏、拭盏布、分茶盒、茶道等。

（明）张谦德《茶经》——全书分上、中、下三篇。上篇论茶（茶产、采茶、造茶、茶色、茶香、茶味、别茶、茶效），中篇论烹（择水、候汤、点茶、用炭、洗茶、熁盏、涤器、藏茶、炙茶、茶助、茶忌），下篇论器（茶焙、茶笼、汤瓶、茶壶、茶盏、纸囊、茶洗、茶瓶、茶炉）。

（明）许次纾《茶疏》——全书序及小引后共有36则，分为：产茶、今古制法、采摘、炒茶、岕中制法、收藏、置顿、取用、包裹、日用置顿、择水、贮水、舀水、煮水器、火候、烹点、秤量、汤候、瓯注、荡涤、饮啜、论客、茶所、洗茶、童子、饮时、宜辍、不宜用、不宜近、良友、出游、权宜、虎林水、宜节、辨讹、考本。

（明）罗廪《茶解》——全书分为总论、原（产地）、品（品尝）、艺（种植）、采（采摘）、制（制茶）、藏（藏茶）、烹（烹点）、水（用水）、禁（禁忌）、器（箪、灶、箕、扇、笼、帨、瓮、炉、注、壶、瓯、夹）。

（明）黄龙德《茶说》——全书除总论之外共分10章：一之产、二之造、三之色、四之香、五之味、六之汤、七之具、八之侣、九之饮、十之藏。专门论述明朝茶叶生产和品饮诸问题。

（明）程用宾《茶录》——全书四集，其正集共14篇，分别是：原种、采候、选制、封置、酌泉、积水、器具、分用、煮汤、治壶、洁盏、投交、画啜、品真。其余各集则是辑自他书的资料。

（二）地域类茶书

这一类茶书按时代顺序主要有：

（唐）裴汶《茶述》——该书系记载唐代浙江长兴县西北的顾渚山茶事。该书已佚，赖清代陆廷灿《续茶经》保存了该书的一篇序言，让我们得知作者对饮茶功效的基本观点。

（宋）蔡襄《茶录》——该书作者曾任福建路转运使时督造贡茶，熟知福建建安茶事。该书分上、下两篇。上篇论茶（色、香、味、藏茶、炙茶、碾茶、罗茶、候汤、熁盏、点茶），下篇论茶器（茶焙、茶笼、砧椎、茶钤、茶碾、茶罗、茶盏、茶匙、汤瓶）。

（宋）宋子安《东溪试茶录》——专写福建建安北苑茶事。分序言及总叙焙名、北苑、壑源、佛岭、沙溪、茶名、采茶、茶病共8则，前5则详细叙述建安诸焙沿革及其所属茶园的位置和特点，后3则介绍7个茶种的产地和性状，讨论采摘时间和方法以及采制不当造成的毛病。

（宋）黄儒《品茶要录》——全书论述北苑茶事，前后各有总论一篇，中间分为10则：采造过时、白合盗叶、人杂、蒸不熟、过熟、焦釜、压黄、渍膏、伤焙、辨壑源沙溪。

（宋）熊蕃《宣和北苑贡茶录》——专写福建建安北苑贡茶生产情况。书中记叙了北苑贡茶的历史、各种贡茶发展概况、进贡经过，并有各色贡茶模板图形38幅，附有贡茶大小尺寸，使后人得以了解宋代贡茶的具体形状。

（宋）赵汝砺《北苑别录》——作者认为熊蕃《宣和北苑贡茶录》不够详尽，写此作为续集。全书共12则：御园、开焙、采茶、拣茶、蒸茶、榨茶、研茶、造茶、过黄、纲次、开畲、外焙。

（明）熊明遇《罗岕茶记》——专门记述江苏宜兴和浙江长兴县交界处山中的野生茶叶岕茶（"岕"是指介于两峰之间而较平坦的地方）的生产情况。该书全文分为七节，专述医茶的生产环境、茶品的鉴别、藏茶、烹茶之法等。

（明）周高起《洞山岕茶记》——洞山处于宜兴和长兴交界处，本书专门记述洞山所产野生医茶的历史、产地、品类、采焙、鉴伪、烹饮等内容，其中品类又分为第一、二、三品及不入品，对一、二品之岕茶尤为称赞。

（明）冯可宾《岕茶记》——全书分为序医名、论采茶、论蒸茶、论焙茶、论藏茶、辨真赝、论烹茶、品泉水、论茶具、茶宜、茶忌、附录等。

（清）程清《龙井访茶记》——专写浙江杭州龙井茶区的茶事，分为土性、栽植、培养、采摘、焙制、烹瀹、香味、收藏、产额、特色10个方面，全面记述龙井茶的种植、采摘、加工、收藏和冲泡、品尝等情况。

（三）专题类茶书

这一类茶书按时代顺序主要有：

1.论水

（唐）张又新《煎茶水记》——这是我国第一部专门论述品茶用水的著作。书中记述刘伯刍品评7处泉水的等级和陆羽品评全国20处水的品第。论述煎茶用水对茶色香味的影响，指出："夫茶烹于所产处无不佳也。盖水图之宜，离其处，水功其半。"

（明）田艺蘅《煮泉小品》——全书汇集历代论茶与水的诗文，分为引、源泉、石流、清寒、甘香、宜茶、灵水、异泉、江水、井水、绪谈、跋，记述并考据各类的水质和特点，是一本系统评述烹茶用水的专书。

（明）徐献忠《水品》——全书分上、下两卷，上卷为总论，分源、清、流、甘、寒、品、杂说等目。下卷论述诸水，自上池水至金山寒穴泉等37处泉水，都是品评宜于烹茶之水。资料丰富是其特色。

2.烹点

（唐）苏廙《十六汤品》——专门论述煮茶方法（包括沸水之老嫩、茶具的选择、燃料的质地等），将茶汤分为若干品第：煮水老嫩分三品、冲泡注水缓急为三品，盛器不同分五品，嫩料不同分五品，共计十六汤品。

（宋）蔡襄《茶录》——该书虽然是属于地域类茶书（专门论述建安北苑茶事），但其又专门论述点茶技巧，故也可划入专题类茶书。

（明）陈师《茶考》——全书分5节，内容包括辨真假茶、论茶品、论制茶藏茶之宜，均与烹点茶汤有关。书中还记述了杭州流行"撮泡法"的习俗。

（明）徐𤊹《茗谭》——该书记述有关茶的诗文、故事、茶与水的品第等，其重点在于谈论品茶的清雅情趣。

（明）闻龙《茶笺》—书中论述茶之采摘、炒制、烘焙、收藏及用水、茶具，都与品茶艺术有关。

3.茶品

（五代）毛文锡《茶谱》——主要记述各产茶区的名茶，对其品质、风味及部分茶的疗效加以评论。书中还记载了多种散叶茶（即芽茶），说明当时除饼茶外，散叶茶已经产生并有所发展。

4.茶具

（宋）审安老人《茶具图赞》——我国第一部专门记述茶具的茶书。主要是将焙茶、碾茶、筛茶、点茶等12种茶具的名称和实物图形编辑成书。附图12幅并加以说明，使后人对宋代茶具的具体形状有明确的了解。作者还别出心裁地给各种茶具安上官职，又给它们取上标志其功能的名、号，指出其特点，令人过目不忘。

（明）周高起《阳羡茗壶系》——我国第一部专门记载紫砂茶具的茶书。除序言外，分为创始、正始、大家、名家、雅流、神品、别派及有关紫砂泥品质、品茗用壶之宜等内容。是研究紫砂壶历史的重要资料。

（清）吴骞《阳羡名陶录》——全书分上、下两卷，设有自序、原始、选材、本艺、家溯、丛谈、文翰（包括记、铭、赞、赋、诗）等。

（四）汇编类茶书

这一类茶书中较有价值的是清代的两部：

（清）刘源长《茶史》——全书分茶之原始、茶之名产、茶之分产、茶之近品、陆鸿渐品茶之出、唐宋诸名家品茶、袁宏道《龙井记》、采茶、焙茶、藏茶、制茶、品水、名泉、古今名家品水、欧阳修《大明水记》、欧阳修《浮槎水记》、叶清臣《述煮茶泉品》、贮水、汤候、苏廙《十六汤》、茶具、茶事、茶之隽赏、茶之辩论、茶之高致、茶癖、茶效、古今名家茶咏、杂录、志地共30目，辑录唐宋茶书及史籍中的有关资料，便于后人查阅。

（清）陆廷灿《续茶经》——该书先将陆羽《茶经》列在卷首，然后按《茶经》体例分上、中、下三卷，分为一·茶之源、二·茶之具、三·茶之造、四·茶之器、五·茶之煮、六·茶之饮、七·茶之事、八·茶之出、九·茶之略、十·茶之图。辑录自唐至清1000多年之文献资料并汇编成书，特别是有许多已经失传的茶书赖此书得以保存，给后人研究茶史提供了便利。《四库全书总目》称此书"一一订定补辑，颇切实用，而征引繁富"。是清代茶书中的重要之作。

三、古代茶书的版本

版本是指同一部书因编辑、传抄、刻版、排版或装订形式不同而产生的不同本子。

古代茶书因为当时的出版条件限制，开始是靠手抄本流传，后来用木板雕刻印刷，数量都不会很大，难以满足社会的需要。因此，在过了一段时间之后，就需要重新翻刻印刷，出现了不同的版本。在传写和刊刻过程中，就有可能出现错漏讹误的现象，比如将"鲁"字误刻成"鱼"字，将"亥"字误刻成"豕"字，这就是成语中的"鲁鱼亥豕"。时代越久远，这种错误现象就越多，造成对原著理解困难，有时甚至违背原意，得出错误的结论。有的版本是经过后世学者校勘过的，错误较少。有的则是一些只为牟利的书商翻刻的版本，经常错误百出。因此，在购买和阅读古代茶书的时候，就需要注意版本问题。

以陆羽《茶经》为例：

《茶经》初稿写成于唐代上元初年，永泰元年（765）完成定稿，大历十年（775）以后再度修改，十四年后定稿。如果在不同时间有人传抄《茶经》的话，其内容文字自然就会有差异。

宋代陈师道在《茶经序》中就说他"家传一卷，毕氏、王氏书三卷，张氏书四卷，内外书十有一卷。其文繁简不同，王、毕氏书繁杂，意其旧文；张氏书简明，与家书合而多脱误。"可知，早在宋代陈师道之时，《茶经》就有4个版本，而且繁简不同，多有错误。

由于《茶经》的影响很大，历代都有人翻刻，因此版本就非常之多，流传至今（至民国初年为止）者达30余种，见下表。

《茶经》版本

序号	版本
1	宋咸淳刊《百川学海》本
2	明弘治刊《百川学海》本
3	明弘治十四年华珵刻递修本
4	明《百名家书》本
5	明陶宗仪《说郛》本
6	明《山居杂志》本
7	明嘉靖十五年莆田郑氏刻本
8	明嘉靖二十二年柯氏刻本
9	明嘉靖壬寅吴旦刻本
10	明嘉靖庚子龙盖寺刻本
11	明万历十六年孙大绶秋水斋刻本
12	明万历十六年程福生竹素园刻本

（续）

序号	版本
13	明乐生元刻本
14	《茶书全集》刻本
15	玉茗堂主人别本《茶经》本
16	明郑熜校日本翻刻本
17	《唐宋丛书》本
18	《吕氏十中》本
19	《小史集雅》本
20	《五朝小说》本
21	《唐人说荟》本（亦称《唐代丛书》本）
22	《文房奇书》本
23	《格致丛书》本
24	《汉唐地理书钞》本
25	《植物名实图考长编》本
26	清雍正十三年陆氏寿椿堂刻本（即《续茶经》本）
27	清嘉庆十年张氏照旷刻本（即《学津讨源》本）
28	清《四库全书》本
29	清《古今图书集成》本
30	民国十二年沔阳卢氏慎始基斋影印本（即《湖北先正遗书》本）
31	日本大典禅师《茶经详说》本
32	日本宫内厅书陵部藏《百川学海》本
33	日本宝历刻本
34	日本京都书肆天保十五年补刻本
35	民国西塔寺刻本

这么多的版本，自然就会出现很多差异。如"一之源"中说到茶叶的形态是"其树如瓜芦，叶如栀子，花如白蔷薇，实如栟榈，茎如丁香，根如胡桃。"其中"茎如丁香"的"茎"字，有的版本就误为"蒂"，有的版本误为"叶"，有的误为"蕊"，所指的部位就很不一样。又如谈到茶叶生长的土壤时说"其地，上者生烂石，中者生砾壤"之"砾"字，有的版本就误为"栎"，砾壤是指砂质土壤，"栎壤"就不通了。在谈到"茶之为用"时指出"若热渴、凝闷、脑疼……"中的"若"字，有的版本就误为"苦"字，"若""苦"字形很相似，是传写之误，真是典型的"鲁鱼亥豕"了。

这些错误还是比较容易识别的。有的错误意思相反，就容易曲解原作者的本意了。如"四之器"中谈到茶碗时指出"越州上，鼎州次，婺州次。岳州上，寿州、洪州次。"有的版本就误作"婺州上""岳州次"，"上""下"一字之差，意思完全相反，若不注意就会导致错误的结论。

所以，研究古代茶书的学者，就要根据一种较早期的版本，再参照其他版本进行校勘，成为一个尽量接近原著的好版本。如阮浩耕、沈冬梅、于良子先生释注校点的《中国古代茶叶全书》，在《茶经》的按语中就说明"本书采用宋咸淳刊百川学海本作底本，参校明刊百川学海本、四库全书本、唐人说荟本、宛委山堂说郛本、涵芬楼说郛本、古今图书集成本、郑熜校本、西塔本等版本。"

对待《茶经》如此，对待其他茶书也应该如此。作为学习者，也要尽量选择经过学者校勘的版本，比如上述《中国古代茶叶全书》中的《茶经》，或者吴觉农主编的《茶经述评》（第二版）。[2]

四、古代茶书简史

在唐代以前，没有专门的茶学著作，因为当时饮茶之风不盛，不可能有人专门撰写茶叶方面的著作，只有一些书籍和诗歌中偶尔提及，但都是一些只言片语，算不上茶书。但其中有一篇诗赋可以当作茶书来阅读，这就是西晋杜育的《荈赋》。

赋是古代的一种文学样式，就其描写的内容而言，大体可以分为言志和体物两类。前者以写志抒情为主旨，后者则是以描写具体事物为主旨。体物的赋涉及的事物极广，包括天文、地理、音乐、舞蹈、建筑、绘画、草木、鸟兽、器用、服饰以及典礼制度等。它除了具有文学作品所共有的思想价值、审美价值之外，还有广泛的文化史上的价值。对某些赋来说，它在这方面的价值甚至超过它作为文学作品的价值。《荈赋》就是属于描写"草木"一类的作品，专门描写茶叶的生产和饮用的情形，从而成为研究晋代茶叶生产的珍贵资料，从这个意义上说，它的学术价值要超过它的文学价值。

晋代称秋季采摘的茶叶为荈，杜育就是以秋季的茶叶为题材创作《荈赋》的。原作已经散失，现在所能看到的《荈赋》是根据唐宋时代的类书收集起来的断简残篇，并不是全貌，总共只有14句[3]：

灵山惟岳，奇产所钟。瞻彼卷阿，实曰夕阳。厥生荈草，弥谷被岗。承丰壤之滋润，受甘泉之霄降。月惟初秋，农功少休；结偶同旅，是采是求。水则岷方之注，挹彼清流；器择陶简，出自东瓯。酌之以匏，式取公刘。惟兹初成，沫沈华浮。焕如积雪，晔若春敷。若乃淳染真辰，色绩青霜；氤氲馨香，白黄若虚。调神和内，倦解慵除。

《荈赋》是历史上第一次全面而真实地记述当时茶树生长环境、采茶、用水、茶具、茶汤、泡沫、功效各个方面的作品，说它是篇袖珍的茶书也不过分。实际上，陆羽《茶经》有许多地方都是继承《荈赋》的。

真正的茶书出现在唐代中期，当时饮茶之风已经普及全国，各地茶叶生产相当发达，茶叶市场繁荣，城市中出现许多茶叶商店和茶馆，文人雅士们也介入茶事活动并写出众多的茶诗、茶文。陆羽因躲避战乱从湖北天门来到唐代贡茶生产中心地浙江湖州，对茶叶生产有了更深入的了解，经过十余年的潜心研究，终于撰写出世界上第一部最完备的综合性茶学著作——《茶经》。《封氏闻见记》记载："楚人陆鸿渐为茶论，说茶之功效，并煎茶、炙茶之法，造茶具二十四事，以都统笼贮之。远近倾慕，好事者家藏一副……

于是茶道大行，王公朝士无不饮者。"可见《茶经》对唐代饮茶风习的确产生了巨大的推动作用。

《茶经》被后世誉为"茶学百科全书"，是所有茶书中最重要的著作，自问世1200多年以来，传播国内外，被译成日、韩、英、俄、德、法等国文字，版本有100多种。陆羽也因此被誉为"茶圣""茶神"和"茶祖"。在中国、日本、韩国都有专门研究陆羽《茶经》的学术团体，这些团体经常开展研究活动，出版专门的学术刊物。

在陆羽《茶经》的带动下，唐代还出现一些茶书，如皎然的《茶诀》、张又新的《煎茶水记》、裴汶的《茶述》、温庭筠的《采茶录》、苏廙的《十六汤品》、陆龟蒙的《品茶书》、温从云等的《补茶事》、张文规的《造茶杂录》以及五代毛文锡的《茶谱》等。可惜除了少数如张又新的《煎茶水记》和苏廙的《十六汤品》之外，大都失传了。

茶书开始繁荣是在宋代。由于气候转冷，太湖结冰，顾渚山茶区的茶树大批冻死，茶叶生产遭到严重破坏，贡茶不能及时采制，无法在清明节之前运到京城。于是就将生产贡茶的任务南移到气候温暖的福建茶区，在建安（今建瓯）的北苑设立专门机构"龙焙"，负责生产供御用的贡茶。朝廷指派一些官吏前来督造，以保证制造出高质量的团饼茶。这些官吏对茶叶的采、拣、蒸、榨、研、造、形等技术特别注意，也积累了很多经验教训。他们后来写了许多偏重于总结生产技术的茶书。如丁谓就是在任福建转运使督造贡茶之后写了《北苑茶录》。蔡襄也是在任福建转运使督造小龙团后撰写了《茶录》。赵汝砺任福建转运使主管帐司时撰写了《北苑别录》等。这些茶书实际上都具有工作总结汇报的性质，如蔡襄《茶录》就是专门进呈给皇帝阅览的。所以这些茶书都是偏重记述贡茶生产情形的。但也给后人留下了宋代茶叶生产技术的详细资料，具有重要的研究价值。

宋代的饮茶方式已经从唐代的煮茶演变为点茶，特别是斗茶的盛行，促进品茗艺术的高度发展，人们饮茶已经不只是停留在解渴、提神、保健的层面，而是着重从色、香、味、形诸方面来欣赏。因此有些茶书就对这方面进行总结，据《通志》艺文略食货类记载，宋代有部佚名的茶书叫《北苑煎茶法》，顾名思义就是专门讲述点茶技艺的茶书。在蔡襄的《茶录》中对茶汤的色、香、味以及点茶技法就有专门的记载。而宋徽宗赵佶本人更是精通点茶技艺，他一次点茶可以连续注汤七次，"以分轻匀重浊，相稀稠得中""乳雾汹涌，溢盏而起，周回而不动。"他在《大观茶论》中对点茶技艺就有详尽的论述，可以代表宋代点茶技艺的最高水平。因讲究品茗艺术，自然也会追求茶具的艺术美，因此宋代的茶书对茶具都给予足够的重视。蔡襄《茶录》上篇论茶，下篇就专门论述茶具。《大观茶论》中就有四分之一的篇幅专门论述茶具。最后还出现了第一部专门论述茶具的茶书《茶具图赞》。

元代是游牧民族出身的蒙古贵族统治时期，饮茶在上层社会不占主流，除了有些文人写点茶诗茶文（如杨维祯的《煮茶梦记》）外，没有产生过一部茶书，也是可以理解的。

茶书的再一次繁荣是在明代。明代开始盛行散茶冲泡方式，特别是朱元璋宣布废除进贡饼茶改进芽茶之后，散茶冲泡技艺逐渐走向成熟。明代的茶书大多对此很重视，多有新意。尤其是经过永乐盛世之后，国家统一，社会安定，经济日趋繁荣，有更多的文人雅士介入茶事活动，提高了品茗技艺的文化品位，相继撰写了众多的茶学著作。仅明一代，茶书就多达50余部，约占自唐至清茶书总数的一半。其中最早的当数朱元璋第十七子朱权的《茶谱》。这是明朝前期的一部重要茶书。除绪论外，分品茶、收茶、点茶、薰香茶法、茶炉、茶灶、茶磨、茶碾、茶罗、茶架、茶匙、茶筅、茶匦、茶瓶、煎汤法、品水等16则，是部专门论述品茶技艺的著作。他反对饼茶，提倡用蒸青叶茶碾末进行冲点的点茶法，"取烹茶之法，末茶之具，崇新改易，自成一家。"可视为从饼茶冲点向叶茶冲泡过渡的中间形态。

至明代中期，散茶冲泡已在社会上普及，冲泡技艺也日趋成熟，许多茶书纷纷对此进行总结。其中如屠隆《茶说》、张源《茶录》、许次纾《茶疏》、罗廪《茶解》、黄龙德《茶说》等，都对散茶冲泡技艺进行颇有新意的论述。泡茶更加讲究用水，在明代出现了几部专门谈水的茶书，其中以田艺蘅的《煮泉小品》和徐献忠的《水品》较为重要。泡茶讲究茶汤的色、香、味，对茶具的选择也非常讲究，紫砂茶具的崛起更是茶具史上一大成就，周高起的《阳羡茗壶系》就是专门记载宜兴紫砂壶艺的最早著作，是研究紫砂壶历史的重要资料。此外，众多的茶书也对明代茶叶生产技术（如绿茶炒青、花茶窨制、乌龙茶摇青、红茶发酵等）作了具体的记载，对研究明代茶叶生产技术具有很大学术价值。

值得一提的是，明代还有不少文人重视继承前人成果，进行资料搜集汇编工作，先后编辑一些汇编类茶书。如朱祐槟《茶谱》、朱曰藩和盛时泰《茶事汇辑》、孙大绶《茶谱外集》、吴旦《茶经外集》、屠本畯《茗笈》、夏树芳《茶董》、陈继儒《茶董补》、龙膺《蒙史》、徐𤊹《蔡端明别记》、喻政《茶集》和《茶书全集》、万邦宁《茗史》等。其中又以喻政的《茶书全集》篇幅最大，取古人26种茶书合在一起，保存了不少茶书，有些只有此刊本，有些是初版著作，甚为珍贵，为后人研究茶史提供了方便。

但汇编茶书也是清代茶书的一大成就。或许是明代茶事已臻鼎盛，明代的茶书已经进行了全面总结，后人难以超越，因此尽管清代的茶叶生产非常发达，茶馆业之繁荣也不亚于明代，但是清代除了一本吴骞的《阳羡名陶录》是撰写紫砂茶具（且多源自明代周高起之《阳羡茗壶系》）之外，却未产生足以引人瞩目的茶书。但有两部汇编类茶书还是值得一提的。一部是刘源长的《茶史》，刊刻于康熙年间，全书33000字，主要是杂引19种古书的资料汇编成书，共分30个子目，体例内容较为杂芜。另一部是陆廷灿的《续茶经》，全书10万余字，该书先将陆羽《茶经》列在卷首，然后按《茶经》体例从"茶之源"至"茶之图"十目，辑录自唐至清初的历代资料并加以考辨，汇编成书，书后还附录历代茶法的有关资料。书中保存了许多已经失传的茶书，为后人提供了很大方便。《四库全书总目提要》评价为"征引繁富""颇切实用"。

参考文献

[1] 阮浩耕,沈冬梅,于良子.中国古代茶叶全书[M].杭州:浙江摄影出版社,1999.

[2] 吴觉农.茶经述评（第二版）[M].北京:中国农业出版社,2005.

[3] 关剑平.茶与中国文化[M].北京:人民出版社,2001:369-387.

（文章原载《农业考古》2007年第2期）

茶具概述

一、茶具定义

茶具就是饮茶的器具，古代也称为茶器或汤器。

在古代茶具是指种茶、制茶的用具，如陆羽《茶经·二之具》中所列籝、灶、甑、杵臼、规、承、檐、芘莉、棨、扑、焙、贯、棚、穿、育等，《茶经·三之造》中就说制茶工序是"采之、蒸之、捣之、拍之、焙之、穿之、封之，茶之干矣。"可见上述14种都是采茶、制茶的工具。

《茶经·四之器》记载的一些煮茶器具才是真正的茶具。如风炉、筥、炭挝、火筴、鍑、交床、竹夹、纸囊、碾、罗、合、则、拂末、水方、漉水囊、瓢、鹾簋、熟盂、碗、畚、札、涤方、滓方、巾、具列、都篮，都是唐代煮茶的器具。

又如宋代蔡襄《茶录》下篇的题目就是"论茶器"，所论的茶焙、茶笼、砧椎、茶钤、茶碾、茶罗、茶盏、茶匙、汤瓶，都是宋代点茶的一些器具。

现代所称之茶具，都是指饮茶的器具，不再包括采茶、制茶的工具。

茶具在茶艺活动中具有极重要的地位。古人说，"工欲善其事，必先利其器。"要想泡好茶，就得有一套合适的茶具。明代许次纾《茶疏》中说："茶滋于水，水藉于器，汤成于火，四者相顾，缺一则废。"所以，没有茶具就无法进行茶事活动，茶艺（品茗艺术）也就"缺一则废"。

同时，品茶作为一项艺术行为，不仅重视茶叶的色、香、味、形和茶具的实用功能，而且还讲究茶具的审美价值，因而历来都非常重视茶具的艺术性，以增强品茶时的文化氛围，取得良好的艺术效果。在制造茶具时精心制作，使之成为既能适合冲泡又令人赏心悦目的工艺品。如陆羽在《茶经·四之器》中对烧水的风炉就进行了精心设计：形状如"古鼎形"，三足上分别铸有"坎上巽下离于中""体均五行去百疾""圣唐灭胡明年铸"等文字，炉上三个窗口要铸上"伊公羹、陆氏茶"六个字。炉子上还要装饰禽、兽、鱼等各种图案和离、巽、坎三个卦象。这种风炉是陆羽匠心独运的艺术作品，陆羽也是历史上第一位赋予茶具以深刻文化含义的大师。

陆羽为何要对一个烧水的炉子如此重视呢？

这是因为唐代的饮茶方式是煮茶，从炙茶开始到水之三沸，其间还要添盐、舀水、竹夹搅水、倒进茶末、再倒入原来舀出的水，直至最后从茶鍑里舀出茶汤倒进茶碗里，这一切都是在风炉上进行，人们的视线一直没有离开风炉，风炉成为人们注视的中心。而风炉在所有茶具中的体积又是最大，如果它的式样没有任何艺术性和文化内涵的话，必然要影响这个煮茶过程的观赏效果。所以陆羽才会那么重视风炉的式样及其装饰。

但是到了宋代，盛行的是点茶法，茶艺的重心不在风炉上，而是在茶盏中击拂，使之产生很多洁白的泡沫，人们的视线也就集中到茶盏上。于是盛行黑釉茶盏，并且日益讲究其纹样的艺术性，诸如兔毫纹、油滴斑、鹧鸪斑、虎皮斑以及木叶纹、剪纸贴花等，不一而足。至明代盛行散茶冲泡，茶壶又成了最重要的茶具，而紫砂茶具中最受人珍视、艺术成就也最高的就是紫砂壶。

在现代茶艺活动中，人们在高度重视茶具的实用功能的同时，更加重视茶具的艺术性和观赏性。人们将茶具进行精妙的排列组合，在茶桌上形成一道静止的视觉艺术，犹如一幅引人入胜的静物画，被称为"茶席设计"，而且逐渐形成一门独立的艺术形式，经常在茶文化活动中展示，越来越受到人们的欢迎。[1]

由此可见，茶具在茶艺中的地位是何等重要。

二、茶具名称

由于历代饮茶方式的变化，茶具随之发生变化，因此茶具的名称也不尽相同。总括起来古今大致有下列10类34种用途不一的茶具，其名称分别如下：

1.生火器具

（1）炉。即烧水的火炉，唐代称风炉，以陶土烧制，也有用"铜铁制之"。一般呈圆筒形，下有三短足，中有通风口，内有隔，以燃木炭。上有三短突，可安锅、瓶以烧水。宋代的风炉也有用方形或圆形的火盆代替火炉。

（2）筥。装木炭的篓子，一般用藤或竹篾编织。

（3）火筴。两支夹火炭的圆柱形筷子，用铜、铁或竹木制成。

（4）扇。用来扇风使炉中火旺的器具，用鹅毛、纸、绢等材料制成。

2.煮茶器具

（1）镀。以生铁铸成的煮茶水的锅，口沿较宽，上有两个方形耳，便于提取而不烫手。也有用陶瓷烧制的，甚至有用石头雕成的，称为茶铫。古代富贵人家用银子制成，陆羽认为虽然很洁净，但过于奢华。

（2）交床。放置铁锅（镀）的十字木架，是镀的附属物。

（3）汤瓶。这是宋代才开始盛行的烧水瓷瓶，瓶身较瘦长，放在火盆和炉上烧水用以冲点茶汤。

（4）壶。用陶瓷制成的烧水用的水壶。明代盛行散茶冲泡后，用它来泡茶，故也称茶壶。

3.炙茶器具

（1）竹夹。竹子制成的夹子。取竹子有节的一段，节以上剖开成两片，用来夹住茶饼在火上烤炙。也可用精铁、熟铜制作，唐代皇宫甚至用银子制作，更为耐用、豪华。这是唐宋时期烹点茶饼时的专用工具。

（2）纸囊。装茶饼的纸袋子。用白而厚的剡藤纸（产于浙江剡溪，今嵊州境内）双层缝制，贮放烘烤好的茶饼，不让香气散失。

4.碾茶器具

（1）碾。用坚实的木材制成的碾子，中间有碾槽，可供碾轮来回滚动，将茶饼碾碎。唐宋宫廷贵族也有用金银制成。

（2）磨。以石制成，用以将茶饼磨成茶粉，盛行于宋代。

（3）罗。即筛子，用于将碾好的茶末筛成细粉。它是用大竹片弯成圆圈，中间的细网用纱绢制成，网眼很细，可以晒成很精细的茶粉。

（4）合。即盒子，用竹木或金银制成，用来盛放茶粉。现代装茶叶的容器则称茶罐。

（5）则。则就是茶则，是量茶器具，用海贝、蚌壳或是铜、铁、竹、木制成匙状，煮茶时用它来舀茶粉放入锅中烹煮。

（6）拂末。用羽毛做成小拂尘，碾茶后用它拂扫茶粉末。

5.贮水器具

（1）水方。用坚实木材制成的盛水容器，可容一斗水。

（2）漉水囊。滤水的器具。用生铜或竹、木作骨架，用青竹丝编织水囊，再用绿油布做一个布袋，用以贮放漉水囊。

（3）瓢。舀水的器具，将葫芦壳剖开制成，或用梨木雕凿而成。

（4）熟盂。用瓷或陶制成的盛水器具，主要是用来盛熟水。

6.存盐器具

（1）鹾簋。用瓷器制成的盒子，用来存放食盐（因唐代煮茶要加盐）。形状有的像盒子，有的像瓶或壶。唐代皇宫还有用金银制成的，极尽奢华。

（2）揭。用竹子制成的取盐器具，类似小匙。

7. 点茶器具

（1）茶盏。瓷制的小碗，宋代饮茶是将茶粉放在茶盏中用开水冲点，使之产生泡沫。斗茶时盛行黑釉茶盏。

（2）盏托。用瓷、木或漆器等制成的托子，用来衬托茶盏，以防烫手或溅湿。

（3）茶筅。用竹片制成的小刷子。竹片带节的一头较厚重，另一端剖成丝状，用来击拂茶汤使之产生泡沫。

8.饮茶器具

（1）碗。用瓷器制成的供人们饮用的盛茶汤器具。唐代盛行用碗来喝茶。宋代则使用较小一点的茶碗，称作茶盏。

（2）杯。用陶瓷制成的饮茶小杯子，明代盛行壶泡法，将在茶壶中泡好的茶汤倒进小茶杯饮用。

（3）畚。用白蒲编织成的装茶碗器具，一般可以装10个茶碗，这是唐代使用的辅助茶具。

（4）札。用棕榈皮制成的调茶器具，用茱萸木夹住缚紧棕毛。或用一节竹管装一束棕榈皮，外形像毛笔状。这也是唐代使用的辅助茶具。

9.洗涤、清洁器具

（1）涤方。用楸木板制成的盛废水器具。

（2）滓方。制作方法与涤方相同，用来盛茶渣。

（3）巾。用粗绸制成的手巾，用来擦拭各种茶具。

10.存放器具

（1）具列。用竹、木制成的床形或架形的收藏或陈列茶具的器具。

（2）都篮。用竹篾制成盛放各种茶具的器具，外面用宽的双篾作经，再用细篾缚紧。内部编织成三角形，外部编织成方形。

以上34种茶具中，最重要的是碾茶、煮茶、点茶、泡茶、饮茶的器具，其他都是辅助性的工具，有许多随着时代的前进陆续被淘汰了，如古代的碾茶和点茶的一些茶具（如碾、罗、筅等）现在都不用了。而且由于现代茶艺活动的蓬勃发展，人们也创造出一些新的茶具，如闻香杯、公道杯、茶漏等。

三、茶具质地

茶具质地主要有金、银、铜、铁、锡、瓷、陶、漆等。根据使用者的身份和经济能力的差异，他们所使用的茶具质地也有所不同。就一般而言，陶瓷茶具是主流，几乎任何阶层的人士都要使用，只不过精粗不同而已。

（一）金、银茶具

古代王公贵族们为了炫耀他们的显赫地位，讲究排场，喜欢使用一些金银茶具。唐代茶书《十六汤品》中就有一道"富贵汤"，书中说"以金银为汤器，惟富贵者具焉。""汤器之不可舍金银，犹琴之不可舍桐，墨之不可舍胶。"《大观茶论》也说"瓶宜金银""碾以银为上"，蔡襄《茶录》则说茶匙"黄金为上"。不过也许是因为黄金比重太大，而且性软，一般都是采用银质鎏金，既轻巧坚固又灿烂辉煌。各地考古发掘中发现了不少这类金银茶具。如：

在陕西省西安市和平门外出土了7件唐代大中年间的银质鎏金茶碗托盘，器身錾文自称"茶托子"。

在浙江省杭州市临安区唐墓中出土过1件银质风炉。

在江苏省镇江市丹徒区丁卯桥出土了1件长流银注壶，还有1件银茶托。

在江苏省镇江市丹徒区以及西安市的唐墓中都各出土了1件双耳银锅。

在陕西省西安市和平门外出土了1件银茶托。

在内蒙古奈曼旗的辽墓中出土过银执壶和银盏托。

在福建茶园山宋墓中出土过1件银汤瓶和1件银托盏及1件银茶碗。

但最引人注目的是1987年在陕西省扶风县法门寺地宫中出土的一套唐代皇帝僖宗所供奉的宫廷茶具，其中就有10件鎏金银茶具，分别是：鎏金鸿雁流云银茶碾（附有鎏金团花银锅轴）、鎏金仙人驾鹤纹银茶罗、鎏金飞鸿纹银则、鎏金飞鸿纹银则银匙、系链银头箸、鎏金人物画银坛子、鎏金银龟盒、鎏金摩羯纹银盐台、金银丝结条笼子、鎏金镂空飞鸿毬纹银笼子。

这些金银茶具制作精妙，巧夺天工，具有极高的艺术价值，它们与同出的秘色瓷器和琉璃器皿组成一套金玉满堂式的宫廷茶具，所显示的是皇权至尊、君临天下、威慑臣民的皇权威严。与陆羽《茶经》所提倡的精行俭德的茶道精神完全背道而驰。

（二）铜、铁、锡茶具

这一类茶具较少，主要是烧火煮水之用，如风炉、镇等。陆羽《茶经》中就说"风炉以铜铁铸之。""镇以生铁为之。""炭檛以铁六棱制之。"蔡襄《茶录》"砧椎"中也说："砧以木为之，椎或金或木铁。"这里的"金"指的是铜。又说"茶碾以银或铁为之。黄金性柔，铜及喻石皆能生铁，不入用。"在"汤瓶"条目中也说："黄金为上。人间以银铁或瓷石为之。"《大观茶论》"碾"条目中也说"碾以银为上，熟铁次之。"可见，古代确实使用铜铁之类的茶具。考古发掘中目前只在河南洛阳的宋墓中出土过一件铜荷花瓣托盏。

锡器茶具主要兴起于明代泡茶法盛行之后。多作烧水、泡茶、藏茶之用，如锡壶、锡罐等。如明代张源《茶录》在"茶具"一则中说："银者宜贮朱楼华屋，若山斋茅舍，惟用锡瓢，亦无损于香、味、色也。"罗廪《茶解》说：壶"或锡或瓦，或汴梁摆锡铫。""注，以时大彬手制粗砂烧缸色为妙。次用锡。"黄龙德《茶说》"七之具"中说："若今姑苏之锡注。"程用宾《茶录》则说："惟从锡瓶煮汤为得。"冯可宾《茶笺》"论茶具"也说："茶壶窑器为上，锡次之。"可见锡茶壶确曾在江南民间流行。至今在婺源等茶区还有用锡壶烧水泡茶和用锡罐贮藏茶叶的。

（三）瓷器茶具

这是使用时间最长也最广泛的茶具。早在汉魏南北朝时期，人们就使用青釉瓷作为酒器和茶具，到了唐代，除了青釉瓷器之外，还广泛使用白釉、黄釉、褐釉以及彩绘瓷器茶具。陆羽《茶经·四之器》"鍑"记载："洪州以瓷为之，莱州以石为之。瓷与石皆雅器也，性非坚实，难可持久。"可见瓷器茶具已被视为高雅的器具。在"碗"这条目中，陆羽比较了各地名窑烧造的瓷碗的品质高下："越州上，鼎州次，婺州次，岳州次，寿州、洪州次。或者以邢州处越州上，殊为不然。若邢瓷类银，越瓷类玉，邢不如越一也；若邢瓷类雪，则越瓷类冰，邢不如越二也；邢瓷白而茶色丹，越瓷青而茶色绿，邢不如越三也。……越州瓷、岳瓷皆青，青则益茶，茶作白红之色。邢州瓷白，茶色红；寿州瓷黄，茶色紫；洪州瓷褐，茶色黑。悉不宜茶。"由于白、青、黄、褐等不同釉色会影响茶汤颜色的视觉效果，因而有上下之分，但却反映了全国各地使用瓷器茶具的广泛程度。

在各地的考古发掘中也出土了大量的瓷器茶具，主要是茶瓶和茶碗一类。其中的越瓷青瓷茶碗和茶瓶、邢窑白瓷茶碗、寿州窑黄釉瓷注瓶和茶碗以及黑釉瓷注壶、鼎州窑青釉瓷、洪州窑黄釉瓷茶碗、定窑的白釉茶碗和瓷托盏等，都是非常精美的瓷器茶具，可以作为《茶经·四之器》的实物例证。

然而最令人振奋的是秘色瓷的发现。

秘色瓷是唐代越窑青瓷中的极品，它是专供宫廷使用的瓷器，民间不得使用和仿造，因有稀见之色，故称为秘色瓷。唐代诗人陆龟蒙《秘色越器》赞之曰："九秋风露越窑开，夺得千峰翠色来。"但向来无人得识它的真面目。直至1987年法门寺地宫出土了一批瓷器，同出的《物帐碑》记载："瓷秘色碗七口""瓷秘色盘子、子共六枚"，千年谜底终于揭开。秘色瓷碗为葵口，呈五瓣，外壁是金银团花，内壁纯白，釉色比一般越窑产品更为青绿，犹如碧玉，胎体厚薄匀称，釉质晶莹润澈，实为难得之精品。这样的茶碗贵如金银，也非一般金银茶碗所能代替。亦可见瓷器在茶具中的地位是不可动摇的。

宋代的瓷器生产更为发达，各大名窑争奇斗艳，改变了唐代"南青北白"的格局，出现了色彩缤纷的瓷艺世界，青瓷、白瓷、影青、黑釉、彩绘，各种釉色琳琅满目，汝窑、官窑、哥窑、定窑、钧窑（以上被称为五大名窑）、龙泉窑、磁州窑、耀州窑、建窑、景德镇窑、吉州窑等各地名窑生产的瓷器茶具百花齐放，令人目不暇接。各地考古发掘中出土的瓷器茶具也不胜枚举。

宋代斗茶盛行，以茶汤泡沫越白越持久为胜。因此，使用黑釉茶盏以衬托泡沫之白，于是产自建窑和吉州窑的黑釉茶盏就大受欢迎，并且发展为多种纹样的产品。斗茶的关键动作是点茶，而点茶需要用瓷质汤瓶烧水来冲点，因而白釉和影青的瓷汤瓶迅速发展起来，与建盏成为当时最重要的两种茶具。我们在各地出土的宋辽金元的墓葬壁画中都可看到这两种茶具的身影，出土的考古实物更是多不胜数。

明代以后，废除饼茶，饮茶方式改为散茶撮泡，即将茶叶放在壶中用开水冲泡，茶壶以及茶杯就成为最重要的茶具，以致将这种泡茶方式称之为壶泡法。明清的瓷器生产进入到鼎盛时期，青花和各种颜色釉及彩绘技术的普及，使得瓷器茶具出现万紫千红、绚丽夺目的景象，也使茶具的装饰艺术高度发达，从而大大增强了茶具的艺术性，使茶具成为人们赏心悦目的艺术品，也丰富了品茗艺术的文化内涵，促进了茶艺在明清时期走上成熟的道路。

因此，瓷器茶具在中国品茗艺术发展过程中是作出了重要贡献的。

清代粉彩开光山石菊花纹茶壶　　　　　　　清代斗彩绿竹茶钟

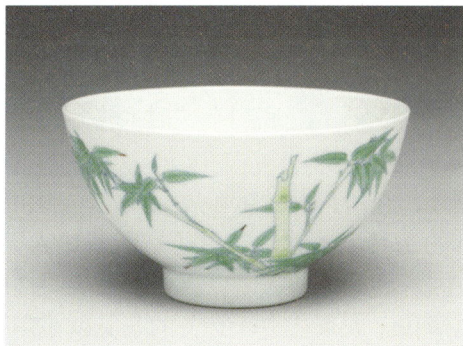

（四）陶器茶具

陶器茶具主要是指明代中期兴盛起来的紫砂茶具。

紫砂器是属于陶器类的茶具，发源于江苏省宜兴县丁蜀镇。当地特产一种澄泥陶土，颜色绛紫，制成的成品称作"紫砂器"，简称紫砂。紫砂泥并非一般的泥土，它是一种块状岩石，质坚如石，开采后经露天堆放数月风吹雨打，自然松散如黄豆大小，再用石磨或轮碾机碾碎，用筛网筛选后，倒在容器中加适量的水拌匀，就地捏成泥块，俗称生泥，再用木槌压打数十次，才成为可以制作器物的熟泥。紫砂器可塑性好，冷热急变性能好，热传导性低，吸孔率介于一般陶器和瓷器之间，用来泡茶，色、香、味俱佳。同时，紫砂泥原料呈现数十种天然色泽，使得紫砂茶具质朴高雅，异彩纷呈，极受茶人们欢迎。

紫砂器兴盛于明代中期，万历二十五年许次纾的《茶疏》记载："近日饶州所造，极不堪用。往时龚春茶壶，近日时彬所制，大为时人宝惜。"康熙《常州府志·物产篇》记载："惟壶，则宜兴有茶壶，澄泥为之……精美绝伦，四方争购之。"《桃溪客语》也说："阳羡瓷壶自明季始盛，上者金玉等价。"并且相继产生供春、时大彬、惠孟臣、陈鸣远、陈鸿寿、邵大亨、黄玉麟诸名家，"名工代出，探古索奇，或仿商周，或摹汉魏，旁及花果，偶肖动物，或匠心独运，韵致怡人，几案陈之，令人意远。""或撰壶铭，或书款识，或镌以花卉，或镂以印章，托物寓意，每见巧思，书法不群，别饶韵格。"[2] 因此紫砂壶就成为当时茶人们的宠物，"名公巨卿，高人墨士，恒不惜重价购之。"[3] 于是紫砂器盛极一时，竟与景德镇瓷器并驾齐驱，有"景瓷宜陶"之称。

人们不但生前喜欢使用紫砂壶，甚至死后也随身下葬，企图继续享受。因而在一些明清墓葬中也时有紫砂壶出土。如：

1966年在南京市中华门外大定油坊桥一座葬于明代嘉靖十二年（1533）的墓葬中出土了一把紫砂提梁壶。

1968年在江苏省扬州市江都乡一座葬于明代万历四十四年（1616）的墓葬中，出土了一把六角紫砂壶，壶底竖刻"大彬"两字。

1975年在广东省陆丰县的一座明末清初的墓葬中出土了一把紫砂"孟臣壶"。

1977年在上海市金山县的一座葬于清代嘉庆八年（1803）的墓葬中出土了一把"曼生自铭竹节紫砂壶"。

1984年在江苏省无锡市甘露乡肖塘坝一座葬于明代万历四十七年（1619）的墓葬中出土了一把时大彬的三足圆壶。壶把下方刻有"大彬"二字。

1987年在福建省漳浦县盘陀乡庙浦一座葬于明万历三十八年（1610）墓葬中出土一把"紫砂三足盖壶"。壶底刻有"时大彬制"四字。壶内还保存有一些茶叶，据鉴定可能是炒青绿茶。

此外，在清代荷兰东印度公司的一艘沉船上也发现了10件紫砂茶具，据研究是船员随身携带的茶具，不管是自用还是准备送人，都说明至少在清代紫砂壶就已经走出国境了。实际上国外的一些博物馆也收藏了不少明清时期的紫砂器。

在清代工夫茶艺中，必备的茶具就是紫砂器。清代俞蛟《潮嘉风月记·工夫茶》记载："壶出宜兴窑者最佳。"民国翁辉东《潮州茶经·工夫茶》也说："茶壶，俗名冲罐，以江苏宜兴朱砂泥制者为佳。"台湾连横《茗谈》中更说："台人品茶，与漳、泉、潮相同……茗必武夷，壶必孟臣，杯必若琛，三者为品茶之要，非此不足以豪，且不足待客。"

由此可见，紫砂壶具在工夫茶艺中的显赫地位。

（五）漆器茶具

在漆树上割取的漆液经过加工成为熟漆，用它髹于各种质料的胎骨上再加以打磨就成为漆器。目前所知，漆器茶具可能出现于唐代，至宋代就已经流行。宋代审安老人《茶具图赞》中就有"漆雕秘阁"，给它取的姓名字号是"承之，易持，古台老人"，说的就是雕花漆器茶盏托。它是用来"承"托茶盏的，不易烫手，故"易持"。《茶具图赞》总共记载了12件茶具，漆雕秘阁就占其一，可见漆器茶具在宋代并不少见。考古发掘中也时有漆器盏托的形象及实物出土。如河北宣化辽墓壁画、北京石景山金墓壁画、内蒙古赤峰元墓壁画中都有漆盏托的形象，且都绘成黑色，应该是黑漆托。南京博物院收藏有一件南宋时期的三色漆雕盏托，其形制和纹饰与《茶具图赞》中的"漆雕秘阁"非常相似。江苏省常州博物馆收藏一件武进村出土的南宋木胎漆盏托，外髹朱漆，内髹黑漆。托盘呈荷叶形，制作颇为精致。1972年在江苏省宜兴县和桥出土的一件南宋素漆盏托，通体髹红黑两色调配的漆，盏口、托口和圈足落地处还漆上黑边作为装饰，颇为典雅。漆做的茶碗也有出土，如1959年在江苏省淮安县杨庙出土的一件北宋时期的木胎漆茶碗，口沿为六出花瓣形，通体施以紫漆，纯素无文，光莹而润滑。

漆器茶具在明清以至近现代都还有生产，但并不普遍，难以和陶瓷茶具相提并论。

此外，明清时期，还有人用犀牛角、象牙、玉石甚至竹木雕制茶具，但多属于雕刻工艺品之类，并非实用茶具，暂且从略。

四、茶具种类

茶具种类的划分有各种标准，如以时代划分、以地域划分、以民族划分、以质地划分等。由于茶具是饮茶的器具，是为饮茶服务的，随着时代前进，饮茶方式发生了变化，茶具也必然要随之变化，因此，以饮茶方式作为划分茶具种类的标准比较合适。

大体而言，人类饮茶方式相继有四种，即痷茶、煮茶、点茶、泡茶，因而茶具的种类也可划分为四种：

（一）痷茶茶具

至今为止，唐代以前的饮茶方法还不甚清楚，当时所使用的茶具也难以准确判别。只能从文献资料中做点推断。

三国张揖《广雅》记载："荆巴间采茶作饼，成以米膏出之。若饮，先炙令色赤，捣末置瓷器中，以汤浇覆之，用葱姜之。其饮醒酒，令人不眠。"这种饮茶方式是一种古老的方法，不知当时叫什么饮茶法。好在陆羽《茶经·六之饮》中有段相似的记载："饮有粗茶、散茶、末茶、饼茶者。乃斫、乃熬、乃炀、乃舂，贮于瓶缶之中，以汤沃焉，谓之痷茶。"看来，《广雅》记载的饮茶方法应当称之为"痷茶法"。

痷茶法使用些什么茶具呢？

《广雅》说："捣末置瓷器中，以汤浇覆之。"这"瓷器"是什么器物，《广雅》没有明讲。但从《茶经》的"贮于瓶缶"来看，这瓷器就是瓶或缶两种容器。瓶是小口细颈鼓腹的容器，唐代称之为茶瓶，根据出土文物观察，唐代的茶瓶形状类似今天的茶壶，只是其腹部不似今天茶壶那样圆鼓，而是较长一点，有把和短流。缶则是一种小口鼓腹的罐子，没有把手，也没有流。有时在肩部会有系（耳），可穿绳以便携带。

此外，既然要"以汤浇覆之"，就要有烧水的锅或者水壶以及炉灶，一般应该是铁或是陶瓷制成。喝茶时还要有茶杯或是茶碗之类的饮器。捣碎茶饼也需要有专门的木槌，炙茶也要有夹子。

因此，只从饮茶的角度来推断，茶具至少应该有下列几种：

（1）烧水的炉灶。

（2）烧水的锅或壶、罐。

（3）烘炙茶饼的夹子。

（4）浇沃茶末的瓷瓶或瓷缶。

（5）饮用茶汤的瓷碗或瓷杯。

（6）从瓷缶中舀出茶汤倒进碗杯中的勺子。

（二）煮茶茶具

到了唐代，特别是陆羽《茶经》问世以后的唐代中期，煮茶法盛行。据《茶经·五之煮》记载，当时煮茶的方法是：

先将茶饼烘烤去掉水分，用茶碾将茶饼碾成粉末，用茶罗筛成茶粉，再放到锅里去煮。煮时，水刚开，水面出现细小如鱼眼一样的水珠并微有声响，称为一沸。此时加入一点盐到水中调味，当锅边水泡如涌泉连珠时，为二沸。此时要用瓢舀出一瓢开水备用；再用竹夹在锅里搅打使水形成旋涡状，然后将茶粉从旋涡中心倒进去；稍后，锅中的茶水"腾波鼓浪""势若奔涛溅沫"，称为三沸。将刚才舀出来的那瓢水再倒进锅里，一锅茶汤就煮好了。最后分成五碗奉给客人品饮。

显然，煮茶复杂多了，茶具自然也要增多。至少有烧火的炉子，烧水的锅（《茶经》称镀），烤茶的夹子，碾茶的茶碾，筛茶的筛子（《茶经》称罗），搅打开水的竹夹，舀茶的瓢，盛茶汤的茶碗。陆羽对茶具非常重视，专门辟了一章"四之器"开列全部茶具的名单：

烧火器具：风炉、笪、炭挝、火箅。

炙茶器具：竹箅、纸囊。

碾茶器具：碾、拂末、罗合、则。

煮茶器具：镀、交床。

存盐器具：鹾簋、揭。

饮茶器具：碗、畚、札。

贮水器具：水方、漉水囊、瓢、熟盂。

洗涤器具：涤方、滓方。

存放器具：具列、都篮。

就煮茶法角度而言，最重要的茶具是烧火的风炉、碾茶的碾与罗合、煮茶的镀和饮茶的碗，其余都是辅助性的器具。

（三）点茶茶具

从唐代晚期开始，民间开始流行点茶法，到了宋代，点茶法就成为主流。

据蔡襄《茶录·论茶》记载，宋代点茶法的基本程序是：

先将茶饼烘烤、碾碎、筛成粉末，然后将茶粉舀进茶盏，注入少量开水，将茶粉调匀，再注入开水，用竹筅击拂使之产生泡沫，然后直接饮用。与唐代煮茶法相比较，宋代点茶用瓶烧水，不用锅；茶粉不是放到锅里去煮，而是放在茶盏里击拂使之产生泡沫。茶盏既是点茶的器具又是饮茶的器具，具有双重身份，显得格外重要。击拂茶汤的工具叫茶筅，是新出现的茶具。因此宋代的茶具独具特色。

宋代有三部茶书都谈到茶具：

蔡襄《茶录》提到的茶具有茶焙、茶笼、砧椎、茶钤、茶碾、茶罗、茶盏、汤瓶。

赵佶《大观茶论》提到的茶具有罗碾、盏、筅、瓶、杓。

审安老人《茶具图赞》提到的茶具有韦鸿炉（茶炉）、木待制（茶臼）、金法曹（茶碾）、石转运（茶磨）、胡员外（水杓）、罗枢密（茶罗）、宗从事（茶帚）、漆雕密阁（盏托）、掏宝文（茶盏）、汤提点（汤瓶）、竺副帅（茶筅）、司职方（茶巾）。

三书共同提到的茶具有五种：茶碾、茶罗、茶盏、茶匙（筅）、汤瓶。可以说这五种茶具是点茶法中最关键的茶具，其他是辅助性的。

（四）泡茶茶具

明代因为废除饼茶，改为散茶冲泡，自然也就不需要碾茶、罗茶、砧椎、茶筅等茶具了。

散茶冲泡当时也称为撮泡法。陈师《茶考》记载："杭俗烹茶，用细茗置茶瓯，以沸汤点之，名为撮泡。"即将茶芽放在茶杯里，用开水冲泡，然后品饮。这种方法与今天的盖碗杯泡法一样，茶杯成为最为重要的器具。

也有将茶叶放到茶壶里冲泡的，即今天所谓壶泡法。最典型的壶泡法就是工夫茶艺。清代寄泉《蝶阶外史·工夫茶》记载：

> 每茶一壶，需炉铫三候汤，初沸蟹眼，再沸鱼眼，至连珠沸则熟矣。水生汤嫩，过熟汤老，恰到好处，颇不易。故谓天上一轮好月，人间中火候一瓯，好茶亦关缘法，不可幸致也。
>
> 第一铫水熟，注空壶中荡之泼去；第二铫水已熟，预用器置茗叶，分两若干立下，壶中注水，覆以盖，置壶铜盘内；第三铫水又熟，从壶顶灌之周四面，则茶香发矣。
>
> 瓯如黄酒卮，客至每人一瓯，含其涓滴咀嚼而玩味之；若一鼓而牛饮，即以为不知味。肃客出矣。

可见，茶壶、茶杯是壶泡法中最重要的茶具。当然，烧火的炉子和烧水的水壶也是不可缺少的工具。这四件被称为潮州工夫茶的"四宝"。

明代中期紫砂茶具的兴起，也是由于散茶冲泡法的盛行，"壶供真茶，正在新泉活火，旋瀹旋啜，以尽色声香味之蕴。"[4]

"旋瀹旋啜"至今仍然是广大群众的饮茶方式，适合这种方式的紫砂茶具也仍然方兴未艾。我们的先人经过千百年的摸索，终于掌握了一种最具生活化和艺术化的饮茶方式并创造了一整套适合这种饮茶方式的茶具，这是人类饮茶史上的一个重大成就。

参考文献

[1] 乔木森. 茶席设计 [M]. 上海：上海文化出版社，2005.

[2] 李景康. 阳羡砂壶图考 [M]. 香港：香港百壶山馆，1937.

[3] 阮升基. 重刊宜兴县志 [M]. 1882（清光绪8年）.

[4] 周高起. 阳羡茗壶系 [M] // 王晫，涨潮. 檀几丛书. 上海：上海古籍出版社，1992.

（文章原载《农业考古》2007年第5期）

试论神农与茶

在探讨茶叶起源的问题时，人们经常引用一则流传很广的传说："神农尝百草，一日遇七十毒，得荼乃解。"证明人类饮茶始于神农时代。陆羽《茶经·六之饮》中就说"茶之为饮，发乎神农氏，闻乎鲁周公。"

然而，这则传说出现的年代很晚，到清代晚期才出现，而在此以前，有关神农的传说中都没有关于神农以茶解毒的传说记载，因而许多学者都持否定态度，认为神农时代不可能有饮茶的现象发生。

如果单从文献记载来考证，神农饮茶的传说是无法证实的。但是，如果我们从考古学和民族学的角度来进行分析，却可窥见这则传说所折射出来的历史影子。本文就此做点尝试，以求教于茶文化界同仁。

一、有关神农的诸种传说

我们首先综观一下有关神农传说的早期记载。

据统计，有关神农传说的记载多达53种。[1] 其中较重要和较早的文献记载有下列诸条：

① 《庄子·盗跖》："神农之世，卧则居居，起则于于。民知其母，不知其父。……古者民不知衣服，夏多积薪，冬则炀之，故命之曰知生之民。神农之世……耕而食，织而衣，无有相害之心，此至德之隆也。"

② 《庄子·胠箧》："昔者容成氏、大庭氏……祝融氏、伏羲氏、神农氏。当是时也，民结绳而用之。"

③ 《周易·系辞》："包牺氏殁，神农氏作，斫木为耜，揉木为耒。耒耜之利，以教天下。"

④ 《商君书·画策》："神农之世，男耕而食，妇织而衣。"

⑤ 《管子·轻重戊》："神农氏作，树五谷淇山之阳，九州之民，乃知谷食，而天下化之。"

⑥ 《淮南子·修务训》："古者民茹草饮水，采树木之实，食蠃蚌之肉，时多疾病毒伤之害。于是神农乃始教民播种五谷，相土地宜燥湿、肥烧、高下，尝百草之滋味，水泉之甘苦，令民知所辟就。当此之时，一日而遇七十毒。"

⑦ 《白虎通义·号》："古之人民皆食禽兽肉，至于神农，人民众多，禽兽不足，于是神农因天之时，分地之利，制耒耜，教民农作，神而化之，使民宜之，故谓之神农也。"

⑧ 《拾遗记》卷一："炎帝时有丹雀衔九穗禾，其坠地者，帝乃拾之，以植于田。食者老而不死。"

⑨ 《搜神记》卷一："神农以赭鞭鞭百草，尽知其平毒寒温之性，臭味所主，以播百谷。"

明代郭诩神农尝百草

⑩《太平御览》卷833引《周书》："神农氏耕而作陶。"

⑪《路史·后记三》罗苹注引小司马《史记》："神农磨蜃，百草是尝。"

⑫《农政全书》卷一引《典语》："神农尝草别谷，民粒食，后世至今赖之。"

⑬《绎史》卷四引《周书》："神农之时，天雨粟。神农遂耕而种之，作陶冶斧斤，为耒耜锄耨，以垦草莽。然后五谷兴助，百果藏实。"

……

从①②可以看出，神农时代是处于"民知其母，不知其父"的母系社会，当时没有文字，只会结绳记事。

从⑧⑬可以看出，神农将一些野生谷物引种栽培为粮食作物。所谓"丹雀衔九穗禾"，衔来的应是野生的禾穗。所谓"天雨粟"，可以理解为野生的粟粒被大风吹起从天空降落。这些野生作物生长、成熟，引起神农的注意，将之引种栽培。

从⑥的"尝百草之滋味"、⑨的"鞭百草"、⑪的"百草是尝"、⑫的"尝草别谷"，说明神农在栽培粟类谷物之前，已考察过各种野生植物，最后才确定种植粟类作物，并非"天雨粟""雀衔穗"。

从⑤的"树五谷淇山之阳"，说明神农当时是将各种可供人们食用的野生谷物都加以种植，并非只种一种粟。⑧的所谓"九穗禾"，可理解为是一种长势良好、穗多粒大的野生谷物（如黍、稷之类）。这似乎表明，神农是选择穗多粒大的野生谷物加以种植，可视为原始选种意识的萌芽。

从⑥⑦可以看出，神农发明农耕之前，过的是"采树木之实""食禽兽肉"的采集渔猎生活。人工种植谷物的原因是"人民众多""禽兽不足"，说明人口压力、食物缺乏是发明农业的客观原因。

从⑥⑦的"相土地宜""因天之时""分地之利"，说明神农已懂得选择适宜的土地来种植谷物。

从③⑦⑪⑬可知，神农为种植谷物发明了耕作农具（耒耜）、中耕农具（锄耨）和收割农具（蜃，即蚌刀、蚌镰）。

从⑩⑬可知神农已经会烧制陶器。

从④可以看出，神农时期已经掌握纺织技术，已能制作衣服。

……

但是，上述各条均没有涉及神农与茶的关系问题。原因可能是当时饮茶之风并未盛行，人们自然很少关心茶叶的起源问题，也就不大可能去编撰神农与茶的神话传说。

二、有关神农与茶的传说

有关神农与茶的传说，是迟至清代才出现的。

清代康熙五十六年（1717）出版的陈元龙的《格致镜源》饮食类"茶"中才提到："本草：神农尝百草，一日而遇七十毒，得荼以解之。"

清代光绪八年（1882）孙璧文的《新义录》（又名《六艺通考》）卷九十六"饮食类"又加以引用："六经无茶字，只有荼字耳。……《本草》则曰：神农尝百草，一日遇七十毒，得荼以解之。"

"本草"是古代对中药的统称，大多数的医书都称为"本草"，陈元龙和孙璧文书中所说的《本草》是据说成书于战国或秦汉时期的《神农本草》或《神农本草经》，这是一部托名神农所著的最早药物专著，而且原书早已失传。宋代王应麟《困学纪闻》就指出："旧说《本草经》神农所作，而不经见，《汉书·艺文志》亦无录焉。"其中有些文字经辗转引录，仍保存在唐宋的一些本草书中，如唐代的《新修本草》和宋代的《证类本草》等书，但是至今并未发现有神农得茶解毒的相关词句。不仅如此，有学者查阅了《格致镜源》《新义录》以前的所有《本草》著作，也都不见有神农得茶解毒的记载。

按照梁启超在《中国历史研究法》一书中提出的古书辨伪原则："其书前代从未著录或绝无人证引而突然出现者，十有九伪。""其书原本经前人称引确有佐证，而今本与之歧异者，则今本必伪。"

因此可以认为，所谓"神农尝百草，一日遇七十毒，得茶以解之"传说，在历史上找不到文献根据，很可能是陈元龙在《淮南子》"一日遇七十毒"的基础上增添上去的。

在民间还有一些神农与茶发生关系的传说，大体有下列几个版本：

1.玉体鉴茶

神农一生下来，是个水晶肚子，肝脏肺腑看得一清二楚。神农开始尝百草，头一天，他尝了一片小绿叶儿。这叶儿在肚皮里上下洗擦，就像来回巡查一样，神农就称呼它为"查"，后人叫别了，称它为"茶"……[2-5] 有的则传说：神农的肚子是透明的，从外头可以看到肠胃消化食物的情况。尝到有毒的食物时肚子里就涌现黑水，就会得病，头昏脑涨，四肢无力。后来吃了一种开着白花的绿色树叶，就将那些毒汁清洗掉了。因为这种树叶能巡查内脏驱逐毒素，就取名为"查"，后来仓颉造字就造了个"茶"来代替"查"字。（这些传说肯定是后来产生的，因为在唐代以前称茶叶为荈、槚、蔎、荼、茗等，唐代以后才称茶。因此以茶的谐音"查"来编撰传说只能是唐代以后的事情）。

2.赭鞭鉴草

天帝为了便于神农鉴别百草的性质，就赐给他一根赭色的神鞭。各种草木用神鞭一打就现出各种颜色，显出药性：红色表示热性，白色表示寒性，黑色表示有剧毒，绿色则表示能够解毒。神农就是用神鞭发现了茶叶的解毒功能的（这则故事很明显是从晋代干宝《搜神记》的记载衍化而来的）。

3.滴水得茶

神农在尝百草时中毒，昏倒在一棵大树下。树枝上的露珠正好滴在神农的嘴里，使他慢慢苏醒过来。他好奇地将这树叶放在嘴里咀嚼，结果完全恢复了健康。于是才知道茶叶的功能。

4.煮水得茶

据说神农尝百草时，还用煮水的方法来鉴定各种树木的药性。有一天，神农正在烧水，突然有一片树叶飘落到锅里，水滚之后，现出颜色和香味，神农喝上几口，觉得浑身舒畅，精神百倍。抬头看见头上的茶树，知道它能治百病。茶叶就是这样被发现了。[6]（显而易见，上述两个传说是人们根据自己日常生活经验来揣测神农的行为，在古籍中找不到根据。最多只能说明古人在生活中往往会从一些偶然的发现中得到启发而留心各种事物的可利用性，终于获得一些意外的成功。）

由此可见，这些民间的传说并没有历史根据，缺乏学术价值，不能证明历史上确实存在神农发现茶叶的事实。

但是，我们否定有关神农与茶的神话传说的科学性，却并非说神农与茶没有关系。

要了解神农与茶叶到底有没有关系，有什么关系，就得先了解神农的时代及其社会背景。

三、神农属于什么时代

神农到底是什么样的人物？他生活于什么时代？距今到底有多少年？

按传统的说法，神农属于古史传说中的三皇五帝中的三皇（燧人、伏羲、神农）之一，甚至将其生活年代具体到"公元前2737年"。这自然不可信，而且也太晚。

根据上节所引的古文献记载的传说来看，神农生活时期是"民知其母，不知其父"的母系社会，他首先将野生谷物引种栽培为粮食作物，他发明农具，教民耕作，并发明陶器、纺织技术，是农业的发明者。因此他不是单独的个体，而是某个时代某个氏族部落的领袖人物，他这些功绩实际上是整个氏族部落的成就，他仅是个代表人物而已。

如果我们这样来看待神农，就会发现这个时代正和考古学上的新石器时代早期相当。新石器时代早期的特征，正是处于母系氏族社会时期，出现了农业，有了耒耜等原始农具，种植了粟、黍、稷、稻等粮食作物，会制作陶器，有了原始纺织技术。我国考古学者在黄河流域和长江流域发现了许多新石器时代早期的文化遗址，如河北武安磁山、河南新郑裴李岗、湖南澧县彭头山和浙江余姚河姆渡、桐乡罗家角、浦江上山等遗址，都证实了这一点。

因此，我们可以将神农视为原始农业初始阶段的代表人物或者时代象征。而考古学已经探明新石器时代早期（也是农业的发明年代）为距今八九千年至1万年左右。如此，神农就不是生活在4700多年前，而是生活在八九千年甚至一万年以前。如果说神农和茶叶有关系的话，那茶叶的历史就可以追溯到一万年前了。

四、神农是男是女

那么，神农到底是什么样的人物呢？

《史记·五帝本纪》〈正义〉引《帝王世纪》云："神农氏，姜姓也。母曰任姒，有乔氏女登，为少典妃。游华阳，有神龙首感生炎帝，人身牛首，长于姜水，有圣德，以火德王，故号炎帝。"王符《潜夫论·五德志》说："有神龙首出常羊，感任姒，生赤帝魁隗。身号炎帝，世号神农，代伏羲氏。其德火纪，故为火师而火名。"神农的母亲任姒虽为少典妃，却是感神龙首而生神农。神农仍然是"知其母而不知其父。"是处于母系氏族社会。"人身牛首"等，反映神农出身于游牧氏族。神农姓姜，长于姜水，表明他的氏族是今甘肃一带羌人的支系，迁移到陕西宝鸡一带。今陕西宝鸡市南七里有姜城堡，城南有姜水。《水经注》即认为是有虫乔氏（神农母亲）居住过的姜水。[7] 羌人本来就是以放牧羊群为生的游牧部落。自神农发明农耕之后，生活在姜水一带的游牧氏族就转变为农业氏族。有可能牛是神农母系氏族的图腾崇拜，故被后代神化为"人身牛首"。也有人认为神农是蛇氏族女子和牛氏族男子婚配所生。[8] 那么，牛就是神农父亲这一氏族的图腾了。至于"以火德王""为火师而火名""号炎帝"等，说明神农创造了火耕方法，即用火焚烧地面上的野草，将野地垦为农田，所以古书上说，神农氏又叫"列山氏"，列山即烈山，意为放火烧山，类似今天西南地区一些少数民族的"刀耕火种"。湖南省社会科学院的何光岳先生认为神农起初是氏族首领，之后氏族繁衍，首领之名便变成了氏族之名，继承氏族首领的人，也就因袭原有的称号。[9] 因此，后来这支氏族迁移到南方了，南方（如湖南）也就有了神农的墓葬。

既然，发明农业的那个神农氏是处于母系氏族社会，其领袖也应该是个妇女才对，那神农就应该是个女性。可是所有的古籍文献都说神农氏是个男子，这不有点奇怪了吗？如《易·系辞下》〈正义〉就说神农氏"纳奔水氏女曰听谈，生帝临魁……"既然娶妻生子，当然是个男子。汉代画像石上的"神农执耒图"更是明确画成男子掘土的形象。这是因为那些古文献的作者们都是父权社会的文人，他们无法想象那个从遥远的年代起就长期受到崇拜的农神竟会是个妇女。至少可以说，他们所描绘的神农已经是转入父系氏族社会的领袖人物，而不是最早的那个神农。

最早的那个神农应该是个妇女（或者说是妇女的代表）。在民间口头传说中就有将神农说成是个妇女的。如流行于辽宁省岫岩县的满族神话中就有一则《神农婆与百谷仙姑》，说的是天上的神农婆看到人间受饿，便纷纷撒下面粉，人们吃不完，连猪狗都跟着吃。神农婆发现人们糟蹋粮食又不体恤穷人，于是就下起白雪让人们误以为是面粉，装回家后都化成了水。人们又挨饿了，死了不少人。神农婆于心不忍，派百谷仙姑送点五谷到人间，从此人间才有了庄稼。[10] 彝族经典《物始纪略》也将农业起源的发明归功于妇女："很古的时候，浑浑沌沌的。不会做农活，食物也不多。""有个女人啊，她带领大家。去烧坡，去播种。播了许多种。女的有知识，女的有智慧。从此以后，知道种荞了。女人掌大权，就是这样的。"[11] 这位有知识、有智慧、掌大权的妇女，称之为神农婆倒是很合适的。

据人类学和考古学的研究证明，在农业发明之前，人们是靠采集、渔猎为生。而最早的自然分工是妇女负责采集，男子负责渔猎。妇女们在"采树木之实""尝百草之滋味"的采集过程中，经常会采集野果实、谷物以及一些树木的嫩芽幼叶来烧煮充饥，如果附近有茶树林的话，那也一定会采摘茶芽、茶叶来食用。因此，茶叶就是这些妇女们发现的。在母系社会，氏族部落的领袖是由妇女担任的，她们被称为"神农婆"是符合历史实际的。

五、神农时期有没有茶

那么，在一万年前的神农时代有没有茶叶呢？当时的生活是处于什么状态呢？

据《礼记·礼运》记载："昔者先王未有宫室，冬则居营窟，夏则居木橧巢。未有火化，食草木之实，鸟兽之肉，饮其血，茹其毛。"《淮南子·修务训》也说："古者民茹草饮水，采树木之实，食蠃蚌之肉。"描述的就是原始先民的采集、狩猎生活。所谓"采树木之实"，就是采集一些草木的芽叶和果实来充饥，这是人类在发明农业之前从事采集狩猎活动中的必然现象。当时人们的渔猎技术还相当低下，充饥的食物基本上是树叶、野草、野菜、野果以及野生谷物之类的植物性食物。如果附近有野生茶树存在的话，那么就有可能采集茶芽和嫩叶作为食物。这种现象甚至早在人类发明用火烧煮食物之前就已发生。远古时代，人们还不知用火烧煮食物的时候，只能生吃各种植物性的食物，当然也会吃茶树的芽叶。这从民族学的材料中可以得到证明。

生活在云南省山区的一些少数民族如佤族、哈尼族等，其历史非常古老。他们至今还有吃生茶叶的嗜好。如云南沧源县勐董镇垱卡乡的佤族妇女就常常在采茶时直接将茶芽塞进嘴里咀嚼，吃得津津有味，说明茶叶确实可以生吃，这应该是最古老的一种吃茶方式的孑遗。而云南的基诺族则是将采下的鲜嫩茶芽搓揉碎后放入大碗中，再拌上红辣椒、黄果汁和捣碎的蒜泥、盐巴等佐料，然后加入山泉水调匀就成为清爽美味的"凉拌茶"，直接食用。布朗族和德昂族是将鲜嫩茶芽晒萎后拌上盐，紧塞进竹篓中，数日后即可拌上些香料直接放到嘴里细嚼，称为"盐腌茶"，这些也是生吃茶叶的古老遗风。既然茶叶是可以生吃的充饥食物，其历史就非常古老，可以追溯到采集、渔猎经济的时代，也就是旧石器时代。

据人类学家的研究，早在旧石器时代中期（距今20万年以前），原始人就已经出现图腾意识，即把某些动物和植物当成自己的血缘亲属、祖先或保护神，由此产生了许多图腾神话，以原始逻辑思维方式来解释某种生物为何会成为本氏族的图腾。在我国一些老茶区至今还有一些以茶为图腾的神话流传，反映了这些地方的先民与茶叶有着极密切的关系。如云南省德宏地区的德昂族的古歌《达古达楞格莱标》（意思是"始祖的传说"）就叙说：当大地还是一片混沌的时候，没有生物，没有人类，是天上102个茶叶兄弟姐妹下凡赶走了黑暗，驱退了洪水，割下身上的皮肉给大地披上锦绣，彼此结成51对夫妻，繁衍了人类，从此以后才有了德昂族的祖先[12-13]。生活在湖南省西部的土家族敬奉的女始祖叫作"苡禾娘娘"。传说她在少女时期上山采茶，口渴时，采把茶叶放到嘴里咀嚼，结果就怀孕了。3年6个月后，一次生下8个兄弟。苡禾娘娘无法抚养，便把他们丢到山里。谁知8兄弟见风就长，靠吃虎奶长大成人，以后成为土家族的氏族神祖[14]。因吃茶叶而怀孕生子，可见茶叶是土家族的始祖，是属于只知其母不知其父的母系社会时期的植物图腾崇拜。子吃虎奶则是属于稍晚的狩猎经济时期的动物图腾崇拜。这说明土家族远古始祖曾长期与茶叶频繁接触，经常食用茶叶，才会将之作为本民族的图腾。

根据文化人类学的研究，动物图腾意识的产生始于旧石器时代中晚期，而植物图腾的产生又早于动物图腾。茶图腾属于植物图腾，其最早产生的年代就有可能在旧石器时代早、中期。当时人们因经常用最简单的方法撷取茶树芽叶作为充饥的食物，从而产生了崇拜心理，后来就将他视为本氏族的图腾。由此可以推断，我们先祖食用茶叶的年代就有可能开始于20多万年以前的旧石器时代早、中期了。

又据古植物学家的研究，茶树大约诞生于距今6000万年前的第三纪至第四纪之间，当时遍布各地。至距今2500万年前的第四纪渐新世晚期，由于喜马拉雅造山运动，气候变得寒冷，出现了冰期和间冰期。在冰期时气候十分寒冷，冰川覆盖大地，许多茶树都被冻死了。直到13000年前的全新世晚期，最后的一次冰期结束，气候变暖，冰川开始消退，当时未被冰川覆盖的东南沿海、华南、西南及华中的一些地方，"劫后余生"的茶树才可能保存下来并逐渐繁殖茂盛。因而这些地区的先民就有可能采食茶树的芽叶充饥。所以，生活于一万年至八九千年以前的神农时代的先民食用茶叶当是完全可能的。

六、神农时代怎么吃茶

那么，神农时代的先民是怎么食用茶叶的呢？

当然，生吃茶叶的习惯会被延续下来，佤族、基诺族不是至今都还在生吃茶叶吗？

如果是熟食，根据考古学和民族学资料，原始社会先民们的熟食方法大体上有烤、煮、蒸三种。烧烤早在狩猎经济时代即已采用，最适合于动物性食物，茶叶显然不适合用来烧烤。煮、蒸则是在农耕时代才发展起来的，因为当时已经发明了陶器，有了陶器才便于蒸煮食物。其中又以煮食最为普遍。它是利用沸水的热力使食物变熟，特别适用于谷物的煮食，可将米粒煮烂，使淀粉溶解在水里，营养得到保存，又便于吸收，味道也更好。同时，煮食还方便将谷物和其他食物混合烧煮，如可以在煮饭的陶罐（或釜、鬲、鼎）里添加蔬菜或肉、鱼、盐及其他调味品，更加美味可口。尤其是在原始农耕时代，谷物生产还不发达，不能充分满足人们的日常需要，常常是将采集来的野菜、嫩叶及植物块根与米粒放在一起煮成"菜饭（粥）"充饥，其中当然也会有茶树的芽叶（后代不是还有吃"茶粥"的遗风吗？），于是人们就可能会发现煮熟的茶叶会比生吃的味道更好。逐渐地人们也会将茶叶单独煮熟以后食用。而茶叶一旦被煮就有了汤汁，人们就会发现汤汤的味道比茶叶本身更美妙，这就为茶叶成为人们理想的饮料创造了前提。

于是我们可以推测茶叶在新石器（神农）时代不但会被当作食物，而且也有可能被当作饮料。民族学的资料告诉我们，有些少数民族并不懂得农业，还靠采集渔猎为生，但他们已经采集了一些野生植物来作为饮料。如东北的鄂伦春族过去是泡黄芪叶子和一种叫作"亚格达"植物的叶子来饮用。[15] 陆羽《茶经·七之事》引《桐君录》说："凡可饮之物，皆多取其叶，天门冬、菝葜取根，皆益人。又巴东……俗中多煮檀叶并大皂李作茶，并冷。又南方有瓜芦木，亦似茗，至苦涩，取为屑茶饮，亦可通夜不眠。"可见古代民间经常利用一些野生植物来做饮料，这些习惯很可能早在新石器时代就已经形成。考古学的一些发现也能佐证这个推测，如浙江省余姚市河姆渡新石器时代遗址中就发现了距今近7000年的大量野生植物的果、叶堆，"一些树叶甚至连第三、第四级微细网脉、着生茸毛，也都清晰可辨。"有的学者就认为它们就是作为原始茶的原料。[16] 还有学者指出，在河姆渡遗址附近的农村，至今还采集广泛生长于溪畔、石缝、路边的一种艾科植物"元结草"，在初夏时割下洗净晾干，至盛暑煎熬成茶，其味苦烈，喝了生津解渴，提神通气，还可防暑，可能就是从河姆渡时期沿袭下来的。也就是说，河姆渡先民可能就是采集"元结草"作为饮料的。[17] 后世民间的苦丁茶、绞股蓝茶等各种"非茶之茶"也都起源于远古时代的传统保健饮料，都可能是"神农尝百草"的孑遗。

至于煮饮的方法自然是将采来的枝叶放在陶容器（釜、鼎、鬲、罐等）里加水烧煮，然后饮用其汤汁。至今在西南地区的一些少数民族煮茶的方法就是直接将茶叶放在陶罐里烧煮的。如云南拉祜族的烤茶，就是先用当地出产的小土陶缸放在火塘上烤热，再放入新鲜茶叶进行烘烤，待到茶叶焦黄时，冲入适量开水，去掉表面上的浮沫后，再加入一些开水，即可倒入碗中饮用。云南白族的响雷茶，则是将刚采下来的鲜茶叶投入砂罐内烘烤，等茶叶烤得焦香，立即将开水冲入砂罐内，罐中会发出雷鸣般响声，稍煮片刻后将茶汤倒入茶盅奉客饮用。[18] 这种将新鲜茶叶直接煮饮的方式应该是原始形态的煮茶方式。估计原始先民也是用新鲜茶叶直接煮饮的。可喜的是，考古学家们在浙江省杭州市附近的跨湖桥新石器时代遗址中发现了距今8000年左右的陶釜，釜中有一捆植物枝条，釜底有烟熏的痕迹，显然，当年是用这些植物枝叶来熬煮汤汁饮用的。虽然由于叶子已经不存在，无法确定是茶树还是其他树木的枝条，但至少说明原始先民已经有用植物枝叶煮汤饮用的习惯了。联系到云南佤族、傣族有种煮茶的习俗是采一枝有五六片嫩叶的茶树枝，在火上烤黄后投入锅中熬煎，再倒出茶汤来饮用。那么，跨湖桥先民当然也很有可能采摘茶树枝叶来熬煎汤汁饮用。尤其是跨湖桥遗址中还出土一颗同样年代的茶树籽，说明当时附近生长着野生茶树，先民们曾经在茶林中采集过茶树的枝叶，连带着将茶籽也捎带回来，否则就不会在遗址中发现茶籽实物了。[19]

由此可以推测，早在8000年前的跨湖桥遗址的先民，很有可能已经有喝茶的习惯了。那么，说神农时代已经懂得饮茶也是合乎情理的事情。当然，当时饮茶主要是为了提神、促消化、解毒等，以满足生理上的需要。

七、结语

通过以上的考查，可否得出如下的结论？

1. "神农尝百草，一日遇七十毒，得荼乃解"的传说在明代以前的古籍中找不到记载，到明清以后才出现在个别人的著作中，因此不是信史，不能当作真正的历史。虽然如此，从这个传说中还是可以窥见人类发现茶叶、食用茶叶过程中的一些历史影子。对研究茶文化起源问题还是具有一定文化价值的，不能斥之为"无稽之谈"。

2. 神农不是具体的历史人物，他只是远古时代发明农业的氏族部落领袖，后来成为这个氏族部落的名称，凡是担任这个氏族部落的领袖都可被称作神农。在与其他部落的斗争过程中向南迁移，在各地留下一些踪迹，因此在陕西、湖北、湖南等地都留下了一些有关神农的遗迹和传说，但是其时代是有先有后的，后者只能算作最早的那个神农的后代。

3. 神农既然是农业的发明者，其生活的时代应该属于考古学上的新石器时代早期，神农是在发明农业的过程中"采树木之实""尝百草之滋味"时发现茶叶的功效的。而考古学已经证明农业的发明始于1万年前，因此最早的那个神农距今应有1万年左右，而不是过去传说中的只有四五千年。

4. 一万年前的新石器时代早期是属于母系社会，其领袖是由妇女担任，所以当时的"神农"应该是个女的。当时的原始分工是男子从事狩猎，妇女负责采集。妇女们就是在采集野生植物的芽叶充饥过程中发现茶叶的功效的，因此发现茶叶的功劳应归属于妇女，称之为"神农婆"是符合历史实际的。

5. 在地球上，茶树出现在6000万年以前，经过多次冰期的冰川覆盖，很多地方的茶树都被淘汰了。到了距今13000年前的全新世晚期，最后的一次冰期结束，气候变暖，冰川开始消退，当时未被冰川覆盖的东南沿海、华南、西南及华中的一些地方，未被冻死的茶树就保存下来并逐渐繁殖茂盛。因而这些地区的先民就有可能采食茶树的芽叶充饥。所以，一万年至八九千年以前的神农时代有茶树，先民们食用茶叶是完全可能的。

6. 神农时代已经有了陶器，可以用它来烧煮各种食物，也可能会用陶制容器来烧煮茶叶作为饮料。烧煮的方法是采摘新鲜带叶的茶树枝条放到陶釜里面，加水烧煮，然后饮用茶汤。这是人类饮茶的起源，也是饮茶文化的发源。因此，陆羽《茶经》所说的"茶之为饮，发乎神农氏"，虽然没有科学的论证，但却是符合历史实际的。

最后的结论就是：神农是发明饮茶方法的始祖。

参考文献

[1] 袁珂, 周明. 中国神话资料萃编[M]. 成都: 四川省社会科学院出版社, 1985.

[2] 袁珂. 神话选择百题[M]. 上海: 上海古籍出版社, 1980.

[3] 窦昌荣, 吕洪年. 古代名医的传说[M]. 上海: 上海文艺出版社, 1982.

[4] 陈德来. 三百六十行祖师爷传说[M]. 杭州: 浙江文艺出版社, 1985.

[5] 张紫晨. 中国古代传说[M]. 长春: 吉林文史出版社, 1986.

[6] 王冰泉, 余悦. 清明拾趣[M]. 北京: 中国轻工业出版社, 1993.

[7] 吴镇烽. 陕西地理沿革[M]. 西安: 陕西人民出版社, 1981:546.

[8] 屠武周. 神农、炎帝和黄帝的纠葛[J]. 南京大学学报, 1984(1): 59-64.

[9] 何光岳. 神农氏与原始农业[J] 农业考古, 1985(2): 13。

[10] 陶阳, 钟秀. 中国神话[M]. 上海: 上海文艺出版社, 1990:599.

[11] 刘志一. 彝族经典中的原始农林牧业与煮茶酿酒的起源[J]. 农业考古, 1997(1): 219-223.

[12] 赵腊林, 陈志鹏. 达古达楞格莱标[J]. 山花, 1981(2).

[13] 陈珲, 吕国利. 茶图腾的证明: 中国茶文化萌生于旧石器时代早中期[J]. 农业考古, 1999(2): 232-238.

[14] 杨昌鑫. 土家族风俗志[M]. 北京: 中央民族学院出版社, 1989:19.

[15] 宋兆麟. 中国原始社会史[M]. 北京: 文物出版社, 1983:363.

[16] 陈珲, 吕国利. 中华茶文化寻踪[M]. 北京: 中国城市出版社, 2000:116.

[17] 陈忠来. 河姆渡文化探源[M]. 北京: 团结出版社, 1993:112.

[18] 陈文华. 长江流域茶文化[M]. 武汉: 湖北教育出版社, 2004:318.

[19] 浙江省文物考古研究所. 跨湖桥[M]. 北京: 文物出版社, 2004:152.

（文章原载《农业考古》2009 年第 2 期）

湖州茶人对中国茶文化的重大贡献

　　中华民族在食用茶叶历史上经过了四个阶段: 食（将茶叶作为食物来吃, 如生吃茶叶及茶粥等）、喝（将茶叶当作解毒的药物熬成汤汁来喝）、饮（将茶叶作为解渴、提神的饮料来饮用）和品（将茶叶煎、煮、泡成茶汤来品赏它的色、香、味、形）。前三个阶段只是满足人们的生理需要, 只有最后一个阶段才是为了满足人们心理上的需求, 此时茶叶的色、香、味、形就成为人们的审美对象, 品茶也就成为一门生活艺术行为, 这就是现代茶文化学上所说的品茶艺术, 简称为茶艺。

　　中国的品茶艺术（茶艺）萌芽于西晋, 成熟于唐代, 对此作出重大贡献的是当时湖州地区的茶人们。所谓的湖州茶人, 是指出生于湖州地区的茶人（如钱起、皎然等）和寓居于湖州的外地茶人（如颜真卿、陆羽等）。这是一个文化精英集团, 他们对当时湖州地区的政治、文化以及茶文化活动都有巨大影响。这个集团的主要成员有下列诸位: 颜真卿、钱起、皎然、陆士修、皇甫曾、袁高、李冶、陆羽、孟郊、裴度、刘禹锡、杜牧、李郢、张文规、皮日休、陆龟蒙、潘述、李萼、崔万、张荐等。

就茶文化活动而言，这个集团中最突出的当然是陆羽，他因撰写《茶经》一书而确立了在中国茶文化史上的茶圣地位。唐代茶艺的成熟最主要的标志就是《茶经》的问世，这是众所周知的事情。然而除陆羽之外，与之同时或者在此之前后，湖州茶人们在茶文化活动中不但给陆羽以帮助和影响，也各自作出了许多贡献，这是值得注意并应该加以肯定的。本文的重点不在讨论陆羽的功绩，而是探讨湖州茶人的贡献。

总的来说，湖州茶人对中国茶文化事业的重大贡献在三个方面：茶艺、茶道、茶会。

一、茶艺

我国茶艺萌芽于西晋时期，在此之前没发现有关品茗艺术的文献资料，汉代文献在谈到茶叶时都是侧重其医疗功效，还是把它当作药物来喝。但到了西晋时期，诗人张载在《登成都白菟楼》诗中描述饮茶的情景时说道："芳茶冠六清，溢味播九区。"这里侧重的是品赏茶叶的芳香和滋味，而与医疗功效无关。西晋杜育的《荈赋》是第一首描写茶叶的颂歌，涉及产地、生长情况、采摘、取水、择器、观赏茶汤颜色、泡沫形状以及饮茶功效等各个方面，可以看出，此时的饮茶已不仅仅是解渴、提神、保健的需要，还具有一定文化色彩，开始进入品茗艺术阶段了。陆羽在《茶经》中多处引用《荈赋》的文字不是偶然的。

但是，品茗艺术的真正成熟时期是在唐代中期，由于众多的文人雅士介入茶事活动，他们的思想理念和审美情趣不自觉地融入其中，从而大大提高了品茗的文化品位。陆羽在《茶经》中用"四之器""五之煮""六之饮"整整三章规范了品茗艺术的各个环节，诸如用水、燃料、茶具、碾茶方法、煮茶程序、品茶碗数等，都有详细而严格的要求。《茶经》问世以后，极大地推动了全国饮茶之风。正如《封氏闻见记》卷六所言："楚人陆鸿渐为《茶论》，说茶之功效，并煎茶、炙茶之法。造茶具二十四事，以都统笼贮之。远近倾慕，好事者家藏一副。有常伯熊者，又因鸿渐之论广润色之，于是茶道大行，王公朝士无不饮者。"

不过，仔细检阅《茶经》，除了对茶汤泡沫有过一段细致的文学描写外，更多的是有关煮茶技艺的详细要求，在品饮艺术方面着墨不多，不像对沫饽（汤华）那样具有诗情画意的描述，这可能与《茶经》采用的是茶学著作的体例有关。所谓品茗，品的是茶汤的色、香、味、形诸方面的诗意感受。《茶经》已经提出有关色、香、味的要求，但仅点到而已。湖州茶人的茶诗中则有一些生动形象的描写可作为补充：

（一）色

唐代诗人们在品茶时已经注意欣赏茶汤及汤华的色泽之美，湖州茶人也不例外，如皎然在《饮茶歌诮崔石使君》诗中提到："素瓷雪色漂沫香。"这是在描写青瓷茶碗中漂泛的茶汤泡沫呈雪白色，即杜育《荈赋》所谓的"焕如积雪"。刘禹锡《西山兰若试茶歌》中描写茶汤的颜色是"瑶草临波色不如。"刘禹锡此诗描写的是炒青绿茶（"自傍芳丛摘鹰嘴，斯须炒成满室香"），煮出的茶汤呈绿色，瑶池仙草都自愧不如，赞赏之情跃然纸上。如果是饼茶，经烤炙碾碎后煮出的茶汤就会带浅黄色，唐代称为"缃"，《茶经·五之煮》就指出："其色缃也。"而皎然《饮茶歌送郑容》诗中一句"烂漫缃花啜又生。"就使人犹如目睹茶碗中缃花烂漫"烨若春敷"的美丽景象。

（二）香

关于茶汤的香气，《茶经·五之煮》中说："其馨欤也。"上述皎然诗中的"素瓷雪色漂沫香"，除了描写茶汤沫饽的颜色外，还强调了它的"香"气。皎然在另一首《对陆迅饮天目山茶，因寄元居士晟》诗中也写道："文火香偏胜。"皮日休在《茶中杂咏·茶瓯》写道："蘋沫香洁齿。"陆士休在《五言月夜啜茶联句》中的联句是"素瓷传静夜，芳气满闲轩。"其茶香已经弥漫全屋了。而刘禹锡在《西山兰若试茶歌》中形容炒青绿茶煮出茶汤的香气是"木兰沾露香微似。"指明它的香气是"微似"木兰，形容得非常贴切。看来，追求茶汤中带有花香是唐代茶人们品茶时的一种时尚。更有甚者，他们甚至采取以鲜花助茶的办法来满足这一要求。著名的就是皎然和陆羽以菊花伴茶的韵事。皎然在《九日与陆处士饮茶》诗中具体描述：

> 九日山僧院，东篱菊也黄。
> 俗人多泛酒，谁解助茶香。

这是唐代上元元年（760）秋天，陆羽隐居湖州杼山妙喜寺与皎然在重阳节以菊花伴茶欢度佳节时，皎然所写的一首著名茶诗，看来，他们两人也是菊花茶的创始人之一。菊花伴茶自然有清凉解毒之效，但是诗人在诗中强调的只是菊伴茶香脱俗的雅韵，丝毫不提疗效之事，纯然是品茗赏菊的审美行为，这正是品茗艺术的核心价值。

（三）味

关于茶汤的滋味，《茶经·五之煮》曰："其第一者为隽永"。其后又说："其味甘，槚也；不甘而苦，荈也；啜苦咽甘，茶也。"可见陆羽强调茶之味要长而甘，饮茶而"啜苦咽甘"，是指初入口苦涩而饮后回甘。皎然认为要用清寒冷冽的泉水来煮茶，其味可称为"嘉味"，他在《对陆迅饮天目山茶，因寄元居士晟》诗中就说道："寒泉味转嘉。"而刘禹锡则称茶有灵味，其《西山兰若试茶歌》中即言："僧言灵味宜幽寂。"诗中又说："欲知花乳清冷味。"其"味"清冷，则与皎然的"寒泉味转嘉"相近，可算知音之见略同。

（四）形

唐代煮茶是将茶饼烘炙碾碎后烹煮，本无所谓"形"。唐代品茗时所欣赏的形是指观赏茶汤沫饽（汤华）之形状。这在陆羽《茶经·五之煮》中有极为形象的描述：

> 沫饽，汤之华也。华之薄者曰沫，厚者曰饽，细轻者曰花。如枣花漂漂然于环池之上，又如回潭曲渚青萍之始生，又如晴天爽朗有浮云鳞然。其沫者，若绿钱浮于水渭，又如菊英堕于樽俎之中。饽者，以滓煮之，及沸，则重华累沫，皤皤然若积雪耳。《荈赋》所谓"焕如积雪，烨若春藪"有之。

《茶经》对茶汤泡沫之形状如此欣赏，是现代茶人所不易理解的。但这不是陆羽个人的爱好，而是当时茶人们的共同追求。湖州茶人在诗中往往以"花""乳"来形容茶汤泡沫，如皎然《对陆迅饮天目山茶，因寄元居士晟》诗："投铛涌作沫，著碗聚生花。"刘禹锡《西山兰若试茶歌》诗："欲知花乳清泠味"，这与陆羽喜欢用枣花、菊花来形容汤华有关。而皮日休《茶中杂咏·茶瓯》中的"枣花势旋眼"，则是直接引用《茶经》"如枣花漂漂然于环池之上"的典故。

（五）意境

唐代茶人在品茗之时，除了欣赏茶汤的色、香、味及泡沫的形状、色彩之外，还会追求超凡脱俗的诗意化的审美感受，经常达到"尘心洗尽兴难尽"（钱起《与赵莒茶宴》）、"乃知高洁情，摆落区中缘"（孟郊《题陆鸿渐上饶新开山舍》）的境界，甚至如皎然在《饮茶歌诮崔石使君》所描述的"三饮便得道，何须苦心破烦恼"的高度，这是品茗的最高境界，达此高度，品茗就不再是日常的生活行为，满足人们的生理要求，而是进入艺术境界，满足人们的审美需求，茶在这里就成为人们审美活动的对象，人们在品茗之时就不再考虑茶叶的解渴、提神、保健等功能，而是被当作一种生活艺术的对象，以满足品尝者的审美需求了。

就品茶意境的追求而言，有两位湖州茶人的茶诗值得我们重视。一是钱起的《与赵莒茶宴》。该诗的全文只有4句：

> 竹下忘言对紫茶，全胜羽客醉流霞。
> 尘心洗尽兴难尽，一树蝉声片影斜。

茶人们在竹林下品饮紫笋茶达到忘言的地步，其美妙的感受胜过仙人们醉饮仙酒。美妙的紫笋茶汤洗尽了心头上的尘垢，而品茗赋诗的雅事尚未尽兴，此时只听到树林里的蝉儿不停地鸣叫，不知不觉间日影已经西斜了。

这样的茶宴实际上就是诗人们的诗会，钱起把品茗活动的艺术境界描绘得充满诗情画意，茶人此时的品茗没有丝毫生理上的功利需求，而是一次纯粹诗化了的审美享受。仅凭钱起的这首诗就足以证明唐代品茗艺术已经成熟，我们也可以说钱起通过这首诗把唐代及其以后的茶人们引进了品茗艺术的天地。如果我们联系到陆羽在《茶经·一之源》中谈到茶的功效时仅说："若热渴、凝闷、脑疼、目涩、四肢烦、百节不舒，聊四五啜，与醍醐、甘露抗衡也。"则钱起对饮茶品位的提升是值得加以肯定的。钱起卒于公元780年，而陆羽的《茶经》是在这一年才刊刻问世的，那么，钱起与赵莒举行茶会时是否读到《茶经》还是未知数，因此我们可以推测，可能不是钱起受了《茶经》的影响，而是《茶经》总结了此前湖州地区的品茗艺术经验。如此说来，给钱起以积极的评价完全是应该的。

另一首是皎然的《饮茶歌诮崔石使君》。这是中国茶文化史上非常著名的一首茶诗：

> 越人遗我剡溪茗，采得金芽爨金鼎。
> 素瓷雪色缥沫香，何似诸仙琼蕊浆。
> 一饮涤昏寐，情来朗爽满天地。
> 再饮清我神，忽如飞雨洒轻尘。
> 三饮便得道，何须苦心破烦恼。

此物清高世莫知，世人饮酒徒自欺。

愁看毕卓瓮间夜，笑向陶潜篱下时。

崔侯啜之意不已，狂歌一曲惊人耳。

熟知茶道全尔真，唯有丹丘得如此。

此诗在历史上第一次将品茗划分了三个层次：涤昏寐、清我神、便得道。第一个层次是提神，这在陆羽《茶经·六之饮》中就已经指出："至若救渴，饮之以浆；蠲忧忿，饮之以酒；荡昏寐，饮之以茶。"皎然的贡献是品茗时没有停留在浅层次的"涤昏寐"，而是提升到更深的层次：清神、得道。这种概括具有哲学意味，这也是皎然茶诗的一大特色，即使是后来卢仝的《七碗茶歌》（即《走笔谢孟谏议寄新茶》）也是难以比拟的（卢仝的"七碗"形象有余，哲理高度不够）。尤其是，"三饮便得道"所获得的是人生处世之道，已碰触到品茶悟道的实质，从而将品茗艺术升华到价值观念领域，这是前无古人后无来者的开拓性贡献，应该给予高度的评价。

二、茶道

湖州茶人对中国茶文化事业的第二大贡献是茶道的创立。

所谓茶道就是品茗所应遵循之道。茶人们在品茗过程中除了对色、香、味、形等感官上的享受之外，还上升到心灵的感受，发展为一种精神境界上的追求，这是一种诗意的境界，也是一种审美要求的满足。与此同时，还伴生着一种哲理上的追求，即在品茗过程中所体现的精神境界和道德风尚，经常和人生处世哲学结合起来而具有一种教化功能。这就是所谓品茗之道，简称为茶道。[1]

我国茶道萌芽于西晋时期，杜育《荈赋》中的最后两句为"调神和内，倦解慵除。"所谓"调神和内"，就是说饮茶的功效可以调解精神，谐和内心。这是历史上最早出现的茶道精神，尽管当时还没有"茶道"一词。

《荈赋》对陆羽影响甚大，《茶经》中多次引用《荈赋》的文字，如用水、茶具、汤华等，显然，《荈赋》"调神和内"的茶道精神对陆羽也会产生影响，虽然《茶经》中没有明显的相同词语，但陆羽在《茶经》中提到"茶之为用，味至寒，为饮最宜精行俭德之人。"认为茶是最适合具有"精行俭德之人"品饮的，或者说是善于品茗的人应该具有"精行俭德"的品行。将品茶与个人的道德修养联系在一起，陆羽是第一人。因此，可以将"精行俭德"四字视为陆羽《茶经》所倡导的茶道精神，虽然陆羽在《茶经》中也没有采用"茶道"一词。

钱起也没有使用"茶道"一词，但他诗中的"尘心洗尽兴难尽"，和颜真卿"流华净肌骨，疏瀹涤心源"、孟郊"乃知高洁情，摆落区中缘"一样，实际上都具有茶道精神的意味。能"洗尽尘心"和"摆落区中缘"之人就是"精行俭德"的君子。他们品茶自然有着高于常人的追求。

但是，对中国茶道贡献最大的还是皎然和尚。他在前述的《饮茶歌诮崔石使君》诗中明确提出"茶道"概念：

"孰知茶道全尔真，唯有丹丘得如此。"这是历史上首次出现与现代茶文化学观念接近的"茶道"一词，其意义非常重大。从此之后，中国人饮茶再也不是只从解渴、提神、保健的角度出发，而是上升到品茗艺术的高度，将品茶作为净化心灵、沐浴灵魂的生活艺术。直到今天，在世界上也只有中国人的品茶才达到如此精神高度。

在皎然之后虽然也偶尔出现"茶道"一词，但其含义并不相同。如《封氏闻见记》："有常伯熊者，又因鸿渐之论广润色之，于是茶道大行，王公朝士无不饮者。"这里的"茶道"指的是属于技术层面的煮茶之道，并非是现代茶文化学上所说的具有哲理意义的"茶道"。至于明代张源《茶录》中所说的"茶道，造时精，藏时燥，泡时洁。精、燥、洁，茶道尽矣。"这里的"茶道"仅仅是制造、贮藏、沏泡等技术要求而已，并无品茗悟道等精神层面的内涵，与现在我们所要讨论的"茶道"概念无关。

皎然的"茶道"一词，指的就是诗中"三饮便得道"所强调的品茗悟道，所悟的是人生的处世之道，达此境界烦恼就自然而然地破除了（这里颇有禅宗顿悟的意味）。值得思考的是为什么会是皎然而不是别人提出"茶道"的概念呢？我们曾经认为"陆羽是以诗人的身份在品茶，皎然是以哲者的身份来论茶，一重茶艺，一重茶道。"[2] 同时也指出：

"作为诗人出身的陆羽善于形象思维而追求品茶的艺术性，而以传经布道为业的皎然和尚则更善于逻辑思维而侧重于品茶艺术的哲理性。"[3]

后来在读了皎然的诗歌理论著作《诗式》之后，我们有了进一步认识。原来，作为信过道教又皈依佛门的诗僧皎然与"道"有天然不解之缘。皎然在讨论诗歌创作规律时经常使用"道"的概念。如：

"终朝目前，矜道侈义，适足以扰我真性，岂若孤松片云，禅坐相对，无言而道合，至静而性同哉？"（《诗式·序》）这里的"道"指道义。

"虽有道情，而离深僻。"（《诗式·诗有四离》）这里的"道情"是指得道者之情，即释家所谓的"禅心""禅意"。

"但见情性，不睹文字，盖诗道之极也。向使此道尊之于儒，则冠六经之首；贵之于道，则居众妙之门；精之于释，则彻空王之奥。"（《诗式·重意诗例》）除了后一个道字是指道家外，前两个道字都是指欣赏诗歌之道。"诣道"就是掌握诗歌欣赏之道。

"其道如黄鹤临风，貌逸神王，杳不可羁。"（《诗式·跌宕二品》）这里的"道"是指诗歌创作风格，属于创作之道。

此外，皎然的诗歌中也经常出现"道"的词语。[4]

……

尽管皎然诗文中的"道"有多种含义，但在多数场合都是指诗歌创作内部的艺术规律、方法、风格，均属于"形而上"范畴。正如《庄子》所云："道不可见，见而非也；道不可言，言而非也。"因此，"道"不是指客观世界"可见""可言"的具体事物，而是可以神会不可言传的特定范畴。于是皎然在综合研究数百年来的诗歌创作规律之后，就在《诗式》中提出"诗道"的概念：

"大历中，词人多在江外……窃占青山白云、春风芳草以为己有。吾知诗道初丧，正在于此，何得推过齐梁作者？"

皎然在《答权从事德舆书》中也出现"诗道"一词：

"贫道臞名之人，万虑都尽，强留诗道以乐性情。"

皎然所说的"诗道"，就是诗歌创作之道，即诗歌创作所应遵从的艺术规律和原则方法，是一种高度的哲学概括，可视为诗歌创作的灵魂。也是所有诗人都应遵从之道。

既然皎然在研究诗歌理论时提炼出"诗道"一词，那么，他在品茶过程中提炼出"茶道"一词就是非常自然的事情。既然他在欣赏诗歌时强调"但见情性，不睹文字，盖诗道之极也。"那么，他在品茶之时，自然也会但见性情，不睹茶叶、茶汤、茶具等具体事物，不注意解渴、提神、保健等功利目的，而是追求"清我神""便得道""破烦恼""全尔真"的最高境界，他将这个品茶的最高境界概括为"茶道"，也是顺理成章的事情。

由于出身、经历、修养、性格、见识不同，甚至是思想方法不同，陆羽没有接受皎然的茶道概念，没有理会皎然的茶道思想，因此在《茶经》中，我们只能看到对茶具制作的艺术要求，对茶汤烹煮的详细过程，对茶汤泡沫的美丽形容，对品茶时色、香、味、形的艺术欣赏，但却没有片言只字提到"茶道"问题。即使是后人奉为圭臬的"精行俭德"四个字，也是在谈论茶叶具有治病功效的段落中出现的，并非是陆羽所自觉提倡的茶道思想。也许正是因为感觉到这一点，皎然才会在《饮茶歌送郑容》诗中毫不客气地批评道："楚子《茶经》虚得名。"

陆羽《茶经》是部中国茶文化开山之作，也是部务实之作，陆羽的茶圣地位是不可动摇的，如果说它有不足之处的话，正是在"茶道"概念这个问题上。

幸亏有了个皎然，在湖州杼山之巅高举起茶道的火炬，照亮后人，也照亮东瀛，这是湖州茶人的荣幸，也是中国茶人的荣幸。

三、茶会

湖州茶人的第三个贡献是创造了集体品茗的组织形式——茶会。

茶会也称茶宴或茶集，正式名称出现在唐代中期。其形式是文人聚会以茶代酒的雅集，具体情形可从吕温《三月三日茶宴序》窥知：

三月三日，上巳祓饮之日也。诸子议以茶酌而代焉。乃拨花砌，憩庭阴，清风逐人，日色留兴，卧指青霭，坐攀香枝，闲莺近席而未飞，红蕊拂衣而不散。乃命酌香沫，浮素杯，殷凝琥珀之色。不令人醉？微觉清思，虽五云仙浆，无复加也。座右才子南阳邹子、高阳许侯，与二三子顷为尘外之赏，而曷不言诗矣。

可见，茶会（茶宴）是一种充满诗情画意的品茗聚会。茶会未必是湖州茶人所创造的，因为其他地方也举办过茶会，其时间并不比湖州晚。如王昌龄的《洛阳尉刘晏与府掾诸公茶集天宫寺岸道上人房》、刘长卿的《惠福寺与陈留诸官茶会》、武元衡的《资圣寺贲法师晚春茶会》等诗都是描写中原地区的茶会情形，而且其中有的写作时间要早于湖州。但是湖州茶人是经常举办茶会的，这从他们撰写的茶诗的题目即可证明。如前述钱起的《与赵莒茶宴》《过长孙宅与朗上人茶会》，还有皎然的《晦夜李侍御萼宅集招潘述、汤衡、海上人饮茶赋》《遥和康录事李侍御萼小寒食夜重集康氏园林》《同李侍御萼李判官集陆处士羽新宅》《喜义兴权明府自君山至集陆处士羽青塘别业》，还有陆士修等人的《五言月夜啜茶联句》等。

从这些茶诗中可以看到当时茶会的一些特点，首先是喜欢在春天或初夏时间举行茶会，上述吕温的茶宴序中就指明是"三月三日上巳禊饮之日"，皎然的《遥和康录事李侍御萼小寒食重集康氏园林》就点明是在寒食节（即清明前一二日）举行。其次是从"榴花""蝉声"等也可判断其时节是暮春和初夏，此时正是春茶上市，因此频繁举行茶会。其次是大多选择在环境幽雅的地方举行，如钱起《与赵莒茶宴》是在"竹下"举行，皎然与李萼是在"康氏园林"中举行茶会。他和李萼等在陆羽新宅举行茶会，其环境也是十分优美："钓丝初种竹，衣带近栽藤。""柳阴容过客，花径许招僧。"幽雅的自然环境自然有利于文人品茗时营造艺术氛围，让茶会充满诗情画意。再次是以茶代酒，即吕温所说的"以茶酌而代焉"，钱起《与赵莒茶宴》中描写的是"竹下忘言对紫茶，全胜羽客醉流霞"，在《过张成侍御宅》诗中也说："杯里紫茶香代酒。"钱起另一首《过长孙宅与朗上人茶会》诗中也有"绿茗代榴花""不复醉流霞"等句，陆士修等人的《五言月夜啜茶联句》"代饮引清言"，皎然《晦夜李侍御萼宅集招潘述、汤衡、海上人饮茶赋》中也说："茗爱传花饮。"在《遥和康录事李侍御萼小寒食夜重集康氏园林》诗中还说："还持绿茗赏残春。"说的都是饮茶而不喝酒。最后是与会者在茶会中要吟诗作赋，皎然在上首诗中就提到"已爱治书诗句逸。"在《晦夜李侍御萼宅集招潘述、汤衡、海上人饮茶赋》中也说："诗看卷素裁。"钱起《过长孙宅与朗上人茶会》诗中也提道："玄谈兼藻思""含毫任景斜。"等，都是描写在茶会中吟诗作赋的情形。钱起的这首《过长孙宅与朗上人茶会》还让我们看到当时湖州茶人举行茶会时的具体情形：

> 偶与息心侣，忘归才子家。
> 玄谈兼藻思，绿茗代榴花。
> 岸帻看云卷，含毫任景斜。
> 松乔若逢此，不复醉流霞。

"岸帻看云卷，含毫任景斜"二句生动地描写了文人在茶会中构思诗词的情景，这种茶会实际上就是一次文人笔会。

茶会赋诗通常有几种形式：

一是每人赋诗一首，二是由一人开头赋诗两句，然后每人连接两句，成为一首完整的诗歌，如陆士修等人的《五言月夜啜茶联句》：

> 泛花邀过客，代饮引清言（陆士修）。
> 醒酒宜华席，留僧想独园（张荐）。
> 不须攀月桂，何暇树庭萱（李崿）。
> 御史秋风劲，尚书北斗尊（崔万）。
> 流华净肌骨，疏瀹涤心源（颜真卿）。
> 不似春醪醉，何辞绿菽繁（皎然）。
> 素瓷传静夜，芳气满闲轩（陆士修）。

诗中第六联的作者清昼就是皎然和尚。李萼是河北赵州人，曾任殿中侍御史、庐州刺史，故称李侍御。他来到湖州后也热衷茶事，经常在家中或别处举办茶会，多次和陆羽、皎然等人在一起活动，和颜真卿一样，他也是个热心湖州茶文化活动的地方官，他也能写诗，与他人相比并不逊色。

茶会中谁先赋诗也有规定，一般是"茗爱传花饮，诗看卷素裁。"（皎然），即用传统的击鼓传花的办法，花传到谁手里，谁就饮茶赋诗。对于诗韵也有规定，刘长卿《惠福寺与陈留诸官茶会》诗中提到他在茶会中得到"西"字韵，因而整首诗都押这个韵脚。这是中原地区茶会的规矩，看来湖州茶人开茶会时也会采取这个办法作诗。

当然，谈湖州地区的茶会自然不能忽略在湖州和江苏常州交界的顾渚山上境会亭里举行的茶会，这是官方举办的大型茶会。每年贡茶生产完毕，为了品评顾渚紫笋茶和宜兴阳羡茶的质量，两州太守相约在境会亭里举行盛大茶宴，邀请各界名士参与品评，当时在苏州任职的白居易也在被邀请之列，因病未能出席，特地写了一首《夜闻贾常州崔湖州茶山境会亭欢宴》：

> 遥闻境会茶山夜，珠翠歌钟俱绕身。
> 盘下中分两州界，灯前各作一家春。
> 青娥递舞应争妙，紫笋齐尝各斗新。
> 自叹花时北窗下，蒲黄酒对病眠人。

诗中描写了茶宴热闹非凡的情景，虽然歌钟绕身、青娥递舞，但未提到美酒佳肴，应是一次纯粹的茶会。尤为难得的是在会上要进行斗茶比赛："紫笋齐尝各斗新"，评定贡茶的等级。这比一般文人茶会的要求要更高，对当时茶叶生产技术的提高产生了促进作用。

总之，湖州茶人对唐代茶会的兴盛和完善无疑是起了很大作用，促进了唐代茶艺日臻成熟，也是对中国茶文化事业作出的一个重要贡献。

湖州是全国最早的贡茶生产中心——贡茶院所在地，是陆羽生活、成长并且撰写《茶经》的地方，是茶圣的诞生地，产生了一批如钱起、皎然等热爱茶艺的诗人，最早提出了"茶道"的概念，对中国品茗艺术的发展起了巨大的推动作用。还有一些如颜真卿、李萼等热心茶事活动的行政官员，组织领导了湖州地区的茶文化活动，从而也推动了全国茶文化事业的发展。因此，说湖州是"唐代的茶都"是符合历史实际的，是当之无愧的。这是湖州应该引以为豪的事情。我们不但要对唐代湖州地区的茶人们表示赞赏，也对今天湖州地区的茶友们表示祝贺，你们在地区茶文化活动和研究中最有成效，最为出色，你们对当今中国茶文化事业所作的积极贡献是有目共睹的，是令人钦佩的。本文当作一束鲜花，献给湖州的茶友们。

参考文献

[1] 陈文华. 中国茶文化学 [M]. 北京: 中国农业出版社, 2006.

[2] 陈文华. 长江流域茶文化 [M]. 武汉: 湖北教育出版社, 2004.

[3] 李新玲. 从皎然茶诗看皎然与陆羽的关系——茶诗夜读札记之一 [J]. 农业考古, 2004(4): 136-144.

[4] 李新玲. 皎然与茶道——夜读唐代茶诗札记之四 [J]. 农业考古, 2006(5): 108-112.

（文章原载《农业考古》2008年第2期，由李新玲、陈文华共同撰写）

人心需静，以茶通禅，由禅悟道

——略论"茶禅"如何"一味"？

自20世纪80年代茶文化活动振兴以来，禅茶文化逐渐引起人们的重视，有关文章逐渐问世。但尚未见佛门有何动静，可能是出家人不问俗家事。但茶本佛门僧众日常坐禅时不可缺少之物，且历史悠久，至少可以远溯晋唐之际。至唐，禅宗盛行，茶风亦炽，"学禅务于不寐，又不夕食，皆恃其饮茶。"禅既需要茶，便被列入佛教丛林制度的《百丈清规》，赵州和尚的"吃茶去"三字禅，即可证茶禅如一，已不可分。因此，在僧众心中茶占有极重要的地位，古今皆然。当俗世茶文化在海峡两岸热潮涌动之时，佛门自会心动，不再置身事外，于是各地寺庙的大德高僧开始主动参与社会上的茶文化活动了。于是"禅茶一味"或者"茶禅一味"的概念逐渐传播开来，经常出现在报刊、书籍、宣纸以及各地茶艺馆的墙壁上。

特别是近十几年来，禅茶文化的活动更趋活跃，各地纷纷举办禅茶活动，有的寺庙甚至还建立禅茶或佛茶文化研究中心，有的还举办起国际性的禅茶交流大会，产生广泛的影响。最早是2001年河北柏林禅寺举办的"中韩佛教禅茶交流座谈会"，韩方在大会上悬挂的会标是"韩中茶禅一味学术大会"，参加者是中韩两国的僧众和茶文化界的学者。2005年10月，柏林禅寺又举办"天下赵州禅茶文化交流大会"，参加者是来自韩国、中国大陆和港、澳、台地区的1000多位茶人，就在这次会上净慧法师正式提出"正、清、和、雅"的禅茶文化精神。后来中韩双方决定将禅茶大会定期办下去，就将这次大会称为"第一届世界禅茶文化交流大会"。"第二届世界禅茶文化交流大会"是2007年4月在台湾佛光山举

第二届世界禅茶文化论坛（2013年9月28日，重庆巴南）

行的。"第三届世界禅茶文化交流大会"是2007年11月在江西庐山东林寺举行的。"第四届世界禅茶文化交流大会"是2009年11月在福建福鼎市资国寺举行的。"第五届世界禅茶文化交流大会"是2010年4月在浙江省宁波市七塔寺举行的。"第六届世界禅茶文化交流大会"是2011年4月在浙江省杭州市灵隐寺举行的。"第七届世界禅茶文化交流大会"是2012年在韩国首尔曹溪寺举行的。"第八届世界禅茶文化交流大会"是2013年10月在浙江省长兴县寿圣寺举行的。而在此期间，各地寺庙还举行了多次的中小型禅茶文化研讨活动。如果以"热火朝天"来形容恐怕也不会过分。由此可见，"禅茶文化"已成当今茶文化界的一个热门话题。

禅茶文化也有称为茶禅文化，如上述2001年柏林禅寺举办的"中韩佛教禅茶交流大会"，与会的韩方代表在会上悬挂的会标则是"韩中茶禅一味学术大会"。国内学者也有不同的意见，如丁以寿先生就认为茶禅文化"其外延大于禅茶文化"。[1] 既然两个字的序列不同，孰先孰后，总应有所区别。十几年前，我曾当面请教净慧法师，他脱口而出，答曰："佛门重在禅，茶界重在茶。"如此看来，"禅茶一味"和"茶禅一味"应该也是各有侧重。能否说佛门看重的是"禅茶一味"，茶人强调的是"茶禅一味"？前者是僧众坐禅时需借茶以提神、充饥、抑制杂念，有助于禅修的质量；后者是茶人品茶时追求诗意的境界，这境界还需富有禅意（或称禅境），以获得审美愉悦。前者是宗教的修行，后者是审美的实践。两者是有明显区别的。

茶人中有很多虔诚的信众，他们学禅心诚，以茶助禅，容易进入"禅茶一味"的境界。他们的"禅茶一味"侧重在禅修，因此对茶叶的质地并不苛求。但茶界中更多的是不信佛不修禅的爱茶人，他们品茶注重鉴赏茶之色、香、味、形，为何也会接受"茶禅一味"的概念？又是如何才能够进入"茶禅一味"的境界呢？茶与禅是属于不同范畴的东西，茶是物质的载体，禅是心灵的净化，两者如何才能融为"一味"呢？

丁以寿先生的回答是："茶味实有味之味，可以感知。禅味乃无味之味，只可意会。……茶禅一味，在于因茶入禅，因禅而悟，从有味之茶参无味之禅，从有形茶艺、茶礼悟无形禅道。"[1] 丁先生接着又说："茶禅不二，茶禅一如，即茶即禅。茶心、禅心、人心，在其究极上归于一心。境界至此，方能体会茶味禅味，味味一味。"[1] 丁先生的回答是机智而富有禅味的，要明白他答案的真谛，仍然要靠意会。但他提出的"茶心、禅心、人心""（三心）归于一心"命题却是对我们很有启发，顺着这个思路，可以打通茶禅之间的隔膜，使其融为一味。

就审美角度而言，品茶艺术（茶艺）的审美主体是茶人，茶是审美的客体，而作为主、客观相结合的审美实践（茶艺），追求的是进入诗化的意境（诗意的最高境界就是禅意）。这人、茶、禅，正是丁先生所说的人心、茶心、禅心。如果我们进一步考察，这"三心"有个共同的特性，就是"静"！人心因茶而静，以静通禅，由禅悟道，三心就"归于一心"了。

一、人之静

中华文明是农耕社会的产物，与游牧社会相比，农耕社会的生产方式和生活方式是属于静态的。农耕文明是一种静态的文明。因此我们民族的性格特征之一就是温和文静。而作为农耕社会的上层建筑儒家哲学的特点之一也是静。《礼记·乐记》就说："人生而静，天之性也。"正义曰："言人初生，未有情欲，是其静禀于自然，是天性也。"可见儒家认为静是人之天性。因此儒家以静为本，致良知，止于至善。《礼记·大学》一开篇就强调指出："大学之道，在明明德，在亲民，在止于至善。知止而后有定，定而后能静，静而后能安，安而后能虑，虑而后能得。"《礼记·儒行》也说："儒有澡身而浴德……静而正之。"疏曰："静退自居，而寻常守正。"《论语·雍也》又说："仁者静。"注曰："无欲故静。"疏曰："言仁者本无贪欲，故静。"儒家不但以静作为修身养性、澡身浴德的一种手段，还以虚静之态作为人与自然万物沟通的智慧渠道。北宋理学家程颢在《秋日偶成》诗中写道：

闲来无事不从容，睡觉东窗日已红。
万物静观皆自得，四时佳兴与人同。
道通天地有形外，思入风云变态中。
富贵不淫贫贱乐，男儿到此是豪雄。

以静观之态与四时万物（包括众人）沟通，是典型的儒家观察事物的态度与方法。

静更是道家的重要哲学范畴。与儒家一样，道家也把"静"看成是人与生俱来的本质特征。静虚则明，明则通。"无欲故静"，人如无欲，则心虚自明。所以道家讲究去杂欲而得内在之精微。如《道德经》第十六章云："致虚极，守静笃，万物并作，吾以观其复。夫物芸芸，各归其根。归根曰静，静曰复命。"《庄子》也说："水静犹明，而况精神。圣人之心，静乎。天地之鉴也，万物之镜也。"老庄都认为守静达到极点，即可观察到世间万物成长之后各自复归其根底。复归其根底则曰静，静即生命之复原。水静能映照万物，精神进入虚静的状态，就能洞察一切。圣人之心如果达到这种境界，就可以像明镜一样反映世间万物的真实面目。

佛教也讲静。当它传入中国后，其禅定之学契合中国传统文化中固有的"虚静"认识论（如荀子的"虚一而静"，《大学》的"知止而后定，定而后能安"，道家的"守静笃，致虚极"），因而很受中国民众的欢迎和重视，不久便形成了以"禅"命名的"禅宗"。禅宗就是讲究通过静虑的方式来追求顿悟，即以静坐的方式排除一切杂念，专心致志地冥思苦想，直到某一瞬间顿然领悟到佛法的真谛。佛教将"戒、定、慧三学"作为修持的基础，"戒"是戒恶修善，"慧"是破惑证真，而"定"就是息缘静虑。高僧净空法师曾经指出："佛法的修学没有别的，就是恢复我们本有的大智大慧而已。要怎么样才能恢复呢？一定要定，你要把心静下来，要定下来，才能够恢复。"[2] 当年（南朝梁）禅宗始祖菩提达摩来中国传播佛学，曾在河南嵩山少林寺面壁九年，成为静虑的典范。和尚们在坐禅时要求进入一种虚静的状态，弘一法师曾经解释道："不为外物所动之谓静，不为外物所实之谓虚。"所以静就是思想不为外物干扰，虚就是心灵不为名利欲望所纠缠。

因此天生文静而又长期深受儒、释、道三家哲学熏陶的中国茶人，在其灵魂深处，"静"牢牢地占据了主导地位。

二、茶之静

静是茶叶的自然属性。作为山茶科山茶属多年生常绿木本植物的茶树，性喜湿润气候和微酸性土壤，耐阴性强，不喜太阳直射，而喜漫射光。多生长在云遮雾罩的山野，不耐严寒，也不喜酷热。客观的自然条件决定了茶性微寒，味醇而不烈，甘而微涩，具有清火、解毒、提神、健脑、清心、明目、消食、减脂诸功能，饮后使人更为安静、文静、冷静、宁静、雅静，是一种有益于人类的温性饮料。具有这种特性的茶叶自古就成为人们日常的保健饮料，饮后会使人的心情趋于淡泊宁静、神清气爽的状态。特别是古代的一些文人雅士介入茶事活动之后，发现茶叶的这些特性与他们儒家、道家和禅宗的审美情趣都有相通之处，于是就将日常生活行为的饮茶发展、升华为品茗艺术。而这种品茗艺术的性质自然是与茶叶的自然属性一脉相通的，都是具有静的本质特征。早在宋代，宋徽宗《大观茶论》中就指出：茶的特性之一是"冲淡简洁，韵高致静。"这"韵高致静"既是茶叶的特性，也是品茶艺术（茶艺）的特性。它们都是来自茶叶和茶艺本身的客观属性。这些客观属性与人性中的静、清、雅、淡的一面相近、相通。因此茶事活动中一般都具有静的特点，与舞蹈、杂技等动的艺术不同，茶艺是一种"静"的艺术，而非"动"的艺术。不管是独自一人品啜，还是二三茶友对饮，甚至是众人一起品饮的茶会，都需在安静的氛围中进行，动作须柔和、优美，节奏要舒缓，音乐不宜激昂，灯光不宜强烈，像是一首优美、抒情的小夜曲，而不是激昂雄壮的交响乐。古人品茗时总喜欢选择静谧幽美的自然环境，"或会于泉石之间，或处于松竹之下，或对皓月清风，或坐明窗静牖，乃与客清谈款话，探虚玄而参造化，清心神而出尘表。"其目的也是为了在营造品茗的艺术氛围时呈现出静态之美。而这"静"正是中国茶道美学的本质特征之一。可见"静"首先来自茶叶的自然属性，然后体现在茶艺的艺术性上，最后反映在茶道的哲学性上。宋徽宗概括为"韵高致静"。现代学者在总结中国茶道精神时，往往也强调"静"。如台湾范增平先生的"和、俭、静、洁"，周渝先生的"正、静、清、圆"，大陆学者林治先生的"和、静、怡、真"等。[3] 关于茶艺中的静，周渝先生还有一段通俗的讲解："有些人心里很烦，你要他去面壁，去思考，那更烦，更可怕。可是如果你专心把茶泡好，你自然就进去了，就'静'了。所以动中有静，静中有动，这是一个很简单的入静法门，又是很快乐的。"[4] 由专心泡茶进入"静"的法门，心灵真正虚静了，就会呈现禅意，就可通向禅之法门了。

三、禅之静

"禅"是梵文的音译，其本义就是"静虑"。禅宗就是通过静坐，以静虑的方式寻求顿悟。自古佛门就讲究"学禅务于不寐，又不夕食，皆恃其饮茶。人自怀挟，到处煮饮。从此转相仿效，遂成风俗。"既不能卧睡，又过午不食。只能以茶提神、充饥，又可抑制杂欲，有助于集中精神进行禅修。后来又列入《百丈清规》，成为禅宗佛事活动的有机组成部分，饮茶也就被称为"和尚家风"。可见禅茶关系密切，历史久远。有学者认为：坐禅入定是一种高级气功，不仅要像一般气功师那样养气培元，锻炼身心，开发人体潜能，延年益寿；还要明心见性，顿悟成佛。修炼禅定一般都要跏趺坐，要求端身安心，调和气息，澄净思路。其后入静意守，渐次豁然开朗。这是一个由浅入深、层层证悟的参悟过程。[5] 寇丹先生也认为："在禅家看来，'静'与'清'这两个字是可以表达的。"[6] 可见"静"是禅的主要特性之一。它自然也是禅与茶的共性。看来唐代诗人曹松的诗句是最形象的概括："禅心夜更闲，煎茶留静者。"[7]

在曹松看来，不但禅是静，茶是静，连饮茶者都是静的。真是禅心、茶心、人心"归于一心"——静了。

所谓禅心就是修禅悟道后的一种心态，或者说是一种境界，也可称为禅意。禅心的"闲"，就是闲静、虚静、空灵。禅心就是一种空灵、澄明、物我两忘、毫无挂碍的心态，就是六祖慧能所揭示的"本来无一物，何处惹尘埃"的境界。这种禅意是自古以来诗人们所苦苦追求诗的意境，诗意和禅意是相通的。然而却不是靠逻辑演绎获得的，而是要靠心灵去感悟，并且是巧妙感悟，称之为"妙悟"。宋代文学家严羽在其诗话中曾指出："论诗如论禅""大抵禅道惟在妙悟，诗道亦在妙悟。"可见诗与禅是相通的，也是"一味"的。难怪古代会出现那么多诗人写出那么多的禅诗来。恰巧古代诗人（有很多是诗僧）大多也是茶人，他们将饮茶提升为品茶艺术，在品尝色、香、味、形之际还要追求"忽如飞雨洒轻尘""情来朗爽满天地"的诗意境界。这种诗意常常是富有禅意的，于是人心、茶心、禅心就是这样"归于一心"了。

这就是非佛教徒的茶人也讲究"茶禅一味"的奥秘。

那么这种"茶禅一味"对当今现实社会有什么意义呢？

我想至少可以提高品茶者艺术境界，品茶不仅仅是享受茶之色、香、味、形等感官的快感，还要上升到心灵的感受，发展为一种精神境界上的追求，这是诗意的境界，还伴生着一种哲理上的追求，即在茶艺实践过程中所体现的精神和道德风尚，经常是和人生处世哲学相结合而具有一种教化功能，这就是品茗之道，简称为茶道。茶道的境界应该是富有禅意的，达此境地，从而使我们的个人情操得到陶冶，修养得以提高，心灵得到慰藉，灵魂得到净化。要达到这种"茶禅一味"的境界，"静"是不二法门。这里的"静"指的是"虚静"。就是弘一法师所开示的"不为外物所动之谓静，不为外物所实之谓虚。"所以静就是思想不为外物干扰，虚就是心灵不为名利欲望所纠缠。能做到这一点，就是达到了"本来无一物"的高度，这就是禅（禅即智慧），由禅而悟道，悟到为人处世之道。

当今现实生活中，商品大潮汹涌，物欲膨胀，竞争激烈，人心浮躁，生活节奏加快，压力增大，人们容易心理失衡，人际关系趋于紧张，信仰面临困惑，道德底线屡遭冲击。"茶禅一味"的"虚静"以及中国茶道精神中"清""寂""廉""美""静""俭""洁""性"等具有平和、淡泊、雅静的精神内涵，会使人们的心情趋于淡泊宁静，可以调节生活节奏，缓解心理压力，提倡和诚处世、相互尊重、相互关心的新型人际关系，必然有利于社会风气的净化。这对民众素质的提高、和谐社会的构建，都有着积极的意义。

总之：人心需静，以茶通禅，由禅悟道！

参考文献

[1]丁以寿.关于茶禅文化概念的思考[J].农业考古,2011(2):190-191.

[2]净空法师.佛说阿弥陀经要解大意[M].上海:上海佛学书局,2002.

[3]陈文华.中国茶道学[M].南昌:江西教育出版社,2010.

[4]周渝.茶文化:从自然到个人主体与文化再生的探寻[J].农业考古,1999(2): 25-35.

[5]丁文.茶禅一味[M]//舒曼,胡智学,张英,等.禅茶一味.北京:中国和平出版社,2005.

[6]寇丹.茶中的美与禅——应韩国《茶的世界》杂志特约而作[J].农业考古,2004(4): 209-210.

[7]上海古籍出版社.全唐诗[M].上海:上海古籍出版社,1986.

（文章原载《农业考古》2014年第2期）

茶道与茶艺

茶艺·茶道·茶文化

目前，对于许多有关茶文化的概念存在一些分歧，有些概念模糊甚至混乱，如对到底什么是茶文化问题，什么是茶道问题，什么是茶艺问题，茶道和茶艺的关系问题，都存在误区，没有统一的认识，需要加以探讨，以求得共识。

在讨论茶文化问题之前，必须先弄清什么是文化。

按文化学的定义，目前通常使用的文化含义有广义和狭义之分。

广义的文化，是指人类社会历史实践过程中所创造的物质财富和精神财富的总和，也就是说，人类在改造自然和社会过程中所创造的一切，都属于文化的范畴。

狭义的文化，是指社会的意识形态，即精神财富，如文学、艺术、教育、科学等，同时也包括社会制度和组织机构。

因此，茶文化也应该有广义和狭义之分。广义的茶文化是指整个茶叶发展历程中有关物质和精神财富的总和。狭义的茶文化则是专指其"精神财富"部分。王玲教授在《中国茶文化》一书中是主张狭义说的，她强调指出："研究茶文化，不是研究茶的生长、培植、制作、化学成分、药学原理、卫生保健作用等自然现象，这是自然科学家的工作。也不是简单地把茶叶学加上茶叶考古和茶的发展史。我们的任务，是研究茶在被应用过程中所产生的文化和社会现象。"

按照文化学的研究，文化可分为技术和价值两个体系。技术体系是指人类加工自然造成的技术的、器物的、非人格的、客观的东西；价值体系是指人类在加工自然、塑造自我的过程中形成的规范的、精神的、人格的、主观的东西。这两个体系经由语言和社会结构组成统一体，也就是广义文化。因而，文化的价值体系相当于狭义文化。

文化的内部结构包括下列几个层次：物态文化、制度文化、行为文化、心态文化。

物态文化层是人类的物质生产活动方式和产品的总和，是可触知的具有物质实体的文化事物。

制度文化层是人类在社会实践中组建的各种社会行为规范。

行为文化层是人际交往中约定俗成的，以礼俗、民俗、风俗等形态表现出来的行为模式。

心态文化层是人类在社会实践和意识活动中孕育出来的价值观念、审美情趣、思维方式等主观因素，相当于通常所说的精神文化、社会意识等概念。这是文化的核心。

那么，茶文化也应该有这样的四个层次。

一、茶文化的四个层次

（一）物态文化

人们从事茶叶生产的活动方式和产品的总和，即有关茶叶的栽培、制造、加工、保存、化学成分及疗效研究等，也包括品茶时所使用的茶叶、水、茶具以及桌椅、茶室等看得见摸得着的物品和建筑物。

（二）制度文化

人们在从事茶叶生产和消费过程中所形成的社会行为规范。如随着茶叶生产的发展，历代统治者不断加强其管理措施，称之为"茶政"，包括纳贡、税收、专卖、内销、外贸等。据《华阳国志·巴志》记载，早在周武王伐纣之时，巴蜀地区的"茶、蜜、灵龟……皆纳贡。"至唐以后贡茶的份额越来越大，名目繁多。从唐代建中元年（公元780年）开始，对茶叶征收赋税："税天下茶、漆、竹、木，十取一。"（《旧唐书·食货志》）大和九年（公元835年）开始实行榷茶制，即实行茶叶专卖制（《旧唐书·文宗本纪》）。宋代蔡京立茶引制，商人领引时交税，然后才能到指定地点取茶。自宋至清，为了控制对西北少数民族的茶叶供应，设茶马司，实行茶马贸易，以达到"以茶治边"的目的。对汉族地区的茶叶贸易也严加限制，多方盘剥。

（三）行为文化

人们在茶叶生产和消费过程中约定俗成的行为模式，通常是以茶礼、茶俗以及茶艺等形式表现出来。如宋代诗人杜来"寒夜客来茶当酒"的名句，说明客来敬茶是我国的传统礼节；千里寄茶表示对亲人的怀念；民间旧时行聘以茶为礼，称"茶礼"，送"茶礼"叫"下茶"，古时谚语曰"一女不吃两家茶"，即女家受了"茶礼"便不再接受别家聘礼；还有以茶敬佛，以茶祭祀等。至于各地、各民族的饮茶习俗更是异彩纷呈，各种饮茶方法和茶艺程式也如百花齐放，美不胜收。

（四）心态文化

人们在应用茶叶的过程中所孕育出来的价值观念、审美情趣、思维方式等主观因素。如人们在品饮茶汤时所追求的审美情趣，在茶艺操作过程中所追求的意境和韵味，以及由此生发的丰富联想；反映茶叶生产、茶区生活、饮茶情趣的文艺作品；将饮茶与人生处世哲学相结合，上升至哲理高度，形成所谓茶德、茶道等。这是茶文化的最高层次，也是茶文化的核心部分。

因此，广义的茶文化应该由上述四个层次组成。但是第一层次（物态文化）早已形成一门完整、系统的茶叶科学，简称茶学。第二层次（制度文化）属于经济史学科研究范畴，而且也是成绩显著，硕果累累。所以作为新兴的学科，茶文化学应该将研究重点放在过去比较薄弱的第三、第四两个层次，也就是狭义的茶文化。

如此看来，我们要研究的狭义茶文化是属于平常所谓的"精神文明"范畴，但是它又不是完全脱离"物质文明"的文化，而是与"物质文明"结合在一起的。不管是茶道也好，茶艺也好，茶礼也好，茶俗也好，都是在茶叶应用的过程中体现出来的，离开茶，也就不存在什么茶文化了。

二、茶文化的核心是茶道

目前，对于茶文化的许多名词术语存在一些模糊甚至是混乱的认识，茶艺界有许多人常常将茶道、茶德、茶艺混为一谈，弄不清茶道和茶艺的区别，如有的叫茶艺馆，有的叫茶道馆。有的称茶艺表演，有的称茶道表演。需要进行深入的讨论，加以界定，以求取得统一的认识。

我们先来讨论一下茶艺、茶道和茶德问题。

（一）茶艺

"茶艺"一词最早出现于20世纪70年代的台湾。当时台湾出现茶文化复兴浪潮，于1978年酝酿成立有关茶文化组织的时候，接受了台湾民俗学会理事长娄子匡教授的建议，使用"茶艺"一词，成立了"台北市茶艺协会""高雄市茶艺学会"。1982年又成立"中华茶艺协会"。各种茶艺馆也如雨后春笋般涌现。茶艺一词被接受，并广泛传播。至于为什么要称茶艺，台湾茶文化专家范增平先生在第二届国际茶文化研讨会上宣读的《茶文化的传播对现代台湾社会的影响》论文中指出：当时为了弘扬茶文化、推广品饮茗茶的民俗，有人提出使用"茶道"一词。但是有人认为"茶道"虽然中国自古已有之，却已为日本专美于前，如果现在继续使用"茶道"恐怕引起误会，以为是把日本茶道搬到台湾来。另一个顾虑是怕提出"茶道"过于严肃，中国人对于"道"字特别庄重，要民众很快就普遍接受可能不容易，于是提出"茶艺"这个词。经过一番讨论，大家同意后才定案。"茶艺"就这么产生了。

然而什么是茶艺？各家的解释还是见仁见智，并无统一而明确的定义。如台湾茶艺专家季野先生认为："茶艺是以茶为主体，将艺术融入生活以丰富生活的一种人文主张，其目的在于生活而不在于茶。"[1] 范增平先生认为茶艺包括两方面，科学和人文，也就是，技艺和艺术。技艺，科学地泡好一壶茶的技术。艺术，美妙地品享一杯茶的方式。中国茶艺之美是属于心灵的美，欣赏茶艺之美，是要把自我投入整个过程当中来观察整体。[2] 台湾茶艺专家蔡荣章先生认为："'茶艺'是指饮茶的艺术而言。……讲究茶叶的品质、冲泡的技艺、茶具的玩赏、品茗的环境以及人际间的关系，那就广泛地深入到'茶艺'的境界了。"[3] 蔡先生还认为："茶叶的冲泡过程不只是把茶叶的品质完美发挥的技艺，本身也是一种发展个性的表演艺术。借着泡茶、品茗的过程，必须专心一致才能将茶泡好，才可以体会茶的境界，而且要有秩序才能表现美感与主客良好的关系，结果达到了修身养性与敦睦人伦的社教功能。"北京的茶文化专家王玲教授认为："茶艺和茶道精神，是中国茶文化的核心。我们这里所说的'艺'，是指制茶、烹茶、品茶等艺茶之术；我们这里所说的'道'，是指艺茶过程中所贯彻的精神。"[4] 陕西的作家丁文先生认为："茶艺指制茶、烹茶、饮茶的技术，技术达到炉火纯青便成一门艺术。""茶艺是茶道最重要的组成部分。"[5] 浙江湖州的茶文化专家寇丹先生在综合各家学说之后，认为茶艺也有广义和狭义之分："广义的茶艺是研究茶叶的生产、制造、经营、饮用的方法和探讨茶业的原理、原则，以达到物质和精神全面满足的学问。狭义的茶艺是如何泡好一壶茶的技艺和如何享受一杯茶的艺术。"[6]

我们赞成按狭义的定义来理解。通俗地说，茶艺就是泡茶的技艺和品茶的艺术。其中又以泡茶的技艺为主体，因为只有泡好茶之后才谈得上品茶。而泡茶又不仅仅是一个技术问题，正如丁文先生所说，技术达到炉火纯青的地步便成为一门艺术。因此，我们不但要科学地泡好一壶茶，还要艺术地泡好一壶茶。也就是说，不但要掌握茶叶鉴别、火候、水温、冲泡时间、动作规范等技术问题，还要注意冲泡者在整个操作过程中的艺术美感问题，"欣赏茶艺的沏泡技艺，应该给人以一种美的享受，包括境美、水美、器美、茶美和艺美。""茶的沏泡艺术之美表现为仪表的美与心灵的美。仪表是沏泡者的外表，包括容貌、姿态、风度等；心灵是指沏泡者的内心、精神、思想等，通过沏泡者的设计、动作和眼神表达出来。"[7] 诚如蔡荣章先生所说，茶叶冲泡过程"本身也是一种发展个性的表演艺术。"如果茶艺馆的从业人员了解这一点，就不会将自己等同于一般饮食行业的服务员，而是自觉在从事一项普及茶文化知识、充满诗情画意的艺术活动，是项很有意义的社会工作。

那么，茶艺与茶道有什么区别呢？茶艺与茶道是什么关系呢？

（二）茶道

王玲教授在其著作《中国茶文化》第二编"中国茶艺与茶道精神"中指出："茶艺与茶道精神，是中国茶文化的核心。我们这里所说的'艺'，是指制茶、烹茶、品茶等艺茶之术；我们这里所说的'道'，是指艺茶过程中所贯彻的精神。有道而无艺，那是空洞的理论；有艺而无道，艺则无精、无神。……茶艺，有名，有形，是茶文化的外在表现形式；茶道，就是精神、道理、规律、本源与本质，它经常是看不见、摸不着的，但你却完全可以通过心灵去体会。茶艺与茶道结合，艺中有道，道中有艺，是物质与精神高度统一的结果。"蔡荣章先生也认为："如要强调有形的动作部分，则使用'茶艺'，强调茶引发的思想与美感境界，则使用'茶道'。""指导'茶艺'的理念，就是'茶道'。"[8] 我们认为，王玲教授和蔡荣章先生的这些话已经将茶道、茶艺的区别和关系讲得很清楚了。茶道就是在操作茶艺过程中所追求、所体现的精神境界和道德风尚，经常是和人生处世哲学结合起来，成为茶人们的行为准则。因此，陈香白教授认为："中国茶道就是通过茶事过程引导个体走向完成品德修养以实现全人类和谐安乐之道。"[9] 不过，以这样的高度来要求茶人毕竟过于严格和空泛，常人不易掌握，一些茶艺大师和专家们便以精练的哲理语言加以概括，提出许多茶道的基本精神，使所有茶人易于理解和便于操作。这些基本精神就是饮茶的道德要求，亦称为茶德。早在唐代，陆羽在《茶经·一之源》中就指出："茶之为用，味至寒，为饮最宜精行俭德之人。"即饮茶者应是注意操行具有俭朴美德之人，陆羽已经对饮茶者提出了品德要求，喝茶已不再是单纯地满足解渴的生理需要了。唐末刘贞亮在《茶十德》中更指出："以茶利礼仁""以茶表敬意""以茶可雅心""以茶可行道"。可见，早在唐代就已经喝茶有道了。可以将刘贞亮提出的茶德视为对诗人皎然在《饮茶歌诮崔石使君》诗"三饮便得道"和"孰知茶道全尔真"句中之"道"和"茶道"的诠释和充实。由此可见，茶道应追本溯源至唐代皎然、陆羽时期，当然，它还不如后代如日本之茶道那么明确具体。

1.日本茶道——和、敬、清、寂

从唐代开始，中国的饮茶习俗就传入日本，到了宋代，日本开始种植茶树，制造茶叶。但一直到明代，才真正形成独具特色的日本茶道。其中集大成者是千利休。他明确提出"和、敬、清、寂"为日本茶道的基本精神，要求人们通过在茶室中饮茶进行自我思想反省，彼此沟通思想，于清寂之中去掉自己内心的尘垢和彼此的芥蒂，以达到和敬的目的。"和、敬、清、寂"被称为日本"茶道四规"。"和、敬"是处理人际关系的准则，通过饮茶做到和睦相处、互相尊敬，以调节人际关系；"清、寂"是指环境气氛，要以幽雅清静的环境和古朴的陈设，造成一种空灵静寂的意境，给人以熏陶。但日本茶道的宗教（特别是禅宗）色彩很浓，并形成严密的组织形式。它是通过非常严格、复杂，甚至是烦琐的表演程式来实现"茶道四规"的，较为缺乏一种宽松、自由的氛围。

2.朝鲜茶礼——清、敬、和、乐

朝鲜与中国国土相连，自古关系密切，中国儒家的礼制思想对朝鲜影响很大。儒家的中庸思想被引入朝鲜茶礼之中，形成"中正"精神。创建"中正"精神的是草衣禅师张意恂（1786—1866），他在《东茶颂》里提倡"中正"的茶礼精神，指的是茶人在凡事上不可过度也不可不及的意思。也就是劝人要有自知之明，不可过度虚荣，知识浅薄却到处炫耀自己，什么也没有却假装拥有很多。人的性情暴躁或偏激也不合中正精神。所以中正精神应在一个人的人格形成中成为最重要的因素，从而使消极的生活方式变成积极的生活方式，使悲观的生活态度变成乐观的生活态度。这种人才能称得上是茶人，中正精神也应成为人与人交往中的生活准则[10]。后来朝鲜的茶礼归结为"清、敬、和、乐"或"和、敬、俭、真"四个字，也折射了朝鲜民族积极乐观的生活态度。由此亦可见，朝鲜的茶礼精神就是茶道精神。

3.中国茶德——廉、美、和、敬

和韩国的茶礼一样，中国的茶道精神也有不同的提法。中国虽然自古就有茶道，但宗教色彩不浓，而是将儒、道、佛三家的思想融在一起，给人们留下了选择和发挥的余地，各层面的人可以从不同角度根据自己的情况和爱好选择不同的茶艺形式和思想内容，不断加以发挥创造，因而也就没有严格的组织形式和清规戒律。只是到了20世纪80年代以后，随着茶文化热潮的兴起，许多人觉得应该对中国的茶道精神加以总结，归纳出几条便于茶人们记忆、操作的"茶德"。已故的浙江农业大学茶学专家庄晚芳教授在1990年2期《文化交流》杂志上发表的《茶文化浅议》一文中明确主张"发扬茶德，妥用茶艺，为茶人修养之道"。他提出中国的茶德应是"廉、美、和、敬"，并加以解释：廉俭育德，美真康乐，和诚处世，敬爱为人。具体内容为：

廉——推行清廉，勤俭育德。以茶敬客，以茶代酒，减少"洋饮"，节约外汇。

美——名品为主，共尝美味，共闻清香，共叙友情，康乐长寿。

和——德重茶礼，和诚相处，搞好人际关系。

敬——敬人爱民，助人为乐，器净水甘。

大约与此同时，中国农业科学院茶叶研究所所长程启坤和研究员姚国坤在1990年6期

《中国茶叶》杂志上发表的《从传统饮茶风俗谈中国茶德》一文中，则主张中国茶德可用"理、敬、清、融"四字来表述：

理——理者，品茶论理，理智和气之意。两人对饮，以茶引言，促进相互理解；和谈商事，以茶待客，以礼相处，理智和气，造成和谈气氛；解决矛盾纠纷，面对一杯茶，以理服人，明理消气，促进和解；写文章、搞创作，以茶理思，益智醒脑，思路敏捷。

敬——敬者，客来敬茶，以茶示礼之意。无论是过去的以茶祭祖，还是今日的客来敬茶，都充分表明了上茶的敬意。久逢知己，敬茶洗尘，品茶叙旧，增进情谊；客人来访，初次见面，敬茶以示礼貌，以茶为媒介，边喝茶边交谈，增进相互了解；朋友相聚，以茶传情，互爱同乐，既文明又敬重，是文明敬爱之举；长辈上级来临，更以敬茶为尊重之意，祝寿贺喜，以精美的包装茶作礼品，是现代生活的高尚表现。

清——清者，廉洁清白，清心健身之意。清茶一杯，以茶代酒，是古代清官的廉政之举，也是现代提倡精神文明的高尚表现。1982年，首都春节团拜会上，每人面前清茶一杯，既高尚又文明，'座上清茶依旧，国家景象常新'，表明了我国两个文明建设取得了丰硕成果。今天，强调廉政建设，提倡廉洁奉公，"清茶一杯"的精神文明更值得发扬。"清"字的另一层含义是清心健身之意，提倡饮茶保健是有科学根据的，朱德曾有诗云："庐山云雾茶，味浓性泼辣。若得长时饮，延年益寿法。"体会之深，令人敬佩。

融——融者，祥和融洽、和睦友谊之意。举行茶话会，往往是大家欢聚一堂，手捧香茶，有说有笑，真是其乐融融；朋友相会，亲人见面，清茶一杯，交流情感，气氛融洽，有水乳交融之感。团体商谈，协商议事，在融洽的气氛中，往往更能促进互谅互让，有益于联合与协作，使交流交往活动更有成效。由此可见，茶在联谊中的桥梁纽带作用是不可低估的。

两位专家还认为：中国的茶，"能用来养性、联谊、示礼、传情、祭祖、育德，直至陶冶情操、美化生活。茶之所以能适应各种层次，各个阶层，众多场合，是因为茶的功用、茶的情操、茶的本性符合中华民族的平凡实在、和诚相处、重情好客、勤俭育德、尊老爱幼的民族精神。所以，继承与发扬茶文化的优良传统，弘扬中国茶德，对促进我国的精神文明建设无疑是十分有益的。"

在此之前，台湾的范增平先生于1985年提出中国"茶艺的根本精神，乃在于和、俭、静、洁。"[2] 范先生的茶艺根本精神，就是茶道的精神，也就是上述的茶德。虽未加以详细解释，但其含义仍不难理解，与前述几位专家的意见相去不远。

更早一点，在1982年，台湾的国学大师林荆南教授将茶道精神概括为"美、健、性、伦"四字，即"美律、健康、养性、明伦"，称之为"茶道四义"。其具体解释如下：

美——美是茶的事物，律是茶的秩序。事由人为，治茶事，必先洁其身，而正其心，必敬必诚，才能建茶功立茶德。洁身的要求及于衣履，正心的要求见诸仪容气度。所谓物，是茶之所属，诸如品茶的环境，所用的器具，都必须美观，而且要调和。从洁身、正心，至于环境、器具，务必合于秩序，治茶时必须从容中矩，连而贯之，充分显示幽雅的旋律美，造成至佳的品茗气氛。须知品茗有层次，从层次而见其升华，否则茶功败矣，遑论茶德。

健——"健康"一项，是治茶的大本。茶叶必精选，劣茶不宜用，变质不可饮；不洁的水不可用，水温要讲究，冲和注均须把握时间。治茶当事人，本身必健康，轻如风邪感冒，亦不可泡茶待客，权宜之法，只好由第三者代劳。茶为健康饮料，其有益于人身健康是毫无疑问的。推广饮茶，应该从家庭式开始，拜茶之赐，一家大小健康，家家健康，一国健康，见到全体人类健康；茶，就有"修、齐、治、平"的同等奥义。

性——"养性"是茶的妙用，人之性与茶之性相近，却因为人类受生活环境所污染，于是性天积垢与日俱加，而失去其本善；好在茶树生于灵山，得雨露日月光华的灌养，清和之气代代相传，誉为尘外仙芽；所以茶人必须顺茶性，从清趣中培养灵源，涤除积垢，还其本来性善，发挥茶功，葆命延年，持之以恒，可以参悟禅理，得天地清和之气为己用，释氏所称彼岸，可求于明窗净几之一壶中。

伦——"明伦"是儒家至宝，系中国五千年文化于不坠。茶之功用，是敦睦人际关系的津梁：古有贡茶以事君，君有赐茶以敬臣；居家，子媳奉茶汤以事父母；夫唱妇随，时为伉俪饮；兄以茶友弟，弟以茶恭兄；朋友往来，以茶联欢。今举茶为天伦饮，合乎五伦十义（父慈、子孝、夫唱、妇随、兄友、弟恭、友信、朋谊、君敬、臣忠），则茶有全天下义的功用，不是任何事物可以替代的。[3]

此外，台湾的周渝先生近年来也提出"正、静、清、圆"四字作为中国茶道精神的代表。[11]

以上各家对中国茶道的基本精神（茶德）的归纳，虽然不尽相同，但其主要精神还是接近的，特别是清、静、和、美等是符合中国茶道的精神和茶艺的特点，和日本茶道和韩国茶礼的基本精神也是相通的。大家可以细心领会，把握其主要精神，在自己的茶艺表演和茶事活动中贯彻这些精神。

陈香白认为，中国茶道精神的核心就是"和"。"和"意味着天和、地和、人和。它意味着宇宙万事万物的有机统一与和谐，并因此实现天人合一之后的和谐之美。"和"的内涵非常丰富，作为中国文化意识集中体现的"和"，主要包括：和敬、和清、和寂、和廉、和静、和俭、和美、和爱、和气、中和、和谐、宽和、和顺、和勉、和合（和睦同心、调和、顺利）、和光（才华内蕴、不露锋芒）、和衷（恭敬、和善）、和平、和易、和乐（和睦安乐、协和乐音）、和缓、和谨、和煦、和霁、和售（公平买卖）、和羹（水火相反而成羹，可否相成而为和）、和戎（古代谓汉族与少数民族结盟友好）、交和（两军相对）、和胜（病愈）、和成（饮食适中）等意义。"一个'和'字，不但囊括了所有'敬''清''寂''廉''俭''美''乐''静'等意义，而且涉及天时、地利、人和诸层面。请相信：在所有汉字中，再也找不到一个比'和'更能突出'中国茶道'内核、涵盖中国茶文化精神的字眼了。"[9] 香港的叶惠民先生也同意此说，认为"和睦清心"是茶文化的本质，也就是茶道的核心。我们认为，陈香白教授的这番话，不但有助于我们对中国茶道精神的把握，也有助于我们对日本茶道和韩国茶礼的理解。

总之，茶道精神是茶文化的核心，是茶文化的灵魂，是指导茶文化活动的最高原则。我们应该根据茶道精神来从事茶文化活动。一切有悖于茶道精神的行为，都要加以纠正、克服，使中国茶文化事业永远沿着健康、文明的道路发展。

三、茶文化的社会功能

当我们了解茶文化的各个层次及其核心部分之后，我们就可以明白茶文化与一般的饮食文化有着很大的区别，即它除了满足人们的生理需要之外，更重要的是为了满足人们的心理需求。茶道精神是在茶艺操作过程中体现的，是人们在品茗活动中的一种高品位的精神追求。人们走进现代的茶艺馆，并不是为了解渴，也不仅仅是为了保健的需要，更多的是一种文化上的满足，是高品位的文化休闲，可以说是一种高档次的文化消费。经营茶艺馆者，当然应该讲究经济效益，但同时也非常重视茶文化知识的普及和推广，经常举行茶艺表演，开办茶艺知识讲座和培训，积极参与茶文化活动，显示出自觉的文化积极性，这是其他餐饮业所不能比拟的。对在茶艺馆从事茶艺工作的人员，在文化素质上的要求也要比餐厅服务员更高一些，她们除了服务顾客之外，还肩负着普及茶艺知识、推广茶文化的高尚任务，应该具有一种使命感和荣誉感。

那么，茶文化到底具有哪些社会功能呢？前述的众多有关茶道、茶德的论述，已包括这方面内容，也就是说，那些茶德所要求做到的，就是茶文化的社会功能，就是茶文化对社会的贡献。

唐代刘贞亮在《茶十德》中曾将饮茶的功德归纳为十项：以茶散闷气，以茶驱腥气，以茶养生气，以茶除疠气，以茶利礼仁，以茶表敬意，以茶尝滋味，以茶养身体，以茶可雅心，以茶可行道。其中"利礼仁""表敬意""可雅心""可行道"等就是属于茶道范围。因此，除了增进人们健康、促进茶业经济的发展、弘扬传统文化之外，还可以将茶文化的社会功能简化归纳为下列三个方面：

1.以茶雅心——陶冶个人情操

茶道中的"清""寂""廉""美""静""俭""洁""性"等，侧重个人的修身养性，通过茶艺活动来提高个人道德品质和文化修养。

2.以茶敬客——协调人际关系

茶道中的"和""敬""融""理""伦"等，侧重于人际关系的调整，要求和诚处世，敬人爱民，化解矛盾，增进团结，有利于社会秩序的稳定。

3.以茶行道——净化社会风气

在当今的现实生活中，生活节奏加快，竞争激烈，人心浮躁，心理易于失衡，人际关系趋于紧张。而茶文化是种雅静、健康的文化，它能使人们绷紧的心灵之弦得以松弛，倾斜的心理得以平衡。以"和"为核心的茶道精神，提倡和诚处世，以礼待人，对人多奉献一点爱心，一份理解，建立和睦相处、相互尊重、互相关心的新型人际关系。因此，必然有利于社会风气的净化。

范增平先生在《茶艺文化再出发》一文 [2] 中曾将茶文化的社会功能具体归纳为下列几个方面：

探讨茶艺知识，以善化人心。
体验茶艺生活，以净化社会。
研究茶艺美学，以美化生活。

发扬茶艺精神，以文化世界。

范增平先生是以另一视角，从四个层面来论述茶艺文化的社会功能。他这里所说的"茶艺文化"，实际上就是茶道精神，也就是茶文化的社会功能，与我们上面所述基本精神是一致的，可以互相参照，互为补充。我们每一个从事茶文化事业的茶人，都应该自觉地以此作为我们的最高指导原则和最高追求，为祖国博大精深的茶文化事业的蓬勃发展作出积极的贡献。

参考文献

[1] 季野.茶艺信箱[M].台北：茶与艺术杂志社，1988：98.

[2] 范增平.台湾茶文化论[M].台北：碧山岩出版公司出版，1992：43，51，280.

[3] 蔡荣章.现代茶艺[M].台北：中视文化事业股份有限公司，1984：200，202.

[4] 王玲.中国茶文化[M].北京：中国书店，2009：87.

[5] 丁文.中国茶道[M].西安：陕西旅游出版社，1994：46，49.

[6] 寇丹.茶艺初论——在五台山国际茶会上的发言[J].农业考古，1997(4)：55-58.

[7] 童启庆.习茶[M].杭州：浙江摄影出版社，2006：110.

[8] 蔡荣章，林瑞萱.现代茶思想集[M].台北：玉川出版社，1995：408，410.

[9] 陈香白.中国茶文化[M].太原：山西人民出版社，2002：43，59.

[10] 尹炳相.韩国的茶文化与新价值观的创造[J].农业考古，1997(2)：273-275.

[11] 周渝.从自然到个人主体与文化再生的探寻[J].农业考古，1999(2)：25-35.

（文章原载《农业考古》1999年第4期）

论当前茶艺表演中的一些问题

一、茶艺溯源

自从20世纪80年代我国台湾的茶人们提出"茶艺"这个概念以后，20多年来已被海峡两岸的广大茶文化界人士所接受，在我国各地的街头巷尾都可看到"茶艺馆"的招牌，在各种大小茶文化盛会及茶艺馆中，"茶艺表演"也往往成为重要节目。在各种视听媒体的报道中，"茶艺"也是一个出现频率较高的名词，并已逐渐成为人们的日常用语。

应该说，"茶艺"一词的创造和"茶艺馆"业的形成，是台湾茶艺界对祖国茶文化事业的重要贡献之一。依我之见，从中华茶文化发展史的角度来考察，"茶艺"一词的出现，则具有更高的学术意义。

众所周知，早在唐代，我国就出现"茶道"一词，但其内涵并无明确的界定，往往指煮茶之道和饮茶之道，有时也泛指饮茶过程中所领悟之道。如《封氏闻见记》记载："楚人陆鸿渐为茶论，说茶之功效，并煎茶炙茶之法，造茶具二十四事，以都统笼贮之。远近倾慕，好事者家藏一副。有常伯熊者，又因鸿渐之论广润色之，于是茶道大行。王公朝士无不饮者。"这里的"茶道"显然是指煎茶之道，以技术层面为主。宋人重视斗茶，但斗的是点茶的技术，并无道德方面的要求，因此，宋代的茶书不谈茶道。直到明朝的张源《茶录》中才重提茶道："茶道：造时精，藏时燥，泡时洁。精、燥、洁，茶道尽也。"但是这"茶道"仅仅是造、藏、泡等纯技术层面的要求，也无品茗悟道等精神的东西。中国历代茶人不太谈"茶道"，不将老百姓日常的饮茶之道硬抬到"非常之道"的高度，中国古代也没有专谈茶道的论著，这是不争的事实，毋庸讳言。现在有许多文章和著作大谈茶道，论证茶道在中国自古有之，不让日本专美于世。然而更多的是从古籍中发掘出一些处于萌芽状态的零星章句，然后以自己的现代意识加以深化，加以升华。但这些最多只能说是现代茶人对中国茶道的理解和阐述，并不等于古代就有如此丰富、如此完备、如此理想的理论体系。至于这些理解和阐述是否就是准确无误，能否为大家所接受，形成共识，更需经过时间和实践的考验，并不以个人意志或地位而转移。

茶道传到日本，被发挥到极致。自从唐代中国茶道传入日本之后，经过几世纪的发展，到相当于中国明朝中期（16世纪），"在绍鸥、利休等一大批伟大的茶人们的卓越的努力之下，日本茶道终于发展成为具备有深远的哲理和丰富的艺术表现力的一大综合文化体系。从那时起，'茶道'一词逐渐被使用起来。至十八世纪，'茶道'已成为人人皆知的词汇和事物。"[1] 但是，即使在日本，"茶道"的概念也不是那么确定的。有时它指"具有深远的哲理"的精神层面，如归纳为"和、敬、清、寂"四规，有时又是指具体的操作方法，如"煎茶道""末茶道""茶道表演"等，这里的茶道就是指泡茶方法的技术层面。当台湾的茶文化界为了恢复弘扬品饮茗茶的民俗而创造"茶艺"一词时，最初的考虑是"'茶道'虽然建立于我国，但已为日本专美于前，如果现在提出'茶道'恐怕引起误会，以为是把日本茶道搬到台湾来；另一个顾虑，是怕提出'茶道'过于严肃考虑。中国人对于'道'字是特别庄重的，比较高高在上的，要人民很快接受可能不容易，于是提出'茶艺'这个词。"[2] 显然，这里的"茶艺"也只是"茶道"的代名词，其内涵并无明显的区别。因此台湾茶文化界在解释"茶艺"一词时也与"茶道"没有什么区别，有时是指泡茶的技艺，有时又指"茶艺精神"，所谓"茶艺精神"也就是"茶道精神"。换句话说，在中华茶文化复兴事业的起步阶段，"茶艺"并没有真正从"茶道"中独立出来。

只有经过一段时间的实践，当茶艺馆如雨后春笋般涌现，各种茶文化活动蓬勃开展起来以后，广大群众要求明确"茶艺"的内涵，要求解释它和"茶道"到底有无区别，区别何在？特别是一些学者在研究中国茶文化历史以及当前茶文化蓬勃发展的趋势时，更加觉得有必要对"茶艺"和"茶道"给以科学界定，以有利于茶文化事业健康地向前发展。所以台湾茶文化专家范增平先生在1987年就提出："广义的茶艺是研究茶叶的生产、制造、经营、饮用的方法和探讨茶业原理、原则，以达到物质和精神全面满足的学问。狭义的茶艺，是研究如何泡好一壶茶的技艺和如何享受一杯茶的艺术。"[3] 台湾茶艺专家蔡荣章先生在1992年也说："我们认为'茶道''茶艺'都可以表示茶在文化上的内涵，无须因使用的名称强加解释其差异。但可以因为使用的场合分开使用不同的名称：如要强调有形的动作部分，则使用'茶艺'，强调茶引发的思想与美感境界，则使用'茶道'。"[4] 蔡先生的这段话最终还是肯定了茶道、茶艺的差异之处。同在1992年，北京的茶文化学者王玲教授在她的《中国茶文化》一书中也对"茶道"和"茶艺"进行明确的解释："茶艺与茶道精神，是中国茶文化的核心。我们这里所说的'艺'，是指制茶、烹茶、品茶等艺茶之术；我们这里所说的'道'，是指艺茶过程中所贯彻的精神。有道而无艺，那是空洞理论；有艺而无道，艺则无精、无神。""茶艺，有名，有形，是茶文化的外在表现形式；茶道，就是精神、道理、规律、本源与本质，它经常是看不见、摸不着的，但你却完全可以通过心灵去体会。茶艺与茶道结合，艺中有道，道中有艺，是物质与精神高度统一的结果。"[5]

依我之见，所谓广义茶艺中的"研究茶叶的生产、制造、经营"等方面，早已形成相当成熟的"茶叶科学"和"茶叶贸易学"等学科，有着一整套的严格的科学概念，远非"茶艺"一词所能科学概括，也无须用"茶艺"一词去涵盖，正如日本的"茶道"一词并不涵盖种茶、制茶和售茶等内容一样。因此茶艺应该是专指泡茶的技艺和品茶的艺术，而茶道则是茶艺实践过程中所追求和体现的道德理想。茶艺是茶道的载体，是茶事活动中物质和精神的中介，只有通过茶艺活动，没有生命的茶叶才能与茶道联系起来，升华为充满诗情画意和富有哲理色彩的茶文化。所以，茶艺具有独立存在的价值，是茶文化活动的重心，也是茶文化研究中的重要课题。应该让茶艺的内涵明确、具体起来，不再和茶道、制茶、售茶等概念混同在一起。它不必去承担"茶道"的哲学重负，更不必扩大到茶学的范围中，去承担种茶、制茶和售茶的重任，而是专心一意将泡茶技艺发展为一门艺术。这既有利于茶文化事业的发展，也是适应时代发展的要求。

中国的茶文化事业的复兴已经将近三十年，特别是近十几年来的大陆茶文化事业迅猛发展，带动了各地民间茶艺馆产业的勃兴，一大批文化界人士介入到茶文化活动中来，还有许多专家学者投身于茶文化理论研究，出版了众多的学术论著，既极大地丰富了中国茶文化内容，也极大地推动了中国茶文化事业向前发展。这一大好形势，正处于方兴未艾之际，其影响并非只局限于中华大地，而是波及国外了。中华茶文化正以茶艺为先导，不但已在东南亚各国生根开花，还开始远渡重洋飞向欧美。这是当年的陆羽所料想不到的事情，也是无法比拟的事情。因此千年以前的老概念已无法涵盖日新月异的现实生活，我们不能只在老祖宗的旧帽子下打圈圈，需要新的创造、新的概念、新的理论、新的方法。台湾茶人创造了"无我茶会"，创造"闻香杯"，更创造了"茶艺"一词，都是适应了时代的要求。今天大陆也有很多茶艺工作者在潜心研究、整理、加工茶艺表演，不停地在各地演出，得到了广大群众的认同和欢迎，对推动茶文化事业的发展起到了积极的推动作用。还有一些专家、学者对茶艺予以更多的关注，进行理论探讨，这些都是非常可喜的现象。当前需要做的事情是加强学术交流，开展深入的讨论，及时加以总结和提高，以使之更加成熟，日趋规范，臻于完美。

二、茶艺鸟瞰

放眼中华大地的茶艺活动，异彩纷呈，美不胜收。从各地茶艺馆日常接待客人到各种大小不一的茶会活动，茶艺表演总是重头戏。就我个人这些年来所观赏到的茶艺表演来说，最合适的概括就是"百花齐放，推陈出新"八个字。

大体而言，目前国内的茶艺表演基本上可分为：传统茶艺、加工整理和仿古创新三大类型。

（一）传统茶艺

在我国民间最流行的茶叶冲泡技艺，主要有：四川及北方地区的盖碗茶，以冲泡花茶为主，也有用盖碗冲泡绿茶的。其次是闽广港台地区的小壶小杯的工夫茶，专泡乌龙茶。再次是江浙地区的玻璃杯冲泡名优绿茶，其历史较前二者为晚，是近代玻璃器皿盛行以后才开始使用的。而盖碗茶和工夫茶至少在清朝初年就已经流行，历史较为古老。此外，民间有用大壶泡茶或用大茶杯泡茶的，茶具简单，冲泡和饮用都没有什么讲究，属于喝茶范围，不在茶艺之列，最多可放到茶俗范畴中去研究。

1.工夫茶

上述几种冲泡技艺中，以工夫茶最为讲究。早在清朝初年文人袁枚就在《随园食单》中提到武夷山寺庙里"僧道以茶献。杯小如胡桃，壶小如香橼，每斟无一两。上口不忍遽咽，先嗅其香，再试其味，徐徐咀嚼而体贴之。"清朝中期俞蛟在《梦厂杂著》中也说："杯小而盘如满月。……先将泉水贮铛，用细炭煎至初沸，投茶于壶内冲之，盖定，复遍浇其上，然后斟而呷之。"和今天的工夫茶差不了多少。从其壶杯如此之小，可知不是用来喝的，而是用来品的，所以富有情趣，具艺术性。数百年来一直在闽广港台地区流传，诸如"凤凰三点头""关公巡城""韩信点兵"等术语，几乎是家喻户晓，老少皆知。走在闽南或潮汕街头，到处可见商店门前摆有工夫茶具（甚至连街上补鞋摊上都会见到一套），既供店员自用，也用以招待顾客，可见它的普及程度。工夫茶本是生活型的茶艺，它本来不是用来表演娱人的，只是因为它有别于解渴的喝茶方式而具有一定艺术韵味，稍加整理就可登台表演。因此，在茶文化热潮掀起之初，它就最早登台亮相而受到群众的欢迎。

1990年，武夷山市举行"首届武夷岩茶节"，该地茶艺工作者根据清代品饮岩茶之法，稍做整理，首次向海内外茶人推出"工夫茶"茶艺，共有26道程序："焚香静气—丝竹和鸣—叶嘉酬宾—岩泉初沸—孟臣霖沐—乌龙入宫—悬壶高冲—春风拂面—重洗仙颜—若琛出浴—玉液回壶—关公巡城—韩信点兵—三龙护鼎—鉴赏三色—喜闻幽香—初品奇茗—再斟兰芷—细啜甘露—三斟石乳—领悟岩韵—自斟满饮—敬献茶点—欣赏茶歌—游龙戏水—尽杯谢茶"[6]

1991年在日本举行"中日茶文化交流80年纪念展览会"上，现福州"别有天茶艺居"总经理吴雅真女士代表中国茶艺界在会上表演福建"工夫茶"时，将程序精简为18道："备器候用—倾茶入则—鉴赏佳茗—清泉初沸—孟臣淋霖—乌龙入宫—悬壶高冲—推泡抽眉—重洗仙颜—若琛出浴—游山玩水—关公巡城—韩信点兵—三龙护鼎—鉴赏汤色—喜闻幽香—细品佳茗—重赏余韵。"[7]

显然，不管是26道还是18道程序，都是经现代茶艺工作者整理过的，已不是清代文人品饮岩茶之法的原始面目，也不是原封不动地将民间工夫茶直接搬上舞台。不过从"乌龙入宫""关公巡城""韩信点兵""三龙护鼎"等名称，可以看出是老百姓的民间口语，并非是文人雅士们凭空杜撰出来的，因此这些程序大体上还是保留了传统工夫茶的基本面貌。流传在铁观音产地的福建省安溪县，其工夫茶冲泡方式本来和广东潮汕一带工夫茶的基本程序大致相同，也是用小壶小杯冲泡的。[8, 9]然而现在安溪地区在冲泡铁观音乌龙茶时，却不用小壶，而是改用小盖杯。这是因为中华人民共和国成立后，国家茶叶收购部门在收购茶叶时，要对茶叶进行评审，而评审时使用的评审杯就是白瓷盖碗杯。茶农们开始重视茶叶的质量，也就效仿评审人员用评审杯来鉴定自己茶叶的质量。后来在日常生活中也就采用评审杯来泡茶，原来所用的紫砂小壶不便于观察汤色和茶叶底色而被放弃，结果现在安溪地区的工夫茶冲泡器具就采用盖碗杯，半个世纪以来，成为该地的主要泡茶方式，因为它不是哪个人的改良提倡，而是群众自发形成的，故也应该视为民间传统茶艺，又因为它仅是以杯代壶，并未改变冲泡程式，仍可归类于传统工夫茶的范畴。

2.盖碗茶

盖碗茶盛行于长江流域和北方地区，其覆盖面积甚至比传统工夫茶还要大，主要是冲泡绿茶和花茶，但是正如上述原因，在闽广一些地方，也有用盖碗冲泡乌龙茶的。盖碗，实际上应该叫盖杯，其主要的特点是将茶叶放在杯中冲泡，直接品饮。虽然不用茶壶，比工夫茶简单些，但是杯下有托，杯上有盖，无论是冲泡还是品饮都有些讲究，具有相当的观赏价值，因此也成为茶艺表演的基本形式之一。传统的盖碗茶艺在四川地区曾得到很大发展，并且创造出一种具有类似杂技性质的高难度动作——掺茶技术。掺茶师傅左手五指夹着七八副茶碗，右手提着长嘴铜茶壶，来到客人桌前，左手一扬，茶托几旋几转就停在各位客人面前，还未停稳，茶杯已经落在茶托上，放上茶叶，掺好水，用小指一挑，一个个盖子就像活了起来，跳到茶杯上，盖得严严实实，像是耍杂技似的，令人目不暇接。但这不是一般人能够做到的事，同时，令人惊奇的表演也与以"和""静"为主导的茶道精神不协调，所以不宜划归茶艺范畴。盖碗是北方饮用花茶的主要器具，并且传入清宫，深受皇帝和后妃们青睐，也就成为宫廷茶艺的主要道具。清朝、民国时期北方茶馆里使用的茶具主要是盖碗。民间也有使用盖碗泡茶的，只是程序动作都不太讲究、规范。浙江大学童启庆教授在教学和茶艺活动中对盖碗茶艺进行了规范，冲泡绿茶的主要程序为：备具、赏茶、冲泡、奉茶、品尝、收具，较为简明扼要。用盖碗冲泡乌龙茶的主要程序则为：备具、赏茶、温盖碗、置茶、温润泡、第一泡、温杯、分茶、奉茶、品尝、第二泡、分茶、品尝、第三泡、分茶、品尝等，较前者细致些，但后者实际上与传统工夫茶冲泡技艺相似，只是将小茶壶改为盖碗罢了。[10]

3.玻璃杯泡法

玻璃杯泡法盛行于长江流域，特别是长江下游的江浙地区，是龙井、碧螺春等著名绿茶的产地。人们喜爱在品饮名优绿茶时观赏茶芽在茶汤中优美的形态和色泽，因此喜欢采用透明的玻璃杯来冲泡，从而形成了玻璃杯冲泡技艺。在杭州、上海等大城市的茶艺馆中经常可以见到这种冲泡技艺。1990年秋天，杭州"茶人之家基金会"成立大会上，举行了"龙井茶宴"，其中的龙井绿茶冲泡程序为：泡茶师鞠躬就座，进行泡茶操作，先请奉茶小姐用茶盘托着茶样送至客人面前，请客人鉴赏。然后泡茶师用无盖玻璃杯冲泡，每杯投入二、三克茶叶，遂冲入少量开水（约相当于茶杯的四分之一容量），浸润茶叶，使干茶吸水舒展，稍候片刻再加水，即奉茶请嘉宾品尝。[11] 浙江大学童启庆教授曾将玻璃杯冲泡绿茶的技艺概括为8道程序：备具、赏茶、置茶、浸润泡、冲泡、奉茶、品尝、收具。[10] 上海天天旺茶宴馆刘秋萍女士也将用玻璃杯冲泡名优绿茶的技艺归纳为下面几个要点：赏茶、温杯、投茶、冲泡、奉茶、品尝。与前者相比，多了一道"温杯"程序，而且要求颇为严格："在150毫升的杯中注入三分之一的沸水。用右手的大拇指和食指捏住玻璃杯的下端，中指、无名指、小指自然向外，左手的中指轻托杯底。将水沿杯口借助手腕的自然动作，旋转一周，但必须滴水不漏。"这种烫杯手法，动作轻缓柔和，具有一定的观赏性，给客人一种顺其自然、恬淡宁静的感觉，使浮躁的心情得以缓解[12]。

生活现实表明，传统茶艺并不是一成不变的老古董，而是随着时代的前进、生活的变迁而不断更新、发展、丰富、完善，否则就会死板、僵化，就会被历史和生活所淘汰。历史告诉我们，古老的泡茶技艺一直在变化着，唐代的煮茶、宋代的点茶早在元末明初就被淘汰了，明代盛行的叶茶撮泡法虽然流传至今，但已演变为上述三大流派。就是各个流派自身也在不断变化发展。即以工夫茶来说，过去陶制水壶（玉书碨）已被不锈钢壶或石英壶所代替，泥炉木炭也被电炉和酒精灯所代替。台湾茶人们在工夫茶冲泡技艺中增加了一道闻香程序，创造了均匀茶汤的"公道杯"和专门闻香的"闻香杯"。上海的茶人则更加以改造，而自称为"海派工夫茶"。跟随时代的步伐，这是历史的必然，只有这样，中华茶艺才会具有如此顽强的生命力。

（二）加工整理

在茶文化热潮兴起之后，为了适应在各种茶文化活动中表演和满足茶艺馆营业中的需要，许多热心的茶人就对民间自发状态的传统茶艺进行加工整理，使之规范化、艺术化，以让更多的群众了解、接受和喜爱，这其中较为成功的当数"台湾工夫茶艺"。与传统的潮汕工夫茶比较，台湾工夫茶在三个方面得到改良提高：一是潮汕工夫茶在置茶时是将茶罐里的茶叶先倒在一张白纸上，再拿起盛茶的纸倾向壶口将茶叶倒入，当时这样做的目的是让纸上较粗的茶叶倒在壶嘴附近，较细碎的茶叶倒在下面。台湾工夫茶则改为使用竹制或木制的茶则和茶匙，先用茶则从茶罐中取出茶叶，再用茶匙将茶则中的茶叶拨入壶中，显得更为讲究、雅致。二是创造了"茶海（公道杯）"，潮汕工夫茶在茶泡好之后，用"关公巡城""韩信点兵"方法将茶汤均匀倒入各个茶杯之中。但是，有时不易倒得很均匀，而且茶壶中可能有剩余的茶汤，如不及时倒出，过后会因浸泡过久而苦涩。于是有人从西方喝咖啡牛奶的器具中得到启发，创制了形同"奶罐"的带流小瓷罐，叫"茶海"。先将茶壶中的茶汤倒进茶海中，再从茶海倒进各个茶杯里，这样每一杯的茶汤都很均匀，故又叫"公道杯"。茶海中的茶汤还可再喝。三是创造了"闻香杯"。由于乌龙茶的香气特别浓郁持久，过去都是在品尝时先闻杯中茶香再饮茶汤。台湾茶人则将闻香单独作为一道程序，发明了柱状的"闻香杯"，先将茶汤倒进闻香杯，然后将闻香杯中的茶汤倒入品茗杯，再将闻香杯放到鼻子前闻香。台湾茶文化专家范增平先生不久前出版的《喝杯好茶》一书中，将台湾工夫茶归纳为18道程序，称为"行茶十八步"：备具—迎客—煮水—温壶—赏茶—置茶—温润泡—将茶水注入茶海—悬壶高冲—温杯—斟茶入茶海—分茶入闻香杯—将闻香杯中茶汤倒入品茗杯—观赏汤色—闻香—品茶—三口品完—静坐回味。[13]

显然，经过改良的台湾工夫茶更加细腻、丰富，更富艺术情趣，因而不但在台湾流行，而且也在大陆受到欢迎。目前大陆各地茶艺馆都经常为客人表演台湾工夫茶茶艺。

由于上海人历代口味较淡，又紧邻绿茶产区，素喜饮绿茶。工夫茶泡出来的乌龙茶汤过于浓郁，泡法也较为复杂，故在上海不易推广。上海天天旺茶宴馆总经理刘秋萍女士经过几年的摸索，对传统工夫茶进行了改良，终于形成了清淡怡人、简洁明了的独特风格，被称为"海派工夫茶"。海派工夫茶与传统工夫茶的主要区别在于：

（1）传统工夫茶的投茶量一般为壶容量的三分之二，海派工夫茶则占壶容量的三分之一，这样泡出来的茶汤澄黄明亮，幽香淡雅，更符合上海地区人们的口味。

（2）传统工夫茶由于投茶量较大，吸水舒展后的芽叶常常将壶盖拱出，在这拱盖的不经意之中，香和韵自然流失，茶汤达不到完美，而且壶中间的茶叶常常还没有得到充分利用就被弃之，浪费许多茶叶。而海派工夫茶芽叶舒展后恰与壶口持平，七泡之后，每片茶叶都得以舒展，弥补了传统工夫茶的不足。

（3）传统工夫茶的投茶量较大，悬壶高冲后必须迅速出茶，不然茶汤苦涩，常人难以品饮。海派工夫茶则以科学的泡茶方式，精确计算时间，从容有序地调控茶，能使茶的香、味、韵得到充分发挥，使人品尝到茶的真味。如泡茶从进水到出茶为1分钟，过短茶的香和韵不能显现，过长则产生苦涩味。按传统工夫茶泡法，铁观音只能泡到七泡有余香，按海派工夫茶的泡法，则九泡还能有余香。

（4）传统工夫茶的泡茶程序较烦琐，一般要有21道才能泡完一道茶，武夷山地区的工夫茶甚至多达26道。海派工夫茶则主张简洁明了，崇尚喝到茶的真味，将许多无伤大雅的多余程序剔除，只留必要的泡茶技艺，这种讲究实际的品茶方式，受到更多人特别是年轻人的欢迎。

经过改良后的海派工夫茶共有10道程序：准备茶具—鉴赏佳叶—观音入宫—悬壶高冲—观音出海（洗茶）—平分秋色（分茶）—观赏汤色—喜闻幽香—小口啜饮—收拾茶具。[12]

如果说台湾工夫茶主要是通过增添茶具和增加程序的办法对传统工夫茶进行改良的话，那么，海派工夫茶则是通过减少投茶量和精简程序的办法来进行改良，都取得了成功，都有利于工夫茶在绿茶区和花茶区的推广和普及。

对盖碗茶冲泡技艺进行加工整理的主要是北京的一些茶文化工作者。1997年北京大学的滕军女士、中国社会科学院的陆尧先生和中华书局的张荷女士进行合作，将北方冲泡香片（即花茶）茶艺加以整理和规范，取名为"北京香片（盖碗）茶茶艺"，并在茶会上表演，颇获好评。其程序是：恭迎宾客—呈展茶旗—敬宣茶德—精选香茗—理火烹泉—鉴赏甘霖—摆盏备具—流云拂月—执权投茶—云龙泻瀑—初奉香茗—陶然沁芳—百味凝春—重酌酽香—泉入龙潭—品评江山—即兴颂章—书画会赏—尽杯谢茶—嘉叶酬宾—洁具收盏—茶仓归——再宣茶德—致谢话别。[14]

虽然加工的程度较大，主要是增添了呈展茶旗、敬宣茶德、即兴颂章、书画会赏、再宣茶德、致谢话别等与泡茶没有直接关系的辅助项目，而且"敬宣茶德"和"再宣茶德"两道程序重复，有说教之嫌，但基本上还是保留了传统盖碗茶冲泡技艺的主要程序和动作要领，并且加以规范，有利于盖碗茶艺的推广和普及。

对玻璃杯冲泡绿茶的技艺进行加工整理的是上海、杭州等地茶人。他们根据各种名优绿茶的特点，采用了不同的投茶方法。一为下投法：用茶针（匙）将茶叶拨入杯中，再用85℃水温的沸水以360°回旋斟水法注入杯中，泡茶时水流要一气呵成，不可断断续续。二为中投法：先投茶入杯，再在杯中倒入三分之一杯的沸水浸润茶芽，使其舒展，然后采用360°的回旋斟水法倒至七成水。三为上投法：主要是用来冲泡碧螺春、无锡毫茶、峨眉雪芽等名优绿茶，用80℃水温，先在杯中倒入七成水，再从水面上将茶徐徐投入，投到杯中的茶芽似雪花飘零，瞬间满目飞翠，茶汤清澈明亮，飘溢花果之香。[12] 显然，前二者是传统泡茶技艺的继承，而后者（上投法）则是茶艺实践中的发明创造，从茶艺发展史的角度讲，是应该加以肯定的。

（三）仿古创新

自20世纪90年代初开始，大陆茶文化活动勃然兴盛起来，各地不断举办大型的茶文化集会，有的规模宏大，有的还是国际性的盛会。规模最大的当属中国国际茶文化研究会举办的每两年一次的"中国国际茶文化研讨会"，至今已经开了十多届，其中第四届是在韩国汉城举行，第七届于马来西亚举行。福建的武夷山、福州、福安及安溪，云南普洱和昆明，上海，杭州，陕西法门寺，广西桂林，山西五台山，江西庐山市，广东的广州、佛山等地方也都先后主办过国际茶会，有的还是举办过多次。其中尤以上海市最为突出，从1994年起连续8年举办了8次"上海国际茶文化节"，在国内外都产生了很大的影响。

在众多规模不等的茶文化盛会中，各地茶文化工作者编创了许多新型的茶艺表演节目，内容丰富，主题鲜明，形式多样，各具特色，令人耳目一新，受到广大群众的欢迎。如果说传统茶艺是属于生活型茶艺的话，那么这些新型的茶艺则是属于表演型的茶艺（有人称之为主题茶艺）[15]，基本上可划分为仿古和创新两大类。仿古类主要是根据文献和考古资料复原古人的品茗活动。创新类则是根据一定主题编创反映现实生活的茶艺活动。据我这些年来在各种大型茶会中的直接观感，下列的这些茶艺表演都给我留下较为深刻的印象，尽管不能说是尽善尽美，应该说还是较为成功的。

陈文华在2003年第十届上海国际茶文化节学术论坛讲话

1. 文士茶

江西省婺源县茶叶集团公司于1991年组建了"婺源茶道团"，在黄涧石、洪鹏等先生主持下编创了"农家茶""文士茶""富室茶"，并于同年8月在南昌召开的"首届农业考古国际学术讨论会"上正式向国内外学者公开表演，获得很大成功。1994年，在"首届上海国际茶文化节"上也表演了"农家茶""文士茶"。此后"农家茶""文士茶"被一些地方茶艺队所引进。"农家茶"是江南农村妇女使用大瓷茶壶泡茶的方法，属于壶泡法。"文士茶"是表现清末民初江南文人雅士的品茗活动，属于盖碗泡法。"富室茶"是表现中华人民共和国成立前江南富贵人家的品茗活动，也是属于盖碗泡法。因婺源古代属于徽州，故有人也将这些茶艺称之为"徽州茶道"。"富室茶"因缺乏特色，后来没有再演出过。"农家茶""文士茶"则经常表演。其中尤以"文士茶"因程序编排合理，动作娴熟协调，服装富有地方特色，很受观众欢迎，十年来常演不衰，还被南北各地的茶艺团体所引进，成为保留节目。1998年10月，在陕西省西安市举行的第二届法门寺唐代茶文化国际学术研讨会开幕式上，陕西省歌舞剧院表演了由茶文化专家陆钧、韩金科等人编排的唐代"文士茶"，表演唐代的文人颜真卿、卢仝、皎然、陆羽等人聚会，吟诗品茗的场景，由陆羽亲自为大家煮茶。因为是按照出土文物和《茶经》上的记载来复原唐代煮茶活动，因而也具有较强历史真实性，获得较好的效果。

2.禅茶

江西茶艺馆（现为梧桐茶院）的陈晓璠先生在1993年根据江西佛教寺庙中的茶事活动，编创了"禅茶"茶艺，通过三个年轻尼姑在深山小寺庙中的一系列"手印"动作和泡茶过程，表现"禅茶一味"的主题。首先在江西省婺源县和上饶市表演，接着在杭州市的西湖茶会上演出，立即获得好评。特别是1994年在陕西省法门寺博物馆举行的"首届法门寺唐代茶文化国际学术研讨会"上的演出，更是引起了强烈的反响，国内外茶文化专家都给予高度的评价。近几年来，南昌女子职业学校的茶艺队也多次在内地和香港举办的国际茶会上表演"禅茶"，都取得了很大成功。"禅茶"使用一把陈旧的铜壶和几件普通的民间茶具，用纱布将茶叶包起来放到壶中去煮，再分到杯中，是属于古老的煮茶法。整个动作编排寓动于静，很有韵律感，配以庄重肃穆的佛教音乐，浑厚深沉的男声从头至尾反复吟唱"南无阿弥陀佛"六个字，令人不知不觉地进入了物我两忘的禅的境界。"禅茶"是最早表现佛门茶事的茶艺表演，此后陆续出现的同类茶艺表演节目（包括日本茶道专家的"禅茶"），都或多或少地受到它的启发和影响。"禅茶"是这些年来最为成功的茶艺之一，在我国茶艺表演编创史上应该占有一定的地位。

3.擂茶

1995年，陈晓璠先生又根据赣南山区客家人的饮茶习俗编创了"擂茶"，并在同年举行的杭州西湖茶会上演出。客家人的擂茶将具有保健作用的生姜、甘草、陈皮、薄荷和营养丰富的花生、芝麻、大米、茶叶放在一起擂烂，加盐或加糖，用开水冲泡或用锅煮，既可充饥、解渴，又可驱寒去湿，这实际上是唐代以前的饮茶风习的孑遗，可以说是种古老的饮茶习俗。后来南昌女子职业学校茶艺队在表演时，配上赣南民歌《斑鸠调》的音乐，更具客家风味。擂茶的表演轻松活泼，音乐欢快悦耳，又能让观众参与，在以雅、静为主要特点的茶艺表演中，它可以活跃气氛，调动情绪，深受观众欢迎。严格说来，擂茶不能算是真正的茶艺，只能归属于茶俗一类。除了赣南擂茶外，湖南桃源的擂茶和福建将乐的擂茶都各有特色，也经常在各种茶会中演出，获得好评。

4.宫廷茶艺

早在1992年春天，上海宋园茶艺馆编创了宋代宫廷茶之一"三清茶"。据说当年宋高宗赵构在临安（今杭州）恩赐大臣的茶叶之一就是"三清茶"。它以贡茶为主料，佐以清高幽香的梅花、清醇莹润的松子仁、清雅芳香的佛手，三样清品合称"三清"。在调茶、赐茶、品茶等招式上显示出高贵、典雅的礼仪规范。当时的演出，深得上海茶文化界好评。1994年4月，"首届上海国际茶文化节"中，上海"宋园茶艺馆"又推出唐代宫廷茶艺，由三位身着唐代服饰的小姐在古典乐曲伴奏下为大家泡茶，场面颇为热闹，效果也不错。只是所用的茶具和冲泡方式都不是唐代所可能具备的，因此缺乏历史真实性。大约在此前后，北京的茶艺界推出了清宫茶艺，由身着清廷宫女盛装的小姐冲泡盖碗茶，属于盖碗茶艺。无论是服饰、音乐、茶具还是冲泡技艺都符合清宫茶艺的特点，符合历史实际，且程序编排也较为合理、顺畅，故甚获好评，因此也经常被各地茶艺队所仿效，影响较大。在宫廷茶艺中规模最大，气势宏伟，编排符合历史真实的要算1994年10月在陕西省举行的"首届法门寺唐代茶文化国际学术研讨会"上演出的"清明宴"。这是由法门寺博物馆馆长韩金科教授领衔组织各地多位茶文化学者共同编创的。唐代在浙江顾渚设贡茶院，每年春天新茶采制后必须在清明节以前赶送到长安，"十日王程路四千，到时须及清明宴。"皇帝在清明节这天要设茶宴宴请群臣，其场面当然是气派非凡。但是当时皇宫中到底是用何种茶具来煮茶，因陆羽《茶经》及其他茶书中都没有记载，始终弄不清楚，直到法门寺地宫出土一整套唐代宫廷茶具之后，人们才得以了解。专家们就是根据这套茶具结合《茶经》等文献记载编排了"清明宴"茶艺表演的脚本，由陕西省歌舞剧院进行再创作，在法门寺博物馆陈列室门前露天演出，获得国内外茶文化界专家们的广泛好评。"清明宴"不但因为服装华丽、音乐优美、茶具精致豪华、煮茶方式独特、演技娴熟、表演逼真而具有审美价值，而且还因首次复原了唐代宫廷茶艺操作流程而具有较高的学术价值。1998年10月，在第二届法门寺唐代茶文化国际学术研讨会开幕式上陕西省歌舞剧院再次演出了"清明宴"，只是这次改在舞台上演出，虽然规模、气派不如上次，但依然获得成功。

5.惠安女茶俗

1996年在广西桂林市举行的"首届桂林国际茶会"上，福建省银芝集团公司茶艺队表演了根据茶文化专家陈文华、曹进和赵燕编排的"惠安女茶俗"。反映了中华人民共和国成立前福建省惠安县沿海妇女因传统的不落夫家制度，婚后未育不能与丈夫在一起生活，只能在娘家居住，姐妹们借品茶来排遣心中的苦闷。这是带有悲剧色彩的茶艺活动，因为惠安女们喝的是工夫茶，属于工夫茶艺，故称之为茶俗，而不叫"惠安女茶艺"。由于惠安女们的独特命运和别具一格的服装令人耳目一新，特别引起观众们的强烈兴趣。为了加强效果，编创者特地选择了流行在闽南一带的民歌《行船调》，并配以女声三重唱的伴唱："海风阵阵吹，海鸥款款飞。心潮如浪涌，品茗共举杯。茶含苦涩味，如饮心中泪。夫君隔天涯，相思人憔悴。……"优美动人的音乐既增强了艺术氛围，也深化了主题意义。以往的一些茶艺表演，对音乐往往不够重视，经常是选择一个现成的乐曲，很少会为一个茶艺表演专门去编创音乐，"惠安女茶俗"在这方面的尝试，值得肯定。"惠安女茶俗"曾被引进到上海等地，近年来南昌女子职业学校茶艺队多次在各种茶会上演出"惠安女茶俗"，都取得了很好的效果。

6.洞庭茶俗

也是在1996年，湖南医科大学茶与健康研究室主任曹进先生重建了该校的"紫藤茶艺队"，并带领同学们多次赴洞庭湖区进行茶俗调查，向农家学习姜盐茶调制技艺，购买了整套茶具，重新设计了农家女服装，编创了"洞庭茶俗—姜盐豆子茶"表演节目。"姜盐豆子茶"流行于洞庭湖边的湘阴县和汨罗市一带，将黄豆、生姜和茶叶放在特制的擂钵中进行调制，加盐之后用开水冲泡，装入花罐后奉给客人品尝。人们在茶香、姜香和豆香弥漫之间谈天说地。当茶水渐少，杯底的黄豆软软黄黄地呈现出来之时，主妇又续添上茶水，一直到让你"喝饱"为止。实际上，"姜盐豆子茶"也在江西赣西北地区流行，它和"客家擂茶"一样，都是唐代以前的一种古老饮茶习俗的孑遗。为了使茶俗表演更加具有地方特色，所用的茶具来自湖南名窑—岳州窑，其釉色和造型都保留着100多年前的唐代风格，使表演更富历史感。表演时乐队演奏了湖南民谣，让茶俗与民谣对话，增强了艺术氛围。"洞庭茶俗—姜盐豆子茶"不但在湖南地区经常演出，受到欢迎，还远渡海峡到台湾宝岛演出，也受到台湾地区茶文化界的好评。后来，紫藤茶艺队又在曹进等人的指导下编创了反映明代文人品茗活动的"清明雅韵"，将琴棋书画和茶艺融为一体，并于2000年4月底在庐山脚下举行的"天下第一泉新世纪国际茶会"上演出，也受到国内外茶人的欢迎。

7.太极茶道

1997年4月，在"第四届上海国际茶文化节"上，宋园茶艺馆茶艺队表演了由乔木森先生编创的"太极茶道"。"太极茶道"表现的是道教的茶事活动，茶艺小姐身穿绣有黑色八卦图案的白色道袍，吸收一些道士做道场时的动作并加以艺术化，然后用特制的道具（茶具）进行泡茶活动，配上道教音乐，演出效果相当不错。乔木森先生多年来一直致力于茶艺的编创工作，先后编创了反映佛门茶事的"观音茶"和古代武士们饮茶活动的"武士茶"等一系列茶艺表演节目，在上海市的各种场合进行表演，都受到观众们的欢迎和专业人士的好评。乔木森先生编创的茶艺都是属于表演型的，比较注重观赏性，同时对服装、道具也相当讲究，有助于增强艺术性，并初步形成了自己的特点。

8.珠海渔女

1997年8月，在山西省五台山举行的"首届中国五台山国际茶会"上，珠海心灵茶艺公司茶艺队表演了反映珠海特区现实生活的茶艺"珠海渔女"。这是由多年来致力于珠海特区茶艺事业的刘心灵小姐编创的，分为前后两半，前半部分表现过去珠海渔村妇女穷困时的饮茶活动，后半部分表现改革开放后过着富裕生活时的品茗活动，通过背后的布景和渔女们的服装、茶具以及心情的变换来反映改革开放前后的巨大变化。在此之前，刘心灵小姐还编创了反映南方现实生活的绿茶冲泡的茶艺节目"梦江南"，在珠海的茶会上表演也相当成功。在此之后，她又和澳门茶人合作编创了反映澳门回归的茶艺"一脉情"，并于2000年4月在"天下第一泉——新世纪国际茶会"上演出。"一脉情"包括广东早茶和欧洲下午茶两部分，反映中国和葡萄牙两种文化在澳门的交汇，由葡萄牙籍马央小姐和珠海的茶艺小姐同台演出，效果很好，深受出席茶会的各国茶人的欢迎。

9.龙井问茶

近年来，我国茶艺界的后起之秀，杭州的袁勤迹小姐在茶艺编创方面也取得了很大成绩，先后推出了"龙井问茶""九曲红梅""菊花茶道""禅茶道"等一系列茶艺，多次在大型茶会上表演，都取得很大成功。袁勤迹小姐本人受到家庭的艺术熏陶，自幼学习琴棋书画，后来又学习了插花艺术，具有多方面的艺术修养，将之与茶艺糅合在一起，形成自己的风格。她所表演的"龙井问茶"（绿茶）和"九曲红梅"（红茶），无论是服装、道具还是背景都经过精心地选择配合，显得和谐、优美、典雅，令人耳目一新，具有较高的审美价值，已引起茶艺界的重视。

10.民族茶艺

我国各兄弟民族都有其独特的饮茶习俗，如藏族的酥油茶、蒙古族的奶茶、白族的三道茶、傣族的竹筒茶、侗族的罐罐茶、纳西族的盐巴茶等，无论是饮茶方法还是饮茶器具都与汉族不同，在茶文化活动开展得较好的地区，一些茶艺工作者将本地区独具特色的民族茶俗加工整理成表演型的茶艺，配以民族服装和民族音乐，具有很强的观赏性，因而很受观众的欢迎。云南地区的茶文化工作者在这方面做了很多工作，成绩特别突出。早在1989年，他们就推出"白族三道茶"，在北京演出，广受好评。1993年4月在云南思茅举行的首届"中国普洱茶国际学术研讨会"和1994年8月在云南昆明举行的"第三届中国国际茶文化研讨会"期间，东道主先后举办了两场民族茶艺晚会，集中表演了云南各兄弟民族的饮茶习俗，真是异彩纷呈、美不胜收，给国内外茶人留下了深刻的印象。如今，云南大理洱海的游船上，天天都在为游客表演"白族三道茶"，成为大理旅游的一大特色。内地的一些茶艺表演团体也有引进"白族三道茶"，颇受观众的青睐。

此外，每年各地都举办了大小不同的茶叶节或茶会活动，都有一些茶艺表演，其中当有一些颇具特色，只是因为属于地方性的活动，很少在全国性的刊物上报道，我也没机会看到他们的演出，不了解具体情况，因此无法在此进行介绍和评论。但是，仅就上面的简略介绍，亦可看出这些年来我国茶艺事业欣欣向荣的大好形势，应该说，成绩是巨大的。当然，也有些问题需要进行总结和探讨。

三、存在问题

上述各家的茶艺编创工作可以说是各自为政，各凭自己对茶艺的理解和体会独自进行尝试，既没有统一的认识和明确的理论指导，也没有自觉地进行相互交流和探讨，完全处于分散的自发状态，取得成绩实属可喜，存在问题也是势所必然。我们至今没有一个强有力的领导全国茶艺工作者的组织，也从来没有就茶艺编创和表演问题开过一次学术研讨会（2002年4月在广东佛山召开的"中华茶艺面向世界研讨会"算是第一次专门讨论茶艺问题，但由于时间和准备不足，对茶艺问题并没有进行集中、深入地探讨，只能算是开了个头）。虽然有些同志写过一些论述茶艺的文章，但既不系统全面，又无深入讨论，经常是各说各的，许多理论问题没有科学的解释和明确的结论，令群众无所适从，这就妨碍我国茶艺事业的健康发展。我认为，在茶文化振兴运动兴起之初，出现一些问题和不足的现象总是难免的，但要使中国茶艺事业持续向前发展，迈上一个新的台阶，就必须要有正确的理论指导，在有关茶艺编创表演的一些原则问题上要有明确认识并取得统一。可喜的是已有学者重视茶艺理论的建设，相继出版了《中国茶艺》（林治著）、《中华茶艺学》（范增平著）等书，自觉将茶艺作为一门学科进行系统地探讨。但因属初创，多为一家之言，是否完备，能否为大家所接受，尚需学者们的评判和时间的考验。

就个人这些年来所观摩的一些茶艺表演，我觉得当前茶艺编创表演中有些问题需要引起我们的注意：

1.概念不清，艺、道混同

有些茶艺编创者对中国茶文化缺乏基本常识，对茶艺、茶道的概念还没弄清楚，连构成茶艺的几个基本要素也没弄明白，就动手编创茶艺。他们把茶艺看得太过简单，太过容易，似乎只要有一个茶壶、几个茶杯就谁都可以随意编排出一大套茶艺来。结果就会出现曹进先生所批评的令人强烈反感的"牵强附会、不伦不类的'表演'。"[16] 有些人将其编创的茶艺节目命名为"某某茶道"，或冠以地名，或冠以姓氏，这也不大合适。这是不了解只有茶艺才具有操作性，才能进行表演，而茶道是属于精神层面，只能通过茶艺来体现。所以应该称为"某某茶艺"表演，不宜称为"某某茶道"表演。同时，茶艺也不宜和茶俗混同。因为茶艺是指泡茶的技艺和品茶的艺术，两者是统一的整体。而民间许多饮茶习俗，更多地保留着古老的煮茶方式，侧重的是"喝""食"，重点不在"品"，其"艺"的成分稀薄。如前述的"客家擂茶""姜盐豆子茶"，就属于茶俗，而不应称之为茶艺。同样，"惠安女茶俗"中所使用的茶具和泡茶技艺完全是属于工夫茶范畴，故不称为"惠安女茶艺"，而称为"惠安女茶俗"。当然，茶俗同样可以表演，因为它不但具有一定的观赏性，而且还具有一定的历史价值，能加深我们对中华茶艺广博性的认识。因此，科学地区分茶道、茶艺、茶俗等概念，有助于茶艺编创质量的提高和成熟。

2.自然主义，照搬生活

不管是在客人面前表演的生活型茶艺，还是在舞台上表演的表演型茶艺，它都不是为了满足表演者自己的饮茶需要，而是在为他人演示，因而或多或少都具有表演性和观赏性，已经不是生活的原生状态，也就是说要进行一定的艺术加工，不能完全照搬生活，表演型的茶艺更是如此。比如日本的茶道，在生活中完成整个过程需要一两个小时，但他们来中国表演时如果也在舞台上摆弄一两个小时，观众就受不了，所以他们经常是压缩成半个小时左右。同样，我们日常要烧开一壶水可能要10多分钟，但在舞台上表演茶艺时，就不能花这么长时间，经常是在水壶中装入已经烧开的水，这样就可以缩短煮水的时间，避免观众发烦。又如在编创反映佛门茶事的禅茶时，可能会安排面壁坐禅的程序，在生活中要完成这道程序可能需要十几分钟甚至更长的时间，但在舞台上如果表演者也这么纹丝不动地闭目静坐十几分钟，观众就会坐不住，效果肯定不好。因此就要适当缩短时间，同时还要在这段时间内给表演者安排一些活动，以分散观众的注意力。曾经在一次国际茶会上看到表演"君山银针"的冲泡技艺，为了表现"三起三落"的景象，表演者竟然木然久坐，静候茶叶自然吸足水分缓慢下沉，然后久久等候茶叶上升，接着又静候茶叶再次下沉，结果整个茶艺表演就给人以中断了几次的感觉，破坏了艺术的完整性。实际上，编创者如果安排三个茶杯错开时间冲泡，就可分别表现"三起三落"的现象，而不要只用一个茶杯或者虽用三个茶杯却是同时冲泡。所以，艺术虽然是来源于生活，但要高于生活，不能自然主义地照搬生活。

3.脱离生活，过于做作

有的茶艺表演则走向另一个极端，不考虑茶艺的本身特性和主题的需要，脱离生活地胡乱编造一些夸张性动作，结果成为不伦不类的表演。如有的茶艺小姐出场时，一步一顿，或一步三颠，显得很不自然，使人看起来不舒服。有的在拿起茶则、茶托和茶杯等器物时，居然要高举到头顶做几个翻转动作，犹如耍杂技似的，令人有突兀惊悚之感。还有的在茶艺表演时安插进许多与茶艺无关的舞蹈动作，将茶艺异化成茶舞。有的在表演时故作笑脸，表情夸张，动作僵化，既不符合生活实际，也缺乏艺术美感。茶艺的特性是静、雅、和，最强调自然，它虽然要对生活进行一定的艺术加工和提炼，但不能脱离生活过于做作，否则就失去艺术的真实，损害茶艺表演的艺术效果。

4.喧宾夺主，废话连篇

茶艺表演是通过茶叶冲泡技艺和品尝艺术的一系列程序来反映一定的事物和表现一定

的主题，一般是通过表演者的形体动作来完成，辅以必要的音乐和舞台布景，通常不使用对话形式。有时为了向观众交代历史背景和解释一些程序，可以在表演前作简要的介绍和在表演过程中作点必要的解释，但切忌长篇大论喋喋不休，妨碍观众集中精力地观赏茶艺。在一次国际茶会上，有个茶艺队在表演过程中，解说者在台上从头到尾讲个不停，从该茶叶产地的地理位置、历史背景、有关典故、诗词文章一直讲到冲泡技艺、观赏要点、品尝方法，茶艺表演简直变成了演讲比赛，令观众坐立不安。即使是表演得再精彩，喋喋不休的解说也会让观众大倒胃口。

5.只重形式，忽视泡茶

茶艺既然是以冲泡和品尝为核心，如何将茶冲泡好就成为茶艺表演中的关键问题。因为茶没泡好，品尝艺术就无从谈起。但是有些人却忽略了这一点，尽管有些茶艺表演看起来花样翻新，颇有观赏性，但泡出来的茶却令人不敢恭维。或者是茶叶不好，或者是水温不够，或者是泡法不对，总之是表演者自己对如何泡好一壶茶所知甚少，对茶艺的实质缺乏了解，表演时只重视动作的协调、优美，不懂得茶艺表演的所有动作都是为了将茶泡好。这一点有时也不能全怪表演者，有时是编创者本身在编排茶艺程序时，就没有重视这个问题。实际上，不但是生活型的茶艺要重视将茶泡好，就是表演型的茶艺也应该注意将茶泡好，也就是说，在编创茶艺节目时所有动作的编排都应该围绕着如何将茶泡好来考虑，要在此基础上来讲究艺术性，不能本末倒置。即使是在编创一些在舞台上表演的仿古茶艺，有时奉茶的对象就在台上，观众品尝不到，难以断定茶汤泡得好坏，似乎可以不考虑如何泡好茶的问题。但是既然是在反映古代的茶事活动，所有程序的编排仍然应该符合古代泡茶的实际情况，不能让观众看出有违背生活真实的破绽。

6.违背历史，时空错位

中华茶文化历史悠久，中国的饮茶方式也古今不同，一般群众对陆羽《茶经》上所记载的唐代煮茶方式和蔡襄《茶录》上所记载的宋代点茶方式，都不甚了解，但又怀有很大兴趣。因此各地的茶文化活动中，一些仿古茶艺的表演特别能引起观众的兴趣，很多茶艺工作者都尝试编创一些仿古茶艺，也都取得相当的成功，但也存在一些问题，其中最主要的是违背历史，时空错位。有些茶艺编创者自己缺乏历史知识，对历代饮茶方式和茶具的发展历史不了解，凭自己的一知半解想当然地编造古代茶艺活动，结果错误百出，让人笑话。如近年来，许多地方都有"禅茶"表演，有的是引进的，有的是模仿的，有的是自己编排的。曾在一次国际茶会上看到一场"禅茶"表演，只见煮泡者身披大红袈裟，颈挂珍贵项链，使用名贵瓷器茶具，场上的气派显得富丽堂皇，结果却与"煎茶留静者，禅心夜更闲"的禅意相差太远，这是表演者（或编创者）对"禅"缺乏常识的缘故。又如有次国际茶会中，表演了一个唐代宫廷茶艺，表演者身穿仿唐服装，在古典音乐伴奏下，手提现代的玻璃水壶在冲泡盖碗茶，其茶具用的都是青花瓷器。这是将现代的泡茶方式套到唐代的泡茶方法中去，完全违背历史常识。因为唐代泡茶方式是煮茶，是将茶饼碾碎过筛后放到釜里去煮，并不是用茶叶直接冲泡。不要说唐代没有玻璃水壶，就是青花瓷器也是元代才盛行起来的，在唐代还根本没有发明，怎么可能会出现在唐代宫廷中呢？岂不成了秦琼战关公吗？

希望有志于茶艺事业者，今后在编创茶艺节目时，要尽量掌握些历史知识和考古常识，以免贻笑大方。

四、问题讨论

在鸟瞰了我国茶艺事业的发展历程之后，有些问题需要提出来进行讨论。这些问题有的已经在实践中逐步明确，得到解决。有些问题却是在实践过程中引发出来的，有待于切磋研究，以取得共识。

1. "茶艺" 能否成立？

"茶艺"能否成立，实际上这个问题已经被实践解决了。虽然在茶文化复兴事业开始之际，对来自台湾的这个新词还不大了解，常有人爱称茶道而不习惯称茶艺。但是二十多年过去了，"茶艺""茶艺馆"等名词已经被越来越多的大陆群众接受，早已立地生根了，因而这是一个不成问题的问题。但是"茶艺"究竟是指什么？还是没有完全解决，还有讨论一番的必要。有些学者喜欢套用文化学的概念，将茶艺分成广义和狭义两种。广义的茶艺是研究茶叶生产、制造、经营、饮用的方法和探讨茶业原理、原则，以达到物质和精神全面满足的学问。狭义的解说是研究如何泡好一壶茶的技艺和如何享受一杯茶的艺术。[3, 5, 17] 而依我之见，茶艺就是泡茶的技艺和品茶的艺术，根本就没必要有广义、狭义之分。因为古代虽有指种茶的"艺茶"和指泡茶技艺的"茶之为艺"等说法，但都和现代的"茶艺"一词的科学概念不同。前面我们已经提到过，"茶艺"一词的出现就是为了恢复弘扬品饮茗茶的民俗和回避日本茶道概念才创造出来的，不论是品饮茗茶的民俗也好，还是日本的茶道也好，都与种茶、制茶、卖茶无关，也就是说，台湾的茶文化界在创造"茶艺"一词时本来就是专指泡茶的技艺和品茶的艺术而言的，从来就没有"广义"一说，因此后人也就没有必要提出毫无实际意义的"广义茶艺说"了。所以我同意很多专家的建议，今后提"茶艺"者，都应抛弃"广义"说，按其原创含义去理解。

2. "茶艺" 是否是艺术？

日常因解渴需要而大碗（杯）喝茶，只是满足了生理上的需要，对泡茶方式和茶具、环境无所要求，自然也就没有什么艺术可言。但只要将喝茶提升到品饮的层次，那就是为了满足精神上的需求，从而对泡茶方式、器具、环境以及参与者本身都有一定的要求，这时自然就具有一定的艺术性。而当人们对这种艺术性有了自觉的追求时，泡茶和品茶也就成为一门生活艺术。工夫茶虽然是种生活型的茶艺，就因为它的冲泡方式和茶具都更富有艺术性而日益受到各地茶人的欢迎，已经成为各地茶艺馆的当家品牌。至于表演型的茶艺，其艺术性自然更强，更具观赏性。更为重要的是，经过二十多年的实践，所谓表演型的茶艺（或称主题茶艺）已经发展为一种新型的文艺形式。它通过茶叶的冲泡和品饮等一系列形体动作，反映一定的生活现象，表达一定的主题，具有一定的场景和情节，讲究舞台美术和音乐的配合，既使人得到熏陶和启示，也给人以审美的愉悦。可以说是蓬勃发展的茶文化活动给我国艺术舞台上增添了一个新的艺术品种。虽然还不够成熟，但已在社会生活中生根、萌芽，只要大家关爱，勤于浇灌，她定会扬花吐穗的。

3. "茶艺" 能否表演？

有的同志是不赞成茶艺表演的，但是也不全盘否定茶艺表演。侯军先生在首届中国五台山国际茶会上发言指出："中国品茗艺术是不能表演的，它从来就不是一种表演艺术。品茗需要安安静静地'自悟'，正所谓'如人饮水，冷暖自知。'然而，并不是人人都天生就会品茗的，所以要教会人们如何品茗、如何体味茶中的意境，特别是在市场经济逐步兴起的时代，做任何生意都要讲究包装，讲究推销，茶作为一种商品也不例外。因此就需要营造一种氛围，需要一种看得见、摸得着的形式，所以茶艺表演就应运而生了。""我们需要普及茶文化，我们需要将本来遍布城乡而近百年来却从中国人的日常生活中逐渐消失的那些茶风茶俗茶艺茶礼，重新'展示'给人们看，以便大家了解进而喜欢茶文化。"[18] 这种意见不但是有道理的，而且也是很辩证的。我认为，如果只是一个人自斟自饮，自然不存在表演问题。但是只要是为他人泡茶而又讲究一定品位，就存在一定的示范性和观赏性，就已经具有表演性质。因此，不但是那些表演型的茶艺可以表演，就是生活型的茶艺也是可以表演的。只要我们承认茶艺是一种艺术，它就是可以表演的。二十多年来的实践也早已说明，茶艺天天都在表演，不管你承认与否，它都是个客观存在。当前需要我们讨论的，已不是能否表演而是如何表演的问题。

4. "茶艺"如何分类？

由于标准不同，茶艺的分类也就多种多样，有从冲泡方式和茶具来区分的，如工夫茶、盖碗茶和玻璃杯泡法。有按茶叶来区分的，如龙井茶艺、碧螺春茶艺、花茶茶艺、宁红茶艺等。有按地区名称来区分的，如武夷茶艺、安溪茶艺、潮汕茶艺等。还有一些加工整理民族茶艺和仿古创新的主题茶艺，其名称类别更是五花八门。但是有些名称和分类却是没有严格的科学含义，并不能准确反映该茶艺的主要特色，经常会与别的茶艺混同。比如绿茶类的龙井、碧螺春和黄山毛峰等名茶，都是用玻璃杯（或者用盖碗杯）冲泡，其程序大体相同，如果都用茶叶名称来命名，则中国有数百种绿茶，就有数百种茶艺名称，但除了名称不同外，其冲泡茶艺却是大同小异的。同样，所谓武夷茶艺、安溪茶艺和潮汕茶艺等，尽管各自都有其特点，但都是采用工夫茶冲泡方法，应该是与工夫茶同类。如果都按地区名称来命名，那么有多少生产乌龙茶的地方，就有多少种茶艺，令人无法进行科学的统计。如果我们承认茶艺就是茶叶的冲泡技艺和饮茶的艺术的话，那么以冲泡方式作为分类标准应该是较为科学的。为了突出地区的特色，有时可以在前面冠以地名，如武夷工夫茶艺、安溪工夫茶艺、潮汕工夫茶艺和台湾工夫茶艺等。前面介绍的滕军等人加工整理的花茶冲泡技艺即是取名为"北京香片（盖碗）茶茶艺"，就是在地名之后还加以茶名（北方地区亦称花茶为香片），这都是比较可取的做法。

5. "茶艺"如何定位？

由于未能从理论上对"茶艺"进行深入探讨，至今在茶文化界尚未完全取得共识，有时将茶艺和茶道混为一谈，有时又将茶艺等同于茶文化。甚至有专门论述茶艺学的论著，也将茶道、茶俗、茶诗、茶词、茶文、茶联、茶书、茶食、茶菜等通通归到茶艺的门下，这显然是将茶艺的外延无限扩大，以至成为茶文化的同义词。我认为只有对"茶艺"进行准确的定位，将它的内涵和外延与茶道、茶文化等概念区别开来，才能有益于茶艺学和茶文化学的理论建设。茶文化是茶叶在被人类应用过程中所产生的文化和社会现象。其中最为重要的现象就是茶叶的饮用，所谓茶艺，既指冲泡技艺的审美要求，也包括整个饮茶过程的美学意境。[5, 12-13] 而茶道是茶艺实践过程中所追求和体现的道德理想，因此茶艺是茶道的载体，没有茶艺，茶道就无从体现，成为空泛的说教。茶道是茶艺的灵魂，没有茶道精神指引，茶艺就成为没有文化价值的日常琐事。因此，互为表里的茶道、茶艺就成为茶文化的核心，其他的茶文化现象都是由此派生而来的。可以想象，如果陆羽《茶经》所提倡的一系列煮茶技艺没有得到推广和提高，就不可能有皎然的"三碗便得道"等诗句和卢仝的《七碗茶歌》的创作。没有宋代斗茶活动的蓬勃开展，就没有建窑黑釉茶盏的兴盛，也就没有范仲淹的《斗茶歌》以及一系列的《斗茶图》的问世。同样，如果今天茶艺馆里没有茶艺，它就同老茶馆和广东的老茶楼没有区别。如果大型茶文化活动没有高水平的茶艺表演，它就失去活力、失去魅力、失去吸引力，就会变成纯粹的政治聚会和商业行为。现在各地纷纷举办各种类型的茶叶文化博览会，有成功的，也有很多失败的，失败的重要原因之一，就是没有认识茶艺在茶文化中的核心地位，轻视它的作用，使得博览会如同普通的茶叶市场。

6. "茶艺"如何规范？

我国的茶文化振兴活动已经有二十年的历史，茶艺事业也取得可喜成绩。我们已经走过草创阶段，积累了相当丰富的正反两方面经验，为我们茶艺事业走向成熟打下了坚实的基础。但是，毋庸讳言，我们当前的茶艺还是处在一种自发的阶段，虽是百花齐放、异彩纷呈，但是并不规范。我们至今还没有一套或几套能作为全国范本的茶艺表演程序来作为中国茶艺的代表，可以在全国推广，可以在国外展示，与日本茶道和韩国茶礼相比较，还存在差距。我个人觉得，在进入21世纪之后的中国茶艺应该走向规范化，要统一制定几套能够在全国推行又可代表国家与国外交流的茶艺表演程序。比如，当前在各地较为流行的工夫茶就有闽北工夫茶、闽南工夫茶、潮汕工夫茶、香港工夫茶、台湾工夫茶等几大流派。港台工夫茶是在闽南、潮汕工夫茶的基础上加以发展、提高，有其优点，可以加以吸收。我们可以将它们融会贯通，根据科学泡茶、艺术品茶的原则加以综合，编出一个范本。对各道程序的名称也要加以规范，如传统工夫茶的分茶程序称之为"关公巡城""韩信点兵"，有些茶艺工作者觉得像军事术语，杀气太重，就将之改为"祥龙行雨，凤凰点头"，有的则改为"观音出海，点水流香"，有的叫"平分秋色"，有的叫"茶海慈航"。各说各的，令初学者无所适从，将来应该有一个更为贴切的科学名称加以统一。同样，盖碗茶、玻璃杯等冲泡方法都应该加以规范。这一工作，在过去似乎是无法进行，因为谁都认为自己取的名称是最佳的。现在，随着国家茶艺师职业标准的制定，就有可能来做这一工作。因为将来可以通过《茶艺师职业技能鉴定教材》的编写，集中全国专家的意见，将各种茶艺的操作程序确定下来，用统一的标准来考核全国各地的茶艺师，因而也就在全国范围内推广开来。届时，中国的茶艺就可望走上健康、成熟的道路。

7. "茶艺"如何创新？

我们一方面主张生活型茶艺走向规范化，一方面又鼓励表演型茶艺创新，走向多样化。经过二十多年的努力，我国的茶艺事业获得空前的繁荣，我们的茶艺编创和表演也应该上升到一个更为成熟的阶段。如果说初创时期，观众对茶艺非常陌生，连一些茶具都不认识，表演时对观众进行一些介绍是必要的，但是今天的茶艺表演如果还是停留在这个水平，观众就会不满足。去年的一个大型国际茶会上，有个高校的茶艺队在表演传统工夫茶时，面对专业的茶文化界的专家学者，还在一件件解说："这是茶则，这是茶壶，这是闻香杯，这是品茗杯……"显然是不合时宜的。有的人以为茶艺是很容易编排的，只要有一套茶具，有几位小姐，随便就可以编出茶艺来，但他们对茶艺缺乏基本常识，结果就会编排出牵强附会、不伦不类的节目来，这样的茶艺是没有生命力的。创新不是随心所欲地胡乱编造，它必须根据茶艺的特性和舞台艺术的要求，结合茶叶、茶具的特点来构思，表现一定的情节，体现一定的主题，既有时代性，也有地域性。它的风格应该和茶道精神的要求相吻合，具有和、雅、静的特点，并且和舞蹈、哑剧一样，只通过形体动作来表现，不开口说话。有的地方的茶艺表演是将一些历史故事或名茶传说搬上舞台，既有故事情节，又开口对话，实际上已成为戏剧小品（最多可叫茶艺小品），不能算是真正茶艺，尽管其中也有泡茶活动。茶艺编创的领域是相当广阔的，其内涵是非常丰富的，我们应该利用创新思维编创出丰富多彩的茶艺节目，其中既有反映历代茶事的历史系列，又有反映各地饮茶风情的民俗系列，还有反映兄弟民族饮茶习俗的民族系列，以及反映现实生活的社会系列。

总之，茶艺是棵根深叶茂的常青树，希望有更多的有志之士来共同浇灌培育，让她在新世纪的艳阳下，绽开艳丽的花朵，结出丰硕的果实，向世界展示无穷的魅力。

参考文献

[1] 仓泽行洋.论"茶道"[J].农业考古，1997(4)：49-50.

[2] 王家扬.茶文化的传播对于现代台湾社会的影响[M]// 范增平.第二届国际茶文化研讨会论文选集.台北：山岩出版社，1992.

[3] 范增平.台湾茶文化论[M].台北：碧山岩出版公司出版，1992：8.

[4] 蔡荣章，林瑞萱.现代茶思想集[M].台北：玉川出版社，1995：410.

[5] 王玲.中国茶文化[M].北京：中国书店，1992：12-13，103.

[6] 姚月明，巩志.武夷斗茶源流[J].农业考古，1992(4)：79.

[7] 陈文华.中华茶文化基础知识[M].北京：中国农业出版社，1999：83.

[8] 李波韵，蔡建明.安溪茶艺[J].农业考古，1995(2)：57.

[9] 陈振辉.我所知道的潮州泡法[J].农业考古，1997(4)：67.

[10] 童启庆.习茶[M].杭州：浙江摄影出版社，1996：12，120，130.

[11] 陈文怀.茶的文化·养生·贸易[M].香港：海天出版社，1993：3.

[12] 刘秋萍.中国茶宴[M].上海：同济大学出版社，2000：8-89，90.

[13] 范增平.喝杯好茶[M].新北：腾书房文化事业有限公司，1999：169.

[14] 滕军，陆尧，张荷.北京香片（盖碗）茶茶艺[J].农业考古，1998(2)：103.

[15] 寇丹.谈主题茶艺[J].农业考古，2001(2).

[16] 曹进.传统的延续和创造[M]// 曹进.中国茶文化研究.武汉：长江文艺出版社，2000.

[17] 寇丹.茶艺初论——在五台山国际茶会上的发言[J].农业考古，1997(4)：55-58.

[18] 侯军.茶文化与现代化——在五台山国际茶会上的发言[J].农业考古，1997(4)：42-48.

（文章原载《农业考古》2001年第2期）

关于《禅茶》表演的几个问题

自从20世纪80年代后期，中国大陆兴起茶文化热潮之后，不少热衷于茶艺事业的人士纷纷将各地的饮茶习俗整理、加工、提炼为具有表演性质的茶艺节目，在各种大小不等的茶文化活动中演出，受到人们的欢迎，在丰富茶文化活动内容和宣传、普及茶文化知识方面都发挥了积极作用。在众多的茶艺节目中，《禅茶》的整理、编创及其演出都是比较成功的，对同行也颇有启迪意义。

一、《禅茶》编创、演出及其影响

《禅茶》的编导者是江西画报社的陈晓璠先生，当时他正主持"江西茶艺馆"业务，对茶艺事业相当关注。早在1991年，他就帮助过婺源县茶道团将"农家茶""文士茶"等婺源茶艺节目推向社会，引起各界人士的关注。1993年，他有感于佛教禅宗与中国饮茶历史的密切关系，而江西既是产茶大省又是南禅宗五家七宗的共同发祥地，应该将这一特点在茶艺活动中体现出来，于是深入到江西及外省的寺院进行考察，虚心向各寺院的方丈们请教，并在江西省舞蹈家协会郑湘纯女士的帮助下，将江西佛寺禅堂中的饮茶方式加以整理、加工和艺术化，编创了《禅茶》。

《禅茶》主要表现的是江南山区寺庙中三位年轻尼姑以茶礼佛、以茶敬客的茶事活动，大体分为四个部分：

1. 上供

上供包括顶礼膜拜和焚香礼佛等仪式，在佛事活动中是一个非常庄严的过程，而且其时间也相当长。为了避免使茶艺表演变成纯粹的宗教礼仪，《禅茶》只表现了焚香礼佛部分，删略了顶礼膜拜等一些烦琐程序，使得表演更为精练和雅观，更具有艺术性和观赏性。

2. 手印

手印是佛门僧侣在诵经咒文时以手指构成的各种手形。《陀罗尼集经》就说过："诵咒有身印等种种印法，若作手印诵诸咒法，易得成验。"《禅茶》的主泡在焚香礼佛前后都有一系列手印。这些手印大多是取材于佛像的手势和敦煌壁画，虽然至今尚无人能精确解释清楚其中的含义，但它极富感染力，有别于一般茶艺的表现手段。可以说，这是《禅茶》极为重要的组成部分。佛教中的密宗有很多手印，有些人就以为只有密宗才使用手印。其实，佛教中的其他宗派也有使用手印的。我们在许多典型的禅宗寺院的佛像上就可以看到一些手印，这些寺院的和尚们在作早晚功课，主持者在上供时也使用许多手印。实际上，《禅茶》在编创过程中，从一开始就得到中国佛教协会副会长净慧法师和一诚法师的指导，这两位法师都是我国著名禅宗祖庭的住持。

3. 冲泡

禅宗兴盛于唐代，因此佛门禅堂中保留着唐代以前的饮茶方式，既不是点茶，也不是泡茶，而是煮茶，并且是用夏布将茶叶包扎起来后放入壶中烹煮，很有特色。曾有人戏说这是袋泡茶的祖宗。所以，《禅茶》从饮茶史的角度来审视也是具有一定认识价值的。

4. 奉茶

主泡者将铜茶壶中的茶汤注入六只小茶杯，留下一杯，其余五杯茶由助泡奉献给客人，然后举杯同饮。

最后收拾茶具，谢幕退场，结束表演。

《禅茶》于1993年8月为在南昌出席会议的华东地区画报社总编和记者进行首次演出，当即引起轰动，各省的画报纷纷报道和发表评论，给予很高评价。

1994年4月，《禅茶》应中国茶叶博物馆之邀，参加"第三届中国国际茶叶博览会"，受到中外茶艺界同行们的喜爱和赞扬，并且引起日本茶道专家的很大关注。

1994年10月，《禅茶》又应陕西法门寺博物馆之邀，参加了"首届法门寺唐代茶文化国际学术研讨会"。有趣的是，在这次茶会上有两个《禅茶》同台演出。一个是由日本丹月流茶道宗家丹下明月女士编创的《禅茶》。她是在杭州观看了江西的《禅茶》之后受到启发，又到普陀山寺院中参观考察，然后编创而成的。在她演出之后，是由江西的《禅茶》压台，结果又一次引起轰动，当时几百人的会场，鸦雀无声，全神贯注地在观赏表演，很多人下意识地模仿主泡的各种手印动作。演出结束之后，观众还沉浸在禅境之中，接着就爆发出雷鸣般的掌声。人们纷纷和表演者合影留念。丹下明月女士也热情地与表演者合影，并祝贺她们演出成功。

此后，《禅茶》不胫而走，很快被各地茶艺馆和茶文化团体引进。不过，陈晓璠先生只同意两个团体引进他的《禅茶》，一家是杭州的中国茶叶博物馆，另一家是江西的南昌女子职业学校。后来，因江西茶艺馆停业，陈晓璠先生又忙于行政事务，无暇再倾力于茶艺事业，遂将所有服装道具一起交给南昌女子职业学校茶艺队，希望她们能将《禅茶》作为保留节目，并能原汁原味地进行表演。

其实，不管是中国茶叶博物馆引进的《禅茶》表演，或是当年在法门寺的《禅茶》表演，其中都有南昌女子职业学校的学生参与演出。后来《禅茶》也成为该校茶艺队的代表性节目，经常作为压轴戏，多次应邀在各省市茶艺馆和茶文化会议中演出。1998年再次应法门寺博物馆之邀赴西安参加"第二届法门寺唐代茶文化国际学术研讨会"，引起参加会议的印度大使和尼泊尔大使的兴趣，不但合影留念，还索取有关资料。1999年南昌女子职业学校茶艺队代表江西省政府参加昆明世界园艺博览会江西活动周，一连演出七天，场场受到观众的热烈欢迎。1999年底和2000年初，两次应邀到香港演出（这时的主泡已经是第三届的同学）。2000年12月，应邀参加在福建省安溪县举行的"首届中国铁观音乌龙茶叶节"，引起各地媒体的重视，多次在电视上作为专题节目播出（此时的主泡为第四届同学）。2001年8月，应邀参加在广西横县举行的"刘三姐杯全国茶道茶艺大奖赛"，进入决赛，并取得二等奖第一名的好成绩。2001年10月，又应河北省佛教协会之邀，赴河北赵县柏林禅寺参加"中韩禅茶一味学术研讨会"，在柏林禅寺的大雄宝殿之前，与韩国佛教界同时演出各自的《禅茶》，获得中韩佛教界的高度评价，韩国佛教界人士当场邀请演出人员赴韩国进行交流。2001年12月，韩国佛教界到南昌举行禅学国际学术研讨会，特地点名邀请南昌女子职业学校的茶艺队到南昌市佑民寺进行表演。

总之，自从《禅茶》问世8年来，《禅茶》是常演不衰，显示出旺盛的生命力。同时，它也是我国最早反映禅茶一味的茶艺节目，自此之后各地出现的各种《禅茶》《佛茶》等茶艺都或多或少地受到它的影响和启发。实践证明，《禅茶》的编创是成功的，相信再经过多年的打磨，它是有望成为我国茶艺宝库中一颗灿烂的明珠。

二、《禅茶》的重点在"茶"

2001年10月19日在河北省赵县柏林禅寺的大雄宝殿前，举行了一场中、韩两国禅茶表演。一场是韩国佛教界演出的《茗园八正禅茶法》，一场是由南昌女子职业学校茶艺队演出的《禅茶》。韩国由10人出场，其中四位是真正的和尚，另外六位是信佛的居士，道具精致，服装崭新，演出也极为严肃认真，虔诚庄重，甚至连配乐都没有，完全是在举行一场真正的佛教礼仪。中方的《禅茶》只由三位大专女学生表演，所用的服装道具也十分简朴，因是在佛殿前面演出，故原来的布景和对联都没有用，但伴有非常深沉悦耳的佛教音乐。从在场的中外观众的反应，都表明中方《禅茶》表演得更好，以致韩国客人当场邀请中方的表演者赴韩国进行交流演出。

　　为什么由真正的佛教僧侣和居士演示的《八正禅茶法》其效果反而不如学生的表演的《禅茶》呢？原因当然是多方面的，但其中最主要的是《八正禅茶法》照搬佛教仪式，是佛教仪式的重演。而《禅茶》是以佛门茶事为素材而编创的茶艺，它是艺术表演，而不是宗教活动。艺术来源于生活，却高于生活。一个成功的艺术节目的演出效果往往是高于生活的原生态。因此陈晓璠先生在编创《禅茶》茶艺时，就注意到这一点，而"手印"部分更是艺术化了的形体动作，在佛教礼仪中是没有这么一整套连贯的手印的。《禅茶》的重点是通过茶艺来体现"禅意"，获得其他形式的茶艺所不能取得的艺术效果。因为"水为天下至清之物，茶为水中至清之味，其'本色滋味'与禅家之淡泊自然、远离执著之'平常心境'相契相符。一啜一饮，甘露润心，一酬一和，心心相印。"而茶对佛家来说，"茶不仅为助修之资、养生之术，而且成为悟禅之机，显道表法之具。"[1] 最典型的是日本茶道，它是由日本僧侣从唐代中国的寺院中将茶事活动引进日本的，其所谓的"禅茶一味"，完全是借茶来悟禅，而非在借茶来体味茶汤的韵味。正如日本的《山上宗二记》所说的："（日本的）茶道是从禅宗而来的，同时以禅宗为皈依。"日本的泽庵宗彭的《茶禅同味》说："茶意即禅意，舍禅意无茶意。不知禅味，亦不知茶味。"日本珠光禅师提出："佛法存于茶汤。"千利休在《南方录》中也说："佛之教即茶之本意。汲水、拾薪、烧水、点茶、供佛、施入、自啜、插花、焚香，皆为习佛修行之行为。"[1] 可见，虽说是"禅茶一味"，但佛门重点在禅，而《禅茶》重点在茶。前者是宗教行为，后者却是艺术实践，从而具有审美价值，这是需要区别开来的。

　　有些地方在引进《禅茶》时，没有明白这一区别，往往随意增添道具，突出宗教的色彩，甚至连佛像也搬上舞台；有的在背后屏风上悬挂一个特大的"佛"字。殊不知，"佛"与"禅"是有很大区别的。也有的单位自行创作《佛茶》茶艺时，不是体现禅的意境，而是照搬佛教仪式，整个节目长达一个半小时，其中一大半都是纯粹的宗教活动，将茶艺给淹没了，其效果自然不理想。还有的《佛茶》表演，专门安排一个小和尚在台上从头至尾地在敲打目鱼，突出的也是佛教色彩而不是茶艺，效果自然不会理想。依我个人浅见，茶艺就是茶艺，其重点在科学艺术地泡好茶，禅也好，佛也好，只能作为背景来使用，而不应该当作主体来表现。更不能将艺术舞台当作宗教的道场。

三、《禅茶》的茶艺特点是煮茶

　　《禅茶》在编创时，重点参考了江西云居山真如禅寺和河北赵县柏林禅寺禅堂中饮茶方式。柏林禅寺是唐代赵州禅师（因其"吃茶去"的禅语而传诵千年）的祖庭，当年赵州禅师从真如禅寺回到柏林禅寺的。所以这两处寺院禅堂中的饮茶方式保留唐代遗风。而唐代的饮茶方式就是煮茶。只不过唐代煮的是饼茶，而现在则是煮散茶（其实，唐代民间也有煮散茶的，可能唐代的寺庙中就是煮散茶的）。陈晓璠先生在考察柏林禅寺禅堂中的饮茶时，就已注意到"用夏布将茶叶包扎起来后放入壶中烹煮"，这是一种非常独特也非常古老的烹茶方式，从而也使《禅茶》的表演极富特色，引起观赏者的浓厚兴趣。

南昌女子职业学校茶艺队在表演时，为了增强效果，专门使用广东省曲江区南华禅寺的"六祖甜茶"。六祖慧能是唐代高僧，是南禅宗的始祖，最后在南华禅寺圆寂，其肉体真身至今还保存在寺里。据说他当时将南华禅寺后山上的野茶和一些具有药效的植物叶子混合在一起制作了甜中带苦、苦后回甘并具有保健疗效的"甜茶"，至今还受到附近群众的欢迎。这种连梗带叶的粗茶是不适合冲泡品饮的，只能是包起来烹煮，显然是古老的茶叶孑遗，因而使用"甜茶"会增强《禅茶》的禅味和历史感。当然，其他地方在表演《禅茶》时，如没有条件使用"甜茶"，也可以使用其他寺庙生产的佛茶，如禅茶、金佛茶、赵州禅茶、攒林茶等，而不宜使用一般的常见的茶叶。

《禅茶》使用的茶具也与众不同。因是古老的煮茶法，用的是古老的铜壶和烧木炭的泥炉，用夏布将茶叶包起来放进铜壶中去煮，很有个性，因而给人的印象也很深刻。我们经常看到许多茶艺表演，尽管主题、服饰、音乐、布景和使用的茶叶各不相同，但是所使用的茶具和泡茶方式却基本相同，不外乎工夫茶具、盖碗茶杯或玻璃茶杯的冲泡方法，缺乏个性，难以给人留下深刻印象。当然，表现佛门茶事的茶艺也可采用工夫茶形式，因为清代中期武夷山的僧人就是用"杯小如胡桃，壶小如香橼"的工夫茶具泡茶献给袁枚品饮的。但是必须采用传统的工夫茶茶具来冲泡，才能具有历史感。曾经看见有人采用台湾现代工夫茶具来演示禅茶，连近二十年才创造的闻香杯、公道杯都用上了，过分现代化的茶具和冲泡方式就很难准确体现出禅的意境。建议今后凡是依照江西《禅茶》的版本演出的，必须完全按照原来的要求使用相同的茶具和表演程序，以免失真。如果是自行创作的，也需要注意选择、配置好相应的茶具和采用具有历史真实感的传统冲泡方式。

四、《禅茶》的服装道具和布景

《禅茶》在编创之初其规定情景就是南方山区的普通尼姑庵中的以茶敬佛、以茶待客佛门茶俗，以体现禅宗所提倡的"一日不劳，一日不食"的刻苦、勤劳、俭朴、节约之美德，所以所使用的服装道具都是力求简朴，切忌奢华，这与陆羽《茶经》中所强调的"精行俭德"精神也是相符合的。如烧水的炭炉是江西农村曾经长期使用的"南丰（县）小泥炉"，煮茶的茶壶是农村中常用的旧铜壶，装茶杯的篮子也是农家常用的普通竹篮。所有的服装、鞋袜、佛珠、香料都是从寺院中采购，以加强真实感。其所穿的僧袍也经过认真考虑，从青灰、深褐和中黄三种颜色中挑选后者，视觉效果较好。

背景道具也十分简单，只有一个香炉和四个铜烛台（点燃红烛），最早演出时，只在背后挂一幅禅旗，中间只有一个大型的"禅"字。一般寺院中供佛的法器都省略掉，以减弱宗教色彩。后来南昌女子职业学校在演出时，考虑到禅宗"教外别传，不立文字"的特点，觉得如在室内演出，一个特大的"禅"字太过显眼，也太过直露，就改为一幅寺院的风景照片（中间岩石上有一个较小的绿色"禅"字，与周围的山色很协调，并不觉得突兀），使之更富天然情趣。但是如果是在露天广场或是在大型剧院中演出，远处的观众就看不清照片上的图像，仍然悬挂禅旗以营造禅的氛围。同时为了帮助一般观众加深对《禅茶》的理解，增加了一副对联，从唐诗中选集了两句："煎茶留静者，禅心夜更闲。"点出主题，不但有助于观众的理解，而且也可帮助表演者对《禅茶》主题的把握。实践证明，效果相当不错。

但是有些地方在演出《禅茶》时，由于对"禅"本身缺乏应有的了解，以为只要多添加一些佛教的东西就会有好效果，于是就将佛像和许多法器都搬上舞台，布置得如同佛寺中的殿堂。有的让主泡者身披大红袈裟，脖子上挂上价值上千元的玉石佛珠，显得珠光宝气，富丽堂皇，却与禅趣大相径庭，因而效果适得其反。有的选择深褐色的佛袍，给人以沉重压抑的感觉，视觉效果不好。有的背景既没有相关的茶联，也没有悬挂禅旗，而是挂上一个硕大的"佛"字，结果突出了"佛"而不是"禅"，于是表演就成为佛事的重复，而不是富有禅趣的茶艺表演。

为此，我们希望从事《禅茶》表演或编创禅茶的同行们，应该对禅宗和禅茶文化多些了解，加强对茶艺美学及舞台美术的修养，使我们的禅茶表演和编创水平能够百尺竿头，更进一步。余悦教授主编和录制的《禅茶》一书和光盘，就收集了有关禅宗和禅茶一味的有关知识和文献资料，对从事《禅茶》表演和编导人员都有很大帮助。相信读过之后，再表演《禅茶》时一定会有更加深刻的体会。

五、关于《禅茶》的音乐

作为泡茶技艺和品茶艺术相结合的茶艺，讲究色、香、味、形（包括茶叶之形和泡茶的形体动作）诸方面的感受，涉及视觉、嗅觉、味觉和触觉，唯独缺少听觉（声音）的感受。从而使以静雅为特色的茶艺显得过分冷清。宋人曾以听壶中水沸的声音（如"松风""松声"等）来辨别水温，似乎可以略微满足听觉的感受。今人也有意尽量在演示茶艺时产生一些响声，如日本茶道表演时经常要用勺子将缸中之水舀起来再倒进去，以发出水声；我国的工夫茶、盖碗茶或玻璃茶杯茶艺，在悬壶高冲冲泡茶叶时也会产生声响；或者如江西婺源《文士茶》在温杯之时，也有意将盖碗杯盖与碗沿轻轻摩擦一周，发出清脆的响声；这些都是为了让静雅的茶艺产生听觉效果。但是毕竟都是短暂的而且没有旋律之美，难以满足人们在听觉上的享受。因此，几乎所有的茶艺表演都需要从外部加入听觉元素，这就是音乐伴奏。有无音乐伴奏及伴奏音乐的选配是否合适，对茶艺表演的成功与否有时是十分重要的。《禅茶》的音乐就是如此。

《禅茶》的音乐自然是选用佛教音乐，然而并不是凡是佛教音乐都可以拿来就用的。由于佛教自东汉传入中国之时，就传入印度和西域的佛曲，但不适合汉语的歌词，难以传诵。因此自南朝起僧人或对传来的佛曲进行改编，或采用民间乐曲，或创作新的佛曲，故而佛教音乐是十分丰富的。但是至今佛教音乐中仍有许多是采用民间小调来演唱佛经，如《孟姜女哭长城》《苏武牧羊》《紫竹调》等，虽然旋律很美，但却不够庄严肃穆，也容易让人联想到其他世俗故事，都不宜用来作为《禅茶》的伴奏。陈晓璠先生当年几乎将寺庙中所有的音乐磁带都筛选了一遍，最后选择了广州音像公司出版的《同心曲》。这是取材于佛教音乐，由专业音乐工作者进行改编、配乐，由专业人员进行演奏和演唱。乐曲一开始，先是缓缓敲起几响钟声，人们脑海中似乎浮现出佛寺的轮廓，立刻就肃静下来。然后乐队轻轻奏出优美的旋律，接着由男声合唱五声音阶的五句乐句，歌词却只有"南无阿弥陀佛"六个字，因为旋律优美深沉，反复歌唱，一点也不觉得重复、单调，配合表演者庄重、文静的形体动作，超然物外的神情，令观赏者在不知不觉中进入一种空灵、静寂的禅的意境，心灵得到一次净化和升华，达到"禅茶一味"的境界。音乐和茶艺已达到水乳交融的程度。可以说《禅茶》的成功在相当程度上也要归功于音乐。今年8月，《禅茶》参加了在广西横县举行的"刘三姐杯全国茶道茶艺大奖赛"，当音乐奏起不久，作为评委之一的广西歌舞剧院一级编导黄淑子女士，立刻受到感染，脱口而出："我受到了震撼！"当即打出最高分。一个业余的茶艺演出，能够深深地打动一位老艺术家，实在是不容易的事情。

当然，佛教界也有一些不同意见。如认为念诵"南无阿弥陀佛"是属于佛教中净土宗，禅宗只念诵"南无观世音菩萨"，可用别的乐曲来代替。也有的认为，禅宗主张"不立文字"，不用明白的语言文字来解释教义，因此最好不要唱出"南无阿弥陀佛"六个字，只要演奏乐曲即可。这些意见从佛教界而言都是正确的，或者如果今后要在寺院中演出，应该照此行事。只是难以找到像《同心曲》这样富有表现力的理想佛曲，换其他乐曲就会逊色得多。同样，如果没有男声合唱，只是乐曲演奏，也会觉得单调，削弱艺术感染力，都会影响演出的艺术效果。

南昌女子职业学校茶艺队有一位担任《禅茶》主泡的大专学生，毕业后在广州一家大茶艺馆任职，当她再次在该地表演《禅茶》时，由于没有使用原来的佛教音乐，而是改用其他曲子，结果演出效果大为逊色，可见配乐对茶艺表演是相当重要的。因此，今后凡是按原版表演江西《禅茶》时，建议还是采用原来的乐曲，不要轻易改变。

六、禅宗文化与《禅茶》的表演

《禅茶》是以佛教禅宗的"禅茶一味"为素材来反映古代饮茶习俗的一种茶艺形式，它所要表现的不是佛教的教义和仪式，而是从茶道与禅学相通之处的一个切入点，来体现茶艺的美学价值。因此《禅茶》的表演者或是从事编创禅茶者，都应该对禅文化有所了解。

禅宗是佛教传入中国以后形成的一个佛教宗派。禅是印度梵文，译成中文就是"静虑"，佛教称安静地沉思为禅定。相传是在北魏时期在中国传教的印度僧人菩提达摩所提出的，通过长期的刻苦修炼，逐渐修成正果，这是所谓北禅宗的渐修派。禅宗传到唐代，六祖慧能提出顿悟的主张，他的有名偈语是"菩提本无树，明镜亦非台。本来无一物，何处惹尘埃。"认为佛法只在人的心里，不用外求。慧能还说："菩提只向心觅，何劳向外求玄？所说依此修行，西方只在眼前。"禅宗认为佛法的真理（"真如"）不能用语言文字来表达，不能用理性思维、逻辑思维来表达，只能用比喻隐语来使人参悟。只要明心见性，即可顿悟。故被称为南禅宗顿悟派，也是禅宗中影响最大的一个宗派。禅宗强调在禅定状态中，要求人们切断感觉器官对外界的联系，排除一切外在的干扰，中止大脑中的其他意念，排除一切内在情欲的干扰，使意识集中于一点，进入一种单纯、空明的状态。只有这样才能够达到一种理解整个人生、宇宙终极真理的状态。据葛兆光教授的归纳，禅宗非理性思维方式有四个特征：

1.非理性的直觉体验

它抛弃一切逻辑思维所必要的程序，如概念、判断、推理等，在沉思冥想中，非理性的直觉往往突破了物象的界限、语言的束缚，进行着大跨度的跳跃。在这种直觉的观照中，"我"与"自然"融为一体，使"我"的情感与平常通过感官所得到的有关外部世界的感觉交融，在沉思默想中再度形成一种新的表象出现于大脑中，这表象不是外部世界的照相式的反映，而是一种心理再现，它依靠过去所积累的心理能量，可以再度唤起一个个不在眼前的事物，还将这些事物依照自己的审美要求重新组合，并渗入自己的情感因素。在这种冥想中，"我"与"物"的界线消失，既可以使我的情感注入山河大地、花鸟草木，也可以使山河大地、花鸟草木成为我，印证我的心境与思想。一切时空无我的界限、区别都不复存在，完全是混沌一片，物中有我，我中有物，视觉、味觉、听觉、触觉可以相通，本质与现象的关系可以颠倒。

2.瞬间的顿悟

达到"物""我"交融的境界并不是禅宗的目的。禅宗要求人们"顿了本心清净"，是为了追求一种心灵的虚明澄静的喜悦与解脱，所以它的终极境界是"物我两忘"。但是只有禅定的沉思冥想，才能把人引到一种物我交融的境界，才能在下意识里进行大跨度跳跃性的非理性思维活动。这种非理性的思维活动，在某一点上突然受到触发而升华，这时脑海中出现了一片空白，这便达到了物我两忘、空心澄滤、本心清净的最高境界，刹那间，超越了一切时空、物我、因果，世界混沌一片，不可分辨，既不知道自己在何处，也不知道自己从何而来，人与宇宙同样成为永恒。然而这种感受是瞬间性的顿悟，它如电石火花，稍纵即逝，只有"顿悟"的本人可以感受到。

3.不可喻性

"顿悟"的内容及其所带来的解脱与喜悦，是一种只可意会不可言传的瞬间感受，每个人的感受是不一样的，因此，这种神秘的体验是不能简单地用言语文字进行说明并传达给他人的。禅宗否定语言文字对于事物的完全表达能力，否认逻辑思维的意义，认为一旦使用了语言文字便有了分割统一性的滞累，使人们落入具体事物的局限之中，所以他们只承认直觉观照后的神秘感受。然而，不可言说的毕竟还是要说，不可表达的还是要表达，因此他们想出三个方法，一是用动作代替语言，如棒喝、手势、揪耳、作古怪相、以手画圆相等。他们以为这样可以触发听者的联想范围或灵感；二是故意用相矛盾、相冲突的概念、判断来打破人们对逻辑语言的习惯执着，因此禅宗那里常常出现故意违背常情的言论；三是用一些朦胧含糊、简练至极的话头和机锋来引发他人的悟性，使人产生联想，禅宗千七百公案便是这种话头与公案的记载。

4.活参

对于上述那些玄而又玄的表达方式，禅僧在理解的思维过程中往往采用"活参"法。所谓"活"，首先是指理解的随意性比较强。禅宗玄妙含混、简练含蓄的表达方式给理解时的联想以很大的空间，尽可以巧妙地或生硬地、直接地或间接地往禅理上靠拢。其次是指"活处观理"。禅宗参悟禅理不像早期佛教那样完全依靠内心的沉思，而是仿照了中国传统的"近取诸身"的即物体验方式。如《中庸》所说："道也者，不可须臾离也，可离非道也。"因此他们有一种"内向反思"的思维方法，即把一切都往伦理上思考，天地山河、鸟兽草木，都被他们联系到了伦理；老子和庄子则念念不忘的是万事万物中蕴藏的

"道"，天地山河，鸟兽草木，都可体验"道"的奥秘。禅宗更是发挥了"郁郁黄花，无非般若"的思想，在山河大地、日月星辰、花草鸟兽甚至日常琐事中都能体验禅理，因此，禅宗比早期佛教的思想方式更加活泛、生动和易于接受。

葛兆光教授最后总结道："从直觉体验、瞬间顿悟、玄妙的表达到活参领悟，构成了禅宗独特的完整的思维方式，它与印度佛教单纯的沉思不同，它沟通了内心与外界的一种通道，无论是在体验外物还是领悟禅理上，它都要生动活泼得多。它与中国传统思维方式有接近之处，作为一种内封闭的，以直觉观照与内向验心的往复推衍为特征的思维方式，它与传统的内封闭的'直观外推'与'内向反思'往复推衍的思维方式有着一定的联系，但它的核心不是'伦理'而是'内心的解脱'，它对客观事物的考察方式是直觉观察而不是客观观察，它的联想是非理性的跳跃式而不是逻辑式，它更突出了神秘主义的悟性，所以它又与中国传统的儒家思维方式距离较远而与老庄的思维方式距离较近。"[2]

禅宗对中国古代文化影响很大。禅宗在唐代确立之后，就在诗人间产生了广泛的影响。他们不但参禅、谈禅，而且经常在诗中表现了禅理和禅趣，即所谓"以禅入诗"，也就是把禅意引入诗中，或写花鸟，或绘山水，或吟闲适，或咏渔钓，字面上并没有直接谈禅，但在笔墨之中、笔墨之外却寓有禅意。如王维的《鹿柴》、柳宗元的《江雪》、张志和的《渔歌子》等诗中含有禅意，构成一种清静虚空的意境。而诗僧皎然更是将诗、禅、茶结合在一起。其著名茶诗《饮茶歌诮崔石使君》可算是禅、茶结合的典型，诗中描写饮茶的三个层次不同感受："一饮涤昏寐，情来朗爽满天地。"即饮后头脑清醒，睡意顿消，觉得天地明朗开阔，心境空灵清爽。"再饮清我神，忽如飞雨洒轻尘。"即心境就像雨水把天空中的灰尘都扫除了那样清爽。禅宗认为心神清静就能通佛之心，饮茶清神与坐禅静虑是相通的。"三饮便得道，何须苦心破烦恼。"饮茶的最高层次如同坐禅，最后就能顿悟人生的真谛，用不着苦心刻意去追求。苦心追求便不是佛心。所谓得道就是看破人间事物的本质。在茶中可得到精神寄托，将人间的功名利禄看得淡些，让自己的心胸开阔旷达些，就是一种"悟"，因此茶中有道，饮茶也可得道。皎然在此诗中还提到"此物清高世莫知""笑向陶潜篱下时"，肯定的也是这种境界。诗中最后写道："孰知茶道全尔真，唯有丹丘得如此。"这是文献中最早提到"茶道"记载。"茶道"最早出现在禅僧的诗中，亦可见茶与禅的关系是何等密切。

禅宗还对中国知识分子的人生哲学和生活情趣产生深刻影响，主要表现在追求自我精神解脱为核心的适意人生哲学与自然淡泊、清净高雅的生活情趣。诚如葛兆光教授所说："中国士大夫追求的是内心宁静、清净恬淡、超尘脱俗的生活，这种以追求自我精神解脱为核心的适意人生哲学使中国士大夫的审美情趣趋向于清、幽、寒、静。自然适意、不加修饰、浑然天成、平淡幽远的闲适之情，乃是士大夫追求的最高艺术境界。无论在唐、宋人的诗、词中，还是元、明、清的绘画中，我们都可以领略到，在暮色如烟、翠竹似墨的幽境中，士大夫面对着这静谧的自然、空寂的宇宙抒发着内心淡淡的情思，又在对宇宙、自然的静静观照中，领略到人生的哲理，把它消化到心灵深处。这种由个人内心与外界单线条的往复流通，乃是士大夫与宇宙、自然之间感情的融合和心灵的对话。""有人把这种包含了自然、恬淡的感情与静谧、空灵的物象的艺术境界叫作'禅气'、'禅思'。"[2]

于是，当这些知识分子介入茶事之后，发现以静、雅、和为主要特性的饮茶活动与他们的人生哲学和审美情趣是相合拍的，也与禅宗所追求的心灵虚明澄静的喜悦和解脱、物我两忘的极终境界相一致的。作为日常生活中的饮茶就被赋予浓郁的哲理色彩，升华为一种追求精神道德的理想载体。因而茶与禅也就结下不解之缘。

《禅茶》所要体现的正是这样一个主题，就是在取材于佛门茶事的茶艺中体现与茶道精神相通的禅学思想，在演示中自然地呈现出禅意、禅思和禅气。正如作家侯军先生所说的："茶与禅通，通在神合。"他解释说：禅与茶在其所追求的境界上，有着相近之处。禅宗素来倡导"虚融淡泊"，而茶的最高境界同样可以用这一说法来概括。"当你手捧茶杯，欣赏着一片片翩然下坠的茶芽，品味着集香甜涩苦诸多味道于一身的茶汁，体验着那只可意会、不可言传的禅境时，你是不是也能感受到一种'虚融淡泊'的心情呢？那或许就是'禅茶一味'的真谛吧？"[3] 这禅茶神合的禅境需要用心去"顿悟"，有时是只可意会不能言传，初学者一时尚难以捉摸。但是禅茶之神韵的外在表现就是"静"。正如唐诗所说的："煎茶留静者"，"禅心夜更闲。"它是禅茶神合的特征之一，是比较容易把握的。特别是《禅茶》的表演者一般都是年轻人，她们的人生阅历很浅，要她们一下子理解禅宗所追求的"内心的解脱"和"天人合一""物我两忘"等境界是比较困难的，因此可以先从"静"入手，渐渐找到感觉。比如，在表演之前要让自己的心入静，未出场就得全神贯注，心无旁骛，目不斜视，动作要寓动于静，不要夸大张扬，以庄重、文静、张弛有序的形体动作，超然物外、虚明澄静的神情，将观众带入禅的意境之中。只要我们在表演实践中慢慢体会和加深对禅学思想的理解，就会逐渐提高自己的表演水平。

在这方面，南昌女子职业学校的茶艺队是比较成功的。1999年夏天，她们曾经应邀到广东南海观音寺表演《禅茶》，观众都是来烧香拜佛的善男信女和一些观光游客。在表演的半途，头顶天空突然出现圆形彩虹，主持人兴之所至，说这是《禅茶》的表演感动了观音菩萨，所以天上出现了佛光。不料周围的观众信以为真，纷纷下跪膜拜，引起一阵轰动。但是，三位表演者居然纹丝不动，连眼皮都不抬一下，仍然一丝不苟地继续表演，直至结束退场之后才张眼观看天上奇景。让在场的广东各媒体记者赞叹不已："这样投入地演出，才真叫入静！"2001年，她们又应邀前往广西横县参加全国茶艺大赛，决赛中，在表演洗杯动作时，因后台准备的开水温度太高，将主泡揭国玮的四个手指都烫伤，但她为了保证演出效果，连眉都不皱一下，坚持将表演完成。结果四个手指都烫起了泡，而当场观众竟然没有发觉。最后，《禅茶》表演获得了银奖第一名。

我想，如果我们都是用这样的精神和态度来进行《禅茶》表演和从事禅茶的编创工作，当然会取得成功的。愿我们大家共同努力，将中华茶艺这朵奇葩浇灌培育得更加艳丽夺目！

参考文献

[1] 吴立民. 中国的茶禅文化与中国佛教的茶道 [J]. 农业考古, 2001(2): 248-252.

[2] 葛兆光. 禅宗与中国文化 [M]. 上海: 上海人民出版社, 1986.

[3] 侯军. 侯军茶话(三则) [J]. 农业考古, 1998(4): 54-55.

（文章原载《农业考古》2001年第4期）

论中国茶道的形成历史及其主要特征与
儒、释、道的关系

我国古代的茶艺从唐宋发展到明清，已经达到非常成熟的程度。茶人们在品茗过程中除了对色、香、味、形等感官上的享受之外，还上升到心灵的感受，发展为一种精神境界上的追求，这是一种诗意的境界，也是一种审美要求的满足。与此同时，还伴生着一种哲理上的追求，即在操作茶艺过程中所体现的精神境界和道德风尚，经常是和人生处世哲学结合起来而具有一种教化功能。这就是所谓的品茶之道，简称为茶道。

茶道可以说就是茶艺的哲学，在其漫长的发展过程中，自然会受到儒释道等诸多哲学思想的影响和渗透，同时也会受到各个时代的主导思想和民众观念的影响，不可避免地会打上时代的烙印。

然而，中国茶道真正形成于何时？其主要特征是什么？它与儒、释、道三家哲学思想有何关系？除此三家之外，还与何种思想观念发生过关系？这些都是在探讨中国茶道时无法回避的问题。本文是企图以历史的视角对上述几个问题进行探索，供茶文化界朋友们参考。不当之处，欢迎商榷、指正。

一、中国茶道的形成历史

汉代以前的文献资料，凡提到茶叶时，多数是强调其药理和营养功能，从未见涉及精神领域。虽然陆羽《茶经·七之事》中引用了《晏子春秋》的材料："婴相齐景公时，食脱粟之饭，炙三弋五卵茗菜而已。"意思是说：晏婴担任齐景公的国相时，吃的糙粟米饭，下饭的菜肴只有烤食弋射得来的鸟肉和采集的鸟卵以及用茶烹煮的菜，表示晏婴生活的俭朴。如是，则春秋时期，就有以食茶菜表示俭朴的意思。但是，现在所存的《晏子春秋》版本，"茗菜"都作"苔菜"，所以有的学者认为与茶叶无关。[1] 即使晏子吃的真是茗菜，也只是一种食物而已，不是饮料，与品茶之道无关。

直到晋代以后，茶叶已经成为人们日常的饮料，人们在饮用过程中开始赋予茶叶超出物质意义以外的品性：

《荈赋》："调神和内。"

《晋书·桓温列传》："温性俭，每宴惟下七奠，拌茶果而已。"

《晋中兴书》："陆纳为吴兴太守时，卫将军谢安尝欲诣纳。纳兄子俶怪纳无所备，不敢问之。乃私蓄十数人馔。安既至，纳所设唯茶果而已。俶遂陈盛馔，珍羞毕具。及安去，纳杖俶四十。云：'汝既不能光益叔父，奈何秽吾素业。'"

《南齐书·武帝本纪》：永明十一年前七月"我灵上慎勿以牲为祭，唯设饼、茶饮、干饭、酒脯而已。天下贵贱，咸同此制。"

上述四则史料中，有三则属于晋代，一则为南朝，时间约为一个世纪。《荈赋》指出饮茶可以调节精神、和谐内心，首次从精神层面上来阐释饮茶的功能。后三则共同表示茶叶在当时是种普通的饮料，价格便宜，饮用茶叶是种俭朴的行为，因而以茶示俭。至南齐时，已是"天下贵贱，咸同此制"，说明已成为社会的共识。

这种共识在唐代当也被接受，因此陆羽才会将之写入《茶经·五之煮》中："茶性俭，不宜广，则其味暗淡。"这里的"俭"还是指茶叶的物理特性，意思是茶叶不能煮得太稀，否则味道就淡了。但是陆羽在《茶经·一之源》却说："茶之为用，味至寒，为饮最宜精行俭德之人。"这里的"俭"则是指人的道德品行。意思是说"精行俭德"品行的人最适合饮茶。也就是说，善于饮茶的人应该具有"精行俭德"的品行。这"精行俭德"四字，可视为陆羽《茶经》所倡导的茶道精神。

对于《茶经》的这段话，由于断句的不同，意思也有很大差别，从而影响到对《茶经》的正确理解。先看整段话的原文："茶之为用，味至寒，为饮最宜精行俭德之人。若热渴凝闷，脑疼目涩，四肢烦，百节不舒，聊四五啜，与醍醐甘露抗衡也。"上述的解释就是按此标点断句来理解的。但是有人却从"为饮最宜"处断句，成了"茶之为用，味至寒，为饮最宜。精行俭德之人，若热渴凝闷，脑疼目涩，四肢烦，百节不舒，聊四五啜，与醍醐甘露抗衡也。"这样一来，"为饮最宜"就是指所有的人，而与人是否有"精行俭德"没有必然关系。也就是说与茶道精神关系不大。若说只有"精行俭德之人"犯了热渴凝闷、脑疼目涩等毛病喝茶就可治好，那么，品行不佳的人犯了同样毛病喝茶就不能解决问题吗？在逻辑上似乎不通。因此，我们取前者的断句，即茶之为用，"为饮最宜精行俭德之人"，后面所说犯了热渴凝闷、脑疼目涩诸毛病者，才是泛指所有的人。

然而，《茶经》中毕竟没有明确提出"茶道"概念，我们从《茶经》所能钩沉出来的也只有上述这点萌芽状态的东西而已。虽然成书于8世纪末的《封氏闻见记》中提到，"有常伯熊者，又因鸿渐之论广润色之，于是茶道大行"。但这里指的是属于技术层面的煮茶之道，并非是现代茶文化学上所说的具有哲理意义的"茶道"。真正提出"茶道"概念的是比陆羽年长的诗僧皎然。在其诗作《饮茶歌诮崔石使君》中首次出现了"茶道"一词。其诗全文为：

越人遗我剡溪茗，采得金芽爨金鼎。
素瓷雪色缥沫香，何似诸仙琼蕊浆。
一饮涤昏寐，情来朗爽满天地。
再饮清我神，忽如飞雨洒轻尘。
三饮便得道，何须苦心破烦恼。
此物清高世莫知，世人饮酒徒自欺。
愁看毕卓瓮间夜，笑向陶潜篱下时。
崔侯啜之意不已，狂歌一曲惊人耳。
孰知茶道全尔真，唯有丹丘得如此。

皎然在诗中将白瓷碗中的茶汤比喻为"诸仙琼蕊浆"，将茶视为清高之物，并讥笑"世人饮酒徒自欺"。即使是对历史上好酒的名士毕卓、陶潜等人也是愁、笑交加。这是他一贯的态度，如他在《九日与陆处士羽饮茶》诗中即说："俗人多泛酒，谁解助茶香。"

其他唐代诗人对此也是持有共识的，他们都把饮茶者视为高雅脱俗之士。如卢仝《走笔谢孟谏议寄新茶》中就说："柴门反关无俗客，纱帽笼头自煎吃。"韦应物《喜园中茶生》："喜随众草长，得与幽人言。"陆龟蒙《奉和袭美茶具十咏·茶人》："天赋识灵草，自然钟野姿。"只有识得茶叶灵性又钟爱野趣者才算得上一个真正的茶人。

将茶视为灵性之物，除了上述皎然、陆龟蒙的诗句之外，也常见于其他唐诗中，如"山实东吴秀，茶称瑞草魁。"（杜牧《题茶山》）"百草让为灵，功先百草成。"（齐己《咏茶十二韵》）"嫩芽香且灵，吾谓草中英。"（郑遨《茶诗》）等。可见，唐代诗人们已经赋予茶叶一种超越自然的灵性，皎然认为"此物清高"，只是对此共识的概括而已。

皎然的《饮茶歌诮崔石使君》在茶文化史上的最大贡献是将品茶过程归纳为三个层次。最高层次便是"三饮便得道，何须苦心破烦恼。"这是真正的品茶悟道，达此境界自然一切烦恼愁苦都烟消云散，心中不留芥蒂。皎然在诗中将这一境界概括为"茶道"，其中含义与现代对"茶道"的界定较为接近，也远比陆羽《茶经》中所谓"为饮最宜精行俭德之人"更为明确、更富哲理色彩。

然而问题是，皎然与陆羽是忘年之交的诗友兼茶友，过从甚密，他又比陆羽年长很多岁，其关于茶道的见识陆羽定然了解。但为何《茶经》及其他诗文中都不见有关"茶道"的记述。显然，陆羽没有接受皎然的意见，至少是他们两人对茶事活动的思考角度不同，陆羽偏重于茶艺，皎然侧重于茶道。如《茶经》中对于茶具的实用性和艺术美非常重视，对煮茶过程的技艺和程式美也要求得很具体，但没有从"形而上"角度来考虑茶道问题。皎然的诗歌中，对煮茶过程只是一笔带过，却花更多的笔墨来描述品茶之道的不同层次，并在中国历史上首先提出"茶道"的概念。这可能与他们的身份不同有关。

陆羽是位诗人、文学家，他往往从艺术角度来观照茶事活动，因此《茶经》的文学色彩很浓，仅以《茶经·五之煮》关于茶汤"沫饽"的描写为例：

> 沫饽，汤之华也。华之薄者曰沫，厚者曰饽，细轻者曰花。如枣花漂漂然于环池之上，又如回潭曲渚青萍之始生，又如晴天爽朗有浮云鳞然。其沫者，若绿钱浮于水湄，又如菊英堕于樽俎之中。

陆羽用了一连串的形象比喻来形容茶汤泡沫的美妙形状：像枣花漂于池上，像青萍生于潭渚，像鳞云浮于晴天，像绿钱浮于水湄，像菊花飘落樽俎。真是浮想联翩，充满诗情画意，完全是形象思维的产物。

不妨说，陆羽是以诗人的身份在品茶。而皎然是位诗僧，僧人平常就是以传经布道为业，经常会从教化的角度来观照事物，因此更善于从"形而上"的角度来考虑问题，他会从禅学角度来对待品茶活动，将之提高到哲理的高度。可以说，皎然是以哲者的身份来品茶。因而茶道概念会由他先提出来。陆羽的茶圣地位是不可动摇的，他对中国茶叶及品茗事业的贡献也是比皎然突出。但是，就中国茶道概念的形成历史而言，应该给皎然以足够的评价。

稍晚于皎然，大约与陆羽生活于同一时代的裴汶在其《茶述》一书的序言中也曾对茶之功效有所论述："茶，起于东晋，盛于今朝。其性精清，其味浩洁，其用涤烦，其功致和。参百品而不混，越众饮而独高。烹之鼎水，和以虎形，人人服之，永永不厌。得之则安，不得则病。"[2] 这里的茶叶"其性精清""其用涤烦""其功致和"等，都是偏重于饮茶的社会功能，与皎然诗中的"再饮""三饮"大体相近，均属于今天所谓"茶道"范畴，只是不如皎然说得那么明晰，那么层次分明罢了。在陆羽身后涉及茶道精神的大概要算卢仝了。他在那首著名的《走笔谢孟谏议寄新茶》诗中，生动地描绘了饮茶的七个层次：

一碗喉吻润，二碗破孤闷。
三碗搜枯肠，唯有文字五千卷。
四碗发轻汗，平生不平事，尽向毛孔散。
五碗肌骨清，六碗通仙灵。
七碗吃不得也，唯觉两腋习习清风生。

　　除了"一碗"说饮茶可使喉咙湿润能够解渴是属于生理上的满足外，其余都是属于心理方面的感受。"二碗""三碗"大体与皎然的"再饮"相当。"四碗"已经破除了烦恼，接近于皎然的"三饮"，五、六、七碗则已经明心悟道，飘飘欲仙了。虽然都是一些具有夸张色彩的艺术语言，然而与皎然的诗有异曲同工之妙，将唐代的品茶之道升华到一个更高层次，丰富、深化了茶道的内涵。

　　能够从理性的角度对唐代茶道精神进行概括的是晚唐时期的刘贞亮。他在《茶十德》一文中，将茶叶的功效概括为十项：

以茶散闷气，以茶驱腥气，以茶养生气，以茶除病气，以茶利礼仁，以茶表敬意，以茶尝滋味，以茶养身体，以茶可雅志，以茶可行道。

　　其中"利礼仁""表敬意""可雅志""可行道"等就是属于茶道精神范畴，这里所说的"可行"之"道"，是指道德教化的意思。他认为饮茶的功德之一就是可以有助于社会道德风尚的培育，这是以明确的理性语言将茶道功能提升到最高层次，可视为唐代茶道精神的最高概括。刘贞亮是位宦官，常在皇帝左右侍候，对朝廷的政治事务较为熟悉，往往容易从社会需要的角度来考虑问题，他所归纳的茶之十项功德，其中"利礼仁""表敬意""可雅志""可行道"诸项，都是符合儒家思想的要求，有利于社会秩序的稳定，也是符合唐代统治阶级普及饮茶的政治目的，因此，我们也不妨说刘贞亮是以政治家的眼光来看待品茶的。

　　宋代前后修撰了很多茶书，却只有宋徽宗的《大观茶论》涉及茶道精神。《大观茶论》谈到茶之功效时说："祛襟涤滞，致清导和，则非庸人孺子可得而知矣。冲淡闲洁，韵高致静，则非遑遽之时可得而好尚矣。""致清导和""韵高致静"是对中国茶道基本精神的高度概括，如果按现代学者对中国茶道往往喜用四个字来表达的模式，那么不妨说宋徽宗的茶道观就是"清、和、韵、静"四个字，应该说是揭示出中国茶道的本质特征，与现代学者的茶道观相比，也不见得逊色多少。显然，宋徽宗是接受了唐代裴汶《茶述》"其性精清，其味浩洁，其用涤烦，其功致和"的观点，但他加以发展，更为准确、全面，也更为深刻，达到超越前人的地步。《大观茶论》对宋代的点茶法有极为详细、生动、精当的记述，深得后人的称赞，它在中国茶艺史上的贡献历来得到肯定。但是我们认为，他在中国茶道精神方面的贡献，也应该给予足够的评价。

遗憾的是，在宋徽宗之后，中国的茶道观念没有得到继承和发展，没有一部茶书谈到茶道问题。个中缘由，颇堪玩味。

首先是宋徽宗本人对茶道的观念并非自觉的，他只是提到饮茶会有这些社会功能，但他并没有接受皎然的"茶道"概念，因而在其书中没有出现"茶道"这个名词。否则，圣口一开，上行下效，臣民自然要跟着学舌，"茶道"一词就会在社会上流行开来。说宋徽宗不是自觉，是他在书中同时又说："缙绅之士，韦布之流，沐浴膏泽，熏托德化，咸以雅尚相推，从事茗饮。"依宋徽宗之见，当时之所以茶事兴盛，是因为缙绅、韦布之流的饮茶者"沐浴膏泽，熏托德化"的结果，即人们是先受到社会的道德教化然后才以茗饮为雅尚，而不是茶道在起"德化"作用。也许正是这种观念使他不会接受"茶道"概念。

其次，《大观茶论》中又说："且物之兴废，固自有然，亦系乎时之于污隆。时或遑遽，人怀劳悴，则向所谓常须而日用，犹且汲汲营求，惟恐不获，饮茶何暇议哉！"意思是，如果社会动荡之际，人们惶恐不安，搜罗日用食品犹恐不及，哪有闲暇顾到饮茶之事呢！不幸的是宋徽宗时期，民族矛盾、阶级矛盾交织在一起，非常尖锐，最后连宋徽宗父子都为金人所俘虏。在这样内忧外患动乱不安的年代里，人们可能"瀹茗浇穷愁"，以饮茶来解脱自己，但不大可能去追求什么"致清导和""韵高致静"的社会效应。在民族危机严重，处于生死存亡的关头，区区品茶之道实在无足轻重，起不了什么救苦救难的作用。

最后，宋代虽是饮茶之风鼎盛的时代，但当时重在贡茶制作的精致和斗茶技艺的高低，并不在于茶道精神的阐释。尤其是宋代一些茶书的作者，多为地方官吏出身，他们的主要任务就是为朝廷督造贡茶，如何及时制造出高质量的团饼茶是他们首先要考虑的问题，因此他们对茶叶的采、拣、蒸、榨、研、造、形等技术问题特别注意。而贡茶质量之好坏又须靠斗茶技艺来鉴别，故烹点之法就备受重视。不过，斗茶斗的是点茶技艺的高低，并无道德方面要求。如丁谓就是在任福建漕使，督造贡茶之后，才撰写《北苑茶录》，其内容是"独论采造之本，至于烹试，曾未有闻。"于是在他之后的蔡襄，也在任福建转运使督造小龙团时，撰写了《茶录》，专论烹试技艺和茶具，以弥补其谓之不足。其他如黄儒的《品茶要录》，主要论述茶叶品质的优劣及其成因。宋子安的《东溪试茶录》，主要记述建安产茶概况、产地、品种、采制、品质及劣质茶的成因。熊蕃的《宣和北苑贡茶录》，专述北苑贡茶历史、贡茶发展概略及各色贡茶的模板图形。赵汝砺任福建转运使主管帐司时，撰有《北苑别录》，详述北苑御茶园的采摘、拣茶、蒸茶、榨茶、研茶、造茶、过黄等制茶过程及贡茶的等级等。这些茶书实际上具有工作总结和汇报的性质（如蔡襄《茶录》就是专门进呈给皇帝阅览的），因而这些官僚出身的作者们不可能会从哲理的高度去论述茶道问题。如按现在学科的分类标准，以上这些茶书均可归入茶叶科学的范畴，而不能算是茶文化学的著作。

这些，也许就是宋代茶书不谈茶道的原因。

但是，在民间的广大茶人中间，特别是在文人中间，于热衷斗试的同时，并没有只停留在感官享受的层次，他们仍有更高层次的追求。如宋代茶诗中，就有许多茶诗描写品茶时那种超越色香味直觉的美妙感受，如"烦醒涤尽冲襟爽，暂适萧然物外情。""夜啜晓吟俱绝品，心源何处著尘埃。""悠然淡忘归，于兹得解脱。"等，都已涉及茶道的范畴。问题是这些仅是诗人们个人的直觉感受，是分散的、自发的形象思维，并没有被当时的茶学家们所重视和接纳，将之上升到逻辑思维，归纳进茶道范畴，因而其影响自然微弱、短暂。

在众多的不谈茶道的宋代茶书影响下，以后的茶书都不谈茶道问题，明清时期茶道在日本已蔚为大观，然而中国茶书中仍不见"茶道"一词的踪迹。唯有一次例外，就是明代张源的《茶录》。但是他只是说："茶道，造时精，藏时燥，泡时洁。精、燥、洁，茶道尽矣。"这里的"茶道"仅仅是制造、贮藏、沏泡茶叶等技术要求而已，并无品茗悟道等精神层面的内涵，与现在我们所要讨论的"茶道"概念无关。可见中国历史上的茶人确实是不大喜欢谈论茶道。

试观我国的古代茶学史，出现了众多的茶书，其书名有《茶经》《茶述》《茶谱》《茶录》《茶论》《茶说》《茶考》《茶话》《茶疏》《茶解》《茶董》《茶集》《茶乘》《茶谭》《茶笺》等，就是没有一本叫《茶道》的，也没有一本茶书中有专门谈论"茶道"的章节。反观此时的日本，茶道已经发展得很成熟。至少于公元16世纪后期，日本茶道高僧千利休就已集茶道之大成，制定出茶道的基本精神——茶道四规：和、敬、清、寂。一直沿袭至今，奉为圭臬。两相对照，确实反差很大。茶道的源头确实在中国，"茶道"一词也是最早诞生于中国，然而自唐代以后，中国历史上的茶道观念并不发达，至少在宋元明清时期是如此，这是不争的事实，我们应该有勇气承认这一点。

这是两国历史文化背景不同，茶道在社会政治生活中的地位不同等诸多原因所造成的。其中至少有三个方面值得我们注意：

一是将中国的饮茶方式引入日本的，是一批来中国留学的日本僧人（遣唐僧），他们是在中国的佛教寺院中将佛门茶事学回去的，而且是将它们作为佛门清规的一个组成部分，一直在佛门被严格传承下来。日本历史上的茶道大师都是名声卓著的大德高僧，不但赋予日本茶道以浓郁的佛教色彩，也增强了日本茶道的权威性，特别是自千利休之后，形成了嫡子继承的"家元制度"，使其权威性更为稳固持久。

二是日本僧人来中国留学之时，中国的饮茶方式（如唐代的煮茶和宋代的点茶）已经相当成熟，引入日本之后是作为一种高级文化形态先在皇室贵族之间流传，而且在相当长的时间内一直为统治阶级所专享。因此在日本最先形成的是宫廷贵族茶文化，得到当权的武士阶级的支持。后来才逐渐传播到民间，上行下效，原已成熟定型的饮茶方式和清规戒律，也为民间所全盘接受，形成社会的共识。

三是日本统治阶级对茶道的重视利用，加强了茶道与权力的关系。其中尤以15世纪的足利幕府最为突出。如幕府的第八代将军足利义正，根据亲信能阿弥的推荐，招来称名寺的高僧村田珠光（1423—1502），让他撰写茶汤法则（《心之文》）和其他茶故事，又在东山御所（银阁寺）兴建数栋房子，以推行由珠光所提倡的禅院式茶礼，竭力提倡以饮茶方式来改善人际关系，并且祈祷天下太平。后来的统治者织田信长、丰臣秀吉更把茶与权力的关系进一步具体化了。当时正是日本的战国时代，群雄争霸，混战不休，他们想借助茶道来统一天下。于是信长除了热心于名贵茶具的收藏外，还叫千利休等人出任他的专职茶头，要求他们继续制定和完善茶道的仪式和规则。对于作战有功的武将不再给予土地，而是以珍贵的茶器来进行颁奖。企图以一种统治者的新型文化来扩大自己的势力范围。丰臣秀吉沿袭了信长"准许茶汤御政"的做法，继续让千利休出任自己的茶头，要使茶汤在战乱中发挥作用。丰臣秀吉除了自己喜欢茶道外，还让他的家臣涉足茶道。千利休就有许多武将出身的弟子，如黑田如水就写了《茶汤定书》，记录了学习茶道的要点，并说它是出自千利休的教导，一定要严格遵守。丰臣秀吉自己也经常在重大政治活动前后举行规模盛大的茶会，进一步扩大了茶道的社会影响。显然，作为本身喜爱茶事的统治者，他们都想通过能使人心灵平静的茶道来安慰统一天下的武将，以求达到通过新型的茶汤文化来辅佐和巩固他们的政权。诚如陆留弟先生所说的："千利休时代之所以能迎来日本茶道的兴盛期，除了千利休本人执着于茶事的坚韧不拔的信念，更重要的是权力保护了茶道且大大发扬了茶道精神。"[3]

这种现象在中国不存在。中国的茶文化是在民间的土壤上发育起来，逐步发展，逐步成熟。中国是先有庶民茶文化，后来才被统治阶级所接受，形成宫廷贵族茶文化。民间饮茶风习之盛，已到"无异米盐""远近同俗""难舍斯须""田间之间，嗜好尤甚"（《旧唐书·李珏传》）的程度，这是任何统治者都不可能剥夺的。因此历代都有许多帝王嗜好饮茶但都不会也不可能去干预百姓们的饮茶活动。如南齐武帝萧赜虽然下令以茶为祭，并要求"天下贵贱，咸同此制。"唐代皇帝在清明时节要举行"清明宴"以新到的贡茶款待群臣以示皇恩浩荡。宋代皇帝也常将龙团凤饼分赐文武百官，得到赏赐者受宠若惊"不敢碾试，但家藏以为宝。时有佳客，出而传玩尔。"欧阳修曾获一饼竟至"每一捧玩，清血交零而已。"但这并不妨碍民间茶事的活跃，文人雅士们醉心于茶宴、茶会，佛门禅院里照样茶烟缭绕，大小城镇中茶馆林立、茶旗飘扬。宋徽宗本人醉心于茶艺且有精湛的造诣，又写有《大观茶论》一书，尽管他早已认为茶叶有"致清导和""韵高致静"的特性，但他只是将茗饮的兴盛当作太平盛世的表征，因而乐见"缙绅之士，韦布之流""盛以雅尚相推，从事茗饮。"既不干涉百姓的茶事活动，也没想要赋予它传播社会道德的教化功能。另一位特别好茶的帝王是清代的乾隆，传说他自动退位时老臣劝说："国不可一日无君。"他答曰："君不可一日无茶。"乾隆将茶置于政治之上"不爱江山只爱茶。"传说也许不足为据，但他在诗作中流露的思想感情却是真实的。乾隆四次视察杭州龙井茶区，写了《观采茶作歌》等诗，描写了参观采茶、制茶之后关心茶农的甘苦："防微犹恐开奇巧，采茶辄览民艰晓。""敝衣粝食曾不敷，龙团凤饼真无味。"反映了乾隆的为君爱民的儒家思想。丁文先生曾经指出："封建时代的帝王集团。他们也是知识分子，受过最严格的儒学教育。""一般具有很高的文化素养。"[4]也许正是因为拥有儒家学说这项强大的思想武器，足以承当教化天下的重任，身处江山统一、太平盛世的帝王们更多关心茶叶的经济效益（茶税和贡茶）而不会去考虑赋予茶叶以道德教育的重负。

至于平民百姓，茶叶已成为他们日常生活中的必需品，是开门七件事之一。客来敬茶、以茶表敬意、以茶提神解乏、以茶养生、以茶自娱、以茶赠友、以茶定亲、以茶祭祀等均早已形成风俗习惯，无须教导，无须劝说，人们自然而然会遵守。整日里为生活忙碌奔波的劳苦大众不可能有更高层次的文化追求，不会自觉去追求什么茶道精神。文人雅士们则醉心于品茗技艺的探研，他们都具有诗人的浪漫气质，追求诗意的审美境界，很少人会从社会学和哲学角度去考虑茶道精神问题。中国古代的官吏都是典型的儒家子弟，他们历来遵循儒家的处世原则，"达则兼济天下，穷则独善其身"。仕途得意时忙于政务，自然无暇来过问茗饮琐事，倒霉失意时则隐退山林不问政事，只以茶来排忧解闷，寻求解脱，更不会过问社会道德教化问题。而中国的佛门僧侣向来不干预寺外尘俗世界的事务，他们出来参加茶事活动也都是以文人的身份出现，只不过他们的审美情趣中更多地带有禅味而已。除了个别像皎然这样的大德高僧之外，很少有人会去考虑茶道问题。

由此看来，中国古代社会里产生茶道精神的土壤不够丰厚肥沃，是有其客观历史原因的。因此中国的茶道观念在古代一个很长的历史阶段中不那么发达、成熟也是不难理解的。承认这一点丝毫无损于中国茶文化的博大精深，正如滕军博士在一次国际茶会上发言时所说的："日本茶道重在形式，中国茶道重在品饮"。正因为中国饮茶的重点在于品，所以中国茶艺非常发达，而茶道观念相对来说显得薄弱。

也许正是因为中国的茶文化学者们认识到这个差距，所以在20世纪80年代茶文化热潮于海峡两岸兴起之后，便立即出现前所未有的"百家争鸣"局面，而且是不约而同地套用日本茶道的模式，纷纷用四个字来概括中国茶道精神的内涵。众说纷纭的中国茶道精神阐释虽然一时难以取得共识，没有定论。但较之日本，似乎有急起直追并欲后来居上的架势。这表明中国茶文化界已经意识到必须对中国茶道精神进行界定，才能更好地推动茶文化事业的发展。现代的人们都具有一定水平的理论素养，不满足于事物表面现象的把握，更愿意去窥探事物内部的本质特征。因为没有坚实的理论基础，茶文化就不能形成为一门真正学科，茶文化就缺乏足够的底气，甚至有可能把握不住发展方向。

于是当台湾茶艺事业发展到一定程度时，学者们就出来进行理论探索，不同的学科专家学者都出来阐释中国茶道的基本精神，有的称茶道，有的称茶艺精神，如20世纪80年代的林荆南的"茶道四义"："美、健、性、伦。"吴振铎的"茶艺精神"："清、敬、怡、真。"范增平的"茶艺精神"："和、俭、静、洁。"以及后来周渝的"正、静、清、圆。"等。大陆起步相对较晚，至90年代初期才有专家撰文论述，开始只称为"茶德"，其中影响较大的是庄晚芳的"廉、美、和、敬。"程启坤、姚国坤的"理、敬、清、融。"等。[5]尤为可贵的是早在1983年台湾畅文出版社就出版了黄墩岩先生的《中国茶道》，该书38.6万字，图文并茂，印刷精美，书中专设"中国茶道源流考"一章。这大概算是中国第一部茶道著作。11年后才出现第二部，就是1994年陕西旅游出版社出版的丁文的《中国茶道》，篇幅不大，只有十几万字，正如作者自己所说的：此书的问世"不是靠资料的积累，而主要凭作家的悟性。"大概是作者自觉意犹未尽，故于1999年又出版了一部36万字的《茶乘》，专门论述中国茶道形成的内在机制和儒释道三家思想对中国茶道的深刻影响。也就在1999年，光明日报出版社出版了赖功欧先生的《茶哲睿智：中国茶文化与儒释道》，该书的副题是"中国茶文化与儒释道"，实际上是以哲学家的视角来论述儒释道与中国茶道的关系。本书虽然只有十余万字，却是一本纯学术性的著作。该书的问世，表明中国的哲学界已经介入中国茶文化的理论建设，是件很有意义的事情。2000年，中华工商联合出版社出版了林治先生的《中国茶道》，与前两部同名著作相比，篇幅不算最大，21万余字，是丁文《中国茶道》的一倍，体例、结构层次分明。本书的特色之一就是开门见山，直奔茶道主题。仅从其前面8章的题目如：中国茶道溯源、中国茶道的基本精神、中国茶道与佛教、中国茶道与道家、中国茶道与儒学、中国茶道与养生、中国茶道与美学、中国茶道与品茗艺术等就可看出作者的视野是比较开阔的，尤其是第七章"中国茶道与美学"，是首次从美学的高度来研究中国茶道。作者还在书中将中国茶道精神概括为"和、静、怡、真。"不论书中的观点是否无懈可击，都是一次有益的尝试。

这些主张仅是现代茶人对中国茶道的理解和阐述而已，并不等于古代就有如此丰富、如此完备、如此理想的理论体系。至于这些理解和阐述是否就是准确无误，能否为大家所接受，形成共识，更需要时间和实践的考验。然而无论如何，上述几部著作的出版，则可表明中国学者对中国茶道已具有自觉意识，能从理论的高度来探索、阐释它的深刻内涵和本质特征，不管他们的探索已达到何种深度，他们的阐释是否已经非常准确和全面，都标志着中国茶文化学正在走向成熟，进入一个崭新的历史时期。因此，就中国茶道概念形成史的角度而言，都是具有深远意义和学术价值的。

二、中国茶道的本质特征及其与儒、释、道的关系

作为品茗艺术的主体是人。人们的思想感情、审美情趣，他的人生观、世界观都会自觉或不自觉地在品茗活动中流露出来，尤其是在品茗意境的追求和茶道精神的理解上表现得更为明显。而在茶道观念的形成过程中，历代的文人雅士（即知识分子阶层）起着巨大作用，可以说，如果没有广大文人的参与，将日常的物质消费提升到文化享受的层次，就无所谓茶文化和茶道精神的发生。因此文人阶层的思想观念和中国茶道精神的形成就具有极为密切关系。

中国自西汉废黜百家独尊儒术之后，儒家的哲学思想占据了正统地位，成为知识分子思想体系的核心，以至"儒"字成为知识分子的代称。因此儒家哲学思想对中国茶道自然会有深刻影响。道教和佛教，不但对中国茶叶由食品转变为饮料及饮茶之风的普及起了巨大作用，还因儒释道三家在唐代的合流而对中国知识分子思想观念产生很大影响，从而给中国茶道打上思想烙印。凡是探讨中国茶道者，都要讨论与儒释道三家的关系，只是观察的角度有所不同而已。如丁文先生在《茶乘》[4]中指出：

三教合流的推动者是大唐士子——一个特殊阶层。这批人一般都有儒学的根底，自儒学起步，或一生都是粹然儒者，或自儒入道、或自儒入佛，或杂糅三教。当他们为大唐茶风所濡染而成为雅士茶人后，便将自己的思想灌输到茶事中去，以自己的理念去规范茶事。这样，大唐茶文化便顺理成章地融汇了儒、道、释三教文化，并构成了中国茶道的'形而上'的主体。

赖功欧先生在《茶哲睿智》[6]中认为：

儒释道三家都与中国茶文化有甚深的渊源关系，应该说，没有儒释道，茶无以形成文化。儒释道三家在历史上既曾分别地作用于茶文化，又曾综合地融贯地共同作用于茶文化。""道家的自然境界，儒家的人生境界，佛家的禅悟境界，融汇成中国茶道的基本格调与风貌。……没有儒释道的共同参与，我们今天就无法享受与体味这种文化了。

林治先生在《中国茶道》[7]中也说：

中国茶道作为我国优秀的传统民族文化之一，它必然植根于儒、佛、道三教所提供的思想、文化沃土之中，吸收融会了三教的思想精华，中国茶道才可能茁壮成长并开出艳丽奇葩。""'和'便是儒、佛、道三教共通的哲学思想理念。

实际上，儒家是哲学流派，从来都没有形成宗教；对茶道观念产生深刻影响的是道家的哲学思想而非道教。虽然佛教是真正的宗教，而且佛门的茶事也非常兴盛。但是，对茶道产生深刻影响的还是禅宗的思想。因此称儒释道"三家"比称之为"三教"要更准确些。需要明白的是，在中国古代思想史上，并非三家平分秋色，而是儒家占据主导地位。因此中国茶道精神所呈现的儒家色彩也必然要更为明显。

但是，要讨论中国茶道与儒释道的关系，首先就得弄清中国茶道的内涵。我们也曾经指出，至今为止，对中国茶道的内涵所进行的阐释，并未取得统一结论。前面所介绍的各家之说，如清、寂、廉、美、静、俭、洁、性、和、敬、融、理、伦等，虽然涉及茶道各个层面，但却失之分散，没有重点突出中国茶道的本质特征，仍然使人难以把握。实际上，中国茶道精神的内涵非常丰富多彩，不是简单的几个字就能概括得了的。因此我个人觉得如果只是仿效日本茶道四规的模式，企图只用四个字来概括中国茶道精神的内涵，恐怕在相当长的时期内是难以取得定论的。比如，庄晚芳教授曾经提出"廉、美、和、敬"四字，虽然被很多人引用。但是有人就认为，"廉"是对官吏而言，对人民大众应该提倡"俭"，于是主张"俭、美、和、敬。"又有人认为，现在强调适度消费，片面强调"俭"未必合适，不如提倡"清"，于是主张"清、美、和、敬"。应该说他们说得都有一定的道理，但是只能互相补充，而不能相互排斥。因此我个人是放弃采用四字来概括中国茶道精神的尝试。故本文只是从中国茶道的几个最突出的本质特征，来探讨它们与儒释道三家的关系。

要考察茶道的本质特征，就需要和茶艺结合起来考察。因为茶艺是茶道载体，茶道则是茶艺的灵魂，是指导茶艺实践的最高原则，两者互为表里。我们可以根据茶艺操作过程中所呈现的特点来考察它所体现的茶道精神的本质特征。依我个人之见，有三个特征值得加以注意，那就是和、静、雅。这三者首先来自茶叶的自然属性，然后体现在茶艺的艺术性，最后反映在茶道的哲学性。形象地说：和是茶之魂，静是茶之性，雅是茶之韵。实际上他们既是中国茶艺的主要特点，也是中国茶道的本质特征，因为茶艺茶道本来就是互为表里的，故其特征也必然会表里一致。下面就从这三方面来讨论它们与儒释道的关系。

（一）茶之魂——和

和是中国儒家哲学核心思想，同时又与道家和佛教思想相通，对中国茶道产生深刻的影响。由于儒学在中国文人思想中占据主导地位，故对中国茶道的影响更为深远。

儒家由春秋时期的孔子所创立，经过战国时期孟子、荀子等人的丰富和发展，已形成一门完整的哲学思想体系，至西汉武帝时期，废黜百家，独尊儒术，儒家确立了统治地位，两千多年来成为中国的正统哲学思想，也成了中国古代知识分子人生观的核心，对他们的人格理想的形成产生极为深刻的影响。

"天行健，君子以自强不息。"儒家的人生观是积极的，以"修身齐家治国平天下"作为他们的人生信条和奋斗目标。儒家积极入世的思想使得古代文人非常关注社会秩序的稳定和人际关系的和谐，高度重视人们的道德教化和人格理想的建设。儒家认为人格、道德的建立要从自身做起，然后推己及人去影响社会、改良社会。即先要修身、齐家完善自己，然后才能达到治国平天下的远大目标。因此也使儒家具有较为强烈的功利思想，即使是在日常生活中，也常常要赋予伦理道德的理想色彩。当他们介入茶事活动中，很快就发现茶的特性与儒家学说的主要精神是很接近的，是儒家思想在人们日常生活中的一个理想载体。他们不但自己会陶醉于茶事之乐，而且还要将之发扬光大，推向社会，让更多的人从中得到生活乐趣的同时，也受到儒家教化的熏陶。

裴汶《茶述》指出茶叶"其性精清，其味浩洁，其用涤烦，其功致和。参百品而不混，越众饮而独高。"《大观茶论》也说"至若茶之为物，擅瓯闽之秀气，钟山川之灵禀，祛襟涤滞，致清导和，则非庸人孺子可得而知矣；冲淡简洁，韵高致静。"为大自然所钟爱的茶叶具有中和、恬淡、精清、高雅的品性，深得儒家茶人的欣赏。他们将茶叶视为具有灵性的植物。韦应物在《喜园中茶生》诗中就说："洁性不可污，为饮涤尘烦。此物信灵味，本自出山原。"陆龟蒙称之为"灵草"（《茶人》），杜牧称之为"瑞草魁"（《题茶山》），齐己说它"百草让为灵。"（《咏茶十二韵》），欧阳修称之为"灵芽"（《和梅公仪尝建茶》），王令称之为"灵辩"（《谢张和仲惠宝云茶》）等。儒家茶人在饮茶过程中就会将这具有灵性的茶叶与人们的道德修养联系起来，认为通过整个品茶活动会促进人们的人格修养的完善，因此沏茶品茗的整个过程，就是自我反省、陶冶心志、修炼品性和完善人格的过程。明代朱权在《茶谱》序中就说："予法举白眼而望青天，汲清泉而烹活火，自谓与天语以扩心志之大，符水以副内练之功，得非游心于茶灶，又将有裨于修养之道矣，岂惟情哉？"在茶事活动中注入儒家修身养性、锻铸人格的功利思想，同时也就将儒学一些精髓融入茶道精神之中。

茶叶的中和特性很早就被儒家文人们所注意，并将之与儒家的人格思想联系起来。如北宋文人晁补之在《次韵苏翰林五日扬州石塔寺烹茶》诗中就说："中和似此茗，受水不易节。"比喻苏轼具有中和的品格和气节，如同珍贵的名茶，即使在恶劣的环境中也不会改变自己的节操。中和是儒家的一个极重要的思想，儒家经典著作之一《中庸》第一章解释道："喜怒哀乐之未发，谓之中；发而皆中节，谓之和。中也者，天下之大本也；和也者，天下之达道也。致中和，天地位焉，万物育焉。"意思是心不为各种感情所冲动而偏激，处于自然状态，就是中。感情发泄出来时又能不偏不倚，有理有节，就是和。这是自然界和人类社会的共同规律，能达到这种状态，自然会天地有序，万物欣欣向荣。

中和是儒家中庸思想的核心部分，朱熹《中庸章句》注释："中者，不偏不倚，无过不及之名。庸，平常也。"和也就是指不同事物或对立事物的和谐统一，它涉及世间万物，也涉及生活实践的各个领域。因而扩展极为广泛的文化范畴。其内涵极为丰富，据陈香白先生考察，主要包括了中和、和谐、宽和、和勉、和合（和睦同心、调和、顺利）、和光（才华内蕴，不露锋芒）、和衷（恭敬、和善）、和平、和易、和乐（和睦安乐、协和乐音）、和缓、和谨、和煦、和霁、和售（公平买卖）、和羹（水火相反而成羹，可否相成而为和）、和戎（古代谓汉族与少数民族结盟友好）、交和（两军相对）、和胜（病愈）、和成（饮食适中）等意义。这些思想意识在儒家文人的脑海中是根深蒂固的，当他们在沏泡其性平和的茶叶时，自然会产生联想和共鸣，自觉或不自觉地在茶艺操作中体现出来，也会反映到茶道精神的观念中去。

儒家不但将和的思想贯彻在道德境界中，而且也贯彻到艺术境界之中，并且两者是统一的。但儒家总是将道德摆在第一位的，他们首先要求自己保持高洁的情操，然后在茶事活动中才能体现出高逸的中和美学境界。因此无论是煮茶过程、茶具的使用，还是品饮过程、茶事礼仪的动作要领，都要不失儒家端庄典雅的中和风韵。儒家也就将茶道视为一种修身的过程，陶冶心性的方式，体验天理的途径。[6] 对此，陈香白先生早在1992年就首先指出：中国茶道精神的核心就是"和"。"和"意味着天和、地和、人和。意味着宇宙万事万物的有机统一与和谐，并因此产生实现天人合一之后的和谐之美。"一个'和'字，不但囊括了所有'敬''清''廉''俭''美''乐''静'等意义，而且涉及天时、地利、人和诸层面。请相信：在所有汉字中，再也找不到一个比'和'更能突出'中国茶道'内核、涵盖中国茶道文化精神的字眼了。"[8]

其实，"和"也是道家哲学的重要思想。道家不但在茶叶的药用和饮用方面起了重要的作用，道家思想对中国茶道精神的形成也产生深刻影响，"和"就是其中之一。老子的《道德经》第四十二章就指出："道生一，一生二，二生三，三生万物。万物负阴而抱阳，冲气以为和。"老子的"道"是先于天地而生的宇宙之原，人类之本，由它衍生万物。万物都具有阴阳两个对立而又统一的特性，发展变化后达到和谐稳定的状态。道家认为人与自然界万物都是阴阳两气相和而生，本为一体，其性必然亲和，故"圣人法天顺地，不拘于俗，不诱于人，故贵在守和。"可见，"和"确是道家哲学思想中的一个很重要的范畴。与儒家相比，儒家的"和"更注重人际关系的和睦、和谐与和美，道家则更强调人与自然之间的和谐，要"法天顺地"，将自己融入大自然中去，追求物我两忘、天人合一的和美境界。所以道家在发现茶叶的药用价值的同时，也注意到茶叶的平和特性，具有"致和""导和"的功能，遂将它作为追求天人合一的思想载体和一种易于常人操作掌握的手段，于是道家之道也就与饮茶之道非常和谐地融在一起。同时，道家的"和"与儒家之"和"也因有共通之处而产生互补作用，在儒生的脑海中产生共鸣，而为其吸收消化，故道家的"和"也就融入儒家的"中和"思想范畴，共同丰富了中国茶道核心的思想内涵。

"和"在佛学思想中也占有重要地位。佛学强调在处理人与人之间的关系时，倡导和诚处世的伦理。劝导世人和睦相处，和诚相爱。无相憎恨，无相仇杀。《无量寿经》中佛陀就说："世间人民，父子兄弟，夫妇家室，内外亲属，当相敬爱，无相憎疾，有无相通，无得贪惜，言色常和，莫相违戾。"佛教对中国饮茶风习的普及起了巨大的作用。唐代"开元中，泰山灵岩寺有降魔师，大兴禅教。学禅务于不寐，又不夕食，皆许其饮茶。人自怀挟，到处煮饮。从此转相仿效，遂成风俗。"（《封氏闻见记》卷六）佛门僧侣为了坐禅的需要，利用茶来提神、充饥，形成佛教茶事，成为佛门日常活动中的重要礼仪。在中晚唐的《百丈清规》中，已将点茶列入禅寺的各种重要活动的环节之一。佛门茶事的兴盛，带动了社会上饮茶风气，"转相仿效，遂成风俗。"

佛门饮茶的历史是非常久远的。人们常说："自古高山出好茶"，这是茶叶生长的自然条件。但是"天下名山僧占多"，这是茶叶的人文背景。佛教寺院总是喜欢建在远离尘俗、风光秀丽的名山之中，两者相结合造就了佛教与茶的不解之缘。方志上记载，早在汉代，庐山的僧人就采制茶叶。有确切的文字记载最早是东晋怀信和尚的《释门自镜录》："跣定清淡，祖胸谐谑，居不愁寒暑，食不择甘旨，使唤童仆，要水要茶。"说明至少在晋代，佛门已盛行饮茶。日本有一传说：菩提达摩坐禅时打瞌睡，醒来大为懊悔，撕下眼皮丢在地下，竟变为茶树，因此世间才有茶树。这自然荒诞不稽，但却也反映佛门禅宗很早就与茶有密切关系。僧人们也自然会注意到茶性平和、冲淡，令人清心寡欲，杂念不生，使人清醒，使人冷静等诸多特点，不但有利于他们坐禅入静，而且也与禅宗的哲学思想有相通之处，有助于他们坐禅悟道。所以，佛教对茶道精神的影响主要是禅宗思想的影响。而禅宗是中国士大夫的佛教，浸染中国思想文化最深，它比以前各种佛学流派更多地吸收儒家和道家思想，从而使儒、释、道三家的思想得以通融。佛教理论家宗密就主张儒、释、道应该互相补充、互相融合，提出了"三教合一"的主张。所以对于儒、道两家的天人关系，佛学也有相关的论述，提出"物我同根"的思想，物我既然同根，自然和谐相处，融为一体，处于"中和"状态。僧肇大师提出"天地与我同根，万物与我一体"的思想，也是与道家的"天人合一"互相包容。天人合一是中国哲学思想的主题，成为整合儒、释、道三家思想的根本因素。古代思想家把研究天人之际问题看作是最高学问和智慧，并由此形成中国传统哲学独特的思维方式，也是儒、释、道三家共有的思维方式，即综合性的思维方式。这正反映了中国传统文化的基本思维特征，因而对中国茶文化产生了极为深刻的影响，自然也就对中国茶道核心思想的形成打下深刻的烙印。[6]

（二）茶之性——静

茶树生长在山野之中，禀山川之灵气，得天地之精华，具有独特的禀性，被人们视为"草木之灵者"，而备受钟爱。身为灌木，默默生长在山野丘陵，寒冬不凋，四季常青，无论是艳阳高照，还是云遮雾罩，绿色的叶片总闪耀着光亮。既不似苍松迎风而掀怒涛，也不像翠竹临空摇曳而引人注目，天然地赋有谦谦君子之风，为装点锦绣山川，为造福人类而默默奉献终身。客观的自然条件决定了茶性微寒，味醇而不烈，使人提神醒脑而不过度兴奋以至迷惘、狂躁。早在唐代，裴汶在《茶述》中就指出茶叶："其性精清，其味淡洁，其用涤烦，其功致和"。韦应物在《喜园中茶生》诗中也说："洁性不可污，为饮涤尘烦。此物信灵味，本自出山源。"出自山源的茶叶，天然具备精清、淡洁、雅静的品性，微寒、味醇的自然特性，与一般烈性饮料大不相同，饮后会使人更为安静、宁静、冷静、文静、娴静、雅静、寂静、肃静。因而它对人类文明进程所发挥的作用，曾被誉为"智慧的静穆"。饮茶的这种效应，也体现在茶艺操作的过程中，使得茶艺也具有同样的功能。这一现象自然也会引起儒、释、道三家茶人的注意和重视，因为与它们的学说思想有共通之处。

儒家是以静为本，致良知，止于至善。是以虚静之态作为人与自然万物沟通智慧的渠道。如北宋文学家欧阳修的审美观曾主张"闲和、严静、趣远"的高逸境界。这里的"静"是与"和"结合在一起，属于儒家的"静"。北宋理学家程颢的《秋日》诗中也写道："万物静观皆自得，四时佳兴与人同。"这是典型儒家观察事物的态度和方法，以静观之态与四时万物（包括众人）沟通。因此宋徽宗就发现茶叶具有这个难得的特性。他在《大观茶论》中就指出"茶之为物"其品性和功效之一就是"冲淡简洁，韵高致静"即冲淡简洁的茶性和高雅的韵味会将人最终导入"静"的境界。儒家的艺术观也就由此而导入茶道精神中去。

对于道家来说，"静"更是他们的重要范畴。道家把"静"看成是人与生俱来的本质特征。静虚则明，明则通。"无欲故静"，人无欲，则心虚自明，所以道家讲究去杂欲而得内在之精微。《老子》云："致虚极，守静笃，万物并作，吾以观其复。夫物芸芸，各复归于其根。归根曰静，是谓复命。"《庄子》也说："水静犹明，而况精神！圣人之心静乎！天地之鉴也，万物之镜也。"庄子认为，致虚、守静达到极点，即可观察到世间万物成长之后，各自复归其根底。复归其根底则曰静，静即生命之复原。水静能映照万物，精神进入虚静的状态，就能洞察一切。圣人之心如果达到这种境界，就可以像明镜一样反映世间万物的真实面目。《庄子》又说："言以虚静推于天地，通于万物，此之谓天乐。"如果人们能够以虚静空灵的心态去沟通天地万物，就可达到物我两忘、天人合一的境地，也就是"天乐"的境界。因此道家特别重视"入静"，将"入静"视为一种功夫，也是一种修养，只有素朴虚心，静养人生，提升悟性，才能更好地享受大自然的赐予，达到"无我"的境界。道家在养生修炼过程中已经非常熟悉茶叶的药用性能，当然也会发现茶叶的自然属性中的"静"，与他们学说中的"虚静"是相通的。他们自然也会将道家的思想追求自觉和不自觉地融入茶事活动中去。正如赖功欧先生所指出的，在进一步品饮过程中，"人们一旦发现它的'性之所近'——近于人性中静、清、虚、淡的一面时，也就决定了茶的自然本性与人文精神的结合，成为一种实然形态。也就是说，决定了一种文化——一种新的文化形态的出现。"所以道家对中国品饮的艺术境界影响尤为深刻。"茶人需要的正是这种虚静醇和的境界，因为艺术的鉴赏不能杂以利欲之念，一切都要极其自然而真挚。因而必须先行'入静'，洁净身心，纯而不杂，如此才能与天地万物'合一'，亦即畅达对象之中，不仅'品'出茶之滋味，而且'品'出茶的精神，达到形神相融的情态。"[6] 由此可见，中国茶道精神中"静"的形成，与道家学说的关系极为密切。

"静"在佛学思想中具有非常重要的地位。禅字为梵文的音译，其本意译成汉文就是"静虑"，禅宗就是讲究通过静虑的方式来追求顿悟。即以静坐的方式，排除一切杂念，专心致志地冥思苦想，直到某一瞬间顿然领悟到佛法的真谛。佛教将"戒定慧三学"作为修持的基础，戒是戒恶修善，慧是破惑证真，而定就是息缘静虑。高僧净空法师曾经通俗地指出："佛法的修学没有别的，就是恢复我们本有的大智大觉而已。要怎么样才能恢复呢？一定要定，你要把心静下来，要定下来，才能够恢复。"[9]

当年禅宗始祖菩提达摩来中国传播佛学，曾在河南嵩山少林寺面壁静坐九年，成为静虑的典范。和尚们在坐禅时要求进入一种虚静的状态，弘一法师曾经解释道："不为外物所动之谓静，不为外物所实之谓虚。"所以静就是思想不为外物干扰，虚就是心灵不为名利欲望纠缠。但是要做到这一点却是很不容易的。因为唐代和尚坐禅时是"务于不寐，又不夕食"，常人难以支持，只好靠饮茶来充饥提神。而茶性中的"俭"，又能抑制人的欲念，有助于更快地入静。所以禅宗就视茶为最得力的帮手，茶事也就成为佛门的重要活动之一，并被列入佛门清规，形成一整套庄重严肃的茶礼仪式，最后成为禅事活动中不可分割的部分。因而禅宗与茶也就结下不解之缘。至今佛教寺院中的禅堂，饮茶仍是日常的功课之一，称之为禅茶。赖功欧先生曾经指出："茶对禅宗是从去睡、养生，过渡到入静除烦，从而再进入'自悟'的超越境界的。最令人惊奇的是，这三重境界，对禅宗来说，几乎是同时发生的。它悄悄地自然而然地但却是真正地使两个分别独立的东西达到了合一，从而使中国文化传统出现了一项崭新的内容——禅茶一味。"[6] 不过，虽说是"禅茶一味"，但是佛门与茶界是各有侧重的，前者重在禅，后者重在茶。两者相通之处主要在于禅境的追求。僧人坐禅入静，要求摈弃杂念，心无旁骛，目不斜视，进入虚静的状态，在追求领悟佛法真谛的过程中，达到空灵澄静、物我两忘的境界，也被称为禅的意境，或称禅意和禅境。而茶人在品茗中所追求的恰也是这种融道、佛两家于一体的禅境。

唐代诗人钱起《与赵莒茶宴》一诗描写道："竹下忘言对紫茶，全胜羽客醉流霞。尘心洗尽兴难尽，一树蝉声片影斜。"茶人在竹下品饮紫茶，已经达到俗念全消的忘言状态，心中的尘垢都被洗净，进入空灵虚静的境界，但是品茗的兴味没有穷尽，令人全身心地沉醉在品茗艺术的审美意境中，全然忘却周围的一切，只有树影中传来蝉声更反衬出竹林的幽静。可见，茶人们的追求与禅宗的审美意境是息息相通、心心相印的。所以我们说，"禅茶一味"主要是在追求禅境上的一味。实际上，禅与茶是相得益彰的，禅借茶以入静悟道，茶因禅而提高美学意境。我曾在一首小诗中说过："有茶禅心凉，无禅茶不香。"说的就是这个意思。

"静"为茶道精神的重要特征之一，已为许多学者所认识，在对茶道精神的概括中常常包括"静"在内。如台湾中华茶艺协会第二届大会通过的茶艺基本精神是：清、敬、怡、真。吴振铎先生在解释时就指出："清"是指"清洁""清廉""清静""清寂"（实际上日本的茶道"和、敬、清、寂"中的"寂"也包含有寂静的意思）。范增平先生在1985年就指出中国"茶艺的根本精神，乃在于和、俭、静、洁。"周渝先生在1990年前后提出中国茶道的根本精神为"正、静、深、远"，到1995年又改为"正、静、清、圆"。林治先生在他最近出版的《中国茶道》书中也提出"和、静、怡、真"四字作为中国茶道的四谛。可见有很多学者都注意到中国茶道中"静"这一重要特性。其实，在茶艺操作过程中，静是比较直观而又较容易领会的。周渝先生曾有过很通俗的解说：静不是死板，静是活的，要由动来达到静，是每个人都能够达到的。"有些人心里很烦，你要他去面壁，去思考，那更烦，更可怕。可是如果你专心把茶泡好，你自然就进去了，就'静'了。所以动中有静，静中有动，这是一个很简单的入静法门，又是很快乐的。"[10] 因此，初学者不妨由此入手，在品茗实践过程中逐渐把握茶艺的特性，进而领悟茶道的真谛，最终直捣茶道的核心！

（三）茶之韵——雅

雅是中国茶艺的主要特征之一。它是在"和""静"基础上形成的一种气质，或者说体现的一种神韵。如江西婺源茶艺——《文士茶》，讲究的就是"三清""三雅"。"三清"是指汤清、气清、心清。"三雅"是指境雅、器雅、人雅，也就是品茗的环境要幽雅，泡茶的器具要高雅，品茗的人士要儒雅。[11] 又如福建安溪"工夫茶"所追求的精神理念是"纯、雅、礼、和"。李波韵先生在解释"雅"时说："茶艺之韵——雅。沏茶之细致，动作之优美，茶局之典雅，展茶艺之神韵。"[12] 其实，各地的茶艺大多体现这一特色。像湖南医科大学茶艺队所编创表演的《清明雅韵》，表现的是一群明清时期的大家闺秀在一边弹琴吹箫一边品饮香茗，非常文静典雅。用"雅韵"作为标题，可见编创者也是认为中国茶艺的神韵就是雅。

显然，茶艺之"雅"与儒家学说所讲究的"雅"是有共通之处的。因而儒家将茗饮称之为"雅尚"。宋徽宗在《大观茶论》中就说过："荐绅之士，韦布之流，沐浴膏泽，熏托德化，咸以雅尚相推从事茗饮。"雅是儒家文化中的一个重要概念。儒家的许多著作经常喜欢取名为雅。雅的本意包括高尚、文明、美好、规范、正确等内容，与雅组合在一起的词语如高雅、儒雅、文雅、风雅、优雅、闲雅、幽雅、清雅、淡雅、古雅以及雅驯、雅量、雅致、雅洁、雅尚、雅鉴、雅嘱、雅志、雅言……，全都是褒义词。雅的对立面就是"俗"。与"俗"组合的词语多半是贬义的，如俗气、粗俗、恶俗、陋俗、卑俗、鄙俗、俗不可耐……儒家最忌俗。"俗人多泛酒，谁解助茶香？"（皎然《九日与陆处士羽饮茶》）在儒家看来，只有雅士才懂得品茶，欣赏茶的芬芳。《荀子》对"俗人"的定义是："不学问，无正义，以富利为隆，是俗人者也。"即不学无术、不讲正义、唯利是图者就是俗人。即使是读过书有文化的儒者，如果品格低下，心术不正，胸无大志，《荀子·儒效》称之为"俗儒"。一沾"俗"字，就不能成为茶人。明代屠隆《考槃馀事》卷三"茶笺"曾说："使佳茗而饮非其人，犹汲泉以灌蒿莱，罪莫大焉。有其人而未识其趣，一吸而尽，不暇辨味，俗莫大焉。"因此，在儒家看来，俗人是不懂得品饮之道的，只有脱俗的雅士才能成为茶人。或者反过来说，茗饮的实践（即茶艺）可以使人脱俗，文雅，高尚。因而儒家就特别重视饮茶之道。虽然道家、佛家也讲雅，如道家的清、佛家的静，其呈现的风韵都与雅密切相连，但都不如儒家的执着和深刻。这是因为儒家不仅是将"雅"作为个人修身养性的目标，而且更重视将"雅"普及于社会群体，以提升大众的道德修养，其重要的手段之一就是茗饮之道。最典型的就是唐末刘贞亮《茶十德》中所指出的："以茶可雅志"。哲学家赖功欧先生对刘贞亮的"雅志"说给以很高的评价："'以茶可雅志'乃古今绝妙之提法，非通儒无以出此命题，非高道无以出此概念。'雅'与'志'一联结，生发出许多极有意义的思想，这无疑首先是因为它与儒家的人格思想发生了最为直接的联系。"[6]

"志"在儒家经典中是指人格精神趋向于一个较恒定的、具有真正价值的目标。同时志又是道的体现，是心之本体。所以孔子提倡"志于道"。"立志"就是意味着"至诚一心，以道自任。"孟子认为不动心就是"持其志""不动心有道"。志作为人道、性理的负载者，既是个体与群体亲和的心灵纽带，又是保持个体相对独立而不同流合污的精神柱石。而从个体的人来看，志又与人的后天修养密切相关，因而就有一个"养志"的问题。孔子提出"隐居以求其志"，孟子称赞过曾子善养志，至宋儒二程开始形成"养志说"，认为天理本存于心，所以主张养。道家的养是通过"心斋""坐忘"，禅宗的养是通过"入定"和"静虑"，而儒家的养则是指自律意志的锻炼，即孟子的"求放心"功夫，也就是着重以至诚之道养其志。人而无志，则类于禽兽，故需大力培育、养护，使人们的品格更加高雅、圣洁，即通过"熏陶德化"来建立儒家的理想人格。儒家发现茶艺的实践和茶道精神的形成正是"雅志"的一种理想途径，以茶之雅来培育人志之雅，使茶性与人性相契合，使茶道与人道相交融。于是由茶性之雅，到茶艺之雅，至茶道之雅，最后造就茶人之雅，这是儒家对中国茶文化的一大贡献。

三、茶道与民众的思想观念

我们探讨了儒、释、道三家对中国茶道的深刻影响，但并不是说茶道纯粹是儒、释、道的产物。实际上饮茶的最大群体是人民大众，他们的思想感情自然会对茶道精神产生影响。只不过民众的教育水平有限，又缺乏文化载体，没有形成完整的思想体系，往往处于直观、简朴、浅显的较低层次，在日常的饮茶活动中，贯注民众的伦理道德和精神追求以及对未来生活的美好愿望。尽管它们与儒、释、道思想相比未处于主导地位，不大被正统的文人们所注意和重视，但仍然是中国茶道的有机组成部分，同样是中华茶文化宝库中的重要财富，应该给以相应的评价。

民众的饮茶之道的思想内涵更多地反映在民俗之中，即在平时的生产、生活、衣食住行、婚丧嫁娶、人生礼俗、人际交往之中，都以茶来寄托或表达一定的思想感情，并形成相对稳定的程式，历代传承，相沿习习，也就是茶文化学中所谓的茶俗。因此，我们可以从茶俗中窥视民众朴素的文化心理及其与中国茶道的密切关系。摒其大端，主要有下列几个方面：

（一）以茶敬客

宋代无名氏《南窗纪谈》记载："客至则设茶，欲去则设汤，不知起于何时。然上自官府，下至闾里，莫之或废。"实际上，以茶敬客的习俗至少可以追溯至晋代，弘君举的《食檄》中就记载宾客见面后"寒温既毕，应下霜华之茗。三爵而终，应下诸蔗、木瓜、元李、杨梅、五味、橄榄、黑豹、葵羹各一杯。"至唐代更是经常"泛花邀坐客，代饮引清言。"（颜真卿等《五言月夜啜茶联句》）而宋代杜耒的"寒夜客来茶当酒，竹炉汤沸火初红。"几乎是家喻户晓。因此北宋朱彧《萍州可谈》则说："今世俗，客至则啜茶，……此俗遍天下。"可见客来献茶，以茶敬客，自古就是中国人民最普遍的习俗，也是最基本的礼仪。无论是什么地方、什么时候、什么民族、什么对象，总是用滚烫的茶汤来招待客人。几乎所有的泡茶方式都是用来招待客人并因此而日益成熟。典型的如潮汕地区的工夫茶，一般主客共限四人。客人入座，要按辈分或身份地位从主人右侧起分坐两旁。客人落座后，主人便开始操作，从备茶、候汤、温壶、淋杯、置茶、冲点、洗茶、高冲、刮沫、淋壶、洗杯、分茶到敬茶以及与客人共品香茶，态度都十分真诚、谦恭。一壶茶饮过之后，宾主彼此的感情融洽，增进了友谊。少数民族中的茶俗当以白族三道茶最为典型。白族敬客要敬三道茶，头道茶以土罐烘烤的绿茶炮制而成，味道香而苦。二道茶以红糖和牛奶制作的乳扇冲开水，味道甘甜。第三道茶是用蜂蜜泡开水，味道醇甜。故有一苦二甜三回味之说，充分显示了对客人的友好和尊敬。而地处湖南北部的益阳地区另有一种三道茶，一般是只有贵客上门时才有的隆重礼节。贵客临门时女主人敬上一小茶盅煎茶水，意在为客人洗尘。喝完第一道茶后，女主人将客人让进厢房，在桌边坐定，端上第二道茶，茶碗里有三个煮熟的剥壳鸡蛋和几粒干荔枝或桂圆，用红糖水浸泡着。当客人吃完之后，女主人又端上洁白如奶的擂茶，宾主一边喝擂茶，一边聊天。[13] 显而易见，民俗中的以茶敬客与儒家的"以茶表敬意"是相通的，都是茶道中的重要思想内容。

（二）以茶敦亲

在家庭内部，茶也成为尊老爱幼、和睦相亲、长幼有序等礼仪伦序的理想载体。晚辈向长辈敬茶就是敬尊长、明伦序的一个重要内容。过去的大户人家，每天清早儿女们要向父母请安，同时献上一杯新沏的香茶。有时只要端上一杯茶，就表示是请安，而不必说多余的话语。江南地区，新媳妇过门，第三天一早便要向公公、婆婆请安，也是先要献上一杯茶。新妇敬茶，一是表示孝敬公婆，遵守妇道。二是表示今后早睡早起，能够勤俭持家。三是显示心灵手巧，聪明能干。因此，不会泡茶、敬茶者自然会被认为是不明事理的笨媳妇。在江西地区，大户人家喝茶还有身份之别。大茶壶（称为包壶，是用棉花包起来的大锡壶，放在木桶中）是供下人、长工、轿夫们饮用的。藤壶（略小的瓷壶，放在藤制的篮中）是供家里一般人和客人饮用的。一家之主或贵客临门、喜庆节日时饮茶则要用上等盖碗瓷杯沏泡新茶。饮茶中既包含了和睦相亲又显示了长幼有序的等级观念，也有利于大家族日常秩序的稳定。显然，这与儒家"以茶利礼仁"的茶道精神也是相一致的。实际上，宫廷中许多茶礼也具有相同的功能，如唐宋以来的宫廷茶宴，皇帝以新茶招待群臣。

朝廷的春秋大宴，皇帝面前要设茶床。皇帝出巡，所过之地及寺观，皇帝要赐茶和帛等物。唐代在延英殿殿试时皇帝要向考中进士者赐茶："延英引对碧衣郎，江砚宣毫各别床。天子下帘亲考试，宫人手里过茶汤。"（王建《宫词》）宋代礼部贡院试进士，也"设香案于阶前，主司与举人对拜，此唐故事也。所坐设位供张甚盛，有司具茶汤饮浆。"（沈括《梦溪笔谈》）这些茶礼都具有改善和拉近君臣关系的作用，有利于社会秩序安稳等积极效果，与民众的心理和观念也是相合拍的。

（三）以茶睦邻

敬茶也是改善邻里之间关系、促进邻里和睦相处的有效方式。宋代孟元老《东京梦华录》记载，当时首都汴京（今开封）居民热情好客，如有外方人来京居住或是京城人乔迁新居，邻里皆来献茶汤，或者请到家中去吃茶，称为"支茶"，表示友好及今后相互关照。南宋时期的首都杭州，也继承这种良好风尚。《梦粱录》记载："杭城人皆笃高谊，……或有新搬移来居止之人，则邻人争借助事，遗献汤茶。""相望茶水往来。""亦睦邻之道，不可不知。"明代的杭州仍然保持这种优良传统。田汝成《西湖游览志馀》卷二十记载："立夏之日，人家各烹新茶，配以诸色细果，馈送亲戚比邻，谓之'七家茶'。富室竞侈，果皆雕刻，饰以金箔，而香汤名目，若茉莉、林檎、蔷薇、桂蕊、丁檀、苏杏，盛以哥、汝瓷瓯，仅供一啜而已。"至今江苏等地区的风俗，立夏之日要用隔年木炭烹茶以饮，但茶叶要从左邻右舍相互求取，也称之为"七家茶"。因而茶叶成为邻里之间和睦友爱的象征。

（四）以茶赠友

既然茶叶具有上述诸种功能，因而以茶作为礼品赠送亲友，自然成为情谊的象征，尤其每年春天生产的新茶，更是理想的礼品。早在唐代，许多诗人都有描写以茶赠友人的诗篇，如李白的《答族侄僧中孚赠玉泉仙人掌茶》、徐夤《尚书惠蜡面茶》、白居易《萧员外寄新蜀茶》和《谢李六郎中寄新蜀茶》、卢仝《走笔谢孟谏议寄新茶》、薛能《谢刘相公寄天柱茶》、齐己《谢中上人寄茶》、李德裕《故人寄茶》等。宋代梅尧臣《答建州沈屯田寄新茶》、文同《谢人寄蒙顶新茶》、曾巩《寄献新茶》、王令《谢张和仲惠宝云茶》、黄庭坚《双井茶送子瞻》、苏轼《鲁直以诗馈双井茶次韵为谢》等。可见唐宋以来，以茶赠友是普遍现象，尤其在文人之间更是成为雅尚。正如徐夤《尚书惠蜡面茶》中所指出的："分赠恩深知最异。"收到友人远地寄来的新茶，其喜悦的心情有时胜过收到其他珍贵礼品。在这些赠茶、受茶诗中，常被人称诵的有白居易《谢李六郎中寄新蜀茶》："故情周匝向交亲，新茗分张及病身。红纸一封书后信，绿芽十片火前春。汤添勺水煎鱼眼，末下刀圭搅麴尘。不寄他人先寄我，应缘我是别茶人。"李六郎中之所以寄一包新茶"火前春"给白居易，是由于他们的交情很深，也是因为白居易是品茶行家（别茶人）。寄赠新茶，促进他们之间的友情更加亲密。

（五）以茶联谊

共品佳茗又是聚朋会友、增进情谊的理想方式，不管是文人雅士或是民间百姓，都喜欢以这种方式来联络感情、涵养德行。最为典型的当数唐代著名书法家颜真卿在担任湖州刺史所主办的茶会联谊。尤受后人称道的一次是在唐代大历九年（774）三月举行的茶会。

颜真卿应当时长城（今浙江长兴）县丞潘述、县尉裴循之邀，偕同陆士修、张荐、崔万、陆羽、皎然、李萼、裴修、房益等19位名士，在长兴县阁山竹山寺的潘子读书堂聚会品茗，并联句赋诗，即每人吟诗一句或数句，互相连接，成为一首完整的茶诗。这就是茶文化史上有名的陆士修等六人联咏的《五言月夜啜茶联句》。其诗如下：

> 泛花邀坐客，代饮引清言。（陆士修）
> 醒酒宜华席，留僧想独园。（张荐）
> 不须攀月桂，何假树庭萱。（李萼）
> 御史秋风劲，尚书北斗尊。（崔万）
> 流华净肌骨，疏瀹涤心原。（颜真卿）
> 不似春醪醉，何辞绿菽繁。（皎然）
> 素瓷传静夜，芳气清闲轩。（陆士修）

全诗描写了初夏月夜品茗作诗的美妙情景，抒发了诗人们爽快欢悦的感情，使人读来似乎闻到醉人的茶香。另一首有名的描写茶会的诗是白居易的《夜闻贾常州崔湖州茶山境会亭欢宴》：

> 遥闻境会茶山夜，珠翠歌钟俱绕身。
> 盘下中分两州界，灯前各作一家春。
> 青娥递舞应争妙，紫笋齐尝各斗新。
> 自叹花时北窗下，蒲黄酒对病眠人。

诗歌描写在每年顾渚山完成贡茶生产任务之后，山之两边常州和湖州的官吏在顾渚山的境会亭上举行庆祝茶会，会上除了歌舞之外，还要举行"紫笋齐尝各斗新"的品茶斗试活动，这样的茶会虽然带有浓厚的官方色彩，但对两州的官府之间的有关人士也会产生密切关系、增进感情的联谊作用。茶在此间自然成为重要的媒介。

民间的以茶联谊也很普遍，如江苏昆山市周庄镇一带的"阿婆茶"即是一例。这是专门由妇女们参加的茶事活动。阿婆们轮流做东请大家吃茶，坐在庭院的竹椅上，一边做着针线活，一边拉着家常话，一边喝着茶，吃着茶点，浓浓的乡情与弥漫的茶香交融在一起，构成一幅生动的茶俗风情画。吃阿婆茶是周庄妇女们联络感情、增进友谊、消闲遣兴的一种传统社交形式，数百年来一直盛行不衰，是民间以茶联谊的生动例子。

（六）以茶求爱

中国人向来认为茶性最纯洁，将它当作冰清玉洁的爱情象征。古人又以为茶树只能直播，移栽不能成活，用它来表示爱情坚贞不移。还因为茶树多结籽，以之象征多子多福，子孙繁盛。于是在婚俗中广泛应用茶礼，成为人生礼仪的重要内容之一。如汉族人家订婚时，男方要向女家纳彩礼，江南地区称为"下茶礼"，又称"三茶礼"：订婚时"下茶礼"，结婚时"定茶礼"，同房时"合茶礼"。湖南各地婚礼中有献茶之礼：婚仪之后，客人落座，新娘新郎要抬着茶盘，摆几只茶杯，盛满香茶，向长辈行拜见礼。长辈喝了茶，则摸出红包放于茶盘之上。有的地方，新婚夫妇要喝"合枕茶"：新娘入洞房后，新郎要双手端上一杯清茶，请新娘先喝一口，自己再喝一口，才算完成了结婚大礼。浙江湖州一带，女方接受男家聘礼叫"吃茶"和"受茶"，结婚时，谒见长辈要"献茶"，以表示儿女的敬意。长辈送些见面礼，则称为"茶包"。孩满月要剃头，需用茶汤来洗头，称为"茶浴开石"，意为长命富贵，早开智慧。至于少数民族中茶在婚俗中的地位更加突出。宋代陆游在《老学庵笔记》中就记载当时湘西地区少数民族未婚男女相聚踏歌、喝茶定亲的习俗："辰、沅、靖州蛮，男女未嫁娶者，聚而踏歌，歌曰：'小娘子，叶底花，无事出来吃盏茶。'"这"吃盏茶"就成了谈恋爱的代名词。清代郑板桥手书的《竹枝词》中也以"吃茶"来暗示爱情："溢江江口是奴家，郎若闲时来吃茶。黄土筑墙茅盖屋，门前一树紫荆花。"因而《红楼梦》中凤姐才会对林黛玉说出这番话："你吃了我家的茶，为什么不给我家作媳妇！"

（七）以茶示俭

与美酒佳酿相比，一般的茶叶价格便宜，为多数人所能够承受，故很早人们就以茶叶招待客人表示俭朴。最著名的就是晋代陆纳招待谢安的故事，据《太平御览》卷867引《晋中兴书》："陆纳为吴兴太守时，卫将军谢安尝欲诣纳。纳兄子俶怪纳无所备，不敢问之，乃私蓄十数人馔。安即至，纳所设唯茶果而已。俶遂陈盛馔，珍馐毕具。及安去，纳杖俶四十，云：'汝即不能光益叔父，奈何秽我素业。'"陆纳以茶果招待谢安是为了表示勤俭朴素，陆俶不能理解叔父意图，故好心办了蠢事，挨了四十大板。《晋书·桓温列传》记载："温性俭，每宴惟下七奠，拌茶果而已。"以茶、果设宴就是俭朴的表现。最后，连南齐武帝临终时也下诏以茶叶作为祭品："我灵上慎勿以牲为祭，唯设饼、茶饮、干饭、酒脯而已。天下贵贱，咸同此制。"（《南齐书·武帝本纪》）既然自皇帝到平民，"咸同此制"，可见以茶为祭品是节俭的表现已成为当时天下共识。后来陆羽在《茶经》中也指出："茶性俭，为饮最宜精形俭德之人。"至今，人们还是用"粗茶淡饭"来表示生活的俭朴。

（八）以茶祭祀

茶叶向来被人们视为圣洁之物，当然是理想的祭祀物品，以茶祭祀是向神灵、先祖表达虔诚敬意的最佳方式。因而也是中国茶俗中的一项重要内容。以茶祭祀的对象有神灵、菩萨、先祖、鬼魂等。以茶敬神由来已久，早在唐代文人们就以茶宴祭祀泰山。据《泰山述记》记载，唐代张嘉贞、任要、韦洪、公孙杲四位文人于"贞元十四年（788年）正月十一日立春祭岳，遂登太平顶宿。其年十二月二十一日再来致祭，茶宴于兹。"茶宴祭神的程序，一般是将名贵茶叶献于神前，请神享受茶之香味，再由主祭人按照严格程序调茶，包括烧水、冲沏、接献等，以表示敬意。祭祀结束后，以茶泼洒大地，告慰神灵，祈求平安，保佑未来。甚至连北方少数民族也以茶祭祀天地神灵。如辽代契丹贵族每年春秋或行军前要在木叶山举行"祭山"活动，皇帝皇后率皇族三父房绕神树三匝，余族七匝，然后上香，再以酒、肉、茶、果、饼饵祭奠。[14] 以茶祭祀菩萨最典型的当数唐代僖宗供奉在法门寺地宫中的金银茶具。以后各代皇宫祭祀神祇时都少不了芬芳的茶叶。民间百姓以茶奉祀菩萨的如福建、台湾地区正月初九"拜天公"，所供祭品中就有"清茶各三"。浙江宁波、绍兴地区三月十九日奉祀观音娘娘，八月中秋奉祀月光娘娘，祭祀时除各种食品之外，还置杯九个，其中三杯茶、六杯酒，谓之"三茶六酒"。以茶祭祖是各族民众的普遍习俗。少数民族中最典型的要算云南德昂族，认为"茶叶是万物的始祖"，"各个民族都喝茶，喝着茶水莫把祖宗忘。"（德昂族叙事诗《达古达楞格莱标》）所以在祭拜天地众神时都要使用茶叶，同时，茶叶本身又是列祖列宗的象征。汉族也以茶祭祖，如江南地区在春节要挂祖先画像举行祭祖。《吴中岁时杂记》载："是日，每家悬挂祖先画像，摆列香烛、茶果、粉丸、糍糕，全家人依次叩拜。少则持续三日，或五日，多则达十日，也有至上元节夜，祭拜后才予以收藏。"丧事中用茶的最早记载当是前述南齐武帝的遗诏"天下贵贱，咸同此制"的以茶代牲。民间长期沿袭此制，并衍化为各种习俗。典型的如安徽寿春一带："凡人死后，俗以为必须过孟婆亭、吃迷魂汤。故成殓时以茶叶一包，加以土灰，置之死者手中，以为死者有此物即可不吃迷魂汤矣。"（《中华全国风俗志》）茶也用来祭鬼魂，最早记载见于陆羽《茶经》所引的南朝刘敬叔撰写的《异苑》，说浙江剡县陈务之妻年少与二子寡居，好饮茶茗。因宅中有古墓，常以茗祭鬼神。其子欲掘墓，母苦谏方罢。至夜梦鬼来相谢，云："吾居此三百余年，卿二子欲毁，赖卿相护，并赐佳茗，吾当报汝恩。"次日，于院中得钱十万。

　　总之，茶叶被广泛运用于民间生活中的各个领域，都寄托着民众的一定思想感情和美好追求，这些感情和追求与中国茶道精神都是相一致的。诸如以茶敬客、以茶敦亲、以茶睦邻、以茶赠友、以茶求爱等，其蕴含的思想内容都与茶道精神中的和、敬、清、美、性、融、伦等相通。以茶示俭、以茶祭祀等也与廉、俭、理、洁、敬、伦等茶道精神相吻合。因此，可以说，中国民众在长期历史生活实践中，从其切身的体会和认识中赋予茶叶以许多超过物质消费性质的精神内容，从而对中国茶道精神的形成和发展提供了广泛而深厚的物质基础。或者可以说，广大文人正是从人民群众的生活中吸取了丰富的精神营养，才能够对中国茶道精神的形成和发展作出贡献。因此，我们在充分肯定文人雅士对中国茶道作出的巨大贡献的同时，也应该对人民群众的贡献给以足够的评价。

参考文献

[1] 游修龄.陆羽《茶经·七之事》"茗菜"质疑[J].农业考古，2001(4): 88-91.

[2] 陈祖椝，朱自振.中国茶叶历史资料选辑[M].北京：农业出版社出版，1981.

[3] 陆留弟.传统文化如何逾越语言的障碍——试论中日茶文化的异同[J].农业考古，2001(4): 318-325.

[4] 丁文.茶乘[M].香港：天马图书有限公司，1999.

[5] 陈文华.中华茶文化基础知识[M].北京：中国农业出版社，1999: 106-110.

[6] 赖功欧.茶哲睿智：中国茶文化与儒释道[M].北京：光明日报出版社，1999.

[7] 林治.中国茶道[M].北京：中华工商联合出版社，2000: 89.

[8] 陈香白.论中国茶道的义理与核心[J].农业考古，2001(4): 17-21。

[9] 净空法师.佛说阿弥陀经要解大意[M].上海：上海佛学书局，2002.

[10] 周渝.茶文化：从自然到个人主体与文化再生的探寻[J].农业考古，1999(2): 25-35.

[11] 婺律.婺源茶艺绽新花[J].农业考古，1991(2): 57-58.

[12] 李波韵.品饮艺术的精神境界[J].农业考古，2000(2): 153-156.

[13] 吴尚平，龚青山.世界茶俗大观[M].济南：山东大学出版社，1992.

[14] 余悦.问俗[M].杭州：浙江摄影出版社，1996.

（文章原载《农业考古》2001年第4期）

论中国的茶艺及其在中国茶文化史上的地位
——兼谈中日茶文化的不同发展方向

"茶艺"一词是20世纪70年代由台湾茶文化界首先创造出来的，用以概括品茶艺术的内涵。但是品茶本身却是很早就存在，并且在品茶过程中生发出茶道精神。在中国茶文化发展历史进程中，茶艺与茶道无疑是占据核心地位。与脱胎于中国母体的日本茶道相比较，中国茶道似乎显得薄弱些，本文拟对这一问题进行尝试性探讨，不足之处，权当抛砖引玉，请大家指正。

一、中国茶道观念不发达的原因探索

所谓茶艺，就是泡茶的技艺和品尝艺术。其中又以泡茶的技艺为主体，因为只有泡好茶之后才谈得上品茶。但是，品茶是茶艺的最后环节，如果没有品尝，泡茶就成了无的放矢，泡的目的本来就是为了要品。而且，只有通过品尝过程中的各种感受和遐想，产生审美的愉悦，才有可能进入诗化的境界，达到哲理的高度，才可能升华为茶道。

茶道就是在茶艺操作过程中所追求和体现的精神境界和道德风尚。它经常和人生处世哲学结合起来，成为茶人们的行为准则和道德要求。故中国古代也将茶道精神称作茶德，如唐代的刘贞亮就提出"茶十德"："以茶散闷气，以茶驱腥气，以茶养生气，以茶除疠气，以茶利礼仁，以茶表敬意，以茶尝滋味，以茶养身体，以茶可雅志，以茶可行道。"其中"利礼仁""表敬意""可雅志""可行道"等就是属于茶道精神范畴。刘贞亮所说的"可行"之"道"，是指道德教化的意思。即饮茶的功德之一就是可以有助于社会道德风尚的培育，明确地以理性语言将茶道的功能提升到最高层次，可视为中国古代茶道精神的最高概括。

中国茶道精神至少可以追溯到西晋杜育的《荈赋》，但是直到唐代中期才出现"茶道"概念，最早见于诗僧皎然的《饮茶歌诮崔石使君》。诗中描写了饮茶的三个层次："一饮涤昏寐，情来朗爽满天地。再饮清我神，忽如飞雨洒轻尘。三饮便得道，何须苦心破烦恼。"其第三层次就是饮茶的最高层次，即品茶悟道，达此境界一切烦恼苦愁自然烟消云散，心中毫无芥蒂。该诗的最后两句是"孰知茶道全尔真，唯有丹丘得如此。"意思是世上有谁能真正全面地了解茶道的真谛呢？看来只有仙人丹丘才能做到这一点。这是茶文化史上首次出现的"茶道"概念，其内涵与诗中的"三饮便得道"相呼应，也与现代对"茶道"的界定较为接近，在中国乃至世界茶道发展史上都具有重大意义。

但令人难以理解的是，自此之后，在中国古代茶书中却不见"茶道"一词，直至明代张源的《茶录》才提到"茶道：造时精，藏时燥，泡时洁。精、燥、洁，茶道尽矣。"但这里的"茶道"仅是一些技术要求，并无品茗悟道等精神层面的东西，既与皎然的"茶道"，也与现代的"茶道"精神相去甚远。在张源之后数百年间的明清茶书中，又不见

"茶道"一词。个中原因实在耐人寻味。在我看来,恐怕与茶圣陆羽的影响有关。

皎然是唐代著名的茶人和诗僧,也是陆羽的挚友。他比陆羽大13岁,是忘年之交。他对茶道的理念陆羽定然了解。但是尽管陆羽的《茶经》中涉及(或者说流露)了一些茶道精神的内容,但却没有出现"茶道"一词,也没有正面叙述茶道精神的段落或词句。显然,陆羽没有接受皎然"茶道"的观念,他在《茶经》中重点阐述的是煮茶技艺(茶艺)和对茶汤的观赏,对茶具的实用性和艺术美非常重视,但没有从"形而上"角度来考虑茶道问题。茶圣的《茶经》不谈茶道,后来的茶书也就不谈茶道问题。如与陆羽同时代的裴汶在《茶述》中就已经提到茶的功能"其性精清,其味浩洁,其用涤烦,其功致和。"这已涉及茶道的基本精神,但是就是没有归纳为"茶道"一词。又如宋徽宗赵佶的《大观茶论》中也涉及茶道精神:"祛襟涤滞,致清导和,则非庸人孺子可得而知矣。冲淡简洁,韵高致静,则非遑遽之时可得而好尚矣。"可以说,"致清导和""韵高致静"是对中国茶道基本精神的高度概括。显然,赵佶继承、发展了裴汶的观点,然而书中也没有出现"茶道"一词,可见,他也没有接受皎然的理念。既然号称茶圣陆羽的《茶经》和作为皇帝赵佶的《大观茶论》都不提"茶道",往后的茶书作者大多是官僚地主出身,都是一些保守成性的儒生,自然更不会想到去探讨什么茶道问题。

中国文人真正接近于揭示茶道实质的是明末清初的杜浚,他在《茶喜》一诗的序言中曾经指出:"夫予论茶四妙:曰湛、曰幽、曰灵、曰远。用以澡吾根器,美吾智意,改吾闻见,导吾杳冥。"所谓茶之四妙,是说茶艺具有四个美妙的特性。"湛"是指深湛、清湛;"幽"是指幽静、幽深;"灵"是指灵性、灵透;"远"是指深远、悠远。都是与饮茶时生理上的需求无关,而是品茶意境上的不同层面,是对茶道精神的一种概括。所谓"澡吾根器"是说品茶可以使自己的道德修养更高尚。"美吾智意"是说可以使自己的学识智慧更完美。"改吾闻见"是说可以开阔和提高自己的视野。"导吾杳冥"则是使自己彻悟人生真谛进入一个空灵的仙境。这正是现代茶人们所要追求的茶道精神和最高境界。可以说杜浚已经碰撞到了茶道的大门,可惜的是他也未能跨过这道门槛,因为他也没有接受"茶道"的概念,他所概括的"论茶四妙"也未被后人所继承和发展,真是一件非常遗憾的事情。

纵观中国古代茶学史,出现了众多的茶书,其书名有《茶经》《茶述》《茶谱》《茶录》《茶论》《茶说》《茶考》《茶话》《茶疏》《茶解》《茶董》《茶集》《茶乘》《茶谭》《茶笺》等,就是没有一本叫《茶道》,也没有一本茶书中有专门谈论"茶道"的章节。反观此时的日本,茶道已经发展得很成熟。至少于公元16世纪后期,日本茶道高僧千利休就已集茶道之大成,制定出茶道的基本精神——茶道四规:和、敬、清、寂,一直沿袭至今,奉为圭臬。两相对照,确实反差很大。茶道的源头的确在中国,"茶道"一词也是最早诞生于中国,然而自唐代以后,中国历史上的茶道观念并不发达,至少在现代以前是如此。这是不争的事实,我们应该有勇气承认这一点。

那么,中日两国在茶道方面为何会有如此之大的反差呢?依我之见,是由于两国的历史文化背景不同、茶道在社会政治生活中的地位不同等诸多原因造成的。至少有三个方面值得注意:

一是将中国的饮茶方式引入日本的是一批来中国留学的日本僧人(遣唐僧),他们是在中国的佛教寺庙中将佛门茶事学回去的,并且将它们作为佛门清规的组成部分,一直在佛门严格地传承下来。日本历史上的茶道大师都是声名卓著的大德高僧，不但赋予日本茶道以浓郁的佛教色彩，也增强了日本茶道的权威性，特别是自千利休之后，形成了嫡子继承的"家元制度"，使其权威性更为稳固持久。

二是日本僧人来中国留学之时，中国的饮茶方式已经相当成熟，引入日本之后是作为一种高级文化形态先在皇室贵族之间流传，长期为统治阶级所专享，后来才逐渐传播到民间，上行下效，原已成熟定型的饮茶方式和清规戒律也为民间所全盘接受，形成社会共识。

三是日本统治阶级对茶道的重视利用，加强了茶道与权力的关系。如15世纪的幕府第八大将军足利义正，让高僧村田珠光撰写茶汤法则《心之文》和其他茶故事，在寺庙中推行村田珠光所提倡的禅院式茶礼，竭力以饮茶方式来改善人际关系，并且祈祷天下太平。后来的统治者织田信长及丰臣秀吉更将茶道作为一种新型文化来扩大自己的影响，企图在群雄争霸的战国时代一统天下。因此他任命千利休为专职茶头，要他继续制定和完善茶道的仪式和规则。丰臣秀吉还常在重大政治活动前后举行规模盛大的茶会，进一步扩大了茶道的社会影响。因此，在一定意义上，茶道成为日本统治者驾驭民众的一种思想武器。茶道在日本社会中能产生巨大影响就不足为奇了。

但是，这种现象在中国不存在。中国的茶文化是在民间土壤上发育起来，逐步成熟。中国是先有庶民茶文化，后来才被统治阶级所接受，形成宫廷贵族茶文化。民间的饮茶风习之盛已达到"茶为食物，无异米盐""远近同俗""难舍斯须""田闾之间，嗜好尤甚"（《旧唐书·李珏传》）的程度，这是任何统治者都不可能剥夺的。茶叶已成为百姓们日常生活"开门七件事之一"的必需品，以茶提神解乏，以茶养生，以茶自娱，以茶敬客，以茶赠友，以茶定亲，以茶祭祀等，均早已形成风俗习惯，无须教导，无须劝说，人们自然而然会遵守。整日里为生活忙碌奔波的劳苦大众，不可能有更高层次的文化追求，不会自觉地去追求什么茶道精神。有很高文化修养的文人雅士们则醉心于品茗技艺的探研，他们都具有诗人的浪漫气质，品茶时追求诗意的审美境界，很少人会从社会学和哲学的角度去考虑茶道精神问题。古代的官吏们都是典型的儒家子弟，历来遵循儒家的处世原则，"达则兼济天下，穷则独善其身"。仕途得意时忙于政务，自然无暇过来问茗饮琐事，倒霉失意时则隐退山林不问政事，只以茶来排忧解闷，寻求解脱，不会过问社会道德教化问题。而中国的佛门僧侣向来不干预寺外尘俗世界的事务，他们出来参加茶事活动，也都是以文人的身份出现，除了个别像皎然那样的大德高僧之外，很少有人会去考虑茶道问题。至于历代最高统治者的皇帝们，似乎从来没有考虑过要赋予茶事活动以崇高使命，虽然他们也经常以茶宴、赐茶的方式来招待群臣，但仅是作为宣扬皇威笼络臣下的宫廷礼仪而已，并未具有太多的道德教化色彩。在他们看来，有博大精深的儒家学说足以成为统一全国民众思想的强大武器，区区茶道，实在是无足挂齿。这是丰臣秀吉们统治的日本所不可能具备的。儒道大于茶道，这可能就是中国茶道观念不发达的最重要原因。

二、中国茶艺高度成熟

对于中国的茶人来说，饮茶是一门生活艺术，他们着重追求的是品茶时的艺术情趣，而不是缺乏诗意的清规戒律。虽然有时会讲究"禅茶一味"，但也是侧重以禅意来提升品茶的诗化境界，并不强化宗教色彩。

中国人饮茶饮了几千年，开始是将茶作为食物，然后作为药物，后来成为饮料，至迟从西晋开始，就将饮茶发展为一门生活艺术。作为饮料的茶汤，主要的功用是解渴、提神、解乏保健，基本上是为了满足人们生理上的需要。但是西晋诗人张载的《登成都白菟楼》中有"芳茶冠六清，溢味播九区"诗句，已经在描写茶叶的芳香和滋味，可见当时人们饮茶开始讲究欣赏香味，已经不再是单纯地满足生理上的需要了。杜育的《荈赋》除了描写茶叶生长环境、采摘情况之外，还涉及用水、茶具、茶汤泡沫以及饮茶功效等，可以看出当时饮茶已经有了一套技术要求。特别是其中描写茶汤泡沫的几句："惟兹初成，沫沉华浮。焕如积雪，晔如春敷。"意思是刚煎点的茶汤，茶末下沉，泡沫上浮，其光彩白如积雪，亮丽像春天的花卉。如此重视欣赏茶汤泡沫的色彩和形状，

当时必有培育茶汤泡沫的技术，据关剑平先生的研究，南北朝时期就已经采用茶筅搅打茶汤使之产生泡沫。[1] 而对茶汤泡沫的欣赏则完全是为了满足人们的审美要求，饮茶就具有艺术性了。至于《荈赋》的最后两句："调神和内，倦解慵除。"描写饮茶的功效，可视为中国茶道精神的萌芽。

中国茶艺的成熟是在唐代。唐代有一大批文人介入茶事活动，撰写了众多咏茶诗歌，提升了饮茶的文化品位，使品茗完全成为一种艺术享受。其中如孟浩然、王昌龄、李白、皎然、卢仝、白居易、元稹、杜牧、齐己、刘禹锡、皮日休、陆龟蒙等人，都留下许多脍炙人口的茶诗，对唐代品茶艺术的发展产生了积极的影响。唐代诗人们品茶，已经超越解渴、提神、解乏、保健等生理上的满足，着重从审美的角度来品尝茶汤的色、香、味、形，强调心灵感受，追求天人合一、物我两忘的最高境界，这从他们的众多茶诗中可以得到印证 [3]。除了前述皎然茶诗的"三饮"之外，卢仝在《走笔谢孟谏议寄新茶》中描写的"七碗茶"也很典型，品茶已经不再把茶汤当作是一种饮料，而是成为艺术欣赏的对象或者是诗人们审美活动的一种载体。可见，我国的品茗艺术至少在唐代中期已进入成熟的时期。因此，陆羽的《茶经》对此进行了全面总结。

陆羽将唐代的煮茶技艺总结为："一曰造，二曰别，三曰器，四曰火，五曰水，六曰炙，七曰末，八曰煮，九曰饮。"（《茶经·六之饮》）即茶叶采造、鉴别、茶具、用火、用水、炙茶、碾末、煮茶、饮用九个方面，唐代盛行煮茶法，据《茶经·五之煮》记载是先将茶饼放在炭火上烘炙，两面都要烘到起小泡如蛤蟆背状，然后趁热用纸囊包起来，不让精华之气散失。等茶饼冷却后将它碾磨成茶末，再筛成茶粉。等水烧到冒起如鱼眼大小的水珠同时微微发出声响，称为一沸，要放点食盐进去调味。等水烧到锅边如涌泉连珠时为二沸，先舀出一瓢滚水备用，再用竹环击汤心，然后将茶粉从中间倒下去。过一会儿锅里的水翻滚时为三沸，将就刚才舀出的那瓢水倒下去，此时锅里的茶汤会产生美丽的泡沫，称为"汤华"。这时茶汤就算煮好，分别舀入茶碗中敬奉宾客。陆羽提倡的这套煮茶程序是：炙茶、碾茶、罗（筛）茶、烧水、一沸时加盐、二沸时舀水、环击汤心、倒入茶粉、三沸点水、分茶入碗、敬奉宾客。整套程序是相当完整的，其技术要求也是颇为明确、具体。陆羽特别重视煮茶时要培育出美丽的"沫饽"，称之为"汤之华"，华者花也。指的是茶汤表面上浮泛的一层细密均匀的白色泡沫：

沫饽，汤之华也。华之薄者曰沫，厚者曰饽，细轻者曰花。如枣花漂漂然于环池之

上，又如回潭曲渚青萍之始生，又如晴天爽朗有浮云鳞然。其沫者若绿钱浮于水湄，又如菊英堕于尊俎之中。饽者以渟煮之，及沸，则重华累沫，皤皤然若积雪耳。《荈赋》所谓"焕如积雪，晔若春敷"有之。

陆羽用了枣花、青萍、鳞云、绿钱、菊英、积雪、春敷等一连串美丽的名词来形容茶汤的泡沫，可见他对此是何等的重视。其实，唐代的诗人们也都是很欣赏汤华的，常常用乳、花等美好字眼来形容："沫下曲尘香，花浮鱼眼沸"（白居易）、"铫煎黄蕊色，碗转曲尘花"（元稹）、"白云满碗花徘徊"（刘禹锡）、"白花浮光凝碗面"（卢仝）、"碧流霞脚碎，香泛乳花轻"（曹邺）、"惟忧碧粉散，常见绿花生"（郑遨）……总之，唐代煮茶并不是只煮出一锅普通的茶水，而是十分讲究培育茶汤面上的沫饽（汤华），可以想象一下，唐代流行用青绿色的秘色瓷茶碗，茶汤是金黄色（杜牧《题茶山》："泉嫩黄金涌"，元稹《一字至七字诗》："铫煎黄蕊色"。），汤华又是"焕如积雪"的白色，一碗在手，真是令人赏心悦目不忍遽咽，难怪诗人们会产生那么多美丽的联想。

不过，在唐代茶艺发展进程中，除了陆羽等人之外还有一位茶人的贡献值得注意，这就是临淮县（今江苏省淮安市洪泽区西）的常伯熊。据唐代封演《封氏闻见记》记载：

楚人陆鸿渐为《茶论》，说茶之功效，并煎茶、炙茶之法。造茶具二十四事，以都统笼贮之。远近倾慕，好事者家藏一副。有常伯熊者，又因鸿渐之论广润色之，于是茶道大行，王公朝士无不饮者。御史大夫李季卿宣慰江南，至临淮县馆。或言伯熊善茶者，李公为请之。伯熊著黄衫戴乌纱帽，手执茶器，口通茶名，区分指点，左右刮目。茶熟，李公为歠两杯而止。既到江外，又言鸿渐能茶者，李公复请之。鸿渐身衣野服，随茶具而入。既坐，教摊如伯熊故事，李公心鄙之。茶毕，命奴子取钱三十文酬茶博士。

从这条史料可以看出：

（1）早在唐代，茶艺的基本程式已经形成，而且可以在客人面前进行表演。

（2）常伯熊在表演茶艺时已经有一定服饰、程式、讲解，具有一定的艺术性和观赏性，茶艺已成为一项艺术形式。

（3）茶艺的基本程式虽然是陆羽制定的，但却是经过常伯熊"广润色之"后才"茶道大行"，即进行很大加工改进之后才在社会上流行起来。

（4）陆羽的表演效果不如常伯熊，故"李公心鄙之"。

（5）既然陆羽的表演是"教摊如伯熊故事"，可见陆羽自己也接受了常伯熊已经"广润色之"后的茶艺程式，那么，我们现在看到的《茶经·五之煮》中有关煮茶技艺的记载，应该是陆羽参考常伯熊的"润色"而修订过的。因此，应该承认常伯熊是中国历史上第一位茶艺表演艺术家，是现代茶艺师的祖师爷。

唐代茶人们对"汤华"的追求对宋代的影响很大，宋代的点茶法的最大特点正是对泡沫（汤华）的追求。斗茶时是以泡沫越多越白而取胜的，即所谓"斗浮斗色倾夷华"。当宋代的茶人们发现将茶粉直接放在茶盏中冲点击拂会产生更多、更美的泡沫时，自然会放弃唐代的煮茶方式。而是将早已存在民间的"疮茶法"加以改进发扬。早在三国时，张揖《广雅》就记载"荆巴间采茶作饼，成以米膏出之。若饮先炙令色赤，捣末置瓷器中，以汤浇覆之。"这与《茶经》所提倡的煮茶法不相同,是将捣碎后的茶叶粉末放入瓷器中再用开水冲泡,《茶经·六之饮》中称之为"痷茶":"乃斫、乃熬、乃炀、乃舂,贮于瓶缶之中,以汤沃焉,谓之痷茶。"宋代的点茶法则是将"瓶缶"改为茶盏,将茶粉放入茶盏中用少量开水调匀后再冲点开水,然后用茶筅击拂使之产生泡沫。显然,用茶筅击拂产生的泡沫肯定比煮茶法要多也更美观。而茶筅早在晋代就已发明 [1]。由此可见宋代的点茶法并非突然凭空冒出来的,而是有悠久的历史轨迹可寻。

从宋代的《茶录》等茶书记载中,可以了解到宋代点茶的技艺是:炙茶、碾茶、罗(筛)茶、候汤(烧水)、熁盏(烘茶盏)、调膏、注水、击拂、奉茶。

宋代茶人们除了追求美丽的茶汤泡沫外,也讲究茶汤的真味。陆羽在《茶经》中虽然反对民间传统煮茶加进葱、姜、枣、橘皮、茱萸、薄荷等佐料,但是他还是保留了加盐的习惯。宋代的点茶则连盐也不用,单纯品尝茶叶的芳香和滋味。宋代的诗人们也写了大量歌颂茶汤色、香、味的诗句,经常三者并提,如"味触色香当几尘""色香味触映眼来"(黄庭坚),"色味新香各十分"(葛胜仲),"色香味触未离尘"(刘才邵),而且还将三者称为"三绝":"遂令色香味,一日备三绝。"(苏轼)宋代的茶书将色香味列为品茶三大标准。如蔡襄《茶录》指出:"茶色贵白……以青白胜黄白。""茶有真香……民间试茶皆不入香,恐夺其真。""茶味主于甘滑。"宋徽宗的《大观茶论》则将"味"摆在第一位:"夫茶以味为上,香甘重滑,为味之全"之后为香、色,"茶有真香,非龙麝可拟""点茶之色,以纯白为上真"。

但是,宋代点茶所使用的茶叶仍与唐代一样,蒸青饼茶,即茶叶采摘后要蒸熟、捣碎、榨汁、压模、烘干成团状或饼状的茶饼,特别是斗茶讲究茶汤泡沫贵白,尽量将茶叶中的汁液榨干,"蒸芽必熟,去膏必尽。"(宋子安《东溪试茶录》)致使茶叶的色、香、味都受到很大损失,有时会加进一些香料作为弥补,结果又使茶失去真香真味。而民间饮用的散茶,有不用蒸青而直接烘焙的,其香气和滋味自然胜过饼茶,于是逐渐传播开来。明代谢肇淛《五杂俎》引元代马端临《文献通考》"茗有片有散。片者即龙团旧法。散者则不蒸而干之,如今之茶也。"后说:"始知南渡之后,茶渐以不蒸为贵矣。"正如明代许次纾《茶疏》所指出:"若漕司所进第一纲名北苑试新者,乃雀舌、冰芽所造,一銙之直至四十万钱,仅供数盂之啜,何其贵也。然冰芽先以水浸,已失真味,又和名香,益夺其气,不知何以能佳。不若近时制法,旋摘旋焙,色香俱全,尤蕴真味。"特别是明代发明了炒青、揉捻技术之后,增强了茶叶的香气滋味。张源《茶录》记载:"俟锅极热,始下茶急炒。火不可缓,待熟方退火,彻入筛中,轻团挪数遍,复下锅中,渐渐减火,焙干为度……火候均停,色香全美。"茶青炒后复加烘焙,更加芳香,叶色青绿可爱,经过揉捻渗出茶汁,易于溶解,滋味更加醇厚,人们就直接采用开水冲泡,以品尝茶叶的真香真味,于是宋元时期就已在民间流传的散茶冲泡法迅速发展起来,特别是在明朝初年朱元璋废除饼茶改进芽茶之后,宋代的点茶法就被瀹茶法(散茶冲泡法)所淘汰了。自此之后直到今天,瀹茶法一直占据中国饮茶方式的主导地位。

瀹茶法是用条形散茶直接冲泡,杯中的茶汤就没有"乳花"之类可欣赏,因此品尝时更看重茶汤的滋味和香气,对茶汤的颜色也从宋代的以白为贵变成以绿为贵。明代的茶书也开始论述瀹茶法的品尝问题。如陆树声《茶寮记》的"煎茶七类"条目中首次设有"尝茶"一则,谈到品尝茶汤的具体步骤:"茶入口,先灌漱,须徐啜。俟甘津潮舌,则得真味。杂他果，则香味俱夺。"要求茶汤入口先灌漱几下，再慢慢下咽，让舌上的味蕾充分接触茶汤，感受茶中的各种滋味，此时会出现满口甘津，齿颊生香，才算尝到茶的真味。品茶时不要杂以其他有香味的水果和点心，因为它们会夺掉茶的香味。罗廪的《茶解》也专门谈到品尝问题："茶须徐啜，若一吸而尽，连进数杯，全不辨味，何异佣作。卢仝七碗，亦兴到之言，未是事实。山堂夜坐，手烹香茗，至水火相战，俨听松涛，倾泻入瓯，云光缥渺，一段幽趣，故难与俗人言。"主张品尝茶汤要徐徐啜咽，细细品味，不能一饮而尽，连灌数杯，毫不辨别滋味如何，等于是佣人劳作牛饮解渴。真正的茶人品茶，最好是山堂夜坐，亲自动手，观水火相战之状，听壶中沸水发出像松涛一般的声音，香茗入杯，茶烟袅袅，恍若置身于云光仙境，这样的幽人雅趣是难以和俗人讲清楚的。明代的屠隆在《考槃馀事》卷三"茶笺"中强调要识趣："茶之为饮，最宜精行修德之人，兼以白石清泉，烹煮得法，不时废而或兴，能熟习而深味，神融心醉，觉与醍醐甘露抗衡，斯善鉴者矣。使佳茗而饮非其人，犹汲泉以灌蒿莱，罪莫大焉。有其人而未识其趣，一吸而尽，不暇辨味，俗莫大焉。"品茶讲究"幽趣"，是明清文人的品茗活动中所追求的艺术情趣，也是中国茶艺的一大特色。

这样的品茶最适合用小壶小杯来品啜，许次纾《茶疏》"饮啜"就主张："一壶之茶，只堪再巡。初巡鲜美，再则甘醇，三巡意欲尽矣。""所以茶注欲小，小则再巡已终。宁使余芬剩馥，尚留叶中，犹堪饭后供啜漱之用。"冯可宾的《岕茶笺》也主张用小壶泡茶："茶壶以小为贵。每一客，壶一把，任其自斟自饮，方为得趣。何也？壶小则香不涣散，味不耽搁。况茶中香味，不先不后，只有一时，太早则未足，太迟则已过。见得恰好一泻而尽，化而裁之，存乎其人。"于是就逐渐形成了至今还在盛行的工夫茶艺。最早记载工夫茶艺的是清初袁枚的《随园食单》："余向不喜武夷茶，嫌其浓苦如饮药。然丙午秋，余游武夷，到曼亭峰天游寺诸处，僧道争以茶献。杯小如胡桃，壶小如香橼。每斟无一两，上口不忍遽咽。先嗅其香，再试其味。徐徐咀嚼而体贴之，果然清芬扑鼻，舌有余甘。一杯之后，再试一二杯。令人释躁平矜，怡情悦性，始觉龙井虽清而味薄矣。"这是典型的小壶小杯冲泡法，是今天工夫茶艺的原型，至清代晚期，工夫茶艺就已经很成熟了。据寄泉《蝶阶外史·功夫茶》记载，其具体冲泡程式如下：

壶皆宜兴沙质。龚春、时大彬，不一式。每茶一壶，需炉铫三候汤，初沸蟹眼，再沸鱼眼，至连珠沸则熟矣。水生汤嫩，过熟汤老，恰到好处，颇不易。故谓天上一轮好月，人间中火候一瓯。好茶亦关缘法，不可幸致也。

第一铫水熟，注空壶中溢之泼去；第二铫水已熟，预用器置茗叶分两若干立下，壶中注水，覆以盖，置壶铜盘内；第三铫水又熟，从壶顶灌之周四面，则茶香发矣。

瓯如黄酒卮，客至每人一瓯，含其涓滴而玩味之。若一鼓而牛饮，即以为不知味。肃客出矣。

由此可知，清代工夫茶艺的程式为：煮水、温壶、置茶、冲泡、淋壶、分茶、奉茶。客人在品尝茶汤时则要求"含其涓滴而玩味之"，徐珂《清稗类钞》提到邱子明泡工夫茶时也说："注茶以瓯，甚小，容至，饷一瓯，含其涓滴而咀嚼之。"这"玩味""咀嚼"的是茶汤之色香味，至于如何"玩味""咀嚼"？清代梁章钜《归田琐记》"品茶"一节中提到福建泉州、厦门人的工夫茶时指出："至茶品之四等，一曰香，花香、小种之类皆有之。今之品茶者，以此为无上妙谛矣，不知等而上之则曰清，香而不清，犹凡品也。再等而上之则曰甘，香而不甘，则苦茗也。再等而上之则曰活，甘而不活，亦不过好茶而已。活之一字，须从舌本辨之，微乎微矣，然亦必瀹以山中之水，方能悟此消息。"梁章钜将茶之香味区分为香、清、甘、活四个品级，要从舌头上去细细辨析、体味，可见清代品茶是何等之精。

不仅如此，明清文人品茶还讲究环境的幽雅。徐渭在《徐文长秘集》中对品茗环境有概括的论述："品茶宜精舍，宜云林……宜永夜清谈，宜寒宵兀坐，宜松月下，宜花鸟间，宜清流白云，宜绿藓苍苔，宜素手汲泉，宜红妆扫雪，宜船头吹火，宜竹里飘烟。"许次纾《茶疏》对品茗环境谈得更详细："心手闲适，披咏疲倦，意绪棼乱，听歌闻曲，歌罢曲终，杜门避事，鼓琴看画，夜深共语，明窗净几，洞房阿阁，宾主款狎，佳客小姬，访友初归，风日晴和，轻阴微雨，小桥画舫，茂林修竹，课花责鸟，荷亭避暑，小院焚香，酒阑人散，儿辈斋馆，清幽寺观，名泉怪石。"其中"心手闲适""听歌闻曲""鼓琴看画""宾主款狎""访友初归"等是属于品茗的人文环境，"明窗净几""洞房阿阁""儿辈斋馆""清幽寺观"等是属于品茗的室内环境，而"风日晴和，轻阴微雨，小桥画舫，茂林修竹""荷亭避暑，小院焚香""名泉怪石"等则是属于室外的自然环境。品茶品到这种地步，完全变成一种充满审美情趣的艺术行为，也标志着中国茶艺已经高度成熟。

三、中国茶艺与时俱进

由此可见，中国茶文化的发展方向是沿着茶艺轨道与时俱进的。对茶叶的色、香、味、形的欣赏及艺术意境的追求一直是中国茶艺的重点。从唐代以前的夹杂他物的混煮法到唐代的煮茶法、宋代的点茶法和明清时期的瀹茶法，茶叶的制造方法也从蒸青、压汁、制饼发展为烘青、炒青以至摇青等方法，制造出能显示茶叶自然形态、色泽、香味的绿茶、花茶和乌龙茶等产品，形成了千姿百态、异彩纷呈的茶的世界。而这一切都是随着时代的更替，社会的发展，人们品茶口味的变化而向前发展，这种变化的终极目标是越来越追求茶叶本身天然色香味形，赋予品茶以丰富审美情趣的艺术性，无疑，这是一种人性化的追求，它符合中国文人崇尚自然、追求天人合一的本性。应该说，这是一种历史的进步。

反观日本，他们将中国宋代的点茶法引进本国后，却发展为宗教色彩极浓的日本抹茶道。直到今天，他们饮用的仍是从宋代以来一成不变的蒸青绿茶粉，使用的也是宋代点茶法那一套点茶器具和方式，居然可以历千年而不变。这是因为引进中国饮茶方法的都是日本高僧，他们是在中国寺庙中将佛门茶事学回去，并将他们作为佛门清规的组成部分一直在佛门中被严格地传承下来。比如，最早将中国宋代寺庙中的饮茶礼仪引进日本的是对日本茶道的创立产生重大影响的南浦昭明（1235—1309），他于南宋开庆元年（1259）入宋遍参名师，师从浙江杭州净慈寺虚堂智愚禅师。咸淳元年（1265）秋，虚堂智愚奉旨为浙江余杭径山寺万寿禅寺住持，南浦昭明也跟着上山，一边参禅，一边学习径山等寺院的茶礼。咸淳三年（1267）南浦昭明回国，临行前得到一套茶台子。他将茶台子连同七部中国茶典带回了日本，一边传禅，一边传授禅院茶礼。南浦昭明回国后曾任崇福寺住持3年。其茶礼被弟子大德寺开山宗峰妙超所继承，带回的茶台子等茶道器具也从崇福寺转移到大德寺。大德寺的茶礼后来就传至对日本茶道的创立都有很大贡献的一休宗纯和村田珠光。由此可见，日本所传去的茶道实际上就是佛教茶道。不仅如此，就是连赫赫有名的日本茶道精神——茶道四规"和、静、清、寂"也是从中国佛门典籍中学去的。据日本学者西部文净在《禅与茶》一书中的考证，南浦昭明带回日本的七部茶典中有一部是刘元甫所作的《茶堂清规》，其中的"茶道规章"和"四谛义章"两部分被后世抄录为《茶道经》。从《茶道经》中可知刘元甫乃中国禅宗杨岐派二祖白云守端的弟子，与湖北黄梅五祖山法演（杨岐派三祖）为同门。他以成都大慈寺的茶礼为基础，在五祖山开设茶禅道场，名为松涛庵，并确立了"和、敬、清、寂"的茶道宗旨。可见，日本的茶道四规本是来自中国五祖山的松涛庵，一直传到千利休的手里，再次被发扬光大，成为日本茶道信徒们顶礼膜拜的最高宗旨，从而名扬世界。[3]

但是，刘元甫的《茶堂清规》连同他的"和、敬、清、寂"四谛在中国宋代以后却失去踪影，既没有在佛门寺庙中得到传承，更没有被广大茶人们所接受，以致中国茶文化界至今极少有人知道刘元甫的名字和他的茶道四谛。由此亦可反证，茶道观念在中国确实是缺乏丰厚的土壤。

而在日本，学茶也就是在学佛。日本茶道圣典《南方录》卷首就记录日本茶道大师千利休的一段话：

草庵茶的第一要事为：以佛法修行得道。追求豪华住宅、美味珍馐是俗世之举。家以不漏雨，饭以不饿肚为足。此佛之教诲，茶道之本意。

既然茶道是作为修行佛法追求得道的一种手段，最重要的是它的教义和仪式以及信徒们的虔诚与专一。他们可以为举行一次茶道连续坐上几个小时，至于茶汤的色香味就不是首先要考虑的事情了。因此，尽管日本的茶道经过历代大师们的不懈努力，形成了完整、成熟、具有鲜明民族特色的茶道艺术文化体系，在国际上也产生过很大影响。但是与中国茶艺相比，它走的是另一条道路，对茶道形式和教义的重视远远胜过对茶汤香味的追求。

这是各自不同的历史、文化背景造成的，我们无须强分轩轻。但是了解了这一区别，却可以使我们正确认识中国茶文化历史的发展方向。日本人可以继续为他们的茶道而骄傲，我们却应该为中国的茶艺而自豪。也正因如此，中国的茶艺今天又开始走向世界，不但在西方有一大批的欧美人士在学习中国茶艺，惊叹中国的茶叶会有如此美妙的香气和滋味，像发现新大陆似的钦羡中国人把饮茶变成一门艺术[4]，就是在茶道王国的日本，也有越来越多的人士在学习中国的茶艺。

植根于生活和人性土壤之中的中国茶艺与时俱进，永远焕发青春！

参考文献

[1] 关剑平. 茶与中国文化 [M]. 北京：人民出版社，2001: 306.

[2] 陈文华. 长江流域茶文化 [M]. 武汉：湖北教育出版社，2004: 252-254.

[3] 丁以寿. 日本茶道草创与中日禅宗流派关系 [J]. 农业考古，1997(2): 278-282.

[4] 汉汉. 西欧观众为东方茶艺喝彩——南昌女子职业学校茶艺团出访法国里昂侧记 [J]. 农业考古，2003(4): 1-11.

（文章原载《中国农史》2005年第3期）

让中国茶艺走向世界

一、中国茶艺的发展历程

茶文化是人类在生产食用茶叶过程中所产生的文化现象。人类食用茶叶的方式大体上经过吃、喝、饮和品四个阶段。"吃"是指将茶叶作为食物来生吃或熟食的，"喝"是指将茶叶作为药物熬汤来喝的，"饮"是指将茶叶煮成茶汤作为饮料来饮的，"品"是指将茶叶进行冲泡作为欣赏对象来品尝的（饮是为了解渴，可以大口饮下。品是品尝，需要细啜慢咽，再三玩味）。前三种方式发生很早，可以早到原始社会时期，后一种方式较晚，很可能晚到魏晋时期。

历来传说"神农尝百草，一日遇七十二毒，得茶乃解。"根据考古学和民族学研究，我国食用茶叶的历史可以上溯到旧石器时代，所谓的"神农尝百草"，就是将茶树幼嫩的芽叶和其他可食植物一起当作食物。后来人们在食用过程中发现茶叶有解毒的功能，就作为药物熬成汤汁来喝，这就是所谓的"得茶乃解"。平时也会将茶汤作为保健的饮料来饮用，民族学的材料已证明原始人是已经采集一些特定的树叶熬成汤汁饮用，在一些产茶地区，自然也会将茶汤作为日常饮料。考古学家已经在浙江杭州跨湖桥距今 800 年前的新石器时代遗址中发现了熬汤的茶叶和完整的茶树籽 [1]，可见，我们民族饮茶的历史至少也有一万年。

但是，从现有的文献记载来看，直到三国时期为止，我国饮茶的方式一直停留在药用和饮用阶段。如汉代文献提到茶叶时都只强调其提神、保健的功效。三国时孙皓因爱臣韦曜不善饮酒而暗中以茶汤代替，是茶为饮料的明证。

从西晋开始，情况有了变化，四川地区的一些文人介入茶事活动，开始赋予饮茶以文化意味。西晋著名诗人张载在《登成都白菟楼》诗中写道："芳茶冠六清，溢味播九区。"认为芳香的茶汤胜过所有的饮料，茶的滋味传遍神州大地。芳香和滋味都与茶的提神、解渴以及保健疗效无关，而是嗅觉和味觉上的审美满足。西晋文人杜育的《荈赋》是我国历史上第一首正面描写品茶活动的诗赋。诗中除了描写茶树生长、采摘等情况外，还提到用水、茶具、冲泡等环节，特别是对茶汤泡沫的欣赏，形容它像冬天的白雪和春天的鲜花（"焕如积雪，晔若春敷"）可见，茶汤在此时开始成为品尝的对象。《荈赋》还提到饮茶具有调解精神、谐和内心（"调神和内"）的功效，则已经涉及茶道精神了。因此中国的品茶艺术的萌芽时期至少可以上溯到西晋时期。

但是只有到了唐代陆羽手里，中国人的饮茶才从食、喝、饮，发展、提高到品的阶段，终于将饮茶变成一门生活艺术。陆羽在《茶经》中，对茶叶的医疗保健功效仅是一笔带过，明确提出"茶之性至寒，为饮最宜精行俭德之人"，将品茶上升到道德修养的高度，并且对唐代的煮茶法进行了一系列的规范，从选茶、用水、茶具、烘茶、碾磨、筛粉、煮水、加盐、点水、分茶到品尝各个环节都有严格的要求，形成一套完整的茶艺程式。特别是对茶汤泡沫的培育、欣赏异常重视，进行仔细的观察，将泡沫称为汤华，薄一点的称为沫，厚一点的称为饽，细一点的称为花，采用了一连串形象的比喻来形容泡沫之美丽：像枣花飘浮在圆形的水面上，像深潭回转或小洲弯曲的水面上飘浮的青萍，像晴朗天空中浮动的鱼鳞云，像飘动在水湄之上的绿钱，像坠落在尊俎之中的菊花。饮茶而对泡沫如此讲究，显然不是为了满足生理上的需求，而是从视觉的审美愉悦出发，一碗涌动着泡沫的茶汤在陆羽面前成了充满艺术韵味的审美对象，因此才灵感勃发，浮想联翩。可见唐代的饮茶已经成了富有诗情画意的生活艺术。

同样，唐代的诗人们在品茶之时，也同样不是为了生理上的满足，而是追求精神世界的审美愉悦，着重对色、香、味、形及意境的欣赏可以在他们大量的茶诗中得到证明[2]。钱起的茶诗《与赵莒茶宴》可以作为代表：

> 竹下忘言对紫茶，全胜羽客醉流霞。
> 尘心洗尽兴难尽，一树蝉声片影斜。

茶人在竹林下品饮紫笋茶，进入俗念全消的忘言状态，心中的尘垢都被洗净，进入空灵虚静的境界，但品茗的兴味没有穷尽，令人全身心地沉醉在大自然的美景之中，全然忘却周围的一切，只有倾斜的树影中传来的蝉声反衬出竹林的幽静。这样的品茶完全是一种诗化的生活艺术，与为解渴而饮茶有着本质不同。

自此以后，历代的茶人们都有同样的自觉追求，宋代茶人还将茶汤的色、香、味称为"三绝"（苏轼："遂令色香味，一日备三绝"）。他们在品茗过程中讲究茶汤"色、香、味"的同时，还主动追求更高层次上的审美意境，在宋代茶诗中经常可以看到这样的诗句："不如仙山一啜好，泠然便欲乘风飞"（范仲淹）。"夜啜晓吟俱绝品，心源何处著尘埃"（宋庠）。"亦欲清风生两腋，从教吹土月轮旁"（梅尧臣）。"烦醒涤尽冲襟爽，暂适萧然物外情"（文彦博）。"悠然澹忘归，于兹得解脱"（吕陶）。[3]

品茶到了明清，更是让文人雅士们提升为高雅艺术，因为明代废除了蒸青饼茶，盛行散茶冲泡，对茶叶的色、香、味、形更加重视，无论是茶、水、具、境、泡、品每个环节都有更为严格、细致的要求。工夫茶艺的形成和成熟就是个典型的例子。据清代袁枚《随园食单》记载，他在游福建武夷山时，寺庙僧道向他献茶："杯小如胡桃，壶小如香橼。每斟无一两，上口不忍遽咽，先嗅其香，再试其味，徐徐咀嚼而体贴之。果然清香扑鼻，舌有余甘。一杯之后，再试一二杯，令人释躁平矜，怡情悦性。"这种小壶小杯冲泡、小口细品的品茶方式就是后来盛行于闽粤地区的工夫茶艺。工夫茶在我国传统茶艺中最具艺术韵味，在冲泡、品饮过程中有一系列规范程序，没有经过一定时间的学习和实践是难以掌握的。仅就品尝茶之芳香而言，清代梁章钜《归田琐记》中提到"泉州厦门人所讲工夫茶"时指出："至茶品之四等，一曰香，花香、小种之类皆有之。今之品茶者以此为无上妙谛矣，不知等而上之则曰清，香而不清，犹凡品也。再等而上之则曰甘，香而不甘，则苦茗也。再等而上之则曰活，甘而不活，亦不过好茶而已。活之一字，须从舌本辨之，微乎微矣，然亦必瀹以山中之水，方能悟此消息。"品茶至此，真是"茶翁之意不在茶，在于山水之间也。"它与人们的生理满足全然无关，而是进入"超然物外"的境界，是精神世界里的高级享受。

这就是中国传统的品茗艺术，它是随着时代的演替而与时俱进的，是一种更为人性化、生活化和艺术化的品茶方式，简称为"茶艺"。"茶艺"一词是20世纪70年代在台湾地区首先使用的，用来概括品茗艺术而有别于"茶道"一词，这是台湾茶人的一大贡献，因为将"茶艺"从"茶道"之中剥离出来，有利于品茗艺术的健康发展。通俗地说，"茶艺"就是泡茶的技艺和品茶的艺术。"茶道"是在茶艺操作过程中所体现和追求的道德精神。对泡茶提"技艺"，是因为它除了具有艺术性之外，还具有技巧性。对"品茶"提"艺术"而不提"技艺"，是品茶时技巧的成分很少，主要是茶汤入口之后如何去欣赏、体会美妙的艺术境界。茶艺是茶文化的核心，只有在茶艺的操作中才能体现茶道精神。有了茶道精神的观照，茶艺才有精神、品位和神韵。有了茶艺和茶道，茶文化才有载体和灵魂。

可见，茶艺确实是在中国茶文化历史上占有极为重要的地位，它甚至直到今天还对中国的茶叶加工产生深远的影响。由于茶艺的发达，历代茶人对茶叶的要求精益求精，导致名优特茶生产高度发达，制作力求精美，采摘越来越早，不但讲究香气、滋味，而且追求色鲜和形美，因而只能用手工采摘炒制，很难使用机器。致使中国今天的茶叶生产不容易迅速实现机械化。外国虽然也有很多人喝茶，但他们只是将它当作一种饮料，尽管也讲究茶的滋味、香气和颜色，却并不注意茶叶外形，更不会去追求什么茶叶形态之自然美。他们可以用红碎茶和绿碎茶生产袋泡茶泡饮，不像我们那么讲究品茶艺术，不追求什么明前茶和雨前茶，不知道什么旗枪、雀舌、鸟嘴之类，也不在乎什么龙井、碧螺春、铁观音等美名。所以他们的茶园和茶厂里可以在一个多世纪前就实现机械化采摘和加工茶叶。这是至今中国茶叶生产总量和出口量都不如印度和斯里兰卡的一个重要原因。

二、中国茶艺外传的两个方向、两种遭遇

中国是茶叶的故乡，是茶文化的发祥地。世界上所有国家的茶叶和饮茶方式都是从中国传播过去的。其中又以饮茶方式（茶艺）的传播最为重要。

中国茶艺的外传主要是两个方向：一是东传邻国朝鲜、日本，二是西传欧美。

东传的时间是在公元8世纪的唐代，中国和朝鲜、日本当时都同处在封建社会时代，都属于农耕文化，而中国的文化水平又处于高级阶段，因此为这两个邻国所全盘接受，其中又以日本最为突出。最早是永忠、空海、最澄和尚将中国唐代的煮茶方式传回日本，并且在天皇面前献茶，很快就在官僚贵族上层社会推广开来。宋元时期，日本的荣西和圆尔辩圆等僧人又将中国佛教寺庙中的茶事活动引进日本，后来在明清时期在千利休等人的手上形成了高度成熟的茶道艺术。宋元时期中国的盛行的是点茶方式，是用蒸青茶粉冲点击拂泡沫后再饮用，明清时期中国已经废弃点茶方式改用散茶冲泡，但千利休推行的茶道仍然继承宋元的点茶技艺，直到今天，日本的茶道主流"抹茶道"也还是沿用这种古老的点茶方式[7]。

茶叶西传的时间要晚得多，直到16世纪才通过葡萄牙人传播到欧洲，然后传入英、法等国。但是由于中西文化的差异，历史背景的不同，西方人只将茶叶当作保健的饮料，并没有接受中国的茶文化。他们主要接受红茶，最早是将茶叶放在咖啡店出售，并且还是像喝咖啡那样加糖加牛奶，以致至今国际茶叶市场上还是以红茶为主导。他们并没像中国茶人们那样追求色香味形和诗化的意境，更不会去追求茶叶的自然形态美，所以他们只需进口一些中低档的红碎茶或绿碎茶，至今只盛行袋泡茶的方式，而没有接受中国的泡茶技艺。个中原因之一，是当中国茶叶在西方流行之时，欧洲已经是资本主义工业社会，是当时世界上先进生产力的代表，他们有自己成熟的文化形态，有自己独特的生活方式，因此

不容易接受距离遥远、为他们所陌生的东方社会的生活方式，从而也使他们至今一直停留在饮茶阶段，没有进入品茶的高级阶段。

由此可见，不管是东方日本还是西欧的英国，他们都没有与时俱进地跟随中国茶艺的时代步伐前进，而是停留在相对滞后的阶段。日本停留在宋元时期的"点茶茶艺"阶段。英国的所谓红茶文化，加糖加牛奶，也是我国古已有之的调饮方式，只是将茶作为一种饮料而已，他们使用的袋泡茶方式，虽是工业化的产物，使用的原料却是红碎茶，没有什么文化内涵，就品茗艺术的角度而言，并不是一种进步现象。

这一现象，对中国茶叶在今天国际贸易市场上的处境仍然有着深刻的影响。比如，国际茶叶市场上是以红茶为大宗，中国不占主导地位。绿茶虽然是中国的强项，但是国际市场上所需要的大多是作袋泡茶用的绿碎茶，属于中低档茶叶，产值不高。中国所擅长的名优特茶在国外并没有派上用场。以致作为茶叶故乡的中国生产和出口只能被置于老二老三的尴尬地位。

三、重振中国茶叶雄风的关键是弘扬中华茶艺

现在，如果我们要想改变这种局面，最好的办法不是让中国人也去大喝袋泡茶（这是立顿红茶想走的道路），从品茶退回到饮茶水平，而是改变外国人的饮茶习惯，让他们从饮茶走向品茶，从喝袋泡茶进步到追求茶叶色香味形的品饮艺术，这样，中国的茶叶才有望改变目前的窘境。在这里，茶艺正可以大有作为。

中国茶文化的复兴就是从弘扬茶艺开始的，经过近三十年来的努力，各种门类的茶艺馆如雨后春笋般遍布祖国大地，在茶艺馆里每天都在向群众演示中国的茶艺，引起人们的饮茶兴趣，从而促进了茶叶的消费量。如上海市，在推广茶艺之前的1990年，平均每人年消费茶叶只有20克，在连续举办了12届国际茶文化节之后的2005年，每人年消费茶叶量已超过80克，促进了上海茶叶市场的繁荣，已经出现了好几个茶叶批发市场。著名乌龙茶铁观音产地福建省安溪县，因为工夫茶艺在各地茶艺馆的普及，使得工夫茶艺所冲泡的乌龙茶成了热门品种，作为乌龙茶中的名牌产品铁观音也就成了抢手货，销路大开，致使原是有名的贫困县安溪县很快脱贫致富。江西省婺源县的大鄣山有机茶之所以能走入欧盟市场，就是因为德国的茶商在江西看了婺源文士茶艺的表演而引起对婺源绿茶的兴趣，因而将大鄣山茶引入德国，并逐渐占领了欧盟市场。

现在，随着中国国力的增强，国际威望的高涨，东方文化的魅力日益引起西方世界的注意，在中国国内滚滚兴起的茶文化热潮，也开始波及国外，引起东西方人士的重视和喜爱。无论是西欧、东欧还是北欧，都有中国式的茶艺馆，就是作为茶道大国的日本，也有越来越多的人士不喜本国的茶道而在学习中国茶艺。在日本东京、京都等地，都有各种各样的中国茶艺培训班，参加学习的不但有青年人，也有老年人，甚至还有日本茶道师，他们认为日本的传统茶道宗教味太重，太过严肃、烦琐，不如中国的茶艺更富有情趣，更有艺术性，同时，中国的炒青、烘青绿茶和乌龙茶也比日本蒸青绿茶更香更好喝。因此很多日本爱茶人都跑到中国大陆来考中国的茶艺师职称，他们回去时就带走很多中国的茶叶。现在，在日本的茶叶市场上中国绿茶和乌龙茶占有越来越大的份额。试想，如果日本的茶人只是喝蒸青茶粉的话，中国的茶叶就很难打开日本的市场大门。

　　同样，在西方，一股喜爱中国茶艺的热流正在涌起，有越来越多的西方人士在学习中国茶艺，仅以法国为例，最早推广中国茶艺的地区是法国第二大城市里昂，早在10年前，就由北歌女士牵头组织了"法国茶道协会"，会员都是一些高级知识分子，每个月都开展活动，由北歌会长亲自讲课，向会员们教授中国绿茶、乌龙茶的冲泡方法，大家都能掌握盖碗茶艺和工夫茶艺的基本要领，泡出的茶汤还真芳香可口，至少可以达到初级茶艺师的水平。北歌会长每年都到中国大陆来参加茶文化节，有时还带领法国茶友到中国各茶区进行访问。2003年11月，法国举办"中国文化年"，开幕之际，他们和法国中国事务协会与里昂市政府联合举办了为期三天的"中国茶文化节"，特邀南昌女子职业学校茶艺团进行三场表演，在金碧辉煌的里昂市政厅，三百多名法国官员和上层人士聆听了北歌女士长达一小时的专题演讲，如痴如醉地观赏了历史系列茶艺表演，表演结束时全场起立，掌声雷动，经久不息。演员谢幕达三次之多，这是在中国国内都没有出现过的盛况。随后两天，茶艺团到哪里表演，法国的茶友们就跟到哪里，久看不厌，对中国茶艺表现出极大的热情，场面令人感动。观众中还有许多人是从比利时、瑞士等附近国家驱车数百公里赶来的，说明中国茶艺热并不仅仅限于法国而已。在法国首都巴黎，也成立了"法国国际茶文化促进会"，由法国嘉华进出口公司总经理出任会长，2004年6月24日至7月4日，在"中国文化年"闭幕之际，他们和中国文化部等单位联合举办了"第一届茶文化周"，举办了

陈文华在2003年"中国文化年"法国里昂活动时致辞

陈文华在与法国朋友交谈

与法国里昂茶文化协会会长北歌女士在一起（左起：陈文华、余悦、程光茜、北歌、项骏）

中国茶文化展览，又邀请南昌女子职业学校茶艺团进行十几场茶艺表演，有时还将表演场地设在街边，让更多的法国群众都能了解中国的茶艺，喝到芳香可口的中国绿茶和乌龙茶。每一场表演都获得法国观众的热烈掌声和由衷的赞叹，他们感慨地说："没想到中国人喝茶喝成一门艺术，我们好像是发现了新大陆一样，真是大开眼界。"

同样的例子还有北欧的芬兰。前年一个芬兰的议会代表团访问江西省南昌市，观赏了南昌女子职业学校的茶艺表演，几年过去，当南昌市政府领导访问芬兰时，他们说几年前在南昌看到茶艺表演，留下深刻印象，能否请她们来表演？于是在今年7月，江西省婺源绿茶"晓起毛尖"随着"明清文士茶"的表演而走进北欧。众多的芬兰人终于领略了中国绿茶的独特风味。这就是茶艺的魅力，离开茶艺，茶叶只是一种商品而已，通过茶艺演示，它才可能成为一种艺术对象。

现在，不仅是西欧的法国、英国、德国，而且是东欧的捷克、俄罗斯，以及美洲的美国、加拿大、巴西各国，都已陆续出现了中国茶艺馆，它们每天都在向外国群众进行茶艺演示，向他们宣传、推荐有利健康且芳香可口的中国茶叶，使得越来越多的外国人士喜爱中国茶叶，这个势头才刚刚开始，真正热潮还在后头。由此我们可以了解，中国茶叶的大好形势也还在后头。因为，只要外国人热爱中国的品茶艺术，自然就会爱上中国的名优特茶，这些名茶才有可能走出国门，走向世界，中国的茶叶生产和出口就有可能重新走在印度、斯里兰卡的前面。

在中国的饮食文化中，中国的烹饪艺术名扬天下，没有哪一个国家的大中城市里没有中国餐馆。现在该是轮到中国茶艺在世界扬名的时候了，不久的将来，恐怕就会是凡有中国餐馆的外国城市一定就会有中国的茶艺馆。中国的名优特茶就会香飘世界。

所以，中国的茶人不但要在国内大力开展茶艺活动，还要努力向世界推广，这不仅具有经济意义，还具有更大的文化意义。

向世界各国弘扬中国茶艺，是我们中国茶人的神圣使命，也是各国茶人的共同使命。需要大家共同努力，因为天下茶人是一家！

参考文献

[1]陈珲.杭州出土世界上最早的茶树种籽及茶与茶釜证明杭州湾地区是茶树起源中心及华夏茶文化起源圣地[J].农业考古,2005(02):241-243.

[2]陈文华.长江流域茶文化[M].武汉:湖北教育出版社,2004.

[3]陈彬藩.中国茶文化经典[M].北京:光明日报出版社,1999.

（文章原载《农业考古》2005年第4期）

中国茶道与美学

茶道是茶艺的哲学，它与美学发生关系，是因为作为茶道的主体（茶人）在茶艺的审美实践中，需要有相关的美学概念、术语和范畴来指导和规范。

所谓美学，就是研究美的科学。它是以人对现实的审美关系（审美现象）作为研究对象。这种审美现象主要是指人类感受和欣赏美的主体精神状态（审美意识）。因此，也可称为"审美学"。具体而言，美学的研究对象"审美关系"包括三个部分：客观方面是现实审美对象，也就是广义的美。主观方面是人的审美意识，也就是广义的美感。两者相互作用辩证统一从而产生人对现实审美关系的最集中的表现形式——艺术，也可概括为美论（美的哲学）、美感论（审美心理学）、艺术论（艺术社会学）三个层次。而这三者之间，存在着内在的天然联系，有机地构成了人对世界审美把握的客体层次、主体层次和关系层次。因此美学就是包括美、美感和艺术在内的人对世界审美把握的一个有机系统。通俗地说，美是审美对象的客观属性，美感是人对客观事物的审美意识，艺术则是美与美感相互结合辩证统一的表现形式。

作为生活艺术行为之一的茶艺也是人们在茶事活动中的一种审美现象，同样具有美学的三个层次。茶艺的六大要素（茶叶、泉水、茶具、环境、冲泡、品尝）都具有它们固有的客观的美，人们在感受茶艺各个要素之美的时候所产生的感官愉悦，这就是美感。当人们将茶艺各个要素进行有机结合，就形成一种最集中的艺术表现形式，即品茗艺术。茶艺就是一种日常生活的审美化，在这审美实践过程中人们体验到审美的愉悦。体验是一种主体的感性活动，它关乎主体对外部现实世界的某种感觉。在整个茶艺过程中，审美体验本身的精神性会转化为感官的快适和满足，并进一步要求审美对象的精致化，从味觉、嗅觉对茶叶、茶汤的香气和滋味，视觉对茶叶、茶汤、茶具、环境、服饰、形象，听觉对音乐、水声、器具响声及语言的轻重和节奏，触觉对各种茶叶、茶汤及器具材质和质感，都会有更为严格的要求，从而提高茶艺的艺术品位。审美体验是一种内心过程，品位则是一种感官反应。两者构成审美欣赏的能力、情趣和判断，促进人们在日常生活的审美实践中日益追求富有雅趣的生活方式，也要求将日常的饮茶活动提升到审美层次的品饮艺术。于是，茶艺、茶道就与美学密不可分。

人们经常论述茶艺、茶道与美学的关系，多是从文艺创作的一般美学原则来罗列茶道、茶艺的诸多美学特征，涉及方面很广，如有人认为中国茶道之美有自然之美、淡泊之美、简约之美、虚静之美、含蓄之美。[1] 有人认为中国茶道之美有自然之美、淡泊之美、简约之美、苦韵之美、风度之美、虚静之美、人情之美、斗茶之美等。[2-5] 有人则列出中国茶艺之美有12项之多：意境之美、典雅之美、自然之美、含蓄之美、雕镂之美、理趣之美、清空之美、淡泊之美、拙朴之美、阴柔之美、传神之美、韵味之美，此外还有阳刚之美、奇险之美等。[6] 真是琳琅满目，美不胜收。但对一般茶人而言，却有目迷五色，难得要领之感。因而希望能够从中提炼、概括出最具本质特征的茶道之美。

在肯定众多专家学者对中国茶道之美的探索和界定的基础上，我认为可以从美学的三个层次（美、美感、艺术）来探索中国茶道之美，因此发现有三个本质特征是最为重要的，那就是清静之美、中和之美、儒雅之美。

一、清静之美

清静之美是种静态的美，柔性的美，和谐的美。它是中国茶道美学的客观属性，这种客观属性首先来源于茶叶本身的自然属性。

作为山茶科山茶属多年生常绿木本植物的茶树，性喜湿润气候和微酸性土壤，耐阴性强，不喜太阳直射，而喜漫射光。多生长在云遮雾罩的山野，不耐严寒，也不喜酷热。客观的自然条件决定了茶性微寒，味醇而不烈，甘而微涩，具有清火、解毒、提神、健脑、清心、明目、消食、减脂诸功能，饮后使人更为安静、宁静、冷静、文静、雅静，是种有益于人类健康的温性饮料。古人很早就发现茶叶的这些特性：

苦茶味苦寒……久服心安益气。聪察少卧，轻身不老。（魏晋·吴普《本草》）

茗，苦茶。味甘苦，微寒，无毒。主瘘疮，利小便，去痰热渴，令人少睡。春采之苦茶，主下气，消宿食。（唐·李绩、苏恭《新修本草》）

茗茶苦寒，久食令人瘦，去人脂，使人不睡。……破热气，除瘴气，利大小肠，止渴除疫。（唐·陈藏器《本草拾遗》）

（茶）清头目，兼治中风昏愦，多睡不醒。（宋·陈承《本草别说》）

（茶）除烦止渴，解腻清神。（元·吴瑞《日用本草》）

茶，苦而寒，阴中之阴，沉也，降也，最能降火。火为百病，火降则上清矣。……若少壮胃健之人，心肺脾胃之火多盛，故与茶相宜。温饮则火因寒气而下降，热饮则茶借火气而升散。又兼解酒食之毒，使人神思爽，不昏不睡，此茶之功也。（明·李时珍《本草纲目》）

（茶）清头目，醒睡眠，解炙博毒、酒毒、消暑，同姜治痢。（明·李士才《本草图解》）

茶味甘气寒，故能入肺清痰利水，入心清热解毒，是以垢腻能涤，炙缚能解。凡一切食积不化，头目不清，疾涎不消，二便不利，消渴不止，及一切吐血、衄血、血痢、火伤目疾，服之皆有效。（清·黄官绣《本草求真》）

具有这些特性的茶叶成为人们日常的保健饮料，饮后自然会使人的心情趋于淡泊宁静、神清气爽的状态。特别是古代的一些文人雅士介入茶事活动之后，发现茶叶的这些特性与他们的儒家、道家和禅宗的审美情趣都有相通之处，于是就将日常生活行为的饮茶发展、提升为品茗艺术。而这种品茗艺术的性质自然是与茶叶的自然属性一脉相通的，都是具有清、静的本质特征。这一过程至少到唐代就已完成，因此唐代皎然在《饮茶歌诮崔石使君》中就写道："一饮涤昏寐，情思朗爽满天地。再饮清我神，忽如飞雨洒轻尘。三饮便得道，何须苦心破烦恼。此物清高世莫知，世人饮酒多自欺。"

裴汶在《茶述》序言中也指出茶之特性是："其性精清，其味淡洁，其用涤烦，其功致和。"

此后，卢仝在《走笔谢孟谏议寄新茶》中提到："五碗肌骨清，六碗通仙灵。七碗吃不得也，唯觉两腋习习清风生。"北宋赵佶《大观茶论》则指出："祛襟涤滞，致清导和"。明代朱权《茶谱》也认为："或对皓月清风，或坐明窗静牖，乃与客清淡款话，探虚玄而参造化，清心神而出尘表。"从唐代皎然直到明代朱权，都在他们诗文中提到"清"——"清我神""清高""精清""肌骨清""致清""清心神"。可见茶人们历来都认为"清"是茶的一个很重要的特性。

《大观茶论》还将"清"和"静"联系在一起：

"祛襟涤滞，致清导和，则非庸人孺子可得而知矣。冲淡简洁，韵高致静，则非遑遽之时可得而好尚矣。"

"致清导和""韵高致静"既是茶叶的特性，也是品茶艺术之特性，它们都是来自茶叶和茶艺本身的客观属性。这些客观属性与人性中的静、清、雅、淡的一面相近，因此茶事活动中一般都具有静的特点，与舞蹈、杂技等动的艺术不同，茶艺是一种"静"的艺术，而非"动"的艺术。不管是独自一人品啜，还是二三茶友对饮，甚至是众人一起品饮的茶会，都需在安静的氛围中进行，动作须柔和、优美，节奏要舒缓，不宜太快，音乐不宜激昂，灯光不宜强烈，像是一首优美、抒情的小夜曲，而不是激昂雄壮的交响乐。陆羽《茶经》在描述煮茶时产生的泡沫（汤华）之美丽时用了一连串的比喻："如枣花漂漂然于环池之上，又如回潭曲渚青萍之始生，又如晴天爽朗有浮云鳞然。其沫者，若绿钱浮于水湄，又如菊英堕于樽俎之中。"描绘的都是一种静态的美。古人品茶时总喜欢选择静谧幽美的自然环境，"或会于泉石之间，或处于松竹之下，或对皓月清风，或坐明窗静牖，乃与客清谈款话，探虚玄而参造化，清心神而出尘表。"（明·朱权《茶谱》）"风日晴和，轻阴微雨，小桥画舫，茂林修竹，课花责鸟，荷亭避暑，小院焚香……清幽寺观，名泉怪石。"（明·许次纾《茶疏》）"宜松月下，宜花鸟间，宜清流白云，宜绿藓苍苔"，"宜船头吹火，宜贮里飘烟。"（明·徐渭《徐文长秘集》）其目的也是为了营造品茗的艺术氛围时呈现出静态之美。

古人喜欢以女性比喻静态的自然风光，神女峰、望夫岩、仙女岩、阿诗玛……大多数的峰石都用女性冠名。苏东坡以西施比喻西湖："欲把西湖比西子，浓妆淡抹总相宜。"正是这个苏东坡，首先以女性来比喻茶叶："戏作小诗君莫笑，从来佳茗似佳人。"这是茶叶和女性都具有温柔的特性，具有柔性之美，让人产生"异质同构"的审美联想。柔性之美，也有人称之为阴柔之美，古人云："其得于阴与柔之美者，则其文如升初日，如清风，如云，如霞，如烟，如幽林曲涧，如沦，如漾，如珠玉之辉，如鸿鹄之鸣而入寥廓。"（清·姚鼐《复鲁非书》）"阴柔者韵味深美。"（清·曾国藩《求阙斋日记类钞》卷下）因此历来的茶艺表演者虽然不乏男性，但总是以女性为多，虽无年龄限制，但总是以年轻美貌者为多。因而也要求在茶事活动中，无论是动作、语言、服饰、色彩、音乐、灯光、茶具、茶叶，处处都应呈现一种柔性之美，犹如一首优美的抒情诗。因此，余悦先生曾经将"阴柔之美"列入"茶艺十二美"之中。[6]

清静之美还是一种和谐之美。因为柔性之美并不排斥刚性之美，静态之美并不排斥动态之美，只有各种美的因素有机融合成一体，才能构成真正的美。所以强调中国茶道的清静之美，并非只是孤立地片面地强调唯清、唯静，而是在清、静的基础上吸收、融合其他美学特征于一炉。因此在品茗艺术中，各个要素需要有机配合，茶叶、茶具、服饰、灯光、音乐、色彩、语言各个方面也须协调、和谐，有时需要静中有动，动中有静，不能陷于单调、死板，那就成不了艺术。如在茶艺表演中，表演者的服饰、茶具的颜色、造型应该和茶叶的种类相协调，如江西的《文士茶》冲泡的是婺源绿茶，使用的是景德镇青花瓷器盖碗杯，配上蛋青色镶有蓝边的青衫罗裙，显得特别清新脱俗，与文人雅士的品茗格调相吻合。杭州的《九曲红梅》冲泡的是红茶，服装选择浅红色配有暗红花的旗袍，所有的茶具都选用红色瓷器，在红色花瓶上还插上一枝鲜艳的红梅，让人一见就有种暖融融的感觉。

特别是在解说词的处理上，更要注意这一问题。茶艺是静的艺术，只是通过冲泡技艺及一些肢体语言来表现一定的主题，不能开口说话，但可以进行适当的讲解。一般是在表演前简要地介绍节目的名称、主题和艺术特色及表演者单位、姓名，在表演过程中也可适当做些讲解。目前较为普遍的问题是说话太多，经常是长篇大论喋喋不休地从头讲到尾，犹如在进行讲演比赛，完全违背了茶道清静之美的原则。南昌女子职业学校茶艺表演团在表演《禅茶》时，为了让观众能全神贯注地观赏节目，只在表演前作简要的介绍，当布幕一开，音乐响起，就再也不说一句话，全场都沉浸在宁静的禅境之中，真正是"此时无声胜有声"了。

二、中和之美

美学的原理告诉我们，审美对象的性质，主要是由审美主体、主体的审美态度、审美经验确定的。没有审美态度，再美的事物也引不起人的审美愉悦，也不能成为审美对象。德国哲学家费尔巴哈说过："如果你对于音乐没有欣赏力，没有感情，那么你听到最美的音乐，也只是像听到耳边吹过的风，或者脚下流过的水一样。"[7] 马克思也说过："忧心忡忡的穷人甚至对最美丽的景色都没有什么感觉；贩卖矿物的商人只看到矿物的商业价值，而看不到矿物的美和特性；他们没有矿物学的态度。"[8] 可见，美作为审美对象，是离不开人的主观态度和意识状况。而审美对象作为美的主体性层次主要体现善的目的性，因为人类实践主体的根本性质是善，而善则集中体现在人类实践的目的上。

因此，作为审美对象的茶艺诸要素，其美的性质也是由作为审美主体的人的审美态度、审美经验所确定的。在茶艺的审美主体（茶人）中，文人茶文化圈又占据最重要的地位，因为它有时又可涵盖一些富有文化修养的僧侣和官僚贵族（从本质上说，他们都是知识分子，不同程度地受过儒家教育的熏陶，其人生观和审美观都有某些共通之处）。所以，儒家的审美观自然会对他们产生深刻影响，其审美实践的目的性也多体现为善的目的性。

儒家美学在如何处理社会与自然、情感与形式、艺术与政治、天与人等关系上，自成系统，很有深度，影响至大，因而成为中华古代美学主体的重要部分，长久地影响着中华美学的近现代乃至当代的发展。像孔子在"仁学"思想基础上提出的，既强调美与善的统一，又指出两者区别的"尽善尽美"的美善关系论，强调文质和谐的"文质彬彬"的美的本质论，"兴、观、群、怨"的文艺社会功能论，以及"智者乐水，仁者乐山"的自然美感论等，在中国美学和文艺发展史上，乃至今天群众的审美活动和文艺活动中，都一直有着很大的影响。孟子的"充实之谓美"的美论和"口之于味也，有同嗜焉"的美感论，直到今天对于我们理解人性美和共同美都有启发作用。荀子的"崇其美，扬其善"的美善统一观，"心忧恐，则口衔刍豢而不知其味，耳听钟鼓而不知其声"的美感论，"不全不粹之不足以美"的美论，至今对我们仍有很大的启发。儒家乐论经典的《乐记》，提出"凡音之起，由人心生也。人心之动，物使之然也。感于物而动，故形于声。"阐述得非常深刻、严谨，这是非常杰出的朴素辩证观点的唯物主义艺术论。[9]

因此，经受儒家美学洗礼的中华茶人，秉承先秦以来"诗言志"强调道德教化作用的传统，在茶艺的审美实践中，总是有意无意地着重于"善"的目的性，常常要赋予伦理道德的理想色彩。他们发现茶叶平和的特性与中国人温和的性情有共通之处，两者结合，可以"调神和内"，收到"其功致和""致清导和"的效果。他们经常以茶喻人，与儒家的人格思想联系起来。如北宋文人晁补之就称颂苏轼"中和似此茗，受水不易节。"比喻苏轼具有中和的品格和气节，如同珍贵的名茶，即使在恶劣的环境中也不会改变自己的节操。

中和是儒家哲学中的一个非常重要概念。《礼记·中庸》:"喜怒哀乐之未发,谓之中;发而皆中节,谓之和。中也者,天下之大本也;和也者,天下之达道也。至中和,天地位焉,万物育焉。"大意是:"中"就是心处于自然状态,不为各种感情所冲动而偏激。"和"就是感情发泄出来时能不偏不倚,有理有节。无论是自然界还是人类社会,达到这种和谐状态,天地就会有序,万物欣欣向荣。中和也是儒家中庸思想的核心,朱熹《中庸章句》注释:"中者,不偏不倚,无过不及之名。庸,平常也。"因此,"中和"就是指不同事物或对立事物的和谐统一。反过来,正确处理好对立事物的矛盾斗争,则称之为调和、协调。如《荀子·修身》:"血气刚强,则柔之以调和。"《国语·郑语》:"和六律以聪耳。"故调和有相反相成之意。《左传·昭公二十年》:"和如羹焉,水火醯醢盐梅,以烹鱼肉。……君臣亦然。君所谓可,而有否焉。臣献其否,以成其可。"这是以水火相反而成和羹来比喻可否相反相成以为和。可见,"中和"是涉及世间万物,自然也涉及人类社会的各个方面,包括人际关系的处理。因而"中和"也就成为儒家礼仪中的最高原则,故《论语·学而》强调"礼之用,和为贵。"《礼记·儒行》也指出:"礼之以和为贵。"《周礼·车舟人》则说:"和为安。"《礼记·乐记》则说:"和,故百物不失。""和,故百物皆化。"

既然"中和"在中国传统哲学中具有如此重要地位,必然对中国的美学产生深刻的影响,即"中和"也成为中国传统美学的重要思想,成为重要的审美标准之一。在人们的审美意识中会认为处于中和状态下的事物才是美的。在视觉上不喜欢过分刺激的大红大绿的原色,而喜欢处于过渡形态的调和色(美术界所谓的灰色调);在听觉上不习惯于高呼猛喊的劲歌劲曲,而欣赏音调柔和旋律优美的抒情歌曲;在味觉上也不追求过分强烈的刺激,而讲究适当调配的五味调和,否则就会影响审美的效果,所以《老子》云:"五色令人目盲,五音令人耳聋,五味令人口爽(败坏,俗称倒胃口)。"指的是不走极端、追求中和状态之美。

这种"中和"的审美观在茶艺的审美实践中体现在两个方面:

从审美主体角度而言,主要是人与人和、人与天和、人与物和,达到物我合一,天人合一的境界。人与人和是指处理人际关系时要和诚处世,敬爱待人,而要做到这一点,首先要从自身做起,修身养性,"调神和内",达到身与心和,只有自己的情操陶冶好了,才能协调好人际关系,从而达到净化社会风气的善良目的。人与天和是指处理人与自然环境的关系,包括室外环境和室内环境以及人文环境,都要和谐相处,融为一体。人与物和是指人与茶、水、火、器等物质对象的关系要搭配合理、协调。诸如茶叶的选择,水温的掌握,火候的控制,器物的配置等都有一个合适的"度",不偏不倚,过与不及都是缺陷,应该加以避免。

从审美对象而言,主要是茶艺诸要素的协调配合,要注意合理、和谐,不走偏端。明代许次纾《茶疏》云:"茶滋于水,水藉乎器,汤成于火,四者相须,缺一则废。"茶、水、汤、器,互为依存,相辅相成,互相调和才能泡出一壶好茶汤来:

就茶而言,古人虽认为"笋者上,芽者次。"(陆羽《茶经》)但并不主张越早越好,"清明太早,立夏太迟,谷雨前后,其时适中。若肯再迟一、二日期,待其气力完足,香烈尤倍,易于收藏。"(许次纾《茶疏》)

就水而言,虽然主张"山水上,江水中,井水下",但山水中只取"乳泉、石池漫流者上",不取"瀑涌湍漱"的瀑布水,也不取"澄浸不泄"的止水。江水属于中等,但必须"取去人远者。"井水虽为下等，并非全不可用，而是"取汲多者"（陆羽《茶经》）。

就汤而言，虽分为三沸，但二沸时即可下茶。三沸以上"水老不可食也"（陆羽《茶经》）。"火绩已储，水性乃尽。如斗中米，如秤上鱼，高低适平，无过不及为度。""亦见夫鼓琴者也，声合中则妙；亦见磨墨者也，力合中则浓。声有缓急则琴亡，力有缓急则墨丧，注汤有缓急则茶败。欲汤之中，臂任其责。"（苏廙《十六汤品》）这"无过不及为度"和"合中"就是指符合"中和"的理想状态。在该书"第十五·贼汤"中更明确指出："竹筱树梢，风日干之，燃鼎附瓶，颇甚快意。然体性虚薄，无中和之气，为茶之残贼也。"更是明确强调"中和"的审美标准。

就器而言，陆羽认为"用银为之，至洁，但涉于侈丽。"（陆羽《茶经》），"贵厌金银，贱恶铜铁，则瓷瓶有足取焉。幽士逸夫，品色尤宜。岂不为瓶中之压一乎？然勿与夸珍炫豪臭公子道"（苏廙《十六汤品》）他们欣赏的既不是豪华珍贵的金银茶具，也不是粗糙低贱的铜铁的茶具，而是既经济又雅观富有艺术品位的陶瓷茶具。仍是以中和之美作为取舍茶具的标准。

三、儒雅之美

儒雅之美是中国茶道美学的审美对象和审美意识有机结合综合形成的美学特征。它是在清静之美和中和之美基础上形成的一种气质、一种神韵。它来源于茶树的天然特性，反映了茶人的道德秉性，也呈现了茶事活动中审美实践的艺术特性。

茶得天地之精华，禀山川之灵气，在大自然的怀抱中形成了平和、淡雅的自然属性。在所有饮料中，只有它与中国人谦恭、俭朴、温文尔雅的性情最为贴近。文人雅士们认为通过品茗活动可以修身养性以使自己的心志更为高雅。所以唐人将品茶集会的茶会称之为"雅集"，将品茗艺术的韵味称之为"雅韵"。唐代刘贞亮《茶十德》中就明确指出"以茶可雅心（志）"。《大观茶论》中将饮茶称为"雅尚"，即高雅的时尚。都赋予茶树自然属性之外的人文色彩。于是茶树天然形成的固有的客观的自然美与审美主体茶人主观的审美情趣、审美评价和审美理想就会有机融合起来，在茶艺的审美实践中形成了一种具有浓郁的文化韵味的儒雅之美。

雅之本意是正确、高尚、文明、美好、规范等，所谓儒雅也称文雅，通常是指在温文尔雅的风度、气质中蕴含着较高的文化品位。诚如唐人耿湋所云："诗书闻讲诵，文雅接兰荃。"所以儒雅是知识分子也是中国茶人在茶道审美实践中所追求的审美情趣、审美评价和审美理想。中国佛教协会副会长净慧法师在2005年10月20日上午，总结禅茶文化精神时提出"正、清、和、雅"四个字："有学者认为，中国传统文化中，儒家文化的精神集中体现在一个'正'字上，道家文化的精神集中体现在一个'清'字上，佛家文化的精神集中体现在一个'和'字上。也就是说，儒家主正气，道家主清气，佛家主和气。那么，作为中国文化中的茶文化的精神是什么呢？我想，一个'雅'字可以体现它。古今茶人无不以品茗谈心为雅事，以茶人啜客为雅士。正、清、和、雅四个字，四种气，大致可以概括中国传统文化的主要精神。作为禅与茶相结合而形成的'禅茶文化'，既有儒家的正气，道家的清气，佛家的和气，更有茶文化本身的雅气，正、清、和、雅的综合，完整地体现了禅茶文化的根本精神。"

舒曼先生进一步阐述了"正、清、和、雅"的具体内涵："'正'者，为人之正，为事之正，秉正、公正、正气、清正等，不但儒家主正，佛家也讲'正觉''依正不二''正信'等，其最终境界与儒家不谋而合。'清'者，清心、清淡、清廉、清馨、清净、清白、清新等，崇尚'道法自然'和人与自然的有机结合，相互依存，一体不二。认为茶发'自然之性'，饮者要'清心神''参造化''通仙灵'，追求秉于性灵，回归自然的境界。'和'者，强调和谐、和睦、和气、和美、和解、和善、祥和等。'雅'者，文雅、高雅、儒雅、雅志等，是指环境雅、茶具雅、茶客雅、饮茶方式雅，无雅则无茶艺、无茶文化，自然也就达不到禅道、茶道的境界。中国茶文化的发展本身就是基于儒家的治世机缘，倚于佛家的淡泊节操，洋溢道家的浪漫思想，倡导清和、俭约、廉洁、求真、求美的高雅精神。这也正好浓缩在'正、清、和、雅'的理念之中。"[10]

由此，可见"雅"在中国茶道美学中的确占有重要地位，成为本质特征之一。净慧法师从禅的角度对"雅"的社会化育功能做了深刻的阐述："禅的精神在于悟，茶的精神在于雅。悟的反面是迷，雅的反面是俗。由迷到悟是一个长期参悟的过程，由俗到雅也是一个持久修养的过程。迷者迷于贪嗔痴，悟者悟于戒定慧。贪嗔痴乃人生修养必除之三毒，戒定慧乃人生成就必修之三学。人生执三毒而不觉，是为迷失之人生；人生修三学而恒觉，是为觉悟之人生。人生执三毒而迷，不离日用事；人生修三学而觉，亦不离日用事。人生在日用事中迷，人生亦在日用事中觉。迷失与觉悟，同在一件事情上起作用，同在当下一念之间的迷惑与觉照。禅茶文化，作为一种特殊的心性修养形式，其目的就在于通过强化当下之觉照，实现从迷到悟、从俗到雅的转化。一念迷失，禅是禅，茶是茶；清者清，浊者浊；雅是雅，俗是俗。一念觉悟，禅即是茶，茶即是禅；清化浊，浊变清；雅化俗，俗变雅。"[10]

因而，儒雅并非仅仅是茶事活动的一种外在的表象特征。它是与审美对象（茶艺）的客观属性（清静）和审美主体（茶人）的主观修养（中和）密切相关、水乳交融在一起而呈现出来的美学特征。所以儒家将"雅"作为个人修身养性的目标，同时也将"雅"作为提高大众道德修养的手段之一，唐末刘贞亮《茶十德》中就明确提出"以茶可雅志（心）"，就是在茶艺审美实践中提高人们的心灵向善的道德品质。

与中和之美一样，儒雅之美在茶艺的审美实践中也体现在审美主体和审美对象两个方面：

从审美主体而言，要求品茶之人要儒雅。儒雅既要求有温文尔雅、风流倜傥气质、风度，也要求有敦厚仁爱的道德品质。陆羽《茶经》：指出茶"为饮最宜精行俭德之人。"历代茶学家都对品茶之人提出过要求，欧阳修诗云："泉甘器洁天色好，坐中拣择客亦佳。"苏轼诗云："禅窗丽午景，蜀井出冰雪。坐客皆可人，鼎器手自洁。"这些可人、佳客，都是风流儒雅、志趣相投的文人雅士。宋徽宗《大观茶论》认为：

祛襟涤滞，致清导和，则非庸人孺子可得而知矣。""而天下之士，厉志清白，竞为闲暇修索之玩，莫不碎玉锵金，啜英咀华，较箧笥之精，争鉴裁之妙……

这些能够"啜英咀华"的爱茶人自然不是庸人孺子，而是"厉志清白"的"天下之士"。"厉志清白"显然是对茶人提出的道德品质要求。

明代陆树声在《茶寮记》中专设"人品"一节，对茶人的品德提出明确要求："煎茶非浪漫，要须其人与茶品相得。故其法每传与高流隐逸，有云霞泉石、磊块胸次间者。"冯可宾在《茶笺》中提出品茶"十三宜"，其第二就是"佳客"，即审美情趣高雅，懂得品茶奥妙的茶客。其他还有"吟诗""挥翰""会心""鉴赏"诸宜，都是指品茗者具有较高的文化素养，才能使品茗活动收到理想的效果。屠隆《考槃馀事》卷三"茶笺"中也专设"人品"一则："茶之为饮，最宜精行俭德之人，兼以白石、清泉，烹煮得法。不时废而或兴，能熟悉而深味，神融心醉，觉与醍醐甘露抗衡，斯善赏鉴者矣。使佳茗而饮非其人，犹汲泉以灌蒿莱，罪莫大焉。有其人而未识其趣，一吸而尽，不暇辨味，俗莫大焉。"屠隆首先强调饮茶者必须是精行俭德之人，然后才是精通茶艺能懂得茶中三味之人。许次纾在《茶疏》中亦有"论客"一节："宾朋杂沓，止堪交错觥筹；乍会泛交，仅须常品酬酢。惟素心同调，彼此畅适，清言雄辩，脱略形骸，始可呼童篝火，酌水点汤。"也是强调与情投意合、风流洒脱之士共品佳茗，才能获得品茶的雅趣。故古人常主张品茶时的人数不宜太多，张源《茶录》云："饮茶以客少为贵。客众则喧，喧则雅趣乏矣。独啜曰神，二客曰胜，三四曰趣，五六曰泛，七八曰施。"即独自品茶能体会到茶之神韵。两人对啜能进入茶的胜境。三四人品茶能得到品茶之雅趣。五六人饮茶，只能是泛泛而饮，情趣大打折扣。至于七八个人围在一起，那不叫品茶，只能算是施舍茶水了。因为"客众则喧，喧则雅趣乏矣。"

为了追求品茶的雅趣，除了对茶人本身的精神风貌提出严格的要求之外，还要为品茗雅趣创造一些客观条件，营造一种具有浓郁人文气息的氛围，于是对作为审美对象的茶艺也提出"儒雅之美"的审美要求。从审美对象而言，主要是茶艺诸要素都必须呈现儒雅之美，即除了人之雅之外，还要求境之雅、器之雅、艺之雅。

境之雅，就是品茗环境要幽雅。中国茶人受道家"天人合一"的思想影响很深，追求与大自然的和谐相处。他们常把山水景物当作感情的载体，借自然风光来抒发自己的感情，与自然情景交融，因而产生对自然美的爱慕和追求。所以历来喜欢到大自然的幽雅环境中去品茗。最典型的是唐代吕温《三月三日茶宴序》中所述："乃拨花砌，憩庭阴，清风逐人，日色留兴，卧指青霭，坐攀香枝。闲莺近席而未飞，红蕊拂衣而不散。乃命酌香沫，浮素杯，殷凝琥珀之色，不令人醉？微觉清思，虽五云仙浆，无复加也。"唐代另一位诗人钱起的《与赵莒茶宴》诗描写的是在竹林中品茶的幽雅意境："竹下忘言对紫茶，全胜羽客醉流霞。尘心洗尽兴难尽，一树蝉声片影斜。"

类似的唐宋茶诗比比皆是，说明历代茶人都非常讲究品茗环境之雅。明代茶书朱权的《茶谱》对此有很好的总结："凡鸾俦鹤侣，骚人羽客，皆能志绝尘境，栖神物外，不伍于世流，不污于时俗。或会于泉石之间，或处于松竹之下，或对皓月清风，或坐明窗静牖，乃与客清谈款话，探虚玄而参造化，清心神而出尘表。"

明代许次纾《茶疏》中提到的品茗环境有：

心手闲适，披咏疲倦，意绪棼乱，听歌闻曲，歌罢曲终，杜门避事，鼓琴看画，夜深共语，明窗净几，洞房阿阁，宾主款狎，佳客小姬，访友初归，风日晴和，轻阴微雨，小桥画舫，茂林修竹，课花责鸟，荷亭避暑，小院焚香，酒阑人散，儿辈斋馆，清幽寺观，名泉怪石。

其中"心手闲适""听歌闻曲""鼓琴看画""宾主款狎""访友初归"等是属于人文环境。"明窗净几""洞房阿阁""儿辈斋馆""清幽寺观"等，是属于室内环境。而"风日晴和""轻阴微雨""小桥画舫""茂林修竹""荷亭避暑""小院焚香""名泉怪石"等，则是属于室外的自然环境。

明代徐渭在《徐文长秘集》中对于适宜品茗的环境也有概括的论述："品茶宜精舍，宜云林……宜永夜清谈，宜寒宵兀坐，宜松月下，宜花鸟间，宜清流白云，宜绿藓苍苔，宜素手汲泉，宜红妆扫雪，宜船头吹火，宜竹里飘烟。"

古人之所以一再强调要在充满诗情画意的幽雅环境中品茗，是因为环境对人们品茗的心境有很大影响，境之雅能培育心之雅，心之雅则能造就人之雅。

器之雅，就是品茶器具要高雅。江西婺源茶道中讲究"三清""三雅"。其"三雅"是指境雅、器雅、人雅。器雅就是要求泡茶的器具要高雅。茶具虽然是品茗的工具，其实从广义上来看，它也是境雅的一个局部。因为它始终处在人们品茗时的视线之内，它的质地、形态、色泽如何，都会影响人们的审美情趣，也会影响人们的品茗心境。故历来茶人很重视茶具的艺术性。最典型的就是陆羽《茶经·四之器》中对茶具的精心描绘。他在评述邢窑茶碗和越窑茶碗的高下时说：

或者以邢州处越州上，殊为不然。若邢瓷类银，越瓷类玉，邢不如越一也；若邢瓷雪，则越瓷类冰，邢不如越二也；邢瓷白而茶色丹，越瓷青而茶色绿，邢不如越三也。

为什么类银、类雪的邢瓷就一定不如类玉、类冰的越瓷呢？除了从质地上考虑之外，可能就是从审美的角度出发，越瓷比邢瓷视觉效果更为高雅，令人赏心悦目。同样，因釉色不同而影响茶汤的色泽，茶色丹不如茶色绿之幽雅，影响审美情趣。在同篇中论述茶镀时，陆羽指出："洪州以瓷为之，莱州以石为之。瓷与石皆雅器也，性非坚实，难可持久"可证"雅"确实是陆羽对茶具的审美标准之一。

自此之后，追求茶具之雅成为历代茶人的传统。宋代虽然出现了彩绘瓷，但人们更多地使用黑釉和青白釉等素釉瓷器茶具，因为它们呈现着一种素雅之美，更符合文人雅士们的审美情趣。同样，在明清时期已经涌现了众多美不胜收的五彩、斗彩、粉彩以及各种彩釉瓷器，但茶人们更多的是喜欢使用清新脱俗、典雅的青花茶具和朴素古雅的紫砂茶具。在紫砂壶上镌刻一些铭文和图案，也是为了增强它的文化品位，在素雅、典雅、古雅的基础上增添了文雅的品位，显然是为了适应文人雅士的审美情趣。而达官贵族们的审美标准则不同，他们以富贵为美，追求富丽豪华的富贵气，因此喜欢使用一些五彩缤纷的彩色茶具。最典型的莫过于清宫内府所使用的精美华丽的彩色瓷器茶具，甚至连古朴素雅的紫砂茶具都要施上绚丽夺目的珐琅彩。以文人雅士的审美标准视之，则认为"粗俗不雅，或涂以黄丹，无一可以清玩。""近时宜兴砂壶，复加饶州之鎏……光彩照人，却失本来面目。"

艺之雅，是指品茗形式要儒雅。饮茶本来作为人们解渴提神的生活行为，就无所谓雅不雅问题。当它在文人雅士的参与之下发展为品茗艺术之后，就成为一门生活艺术。而艺术作为审美的高级形态，它源于生活又高于生活。因此品茗就具有一定艺术性、观赏性，需要一定的规范和程式。它和生活中原生态的喝茶动作就有雅俗之别。

最早对品茗形式进行规范化的是陆羽。他在《茶经·五之煮》中将唐代煮茶法规范为：

炙茶、碾茶、罗茶、烧水、一沸时加盐、二沸时舀水和环击汤心、置茶、点水、分茶入碗。整套程序相当完整，其技术要求也是颇为明确、具体的。尤其是特别强调煮茶汤时要注意培育出均匀美丽的白色泡沫，称之为"汤华"，并形容它像枣花、青萍、鱼鳞、绿钱、菊花、积雪、春敷等。这显然是为了视觉上的审美需要，完全与生理满足无关，可见在陆羽手上已经完成品茶的艺术化，从此，品茗就成为一门生活艺术了。

宋代盛行的点茶方式就是在上述陆羽煮茶法重视培育泡沫基础上发展起来的，追求泡沫越多越白越好，成为宋代斗茶的重要标志。于是创造了将茶粉装进茶盏冲点开水再用茶筅击拂使之产生泡沫的点茶法。据《大观茶论》记载共有：碾茶、罗茶、熁盏、调膏、击拂、注水等程序。仅是注水、击拂就要求达到七次之多，极为细致复杂，要求非常严格。尤其是在宋徽宗以身作则的带动下，斗茶技艺在宋代茶艺中占据主导地位，将中国的品茗艺术向前推进了一大步。

明代改为散茶冲泡之后，茶学家们对品茶艺术性的追求依然热情不减，多有创造。朱权就编创了一套烹茶程式，犹如今天的茶艺表演。据其《茶谱》记载：

命一童子设香案，携茶炉于前。一童子出茶具，以瓢汲清泉注于瓶而炊之。然后碾茶为末，置于磨令细，以罗罗之。候汤将如蟹眼，量客众寡，投数匕入于巨瓯，候茶出相宜。以茶筅摔令末不浮，乃成云头雨脚。分于啜瓯，置之竹架。童子捧献于前。主起，举瓯奉客曰："为君以泻清臆。"客起接，举瓯曰："非此不足以破孤闷。"乃复坐。饮毕，童子接瓯而退。话久情长，礼陈再三，遂出琴棋，陈笔砚。或庚歌，或鼓琴……故曰："金谷看花莫漫煎"是也。卢仝吃七碗、老苏不禁三碗，予以一瓯，足可通仙灵矣。使二老有知，亦为之大笑。

朱权设计的茶艺程式，是从饼茶冲点到散茶冲泡的过渡形态，融礼仪、琴棋于茶艺之中，呈现出文人雅士的儒雅风韵。而许次纾《茶疏》中"烹点"一节所记述的是真正的泡茶程式：

未曾汲水，先备茶具。必洁必燥，开口以待。盖或仰放，或置瓷盂，勿竟覆之。案上漆气、食气，皆能败茶。先握茶手中，俟汤既入壶，随手投茶汤，以盖覆定。三呼吸时，次满倾盂内，重投壶内，用以动荡香韵，兼色不沉滞。更三呼吸顷，以定其浮薄。然后泻以供客，则乳嫩清滑，馥郁鼻端。病可令起，疲可令爽，吟坛发其逸思，谈席涤其玄襟。

整个冲泡过程已经相当严格、细致，颇具艺术韵味。至清代晚期，散茶冲泡技艺更臻于成熟。徐珂《清稗类钞》中"邱子明嗜工夫茶"一节，记载闽人邱子明的泡茶技艺：

其烹茶之次第，第一铫，水熟，注空壶中，荡之泼去。第二铫，水已熟，预置酌定分两置叶于壶，注水，以盖复之，置壶于铜盘中。第三铫，水又熟，从壶顶灌其四周，茶香发矣。注茶一瓯，甚小，客至，饷一瓯，含其涓滴而咀嚼之。若能陈说茶之出处、功效，则更烹尤佳者以进。

这与现代的工夫茶冲泡技艺已经非常接近。明清时期的散茶冲泡技艺，至此已经完善，整个冲泡过程已具有相当成熟的程式美，它所呈现的艺术韵味正是儒雅之美，成为中国茶道美学的一个重要特征。品茗艺术也因此而成为中国茶人的雅尚。

参考文献

[1] 丁以寿. 中华茶道 [M]. 合肥: 安徽教育出版社, 2007.

[2] 凯亚. 中国茶道的淡泊之美 [J]. 农业考古, 2004(4): 105-107.

[3] 凯亚. 中国茶道的风度之美 [J]. 农业考古, 2005(2): 58-59.

[4] 凯亚. 中国茶道的虚静之美 [J]. 农业考古, 2005(4): 93-95.

[5] 凯亚. 中国茶道的简约之美 [J]. 农业考古, 2006(2): 109-113.

[6] 余悦. 中国茶艺的美学品格 [J]. 农业考古, 2006(2): 87-99.

[7] 费尔巴哈. 十八世纪末—十九世纪初德国哲学 [M]. 北京: 商务印书馆, 1982: 551.

[8] 马克思. 1844年经济学——哲学手稿 [M]. 北京: 人民出版社, 1985: 83.

[9] 邢煦寰. 通俗美学 [M]. 北京: 中国青年出版社, 2000: 29-31.

[10] 舒曼, 陈一珉. 禅茶文化: 开引一股源头活水——中国禅茶文化精神及功能诞生始末 [J]. 农业考古, 2006(2): 207-213.

（文章原载《农业考古》2008年第5期）

从茶馆到茶艺馆

当饮茶之风流行、茶叶商品化以及城市经济发达、流动人口增多之后，茶馆就会出现。我国饮茶之风开始在四川地区盛行的时候是在西汉，当时市场上已经有人出售茶叶。最早的记载是西汉王褒的《僮约》，文中记载王褒去成都途中，投宿于亡友家中。亡友之妻杨惠热情接待。王褒十分高兴，便叫杨氏家僮去买酒。家僮因不满王褒与杨惠过分亲热，不愿去买酒，便说主人买他时只约定看家守坟，没规定要替人买酒。王褒恼怒，便从杨惠手中买下这个家僮。为了教训他，在双方订立契约时，规定了许多烦琐的家务，其中就有"烹茶尽具，已而盖藏。"和"牵犬贩鹅，武阳买茶。"前一句说明煮茶已成为日常生活行为，最后一句则说明市面上已经有人在出售茶叶。《僮约》作于西汉宣帝神爵三年（公元前59年），武阳即今四川省眉山市彭山区。从成都特地跑到彭山区去买茶，可见它不是附近随时可得的一般野菜，而是颇有名气的茶叶。"烹茶"就是煮茶，可见是煮成茶汤来饮用的。茶叶已经作为商品在市场上出售，是否也有可能出售茶汤供路人饮用呢？可惜没有任何文献能够证明。

一、晋代的茶摊

到了晋代，饮茶之风在长江流域及中原地区普及，市面上开始有流动的摊贩在出售茶粥、茶汤了。《汉魏六朝三百家集》卷四、六收有傅咸《司隶教》一文，文中提到："闻南市有蜀妪作茶粥卖之，廉事毁其器具，使无为卖饼于市，而禁茶粥以困老姬，独何哉？"说的是西晋时期，在洛阳的南市有个四川老妇在卖茶，被一群官吏把她的器具都捣毁，使她没有办法出售茶粥，只好改卖烧饼。傅咸质问：为什么要禁卖茶粥使她为难呢？

从这条记载可以了解到在集市上卖茶粥，是个流动摊贩，起码应该有挑担的器具和装茶粥的容器，但可以肯定是没有固定的摊位，只是挑着担子流动兜售，类似后来宋代的茶担。不过这里出售的还只是食物，是茶粥而不是茶汤。

《茶经·七之事》还转引了《广陵耆老传》的一则资料：

晋元帝时有老姥，每旦独提一器茗，往市鬻之，市人竞买。自旦至夕，其器不减。所得钱散路傍孤贫乞人，人或异之。州法曹縶之狱中。至夜，老姥执所鬻茗器，从狱牖中飞出。

这则记载说的是东晋时期扬州的故事，虽然带有神话色彩，但却反映了有人提着茶桶到市场上卖茶水了。

上述两则故事都说是老妇人在出售茶粥、茶水，既然可以靠此谋生，说明当时已经有很多人购买（"市人竞买"），生意不错。饮茶开始走向商品化，茶馆也就处于萌芽、孕育之中了。

既然有流动的摊贩，按理也应该有出售茶水的店铺，可惜仍然没有确切的文献记载，只能停留在推测的阶段。不过，真正的茶馆已经是呼之欲出了。

二、唐代的茶铺

茶馆的正式登上历史舞台是在唐代中期。最早的明确记载是封演的《封氏闻见记》卷六"饮茶"："开元中（713—741），泰山灵岩寺有降魔师，大兴禅教。学禅，务于不寐，又不夕食，皆许其饮茶。人自怀挟，到处煮饮。从此转相仿效，遂成风俗。自邹、齐、沧、棣渐至京邑，多开店铺，煎茶卖之。不问道俗，投钱取饮。"

由于佛教的盛行，饮茶有助于修禅，带动了民间的饮茶风习，并促进了城市产生专门煎煮茶水出卖的店铺，不论身份如何，只要给钱便可饮用。上述记载还说明了这种茶铺数量很多（"多开店铺"），地域很广，从山东（"邹、齐"）、河北（"沧、棣"）到陕西长安（"渐至京邑"），即整个黄河流域中下游地区的城市里都有。这种茶铺里不是卖茶粥，而是出售茶汤（"煎茶卖之"），这是真正的茶馆，虽然当时还只称为"店铺"而已。随着这种茶铺的发展，逐渐有了专门的名称，如茶坊、茶肆等。牛僧孺《玄怪录》记载："长庆初，长安开远门十里处有茶坊，内有大小房间，供商旅饮茶。"

敦煌文书《茶酒论》也有"酒店发富，茶坊不穷"之语。"坊"本是小手工业者的工作场所，如油坊、磨坊、染坊、粉坊等，多是一边生产一边出售，称为"前店后坊"。唐代"煎茶卖之"的店铺，大概也是一边加工茶叶、煎煮茶汤，一边在前店出卖，故称为"茶坊"也是很自然的。从前一条资料还可以看出，当时的茶坊颇具规模，已有大小不同的茶室，不是一般的小店，更非流动的茶摊可比。而顾客的身份多为"商旅"，即从事商贸活动流动人口。城市商贸发达，流动人口增多，也是茶馆出现的客观条件之一。

《旧唐书·王涯传》："李训事败……涯等仓惶步出，至永昌里茶肆，为禁兵所擒，并其家属奴婢，皆系于狱。"《太平广记》卷三四一"韦浦"记载："（韦浦）俄而憩于茶肆。"

"肆"即古代的店铺，茶肆也就是茶店、茶铺的意思，与《封氏闻见记》中所记载的"多开店铺，煎茶卖之"相符合。

此外，还有一种称为"茶邸"的商店，《封氏闻见记》记载："长庆初，元方下第，将客于陇右。出开远门数十里抵偏店，将憩，逢武吏跃马而来，骑从数十，而貌似璞。见元方若识，争下马避之，入茶邸，垂帘于小室中，其从御散坐帘外。"

"邸"是官员、财主的住所，如官邸、私邸或邸宅，都是所谓府第、第宅之意。看来"茶邸"的建筑规模要大于茶坊、茶肆，可能是除了供应茶水之外，还兼营住宿。与茶馆的性质也较接近，可视为茶馆的雏形。

茶馆不但在城市里很普遍，在一些乡村集镇也有类似的店铺在出卖茶水。如日本僧人圆仁《入唐求法巡礼行记》记载唐会昌四年（844）六月九日，圆仁在郑州郊区15里之外，"见辛长史走马赶来，三对行官遇道走来，遂于土店里任吃茶。话语多时相别。"这家可以"任吃茶"的乡下"土店"，当是一家乡村的土茶馆。会昌五年（845）五月十五日，圆仁离开长安东行，朋友们送他到长安外郭城正东门的"春明门外吃茶"。虽没说是在哪里吃茶，但按理来讲应是在茶馆喝茶，看来这也是一家为来往旅客提供茶水的土茶馆。

虽然有关唐代茶馆的文献记载比较简略，但已可看出无论是城市还是乡镇都有很多茶馆，反映了唐代饮茶风气之盛，与文献中的"穷日尽夜，殆成风俗。始自中地，流于塞外。""茶为食物，无异米盐，于人所资，远近同俗。既祛竭乏，难舍斯须。田闾之间，嗜好尤甚。"等资料可相互印证。

三、宋元的茶坊

茶馆真正成熟的时期是宋代。由于饮茶之风炽盛，城市商品经济发达，人口急剧增加，茶馆业出现繁荣兴盛的局面，为我国茶馆业的成熟奠定了坚实的基础，成为茶馆业历史上的一个高峰。

"茶兴于唐而盛于宋"。茶叶生产到了宋代得到空前的发展，饮茶之风非常盛行，特别是上层社会嗜茶成风，王公贵族经常举行茶宴，皇帝也举行茶宴招待群臣，宋徽宗精通茶艺，并撰写了《大观茶论》一书，也助长了当时的饮茶风气。"盖人家每日不可阙者，柴米油盐酱醋茶。""华夷蛮貊，固日饮而无厌；富贵贫贱，亦时啜而不宁。""君子小人靡不嗜也，富贵贫贱无不用也。""夫茶之为民用，等于米盐，不可一日以无。""夫茶，灵草也。种之则利博，饮之则神清。上而王公贵族之所尚，下而小夫贱隶之所不可阙。诚民生日用之所资，国家课利之一助也。"

由此可见，宋元时期茶叶确已成为社会各阶层都不可或缺的生活必需品。这就为城市商界提供了可贵的商机，城市茶馆的涌现就是必然的事情。

宋代的茶馆称为茶肆、茶坊、茶楼、茗坊或茶邸。名称虽然各不相同，大抵是经营特色有所侧重，规模或有大小之别，但都是属于茶馆一类性质。文献中以称茶坊、茶肆居多。

宋代茶馆的繁荣，以北宋首都汴京为盛。汴京的马行街"至门约十里余，其余坊巷院落，纵横万数……各有茶坊、酒店、勾肆饮食。"十余里长的马行街上每条坊巷都有茶坊，可见其数量之多。茶坊列在酒店、勾肆（娱乐场所）之前，可见其影响之大。茶馆的生意相当热闹，还兼做其他生意，营业时间也分早晚不同："茶坊每五更点灯，博易买卖衣服图画、花环领抹之类，至晓即散，谓之鬼市子。"这种早市的茶馆在做生意时也要喝茶的。"北山子茶坊，内有仙洞、仙桥，仕女往往夜游吃茶于彼。"朱雀门外"以南东西两教坊，余皆居民或茶坊，街心市井，至夜尤盛。"这种晚市的茶馆，其建筑装修别出心裁，构建仙洞、仙桥，让人如入仙境，增强饮茶时的艺术情趣。已远非唐代茶铺、茶坊可比。

至南宋，茶馆业更加发达而臻于成熟，以杭州最为繁荣，"处处各有茶坊。""大茶坊张挂名人书画，在京师只熟食店挂画，所以消遣久待也。今茶坊皆然。冬天兼卖擂茶或卖盐豉汤，暑天兼卖梅花酒。""汴京熟食店张挂名画，所以勾引观者，留连食客，今杭城茶肆亦如之，插四时花，挂名人画，装点门面。四时卖奇茶异汤，冬月卖七宝茶、馓子、葱茶。""今之茶肆，列花架，安顿奇松异桧等物于其上，装饰店面，敲打响盏歌卖，止用瓷盏漆托供卖。""大凡茶楼多有富室子弟、诸司下直等人会聚，习学乐器、上教曲赚之类，谓之'挂牌儿'。""又有茶肆专为五奴打聚之处，亦有诸行借工卖伎人会聚行老，谓之'市头'。""更有张卖面店隔壁黄尖嘴蹴球茶坊，又中瓦内王妈妈茶肆名一窟鬼茶坊，大街车儿茶肆、蒋检阅茶肆，皆士大夫期朋约友会聚之处。"茶馆店内的茶具和桌椅都相当雅洁精致，宋代王明清《摭青杂记》记载："京师樊楼畔，有一小茶肆，甚潇洒清洁，皆一品器皿，椅桌皆齐楚，故卖茶极盛。"

为了满足不同层次顾客的需求，宋代茶馆已形成不同类型、各自有自己的主要服务对象。如：有主要供文化界人士聚会的茶馆，如上述王妈妈茶肆、大街车儿茶肆、蒋检阅茶肆，"皆士大夫期朋约友之处。"有主要供市民子弟学习乐器或聚会的茶馆，如上述"大凡茶楼多有富室子弟、诸司下直等人会聚，习学乐器、上教曲赚之类，谓之'挂牌耳'。"有主要为百姓、杂役、诸行百工提供雇佣机会的茶馆：如上述"又有茶肆专为五奴打聚之处，亦有诸行借工卖伎人会聚行老，谓之'市头'。"有主要提供歌伎卖唱和妓女卖身的茶馆，如"外此诸处茶肆……莫不靓妆迎门，正妍卖笑，朝歌暮弦，摇荡心目。""楼上专安著妓女，名曰花茶坊，……非君子驻足之地。""水茶坊，乃娼家聊设桌凳，以茶为由，后生辈甘于费钱，为谓之干茶钱。"

宋代的茶馆采取增加经营项目的办法以招揽更多的顾客，主要是增强茶馆的餐饮功能和娱乐功能。

前者主要是增加各种饮料和点心，如前述"冬天兼卖擂茶或卖盐豉汤，暑天兼卖梅花酒。""四时卖奇茶异汤，冬月卖七宝茶、馓子、葱茶。"据《武林旧事》卷六"凉水"记载，杭州茶馆夏天所卖的冷饮就有：甘豆沙、椰子酒、豆儿水、鹿梨浆、卤梅水、姜蜜儿、木瓜汁、沉香水、荔枝膏水、金橘团、梅花酒、香薷饮、雪泡缩脾饮、五苓大顺散、紫苏饮等。

后者主要是增加一些乐器弹奏、曲艺演出和棋牌娱乐等项目，如前述之"习学乐器、上教曲赚之类，谓之'挂牌儿'。"还有说书讲古。洪迈《夷坚志》支丁卷三"班固入梦"记载："乾道六年冬，吕德卿携其友……往临安""四人同出嘉会门外茶肆中坐，见幅纸用绯帖，尾云'今晚讲说《汉书》'。"前述之王妈妈茶肆又名一窟鬼茶坊，就是因说唱故事"西山一窟鬼"而得名。宋洪皓《松漠纪闻》卷二记载："燕京茶肆设双陆局或五或六，多至五十博者蹴局，如南人茶肆中置棋具也。"按此知宋时茶肆，南北皆有玩具以娱饮者，亦正不俗也。[1] 还有提供体育娱乐的，如前述之"更有张卖面店隔壁黄尖嘴蹴球茶坊。"就是让客人在喝茶之外参与蹴球活动的。

可以说南宋时期茶馆的成熟，为此后我国茶馆业的发展奠定了基本格局，影响深远，至今遍布全国的大大小小的茶艺馆的一大部分功能，仍然难脱宋代茶馆的窠臼。

宋末元初，因长期战乱，社会动荡，经济受到很大破坏，以游牧为生、喜食奶酪的蒙古族贵族统治下的元朝社会，茶馆业自然受到影响和制约。不过，为了稳固政权的需要，元朝统治者采取了一些发展农业生产的措施，使农业得到恢复，也推动了茶叶种植的发展和茶叶贸易的繁荣。以肉食为主的蒙古族也发现了茶叶消食健体的功能，逐渐喜爱饮茶。此外，城市人口的发展，商业经济的繁荣等，使得元代的茶馆业仍然得到进一步发展。

历史文献中有关元代茶馆的资料不多，但在元曲杂剧等文艺作品中却多有反映：

元代无名氏《杂剧·瘸李岳诗酒玩江亭》第二折牛员外云："要吃茶呵，走到那茶坊里，打个稽首，粗茶细茶，冷茶热茶，吃了便拿。"可见其供应的品种并不单一。关汉卿《杂剧·钱大尹智勘绯衣梦》第三折茶博士科白："茶迎三岛客，堂送五湖宾。""在北棋盘街井底开着座茶房，但是那经商客旅，做买做卖的，都来俺这里吃茶。"杂剧马致远《吕洞宾三醉岳阳楼》第二折茶店老板郭马儿云："在这岳阳楼下开着一座茶坊，但是南来北往经商客旅，都来我茶坊中吃茶。"可见茶馆的服务对象是以来自四面八方的商旅人员为主，也反映了茶馆业是因商业发达而繁荣的。

茶馆在元代除了茶坊、茶肆外，也有称为"茶房"的，如李寿卿《杂剧·月明和尚度柳翠》第二折柳翠说："师傅，长街市上不是说话去处，我和你茶房里说话去来。"关汉卿《杂剧·杜蕊娘智赏金线池》第一折杜蕊娘的唱词："闲茶房里那一伙老业人。"李行甫《杂剧·包待制智勘灰阑记》楔子张海棠妈妈的科白："寻俺旧时姑姐妹们，到茶房中吃茶去来"等。

元代的茶馆和宋代一样，也兼营其他项目，如秦简夫《杂剧·东堂老劝破家子弟》第三折茶店小二说："我算一算账，少下我茶钱五钱，酒钱三两，饭钱一两二钱，打发唱的妙莲五两，打双陆输的银八钱。"说明这家茶馆还引入曲艺说唱和双陆等博弈活动，而且还反映了喝茶的消费远低于喝酒、吃饭。马致远《杂剧·吕洞宾三醉岳阳楼》第二折茶馆老板郭马儿说："这师傅倒会吃，头一盏吃了木瓜，第二盏吃了酥签，第三盏吃个杏汤，再着上些干粮，倒饱了半日。"说明这家兼营小吃。元代散曲作家李德载的小令《中吕·阳春曲·赠茶肆》一共十首，是唯一用组诗形式来歌咏茶馆的散曲，生动具体地描写了元代茶馆中煎茶、饮茶的乐趣及泡茶技师茶博士的"妙手"和"风流"以及茶品的珍贵，以致"声价彻皇都"：

茶烟一缕轻轻飏，搅动兰膏四座香，烹煎妙手赛维扬。非是谎，下马试来尝。
黄金碾畔香尘细，碧玉瓯中白雪飞，扫醒破闷和脾胃。风韵美，唤醒睡希夷。
蒙山顶上春光早，扬子江心水味高，陶家学士更风骚。应笑倒，金帐饮羊羔。
龙团香满三江水，石鼎诗成七步才，襄王无梦到阳台。归去来，随处是蓬莱。
一瓯佳味侵诗梦，七碗清香胜碧筒，竹炉汤沸火初红。两腋风，人在广寒中。
木瓜香带千林杏，金橘寒生万壑冰，一瓯甘露更驰名。恰二更，断梦酒初醒。

兔毫盏内新尝罢，留得馀香在齿牙，一瓶雪水最清佳。风韵煞，到底属陶家。

龙须喷雪浮瓯面，凤髓和云泛盏弦，劝君休惜杖头钱。学玉川，平地便升仙。

金樽满劝羊羔酒，不似灵芽泛玉瓯，声名喧满岳阳楼。夸妙手，博士便风流。

金芽嫩采枝头露，雪乳香浮塞上酥，我家奇品世间无。君听取，声价彻皇都。"[2]

四、明清的茶馆

明代是我国饮茶方法史上发生重大变革的重要时期，自唐宋以来盛行的饼茶饮用法被散茶冲泡所代替。明朝皇帝朱元璋于洪武二十四年（1391）宣布废除饼茶，改进芽茶：

国初四方供茶，以建宁、阳羡茶品为上。时犹仍宋制，所进者俱碾而揉之，为大小龙团。至洪武二十四年九月，上以重劳民力，罢造龙团，唯采茶芽以进。其品有四：曰探春、先春、次春、紫笋，置茶户五百，免其徭役。按茶加香物，捣为细饼，已失真味。宋时又有宫中绣茶之制，尤为水厄中第一厄。今人惟取初萌之精者，汲泉置鼎，一瀹便啜，遂开千古茗饮之宗。

从名称上看，朱元璋所征调的都是早春季节采制的名贵绿茶，当时属于蒸青绿茶，直接碾碎后放到壶里去煮成茶汤饮用。后来为了提高茶叶的香气，逐渐改蒸为炒，冲泡方法也由煮改为用开水直接冲泡。明代周高起《阳羡茗壶系》云："壶供真茶，正在新泉活火，旋瀹旋啜，以尽色声香味之蕴。""旋瀹旋啜"就是随冲泡随饮用之意，一直沿用至今。这是饮茶方法发展史上的一次革新。

明代统一而安定的政治局面，为社会经济的恢复和发展创造了条件，也推动了茶馆业的复兴和繁荣。明代的茶馆仍多称茶肆、茶坊，也有称茶舍，并开始称茶馆、茶楼。如明末张岱《陶庵梦忆》："崇祯癸酉，有好事者开茶馆。泉实玉带，茶实兰雪，汤以旋煮，……"吴应箕《南都纪闻》："金陵栅口有五柳居，万历戊午年僧赁开茶舍，……南中茶舍始此。"不过仍以称茶坊为多。如田汝成《西湖游览志余》卷二十记载："杭州先年有酒馆而无茶坊。然富家燕会，犹有专供茶事之人，谓之茶博士……嘉靖二十六年三月，有李氏者，忽开茶坊，饮客云集，远近仿之，旬日之间，开茶坊者五十余所。然特以茶为名耳，沉湎酗歌，无殊酒馆也。"

到了明代晚期，杭州的茶馆业有了很大发展，据《杭州府志》记载："今则全市大小茶坊八百余所。"明代的首都已从南京迁移到北京，杭州早已不是京城，其政治地位远非南宋时期可比，但居然拥有八百余所的茶馆，其城市经济的繁荣发达可想而知。

在明代的许多小说中都有很多表现茶馆的内容。如《水浒传》第三回描写史进入城"只见一个小小茶坊正在路口。史进便入茶坊里来，拣一副座位坐了。茶博士问道：'客官，吃甚茶？'，史进道'吃个泡茶。'茶博士点个泡茶，放在史进面前。"可见当时茶馆的服务人员仍称"茶博士"，而且当时茶馆中的饮茶方式确实是用散茶冲泡的"泡茶"。《水浒传》第二十四回描写西门庆和潘金莲的故事也是安排在王婆开办的茶馆中展开。《喻世明言》中有一篇根据宋人话本改编的《赵伯升茶肆遇仁宗》也是以茶肆为主要场景来表现人物故事的。《初刻拍案惊奇》第十五卷"卫朝奉狠心盘贵乡"中还提到（金陵）"酒馆十三四处，茶坊十七八处。"说明当时南京的茶馆数量比酒馆还多。

明代有些茶馆的品位颇高，为一些文人雅士常到之处。如前引张岱《陶庵梦忆》中所提到的茶馆："泉实玉带，茶实兰雪，汤以旋煮，无老汤。器以时涤，无秽器。其火候、汤候，亦时有天合之者。余喜之，名其馆曰'露兄'，取米颠'茶甘露有兄'句也。"随即为其作《斗茶檄》，文中指出此茶馆"水符递自玉泉，茗战争来兰雪"，用北京郊区玉泉山的泉水来冲泡名贵的兰雪茶，火候、汤候都掌握得很好，器具也保养得整洁无尘。吴应箕《南都纪闻》中提到南京五柳居的茶舍，"宣壶锡瓶，时以为极汤社之盛。然饮此者，日不能数客，更皆胜士也。"宣壶就是早年宣德窑生产的名贵瓷壶，非一般茶馆所能用得起，故每天只能接待几位高层人士来此品茶。至于前面所引小说中描写的茶坊、茶肆则多是一般性的民间茶馆，主要的客源是商贾客旅、平民百姓，因而数量较大，遍布城乡。

到了清代，茶馆业更为兴盛，各大城市里茶馆鳞次栉比，生意兴旺，甚至超过餐饮业。仅南京一地茶馆就有一千多家。《儒林外史》第二十四回描写道：

> 大街小巷，合共起来，大小酒楼有六七百座，茶社有一千余处。不论你走到一个僻巷里面，总有一个地方悬着灯笼卖茶。插着时鲜花朵，烹着上好的雨水，茶社里坐满了吃茶的人。

《清稗类钞》也记载南京茶馆的情形：

> 乾隆末年，江宁始有茶肆，鸿福园、春和园皆在文星阁东首，各据一河之胜。日色亭午，座客常满，或凭栏而观水，或促膝以品泉，皋兰之水烟，霞漳之旱烟，以次而至。茶叶则自云雾、龙井，下逮珠兰、梅片、毛尖，随客所欲。

成书于乾隆六十年的李斗《扬州画舫录》，记载扬州茶馆的盛况：

> 双虹楼，北门桥茶肆也。楼五楹，东壁开牖临河，可以眺远。吾乡茶肆，甲于天下，多有以此为业者，出金建造花园，或赁故家大宅废园为之。楼台亭舍，花木竹石，杯盘匙箸，无不精美。

以故家大宅废园为之的茶馆如"欣和园"，本是亢家花园旧址，后改为茶肆，并以酥儿烧饼见称于市。"冶春茶社"是利用崔园旧址建设，还有在江园内开竹径，临水筑曲尺洞房，额曰"银塘春晓"，园丁于此为茶肆。这些茶肆，"饮者往来不绝，人声喧闹，杂以笼养鸟声，隔席相语，恒以眼为耳。"还有一种露天的"茶桌子"："乔姥于长堤卖茶，置大茶具，以锡为之，少颈修腹，旁列茶盒，矮竹几杌数十。每茶一碗二钱，称为'乔姥茶桌子'。"这是民间在卖大碗茶了。

杭州的茶馆同样十分发达，范祖述《杭俗遗风》记载吴山茶室环境优美的情形是："吴山茶室，正对钱江。各庙房头，后临湖山，仰视俯察，胜景无穷。下雪初晴之候，或品茗于茶室之内，或饮酒于房头之中，不啻至于琉璃世界矣。"吴敬梓《儒林外史》中花了大量笔墨描述了马二先生上吴山品茗的情况：

马二先生来到山上的一条大道上，见着"一间一间的房子"，其中一间房子，打成一片两进。屋后一进，窗子大开着，空空阔阔，一眼隐隐望得见钱塘江。那房子，也有卖酒的，也有卖耍货的，也有卖饺儿的，也有卖面的，也有卖茶的，也有测字算命的。庙门口都摆的是茶桌子。这一条街，单是卖茶就有三十多处，十分热闹。……马二先生心旷神怡，只管走了上去，又看见一个大庙，门前摆着茶桌子卖茶。马二先生两脚酸了，且坐吃茶。吃着，两边一望，一边是江，一边是湖，又有那山色一转围着，又遥见隔江的山，高高低低，忽隐忽现。马二先生叹道："真乃'载华岳而不重，振河海而不泄，万物载焉！'"

一条街就有三十多处茶馆，可见清代杭州茶馆兴盛的程度。

与杭州近邻的上海，虽然茶馆的开设较晚，但到了清代晚期，发展很快，出现很多有名的茶馆。据徐珂《清稗类钞》记载，上海最早的茶馆是同治年间（1862－1874）于三茅阁桥沿河的"丽水台"，"其屋前临洋泾浜，杰阁三层，楼宇轩敞。南京路有一洞天，与之相若。其后有江海、朝宗等数家，益华丽，且可就吸鸦片……福州路之青莲阁，亦数十年矣，初为华众会。"

咸丰五年（1855），上海老城隍庙内的湖心亭改为茶楼，初名"也是轩"，后易名"宛在轩"，但人们习惯上仍称湖心亭茶楼，四面临水，两面曲桥相通，环境幽雅宁静，保存至今，仍是上海人品茗的好去处。附近还有"春风得意楼""松风阁""推鹤亭""船舫厅""绿波廊"等，光绪二年（1876）在广东路棋盘街北开了一家装修华丽的"同芳茶楼"，兼售糕点、糖果，早点有鱼生粥，中午有各色粉面点心，夜晚有莲子羹、杏仁酪等。之后出现了"怡珍茶居""三盛楼"等茶馆。[3]

上海是国际知名的商业大都会，高度发达的商业促进了茶馆业的繁荣，且规模越来越大，装修越来越华丽。如清人笔记中所述："沪北茶寮，昔年以丽水台为第一。……近惟四马路之洪园、华众会（即青莲阁）、阆苑第一楼、皆宜楼、履舄骈阗，最为繁荣。"其中"茶馆之轩敞宏大，莫过于阆苑第一楼者，洋房三层，四面皆玻璃窗，……计上中二层，可容千余人，别有邃室数楹，为呼吸烟霞之地，下层则为弹子房，初开时，声名籍籍，远方之初至沪地者，莫不趋之若鹜。"

在清人的竹枝词中也有描写上述"松风阁""丽水台""阆苑第一楼"等茶楼的情形，如佚名《春申浦竹枝词》："侍儿心灵爱风华，奔走桥头笑未暇。寄语阿郎来订约，松风阁上一回茶。""高屋三层傍水隈，玻璃四面绮窗开。看花消渴都来此，绝妙风情丽水台。"湘湖仙史《洋场繁华小志》："青霞一口暂勾留，阆苑申江第一楼。偏是游人多艳福，佳人佳茗竟双收。"

长江中游的商业重镇武汉的茶馆业也十分繁盛。在玉带河外长达数十里，茶楼林立。后湖一带，茶楼酒肆，星罗棋布。"茶楼酒肆簇成村。"范锴《汉口丛谈》云："大智坊，近有茶肆，题曰白萍洲……爰有息肩热客，聊以涤烦，伫足劳人，于焉疗渴。主人呼童涤器，命仆瀹泉。灶暖烟清，瓶香水活。雅贪七碗，居然满座卢仝。请试一枪，不减当年顾渚。"又云："汉口一镇，盖以后湖为最繁盛之地，又为最文雅之地，是地茶社之剧，自湖心亭开始，第五泉、涌金亭、习习亭继之……光绪中叶犹然也。"可见武汉茶馆业欣欣向荣之情景。

四川的成都早在汉代饮茶之风就非常兴盛，唐宋以后茶馆发达，至清代更为兴盛。据清代宣统元年《成都通览》记载，当时成都有454家茶馆，若按人口平均计算，每60人便拥有一家茶馆，可见茶馆的发达程度。

在当时的首都北京，更是茶馆林立，花样众多，门类齐全。有专供商人洽谈生意、文人聚会的清茶馆，有兼营饮食的"二荤铺"，有表演说唱曲艺的"书茶馆"，有供人野游赏景歇脚休息的野茶馆，还有可容各色人等的大茶馆。《清稗类钞》记载北京茶馆的情形是：

> 京师茶馆，列长案，茶叶与水之资，须分计之。有提壶以注者，可自备茶叶，出钱买水而已。汉人少涉足，八旗人士虽官至三四品，亦厕身其间，并提鸟笼、曳长裾，就广座，作茗息。与圉人走卒谈话，不以为忤也，然亦绝无权要中人之踪迹。

《京华春梦录》也记载：

> 都中茶肆……坐客常满，促膝品茗，乐正未艾。茶叶则碧螺、龙井、香片，客有所命，弥不如欲。佐以瓜粒糖豆、干果小碟，细剥轻嚼，情味俱适。有鸡肉饺、糖油包、炸春卷、水晶糕、一品山药、汤馄饨、三鲜面等。

可见京城的茶馆多数是在提供名贵绿茶、花茶的同时，也供应一些茶点、茶食以及快餐之类的食品以增加收入，生意甚是兴隆。郝懿行有首《都门竹枝词》描写了北京茶馆的情景：

> 击筑悲歌燕市空，争如丰乐谱人风。
> 太平父老清闲惯，多在酒楼茶社中。

乾隆年间，还在皇宫禁苑圆明园内的同乐园中设有一条模仿民间的商业街，新年之际开张，古玩、衣服、皮货、茶馆、酒楼、饭店等，应有尽有，专供王公贵族们游玩，其中的"同乐园"茶馆，连日唱戏，弦歌悠扬，宗室贵胄、文武大臣均聚此观戏品茶，热闹非凡。

此外，清代北京有些以演戏为主的戏院，在观众看戏时也供应茶水，称之为"茶园"，如"吉祥茶园""天乐茶园"，实际上是剧场，并不是真正的茶馆。包世臣《都剧赋序》记载，嘉庆年间北京的戏园即有"其开座卖剧者名'茶园'"，于"其地度中建台""三面皆环以楼"。以后相沿成习，很多戏园就都称茶园。梅兰芳《舞台生活四十年》就说："最早的戏馆统称茶园，是朋友聚会喝茶谈话的地方，看戏不过是附带性质。""当年的戏馆不卖门票，只收茶钱，听戏的刚进馆子，'看坐的'就忙着过来招呼了，先替他找好座儿，再顺手给他铺上一个蓝布坐垫子，很快地沏来一壶香片茶，最后才递给他一张也不过两个火柴盒这么大的薄黄纸条，这就是那时的戏单。"[4]

不管如何，与戏剧、曲艺结合是北京清代晚期茶馆业的一个特点。清代北京茶馆的发达兴盛，无论是在中国茶馆发展史上，还是在中国戏剧发展史上，都作出了积极的贡献，应该给以应有的肯定。

五、近现代的茶馆

（一）近代茶馆

近代中国历史的最大特点是外国侵略、政治动荡、经济衰退，尤其是1937年日军在北京发动卢沟桥事变之后，陆续占领了中国南北许多大城市，长达八年之久，严重破坏了中国经济，也给中国的茶馆业以很大的摧残。战后虽有恢复，但已大不如前。仅以杭州为例：

在1932年，杭州有585家茶馆，到了1949年，只剩下348家，而在日军占领期间，则不过十几家而已。

清末以前，杭州的茶馆主要集中分布在老城区繁华地段，闻名的有三雅园、藕香居等。拱宸桥地区自1895年辟为日本商埠后，茶馆逐渐兴起，最出名的是醒狮楼。1909年沪杭铁路全线通车，车站附近地区商业兴旺，茶馆也增多起来，著名的茶馆有迎宾楼等。老城区商业街中山路在清末以后也有几家档次较高的茶馆，如萃芳茶店，楼上桌椅都是红木，太湖石桌面，座椅也是红木靠背，顾客大多是官僚商贾。

辛亥革命以后，西湖开始成为旅游区，湖滨一带茶馆很多，如西园、雅园、望湖楼、得意楼、雀儿茶馆、喜雨台等。其中喜雨台茶馆创办于1913年，面积达100多平方米，有13间门面，室内布置也相当考究，开张后门庭若市，称雄杭州几十年。

在吴山风景区则有放怀楼、景江楼、望江楼、映山居、紫云轩等。

杭州的茶馆在长期的经营中形成了各自的特色，除了经营茶水之外，还兼营其他业务，如与说唱曲艺相结合，大凡规模较大的茶馆都有说唱和曲艺表演，在民国时期这类的茶馆一度达到近30家，如望湖楼、得意楼、雅园等就是因馆内说唱艺术水平高而出名的。喜雨台茶馆还常常同时演出评话、杭滩、杭曲，并辟有弹子房、棋牌室等娱乐设施，供不同爱好的人娱乐，俨然成为一个大型娱乐中心。

其次是茶馆与餐馆合一。如喜雨台、钱业会馆、西悦来、颐园、仙乐园、景春楼等，都是与餐饮结合，茶酒兼备。

还有的是与其他服务业结合的，如湖墅地区的曲江茶馆兼营洗澡业，一时生意兴隆。此外还有兼营色情、赌博业的，不一而足，乌烟瘴气，到了新中国成立后就被取缔了。[5]

在江南地区，茶馆不仅是人们的休息娱乐场所，还是民间调解纠纷的地方，乡间街坊发生房屋、山林、水利、婚姻等纠纷，又觉得不值得去衙门打官司，就到茶馆里去请人调解，绍兴人称为"吃讲茶"：茶馆最外面临街处，摆有两张桌子，俗称马头桌或马鞍桌，只有乡间街坊上有声望、说话算数的人才有资格去坐。双方约定时间，邀请当地有威望身份的仲裁者一起到茶馆去，在场的茶客每人都泡一碗茶，先由争执双方各自陈述矛盾纠纷的始末，接着由茶客分析评议，最后由坐马头桌的人裁决，茶客们再作附议性的表态。如判甲方过错，所有茶客的茶资均由甲方付清。这规矩由来已久，是约定俗成，谁也不能违反。[6]

上海也有到茶馆中"吃讲茶"的习俗，但也有调解不成大打出手的："失业工人及游手好闲之类，一言不合，辄群聚茶肆中，引类呼朋，纷争不息，甚至掷碎碗盘，毁坏门窗，流血满面，扭至捕房者，谓之吃讲茶。"

上海工商业高度发达，商贾云集，茶馆也就成为商人洽谈行情进行交易的场所，这是近代茶馆业的一大特色。因此各行各业的商人都有其约定的茶馆作为集会地点，定期或不定期集会，一边饮茶，一边商谈行市，进行买卖。这种茶会流行于长江流域一带，唯上海尤盛。"清末民初，许多帮会都借茶楼为聚会地点……逐渐形成茶会市场"，到1949年中华人民共和国成立前夕，在上海27家茶楼里有70多个行业的茶会，行帮包括百货、大小五金、文化生活、建筑材料、房地产等，20多家茶楼中经常参加这种茶会的有500多人，以青莲阁、仝羽春、乐园、一乐天、春风得意楼等规模较大。

当然，由于茶馆是开放性商业场所，且为顾客久留之地，三教九流，八方商贾，各界人士，男女老少，都汇集于此，因而也是新闻信息汇聚传播的场所，许多微服私访的官吏、侦查案情的捕役密探、编造花边新闻的小报记者经常光顾之地。道光十六年，林则徐任江苏巡抚时到盐城视察，就曾微服到茶馆私访。他在日记中写道："早晨上岸，到茶场一坐，……又到面馆点心，有打水烟者，问其县太爷如何，答云：'不好……'又往他处茶馆问讯，大略相同。"

同治元年，南昌教案发生后，群情激愤，江西巡抚沈葆桢密派亲信假扮外路客商到茶楼酒肆中了解人民舆论，与茶客闲谈、辩论，将采访的情况写了《密访问答》向皇帝报告。

当然，革命者也会利用茶馆这种场合进行传递情报、联系接头、宣传革命等活动，新中国成立前，在陕西省西安市的莲湖公园内有座"奇园茶社"就是当时共产党地下组织的联络站，开张时党组织还送来一副嵌字对联："奇乎？不奇，不奇又奇。园耶？是园，是园非园。"

利用茶馆进行革命活动，在许多文艺作品中都有反映，典型的如京剧《沙家浜》中的"春来茶馆"。这也算是那个年代茶馆的一个时代特点。

（二）现代茶馆

1949年新中国成立之后，由于社会性质的变革，随着频繁的政治运动和思想改造运动的开展，政府的导向和人们的思想都发生了很大变化，从旧社会过来的茶馆一时难以适应新政治形势的要求，逐渐趋向衰落。在计划经济时代，商品经济不发达，商业难以繁荣，茶馆业也不可能得到发展。特别是在对全国工商业进行社会主义改造的运动中，作为私营的茶馆业也成为改造对象之一，纷纷被改造、合并、淘汰，日渐式微。仅以杭州为例，1951年尚有大小茶馆385家，经过1956年社会主义改造，有的改为餐馆，有的改造为开水供应站，有的被合并，有的被撤销，到1957年剩下276家，经过不断的政治运动的冲击，至1959年只剩下81家。至"文化大革命"期间（1966—1976），传统的茶馆业更是几近消亡。[5]

当然，除了政治原因之外，茶馆业本身的弱点也是它走向萎缩的原因之一，如进入新时期之后，无论是在经营手段、还是市场布局和规模上都没有作出相应的调整，如1956年杭州东街路一共只有200家店面，却有20家茶馆，绝大多数亏本。也没有相应的行业组织进行协调和指导。同时从事茶馆业人员文化层次太低，也制约其提升文化品位的自觉性，如1949年统计，杭州茶馆的从业人员有75%不识字，这显然是很难满足大都市服务行业发展的需要。

杭州茶馆业的变化可作为全国茶馆业的缩影。各地情形大致相似，如上海市南市老城厢在1949年有各式茶馆169家，至"文革"之后，只剩下26家，并且都是门面陈旧、生意清淡。如开业于1912年已有90多年历史的玉壶春茶楼已很陈旧，靠说书为业，已今非昔比了。复兴东路624号的鸿兴茶馆，成为养鸟人汇集处，内部设施也破损不堪。唯一例外的是该地区的湖心亭茶楼，因地处豫园商业旅游区中心，人气很旺，且为国营单位，故生意一直不错，一直营业至今。

至于其他城市或乡镇由于各种具体的原因，也还有些茶馆勉强维持，但已无昔日的繁华，而是处于江河日下的态势。

茶馆在现代的再次复兴是20世纪80年代以后的事情，但并不是简单的复旧，而是以一种崭新的面貌（就是当代的"茶艺馆"）出现在世人的面前。

六、当代的茶艺馆

茶馆业的复兴和繁荣是在20世纪80年代国家实行改革开放政策之后，特别是80年代后半期以来，随着人们经济水平的提高，物质生活和文化生活逐渐改善，在国内外各种因素的促进下，海峡两岸的茶文化事业出现蓬勃发展的态势。进入90年代后更是形成热潮，而这个热潮的兴起却是发端于新型茶馆——茶艺馆的诞生。

1977年，从法国留学归来的管寿龄小姐筹备在台北市仁爱路四段27巷8弄6号芙蓉大厦开设一家"茶艺馆"，这是第一个挂出"茶艺馆"招牌的新型茶馆。1979年5月23日正式取得营业执照，公开对外营业。当时她是以经营国画、陶瓷艺术品为主，人们可以在馆内一边品茶一边观赏艺术品。在此之前，台湾已有几家文化品位相当不错的茶馆，都称为茶馆，没有一家叫茶艺馆。因此，"茶艺馆"的名称是管寿龄小姐所开创的。[7] 到1981年，台北地区同时出现陆羽、白云轩、紫藤庐、贵阳、仙境、老龚、神州、雅士坊8家茶艺馆，采用紫藤庐主人周渝先生提议的"从咖啡厅到茶艺馆，从西方情调走进东方境界"的广告词做宣传，号召社会大众走进茶艺馆。1982年，台北市已经有十几家茶艺馆。到了1987年，整个台湾地区的茶艺馆就达到50家左右，并影响到东南亚及香港地区。如1987年，在台湾留学的马来西亚青年林福南、萧慧娟等人回到吉隆坡开设了"紫藤茶坊"。1989年香港青年叶惠民在九龙开办了"雅博茶坊"，还有陈国义的"茶艺乐园"和李少杰的"福茗堂"也相继开张。1990年，新加坡纪治好成立"中国茶馆私营公司"，李自强开设了"留香茶艺馆"。

中国大陆最早出现类似的单位是具有上千年茶馆历史的杭州市。早在1982年杭州就成立了茶人社团组织"茶人之家"，1985年4月在杭州洪春桥"双峰插云"景亭旁，"茶人之家"的庭院落成，开始接待客人入内品茗，倡导对茶、水、具的讲究和对品茗环境的营造，把品茶、尝茶点、听乐吟诗、读画赏花融汇一体，这是杭州当代茶艺馆发展历程中的一个起始坐标，虽然当时它并未取名"茶艺馆"。

1985年元旦，在天津新开发的食品一条街上，由杭州茶厂和天津市商业经济开发公司联营的"红楼茶社"开张。茶社装饰体现《红楼梦》风貌，连服务人员都穿着仿清服装。1988年，"红楼茶社"的总店在杭州的吴山路上正式开业，茶社装饰古雅，器具精美，开业时盛况空前，热闹非凡。可惜是，这两处"茶社"后来都相继关门，知道的人不多。

值得一提的是开业于1855年的上海湖心亭茶楼，历经清代、民国至今依然长青不老，因其得天独厚的环境，古朴雅致之格局，名茶荟萃、殷勤周到的服务态度，受到国内外人士的青睐，一直生意兴隆，门庭若市，自1980年起销售额和利润额每年都以百分之十以上的幅度递增，并进行了两次大修，保持原有风貌，古典建筑、红木桌椅、宫灯名画、各地名茶、宜兴紫砂、江南丝竹、茶艺表演等，使得湖心亭茶楼具有极富魅力的个性，成为上海茶馆业的翘楚。虽然它依然称为茶楼，但已与旧式茶楼有本质不同，实际上已是按现代茶艺馆的模式来经营。

1988年，由卖大碗茶起家的北京企业家尹盛喜先生在北京前门开办"老舍茶馆"，规模宏大，古典建筑，红木家具，名人字画，文物古玩，古色古香，清幽典雅，富有民族特色，令人赏心悦目。它继承了北京"大茶馆"的老传统，除了品茗、小吃和琴棋书画之外，还可观赏京剧和北京曲艺。"老舍茶馆"已经走过20个年头，影响很大，已经成为北京茶馆界的一张名片。虽然它还是自称茶馆，但实际上是属于文化型的茶艺馆。已与旧时老茶馆不可同日而语。

进入20世纪90年代，中国的茶艺馆业才大踏步地向前迈进。

1990年，中国大陆第一家以茶艺馆命名的茶馆是由福建省博物馆开办的"福建茶艺馆"。该馆设在博物馆的展厅里，装修考究，风格典雅，富有浓郁的文化氛围，馆内竖立蔡襄雕像和刻有《茶录》全文的碑石，并陈列许多有关茶文化知识的文物和图片资料，茶艺人员以工夫茶艺为客人冲泡乌龙茶，并演示客家擂茶等民俗茶艺。开馆后接待了很多国内外嘉宾，如国际著名的作家韩素音女士等人品茗后都给予很高评价。

1991年7月，坐落在上海闸北公园内的"宋园茶艺馆"开馆迎客，该馆隶属于上海市闸北史料馆，是上海市第一家茶艺馆，馆内布置古朴雅洁，设有名茶知识介绍、茶史资料陈列、中外茶具展览、凿石雕壶展览及茶艺、书画廊等，可喜的是该馆一直坚持到今，已成为上海茶艺界的一张响亮的名片。

1992年6月和10月，江西南昌诞生了两家茶艺馆。一家是由江西画报社主办的"江西茶艺馆"，一家是由江西省中国茶文化研究中心主办的"神农茶艺馆"，这是江西省最早开办的两家茶艺馆，当时打出的标语就是效仿台湾茶艺界的"从西方情调走进东方境界"，算是具有较强的茶文化自觉意识。"江西茶艺馆"当年还推出《禅茶》和《擂茶》茶艺表演节目，至今还在各地演出，成为保留节目。在茶艺表演事业上，他们也作出了积极的贡献，显示了与老茶馆的本质差别。

1993年，在杭州断桥望湖楼西边餐秀阁上开设了"福士达茶艺馆"，供应茶水和茶食，并有茶艺表演。虽然两年后就停业，但这是浙江首次打出"茶艺馆"招牌，在茶艺馆史上还是颇有意义的。

1994年，北京第一家现代茶艺馆——"五福茶艺馆"正式开张。这是一家与京味传统茶馆"老舍茶馆"风格不同的新派茶馆。它虽然是家经营现代茶艺的商业性企业，但却花大力气建立北京首家茶艺表演队、开展茶艺培训、举办茶艺茶道讲座、积极参与主办国际茶艺博览会、支持茶文化书籍出版和发行，充分发挥了茶艺馆在茶文化活动中的重要作用，在社会上产生很大影响。尽管如此，五福茶艺馆开张以后还是亏损了一年多时间，只是一对年轻的创办人咬着牙关坚持下去，终于扭亏为盈，并且开办了多家连锁店，从而带动了北京及周边省市，陆续出现了很多家茶艺馆。在五福茶艺馆等单位带动下，北京市的茶艺馆就由1994年的1家发展到1999年的十多家，如今却已突飞猛进到100多家，形势非常喜人。

经过先行者几年的努力，茶艺馆在社会生活中的影响日益扩大，随着国家经济的高速发展，人民生活水平的明显提高，到了1998年以后，茶艺馆就如雨后春笋般地在中华大地涌起，形成热潮，东到山东威海，西到新疆克拉玛依油田，南至海南岛三亚，北到大庆油田，不论省市还是县城，到处都有茶艺馆。进入21世纪之后，茶艺馆的发展势头更猛，而且装修更加精美，规模更加宏大，动辄上千、几千平方米，几乎每天都有新馆开张（当然每天也有停业的）。到如今，全国约有10万家茶艺馆，从业人员达百万左右，形成一支产业大军，茶艺馆已成为一门新兴的产业。

回顾往昔，可以发现茶艺馆已走过一个从自发到自觉的发展历程，当初台湾管寿龄小姐创办茶艺馆的初衷与今天大陆各地茶艺馆对"茶艺"的理解已有很大不同。当年她在回答为什么会取名"茶艺馆"时回答道："字画等艺术品的交易不是像买衣服或其他的用品那样，可以在短时间内完成的。有的客人进馆看了好几趟，欣赏了大半天，在未决定购买之前，已经口干舌燥了，如能提供茶饮，让客人放轻松好好地欣赏艺术品，即使未成交也能够得到舒服的享受。以前也有艺廊提供茶饮，但都太简单、太不重视茶，因为是不收费的，所以谈不上什么服务。而设立'茶艺馆'，原本是用茶来美化艺术品，一面品茶，一面欣赏艺术品，把艺术品和实际生活拉近，让画廊像是一般生活的空间。也就是说，所经营的'茶艺馆'是提供欣赏茶和艺术品的馆。"[7]

可见当初管寿龄小姐"茶艺馆"中的"茶艺"是指饮茶的"茶"和绘画艺术品的"艺"，并非如后来茶艺界所阐释的是"品茶艺术"的简称。她的目的也只是用饮茶来为她的字画交易服务，并非是为了推广茶艺、弘扬茶文化等文化追求。而当今大陆各地的茶艺馆虽然也有兼营戏剧、曲艺、乐器、绘画等艺术项目，但其所谓的"茶艺"都是指品茶艺术，因而主要以演示"生活型茶艺"和"表演型茶艺"为顾客服务。他们之所以兼营艺术表演项目主要是为了增强品茗的艺术氛围，吸引更多的顾客前来品茶，而不是进行艺术品交易。同样，大陆茶艺馆的经营者们也大都具有推广茶艺、弘扬茶文化的自觉意识，这是历史的发展使茶艺馆进入成熟的阶段，不能苛求前人。但无论如何，管寿龄小姐"无心插柳柳成荫"，首创"茶艺馆"名称之功仍然要加以肯定，写进历史。

如今，茶艺馆不但红遍神州大地，而且波及海外各国，逐渐为欧美人士所接受。在当今世界，茶艺馆已成为人们日常生活中不可或缺的品茗赏艺、文化休闲的理想场所，是喧闹的商业大潮中平衡心态、净化心灵的一片净土。品茗亦被称为灵魂之饮[8]，茶艺馆也就被人们称为"灵魂的驿站"。[9]

参考文献

[1] 刘学忠. 中国古代茶馆考论 [J]. 农业考古，1995(4): 85-90, 92.

[2] 陈旭霞. 元代的茶俗 茶品 茶艺——元曲里所见的茶文化 [J]. 农业考古，2008 (2): 178-188.

[3] 阮浩耕. 茶馆风景 [M]. 杭州：浙江摄影出版社，2003.

[4] 连振娟. 中国茶馆 [M]. 北京：中央民族大学出版社，2002.

[5] 陈永华. 清末以来杭州茶馆的发展及其特点分析 [J]. 农业考古，2004(2): 185-187, 198.

[6] 黄长椿. 茶馆史话 [J]. 农业考古，1991(4): 101-106, 115.

[7] 范增平. 中华茶艺学 [M]. 北京：台海出版社，2000: 14-16。

[8] 丁文. 中国茶道 [M]. 北京：陕西旅游出版社，1994: 199.

[9] 吴德隆. 茶魂之驿站——杭州茶馆博览 [M]. 杭州：杭州出版社，2005.

（文章原载《农业考古》2009年第2期）

中国茶艺的美学特性

当人们泡茶独自品饮，或为一二好友沏泡香茗时，人们的注意力往往集中在茶具、茶汤上面，对泡茶者的仪表和动作都不会太在意，因此也就不存在艺术性、观赏性的问题。可是当你为很多人泡茶时，就是在众人的目光注视下进行的茶事活动，特别是当你泡的茶只有少数主宾才能饮用，其他人成了旁观者，那么大家的注意力就并不仅仅停留在你的双手和茶具以及泡茶过程而已，他们还会观察你的仪表、姿势、表情、服饰等诸多方面，这时你就成为大家的观赏对象，于是，泡茶行为就具有表演性质，茶艺也就成为审美对象。尤其是当今的茶艺已经从生活型发展为表演型，登上表演舞台，逐渐成为一门新兴的文艺形式，其表演性、艺术性、观赏性大为加强，因此其独特的美学特性也日益引起人们的注意。

在美学的结构中，美的性质主要是指不依赖于人的主观意志为转移的客观审美属性，也就是美的客体性层次。[1] 美虽然具有主体性层次，但也离不开其客体性层次。一幅画，一朵花，一处自然风景所以成为人们的审美对象，固然离不开人的审美态度，离不开人的主观意识状态，但同时也与这些美的事物本身所具有的客观的审美性质有着密切的关系。正如马克思所说："只有音乐才能激起人的音乐感。"[2]

"人的感觉、感觉的人性，都只是由于它的对象的存在，由于人化的自然界，才产生出来的。""只是由于人的本质的客观地展开的丰富性，主体的、人的感性的丰富性，如有音乐感的耳朵、能感受形式美的眼睛，总之，那些能成为人的享受的感觉，即确证自己是人的本质力量的感觉，才一部分发展起来，一部分产生出来。"[2]

如果说，作为美的主体性层次主要体现"善"的目的性的话，那么，作为美的客体性层次主要体现在"真"的规律性。就茶艺美学特性来说，主体性层次主要体现在茶人的茶道精神中，客体性层次则体现在茶艺的六大要素之中，即无论是茶叶、泉水、茶具、环境、冲泡、品尝，虽然都是在茶人操作之中形成品茗艺术，但是这些要素都有它们固有的客观的美学特性，如果茶不美，水不美，茶具不美，环境不美，冲泡技艺不好，泡出来的茶汤不好，那么，即使作为主体的茶人的主观愿望再好，这次的茶艺审美实践就是失败的。因此，对茶艺各要素美的客观性要给以足够的重视。

那么，作为品茗艺术固有的客观的美学特性主要体现在哪些方面呢？大体说来有下列诸项：

一、形象性

形象是能引起人的思想或感情活动的具体形状或姿态。在文学艺术中是指作者所创造出来的生动具体的、激发人们思想感情的生活图景。艺术之美首先体现在形象美，而不是依靠抽象的说教。茶艺中人们要品尝的茶之色、香、味、形，就是在欣赏它们的形象之美，人们选择精美的茶具来泡茶，也是为了在泡茶的同时还可欣赏它的形象美。品茶的环境之美更是形象美的典型。冲泡时茶人本身的仪态、动作也在展示着她们的形象美。同样，在编创表演型茶艺时，也是要通过一系列的形体动作和冲泡技艺来构成艺术形象，以表现一定的主题思想。有的茶艺节目的编创者没有认识到这一点，一味靠长篇大论的讲解来介绍各种司空见惯的泡茶动作，喋喋不休地说教，败坏了观众的胃口，也破坏了艺术效果。

二、感染性

艺术作品作为一种客观存在的艺术美，具有一种怡情养性、引人喜爱的感染性。它会通过"异质同形"或"同质共鸣"等途径与审美主体的思想感情紧密联系，从而获得良好的艺术效果。

品茗虽然只是日常的生活行为，但是当泡茶者全神贯注地在冲泡，熟练优美的动作，亲切和蔼的言谈举止，精美可爱的茶具，芬芳诱人的茶香，优美舒适的环境，甘醇可口的滋味，齿颊留香的余味等，都会呈现茶艺本身固有的形象美，具有很强的感染性，使品茶者在品尝过程中享受艺术美的同时生发联想，追求诗意的境界，升华到茶道的哲理高度，使心灵得到净化，灵魂得以升华。因此，在编创茶艺节目时，应该重视茶艺的感染性，注意通过艺术形象的塑造营造一种艺术氛围来烘托主题，感染观众。而不能只是简单的一套泡茶动作而已，那是没有艺术生命力的。

三、自然性

任何艺术都需有形式，没有形式的艺术是不存在的。形式是属于美的自然性，它是客观存在不以人们的意志为转移的。比如人的美除了内在美、心灵美之外，还存在形体美、姿态美、服饰美等诸多方面。艺术作品之美除了主题思想和健康内容之外，还有形式因素的语言美、结构美、体裁美等。山水花鸟之美更是自然形成的客观存在。它们的美都是客观存在的。同样，茶艺要素中的茶叶、泉水、野外环境都是自然界的产物，它们在构成茶艺的艺术美中具有重要作用。因此在编创茶艺时要有意识地注意形式美中的自然性，这对营造回归自然、追求天人合一的品茗意境有着重要意义。所以许多茶人都强调茶艺要素的自然性，往往喜欢使用一些简朴、天然的器物，尽量避免人工雕琢的痕迹。因此茶人们往往喜爱在野外环境中品茗，在茶席上插鲜花而不用人造的假花，就是为了强调形式美中的自然性。

四、社会性

艺术作品的美固然有其自然性因素，但是首先在其内容的社会性，它是由作为社会性的内容和作为自然性的形式有机统一的，即社会性和自然性的统一。这里的社会性是指人类的客观社会实践，而不是人类的纯精神活动。其实，茶艺中的各个要素都不是纯自然的产品，茶叶是经过茶农种植、茶工制作、茶商营销才成为人们品尝的对象；泉水是经过人工汲取运输回来的；茶具是陶瓷工匠烧制的；环境也多半是由人工营造的；冲泡是由茶艺师来进行的；茶汤是由茶人来品尝的。如果是表演型茶艺，更是由茶艺专家们编排设计而具有一定社会内容和现实或历史意义的。所以，茶艺的社会性是很明显的，因此我们在编创表演茶艺节目时，必须注意其主题和内容的社会意义，这样的节目才是有审美价值的。

五、多样性

由于人类社会和大自然复杂多样，决定了美的多样性。一些美学家对美的形态进行分类研究，从现实领域来划分，一般把美分为自然美、生活美、艺术美和科技美几大类。从美的具体形态来划分，可分为优美、壮美、崇高、滑稽、悲剧、喜剧等多种形态，每一种形态又横向覆盖了社会现象、自然现象、艺术现象、科学现象等广阔领域。由此显示了美的多样性。茶艺之美也同样具有多样性，不但是茶叶的品类各种各样，就是同一种茶叶也品类繁多，仅是绿茶就多达数千种。更由于我国土地广袤，人口众多，民族众多，各地自然条件和社会背景差别很大，因此各地的饮茶习俗也大不相同，所以中国的茶艺自然也就千变万化，呈现多样性的特点。我们在茶艺的编创中也要注意多样性问题，不能老是重复表演那么几种茶艺，引起观众的审美疲劳，而是必须创新，不断地推出新编的茶艺节目，给观众以新鲜感。

六、统一性

虽然自然、社会是复杂多样的，但客观世界又是和谐统一的。美的多样性也是有机统一的，并非杂乱无序的。无论是山水之美、花卉之美、艺术之美，还是服饰之美，不管其如何千姿百态，都具有共同之处，即具有一种使人赏心悦目的特点和素质。文艺作品虽然题材多样，风格迥异，形式异彩纷呈，表现手法多姿多彩，但都有共同的中国作风和中国气派，具有共同的思想素质和审美价值。中国的茶艺虽然也是百花齐放、异彩纷呈，但从冲泡的技艺而言，不管是何种泡法，都有几个基本环节是要共同做到的：备器、煮水、备茶、温壶（杯）、置茶、初泡、正泡、分茶、奉茶。因此我们在编创茶艺时，除了吸收各种表演艺术的手法之外，重点还是在泡好一壶（杯）茶汤，其基本环节仍然要遵照上述的几个环节，同时还要考虑茶艺师的服饰、茶叶、茶具、环境的统一性，才能取得较好的表演效果。

七、相对性

美是随着一定时间、地点、条件而变化的，并非僵死不变的，而是有条件的、相对的。有的是古代认为是美的东西，今天已不觉其美。在某些地区、某些人群之中认为是美的东西，在其他地方、其他人群中并不认为是美。如古代曾经以女人缠足为美，今天就觉得是丑。野兽养在动物园中供人观赏，观众会觉得其美。但是人若在山中遇见野兽，惊恐万分，绝对不会觉得其美。可见美是具有相对性的。同样，唐宋茶人以煮茶、点茶为美，明清之后就以散茶冲泡为美。宋代因斗茶而茶色以白为美，茶具以黑为美。明清因冲泡绿茶，茶色以绿为美，茶具以白为美。日本茶道是用茶粉冲点，他们以食末茶为美。中国盛行散茶冲泡，以叶茶为美。同样是工夫茶，明清的潮汕工夫茶在当时已是臻于成熟，相当完美。但是在今天看来就有其不足之处，因此台湾地区改良为台式工夫茶，上海地区改良为海派工夫茶。可见茶艺不是一成不变，而是与时俱进的。我们在编创茶艺节目时，也要注意茶艺的相对性，而要不断创新。

八、绝对性

在承认美的相对性同时，并不能否认美是具有不以人的主观意志为转移的普遍性和绝对性的客观标准。美是随着社会历史的发展，随着人类实践的发展而不断发展变化的，但是这种发展变化不是简单的否定，而是否定中有肯定，变化中有继承，是否定与肯定的辩证统一过程。所以美既有相对性，又有绝对性，在相对性中包含着绝对性的因素，在相对性中包含着普遍性、永恒性的成分。因此古代的一些优秀文艺作品才会在千百年后依然受到人们的喜爱，这是它们的作者在当时创造了、包含着具有永恒魅力的艺术美。同样，在唐代就已经出现的散茶冲泡，在历经数百年后在明代得以推广，在今天依然受到欢迎。唐宋烧制的一些精美瓷器茶具，明清制作的紫砂壶具，今天仍然受到人们的珍爱。明清时期盛行的工夫茶艺今天依然受到茶人们的欢迎，不但在南方地区流行，而且普及到北方地区。无论我们编创表演的茶艺如何推陈出新，如何突破，但有一点是绝对不能放弃的，那就是一定要泡出一杯（壶）好茶汤来，否则就是失败。

九、科学性

过去总认为美是一种感性形象，而科学则经常表现为某种抽象的公式、逻辑结论和理论体系，很少形象性，似乎无美可言，所以谈美和美学极少涉及科学领域。其实大谬不然。虽然艺术是以美为目标，科学是以真为目标。但是艺术也是要表现善、表现真。艺术不但有审美功能，而且通过这种功能还要发挥它的认识功能和教育功能。同样，科学固然以揭示真理为主要目标，但同时也不排斥对美、善的表现。因此科学不但有认识功能，而且在这种认识功能里融合着它的审美和教育功能。其实，在茶艺中也有科学性问题，如茶叶的种植、加工、营销是门科学，茶具的制造是门科学，就是茶叶的冲泡也存在科学性问题，不管投茶量、水温、冲泡时间都有科学的规定，违背了就泡不出好茶汤来。所以才有"科学地泡出一壶茶"的要求。在表演型茶艺的编创中也有科学性问题，主要是要注意它的学术性。有的编创者没有认真阅读古代茶书，在编创表演古代茶艺的节目中经常出现一些常识性的笑话，无论是服装、茶具还是冲泡方法，往往出现"关公战秦琼"的现象。如表演唐代煮茶时使用元代才有的青花茶具（有的甚至还出现紫砂壶），表演明清的茶艺使用玻璃器皿，至于服装、音乐的使用问题就更多了。

十、艺术性

茶艺发展到今天，产生了表演型茶艺。它不再只是简单的泡茶动作的演示，而是综合吸收了舞蹈、戏剧、音乐、绘画、工艺等诸多艺术门类的元素而逐渐形成的新型表演艺术。虽然它是以泡茶技艺为中心的，但却具备众多的艺术元素而具有较强的表演性和观赏性的节目，因此具有相当强的艺术性。

与其他艺术形式相比，茶艺具有自身特点，因为它是以泡茶技艺为中心来展示生活行为的艺术魅力的，这是其他艺术形式所不具备的。文学艺术是审美欣赏的对象，是为了满足人们的审美要求而创造出来的精神产品，而不是为了满足人们的物质实用的要求而创造出来的物质产品，更不是人们跻身其中的客观生活本身。然而茶艺却有所不同，因为人们在欣赏茶艺师的冲泡技艺的同时还可品尝芳香可口的茶汤，即除了享受满足审美要求的精神产品的同时，还享受了物质产品（茶汤）。

但既然是艺术形态之一，就与其他文艺形式有共通之处。文艺作品的形式美是指用一定的物质材料构造艺术形象的准确性、鲜明性和生动性，由一定物质材料构成的"艺术语言的美。如绘画讲究色彩美和线条美，音乐讲究音响美和旋律美，舞蹈讲究动作美和身段美，文学讲究语言文字的美等。茶艺则是以冲泡技艺为主要手段的程式美，同时也吸收其他艺术形式的营养来丰富自己的艺术性，以激起人们的美感，满足人们的审美需求。

就表演形式而言，茶艺接近于戏曲，只是它不开口讲话和歌唱，而是靠形体语言来表达思想内容。因而同样具备戏曲形式的一些审美特征，如：

（1）戏曲艺术是直接诉诸观众视听感觉又需要观众想象补充创造的感觉（想象）艺术。由于戏剧舞台的限制，不可能把一切现象都搬上舞台，只能通过换场、写意等办法突出一些东西，省略一些东西，从而需要观众通过自己的想象去补充、丰富。茶艺由于以茶席为中心展现故事情节，又不能说话、歌唱，仅有简略的讲解，只能靠观众的视听感觉的领悟以及靠想象来补充、丰富。如在《禅茶》表演时，背后几桌上仅有一个香炉和一对点燃的红烛，要靠观众的想象力联想到这是在佛门中进行的茶事活动，领悟禅茶一味的神韵。

（2）戏曲艺术是以剧本为基础，以演员的动作为中心的表演艺术。茶艺表演也需事先编写演出脚本，经过排练，以茶艺师及辅助演员的动作表演来演示故事情节和表达一定的主题思想。

（3）戏曲是一种综合性的舞台艺术。它综合了文学、美术、音乐、舞蹈、表演、导演等各种艺术手段，形成了一个以演员的舞台形象为中心的声、光、形、色等各种因素有机统一的综合性的舞台系统。同样，表演型茶艺已经脱离了单纯泡茶动作的原始阶段，也需吸收各种艺术手段来丰富自己的表演艺术，综合声、光、形、色等各种因素构建自己的舞台系统。在表演中吸收舞蹈动作、音乐伴奏和歌唱、灯光布景等艺术语言，已逐渐被茶艺界专家们所重视，从而大大增强了茶艺表演的艺术性。

当然，由于戏曲的场面大、场次多、容量大，最擅长正面表现矛盾冲突。这是茶艺无法效仿的。如果将戏曲比喻为一部长篇叙事诗的话，那么，茶艺就是一篇不长的抒情诗。它无法表现复杂的情节，激烈的矛盾冲突，只能是一首优美、抒情的散文诗。

在探讨茶艺的艺术性时候，还需注意作为表现艺术的高级形态的"艺术意境"的追求。按照美学家的研究，所谓"艺术意境"是指通过眼前的、直接的、有限的景象，激活欣赏者和接受者的艺术想象，去接受或参与创造作品未直接表现的、超越眼前直接、有限景象的间接、无限的意象，从而产生一种深邃隽永的韵味美。正如钱钟书所指出的："画之写景物，不尚工细，诗之道情事，不贵详尽，皆须留有余地，耐人玩味，俾由其所写之景物而冥观未写之景物，据其所道之情事而默识未道之情事。"[4]

艺术意境的审美特征有三个：一是具有虚实相生的"象外"之"境"美。即指不同于客观生活物象的审美意象之美。二是具有"以景寓情"的"深邃之感情"美。即不同于一般感情的审美感情之美。意境并不等于纯粹的景物，感情也是构成意境的不可或缺的重要方面。只有把真景物和真感情高度统一起来，才能称之为有意境。缺少任何一个都不能称为有意境。所谓真感情，就是指审美感情。审美感情一是要真，二是要深，三是要美。这是一种超越物质功利性，可以使人怡情悦性、精神得到升华的感情。第三是具有"意与境浑"的"深远无穷之味"美。即指艺术意境所蕴含的深邃悠远的审美韵味、审美意蕴或审美情趣的美。意境的一个最突出的特征，是它具有一种"象外之象""景外之景""言外之味""味外之旨""韵外之致""言有尽而意无穷"的艺术效果。

对于品茗艺术来说，品尝的最高级层次就是对品茗意境的追求，让人品尝到茶汤的"味外之味""韵外之致"，以至升华到形而上的茶道境界。就表演型茶艺而言，在编创、表演过程中如何苦心营造艺术意境，是衡量节目水平高低雅俗的一个重要标志，需要大家共同努力奋斗，从而把我国茶艺表演事业推进一大步。

参考文献

[1] 邢煦寰.通俗美学[M].北京：中国青年出版社,2000:162.

[2] 马克思.1844年经济学——哲学手稿[M].北京：人民出版社,1985: 82-83

[3] 邢煦寰.通俗美学[M].北京：中国青年出版社,2000: 293.

[4] 钱钟书.管锥编：第4册[M].北京：中华书局,1986: 1358-1359.

（文章原载《农业考古》2010年第2期）

中国茶艺馆往何处去？
——中国茶艺馆三十年反思

一、茶艺馆的回顾

茶艺馆是传统茶馆的继承与发展，但它在发展过程中已经发生了质的变化。传统茶馆虽然有上千年的悠久历史并且功能日益齐全，但基本性质却没有太大的变化，依然是自发形成的出售茶汤提供休闲娱乐的商业场所。而茶艺馆却是作为当代茶文化复兴的闯将和产物的双重身份而出现在历史舞台上，它的出现是由一批以复兴中华传统文化为己任的文化精英们积极参与下所催生的。因此从一开始它就与中华茶文化复兴热潮结合在一起，肩负弘扬中华茶文化的历史使命，从而烙下鲜明的文化印记。海峡对岸茶艺馆的诞生和发展就是个生动的例子。台湾首家茶艺馆是管寿龄小姐于1977年创办的，这是第一个挂出"茶艺馆"招牌的新型茶馆。当时她是以经营字画、陶瓷艺术品为主，人们可以在馆内一边品茶一边观赏艺术品。在此之前，台湾已有几家文化品位相当不错的茶馆，但都称为茶馆，没有一家叫茶艺馆。可见首创"茶艺馆"名称的管寿龄小姐是位经营字画、艺术品的文化业者，其开创茶艺馆事业并非偶然的。到1981年，台北地区同时出现陆羽、白云轩、紫藤庐、贵阳、仙境、老龚、神州、雅士坊8家茶艺馆，都是台湾茶艺事业的中坚力量，他们共同采用紫藤庐茶艺馆主人周渝先生提议的"从咖啡厅到茶艺馆，从西方情调走进东方境界"的广告词做宣传，号召社会大众走进茶艺馆，其弘扬茶文化的宗旨非常明确。其中陆羽茶艺中心的蔡荣章先生、紫藤庐茶艺馆的周渝先生以及开办"良心茶艺馆"后来建立"台湾中华茶文化学会"的范增平先生等都是台湾地区茶文化活动的领军人物，几十年后他们依然坚守阵地，一直为弘扬茶文化事业奋斗不已，并且硕果累累，成为大家。他们创办的陆羽茶艺中心、紫藤庐茶艺馆历经近三十年风风雨雨，依然长盛不衰，显示了作为新生事物的茶艺馆旺盛的生命力。[1]

大陆茶艺馆的发展历史也是有力的见证。

第一家以茶艺馆命名的茶馆是1990年由福建省博物馆创办的"福建茶艺馆"。该馆设在博物馆的展厅里，装修考究，风格典雅，富有浓郁的文化氛围，馆内竖立蔡襄雕像和刻有《茶录》全文的碑石，并陈列许多有关茶文化知识的文物和图片资料，茶艺人员以工夫茶艺为客人冲泡乌龙茶，并演示客家擂茶等民俗茶艺。开馆后接待了很多国内外嘉宾，如国际著名的作家韩素音女士等人品茗后都给以很高评价。"福建茶艺馆"的创办者是福建省博物馆的有关领导和茶艺人员，都是文化工作者，他们用博物馆的展厅来开办茶艺馆，是将茶艺馆视为一种文化产业，其中陈列的一些有关茶文化文物和图片资料，具有鲜明的文博色彩，甚至成为博物馆文物展览的一部分，在相当一段时间里甚至不对外开放，所以并不是为了商业利益而开办的，这是一家典型的文化型茶艺馆，具有弘扬茶文化的自觉意识，虽然若干年后因展馆的重建而停办，但它在中国茶艺馆发展史上的意义是应该给以肯定的。

第二家茶艺馆是1991年7月由上海市闸北史料馆在闸北公园内创办的"宋园茶艺馆"，创办者是当时闸北史料馆的馆长周宝山和该馆的两位爱好茶艺的研究人员。该馆隶属于闸北史料馆，是上海市第一家茶艺馆。馆内布置古朴雅洁，设有名茶知识介绍、茶史资料陈列、中外茶具展览、凿石雕壶展览及茶艺、书画廊等。宋园茶艺馆虽然对外营业，要讲究经济效益，但从其陈设的内容及其以后开展一系列茶艺活动来看，他们也是具有弘扬茶文化的自觉意识。可喜的是该馆一直坚持到今，19年来，已成为上海茶艺界的一张响亮的名片，也是上海市开展茶文化活动的一个重要阵地。

1992年6月和10月，江西省南昌市出现了两家茶艺馆，一家是由江西画报社主办的"江西茶艺馆"，主持者是江西省画报社的编辑（后为副社长）陈晓璠先生，也是一位热爱茶文化的文化人，他创办茶艺馆的目的也是为了弘扬茶文化，并且身体力行编创了《禅茶》《擂茶》等茶艺节目，先后在各种茶文化会议上表演，获得广泛好评。另一家是由江西省中国茶文化研究中心主办的"神农茶艺馆"，创办人就是江西省社会科学院研究茶文化的专业人员，当时打出的标语就是效仿台湾茶艺界的"从西方情调走进东方境界"，更是具有较强的茶文化自觉意识。

北京起步较晚，直到1994年，才出现第一家以茶艺命名的"五福茶艺馆"，这是一家与京味传统茶馆"老舍茶馆"风格不同的新派茶馆。创办者是一对年轻人，他们开过饺子店、"忆苦思甜大杂院"餐馆，虽然生意兴隆，但每天总是带着一身油烟味回家，觉得腻烦。后来在品饮了台湾朋友冲泡的工夫茶之后，得到启发，决心学习茶艺并且开办了当时北京第一家茶艺馆。虽然开张后亏损了一年多，却咬紧牙关坚持下去，并且花大力气建立北京首家茶艺表演队、开展茶艺培训、举办茶艺茶道讲座、积极参与主办国际茶艺博览会、支持茶文化书籍出版和发行，充分发挥了茶艺馆在茶文化活动中的重要作用，在社会上产生很大影响，并且扭亏为盈，还开办了多家连锁店，从而带动了北京及周边省市，陆续出现了众多茶艺馆。因此，五福茶艺馆在推动北方茶艺馆业的发展方面，是产生了积极作用的。

回顾早期创办的几家茶艺馆创业经历，可以看到创办者都是具有明确的弘扬茶文化意识，其茶艺馆都具有相当浓厚的文化内涵，其服务对象也主要是具有较高的文化素质、对茶艺较感兴趣的人士，其经营的重点就是提供茶艺服务，这些正是茶艺馆与老茶馆的本质区别。这些茶艺馆中的大多数也经过近20年的考验，坚持至今，不改初衷，与海峡对岸的同行遥相呼应，成为弘扬中国茶艺事业的中坚力量。

经过先行者几年的努力，茶艺馆在社会生活中的影响日益扩大，东到山东威海，西到新疆克拉玛依，南至海南岛三亚，北到黑龙江的佳木斯，不论省市还是县城，到处都有茶艺馆。进入21世纪之后，茶艺馆的发展势头更猛，而且装修更加精美，规模更加宏大，动辄上千、几千平方米，几乎每天都有新馆开张（当然每天也有停业的）。到如今，全国约有近10万家茶艺馆，从业人员达百万左右，形成一支产业大军，茶艺馆已成为一个新兴的产业。

回顾往昔，可以发现茶艺馆已走过一个从自发到自觉的发展历程，当初台湾管寿龄小姐创办茶艺馆的初衷与今天大陆各地茶艺馆对"茶艺"的理解已有很大不同。

当初管寿龄小姐"茶艺馆"中的"茶艺"是指饮茶的"茶"和绘画艺术品的"艺"，并非如后来茶艺界所阐释的是"品茶艺术"的简称。[2] 她的目的也只是用饮茶来为她的字画交易服务，并非是为了推广茶艺、弘扬茶文化等文化追求。而当今大陆各地的茶艺馆虽然也有兼营戏剧、曲艺、乐器、绘画等艺术项目，但其所谓的"茶艺"都是指品茶艺术，因而主要以演示"生活型茶艺"和"表演型茶艺"为顾客服务。他们之所以兼营艺术表演和艺术品展示等项目，主要是为了增强品茗的艺术氛围，吸引更多顾客前来品茶，而不是在进行艺术品交易。同样，大陆茶艺馆的经营者们也大都具有推广茶艺、弘扬茶文化的自觉意识，这是历史的发展使茶艺馆进入成熟的阶段，不能苛求前人。因此无论如何，管寿龄小姐"无心插柳柳成荫"，首创"茶艺馆"名称之功仍然要加以肯定，写进历史。但是对今天从事或准备开办茶艺馆的经营者来说，茶艺馆的经营特色是"品茗赏艺"这个理念是必须明确的，才能保证茶艺馆的正确方向以获得经营的成功。

如今，茶艺馆不但红遍神州大地，而且波及海外各国，不但受到东方世界的欢迎，也逐渐为欧美人士所接受。在当今世界，茶艺馆已成为人们日常生活中不可或缺的品茗赏艺、文化休闲的理想场所，是喧闹的商业大潮中平衡心态、净化心灵的一片净土。品茗亦被称为灵魂之饮 [3]，茶艺馆也就被人们称为"灵魂的驿站"。[4]

二、茶艺馆的现状

中国大陆的茶艺馆在1998年之后出现了一个高潮，全国各地像雨后春笋般地涌现大大小小的茶艺馆，出现繁荣昌盛的局面。至21世纪初的前8年，中国茶艺馆已发展到约有10

万家的宏大规模，拥有百万大军的从业人员，茶艺馆也成为一个新的产业。国家在世纪初还专门为此制定职业标准，颁布了国家茶艺师职业资格标准，从而保证了中国茶艺馆业能够沿着正确的方向健康发展。

这种大好形势的出现并非偶然。从大历史背景来看，国家实行改革开放30多年，社会财富迅速增加，民众的收入普遍提高，消费水平明显提升，中国社会已经开始向小康阶段迈进。据国家统计局2006年1月公布，1979—2004年中国GDP年均增长率为9.6%，2004年增长率为10.1%。2005年又比上年增长9.9%，经济总量已跻身世界前四名。城乡居民收入也迅速增长，带来了消费的繁荣和社会消费品零售总额的增加，从1998—2005年年均增长率超过10%。居民消费支出中食品、衣着类的比重恩格尔系数明显下降，从1998—2005年，城镇居民的恩格尔系数从45%降到36.7%，农村居民的恩格尔系数从53.3%降到45.5%。根据联合国粮农组织提出的标准，恩格尔系数在40%～50%为小康水平，30%～40%为富裕水平，30%以下为最富裕水平，由此可知，我国城镇居民生活已迈入富裕阶段，农村也开始走向小康。人们用于文化娱乐休闲消费的经济条件明显改善了。再加上从1995年起国家实行每周五天工作制，1999年又推出五一、十一、春节"黄金周"休假制度，中国人每年的法定休假日达到了14天，一年有三分之一的时间在休息，也有条件光顾茶艺馆了。因此造就了茶艺馆生意繁荣的景象，从而吸引了投资者的注意力。

从小背景来看，一批早期经营茶艺馆的开拓者取得成功，使茶艺馆受到社会各界特别是经济界和文化界人士的欢迎，也获得了较为可观的经济效益，从而吸引了投资者的注意，有一些厌倦于终日沾染油烟味的餐饮业者以及因社会环境等原因难以维持下去企图寻找避风港的娱乐业者，纷纷投身茶艺馆业。由于他们拥有较为雄厚的资金，善于商业经营和运作，规模宏大，装修豪华，交际广泛，一旦开业，影响不小，还会产生连锁反应，带动更多资金流向茶艺馆业，因而也是导致茶艺馆业兴旺的重要因素。然而这些投资者，有很多人对茶文化并无多少认识，也谈不上对茶有多少感情，他们投资茶艺馆多半是从经济利益出发，认为从事茶艺馆业比餐饮业轻松，比娱乐业安宁，且利润不菲，因此带有很大盲目性。恰恰是这些茶艺馆常常偏离茶文化方向，给茶艺馆业带来一些负面的影响。

如今，当我们对全国茶艺馆进行鸟瞰时，会发现在繁荣昌盛表面下，也有一些泡沫，值得引起反思。大体说来，全国茶艺馆的经营状态是三分之一赢利，三分之一持平，三分之一亏损，因此天天都有新茶艺馆开业，也天天有茶艺馆关门。如1995—2005年，北京倒闭的茶馆占新增的茶馆半数以上[5]。表面看来，似乎还过得去，其实并非那么理想。因为这些赢利、持平的茶艺馆中有一些并非是靠品茗赏艺获得的，而是靠经营其他非茶项目来获利的，茶和茶艺在其中的比例是有限的，甚至是越来越小。其个中原因，正如有的学者所指出："很多茶馆的经营者在上马开办茶馆前，并没有经过市场调查和理性思考，本身也没有相关经验，只是手头有些闲钱，看到社会上开茶馆热，自己也就跟风；或者看见别人开茶馆赚钱，自己也就开起来；或者觉得开茶馆不需什么专业技术，只需租个场地，雇几个服务员倒茶水就可以；还有不少本身是从事餐饮业的，觉得茶馆业没有餐饮业竞争激烈，又不需聘请厨师，就从餐饮业跳到茶馆业来。总之，茶馆的经营者有不少是盲目投资的，既不了解茶文化，也不了解茶馆文化，把茶馆当餐馆来开，缺乏文化内涵。"[6]

在那些赢利的三分之一茶艺馆中，其赢利的原因很多是其经营者具有自觉的茶文化意识，他们经营的茶艺馆是真正为客人提供环境幽雅品茗赏艺的文化型茶艺馆。几乎每个省市都有几家这样的茶艺馆，并且长期坚持下来。它们已经成为各地开展茶文化活动的重要阵地，除了经营茶水、茶叶、茶具之外，还经常举办茶艺、茶道讲座，开展茶艺培训，从事茶艺表演的编创，积极参与茶文化活动，支持茶文化书籍的出版发行，有很多茶艺馆还自己出版茶文化报刊，宣传茶文化知识，在社会上都产生积极的影响。虽然它们数量只占三分之一，却代表茶艺馆事业的发展方向，引导茶艺发展新潮流，对中国茶文化事业作出重要贡献，成为中国茶艺馆业的希望。

　　然而即使是在这类茶艺馆中，也有些或者迫于经济的压力，或者对茶艺馆的性质、任务、目的理解不同，或者由于利润的驱动，常常附带经营其他非茶项目，主要是靠餐饮酒水、棋牌或者其他戏曲演出。有的非茶项目的利润在茶馆总收入中所占的比重还相当大。在历年评选的"全国百佳茶馆"中，有相当部分是属于此类茶馆。据统计，2008年，四川成都的茶馆达600家，其中单纯售卖茶水的茶馆占30%，棋牌茶馆近40%。其余的属于茶餐馆（如成都顺兴老茶馆专设一个小吃区，还有一个可以同时容纳30多人进餐的"顺兴山珍堂"）。最为突出的是在全国茶馆业独占鳌头的北京"老舍茶馆"，以热闹的锣鼓声、丰富的演出成为外国游客了解中国文化的重要场所，老舍茶馆的演出收入从1995年的50万元，增长到2007年的1410万元，茶馆利润的50%来自演出。如果加上日常供应的餐饮酒水，老舍茶馆的"茶宴宫廷菜"也是重点经营项目，其经济收入也是相当可观的，那么，其茶汤、茶艺所创造的利润就相当有限了。这就难怪，曾经有人发出"茶馆无茶"的喟叹了。还有在历年"全国百佳茶馆"中占有不小比例的浙江省的茶馆，曾经流行提供自助餐以吸引顾客，只要交几十元进馆费，几十种糕点茶食任由顾客自选自取，虽然是顾客盈门，但目的不是为了品茶，而是吃糕饼点心。这种号称"杭州模式"的茶馆经营居然繁荣近10年时间。但茶馆功能中餐饮项的无限放大，展示、教化等功能退化，忽略茶馆业本身的文化产业特色，最终导致"杭州模式"受到业界的广泛非议。当地学者就讽之为"升级版的大排档"。目前，兼营餐饮的茶馆为数不少（超过一半以上）[5]，有些还被评上"全国百佳茶馆"。其中有些善于经营者，以茶入菜，推出精美的茶宴，并在餐前餐中提供名茶和茶艺服务，这类茶艺馆有的就自称"茶宴馆"，如上海的"秋萍茶宴馆"（原称"天天旺茶宴馆"）。馆主刘秋萍女士本身就是一位茶艺专家，曾为改良"海派工夫茶"作出贡献。她创造的茶宴充满艺术性，并非像"龙井虾仁"那么简单，直接用茶叶炒虾仁。在她的茶菜中完全看不到一片茶叶，而是用各种茶汁以及茶粉等与原料有机配合，如"西湖八景"茶宴，简直就是八件造型艺术，令人赞叹不已。然而，刘秋萍女士更热衷的还是茶艺，常常在宴席开始之前亲自为客人冲泡名茶，讲解品茶艺术，将前来就餐的客人当作茶友，并乐此不疲。在她店中茶艺的比重是很大的，但客人毕竟是前来用餐的，因此她准确地将她的店称为"茶宴馆"，而不叫"茶艺馆"。相反，有许多自称"茶艺馆"的，对茶艺没有认识，不懂得给客人提供茶艺服务，只好把经营重点放在饭菜酒水上，甚至连传统的广东"一盅两件"的茶楼都不如（茶楼是不提供酒水的）。当饭菜酒水的收入大大超过饮茶的收入，与茶艺渐行渐远的时候，还能叫茶艺馆吗？叫餐馆不是更合适吗？不幸的是这类"茶艺馆"却为数不少，不能不令人深思。

　　还有一些中低档定位的"茶艺馆"靠麻将、扑克来吸引顾客，这样的茶艺馆为数也不少，如成都600家茶艺馆中"棋牌茶馆"占了近40%。[5] 全国其他地方也大体如此。对于"茶艺馆"该不该打麻将，打扑克，茶艺界的认识还不一致。有的人认为"国家体委将麻将列为全民健身运动项目"，因此认为"茶馆打麻将是可以理解的。"还有的人认为"靠客人打麻将可以来聚人气，这一点倒是可以做到。"但更多的人持相反意见，认为打麻将这种娱乐方式与茶道、茶德、茶文化的精神是相悖的。打麻将讲究的是"顶上家，卡下家，碰死对家"，而且都要来钱，极容易滑向赌博，与"廉、美、和、敬"的茶道精神毫不融洽。[7] 再说，当牌客们沉溺在牌桌上的搏斗时，哪还有心思品茶，更不会品好茶，就经济效益而言也是有限的，这样的人气聚得再多又有何益！

等而下之，还有"茶艺馆"找不到创收的门道，就将桑拿、足浴等经营项目也搬进馆，居然把"足道"与茶道混成一道，打着"茶艺"的招牌，干澡堂的营生。这种"茶艺馆"通常是茶无味，艺不精，真正爱茶者是不会涉足的，因为擦背、捏脚与品茗赏艺是风马牛不相干的行为，与高雅艺术是格格不入的。这种"茶艺馆"还算不算茶艺馆，实在是有重新检讨的必要。

综而观之，在全国十万家茶艺馆中，其类型大体可分为文化型、餐饮型、娱乐型、时尚型，甚至还有混杂型（如上述桑拿、足道、茶道混杂在一起）等。各种类型茶艺馆都有其产生的背景和存在的理由，只要它们遵纪守法正派经营，别人无权干涉。我们无权也不必否定文化型以外的其他类型茶艺馆，更不奢望所有的茶艺馆都办成文化型的。但从茶文化学的角度而言，从茶艺事业的发展方向而言，文化型茶艺馆是中国茶艺馆的主流，代表着中国茶艺馆的未来走向，我们要大力提倡的正是这一类茶艺馆。

三、茶艺馆的意义

回顾海峡两岸茶艺馆三十多年来的发展历程，雄辩地证明我国茶艺馆业取得巨大成就，其数量较30年前增长近20倍，总量突破10万家，分布范围拓展至全国各大中城市及许多乡镇，一端连接生产，一端连接市场的茶艺馆，在承载交际、信息、审美、展示、教化、休闲、餐饮等社会功能的同时，成为中国文化的一个标识和徽记。茶艺馆的兴盛从一个特定方面见证、展示了中国三十年的改革开放进程。茶艺馆的发展也引起了党和国家及社会各界的关注。[5]

茶艺馆的产生和发展并且成为一门产业，可视为中国茶文化事业蓬勃发展的一个重大成果。它对当代社会、文化、经济，甚至政治方面都产生积极而广泛的影响，其意义是很大的。

1. 为广大民众提供了一种新型、积极、健康的休闲消费方式

在20世纪80年代以前，在中国大陆没有一家茶艺馆，就是连传统茶馆也是寥寥无几。年轻人热衷去充满西方情调的咖啡厅、洋酒吧、歌舞厅。大城市中的成年人也很少有去茶馆会客聊天的习惯，更别说形成风气了。如今，"茶艺馆"已成为人们熟悉的名词，到茶艺馆会客聊天、洽谈商务、交友联谊已是经常的事情，逐渐形成消费习惯，成为社会生活中的有机组成部分，现在已无法想象一个城市会没有茶艺馆的存在。更难得的是，具有东方情调和浓郁文化氛围的茶艺馆，已成为文明、健康的消费场所，以致在大陆曾流传这样的笑谈："上茶艺馆，家里的太太放心。"

2. 已形成一门新兴的产业

从1975年台北管寿龄小姐的第一家茶艺馆到今天全台湾约200家茶艺馆，从1990年

大陆第一家"福建茶艺馆"到今天上10万家茶艺馆，从业人员上百万，形成庞大的行业，它所创造的产值足以与茶叶种植、茶叶营销相提并论。对国家财政收入和社会就业都作出贡献。

3. 推动全民饮茶风气，倡导茶为国饮

使社会茶叶消费量得以很大增长，从而促进茶叶生产的发展，提高了茶农的收入，改善了茶农的生活。这些年来，凡是茶文化活动开展得好的地方，茶艺馆数量急剧增加，它们每天都在营业，都在带动众多茶客消费茶叶，其每年人均消费茶叶量都有明显提高。如在20世纪，上海市第一家茶艺馆正式出现的90年代以前，传统茶馆也没多少家，每年人均消费茶叶不到250克，到了1998年就升到700克，如今茶艺馆达数千家，每年人均消费茶叶已超过100克了。过去中国的茶叶种植面积世界第一，但产量却长期处于世界第二的尴尬地位，2007年以后，我国茶叶总产量已经跃居世界第一了，这其中也有茶艺馆业的一份功劳。此外，茶艺馆的兴盛还带动了茶具、茶点生产的发展，也是功不可没的。

4. 培养了一支茶艺师队伍，形成一支产业大军

茶艺馆是以为客人提供茶艺服务为中心的，需要一批训练有素的专门为客人冲泡茶汤的专门人才。为此，国家还专门制订"国家茶艺师职业资格标准"，开展各种培训和考核考试，并要求逐渐实行持证上岗。国家茶艺师共分5级：初级茶艺师、中级茶艺师、高级茶艺师、茶艺技师、高级茶艺技师。这在世界上是绝无仅有的。

5. 推动茶艺事业的发展，促使茶艺表演日益走向成熟

茶艺馆在为客人提供茶艺服务过程中，继承、改良了传统的生活型茶艺，并且创新、发展了表演型茶艺，使之逐渐形成一门新兴的文艺表演形式，不但在茶艺馆中为客人表演，而且经常在各种大型茶文化活动和其他集会中表演，并且多次举行全国性的茶艺表演大赛，也多次走向国外，向世界各国人民介绍中国的品茗艺术，扩大了中国茶文化的国际影响。可见，茶艺馆在社会文化建设中也是作出贡献的。最后，茶艺馆在日常业务中，通过茶艺、茶道、茶文化知识的传播，使人们得到文化熏陶，通过品茗而陶冶个人情操，协调人际关系，净化社会风气，因而在构建和谐社会，稳定社会秩序方面，茶艺馆也是能够有所作为的。

这一切，传统的老茶馆是无法做到的，因此，茶艺馆与老茶馆有着本质的区别，必须给以充分的肯定。正如《中国茶馆30年发展白皮书》所指出的："茶艺馆和茶艺会所的出现，是中国茶馆业由传统向现代的一次集体性的变革。20世纪90年代，是中国茶馆开始进入名副其实的茶艺时代，经过多年来的发展，现代茶艺馆已在全国茶馆业中取得不可否定的主流地位。"[5]

四、茶艺馆的反思

在充分肯定中国茶艺馆业的巨大成绩的同时，我们自然也不能忽略存在一些如上一节所述的泡沫化现象，其中许多问题是值得我们进行反思的。

应该承认，中国茶艺馆业的迅猛发展使得茶文化界来不及做好理论准备，对茶艺馆诞生的历史意义和现实意义还认识不足，对茶艺馆建设和发展中的许多重要理论问题研究不够，目前散见在各报纸杂志和著作中的研究茶艺馆的学术文章为数尚少，很多问题在茶文

化界中还没有取得较为统一的认识，有待大家共同努力。

比如，至今茶文化界尚未对茶艺馆作出明确的理论界定，经常是将茶艺馆和传统老茶馆混为一谈，笼统称之为"茶馆"。自2003年起，各地相继成立了许多行业组织，统统以"茶馆"或"茶楼"冠名，如"杭州市茶楼业协会"（2003年）、"四川省茶文化研究会茶馆专业委员会"（2004年）、"中国国际茶文化研究会茶馆专业委员会"（2005年）、"中国茶叶流通协会茶馆专业委员会"（2006年）、"湖南省茶业协会茶馆分会"（2007年），2008年还在福建省福鼎市召开了"中国茶馆专业委员会"成立大会等，就是没有一家以"茶艺馆"冠名的行业组织。到底是一时的疏忽，还是认识上的不同，至今未见有文章从理论上加以阐释。反观台湾地区，1975年出现第一家茶艺馆，1979年取得注册营业执照，1981年就成立了台北茶艺业者联谊会，1984年台湾茶艺事业联谊会成立。一个"茶馆"，一个"茶艺"，冠名之差别实际上蕴含着认识上的差异。同样，大陆有很多按其实质是茶艺馆的却不叫茶艺馆，而偏偏要称为茶馆、茶楼或者茶轩、茶府，表面看来只是一个取名问题，但"名不正，言不顺。"实质上是对茶艺缺乏认识甚至忽视，因而必然影响到它们的经营目的、经营方向和经营方针，导致诸多问题的出现。

因此，为了更好地促进茶艺馆业积极、健康地向前发展，有些重要问题需要进行进一步加以探讨。

1.需要明确茶艺馆与传统茶馆的本质区别

正如《中国茶馆30年发展白皮书》所说："茶艺馆和茶艺会所的出现，是中国茶馆业由传统向现代的一次集体性的变革。"既然是"集体性的变革"，就与旧式茶馆有本质区别，就是一个新生事物。既然是"进入名副其实的茶艺时代"，就应该称之为"茶艺馆"，不宜再用"茶馆"来涵盖它。这里的"茶艺"就是品茶赏艺，品的是芳香馥郁的茶汤，赏的是高雅脱俗的品茶技艺，而非其他。因此茶艺馆的经营者在开业之前就必须明确这一点，才不至于迷失方向。

2.文化型茶馆是中国茶艺馆的发展方向

当代社会是多元化社会，不同层次的消费者有不同的消费需求，他们对茶艺馆的要求也必然不同，这就导致茶艺馆类型的多样化。如上一节所述，目前的茶艺馆有文化型、餐饮型、娱乐型、时尚型，甚至还有混杂型等，它们虽然都有存在的理由，可以满足不同阶层的消费者的需求，但有高低雅俗之别。从茶文化角度而言，我们应该提倡文化型茶艺馆（尤其是以"品茗赏艺"为中心的茶艺馆）。曾有学者认为此类茶艺馆"只能吸引高端客流，只能是曲高和寡""阳春白雪永远只能少数"，只能吸引20%的消费水平高能够消费的人，因此"不可能成为茶馆业的主流。"[6] 其实，我们不能机械地、表面地看待数字，中国有13亿以上的人口，这20%的绝对数量是何等之大！而这部分消费者的文化素质又何其高！自古以来，能懂得品茗赏艺的都是一些文化精英和高层人士，他们对中国茶文化事业和品茗艺术作出很大贡献。在当今社会，也正是这部分人的消费促进了茶艺馆业向高级形态发展，导致了茶艺馆业的繁荣。因此尽管文化型茶艺馆的绝对数量不占多数，但却是中国茶艺馆业的主流，因为只有他们才能符合中国茶文化事业发展的要求，代表着中国茶艺馆的发展方向。明确这一点才有利于中国茶艺馆业的健康发展。

3.茶艺馆收费标准应符合市场规律

也有人认为高档次茶艺馆，因为装修精美豪华，"维持高品位的环境，收费比一般茶馆要高得多，不是一般百姓消费得起的，这一点与茶的精神（引者注：指简朴、清廉）相违背。"[6] 其实，收费高低是与茶艺馆的经营成本相联系的。高档的茶艺馆因为投资大，装修豪华，设备精良，服务水平高，茶叶质量好，其产品的价位自然要高，不能仅以茶叶的进价来衡量。价格的高低是相对而言，高质量的服务自然要有较高的回报，只要消费者能够接受，就不能指责它是违背茶道精神。如果物非所值，客人自然远离而去，会遭到价值规律的惩罚。高档的茶艺馆服务对象是前来品茗赏艺的高端客流，非一般平民百姓光顾之地，后者自会去价格较低廉的中低档茶艺馆喝茶。

4. 如何看待茶艺馆的大众化问题

有学者断言高档的茶艺馆"注定了它不能大众化，阳春白雪永远只能是少数。"[6] 言下之意是因为它不能为"大众化"服务故不值得提倡。其实，在今天，我们需要辩证地看待大众化问题，不能以过去的思维方式来判断当今社会新事物的价值取向。因为"大众化"也是相对的。前述的20%高端消费者在中国就是一个相当庞大的人群，他们是不能排除在"大众"之外的。随着中国经济的飞速发展，民众经济收入日益增加，中产阶级正在不断形成、壮大，他们将会成为社会的消费主体，中国茶艺馆能否为他们服务、为他们所接受，实际上也是一个是否大众化问题。所以今天的大众，不应该仅仅停留在过去所强调的"劳苦大众"的认识水平上。须知，茶艺馆是提供人们品茗赏艺的地方，并非是人人都会去的公共场所，也不是为了让人们解渴喝大碗茶之处，不能以大众化问题去否定高档茶艺馆的存在，相反，为了更好发展中国茶艺馆事业，需要倡导开办更多的文化型高级茶艺馆，从而推动整个茶艺馆事业的蓬勃发展。

5. 茶艺馆与茶艺的关系

茶艺应该成为中心，这是茶艺馆的应有之义。不幸的是，目前有很多茶艺馆的经营者对此没有认识，因此经常是有茶无艺，或者是茶也不好，艺也不精，没有特色，自然吸引不了客人，生意不好，就去经营一些与茶文化毫不相干的项目，最后弄得面目全非。有的茶艺馆虽然也有一些茶艺师在为人泡茶，演示一些生活型茶艺或表演型茶艺，但是节目单调，千篇一律，客人看久了就会产生审美疲劳，甚至厌烦。其原因有对茶艺认识不足、重视不够的问题，也有因为经济压力，养不起一支能够经常表演的茶艺队。更缺乏的是能够独立编创茶艺表演节目的人才，只能简单效仿别人的一两个茶艺节目应付场面。因此，需要造就、培养一批从事茶艺编创表演的专门人才，不断创作新的茶艺节目，探索新的表现形式，以满足各地茶艺馆的需要，丰富茶艺馆的文化内涵，增强茶艺馆的艺术氛围。

6. "品茗赏艺"经营模式的有益尝试

曾有人怀疑仅凭"品茗赏艺"能否有经济效益以使茶艺馆能够生存下去，但20年来的实践证明是可以做到这一点的。全国茶艺馆中有不少长期坚持下来的茶艺馆是纯文化型的清茶馆，它们除了供应茶水、茶点外不提供其他饮料和食品，更不带餐饮，并且经常有茶艺表演，都取得不错的社会效益和经济效益，这样的茶艺馆各地都有，它们是中国茶艺馆业的翘楚，它们所坚持的方向就是中国茶艺馆的发展方向。其中具有典型意义的是南昌女子职业学校所创办的"白鹭原茶艺馆"。南昌女子职业学校创办于1992年，1999年在全国首家创办了中专班"中国茶艺"专业，2002年又创办了大专班"中国茶艺"专业，每年都有数百学生在学习茶艺。为了让学生有个实习园地，2001年在校门口开办了"白鹭原茶艺馆"，面积有40多平方米，所有的服务人员都是茶艺专业的学生，只供应茶汤和茶点，不带餐饮，更不许打牌，是家纯文化型的茶艺馆。除了有茶艺师现场为客人泡茶外，在大厅设有一个表演舞台，每天晚上8:30至9:30，都给客人免费表演3～4个表演型茶艺节目。刚开张时，因知名度不够，又不让打牌，客人稀少，有时仅有一两桌客人而已，连续亏损了4年。但是她们坚持"品茗赏艺"模式，不改初衷，即使是只有一桌客人也照常上台表演茶艺。终于扭亏为盈，成为南昌市茶艺界的一张名片，连出租车司机都知道南昌市有一家不准打牌天天有茶艺表演的茶艺馆，常常带领客人前来品茗赏艺。近10年来她们编创了二十几套茶艺表演节目，接待国内外许多首长贵宾，经常在全国茶艺大赛中获奖，并多次获邀出国表演，先后赴港澳台地区和韩国、日本、法国、芬兰、俄罗斯等国家演出，仅是法国就去了3次，获得很大成功，为在欧洲弘扬中国茶艺作出了出色的贡献。南昌"白鹭原茶艺馆"经营模式的成功，引起各地茶艺馆的注意，纷纷前来观摩交流，她们创编的茶艺节目也经常被引进到南北各地，促进茶艺表演事业的发展。2008年，白鹭原茶艺馆"品茗赏艺"的经营模式被引进到直辖市重庆，同样名称的"白鹭原茶艺馆"正式开张，创造了开张当日就盈利的奇迹。重庆白鹭原茶艺馆的成功证明"品茗赏艺"的模式是成功的，而且是可复制的，这个模式是真正的以"品茗赏艺"为核心带动茶饮和茶礼为茶客服务，它的成功与推广为探索中国茶艺馆业的发展道路做出有益的探索，有望能够在各地得到推广。

参考文献

[1] 陈文华. 中国茶艺馆学 [M]. 南昌：江西教育出版社，2010.

[2] 范增平. 中华茶艺学 [M]. 北京：台海出版社，2000：14-15.

[3] 丁文. 中国茶道 [M]. 西安：陕西旅游出版社，1994：199.

[4] 吴德隆. 茶魂之驿站——杭州茶馆博览 [M]. 杭州：杭州出版社，2005.

[5] 中华合作时报·茶周刊，中国茶叶流通协会. 中国茶馆30年发展白皮书 [R]. 2009.

[6] 刘清荣. 中国茶馆的流变与未来走向 [M]. 北京：中国农业出版社，2007.

[7] 尹纪周. 麻将，茶馆极不和谐的音符 [N]. 中华合作时报·茶周刊，2005-12-8.

（文章原载《农业考古》2010年第2期）

浅谈唐代茶艺和茶道

一、茶艺与茶道的基本概念

"茶艺"一词产生于20世纪70年代的台湾，指的就是品茶的技艺。而品茶的历史可以远溯1700年前的西晋。

茶艺有广义、狭义之分。广义的茶艺是指有关茶叶生产、制造、经营、饮用方法的学问。主此说者甚多。狭义的茶艺是指品茶的艺术，与生产、经营领域无关。主此说者也不少。

我们认为茶艺应以后者为宜。因为所谓广义茶艺中的"有关研究茶叶生产、制造、经营"等方面，早已形成相当成熟的"茶叶科学"和"茶叶贸易学"等学科，有着一整套严格科学概念，远非"茶艺"一词所能概括，也无须用"茶艺"词去涵盖，正如日本的"茶道"一词并不涵盖种茶、制茶和售茶等内容一样。因此茶艺应该就是专指泡茶的技艺和品茶的艺术。

茶艺与茶道是既密切联系又有明显区别的两个范畴，不宜相混。

茶艺就是品茗艺术的简称，它包括泡茶的技艺和品茶的艺术两部分。其中又以泡茶技艺为主体，因为只有泡好茶之后才能谈得上品茶。然而，泡茶只是手段，品茶才是目的。泡茶本来就是为了要品尝，如果茶汤泡得很好而不懂得品尝、欣赏，就是很遗憾的事情，茶艺也就没有完成。因此，茶艺是人们生活中以茶叶为载体，以冲泡为手段，以品茶为核心的具有较强技术性的艺术行为，它既不同于以解渴、提神、保健为目的饮茶行为，也有别于只是供人观赏的其他艺术行为。

茶道就是品茗之道的简称。通俗地说，茶道就是人们在品茶过程中所追求、所体现的精神境界和道德风尚，经常是和人生处世哲学结合起来而具有一种教化功能，从而成为茶人们的行为准则。因此茶道是茶艺的灵魂，是茶文化的核心，是指导茶文化活动的最高原则。从美学的角度讲，中国茶道的最主要本质特征是静、和、雅。这三者首先来自茶叶的自然属性，然后体现在茶艺的艺术性，最后反映在茶道的哲理性。形象地说，静是茶之性，和是茶之魂，雅是茶之韵。茶文化的所有活动，都体现这三个主要的本质特征，凡违背这三个特征的都不是我们所要提倡的。

茶艺和茶道在茶文化学中的文化定位不同。根据文化学的研究，茶文化的内部结构分为四个文化层：

一是物态文化层，从事茶叶生产的活动方式和产品的总和。即有关茶叶的栽培、加工、保存、化学成分及疗效的研究等，也包括品茶时所使用的茶叶、水、茶具以及桌椅、茶室等看得见摸得着的物品和建筑物。二是制度文化层，人们在从事茶叶生产和消费过程中所形成的社会行为规范，如古代的茶政，包括纳贡、税收、专卖、内销、外贸等。三是行为文化层，人们在茶叶生产和消费过程中约定俗成的行为模式，常以茶礼、茶俗以及茶艺等形式表现出来。四是心态文化层，人们在茶叶生产和消费过程中所孕育出来的价值观念、审美情趣，在茶艺实践过程中所追求的意境和韵味，以及由此生发的丰富联想；将饮茶与人生处世哲学相结合，上升至哲理高度，形成所谓茶德、茶道等。这是茶文化的最高层次，也是茶文化的核心部分。

广义的茶文化就是由上述四个层次组成。但是第一层次中已形成一门完整、系统的科学——茶叶科学，简称茶学。如许多农业院校都开设茶学系，很多城市建立茶叶科学研究所。中国的茶学是世界上最成熟的茶叶科学。第二层次属于经济史的研究范畴，而且也早已成绩斐然。在大学茶学系，均开设茶叶贸易学课程，在茶叶经济史研究方面，经济史学界也硕果累累。而狭义的茶文化则是包括第三、第四两个文化层，这是过去研究比较薄弱的环节，但却是茶文化研究的重点领域。在这个领域的第三层次"行为文化层"中，茶艺处于中心地位，因为茶叶生产是为了消费，而茶叶消费的关键在于冲泡技艺和品尝艺术。离开茶艺，茶叶只是一堆干枯的树叶子。只有通过冲泡，没有生命的茶叶才能在开水中复活，洋溢出诗情画意和艺术韵味，茶文化也就有了绿色的载体，由此衍化出各种文化现象，并为茶道的形成提供深厚的沃土。第四层次"心态文化层"是茶文化内部结构的最深层次，也是核心部分。因为价值观念、审美情趣决定了茶人们的行为。价值观念是否正确，审美情趣的格调高低，思维方式是否科学，都会影响到茶文化活动的发展方向是否健康。而茶道正是心态文化层的核心部分，对茶道精神的理解是否准确，就决定茶艺活动品位的高低雅俗，因而茶道就成为茶艺的灵魂，是茶文化的核心，是指导茶文化的最高原则。

总之，茶艺在茶文化"行为文化层"中处于中心地位，而茶道则处于茶文化最深层次"心态文化层"的核心地位。

基于以上的基本认识，我们对唐代的茶艺和茶道进行粗浅的探析。

二、唐代的茶艺

就目前文献记载而言，茶艺萌芽于晋代。由于文人雅士介入茶事活动，使饮茶不再仅仅是为了充饥、解渴、提神和保健，而是着重欣赏茶的香气和滋味，满足人们的心理上的需求，成为一种文化消费了。

西晋诗人张载《登成都白菟楼》诗中最后写道："芳茶冠六清，溢味播九区。人生苟安乐，兹土聊可娱。"说的是芳香的茶汤赛过六种时髦的饮料，甘香可口的滋味传播到九州大地。这是首次描写茶叶的芳香和滋味的诗句，说明当时诗人们饮茶已经不是单纯地从生理需要出发，而是具有审美意味地在欣赏茶的芳香和滋味，即开始将茶当作艺术对象来欣赏了，此前所有文献凡是提到茶时，多是强调它的医疗功效，可见这是品茶艺术的萌芽。

西晋另一文人杜育写了一篇专门赞颂茶叶的《荈赋》：

> 灵山唯岳，奇产所钟。瞻彼卷阿，实曰夕阳。厥生荈草，弥谷被岗。承丰壤之滋润，受甘泉之霄降。月唯初秋，农功少休。结偶同旅，是采是求。水则岷方之注，挹彼清流。器则陶简，出自东瓯。酌之以匏，式取《公刘》。唯弦初成，沫沉华浮。焕如积雪，晔若春敷。……调神和内，倦解慵除。

这是历史上第一次全面真实地记述当时茶树生长环境、采茶、用水、茶具、茶汤、泡沫、功效各个方面的作品。其中与品茶有关的就有用水、茶具、茶汤、泡沫、功效等方面，可见当时饮茶已经讲究用水，要汲取山中的清流来煮茶，要选用出自浙江的瓷器茶具，煮茶时有一套程序和技艺，煮时要"沫沉华浮"，并且追求茶汤泡沫的颜色和形状，最后还指出品茶的功效是可以调解精神和谐内心，解除倦乏和慵懒。不但具备现代茶艺的几个要素，如择水、备器、冲泡、观赏汤色等，连茶道精神（"调神和内"）也都开始产生了。因此说茶艺萌芽于晋代是有史实根据的。

显然，晋代已为唐代茶艺的形成奠定了基础，特别是杜育的《荈赋》对陆羽的影响很大，他在《茶经》中有三次引用杜育的话，如"三之器"谈到茶碗时，"五之煮"中谈到用水和泡沫时都直接引用了《荈赋》的话。

唐代中期，饮茶之风普及全国，"穷日尽夜，殆成风俗，始于中地，流于塞外。"（唐·封演《封氏闻见记》），一大批文人雅士带着他们的生活理念和审美情趣介入茶事，从而将日常生活中的饮茶行为提升到品茗艺术的高度。他们经常举行茶会，品茗赋诗，抚琴歌咏，促进了品茗艺术的趋于成熟，也为陆羽《茶经》的写作提供了丰富的经验和素材。

实际上,《茶经》并非是陆羽个人的品茶心得,而是广大唐代茶人们丰富的品茶实践的全面总结。

《茶经》的产生标志着茶艺在唐代已经成型。陆羽对唐代茶艺进行了全面的总结。在《茶经·六之饮》中概括为九项:"一曰造,二曰别,三曰器,四曰火,五曰水,六曰炙,七曰末,八曰煮,九曰饮。"就是:一要及早采制茶叶,二要注意鉴别茶叶,三要准备好茶具,四要注意火候,五要选择好用水,六要烘烤好茶饼,七要碾磨好茶末,八要认真煮好茶汤,九要细心品饮。其中又以煮茶最为重要,技术要求也最高。因此陆羽专辟一章"五之煮"来论述煮茶的具体程序:

先将茶饼放在炭火上烘炙,两面都要烘到起小泡如蛤蟆背状,然后趁热用纸囊包起来,不让精华之气散失。等茶饼冷却后将它碾磨成茶末,再筛成细粉。等水烧到冒起如鱼眼大小的水珠同时微微发出响声,称为一沸,要放点盐进去调味。等水烧到锅边如涌泉连珠时为二沸,先舀出一瓢滚水备用,再用竹夹环击汤心,然后将茶粉从中间倒下去。过一会儿锅里的水翻滚,为三沸,就将刚才舀出的那瓢滚水倒下去,此时锅里的茶汤会产生美丽的泡沫,称为"汤华"。这时茶汤就算煮好了,分别舀入茶碗中敬奉宾客。

陆羽总结的这套煮茶技艺的程序是:炙茶、碾茶、罗(筛)茶、烧水、一沸加盐、二沸舀水、环击汤心、倒入茶粉、三沸点水、分茶入碗、敬奉宾客。整套程序相当完整,技术要求也很明确、具体。

在煮茶时,陆羽特别重视对茶汤泡沫的培育,称之为"汤华",指的是茶汤表面上浮泛的一层细密均匀的白色泡沫:

沫饽,汤之华也。华之薄者曰沫,厚者曰饽,细轻者曰花。如枣花漂漂然于环池之上,又如回潭曲渚青萍之始生,又如晴天爽朗有浮云鳞然。其沫者,若绿钱浮于水湄,又如菊英堕于樽俎之中。饽者,以滓煮之,及沸,则重华累沫,皤皤然若积雪耳。《荈赋》所谓"焕如积雪,晔若春敷"有之。

陆羽用枣花、青萍、鳞云、绿钱、菊英、积雪、春敷等一连串美丽的词汇来形容茶汤的泡沫,可见他对此是非常重视的。而欣赏茶汤的泡沫与生理需求无关,纯粹是审美需要。可见此时的品茶已经不是为了解渴、提神、保健,而是成为一种生活中的艺术行为。因而说明,中国茶艺至唐代已经形成。

三、唐代茶艺简析

尽管茶艺的表现形式多种多样,但综合分析起来,茶艺是由六个方面构成的,即:茶叶、用水、茶具、环境、冲泡、品尝,简称茶艺六要素。茶艺作为审美实践,人是审美主体,各要素是审美客体,只有主、客体相结合,即由人来选茶、择水、备器、雅室、冲泡、品尝,茶艺才能获得成功。

(一)选茶

茶叶是茶艺的第一要素,是基础。只有在选择好茶叶之后才能决定用水、备器,才能确定烹煮或冲泡方式，才谈得上品尝问题。但是并不是任何的茶叶都可以作为茶艺要素来使用，而是需要经过品茗者的选择鉴别之后才能冲泡品尝的。

最早谈论茶叶选择的是陆羽《茶经·一之源》："野者上，园者次。阳崖阴林，紫者上，绿者次；笋者上，牙者次；叶卷上，叶舒次。阴山坡谷者，不堪采掇，性凝滞，结瘕疾。"

陆羽认为野生的茶叶比茶园中栽培的要好，生长在向阳阴林中的茶叶紫色的比绿色的要好，呈笋状的茶芽比普通茶芽要好，叶子卷的比张开的要好，长在背阳的阴山坡谷的茶叶不好，茶性凝滞，会导致疾病，不要去采摘。这自然是经过陆羽的品茗实践得出的真知灼见。

在《茶经·八之出》中，陆羽在介绍各地生产的茶叶时也分别指出其品质的好坏，如浙西地区是"以湖州上，常州次，宣州、杭州、睦州、歙州下，润州、苏州又下。"浙东地区是"以越州上，明州、婺州次，台州下。"等。显然，将各地的茶叶分为上、次、下几个等级，自然是为了品茗的需要，也是品茗实践后得出的结论。从同卷的记载"其思、播、费、夷、鄂、袁、吉、福、建、韶、象十一州，未详。往往得之，其味极佳。"可知陆羽评判茶叶的标准主要是茶叶的滋味如何，被列为上等的一定都是"其味极佳"者。

陆羽所谈论的是饼茶，因为《茶经》中所谈的都是饼茶的制作和烹煮问题。但是，唐代民间还有很多民众是喜欢饮用散茶的，自然也有上下之分。五代十国毛文锡在《茶谱》中介绍四川地区的茶叶时就强调以早春之芽茶为上："其横源雀舌、鸟嘴、麦颗，盖取其嫩芽所造，以其芽似之也。又有片甲者，即是早春黄茶，芽叶相抱如片甲也。蝉翼者，其叶嫩薄如蝉翼也。皆散茶之最上也。"

可见唐代茶人在品茗之时是很重视选择茶叶的。

（二）择水

茶艺的第二要素是水。因为茶叶的色、香、味、形都是要靠水来体现，没有水茶叶只是一堆干枯的树叶子。故有"器为茶之父，水为茶之母"之说。强调的是水在品茗艺术中的重要地位，因此如何选择好泡茶的水就成为茶艺中的要素之一。

最早谈到饮茶用水的是西晋杜育的《荈赋》，在描写"结偶同旅，是采是求"的采茶活动之后，就说"水则岷方之注，挹彼清流。"意思是烹茶使用的水是来自岷山流下来的，取其清澈的流水。可见早在西晋茶人们就开始选用山水来煮茶。到了唐代，陆羽就提出"山水上"的主张。他在《茶经·五之煮》直接引用杜育的观点：

> 其水，用山水上，江水中，井水下。《荈赋》所谓"水则岷方之注，挹彼清流。"……其江水，取去人远者，井，取汲多者。

陆羽在《茶经》中所论是全国范围的饮茶用水，故不以具体的地点立论，而是超地域性地论述"山水上，江水中，井水下"。江水取去人远者是为避免人为的污染，井水取汲多者是多汲的井必然泉活水鲜，宜于煮茶。

自陆羽《茶经》论水之后，唐人对煮茶用水已相当重视，注意鉴赏品评水的品质，甚至还评出等级来。如与陆羽同时代的刘伯刍将江苏附近水评为七级，以"扬子江南零水第一，无锡惠山寺石泉第二。"据唐代张又新《煎茶水记》记载陆羽也把全国的水评为二十级，其中以"庐山康王谷水帘水第一，无锡惠山寺石泉水第二。"谈到陆羽评水，还有一则有趣的故事：

唐代代宗年间，李季卿到浙江湖州任刺史，路过扬州时，恰逢陆羽也在那里，两人相见甚欢，便在扬子江边聚餐。李季卿说陆羽是煮茶能手，附近又有号称天下第一泉的南零水，千载难逢，良机勿失，就请陆羽为大家展示一下煮茶技艺。陆羽同意，便准备煮茶器具，李季卿就派一名平时做事认真负责的士兵带着水桶驾着小船去江中取南零水。过了一会儿。那位士兵取水回来，陆羽用木勺舀了一勺水看了一下就说："江水是江水，但不是南零水，好像是临近岸边的水。"那位士兵便说："我驾着小船去江中取水，是大家都看到，怎敢欺骗大家？"陆羽不说话，将那桶水倒在盆里，倒到一半即刻停止，说："下面这些才是真正的南零水。"那位士兵吓得跪在地上认罪，承认说："我从南零取水回来快到岸边时船一晃荡，桶里的水泼掉一半，我害怕受处分，就舀了岸边的水补充。陆处士真是神仙一样高明。"小人伏罪，在场的都惊叹不已，对陆羽佩服得五体投地。

陆羽是根据江心的水和岸边的水其流速不同，所含的物质不同，因此清澈和浑浊程度也不同而加以区分的。尽管后人对这则故事有质疑，但不管如何，这则故事早在唐代就已产生，至少也反映了唐代茶人对煮茶所用的水是非常重视的。

（三）备器

备器就是准备好泡茶的器具。明代许次纾在《茶疏》中说："茶滋于水，水藉乎器，汤成于火，四者相须，缺一则废。"指出茶具在品茗艺术中的重要地位。有了好茶、好水，还要有好茶具，这不但是技术上的需要，还是艺术上的需要，因为在茶艺中，茶具本身也成为审美对象，人们在品茶时不但要求茶美、水美，还要求器也美。

最早对茶具提出审美要求的还是西晋的杜育，他在《荈赋》中提到："器泽陶简，出自东隅。"

东隅指的是浙江一带，在晋代以生产青瓷器闻名。《荈赋》描写的是四川地区的茶事活动，指明水要用岷山的清流，但茶具却要用浙江的青瓷，看重的显然不只是它的使用功能，而是青瓷器形和釉色之美。可见茶具在晋代已经进入茶人们的审美视野了。

陆羽接受杜育的观点，在《茶经·四之器》中谈到茶碗时引用了杜育的这句话，还指出浙江越窑和湖南岳州窑生产的瓷器釉色青绿，使茶汤显得更美："越州瓷、岳瓷皆青，青则益茶，茶作白红之色。"

他还将越窑青瓷和当时北方的邢窑白瓷进行比较，认为："若邢瓷类银，越瓷类玉，邢不如越一也；若邢瓷类雪，则越瓷类冰，邢不如越二也；邢瓷白而茶色丹，越瓷青而茶色绿，邢不如越三也。"

比较的是茶碗的釉色及其对茶汤颜色的影响，都是从品茶者的观赏角度出发，而不是从实用角度出发。因此，陆羽是历史上最早对茶具艺术美提出具体要求的茶人。

由于青瓷益茶，唐代盛行青瓷茶具，其中尤以越窑生产的秘色瓷釉色青幽如碧玉，釉质晶莹润澈，胎质细腻，最受达官贵人的宠爱。陆龟蒙在《秘色越器》诗中形容为"九秋风露越窑开，夺得千峰翠色来。"唐僖宗曾将它作为供品送到法门寺宝塔地宫里。五代的吴越国王也将它作为宫廷专用瓷，并向后唐、后晋、宋、辽王朝进贡。

唐代茶人对茶具的艺术性追求不仅仅表现在陶瓷的釉色方面。他们对茶具的造型、装饰也十分讲究，其中最典型的是陆羽对煮茶的风炉的艺术设计。《茶经·四之器》记载陆羽设计的风炉，造型像只古鼎，上有双耳，下有三足，每一足上分别铸有"坎上巽下离于中""体均五行去百疾""圣唐灭胡明年铸"等文字，三足之间设三窗，每一窗口铸有两个字，合起来是"伊公羹、陆氏茶"。炉子上还要装饰禽、兽、鱼等图案和离、巽、坎三个卦象，因为卦象中是"巽主风，离主火，坎主水。风能兴火，火能熟水，故备其三卦焉。"

作为生火烧水的炉子，本是日常的生活用具，但是陆羽为了增强"陆氏茶"的文化色彩特地设计这种装饰有各种文字和图案的风炉，赋予它那么多的文化内涵。这是陆羽匠心独运的艺术作品，陆羽也是历史上第一位赋予茶具以深刻文化含义的茶艺大师。

陆羽之所以这么重视风炉的造型和装饰，是因为唐代饮茶方式是煮茶，从炙茶开始到水之三沸，其间还要添盐、舀水、竹夹搅水、倒进茶末、再倒入原来舀出的一勺水，直至最后从茶砭里舀出茶汤倒进茶碗里，这一切都是在风炉上的茶镀中进行，人们的视线一直没离开风炉。它成为人们注视的中心。如果风炉的式样没有任何艺术性和文化内涵，必然要影响整个煮茶过程的观赏效果。由此亦可看出陆羽追求茶具艺术美的良苦用心。

（四）雅室

雅室就是要求茶室的格调高雅。品茗需要在一定场所进行。这场所可以大到山林野外，也可以小到陋屋斗室，甚至小到一张茶桌或是一个茶盘，环境如何对人们品茗的心境影响很大，因而历来茶人对品茗环境都十分讲究。

大体说来，品茗环境可分为野外、室内和人文三类。

1.野外环境

中国古代知识分子受道家"天人合一"哲学思想的影响很深，追求与大自然的和谐统一。他们常把山水景物作为感情寄托，借自然风光来抒发自己的感情，因而产生对自然美的爱慕和追求。所以古代茶人们都喜欢到大自然的环境中去品茶。

陆羽《茶经·九之略》中就提到唐代茶人经常到野外松林下岩石上，或是泉水边、溪涧旁，或是爬上岩洞口去煮茶品尝。唐代吕温《三月三日茶宴序》更有生动细致的描写：

> 三月三日，上巳祓饮之日也。诸子议以茶酌而代焉。乃拨花砌，憩庭荫，清风逐人，日色留兴，卧措青霭，坐攀香枝。闲莺近席而未飞，红蕊拂衣而不散。乃命酌香沫，浮素杯，殷凝琥珀之色，不令人醉？微觉清思，虽玉露仙浆，无复加也。

吕温和他的几位诗友在草长莺飞、鲜花盛开的春天户外，品茶赋诗，花草云天都融化在青霭之中，碗中的茶汤呈琥珀的色泽，在这样美丽的景色中品茗，实在是一种美的享受。

类似的唐代茶诗还有很多，描写了茶人们在竹林（"竹下忘言对紫茶"——钱起）、松间（"闲来松间坐，看煮松上雪"——陆龟蒙）、亭中（"茗宴东亭四望通"——鲍君徽）、池畔（"信脚绕池行……傍边洗茶器"——白居易）、潭边（"岩下维舟不忍去，青溪流水暮潺潺"——灵一）、泉旁（"虎跑泉畔思迟迟"——成彦雄）、月下（"孤吟对月烹"——曹邺）煮茶品茗的情景，可见唐代茶人们对野外环境的喜爱。在如此优美的环境中品茗赏景，自然会获得一种在室内环境中品茗所无法享受到的审美愉悦。

2.室内环境

人们日常品茶最多的地方还是在室内，即便是文人雅士、达官贵人们也是如此。因此古人对室内环境也是相当重视的。

室内环境大体可分为众人饮茶的场所和个人品茗的场所。前者主要是指经营茶水的茶坊、茶馆或非营业性的文人相聚的茶会，后者主要是指茶室。

（1）茶馆。茶馆至少在唐代就开始出现。封演《封氏闻见记》记载："自邹、齐、沧、棣，渐至京邑，城市多开店铺，煮茶卖之，不问道俗，投钱取饮。"

既然是卖茶水的店铺，从商业角度考虑，一定会有装潢布置，其室内环境自然要比一般民居要高雅些。这种"煮茶卖之"的店铺，在唐代叫茶坊、茶肆或茶邸。

牛僧孺《玄怪录》："长庆初，长安开远门十里处有茶坊，内有大小房间，供商旅饮茶。"敦煌文书《茶酒论》也有"酒店发富，茶坊不穷"之语。"坊"本是小手工业者的工作场所，如油坊、磨坊、染坊、粉坊等，多是一边生产一边出售，称为"前店后坊"。唐代的茶坊大概也是一边加工茶叶、煎煮茶汤，一边在前店出售，称为"茶坊"也是很自然的。既然"内有大小房间，供商旅饮茶"，可见颇具规模，且环境宜人，才能适应顾客的需求。

《旧唐书·王涯传》："李训事败……涯等仓惶步出，至永昌里茶肆。"《太平广记》卷三四一"韦浦"："（韦浦）俄而憩于茶肆。""肆"即古代的店铺，茶肆也就是茶店、茶铺的意思，能让人休憩，环境自然也不错。

《封氏闻见记》记载，唐代长庆初年，杜陵韦元方出开远门数十里，逢裴璞跃马而来，裴璞"见元方若识，争下马避之入茶邸，垂帘于小室中，其从御散坐帘外。""邸"是古代官吏、富人的住所，如官邸、私邸或邸宅，都是府邸、宅第之意。看来茶邸的建筑规模要比一般的茶坊、茶肆要大些，内部房间也是大小不一，那种垂有门帘的小室，犹如现代茶馆中的"雅室"，想来必定环境幽雅，适合人们品茶。

（2）茶会。唐代的茶会也称茶宴或茶集，其形式是文人聚会以茶代酒的雅集，是非营业性的聚会。虽然也有在室外举办（如前述的吕温的"三月三日茶宴"），但大多数是在室内举行，如在寺院、府第或园林庭院。茶诗中也多有反映，如王昌龄的《洛阳尉刘晏与府掾诸公茶集天宫寺岸道上人房》、刘长卿的《惠福寺与陈留诸官茶会》、武元衡的《资圣寺贲法师晚春茶会》等茶诗，描写的是在寺庙中举行茶会的情形。也有在私家的园林中举行茶会的，如皎然的《遥和康录事李侍御萼小寒食夜重集康氏园林》，描写的是在康氏的园林中举行茶会。白居易的《夜闻贾常州崔湖州茶山境会亭欢宴》是描写在湖州顾诸山境会亭中官家举行品鉴顾诸贡茶的大型茶会。鲍君徽的《东亭茶宴》则是在皇家园林的亭阁中举行的。皎然的《晦夜李侍御萼宅集招潘述、汤衡、海上人饮茶赋》《同李侍御萼李判官集陆处士羽新宅》《喜义兴权明府自君山至集陆处士羽青塘别业》等茶诗，则是描写在私人宅第中举行茶会的情形。还有收藏在台北故宫博物院的唐画《宫乐图》，描绘的12位宫廷妇女围坐长案品茗听乐的茶会场面，其地点是属于典型的室内环境。

（3）茶室。个人品茗场所，在古代称为茶寮或茶室。有文献记载的茶室至少可以追溯到唐代。《旧唐书·宣宗本纪》记载当时洛阳有一位和尚，130岁高龄，"性唯嗜茶"。宣宗将他留在京城保寿寺。他日常煎茶、饮茶的斗室就叫"茶寮"。唐代的一些达官贵族、文人雅士在家中也会设有专供品茶的茶室，齐己《咏茶十二韵》："角开香满室"，写的应该就是茶室。"茶寮"一词也为后人所沿袭。明代杨慎《艺林伐山》即说："僧寺茗所曰茶寮"。明代的茶书如高谦《遵生八缆》谈到"茶寮"时说："侧室一斗，相傍书斋。"许次纾《茶疏》"茶所"也说"小斋之外，别置茶寮。高燥明爽，勿令闭塞。"其内部陈设，整洁雅致，设有桌椅，放有整套茶具，炭火泥炉，除了自己啜饮之外，还可接待少数知心好友共品佳茗。明代的茶寮应该就是唐代茶寮的延续，反过来，也可推测唐代的茶寮应大致类似。

3.人文环境

除了个人独自啜饮之外，品茗更多的情况下是与他人共饮，或是二三知己，或是三五好友聚饮，有时甚至是一大群人在开茶会。品茶时对象的素质如何会影响到品茗者的心境，所以自古以来茶人们对品茶时的人文环境是非常注意的。

陆羽在《茶经·一之源》中说茶"为饮最宜精行俭德之人"。精行俭德之人就是注意品行、具有俭朴美德之人。那么只有这样高素质的文人雅士，才能有共同的审美情趣，共享品茗艺术的审美愉悦。唐代皎然《九日与陆处士饮茶》诗中写道："九日山僧院，东篱菊也黄。俗人多泛酒，谁解助茶香？"

显然，能够赏菊品茗体味茶香的自然是超脱尘俗之人，如果对方是个酒徒，岂不大煞风景？卢仝《走笔谢孟谏议寄新茶》："柴门反关无俗客，纱帽笼头自煎吃。"这"俗客"就是不懂品茶的客人，不能和他们共品佳茗，既浪费了珍贵的名茶，也扫了品茶的雅兴。白居易将爱品茶、会品茶的人称为"爱茶人""别茶人"。《谢李六郎中寄新蜀茶》："不寄他人先寄我，应缘我是别茶人。"《山泉煎茶有怀》："无由持一碗，寄与爱茶人。"这种"茶人"才是理想的共品佳茗的茶友。与这种有共同爱好的茶友品茗，即使客观环境差一些，也仍然会达到"尘心洗尽兴难尽"的美妙境界。

（五）冲泡

冲泡是品茗艺术的关键环节，一壶茶泡得好坏，全看冲泡技巧掌握得如何。冲泡包括两个部分，一是煮水，二是泡茶（唐代是煮茶）。在这方面，古人也积累了相当丰富的经验，只是随着时代的演进，饮茶方式的改变，其泡茶技巧自然也不相同。

1.煮水

煮水在古代称为煎水。苏辙《和子瞻煎茶》诗中即说："相传煎茶只煎水，茶性仍存偏有味。"可见煮水在茶艺中的重要性。

最早对煮水提出明确要求的是陆羽《茶经·五之煮》："其沸，如鱼目，微有声，为一沸；缘边如涌泉连珠，为二沸；腾波鼓浪，为三沸。已上水老，不可食也。"

就是说：水烧到开始出现鱼眼大小的气泡并微微有声时，即为第一沸。继续烧到边缘像涌泉连珠一样水泡往上冒，即为第二沸。到了水面似腾波鼓浪时，即为第三沸。三沸以上"水老不可食"了。按《茶经》要求，水烧到第二沸时就要将碾好的茶粉放到锅里去煮。

煮水时要求用活火。唐末诗人温庭筠《采茶录》中记载李约对煮水的要求："茶须缓火炙，活火煎。活火谓炭火之有焰者。当使汤无妄沸，庶可养茶。始则鱼目散布，微微有声。中则四边泉涌，累累连珠。终则腾波鼓浪，水汽全消。三沸之法，非活火不能成也。"

活火就是燃烧出火焰而无烟的炭火，其温度较高，以之烧水最好。这是对火候提出明确要求。

2.煮茶

煮茶是茶艺的核心，一锅茶的好坏，除了水和茶叶的质量之外，全看煮茶的技艺如何。高超的煮茶技艺是可以弥补茶、水之不足的，即同样的水和茶叶，会煮和不会煮，其效果是大不一样的。

《茶经·五之煮》详细论述了煮茶的具体程序，技术要求很明确。唐代煮茶法是先将茶饼烘烤、碾碎、筛成粉末，当锅里的水烧开时，要放点盐进去，第二次烧开时要舀出一瓢水，再用竹夹环击汤心，然后将茶粉放进锅里去煮，当锅里的水第三次烧开时，将刚才舀出来那勺水再倒进去，此时锅里的茶汤会产生的泡沫。再舀到茶碗里品啜或敬客。在煮茶时，陆羽特别重视对茶汤泡沫的培育。

（六）品尝

品尝茶汤是品茗艺术的最后一个环节。茶汤冲泡得好坏固然重要，但是如果遇到不懂品茗艺术的饮者，好比一件艺术精品没有知音的观众，是非常遗憾的事情。正如明代屠隆在《考槃徐事》中所说："使佳茗而饮非其人，犹汲泉以灌蒿莱，罪莫大焉。有其人而未识其趣，一吸而尽，不暇辨味，俗莫大焉。"

喝茶只是为了满足生理上的需求，重在解渴、提神、保健，没有什么特别的讲究。品茗的重心是为了追求精神上的满足，重在意境的追求和感受，将饮茶视为一种艺术欣赏活动。要细细品啜，徐徐体察，从茶汤美妙的色、香、味、形得到审美的愉悦，引发联想，抒发感情，使心灵得到慰藉，灵魂得到净化，因而一些学者将品茗称为"灵魂之饮"。

早期的文献提到饮茶时，多是侧重于茶的药理和营养功能。最早从精神层面上来阐释饮茶功能的是西晋杜育的《荈赋》。它在提到饮茶可以"倦解慵除"外，还说饮茶可以"调神和内"。即饮茶可以调节精神、和谐内心。同时代的张载在《登成都白菟楼》诗中也有"芳茶冠六清，溢味播九区"的诗句，是从芳香和滋味的角度来品尝茶汤的，这是品茶艺术的萌芽了。

到了唐代，茶人们已经从审美情趣的角度来品茶了。如皎然在《饮茶歌诮崔石使君》诗中描写他饮茶的美妙感受是："一饮涤昏寐，情思朗爽满天地。再饮清我神，忽如飞雨洒轻尘。三饮便得道，何须苦心破烦恼。"

皎然的"三饮"是品茶的三个层次，从解困、清神到悟道，即是从生理上的满足上升到精神上的享受，不但获得审美的愉悦，而且进入一个哲理的境界。稍后的卢仝在《走笔谢孟谏议寄新茶》诗中也描写了连喝七碗茶的不同感受：

一碗喉吻润，两碗破孤闷。三碗搜枯肠，唯有文字五千卷。四碗发轻汗，平生不平事，尽向毛孔散。五碗肌骨清，六碗通仙灵。七碗吃不得也，唯觉两腋习习清风生。

一碗是解渴，喉吻湿润，是生理上的满足。二碗破除孤闷，令人情思爽朗。三碗使人灵感涌动，文思喷涌。四碗令人心胸开阔，忘却烦恼和不快。五碗至七碗，身轻神爽，飘飘欲仙，达到天人合一、物我两忘的最高境界。可见唐人品茶是从慰藉心灵的角度出发。

具体而言，唐代茶人品茶是着重从茶汤的色、香、味、形以及意境五个方面来欣赏，这从当时大量的茶诗可以得到印证。如：

1.色

盛来有佳色。（白居易《睡后茶兴忆杨同州》）

铫煎黄蕊色。（元稹《一字至七字诗·茶》）

烹色带残阳。（齐己《谢灉湖茶》）

泉嫩黄金涌。（杜牧《题茶山》）

合座半瓯轻泛绿，开缄数片浅含黄。（郑谷《峡中尝茶》）

2.香

芳气清闲轩。（陆士修《月夜啜茶联句》）

俗人多泛酒，谁解助茶香？（皎然《九日与陆处士羽饮茶》）

沫下麹尘香。（白居易《睡后茶兴忆杨同州》）

角开香满室。（齐己《咏茶十二韵》）

兰气入瓯轻。（李德裕《忆平泉杂咏·忆茗芽》）

3.味

一汲清泠水，高风味有馀。（裴迪《西塔寺陆羽茶泉》）

欲知花乳清泠味。（刘禹锡《西山兰若试茶歌》）

味击诗魔乱。（齐己《尝茶》）

寒泉味转嘉。（皎然《对陆迅饮天目山茶，因寄元居士晟》）

煮雪问茶味。（喻凫《送潘咸》）

4.形

投铛涌作沫，著碗聚生花。（皎然《对陆迅饮天目山茶，因寄元居士晟》）

育花浮晚菊。（张又新《谢庐山僧寄谷帘水》）

花浮鱼眼沸。（白居易《睡后茶兴忆杨同州》）

松花满碗试新茶。（刘禹锡《送蕲州李郎中赴任》）

松花飘鼎泛。（李德裕《忆平泉杂咏·忆茗芽》）

5.意境

洁性不可污，为饮涤尘烦。（韦应物《喜园中茶生》）

流华净肌骨，疏瀹涤心原。（颜真卿等《五言月夜啜茶联句》）

尘心洗尽兴难尽。（钱起《与赵莒茶宴》）

更觉鹤心通杳冥。（温庭筠《西陵道士茶歌》）

一瓯解却山中醉，便觉身轻欲上天。（崔道融《谢朱常侍寄贶蜀茶、剡纸二首》）

乃知高洁情，摆落区中缘。（孟郊《题陆鸿渐上饶新开山舍》）

由此可以证明，唐代诗人们在品茗实践中已经从艺术欣赏角度对茶的色、香、味、形以及心灵感受诸方面，进行审视和体味，标志着我国的品茗艺术已经进入趋于成熟的阶段。

四、唐代茶道浅析

我国的茶道萌芽于西晋时期，杜育的《荈赋》中最后两句为"调神和内，倦解慵除。"

所谓"调神和内"，就是说饮茶的功效可以调节精神、和谐内心。这是历史上最早出现的有关茶道精神的表达。《荈赋》对陆羽影响甚大，《茶经》中多次引用《荈赋》的文字，如用水、茶具、汤华等。显然，《荈赋》"调神和内"的茶道精神对陆羽也会产生影响。虽然《茶经》中没有相同的词语，但陆羽指出"茶之为用，味至寒，为饮最宜精行俭德之人。"认为茶是最适合具有"精行俭德之人"品饮，或者说是善于品茶的人应该具有"精行俭德"品行。将品茶与个人的道德修养联系在一起，陆羽是第一人。因此，可以将"精行俭德"四字视为陆羽《茶经》所倡导的茶道精神。同样，前述唐代茶诗中的"尘心洗尽兴难尽"（钱起《与赵莒茶宴》）、"流华净肌骨，疏瀹涤心原"（颜真卿等《五言月夜啜茶联句》）、"乃知高洁情，摆落区中缘"（孟郊《题陆鸿渐上饶新开山舍》）等诗句，都是具有茶道精神的意味。能"尘心洗尽""摆落区中缘"之人就是"精行俭德"的正人君子。他们在品茶时自然有着高于常人的追求。

在唐代茶诗中最引人瞩目的是皎然的《饮茶歌诮崔石使君》，诗中在历史上第一次将品茶划分了三个层次："一饮涤昏寐，情思朗爽满天地。再饮清我神，忽如飞雨洒轻尘。三饮便得道，何须苦心破烦恼。"

此诗在历史上第一次将品茗划分为三个层次：涤昏寐、清我神、便得道。第一层次是提神去睡。陆羽《茶经·六之饮》就指出："荡昏寐，饮之以茶。"皎然没有停留在低层次的"涤昏寐"，而是提升到更高的层次：清神、得道，使品茗具有哲理意味。"三饮便得道"所获得的是人生处世之道，已碰触到品茶悟道的实质，从而将品茗艺术升华到价值观念领域，这是具有开拓性的贡献。尤其是在诗中最后明确提出"茶道"概念："孰知茶道全尔真，唯有丹丘得如此。"

皎然的"茶道"一词，指的就是诗中"三饮便得道"所强调的品茗悟道，所悟的是人生的处世之道，悟此境界自然烦恼全消，颇有禅宗顿悟的意味。这是历史上首次出现与现代茶文化学观念接近的"茶道"一词，其意义非凡。皎然曾在他的诗歌理论著作《诗式》中提炼出"诗道"概念，指的是诗歌创作所应遵从的艺术规律和原则方法。他在欣赏诗歌创作时强调"但见性情，不睹文字，盖诣道之极。"那么他在品茶之时，自然也会但见性情，不睹茶叶、茶汤、茶具等具体事物，不注重解渴、提神、保健等功利目的，而是追求"清我神""便得道""破烦恼""全尔真"的最高境界，并将这个品茶的最高境界概括为"茶道"，应是顺理成章的事情。从此之后，中国人饮茶再也不是只从满足生理需要的功利目的出发，而是上升到品茗艺术的高度，将品茶作为净化心灵、沐浴灵魂的生活艺术。直到今天，在世界上也只有中国茶人的品茶才达到如此精神高度，而大多数外国人还停留在将茶仅仅作为饮料的低层次阶段，我们是应该要感谢皎然的。

在皎然之后，裴汶在《茶述》序言中也对茶之功效有所论述："茶，起于东晋，盛于今朝。其性精清，其味浩洁，其用涤烦，其功致和。参百品而不混，越众饮而独高。"

由于时代的局限，裴汶说"茶，起于东晋"并不正确。但他指出"其性精清"与皎然的"再饮清我神，忽如飞雨洒轻尘"，"其用涤烦"与皎然的"三饮便得道，何须苦心破烦恼"等大体接近。他所说的"其功致和"，与《荈赋》的"调神和内"也是一脉相通的，都揭示了"茶道"本质特征，都是很有价值的。

此后的卢仝，在他的茶诗《走笔谢孟谏议寄新茶》中生动地描绘了品茶的七个层次：

一碗喉吻润，两碗破孤闷。

三碗搜枯肠，唯有文字五千卷。

四碗发轻汗，平生不平事，尽向毛孔散。

五碗肌骨清，六碗通仙灵。

七碗吃不得也，唯觉两腋习习清风生。

卢仝用带有夸张色彩的文学语言描绘品饮七碗茶的感受，"一碗喉吻润"是指饮茶解渴，属于生理上的满足，其余都属于心理上的感受。"二碗""三碗"大体与皎然的"再饮清我神"相当。"四碗"已经破除了烦恼，接近了皎然"三饮便得道"的境界。"五碗""六碗""七碗"则已经是明心悟道，飘飘欲仙了。此诗与皎然的茶诗有异曲同工之妙，将唐代的品茶之道升华到一个更高层次，丰富、深化了茶道的内涵。

能够从理性的角度对茶道精神进行概括的是晚唐时期的刘贞亮。他将茶赐予人们的功德称为茶德并归纳为十项，被称为《茶十德》：

以茶散郁气，以茶驱睡气，以茶养生气，以茶除病气，以茶利礼仁，以茶表敬意，以茶尝滋味，以茶养身体，以茶可行道，以茶可雅志（心）。

其中散闷气、驱腥气、养生气、除疠气、尝滋味、养身体六项是属于茶对人们生理上的功德，而利礼仁、表敬意、可雅志（心）、可行道四项则是属于茶道精神范畴。这里所说的"可行"之"道"，是指道德教化的意思，即认为品茶的功德之一是可以有助于社会道德风尚的培育。"可雅志（心）"是指品茶可以修身养性，培养人们的心志，陶冶个人情操。"表敬意"是指以茶敬客，互相尊重，可以改善人际关系。"利礼仁"是指品茶有利于培养人们的道德品质，懂得礼仪仁义，可以净化社会风气。这些是以明确的理性语言将茶道的社会功能提升到最高层次，可视为唐代茶道精神的最高概括，也与今天茶文化学界对茶道精神的阐述相当接近，在一千一百多年前的唐代，对茶道就有这样深刻的认识，确实是相当不容易的，唐代被人们誉为中国茶文化史上的第一个高峰也不是偶然的。

（文章原载《农业考古》2012年第5期）

当代茶论

江西省的茶叶生产和茶文化活动

一、江西省茶叶生产概况

江西省位于中国的长江中下游交接处的南岸，在北纬24°29′14″—30°04′40″与东经113°34′36″—118°28′58″之间。在唐代属于江南西道管辖，故此名为"江西"。赣江自南向北穿过全省，是境内的主要河流，故简称"赣"。东邻浙江、福建，南连广东，西接湖南，北毗湖北、安徽。京九铁路和浙赣铁路纵横贯穿全省，交通十分便利。

江西地处亚热带，气候温和湿润。全省年平均气温16.2～19.7℃，无霜期240～304天，又有许多高山峻岭和丘陵，长年云雾缭绕，很适合茶树的生长。全省有22个重点产茶县，茶园面积100多万亩，产茶18000多吨。全省有茶叶初制工厂1200多座，主要生产绿茶和红茶。著名的茶叶产品有"婺绿""宁红""庐山云雾""狗牯脑""井冈翠绿"等，畅销国内外，并多次在国际上获奖，为中国江南的重要产茶区之一。

江西生产茶叶的历史非常悠久。早在东汉就有僧人在庐山采制茶叶。到了唐代更加发达，茶圣陆羽就到过江西庐山、上饶等地，并在上饶亲自种植茶树。《茶经》中也多次提到江西的茶叶生产情况并给予很高的评价。

江西最主要的茶区首推赣东北的婺绿茶区，其次是赣西北的宁红茶区、景德镇附近浮梁县的浮红茶区和上饶地区的饶绿产区。在全省各地还有许多较小的产茶区。

婺绿茶区主要包括位于赣东北与安徽、浙江毗邻的婺源县和德兴市。这是江西最大的茶区，年生产茶叶约8000吨，将近占全省茶叶产量的一半。过去有名的"屯绿"部分产品就产在婺源县。早在唐代这里就盛产茶叶，陆羽《茶经》就记载浙西歙州的茶叶"生婺源山谷"。境内的郭公山海拔1000多米，地势高峻，峰峦起伏，气候温和，雨量充沛，土壤肥沃，四季云雾不绝，具有栽培茶树的优越自然条件。婺源主要生产绿茶，简称"婺绿"，闻名中外，威廉·乌克斯《茶叶全书》评价说："婺源茶不独为路庄绿茶中之上品，且为中国绿茶中品质之最优者，其特征在于叶质柔软细嫩而光滑，水色澄清而滋润"。其中最享盛誉的名茶是"婺源茗眉"，是以"上梅州"茶树良种和本地大叶种的鲜叶为原料，经精细加工而成，内质香高，鲜浓持久，滋味鲜爽甘纯，外形弯曲似眉，翠绿紧结，银毫披露，故称"茗眉"。早在1958年就被评为全国名茶之一。婺源是宋代大哲学家朱熹的故乡，这里山川秀丽，风景优美，保存有大量的明清时期的古建筑，也是著名的旅游胜地。

宁红茶区的主要产区包括赣西北与湖北、湖南毗邻的修水、武宁、铜鼓等县，境内多高山峻岭，树木苍翠，春夏多云雾，气候温和湿润，土壤深厚肥沃，使茶叶具有优良品质。该区以生产红茶著称，因过去属义宁州，简称"宁红"。这里早在唐代就生产茶叶。到宋代更为发达，其中以双井茶最为著名。这里是宋代大文学家黄庭坚的故乡，他曾以双井茶赠送苏东坡。大文学家欧阳修也写有著名的茶诗《双井茶》。至清代道光年间（1821—1850）开始生产红茶，驰名中外，俄商曾赠送"茶盖中华，价甲天下"匾额。威廉·乌克斯在《茶叶全书》中评价："宁红外形美丽紧结，色黑，水色鲜红引人，在拼和中极有价值。"又说："修水县所产红茶为名贵之拼和茶，外形灰色而有芽头，条子紧密，汤色佳良。"宁红工夫茶多次在全国名茶评比中获金质、银质奖。目前仅修水县就有茶园10万多亩，茶长300多个，产茶2500多吨。近年来又生产"宁红保健茶"，畅销国内外。

饶绿茶区主要包括赣东北与福建武夷山毗邻的上饶、广丰、铅山等地。该区产茶的历史始于唐代。陆羽晚年从浙江湖州来到江西广信府（今上饶市）茶山寺辟地种芥。其地有泉，陆羽评为天下第四泉，至今尚留存"陆羽井"。自此之后，茶叶生产逐步发展。目前已成为我国重点茶区之一。其中名茶为"上饶白眉"，其鲜叶采自大面白茶树品种。因满披白毫，外观雪白，外形如老寿星的眉毛，故称"白眉"。曾获农业农村部颁发的优质产品奖，畅销国内外。

浮红茶区的主要产地是位于著名瓷都景德镇郊区的浮梁县。原产绿茶，至清末改产红茶，简称为"浮红"。浮梁县早在唐代就是著名的茶叶集散地。唐代大诗人白居易《琵琶行》诗中写道："商人重利轻离别，前月浮梁买茶去"。唐代王敷《茶酒论》亦说"浮梁歙州，万家来求"。可见当时浮梁茶叶产销的盛况。当时安徽歙州一带的茶叶都是运至浮梁销售。据史料记载，唐代天宝元年（742）从浮梁运销西北、华北各地的茶叶就有十几万驮之多。至宋代，浮梁的茶叶贸易更是盛况空前，从安徽等地运至浮梁销售的茶叶就有好几千担，已成为全国的茶叶贸易中心。茶叶生产的发展也促进了瓷器生产的发展，当时浮梁（即景德镇）的陶瓷茶具亦享誉天下。浮梁茶区原生产绿茶，至清末改产红茶，深受海外茶商的青睐，并于1915年巴拿马万国博览会获得金奖。浮梁红茶的生产技术曾传到安徽祈门，对祈红的生产起了促进作用。在全国茶区的划分中，将浮红并入祈红茶区一并介绍，故无独立的浮红茶区。但在江西来说，它仍是一个重要的独立的产茶区。现有茶园面积10万亩，产量2000吨左右。

此外，江西庐山生产的"庐山云雾"，遂川县生产的"狗牯脑"，井冈山生产的"井冈翠绿"等都是颇负盛名的绿茶。其中"狗牯脑"茶亦曾在1915年巴拿马万国博览会上获得金奖。

二、江西省的茶叶教育、科学研究

江西省目前有一所茶叶学校和三家茶叶科学研究所——江西省婺源茶叶学校和江西省农业科学院桑蚕茶叶研究所、修水县茶叶科学研究所、婺源县茶叶科学研究所。

江西省婺源茶叶学校创办于1939年，后因经费困难停办，1965年恢复，1973年改为省办，为全省培养茶叶技术人才。学校开设茶叶专业，学制三年，在校学生300多人，教师40人，有13个实验室和电教室，学校的实习茶场有茶园115亩，综合实习加工厂一座，年初制加工绿茶15吨、窨制花茶10吨。自创建以来，已为国家培育茶叶技术人才3000余人，成为江西茶叶生产、科学研究的一支骨干力量。

江西省农业科学院桑蚕茶叶科学研究所创办于1976年，为从事茶叶和蚕桑科学研究的专业机构。其中研究茶叶技术的研究人员18人，工人56名，试验茶园140亩，多年来在推广密植速成茶园、茶树丰产栽培技术方面成绩显著。1980年以来，主要从事江西红壤低丘地区提高茶叶品质技术、茶园种植方式、茶树新品种选育等方面的开发性研究工作。出版《蚕茶通讯》杂志，在国内发行。

修水县茶叶科学研究所始建于1934年，是中国最早的茶叶重点研究机构之一，1984年起改属九江市领导。全所有专业研究和技术管理人员58人，实验、铲员2506人，其中农艺师42人，助理农艺师17人。设有茶业育种、生态茶园工程、茶树病虫害防治、茶树生理与茶叶生物化学、科技情报六个研究室。有茶园2000多亩，年产茶150余吨。有制茶厂房7600多平方米。主要产品有宁红工夫红茶、绿茶、附加香茶、乌龙茶等，产品畅销国内及欧洲、东南亚市场。

婺源县茶叶科学研究所前身是江西省农业茶叶改良场，创建于1931年。1939年在场内办制茶科初级实用职业学校。1973年正式成立婺源县茶叶科学研究所。有茶园120亩，并建立良种茶园、茶树品种园。现有科技、管理干部和工人70余人。兴建茶叶初精制加工厂、实验室，举办技术培训多期，培训人员1000多人次。近几年繁育推广"上梅洲"良种茶苗1000多万株，为省内外许多茶区所引种，已被推荐为全国21个茶树优良品种之一。在茶叶制作机械化方面的研究也取得一定成绩。

三、江西省茶文化及其研究活动

1.江西的茶俗

江西省和中国各地一样，也是家家喝茶。每逢节日或节气，也要用茶祭祀神明和祖先，招待亲友客人。相亲、定亲和结婚时，也要用茶作礼品赠送女方，沏茶招待客人。农村一般用壶泡法，即冲一大茶壶，再注入茶杯分敬客人。讲究一点的用杯沏泡。其中较有特色的是流行于宁红茶区的"什锦茶"。这是将盐腌制的菊花、萝卜、生姜、橘子皮和炒熟的芝麻、豆子、花生以及花椒等，放上茶叶一起冲泡，既有营养又有药用价值。茶叶掺和果料、香料的饮茶法古已有之，明代以后逐渐消失，但宁红茶区还保留这种古老的习俗。这种茶，在南昌一带也叫"芝麻豆子茶"。

在江西赣南一带则盛行擂茶。这是将茶叶、芝麻和花生放在有齿的擂钵里，用坚硬的木棍擂成粉末，然后倒入锅里加水煮开，放进少量食盐，即成色泽黄白，清凉可口的擂茶。在江西的吉安，抚州地区也流行擂茶，有的加入更多的作料如生米、生姜、绿豆、白糖等。

2.江西的茶艺

江西的茶文化研究者近年来致力于民间茶艺的发掘整理工作并取得突出的成绩，同时还成立了几支茶艺表演队，如婺源茶道表演团、宁红茶道表演队、江西茶艺馆茶艺队以及由香港茶艺中心叶惠民先生资助并亲自培训的江西惠民茶艺队。

婺源茶道表演团成立于1991年，这是一支专业队伍。他们从婺源民间整理出来了三种茶艺表演：农家茶、文士茶和富室茶。他们多次在全国各地的茶文化节和国际茶会上表演，深获好评。并应邀赴科威特表演，深受国际友人的欢迎。宁红茶道表演队从宁红茶的主要产区修水县民间发掘整理了太子茶、礼宾茶、乡俗茶等茶艺，在国内多次表演，也相当成功。江西茶艺馆茶艺队和江西惠民茶艺队近年来表演的由陈晓璠先生发掘整理的"禅茶"，深刻展示了茶与佛教的内在联系，整个表演充满了浓厚的禅味，从而在多次国际茶会上受到热烈欢迎。

3.江西的茶文艺

江西的茶文艺丰富多彩。首先表现在茶诗的创作上，历代诗人写下了难以计数的以茶叶为题材的诗歌。如唐大诗人齐已、郑谷，宋代大诗人欧阳修、曾巩、黄庭坚、曾几、杨万里、朱熹等都写了很多茶诗。其中仅黄庭坚写的茶诗就达百首之多。此外在江西民间还流传了极为丰富的采茶歌，如《十二月采茶调》在全省各地都流传。很多采茶歌都是茶农在劳动中演唱的，曲调优美，内容生动活泼，是一笔宝贵的民间文化遗产。

其次，在江西民间流传着很多的茶叶传说故事，如《双井和严阳茶》《庐山云雾茶》《五老洞和云雾茶》《立夏茶》等，形式多样，内容丰富，体现了人民群众的聪明才智，是民间文学花园中的一朵鲜花。这些故事大部分已被收入由王冰泉、余悦先生主编的《清茗拾趣》一书中。

再次，在采茶歌的基础上发展为采茶舞。其主要形式是采茶灯，在节日期间，由年轻女孩扮演采茶姑娘，唱着优美的采茶歌翩翩起舞，动作融合各种采茶姿势。如江西莲花县"耍茶灯"、萍乡市的地方灯彩"牛带茶"等，都有很强的观赏性和趣味性。另外还有以舞蹈为主的采茶舞，其基本舞蹈动作有矮子步、单袖花、扇子花等，流传于赣南18个县市，据记载已有三百来年的历史。

最后，是在采茶歌和采茶灯基础上发展起来的采茶戏。这是以歌舞形式来表演故事情节，具有更大观赏性和感染力的地方戏，也有三百来年的历史。明朝末年发源于赣南安远县九龙山一带，以后流传到江西各地，形成赣南、赣西、赣东、赣北、赣中五大流派，还传播到广东、广西、湖北甚至台湾等地，对中国的戏曲事业作出重要的贡献。

4.江西的茶文化研究

江西的茶文化研究可以远溯到20世纪80年代初。1981年我在创办《农业考古》杂志时，就非常重视茶叶历史和茶文化研究工作，特辟专栏发表有关茶叶历史和茶文化的研究文章，先后发表了30篇论文。为了进一步弘扬中国茶文化，推动茶文化的学术研究，从1991年起，将原为半年刊的《农业考古》改为季刊，每年夏冬两季定期出版《中国茶文化专号》。目前已出版10辑，共发表300余篇文章。《农业考古·中国茶文化专号》每期60万字，图照100多幅，并有8页彩色图版，印刷精美，是一份提高与普及相结合，熔学术性、资料性、知识性、趣味性于一炉的茶文化刊物，也是目前世界上篇幅最大、内容最丰富的茶文化杂志。自出版以来，受到国内外茶文化界的热烈欢迎，对中国茶文化事业起了积极的推动作用。为了进一步扩大杂志的影响。1994年又与香港茶艺中心理事长叶惠民先生合作，联合出版《中国茶文化专号》海外版，在香港对外发行。

1990年，余悦先生等人在有关企业的资助和有关领导的支持下，出任《中国茶文化大观》书系的主编，联系全国各地（包括香港、台湾）100多位专家学者参加规模宏大、内容丰富的《中国茶文化大观》书系编撰工作。自1991年4月起，已陆续推出《茶文化论》

《茶叶趣谈》《清茗拾趣》《中华当代茶界茶人辞典》（初编）等著作。《中国茶文化宝典》和《中国茶文化精华》等书也即将问世。《中国茶文化大观》书系的出版，受到国内外茶文化界的高度重视和一致好评。

（文章原载《农业考古》1996年第2期）

在"第一届桂林国际茶会"闭幕式上的发言

女士们、先生们：

由桂林茶文化研究会、桂林茶叶科学研究所、桂林茶厂、湖南医科大学茶与健康实验室、《中国茶文化专号》编辑部等单位联合主办的"96′第一届桂林国际茶会"在组委会卓有成效的领导下，在全体与会代表的共同努力下，特别是东道主桂林茶文化研究会的精心组织下，开得非常成功。我受组委会的委托，对会议进行简要的小结。

一、会议概况

参加这次会议的代表有来自日本、韩国、中国茶文化界和茶业界的人士100余人。规模不算很大，但是规格很高，具有广泛代表性。如日本茶文化学会创始人，日本茶文化学会常务副会长、日本神户学大博士导师仓泽行洋教授，韩国茶文化研究会会长、韩国延世大学尹炳相教授，日本国际茶道丹月流理事长旦山尚武博士，日本国际茶道丹月流宗家丹下明月教授，韩国韩中茶文化研究所金裕信所长，台湾紫藤庐茶艺中心创始人周渝先生，台湾奇古堂艺饰有限公司总经理沈甫翰先生，台湾著名画家于彭先生，都专程远道而来参加会议。特别是号称中国当代四大茶圣之一的中国茶叶学会名誉理事长、安徽农业大学博士生导师、已经九十高龄的王泽农教授出席大会并自始至终参加全部活动，使全体与会代表深受鼓舞。参加会议的代表来自广西、广东、福建、江西、浙江、上海、北京、天津、山西、陕西、四川、湖北、湖南十三个省市，大都是多年积极参与茶文化活动和研究的多名人士，如湖州陆羽茶文化研究会董淑铎会长、湖北天门茶圣陆羽研究会欧阳勋副会长、桂林茶文化研究会黄立先会长、山西忻州地区茶文化学会李亚民会长、《中国茶文化大观》主编余悦研究员、北京大学滕军博士、中国农业历史学会秘书长（《中国茶文化专号》副主编）杜富全研究员、中国农业博物馆王广智研究员、华南农业大学丁俊之教授、湖南医科大学茶与健康研究室曹进主任、上海宋园茶艺馆杨天云总经理、陕西作家丁文先生、福建省银芝集团有限公司吴文南总经理等同志，都是近年来在各自的地区、领域、行业做了很多扎扎实实卓有成效的工作，为推动中国茶文化事业发展作出了积极的贡献。我愿意借此机会，向这些不图虚名、埋头实干、真正具有茶人奉献精神的女士、先生们表示深深的敬意。

在开幕式上，大家为王泽农诞辰九十华诞祝贺。出席会议的有王老的几代学生，其中年龄最大的是华南农业大学的丁俊之教授，中年的是桂林茶厂韦树立厂长，最年轻的是还在日本留学的顾雯小姐，学生们排成一列，向王老献花，鞠躬致敬。在月圆茶会上，全体代表又向王老敬送生日蛋糕，高唱《祝你生日快乐》。王老把一生献给中国的茶叶科学，桃李满天下，为中国茶叶科学的发展作出重要贡献，他受到人民的尊敬是理所当然的。为王老祝寿，也使我们全体茶人受到教育和鼓舞，大家都表示要学习王老献身茶叶科学的崇高精神，为中国茶文化事业而努力奋斗。王老在会上即席赋诗一首《临江仙——谢茶友盛情祝九旬生辰》，后半阕为："虚过九旬岁月，桃李满门芳芬，争妍斗艳凭自身。后波高前浪，代代有能人。"我想，我们茶文化界也应该大家凭自身的条件努力奋斗，使中国茶文化事业出现"后浪高前浪，代代有能人"的大好形势。

值得高兴的是，一些具有文化战略眼光的茶业界企业家参加了这次盛会。如山西忻州地区江南茶叶有限公司李亚民总经理，多年来就一直重视开展茶文化活动，早在1994年就创立了忻州地区茶文化学会，并设有专职人员，但由于信息渠道不通，未能与全国茶文化界取得联系，直到本月初才获知将在桂林举行国际茶会，便积极要求参加，这次就带领4人远道赶来参加会议，并且表示愿意承办明年8月在山西五台山举行的"首届中国五台山国际茶会"。福建省银芝集团有限公司吴文南总经理，近年来也在开始国际茶叶贸易的同时，积极开展茶文化活动，支持《中国茶文化专号》的出版。为了出席这次盛会，专门到江西招聘茶艺小姐，投入一笔可观的资金排练《惠安女茶俗》，并亲自带领8人开车赴会。同时也表示愿意筹办厦门国际茶会。这都是非常可喜的现象。当茶文化深入开展，大家都认识到饮茶的好处时，茶叶的需求量就会急剧增加，茶叶的销路自然畅通，同时，开展茶文化活动也是茶业界树立良好企业形象的有效手段。因此，茶文化活动的最大的受益者正是茶业界。有了企业家的参与和支持，茶文化事业也才能更迅速有力地向前发展。我们欢迎有更多有文化眼光的企业家参加茶文化活动。

二、茶艺表演和茶会

在这次会议上进行茶艺表演的一共有日本、韩国、中国（广西、台湾、福建）的5个表演团体，表演了6个节目。其中日本国际茶道丹月流表演的抹茶道和禅茶、韩国韩中茶文化研究所表演的韩国茶礼，虽然与会的很多代表曾经观看过，但是，日、韩茶道表演家们那种全神贯注、一丝不苟的作风和成熟的表演技巧，依然显示了茶道美学固有的艺术魅力，也体现了他们对茶道的执着和虔诚，给大家留下深刻的印象，给我们以很大的启发。

桂林茶文化研究会少儿茶艺队表演的"罗汉果茶道"，表现了壮族独特的饮茶习俗，也反映了桂林茶文化界近年来开展茶文化活动所取得的成就。少儿茶艺队的建立和演出，使我们看到茶文化事业新苗茁壮，后继有人，是很可喜的现象。台湾著名画家于彭先生的茶艺队表演，使我们看到台湾艺术家日常生活中的茶事活动，富有艺术情趣，也反映了台湾地区饮茶风气的普及。于彭先生本人对茶艺的执着，也体现了中国文人热衷茗事的优良传统。两位4岁的孩童上台参加表演，自然轻松，童趣盎然，给大家留下深刻的印象。孩子们自幼就在具有浓厚茶文化氛围的家庭中受到熏陶，台湾的茶文化活动的广度和深度就可想而知。这是很值得我们大陆的茶文化学者们学习和思索的。福建省银芝集团有限公司茶艺表演的《惠安女茶俗》是专门为这次会议创作的。表演具有浓郁的闽南风韵，从表演到服装、音乐都使人耳目一新。说是创作，实际上是将惠安女日常饮茶方式略加整理搬上舞台，基本上是原生状态。音乐也是当地极为流行的民歌，只是重新填词而已。从于彭先生的表演和《惠安女茶俗》的演出，都可看出中国的茶艺表演逐渐走上追求自然朴实的健康道路，而不再是像过去有些地方那样将茶艺表演变成了以茶为主题的歌舞演出，应该说这是一个可喜的进步。中国茶艺特别是大陆茶艺，到底应该如何形成自己的特色，尽早走上成熟的道路，是我们全体茶文化工作者的共同任务，需要大家一起努力。这也是这次茶会的茶艺表演带给我们的启迪。

这次会议安排了三场茶会：月圆茶会、自助茶会、漓江茶会。其中月圆茶会是由桂林茶文化研究会黄立先会长等精心策划的，在中秋之夜，全体与会茶友散坐在桂林七星大酒店的园林中品茗赏月，观看节目表演，并进行游艺抽奖活动，是一次美的享受。定名为月圆茶会，象征着世界茶人的大团结、大团圆，共同为发展茶文化事业而努力。这次茶会是成功的，受到大家的欢迎。自助茶会是第二天晚上在坐落于漓江之滨的伏波茶坊举行，茶友们在茶坊里或江边自由品茗谈心，交流茶艺，尤其是明月当空，江中银波闪烁，高亮度的射灯把伏波山照射得如同白昼，迷人的桂林漓江夜景使人乐而忘返，有的茶友在江边品茗赏月直到深夜两点还舍不得回去，有位茶友风趣地说："明月几时有，举杯问青天，不知天上宫阙，今夕是何年？我只知十五月亮十六圆，今夜伏波茶坊，世界茶人大团圆。"漓江茶会是在会议第三天，全体与会茶人乘游船游览漓江，大家一边观赏如诗如画的阳朔山水，一边品尝由桂林茶厂提供的名茶，互相交流研究茶文化的心得体会，筹划今后开展茶文化活动，从而把这次会议推上高潮，给大家留下难以忘怀的美好印象。总之，三场茶会使会议更加生动活泼，丰富多彩，是会议成功的重要因素之一，也进一步加深了国内外茶友对桂林的美好印象。

三、学术讨论

桂林国际茶会并不是学术讨论会，因此学术讨论不是重点，但所收到的论文也不少，结果学术讨论却成了本次会议的主要议题。在两天的宣传活动中，除了半天用于茶道表演外，有一整天是宣读论文，而开幕式的半天，各国茶人的简短发言，谈的都是有关茶文化的理论问题，被大家称为袖珍论文，因而学术讨论实际上是用了一天半时间，说明茶人们对学术讨论的高度重视，这是非常可喜的现象。正式在会上宣读的论文一共有十篇。他们是：日本神户大学仓泽行洋教授的《未来性文化——茶道》、韩国延世大学尹炳相教授的《韩国茶文化及新价值观的创造》、日本丹下明月女士的《茶道——人类伟大智慧的结晶》、安徽农业大学王泽农教授的《中华茶文化——伦理精神与艺术的完美契合》、北京大学滕军博士的《中日茶道文化的比较》、陕西作家丁文的《陆羽成材论》、华南农业大学丁俊之教授的《饮茶长乐长寿》、江西省社会科学院余悦研究员的《江西茶俗的特征》、湖州陆羽茶文化研究会蔡一平教授的《沏茶择水古今谈》、桂林茶叶科学研究所张文文研究员的《打油茶——桂林独特的民族风味茶与人体健康》、广东农垦茶叶公司邹元辉经理的《广东茶文化的发展根深叶茂》。此外还有两篇论文因时间关系来不及宣读，采取书面交流，他们是：台湾紫藤庐茶艺中心周渝先生的《从一口茶品山川风光与大自然精神》、桂林茶厂韦树立厂长的《谈谈"义秀牌"三七降脂茶对心血管疾病的防治作用》。

这些论文讨论的范围涉及茶道哲学、茶文化与社会伦理道德及价值观的关系、中日两国茶道文化的比较研究、陆羽成长道路的探索、茶与健康、茶与用水、各地茶俗等方面。覆盖面相当广泛，观点鲜明，论述深刻，具有较高的理论水平，受到与会者的好评，也说明这次茶会并不是一般性的茶人聚会，而是具有浓厚的理论色彩和较高的学术水平。这是难能可贵的。学术研究是茶文化活动的理论基础，是核心，是灵魂。因为茶文化并不仅仅是一般的品茶活动，不只是品茶技艺的切磋，也不等同于一般表面上轰轰烈烈实则缺乏理论素养的茶叶节。它是一门博大精深的学问，其文化价值的高低取决于理论素质的高低。要想使茶文化活动上升到一个更高的层次，就必须加强学术理论的研究，就需要有一批有志于茶文化事业的专家学者参加。这次会议就有一批国内外享有盛誉的学者参加并进行学术报告，从而使得本次会议有极高学术品位。这也是本次会议成功的标志之一。

四、几点感想

这次会议是一次各国茶人在中秋佳节大团圆的盛会，是一次友爱团结的盛会，也是一次成功的大会。老朋友久别重逢，新朋友一见如故，整个会议自始至终充满着欢乐祥和的气氛，体现了茶道"和"的最高境界。特别是开幕式不设主席台，大家在台下自由入座，体现着"世界茶人是一家"、彼此平等、和睦友爱，和谐相处的茶人精神。正如有位代表所说，这次茶会，少了官场习气，多了茶香韵味。

短短的几天相处，听了各位专家教授的讲话和报告，观看了茶艺表演，参加了几次茶会以及会后的交谈，使我增长很多知识，得到很多启发，受到了很大鼓舞，对中国茶文化事业的前景更加充满信心，但也觉得需要我们大家努力去做的事情还很多，落在大家肩上的担子并不轻松。下面谈谈我的几点并不成熟的感想，供诸位参考，不对的地方请批评指正。我的感想归纳起来就是四句话：前程远大，任重道远，同舟共济，跟上时代。

1.前程远大

茶文化的中兴，在台湾地区不过二十来年时间，在大陆才十来年时间，已经取得很大成绩，茶艺馆如雨后春笋，纷纷破土而出。各种茶文化学术著作和期刊陆续出版，为茶文化活动提供理论指导。各地竞相举办茶叶节、国际茶会，进一步扩大了茶文化在社会上的影响。仅1996年，在大陆举办的国际性茶会就有三次：上海国际茶文化节、浙江新昌首届国际茶文化节暨第五届西湖国际茶会、第一届桂林国际茶会。此外，1996年5月还在韩国汉城举办第四届国际茶文化研讨会，在国内的安徽、河南、福建、四川等地也有规模不等的茶文化活动。台湾的茶文化活动更为活跃，仅5月5日母亲节在全省十个城镇同步举行亲子茶会，就有1200多人参加。总之，茶文化活动的蓬勃开展是非常可喜的现象，这对全体茶文化工作者也是一个很大的鼓舞。实际上茶文化活动才起步不久，方兴未艾，前景是非常广阔的。人们都说19世纪是咖啡的世纪，20世纪是可乐的世纪，而21世纪是茶的世纪。当茶成为新世纪饮料主流之际，也正是茶文化蓬勃兴盛之时。开展茶文化活动的目的之一，就是帮助更多的人认识饮茶的益处，提倡茶为国饮，促使茶的世纪早日到来。就我们中国而言，虽然是茶叶的故乡，是茶道的发祥地，但是中国人每年平均饮茶量远远低于英国和日本，中国大陆人均饮茶量也远远低于香港、台湾地区，这说明潜力很大，如果中国大陆的饮茶量几年后能达到目前台湾的水平，那么中国的茶叶销售量将翻几番，中国的茶叶何愁没有出路？到那时，中国的茶文化活动理所当然会出现前所未有的兴旺局面。我想，在座的大多数人是可以看到这一天到来的，我们也应该为这一天的早日到来而努力奋斗。然而，开展茶文化活动的意义并不仅止于此，它还有更高层次的文化学上的意义。正如仓泽行洋教授在开幕式上发言时所指出的那样，未来的世纪是东方文化复兴的世纪，而茶文化是东方文化的精华之一，茶文化将要在今后的世界文化潮流中起领衔的作用，因此他称茶文化为未来性的文化。未来世纪的较量，归根结底是文化的较量，当文化的作用和力量为越来越多的人，特别是企业家们所认识的时候，茶文化事业就会受到更多人的热爱和支持，它在人们的物质生活和精神生活中就会日益占有重要的地位。因此，我们对茶文化的远大前程抱有非常乐观的态度。

2.任重道远

前程乐观并非可以坐享其成，而是需要通过艰苦努力才能促其成为现实的。就中国大陆而言，落在我们肩上的担子还非常沉重，我们的任务还相当艰巨。首先是和日本、韩国及港台地区相比差距还很大。如仅台湾省，目前就有各种类型的茶艺馆2000多家，经常举办各种茶艺培训班和各种茶会，泡茶、品茶已深入民间，而由陆羽茶艺中心蔡荣章先生推广的无我茶会，在台湾也为相当多的茶友所接受，每次举办活动，动辄有上百人参加，在社会上造成很大影响。相比之下，大陆的茶艺馆刚起步不久，近两年虽然发展较快，但多偏重在几个城市，而且其中有许多经营者对茶文化一无所知，打着茶艺馆的招牌做酒馆的生意，还有待于整顿和提高。目前国内各地举办茶文化活动，除了上海等少数地方是由政府出面支持因而声势较大以外，更多的都是民间团体自动筹办，受到财力、人力的限制，往往声势较弱，而且难以长期坚持和形成规模效应。国内虽然有几份茶文化杂志，但作者多为业余爱好者，真正专业从事茶文化研究的学者不多，又因没有统一的学术研究机构来领导、规划，因此研究课题或者重复，或者分散，处于自发的状态，这些都影响了茶文化学研究水平的进一步提高。当然，影响中国茶文化发展的两大制约因素是经济和文化。经济因素是中国刚解决温饱问题，几百年来，中国人民一直挣扎在饥饿线上，饿怕了的中国百姓，一旦有了经济能力，必然首先要满足口腹的需求，正如发展中的国家往往是物质的消费超过文化的消费一样，只有随着经济发展到相当程度，文化消费才会被提到日程上来。现在中国的经济正在起飞，文化起飞的日子也就不会太远了。不过，我认为当前更为困扰我们的制约因素却是文化。好在恢复高考已经二十年，新一代已经成长，文化的断层正在弥合，党和国家都在强调精神文明建设，而茶文化正是可以在精神文明建设中大展身手的有力武器，因而对茶文化工作者来说是任重道远的，然而也是责无旁贷的。

3.同舟共济

只有大家团结起来，携手合作，同舟共济，努力奋斗，才能不辜负历史赋予全体茶人的光荣使命。这个大家，当然包括茶学界、茶业界、茶具界，也包括热爱茶文化事业的学术界、文化界、新闻界以及一切爱好品茗的茶友们。首先，要做的事情很多，需要大家分工合作。比如每年各地举办的茶叶节、茶文化节、国际茶会和茶文化学术讨论会等大型活动继续要办下去，而且要办出特色，更富有茶香韵味。有条件的地方要像杭州（已办5届）、上海（已办3届）、武夷山（已办4届）和云南思茅（已办2届）那样形成传统性的活动，才能产生较为持久、深远的影响。这种活动对社会各界产生较大的影响，易于引起政府和各界人士的注意和重视，是茶文化活动的重头戏。今后应该注意帮助一些没有开展过茶文化活动的地区，特别是北方一般不产茶的地区开展类似的活动。如1995年在陕西法门寺举办唐代茶文化国际学术研讨会就取得很好的效果。1997年在山西忻州地区将举办五台山国际茶会，大家都应该加以支持。只要有人喝茶的地方，就有开展茶文化活动的基础，这对普及茶文化活动有很大意义。其次是要推动各地建立茶文化研究团体。目前虽然有了全国性的组织"中国国际茶文化研究会",并且已先后在浙江杭州、湖南常德、云南昆明举行过三次大型国际讨论会,今年五月还在韩国汉城举办了一次国际讨论会。但是两年一次会议显然不能满足客观要求。有的省市和专区虽也建立了一些地方性茶文化研究组织,有的活动还很出色,如浙江湖州的陆羽茶文化研究会、湖北天门的茶圣陆羽研究会、桂林茶文化研究会等,但总的来说,数量太少,与我们这样一个作为茶叶故乡的产茶大国很不相称,不要说和日本相比,就是和韩国及中国台湾相比,差距也是非常大,还需要大家加倍努力。再次是要加强茶文化的理论建设。这应该是中国大国的强项,不但是因为资料丰富、典籍浩瀚,而且人才众多、阵营强大。这些年来大陆出版了不少有关茶文化著作,对指导茶文化活动、普及茶文化知识都起了很大作用。但总的说来,多数的著作是属于知识性和普及性的,还少见高水平的学术理论著作问世。目前除了一些论文和滕军博士的《日本茶道文化概论》等几本著作之外,还罕见有对中国茶文化进行高度理论概括的专著问世,听说已有一些同志在从事这方面的研究,这是可喜的现象,希望早日能看到它们的出版。此外,在加强研究茶文化历史的同时,还应该加强对中国茶艺、茶俗的整理加工,大陆茶艺馆的经营,茶叶产品的文化包装及企业文化形象的设计等方面的研究。这里,我还想强调一下茶艺馆的问题。我认为茶艺馆在推动茶文化事业中占有非常重要的地位。台湾茶文化的振兴就是从开办茶艺馆开始的。茶艺馆这个名词也是台湾茶艺界创造的。它运用舒适的现代环境和高雅的文化格调来包装传统的茶道,迎合了当今具有较高文化水平的年轻人的消费心理。因此与过去的老式茶馆有很大区别。茶艺馆可以说是茶文化活动的前哨阵地。由于是商业性行业,有人愿意经营,由于受年轻人欢迎,具有很强生命力,也有利于向广大群众普及茶文化知识,特别是今年以来,在上海、杭州、武汉等一些大城市,茶艺馆纷纷涌现,现在甚至连塞北银川市都有了茶艺馆,形势十分喜人,这股势头还在发展,相信今后几年还会有更多的茶艺馆在祖国大陆涌现,经过一定时间的检验,会有一大批茶艺馆站稳脚跟。实际上现在已有一些茶艺馆经营得相当出色,上海的宋园茶艺馆、湖心亭茶楼不必说,这两年新创办的福州别有天茶艺居、长沙润华茶艺园等,也都办得十分成功。这也是大陆茶文化形势大好的标志之一。我们希望茶文化专家学者们,能够就这方面的问题进行考察、研究,帮助总结提高。也希望有可能在适当的时间,举办一次茶艺馆问题的研讨会,让全国茶艺馆界人士坐到一起,交流经验,互相切磋,加强合作,共同提高。我想这对发展中国的茶文化产业是会有莫大益处的。最后,茶文化既然是东方文化的精华,将在未来世纪里成为世界性的文化,那么,发展茶文化事业就不应该只是我们中国人的事情,而是东方各国茶人的共同任务,因此就需要加强国际的交流和合作。中国国际茶文化研究会常务副会长陈彬藩先生今年五月间在汉城国际茶文化大会上,提出一个很有意思的建议:今后不必去强调中国茶道、日本茶道或韩国茶道,应该提倡世界茶道,并且将世界茶道的基本精神概括为和平、奉献。这个建议得到许多与会代表的赞同。这样看来,弘扬茶文化也不只是东方各国而是世界各国茶人共同任务。世界茶道的形成当不是太过遥远的事情了。

　　4.跟上时代

　　任何事物都要跟随时代前进,故步自封就有被时代淘汰的危险。茶文化也不例外。弘扬茶文化不是要倒退到陆羽时代去,也不是要大家都去追求禅茶一味的意境。而要在继承民族文化优秀传统基础上，赋予时代精神，为建设新时代的精神文明服务。茶文化的历史就告诉我们，随着时代的推移，饮茶方式在变化，茶道的精神在发展，并非一成不变。即以饮茶方式而言，从唐代的煮茶到宋代的点茶再到明代的散茶冲泡，都是适应时代需要的变革。因此，像日本茶道那样烦琐、复杂的品茗程式在中国式微，绝不是偶然的，实在是一种历史的必然，是时代的进步。那么，当今的时代是高度工业化、科技化和信息化的时代，也是个快节奏的时代，人们需要一种饮用、保存、运输都非常简便、快捷的饮料，因此各种洋饮料就作为时代的产物应运而生，使传统的茶叶受到很大的冲击而陷于被动地位。于是这几年在国外兴起了罐装茶饮料，越来越受到人们的欢迎。目前在中国大陆也开始有厂家生产茶饮料。我认为这是自明代改点茶为散茶冲泡以后六百年来饮茶史上的又一次革命。它对中国的茶业经济必将产生巨大促进作用，也会对中国的茶文化事业产生深远的影响。对此，我们应该有清醒的认识和足够的思维准备，不要失去历史提供给我们的又一次机遇。如我们的茶艺活动也应该在前人基础上，有所发展，有所提高，不能只停留在历史的水平上。在这方面，台湾蔡荣章先生所推广的无我茶会就是一个很有意义的创造。在短短的5年间，不但在台湾地区推广开来，而且得到日本、韩国茶艺界的承认，日趋国际化，至今已经在中国大陆、日本等成功地举办了5届国际无我茶会，明年将在台湾举办第六届国际无我茶会，而且日本、韩国和中国港台地区建立起国际无我茶会协会组织，已经有相当广泛的群众基础。可以说，这种群众性的茶艺活动，是属于新时代的茶艺，对我们是很有启发意义的。正如曹进先生所说：现代茶艺不应走表演化、贵族化、说教化的道路。而应成为民众学习优秀传统文化、实践传统美德的园地。我希望，我们大陆的茶文化工作者在这方面也会有所创造，有所发明。

总之，在这世纪之交，需要我们做的事情确实很多，希望大家都能本着茶人的奉献精神，互相支持，互相鼓励，共同开创中华茶文化的新局面。

希望大家明年春天在上海或者杭州的茶文化节上再会，也希望在明年8月的五台山国际茶会上再见。

谢谢大家！

（文章原载《农业考古》1996年第4期）

在'97上海国际茶文化节学术讨论会上的讲话①

主席、各位专家、各位新老朋友：

我很高兴参加这次茶文化盛会，和国内外同行相聚。正如刚才各位专家所指出的，我国茶文化事业这些年来取得很大成就。我想这些成就主要表现在这几个方面：

首先是在全体专家学者的共同努力下，出现一大批学术成果，出版了很多茶文化学术著作，办起茶文化刊物，如《农业考古·中国茶文化专号》《茶博览》《中华茶人》等。其次，早在1991年成立了中国国际茶文化研究会（由在座的老前辈王家扬先生担任会长），

---

　　①　'97为非规范表达，应为1997年。

几年来举办了4次国际研讨会，而且第四次是开到韩国的汉城。去年5月在汉城召开的会议，由在座的韩国茶人联合会会长朴权钦先生操办，开得非常成功，规模也特别大。中国的代表在会上的表现也很出色。再次是大陆的茶艺馆，经过几年的颠簸，终于蓬勃发展，犹如雨后春笋。茶艺馆的兴盛是茶文化事业兴旺的一个重要标志。另一个重要标志就是这些年来各地先后举办了一些规模不等的带有国际性的茶会和茶文化节，对全国的茶文化事业起了很大的推动作用，当然也推动了上海文化事业。终于在1994年4月，由上海市闸北区政府牵头，举办了首届上海国际茶文化节，并且连续4年办了4届，如此规模巨大，如此轰轰烈烈，正如刚才王家扬先生所讲的，这在全国是绝无仅有的。由于上海是个国际大都会，在全国具有举足轻重的地位，因此上海茶文化事业的兴盛，反过来对全国的茶文化事业的推动作用，是难以估量的。

其次，我要特别感谢闸北区政府的领导，在每次举办茶文化节活动中，都举办学术讨论会，尽管时间不是很长，发言的不是很多，但成果还是很丰硕的。我想就此谈点感想。我觉得，茶文化事业的发展，必然要求学术界、理论界来解决它在发展中产生的一些基本理论问题。因为任何一个学科、任何一个事业，它的生命力归根结底在于它的理论基础如何。马克思曾经说过，我们中华民族的古老文明表现出早熟的特征。因为早在两千多年前的春秋战国时期，我们就出现了诸子百家，他们的理论（尤其是伦理道德）体系已经相当成熟，相当完备，直到今天仍然发出智慧的光芒，仍然值得继承发扬。光是老子的一个"道"的概念，直到今天还在探讨。我们茶文化界对于茶道的"道"，到底包括哪些方面，还在长期讨论，未能取得一致意见。日本学术界，对日本茶道的探讨就非常深入，出版了很多著作。我们的滕军女士，留学日本十年，专攻茶文化，取得了博士学位，回国后也出版了《日本茶道文化概论》一书。但是，有关中国的茶道，至今仍然没有一本完善的理论著作，还需我们继续努力。一个民族的文化品格的高低，取决于这个民族的理论素质如何。正如恩格斯在《自然辩证法》中所说的："一个民族要想站在科学的最高峰，就一刻也不能没有理论思维。"同样，我们茶文化事业的发展，到底能达到什么样的品位，要看它能达到什么样的理论高度。特别是上海国际茶文化节，它与全国各地举办的茶文化节相比，应该具有更高的文化品位，具有更高的理论素养。这种品位和素养，不仅仅表现在铜茶壶，表现在茶文化公园，也不仅仅表现在昨天开幕式前的那种轰轰烈烈的场面。时过境迁，一切都会淡忘。但是丰硕的理论成果会永远长留，它会给后代留下宝贵的理论财富，正如先秦的诸子百家给我们中华文明留下珍贵的理论遗产一样。我想这样的茶文化节一届一届办下去，那么我们茶文化的理论根基会越来越深厚。最后，我们会使得国外的学者心悦诚服，承认中国的茶文化事业的理论根基是深深扎在中华文明沃土里的。

最后，我想对茶文化理论界提一点小小的建议。这些年来，我们的学术界对中华茶文化的历史和诸多理论问题的研究取得了丰硕的学术成果。但我希望对现实生活中的问题也能给予足够的重视。比如茶艺馆问题就值得我们去深入研究。我认为，茶艺馆是茶文化事业发展的一个关键环节。根据港台地区一二十年来的成功经验（如台湾蔡荣章先生的陆羽茶艺中心，香港叶惠民先生的香港茶艺中心），就在于大力办好茶艺馆，而且使茶艺馆普及到港台各地、各条街巷。光是台湾，从20世纪70年代的第一家茶艺馆，发展到今天有200多家茶艺馆（顺便说一句，茶艺馆这个名字也是台湾先叫起来的）。我很高兴，近年来，茶艺馆在大陆发展的势头很猛，不但一些大城市，如上海、杭州、北京、广州新办了很多茶艺馆，就是一些中小城市也纷纷创办茶艺馆。甚至远到塞北的宁夏都有茶艺馆。有的还办得非常成功，这是非常可喜的现象。可以说，茶艺馆是茶文化事业的前哨阵地，它每日每时将茶文化知识普及到群众中去，也像磁铁似的将群众吸引到茶文化磁场中来。那么，中国的茶艺馆到底应该怎样办，办出什么特色来，就需要学术界和茶艺馆界去总结、研究，以达到提高的目的。这里，我顺便透露个消息，参加这次会议的珠海"红茶馆"韩之光先生表示，他们珠海茶艺界同行愿意在明年举办一次以探讨茶艺馆问题为中心内容的茶文化研讨会，我觉得这是一件大好事，希望大家给予大力支持。

总之，我们的茶文化事业发展到今天这样的地步，预示着前景一定光辉灿烂，令人十分振奋，十分鼓舞。我想，也许今后我们不一定每年都来上海参加茶文化节，因为大家都很忙。但是，我们都不会忘记今天的聚会，不会忘记如此盛大、成功的茶文化节，也不会忘记闸北区政府领导和全体工作人员为推动上海茶文化活动，为弘扬中华民族优秀文化所作出的努力和贡献。我愿意在这里和大家一起对他们说声：谢谢了！

（文章原载《农业考古》1997年第2期）

推出"绿茶金三角"，共享"高山生态茶"
——在2008"上海豫园首届国际茶文化艺术节高峰论坛"上的发言

有韩国茶友不无深意地问道，在铁观音、普洱茶热之后，中国的茶叶界还有什么大动作？我回答他们："重振绿茶雄风！"他们收起笑容，默默点头。

绿茶是中国茶叶的主体，产区最大（21个省市），产量最多（占总产量的74%），外销额最大（占总出口量90%以上），历史最长（晒青、蒸青、炒青、烘青都有千百年的历史），名茶辈出（婺绿、松萝、龙顶早在唐代见于《茶经》，明代就成为名茶，且多入贡），品位最高（早在唐代品茗艺术就已形成，至明清登峰造极，均是品饮绿茶），疗效最强（绿茶所含茶多酚含量远高于其他茶类，最有益于人类健康），记载最详（古代茶书所记载的绝大部分都是绿茶），饮者最多（超过全国饮茶人口一半以上）。绿茶是中国的茶叶的主心骨，绿茶不兴，中国的茶叶还能谈什么兴旺呢？

可是，这些年来，我们眼看着以铁观音为代表的乌龙茶红火，眼看着陈年的普洱茶疯狂，作为茶类老大的绿茶却沉默无语，没有什么引人注目的动作，显得非常被动。为什么？一是没有人站在应有的高度来全盘考虑绿茶的振兴问题；二是因为一时没有找到抓手，就不知该从何处着手；三是绿茶产区涉及21个省市区，难以及时采取统一行动。

现在，机会来了，这就是竖起"绿茶金三角"的金色大旗，亮出"高山生态茶"的绿色品牌，向广大群众推介绿茶价值之所在，要理直气壮地阐释绿茶对人类健康的益处，大力宣扬品饮绿茶的茶艺最具文化品位。这将是拉动绿茶消费，重振绿茶雄风的重要举措，对中国茶业的今后走向，将会产生极为重要的影响，其历史意义将随着时间的推移而日益凸显。

一、为何要打出"绿茶金三角"的旗帜？

"绿茶金三角"指的是围绕着黄山山脉的安徽、浙江、江西三大产茶大省，可称为"大三角"，其核心区是安徽修宁、浙江开化、江西婺源三个紧邻的产茶大县，可称为"小三角"。这三县的产茶历史悠久，生态环境优越，茶叶品质优良，名茶众多，远销海内外，历来享有盛誉。早在2004年首届婺源国际茶会上，笔者在著名茶学专家程启坤教授所作的学术报告中首次听到"绿茶金三角"的概念，深受启发。2005年5月，国务院曾培炎副总理在视察江西上饶市时，对该市市委书记姚亚平同志指出"要重视绿茶金三角的茶叶生产问题"，可见"绿茶金三角"的概念已被国家高层领导所重视。姚亚平书记当时就对笔者传达这一指示，并交代笔者重视这一问题，希望能在婺源搞个"绿茶金三角历史展览"。2006年4月在第二届婺源国际茶会开幕式上，中国国际茶文化研究会宋少祥副会长也对我谈到要推动"绿茶金三角"问题，说明程启坤教授的理论也被研究会领导们所接受，并准备有所行动。这几年来，"金三角"问题一直在我脑海中萦绕，但苦于找不到一个合适的平台，无从着手。

去年秋天，上海豫园商城筹备举办首届国际茶文化节，聘我为学术委员会主任，协助策划。我觉得这是个绝好机会，就向他们提出"绿茶金三角，高山生态茶"作为茶文化节的主题，获得同意之后即向程启坤先生报告，并建议由中国国际茶文化研究会牵头来组织这次活动。考虑到"大三角"一时不易整合，"小三角"容易操作，于是便有了2007年12月由中国国际茶文化研究会牵头在开化举行的三县座谈会，取得共识后，又在2008年元月和3月在杭州举行两次协调会，正式决定实行强强联合，在2008年4月中旬开展一场声势盛大的"推出绿茶金三角，共享高山生态茶"茶文化活动。

竖起"绿茶金三角"大旗，不仅会为三县带来巨大的品牌效应，而且会成为全国茶业极为耀眼的亮点，将引起全国甚至国外消费者的高度注意和强烈的反响，从而引导广大群众掀起一个品饮绿茶的消费高潮。这样，"小三角"就带动了"大三角"，进而带动了全国的茶叶消费，这对整个中国茶业界来说都将具有极为重大的历史意义。因此我们正在做一件功在千秋的事情。

二、为何要亮出"高山生态茶"的品牌？

"高山出好茶"，已是常识。所有名、优、特茶都生长在高山。因为山高林茂，气候凉爽，云遮雾罩，漫射光多，符合茶树生长特性。高山土地肥沃，富含有机物质，利于茶树自然生长和营养积累，山高气候较冷，天敌又多，茶树病虫害就少。再加上漫山遍野的树香、果香、花香在空气中弥漫，为茶叶所吸收，因此高山茶具有特有的香气和滋味，这是平地洲茶所无法比拟的。因此，并不是"金三角"生产的所有茶叶都是优质的，只有高山所产的茶叶才是真正的好茶。而"绿茶金三角"核心区的三个县都地处山区，高山茶正是它们的强项。

所谓"生态茶"，就是不施化肥农药保持原有生态条件生产的茶叶，过去也称"有机茶"。但是"有机茶"的概念不尽合理，茶树是有生命的植物，是属于有机物质的，难道还有纯无机物合成的"无机茶"吗？施了无机物的化肥，被茶树吸收后也会转化为有机物。施了有机肥后，茶树也是将它转化为无机物的氮、磷、钾等化学元素再加以吸收的。

因此称"生态茶"更为合理，也更易于被群众所理解。如果平地的茶树只施农家肥，当然也可称之为"生态茶"，但品质大大不如高山茶。故我们提倡品饮高山所产的"生态茶"（这些年来，婺源县的"野茶"很受人们的欢迎。所谓"野茶"实际上是人工栽培的茶树，因改革开放后农民进城打工，农村只剩下老人，无力上山管理茶树，任其荒芜，就慢慢自然野化，成了真正的生态茶，故其品质特别好）。

"高山生态茶"是新提出的概念，引导群众认识"高山生态茶"的价值，既维护了群众的本身利益，又可将消费者的注意力吸引到"金三角"，可以促进消费量的提高。同时，"高山生态茶"都是名、优、特茶，其经济效益大大超过平地生产的中低档茶叶，可以增加茶农、茶商的收入。

通过这次联合活动，要让"绿茶金三角""高山生态茶"的两个概念过目不忘，深入人心，只要达到此目的，就算成功。

三、如何开展这次活动？

开展"绿茶金三角，高山生态茶"活动可以有各种各样方式，比如按传统方式可以参加各种展销会、博览会，举办茶会，撰写文章，出版书籍，通过媒体进行宣传，长期坚持下去，冷水泡茶慢慢浓，都可收到一定的效果，但是不易很快引起人们的注意，难有轰动效应。目前各地不断举办茶叶博览会、展销会，大都租借专门的展览馆所，这些场所通常是远离人群，除了开幕式热闹一阵之后，观众寥寥无几，经常是展销者互相观望，因此三两天后就草草收摊，这种做法到底有多少实际效果，实在值得反思。

我们这次将阵地选在上海豫园商城，首先是因为豫园商城具有自觉的文化意识，愿意为弘扬茶文化尽力，而不把经济效益放在第一位，这是最难能可贵的。其次是上海是国际大都市，又是最大的绿茶消费区之一，上海接受"绿茶金三角，高山生态茶"概念，必将影响周围乃至全国群众。最后是豫园商城是上海最热闹的商城，每天有几万乃至上十万的客流量，且都是购买力较高的中外顾客，在这里搞活动，可以让观众直接了解"绿茶金三角，高山生态茶"的科学观念，其影响之广大和久远是一般展销会、博览会所无法比拟的。第四，将展区直接设在豫园商城的中心广场，并且一搞就是半个月（4月18日至5月2日），可以让参展的商户直接受益，大大调动他们参展的积极性，这也是其他展销会所做不到的。最后，我们将在上海《解放日报》《新民晚报》、东方电视台等新闻媒体进行连续报道（如在《解放日报》以"中国有个'绿茶金三角'"为题连续两天都有整版报道），这些媒体都是覆盖全国乃至国外，其影响面是很大的。

在此期间，将于4月28日在北京人民大会堂再搞一次新闻发布会，在会上举行向三县授予"中国绿茶金三角核心产区"牌匾的仪式，将"绿茶金三角"的概念向全国传播，经过上海、北京两地的遥相呼应的活动，使这次活动的影响进一步在全国范围扩大，可以收到更好、更持久的效果。

与此同时，大会组委会还印刷数万册由程启坤、姚国坤教授编写的《科学饮茶，有利健康》和《推出绿茶金三角，共享高山生态茶》等书刊在茶文化节期间免费向广大群众散发，节后又将"绿茶金三角高峰论坛"上的有关论文集中起来在中文核心期刊《农业考古·中国茶文化专号》上发表，向国内外发行，进一步扩大影响。

总之，通过全方位、多角度的方式来打造"绿茶金三角，高山生态茶"的品牌，使之持续升温，让社会上有更多人了解"绿茶金三角，高山生态茶"的内涵，有更多人了解品饮绿茶的好处，从而引领人们将目光集中到绿茶上来，促使绿茶消费新高潮的早日到来。

这是一项意义深远、厥功至伟的系统工程，自非一朝一夕完成，需要经过长期的艰苦努力，且需大家群策群力共同来完成这项光荣使命。这一点需要向福建安溪县和云南思茅市政府学习。他们从20世纪90年代起就搞了一系列茶文化活动，其范围之广，规模之大都是他处所不及，安溪县政府动员了600多位茶商到全国各地开办"安溪铁观音专门店"，大力推销铁观音。又动员一批文化部门的干部带薪出去开办茶艺馆，推广工夫茶艺，提高安溪铁观音的知名度。又在安溪创办当时全国规模最大的茶叶批发市场"中国茶都"，吸引全国各地的茶商云集安溪。没有长期不懈而又切实可行的得力措施，就不可能有全国各地茶艺馆同饮铁观音的热潮出现。同样，云南思茅市早在1993年就举办了"首届中国普洱茶叶节"，其间，同时举办"首届中国普洱茶国际学术研讨会"，我有幸参与这届会议的筹备工作，当时我就向他们领导说过，光办一两届是没有用的，要坚持连续办下去，至少要五六届以上才能见成效。值得庆幸的是他们果然持之以恒，每两年就办一届，办到第六届时，普洱茶就大火了。去年4月举办第八届时，连思茅市都改名普洱市了。因此，"绿茶金三角"活动也要长期开展下去，不能两天捕鱼三天晒网。根据国际茶文化研究会和茶文化节组委会领导的意见，至少要先连续办三年，而且一年比一年规模扩大，今年是"小三角"，由开化、休宁、婺源三县联办，明年这个时候是由"中三角"，即衢州、黄山、上饶三个市来办，后年就由"大三角"，即浙江、安徽、江西三个省来办。我想三年之后，再回头来看，就可以更深刻了解今天我们开展这项活动的深远意义了。

当然，要搞好这项宏大工程，除了国际茶文化研究会、上海豫园商城、茶文化学术界、社会传媒等诸多方面的支持之外，还需靠当地茶商茶农的积极参与，但更重要的是三地政府的高度重视。这些年来，各地产茶县的政府部门都大力抓发展茶叶生产工作，扩大种植面积，推行技术改造，提高茶叶产量，打造名茶品牌，开拓茶叶市场，都取得了很大的成绩。现在，应该具有自觉的文化意识，站在战略高度上来打造"绿茶金三角，高山生态茶"品牌，在扩大茶叶种植面积的同时，更要重视发展高山生态茶，采取各种有效的手段积极向社会各界宣传品饮高山生态茶的好处，以获取更大的经济效益和社会效益。在这方面，进行一定的投入是完全必要的，也是完全值得的。

四、百尺竿头，更进一步

"上海豫园首届国际茶文化艺术节"的胜利举行，"绿茶金三角，高山生态茶"的概念已为广大消费者所接受，并且获得茶叶界权威人士的普遍认同，开局是成功的。但这仅仅是开始，今后还有很长的路要走。除了原来连办三年"由小（三角）到大（三角）"的策划要坚持下去外，还有许多工作要做。

首先，要继续开展学术研究。目前有关"绿茶金三角"的学术论文仅有程启坤教授于2004年发表的《婺源茶叶的优势和发展思路》及最近由他和姚国坤教授合写的《绿茶金三角及其优势》，虽然后者写得很深刻、很全面，但仅靠一两篇文章是不够的，需要进一步开展研究，从各个角度进行深入探讨"绿茶金三角，高山生态茶"，科学内涵和文化底蕴，需要有更多的文章和著作问世，不仅有利于人们加深对这一问题的认识，也有利于扩大它的影响，提高知名度。有了科学研究开路，开展"推出绿茶金三角，共享高山生态茶"活动才有底气，才有文化品位，而不致沦于单纯的商品促销。

其次，成立相关的研究组织。要深入开展学术研究，就必须有相应的组织，才能团结更多的人才，组织相关的研究课题，推出更多的学术成果。目前，国际茶文化研究会领导已经同意在研究会内建立"绿茶金三角研究中心"，建议三县联合成立"绿茶金三角研究会"或"联谊会"，定期开展研究，举办研讨会，举行学术报告，面向全国开展有关学术活动，甚至可以举办国际研讨会，定期出版有关书刊，以吸引更多学者和群众的注意力。

再次，建议三县联合起来共同注册同一商标，共同打造"绿茶金三角，高山生态茶"品牌，扩大国内外的影响。

从次，三县必须实行强强联合，才能在全国造成声势，取得三赢的局面。如果单打独干，必然势孤力单，难成大势。建议今后可以共同组团参加各种活动，在各地举办的茶叶展销会、博览会或茶文化会议上，统一租用展位，统一布置，共同宣传，共同促销，就可引人瞩目，获得轰动效应，在全国甚至国外打出"绿茶金三角，高山生态茶"的旗帜。相信坚持数年必有成效。

最后，在适当时机建立绿茶金三角博物馆或绿茶金三角茶史陈列馆，成为长期向群众普及茶文化知识，宣传"绿茶金三角，高山生态茶"的园地。可以三县联办，也可各县分别在本地举办。

此外还应说明，我们开展"绿茶金三角，高山生态茶"活动的终极目的是通过"小三角"带动"大三角"，进而带动全国21个生产绿茶的省、市、区，重振绿茶的雄风，让更多的消费者认识绿茶（特别是高山生态茶）最有利于人们的身体健康，是最具有文化品位的健康饮料，从而形成品饮绿茶的热潮，并非仅仅是为了"小三角"一地的局部利益。这是一项利在当代，功在千秋的正义事业，我们应该理直气壮、大张旗鼓地开展工作，其深远历史意义将随着时间的推移而日益彰显。

（文章原载《农业考古》2008年第2期）

发展茶经济，必须弘扬茶文化

——在"江西上犹茶业发展论坛"上的讲话

各位领导，各位嘉宾，各位茶友们：

下午好！非常高兴能够参加这次上犹茶业发展论坛。我首先代表江西省茶叶协会向论坛的成功举办表示衷心的祝贺！本来我参加不了这次盛会，因为同一时间在宁波有个禅茶大会要我去参加，但是我们的罗会长病了，我们茶叶协会又不能不来人，所以我就辞掉了宁波的会议来到上犹。实际上我是很想来上犹的，因为我有个上犹情结。那是50年前，我在江西省博物馆搞考古工作，来过上犹进行考古调查，在老县城对面的山坡上，发现了400多年前的石箭头和印纹陶片，说明我们上犹在原始社会时期就有人类在这里繁衍生息，历史非常古老。一转眼半个世纪过去了，我已是75岁的老人了。能在半个世纪后重来上犹，也是一件很令人兴奋的事情。上犹已经今非昔比，我完全不认识了。崭新的上犹美如画，居然有五星级的宾馆来举办这样高规格的大会，确实令人刮目相看，感慨万端。

记得八年前赣州成立茶文化研究会，在座的胡国铤会长邀请我带南昌女子职业学校的茶艺队来进行茶艺表演。八年来，赣州地区的茶文化活动蓬勃发展，成绩显著，年年都开展活动，这在全省是独一无二的。当年要花钱请人来表演茶艺，今天连我们上犹县乡下都有茶艺表演，实在很不容易。这些年来赣州地区的茶叶生产也发展很快，是和赣州茶文化研究会的努力分不开的，为此要向胡会长表示敬意。

我们今天会议的主题是"弘扬茶文化，发展茶产业"。我非常赞成这个口号。我们过去经常提的口号是"文化搭台，经济唱戏"。好像文化只是个台子，要让经济来唱戏。我向来不赞成这种提法。其实文化本身就是重头戏。因为文化也是生产力，今天我们把它叫软实力。这个软实力经常会被忽视。其实我们茶业界正是享受着软实力带来的硬效益。正如刚才农业农村部的王戈处长所说的，中国是茶叶的故乡，茶文化的起源地。但是，过去中国的茶叶种植面积世界第一，产量却是世界第二，不如印度。总面积比印度大，产量却不如它，排在世界第二，令人尴尬。但是到了2005年，我们的茶叶产量终于超过了印度，现在是总面积第一，产量也是第一。那么，这产量第一是怎么来的？主要是茶叶市场的兴旺促进了茶叶价格的提高，带动了茶农种植茶叶的积极性。茶叶市场的兴旺，是因为喝茶的人增多，茶叶消费量提高了。那么，为什么喝茶的人会增多？这就是茶文化的功劳了。

大家知道，30年前改革开放之初，我们很多人都不知道什么是"茶艺""茶艺馆""茶文化"，当时连这些名词都还没出现。那时全国人均消费茶叶量还不到20克，茶叶价格也低得可怜。从20世纪80年代末开始，上海、北京、浙江等地开展茶文化活动，提倡品茶，逐渐引起人们的兴趣，饮茶的人逐渐多了起来，茶叶消费量逐年增多。各地陆续出现茶艺馆，为人们提供格调高雅的品茶环境，普及茶艺知识，如今全国的茶艺馆已经超过10万家，遍布大小城乡，带动了全国饮茶风气的兴盛。典型的例子如上海，在开展茶文化活动之前的1990年，人均年消费茶叶不到250克。经过几年的努力，到了1998年，人均年消费茶叶就增加到70克。又如福建省安溪县，虽然自古生产铁观音乌龙茶，却一直是个贫困县。自20世纪90年代以来，大力开展茶文化活动，派出数千名茶商到全国各地开办茶庄推销铁观音，还派出很多文化干部到各大城市开办茶艺馆，推广工夫茶艺，普及乌龙茶，于是，铁观音很快就风靡全国，带动茶叶价格的高涨，促进茶农种茶的积极性，短短几年之后，就摘掉了贫困县的帽子。因此我们千万不要轻视文化的力量。

茶文化博大精深，内涵丰富，重点要弘扬什么呢？我认为主要是弘扬茶文化的核心——茶艺。茶艺就是品茶的艺术。我们要弘扬的就是品茶的文化，这是人类饮茶的最高级阶段。人类喝茶喝了几千年，大体经过四个阶段：第一个阶段是吃，把茶叶当食物来吃。所谓"神农尝百草"就是采摘茶芽茶叶来充饥的。云南的基诺族至今还是生吃茶叶的。后来人们发现茶叶有解毒、提神、保健的功能，就把茶叶熬成汤当作保健饮料来喝，这就是第二个阶段——喝。这两个阶段早在原始社会时期就有了，至少有八千年的历史。慢慢喝久了，喝习惯了，上瘾了，就变成了人们日常的饮料，不管有病没病都要饮用，所以第三个阶段就是饮。但是以上三个阶段都只是满足人们的生理上的需要，只有第四个阶段才是满足人们心理上的需求，那就是品。这个阶段至少从西晋时期就开始，到唐朝中期陆羽撰写《茶经》时候，才把饮茶变为一种生活艺术，就是品茶。品什么呢？品茶的色、香、味、形，追求诗化的意境，这就是充满审美情趣的艺术行为了。这才是饮茶的最高级阶段。到此阶段，品茶成了一种嗜好，须臾不能离开，而且要求好上加好，精益求精，无论是茶叶、用水、茶具、环境都讲究尽善尽美，其消费也就没有止境了。因此通过推广品茶艺术，就可大大提高社会对茶叶的需求，从而促进茶叶生产的发展。同时，品茶可以陶冶个人性情，协调人际关系，净化社会风气，它在构建和谐社会过程中所发挥的积极作用更是不能低估的。

当今全世界有160多个国家30多亿人口会喝茶，但只有中国人才懂得品茶，其他国家的人都停留在饮茶的阶段。即使是中国，也不是所有人都会品茶。一般老百姓也还是停留在解渴、提神的饮茶阶段，所饮的也只是"柴米油盐酱醋茶"的中低档茶。只有文人雅士（文化精英）才会品茶，所谓"琴棋书画诗酒茶"，品的是名优特的高档茶。而目前，占全国茶叶总产量20%的名优特茶其产值相当于占80%的中低档茶。这20%的名优特茶基本上都是内销，外国人只要我们的中低档茶，如红碎茶、绿碎茶，拿去做袋泡茶，价格都是很低的，我们赚不了多少钱。那么，如果要让我们的茶叶走向世界，应该走什么道路？是要中国人从品茶的高级阶段退回到喝茶、饮茶的低级阶段，还是告诉外国人，要像中国人那样品茶才是一种高级的艺术享受。我想，事物是不可能倒退的，正确的做法应该是大力弘扬茶文化，提高全世界人们对品茶艺术的认识，都像中国人那样来品茶，到那时，还愁我们的好茶叶没有销路吗？在这里，茶文化是大有用武之地的。我们的茶文化研究会也是大有可为的，任重道远，需要我们大家来共同努力奋斗。

谢谢大家！

（文章原载《农业考古》2011年第2期）

探寻"信阳红"的历史坐标
——在"信阳红风暴"之北京论茶活动的发言

一、红茶的历史轨迹

中国的茶叶生产有数千年历史，但一直是以绿茶为主，相对而言，红茶的历史很短，只有几百年，是晚到明末清初才在福建武夷山桐木关星村产生的。清代乾隆十八年间（1753）成书的《片刻余闲集》在记载武夷山茶叶生产的情况时说："山之第九曲尽处有星村镇为行家萃聚之所。外有本省邵武、江西广信等处所产之茶，黑色红汤，土名江西乌，皆私售于星村各行。"这"黑色红汤"的"江西乌"就是早期的红茶，能汇集在星村出售，说明星村早已是红茶的生产、销售的中心地。那么，星村生产红茶的时间应该可以早到明末清初时期，距今已有300多年，只是到了清代乾隆年间才更为兴盛，故学术界都认为红茶始于18世纪。

桐木关一带生产的红茶称为"桐木关小种",产于崇安、建阳、光泽三市县高地茶园者称"正山小种",以后发展为制作精细的工夫红茶,《闽产录异》:"系以嫩芽用武夷茶制法精细焙制,色黑味异,被称为工夫红茶,因做工精制而得名。"清朝中期创制于福建政和、坦洋、白琳,合称"闽红工夫",后传播外地12个省区,按产地命名,称为"某红工夫"。除闽红工夫之外,较重要的红茶有:

河红工夫:产于江西铅山县河口镇,即是当年生产混入星村小种的"江西乌"之地,将桐木关小种毛茶精制加工而成河红工夫,远销欧美。清光绪《铅山乡土志·物产类》记载:"乾嘉年间乃河口茶市鼎盛年代,此时河口镇红茶销售额每年不下百万金。"乾嘉即乾隆、嘉庆年间(1796—1820)。可见,河红与闽红不但地域相连,其时间也相近。

祁红工夫:产于安徽省祁门县及毗邻诸县。清光绪元年(1875),安徽黟县人余干臣从福建建安(今建瓯市)罢官回原籍,他了解闽红畅销厚利之情,便在至德县(今东至县)尧渡街设红茶庄,仿制工夫红茶,翌年又在祁门历口、闪里设立红茶庄扩大红茶生产,1876年试制成功,曾在1915年巴拿马国际博览会上荣获金奖,从此祁门工夫蜚声中外。

宁红工夫:主产于江西省修水县、武宁县一带。始产于清朝道光年间(1821—1850),"红茶起自道光季年,江西估客收茶义宁州,因进峒教以红茶做法。"修水、武宁古属义宁州,所产红茶称宁州红茶,简称"宁红"。1891年曾获沙皇太子"茶盖中华,价甲天下"横匾。主销俄国、东欧及英、美、德、法等国。

宜红工夫:产于湖北省西部的宜昌、恩施两地区,问世于19世纪中叶的清朝道光年间(1821—1850),先由广东商人钧大福在湖北五峰县渔洋关传播红茶制作技术,并设庄收购精制红茶,运往汉口再转广州出口。咸丰四年(1854)高炳三、林紫宸等广东帮茶商先后到鹤峰县改制红茶,由渔洋关运至汉口转运出口,"洋人称为高品"。当时渔洋关一跃成为著名的鄂西红茶市场。1850年俄商开始在汉口购茶,单独出口。1861年汉口列为通商口岸,英国即设洋行大量收购红茶,因交通关系由宜昌转运汉口的红茶,均称宜昌红茶,简称"宜红"。

湖红工夫:主产于湖南省安化、桃源、涟源、邵阳、平江、浏阳、长沙等地,称之为湖红工夫。湘西石门、慈利、桑植、大庸等县市所产的工夫红茶称为湘红,归入宜红工夫范畴。1872年《巴陵县志》记载:"道光二十三年(1843)与外洋通商后,广(东)人携重金来购买红茶。茶农颇得其利。日晒,色微红,故名红茶。"也是历史悠久的红茶之一。

越红工夫:产于浙江省绍兴、诸暨、嵊州市等地,绍兴古属越国,故名。据研究,杭州湖埠生产的红茶"九曲红梅",已有百余年历史,是太平天国时期闽北贫苦农民迁徙至湖埠大坞山辟山种粮,伐木栽茶,将制作红茶的技术带入杭州地区。1955年原为生产"平水珠茶"产区的绍兴、诸暨、余姚等县由"绿"改"红",扩大到长兴、德清、桐庐等地,都生产工夫红茶,通称为"越红"。

浮红工夫:产于江西省浮梁县,浮梁早在唐代就是著名的茶叶集散地,向来生产绿茶。因受附近祁红的影响,在清朝晚年也开始生产红茶,据《饶州志》记载,1882年浮红工夫产量已达三万担*。因与祁门相邻,后来出口的浮红也归入祁红。

---

* 　担为非法定计量单位,1担等于50千克。——编者注

台湾红茶：始于1925年，引进印度阿萨姆种茶苗，在南投县试种成功。20世纪40年代初，因太平洋战争爆发，台湾生产的乌龙茶在美国市场被爪哇红茶所代替，便大量生产红茶，取名为日月潭红茶，即台湾红茶。

滇红工夫：产于云南省澜沧江沿岸的临沧、保山、思茅、西双版纳、德宏、红河等地。1939年研制，除内销广东、内蒙古、新疆、西藏、北京、上海等省（自治区、直辖市），外销俄罗斯、东欧、西欧、北美等30多个国家和地区。

川红工夫：产于四川省宜宾地区，是20世纪50年代才开始生产，多年来畅销俄罗斯、法国、英国、德国及罗马尼亚等国，实为中国工夫红茶的后起之秀。

霍红工夫：产于安徽霍山、六安等地，1950年研制，多将黄大茶改制成工夫红茶。1970年以后改制绿茶，今已停产。

英红工夫：产于广东省英德市坑口嘴一带的红碎茶，1959年研制，主销广东、国内旅游区及国际红茶市场。

海南红碎茶：产于海南省琼中、琼山、定安、保亭、白沙。20世纪60年代试制，70年代投放市场。内销香港，外销欧美、大洋洲、东南亚。

广西红碎茶：产于广西南宁、钦州、玉林、百色、柳州等地，是20世纪60年代逐步发展起来的。1974年将广西红水河以南的茶园列为中国红碎茶出口基地之一。多数销往美、德、澳大利亚等20余国。

贵州红碎茶：产于贵州省湄潭、羊艾、花贡、广顺、双流等地，也是20世纪50～60年代发展起来的，品质接近滇红，能与斯里兰卡、印度的红茶媲美。

信阳红：2010年试制成功，历史最短，直接采摘信阳毛尖原来树叶制作。

由上简述可以看出中国红茶的历史轨迹：红茶的历史不长，只有一二百年，有很多产区是20世纪50年代以后才开始研制的，只有几十年的历史。红茶的产区都分布在长江以南地区，没有一处是在黄淮流域。因此"信阳红"的出现是红茶生产史上的一个突破。中国的红茶大多数是供出口外销的，因当时五口通商，国际红茶需求量大，市场广阔，国内市场很有限，至今国际茶叶市场上仍然是红茶占统治地位。所以"信阳红"也必然要把眼光瞄准国际市场。大多数红茶的生产是民间自发行为，是受市场需求的推动而发展起来的，其速度较缓慢。但中华人民共和国成立后红茶生产却是在政府有关部门直接领导下实行计划经济的产物，范围扩大，速度较快。"信阳红"从一开始就是在河南省及信阳市政府的明确指导和强力扶持下按市场经济规律掀起"风暴"的，速度之快，规模之大，成效之显著，都令人瞩目。这是红茶生产史上从未有过的创举，其前景不可限量。

二、红茶的世界轨迹

我国茶叶早在1200年前的唐代中期就传到近邻的日本、朝鲜，主要是蒸青绿茶做成的饼茶。茶叶西传欧美要晚到400多年前的明代中期，先是绿茶为主，后来则以红茶为主，都是散茶，因为自明代起中国人就从宋代的点茶改为散茶冲泡。

1557年（明嘉靖三十六年），葡萄牙人得到明朝政府的许可，将澳门作为贸易据点，与中国的海上贸易更加频繁，广东人酷爱饮茶的习惯引起外国商人和水手们的注意，尝试喝茶并带回茶叶赠送亲友，使葡萄牙人开始喝茶。

1569年（明隆庆三年），到过广州的葡萄牙传教士克鲁兹出版了《广州记述》一书，记载广州以一种"颜色微红，颇有医疗价值"的茶汤敬客，进一步扩大了茶叶影响，推动了葡萄牙人的饮茶风气。到了17世纪之后，饮茶之风在欧洲上层社会流行起来。

1607年（明万历三十五年），荷兰东印度公司从爪哇到澳门收购武夷茶，输往欧洲市场，很快风靡英伦三岛。那时英国的茶叶贸易是经荷兰人之手。

1644年（清顺治元年），英国东印度公司看好中国茶叶市场，在福建厦门设立贸易办事处，直接收购茶叶，与荷兰进行竞争。

1662年（清康熙元年），酷爱红茶的葡萄牙公主凯瑟琳嫁给英国查理二世，带去的嫁妆中就有一箱红茶，并在王公贵族中掀起品饮红茶的风潮，被世人称为"饮茶皇后"。英国东印度公司也来讨好皇后，于1664年、1666年分别送了好多中国红茶给英国皇室，为日后取得茶叶专卖权打下基础。

1665—1667年，爆发第二次英荷战争，英国再次打败荷兰，取得了海上贸易优势，逐渐垄断茶叶贸易权。1669年英国政府正式规定茶叶由英国东印度公司专营。从此，该公司专门在中国福建厦门收购武夷山茶叶，当时称为"武夷茶"。由于厦门话称茶为"Dei"，故英语称茶为"Tea"，称武夷山所产的红茶为"Bohea Tea"（即"武夷茶"）。因武夷山所产的乌龙茶颜色乌黑，称为"Black Tea"（即"黑茶"），后来随着英国人将茶叶贩卖到世界各地，故许多国家"茶"的发音都与"Tea"大体相似。

进入18世纪，在爱茶出名的安妮女王和王室贵族的带动影响下，茶成为英国最流行的饮料，在早餐时间代替了啤酒，在其他时间代替了松子酒。到了18世纪中叶，英国的茶叶消费量约为欧洲其他国家消费总量的3倍。

从1701—1781年，英国的茶消费量由30.3吨猛增到2229.6吨。

1784年英国政府将茶叶税收从119%大幅降到12.5%，使得茶叶价格大幅下降，导致消费量激增，至1791年消费总量高达6847.8吨。这时饮茶已大大超过喝咖啡，导致许多咖啡屋纷纷倒闭。

茶叶传入欧洲时是以绿茶为主，因此英国人最早也是喝绿茶的。后来改为喝红茶，其原因是当时交通条件有限，从中国运输茶叶到英国需要在海上航行12～15个月，茶叶容易变味，即使没有霉变，其色香味也大打折扣。而红茶属于全发酵茶，不容易霉变，可以长期保存也不会变质。另外，绿茶容易掺假，一些走私的茶叶掺有假货，红茶则不易掺假。另外，红茶可加奶加糖，类似咖啡饮法，特殊香味胜绿茶，于是红茶就逐渐占据绝对优势。据日本学者研究，18世纪初英国进口的茶叶中约55%是绿茶，45%是红茶。到了18世纪中期，进口的红茶就占66%，绿茶仅占34%。于是英国人就越来越喜欢喝红茶。红茶中又以武夷茶占压倒多数。[1]

1784年（清乾隆四十九年），独立后的美国摆脱英国东印度公司的控制，直接向中国进口茶叶，美国商船"中国皇后"号抵达广州，首开中美直接贸易，次年运回大批茶叶和瓷器。其中红茶2460箱，绿茶562箱，运往纽约出售，深受欢迎，获利深厚。以后逐年增加，1789年到达中国的商船共有118艘之多。1790年自广州输入美国的茶叶为5575担，到了1801年就增加到40879担。[2]此时，美商、英商竞相争购红茶，英、美两国出现"中国红茶热"。

　　进入 19 世纪，随着茶叶消费量的不断增加，英国每年需耗费数千万两的白银去购买中国茶叶，而英国输出的棉纺织品打不开中国市场，造成严重的逆差。为了弥补这个亏空，英国在 1800 年以后靠鸦片来骗取中国人的白银，再用它去购买中国的茶叶。1839 年林则徐在广东虎门销烟，一年后英国对中国宣战，爆发了鸦片战争。中国也停止了茶叶供应。英国人转而在其殖民地印度、今斯里兰卡等国，引进中国的茶籽和制茶技术，大力发展红茶生产，与中国竞争。

　　从 19 世纪 70 年代开始，印度茶业逐步走向机械化生产，至 19 世纪末已实现了揉茶、切茶、焙茶、筛茶、装箱等各个环节的机械化，大大提高了生产效率，茶园面积也急剧扩大，单产迅速提高，从 1886—1900 年的 14 年间，总产量从 824 万磅*增加到 1.97 亿磅，增加了 12.5 倍。至 1929 年以后，总产量达 3 亿磅以上，超过了中国成为世界头号茶叶生产、出口大国，也占据了世界红茶市场的主角地位，至今依然名列世界第二。

　　斯里兰卡是从 1854 年开始发展茶叶生产，1873 年仿效印度也走上了机械化道路，至 1883 年茶叶出口突破百万磅大关，1887 年出口量接近千万磅。1900 年斯里兰卡茶叶出口为 1.49 亿磅，1915 年突破 2 亿磅大关。到了 1917 年就超过中国成为世界第二大茶叶输出国。至 1997 年为止，斯里兰卡茶叶总产量为 27.74 万吨，仅次于印度和中国，名列世界第三位，但出口量却高达 25.72 万吨，高于中国和印度而高居世界第一位[3]。

　　从 19 世纪中期以后，印度、斯里兰卡发展机械化制作红碎茶，与中国传统红茶相抗争，逐渐占据西欧市场。中国茶叶受到排挤，渐趋衰落。就在这样严峻的形势下，中国的闽红工夫、祁红工夫、宁红工夫、宜红工夫、湖红工夫等工夫红茶相继面世并迅速发展，在弱势下向国际市场奋起拼搏，也为日渐衰落的中国茶业注入了新的活力。

　　回顾红茶的世界历史轨迹，印度、斯里兰卡的茶叶发展史引人思考：

　　印度和斯里兰卡的茶叶只有短短的 100 多年的历史，却飞跃到老大茶叶帝国中国的前面，居然在世界上占数一数二的地位，不能不引起人们的深思。这自然有深刻的历史原因。英国资本家为了掠夺茶利在印度、斯里兰卡等国发展茶叶种植是由农场和股份公司来进行规模经营，采用先进生产力（机械化）和科学技术进行栽培、加工，其单位面积产量和茶叶品质都有明显而且快速的提高。反观当时中国的茶叶，"价值既贵，货色亦低""洋商多裹足不前。"[4] 这是因为中国此时正处于封建社会末期，政府无能，国力衰败，各地的茶叶都是由分散的小农户通过手工劳动来进行栽培和加工的，既无规模效应，又无力采用机器和其他科学技术，单产不易提高，质量也难以保证统一，相比之下，自然不是印度、斯里兰卡的对手。实际上这是处于上升时期的资本主义和趋于没落的封建帝国两种具有时代差距的社会在茶叶经济领域中的较量，其结局自然是不言而喻的。

三、信阳红的历史坐标

　　当我们回顾中国红茶和世界红茶所走过的不算漫长但却曲折的历史轨迹之后，可以尝试探讨"信阳红"在红茶发展史中所应有的地位，寻准它的历史坐标，以求能够以坚实、稳健的脚步向前迈进。

---

　　* 磅为非法定计量单位，1 磅≈453.59 克。——编者注

中外红茶几百年来所走过的道路，有几点历史启示是可作为我们探寻"信阳红"历史坐标的参照系：

红茶产生于明末清初，距今最多只有二三百年的历史，与绿茶相比，它的历史就很短，文化含量相对薄弱。但明清时期我国品茗艺术臻于成熟，人们在品茗时已不满足于唐宋以来的蒸青饼茶的煮茶、点茶方式，改为散茶冲泡，追求品茗艺术的多样化和艺术化，出现各种冲泡方式，自然也会要求茶叶品类的多样化，以满足人们的不同需求，因此相继发明炒青绿茶、烘青绿茶、乌龙茶、黄茶、白茶、红茶和黑茶。正因如此，红茶在我国茶叶大家族中始终处于少数派的地位，至2010年为止，我国茶叶总产量147.5万吨，其中绿茶占了74%以上，而红茶的产量只有9万吨，只占6.18%。产量是由市场需求决定的，说明喝红茶的人数有限。但市场又是可以靠人们去开拓的，正因人少说明有潜力可挖，需要我们努力开拓。

中国红茶诞生之时，正是茶叶西传在欧美掀起红茶热潮之际，强劲的国外贸易刺激了国内的红茶生产，中国的传统工夫红茶在国际上一直享有盛誉。但作为封建社会小农经济产物的中国红茶在与资本主义经营模式的产物印度、斯里兰卡红茶较量下败下阵来，被挤出国际市场。至今国际红茶市场仍然掌控在外国人手里。世界红茶贸易量为130万吨，中国出口的红茶只有3.66万吨，占2.81%。对于产茶大国来说，局面颇为尴尬。但这是由历史造成的，不是短期内所能改变的。但反过来说，红茶的国际市场是有很大空间可让我们去开拓，"信阳红"在这方面无疑是有很大作为，应该负起在国际市场上重振中国红茶雄风的光荣使命。

早期的红茶都是在国内获得声誉后才被外商所注意，如武夷山的正山小种就是以其制法特殊、汤色红浓、香气高长、滋味醇厚而广受欢迎，以星村小种标名装箱运往福州，托洋行试销，因特殊香味引起外商的兴趣，立即被收购运往国外，获利不少，于是年年订购。从此小种红茶风靡一时。因此在闯荡国际市场之前，必须先打造好国内的知名度，大力拓展国内市场，只有成为国内著名品牌后才能引起国外茶商的注意。幸运的是，历史为"信阳红"提供了很好的机遇：一是近年来国内茶界的有识之士在乌龙茶、普洱茶热之后着手推动红茶品饮活动，"金骏眉"的异军突起，也促使人们对红茶更加关注，在各地茶艺馆品饮红茶的客人也明显增多，市场行情看好，这无疑是为"信阳红"的崛起做好了铺垫。二是洋快餐和咖啡馆在国内的快速增长，麦当劳、肯德基、必胜客以及星巴克、迪欧、上岛等除了提供可乐、咖啡之外，都有红茶的供应，而它们的顾客主要是追求时尚的年轻人，无形中是在培养一大批年轻的红茶消费者，这是"信阳红"的强大后备军，希望之所在。三是由于生活质量的提高，人们寿命延长，中国正进入老年社会。茶是健康饮料，红茶又是全发酵茶，刺激性很小，具有抗癌、抗心血管病作用，更适宜老人饮用。几亿的老年人口是个巨大市场，红茶在这里是大有可为，"信阳红"在银发世界中是有广阔天地的。因此，"信阳红"要瞄准"夕阳红"。

中国的茶文化在唐宋时代东传日本，正值封建社会的鼎盛时期，中国传统文化被处于弱势的日本全盘接受，于是中国利用蒸青绿茶粉在茶盏中冲点的"点茶法"自宋代传入日本之后形成日本茶道主流"抹茶道"，一直延续至今，日本人也坦然宣称"中国是日本茶道之父"。可是当茶叶西传欧美时，正是中国封建社会处于衰落的明清时期，西方世界却是处于资本主义的兴盛时期，它们只看重茶叶的医疗功效，并不接受中国的茶文化，因此，在欧洲茶叶最早是在药房中出售，后来又在咖啡馆出售，最后才出现专业性的茶馆。西方人喜欢喝与咖啡相似的红茶，也像喝咖啡一样加糖加牛奶。最后流行将茶叶切成细末的红碎茶以及简便快捷的袋泡茶，根本不会像中国人那样来品尝茶叶的色香味形，更不懂追求"天人合一"的品茗境界，不知茶道为何物。所以他们只采购价格低廉的红碎茶来做袋泡茶原料，拒绝价格较高的名优特茶，最终导致中国茶叶在国际市场上处于不利地位。可见，在人类食用茶叶的历史中经历了食、喝、饮、品四个阶段中，西方人还只停留在喝、饮的低级阶段，只有中国人才达到最高层次"品"（品茶是人们生活中的审美行为）的阶段。所以占中国茶叶总量20%的名优特茶都是内销，外国人不会品茶，就不需要这么昂贵的高档茶叶。那么，如果中国红茶要走向世界，要与立顿的袋泡茶相抗衡，要靠什么？是让中国人从"品茶"的高级层次降低到"喝""饮"的层次，也用袋泡茶去和立顿博弈，还是将西方人从"喝""饮"的层次提高到"品"的层次？答案显然应该是后者。因此我们要花大力气向外国人推介中国的品茗艺术（茶艺），让他们都像中国人那样来品茶，我们的名优特茶才能打开国际市场，这里就得依靠茶文化的魅力。全国茶文化界二三十年来已经做了很多工作，我们的茶艺队也多次走出国门到欧美各国表演，在美国、法国都开过多次中国茶文化活动周和研讨会，都取得很好的效果。我们欣喜地看到，已经有越来越多的欧美人士在学习中国茶艺，品尝中国芳香可口其味无穷的名优特茶。我想，信阳的茶友们也一定会高度重视茶文化的力量。特别是，当今的中国正在和平崛起，国力强盛，导致东方文化更加引起西方世界的瞩目，中国茶文化自然也更容易为西方世界所接受，但愿"信阳红"能张开茶文化的翅膀在国际茶叶市场上翱翔。

历史告诉我们，任何事物都必须经受历史的检验。"信阳毛尖"是千百年历史文化的积淀。"信阳红"的历史是靠人们来打造，开局成功之后，还是要接受时间的考验。我们注意到这两年来"信阳红风暴"连续在各地掀起，气势磅礴，令人震撼，极大提高了知名度。显然是有高手策划，有高人扶持，这高人自然包括省市的有关领导。这是"信阳红"旗开得胜的重要原因。想当年，"金骏眉"的造势也曾令人有石破天惊之感，然而商家的炒作毕竟公信力不足，人们始终将信将疑，如今五年过去了，市场已显颓势，教训依然存在。1993年，云南思茅地委李师程书记派人找我帮助筹办"首届普洱茶国际研讨会"，我当时就说光搞一两次是难见成效的，至少要坚持五六届才行。他们后来真的坚持长期办下去，办到五六届果然普洱茶就火起来。我们很高兴看到"信阳红"有省市政府领导的强力支持，起点很高，气派很大，两年来开展一系列活动，效果显著，令人钦佩。我们希望能持之以恒，风暴过后，细水长流，不停地抚育、滋养这朵红茶奇葩，让她在国际市场上大放异彩。

参考文献

[1]角山荣,玉美,云翔.红茶西传英国始末[J].农业考古,1993,(4):259-269.

[2]曾丽雅,吴孟雪.中国茶叶与早期中美贸易[J].农业考古,1991,(4):271-275.

[3]陈宗懋.中国茶叶大辞典[M].北京:中国轻工业出版社,2000.

[4]彭泽益.中国近代手工业史资料:卷二[M].北京:中华书局,1962:186.

（文章原载《农业考古》2012年第2期）

编书品书

《中华茶文化基础知识》前言

　　自从1989年在北京举办"茶与文化展示周"以来，仅仅十年间，在祖国大陆已出现热浪滚滚的茶文化高潮。作为茶文化高潮的标志，除了各地纷纷举办的茶文化节和国际茶会、专家学者们撰写了大量的茶文化论著和出版茶文化刊物之外，雨后春笋般涌现的茶艺馆尤其引人注目。特别是20世纪90年代后期，各地掀起了茶艺馆热潮，仅是首都北京，目前就有一百多家，形势非常喜人。

　　茶艺馆不同于传统的老茶馆，不仅在于它的装潢华美、新潮或者古典高雅，还在于它具有更高的文化品位。更重要的是现代茶艺馆的经营者具有自觉、主动的文化意识，把向群众传授品茶技艺和传播茶文化知识作为日常的一项重要工作，除了进行茶水、茶叶和茶具等商业经营之外，还经常举办茶艺讲座，组织茶文化活动，向社会普及茶文化。因此，茶艺馆可以说是茶文化事业的前哨阵地，它每天都在吸收、运用专家学者研究茶文化的成果，它每天都在用高雅的文化熏陶感染群众，对中华茶文化事业的发展起着很大的积极作用。在这方面做出显著成绩者，在台湾有蔡荣章先生当年在台北主持的陆羽茶艺中

陈文华在珠海心灵茶艺公司首届茶艺师培训班担任教授

心，在香港有叶惠民先生的香港茶艺中心，他们培训过的学习茶艺的学生都是数以万计。在祖国大陆，虽然起步较晚，但也有些茶艺馆做了这方面工作，如上海的湖心亭茶楼、福州的别有天茶艺居、广州的闲云居茶艺馆、珠海心灵茶艺公司、北京的五福茶艺馆、郑州的泰和茶艺社、新疆的红茶坊、宁夏的茗秀园茶艺馆等，其中尤以五福茶艺馆最为出色。

五福茶艺馆创办于1994年，当时是首都第一家，可见北京的茶艺馆事业远比江南各省起步晚。但是，令人惊讶的是，经过几年的艰苦奋斗，到1999年上半年，五福茶艺馆竟然在北京办了11家连锁店，且规模越来越大，装修越来越考究，文化品位也越来越高，这在国内外都是独一无二的。五福茶艺馆是经营现代茶艺的商业性企业，但却花大力气去开展茶艺培训，举办茶艺、茶道讲座，积极参与举办国际茶艺博览会，进行国际茶艺交流，协助组织华侨茶叶发展研究基金会茶人之家，支持茶文化书籍的出版和发行等，充分发挥了茶艺馆在茶文化活动中的重要作用，在社会上产生很大影响。在五福茶艺馆的带动下，北京的茶艺馆终于出现热潮，现在已经发展到100多家，其中有很多家都是办得相当不错的。

但是并非所有的茶艺馆的经营者都对茶文化有足够的认识，有的人甚至连基本常识都没有，居然不懂得品茶需要观色、闻香、品味，将茶艺馆的灯光弄得非常昏暗，让你连红茶绿茶都分不清，以致正人君子们不敢涉足。至于那些临时招聘来的服务人员，虽然也叫"茶艺小姐"，但却连什么是茶艺、什么是茶道也说不清楚，常常是一问三不知，有时客人比她们懂得还多。于是对这些从事茶艺事业的人员进行培训，提高她们的茶文化素质，就成了目前大陆茶艺馆界的迫切要求。限于她们的文化水平，不可能直接阅读专家们的学术著作，目前又没有一本专为茶艺小姐们编写的普及性著作。因此经常有人向我索取茶艺教材，使我产生撰写普及性读物的念头，可以说是客观的社会需要促使我放下手头的学术研究工作来编写这本《中华茶文化基础知识》。

这些年来，我应南昌女子职业学校的邀请，为该校的茶艺专业讲授茶文化课程。该校是目前国内最大的茶艺培训基地，有600多位同学在学习茶艺。著名的茶艺专家范增平、叶惠民、刘心灵、谭波、肖翔等先生都在该校讲过课。德高望重的中国国际茶文化研究会王家扬会长和杨招棣执行会长，以及中国农业科学院茶叶研究所姚国坤研究员还专门到校视察，给予很高评价。该校目前已经为全国各地的一些知名茶艺馆输送了数百名茶艺小姐。今年春天，南昌女子职业学校有三位同学应聘到东欧捷克的茶艺馆工作，我担心她们远离祖国没有师友可以请教，就将平时讲课的大纲扩充成详细的讲义，让她们带在身边作为参考。现在出版的这本小册子，就是在那份讲义的基础上扩充而成的。

对于茶艺馆工作人员来说，只懂得如何泡茶是远远不够的。要想使自己成为一名出色的茶艺师，使泡茶成为一门具有审美价值的艺术，就需要扩大知识面，提高自己的审美能力。本书所述的仅是一些基本常识，权当一个向导，读者可以根据本书提供的一些线索进一步阅读有关著作，以丰富自己的茶文化修养。须知在茶艺馆工作的茶艺小姐不同于一般酒馆饭店的服务员，她所从事的是一种具有更高品位和文化价值的专业性服务，她提供给顾客的不仅仅是香气馥郁的茶汤，还有高雅的文化。因此必须学习。

本书在编写中参考了茶文化界的许多专家的著作，重要地方都在书中分别注明，以免有掠美之嫌。读者也可从中大致了解当前活跃在中国茶文化界的一些专家学者的重要成果。此外，本书还参阅了心灵茶艺有限公司刘心灵小姐的茶艺讲义，因未能在书中标明，特此表示感谢。最后，感谢五福茶艺馆对本书出版的大力支持，他们一下子就预订了一千册，使作者和出版者都深受鼓舞。中国农业出版社穆祥桐先生为本书的及时出版提供了很大帮助。四川峨眉山下的冯英小姐为本书提供了精美的插图。在此一并致谢。

（文章原载《农业考古》1999年第2期）

中国茶文化研究的丰硕成果

——简评《中国茶文化经典》和《中华茶文化丛书》

江西的茶文化有数千年的历史。至少从汉代开始，庐山的僧人就开始种茶。唐代陆羽曾在江西生活过几年，他的《茶经》就记载婺源山区生产茶叶。陆羽还品评过全国20处著名泉水，其中第一泉、第六泉在庐山，第八泉在南昌郊区。白居易的《琵琶行》提到商人赶去浮梁买茶，说明当时江西已形成茶叶贸易中心。唐代的诗人郑谷、宋代诗人欧阳修、曾巩、黄庭坚、杨万里、朱熹都写下了许多脍炙人口的茶诗。明代朱权的《茶谱》中所记载的茶道，对日本的茶道产生过深刻影响。明清时期在采茶歌、采茶灯基础上形成的采茶戏，既是戏剧史上也是茶文化史上的一朵奇葩。可见，在中国茶文化史上，江西是占有相当重要的地位的。

改革开放以来，江西的茶文化研究在全国来说也是相当突出的。其中又以余悦教授等人的成绩最为出色。早在20世纪90年代初期，余悦教授等人就开始从事《茶文化大观》的编纂工作，出版过许多茶文化研究的论著。经过十年的艰苦奋斗，在这世纪之交的历史关口，同时出版了250万字的《中国茶文化经典》和十本一套共120万字的"中华茶文化丛书"，这既是对数千年茶文化史的总结，又是奉献给新世纪茶文化界的一份厚礼。

我国历史上的茶书达百种之多，但流传至今的不过四五十种。说是茶书，很多只有几千字甚至几百字而已，如著名的陆羽《茶经》，也才7千多字，按现代的标准只能当成文章看待。茶书中篇幅最多的如清代刘源长的《茶史》只有3万多字，陆廷灿的《续茶经》约7万字，还大半是抄录古人的著作。单靠这些茶书来研究中国茶叶历史和茶文化史，显然是不够的。但要从汗牛充栋的古籍文献中搜罗有关资料，必然费时旷日，仅靠个人的力量是很难奏效的。余悦教授团结35位专家学者，用十年时间，将千余年来中国茶文化典籍做了一次全面的检阅和梳理，精心编写皇皇巨著《中国茶文化经典》，实在是功德无量的事情，这是世纪性的总结。应该说，有关中国茶文化史研究方面的主要文献资料基本上都搜罗进来，给学术界提供了极大的方便，余悦教授们为我们建造起一座辉煌的茶文化研究的资料库，学者们可以凭着各自的本领而大显神通了。可以断言，《中国茶文化经典》的编纂出版，将对新世纪的中国茶文化研究事业产生巨大的推动作用，这正是余悦教授们的历史功绩之所在。

当然，《中国茶文化经典》是部资料性的工具书，它提供给我们的只是一大堆排列有序的原始材料。可贵的是这些原始材料的整理者，同时又是功力深厚的研究者。他们利用各自的理论修养和科研重点，将这些材料烹制出精美的茶文化佳肴。"中华茶文化丛书"

就是他们奉献给我们的一桌茶文化"满汉全席"。随着茶文化热潮的兴起，近年来海峡两岸都出版了不少茶文化著作，其中有许多是很见功力的学术著作。然而，或者因篇幅不大，只能点到为止；或者因求全求大而浮光掠影。虽可窥一斑，却难识全貌。本丛书则因架构严谨而可雄视全貌，又因资料翔实而得深刻解剖专题，复因学识睿智而透视深层底蕴，实为近年来茶文化界难得之佳作。可以说，这套丛书的出版，既表明江西茶文化研究处于全国前列的地位，也是中国茶文化研究趋于成熟的标志。我是深深为之感到兴奋和引以为荣的。

（文章原载《农业考古》1999年第4期）

书序四篇

一、丁文《大唐茶文化》序言

自20世纪80年代后期茶文化在中国大陆重新崛起之后，在盛产名茶的江南地区，很快就形成热潮，各种茶文化组织、茶文化活动和茶艺馆如雨后春笋般涌现，形势十分喜人。相对来说，不产茶的北方地区，起步较慢，直到90年代初期，除了首都北京，其他地区未见有何动作。因此，当1994年应法门寺博物馆韩金科馆长邀请，协助筹办"首届法门寺唐代茶文化国际学术讨论会"时，我对北方地区的茶文化活动的开展情况，可以说是一无所知。

然而就在这次会议上，法门寺博物馆梁子先生提供了《中国唐宋茶道》一书，来自陕南的作家丁文先生带来了他刚出版的著作《中国茶道》，始知陕西从事茶文化研究大有人在，而且出手不凡，令人刮目相看。事隔四年之后，丁文先生又献出新著《大唐茶文化》，令人惊喜不已。

摆在读者面前的这本《大唐茶文化》是断代文化学专著。它以唐代大文化为背景，详论大唐文化的各个方面，努力揭示大唐茶文化内在的发展机制，资料丰富，论述精辟，语言晓畅，生动幽默，融知识性、文学性、哲理性、实用性和趣味性于一炉。它比一般纯学术的研究著作更容易为爱茶的读者群所接受，读者在轻松愉快的阅读中自会吸收学术营养，增强理性认识。因此，像丁文《大唐茶文化》这类著作，不仅在普及茶文化知识方面可以发挥作用，就是在提高广大爱茶群众的茶文化理论素质方面，也会作出贡献的。

曾经有过误区，认为从事茶文化研究的只能是搞茶叶研究的科技界和经营茶叶的茶业界的事情，不懂茶叶种植和不具备茶学专业知识的文化人是难以插足的。所误之处就在于将茶叶科技、茶叶经营和茶文化混为一谈，或者说是将自然科学、经济学和文化学等同起来。正如文化有广义和狭义之别，茶文化也应该有广义和狭义之分。广义的茶文化自然要包括茶叶科技和茶叶经营在内，重点依然是文化。而狭义的茶文化则主要是指人们与茶密切相关的精神生活领域，包括思维方式、价值观念、审美意识、道德观念和科学观念等多种成分，或者如王玲教授所说的是"茶在被应用过程中所产生的文化和社会现象"[1]。总之，茶文化首先是文化，它将会也必然会成熟为一门独立的学科。单凭从事自然科学研究的茶学界和从事经营茶叶贸易的茶业界的力量是远不能完成此任务的。

因此，一批文化人介入茶文化的研究和活动，既是必然的，也是可喜的事情。如从事社会科学研究的王玲教授、陈香白教授，从事民俗学研究的余悦教授，从事文学创作的作家寇丹、王旭峰、侯军……诸位先生，近几年来都积极参加茶文化活动并提供了出色成果，受到茶文化界的好评。在陕西方面，法门寺博物馆馆长韩金科研究员为唐代茶文化研究事业付出巨大精力，作出积极贡献；梁子先生出版了《中国唐宋茶道》；丁文先生的成就尤其突出，他贡献给社会的将是一个"茶学系列"，除了已出版的《中国茶道》《大唐茶文化》之外，还计划撰写《茶乘》《茶神陆羽》《茶道美学》《紫阳茶文化》等，是个系统工程。他对中国茶文化研究锲而不舍地执着追求精神，实在是可钦可佩的。

作家们的加入，会使中国茶文化事业更加生机勃勃，生动活泼，也是中国茶文化学兴旺发达的一个标志。我们热诚地欢迎有更多的像丁文先生这样的作家、文化人加入茶文化队伍中来，共同为弘扬中华优秀传统文化努力奋斗，让中华茶文化这朵奇葩更加灿烂夺目，香飘世界。

二、欧阳勋《论茶绝句》序言

在所有饮料当中，茶的文化含量最高。由于它对人类健康有益，长期得到人们的喜爱，成为日常生活中的必需品。又因为茶叶中含有咖啡因，能兴奋人的神经中枢，饮后使人神志清醒、精神爽朗、心旷神怡、浮想联翩，于是，饮茶就不仅仅是满足人们提神、解渴、健身等生理上的需要，而是更侧重于追求精神上的满足，将饮茶提升为品茶。

品茶重在意境，将饮茶视为一种艺术欣赏，要细细品啜，徐徐体察，从茶汤美妙的色、香、味、形得到审美愉悦，引发联想，启动形象思维，仿佛置身于充满诗情画意的大自然，陶醉于绿色世界之中，以致达到天人合一的忘我境。

所以一个真正懂得品茶的人，是需要具有诗人的气质的，或者也可以说，一个具有浪漫气息的抒情诗人，是会散发出清幽的茶香的。在所有的文化艺术中，大概只有诗歌与茶的关系最为密切，最为融洽。人们在写诗时要饮茶，人们在品茶时，要追求诗意，喜欢吟诵诗歌，特别是茶诗，两者可同时进行，融为一体。也许正是这个原因，使茶与诗结下了不解之缘。

> 茶，香叶，嫩芽。慕诗客，爱僧家。（元稹《一字至七字诗·茶》）
> 味击诗魔乱，香搜睡思轻。（齐己《尝茶》）
> 三碗搜枯肠，唯有文字五千卷。（卢仝《走笔谢孟谏议寄新茶》）
> 茶爽添诗句，天清莹道心。（司空图《即事二首》）
> 六腑睡神去，数朝诗思清。（李德裕《故人寄茶》）
> 洗我胸中幽思清，鬼神应愁歌欲成。（秦韬玉《采茶歌》）
> 诗肠久饥不禁力，一啜入腹鸣咿哇。（梅尧臣《次韵和永叔尝新茶杂言》）
> 建溪有灵草，能蜕诗人骨。（黄庭坚《碾建溪第一奉邀徐天隐奉议并效建除体》）
> 诗情森欲动，茶鼎煎正熟（陆游《钓台见送客罢还舟熟睡至觉度寺》）
> 笋来茶往非为礼，端为诗情放得尝。（王十朋《次韵赠新笋》）
> 一瓯佳味侵诗梦。（李载德《赠茶肆》）

舌底朝朝茶味，眼前处处诗题（张可久《题云山寺》）

玉瓯水乳洗诗肠。（张可久《集庆方丈》）

读了这些诗句，简直让人难以分清，到底诗人们是因为爱茶才写茶诗呢，还是因为要写诗才爱茶。

古往今来，有多少诗人为茶叶写下了众多的美丽诗篇，即使馥郁的茶香借诗歌的翅膀飘飞万里，也使有的诗人因写茶诗而流芳千古。最早歌咏茶叶的诗歌也许可以追溯到《诗经》中的"谁谓荼苦？其甘如荠。"只是学术界对此"荼"是否指的茶叶还有争论，暂且不谈。但西晋左思《娇女诗》中的"止为荼荈据，吹嘘对鼎䥶"和张孟阳《登成都楼》中"芳茶冠六清，溢味播九区。"的"荼荈"和"茶"指的是茶，却是没有异议的。然而这两首诗，只是偶尔提到饮茶之事，并不能算是真正的茶诗。最早而又最完整的咏茶诗歌应该是晋代杜育的《荈赋》：

灵山惟岳，奇产所钟。瞻彼卷阿，实曰夕阳。厥生荈草，弥谷被岗。承丰壤之滋润，受甘霖之霄降。月惟初秋，农功少休；结偶同旅，是采是求。水则岷方之注，挹彼清流；器择陶简，出自东瓯；酌之以匏，取式公刘。惟兹初成，沫沉华浮。焕如积雪，晔若春敷。若乃淳染真辰，色缋青霜；氤氲馨香，白黄若虚。调神和内，倦解慵除。

这是第一首专门写茶的诗赋，涉及茶之性灵、生长情况及采集、取水、择器等、观汤色等各个方面，可以看出饮茶已不再仅仅是为了解渴、提神、保健的需要，还具有一定的文化色彩。魏晋南北朝是我国饮茶史上的一个重要时期，饮茶虽未像唐代那样普及全国，但却已在南方广大地区盛行，是我国茶文化的开始形成时期，而诗歌就已经介入其中，为唐代以后茶诗的繁荣奠定了基础。

到了唐代中期，饮茶之风已经普及到了全国，"穷日尽夜，殆成风俗。始于中地，流于塞外。"（《封氏闻见记》）唐代的诗人约有100余人写了400多篇涉及茶事的诗歌，孟浩然、王昌龄、李白、杜甫、皎然、颜真卿、刘禹锡、柳宗元、元稹、白居易、卢仝、杜牧、李商隐、皮日休、陆龟蒙、齐己、郑谷等唐代著名诗人都写有许多咏茶诗篇，其中又以白居易、皎然、卢仝较为突出。这些茶诗客观上保存了唐代茶叶史料，具有研究价值。更重要的是对饮茶风气的形式起了推波助澜的作用，对唐代茶文化的繁荣产生积极的促进作用，也为后代诗歌开辟了新的天地。我们无法想象，如果没有这些优美的茶诗，中国的茶文化会是什么样子，还有多少文化分量？

我们也难以想象，如果卢仝没有写下那首著名的茶诗《走笔谢孟谏议寄新茶》，还有谁会记得他的名字？卢仝在该诗中生动地描写连饮七碗茶的不同感受：

一碗喉吻润，两碗破孤闷。

三碗搜枯肠，唯有文字五千卷。

四碗发轻汗，平生不平事，尽向毛孔散。

五碗肌骨清，六碗通仙灵。

七碗吃不得也，唯觉两腋习习清风生。

饮茶达到如此境界，真可称为茶仙了。可以说，卢仝将品茶的艺术发挥到了极致，以致千百年来，成为人们效法的对象。卢仝连同他的"七碗茶"诗一直为后人所传诵。范仲淹、梅尧臣、苏轼、耶律楚材等许多宋元著名诗人都在他们的诗歌中推崇卢仝。如果说陆羽是因为花了几十年心血撰写一部《茶经》而名垂千古，卢仝却是只凭一首茶诗而流芳百世。也许这就是文化的力量吧。

但是，自古以来，诗人们写茶诗，多半是兴之所至，挥洒而成，没有人将茶诗作为专门的事业，因此他们留下的茶诗是各自成篇，是分散的，从未形成有机的整体。如果有，那就是来自陆羽故乡的札书作者欧阳勋先生。

欧阳先生几十年来，致力于陆羽及其《茶经》的研究，撰写了许多文章，出版了专著，受到学术界的好评。他还积极参加和组织茶文化活动，在国内外茶文化界具有一定的知名度。这几年来，他发挥其精通书法、善于诗词的特长，集中精力撰写了数百首咏茶的诗词。内容涉及名茶、名泉、茶艺、茶道、茶事。形式以绝句为主，短小精悍，言简意赅，词句清丽，感情真挚，意境高远，情景交融。读其诗，如同巡行在祖国广袤的茶园中，遍赏异彩纷呈的名茶，使人眼花缭乱，美不胜收。读其诗，犹如在品饮一杯杯清新可口、沁人心脾的茶汤，使人心旷神怡，如痴如醉。读其诗，如见欧阳先生其人，似清纯鲜爽、滋味醇和的雨前茶，令人可亲可敬，仰慕不已。

总之，《论茶绝句》是自觉地采取诗歌的形式来反映茶文化的丰富内涵，是次有益的尝试，也具有创新的意义。它是当今中国茶文化百花园中的一朵绚丽夺目的鲜花，愿它长开不败，香飘四方。

是为序。

三、曹进《茶文化的使命与现代茶艺》序言

在这世纪之交的日子里，中国大陆的茶文化活动已形成一股热潮，形势非常喜人：
各地纷纷举办不同类型的茶文化节和国际茶会，丰富多彩，令人应接不暇；
大中城市的茶艺馆如雨后春笋般地涌现，四处茶香弥漫，让人如痴如醉；
众多专家学者陆续发表、出版许多茶文化论著，鞭辟入里，使人深获教益。

如果说前二者是茶文化事业兴旺发达的标志，那么，后者就是茶文化事业走向成熟的标志，因为它是茶文化活动的理论基础，尽管从事理论研究的专家学者的人数不可能很多，但正是他们的深层次研究探讨，引导着茶文化活动的健康发展，使之具有较高的学术品位和深厚的文化内涵，

与海内外相比较，大陆茶文化界所具有的优势之一，就是在于她拥有一支较强的理论研究队伍。这自然和大陆地域广阔、人才众多有关。但是，我认为更重要的还有两点，一是在茶文化活动一开始时，就有一批文化人介入，为茶文化的中兴而大造舆论。如在20世纪80年代末至90年代初的杭州和上海，都有许多文化界人士积极参与茶文化活动，他们撰写了很多文章，在新闻媒体上向群众传播茶文化知识，扩大影响。二是一批茶叶专家具有自觉的文化意识，主动地进行茶文化研究和积极开展茶文化活动。如老一辈茶学专家庄晚芳、陈椽、王泽农等，既是著名的茶学泰斗，又是大陆茶文化事业的倡导者。又如中国农业科学院茶叶研究所的程启坤、姚国坤研究员，都是专门从事茶叶科学研究的专家，但

他们都对中国茶文化有着深入的研究。他们和上海的文化学者王存礼先生合作撰写了中国大陆最早的一本《中国茶文化》专著，可以说是自然科学家和社会学者携手合作的成果。如果我们注意到该书脱稿于1989年、出版于1991年，正是中国大陆茶文化活动重新起步的起始阶段，这说明，大陆的茶文化活动一开始就显示出有较充分的理论准备，因而也必然会有着较强的后劲。所以十几年来，大陆茶文化活动一直蓬勃发展，方兴未艾，并非偶然的。这应该说是大陆茶文化事业的幸运。

与此相类似，我的茶友曹进先生也是从茶叶科学研究，领域中向文化领域延伸，并同样作出出色的成绩而引起社会的广泛注意。曹进先生是湖南医科大学"茶与健康研究室"的创办者，自1991年成立以来，在他的领导下，该研究室在"茶抗癌的分子机理研究""砖茶型氟中毒""冷速溶茶的研制"等领域都取得了重要成就，被国内外的新闻媒体广泛报道，引起有关部门领导的注意和重视。由于我是一个自然科学的科盲，无法对这些研究成果作出精当而科学的评价，只能以外行者的身份表达一点崇敬的心意。

更令我感兴趣和惊讶的是，曹进作为一个甚有建树的自然科学研究者却对茶文化事业表示出极大的热情，非常投入。他不但积极参加各种茶文化活动，在湖南医科大学组建以紫藤命名的大学生茶艺队，帮助外省策划筹办国际茶会，还在繁忙的科研工作之余，撰写了很多有关茶文化的研究论文，其精力之旺盛、其学识之广博、其研究之深入、其文笔之流畅，都令人赞赏、钦佩。

在曹进的茶文化研究中，给我印象最深也最见功力的是关于"紫藤茶文化研究"的系列论文。"紫藤庐"品茗中心是台湾茶文化专家周渝先生1981年在台湾创办的，是台湾早期的茶艺馆之一，在推动台湾茶艺事业的复兴方面，发挥了相当出色的作用。周渝先生在茶文化研究方面也有很高的造诣，他经常是从哲学的高度来探索中国茶文化的一些深层次问题。将这样一位学者型的茶艺专家介绍给大陆茶文化界，无疑是很有必要的，而曹进先生因与周渝先生是同乡，交往密切，对其身世和经历都很了解，由他来介绍也是很合适的。但是，令我赞赏的是曹进不是简单地介绍周先生的一些事迹，而是从茶文化思想的角度对周渝先生进行深入的探讨，并且是一探再探，一口气写了5篇论文，几乎成了研究周渝先生的专家。其视野之开阔，思辨之成熟，论证之深入，都显示了不凡的功力，令我赞叹不已。

在如何对待和评价"无我茶会"问题上，曹进先生采取积极肯定的态度，满腔热情地撰写了《茶艺的使命与"无我茶会"》（与赵燕小姐合作）。"无我茶会"是台湾茶艺专家蔡荣章先生十年前在台湾创办的一种新型的群众性的茶会形式。自向社会推出之后，很快被群众接受，并已推广到祖国大陆和日、韩、新、马等国，显示出旺盛的生命力。"无我茶会"无疑是中华茶文化的优良传统与现代社会生活结合的一种新生事物，应该加以肯定。但是，据我所知，在大陆首先对"无我茶会"给以全面评价的是曹进的这篇文章。可贵的是曹进并不仅仅介绍有关"无我茶会"的产生经过及表现形式，而是深刻揭示它所蕴含的哲理性和思想性。认为"无我茶会"所反映的"是中国禅宗的那种不离世间又超然物外的自我解脱精神。"指出"具有中国禅宗思想与时代气息的'无我茶会'，是艰苦、严谨的茶文化实践结晶，同时也是时代的产物，她所蕴含的传统哲理与平民化的泡茶方式，对东方人具普遍的亲和性。"

由此，我们还可以发现曹进茶文化研究的一个突出特点，他并不满足于就事论事，往往站在更高的角度来观察事物，思考问题。尽力揭示他所论述的对象蕴含的哲理和思想，从而给人以更深刻的启示。关于这一点，读者从本书的目录也可了解个大概。诸如"大陆茶文化现状及前瞻""藏族茶文化的过去与今天""台湾茶及台湾现代茶艺""茶艺的使命与"无我茶会""紫藤茶文化研究"等，都是中国茶文化研究中的一些重大课题，暂且不论这些研究所达到的深度如何，单是从选题的角度而论，就显示出曹进茶文化研究的一种大气，特别是对一位从事自然科学研究者来说，更是难能可贵的。

此外，还应指出的是，曹进先生献身科学的奉献精神，也是令人可敬可佩的。读者从本书的第四部分"雪域·大漠的呼唤"就可了解到，曹进几年来多次冒着生命危险考察川、青、甘、藏少数民族砖茶型氟中毒的情况，有几次遭到沙漠风暴的袭击，差些命丧黄泉，但他无怨无悔，毫不退缩，既表现出对兄弟民族血浓于水的深厚情谊，又显示出献身科学的大无畏精神。读来真让人心潮翻滚，热泪盈眶。而科学家的献身精神不也正是茶人的献身精神吗？

正是因为对茶的一片赤诚，才使得曹进在茶科学、茶文化和边销茶诸多领域之间，跃马横刀，纵横驰骋。

曹进已和茶融合在一起。作为曹进的学术结晶，这本《茶文化的使命与现代茶艺》也散发着浓郁的茶香，令作者沉醉，也令我们读者陶醉。

是为序。

四、侯军《白春茶话》序一

平时很怕为人作序。且不说资历、水平等客套话，单是把洋洋数十万言的书稿看一遍就得花多少时间，而仅粗看一遍就能够准确地说出它的价值和不足之处吗？更何况有的作者往往只寄来一个目录和简介，要说到点子上就更难了。但人家请你作序，总是很诚恳的，说明他看得起你，能不识抬举吗？推托不掉，就只好恭敬不如从命了。然而序言是放在正文前面的，读者买书往往先看序言，书还未看，就先对序言品头论足一番，所以写序者就不能掉以轻心，弄不好会画蛇添足，甚至是佛头着粪，特别是该书的作者水平又是在作序者之上的时候，更当如此。为侯军这本书作序，我就处在这种尴尬的境地，犹犹豫豫，推推托托，拖了半年多始终未能动笔，最后发现所有托词均不能成立，只好硬着头皮在键盘上敲打这篇小文权当序言了。

我与侯军因茶缘而结文字缘，成了忘年之交，已有七八年了。对他的情况有所了解，而这本书所收的文章大多在我主编的刊物上刊载过，我早已认真拜读，对侯军的学识修养早有深切的领教。所以侯军来信说："请您写序言是我的顺理成章的选择。"我只好顺天应命，顺水行舟了。

我初次认识侯军是1992年3月下旬在湖南常德召开的"第二届国际茶文化研讨会"期间，茶友寇丹先生将年轻的侯军及其夫人李瑾介绍给我。当时，我对侯军一无所知，只是觉得夫妻俩对茶很垂青，双双南下参加茶会，又很投入，待人热情诚恳，给我留下不错的印象。寇丹当时大概介绍过侯军曾在天津报纸上发表过有关茶文化文章，但我因没看过，不知他写些什么，所以没放在心上。只听他说起想写一组有关茶画的文章，出于当编辑的职业敏感，马上向他组稿，说只要他写出来，我可以在《农业考古·中国茶文化专号》上连载。但一拖五年，直到前年他才将《品茶读画》的稿子陆续寄来，至今还在连载。就在这次会议结束，临别之际，侯军给我一本剪报，是过去他在《天津日报》上发表过的《茶诗话》的复印件，我粗略翻阅一下，立刻感觉到他的文化素养相当不错，不是一般东抄西拼、泛泛而谈的应景文章，而是具有学术品位的散文、随笔。我这才对侯军有了真正的了解，觉得他年纪轻轻，生活在不产茶的北方，又未上过高等学府深造，也没从事过和茶叶有关的工作，却能一口气在半年多时间里写出近30篇专门议论茶诗的文章，每篇的篇幅虽不长，但旁搜博采，谈古说今，议论纵横，挥洒自如，见识睿敏，文采飞扬，显见有深厚的学术功底，实令人惊讶。侯军在文章的结语中说中国茶文化"是一片令人怡然自得、飘然欲仙、陶然忘归的芳草地。这里的有苦有乐，有诗有画，有情人絮语，有挚友话别，有风花雪月有世态炎凉，有梵音佛鼓，有孔孟老庄，有士大夫的品茗清议，有扶桑国的'和敬清寂'……我甚至时常疑惑：这难道是'茶'么？它那么轻，那么薄，那么平淡无奇，貌不出众，怎么包容得下这么多历史的负荷与文化积淀；怎么储藏得了这么深邃繁复的华夏文化密码？"我想用这段话来形容这组《茶诗话》和五年后撰写的《品茶读画》以及作者本人的学识，不是也很恰当吗？

会后不久，侯军便离开天津举家南迁到深圳去开拓新的天地，后来又给我寄来他刚出版的著作《东方既白》，书中收录他过去发表过的100多篇文章，所议论的主题是中国传统文化特别是书画艺术。该书的副题就是"华夏艺术的回顾、比较、反思、展望"。涉及绘画、书法、篆刻、摄影、音乐、舞蹈、戏剧以及民间艺术等，范围非常广泛。侯军在自序中言道他在撰写这些文章时已经"注意到避免蜻蜓点水式的泛议，尽量让文中渗入一点学术气息和独到见解。"可见侯军在写作时已经自觉地在追求"学者的境界"，这和他早年提倡做"学者型记者"有密切关系，这是非常难能可贵的。读了《东方既白》之后，我才对侯军的学识有了全面的了解，他能写出《茶诗话》这样的文章就不是偶然的了。难怪当年刚在《天津日报》连载时，远在浙江湖州的寇丹老先生错把他当成"老先生"，主动写信索取文章，并从此结下茶缘成了忘年之交，成为中国茶文化界的一则美谈。[2] 从该书封底的作者介绍中，才知道侯军是一位神童式的人物。他13岁就敢写长篇小说，18岁就当上《天津日报》的记者，23岁在全国新闻系统职称统考中成为"头名状元"，24岁被评为全国自学成才先进个人并主持创编《天津日报》"报告文学专版"，26岁起担任《天津日报》政教部主任，30岁时出版了第一部舆论社会学专著，而《东方既白》已经是他的第五部著作了。过了两年，我又收到他的第六本新书《青鸟赋》，收录了他这几年撰写的文化散文，是他南下几年的新收获。

从此，我对侯军不但刮目相看，而且产生了崇敬的心情，觉得这位比我年轻几十岁的晚辈真正是后生可畏，在中国传统文化艺术方面我应该拜他为师了。于是就将我撰写的有关中国古代农业文明的学术论文寄呈给他，请他加以评点，特别是其中有关中西文化艺术的比较研究部分，只有让他过目认可之后，我才放心，免得将来在学术界献丑。而他也认真评点，开诚布公地加以褒贬。侯军不但是我的茶友，也成为我在学术上的诤友。我深为能交上这么一位年轻的朋友感到由衷的高兴。

限于学识不足，我无力对侯军的学术成就进行全面的评价，但我却为中国茶文化界有这么一位作家的介入而感到庆幸。不是所有的作家都对茶感兴趣，也不是所有从事茶业和茶艺的人都对茶文化有真正的认识，还有更多的人对文化的价值茫然无知。有的人仅仅把文化当作为经济服务的驯服工具，不是至今还有人在宣扬"文化搭台，经济唱戏"吗？在这些人看来，只有经济才是主角，而文化是无戏可唱的。可他们忘记了，人类恰恰是文化的产物，而不仅仅是经济动物。中华民族数千年来历史没有中断一直屹立于世界民族之林，不正是由于中华传统文化具有强大生命力吗？决定一个民族、国家的历史命运，不仅仅是靠经济实力，关键在于国民的整体文化素质如何。历史上众多的著名文人学者由于在文化上的杰出贡献而永垂不朽。而要真正认识文化的价值就必须具备自觉的文化意识。就中国茶文化事业而言，20多年前在海峡对岸重新振兴，就是由于一批文化人具有忧患意识，面对来势凶猛的西方文化的冲击，挺身而出起来维护中华传统文化，创办了许多新型的茶艺馆来与西方的咖啡馆、酒吧抗衡，当时提出的口号就是"从西方情调走进东方境界"，从而为中华茶文化开拓了一个崭新的纪元，实际上打的就是一场文化牌。而中国历史上也是由于有了一大批如李白、白居易、陆羽、卢仝、皎然、梅尧臣、苏轼、黄庭坚、范仲淹、陆游、杨万里等著名作家的介入使得茶文化大放异彩。

因此，当代有一些文人学者和作家介入茶文化活动，是茶文化兴旺发达的必然现象。侯军就是其中的一员，而且是出色的一员。摆在读者面前的这本书，就是他献给中国茶文化的一份厚礼。曾经有一位颇为知名的作家在报纸上发表专文，对包括茶文化在内的文化热表示忧虑，他是以不屑的口气将茶文化、鞋文化、豆腐文化等放在一起加以议论的。在他看来喝茶还谈得上什么文化，岂不降低了文化的身价。作家尚且如此，其他人就可想而知了。但是，只要读者看完了侯军的这本著作，自会了解茶文化的内涵是何等的博大精深，饮茶有没有文化实在是用不着讨论的事情。由此可见，不但记者要成为学者型的，作家更要是学者型的，不了解茶文化而又妄加贬斥的作家不可能成为伟大的作家。

侯军是在更高的层次上审视茶文化的。他曾将《茶诗话》收入《东方既白》一书中，取名为《茶诗风韵》，成为该书的第四部分，放在《艺史纵览》《书画专论》《艺文长短论》之后，《艺苑人物》之前，共同组成了华夏艺术的有机体系。也就是说，侯军是自觉地将茶文化当作中华文化的重要组成部分，这是很可贵的。他曾应我之邀，在五台山国际茶会上以"茶文化与现代化"为题作了发言，后来整理成文发表在1997年第4期的《农业考古》上，也收入本书中。这是近年来甚为难得的论述茶文化的文章之一，高屋建瓴，雄视古今，读来令人荡气回肠，从中亦可了解他在文化学方面的深厚学术功底。而最近所写的《侯军茶话》中的"品茶悟道"[3]也反映了侯军对作为中国茶文化核心的茶道的大彻大悟：茶与儒通，通在中庸。茶与道通，通在自然。茶与禅通，通在神和。然后在天人合一的高度上加以哲学概括。鞭辟入里，言简意赅，使人闻之茅塞顿开。若不是对茶文化有着长期的思索和深入的钻研，哪有可能如此明晰的顿悟，哪能"三碗便得道"？

作为作家和学者，侯军对茶文化的深入研究使我为之心折，而侯军对茶的那种难舍难分的执着追求更使我感动。侯军到《深圳商报》工作之后，我曾担心他在滚滚商海中弄潮，沉浸在美酒加咖啡的气氛之中，会冲淡他对茶的钟情。没想到，在工夫茶的中心区乌龙茶香的熏陶下，侯军对茶的感情越发浓烈，不断有茶文化作品问世，更为难得的是他不但积极参加国内各地的茶文化活动，还经常利用出差之际，在完成本职任务之外，抓紧一切时间努力考察各地各国的茶风茶俗，奔波在台湾的高山之巅，巡行在西欧的皇宫之中，其投入的程度令人钦佩。于是我们才可能对西方茶事有了进一步的了解。拜读了他所撰写的《德法问茶记》等文章，在佩服的同时，也自愧不如。我虽也多次出国，但我对国外茶事的了解就用力不多，这主要是我对茶没有侯军那么投入，那么执着，或者说我对茶的感情没有侯军深沉。侯军的茶文化研究是充满感情色彩的，倾注感情的文章才能打动读者的心灵，才能和读者心心相印的。

我们可以在这本书中看到一颗对茶异常虔诚的水晶般的心。

参考文献

[1] 王玲 . 中国茶文化 [M]. 北京 : 中国书店 , 1992: 12.

[2] 侯军 . 以茶会友记寇丹 [J]. 农业考古 , 1998 (4): 184-186.

[3] 侯军 . 侯军茶话 (三则) [J]. 农业考古 , 1998 (4): 54-57.

（文章原载《农业考古》1999年第4期）

当代的《茶经》
——简评《中国茶叶大辞典》

《中国茶叶大辞典》实际上是部中华茶文化的百科大辞典。因为从广义上说，茶文化包括了茶叶的种植、加工、销售、品饮以及与之相关的诸多文化现象，本书正是涵盖了这些内容。就狭义的茶文化而言，则是专指人们在使用茶叶过程中所产生的文化现象，本书的茶史部、茶具部、茶俗部、艺文部、茶人部、茶著部等六个分部（占全书19个分部的近三分之一）都可划入这一范畴。可以说在已出版的茶叶辞书中，有关狭义茶文化内容以本书的分量最重。如1998年中国农业出版社出版的《中国农业百科全书·农业卷》，全书十个部分，只《茶业总论》部分涉及茶文化内容，并且条目稀少，如古代茶人只提陆羽一人，古代茶书只有提到7部，茶具方面总共才只有5个条目。又如1995年上海科学技术出版社出版的《中国茶学辞典》，全书也分十个部分，也是在第一部分《总类》中涉及茶文化内容，其中古代茶人只有13人，茶书56部，茶具方面共有101条目。而《中国茶叶大辞典》则是将它们单独设部，如《茶人部》仅春秋至清末就收录201人，《茶著部》收录古代茶书15部，《茶具部》共收录506条目。

以条目和字数计，《中国农业百科全书·茶业卷》170多条目，90万字，《中国茶学辞典》500余条目，102万字，而《中国茶叶大辞典》则是972条目，326万字，是部规模空前的皇皇巨著，也是一部体例完备、内容翔实精当的科学经典。以作者论，《中国茶学辞典》的撰稿人员是以浙江地区的专家学者为主体，共有47位。《中国农业百科全书·茶业卷》是组织全国的专家学者撰稿，共有148位。而《中国茶叶大辞典》的作者和审稿者则多达20多位，从全书的主编到各分部的主编以及撰稿者，均是我国茶学界和茶文化界的权威人物和知名学者，其中很多人在国际上也享有很高的知名度，可以说，这个编撰群体本身就是我国当前茶学界和茶文化界的学术水平的体现，在一个相当长的时间内具有不可挑战性，因而本书自然也就具有科学的权威性。称之为"大辞典"是当之无愧的。

本书的《茶人部》收录的第一位茶人是春秋时期的晏婴，陆羽的《茶经·七之事》中记载："婴相齐景公时，食脱粟之饭，炙三弋五卵，茗菜而已。"茗菜即以茶叶嫩芽做菜羹食用，这是有文字明确记载最早食用茶叶的历史人物。从晏婴到陆羽经过了120多年，茶叶终于成为国饮，"始于中地，流于塞外。""茶为食物，无异米盐。"茶叶被确定为贡品，大历五年（770）在江浙交界的顾渚山设立贡茶院。仅《新唐书·地理志》提到的贡茶产地就达17州之多。政府也开始征收茶税，唐代建中三年（782）"竹、木、茶、漆，皆十一税一。"总之，茶叶生产正式被国家确认为新兴产业，成为政府财政收入的主要途径之一。因此，唐代是我国茶叶历史上的具有里程碑意义的时代，作为这个时代的代表性茶学著作就是陆羽的《茶经》。

从陆羽到现在，正好也是1200多年，茶叶已经传遍世界各地，如今全世界已经有160多个国家，近30亿人口在喝茶，50几个国家种植茶叶，茶叶已成为世界三大饮料之一，而且其发展前景不可限量。近二十年来，我国的茶文化活动蓬勃发展，形成热潮。茶艺馆如雨后春笋般涌现，成为一种新兴的行业，国家劳动和社会保障部已将茶艺师作为一个职业正式列入《中华人民共和国职业分类大典》，并且正在着手制定《国家茶艺师职业标准》，不久将颁布实行。这是国家对茶艺馆业的正式承认和肯定，意义巨大，在国内外都将产生极大的影响。因此，同样可以认为，21世纪伊始，正是中华茶文化发展史上具有里程碑意义的新时期，作为这个新时期的代表性科学巨著，就是《中国茶叶大辞典》，它不但是20世纪茶叶科学研究的总结，也是自唐代陆羽《茶经》之后1200多年来中华茶文化发展的科学总结。我们相信，本书的出版和发行，将对中华茶文化事业的发展产生非常积极和深远的影响，为此，我们要向全体编撰者和出版社表达深深的敬意，感谢他们向新世纪奉献了一份学术珍品。

（文章原载《农业考古》2001年第2期）

《长江流域茶文化》后记

从接受课题任务到现在，经过了三年时间，终于脱稿了。在如释重负之后，似乎有许多话想说，一时却又不知从何说起。

本书按规定应该在一年前交稿，拖了一年多时间，是因为自己的日常工作、社会活动和编辑事务缠身，耽误了很多时间，同时也是自己想把书写得像样一点，资料多搜集一点，有些观点考虑得更成熟一点，因为这毕竟不是畅销书一类的著作，写快了不一定就好。另外，也是自己开始对茶文化的博大精深估计不足，总以为就那么一些内容，有一年的时间就够了，但真正动起笔来，才发现如入宝山，但见满山珠宝，眼花缭乱，于是就像童话中那个贪心的穷汉，拼命地捡个不停，结果原来只想写30来万字，却变成现在的50多万字了，这是原来所没有想到的。

按本书的实际内容应该取名为《长江流域茶文化史》，之所以将"史"字去掉，是怕以严肃的史学著作面目出现会使茶文化界的读者敬而远之。只谈长江流域的茶文化，是因为本书是"长江文化研究文库"中的一种。不过，茶叶本来就是长江流域的产物，把长江流域的茶文化弄清楚了，中国的茶文化也就差不多了。因此，除了第六章茶俗只涉及长江流域及其以南地区外，全书实际上论述的还是中国的茶文化。为了适应不同层次读者的需要，我尽量写得通俗一点，努力做到雅俗共赏。但终究是"研究文库"中的课题，所以本书是属于研究性的著作，必须强调它的学术性，在讨论历史上的问题时，要尽量根据材料来说话，拥有材料越多，判断就越有把握，越能说明问题，孤证往往难以服人。因此，本书重视对资料的搜集和分析。比如第四章"品茗艺术"中，我们就引用了很多古代茶诗来印证品茗艺术的各个具体环节，它给人的印象就比只引一两句茶诗要强烈得多，对问题的认识也比只凭几部茶书的记载要全面得多、深刻得多，因此对古代品茗艺术成就的评价，也更客观、更准确些。按学术界的规矩，讨论问题时不能空口无凭，必须注明资料出处，所以本书附有315条注释，表明言之有据，可供别人查证核实。至于是否言之有理，那就有待读者的评判和时间的考验了。

按"研究文库"编委会的要求，希望作者在撰写时尽量吸收当代学术研究的最新成果。因为博大精深的中国茶文化，不可能是一个人就可将它研究透的，必然要依靠大家的共同努力，才有可能使这一新兴的学科早日走向成熟。因此，本书在撰写过程中必然要引用在本书之前已出版的众多茶文化论著。凡是为我采纳的他人研究成果，以及与我不谋而合但在我之前发表的高见，我都在书里或注释中标明它的出处，以示不掠人之美，并表示对他们的尊重和感谢。如果本书还有某些价值的话，那是因为综合了众人的研究成果。所以，在一定意义上说，本书也是集体智慧的结晶。

当然，作为研究性的学术著作，自然要有自己的一些见解。与已出版的众多茶文化著作相比较，本书偏重于从历史角度来考察茶文化发展的历史进程，这固然与本人专业有关，但也因为以史学的眼光来观照古代事物易于找准历史坐标，许多问题，只要把它的来龙去脉搞清楚，就可迎刃而解。故本书的很多章节，都是依历史年代的顺序来论述问题的。书中有些个人的心得体会，也希望能得到读者的认同或者商榷。如我们根据农史学、考古学、民族学以及茶文化界一些专家的最新研究成果，认为茶叶最早是作为食物被人类利用，最早食用茶叶的时间应该是旧石器时代中晚期，这远比人们尚有所怀疑的"神农氏"时代要早得多。茶叶作为饮料应该是从神农氏时代开始，考古学和民族学的材料都证明，原始先民早已懂得采集一些树木的叶子煮成汤汁饮用，茶叶当是其中最理想而又最容易采集到的原料，这时人们已经发现了茶叶的医疗保健功效，更会有目的地去采集、利用它。所以"神农尝百草"发现茶叶解毒功能的传说，实在没有必要去怀疑它。

饮茶之所以能够成为一种文化，是由于它从日常生活的解渴走进品尝的艺术领域，形成了一门以泡茶和品尝相结合的艺术——茶艺。茶艺就是泡茶的技艺和品尝的艺术。它是茶文化的核心，离开茶艺，茶文化就失去根基，于是"品茗艺术"就成为本书的重心，占了全书的15%篇幅。而茶艺的目的是品尝，品尝是对茶艺诸要素进行综合消化后的一种高级感受，也是由茶艺通向茶道的一条艺术通道，没有品尝，就不可能产生"通仙灵""肌骨轻""清风生"的审美愉悦，更谈不上什么"便得道""破烦恼"之类的哲理禅悟了。因此在"品茗艺术"这一章的六个环节中我们花了全章四分之一的篇幅来论述"品尝"，是很有必要的。

正因为品茗艺术的高度发展，导致我国茶道观念的相对薄弱。在纵览我国茶道历史的形成过程，我们惊讶地发现，尽管早在唐代就出现了"茶道"一词，然而中国历代的茶书均不谈茶道，唯一的一次是明代张源的《茶录》，但却是"造时精，藏时燥，泡时洁，清、燥、洁，茶道尽矣。"与现代的茶道概念无关，可见中国古代的茶道观念并不发达。中国茶道观念的真正发达是在20世纪的后20年，在中国海峡两岸重新兴起茶文化热潮之后，现代的茶人们纷纷对中国茶道精神进行总结，提出各种各样的见解。然而这只是专家们的个人之见，且没有形成共识，还有待于时间和实践的考验。这一发现出乎我的意料，也可能有人觉得难以接受，但却是不争的事实。历史就是历史，无须后人强为之辩解。

与此相反，伴随着茶艺的高度发展，中国的与茶相关的文学艺术却异常发达，其丰富多彩的程度也是我在动笔之前未曾料到的。本来将"茶文化与文学艺术"列为本书的最后一章，是想作为本书的尾声，简单的几笔带过即可，原定的篇幅也就是万把字而已。不料一陷进诗歌艺术的海洋，竟久久不能上岸，结果尽管我努力控制手中之笔（实即手指下的键盘），仅是"茶与诗歌"一节就写了7万多字，占全书篇幅的13.7%，而整章的文字也多达20万字左右，占全书篇幅的36.97%，简直可以单独出版了。在写作时真是有种身不由己、欲罢不能的感觉。于是，我真正感受到了这是中国茶文化不可分割的有机组成部分，是中国茶文化的一大特色。我们可以设想一下，如果将这一章去掉，再将书中各章所摘引的有关茶诗都删除掉，那么，中国的茶文化还能成什么样子？中国的茶艺不就只剩下几杯解渴的茶汤了吗？正如有的专家所指出的："茶叶艺文"是"茶文化的基石"，是"茶文化的一个重要组成部分"。[1]"谈论中国茶文化，只谈茶道茶艺是不够的，至少不能不谈茶文学。"[2] 诚哉斯言！

说实话，如果不是"研究文库"编委会对我的错爱，将本书的写作任务交给我。短期内我是不敢写这本书的，因为在这之前，已经出版了很多本有关中国茶文化的书，如果没有更多的资料和新的见解，就容易给读者以炒冷饭的感觉。但是重任压身之后，就得硬着头皮上阵，将自己十多年来从事茶文化研究和实践中一些积累，一些想法，加以整理，加以总结，理出一个头绪来。好在我自1991年在《农业考古》上开辟《中国茶文化专号》以来，每年两期，每期60万字左右，至今已经出版了23期，共发表2851篇文章，其中有一半以上是属于研究性的学术文章，涉及茶文化的方方面面，反映了中国当代茶文化研究的主要成就。如果没有这些文章，我是没有办法现在就写出这本书来。因此，本书可以说是我十多年来在编辑这些文章过程中的一些学习心得。凡是被我引用过的文章，我已经在书中的注释中注明。还有很多文章虽然没有引用，但在编辑和学习过程中，它们都给我以学术滋养，使我对中国茶文化的博大精深有更深刻的认识。因此，我也要向这些作者们表示感谢。还要感谢的是那些从事资料编纂的专家们，他们花费巨大的精力编辑了许多茶文化历史资料选辑之类的著作，为研究茶文化的学术界提供了极大的方便，节省了很多查找资料的时间。早年的如陈祖、朱自振编选的《中国茶叶历史资料选辑》及其续辑，近年的如陈彬藩、余悦、关博文主编的《中国茶文化经典》等，前者早已是茶文化界人人必备的工具书了。后者则是多达250万字，是迄今为止篇幅最大、收录最广、资料最全的鸿篇巨制，虽然因时间仓促、人多手杂而校对欠精，但对研究者来说还是很有用处。如本书第四章"品茗艺术"中在论述历代茶艺时引用了大量的茶诗，主要就是依靠《中国茶文化经典》提供，如要我个人去收集，就不知要到何年何月才能奏效。为此，我要向这些"为他人作嫁衣”的专家们表示衷心的敬意和谢意。

从事茶文化研究和活动十多年来，以茶结缘，结交了国内外一大批茶友，男女老少，东南西北，既有鹤发童颜的前辈，也有青春靓丽的忘年之交。他（她）们多年来给予我很多的关爱和鞭策，诚挚的友爱给我以力量，推动我不懈地去攀登新的台阶，也给我生活中增添了莫大的快乐。真感到茶人世界的无比清纯、无比芬芳。这是茶神对我辛勤劳碌的最大奖赏，它使我在忙碌中忘记了烦恼，忘记了年纪，忘记了衰老。这其中自然也包括我的家人，也是因为茶而在晚年殊途同归，共同为中国的茶艺教育事业而尽绵薄之力。感谢她们为我作出的奉献，因为我在写作本书最后两个月的冲刺时，几乎每天都在电脑边忙到深夜三点多钟，第二天自然爬不起来，所有的家务都抛给她们，也无暇去聆听她们的心曲，心中深感愧疚。如果没有她们的支持和体谅，这本书也是难以顺利产生的。因此要向她们表示感谢，这“军功章”是有她们的一半的。

我在几年前，曾写过一本小册子《中华茶文化基础知识》，是专门为茶艺馆从业人员编写的普及读物，本书是它的扩展和深化。如果只是想粗略了解茶文化的常识，看看那本《基础知识》就够了。若要进一步了解和研究中国茶文化，则可以阅读本书，书中的那些注释也可以帮助你去寻找更多的资料线索。很荣幸，那本《基础知识》曾被南昌女子职业学校茶艺专业（中专班）选作教材。该校自1999年创立茶艺专业以来，先后已有两届学生毕业，有数百名学生获得国家茶艺师正式职称，在全国各大城市的知名茶艺馆里工作，深获好评。南昌女子职业学校已经成为全国最大的茶艺人才培训中心，由于成绩斐然，江西省教育厅最近特批她开设大专班茶艺专业，2002年秋季起面向全国招生。该校已选定本书作为大专班茶艺专业的基本教材，这对作者和编者都是个莫大的鼓舞和欣慰，希望经过教学实践，能发现本书的不足和谬误之处，以便将来再版时修正。也诚恳希望本书的读者们能随时指正书中的缺点，我将认真考虑、虚心接受大家的意见，以使本书将来能得到进一步的提高和完善。

参考文献

[1] 余悦. 茶文化的基石——《中国茶叶艺文丛书》总序 [J]. 农业考古, 2001 (4): 364-366.

[2] 丁以寿. 中韩茶文化交流与比较 [J]. 农业考古, 2002 (4): 317-323.

（文章原载《农业考古》2002年第4期）

《台湾茶艺观》序言

范增平先生将多年来发表过的有关茶艺和茶文化问题的文章结集成书，取名为《台湾茶艺观》，承蒙错爱，嘱我为之写序，以我和范先生十多年的交情，没有推却之借口，只得从命。

初识范增平先生是在12年前的福州。1991年冬，台湾陆羽茶艺中心的蔡荣章先生率台湾茶友赴武夷山参加国际无我茶会，路过福州时，举办了一次茶艺交流会。当时我正在创办《农业考古·中国茶文化专号》杂志，到福州联系印刷封面和彩页事务，顺便参加了这次茶会。就在这次会上，认识了范增平先生，同时还经他引荐，认识了台湾天仁集团的总裁李瑞河先生。在日本茶道表演时，我和李先生还被邀作嘉宾上台接受献茶。在此之前，我已经读过亲友们提供的由范增平先生编辑出版的《中华茶艺》刊物，知道台湾茶艺的发展情形，也从大陆的报刊上了解他自1998年以来在大陆各地宣讲茶文化、演示工夫茶艺并获得热烈反响的情况。初次相识，谈得比较投机，他邀我第二年参加由他帮助筹办的闽东茶文化会议。1992年春天，我应约去福建省福安市参会，并在这次会上认识了上海壶艺大师许四海先生和来自新加坡的刘凯欣小姐（刘小姐曾向范先生学过茶艺，现在因她在该国发展茶艺事业作出的出色成绩，连续两届被推选为新加坡茶艺协会理事长）。会后我和范、刘等人一起赶到湖南省常德市参加"第二届中国国际茶文化研讨会"。会后范先生应我邀请，到江西省南昌市作茶文化专题演讲，并一起去婺源茶乡考察。当时我们两人曾到婺源茶校给几百学生作茶文化报告，受到热烈欢迎的情景还历历在目。1993年，我协助云南省思茅市举办"首届普洱茶国际学术研讨会"，范先生和刘凯欣小姐也应邀参加会议。在会议期间，经范先生引见认识了日本的煎茶道家元小川后乐先生和韩国的安于燮先生。1994年春天，我们又一起参加"首届上海国际茶文化节"。1996年我们还一起从北京乘机去韩国汉城参加"第四届国际茶文化研讨会"，在汉城机场上，一批韩国茶人向范先生献花，才知道韩国有很多人向他学习茶艺。实际上，在韩国和日本茶艺界，范先生都享有相当高的知名度。此后，几乎每年都会在大陆的各种茶文化活动中见到范增平先生。2000年范增平先生和刘凯欣小姐又应我之邀来江西庐山参加"天下第一泉新世纪国际茶会"，都在开幕式上发表热情洋溢的讲话，他们的名字还被刻在天下第一泉——谷帘泉瀑布前的"国际茶会纪念碑"上面。

当然，范增平先生所参加的茶文化活动远不止这些（据说10多年来他已来过大陆10多次，其中绝大多数与茶艺事业有关），但仅从上述我所接触和了解的这些情况，也可看出范先生是一位热心参与和积极推动祖国茶文化事业的活动家，因此，他在大陆茶文化界的知名度也是很高的。更为难得的是，范先生并不满足于只做一位茶文化活动家，他还是一位孜孜不倦的茶文化研究专家，出版了许多著作，仅我手边收藏的就有下列几种：

《台湾茶文化论》

《台湾茶叶发展史》

《中华茶艺学》

《喝杯好茶》

《生活茶艺学》

《生活茶艺馆》

《台湾茶人采访录》

……

至于他所撰写的有关茶文化的文章就更多了。

可以说，在台湾诸位茶人中，范先生在著书立说方面是用力最勤并持之以恒的一位。在这些著作中，我们得以了解台湾茶艺事业的发展历史和实际情况，看到范先生为发展台湾茶艺事业所做出的努力和成效，同时还洞悉范先生的许多学术见解。说实话，在我个人的茶文化实践和研究中，都曾得益于范先生的这些著作，实为良师益友。在我的一些文章和著作中，经常会引用范先生的见解，在文后的注释中，多次出现范先生的名字，在这里，顺便对他表示谢意和敬意。我一向认为，祖国茶文化事业的重新振兴还不到30年时间，就已经取得举世瞩目的成就。其中的一个原因，就是有一批文化人的介入。包括范先生在内的海峡两岸的专家学者们的学术研究为蓬勃发展的茶文化活动奠定了理论基础，引导着发展方向，才使其保持了几十年来强劲不衰的势头。虽然并非所有参与茶文化活动的人都已认识到这一点，但却是不争的客观事实，已经并将继续得到历史的证明。在这批文化人中间，能几十年如一日地坚持不懈投身于茶文化学术研究者，为数并不多，而范先生是其中的佼佼者之一，十多年来，不断有佳作问世，这是很不容易的。当然，作为学术研究，有些观点仅是个人之见，不见得人人都会赞同。但仅是"孜孜不倦，持之以恒"这一点就让人钦佩不已。

众所周知，茶文化的重心是茶艺，因此对茶艺的研究一直是茶文化界的中心课题。而"茶艺"这一概念的确立最早就是台湾茶文化界完成的。尽管有人认为早在20世纪30年代，就已经出现了"茶艺"一词，但无论是对其内涵的界定，还是当时在社会上所产生的影响，以及对中国茶艺事业的推动作用，都不可与20世纪70年代在台湾出现"茶艺"一词同日而语。我们应该承认台湾同行们的功绩，当他们自觉地用"茶艺"代替"茶道"一词来概括当时正在兴起的茶文化活动时，立刻被广大茶人们所接受，早在1978年就成立了"台北市茶艺协会"。至80年代就在台湾盛行起来。嗣后。"茶艺"一词也被大陆茶文化界所认同，并迅速风靡各地。如今"茶艺""茶艺馆""茶艺表演"已是广大群众耳熟能详的名词，连国家劳动和社会保障部也将在茶艺馆从事泡茶服务的工作人员定名为"茶艺师"，列入了"国家职业大典"，并且制定、颁布了"茶艺师国家职业标准"。这是国家对"茶艺"概念的正式肯定，在中国以至世界茶艺发展史上都具有十分重大的历史意义。对于参与、见证这一历史过程的茶文化界人士（自然也包括范增平先生在内）来说，也是个莫大的欣慰。

当然，"茶艺"一词产生的历史还不到30年，其中有很多问题还需要进行深入探讨，也需要对其产生过程进行回顾，对多年来的实践经验进行总结，有许多认识随着时代的推移也会有所发展和深化。在这种历史背景下，范增平先生将他二十几年来发表过的有关论述茶艺的文章结集出版，就显得很有必要。我们不但可以了解范先生在不同时期对茶艺问题进行的种种阐释和所作的贡献，而且还可以重温一下台湾茶艺事业的发展历

范增平先生在参加第十届上海国际茶文化节茶艺馆座谈会

范增平先生在参加上海国际茶文化节茶艺晚会时细品佳茗

程，从中也可获得许多教益，得到一些启发，从而有利于祖国茶艺事业能够更加健康地发展。范先生已经决定在整理过去对茶艺研究的成果之基础上，将建构茶艺理论作为今后数年内的工作重点，这是很有见识、很有意义的决定，我们期待他的成功，恭候新的佳作问世。

权为序。

（文章原载《农业考古》2003年第2期）

无禅茶不香——舒曼《吃茶去》序

河北是"禅茶一味"的祖庭，唐代赵州和尚从谂一句"吃茶去！"流传千古，至今还在中华大地上回响。

然而，河北茶文化活动的开展，起步较晚，直到20世纪90年代后半期才出现了第一家茶艺馆——大千茶艺馆。但是劲头却很足，短短几年之间，就涌现了几十家茶艺馆，连续开了4届的"金秋茶会"，而且迅速融入全国茶文化洪流，引起人们的关注。如今，"河北省茶文化研究中心"已经成立，标志着河北茶文化事业进入了一个新时期。这是河北全体茶人齐心协力奋勇开拓的结果，但也和一位痴迷于茶的文化人的努力分不开。

这个人就是《河北科技报》的编辑、记者舒曼。

舒曼从事茶文化活动的历程，在本书作者的后记中已有详细的叙述，读来令人感动，但使我更为钦佩的是他不仅是一位茶文化活动家，还是一位笔耕不辍的茶文化作家。这些年来他执着于茶文化散文的写作，数量之多，质量之佳，在河北省来说恐怕是首屈一指，在全国来说也是很突出的。其中有一大部分曾在我主编的《农业考古·中国茶文化专号》上发表，所以我都认真地拜读过，不但文辞优美流畅，而且立意颇为高远，读来获益良多。更为难得的是，他敏锐地感觉到赵州和尚"吃茶去"对河北茶文化事业的重要意义，认为它将成为河北省走向世界的一张名片，于是就将他的注意力集中到对"禅茶一味"的研究方面，写出一组以"吃茶去"为主题的文章。据他自己说是受到一次研讨会的触动才产生灵感的。

2001年11月，"中韩禅茶一味研讨会"在赵县柏林禅寺举行，中韩两国佛教界和茶文化界人士进行学术讨论，并且各自表演了本国的禅茶茶艺，给人们留下了深刻的印象，也推动了两国对"禅茶一味"开展进一步的学术探讨。这次盛会给舒曼以很大触动，领悟到禅学对中国茶艺美学的深刻影响，促使他进行更深一步的探讨。他不但将有关阐述"禅茶一味"的文章收入本书，而且将"吃茶去"作为书名，表明了本书的主题思想。

众所周知，在儒、释、道诸家哲学思想中，佛学（尤其是禅宗）对中国茶文化事业的影响特别显著。不但是因为佛门过午不食、坐禅时以茶提神充饥的习俗导致唐代饮茶之风的兴盛，而且还因为禅宗思想对中国茶道精神的形成有着十分密切的关系，其中最突出的表现就是最先提出中国"茶道"概念的并不是号称"茶圣"的陆羽，而是诗僧皎然。皎然的《饮茶歌诮崔石使君》提到"三饮便得道，何须苦心破烦恼。"诗中所得之"道"，就是同诗的"孰知茶道全尔真"句中的"茶道"，是指通过饮茶而悟到的人生之道，是一种最高的境界，这种境界既是唐代诗人所追求的"禅境"，也是中国茶艺美学中所追求的最高境界。

因此无论是从茶道哲学的角度，还是从茶艺美学的角度，都需要对禅学思想进行深入研究。但这是一门高深的学问，并非轻易就能寻得真谛。而舒曼却从"吃茶去"作为切入点进行开掘，无疑是一种明智的判断。于是他写出了一系列的文章，进行了多角度的探索，是个有益的尝试，也取得明显的成绩，应该加以肯定。

因此，我建议读者对本书这一部分的文章多加关注，也期望舒曼先生就这一专题继续深入研究，也许不久的将来，我们能够读到他的专门著作，那将是对中国茶道和茶艺美学思想的重要贡献。作为一个茶友，我翘首以盼。

（文章原载《农业考古》2004年第2期）

《中国茶文化学》后记

自从20世纪70年代茶文化在海峡两岸兴起之后，短短30多年，已经在神州大地形成滚滚热潮，各种形式、不同规模的茶文化活动在各地政府的关怀下争先恐后地举行，装修典雅、风格各异的茶艺馆如雨后春笋般涌现，篇幅不一、深浅不等的各种茶文化书刊纷纷出版，都标志着茶文化事业形势大好，令人振奋，令人鼓舞。

如今，茶艺馆业已经成为一门新兴的产业，其从业人员已经形成一支百万大军。国家有关部门将茶艺师列入国家职业分类大典，颁布了茶艺师国家职业技能标准。茶艺师职业技能鉴定考核工作也在各地相继展开。各地也陆续开办了许多茶艺培训教学基地和职业学校，培养出一大批茶艺人才。茶艺教学的兴起，也是中国茶文化事业兴旺发达的重要标志之一。

但是，目前茶艺教学面临的困境之一就是教材的缺乏。当前各地出版的一些茶文化书籍，多数是属于普及性读物，有相当一部分还是东抄西抄不敢署作者真名的所谓茶书。虽然也有一些学者撰写学术著作，但多数是属于研究性质，有些还是采用优美的文学语言来写作，不适合作为教材使用。有几部已出版的自称为"学"的茶书，虽然有其自己的特点，也因其与人文科学的学科体例的基本要求尚有差距，在教学中使用起来都很难令人满意。比如我这些年来一直参与南昌女子职业学校茶艺专业的教学工作，教材问题始终困扰着我们。开始是使用一些现成的茶文化书籍作为教材，但茶艺专业的老师们在教学实践中感到并不理想。后来尝试自己编写，我甚至利用自己的著作《长江流域茶文化》作为茶艺大专班的教材，也因为是学术性的研究著作，作为教材使用也还是有欠缺之处。最后决心根据自己教学实践的需要自行编撰教科书，以满足现实需要。

正在此时，江西省社会科学院将中国茶文化学列为重点学科，由6位研究员和一位副研究员组成学科组，作为学科带头人，我必须在三年内交出独立的科研成果，于是我就选择《中国茶文化学》作为自己的选题，经过两年的准备，在第三年完成了初稿，这就是呈现在读者面前的这本著作。

本书可视为拙作《长江流域茶文化》的姐妹篇，只是该书是作为长江流域文化研究丛书的一种，重点在长江流域，而且侧重于学术研究，常就一些有争议的问题提出个人的一些见解，仅是一家之言而已。本书则具有教材性质，需根据学科体例的要求进行正面叙述，其中有许多方面是前书未曾涉及的，如第二章第二节"茶叶的种植和加工"、第五章第二节"茶艺分类"和第三节"茶艺表演"、第七章"茶馆"、第八章"茶会、茶宴"、第九章第五节"北方地区的茶俗"、第十一章"古代茶书"等，都是新增加的、也是中国茶文化学所不可缺少的内容，因此本书比起《长江流域茶文化》来说，叙述较为简洁，内容却更为全面，也更适合教学的需要。

为了使本书能够贴近现实的茶艺教学实践，在撰写过程中吸收了南昌女子职业学校茶艺专业教师们的一些实践经验和教学成果。该校是目前全国最大的茶艺教学基地，自1999年创立茶艺中专班和2003年创办茶艺大专班以来，培养了数以千计的茶艺专业人才。她们大都具有国家中、高级茶艺师资格，活跃在全国各地茶艺馆和茶文化有关部门，被誉为中国茶艺师的摇篮。该校茶艺专业的老师们在多年的教学实践中，积累了一些经验，也有过一些教训。因此，本书在撰写过程中，曾向他们征求意见，并邀请他们参加本书部分章节的编写。主要有下列诸位老师：龚夏薇（第二章）、程光茜（第三章）、程琳（第四章）、吴姗（第五章）、杨静芳（第七章）、曾添媛（第九章）、孙静（第十章）、赖蓓蓓（第十一章）、陈磊（第十二章）等，借此机会，向他们表示感谢。

本书作为江西省社会科学院重点学科"中国茶文化学"科研成果之一，要感谢院领导和院科研处的关怀和支持，也要感谢学科组全体同志的关心和帮助。还要感谢中国农业出版社领导及责任编辑穆祥桐编审的重视和支持，使本书能够及时与读者见面。

我们也希望得到广大读者的帮助，希望能及时将意见反馈给我们。我们深知，一本能符合实际要求的教材，非一朝一夕之功所能奏效，需要经过一定时间的实践和磨炼，才能逐步走向成熟。我们愿与茶文化界的仁人志士和广大读者共同努力。

（文章原载《农业考古》2004年第5期）

《双井茶诗集》跋

江西修水有个双井村，所生产的茶叶叫双井茶。双井村还诞生一位文学家叫黄庭坚。二者在宋代都享有盛名。双井茶早在唐代就有名气，五代毛文锡《茶谱》就说"洪州双井白芽，制造极精。"但双井茶声名鹊起却与黄庭坚有很大关系。他经常将双井茶作为珍贵的礼品赠送给京城的师友，结果"长安富贵五侯家，一啜尤须三日夸"，从而名震京师，享誉全国。欧阳修《归田录》记载："自景（1034—1038）以后，洪州双井白芽渐盛，近岁制作尤精，囊以红纱，不过一二两，以常茶数十斤养之，用辟暑湿之气，其品远在日注（当时浙江名茶）上，遂为草茶（即散茶）第一。"这不仅是修水茶界的荣誉，也是江西茶界的荣誉。

有意思的是，黄庭坚在赠送双井茶时，经常会附上一首茶诗。而收到茶叶的师友一般也会和诗表示感谢，这一唱一和之间，不但增强彼此的友谊，也提升了双井茶知名度。其中最为典型的是他和苏轼的唱和。苏轼是黄庭坚的老师，黄在送双井茶给他时附了一首《双井茶送子瞻》："人间风日不到处，天上玉堂森宝书。想见东坡旧居士，挥毫百斛泻明珠。我家江南摘云腴，落石岂霏霏雪不如。为君唤起黄州梦，独载扁舟向五湖。"

苏轼在收到茶、诗时，也回了首《鲁直以诗馈双井茶次其韵为谢》："江夏无双种奇茗，汝阴六一夸新书。磨成不敢付僮仆，自看雪汤生玑珠。列仙之儒瘠不腴，只有病渴同相如。明年我欲东南去，画舫何妨宿太湖。"

同样，宋代的其他文人也经常以诗伴茶。如北宋大政治家、史学家司马光送双井茶给友人范景仁时也同时送去一首诗《以双井茶赠范景仁》："春睡无端巧遂人，驱诃不去苦相亲。欲思洪井真茶力，试遣刀圭报谷神。"

须知饮茶只是友人之间的私事，其影响是有限的，其时间也是短暂的。但是这些茶诗却是会流传开来，其生命力是长久的，其影响却是无限的。双井茶千百年来能为人们所了解，与这些茶诗的传世有很大关系。由此，我们可以深切体会到文化的力量。那么，我们今天如果要重振双井茶的雄风，除了科技之外，还必须借助茶文化这强有力的翅膀。

很高兴并且赞赏修水的同志们早就认识到这一点，因此他们很早就动手收集有关双井茶的诗文，汇编成册，给人们研究双井茶的历史文化提供了很大方便，也启迪人们去深思如何开发双井茶的深厚的文化资源，从而更好地为发展修水以及江西的现代茶业服务。

我甚至以为，修水的同志们不妨也仿效黄庭坚的做法，让千年之后的双井绿茶再度名震京师，享誉全国。在这方面，茶文化是大有用武之地的。

（文章原载《农业考古》2007年第5期）

试谈茶艺馆的未来走向
——《中国茶馆的流变与未来走向》序言

自从茶文化复兴热潮在大陆两岸兴起之后，至今已有30来年，硕果累累，成绩辉煌。其中最为辉煌的成就之一，应该就是茶艺馆的出现。自1977年在台北出现的第一家茶艺馆到现在全国范围内发展到10万家左右，从业人员以百万计，这成绩确实是喜人，也是惊人的。如今茶艺馆已经成为一个新兴的产业，并且形成一支专业队伍——茶艺师，国家为此专门制定职业标准，正式颁布执行，这在世界上是独有的现象，具有重要的历史意义，应该给予足够的评价。

当茶艺馆发展到一定时期、一定规模之后，人们就会想了解它的历史和现状，要求进行总结和研究，探索它的发展规律和趋势，企图掌握它的未来走向，以利于今后的发展。于是就有许多专家动笔撰写了众多有关茶馆的著作，仅就我手边而言，至少有十部以上大小不一的《中国茶馆》《茶馆》《茶馆闲情》《茶馆风景》等书名的专书。现在刘清荣先生又为大家献上了另一部专著《中国茶馆的流变与未来走向》，相信也会受到业界的欢迎。

刘清荣先生是江西省社会科学院的研究员，考古专业出身，长期研究农业考古和茶文化，撰写、发表过很多茶文化的研究文章。2004年江西省社会科学院将"茶文化学"列为重点学科之一，我授命为学科带头人，刘清荣先生即为学科组成员之一。学科组要求成员在三年期限内每人至少要独立完成一本专著，他就选择"中国茶馆"为研究课题，并在

2006年底完成了初稿。如今，他已是江西省社会科学院第二届"茶文化学重点学科组"的骨干成员，经过了一年来的修改、充实，将他的科研成果正式交中国农业出版社出版，定名为《中国茶馆的流变与未来走向》。

与已出版的几部同类著作相比，本书的最大特点是学术性更强，资料更为丰富，视野更为开阔。比如其他著作大多用一章甚至只用一节的篇幅来介绍中国茶馆的历史，而本书足足用了5章，而在第六章中，用了8节的篇幅鸟瞰全国各地的茶馆的文化背景和经营特点，使读者能够全面了解全国茶馆的概况。此外还设专章来论述茶庵、茶摊及茶亭的历史和文化内涵，这是其他论述茶馆的著作所欠缺的。最后还有专章探索茶馆的未来走向，使得这本以历史研究见长的著作具有颇为可贵的前瞻性。这自然和刘清荣先生历史学者的身份有关，同时这部书本来就是学术研究的课题，因此要按学术研究的要求来构建框架结构（书中引用他人的论著也是按学术研究的规范——注明出处，这也是其他同类著作所欠缺的）。

我认为这样的结构安排是有其道理的。因为不管现在各地茶艺馆有多少种模式，也不论它与传统的老茶馆有多大不同甚至是有质的飞跃，但它毕竟是从传统的老茶馆发展而来，因此不能割断历史。不全面了解中国茶馆的历史，就不能深刻认识中国现在茶馆的真正面貌，也很难去把握它的未来发展方向。同时，如果只有历史的钩沉和现状的罗列，其价值就有限，必须高屋建瓴地瞻望中国茶馆的未来走向。而要做到这一点，就必须对中国茶馆的现状有真切的了解，并进行深刻的反思。而本书的框架结构是有利于此的。我们很高兴，本书的最后一章"茶馆的未来走向"就有一节"当代茶馆的反思"。尽管作者的反思未必都能获得茶文化界的认同，但反思确实是非常必要也是非常及时的。

我觉得，虽然目前全国茶艺馆如雨后春笋般地涌现，看来形势大好，其实也有泡沫化的现象。事实是每天有人在开业，每天也有人在停业。近10万家的茶艺馆中，正如书中所言，有三分之一盈利，有三分之一持平，有三分之一亏损。看来似乎还过得去，其实并非那么理想。因为这些盈利、持平的茶艺馆中有一些并非是靠品茗赏艺获得的，而是靠经营其他非茶项目来获利的，茶和茶艺在其中的比例是有限的，甚至是越来越小。这其中的一个主要原因正如本书所说的：

"很多茶馆的经营者在上马开办茶馆前，并没有经过市场调查和理性思考，本身也没有相关经验，只是手头有些闲钱，看到社会上开茶馆热，自己也就跟风；或者看见别人开茶馆赚钱，自己也就开起来；或者觉得开茶馆不需什么专业技术，只需租个场地，雇几个服务员倒茶水就可以；还有不少本身是从事餐饮业的，觉得茶馆业没有餐饮业竞争激烈，又不需聘请厨师，就从餐饮业跳到茶馆业来。总之，茶馆的经营者有不少是盲目投资的，既不了解茶文化，也不了解茶馆文化，把茶馆当餐馆来开，缺乏文化内涵。"

这个反思应该说是中肯的。依个人浅见，目前全国茶艺馆的经营者中，大约只有20%具有自觉的茶文化意识，他们经营的茶艺馆是真正服务于普及茶文化知识，都是能够为客人提供品茗赏艺幽雅环境的"清茶馆"（尽管这20%中还有一部分人屈服于经济压力而附带经营其他非茶项目）。这20%的茶艺馆，符合30年来海内外茶艺馆发展轨迹，代表着中国茶艺馆的主流，也预兆着中国茶艺馆的未来走向。我们要大力提倡的正是这一类茶艺馆。而其余的经营者，因不明茶艺馆的主要任务和经营特点，迫于生存压力和利润的驱动，走上附带经营餐饮、酒水的道路，以致餐饮的收入超过品茶的收入，茶味也就越来越淡，最后就变成茶餐厅之类的饮食店了，如有许多地方的茶馆供应自助餐，结果人们进去的目的不是品茶，而是吃糕饼点心。既然如此，何不干脆开餐馆，赚钱更快更多，何必要打茶艺馆的招牌呢？实际上，将这一类茶馆归类于茶艺馆，难免有泡沫化之嫌。因为这一类的茶馆离茶文化越来越远，它们远不如一些具有茶文化自觉意识的茶宴馆。

上海有家"天天旺茶宴馆"（现改名为"秋萍茶宴馆"），人家不但茶菜做得出色，而且茶艺服务也是一流的，在茶菜上桌之前，馆主或茶艺师必要先给客人演示茶艺，端上芬芳可口的上等名茶，让客人在品尝菜肴之前先领略茶艺的雅韵，其水准在很多茶艺馆之上。但是人家就自称"茶宴馆"，而不叫"茶艺馆"，可见其定位是非常准确的。原因是馆主刘秋萍女士本身就是上海一位茶艺专家，对茶文化有深厚的修养和执着的追求。她不但在茶宴方面取得很大的成就，在茶艺方面也有很深厚的造诣。其经营富有特色，获得良好效益就不是偶然的。叫"茶宴馆"的如此重视茶艺，叫"茶艺馆"的却茶味越来越淡，这样的反差难道不值得我们反思吗？

中国茶艺馆要往何处去？需要大家共同来探讨。但是有一点必须首先明确，即茶艺馆的性质和主要任务是什么，需要在30年来世界性经济发展特点的大背景下来认真加以思考。据研究，在世界发达国家，文化产业正迅速成长为国民经济的支柱产业，成为推动经济快速发展与出口产业转型的重要力量。我国的文化产业也同样蓬勃发展，随着民众收入水平大幅增长，需求结构由温饱型向小康型转变，文化消费需求在居民消费结构中的比例呈现决定性上升趋势，需求总量规模急剧扩大。我们的茶艺馆能否适应这个形势的发展，就决定了中国茶艺馆今后的命运如何。因此我们必须明确，茶艺馆不同于一般的饮食行业，它所从事的是一种具有更高品位和价值追求的文化产业。虽然它也要讲究经济效益，但不能忘却文化方向。尽管目前茶艺馆的类型有文化型、餐饮型、娱乐型、时尚型等诸多类型[1]，我们无权也不必否定文化型以外的其他类型茶艺馆，但从茶文化发展的角度而言，无疑是应该倡导文化型的茶艺馆。它的性质和任务都不同于传统的老茶馆。

老茶馆的定义是什么？按照《中国茶叶大辞典》的解释是："商业性专用饮茶场所。系供客品茶、吃茶点、休息、娱乐和联络感情、沟通信息的场所。"而茶艺馆是茶文化热潮兴起之后产生的新生事物。新就新在它具有文化产业性质，除了具备老茶馆的一些功能之外，还具有较高的文化品位，以弘扬茶文化为主要目的，以品茗、赏艺为主要服务方式。品茗与饮茶不同，饮茶只是为了解渴、提神、保健，品茗是一种生活艺术行为，将茶汤、茶叶作为鉴赏对象，欣赏它的色、香、味、形，追求品茗过程的诗意境界和人生感悟，这是人们日常生活中的审美化产物。唐代的"多开店铺，煎茶卖之，不问道俗，投钱取饮。"那只是为了解渴的饮茶之地，而唐代文人雅士们所经常举行的"茶集""茶会""茶宴"才是品茗艺术的处所，所以他们才会有"竹下忘言对紫茶，全胜羽客醉流霞"那样的投入，才能达到"一饮涤昏寐，情思朗爽满天地。再饮清我神，忽如飞雨洒轻尘。三饮便得道，何须苦心破烦恼。"的境界。唐代的许多著名茶诗都是在这种场合中写出来的。中国人喝茶喝了几千年，到了唐代，才在这帮文人雅士手中发展为高雅的品茗艺术，即为"茶艺"。可是，至今并不是所有中国人都会品茶，也不是所有人都认识到茶艺的审美意蕴。而这些正是当今茶艺馆要贡献给社会大众的神圣任务。如果茶艺馆的经营者不知茶艺为何物，如果茶艺馆没有茶艺的演示和服务，那还能叫茶艺馆吗？离开茶艺这一主题，还能为茶艺馆今后的走向树起正确的路标吗？

总之，新型的茶艺馆与传统老茶馆的最大区别在于：茶艺馆的经营者具有自觉、主动的文化意识，把向群众传授品茶技艺和传播茶文化知识作为日常工作之一，除了进行茶汤、茶叶和茶具等商业经营之外，还经常举办茶艺讲座、开展茶文化活动，用高雅的文化熏陶感染群众，在取得经济效益同时，更看重社会效益。可以说，茶艺馆是茶文化事业的前哨阵地。它每天都在吸收、运用专家学者研究茶文化的成果，将之普及到群众中去，对中华茶文化事业的发展起着很大的积极作用，这些是传统老茶馆所无法比拟的。

诚然，能够做到这一点的茶艺馆不是很多，我们也不奢求所有茶艺馆都能达到如此理想的地步。但全国毕竟有些茶艺馆在朝着这个方向努力，而且颇有成就，应该加以肯定，加以发扬，提倡更多人学习，朝这个方向去奋斗。这也是从事茶文化研究的学者们应尽的责任。正如哲学家赖功欧先生最近所指出的："倡导一种健康清新的茶艺馆，茶业文化，也就是为茶产业注入一种文化活力。""然而关键的是先持有一定的文化意识或有一定的'文化准备'者，多能成为开先铺路者，这更证明有先进的文化理念比没有要强得多。而最先进的理念从来就是在学术思想中孕育而出。"[2]

还是赖功欧先生说得好："茶文化走到今日，极需要学术层面的眼光、见识与学理上的系统建构。事实上，不论是产业文化还是通俗文化，都需要一种精神的贯通，而这只有靠学术层面所结晶出理念才能办到。"[2]

我正是从这一层面上来看待刘清荣先生的这本学术专著的问世，在读后受到启迪而有所感，借这篇序言谈了一点有关茶艺馆问题的粗浅看法，未必正确，甚至未必符合本书作者的原意，权当是学术讨论吧，仅供参考而已，不必强求统一。但是我还是希望茶艺馆的老板们或是准备开茶艺馆的老板们，最好还是先读一读这本《中国茶馆的流变和未来走向》，因为"有先进的文化理念比没有要强得多。而最先进的理念从来就是在学术思想中孕育而出。"

参考文献

[1]陈文华.中国茶文化学[M].北京：中国农业出版社,2006:191.

[2]赖功欧.提升中国茶文化学术品味的几点思考[J].农业考古,2007 (5): 9-13.

（文章原载《农业考古》2008年第2期）

《诗化的品茗艺术》序

唐朝是诗歌王国，仅是一部《全唐诗》就收录了近五万首诗歌，不但在诗歌史上具有重要地位，也成为后人研究唐朝文化、政治、社会以及经济的丰富资源，有人就根据《全唐诗》编辑了皇皇巨著的经济史料汇编。其中也有大量描写茶事的诗歌，为茶文化研究者所重视。著名茶史专家朱自振教授就撰写过从《全唐诗》中的茶诗来探讨唐代茶叶历史的论文。老茶人吕维新先生还在台湾出版过《从唐诗看唐人茶道生活》的唐代茶诗选。所谓茶诗，是指以茶为题材的诗歌，或是内容涉及茶事的诗歌，其艺术形式与其他诗歌并无什么不同。

唐代是饮茶风气盛行的时代，确切地说，是自唐代中期开始饮茶之风才普及全国，

"穷日尽夜，殆成风俗。始于中地，流于塞外。""茶为食物，无异米盐，于人所资，远近同俗。既祛竭乏，难舍斯须。田间之间，嗜好尤甚。"当时产生了一部伟大的茶学著作——陆羽《茶经》。

《茶经》的问世又促使了社会上饮茶之风更为兴盛，"楚人陆鸿渐为《茶论》，说茶之功效，并煎茶、炙茶之法，造茶具二十四事，以都统笼贮之。远近倾慕，好事者家藏一副。有常伯熊者，又因鸿渐之论广润色之，于是茶道大行，王公朝士，无不饮者。"

在这样的历史背景下，唐代的诗人们也热衷于茶事活动，并且写下了许多不朽的诗篇。孟浩然、王昌龄、李白、颜真卿、钱起、皎然、杜甫、韦应物、孟郊、刘禹锡、白居易、柳宗元、元稹、杜牧、张文规、李商隐、皮日休、陆龟蒙、齐己、郑谷等10多位著名诗人既嗜好饮茶又写下许多著名茶诗。这些茶诗涉及茶区、种茶、制茶、煮茶、品茶、茶具、茶俗、茶会、贡茶、茶法诸多方面，不但具有很高的艺术价值，而且也是研究唐代茶文化历史的重要资料，因而，《全唐诗》自然就成了研究唐代茶文化的一座宝库。

由于一大批文人雅士带着他们的生活理念和审美情趣介入茶事活动，从而将日常生活中的饮茶行为提升到品茗艺术的高度。饮茶是为了满足生理上的需求，重在提神、解渴、保健。品茗则是为了追求精神上的满足，重在意境的感受和追求，将饮茶视为一种艺术欣赏活动，要细细品啜，徐徐体察，从茶汤美妙的色、香、味、形得到审美的愉悦，引发联想，从不同角度抒发自己的情感，启动形象思维，仿佛置身于春光明媚的山野，陶醉于绿色世界之中，以至达到天人合一的忘我境界。因此，诗歌最容易与茶香融在一起，诗人也天然地成为茶人。或者说一个真正懂得品茶的人是需要有诗人的气质，一个具有浪漫气质的抒情诗人身上总是会散发出清幽的茶香。人们在写诗时要饮茶，人们在品茶时喜欢吟诗（特别是茶诗），并且两者可以同时进行，融为一体。于是茶与诗就结下了不解之缘。唐代的诗歌中对此也有反映：

> 茶，香叶，嫩芽。慕诗客，爱僧家。（元稹《一字至七字诗·茶》）
> 味击诗魔乱，香搜睡思轻。（齐己《尝茶》）
> 三碗搜枯肠，唯有文字五千卷。（卢仝《走笔谢孟谏议寄新茶》）
> 茶爽添诗句，天清莹道心。（司空图《即事二首》）
> 六腑睡神去，数朝诗思清。（李德裕《故人寄茶》）
> 洗我胸中幽思清，鬼神应愁歌欲成。（秦韬玉《采茶歌》）
> ……

读了这些诗句，让人难以分清，到底是诗人们因为爱茶才写诗呢，还是因为要写诗才爱茶？他们笔下的茶是充满魅力、充满灵性、充满诗情画意的"草中英""瑞草魁"。众多的美丽诗篇，既使馥郁的茶香借诗歌的翅膀飘飞万里，也使有的诗人因写茶诗而流芳千古（如卢仝）。千年之后，当我们重温这些词句优美、形象生动、意境高雅的茶诗，在欣赏它们的艺术价值的同时，自然也会发现它们在反映当时现实生活的茶事活动中所折射出来的认识价值和历史价值，从中可以发掘出古代茶书所未能详细记述的许多资料，有助于对唐代茶文化史的研究。于是就有一些有志之士在从事这一发掘工作，本书作者就是其中之一。

　　陕西法门寺宝塔地宫出土了一套非常精美的唐代宫廷茶具，轰动了整个茶文化界。法门寺博物馆也因此将唐代茶文化的研究列为工作重点，15年来，先后举办了三届大型的唐代茶文化国际研讨会，获得了巨大成功，从而也激发了本馆人员对研究唐代茶文化的积极性，先后涌现一批成果，都受到茶文化界的重视和肯定。作为该馆的党政领导人之一的李新玲同志，即是其中一员。她结合自己出身于中文专业的特点和对古典诗歌的爱好，选择了从唐诗入手来研究唐代的茶文化，陆续在《农业考古·中国茶文化专号》上发表了一批"茶诗夜读札记"的系列论文，其中《从皎然的茶诗看皎然与陆羽的关系》《皎然与茶道》《唐代湖州茶人对中国茶文化的重要贡献》等文章颇得学界的好评。在浸淫于唐代茶诗多年之后，如今选择以唐代茶诗为切入点来研究唐代品茗艺术的诸多问题，无疑是个明智的抉择。

　　因为这是一块尚未开垦过的处女地，虽然以前曾出版过一些茶诗选集，如上述吕维新等先生的著作，但那仅是将有关茶诗进行简单的分类，加以简要的注释和分析而已，属于资料汇编的工具书性质。而现在奉献至读者面前的这本《诗化的品茗艺术——从唐代茶诗看唐代茶艺》，则是以茶诗为基本资料结合文献来研究唐代诗人们如何将日常生活中的饮茶行为，提升为诗化的品茗艺术，弥补了古代茶书对茶艺诸问题记载过于简略的不足，填补了一项学术空白，无疑是很有价值很有意义的尝试。

　　承蒙不弃，李新玲同志邀我写序，并将书稿交我一阅。粗粗一览，极受震撼。过去虽也读过一些唐代茶诗，却从未如此集中地将几百首茶诗从茶艺各个要素的角度通读一遍，其感受完全不同。以往在研究中总觉得唐代茶书不多，对茶艺语焉不详，以为是萌芽阶段，故记载较少。如今看来，大量赏心悦目的茶诗对品茗艺术有着丰富而深刻的描写，在某些方面甚至超过《茶经》的记述，表明茶艺在唐代甚至在陆羽之前就已经形成并且臻于成熟，陆羽《茶经》是在总结这些前人实践经验的基础上进行提炼概括，并非仅是陆羽个人的心得体会而已。离开众多唐代诗人的品茗活动及其审美实践，《茶经》就很可能成为无源之水，无本之木。

　　我们感谢作者的别出心裁和辛勤劳动，为读者奉上一份充满诗意的学术成果，也为中国茶文化研究开拓一条新的途径，更希望她在繁忙的行政工作之余继续努力，为中国茶文化百花园中再增添几朵艳丽的奇葩。

（文章原载《农业考古》2009年第2期）

茶事札记

依靠高科技，重振中国茶业雄风
——从婺绿茶晶的开发到我国饮茶史上的第二次革命

　　中国是世界茶叶的故乡。中国茶叶有数千年的悠久历史，并远传亚非欧各国，但是中国人均消费茶叶却只有0.25千克，而日本是1千克，英国是4千克。目前国际红茶市场已为印度、斯里兰卡所控制，影响我国绿茶的经济效益，因而我国茶叶经济并不景气。很多茶厂甚至出现亏损。就全国茶业形势而言，虽然年年都有些进展，但幅度始终不大更不可能有突破性的发展。近年来，在保健茶方面有所突破，但由于其产品多数是中草药配方加茶叶，高科技含量不大，各地都易研制，纷纷生产，市场日趋饱和，势头正在逐渐减弱，前景未可乐观。

　　导致上述情况的原因可以找出很多，但我认为最重要的是要找出深层次的本质问题，那就是我国目前的茶叶生产加工工艺基本上是农业社会的手工生产。虽然用机械代替了手工劳动，但其加工程序和产品形态并无根本不同。其饮用方式也是明清以来的传统模式（早在唐宋时期，喝茶方式很复杂，先要将茶叶蒸煮、拍捣、压榨、烘干、制成茶饼。喝时还要夹烤、碾碎、筛细，再加盐入锅煮开。到明朝初年，朱元璋下令废除饼茶，改用开水冲泡茶叶）。这一方式流传至今600多年，并没有多大的改变。

　　可是，当今的时代已是高度工业化、商业化、科技化、信息化的时代，是个快节奏的时代。人们迫切需要一种饮用、保存、运输都非常简便、快捷又没有其他副作用的饮料。因此，洋饮料（包括速溶咖啡、奶粉）就作为时代的产物应运而生，并且最终汹涌冲入茶叶的故乡，占领了中国市场，使中国茶叶处于被动局面。在这种新形势下，如果还故步自封，陶醉于悠久深厚的茶文化历史，企图以不变应万变，还用传统的手工产品去抗衡高科技的产儿——洋饮料，必然无法改变被动局面。也许，经过艰苦奋斗，会使中国茶叶有算术级数的进展，但绝不可能会有几何级数的突破性成就。

　　因此，只有利用当代高科技改革传统茶叶生产模式和产品形态以及饮用方式，生产能适应新时代广大群众需要的新产品，才能使中国茶叶在洋饮料的重重包围之中重新崛起，这新产品就是日本这几年兴起而港台紧随其后的瓶装饮料。在国内，由于茶饮料在冷却后会出现浑浊沉淀（称为"冷后浑"）现象，而未能迅速大批量投入市场，尚未引起广大消费者的重视。但这一难点最近已被攻克，由江西省婺源茶叶集团公司和"中国茶文化"编辑部联合湖南医科大学有关专家共同开发成功的高科技新产品——婺绿茶晶已经问世，很快就可投入生产。

婺绿茶晶是利用生物工程技术，从婺绿名茶中提炼出来的浓缩液和结晶体。它不但可溶于热水，还能迅速溶于冷水。只要100毫升冷水中加入3～5毫升的茶晶，就可成为一杯汤色碧绿、茶味浓郁、口感优美的婺绿名茶。经过4～40℃不同温度的试验，可保存9个月不出现"冷后浑"现象（部颁标准为6个月），超过国外同类产品，在国内处于领先地位。由于它是一种不含任何人工色素、香精、糖分、防腐剂的纯天然饮料，又保存婺绿名茶的原有风味，以瓶装形式投放市场，必然要比淡而无味的矿泉水更受欢迎，也将是各种洋饮料的强有力竞争对手。茶叶的最主要功能是解渴，它也是最解渴的饮料，又能作为冷饮上市，因此，凡是愿喝矿泉水的人，大多数都会接受茶饮料。它的消费对象主要是每日数千万的流动人口，不管是坐火车、汽车、轮船、飞机或者徒步的旅游者，只要他口渴，就会喝茶饮料，就可能购买茶晶，这个市场是何等广大，岂能轻轻放过！

同时，茶晶生产不需要高档茶叶，不强调茶叶外形，只要中档茶叶（连同茶梗、茶末）就可生产出色、香、味俱佳的茶饮料，不妨碍传统的名优特茶的生产经营，提取茶晶后的茶渣，还可提取茶多酚，最后的残渣还可作为优质的化肥，化腐朽为神奇，从而使茶叶高度升值，其经济效益非常可观。

由于茶晶及瓶装茶饮料的普及，必将引起饮茶方式的一场革命，即从朱元璋以来的开水冲泡茶叶改为直接饮用工业化高科技产品，从喝热茶改为喝冷茶。这场革命已经在国外兴起，国内迟早要接受这一现实。与其将来被动接受，不如及早主动领导，因为它实际上为中国茶业的重新崛起提供了一个极好的机遇。如果我们能全力以赴，那么这场饮茶史上的革命就可能是由我们中国人自己来推动，如果稍有迟疑，坐失良机，那么这个历史功绩可能就会被人家获取。

为此，我诚恳建议中央有关部门和领导，能及时把握这一历史趋势，抓住这一历史机遇，立即组织有关方面的力量，形成集团优势，加快中国茶晶（包括绿茶、红茶、花茶、乌龙茶）的开发和生产，迅速占领国内外市场，重振中国茶业经济的雄风，领导世界饮料新潮流！

（本文为陈文华教授在全国政协八届二次会议上的发言）

请高度重视少数民族砖茶型氟中毒问题

据湖南医科大学茶与健康实验室和四川省卫生防疫站等单位深入川西北青藏高原的道孚县藏族地区调查，发现该地藏族同胞氟中毒严重，极大地损害藏族同胞的健康，希望能引起政府有关部门的重视，及时加以解决。

据湖南医科大学曹进医师等人对道孚县740人次调查发现：藏族牧民、僧侣氟中毒严重，51.2%的藏族儿童患有氟斑牙。40岁以上的藏族牧民氟骨症发病率达到73.53%，半农半牧民达62%，患者周身疼痛、肢体活动功能障碍相当普遍。很多牧民到了四五十岁，就浑身疼痛、双臂变形、僵硬、驼背，并患有白内障、心脏病，过早丧失生活能力，严重地损害了藏民的健康。

如此危害严重的流行病，过去并不知道是氟中毒所致，而往往被当成风湿性关节炎进行无效的治疗。据测试，当地藏胞成人每日总摄氟量为10.43毫克（半农半牧区）、14.48毫克（牧区），是国际公认的每日最大安全摄氟量（4毫克）的2.6倍和3.6倍。藏族儿童每人每日摄氟量为5.49毫克（半农半牧区）和7.62毫克（牧区），是国际公认的每日摄入量（2.5毫克）的2.2倍和3.0倍。

据测试，当地的饮水氟含量在0.11～0.13毫克/升之间，是典型的低氟区，当地汉民的饮食结构与半农半牧的藏民基本一致，但他们每日每人的总摄氟量成人为2.54毫克，儿童仅1.44毫克，都远远低于国际公认的每日最大安全摄氟量，所以，当地汉族不存在氟中毒。

调查结果发现，当地藏民氟中毒的主要原因是长期饮用砖茶（当地汉民不饮砖茶，故不会氟中毒）。砖茶系粗老茶加工而成，其含氟量高出一般绿茶、花茶、红茶的几十倍甚至上百倍。据测试，西湖龙井含氟量为10.12～12.71毫克/千克，碧螺春在16.72～20.55毫克/千克之间，一级茉莉花茶在20.51～52.34毫克/千克，而四川雅安产的砖茶含氟量高达542.88～585.56毫克/千克，湖南益阳产的砖茶也高达364.94～400.63毫克/千克。

砖茶过去仅是达官贵人上层人士享受的物品，广大藏民买不起，只能以树叶代替。1959年民主改革之后，国家作出巨大努力，广大藏民才喝得上砖茶。但是，由于氟中毒形成的氟骨症呈现十分明显的中毒症状，需要一个积累的过程。所以几十年后的今天，中年藏民的氟中毒症状开始出现，这是砖茶生产厂家始料不及的。根据调查，氟中毒不但危害中老年人，而且半数以上儿童都已遭受氟损害，对于一个民族，这可以认为是一种毁灭性的危害，因为大量摄入氟不但可形成氟骨症和氟斑牙，而且氟化物作为一种原生质毒，很多人体组织和器官，如心血管系统、神经系统、生殖系统都会受到损害。

在四川，与道孚县的生活环境和生活习惯相同的藏族聚居县25个。进行氟中毒调查的16个县全部为病区。近年来西藏阿里，新疆乌鲁木齐县、塔吉克自治县、哈密市，内蒙古呼伦贝尔市等地也发现有当地少数民族中流行氟中毒的调查报告。另外，青海、甘肃、云南省等地也有长期大量饮用砖茶的少数民族，可见饮茶型氟中毒流行的地区相当大，受害者相当多，必须引起有关当局的重视。

当务之急，一是及时进行普查，确切了解受害地区的范围和受害人数及受害程度。二是尽早研制低氟砖茶新产品，及时在藏民中推广。经湖南医科大学曹进医师等人试制结果，低氟砖茶生产工艺与生产成本和传统工艺基本一致，不须重新购置设备，常规砖茶厂即能生产。但是，由于经费缺乏，他们无力继续深入研究，连购买实验动物的几千元都无法落实，处境十分困难。

我们党和政府历来十分重视少数民族的卫生健康，对于这一严重危害少数民族同胞身体健康的疾病，相信能给予高度重视，建议国家民委和卫生部尽快开展防治工作，对有关科研单位给以大力扶持和科研投入。

（本文为陈文华教授在全国政协八届三次会议上的发言）

访韩日记摘抄

一、1996年5月24日 星期五 晴

飞机从北京机场按时起飞，我终于松了口气。

由于韩方的邀请函等材料寄来较晚，加上在地方上办理有关手续的迁延以及必须到北京办理签证，按正常的程序几乎无法按时出国。幸亏江西省人民政府外事办公室主任的帮忙及北京办事处的协助，为我办理了加急手续，直至昨天下午才拿到签证，而机票是事先预购的，因而今天才能顺利出境（事后知道，国内有许多同志就是因来不及办理出国手续而放弃了这次机会）。

今天是和老友中国农业出版社穆祥桐同志同行，但上机不久就发现中国国际茶文化研究会常务副会长陈彬藩和台湾茶艺专家范增平也与我们同行，陈副会长还邀请我们到头等舱去坐，因此一路上并不寂寞。我们这次是去参加第四届国际茶文化（研讨）汉城大会。近十年来，中国大陆的茶文化热潮迅速兴起，各地纷纷办起茶艺馆，成立茶文化研究会，举办各种茶文化活动，经过几年的筹备，终于成立了全国性的茶文化学术研究机构——中国国际茶文化研究会，由浙江的王家扬先生担任会长，北京的陈彬藩担任常务副会长，并先后在浙江杭州、湖南常德、云南昆明举行了三届国际学术讨论会。由于韩国方面的要求，第四届移到汉城举行，由中国国际茶文化研究会和韩国茶人联合会共同举办。茶文化学术讨论会从国内办到国外去，说明中国国际茶文化研究会的成绩卓著，这是令人鼓舞的。

经过一个多小时的飞行，飞机终于在汉城机场降落，东道主韩国茶人联合会已派人迎接。范增平先生这些年来在中、日、韩及东南亚等国经常进行茶文化学术演讲，在韩国有不少学生，在韩国茶文化界颇有影响。今天就有他的学生亲自开车来迎接，并向他献花。范先生邀我一同乘车前往下榻的北岳公园宾馆。到了宾馆，就看到王家扬会长已经先行到达，他是与江浙等地的代表从上海飞来汉城的。

到了傍晚，国内的代表陆续到达，都是熟人，在异国聚会，彼此都很兴奋，宾馆也就热闹起来。北岳公园宾馆是个小宾馆，只有5层，规模虽不大，但颇整洁、雅致，设备相当齐全，伙食也不错，因位于汉城的北郊的山脚，车辆不多，显得很幽静，大家还是比较满意的。

二、1996年5月25日 星期六 晴

上午将在著名的世宗文化会馆举行开幕式，同时要举行"国际茶文化展示"（也就是展览会）。开幕式要在11时才举行，大家先到展室布置展品。参加展出的主要是中国和韩国的茶文化书画、茶书、名茶、茶具。其中以韩国的展品最多，这当然是东道主沾了地利

之便，如金格信先生的林中茶文化研究所将他们所珍藏的中国宋代的瓷器茶具都拿来展出，而国外的参展者就难以做到。中国参展的展品，除了名茶、茶书之外，还有宜兴壶艺大师徐汉棠制作的微型紫砂壶，中国茶叶博物馆的官窑茶碗，中国美术学院潘公凯、孔仲起教授、浙江画院一级美术师何水法和浙江温州林晓丹老先生的茶文化书画作品，还有来自四川峨眉山下的年轻女画家冯英小姐的绘画。潘、孔、何三位是初次见面。林老在1994年首届上海国际茶文化节上曾见过面，后来还在我主编的《农业考古·中国茶文化专号》上发表过介绍他茶画作品的文章，算是熟人了。冯英小姐也曾在1994年昆明的第三届国际茶文化学术讨论会上以及会后游览洱海的游船上见过面，但对她的作品毫无了解，这次她除了带来几幅以茶文化为主题的国画外，还展出她不久前出版的《冯英钢笔画册》，才知道她的钢笔画很有水平，曾得到著名画家李焕民等人的很高评价。因而中国的展品显得丰富多彩，琳琅满目，受到观众的注意和好评。

11时整，大会正式开始，有来自中国、日本、美国、马来西亚和韩国的600多位代表参加。大会由韩国茶人联合会会长朴权钦主持。他在致辞中说，韩国茶人联合会把每年5月25日定为茶日，年年举行茶文化的祝祭。把这次第四届国际茶文化研讨会定在今天开幕，就是因为今天是韩国茶人的节日。在"分享一杯茶，世界是一心"为大会主题下，在浓浓的茶香中走到一起的茶文化的指导者，还有全场的国内外的贵宾们。我代表韩国所有的茶人欢迎各位的光临，并感谢茶友们的深厚友情。王家扬会长代表中国国际茶文化研究会致开幕词，他说，在人类物质世界和精神世界之间，联结着一个被称为文化世界的领域，茶文化就是其中之一。她一方面把物质升华为精神，当饮茶的习俗在与各国的民族传统文化相融合后，升华为茶艺、茶礼、茶道，成为真、善、美和谐结合的文化艺术结晶；另一方面，她又将精神物化，在茶艺、茶礼、茶道中的茶与水，壶与林，花与书，书与诗等，无不体现着一份寄托和一种境界。今天各国茶人再次云集汉城，带来各自的研究成果，相互交流，相互启发，又一次体现了天下茶人是一家。这种跨越国界，超越种族，超越流派的活动，必将为陶冶人的心灵，提高人们生活质量，为促进世界和平作出更大的贡献。

在开幕式上，韩国文化体育部长次长代表文化体育部长官金荣秀致辞，日本里千家十五世家元千宗室也讲了话，祝大会圆满成功。

中午，在一家韩国餐馆用餐，大家席地而坐，吃韩国烧烤和泡菜。因是初次品尝，倒也新鲜可口。都是自己人，边吃边聊，频频举杯，笑语不断，气氛非常活跃，不一会儿，就把饭菜一扫而光了。

下午，举行学术报告，由中国农业科学院茶叶研究所所长程启坤、日本里千家十五世家元千宗室、韩国茶学会会长金明培作了基调发言，分别阐述三国茶文化宗旨、特点和发展历史。里千家是日本最有影响的茶道流派，千宗室曾多次率领茶道团到中国访问，每次都受到高规格的接待。我虽然久仰他的大名，但却未见过面，这次他率领了200多位日本茶友出席大会，气派很大，会前会后，都备受注目，很多人争相和他合影留念。我因和他不熟，也就没有与他交谈、合影，只是拍了几张照片留以备用而已。

晚上，东道主在世宗文化会馆设"开幕祝贺晚宴"招待大家，出席晚宴的还有韩国国会议长黄珞周、政务长官金德龙、环境部长官郑宗泽等政要。中国茶文化界的老朋友释龙云没有参加这次大会，但是今晚也赶来和大家见面。朴权钦会长代表大会组委会向王家扬、千宗室、范增平等各国和地区的茶人代表赠送"茶道同源""茶香万里"等题词的木匾，陈彬藩副会长代表王家扬会长和全体中国与会茶人致辞，他在讲话中首次提出建立"世界茶道"的建议。他说，中国是茶文化的发祥地，现在中国的茶道不但发展为日本的茶道、韩国的茶道，而且已经发展为世界茶道。世界茶道的精神可以概括为：和平、奉献。茶叶是一种常绿树，永久长青。在制茶过程中要经过炒青烘焙，多次揉捻。泡茶时又要经受滚水的冲泡，最后为人们提供健康的饮料，为人类的健康作出贡献。这就是茶叶的奉献精神。我们提倡世界茶道就应该提倡世界和平，提倡世界人类要为全人类环境保护，为世界人民的幸福作出奉献。他的讲话受到大家的热烈欢迎。接着王家扬会长代表中国国际茶文化研究会向东道主赠送"茶道无极"的书法作品。

大家共同举杯，为世界茶文化事业，为世界茶人的友谊而干杯。韩国的艺术家还为大家表演了韩国民间歌舞节目。整个晚会热情洋溢，充满祥和友好的气氛，给大家留下美好的印象。

三、1996年5月26日　星期日　晴

上午举行学术报告会，由各国学者宣读学术论文。今天上午宣读论文的有：日本简井紘一的《日本的饮茶风俗》，韩国朴钟汉的《五行若禅》，中国陈文华的《中国江西盾的茶叶生产和茶文化活动》、范增平的《台湾高山茶研究》、艾汉庆和徐永成的《茶文化对社会的作用》以及邹明华的《浅论茶与人的身心健康》等，由于有同声翻译，尽管韩国的翻译小姐汉语水平有限，译得结结巴巴，但使我们对日韩学者的发言多少有所了解，收获还是不小。

下午在汉城昌庆宫举行韩国成人茶礼和都里茶会。

昌庆宫是一座宏伟的宫殿建筑，也是一个美丽的公园。殿宇庄严巍峨，古木绿树成荫，游人如织。由于东道主的悉心组织，今天来的人特别多，韩国茶人们穿着色彩绚丽的民族服装，手里拿着绘有太极图案的纨扇，在明媚的阳光下，犹如美丽的彩蝶在花丛中翩翩飞奔，我们如置身于春天的百花国中，心旷神怡。

5月25日是韩国的茶节，年满20岁的青年男女要举行成年茶礼仪式，表示青少年已经进入成年时期，据说，全国在这一天有七八十万人举行这种仪式。今天参加这项活动的有十几对青年男女。他们穿着古代服装，男女分成两排，在昌庆宫通明殿前等候。先由成年妇女向神灵献上香烛、鲜花、瓜果和糕点，朴权钦和王家扬先生先点燃香烛，然后退场。接着青年们缓步登上台阶，由家长们给他们戴上冠帽，然后一对一对男女向神灵跪拜，接过茶盏，再向神灵跳开，祭后将茶饮尽，退回原位，一起向各自的家长们献茶，献茶时要跪下叩拜，家长也要跪坐在地上接茶。最后，主持人向青年们颁发证书，赠送写有"茶道中兴""本亲以本"等书画。整个仪式长达两个小时，但参加人员都很严肃认真，动作节奏缓慢，显得非常虔诚，毫无表演痕迹。很显然，经过这样的熏陶，韩国青年们一定对自古流传的茶道精神会有深刻的印象，韩国的茶文化已经融化在人们的日常生活中，这是相当不容易的。我在一旁看了也深受感动。

成年茶礼仪式结束后，在旁边的草坪举行都里茶会。参加茶会的有400余人，多数是妇女，大家围成一圈又一圈席地而坐，将各自带来的茶具放置在面前，做好泡茶的准备。

开始时先奉行敝花活动，由二十几位妇女将花篮在草坪中央排列成一个圆圈，纪念为茶叶事业和国家作出各种奉献和牺牲的先人们。然后由主持人吟诵祝词："在生机勃勃的五月野外，好天喜日，都里都里，手把手分享一杯茶，各样各色的茶杯，愿祝福和平的香气充满天地。都更的风采世世流传，心贴心，心连心，茶座犹如不分国界流淌的江河。啊，好天好日，我们一起尽情享受，生命的泉水永流不息，愿天地永久长青。"诵毕，众人敬茶三杯，第一杯敬天，第二杯敬地，第三杯向茶友敬茶，"分享一杯茶，世界同一心"。然后大家自由品饮，互相交流，气氛非常融洽和谐。

接着锁钠吹起韩国民间乐曲，表演带着假面的鬼脸舞（好像中国的傩舞），跳起狮子舞，场面的气氛逐渐热烈起来。最后大家高唱韩国民歌《阿里郎》，不分男女老少，跳起集体舞。在这种气氛推动下，一向老成持重的中国茶友们也活跃起来，纷纷加入行列，连年已八十的老会长王家扬以及年过花甲的陈彬藩、童启庆等也情不自禁地跳起舞来，把茶会推上了高潮。

据说，都里是协同的意思。起源于古代农民在劳动之余，伴着乐曲，品茗饮食，表达对丰收的祝愿和喜悦。后来发展为城里人为摆脱世俗的烦杂，在风光明媚的日子里到野外喝茶吟诗，欣赏大自然的美丽风光，终于形成一年一度的都里茶会。这种形式有点类似台湾蔡荣章先生提倡的无我茶会，只是更为自由灵活一些。韩国茶人联合会能够组织这么多的妇女参加这次茶会，范增平先生认为是迄今规模最大的一次茶会，说明韩国的茶文化非常普及，这是我没有料到的。看来，我们中国的茶文化活动要能达到如此普及的程度，还需要大家做更多的努力，我们中国的茶文化工作者的任务还是相当艰巨的。

四、1996年5月27日　星期一　晴

上午继续举行学术报告会。会天宣读论文的有日本林屋晴三的《茶汤世界和高丽茶碗的鉴赏》、韩国郑良谟的《高丽茶碗的特色》、徐汉棠的《茶与紫砂壶》、吐尔逊·吾守尔的《维吾尔族的茶文化》、苏芳华的《云南普洱茶对人体健康的有益作用》等。有意思的是林屋晴三和郑良谟的文章都是谈高丽茶碗的特色，因此两人同时登台轮流发言，形式颇为别致。他们在报告时放映了日韩两国古代茶碗的幻灯片，使我们有具体形象的感受。特别是其中放映了一件日本的国宝——建窑茶盏，是稀世的珍宝。这就是林耕文和普凡先生在《农业考古·中国茶文化专号》上《"唐物天目"茶盏在日本的传播》《建盏赴日特展考古记事》二文中提到的那件宋代建盏"曜变天目"。林蔚文在文中描写道："釉色浑厚凝重，器体整齐，在黑釉中闪现出点点曜变纹样，放射出独特的美丽光彩，是建窑中罕见珍品。"曹凡也细致描述他观赏的情景："我匍匐在毯子上，捧在手中，细心观赏，果然色彩缤纷，宝光四射，名不虚传，百闻不如一见，真宝

曜变天目

物也。建窑我发掘了几年，过目瓷片数万，尚未见到一件有这样美丽的建盏，反复看了将近一个小时，爱不释手，可谓叹为观止了。"他们在文章中没有附上照片，因而对这件建盏的真实面貌无法了解。今天看了幻灯，才知道定盏居然还有如此美丽的产品，真是大开眼界，饱了眼福。

论文宣读后，举行答辩，由陈彬藩、程启坤、范增平等人回答听众有关中国茶叶传播路线等问题的提问。接着由范增平对整个大会作简短的总体评价，认为是一次非常成功的会议。陈彬藩代表中国国际茶文化研究会进行学术总结，回答了什么是茶道，茶道的宗旨是什么等问题，再次强调了世界茶道的精神就是和平、奉献，提倡茶人应该奉行三乐主义：知足常乐、助人为乐、与众同乐。希望中、日、韩三国的茶人团结起来迎接21世纪——茶叶的世纪。最后，韩国茶学界老前辈陆羽茶经研究会会长，九十四岁高龄的崔圭用先生发表了热情洋溢的讲话，受到大家热烈欢迎。

下午举行各国茶艺表演。依次有日本里千家表演的日本茶道、韩国茶人表演的新罗茶礼、北京茶叶学会邹明华等人表演中国茶艺、韩中茶文化研究所表演的新疆和田茶道、马来西亚萧惠娟小姐表演的中国工夫茶等。这些表演大都看过，比较熟悉，只有和田茶道是初次和大家见面，具有新鲜感（封二下）。韩中茶文化研究所是韩国金裕信先生创办的，他四次率队赴新疆考察，整理了这套和田茶道。为了这次表演，他特地邀请了中央民族大学吐尔逊老师和中央广播电台的一位维吾尔族播音员以及浙江温州林晓丹先生专程来韩参加大会，并一起登台表演茶道。为了使表演更有真实感，他们从北京带来面食点心，在表演完之后分送给台下观众，大家争相品尝，形成一个小小的高潮。

晚上，在世宗文化会馆小会议室举行中国国际茶文化研究会理事会，除了国内的理事外，一些海外名誉顾问和理事出席了会议。会议由王家扬会长主持，回顾了两年来的工作，决定将在1998年于杭州举行第五届国际茶文化研讨会。会议选举了朴权钦为名誉副会长，增补吴尧民先生为副会长兼秘书长，还增选了日本静冈县茶叶试验场场长小泊重洋先生为理事。

五、1996年5月28日　星期二　晴

今天是大会最后一天，上午在城郊礼香继续举行茶道表演。礼香是一座仿照中国古代建筑建成的花园式酒店，园内环境十分优美，园外四面环山，景色也非常迷人。在主楼的四面墙柱上挂着一些写有中国古代诗词的楹联，其中有首杜牧的名诗《山行》："远上寒山石径斜，白云生处有人家。停车坐爱枫林晚，霜叶红于二月花。"与周围的风景十分贴切，令中国的代表感到分外亲切。

茶道表演在礼香一禾堂前面草坪上进行。首先表演的是韩国的"高丽五行茶礼"。所谓五行茶礼，就是每年采茶季节，依照中国古代的五行观点将茶礼分为献茶、进茶、饮茶、泡茶、饮福五个程序向茶圣炎帝神农氏祭祀，仅此一点即可看出摔国茶礼的源头在中国。

在草坪南端，搭起一个白色的帐篷，中间竖立"茶圣炎帝神农氏神位"。先由四位武士手执青、红、白、黑（上面绣有青龙、朱雀、白虎、玄武图案）旗帜站立东南西北四角，然后分别表演舞剑、舞扇、舞拳、舞刀，以驱赶四方魔鬼。接着两位身穿古代长袍头

戴黑帽的男士点燃圣火（从阳光取火），端到案上，两位身穿民族服装的妇女再用火引燃两旁的蜡烛。朴权钦先生穿着民族服装端着青瓷茶杯缓步上前，将它放在案上。接着依次各由两位妇女献上茶食、鲜花、果品。随后是以王家扬、陈彬藩先生为首的30几位各国代表手执鲜花排成两行缓步走至案前，行三鞠躬，将花插进瓶内。最后由一位男士献上一个硕大的茶碗。开始行茶礼时，有十位妇女分坐两边的草坪上摆上茶具，进行茶礼表演（每边各五位，也是体现五行的原则。按照五行茶礼规定，茶碗要分黄、青、赤、白、黑五种，茶也要用黄茶、绿茶、红茶、白茶、黑茶五类）。主持人一边朗读祭文，草坪上进行茶礼的妇女，同时进行置茶末、注水、搅拌、冲水，然后起立，分成两人一组，将茶端到案前倒进大茶碗中。主持人至案前向神农氏跪拜。祭文朗诵毕，草坪上表演茶礼者又将茶分送旁边的观众品尝。茶礼结束后，大家在草坪上围坐一圈，手捧那只大茶碗，每人轮流喝一口。王家扬和陈彬藩先生也坐入圈内，手捧大茶碗喝得津津有味，喜笑颜开。

五行茶礼之后，由浙江农业大学童启庆教授进行中国龙井茶艺表演，许多外国代表认真观摩，不停地记录、拍照。优美的古筝乐曲伴奏，浓郁的龙井茶香，令国外友人陶醉。

下午，大会安排国外代表参观汉城的一些名胜古迹。一起参观的除了中国代表外，还有马来西亚的萧惠娟小姐以及来自日本北海道的宝千流煎茶道的宗家姊崎有峰等四位女士，她们迟来一天，没有赶上开幕式，但和我们同住在北角花园宾馆。姊崎有峰女士曾经在1992年参加在湖南常德召开的第二届国际茶文化研究会，我们见过面，彼此见面都还记得，也算是熟人了。我们主要是参观建于1405年的昌德宫，这是一座国王的离宫，规模虽不大，环境还相当恬静，宫中的建筑和布局和中国封建时代的皇室建筑差不多。

晚上，在豪华的乐得宾馆举行盛大的闭幕式晚宴。朴权钦和王家物先生分别致辞，大家频频举杯，共祝会议的成功，祝世界茶人的友谊地久天长。朴权钦代表大会组委会向王家扬、陈彬藩、范增平及日本里千家代表赠送纪念品。韩国的一些著名影视明星和歌唱家表演了民族歌舞助兴。大家兴奋地随着歌声翩翩起舞，王家扬和陈彬藩先生也加入行列。众人手拉手连成长队绕着整个大餐厅尽情地欢跳。跳罢还不尽兴，朴权钦又带头登台歌唱，各国代表相继上台献艺。当乐师奏起我们熟悉的《夜来香》曲调时，连王家扬、陈彬藩和童启庆等人也即兴在台上手舞足蹈起来，将晚宴推上了高潮，歌声、掌声和笑声汇成了欢乐的海洋，给大家留下了难忘的美好印象，度过了极其愉快的一个夜晚。

六、1996年5月29日　星期三　阴

会议结束后，中国的代表分成两路到韩国各地参观考索。一路乘飞机去济州岛观光。一路赴庆州等地参观。我因为要多了解些韩国的人文景观，参加后一路队伍。萧惠娟小姐和日本宝千流煎茶道四人也和我们同行。

吃过早饭，我们一行30余人乘火车去庆州。从汉城到庆州坐特快列车需要四个多小时，中午在车上用餐。从我们乘坐的车厢到餐车要走过两节车厢，我们的行李全部放在行李架上，无法随身携带。我的行李中有贵重的摄像机和照相机，心中未免有点牵挂。但是陪同我们的韩国朋友并没有交代大家要带上行李，也没有留下人照看行李，我也就不便说什么。午餐花了半个多小时，虽然饭菜可口，可我始终惦念着行李，特别是中途有人上下车，更令我忐忑不安。当吃完饭后，我几乎是第一个离开餐车，快步走回车厢，老远就扫

视行李架上的东西。一切都纹丝不动，也没有人坐到我们的位上，我才放了心，随即就觉得自己的担心实在是多余的。由这件事，我联想起这几天在汉城见到的几件小事，都给我留下难忘的印象。前天在世宗文化会馆门口的公共汽车站上，看到有十几个人在等候汽车，虽然车还没来，但他们却自觉地排成一行，一直排到人行道上，静静地在等候。这使我非常感动，因为这样的良好习惯绝非一朝一夕所能养成的。又如在汉城的街上，车如潮涌，但几乎看不到外国车，极目所望，都是韩国自己生产的汽车，这不是韩国人买不起外国车，而是韩国上下提倡乘坐国产车。同样，在大街两旁的水果摊上看不见外国水果，香烟摊上看不见外国香烟。可见，韩国人的爱国精神不是停留在口头上，而是落实到行动上。在汉城的大街上，树立着巨大的标语牌，上面写着"身土不二"四个大字，意思是身体和国土不能分开，也就是说，个人和国家是连成一体的。"身土不二"，就是韩国人民爱国主义的高度概括。这不由得使我对韩国人民肃然起敬。

车到庆州，庆州茶人联合会派人迎接。在街上看到一家门前挂着"庆州徐氏宗亲会"的牌子。很显然，中韩两国之间的文化交流自古就非常密切，有很多徐氏家族很早就到韩国来谋生，将中华文明传播到朝鲜半岛，因此在庆州才有徐氏宗亲会的组织。徐汉棠先生和上海茶叶公司徐永成先生特别感到亲切，两人特地在牌前合影留念。

因时间尚早，主人先安排我们参观庆州博物馆及新罗时代临海殿遗址，那口巨大的圣德大王钟吸引着众多游人围观，园内陈列着许多石刻，大多是新罗时代的佛像。接着参观历史科学博物馆，规模不算大，主要是庆州古代的科技成就。随后就在一家四星级宾馆下榻。这是一座刚建成的豪华宾馆，设备齐全，服务周到。四周草坪宽阔，花木丛生，有几座现代雕塑，艺术性相当高，使得整座宾馆的格调显得更加高雅。

晚餐由庆州茶人联合会设宴招待，王家扬会长向他们赠送《茶经》等纪念品。韩国人能歌善舞，晚宴后照例要即兴演唱。中国代表这次无可推托，也就上台表演小合唱，吐尔逊副教授跳起新疆舞。我受到感染，也登台演唱一首日本歌曲《北国之春》，在座的日本朋友特别高兴，当我唱完一段歌词时，宝千流煎茶道的一位女士就上台与我同唱。汉语、日语混唱，别有情趣，受到大家热烈欢迎。唱完后，姊崎有峰女士特地过来向我表示感谢。音乐确实是没有国界的友谊使者，凭着它可以结交更多的朋友。

七、1996年5月3日　星期四　晴

上午参观庆州附近的名胜古迹。庆州是韩国的古都，有韩国的西安之称，是韩国古迹保护得最好的城市，被誉为"露天博物馆"。今天从汉城赶来一位导游姜先生（祖籍山东），使我们对参观对象有更多的了解。首先参观的是庆州茶人联合会会长崔且兰女士的史等伊窑，并在那里吃早餐。崔女士生于1928年，毕业于日本艺术学院，是一位陶艺专家，她的陶窑就设在庆州郊区。她送了我们一本著作《回转理致茶道》，是用朝鲜文出版，虽然看不懂，但从扉页上的一首中文七言古诗《回转原理》大体可推测该茶道的主要精神：

> 回转理致原一空，宇宙空致无数星。
> 星中空理三原致，太阳地球月世界。

上升下降原气发，一回终气新起发。

相互交变活动性，宇宙万物回转致，人间生活同一道。

　　陶窑四周种植许多花卉，环境幽雅。她的客厅、收藏室挂着一些画轴楹联，如"塞泉古鼎自煮茶""静坐处茶半香初，妙用时水流花开"。连厨房也设计得独具匠心，在不大的空间里，特地留着一块泥地，添置几块石头，种上几株茶树，显示着主人对茶和大自然的无限钟爱和执着的追求。

　　离开史等伊窑，驱车来到著名的石窟庵，入口处矗立着"国含山石窟庵"牌坊。这是一座建于1200年前朝鲜三国时代的寺庙，庙中石窟有座巨大的石雕佛像。这里是庆州的重要旅游点，游人众多，有许多小商贩在出售旅游纪念品，大家购买了一些小工艺品以做纪念。接着参观了佛国寺。天王殿中的四大金刚、大雄殿、佛塔，都与中国的寺庙相似，有许多中学生集体来参观，加上外国游客，使得安静的古庙显得很热闹。

　　吃过中饭，乘车离开庆州去韩国著名的工业城市蔚山参观。因时间关系，我们只参观了现代重工业株式会社。从汉城一路陪同我们的韩国茶人联合会事务局长郑仁梧先生有位朋友在该公司工作，给我们讲解，并在接待室放映介绍该公司成就的录像片。他说，贵国的领导人江泽民总书记和李鹏总理都到过本公司参观，也是坐在这里看录像。然后带领我们乘车在厂区里走马观花式地逛了一圈。该企业是在韩国西海岸的滩涂上建造起来的，以造船业为主，可生产百万吨级的轮船。至今已交付30多个国家船主6万多艘，4000万吨，占世界造船量的323.6%，是世界上著名的造船厂之一。该企业生产的船舶发动机产量，从1988年开始连续7年保持世界第一，占世界总产量的20%，其成就十分巨大。该公司也生产汽车出口各国，年产127万辆，与大宇集团同为韩国汽车主要厂家。整个厂区很大，一派繁忙景象，但环境非常整洁，到处是绿草鲜花，又濒临海滨，风景优美，令人赞叹。特别是那些轮船的庞大的身影给我们留下难忘的印象。

　　下午6时，从蔚山火车站乘特快列车于10时半到达汉城，仍在北角花园宾馆下榻。因为明天大部分中国代表就要回国，大家纷纷整理行装，直到深夜还不入睡。

八、1996年5月31日　星期五　晴

　　今天，国内的代表离韩回国，我因多签证了两天时间，还可以在汉城考察一下韩国的茶文化活动，拜访一些熟人。马来西亚的萧惠娟小姐也晚几天回国，与几位朋友取得联系，我们正好结伴同游。

　　一清早，金裕信先生就亲自派车来接我们。我和金裕信先生曾见过三次面，第一次是1994年4月上海首届国际茶文化节，第二次是同年8月在云南昆明举行的第三届国际茶文化研讨会，第三次是1995年4月在杭州举行的西湖国际茶会，这次在韩国举办第四届国际茶文化研讨会，因种种原因，有许多我熟悉的韩国茶文化界朋友没有参加，只有金裕信先生自始至终参加会议，接触也就多一些。今天他除了接待我和萧小姐外，还有席晓丹老先生和中央民族大学吐尔逊副教授等人，他们这次就是应金先生邀请来韩国的。金先生说："这几天你们太累了，上午先放松一下，去洗个澡。"于是将我们送到一家五星级宾馆——江边饭店，陪我们洗桑拿浴。我和林老都是首次洗桑拿浴，进入浴室之后，真有点不知所

措。金先生细心引导，一一指点，又冲又洗，又熏又擦，因语言不通，金先生只好又比又划，甚至亲自为我们擦背，关怀备至，真令人感动。

出了浴室之后，驱车来到汉城著名的延世大学，金先生带领我们拜访了韩国茶文化研究会会长尹炳相教授，尹教授热情接待，带领我们参观了校园和博物馆，还在学校的食堂招待午饭。我又多结识了一位韩国茶文化界学者，很是高兴。

下午，金格信先生请我们去汉城最大的一家游乐场"乐天世界"，参加各种游乐活动，观赏歌舞杂技表演，参观设在楼上的民俗展览。在参观民俗馆时，因多看了一些展品，与大家走散，紧赶慢赶，怎么也见不到熟人，结果七转八转，转到门口，但不是我们原来的进口，于是我沿着大楼想找到大门，谁知这座楼房太大，转到大门口已花去十来分钟，看看也不像是原来进去的地方，由于不懂朝鲜话，无法问路，心中有点慌张起来，不知还能否回得去，金先生他们一定十分焦急，心中也深感抱歉。无奈，只好再折回出来的那扇门，进去后坐电梯再回到民俗馆展厅，我想在那里等待，也许他们能找到我，幸好，当我刚跨出电梯，就见到金先生焦急的面孔，总算松了一口气。为了我一人，害得大家为我担心，浪费了时间，实在不好意思，今后应该吸取教训，到了国外不比国内，不要轻举妄动。

晚饭由金先生在韩中茶文化研究所设宴招待，由金先生的夫人亲自掌厨，菜肴十分丰盛。该所的成员一起出席，20来人围坐一圈，互相举杯祝酒，气氛十分融洽。饭后，金先生表演茶道，大家品茗叙谈，非常愉快。我们还仔细观赏他们收藏的各种茶具和茶文化书籍，其中有我主编的《农业考古·中国茶文化专号》，所里悬挂着各种以茶文化为主题的字画，其中也有林晓丹先生的作品，我和林先生都感到亲切。在该所会议室的屏风上，用中文书写着"茶道中正""精行俭德""饮茶兴、饮酒亡"，这是韩中茶文化研究所的宗旨，他们对茶文化事业的执着追求，我有了更深刻的了解。

九、1996年6月1日　星期六　晴

今天是我在韩国的最后日子，因为宾馆的房间另有安排，我和萧惠娟小姐就搬到市里的青年会馆去住，这里的房价比北角花园便宜1.7万元韩币，只要3.8万元，上街又方便，当然设备要差些，但还过得去，我们都觉得满意。

上午，我一人先在街上的饮食店吃了一份水饺，滋味虽不如国内，但因多日未吃到中国的饭菜，所以觉得还对胃口。然后和萧小姐先一起去拜访安于燮先生的"吃茶去"茶艺馆。安先生曾经在台湾留学，向范增平先生学习过茶艺，后回大陆自己开了一家茶艺馆，主要是经营茶具和茶叶。1994年在云南思茅首届中国普洱茶叶节上初次见面，因为他会说汉语，交谈甚欢，我还聘请他为《农业考古·中国茶文化专号》的顾问。这次因为出差，没有参加大会，但赶回来参加闭幕式晚宴，和我们见了面，会后他又出国去了。今天只有他夫人在店里张罗。茶艺馆坐落在汉城市钟路区坚志洞，面临大街，只有一间店面，面积不大，但布置得极为精巧雅致，四周陈设各种各样茶具，非常丰富，且富有艺术性，中间是一张红木雕的茶桌，呈树桩状，有个浅黄色凳子也是用树桩雕成，天然成趣。安夫人曾陪安先生在台湾留学，所以也懂汉语，她亲自泡茶招待我们。萧惠娟小姐还在店里购买了一些茶具，准备带回马来西亚。

这里附近实际上是一条文化街，集中经营美术、陶瓷、文具、茶具、古董和工艺

品，其中大部分货源来自中国，因此店名大多也使用中文，和"尚古斋""成志画廊""书艺""茶艺留香馆""茗陶宛""明新堂笔房"等。我好似置身于北京琉璃厂，感到格外亲切。

告别了安夫人，我们去离此不远的"东洋茶艺"店和郑仁梧先生相会，他陪我们到一家韩国饭店吃午饭，有一份白切肉使我胃口大开，几天来一直吃的是韩国饭菜，今天能吃到家乡口味，怎能不食欲猛增呢？不由得多吃了一碗饭。饭后，郑先生带我们到"古茶坊"品茶。这里茶艺馆之多，真让我吃惊，几乎是隔几步就有一家。韩国茶文化之普及程度是我始料不及的，我们过去了解得太少了。就以这家"古茶坊"来说，面积并不大，只有8张茶桌，布置得很紧凑，客人坐得满满的，其中还有高鼻子西洋人。在小小的店门前有一个很小的水池，上面装着一个小水轮，不停地转动，门内又有一个小水池，上面架着盆花，背后有一小石塔，塔下有一竹管在潺潺流水，注到池中。沿着狭小的楼梯，每一梯阶旁边放着一罐罐浸泡着中草药的玻璃帽子（该店供应一种掺有枸杞、枣子、柿子和参片的药茶）。上了楼梯，在拐角处，有一个石磨盘，也在流着水。上面墙角还挂着一些金黄的谷穗。进入茶室，四处有花卉盆景、鱼红、水池，流水冲着水轮转动，墙壁上挂着一些花鸟画。最妙的是还养着几只绿色的相思鸟，自由地飞来飞去，一点也不怕人。人在屋内走动，有时得在各种盆景的绿叶下穿过。在此品茗，犹如置身大自然，忘却屋外大城市的喧嚣。难怪西洋人也要到这里来消磨时光了。

依依不舍地离开这家茶艺馆，我们去拜访龙云法师的"草衣禅会"。龙云法师是位和尚，曾多次率领信徒到中国参加茶文化活动，也是国际茶文化研究会的发起人之一。我们多次见过面，是老朋友了。他热情地为我们泡茶，赠送了他主编的《茶谈》杂志和一套茶具以及两包他自己研制的茶叶给我们。我过去以为"草衣禅会"是座独立的寺庙，大概坐落在汉城郊区的一个山里。今天才知道是租借汉城市内临街的一层楼房。这大概是为了适合大城市信徒们的需要，便于他们的参拜，寺庙才搬到闹市中来，这也算是一个时代发展的产物吧。自古以来，禅茶一味，佛教与茶有着密切的联系，至今日本和韩国的和尚们一直积极参与茶事活动，他们曾多次率队来中国参加各种茶会。相比之下，我们对国内的佛教界重视不够，今后应该多争取他们加入茶文化的行列。

告别了龙云法师，郑仁梧先生亲自驾车来接我们，同来的还有一位韩国女士（她也是这次大会的积极分子，是郑先生的好朋友，可惜没有打听她的芳名）。郑先生将我们带到汉城奥林匹克体育馆，在这里曾经举办过奥运会，值得一看。但是当我们进入馆里才发现已是人山人海，热闹非凡。原来正在举行庆祝申请举办2002年世界足球锦标赛成功的音乐会，邀请一些外国歌星和韩国的著名歌星同台演唱。特别是当韩国的著名歌星演唱时，场内的年轻观众，掌声雷动，震耳欲聋，简直达到了声振屋瓦的程度了。韩国人的爱国热情又一次得到尽情地表现。说真的，我还从未见过如此壮观的狂热场面，真使我大开眼界。

庆祝会还要持续很长时间，我们听了一会儿就退场了。这时天已经黑了，郑先生邀请我们到一家高级酒店吃自助餐，然后又到楼下一边喝咖啡，一边欣赏菲律宾歌手的演唱，直到很晚才送我们回旅馆。今天可以说是过得最充实最愉快的一天，直到深夜还兴奋不已。

十、1996年6月2日　星期日　晴

今天上午，我要回国了。原来准备乘地铁去机场，但是郑仁梧先生非常客气，一定要

亲自驾车送我到机场，萧小姐也表示一定要送我到机场，这真使我不好意思。萧惠娟小姐是马来西亚紫藤茶艺中心的负责人之一，是该国茶文化活动的积极参与者和推动者。她曾多次到中国参加茶文化活动，以后又多次在国内茶文化活动中见到她活跃的身影。她对茶文化事业却非常执着，虚心好学，待人诚恳，给国内的同行印象很好。这次和她相处几天，接触更多，对她也有进一步了解。特别是这两天，和郑仁梧先生在一起，他们是用英语交谈，靠她的翻译，我才能了解彼此交谈的内容。也多亏她的联系安排，我才能在会后的两天里，对汉城的茶文化活动有深入的了解，这是应该向她表示感谢的。

早饭后，郑先生就开车来到旅馆。时间还早，他特地绕道到韩国国会大厦，让我们参观、留影。大厦前的草坪很广阔，他说，两年前曾在这里举行过规模很大的茶会。郑先生很细心，特地带了中国的音乐磁带，一路上放送中国歌曲，在异国的汽车上聆听自己国家的歌曲，自然是很高兴的。

车到机场，办完登机手续，还有点时间，郑先生又一定要请我们吃午餐。推辞不得，我要了一碗韩国面条，相当可口。然后我和他拥抱告别。他们走后，我在候机厅里心情久久不能平静。我和郑先生初次相识，又语言不通，无法深谈，他却如此热情接待我，使我异常感动。从他身上我看到韩国人民热情好客、诚挚待人的优良品格，充分体现了"世界茶人是一家"的茶道精神。但愿有一天，我能在中国和他相会，一定热情招待他，以报答他对我的深情厚谊。

12时，飞机准时起飞，一个多小时后，在北京首都机场顺利降落。早在出国之前，我已买好当天回南昌的机票，但其间只有一小时时间，本来也是够的，偏偏我的行李迟迟不见出来，等了将近半个小时，急得我在取行李处团团转，生怕丢失，误了转机。好不容易才见到我的箱子出来，竟是最后一件，赶忙冲过去，提起来就往外跑。出了机场，又奔上二楼国内旅客登机处，补办确认手续。直到通过安全检查，在候机室坐下来之后，才松了口气，但已出了一身汗。抬头看看墙上的时钟，竟然还有一个多小时的时间！原来韩国的时差比中国早1小时，我不记得将手表上的时针拨转回来。想起过去两次去日本，在回国时都因超过一天时间，在机场补办手续费了不少周折。这次虽然一切顺利，却没想到在国内机场因时差而受了一场虚惊，想想不禁暗自好笑。

两小时后，飞机安全到达南昌，终于结束了这次韩国之行。

（文章原载《农业考古》1996年第4期）

题敦煌茶艺馆

"红豆生南国，春来发几枝？愿君多采撷，此物最相思。"

南国的茶艺馆，就像晶莹剔透的红豆一样，在新世纪的春天里生机勃发，闪烁光辉，成为一道亮丽的风景线。而广东南海的敦煌茶艺馆，则是这道风景线上的一串闪亮的明珠。

敦煌茶艺馆创办于1994年，在岭南茶艺馆中是较早的一家，也是较为成功的一家，并且一开始就形成了自己的独特风格：熔饮食文化、茶文化和绘画艺术于一炉。如今，敦煌茶艺馆已经发展到六家，虽然大小不同，但格局却是一致的：中间是具有浓厚大唐风韵的装饰风格、将茶艺与餐饮相结合的茶艺馆，一边是茶叶和茶具门市部，一边是画廊。而画廊中陈列的都是一些实力派画家的优秀作品。这自然与其主人的个人修养和爱好有关：女主人热爱茶艺、善于经营，男主人又精通绘画的鉴赏和收藏，这是一般茶艺馆的老总们难以兼备的。由此亦可明白，风格正是自己的文化修养和艺术追求的体现。

敦煌茶艺馆虽然也供应餐饮，但它与所谓"一盅两件"的广东老茶楼是有明显区别的，区别之处就在于它突出了茶艺的地位。不但在饭前有茶艺小姐为客人演示工夫茶艺，而且贯穿始终，不断地给客人献上香气馥郁的好茶，这与一般的酒楼开始端上一壶茶，等酒水上来之后就将茶壶茶杯撤走有很大区别，酒楼中的茶水只是解渴、开胃或者是漱口之用，毫无茶艺可言。敦煌茶艺馆与绘画结合并不仅仅是因为开了一家画廊，而是整座茶艺馆从大厅到包厢都悬挂着众多的优秀画家的原作，琳琅满目，美不胜收，置身其间，自然会感受到浓郁的艺术氛围，人们一边观赏画家的杰作，一边品尝精美的饮食，一边欣赏悠扬的乐曲，真是眼福、口福、耳福齐享，其乐融融，其乐无穷。

但是，敦煌茶艺馆并不就此止步。他们对茶文化有着执着的追求，曾经因在报上看到一幅茶艺表演的照片而不远千里上门拜访，还不计成本邀请茶艺队来南海表演，又引进人才，组建茶艺队，大力宣传、普及茶文化，受到各界人士的交口称赞。

进入21世纪之后，敦煌茶艺馆又将自己融入全国茶文化界，自觉地成为其中的一员，并在21世纪的第一个春天，与其他单位联合在南海主办了"中华茶艺面向世界研讨会"，来自日本、韩国、新加坡和中国大陆及港澳地区的10多位专家学者云集在敦煌茶艺馆，共商发展中华茶艺大计，同时也给予敦煌茶艺馆很高的评价。可以预料，在21世纪里，敦煌茶艺馆必将有新的举措，得到新的发展，获取新的成就，就像敦煌壁画中的飞天女神一样，飞上一个新的高度，飞上更为广阔的天地。正是：

"敦煌"生南海，逢春发新芽。

愿君勇开拓，展翅飞天涯。

塞北茶艺界的报春花

塞北的茶艺馆，就像晶莹剔透的北国红豆（枸杞）一样，在新世纪的春天里生机勃发，光辉闪烁，成为一道亮丽的风景线，而宁夏银川的茗秀园茶艺馆，则是这道风景线上的一颗闪亮的明珠。

塞北的茶文化活动起步较晚，直到1996年才有一位学建筑设计的女大学生开办了一家茶艺馆，这就是茗秀园茶艺馆，在她的带动下，如今银川市已有10多家茶艺馆，真是一花引来百花香，茗秀园成为塞北茶艺界的第一朵报春花。

茗秀园的风格是熔饮食文化和茶文化于一炉。她虽然也供应餐饮，但她与一般的酒楼菜馆有区别。区别之处就在于她突出了茶艺的地位。一般的酒楼开始也端上一壶茶，但酒水上来之后就将茶壶茶杯撤走，酒楼中的茶水只是解渴、开胃或者是漱口之用，毫无茶艺可言。而茗秀园在供应餐饮的同时，还提供各地丰富多彩的上等名茶供顾客选用，由训练有素的茶艺小姐专门为客人泡茶。因此，客人们不仅享用精美的菜肴，还能品尝到一般酒楼菜馆难以得到的香气馥郁的好茶。茶文化在她的饮食文化中占有突出的地位。

然而，茗秀园并不就此止步。她对茶文化有着更为执着的追求，多次专程到南方参加国际茶文化活动，虚心观摩、学习各国的茶艺表演，购买大量茶文化书刊供职工学习以提高她们的服务品位；为了确保名茶的质量，还不远千里到名茶铁观音产地（福建省安溪县）和庐山云雾茶产地（江西省庐山）的茶园中参观考察，观摩茶叶的采制和加工，选购了上等名茶带回塞北；甚至不惜重金专门到全国最大的茶艺培训基地南昌女子职业学校聘请了一批专业学员，以充实茶艺队伍，提高服务质量。这一切都是为了确保茗秀园品牌的声誉。

面对商业的激烈竞争，谁都不能一劳永逸、高枕无忧。如何不断拓展新的领域和深化内涵始终是茗秀园面临的新课题。于是她又到瓷都景德镇学习，将陶艺引进了茶艺馆，办起了宁夏第一家陶艺坊。为了使茗秀园的餐饮更具有茶文化的特色，她专程赴上海天天旺茶宴馆登门求教，并以执着和真诚感动了天天旺茶宴馆总经理、中国茶宴的开拓者刘秋萍女士，终于答应传授茶宴的制作技艺。当她亲率厨师们从上海学艺归来之后，茗秀园的餐桌上就飘起诱人的茶香，吸引了大批的新老顾客。茗秀园又成了宁夏第一家茶宴馆。永不满足，永不止步，勇于开拓，追求卓越，成了茗秀园的企业精神。

进入新世纪之后，茗秀园茶艺馆又有引人注目的新举措，将茶艺馆的面积扩展到一千多平方米，成为宁夏最大的茶艺馆，也将宁夏的茶艺馆业推上了一个新台阶，对中国茶艺事业作出了新的贡献。茗秀园走过的道路并不平坦，有过坎坷，有过曲折，但是她就像是一株倔强的梅花，经过风霜雨雪的洗礼，愈加娇艳地挺立在塞北高原之上，色泽明丽，香韵高绝，使人迷恋，令人陶醉。正是：高原一树梅，笑迎朔风吹。韵高醉北国，香绕白云飞。

（文章原载《农业考古》2001年第4期）

老来偏饮普洱茶

我从小生活在福建闽东三沙，受福州地区的影响，爱喝花茶。后来到厦门读书，受闽南地区的影响，常喝乌龙茶。但在厦门大学期间，夏天又爱喝校园冷饮店供应的冰红茶。毕业后分配到江西工作，四十多年来主要是喝绿茶，就是没有机会接触普洱茶。偶尔出差云南，喝上几次，总觉不对胃口。没想到，年过花甲之后，却又主动喝上普洱茶了。

普洱茶是以云南大叶种茶为原料制成的青毛茶，以及用它压制成各种规格的紧压茶，如沱茶、方茶、七子饼茶等，主产于云南省思茅、西双版纳地区，其茶叶大部分集中到普洱府进行加工精制运销国内外，故称为普洱茶。

普洱茶是中华茶文化的活化石。它保留唐宋团茶古意盎然的形态，具有越陈越香的独特风味，讲究时间年代而有历史价值，许多陈年普洱常成为人们的收藏品，因而受到人们的喜爱。台湾普洱茶专家邓时海教授盛赞它"真为茶中之茶"。

普洱茶具有味浓、耐冲、性温、保健四大特点。

味浓：普洱茶滋味醇厚，后味甘长，清香可口。普洱茶的香气是藏在味道里面，感觉较沉，所以闻的香气与喝时的香气感觉不同，是以味道带动香气的茶叶，具有越喝越香的特点。

耐冲：普洱茶是大叶种茶制成，内质特好，耐于冲泡。有时泡一壶可以喝上一天，经过数次加水，仍然有滋有味，可谓经济实惠，其实，物美价廉也是它的一个优点。

性温：普洱茶茶性中和、正气，尤其适合中老年人胃口，也较适合珠江三角洲和港台人士的肠胃。

保健：普洱茶的保健功效较强，能消脂、去腻、暖胃理气、解胀醒酒，对于降低胆固醇及过多尿酸，都有确定的效用。近年来经医学分析，普洱茶还具有明显的抗癌作用。据研究报告称："用体外培养的人癌细胞在显微镜下观察，没有看到咖啡对癌细胞的杀伤作用，而绿茶及红茶则可杀伤癌细胞，以绿茶的作用尤为明显。比较了许多品种的绿茶的功效，发现普洱茶杀灭癌细胞的作用最为强烈，甚至常人喝茶的百分之一的浓度亦有明显的作用。"[1]

我是因体检时发现血脂、血糖都偏高，除了服药之外，就是多喝茶。在一次茶文化会议上，听到当地一位领导说他因血脂高，连喝了三个多月的普洱茶就恢复了正常。于是我就专门写信请云南思茅的茶友替我买普洱茶，如今也坚持喝了两年时间，感觉很好。于是，普洱茶就成为我的日常伙伴了。真是：

老来偏饮普洱茶，品茗保健乐无涯。

参考文献

[1] 梁明达, 胡美英. 普洱茶——廿一世纪的抗癌保健饮料 [J]. 农业考古, 1993 (4): 78-79.

（文章原载《农业考古》2002年第2期）

第三篇

陈文华茶文化学术成果摘要与评述

连振娟

学术论文与报告

1.群策群力，为振兴中国茶文化而共同奋斗

中华茶文化的形成和传播是中华民族对世界精神文明的重要贡献之一。文章从政治、文化、社会、经济多个角度，以数据、史实、研究成果等支撑，考察分析出我国开展茶文化的研究和普及活动，都是十分有益且非常必要的，作者提出应在深入开展茶文化学术研究的基础上，提出当务之急是抓三方面工作，尽快将中国茶文化活动推到一个新阶段。呼吁同胞群策群力，为炎黄子孙的共同财富，为振兴中国茶文化而共同奋斗。

2.依靠高科技，重振中国茶业雄风——从婺绿茶晶的开发到我国饮茶史上的第二次革命

本文为陈文华教授在全国政协八届二次会议上的书面发言。目前我国茶叶经济在国际市场上不景气的本质原因——传统的饮茶方法在快节奏时代很难取得突破性的成就。文章言简意深，洞彻事理，指出中国茶叶市场不乐观的前景和急需改变创新的局面，具有促进、鞭策、激励的作用。利用生物工程技术提炼的婺绿茶晶很好解决瓶装茶饮料冷后浑的问题，市场潜力极大，并在国内外取得领先地位。饮料风味好、绿色健康、消费对象广、经济效益高，抓住良机必然引起我国饮茶史上的第二次革命。诚恳建议相关部门、组织一起重振中国茶叶经济雄风，领导世界饮料新潮流！

3.请高度重视少数民族砖茶型氟中毒问题

本文为陈文华教授在全国政协会议上的书面发言。文章根据实验室与防疫站等单位在藏族地区的调查发现——该地藏族同胞氟中毒严重是由长期饮用砖茶导致为引，以真诚、恳切的态度指出解决这一问题的正当性和急迫性，体现认真履职、为民发声、为民着想，肩负时代使命感的责任，具有引导带头的意义。最后提出解决这一问题的困难之处，并提出切实意见，诚心正意为少数民族同胞的身体健康问题发言。

4.江西省的茶叶生产和茶文化活动

江西省的茶叶生产和茶文化活动历史悠久。文章分析了江西省茶叶生产概况，介绍了江西省一所茶叶学校和三家茶叶科学研究所的情况，并从江西的茶俗、茶艺、茶文艺、茶文化研究多个切入点阐述江西省茶文化及其研究活动。文章是早期比较全面解析江西省茶事活动的文献，后被多篇文章引用。

5.在"第一届桂林国际茶会"闭幕式上的发言

文章是对1996年举办的第一届桂林国际茶会的总结发言。第一部分会议概况，介绍了与会代表。虽只是百余人的规模，但参会的多位代表是中国、日本、韩国茶文化研究领域的领军人物、积极参与茶文化活动的知名人士和茶业界的企业家。尤其是被誉为中国当代四大茶圣之一的王泽农教授的出席，大大鼓舞了与会代表。第二部分介绍了在这次会议上进行的6个茶艺表演节目和3场茶会。第三部分是会议的学术研讨内容，既有直观的茶艺

演出，又有深入的学术交流。对于此次盛会，陈文华先生归纳为"前程远大，任重道远，同舟共济，跟上时代"，展望了中国茶文化事业的发展前景和前进道路。

6.访韩日记摘抄

这是一篇长达十天的日记摘抄，自1996年5月24日至6月2日，文章生动而完整地记录了参加第四届国际茶文化研讨会的过程。作者仿若尽职尽责地现场报道记者，将每一天的活动安排都详细地展示出来；同时又是一位现场解说专家，将活动的文化内蕴及出彩之处一一点评。文章读完，宛若亲临现场。

7.在"第四届上海国际茶文化节学术讨论会"上的讲话

文章为作者在1997年4月26日至5月2日举行的第四届上海国际茶文化节上的讲话，根据录音整理而成。发言首先总结了我国茶文化事业这些年取得的成就，包括学术成果的出版、茶艺馆的兴盛和国际性茶文化节的举办。发言的重心是对提升我国茶文化研究学科理论水平的期许和对解决实际问题的重视，比如茶艺馆的发展方向、茶文化知识的普及。发言虽简短，但透露的是对我国茶文化发展的深入思考。

8.《中华茶文化基础知识》前言

《中华茶文化基础知识》是1999年8月由中国农业出版社出版的图书，介绍了茶叶、饮茶以及茶文化等有关茶的基本常识。本文是此书的前言，由茶艺馆的兴起及特色，述及此书的编写由来和编写过程。提出："对于茶艺馆工作人员来说，只懂得如何泡茶是远远不够的"，需要不断丰富自己的茶文化修养。

9.茶艺·茶道·茶文化

茶界对有关茶文化的概念存在一些分歧、模糊甚至混乱的现象，对很多问题都存在误区，没有统一的认识。作者就茶艺、茶道、茶文化问题加以探讨，以求得共识。文章从物质文化、制度文化、行为文化、心态文化四个层次对茶文化进行探讨，强调心态文化是茶文化的最高层次，也是茶文化的核心部分。通过对茶艺、茶道和茶德问题的探讨，日本茶道、韩国茶礼和中国茶德的对比，试图厘清三者的概念区分，提出茶道精神是茶文化的核心。茶文化不同于一般的饮食文化，承担着种种社会功能，需要每一个从事茶文化事业的茶人自觉遵从。

10.中国茶文化研究的丰硕成果——简评《中国茶文化经典》和"中华茶文化丛书"

这是一篇简短的书评。寥寥几句，先高度概括江西茶文化在中国茶文化史上的重要地位，再点出改革开放以来江西茶文化研究的突出成就，尤其是文章点评的对象——250万字的《中国茶文化经典》和十本一套共120万字的"中华茶文化丛书"，赞其"既是对数千年茶文化史的总结，又是奉献给新世纪茶文化界的一份厚礼"。与我国历史上的茶书相比，这两套书是辉煌的茶文化研究的资料库，作者的自豪之情充溢在字里行间。

11.书序四篇

这是作者为四本著作所做的序言集合。每篇序言都各有风格，与著作相映生辉。丁文《大唐茶文化》序言，辨析了茶文化的广义和狭义之分，高度评价了《大唐茶文化》在普及茶文化知识方面和提高广大爱茶群众的茶文化理论素质方面的作用。欧阳勋《论茶绝句》序言，列举了大量茶诗词，梳理了茶诗词发展的简要历程，认为《论茶绝句》自觉地采取诗歌的形式来反映茶文化的丰富内涵，是有益的尝试，也具有创新的意义。曹进《茶文化的使命与现代茶艺》序言，详细介绍了曹进先生在茶叶科学研究领域和茶文化研究领域取得的成就，特别是其献身科学的奉献精神令人可敬可佩，这本《茶文化的使命与现代茶艺》即是曹进先生的茶文化学术结晶。侯军《白春茶话》序，娓娓回忆了与本书作者的结缘过程，评价作者的研究是以作家和学者的身份从更高的层次上审视茶文化。

12.论当前茶艺表演中的一些问题

文章就茶艺表演实践中引发出的一些问题进行了深入思考和辨析。首先溯源了茶艺和茶道的发展历程，并界定了其内涵和地位。继而比较详细地介绍了工夫茶、禅茶等十几种茶艺表演形式，并概括为传统茶艺、加工整理和仿古创新三大类型。在此基础上，提出当前茶艺表演中存在的"概念不清，艺、道混同""自然主义，照搬生活"等六大问题。为解决这些问题，作者紧紧围绕"茶艺"进行了从概念到实践的多角度探讨，对于厘清茶艺的内涵、性质、定位、规范、创新及促进茶艺更好地发展极为重要，也受到诸多专家的关注。

13.当代的《茶经》——简评《中国茶叶大辞典》

唐代是我国茶叶历史上具有里程碑意义的时代，代表性茶学著作是陆羽的《茶经》。《茶经》是中国乃至世界现存最早、最完整、最全面介绍茶的第一部专著，被誉为茶叶百科全书。21世纪正是中华茶文化发展史上具有里程碑意义的新时期，文章认为这个新时期的代表性科学巨著就是《中国茶叶大辞典》。文章将《中国茶叶大辞典》赞为当代的《茶经》，并从几个角度给予了明证。从涵盖的内容看，此书包括了广义茶文化的诸多文化现象，且有关狭义茶文化内容分量很重。以条目和字数计，《中国茶叶大辞典》是一部规模空前的皇皇巨著。从作者队伍看，由国内200多位专家、学者组成，涉及科研、教学、经贸、生产部门，其中多为学科带头人，作者队伍具有权威性。

14.题敦煌茶艺馆

文章介绍了敦煌茶艺馆，创办于1994年，一开始就形成了自己的独特风格：熔饮食文化、茶文化和绘画艺术于一炉。从装饰风格到经营方式，都突出了茶艺的地位。敦煌茶艺馆组建茶艺队，普及茶文化，主办研讨会，受到各界人士的交口称赞，在新世纪里必将得到新的发展。

15.塞北茶艺界的报春花

文章介绍的是宁夏银川的茗秀园茶艺馆，这是塞北的第一家茶艺馆，饮食文化和茶文化浑然一体，且执着于充实茶艺队伍，提高服务质量。不断学习，不断创新，勇于开拓，追求卓越，是茗秀园的企业精神，因而茗秀园由塞北的第一家茶艺馆，又成了宁夏第一家茶宴馆，又成为宁夏最大的茶艺馆，对中国茶艺事业作出了新的贡献。

16.关于《禅茶》表演的几个问题

茶艺表演是作者一直重点关注的茶文化研究领域，此文专门介绍了《禅茶》表演的相关内容。《禅茶》是我国最早反映禅茶一味的茶艺节目，其编创由学者、宗教人士、艺术家共同努力而成，分为上供、手印、冲泡、奉茶四个部分，首场演出后影响不断扩大。其成功之处在于始终牢牢坚守"茶"这一核心，服装道具和布景凸显"禅"的意蕴，所选的佛乐易于引导观者进入空灵、静寂的"禅"的意境，真正将禅宗文化和茶艺表演结合起来。

17.论中国茶道的形成历史及其主要特征与儒、释、道的关系

茶人在品茗过程中除了对色、香、味、形等感官上的享受之外，还伴生着哲理上的追求。茶道在漫长的发展过程当中自然会受到儒释道等诸多哲学思想的影响和渗透。文章通

过大量古代典籍、诗词等文献，梳理"中国茶道的形成历史"，探讨"中国茶道的本质特征及其与儒、释、道的关系"，论证"茶道与民众的思想观念"的密切关系。文章紧紧围绕"茶道"展开分析，既有时间上的跨度，也有中外对比；以茶道融汇儒、道、释思想，亦没有忽略民众茶俗中反映出的思想内涵，在充分肯定文人雅士对中国茶道作出巨大贡献的同时，也对人民群众的贡献给予充足的评价。

18.老来偏饮普洱茶

这是作者现身说法，为普洱茶做了一个朴素但专业的免费广告。从年少到花甲，作者受人生经历影响，爱喝花茶、乌龙茶、冰红茶、绿茶，老年则为身体健康开始喝普洱，终与之结缘成日常伙伴，于是作者积极宣传普洱的味浓、耐冲、性温、保健四大特点。

19.《长江流域茶文化》后记

本文是作者于2004年出版的《长江流域茶文化》一书的后记，叙述了书稿写作的心路历程和学术风格，既要符合"长江文化研究文库"要求的学术性，又要做到雅俗共赏，让更多的读者了解茶文化。作者煞费苦心，以文献资料为主要证据，在占有大量文献资料的基础上，吸纳当代研究的最新成果，独辟蹊径，从历史角度来考察茶文化发展的进程。作者特别指出的资料来源，一是《农业考古·中国茶文化专号》上的近三千篇文章；二是《中国茶叶历史资料选辑》《中国茶叶历史资料续辑》《中国茶文化经典》等著作。作者以茶结缘的茶友、默默支持的家人，也是本书成稿的动力来源。

20.论中国历代的品茗艺术

文章简述了品茗艺术形成的历史过程，认为烹茶技艺、程式重点在茶叶、用水、器具、环境、烹煮、品尝六个方面。

品茶的物质基础是茶叶，历代茶叶加工各有特点，至清代茶叶品种齐全，各大茶类均已产生，文章详细介绍了茶叶的选购原则和方法。茶叶的色香味需要靠水来体现，水在品茗艺术中的重要地位从历代谈论饮茶用水的诗文中得到充分体现。"茶滋于水，水藉乎器。"茶具不仅具有实用性，人们在品茗之时也会欣赏泡茶器具的艺术美。随着饮茶方式、审美倾向的变化，茶具的材质、形制也跟着改变。雅室为品茗环境，可分为野外、室内和人文三类。冲泡是品茗艺术的关键环节，包括煮水和泡茶的技巧。品尝茶汤是品茗艺术的最后一个环节，是品茗艺术的收官步骤、目的所在，"色""香""味"不可或缺。文章的特点在于引用了大量的典籍、诗词文献，表征各个时代对品茗艺术的追求，对比了不同时代品茗艺术的差异和进步。既有大的时代方向的把握，又有细致入微的细节考证。呼吁茶艺工作者吸取古人品茗艺术的精华，掌握专业知识，努力攀登中国茶艺尽善尽美的高峰。

21.《台湾茶艺观》序言

范增平先生将多年来发表过的有关茶艺和茶文化问题的文章结集成书取名为《台湾茶艺观》，作者为之作序。茶文化发展历程中至关重要的"茶艺"这一概念的确立最早就是台湾茶文化界完成的。序言中，作者仔细回忆了与范增平先生的结缘过程，每每都在茶文化研讨会上。范增平先生积极参加茶文化活动，孜孜不倦地进行茶文化研究，从这些著作、文章中可以了解范先生在不同时期对茶艺问题进行的种种阐释和所做的贡献，亦可窥见台湾茶艺事业的发展历史和实际情况。

22.异彩纷呈的长江流域茶俗

茶俗就是民间的饮茶习俗。中国茶俗由于历史、地理、民族、文化、信仰、经济等条件的不同异彩纷呈，不仅能反映民众的饮食习惯和文化心理，还具有珍贵的历史价值。文章按地理区划，以通俗易懂的文字、言简意赅的叙述分别介绍了长江上游、中游、下游和闽台两广流域的茶俗风情。文章详细列举了几十种不同区域的茶俗，分析解读了不同区域茶俗的特色及形成原因，从中可以概览长江流域各地或相对古早或贴近现代的饮茶方式，可以了解茶在民众爱情婚姻、丧事祭祀中的角色功用。如何整理、研究、保护、开发这些茶俗资源，是摆在广大茶文化工作者面前的一个重要课题。

23. 无禅茶不香——舒曼《吃茶去》序

"吃茶去"是唐代赵州禅师从谂的一则著名公案，影响禅宗文化和茶文化千余载。从谂禅师三呼"吃茶去"，以茶为媒介，妙传心印，已成为"赵州禅茶"的文化符号。舒曼认为它将成为河北省走向世界的一张名片，于是写出一组以"吃茶去"为主题的文章，收入本书，且将"吃茶去"作为书名。序言以此为切入点，娓娓道来此来龙去脉，肯定了作者取得的成绩，且期望舒曼先生就这一专题继续深入研究。

24. 韩国茶文化简史

中国茶文化何时传入朝鲜半岛，学术界历来有不同看法。文章首先辨析当前一部分缺乏明确的文献记载的推论，同时提出本文的论点。文章采用古代典籍、诗词等文献阐述朝鲜半岛的茶文化发展历程与中国茶文化发展息息相关。我国唐代中期兴盛的饮茶之风、宋代的点茶技艺、元末明初的叶茶冲泡法等都对朝鲜半岛的茶事活动产生深远的影响。当代韩国的茶文化日趋活跃，与中国茶文化交流频繁。

25. 中国的茶艺及其在中国茶文化史上的地位——兼谈中日茶文化的不同发展方向

茶艺与茶道是中国茶文化的核心，但与日本茶道相较，中国茶道则稍显薄弱。作者对中国茶道观念不发达的原因进行了探索，以茶书、茶诗文为证简述了中国古人追寻茶道的历程，辨析了中国茶道与日本茶道同源却差异巨大的原因，有理有据，令人信服。作者还重点阐述了中国茶艺高度成熟，而日本茶艺一直以来沿用了宋代点茶法。饮茶在中国，是一种充满审美情趣的艺术行为，这种境界在历代茶人的大量诗文得以充分展现，符合中国文人崇尚自然、追求天人合一的本性。日本茶道注重的是教义和仪式以及信徒们的虔诚与专一，对茶道形式和教义的重视远远胜过对茶汤香味的追求。不同的历史、文化背景造成了中日茶文化相异的发展方向，但都是本国的文化瑰宝。

26. 让中国茶艺走向世界

人类食用茶叶的方式大体上经过吃、喝、饮、品四个阶段。文章以文献为证，言之有序，张本继末，梳理了中国茶艺的发展历程，从旧石器时代的神农尝百草、西晋时期品茗艺术萌芽、唐代品茶变成生活艺术、宋代更高层次的审美意境，到明清时品茶成为高雅艺术，随时代而演进，是一种人性化、生活化、艺术化的品茶方式。世界上所有国家的茶叶和饮茶方式都是从中国传播过去的，虽同源但未共流，因文化差异和历史背景的不同，中国茶艺外传后发展出不同的特色，也造成了中国名优茶在国际市场上的尴尬地位。改变这种局面的最好办法就是弘扬中华茶艺，这是中国茶人的神圣使命。

27. 我国饮茶方法的演变

茶在我国历经了5000多年的发展历程，饮茶方式随着时间的变更而演变出不同的风格和特点。文章以时间为轴线，循序阐述了各个朝代的饮茶方式。汉代应是烹煮方法，但具体方式未知，且可能已出现饼茶；南北朝时期人们饮茶时已经使用竹扫搅拌茶汤，为宋代点茶法的滥觞；唐代最盛行的是饼茶，其饮用方法是煮茶法；宋代演变成"点茶法"，也是宋代斗茶时所使用的方法；明代的散茶冲泡称之为"撮泡法"，是将茶叶投放在茶瓯（杯、壶）中用开水冲泡，壶泡法在明清时期经过文人的改进，至清代已经形成一整套完整的程式，一直沿用至今；袋泡茶、速溶茶、浓缩茶和罐装茶饮料则是当代新出现的茶叶产品及饮茶方式。饮茶方式的发展演变同时伴随着品茗艺术和审美境界的追求。

28.我国古代的茶会茶宴

在古代，茶会和茶宴都是指用茶来招待客人的聚会，其历史至少可以上溯至西晋时期。唐代的茶会、茶宴都是以茶代酒的文人雅集，官办茶会、宫廷茶宴规模气势要远超一般文人聚会。宋代文人也经常举行茶会，茶艺表演和环境布置更具高风雅韵。至明清，盛行茶会茶宴。各个时期茶会茶宴的器具使用、品茗环境有所区别，但主要的类型都为文人雅集、官办茶会、宫廷茶宴。文章的文献资料还大量引用了茶画，茶画以绘画艺术记录茶事，是茶文化的重要艺术表现形式。

29.《中国茶文化学》后记

《中国茶文化学》由中国农业出版社于2006年出版，是江西省社会科学院重点学科中国茶文化学的科研成果。本文为《中国茶文化学》后记，说明了本书的写作缘起，是应当时茶艺教学教材缺乏的困境而组织编写的本书。

30.中国古代民间和宫廷的茶具

本文综合文献记载和考古资料对中国古代的茶具进行宏观的考察，认为茶具随着饮茶方式的产生而产生，随着饮茶方式的变化而变化。由于民间百姓与宫廷贵族经济水平和政治地位不同，人们在饮茶过程中的价值追求也不相同，因而在茶具文化上也呈现明显的差别。

31.中国古代的茶文化典籍

茶书指古代记载有关茶文化内容的图书，具有极为重要的学术价值，是我们研究中国茶文化历史的重要资料来源。茶书按照内容可分为综合、地域、专题、汇编四大类，文章按时代顺序分别介绍了各类茶书的内容及其价值。版本对于图书尤其是古代书籍的价值非常重要，选择茶书的时候需要注意版本问题。文章最后梳理出古代茶书简史，解析各时代茶书之间的联系，利于读者把握好文献的参考价值。

32.茶具概述

茶具在茶艺活动中具有极其重要的地位，没有茶具就无法进行茶事活动。本文从茶具定义、茶具名称、茶具质地、茶具种类四个方面，简明扼要、全面系统地介绍了由古至今的饮茶用具。文章对古今茶具定义进行了辨析，梳理了10类34种用途不一的茶具名称，茶具质地多种多样但主流是陶瓷，以饮茶方式将茶具种类划分为痷茶茶具、煮茶茶具、点茶茶具、泡茶茶具四种。茶具概述角度全面，罗列详尽，以文献资料和出土文物为据，在论述茶具的实用功能的同时，亦重视茶具的艺术性和观赏性。文章认为创造出一整套适合各种饮茶方式的茶具，是人类饮茶史上的一个重大成就。

33.《双井茶诗集》跋

《双井茶诗集》是由吴玮、吴东生编著，于2007年在中国广播电视出版社出版的图书，书中收集有关双井茶的诗文，汇编成册。文章为本书的后序，介绍了江西修水的双井村、所生产的双井茶和黄庭坚、苏轼等文学家歌咏双井茶的诗词。此跋文赞赏本书给人们研究双井茶的历史文化提供的价值，启迪人们去深思开发双井茶的深厚文化资源，从而更好地为发展修水以及江西的现代茶业服务。

34.湖州茶人对中国茶文化的重大贡献

文章认为，中国的品茶艺术（茶艺）萌芽于西晋，成熟于唐代，对此作出重大贡献的是当时湖州地区的茶人们。文章处处以茶文化诗文为依据，从茶艺、茶道、茶会三个方面阐述湖州茶人对中国茶文化事业的重大贡献。品茗成为艺术的主要标志是陆羽《茶经》的诞生，但对色、香、味的要求仅点到而已，湖州茶人从色、香、味、形、意境四个方面补充完善，从而将品茗艺术升华到价值观念领域。湖州茶人对中国茶文化事业的第二大贡献是茶道的创立，尤其是皎然大和尚，明确提出"茶道"概念。湖州茶人创造了集体品茗的组织形式——茶会，选取新茶上市的春夏时节于环境清幽处举行，吟诗作赋，评茶斗茶。以上种种，推动了全国茶文化事业的发展，令人钦佩。

35.试谈茶艺馆的未来走向——《中国茶馆的流变与未来走向》序言

茶文化复兴30多年来，茶艺馆大量出现，已成规模。有关茶馆的著作也适时出版，本文即是为刘清荣先生《中国茶馆的流变与未来走向》所作的序言。序言介绍了刘清荣先生的学术背景，肯定本书的最大特点是学术性强、资料丰富、视野开阔，按学术研究的要求来构建框架结构。序言赞赏本书的最后一章"茶馆的未来走向"有一节"当代茶馆的反思"，同时提出了自己的思考，即要明确茶艺馆的性质和主要任务，要发展区别于老式茶馆的文化型茶艺馆，自觉、主动地向群众传授品茶技艺、传播茶文化知识，为茶产业注入一种文化活力。

36.推出"绿茶金三角"，共享"高山生态茶"——在"2008上海豫园首届国际茶文化艺术节高峰论坛"上的发言

2008年4月18日，以"推出绿茶金三角，共享高山生态茶"为主题的"2008上海豫园首届国际茶文化艺术节"开幕式在豫园商城中心广场内举行。本届茶文化节，旨在将"绿茶金三角"核心产区浙江开化、安徽休宁、江西婺源的茗茶精品，推介给上海乃至国内外饮茶爱好者与消费者，催生城市市民"饮好茶、饮健康茶"热潮，推动实现由饮茶到品茶的文化提升。作者受邀参与此次活动的策划，并在开幕式上发言。

作者首先指出绿茶是中国茶叶的主体，但目前存在发展困境，本次活动是重振绿茶雄风的重要举措。发言的四个部分"为何要打出绿茶'金三角'的旗帜""为何要亮出'高山生态茶'的品牌""如何开展这次活动""百尺竿头，更进一步"层层推进，详细解读了会议主旨，提出了具体措施，并展望通过本次活动带动全国21个生产绿茶的省、市、区，让更多的消费者认识绿茶的价值，从而形成品饮绿茶的热潮。

37.中国茶道与美学

美学是研究美的科学，茶艺、茶道需要有相关的美学概念、术语和范畴来指导和规范茶艺、茶道的审美实践。文章从美学的三个层次（美、美感、艺术）来探索中国茶道之美——清静之美、中和之美、儒雅之美。清静之美是静态、柔性、和谐的美，是中国茶道美学的客观属性，来源于茶叶本身的自然属性。"中和"是中国传统美学的重要思想，在茶艺的审美实践中表现为审美主体、审美对象两个方面。儒雅之美是中国茶道美学的审美对象和审美意识有机结合形成的美学特征。作者借助诗词、古代典籍、已有研究成果等大量文献，对最具本质特征的茶道之美进行提炼概括、辩证分析，提升了茶文化研究的理论水平。

38.《诗化的品茗艺术》序

《诗化的品茗艺术》是2008年中国农业出版社出版的图书，内容是通过唐代茶诗来探索唐代茶艺各个要素的内涵，本文为其序言。文章指出《全唐诗》中的茶诗不但具有很高的艺术价值，也是研究唐代茶文化历史的重要资料，是研究唐代茶文化的一座宝库，本书作者就是发掘其价值的有志之士之一。本书是以茶诗为基本资料结合文献来研究唐代诗人们如何将日常生活中的饮茶行为提升为诗化的品茗艺术，填补了一项学术空白，是很有价值的尝试。

39.从茶馆到茶艺馆

当饮茶之风流行、茶叶商品化以及城市经济发达、流动人口增多之后，茶馆就会出现。文章详细梳理了我国茶馆到茶艺馆的发展历程，从晋代的茶摊、唐代的茶铺、宋元的茶坊、明清的茶馆、近现代的茶馆到当代的茶艺馆，茶馆业的发展有萎缩时期也有兴盛时期，作者就时代特点和茶馆业本身弱点等原因进行分析解读，同时涉及各个时期的饮茶行为和特点，援引大量典籍、诗词文献以兹证明、形象展现。当今茶艺馆是产业大军更是新兴产业，已成为人们日常生活中文化休闲的理想场所。

40.试论神农与茶

"神农尝百草，一日遇七十二毒，得荼而解之"是关于茶叶起源的传说，因缺乏文献记载而无法证实。本文另辟蹊径，从考古学和民族学的角度对"神农与茶"进行分析，让人耳目一新。文章循序渐进，统计有关神农的诸种传说，没有涉及神农与茶的关系问题；搜集文献记载与民间流传的有关神农与茶的传说，考据神农其人及其时代、神农是男是女、神农时期有没有茶、神农时代怎么吃茶，推理出相关结论以求教于茶文化界同仁。

41.中国茶艺的美学特性

在美学的结构中，美的性质主要是指不依赖于人的主观意志为转移的客观审美属性，也就是美的客体性层次。就茶艺美学特性来说，主体性层次主要体现在茶人的茶道精神中，客体性层次则体现在茶艺的六大要素之中。本文探讨的就是作为品茗艺术固有的客观的美学特性主要体现在哪些方面，作者的观点是有下列诸项：形象性、感染性、自然性、社会性、多样性、统一性、相对性、绝对性、科学性、艺术性。文章还从表演形式的角度，将茶艺与戏曲比较探讨其审美特征，并进一步阐析茶艺艺术意境的审美特征。虽然文章探讨的是思辨的哲学问题，但表述深入浅出，文字通俗易懂，富有感染力，让读者领会到茶艺的理性之美。

42.中国茶艺馆往何处去？——中国茶艺馆三十年反思

茶艺馆是传统茶馆的继承与发展，但一"艺"字的增加，却发生了质的变化，从一开始它就与中华茶文化复兴热潮结合在一起，肩负弘扬中华茶文化的历史使命。回顾茶艺馆的发展历程，从管寿龄小姐在台湾创办的首家茶艺馆，到大陆第一家以茶艺馆命名的茶馆，再到后来雨后春笋般的出现，成为一门新兴的产业，显示了作为新生事物的茶艺馆旺盛的生命力。但鸟瞰茶艺馆的发展现状，文章用一系列数字直观展示了茶艺馆繁荣昌盛表面下值得反思的一些问题，指出文化型茶艺馆应是中国茶艺馆的主流，代表着中国茶艺馆的未来走向。作为中国茶文化事业蓬勃发展的一个重大成果，为了更好地积极、健康地向前发展，还需厘清很多重要问题。文章高瞻远瞩，从反思中肯定成绩、发现问题，并指出发展方向。

43.发展茶经济，必须弘扬茶文化——在"江西上犹茶叶产业发展论坛"上的讲话

由江西省上犹县人民政府、赣州市茶文化研究会主办的"江西上犹茶业发展论坛"于2010年4月24日在江西省上犹县举办，本文为作者在此论坛上的讲话稿。首先追溯了自己与上犹县的渊源，赞扬了上犹县多年来茶叶生产和茶文化研究取得的成就。接着切入本次论坛主题"发展茶产业，弘扬茶文化"，用翔实的数据证明文化也是生产力，能带来硬效益。茶文化博大精深，要弘扬茶文化的核心——茶艺，提高全世界人们对品茶艺术的认识，从而扩大名优特茶的销路。茶文化研究大有可为，任重道远，需要大家来共同努力奋斗。

44.探寻"信阳红"的历史坐标——在"信阳红风暴"之北京论茶活动的发言

信阳是茶的故乡，信阳毛尖享誉海内外，后开发出红茶资源，为"信阳红"。"信阳红风暴"是信阳市委、市政府为了提升品牌影响力而组织的高密度宣传推介活动。启动仪式后，北京、郑州、信阳三地同期举行持续一个月的活动。本文为作者参加"信阳红风暴"之北京论茶活动的发言。通过追溯中国红茶的历史轨迹，对比出"信阳红"的独特之处：产区在黄淮流域，是红茶生产史上的一个突破；从一开始就是在政府的明确指导和强力扶持下按市场经济规律掀起"风暴"的，速度之快，规模之大，成效之显著，都令人瞩目。通过详细梳理红茶的世界轨迹，寻准"信阳红"的历史坐标，以求能够以坚实、稳健的脚步向前迈进。发言逻辑严密，有的放矢，以史观今，高瞻远瞩。

45.浅谈唐代茶艺和茶道

文章首先辨析了"茶艺和茶道"的概念，界定了两者的内涵和外延，并从文化学的角度确定两者在茶文化的内部结构中的定位。茶艺萌芽于晋代，至唐代已经形成，标志是陆羽的《茶经》，对唐代茶艺进行了全面的总结。文章从选茶、择水、备器、雅室、冲泡、品尝细致地论述了唐代茶艺的情况，以茶诗印证唐人品茶着重于茶的色、香、味、形以及意境五个方面。茶道是人们在品茶过程中所追求、所体现的精神境界和道德风尚，唐代茶道发展有几位重要人物：陆羽首次将品茶与个人的道德修养联系在一起，皎然第一次将品茶划分了三个层次且明确提出"茶道"概念，卢仝描绘了品茶的七个层次，刘贞亮从理性的角度对茶道精神进行概括。唐代茶艺和茶道的发展使得唐代成为中国茶文化史上的第一个高峰。

46.人心需静，以茶通禅，由禅悟道——略论"茶禅"如何"一味"？

自20世纪80年代茶文化活动振兴以来，禅茶文化逐渐引起人们的重视，禅茶文化的活动更趋活跃，各地寺庙也纷纷举行各类禅茶文化研讨活动。但茶与禅是属于不同范畴的东西，两者如何才能融为"一味"呢？丁以寿先生提出"茶心、禅心、人心""(三心)归于一心"，作者受此启发，认为"静"是"三心"的共同特性，人心因茶而静，以静通禅，由禅悟道，三心就"归于一心"了。要达到"茶禅一味"的境界，"静"是不二法门。文章论点突出，论据切题，见解承前启后、踵事增华。

47.振兴江西茶叶的思考——著名茶文化专家陈文华先生访谈录

这是一篇访谈录，主题是"振兴江西茶叶"，主要围绕三个方面展开：江西茶史、江西茶文化的地位、江西茶产业的现状及发展方向，三个问题层层递进。陈文华先生对于江西省茶文化状况了如指掌，回溯历史，观照现实，为江西茶产业发展指明出路。

学术著作

1.《中华茶文化基础知识》

ISBN：978-7-109-05918-9　　　出版单位：中国农业出版社　　　出版时间：1999年8月
ISBN：978-7-109-08124-9　　　出版单位：中国农业出版社　　　出版时间：2003年2月

　　1999年出版的《中华茶文化基础知识》是陈文华先生撰写的第一本茶书，也是全国较早的茶文化教材。当时，江西的茶艺教育属于全国领先者之一。陈文华先生在茶艺教学讲义的基础上完成了该书的写作。这本十多万字的著作，用陈文华先生自己的话来说："本书所述的仅是一些基本常识，权当一个向导，读者可以根据本书提供的一些线索进一步阅读有关著作，以丰富自己的茶文化修养。"但是，由于这本茶书的权威性、知识性、通俗性，又进行了再版，成为影响许多人的茶文化启蒙读物。

　　本书共八个部分："一、中国是茶的故乡"，介绍了茶树的起源、茶叶的种类和茶叶的外传情况。"二、中国饮茶简史"，将中国饮茶的历程划分为六个阶段：原始阶段（先秦）、南方饮茶已成风气（两汉、魏晋、南北朝）、饮茶风气传播全国（唐代）、饮茶风气的兴盛（宋代）、饮茶风气的鼎盛（明清）、中国茶叶再现辉煌（现代）。"三、饮茶方法的演变"，梳理了中国饮茶方式由古及今的变更：烹茶（唐代）、点茶（宋代）、泡茶（明代）、罐装茶（今后）。"四、茶具的基本常识"，从茶具材质分为陶瓷和紫砂，并详细介绍了如何选用紫砂壶、茶具的种类和茶具各部位的名称。"五、为何要喝茶"，因为茶是健康的、文明的、和平的、爱国的饮料。"六、如何喝好茶"，需要选茶、择水、备器、雅室、冲泡、品尝六个方面的默契配合。"七、何谓茶文化"，茶文化分为四个层次，其核心是茶道，并具有多项社会功能。"八、附录"，为本书主要参考文献、历代主要茶书简介、古代著名茶诗选载、各地主要名茶简介以及名茶传说。"前言"述及本书编著的缘起以及当时茶艺的林林总总，这本茶书是在陈文华先生在南昌女子职业学校讲授茶文化课程讲义的基础上扩充而成。虽然《中华茶文化基础知识》面向的读者定位是茶艺馆工作人员，希望他们通过此书的学习能够提供具有"更高品位和文化价值的专业性服务"，但普通大众完全可以将本书当作是中国茶文化的向导书籍，从中了解中国优秀又独特的茶文化知识。

2.《长江流域茶文化》

ISBN：978-7-5351-3845-4　　　　出版单位：湖北教育出版社　　　　出版时间：2004年8月

　　本书是陈文华先生最厚重、最见学术功力的茶文化著作，列入著名学者季羡林教授任总主编的"长江文化研究文库"。除季羡林"总序"外，全书分导论、正文和后记三部分。导论部分，阐析了茶文化的含义，明确本书的研究对象是狭义的茶文化，"是研究茶的在被应用过程中所产生的文化现象和社会现象"，对于茶艺、茶道、茶文化等重要概念提出了自己的观点。后记叙述了书稿写作的心路历程和学术风格。

　　从正文可以看出，本书只第六章仅涉及长江流域及其以南地区，主体内容述及的范围非限于"长江流域"，而是古今中外茶文化的各个方面。"因为茶树本是长江流域的产物，饮茶的习俗也是最早由长江流域产生并向黄河流域传播的"，搞清楚了长江流域的茶文化也就了解了中国的茶文化。全书近50万字，构架严谨，论证严密，以大量的文献资料为依据，将源远流长、异彩纷呈的中国茶文化分多个角度全面呈现在读者面前，是兼顾普及性和学术性的茶文化著作。

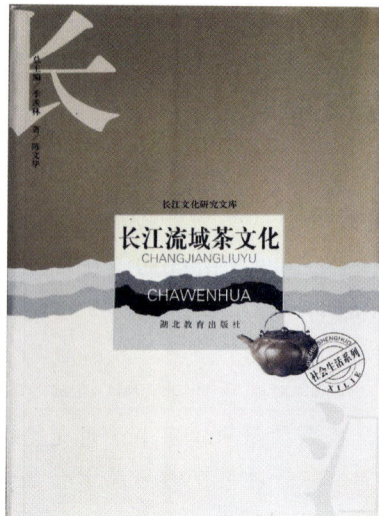

3.《中国茶文化学》

ISBN：978-7-109-11178-4　　　　出版单位：中国农业出版社　　　　出版时间：2006年9月

　　本书是江西省社会科学院重点学科"中国茶文化学"的科研成果之一，也是"中国茶文化学"的开山之作。作者在"后记"中谈及本书的写作缘起，认为茶艺教学的兴起是中国茶文化事业兴旺发达的重要标志之一，但"困境之一就是教材的缺乏"。作者曾在茶艺专业的教学工作中将本书的姐妹篇《长江流域茶文化》作为教材使用，但因其学术性强不适合作教学，作者转而根据自己的教学实践，用三年时间完成了本书的创作。本书具有教材性质，内容全面、图文并茂，讲解细致；同时又有理论高度，如第一章"概论"，论述了中国茶文化学概念、中国茶文化的结构、中国茶文化学的研究对象和研究方法、中国茶文化的社会功能等理论问题，让读者在茶文化学理论指导下学习具体的茶文化事象，能更为准确地达到教学目的。

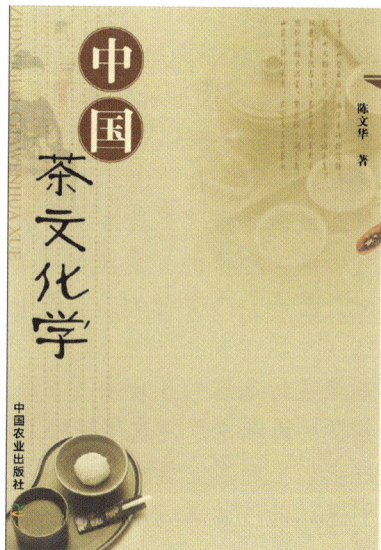

4.《中国古代茶具鉴赏》

ISBN：978-7-5392-4853-0　　　　出版单位：江西教育出版社　　　　出版时间：2007年12月

本书与《中国茶文化典籍选读》《中国茶艺学》《中国茶道学》同属"中国茶文化学教程丛书"，同时也是全国高等教育自学考试"中国茶艺专业"的教材之一。全书共分概论、早期茶具、唐代茶具、宋元茶具、明清茶具、茶具鉴赏六部分内容。"概论"从茶具定义、名称、质地、种类四个方面简明扼要地介绍了从古至今的饮茶用具；主体内容以时间为序，详细梳理历代茶具的特色，角度全面，罗列详尽；并从鉴赏的角度来领略古代匠师们在茶具艺术方面的建树。在吸收前人成果的基础上，本书以文献资料和出土文物为依据，对历代茶具进行了一次较为全面的考察，展示了适合各种饮茶方式的茶具，同时也从一个侧面展示了博大精深的中国茶文化的辉煌成就。

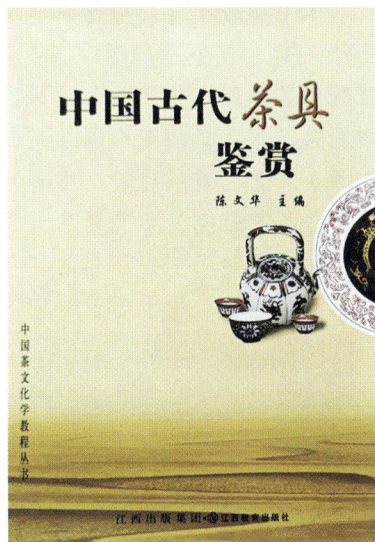

5.《中国茶文化典籍选读》

ISBN：978-7-5392-4843-1　　　　出版单位：江西教育出版社　　　　出版时间：2008年2月

本书是针对自学考试编写的一本教材，为"中国茶文化学教程丛书"之一。汇编茶书的工作历代都有人做，但多为简单汇编，没有点校注释，非专业者使用起来颇为不便。浙江摄影出版社于1999年1月出版了由阮浩耕、沈冬梅、于良子三位先生合作点校注释的《中国古代茶叶全书》，是当时搜集中国古代茶书最多的一本汇编类著作，收录自唐至清的茶书64种，篇幅巨大。《中国茶文化典籍选读》以之为底本，参阅有关专家研究成果，从64种中选录比较重要的34种，基本上可以代表中国茶书的面貌。《中国茶文化典籍选读》在编纂每一种茶书时都有作者及茶书简介、原文选读、注释几项内容，每一节后附有"思考题"，在体例上更为适合茶艺专业教学的需要，也适合从事相关研究工作的人员参考、阅读。

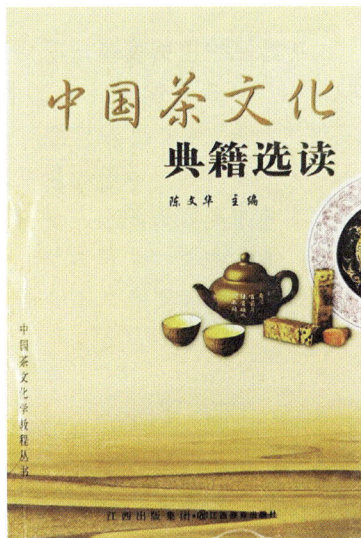

6.《中国茶艺学》

ISBN：978-7-5392-5175-2　　　出版单位：江西教育出版社　　　出版时间：2009年12月

　　本书是较早专门探讨茶艺文化的著作。本书从概念辨析入题，首先明确了"茶艺"的定义，茶艺、茶道、茶德的区别及文化定位，认为要研究中国茶文化就得从中国茶艺入手，搞清中国茶艺的发展脉络也就大体了解中国茶文化的发展历史。本书共分为六章：概论、茶艺历史、茶艺分类、茶艺要素、茶艺美学、茶艺表演，较为全面地阐析了中国茶艺的文化外延，非常适合茶艺专业的教学，也适用于想了解中国茶艺文化的读者。

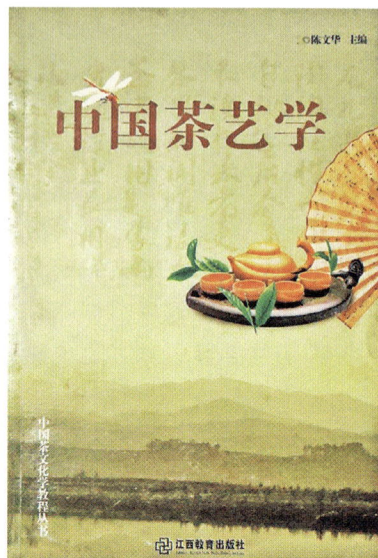

7.《中国茶艺馆学》

ISBN：978-7-5392-5605-4　　　出版单位：江西教育出版社　　　出版时间：2010年2月

　　茶馆在中国的发展历史源远流长，研究茶馆的著作车载斗量。茶艺馆新兴于20世纪90年代，距今也不过30年的时间。《中国茶艺馆学》是作者鸟瞰茶艺馆的发展现状，及时反思茶艺馆繁荣昌盛表面下的问题，为了当代茶艺馆更好地积极、健康地向前发展而出版的思考成果。本书亦是"中国茶文化学教程丛书"之一，作者认为对于茶艺馆工作人员来说，只懂得如何泡茶是远远不够的。

8.《中国茶道学》

ISBN：978-7-5392-5174-5　　　出版单位：江西教育出版社　　　出版时间：2010年5月

　　本书为"中国茶文化学教程丛书"之一，服务于茶艺专业教学的需要。本书共分六章，系统介绍了中国茶道"静"和"雅"等特征，有助于广大师生了解中国茶道的发展历史，并为中国茶道事业发展提供有益的历史借鉴。本书包括概论，中国茶道简史，中国茶道与儒、释、道的关系，中国茶道与民众思想，中国茶道类型，中国茶道与美学，后记。

9.《茶叶的种植、加工和审评》

ISBN：978-7-5392-5982-6　　　出版单位：江西教育出版社　　　出版时间：2011年2月

　　本书为"中国茶文化学教程丛书"之一。作者曾在《中国茶文化学》一书中将茶文化的内部结构分为四个层次：物质文化层、制度文化层、行为文化层、心态文化层。茶叶科学（简称茶学）是第一层次，包括茶叶的基本常识、栽培、茶加工及评审等知识。作者坦言"茶学不是我的专业，更非我的专长，只是多年来在学习研究茶文化过程中，根据自己的需要和兴趣，自学了一些茶叶科学的有关知识，积累了点滴的心得体会，才使我有勇气承担编写本教材的任务。因此，本书不是我个人的研究成果，充其量只能算是我个人的读书心得笔记而已，书中介绍的都是茶学界公认的科学知识。"本书是为茶艺专业的学生准备的茶文化物质文化层面知识的教材，是学习茶艺之前需要先奠定的茶叶科学的基础知识。

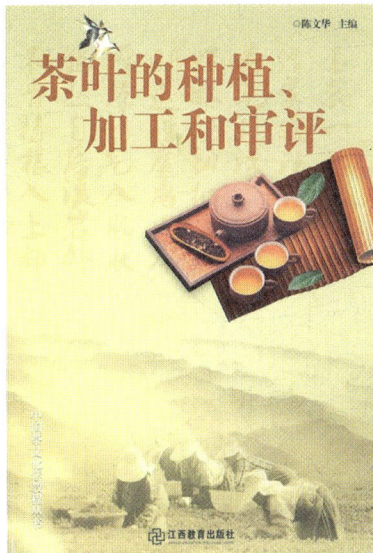

10.《茶文化概论》

ISBN：978-7-3040-6239-2　　　出版单位：中央广播电视大学出版社　　　出版时间：2013年7月

　　本书是为中央广播电视大学茶文化专业学生编写的教材，是国家开放大学教材丛书之一。茶文化作为祖国古老文化的传承，在我国经济文化高速发展的今天，越来越得到社会的普遍关注和欢迎。面对越来越多的茶文化从业者，如何提高其素质，更好地推动中国茶文化向世界的传播，已经成为茶学界面临的重要问题。在这种背景下，茶文化学作为中国茶学的分支学科，已得到广泛认同。这本著作是陈文华先生生前最后出版的一本茶书，代表了他对茶文化的最新思考与总结。本系列丛书涵盖中国茶文化学的基本架构，对广大茶文化从业者以及爱好茶学之人能起到基本的文化普及和推广作用，是在《中国茶文化学》的基础上，根据远程开放教育的特点和要求，加以拓展的著述。本书采用四色印刷，图文并茂，结构清晰，深入浅出，茶文化各方面的基础知识多有涉及，是了解茶文化知识的一本好教材。

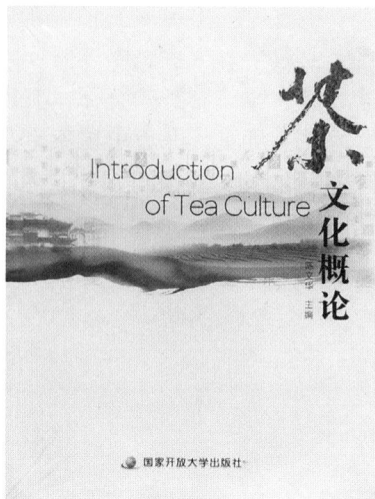

第四篇
陈文华学术风采实录与评述

茶文化的历史学派
陈文华茶文化研究路径与学术贡献

陈文华先生对法门寺唐代茶文化的历史贡献

韩金科

1994年11月4日，一场大雨过后，陕西大地郁郁葱葱，佛教圣地法门寺披上了节日的盛装：大雄宝殿落成，佛像开光；佛祖真身指骨舍利赴泰国瞻礼，红毯铺地，炮声震天，启驾法会隆重举行；澄观法师升方丈座，钟鼓齐鸣，彩旗飘扬。人们像潮水一样涌来。"三喜"过后，首届法门寺唐代茶文化国际学术研讨会，在法门寺博物馆的勤政殿前举行开幕式。中国、日本、韩国、英国、俄罗斯、新加坡的200多位专家学者、高僧大德代表，与数千位观看庆典的群众凝望着龙凤大屏前的宝座，平心静气，等待着庄严时刻的到来。此时，一位身材修长、仪表堂堂的学者手持麦克风，走到主席台一边，连稿子都不拿，像讲解历史场景一样主持大会。他讲到身后展示的法门寺地宫的唐代系列茶具及其所包含的大唐茶文化、茶道内容；讲到中华茶文化的千年传统以及当代弘扬茶文化的历史意义；讲到改革开放以来大江南北此起彼伏的茶文化热潮；讲到"千载一时、一时千载"——本届国际学术研讨会的筹备、主旨和学术、茶道、茶艺等方面的文化构成。他提纲挈领，深入浅出，言辞中肯而极富感情，徐疾恰到好处，不多一句，不少一字，吸引了会场千余人惊异而热烈的目光，人们报以持久而热烈的掌声。他是谁呢——他是江西省社会科学院副院长、《农业考古》主编、研究员陈文华先生！

一

此前，我们守着法门寺地宫大唐系列茶具而不知大唐茶文化，历史的紧迫感推着我们行进在大江南北，力争以这套系列茶具的研究打开大唐茶文化学术研究交流的新局面。我们一直非常景仰陈文华先生但未见其人。一次偶然的机会，我与一位革命老前辈、天津大港油田的副总指挥冯浩先生谈到此情，他立即为我给江西省政协的一位领导写了封信，并嘱咐我们持信前往。1993年盛夏，一个雷雨交加的夜晚，我们与这位领导坐在了他家的阳台上，谈话间他挥毫写信，第二天，我们就持信到了南昌洪都北大道的江西社会科学院，见到了陈文华先生。不知不觉间，在我们还沉浸于先生高雅的谈论之中而略觉拘谨时，他竟然把我们带到了他的家中，午饭时也硬是被留在他家里。我们谈起法门寺茶文化，亲热得像一家人一样，从此，这个家就是法门寺茶文化研究交流活动的策源地了。我们因此又认识了他的夫人——南昌女子职业学校程光茜校长。程校长曾几次带领南昌女子职业学校茶艺表演队应邀赴法门寺表演。学校的茶艺专业和这支表演队，是得陈文华先生之力创建的，特别是茶艺表演队蜚声海内外，多次赴国内外演出。尤其是2003、2004年"中法文化年"，茶艺表演队受邀前后两次参加巴黎开幕式与闭幕式，都是陈文华先生与余悦教授领队（余悦是该校客座教授和顾问）。

1993年9月22—24日，在陈文华先生的支持下，法门寺博物馆举行了唐代茶文化学术座谈会，陈文华先生、程光茜校长、湖南医科大学茶与健康研究室主任曹进副教授、陕西紫阳县科学技术委员会高级农艺师程良斌先生、湖南中国茶饮料公司杨晖经理等出席会议。宝鸡市人大李均主任亲临会议，给予支持。会议就筹备首届法门寺唐代茶文化国际学术研讨会、举办法门寺国际茶会和法门寺唐代地宫茶具专题陈列，形成了初步方案和具体意见。由陈文华先生牵头，就唐代皇宫茶道的表现形式及内涵、唐代茶事、唐代茶文化现象、唐代贡茶试制、法门寺出土茶具与唐代饮茶风尚、中国茶文化与日本茶道等议题，参考当时孙机、王郁风、韩伟、王翰章等著名学者已发表的与法门寺茶具有关的研究成果，进行了充分的讨论，取得了积极的成果，为本届会议的筹备打下了比较好的基础。

会后，筹备工作分三个方面进行：一是推进法门寺大唐茶文化学术研究，广泛联络、动员海内外同道专家学者与会；二是组建专题馆，完成法门寺唐代茶文化陈列；三是组建专业班子，再现大唐王朝清明茶宴。为了扎实推进工作，让法门寺博物馆专业班子及早进入"角色"，1994年夏，陈文华先生专门在南昌召集会议，接待我们的来访。会后，又组织我们到婺源学习、考察，体验当地自然传承的文人茶、富士茶、农人茶等不同茶道的饮茶风尚，回南昌后又进行专门讨论，我们获益良多。

二

在陈文华先生的大力支持和引荐下，我们来到中国国际茶文化研究会办公地点，会长王家扬先生破格承接了我们筹备中的国际会议，中国国际茶文化研究会将与法门寺博物馆携手共进，共同筹备首届法门寺唐代茶文化国际学术研讨会。1994年金秋，会议召开之前，新华社刊发专稿进行报道。

长期以来，人们对唐代茶文化特别是唐宫廷饮茶方式和使用器皿不甚明了，这成为中国茶文化研究领域中的缺憾。所以法门寺地宫唐宫廷系列茶具一经出土，引起海内外学者的极大关注。负责收藏、陈列这批珍贵国宝的法门寺博物馆抓住这一机遇，在保护、宣传这批珍贵的历史资料的同时，积极发起和参与组织法门寺唐代茶文化的学术研究。法门寺博物馆先后邀请海内外专家座谈、交流，组织专业班子到江、浙、闽、桂、赣、湘、鄂等地考察学习，邀请、组织学术力量研究交流，取得了基础性的进展；去年又组织了专家专门讨论、规划，联系紫阳县开展唐代贡茶的研究生产等，并提出了召开法门寺唐代茶文化国际学术研讨会的初步设想。经中宣部今年初审查批准，由中国国际茶文化研究会、陕西省对外文化交流协会、法门寺博物馆联合举办"法门寺唐代茶文化国际学术研讨会"。

为了开好这次国际性茶文化的学术盛会，经主办单位有关方面协商，成立了由原国务院新闻办公室主任朱穆之为名誉主任，著名营养学家于若木、中国茶叶学会名誉理事长王泽农教授为顾问，陕西省对外文化交流协会会长、省人大常委会副主任牟玲生为主任，中国国际茶文化研究会会长王家杨、全国侨联副主席陈彬藩、陕西省副省长姜信真、西北大学名誉校长张岂之教授等为副主任的大会组委会。经过紧张的筹备工作，"法门寺唐代茶文化国际学术研讨会"定于1994年11月3—7日在法门寺隆重举行。届时200多名中外专家学者将专程赴会参加学术交流，其中既有一些在国内颇有影响的专家学者，也有港台同胞，同时还有日本、韩国、新加坡、马来西亚等国家和地区的60多位著名学者参加。目前组委会已收到论文50多篇。学术主题大体包括几个方面：中国唐代茶道、唐代茶道精神、唐代茶文化与佛教文化、唐代茶具、茶文化与文学艺术等。其中邹明华、张大为的《论唐代中国茶道的形成》，陈香白的《茶道亦人道——论中国茶道思想》，李斌城的《唐人与茶》，陆均的《唐文化与茶文化》，王镇恒、李槐松的《九华山佛茶》，周世荣的《从唐代咏茶诗看长沙等瓷窑出土的茶具》，程启坤、姚国坤的《论唐代茶区与名茶》，余悦的《唐宫廷茶文化概论》，姚敏苏的《唐代茶具》，薛翘的《我国汉唐茶文化的活化石——擂茶》，王玲的《唐代的禅茶一味》，胡文彬的《从唐诗看文人旅游与茶文化传播》，梁子的《唐宫廷茶文化论》，仓泽行洋（日）的《佛教与茶》，范增平的《茶与佛教》，小泊重洋的（日）《日本茶叶的传入》，崔圭用（韩）的《七至八世纪朝鲜茶文化》等，分别从不同角度作了探讨阐述，具有很高的水平和深度。我国著名茶学专家王家扬、陈彬藩、陈文华、朱自振、王镇恒、施兆鹏、段建真、程启坤、童启庆、姚国坤、王玲、顾风、张子华等也都在研究方法、范围、深度上取得了突破性进展，可以说这是一次唐代茶文化研究的历史性"汇总"。这批论文集中反映了近年来海内外茶文化研究的最新成果、最高水平。

为了弘扬中华民族优秀文化，重振盛唐雄风，促进茶文化的发展及国际学术交流，法门寺博物馆还结合这次"法门寺唐代茶文化国际学术研讨会"，隆重推出了"唐代茶文化历史陈列厅"，并将举行大型唐代宫廷茶道表演。"一会、一厅、一演"是法门寺博物馆为中国和世界茶文化研究做出的创造性贡献。

位于法门寺博物馆展区前方西侧的"唐代茶文化历史陈列厅"，以丰富的珍贵文物及图文并茂的形式，从"兴盛的唐代茶业""法相初具的唐代饮茶风俗"和"辉煌的宫廷茶事"三个方面和层次，比较全面系统地展现了唐代茶文化的历史风貌。三大部分分别说明唐代茶业的全面发展和北方饮茶对全国茶业发展的重要性；唐代兴盛的茶业对全国饮茶风俗的促成；唐代宫廷茶道的兴起和以皇宫茶道文化为代表的唐代茶文化最高水平的形成。三大部分陈列次第相连，前后演进，使茶文化诸方面有机结合，全面展现。这个陈列，是继杭州中国茶叶博物馆以来国内第一座断代史的茶文化展览。

大型唐代宫廷茶道表演是为了更直观和真实反映唐代茶道文化，在考证文物、检索历史文献、分析唐代壁画的基础上设计编排的，表演包括"清明茶宴""皇帝赐茶""宫廷仕女斗茶"等不同规模和等级的茶道。力图从中反映茶道在宫廷政治生活和宫廷礼仪中的地位和作用，反映作为最高成就的宫廷茶道文化的主要方面。这个表演与馆内陈列相配合，可帮助人们对唐代茶文化加深了解，以进一步增强"法门寺唐代茶文化国际学术研讨会"的影响力。

为了使唐代文化优秀成果之一的茶文化在中国西北建立据点，得以发扬光大，法门寺博物馆的"唐代茶文化历史陈列厅"在这次研讨会后将长期展出并不断充实。与展厅毗邻的仿唐建筑唐代茶道馆也已建成，将以实实在在的唐代茶道及礼仪接待重要客人和海内外旅游团体，为法门寺文化旅游增加新的项目和景点。

"法门寺唐代茶文化国际学术研讨会"将以其丰硕的学术成果载入法门寺学术研究及世界茶文化研究的史册，法门寺"唐代茶文化历史陈列厅"及茶道表演，也是对博物馆事业的一个有益探索。法门寺的唐代茶文化将同丝路花雨、仿唐歌舞一样，以其鲜明的特色吸引中外旅客，享誉海内外。

金秋十月，"晴晖连凤岫，绿柳界秦川"，首届法门寺唐代茶文化国际学术研讨会隆重举行，陈文华先生遵循会议和平与发展的宗旨，主持了开幕式，主持了大唐清明茶宴，主持了法门寺国际茶会。中央电视台著名主持人陈铎率领《中国茶文化》专题组进入会场，将这场国际茶会展示给海内外。其中日本国际茶道丹月流家元丹下明月表演"禅茶道"前，对因法门寺唐代茶具而重现的大唐清明茶宴激动流泪，她说："作为日本茶道的祖器，法门寺唐代茶具竟然包含了那么多的文化和艺术。"茶会上，韩国古代茶礼、云南"云艺苑"茶艺、白族"三道茶"、台湾紫藤庐茶艺、江西"禅茶"、福建武夷茶艺、湖南医科大学茶艺、广东潮州"功夫茶"等表演，一一登台，百花齐放，异彩纷呈。与会的陕西作家深受启发，他们说："我们创作的灵感来自茶、茶道和茶文化，要永远感谢中国茶文化。"

三

在1994年首届法门寺唐代茶文化国际学术研讨会的开幕式上，陈文华先生的主持，使会场高潮迭起，当"清明茶宴"到大唐歌舞共祝升平时，全场掌声热烈，经久不息。著名教授朱自振先生拍着我的肩膀说："最好的一次，但愿不是最后一次！"我们铭记在心，积极组织第二届法门寺唐代茶文化国际学术研讨会。其间，我们精心完善了大唐清明茶宴，再现了陆羽茶道，进一步推动了唐代茶文化的研究和交流。

1994年首届法门寺茶文化国际学术讨论会陈文华主持会议

　　1998年金秋，法门寺"五喜临门"：全国纪念佛教传入中国2000年活动在法门寺完成"最高结集"；法门寺对外开放迎来10周年庆典；法门寺院唐密曼荼罗庄严再现塔下地宫；净一法师升方丈座；"第二届法门寺唐代茶文化国际学术研讨会如期举行。法门寺盛况空前，高潮迭起，人流如潮。

　　1998年11月19—23日，"第三届法门寺唐代茶文化国际学术讨论会"在古城西安隆重召开，参加这次会议的代表共有300余人，其中既有来自中国、日本、美国、印度、新加坡等国的佛教和唐史研究的专家学者，也有印度、尼泊尔驻华使节，还有中国外交部、文化部和陕西省相关部门领导。这次会议开得非常成功，获得了国内外学术界的一致好评。会议的召开正值法门寺对外开放10周年之际，因此也可以说这次会议的召开是对法门寺过去佛教和佛教文化学术研究的一次检阅与总结，以及我国学术界对唐文化研究所取得成就的一次集中展现，更是在世纪之交，集海内外学术界之力推进法门寺佛教文化研究的一次新的部署和动员，进一步明确了法门寺今后发展的方向。

　　中国社会科学院荣誉学部委员、著名学者黄心川先生指出，这次会议是新中国成立以来我国文化学术史上的一块丰碑，是一次继往开来、拓展大唐学术文化前景的动员会议。

第二届法门寺唐代茶文化国际学术研讨会（西安人民大厦）

第二届法门寺唐代茶文化国际学术研讨会
陈文华发言

第二届法门寺唐代茶文化国际学术研讨会留念
（左起：梦雨、陈文华、余悦）

这表现在此次参会专家学者人数之多是空前的：既有国内外德高望重的学术泰斗，也有年轻有为的后学俊彦。值得高兴的是，这次会议有大批正在攻读博士、硕士学位的研究生参加，他们普遍反映，参加这次会议，学习了前辈的经验，开阔了眼界，增加了专业研究领域的知识，为培养专业研究接班人创造了条件。

这届国际学术大会开幕式在西安人民大厦礼堂隆重举行，大会代表讲话之后就是法门寺国际茶会，陈文华先生的主持使会议大放异彩。日本著名学者布目潮沨的《法门寺地宫的茶器与日本茶道》讲述了中日茶道的渊源关系，陈文华先生加以引申，引出了日本里千家等茶道和韩国茶礼。随后，舞台之上，湖州顾渚山三葵亭内，茶道主人陆羽、大唐湖州刺史颜真卿、高僧皎然，以二十四器、紫笋茶，呈现了陆羽茶道，将一部《茶经》通过人物、器物、茶、汤等的互动变幻，活脱脱形神兼备地展示出来。一到关键处，陈文华先生即与法门寺唐代地宫茶道"接轨"，把一千多年前的历史画面展开了。随后，大唐王朝的"清明茶宴"，把会议推向高潮，印度、尼泊尔大使与会议各方代表上台，与"唐皇帝后、茶道博士、大唐乐舞演员们合影，开幕式圆满结束，古城西安一片喝彩"。开幕式后，大会进行学术交流，每天晚上在西安人民大厦宴会厅举行的法门寺国际茶会，都是由陈文华先生主持的，海内外茶道队的各类茶道、茶艺、禅茶一一登台亮相。最为精彩的一幕出现了，由陈文华先生主持擂茶表演，两个江西婺源的小姑娘穿着"斗花"小衣分立两边，印度驻华大使南哲威、尼泊尔驻华大使阿查里亚·拉杰索上前，一个按着擂钵，一个拿着擂棒，一招一式地学擂茶。这两个国家大使平时来往不多，而现在却珠联璧合地擂起茶来。历史在这里定格——这就是天下茶人一家亲，这就是新千年、新世纪到来之际的"茶和天下"！

四

第二届法门寺唐代茶文化国际学术研讨会之后，我们与陈文华先生等系统总结了法门寺茶文化研究十年砺剑的艰辛历程。一是法门寺唐代地宫系列茶具研究；二是大唐茶文化研究；三是陆羽及其《茶经》研究；四是唐代茶道与中国茶道研究；五是宗教与茶的研究；六是健康与茶的研究；七是茶具研究；八是茶艺研究；九是茶俗的研究；十是茶政、茶经济的研究；十一是茶产业与茶科技的研究；十二是茶与文学艺术的研究；十三是区域性茶文化研究；十四是茶文化传播及异域茶文化研究；十五是其他课题研究等。

在陈文华先生及众多学者的帮助和带领下，我们及早开始了第三届法门寺唐代茶文化国际学术研讨会的学术文化筹备工作，学术团队分茶史、茶科学、茶文化、茶道四路"大军"，陈文华先生带领茶文化一路。四路大军，齐头并进，开展紧张有序、扎实细致的筹备工作。十多年来，法门寺博物馆在组织海内外同道专家学者进行法门寺文化研究的同时，致力于法门寺茶文化研究和交流。在1998年第二届法门寺唐代茶文化国际学术研讨会的基础上，完成了新的法门寺唐代茶文化陈列，组织出版了相应的学术著作，出席了在日本等国举行的国际茶文化学术研讨会，推出了法门寺唐代宫廷及文人茶道，并在更大范围内和更高层次上搭建起学术交流的平台。2003年2月27日至3月1日，法门寺博物馆在杭州召开了第三届法门寺唐代茶文化国际学术研讨会座谈会。陈文华先生与我国茶史、茶学、茶道、茶文化学术领域的十多位资深专家、学者与会，经过充分讨论，就此达成一致意见。

2004年2月29日，法门寺博物馆在西安召开了第三届法门寺唐代茶文化国际学术研讨会学术筹备会议，陈文华先生和与会代表一致认为召开第三届法门寺唐代茶文化国际学术研讨会、成立法门寺中国茶文化研究中心的条件已经成熟。基于历史使命和上述情况，为了适应西部大开发形势的需要，以及迅速改变北方特别是西部茶文化发展相对滞后的局面，振兴发展北方、西部地区茶业和茶文化，促进旅游业，同时也为使法门寺博物馆长足发展，我们为第三届法门寺唐代茶文化国际学术研讨会做了充分的学术筹备。

2004年4月23日，咸阳国际机场和西安火车站人潮涌动，"第三届法门寺唐代茶文化国际学术研讨会接待处"的牌子格外引人注目，一批接一批的贵宾纷至沓来，下榻杨凌国际会议中心。

最高级别的专家学者云集杨凌，四星级的会展中心酒店很快爆满，不少临时要求参会的专家学者只好安排在附近其他宾馆，看到这种情况，一些自由参会者干脆自谋住所，或者驱车跑会。

杨凌——中国古代农业的发祥地、中国现代农业的科研重镇，这里是后稷教民稼穑的地方，从事茶学研究的人怎能不渴望到此一游？脚踏上杨凌的土地，矗立在城市中心的高大后稷塑像映入眼帘，他手中拿着谷穗勾起专家学者们的遐想：远古的神农氏是在何处"尝百草，日遇七十二毒，得荼（茶）而解之"？

天下着小雨，但与会的专家学者们心里却春光明媚。无论在广场，在宾馆大厅，在客房内乃至餐桌旁，他们都在寻找熟悉的面孔，不时左顾右盼，或者握握手，或者交头接耳，或者热情拥抱，或者笑语喧喧，或者将名片递来递去，同久违了的学界挚友互致问候，互道想念之意，聊述别后情景，或者互作介绍结识学界新人，处处洋溢着友谊的温馨和久别重逢的喜悦。

首届法门寺唐代茶文化国际学术研讨会于1994年召开，迄今已整整十年了！那是一次永世难忘的会议，中外学者200余人济济一堂，在一起切磋学问，畅叙友谊，感悟真情。而4年后的1998年，法门寺博物馆再次发出邀请，第二届法门寺唐代茶文化国际学术研讨会将专家、学者云集法门寺。在握手相见与道别中交流成果，抒发情感，"天下茶人是一家"非虚也！岁月荏苒，大家一别多年，老友重逢，你望我，我望你，心中感慨万千。

学者们从内心深处感激法门寺。没有法门寺提供的这个机会，许多莫逆之交也许很难有相见的机会。法门寺的学术研讨会哪一次不是友谊的盛会呢？与会的学者不仅仅是为了学术，更为那茶文化学术背后真挚的情谊。

深夜，雨还在淅淅沥沥地下着，不少茶友还在亲切交谈，深情厚谊如那雨丝不绝如缕。

2004年4月24日，一个十分重要的日子，一个等了好几年的日子，第三届法门寺唐代茶文化国际学术研讨会在法门寺博物馆珍宝阁前隆重举行。

天公作美，佛祖有灵。如大家所期望的那样，早上还是阴雨绵绵，而到了中午却雨过天晴，空气清新凉爽，大地绿意盎然。高科农业城如刚刚洗刷过的绿色棋盘，宽阔的马路勾画出这个新兴城市的经纬。西宝高速公路穿过田野，向东西两边的天际延伸，在这如诗如画的梦一般的土地上，不由使人生出无限的遐想：由后稷到21世纪的农业，我们竟站在了5000年农业文明的历史平台上！大家将在这个历史的交汇点上，回顾5000年的茶叶历史，探讨21世纪的中国茶产业发展的大趋势，为21世纪的中国茶文化注入新的文化内涵。

满载着与会学者的车队停了下来，一扇扇车门打开。傲立三秦大地的法门寺真身宝塔张开双臂，迎接海内外的茶文化专家学者和各级领导光临。

彩旗招展，彩球高悬。在热烈而庄重的迎宾乐曲声中，各路精英沿着法门寺博物馆珍宝阁前鲜红的地毯，笑容满面地步入会场。踩着红地毯历来象征着荣誉和尊贵，法门寺博物馆对专家学者的尊重是有目共睹的，这或许正是他们能聚集人气的重要原因。

上午9时，第三届法门寺唐代茶文化国际学术研讨会与中、日、韩三国茶文化高层论坛在法门寺博物馆珍宝阁前隆重开幕，临时搭建的可容纳800人的会场座无虚席，会场周围围绕着手持话筒、肩扛摄像机的新闻团队，陈文华先生满面春风、神采飞扬地走上舞台，他文思泉涌，讲述本届会议的前前后后，与会代表的学术分野、茶道茶艺的历史集成，以及本届会议的任务、目标、历史意义等，他是会议的总主持，每一次亮相都收获了现场观众一阵阵热烈的掌声。

本届会议4月24—27日，历时4天。这是一次国际茶文化史上规模最大、规格最高的学术盛会，来自中国、日本、韩国、印度、奥地利、印度尼西亚、法国等8个国家的100余名茶学、史学专家学者和200余名茶道、茶艺表演团体的代表参与其中，提交论文100余篇，先后进行了集中发表最新学术成果、分组讨论、学术总结交流等活动，会议气氛热烈，涉及茶文化研究领域广、成果丰厚，掀起了近年茶文化学术研究与交流的新高潮。

大会学术交流中，国外三位"重量级"学者又提"中国无茶道"的论调。陈文华先生霍然起立，有理有据予以反驳，其论点一针见血，无懈可击，但语调平和，分量很重。这也是在法门寺前两届会议上未出现过的场面，对方无言以对，然后低头认错，表示歉意，现场出现一阵热烈的掌声！陈文华先生又一次澄清历史，为国争光。

2004年第三届法门寺唐代茶文化国际学术研讨会上，还有一项重要内容，就是成立法门寺中国茶文化研究中心。新成立的法门寺中国茶文化研究中心，将从重振西北茶文化入手，致力于茶文化研究工作，全方位、多学科、多角度地探讨与交流茶文化，为促进西部经济、文化开发上作出贡献，这是时代赋予法门寺人的历史重任。

在学术交流的同时，茶艺表演和交流也全面展开。总主持陈文华先生现场表现出超凡的主持功底，左右逢源，大放异彩！一般大型国际茶会，都安排有茶道、茶艺表演，不仅仅是活跃气氛，还是学术研讨会的延伸，因为每一个茶艺表演节目都有自己独特的茶文化内涵及艺术表演风格。所以不能将茶艺表演等同于一般的娱乐性或者商业性的文艺演出。本次会议在注重学术交流的同时，将茶道、茶艺表演与学术研究在另一个层面上有机地结合起来。这种结合的好处显而易见：既提高了茶艺表演的品位，又丰富了学者们的研究内容。

开幕式上的大型唐代宫廷清明茶宴表演先声夺人，已为本次大会这一颇具情趣的板块造了势。当时还有日本和韩国的茶艺表演。

来自宝岛台湾的茶文化专家蔡荣章先生带领他的茶艺表演队在法门寺博物馆珍宝阁前举行"无我茶会"，十余位茶人出席表演，他们席地跪坐，在地上铺一块布，约1米见方，色彩图案大同小异。表演的准备工作就是在面前摆放自带的茶具。在蔡荣章先生的解说中，茶人们各自冲泡茶叶，斟茶入盏，然后起身将自己的茶汤敬奉给下一位茶人。人人沏茶，人人给他人敬茶，人人又接受他人的敬茶，这大概就是"无我"含义之所在。"无我茶会"具有明确的文化内涵，要用茶水洗刷人的私心杂念，潜移默化地渗透"我为人人，人人为我"的公德意识。推广"无我茶会"对于贯彻"以德治国"的方略具有积极意义。

4月24日晚上的茶艺表演专场在法门寺广场举行，由四川雅安蒙顶山佛教茶艺表演拉开序幕。9月中下旬将在雅安举办规模宏大的茶文化节，参加法门寺国际茶会是他们一次难得的学习和宣传机会。对茶文化有着浓厚兴趣的孙前副市长亲自带队，在法门寺陈列他们的展板，向海内外学者发出邀请，向大会赠送蒙山茶祖吴理真的全身雕像。他们的表演十分成功，博得阵阵热烈的掌声。

来自云南的白族代表队的十几个姑娘小伙们，身着鲜艳的民族服装，成为茶艺表演的一个亮点。他们走到哪里，总有不少人围观，或者亲切攀谈。白族代表队抓住一切机会宣传自己，宣传普洱茶文化，并为大会渲染和谐欢快的气氛，使严肃的学术研讨会充满欢声笑语。他们不仅在舞台上正式表演，让茶人领悟人生真谛，还见缝插针在广场等处做即兴表演，如在餐厅也边吃边对歌，博得现场观众的一阵阵喝彩。

这次会议开拓了新的学术领域，如终南山净业寺本如法师的茶禅新论。同时，本如法师以真正佛家的饮茶之道使本届国际学术讨论会别开生面，独树一帜。大会表演的两个佛家茶艺节目，除了体现茶禅一味，还引进了"饮茶与瑜伽""饮茶与中国气功"等内容。与后者有类似之处的是带着"川味"的冲茶表演，一把铜壶壶嘴竟长达1米，表演者变换身形，手持铜壶起舞，在1米之外，或仰或俯，或正或侧，或上或下，或左或右，准确地将茶水冲入一排排茶盏内，滴水不漏。精彩的茶技堪称茶艺一绝。研究茶艺的学者们认为：将茶艺与杂技结合是近几年茶艺表演的一个新现象，这类表演展示的是技术层面，虽无多少文化内涵，但颇具观赏性和娱乐性，很受大众欢迎。

2004年4月22—23日，中、日、韩三国茶文化高层论坛在法门寺博物馆隆重举行。本次会议作为第三届法门寺唐代茶文化国际学术讨论会的序曲之一，受到国内外茶学界的高度重视。

参加本次会议的20余位代表，大都是近年来一直活跃在海内外茶学界的顶级专家学者，他们所提交的论文都是各自近年在茶文化研究方面的最新成果。专家们在交流各国最新成果的同时，还对共同感兴趣的茶文化热点以及法门寺地宫唐代宫廷茶具的相关问题进行了认真讨论。会议对今后三国间加强学术交流等问题达成了共识。全体专家学者均对这次会议给予了很高评价，一致认为参加这次高层论坛收获很大，并建议此类交流应逐渐形成惯例，共同促进国际茶文化的繁荣。

亮点不仅在学术领域，还体现在大唐清明茶宴，体现在中外茶艺茶道表演。

法门寺博物馆大唐茶文化研究成果卓著，广受学术界和茶界好评。他们在运用艺术形式展现茶文化的博大精深方面也得到国内外各茶道、茶艺表演团体的特别青睐。每次国际学术讨论会举办之际，都有大批国内外知名的茶文化表演团体接踵而至，登台献艺，互相交流，在学术讨论会之外茶道、茶艺表演的交流也热烈地展开。

五

2006年8月，我退休离馆回到农村老家，决心接续我青少年时期的耕读生活。第二年春，我参加中国国际茶文化研究会在四川雅安召开的常务理事和学术委员会议，陈文华先生在座，依然满面春风，潇洒非常。他谈笑风生，鼓励我走出法门寺，走出陕西，做自己想做的更有益的事。会后，我们一行人前往云南参加思茅更名普洱的盛会。陈文华先生认为中华茶文化有许多事要做，他希望我借着过去的积累，闯出一条新路子。当年7月，我应大慈恩寺方丈增勤大和尚之邀在西安大雁塔北广场一个小院上班，负责在西安佛教文化研究中心开展学术文化活动。那里的条件非常优越，有宽敞明亮的办公室，有十分和谐的工作班子，还有专门的食堂和小车等。在开展长安佛教研究，筹备大型国际学术研讨会的同时，我们登门拜访陈文华先生在内的茶文化"四大领域"的各路领袖，我们多次到杭州，向中国国际茶文化研究会相关人员咨询筹备西安大唐茶文化研究中心事宜。在各方的支持下，2008年3月31日，全国各地代表齐聚西安唐华宾馆礼堂，共同见证中国国际茶文化研究会的分支机构——西安大唐茶文化研究中心成立。研究中心的成立意在以西安为中心，把南方的茶文化热潮推向北方。中国国际茶文化研究会刘枫会长，陕西省委、省政府、省政协的领导等都应邀出席。西安音乐学院古乐队还在会上演奏庆祝，甚是庄严，甚是喜庆。在这个平台之上，中国国际茶文化研究会召开会长会，专题讨论各项重大事项，筹备成立陕西省茶文化研究会。同时，在陕西省汉中、安康、商洛三个产茶市分别举行盛大的茶文化节和学术研讨会，陈文华先生一应出席，指导会议。2011年重庆永川国际茶文化大会上，陕西接过茶文化的大旗，2012年金秋十月，陕西省举办大型的国际茶会和学术研讨会，又是陈文华先生等学术带头人在西安聚集，展开各项筹备工作。会议随后在古城西安隆重举行。从唐大明宫到金康路茶叶一条街，历史走过了1000多年的岁月，唐人、今人与茶的历史大剧一幕幕上演，人们看到了中华茶史的过去和现在，看到了茶文化的大潮由江南涌向西北。本届会议还推出了《唐代茶史》，为中华茶文化的研究和发展注入了新的活力。

二十多年来，陈文华先生与法门寺茶文化、陕西茶文化结下了不解之缘。他不仅个人全力以赴、全力奉献，而且还引荐江西省社会科学院首席专家、《江西社会科学》主编余悦先生进入这一领域。余悦先生才华横溢，年富力强，他与陈文华先生携手，做了许多大事、实事。2012年《唐代茶史》问世时，余先生给予这样的鼓励："《唐代茶史》的高明之处在于，首先有明确的主轴与路标，在已有唐代茶道史、茶文化史著作的基础上，追求自身的思维逻辑和写作构架，对唐人创造的宏伟丰厚的茶史，作者力图通过历史'遗留物'的认知和重构唐代茶史整体面貌，努力接近'原生态'的历史真实。这部著作除绪论外，分设11章，形成了内容完备、结构严谨的体系，广泛论及茶的历史地理、科学技术史、生产加工史、流通销售史、文化传播史、文学艺术史、社会生活史、中外交流史等诸多领域，再现了唐代茶业和茶文化的博大气象。与已出版的唐代专门史著作相对而言，《唐代茶史》虽然从历史时期来说是断代史，但对唐代茶的各个方面进行了全面系统的探讨，又带有通史和全史的意味，力图以丰富性和厚重感拓展与提升唐代茶史的研究。很坦率地说，这部著作所论各方面的内容，诸如唐代茶文化的历史基础、地宫茶具与唐代饮茶文化、宫廷茶风与唐代饮茶文化、唐代贡茶、唐代茶艺、唐代茶税、唐代佛教与茶、唐代道教与茶、唐代著名茶人茶事、唐代茶与文学艺术、唐代茶的外传，几乎都有著作或论文涉及。本书的可贵之处是，经过作者的思考与研究，尽力进行新的论述和深入探讨，还有一些旁人未及或留有学术空间的问题，作者更是提出了颇有新意的见解。例如，对于唐代茶史，一般做总体概括，本书则细分为初始阶段、形成阶段和成熟阶段，并对各阶段的状况和特色进行了分析。又如，关于佛教与茶的关系，大体围绕着禅宗和禅茶，本书既有禅宗与茶的专章，又对唐代其他佛教宗派（天台宗、密宗、律宗、法相宗、华严宗）与茶做了广泛探讨。再如，关于唐代道教与茶的状况，本书也从道教名山茶事、山居道士的饮茶生活、以茶修道、道教徒茶的来源等多方面展开论述。一些精彩篇章和精湛见解，体现出作者'寂然凝虑，思接千载；悄焉动容，视通万里'的风采。"

正因为如此，在余悦先生"精当的信史与创新的学术"的多卷本《中华茶史》的框架下，李斌城先生与我首先完成了《中华茶史〈唐代卷〉》，获得国家出版基金项目完成优秀奖。由此发起，成立多卷本《中华茶史》编撰委员会，余悦先生为主编，陈文华先生位列编委榜首。西安几度开会，我们故人相逢，其情尤深，其喜洋洋者也。

2013年9月，《中华茶史〈唐代卷〉》正式出版，我去甘肃泾川开始新工作。第二年5月14日，我们组织丝绸之路与泾川文化学术座谈会时，余悦先生电话告知，陈文华先生在学术交流会议中突然离世！这消息如同晴天霹雳，瞬间震碎了我的心！我百感交集，悲痛涌上心头！他那矫健的身姿，八面玲珑的风采，谈笑风生的神情；他那学养深厚，文出不凡的著述；特别是他那热情奔放，推着历史的大文化前进的身影仿佛就在眼前，怎么就这样去了呢？我在泾河岸边，在那"柳毅传书"的地方放声呐喊——还我陈公！

但是情况特殊，我无法到南昌。我向上天奉上一联，盼望有个柳毅将挽联传给陈文华先生。

一座丰碑文启稻菽源，主《农业考古》，展历史画卷，卷卷光彩斯人在；华开法门寺，显"清明茶宴"，推时代新潮，潮潮茗香陈公来！

（文章为本书专稿）

老骥伏枥　情系茶乡
——陈文华教授与上晓起村的故事

王琳

今年"五一"黄金周，"中国最美的乡村"婺源又迎来了众多热衷于"农家游"的客人。来到江湾镇上晓起村的游客们惊奇地发现，村口不但竖起了一座"中国茶文化第一村"的牌坊，而且建立起了一系列以茶文化为内容的特色旅游项目，令人耳目一新。

上晓起村的村民们欣喜地告诉记者，上晓起村能有今天的喜人变化，多亏了一位年逾古稀的老人。他就是江西省社会科学院原副院长、中国国际茶文化研究会常务理事、江西省茶叶协会会长陈文华教授。

一、中国茶文化第一村

71岁的陈文华是我国著名农业考古专家和茶文化专家，他多年来潜心研究中国茶文化，已撰写了大量的学术专著，但他不是个安于书斋之人，他有一个梦想——建立一个研究中国茶文化的"立体实验室"。为了这个梦想，他踏破铁鞋，走遍了婺源的山山水水，历经15年的考察，终于将地点定在了江湾镇上晓起村。

上晓起村自唐朝建村以来，一直就有种茶的历史。走进这个古色古香的小山村，扑面而来的微风中弥漫的都是茶叶的清香，这里的茶树遍布于山前屋后，村中的古驿道上深深的车辙凹痕记载着当年运茶的繁忙，这里有延续千年"方婆遗风"的古茶亭，而古老的茶作坊中至今还在使用靠水力驱动的木制捻茶机……小小的上晓起村，竟犹如一本记载着传统制茶史的"小百科全书"，蕴含着丰富的茶文化遗存，放眼全国各地茶乡也实属罕见。

为了对上晓起村的茶文化更好地进行保护与利用，2004年，陈文华毅然拿出自己的多年积蓄，在上晓起村创办了以茶文化为主题的旅游基地，并大胆地竖起了一座牌坊——"中国茶文化第一村"。从此，陈文华几乎将自己的根扎在了上晓起村，以年轻人都比不上的充沛精力实现着自己的梦想。经过不懈地努力，茶艺画廊、古今茶画展览室、溪边茶苑与茶文化古迹融合，使古老茶村焕发新彩，声名远扬。

两年多来的开发、经营，既有苦累，又有甘甜。当他看到由他促成的"中国茶文化学术研究与学科建设研讨会""第二届婺源国际茶会"在此举办；来自国内外的一批批专家、学者、茶商们在此品茗、论道；众多的摄影家、游客在此领略茶文化的魅力；南开大学历史学院的教学实践基地在村中正式挂牌；第二届全国少儿茶艺夏令营的孩子们在此采茶、制茶、乘坐竹筏……陈文华先生的快乐之情溢于言表："我非常快乐，也兴奋不已。这是茶神对我辛勤劳碌的最大奖赏。它使我忘记了苦累，忘记了年纪，也忘记了衰老。"

二、新型农业合作社的构想

"茶"，使茶文化与上晓起村结下了不解之缘。在保护与弘扬中国茶文化的同时，在江西省社会科学院领导的关怀和启发下，陈文华的心里还想着如何帮助村民们搞好社会主义新农村的建设。

他认为，建设新农村应从文化抓起，从娃娃抓起。因此，他开办了"茶文化村双语幼儿园"，幼儿园的所有老师都是南昌女子职业学院幼教专业毕业。附近村里的孩子们都来这里接受正规的幼儿教育，还学习英语，深受村民们的欢迎。

对于调整农村生产结构，提高农村经济效益，陈文华更有着前瞻性的思考。他认为，新农村建设必须由代表先进生产力的文化人和具有新理念的、与城乡有密切联系的城市企业家来经营建设。农民以土地入股，由企业家来开发、经营，把农村建成新型农业合作社实体。

于是，陈文华成立了华韵茶文化发展有限公司，与村委会、镇政府正式签订协议，项目就叫"中国茶文化第一村的开发"。从此开始了新型农业合作社的实践。

去年冬天，他出资1000元、上晓起村委会拿出2000元，以每亩补助40元的方式，鼓励农民在冬闲的农田上种植油菜。当今年3月油菜花盛开时，村中一下涌进几万游客，光上晓起村就创下了一天接待800多人的纪录，成了一道亮丽的风景线。为了利用水面资源，实行多种经营，不久前在村里又办起了养鸭场。

为了"茶"，为了上晓起村，陈文华正构思着一个宏伟蓝图："我的设想是用3～5年时间，把上晓起村打造成国内外知名度较高的旅游度假休闲基地。同时加大传统生态农业的生产，不断实践新型农业合作社的构想。可以预见，上晓起村通过打造新农村，将更富特色，更具魅力。"这位古稀老人的脚步是那么坚定，那么轻盈，充满了青春的活力……

（文章原载《农业考古》2006年第3期）

让学术的根扎进土壤
——"陈文华先生开创农业考古30周年座谈会"侧记

刘建

"一个在田间地头得到广大农民朋友认可的学者，是在老樟树下，用平实的语言讲述吸引打着赤脚的农民放下锄头倾听的学者；是与在茶树下长大的茶农平等展开交流的学者……他的研究不仅得到了学术界的认可，更重要的是将社会关注的热点与学术事业结合在一起。"这是江西省社会科学院院长傅修延对该院71岁首席研究员陈文华的评价。

1月16日，省社科院第二会议室，政府领导、学者、媒体等各界人士济济一堂，他们在共同分享陈文华开创农业考古30年的艰辛与快乐、成功与启迪。

回眸30年学术事业，陈文华举重若轻，自认为是做了三件事：办了一个展览—"中国古代农业科技成就展览"，在全国21个省市巡回展出了几年，至今还在江苏无锡"吴文化公园"长期展出；办了一个刊物—《农业考古》，国内外公开发行，25年88期，期期精彩；创立了一个学科—农业考古，填补了学术上的一个空白。"三件事"足以见证人生的精彩。也正因为如此，当天，江西省社会科学院、江西省社会科学界联合会授予陈文华"农业考古30年荣誉奖"，第一次以这种特殊的方式，向这位年届古稀的老学者表达敬意。

此时，这位被誉为"中国农业考古第一人"的学者被感动环绕着。赶来祝贺的江西省副省长孙刚，忍不住要表达对陈文华的敬意。他提到改革开放之初，农村联产承包责任制刚刚露头，争论很大，众说纷纭，那时，陈文华以"中国农业科技发展史"的视角提出：中国的小农经济没有走完它的路程，现在搞包产到户就是在继续走完这个历史进程。这是一个学者可敬可佩之处，他的研究从一开始就不在象牙塔里，而是在广袤大地上。

来自各方面的学者对陈文华众口一词的评价是：30年来他的农业考古不是为做学问而做学问，而是将学问服务于社会。他改变了过去农业历史研究大多注重制度研究的状况，将视角转向对农业生产力、生产方式的研究，它研究农具、研究稻作起源，将江西稻作历史推到1万年以前。

当人们的生活由温饱至小康时，农业考古的研究转向文化，陈文华选择了"茶文化"的研究，亦如他的农业考古研究，是在考古学、民族学、历史学、农史学等学科交叉点上开拓新领域一样，他赋予了茶文化研究新的生命力：它是灵动的，陈文华带着自己培养的、散发着一身清茶幽香的茶艺师，不仅走遍了中国的大江南北，还将她们带出国门，让骄傲的法国人对悠久的中国文化叹为观止；它是回归的，陈文华在中国最美的乡村婺源建起了"中国茶文化第一村"，所要做的是将人文历史与生态自然相结合，进行新型农村合作社的探索。如今，已经有50多家农户加入了合作社。而这些在江西广播电视大学副校长、教授方志远眼里，其意义在于，单纯依靠农民自身，很难在农村建立起新文化，而当一批知识分子全身心地把先进文化传播到农村，新文化就有了发展的契机，从而推动社会主义新农村建设。

面对赞誉之声，对于荣辱早已淡定从容的陈文华也有些激情难抑。他说得最多的是能有今天的成就，得益于拥有一个好的学术研究环境，这当中充满了理解、宽容与支持。而这也正是记者在当天纪念活动中感触最深的。2007新年大门刚刚开启，人们就以一种全新的形式，向一个执着于开创事业的学者表达着崇高的敬意，实际上是在鼓励更多的人，在江西开始新的历史跨越、实现新的崛起时，抢占学术阵地的制高点，勇攀科学高峰。

（文章原载《农业考古》2007年第1期）

"陈文华农业考古30周年座谈会"发言纪要

2007年1月16日

汪玉奇（江西省社会科学界联合会副主席、研究员）：

各位领导，各位同志，陈文华先生农业考古三十周年座谈会现在开始。三十年前，中国从"文化大革命"中走出来，中国学术界最先以自己的学术敏锐感觉到学术自由的到来。在江西，有这样一位学者，开始创立农业考古学科，并且在实践中经过他的努力，不断地把这门学科推到中国学术界的前沿，推到了国际学术界的前沿，取得了丰硕的果实，为江西学术界，为中国学术界获得了巨大声誉，他就是尊敬的陈文华先生，让我们以热烈的掌声表示对他最崇高的敬意。

为一个社会科学工作者三十年的治学经历举行一个专题性的座谈会，在我们江西省社会科学院的历史上还是第一次。江西省人民政府副省长孙刚同志十分重视这次座谈会，为了表达对专家的尊重，对学术界的尊重，今天他来到了会场，让我们对孙刚副省长的光临表示热烈的欢迎！中国社会科学院考古研究所副所长、研究员白云翔先生带来了中国社会科学院考古研究所的贺信！出席今天座谈会的有江西省社会科学院、江西省社会科学界联合会的领导，江西省出版界、江西省学术界的专家学者，现在有请江西省社会科学院院长傅修延致辞。

傅修延（江西省社会科学院院长）：

尊敬的孙刚副省长、尊敬的陈文华先生，女士们、先生们、同志们、朋友们：

省社科院、省社联今天在这里举行陈文华先生开创农业考古学科30周年纪念活动，孙刚副省长莅临今天的座谈会，我们感到非常荣幸！这说明省委省政府对社会科学研究工作的重视，对社科研究工作者的关心和爱护。社科工作只有得到党和政府的重视和关心，才能得到长足的发展，发挥为党政决策服务的功能，发挥为经济社会协调发展服务的功能，取得相应的成果。江西省的社科工作一贯得到省委省政府的大力支持，历任省领导、现任省领导多次亲临社科院、社联指导工作，这次孙刚副省长又出席今天的喜庆活动，使座谈会洋溢着一片欢乐气氛，为座谈会的成功举办提供了坚强的保证。省长的到来，体现了这次纪念活动的分量，表明了陈文华先生开创农业考古学科的价值，也反映了社科工作在江西崛起进程中具有不可替代的作用。

开创农业考古学科30周年，标志着拨乱反正后江西社科工作者重新投入学术研究已历时30年。三十而立，一门学科经过30年的发展，站立起来了，得到了学界与社会上的普遍承认。一批学者也在这段时期成长起来了。为什么陈文华能够抢占学术阵地的制高点，开创出农业考古学科，就是因为他抓住了时机，抓紧了时间，"文革"一结束他就开始了这门学科的创建工作，一直奋斗到30年后的现在。30年的奋斗需要坚韧性与持久性。因为他抓得早、抓得及时，所以就有了从那时到现在的30年学科建设！为了这30年坚忍不拔地长期奋斗，我们需要做出表彰与鼓励，以提醒人们注意这个学科的存在及其开创与建设过程，提醒人们注意一位社会科学家在为一门学科的创立所进行的孜孜不倦地奋斗，这就是我们对30周年的解释，也是我们选择这个日子来纪念的意义所在。

除了坚韧性之外，陈文华先生在创建农业考古学科上还具有高度的敏感性，这种敏感不光是学术敏感，还包括政治敏感。1975年，当时还是考古队员的陈文华，提出利用出土的历代农具和农业文物办一个反映生产力发展的展览，这个建议获得采纳，农业考古学科也就有了产生的契机。对于"文革"结束后出现的联产承包现象，陈文华也用自己的研

1972年宋墓考古队望夫山合影（右起：刘林、孙自诚、陈文华、周迪人、李家和）

究，支持和拥护了党的正确政策，这些既体现了他的学术与政治敏感，也反映了一位知识分子与党和人民同呼吸共命运的勇气与良知。除此之外，选择农业考古这个角度进行开创性的研究，还显现了一位历史学家洞察文明进程、明辨历史潮流的睿智。黑格尔说过："智慧之神（密涅瓦）的猫头鹰只有在文明的暮色中才能起飞。"古老的华夏农耕文明是人类文明的重要组成部分，神州大地埋藏着、沉淀着、堆积着中华民族与大自然作斗争的各种遗存，是一片有待于深入开垦与整理的沃土，在它上面可以书写出供后人汲取无限教益的锦绣文章。陈文华先生把目光投向这片在暮霭中放射出灿烂光芒的文明，他从自然科学与社会科学的结合部、从农业史与考古学的结合部，对此进行开创性的研究，筚路蓝缕，以启山林。这种极具智慧的选择成为其日后成功的保证，现在人们都说选择比努力更重要，今天年轻的社科工作者应当从陈文华先生的选择中得到启迪。

开创学科是衡量一位学者学术分量的重要标准，对于绝大多数知识分子来说，这可能是他们终生难以企及的目标。当今学术界，许多人都有著作与论文，不少人名片上都标有教授、研究员、博士、博导等头衔，但是有几人能够在回顾往事的时候被称为（而不是自称）一门学科的开创者？我指的不单是江西，江西在外省人心目中是落后地方，但即便是先进地区，或是在国际上，又有多少陈文华这样的学科开创者？开宗立派，开门立户，开辟出一门学科，需要打下坚实牢固的学术基础，需要进行艰苦卓绝的学术研究，需要开展广泛的学术活动。陈文华先生主办的《农业考古》杂志，创办并迄今仍在展出的"中国古代农业科技成就展览"，出版的《论农业考古》《农业考古》《中国古代农业文明史》等十多部农业考古专著，在国际会议上发表的一系列农业考古研究论文，主持的一系列农业考古国际学术会议，参与一线农业考古发掘工作（其中特别要提到他20世纪60年代参加，后来又以顾问身份参加的中美联合的对万年仙人洞稻作文化遗址的发掘），奠立了农业考古这门新学科，获得了学术界的广泛认同与高度赞誉。现在说到江西，不管你承不承认赣文化的存在，你不能不首先提到万年仙人洞的稻作文化遗址，因为这是我们文化的源头。

我在这里不妨举述一点学术界的评价。早在《农业考古》杂志创办之初，英国科技史权威专家李约瑟博士就来信予以鼓励和赞扬；国内著名史学家白寿彝教授指出这门学科填补了史学领域的一个空白；随着农业考古研究走向深入，日本学者开始称陈文华先生为"中国农业考古第一人"；欧洲著名学术机构在20世纪90年代邀请陈文华先生前往讲学。时至今日，陈文华先生作为农业考古学科创始人的地位已为学界公认，中国社会科学院考古研究所在为这次纪念活动发来的贺信中称："陈文华先生作为我国农业考古的创始人，将考古学与古代农业史研究相结合，开创了独具特色的农业考古学科，三十年来，陈文华先生以锲而不舍、孜孜追求、无私奉献的精神，满腔热情地献身于农业考古研究，取得了令世人瞩目的成就，为我国农业考古学科的建立和发展，为我国古代农业史研究，为中华传统农业文化的发掘、研究和弘扬，都作出了重大的贡献。"

然而陈文华先生的研究并非只是得到学界认同，还得到上晓起村农民朋友的广泛赞誉。当陈文华先生在古老的桂花树下谈论他的茶文化事业时，那些打着赤脚、刚放下锄头的农民，坐在路边津津有味地倾听他的讲述。我还见到自称在茶树下长大的茶农与陈文华平等地展开交流。来自各个方面的认可和赞誉固然标志着他的事业成绩斐然，但这里也要指出，陈文华先生真正是老骥伏枥，志在千里。他到目前为止还在不知疲倦地奋斗，努力开拓出自己事业的新局面。他在上晓起村打造茶文化村，既是一次将他的多种学术优势嫁接在一起的尝试，又是一个将社会关注热点与学术事业结合在一起的开拓，农业考古、茶文化在这里与社会主义新农村建设紧紧地结合在一起，这是一名学者在新形势下用实际行动来支农、帮农、兴农，陈文华先生在不知不觉当中又走在我们前面，在这方面他还将开拓出新的天地。我们现在还无法准确估量他在上晓起村事业的全部价值，但我们可以肯定地说，一个人只要心中有事业，胸中有激情，他就永远不会有停步之时，他就永远处在攀登高峰的阶段，他就一定会得到人民的爱戴与同行的赞扬。

陈文华先生感动我们的地方，还在于他对社科事业的热情、执着与投入。他挟着一股旁人无法想象的激情，投入了与农业考古相关的研究、编辑、出版、组织、调查等工作，事无巨细亲力亲为，独力担纲，责无旁贷。据我所知，《农业考古》在很长时间内，都是他一人担当策划、组稿、编辑与校对，甚至连跑印刷厂这样的事都亲自承担。之所以能做到这些，是因为他具有一位全能学者的素质，能够承担各方面的工作。他有时遨游书海奋笔如飞，有时跋涉田野大步如飞，有时西装革履活跃于人大政协，有时灰头土脸浑身泥浆出没于荒郊古墓。陈文华先生所付出的艰巨劳动，是一般人难以想象的，甚至是几个人加在一起也做不完的；但他投身事业所显出来的激情是无可比拟的，正是这种不竭的激情构成了他奋斗的动力，使他处在永不衰退的学术亢奋之中，使他处在永不停步的学术追求之中，使他处在永无止境的学术探索之中。对陈文华这样的学者来说，夕阳就是朝阳，退休没有意义。笛卡尔说，"我思故我在"，他是我工作故我在，他用30年的学术劳动证明了一名社会科学家的生命对社会所能产生的价值。

同志们，今天的纪念活动也是一种新创立的形式，这是院会第一次向一位已届古稀之年的老学者这样表达敬意，用类似于颁发终身成就奖的形式做出这种表彰。院会同志一致认为，陈文华先生30年来在农业考古学科上所做的工作，达到了本领域的最高水平，取得了难能可贵的丰硕成果。今后谁要是达到了这样的水平，取得了这样的成就，我们也要召开这样的座谈会，隆而重之地举办庆贺活动。不久我们还将陆续向一些老学者表达这样的敬意。我代表院会党组，在这里向全院同志发出号召，向陈文华先生学习，勇攀科学高峰，包括我自己在内。在座每位同志可能都希望在若干年后，也能够这样给自己开一个座谈会。能不能开不取决于别人，在于我们自己，在于我们能不能像陈文华先生这样终生奋斗，坚忍不拔，始终不渝。

我期待今后有更多研究人员获得这种崇高的荣誉。

孙刚（江西省人民政府副省长）：

刚才玉奇同志说得确实如此，由于工作议程的安排，昨天确定我是不发言的。今天是有感而发，打破了会议的议程，实在是对不起！

今天出席陈文华先生创立农业考古学科三十周年纪念仪式，感到非常高兴，我首先代表省政府对陈文华先生表示崇高的敬意和衷心的感谢！作为哲学社会科学工作者，陈文华先生所创立的业绩我是非常感佩的。记得1982年，我刚从江西大学毕业，当时手上拿到一本当年编辑的《中国古代农业科技成就展览》大纲，对我影响很大，使我对农业产生了浓厚的兴趣，特别是当时展开联产承包责任制大争论，对我认真领会中央的政策产生了重要作用，那个时候还不认识陈先生，但这本大纲给了我很大影响。三十年过去了，这门学科现在已经成长发展起来了。今天参加这个仪式，觉得陈文华先生至少有三点值得我们学习：

一是陈文华先生可敬可佩。一个社会科学工作者创立一门学科来之不易，并不是天上掉下来的馅饼。昨天晚上我把介绍陈文华先生所取得的学术成就的材料重新看了一遍，陈文华先生创立这门学科历经艰难。当时搞科学研究的条件比现在差得多，无论是硬件还是软件，条件都非常艰苦，但是在这种环境下，他能把农业与考古学有机结合起来，创立农业考古学，是一种创新精神，可敬可佩。

二是陈文华先生可喜可贺。一门学科创立三十年，到了而立之年，这证明这门学科逐渐成熟、发展壮大，成为社会科学中一门新生力量，可喜可贺。现在很多事情，由于人们内心浮躁，在市场经济条件下，在社会科学研究领域中，浮躁的心理普遍存在，很多东西都是过眼云烟。一个企业能搞十年，一个产品能存在五年就非常了不起。在社会科学领域，许多观点、著作、文章只管三五年，人们很快就忘记了，但要把一门学科培养成长到三十年，非常不容易，得付出多少辛勤劳动？我们要有一股信念！所以，我觉得陈文华先生所取得的成绩可喜可贺！

三是陈文华先生可学可鉴。陈文华先生身上有很多精神值得学习，第一是创新精神。我觉得哲学社会科学工作者的本质精神就是要创新，这是与宣传部门的最大区别。宣传部门的工作是在原有的基础上不断反复，不断扩大。有一句话说得好："反复多少次就成了真理。"确实如此，宣传部门的本质就是要不断扩大，而哲学社会科学就要不断创新。研究要创新，阐发别人的理论、别人的观点也要创新；普及工作也要创新，普及就是要让人们听得懂、听得进，这就是创新！第二是求真务实的精神。陈文华先生农业考古学的创立，确实是在求真务实的过程中发展起来的，他办出了我们国家、我们省农业发展的整个历程。第三是坚忍不拔的精神。做任何事我们一定要有韧性，我对此印象非常深的事有两件：一是《农业考古》杂志已出版88期，创刊号我都有保存，一以贯之，88期，每期都办得那么精美，不管是在顺利时期还是困难时期，不管是经费足的时候还是经费不足的时候都办得那么精美，内容也极为丰富，一以贯之确实不容易。二是茶文化的推广，对江西茶产业的发展作出了贡献。陈文华先生多次给政府领导写信，亲自带领同志们来拜访、征求意见和咨询。我们省连续两届在北京召开的国际茶叶博览会上都取得了很好的成绩，我觉得陈文华先生把治学的精神带到了市场中去，这体现了一种坚忍不拔的精神。第四是做人的精神。我们社会科学工作者是做学问的，是治学的，但首先要做好人，不卑不亢、严以治学、荣辱不惊，这都值得我们哲学社会科学工作者学习。

今天参加这个仪式，我感到非常高兴，也非常感动。陈文华先生可敬可佩、可喜可贺、可学可鉴！借此机会，就省社科院的工作谈谈我的感受：

这些年来，省社科院的工作总体上来说，为江西经济社会发展和江西的崛起献计献策、出谋划策做了大量工作。今天我们在这里举行陈文华先生农业考古30周年纪念仪式，本身就是江西省社会科学院为江西的发展作出的贡献。我多次强调，我们江西搞经济一定要有带头人，搞哲学社会科学也要有学科带头人，我们的文化、艺术、理论事业要有学科带头人。当然，学科带头人自己努力是一个方面，但作为一个组织、一个政府，一定要创造一个好的成长环境，要努力打造学科带头人。陈文华先生的成长、崛起，最后成为一个学科的带头人，固然有他自身的努力，但与社科院的扶持、帮助是息息相关的。当然，作为社会科学的一级组织，一个单位，一定要在打造学科带头人上下功夫，不仅要提供好的硬环境，提供住房等，更重要的是要营造一个成长、成才的软环境，创造一个健康向上的工作环境。大家都来支持、都来公认、都来推荐，这样江西的人才就会大批崛起。

刚才傅院长说今后要为在座的各位创造一个好的工作环境，我也希望省社科院，江西社科界能出更多像陈文华先生这样的人才。作为我自己，作为政府一定会为此作出不懈的努力，我也期待在不久的将来还能出席类似的仪式。由于我今天事先没做准备，是临时有感而发，讲得不对的地方，请多谅解！仅供参考。最后对陈文华先生表示再次的敬意和衷心的感谢！同时向省社科院的各位学者、工作人员和各位领导表示敬意和谢意！谢谢大家！

樊昌生（江西省文物考古研究所所长、研究员）：

今天非常高兴来参加陈文华先生农业考古30周年座谈会。陈文华先生是我们考古所的老前辈，为我们省考古事业的发展作出了非常大的贡献，特别是在农业考古这方面，是我们学界的领头人、创始人。

会议的前半部分，院长、省长，还有中国社会科学院白云翔副所长对陈文华先生都作了充分的肯定。我觉得他从事考古工作这么多年，用两个词概括就是"精神"和"追求"，这四个字相互作用，使他今天取得这么辉煌的成就。

1978年，正是"文化大革命"刚结束，陈文华先生在省博物馆考古队工作。陈文华先生抓住了当时国家发展改革中亟须解决的重要问题，从农业考古着手，搞自己的研究，这个精神确实是不简单的。陈先生当时在搞展览的时候，和张忠宽先生在一起，另外带了两个讲解员，就他们三四个同志把展览撑起来，并且把展览名气打响了，走出了省，在全国得到了好评。在这么困难的情况下，他的这种精神非常可嘉。

陈文华从省博物馆到社科院，一直坚持在办《农业考古》刊物。他自己当编辑，自己编，自己跑印刷厂，自己还去筹措资金。作为一个学者来讲，这是非常难得的精神，很值得我们学习。我认为他还有一种精神把握得非常好。当时他办《农业考古》的时候，正值时代在解决人的吃饭问题，从最基本的方面着手，但他不是浮躁地去抓住时代的热点去搞，而是开拓他的研究问题，并且这条路越走越宽，名气越来越大。

现在，人们生活水平提高了，他又抓住了茶文化。在茶文化这个领域也越走越宽阔，而且迈出国门、走向世界。这几年我到婺源去，看到他在推广茶文化，我觉得这个学者不简单，能够到这么偏僻的山区来，搞茶文化研究。这是一种精神，作为后辈、作为考古界来讲，应该向陈文华同志学习这种追求。

来之前，我在我们的资料室翻了一下陈文华先生在离开省博物馆考古队前发的一些文章，有30多篇，还有专著。而且我们省在1970—1980年一些重要的考古发现他都参加了，像南城的明益王墓，还有南昌的宁王墓、仙人洞的考古发掘等，他都是在一线。

今天能来参加这个会，对我们整个考古所来讲都非常高兴，我们全所同志也一定学习陈文华这种精神、这种追求，把我们省的考古事业进一步做好。

彭春兰（《江西日报》总编辑、编审）：

我应邀参加今天的座谈会。作为陈文华先生的朋友，我们在此向他表示敬意。本来是不打算发言的，今天听了前几位的发言后，也想表达一下自己的想法。

今天这个活动非常有意义，非常有学术价值，具有开创性、创新性。江西要发展，需要更多的大师级的学者。陈文华先生作为中国农业考古第一人，他开创了一项事业，开创了一门学科。他在江西是第一人，他在中国也是第一人，陈文华先生不仅是江西的骄傲，也是中国的骄傲。江西在哲学社会科学，包括各个方面，要想有不断的创新和成果的话，应该要有我们的大师人物。

我与陈文华先生的接触不是很多，但每年都能够见到几次，都会一起参加一些活动，《江西日报》对陈文华先生也都有一些报道。从陈文华先生身上看到一些东西，是非常受人敬重的。我觉得，作为一位学者，30年能够做好一门学问、孜孜追寻，有一种激情，也有一种从容和淡定，否则不可能这么全心地来做好一门学问。在他身上，我感到一种做学问和做人——学品和人品的结合。他在为人上有很多值得我们学习的地方。他将知识的探求和实践结合，即知行合一。如果做学问，不能在实践中使这种学问达到一种精深的程度，那就不可能取得很好的成绩。

在他身上有很多令我们非常感动的地方。我每次见到他的时候，他都会告诉我很多消息和新闻。我希望我们的记者也经常去关注这方面的动态。

社科院、社联今天举办的活动非常有意义、有价值，也给我们带来了不少收获。我觉得社会只有营造一个非常浓厚的能够做学问的氛围，我们的社会、我们的事业才会发展得更好、进步得更快。所以我也期待着下次能够得到社科院的邀请，再来参加类似的活动。我也相信在江西崛起的过程中，能够培养更多的大师级人物。

彭印㿘（江西省博物馆馆长、研究员）：

今天很荣幸能接到省社科院的邀请来参加陈文华老师农业考古30年的学术活动。很高兴与大家一起回顾陈文华先生农业考古30年的辛劳历程，在这里向陈文华教授表示真挚的敬意。

我是作为一位学生来参加今天这样一个活动。当年毕业，有人给我建议，去江西就去社科院工作，找陈文华先生，他是一位很优秀的学者，可以跟他学到不少东西。但由于种种原因，没有进社科院，这对我来说是一个遗憾。但还有幸我在江西谋到了一份事业，在同一个城市，可以近距离地向陈文华老师学习。这些年来陈文华先生严谨的学风和扎实的研究工作以及他对年轻人的关心，使我收获很多。

陈老师很谦虚，他说这些年来他只做了三件事：办了一个展览，创办了一个刊物，创立了一个学科。其实这三件事都是很了不起的事。比如说，办了一个展览，在20世纪80年代办一个中国古代农业科技成就展览，在当时是开创性的。我经常到全国各地的博物馆去交流，大家说到江西时，就会说起陈先生办的这个展览。作为一个江西博物馆的工作者，听到这话时我感到相当骄傲。陈先生办的展览是最贴近群众，最贴近生活的。当时农业搞承包制，是最需要农业科技成果的时候，这个时候办这个展览，适合当时的需要。他用最直观、最形象的方式告诉大家，传播给大家最需要的科学知识，在当时产生巨大的轰动。在几十年后的今天，大家还谈它，把它作为一个成功的案例来研究。第二，创立了一个刊物，这也是一个很了不起的刊物。过去我做学生时，对《农业考古》每期必读，现在仍然保持了这样的阅读习惯。我有许多学习体会和心得也来自于这个平台。我想这88期

《农业考古》为全国、为世界各地各界学者搭建了一个很好的平台，让大家交流学习。文博界常常说到江西一位考古界的学者就是陈文华，江西一个重要的学术刊物就是陈先生的《农业考古》。我感到很骄傲。

俞兆鹏（南昌大学历史系教授）：

陈文华先生从事农业考古工作30年，建立了一门使考古和农史研究进一步结合起来的新兴边缘学科，创办了《农业考古》这份农史学界的权威刊物，他成了中国农业考古第一人，誉满中外。我认为他是我们江西史学界杰出的学者。今天在祝贺他从事农业考古30年的时候，我们有必要对他取得成功的原因做一番探讨，使之对同行和后代的学者有所启示。

我认为陈文华先生和《农业考古》之所以能获得巨大成功的主要原因有三个方面：

一是学术创新的精神，与时俱进的思想。旧时代的学者研究农史主要依靠古代文献，其结论往往与事实不符；而考古工作者又把重点放在写发掘报告和鉴定文物上。新中国成立后，农史学者虽然也利用出土农业实物来为其研究服务，但农业考古仅处在配角的地位。陈文华先生以他敏锐的史学目光和丰富的考古发掘经验，把农业考古与农史研究进一步密切结合起来，并系统地整理大量出土的农业实物，结合历史文献，从农业考古实物中勾画出一部中国农业文明史来，从而创立了农业考古这门新兴的边缘学科，而这正是他那学术创新精神的具体体现。随着国家改革开放、市场经济的发展，文化热的兴起，陈文华先生又创办了《中国茶文化》这份世界上唯一研究茶文化的刊物，它既立足于农史研究，又突破了单纯农史研究的范围，把茶史研究与发展旅游经济和人民群众的文化生活和精神追求结合了起来。因此，这本刊物既为农史学界所重视，又为广大群众所喜闻乐见。而这与陈文华先生具有能与时俱进的思想密不可分。

二是科研与实践结合，考古为现实服务。陈文华先生做学问不只是关在书房中查阅文献，而是亲临考古发掘的第一线，对出土的农业实物进行直接鉴定和研究，同时还多次到农村进行调查访问以取得感性的知识。实践是检验真理的标准，为此他有关农史的那些观点就经得起事实的考验，其论证也具有强大的说服力。更为可贵的是，陈文华先生不为做学问而学问，而是把他的农业考古直接用于为社会主义建设服务。如他认为中国古代传统的个体农民的生产方式和耕作技术仍能在农业现代化进程中发挥作用，从而为我国的人民公社制向农业联产承包责任制的转变提供了理论依据。此外，他又把茶文化研究与发展旅游业和丰富人们的精神生活结合起来，为提高人民群众的精神文明水平作出了贡献。

三是深厚的学术功底，勤奋的治学态度。陈文华先生毕业于厦门大学历史系，有深厚的史学功底；在江西省博物馆工作期间积累了不少考古发掘的实践经验；他曾发表过许多学术论著，有丰富的科研经验。同时，他又积极参加社会活动，曾担任全国政协委员和多种社会兼职，积极参政议政，造就了敏锐的政治目光。此外，他还曾周游列国，通晓古今中外历史文化知识。加上他本人多才多艺，爱好文学艺术，能唱能画，这使他研究文化史得心应手、驾轻就熟。可见，陈文华先生能取得学术成就首先有赖于他本人深厚的学术功底。但有学术不一定能出成果，学者还必须付出艰辛的劳动，而陈文华先生正是一个治学态度十分勤奋的人。他40年如一日，千方百计搜集各种文献史料，还四处奔走亲临考古发掘现场，不怕苦、不怕累、不怕脏，一切为了农业考古事业！尤其使人惊奇的是每期60余万字的《农业考古》杂志，竟全由他一人担任组稿、编辑、校对、发行，还把杂志办成国内外有名的权威刊物，由此可见陈文华先生勤奋治学。

举办"陈文华先生农业考古30年"座谈会很有意义，这对陈文华先生本人是种鞭策，对其他学者来说则是获得了一次难得的教益。

方志远（江西广播电视大学副校长、江西师范大学历史学教授）：

我认为江西省社科院今天是为一位伟大的学者做一件具有重大意义的事情。既是对陈文华先生的贡献做出公正客观的评价，同时也做出一个阶段性总结。我认为更重要的是，这次会议，对江西社会科学的发展，对江西人文精神的弘扬正在注入新的活力。陈文华先生是"中国农业考古第一人"。同时他也是"中国茶文化第一人"。现在，他正在从事一项更伟大的事业，即自觉而快乐地推进农村新文化建设。我认为其意义更为深远、重大。

我要特别强调陈文华先生的快乐。在我印象中他是快乐地做每件事情，因此他总是能化腐朽为神奇。在别人看起来是荒山恶水的地方，在他看起来是美景如画；在别人看起来是屋漏偏逢连夜雨时，他却看到柳暗花明又一村。他总是把他的快乐带给别人，也是用他的快乐来做每件事情。他做每件事都没什么功利心，而是凭借他的本能和快乐，去做这些事情。更为可贵的是，他既是享受地去做，快乐地去做，也是执着地去做。

陈文华先生给我的印象是几个片段：一天到晚，蹬着一辆破二八自行车，骑着那破自行车吃烤红薯。有好的歌曲出现，我听到学唱的第一人总是陈文华先生，而且他还可以把很多歌曲串在一起唱，从"走西口""该出手时就出手"唱到"今天的太阳"等。

我和傅修延院长开玩笑说，我们的人生价值，就是当我们不在朋友身边时，我们有笑话能让朋友去说，这就是我们的贡献。如果一旦我们不在世的时候，我们的朋友、我们的后辈会拿我们开玩笑，会说我们出过哪些洋相，那我们也是作了很大贡献的。如果我们给别人的印象总是这个人不错，出了很多书，写了很多文章，其他就没有了，这固然是贡献，但是我觉得这个贡献不会让朋友开心。

2006年10月，和陈老师夫妇一起，在上晓起村的两个晚上和三个白天，那里有小桥，有流水，有清茶，有明月，我们在小小的竹排上悠悠地唱着陈老师创作的《茶工谣》，那真是人生美景。尽管陈文华先生写了许多伟大的农业考古的著作，办了《农业考古》杂志，但是若干年以后，我想起陈文华先生，之前那些片段给我的印象更深。他给我们提供的范例是一个历经坎坷、屡经沧桑、遭受挫折的知识分子，带着一种愉快的心情来面对生活、开创生活、从事他的事业。上晓起村固然好，但是没有陈文华的上晓起村，那是一个静态的上晓起村，是一个自然的上晓起村。只有陈文华进去了，上晓起村才是人文的，才是动感的。

列宁说过一句话："工人本来也不可能有社会民主主义意识，这种意识只能从外面灌输进去。"我认为掌握了新文化的知识分子自觉地、愉快地深入到农民中去传播，农村才有可能产生新的思想、新的文化，才有可能建立社会主义新农村。

正是因为这样，我们不能用常规去要求陈文华先生，要给他充分的自由，没有自由就没有陈文华。

茶文化的历史学派

陈文华茶文化研究路径与学术贡献

何友良（江西省社会科学院历史部主任、研究员）：

陈文华先生以"农业考古第一人"享誉学术界，是我十分敬佩的一位学者。他从1985年调来省社科院历史所工作，就长期是我的领导，也是我的老师。他的到来，更为当年强劲发展的历史所带来了新鲜活泼的空气。尽管他做的是农业考古研究，我的专业则是中国近现代史，但他的指点、表率，尤其是治学精神，可以说是见之者多，感之者切，给我以极大的教益。这里仅谈值得后学者学习的三点精神：

一是不断拓展、勇于创新的精神。陈文华先生是带着已经建立的巨大学术声誉来到社科院工作的。从历史和现实看，一般人达到一定的高度，比较容易满足和停滞。陈文华先生恰恰相反，他从不停步，达到了一个高度，马上又向另一个高度进发，不断地开辟新的研究领域，抢占新的学术制高点。1978年，主办中国古代农业科技成就展览在全国引起轰动，陈文华先生也成了名人。1981年，他抛开经历3年多的现实荣耀，转而创办《农业考古》学术期刊，冲击新的学术高度，仅数年，便将一本很专业的学术刊物，办得风生水起，备受称赞且学界闻名。到社科院工作后，他持续向三方面挺进：一是办刊，始终在《农业考古》上下功夫，保持刊物的学术领先地位，并在此基础上，利用《农业考古》的优势，开办《中国茶文化专号》，创办茶文化这一崭新的研究方向。由此，他事实上就成为农业考古、茶文化研究两个新兴学科的奠基人、开创者。二是举旗，多次出国和在江西举办大型国际学术研讨会，广泛地宣传、交流研究成果，促成江西农业考古和茶文化研究走向全国、走向世界，成为公认的研究中心，为树立江西农业考古研究的中心学术地位，为研究事业的新进取奠定了坚实的基础。三是著述，从《论农业考古》到《中国古代农业文明史》等，佳作迭出，仅专著算来便达十部，作出了丰厚的学术贡献。这些成就，让人仰慕。我想，他之所以能够取得这样大的成就，很重要的一点是具有不断拓展、勇于创新的精神，具有不守旧、不停步的治学态度。这种精神和态度，不但值得史学研究从业者认真学习，而且应当成为每一个有志于学问的人的职业要求。

二是勤奋实干、与时俱进的精神。陈文华先生是一位极度繁忙的人，经营着两个大型刊物，仅编校就是一个巨大的工作量，还有很多国内外学术活动，一个接着一个的研究课题，一本又一本的新书著述；陈文华先生又是一位十分洒脱、十分前卫的人，从神态到话语，从衣着到步履，从观念到心态，都显得那样轻松、那样活泼、那样年轻、那样敏锐。我常想，这一切，怎么能这么好地在他身上统一起来？我仔细观察，觉得最好的解释，就是他具有一种与时代发展同步的勤奋实干、与时俱进的精神。这种精神，在工作、生活的各个方面都体现出来。因为有这种精神，所以尽管年纪大了，仍然像年轻时一样踏实苦干，保持站在学术前沿，出好刊物、出好著作——我的住所与他的府第正好前后相对，半夜醒来，常常看到他那里仍然灯光明亮，真正是为了事业，宵衣旰食，不舍昼夜。因为有这种精神，尽管声望高了，仍然大事小事一起做，不嫌细微而不为，包括亲自一遍遍校对大量的文稿，保持刊物的高质量。也正因为有这种精神，他便仍然可以保持一个年轻、积极的心态，不离时代，不落潮流，走在前沿，活在前卫。这种精神，也是做学问的同行们应该好好学习的。特别重要的是，我们不能仅看到他那成功者的光环，更应该看到这光环后面的艰辛劳作与精神动力。

三是胸怀宽阔、博大包容的精神。他在治学为人上，还有一个很突出的特点，就是具有宽阔的胸怀和博大的学术包容精神。我亲身经历的一件事是，我们曾经做过一个省级社科课题《当代江西农业史纲》。课题做完后，有5万多字，没有地方能够发表这样篇幅的东西。从一般的学术分工说，我们搞当代的东西与《农业考古》似乎很难搭得上，但我抱着试试的态度，把稿件送请他审核，他很爽快地就答应在《农业考古》上刊用。结果，稿件分两期很快发表出来，并在国学网上得到传播。从这件事，我领悟到他在学术上有一个好精神，就是一种宽广包容的精神。有了这种精神，他便具有了一种很不寻常的宽阔眼光和扩大学术领域的能力，使他在学术上，不仅有一个中心据点，而且依托这个中心据点不断向外扩张，把专业研究做大。我想，这是他的一种宝贵的品格精神，是又一种宝贵的学术经验，值得我们后学者好好学习。

白云翔（中国社会科学院考古研究所副所长、研究员）：

这次应邀参加陈文华先生农业考古30周年座谈会，对我个人来说，感到非常荣幸。对于这次座谈会，我们研究所也非常重视，专门发来了贺信。关于陈文华先生农业考古30年学术成就的评价，正如刚才贺信中所说的，这不是一个人的评价，而是我们考古研究所给出的评价，是考古界的评价。

我今天想说的话很多，首先表达两个意思：一个是对陈文华先生30年来在农业考古方面所取得的成就表示衷心的祝贺；另一个是对这次会议的召开表示热烈祝贺！

作为一个科学研究机构，如何营造一个有利于出成果、出人才的氛围，这是每一个科研机构的领导者必须经常思考的问题。人才的成长离不开两个方面：一个是个人的主观努力，如选择、坚持等这些主观因素；另一个是所在机构（无论是企业、科研单位还是大学）有没有保证和促进出成果、出人才的氛围和机制。因此，我想这次座谈会对陈文华先生很重要，对江西省社科院的发展也很重要，对我本人更有启发。

今天是庆祝陈文华先生创立农业考古30周年。关于陈文华先生的业绩和为人，傅院长等各位领导和专家说得很好，我不再重复。这里我想还是从学术和科研方面谈几点认识。

一是关于农业考古的创立在中国人文科学发展史上的地位。可以这样说，农业考古的创立，极大地丰富和拓展了考古学的研究领域，极大地推进了古代农业史和农业文化研究，为中国人文社会科学的发展作出了积极贡献。

"民以食为天"，而中国自古就是一个以农业为主的国家。自农业产生之后，农业生产便成为最主要的经济活动，农业成为一切古代文明赖以产生的基础。因此，在我们中国长期有一种"重农"思想，"重农轻商"是中国的传统思想。同时我们也要看到，尽管历代的统治者每年都定期举行仪式祭天地、祈谷丰，但历代史书中关于古代农业的记载非常少，也很零散，使传统的古代农业史研究遇到了不可逾越的障碍。于是，人们开始把目光转移到考古学上来。

大家知道，中国的近代考古学是从西方传来的。近代考古学的基本特征是通过田野考古获取实物资料、通过实物资料研究古代社会。它形成于19世纪中叶，到19世纪末20世纪初乘"西学东渐"之风传入中国之后，就与中国传统的史学、传统的金石学相结合，形成了有中国特色的近代考古学。在中国，最早从事近代考古学的专家主要是史学家，或者是金石学家，因此，史学观念很强，成为中国考古学的特色之一，也是中国考古学的一个好的传统。但同时也有一个弊端，那就是更多地关注政治史、制度史、思想史等（这无可厚非），而对社会生产、平民生活等关注较少。实际上，既然我们承认人的发展、社会的发展首先要生产，那么我们研究古代的生产技术、生产过程、生产手段、生产方式等生产活动，就应当成为考古学研究最基本的东西。但恰恰是在这些方面，由于金石学的影响以及考古工作者大都是人文科学的教育背景等原因，我们长期是滞后的。在这样的大背景下，20世纪70年代末，陈文华先生主持举办了中国古代农业科技史展览，从农业、生产、科技等方面揭示中华古代文明及其成就。或许，当时陈文华先生也没有想要创立农业考古这一学科，而是想着抓紧时间，发挥自己的长处，用知识来为社会服务，但就是这样一个本来很简单的用意，却使之创立了农业考古学。

陈文华先生从事农业考古30年来的成就是巨大的，不仅提出了农业考古，而且通过30年的研究实践使农业考古这一学科形成了一个学科体系：通过田野考古获取有关古代农业的实物资料，并对其进行考古学研究和相关的自然科学研究，同时与文献记载、民族志等材料相结合，对古代农耕技术、农业生产、农业活动以及农业文化等的发生、发展及其在社会历史发展中的地位和作用进行探讨和描述。农业考古已经成为考古学的一个重要组成部分。在全国考古学家中，专门从事农业考古的人并不是很多，但有相当一部分学者或多或少地做一些农业考古方面的研究。因此可以说，陈文华先生通过30年农业考古的历程，从农业考古的提出到学科体系的构建，使人文科学里诞生了一个新的分支学科，从而促进了我国当代人文社会科学的发展。

二是关于陈文华先生农业考古的学术思想。陈文华先生在农业考古方面学术论著丰硕，研究成果累累，这里不做具体地分析。就陈文华先生的学术思想而言，在我看来，最为突出的成果是大农业史观和大农业文化观的建立，这对于全面总结我国古代农业的成就及其经验教训，对于科学认识农业在人类社会历史发展中的地位和作用，对于不断推进古代农业研究的"古为今用"，都具有极其重要的意义。

大家知道，作为一个科研工作者，其课题研究是具体的、个案的，但成为"大家"的时候，就离不开大的学术思想了。我们说陈文华先生在30年农业考古的研究实践中建立了大农业史观和大农业文化观，主要有两层意思。一方面，不是局限于狭义的农耕技术的研究，而是把谷物、果木、茶叶、花卉等的种植和管理，家畜饲养，水产养殖乃至农副产品的储藏和加工等作为整个古代农业的有机组成部分进行思考和研究，从而建立起大农业史观；另一方面，不仅注重农耕技术史、农业管理史的研究，而且把农作物、农耕技术、农业生产工具、农田水利、农业生产过程、农业的经营管理等作为一个有机的整体进行研究，把农业和农业文化与中华古代文明的发生和发展、与中国古代社会历史的演进有机地联系在一起进行观察，从而建立起大农业文化观。只有树立这样的大农业史观和大农业文化观，我们对古代农业发生和发展的动因及其作用、古代农业与古代文明的关系、古代农业与古代社会历史演进的关系、人与农业的关系等的认识才可能更深刻，更全面。

当然，社会是在不断发展的，学术是在不断发展的，陈文华先生的农业考古研究还会继续下去，陈文华先生开创的事业也会有后学继承和发展。今天看来是一些正确的观点，到20年以后、30年以后会得到补充、完善乃至修正，是完全可能的，也是正常的，在农业考古上有待探索和解决的问题还有很多。这就是科学的魅力之所在。正因为如此，我们今天回顾陈文华先生农业考古30年成就的时候，对大农业史观和大农业文化观进行理论的总结和思考，不仅对于农业考古的进一步发展是必要的，而且对于其他学科可能也会有一定的启发。

　　三是关于陈文华先生农业考古30年成就给予我们的启示。陈文华先生30年来为什么能够取得如此巨大的成就？给我们有什么样的启示？刚才各位从不同的方面讲了很多，我很赞成，这里我再简单地讲四点：一是使命感。想做事情，想用知识报效国家，是中国知识分子的一个优良传统。陈文华先生虽然早年历经坎坷，但正是他那报效国家、造福于人民和社会的强烈使命感，使得他能够不畏艰难，不断拼搏，从点滴做起，终于成就了一番事业。二是事业心。陈文华先生在从事农业考古的30年中，遇到过许多困难，但他没有放弃，取得了一个又一个成绩，获得了一个又一个荣誉，但他并没有止步不前。因为在陈先生看来，农业考古是一项事业。我总在想，一个科研工作者如果把科学研究仅作为一种职业或一种谋生的手段，更有甚者将其当作仕途的敲门砖或获取名利的手段，是永远也不可能真正成为一名学者和科学家的。只有把科学研究作为一项事业乃至生命的一部分，虽然其研究课题有大有小、成果有大有小，但他终将会有所建树。三是创新的意识。从古代农业科技史展览到创办《农业考古》杂志，从农业科技史研究到农业文明史研究，从茶文化的提倡到茶文化生态村的建设，陈先生农业考古的30年，是在一步一个脚印、一步一个创新的过程中走过来的。创新，是科学的生命力之所在，这在陈先生30年农业考古的生涯中得到了很好的诠释。四是求实的精神。陈先生30年农业考古生涯是在不断创新的，但每一次创新又都是以扎实、求实的学术研究为基础的；陈先生每提出一个问题并阐述一个问题，都是以占有丰富的资料和严密的论证为基础的，毫无哗众取宠的高谈阔论。庆祝陈文华先生农业考古30年的启示之一就是我们应当继承和发扬"论从史出"的优良传统，应当到社会生产和社会生活的实际中去发现问题、解决问题，真正树立踏踏实实做学问、理论与实际相结合的学风。

　　最后，把话题回到开头讲到的人才成长的条件问题上。陈文华先生之所以能够取得如此辉煌的学术成就，一方面是他本人长期不懈地努力，另一方面是江西省社科院为陈先生营造了一个良好的氛围，搭建了一个很好的平台。这次江西省社科院召开这样一个座谈会，令人感动。这既是对陈文华先生农业考古30年成就的肯定和祝贺，更是引导大家潜心

陈文华先生农业考古30周年座谈会现场

科研、努力创新的一种掷地有声的举措，是营造有利于出成果、出人才之氛围的一种可喜举措。由此，我看到了江西省社科院更加辉煌的未来。我在祝贺陈文华先生的同时，更祝愿江西省社科院人才辈出，各项事业不断发展。

陈文华（江西省社会科学院首席研究员）：

各位尊敬的领导、各位来宾：

这样的会议是事先没有想到的，很出乎我的意料，包括这个材料印得如此精致，我根本想象不到，我原来以为最多是复印一下，随便发一点就是了，没想到是如此精心打扮。今天这么隆重，这么多贵宾来，非常感动。我曾经跟傅院长说过，这种会议也许我20岁、30岁的时候很盼望，到了70多岁，已经什么都看得很淡了，但是，我今天仍然是非常感动。

我今天想说的话太多了，不知道从何说起。三十多年来，我从事这个学科的实践，从一开始到最后，党和政府给了我很多荣誉。我开始办古代农业科技成就展览，得到了省科协的支持，当时就拨了5万元，要我们搞个流动的展览。第一版是1978年展出的，第二年我带了几个助手，跑遍全国，修改了一遍，作为流动的展览。流动的展览还没有到国内各地展出，马上就被中央的领导看到，就调到了北京，一直到几年以后才回江西再巡回展出，然后再到外地巡回。后来，省政府授予我们科研成果一等奖，在1980年发了500元奖励。同时省文化厅在艺术剧院举行了一次很隆重的表彰大会，全文化厅系统都到艺术剧院听我做了一场关于农业生产责任制、农业历史的专题报告。此后国家给了我更多荣誉。1988年到了社科院以后，我被授予国家级有突出贡献专家，后来还被授予政府津贴，1989年我被任命为副院长。最后就是1993年我被选为全国政协委员，连任两届，到2003年才退下来。这些荣誉很多，但像今天这个会议我是没有想到的，绝对没想到。

为什么我能够成功？我想，搞考古的，三分靠才能七分靠机遇，当然，你要有所准备，但还要敢于抓住机遇，才能有所突破。当年在南昌博物馆二楼展出的时候，时任国家科委主任的武衡，到省里一看，觉得这个展览很不错。科委第二年就通知省科协请江西来一个同志讲解农业史，当时，全社会掀起学科学的热潮，领导干部要进京听科学讲座。整个科学讲座第一个单元是科学史，讲农业史，北京也有专家，但领导叫我进京讲课，那一讲影响非常大，同时也坚定了我从事农业考古研究的信心。时任国家农委主任的何康到江西调研，认可了我的展览。第二年，我们整个展览到北京农业展览馆展出。接着何康部长亲自听我在北京讲农业科技史，我非常荣幸。课后，我回到江西，在国家农委等单位的支持下，我创办了《农业考古》这个刊物。之后，《农业考古》就打开了局面。然后，经过一番辗转，我就到了江西省社科院工作。

1989年3月我被任命为江西省社科院副院长，社科院各级领导对我非常关照。今天又办了这么一个规格的纪念会，确实是空前，从来没有过的。我非常感动。我会把今天大家的发言作为对我的鞭策、鼓励，指示我往前努力的方向，在我的有生之年往你们所提出的那个希望去做。

但是，说实话，我希望得到大家的帮助。因为盛名之下其实难副，我的学术功底很差，所以要读书，要看报。我心中很虚，因为有些东西并没有大家评价的那么高，这我有自知之明。人到70岁了，不是几句鼓励话就被冲昏头脑，反而觉得压力更大。我现在始终不敢写《农业考古学概论》，因为还要经过时间的考验，还得等它成熟，还得总结大家的研究成果。我很高兴，现在考古学界有很多农业考古中心，很多大学开农业考古课，很多人从事农业考古研究，需要总结这些人的研究成果，等他们都成熟了，才来写，不能写就其他人来写，总是会有人来写。总之我会按大家的要求去做，特别是今天傅院长那篇充满激情的讲话，这是对我的莫大激励。

我希望得到一些什么帮助？我希望得到各个学科的帮助，如经济学、社会学、文学、美学等。婺源的上晓起村原是茶文化的基地，现在要变成农业考古的试验地。农业示范基地将来也可以在这里弄，这要得到经济学家的支持。现在50家农户加入新农村合作社，所以本人现在除了是董事长以外，还是个社长，农村合作社的社长。我现在特别想帮农民搞个农民文化宫，除了科技、文化、画廊、唠嗑、读书以外，也弄些茶座、牌桌，让他们有娱乐的空间。现在农民平时的生活冷冷清清，每天吃完饭无所事事，没有什么文化生活。上晓起这个村很和谐，大家很安乐祥和，人人和谐相处，还保留着唐代遗风，夜不闭户，晚上不用关门。我的钱包丢在屋里不用锁门的，从来没有丢过钱。我前天又去了一趟，那天晚上丢了一条围巾，我都不知道掉哪里去了，第二天中午我的学生捡回来，说丢在村口亭子旁边的路上了，那路上人来人往，却没人拿走。这种风气很难得。

傅院长问我能不能把那个村变成社科院的一个试点。我想它是可以变成各种学科的试点，你搞社会学，这个社会怎么弄，你们比我懂。这个村怎么搞得更有审美情趣，更有观赏价值，要美学家来弄。建设新农村怎么搞，要经济学家来弄。再比如说，这个农村怎么成长，农村怎么建设，农业生产如何搞，农民怎么种稻子、怎么种菜、怎么养猪，没有感性认识，就很难把社会主义新农村建设好，这对各个学科的学术研究也是有益处的。作为一个点，需要大家各个学科的帮助，共同开发，这个事业是大家共同的事业。

各位所说的话，我会牢记，作为奋斗目标，有这个总结对大家也是个鼓舞，对我当然更是个鼓舞，对我的家人当然也是个鼓舞。今后，我总会往大家期望的方向去努力。再一次谢谢大家。

汪玉奇：

各位领导，各位同志，隆重、热烈而真诚的陈文华先生农业考古30周年座谈会到此就要结束了。作为主持人，本来我要按照我自己的风格和性格慷慨激昂地结束今天的座谈会，但是受方志远先生的关于陈文华先生快乐人生的评价感染，我给大家说个故事。

陈文华先生当年在追求程光茜女士的时候，在热烈而浪漫的恋情中，每个晚上的约会都要朗诵一首诗，从李白、杜甫朗诵到普希金、拜伦，这就在程光茜女士心中一直留下一个谜，陈文华——我的夫婿，你为什么有如此之深刻，如此之强健的记忆力？若干年以后，当他们已经共同走过许多的岁月，白发已经染上他们的鬓角的时候，她终于提问了：你为什么有这么好的记忆力？能够背诵那么多古今中外的名诗？陈文华先生淡淡一笑说，每次约会之前我都背一首。这就是陈文华先生的快乐！这就是陈文华先生的智慧！让我们以热烈的掌声祝陈文华先生学术之树常青！身体之树常青！他同程光茜女士爱情之树常青！座谈会到此结束！谢谢大家！

特殊朝圣者：陈文华先生与第十届国际茶文化研讨会

陶德臣

"我们都是怀着朝圣的心情来到湖州的！"不知到过多少次湖州的陈文华先生依然如是说。这句话是陈文华先生内心的真情吐露，同样精辟概括了前往湖州参加第十届国际茶文化研讨会的海内外专家学者、茶界朋友的共同心声。在我看来，陈文华先生是一位特殊的朝圣者，因为他的朝圣之旅与其他朝圣者有太多的不同，具有自己的鲜明风格和个人烙印。

一、《中国茶谣》的灵魂

2008年5月，第十届国际茶文化研讨会在浙江湖州长兴隆重举行。参加此盛会的代表分别来自中国、韩国、日本、美国、德国、爱沙尼亚、法国、新加坡、马来西亚等国家和地区，80多名嘉宾济济一堂，热闹非凡。5月28日上午9时，第十届国际茶文化研讨会开幕式在长兴大剧院隆重举行，浙江电视台女主播主持，期间少不了来宾介绍，领导讲话，宣读各地贺信。这些冗长而程式化的内容，没有多少真正进入我的耳朵，真正打动我的是大型茶文化舞台艺术呈现《中国茶谣》。

《中国茶谣》，多么动听的名字！打开节目单，但见右下角有一张照片，一位长者，面目清瘦，神情专注，身穿旧式对襟长衫，左手握纸折扇半举空中，右手拿着一本线装书，一副讲经传道的模样。这是谁啊？我似乎在哪里见过？总不会是陈文华先生吧？回想起自2006年第九届中国国际茶文化研讨会的崂山相遇，同年8月又在江西婺源上晓起相聚，虽已一年多未与陈文华先生谋面了，但不至于连陈文华先生也认不出来吧？看到节目单上的主创人员中有"主持陈文华、翻译屈燕飞"的字样，这才恍然大悟，再证之邻座人员，得到明确结论，这位老夫子就是大名鼎鼎的陈文华先生。原来如此！《中国茶谣》共分九大部分，即：喊茶、佛家茶礼、采茶、丽人茶、龙形茶、道家茶礼、会茶、儒家茶礼、祝茶，每部分都有不同的内涵。如果说《中国茶谣》九大部分是一颗颗灿烂无比的珍珠的话，那么，陈文华先生就是串起这些珍贵珍珠的经线，有了他，整台表演才成了一个整体，才有了灵气，才有了生命力。但见序幕拉开后，端坐右前台低矮茶几前的陈文华先生，手执纸折扇，慢条斯理地开了腔。听到他那熟悉的声音，我意识到好戏马上就要开场了。他举止得体，声音洪亮，谈吐文雅，记忆力惊人，完全与表演者的气氛、情景契合。我们仿佛看到一位走过历史长河，来到当代的饱学老夫子，正在向我们将祖国博大精深的茶文化娓娓道来，那极富感染力的语言，如涓涓细流淌进了每一位观众的心田。时间在飞快地流逝，一道茶、二道茶、三道茶、四道茶、五道茶、六道茶、七道茶、八道茶、九道茶，道道相接，环环相扣，纷纷呈现在我们面前。观众醉了，陈文华先生也醉了，真是茶不醉人人自醉啊！然则缘何而醉哉？实因茶谣之魂陈文华先生也。不管是认识或不认识陈文华的观众，均不得不为他的高超主持能力、精彩语言所折服，更不能不为他的儒雅风度而叫好。不知不觉中，一台精彩表演很快结束了，享用精神大餐的人们如痴如醉，久久不愿离去。但见众多演出者簇拥中的陈文华先生，也正余意未消地站在台上，向大家频频致意呢。

2008年1月在浙江农林大学茶文化学院召开《中国茶谣》项目论证会

《中国茶谣》候场时陈文华先生小憩　　《中国茶谣》候场时总导演王旭烽为陈文华先生说戏

《中国茶谣》剧照

《中国茶谣》演出成功后中国国际茶文化研究会刘枫会长与演职人员交流

第十届国际茶文化研讨会合照

二、研讨会间的名主持

2008年5月30日上午，引人瞩目的第十届国际茶文化研讨会的重头戏—学术研讨在长兴县行政会议中心三楼举行。中国国际茶文化研究会学术部主任姚国坤先生宣布研讨会开始，第一阶段主持者是陈文华先生、阮逸明先生。应该说，陈文华先生不知主持过多少次茶文化研讨会，每次都能给听者留下深刻印象。他确实是研讨会的名主持，这次也不例外。他那风趣的语言，精辟的分析，恰当的概括，既能引起听众的浓厚兴趣，又能给报告者极大鼓励。毫不夸张地说，陈文华先生是我见到过的最优秀的主持人，尤其是作为茶文化研讨会的主持，他更是得心应手，游刃有余。他对《茶经》诞生的社会历史条件的分析，入木三分，抓住了湖州光彩夺目的茶文化产生的本质。同时，他又不否定陆羽的个人努力及其所作的贡献，这种实事求是的评价，对研究者来说，无疑具有重要指导意义。虽然，陈文华先生只主持了研讨会一半时间，但他无愧于最出色的主持者的称谓。

三、广结茶友的名茶人

陈文华先生在学术界取得的成就有目共睹，他交结的茶友数量之多恐怕连他自己也说不清。多年来，他以《农业考古·中国茶文化专号》为阵地，以茶叶为媒介，以茶会、茶文化研讨会为舞台，努力宣传茶文化，广结茶缘，得到了茶人们的尊敬，结识了大批茶友。他待人诚恳，易与人相处，因而人缘极好。第十届国际茶文化研讨会期间，他整个儿就没一点空闲时间，总是有数不清的人与他寒暄，热情地与他打招呼，亲切地拉他照相留念，接连不断地向他递名片。他被茶友包围了，被茶人淹没了。这是茶对他的恩赐，是茶圣陆羽对他的格外关照。因为一直宣传茶，参与茶事，不断赢得了茶人的友谊，他自己也找到了快乐。正如他经常所说的那样："我很快乐，也很充实，一点也并不觉得累！"瞧，这就是一位70多岁的老茶人的内心独白，一位特殊朝圣者的参会体验。

（文章原载《农业考古》2008年第5期）

陈文华：缔造"中国茶文化第一村"

逸山

祖籍福建霞浦、毕业于厦门大学历史系的著名学者陈文华先生，历经坎坷，扎根内陆省份江西半个世纪，倾情农业考古及茶文化事业，硕果累累。他在"为霞尚满天"的晚年，还将自己毕生心血浇灌在美丽的婺源乡村，以"立体茶文化"的思维，构筑了上晓起"中国茶文化第一村"，成为融文化、经济于一体的新农村建设典范。

一、一台捻茶机引发的事业

上晓起的历史可追溯至唐代乾符年间（874—880），这个古属徽州、超然世外的婺源小山村，现有92户农家，400余人口；古往今来，以茶为生计，是名副其实的茶村。

2004年春夏，被誉为"中国农业考古第一人"的陈文华教授走进了上晓起，在一间破旧的老屋里，年逾古稀的他慧眼识宝，发现了一台见载于元代农书的木制水转捻茶机，陈教授惊喜不已，这无疑是珍稀的"活文物"。多年来，一直尝试将书斋式研究与现实相结合、把学术成果普及推广的他，一下子找到了茶情的归宿。老人当机立断，决定自筹资金承包这家破旧的茶工场，且与村委会签下了长达30年的合约。

为了最大程度地维护古村上晓起的原生态景致，陈教授遵循"整旧如旧"的理念，将原本破落的茶工场营造为"传统生态茶作坊"，并陆续斥资近30万元，把村里一幢老宅翻修成别具一格的茶客栈。他还义务修桥铺路，开办双语幼儿园，先后花费了80余万元。这对一位以退休金和稿酬、讲课费为主要经济来源的学者而言，个中艰辛，可想而知。

晓溪畔、水口古樟下，茶树、茶亭构成了上晓起的"天然茶吧"，生态茶作坊不仅开发创制了"晓起毛尖"和"晓起毛峰"等高山生态茶，还被列为若干大专院校的历史或茶艺教学基地。

二、一个千年古村落的变迁

上晓起地处婺源东北山谷，人多地少，人均耕地不足半亩，耕种者一年辛苦到头，却收益不多；一些劳力积极性日减，宁愿外出务工，也不想困守在这个偏僻的村子。目睹这一切，陈文华先生感到必须寻找突破口。

通过两年多时间的实践，2006年10月，在陈老的倡议组织下，"上晓起新农村合作社"诞生了，经协商决定："村民以土地入股，合作社为维护社员的基本利益，保证每亩地每年至少有300千克稻谷的收入，年终如有盈利，再按土地面积分红。土地入股后，由合作社统一经营、管理，社员参加劳动另行给予报酬。"

喜讯一传开，当天就有30户村民加入，并日渐递增。迄今为止，全村已有三分之二的农户加入到新农村合作社。

在陈文华社长的运筹下，以往零散不成片的田地经整合，春栽油菜，夏植晚稻，还从安徽引进几万株白菊、黄菊苗试种。此外，对村里闲置的仓库进行改造，构建新农村文化宫，创造自己的新农村模式。

如今的上晓起村，春天油菜花开金黄似海，夏天梯田稻浪明丽如画，秋天白菊吐芬冷艳胜雪、黄菊灿烂炫目，摄影者、问茶人和海内外游客纷至沓来，流连忘返于风光旖旎的小山村。

茶作坊、茶画馆、茶客栈、茶艺廊、灵泉古井、晓和茶亭、运茶古道、生态茶园，一个个茶元素，使上晓起这个古茶村焕然一新。

三、赋予茶文化的最美乡村

作为著名的农业考古专家，以及国际上享有声望的茶文化学者，陈文华先生创造了许多项"第一"：创办国内第一家茶文化学术期刊《农业考古·中国茶文化专号》，率先在江西南昌女子职业学校开设茶艺专业，开辟"中国茶文化第一村"，组建中国首家专业性茶艺表演团体"白鹭原茶艺表演艺术团"等。但最值得大书一笔的，则是陈先生早在我国全面推行新农村建设之前，就已身体力行，迈步在时代的前列，将农业考古、文化与经济融入上晓起的新农村建设，成绩斐然。

在陈文华先生的热心支持和促成下，上晓起已接待了4次与茶文化相关的大型学术会议、第二届全国少儿茶艺夏令营、中日茶文化交流研讨会等一系列活动。赋予了茶文化新内涵的上晓起村，在全国茶界备受瞩目，仿佛"绿茶金三角"生态区域中的明珠，不断映射出奇光异彩。

对此，江西省社会科学院傅修延院长评价道："一个在田间地头得到广大农民朋友认可的学者，是在老樟树下，用平实讲述吸引打着赤脚的农民放下锄头倾听的学者；是与在茶树下长大的茶农平等展开交流的学者……他的研究不仅得到了学术界的认可，更重要的是将社会关注的热点与学术事业结合在一起。"

从一个静态、自然、"藏在深闺人未识"的上晓起，到如今人文、动感、声名远播的"中国茶文化第一村"。恰如陈文华先生创作、上晓起孩童们传唱的一首歌谣所描述：

"迷人上晓起，风光美无比。自然铺锦绣，文化是根底。传统小作坊，令人惊且喜。水转揉捻机，人醉茶香里。"

（文章原载《农业考古》2009年第2期）

中国茶文化旅游的开拓先锋陈文华先生

施由明

2013年12月12—13日，中央城镇化工作会议在北京举行，会议指出："城镇建设，要实事求是确定城市定位，科学规划和务实行动，避免走弯路；要体现尊重自然、顺应自然、天人合一的理念，依托现有山水脉络等独特风光，让城市融入大自然，让居民望得见山、看得见水、记得住乡愁；要融入现代元素，更要保护和弘扬传统优秀文化，延续城市历史文脉……在促进城乡一体化发展中，要注意保留村庄原始风貌，慎砍树、不填湖、少拆房，尽可能在原有村庄形态上改善居民生活条件。"

会议内容虽然是针对城镇建设而言，实际上，对于乡村建设，对于"倡建茶庄园"与发展茶文化旅游同样具有重要指导意义。在此，笔者介绍一位中国茶文化旅游的开拓先锋——陈文华先生，他是国际著名的农业考古学家，他创立了农业考古学科，并创办了《农业考古》期刊，填补了中国的学术空白，被日本学者称为"中国农业考古第一人"；他还是著名的茶文化学家和茶文化宣传与教育家，创办了《农业考古·中国茶文化专号》，并撰写了中国茶文化的奠基之作《长江流域茶文化》，他曾与其夫人程光茜女士创办过南昌女子学校，培养了众多的茶艺学生；他的这些身份和成就是众所周知，但他的另一个身份，这就是中国茶文化旅游的开拓先锋，却往往不被人重视和称道。

2014年4月陈文华先生在婺源茶文化研讨会上演讲

在上晓起村茶作坊（左起：杨楠和他儿子、陈文华、余悦）

一、缘起：一套水力捻茶机

2004年，在国际国内学术界早已功成名就的陈文华先生，已69岁高龄，作为江西省政协常委，他在婺源县上晓起村考察时发现了一套水力捻茶机，他感到非常兴奋，因为他是一个考古学家，清楚地记得元代王祯《农书》中记载赣东北有这种水力工具，在这颇为偏远的小山村，居然还保持着这古老的水力工具！让他感叹不已！

元代王祯《农书》卷十九《农器图谱》记载：

水转连磨：其制与陆转连磨不同，此磨须用急流大水以溇水轮，其轮高阔，轮轴围至合抱，长则随宜；中列三轮，各打大磨。一槃磨之周匝俱列木齿磨，在轴上阁以板木，磨傍留一狭空透出轮辐，以打上磨木齿；此磨既转，其齿复傍打带齿二磨，则三轮之力互拨九磨。其轴首一轮，既上打磨齿，复下打碓轴，可兼数碓；或遇天旱，旋于大轮一周列置水筒，昼夜溉田数顷。此一水轮可供数事，其利甚博。尝到江西等处，见此制度，俱系茶磨，所兼碓具，用捣茶叶，然后上磨。若他处地分间有溪港大水，此轮磨或作碓碾，日得谷食，可给千家，诚济世之奇术也。

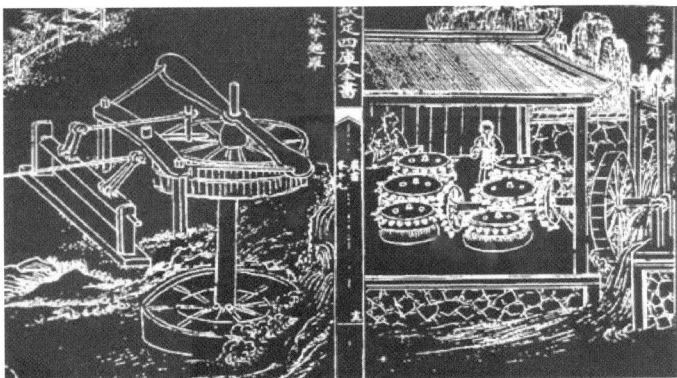

（元）王祯《农书》卷十九《农器图谱》所绘"水转连磨"

陈文华曾告诉记者："从元明清直至民国年间，这种利用水力带动运转的制茶机器一直在江西一些山区传承使用着。此后，在现代科技快速发展的今天，大规模的机械化生产取代了传统的手工制作，许多传统的农业加工工具在现代电力机械的冲击下已难觅踪迹。就目前所知，全国只有上晓起这家茶厂的这套设备还在运转。"

上晓起村水力捻茶机

这套水力捻茶机的工作原理是：从流经村中的大溪边开一个加有两道简易闸门的小渠，平时闸门关上，当要制茶时，开启第一道闸门，溪水进入小渠，形成有冲力的水流。流经一段距离后再打开第二道闸门，让渠水落入一个地势更低的进水口，具有更大冲力的渠水进入作坊的水道后，驱动涡轮，带动皮带，使传动室内炒茶锅中的铁铲翻炒茶叶，完成杀青过程。经过杀青的茶叶再放入同样是由水力驱动的捻茶机中揉捻。捻茶机是四个用木头做成的圆桶，上面用木砧镇压茶叶以形成压力，下面的木板上刻有磨齿，当四个木桶转动时，茶叶会和下面的木齿摩擦而将茶叶揉捻成形。揉捻完的茶叶放入炒茶锅中炒干，再放入水力带动的烘茶机中烘焙，毛茶就制作好了。

经过对这套捻茶机和这个村庄的多次考察，陈文华先生对这套水力捻茶机和这个小村庄的原生态风景越发着迷，决定与晓起村委会签订合同，承包这套水力捻茶机，由他修复并开发其为茶文化旅游观光项目。从此，时年69岁高龄的陈文华先生，又走上了一条艰难的创业之路。

二、披荆斩棘，艰难创业

一位近70岁老人，要经常到一个离南昌5个多小时路程（高速公路修通后为3个多小时）的偏远且原始的小山村搞旅游开发，这种胆略是令人佩服的！他的努力也是令人赞叹不已的！

婺源县地处江西东北部的上饶地区，原属古徽州，境内生态保护良好，山岭郁郁葱葱，葱翠的山林谷地间，时见粉墙黛瓦，处处是美丽的风景。在2004年陈文华先生到婺源晓起村开拓茶文化旅游之前，婺源县已在打造"中国最美的乡村"的全域旅游。

晓起村是婺源规划的旅游景点之一。但晓起村分上晓起和下晓起，其间通过一里[①]多长的小道连接，所以，游客往往只在下晓起的巷子里转转，看看各门店的婺源商品，很少会走过长长的乡间小道去上晓起，且在陈文华先生打造上晓起之前，上晓起也只有原始的山林溪水可看看，没有显示出其文化的内涵。

面对这样一个未开发的村庄，如何把游客吸引进来，且能把游客留下来慢慢享受这迷人的山村情调？只有发展农家乐，这样这个村庄的农民才有收入，才能富裕

连接下晓起与上晓起间的徽州古道

---

① 里为非法定计量单位，一里等于五百米。——编者注

起来。陈文华先生决定整村打造茶文化旅游，用茶文化来包装整个村庄。

首先，陈文华先生在这个村庄买了一栋老宅，作为安身之所，同时，改造老屋，也作为自己尝试创办农家乐的基地（上晓起茶客栈），即为游客提供住宿和饮食，以赚取一些利润。

其次，拿出个人所有的积蓄，建设整个村庄：

1.出资修复这套水力捻茶机。这套捻茶机因年久不用，已损坏。陈文华先生出资请人修缮后，作为该村庄的重要旅游参观项目，每天定时开启，供旅游者参观。

2.利用自然资源进行茶文化建设。包括：在村庄建设一些品茶的茶亭，在老樟树下布置品茶茶桌、在水力捻茶机作坊布置茶艺室，在村口竖起"中国茶文化第一村"的牌子等。

上晓起茶客栈

上晓起村口的"中国茶文化第一村"的牌子

3.挖掘历史资源、打造文化旅游。上晓起村有汪、江两姓，其中江姓在清末曾出了一位高官，即江人境在此村长大后参加科举考试，考上举人后到山西做官，后官至两淮盐运使（扬州）。村中遗存有江氏宗祠，但残破不堪，陈文华先生出资进行修复，并据江氏族谱中的画像，塑造了江人境铜像，列入宗祠，以供旅游者参观。

4.其他基础设施和文化建设。对跨溪流的两座桥梁铺上木板包装。兴办了村中幼儿园。创办了村图书馆。

5.发展产业。通过陈文华先生不遗余力地宣传，这个"中国茶文化第一村"逐渐为茶文化界和旅游爱好者知晓。来到上晓起村旅游或住宿的人日渐多了。在陈文华先生的带动下，全村农户利用各自家庭多余住房开发了农家乐项目，提供住宿和饮食。陈文华先生还利用后山废弃的茶园，发展了种茶和制茶业，生产出了"晓起毛尖"。还租下了全村60多亩土地，除种稻外，还种观赏性莲藕，养观赏鹅，冬天堆草垛打造旅游景观，还发展了竹排漂游项目等。

唐宋建村

1、唐朝天宝年间（742—755），皖南歙县汪万五因避战乱率家族仓皇出逃，至婺源山谷时已是深夜，四周漆黑，人又疲惫，便命众人就地歇息，明早起来再赶路。翌日拂晓，见此地风水极好，便决定在此安家，取名晓起。宋代有人在溪水上游一公里处建一小村，也称晓起，故又有上、下晓起之分。

春之晨（上晓起村远景）

汪万五墓碑

晚清鼎盛

2、上晓起风水极好，北靠后龙山，南面笔架峰，东有狮山，西有象山，清澈晓溪绕村向东，青石古道曲折往西。自古文风鼎盛，人才辈出，至晚清科举大盛，其中以江人镜一家最为突出，有过"一门三大夫，祖孙两进士"的佳话。至今村中留存的官第"进士第""荣禄第""大夫第"以及村口青石古道等都是江人镜为官时所建。

进士第（江人镜父江之纪府第）

荣禄第（江人镜本人之府第）

大夫第（江人镜堂兄江人铭府第）

进士第门上的砖雕

大夫第门上的砖雕

升任扬州

4、江人镜后任河东盐法道、湖北盐法道等职，于光绪十六年（1891），升任两淮盐运使，管理六省盐业。在扬州任职期间，革除积弊，减免盐商苛捐杂费每年达黄金7000余两，且使国税连年递增，受到光绪皇帝嘉奖，赏赐一品花翎顶戴。江人镜有10子7女，世居扬州。光绪二十六年（1900）江人镜病逝扬州，享年77岁，归葬上晓起村。10子为其建造私家祠堂"十房厅"以供祀奉。

江人镜十子简历	长子 忠荛 郫中官衔至四品 清礼部武选司	次子 忠兹 戊戌进士 清末浙江候补	三子 忠廉 光绪甲午举人	四子 忠汉 主事官至二品 清工部都水司	五子 忠洛 江警察厅厅长 留学日本本宗	六子 忠泽 官阶至三品 留学日本苏州	七子 忠炬 两准盐场场	八子 忠豫 官阶至三品 留学日本光绪	九子 忠谨 永明俘二品顶 留学日本湖北	十子 忠翼 知县加五品 候补知县五品

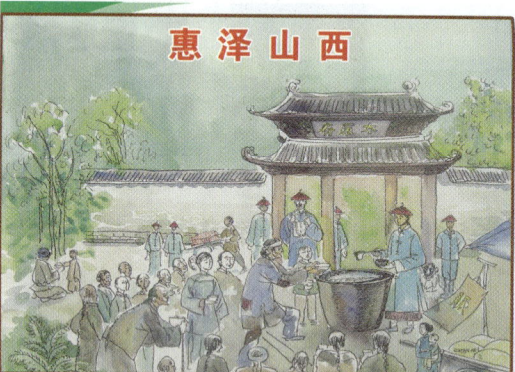

惠泽山西

3、江人镜生于清道光三年（1823），道光二十九年（1854）考中举人，在京任职多年，同治九年（1870）被皇家评为一等，擢山西蒲州知州，又调太原知府，后任山西布政使。时山西连年灾荒、瘟疫流行。他募集资金，调运粮米，按户分发，救济灾民无数。三年办完赈恤，尚馀白银20万两，全数交地方官库处理，被山西民众广为传颂。

江人镜画像（采自《江氏家谱》）

十房厅（江人镜十个儿子为纪念他而建立的私家祠堂）

上晓起村历史文化宣传图 （陈文华 手绘）

尽管陈文华先生想尽办法来发展茶文化旅游，尽管他带动了全村农户开发农家乐项目，全村农户的收入也日渐增多，然而，对他个人而言，他的投入和收入相比，远远不能弥补他的亏损。为打造这个村庄，他至少投入了上百万元的资金，而他靠农家乐的一点收入却很有限；后山的茶园面积不大，同样收入不多。

最后，陈文华先生决心发展产业，即利用村中60多亩土地发展种植业。他是一个研究中国农业史的专家，对种植业始终怀着浓厚的兴趣。在朋友的推荐下，他尝试种植黄山菊花，经过反复试种，他选定了一种生命力强、开花硕大、朵形漂亮，既有观赏性又可食用的黄色菊花，他名之为"皇菊"，并编撰了江人境返乡带菊花进贡给光绪帝的故事，使得这"皇菊"可食用可观赏还有历史文化韵味。

陈文华先生组织全村农民，成立了生产合作社。农民将土地租给生产合作社，可获得租金；农民为生产合作社劳动，可获得工钱，所以，农民富了，全村面貌一新；通过中央电视台经济频道的两次专题宣传，"傻教授"牌晓起皇菊畅销全国许多茶馆，至2012年，基本达到盈亏平衡。

三、斯人已逝，其功至伟

正当陈文华先生的茶文化旅游和乡村建设事业日益向好，陈文华先生一生的第三度辉煌（前两度为创办《农业考古》和创办《中国茶文化专号》）正走向高峰之时，2014年5月14日，陈文华在前往大庆出差途中突然离世，考古学界、史学界及茶文化学界和茶界为痛失这样一位大师而感到震惊和悲痛，然而，斯人已逝，我们只能化悲痛为力量，从大师一生的奋斗事迹中去得到启示。

陈文华先生仙逝了，其一生的功绩可以用"伟大"来定论。且不说他创办《农业考古》并撰写农业考古著作的学术成就，且不说他创办《农业考古·中国茶文化专号》引领了中国学术界研究中国茶文化，他本人还撰写了中国茶文化的奠基之作。就他开拓茶文化旅游而言，其功也是至伟的：他带动了晓起村整个村庄的农户通过开发农家乐项目、通过植售皇菊致富了；他带动了婺源全县种植菊花，菊花种植与销售，成了整个婺源县的一大产业；不仅如此，他还带动了整个江西省茶区，如宁红茶区的修水县、武宁县等，井冈山茶区赣中各县等，遂川县茶区等种菊花和销售菊花，使之成为江西农民脱贫致富的一大产业。

陈文华先生开拓茶文化旅游还给了我们一些启示：

一是茶文化旅游大有可为。当今中国的旅游业正红红火火地向着乡村游、农家游发展。在节假日，人们纷纷走入乡村的山水和农家的果园、菜园、花园去体验农家生活的乐趣和呼吸乡村的空气，而茶文化村的出现，使得中国的乡村游、农家游有了更多的内容。

二是茶文化村的创办拓展了中国乡村旅游的模式，使乡村游更具有文化意义。以陈文华先生的"中国茶文化第一村"为例，既可浮光掠影式地体悟自然山水、欣赏极具美感的徽派建筑，还可游览茶园、观赏利用自然水力的茶叶制作，还可在水岸边的古樟树下品茗，感受中国茶艺，即使蜻蜓点水，也可感受到茶文化的魅力。而"中国茶文化第一村"所提供的并非浮光掠影式的一日游，更具意义的是休闲度假：有农家式的旅馆可住，有别具风味的农家菜可尝。晨光里，月光下，可悠然漫步田间、山林；无论是白天还是夜晚，在水口岸边的古樟树下品茶，总是令人特别惬意。

三是茶文化旅游必须和发展全域旅游结合起来，利用一切可利用的自然资源和历史文化资源。正如习近平总书记所说："要体现尊重自然、顺应自然、天人合一的理念，依托现有山水脉络等独特风光，让人们望得见山、看得见水、记得住乡愁；要保护和弘扬传统优秀文化，要注意保留村庄原始风貌等。"只有这样，茶文化旅游才能更加丰富多彩。

（文章原载《农业考古》2020年第2期）

"老茶究"和茶文化遗址

——记著名农业茶文化专家陈文华

柯丽生

在江西茶界，《农业考古》主编陈文华教授一直以健谈而著称，许多茶界人士都戏称：只要说到茶文化，陈老就恨不得跟你说上三天三夜，而且内容不会重复，精力之充沛，哪像一个70岁的老人！这位曾被日本考古学界誉为"中国农业考古第一人"的江西省社会科学院首席研究员、国家级有突出贡献专家，在此古稀之年，又被公推为江西省茶叶协会会长。

这位1958年毕业于厦门大学历史系的高才生，自20世纪70年代以来，就致力于农业考古的研究，至目前，已出版、发表各类专著、论文300多万字。1981年，创办《农业考古》杂志并不定期地刊发"中国茶文化专号"，发行到世界众多国家和地区，现已成为国内最权威和最具影响力的农业考古和茶文化刊物。

陈文华教授认为，茶文化不是要我们去灌输进去，而是要我们去揭示出来，因为茶文化本来就在那里，只是我们没有注意、没有发掘。

陈文华教授一生引以为自豪的"得意之作"并不是他的文章，而是他在江西婺源的一个小山凹发现的茶文化遗址。

2004年7月，陈老为考察茶文化来到了婺源江湾镇上晓起村，竟意外地发现了一个仍在使用的、以水为动力的木制水转捻茶机的茶作坊。

上晓起村位于江西省婺源县城东北方向约34千米，始建于唐代乾符年间（874—880），全村现有400多人口。自唐至今，村里人一直以种茶为生，是传统的茶叶村。近年来，由于受到交通不便、信息不畅的制约，经济发展滞后，茶叶一直卖不上好价钱，上好的春茶不过几块钱，村里的青壮年纷纷外出务工。茶园荒废，传统的茶叶村变成了务工村、老少妇幼村。

2004年，当陈教授又一次来到上晓起村时，该村这个文物级的木制茶作坊已经关上了大门。

绝不让不可多得的茶文化遗址在自己的眼皮子底下湮灭！陈老毅然拿出了自己的稿费、专家津贴及多年积蓄，联合了几个老友，到上晓起村来进行保护性开发。

从此，上晓起村竖起了"中国茶文化第一村"的牌子，重新有了茶的气息，茶亭、运茶古道、茶画廊、茶作坊，甚至还在路边凉亭设一个每天免费为行人提供茶水的喝茶处，自命为"方婆遗风"。而一年来投入了20多万元，有七八个工作人员，仅靠村前水口的大樟树下开茶座又会有多少收入？也有一些村民提议：您认识那么多人，找几个大老板来开发多好。

对此，陈老不以为意，"不动、少动，就是最好的保护。"他坦言：学术上的成就会随着时间的推移被后人刷新，而文化古遗址却是越老越久就越有价值。只要不乱开发，坚持一两年，收支平衡还是能做到的。

有了"中国茶文化第一村"，这位70多岁的老人也重新有了牵挂，筹措资金，策划活动，并时常邀请许多朋友前往小住几日，乐此不疲，好像生怕别人不知道。一些老友风趣地说他是"孩童在炫耀新的珍藏。"

陈老却得意地认为：童心有何不好？那要前世修来的！

（文章原载《农民日报》2005年7月15日第007版）

云开旭日照苍松

——记著名农业考古学家、茶文化专家陈文华

邓伟平

2005年是著名农业考古学家、茶文化专家陈文华教授七十大寿，作为老朋友，我送他一件生日礼物——一个宜兴紫砂壶，壶盖和壶把上有一个造型，展现出"云开旭日照苍松"的美丽图案。图案意味深长，用它来祝贺陈文华教授甚为恰当。

一、苦乐年华的真实写照

1935年，陈文华出生在厦门的一个木匠家庭。1958年，23岁的他，从厦门大学历史系毕业时被打成"右派"，分到江西省博物馆搞考古工作。1961年，"右派"摘帽，主持"江西通史"陈列工作。1971年被"借"回省博物馆，成了业务骨干。1978年，"右派"问题得到改正，首创"中国古代农业科技成就展览"，获得"江西省科技成果一等奖"。此后，科研成果硕硕，取得令人瞩目的成绩。1987年，52岁的陈文华加入中国民主促进会，此后连续三届当选为中央委员、民进江西省委常委。1988年，被国家人事部授予"国家级有突出贡献的中青年专家"称号。先后被任命为江西省社会科学院副院长、江西省侨联副主席，享受国务院政府特殊津贴。在日本东京出版《中国稻作的起源》一书，获得江西省优秀社会科学成果一等奖。1990年，首次应邀出访英国剑桥大学、法国自然博物馆，此后还应邀出访德、意、丹、芬、挪等欧洲国家。出版《论农业考古》一书。1991年，出版大型学术著作《中国古代农业科技史图谱》，获江西省优秀社会科学成果一等奖。1993年，当选为第八届全国政协委员。协助云南省思茅市成功主办"首届普洱茶国际学术讨论会"。

1994年，当选为首届"中国国际茶文化研究会"常务理事。出版的大型学术著作《中国农业考古图录》，获得第九届中国图书奖。1996年，出席在韩国汉城举行的"国际茶文化研讨会"。入选英国剑桥国际名人传记中心出版的《世界名人辞典》，并获得美国传记协会颁发的"1996年杰出成就金奖"。1998年，当选为第九届全国政协委员。出任于美国洛杉矶举行的"美国中华茶文化国际研讨会"大会主席。他还协助南昌女子职业学校创办"茶艺专业"，实行学历教育（先后已培养1000多名茶艺师，成为全国最大的茶艺培训基地）。又主持编写了培训茶艺师的《国家职业资格培训教程》。

2003年，应法国里昂市政府和法国茶道协会邀请，他率领由南昌女子职业学校茶艺队组成的"中国茶艺代表团"参加法国举办的"中国茶文化节"，在里昂市政厅等处进行为期三天的"历史系列茶艺"专场表演，获得巨大成功。此后又转道巴黎，进行为期10天的茶艺展示，均受到法国各界人士的欢迎。这是中国茶艺正式在欧洲亮相，向西欧观众传播中华茶文化，在茶文化史上具有重要意义。之后，他又带领南昌女子职业学校茶艺队出访法国，参加在巴黎举行的"茶文化周"活动，进行了10多天的茶艺表演。时任中共中央政治局常委李长春同志还专门观赏了茶艺表演，给予很大鼓励。

2005年，70岁的陈文华完成国家课题学术专著《中国古代农业文明史》。为开发茶文化旅游事业，创办华韵茶文化发展有限公司，他出任董事长。被江西省茶业界推举为江西省茶叶协会会长。10月，带领江西茶业界参加在北京举办的"中国国际茶博览会"，为重振江西茶业雄风而奋斗……

二、"农业考古"大展丰收图

"农业考古"是个崭新的概念，它与陈文华结缘要从1975年说起。当时，邓小平同志重新主持中央工作，提出"各行各业都要为农业服务"的要求。陈文华刚从农村调回江西省博物馆不久，向领导提出开办"中国古代农业科技成就展览"下乡巡回展览的建议。直到粉碎"四人帮"后的1977年，这个建议才得以采纳，由他具体负责。于是他和同伴们到各地博物馆和农史研究机构征求意见和搜集资料。经过一年多的努力，1978年10月正式展出。因为展览摆脱了"阶级斗争为纲"的思维模式，以生产力发展为主要线索，展示了我国古代农业科技的辉煌成就，适应了当时正在试行农村改革的客观需要，因而立即引起省内外的强烈反响。新华社发通讯，《光明日报》发专稿，指出这是"利用文物考古资料为农业科技发展服务的有益尝试"。国家科委、农委的领导同志相继来南昌参观，认为观点鲜明、资料丰富、形式生动。回京后，他们发来两个通知，一是要求"展览"进京展出，二是邀请陈文华到北京讲课。展览如期在全国农业展览馆展出，获得各界广泛好评，当时新华社社长穆青同志和首都历史学界的资深教授们都前来参观。随后，被20多个省市邀请去巡回展览，受到各地领导和群众（尤其是农业工作者）的热烈欢迎。

1980年9月，中共中央组织部和国家农委联合举办"农业领导干部研究班"，指定农口各部部长、各省主管农业的书记、省长和地委书记参加学习。讲课者都是全国著名的专家教授，唯独陈文华是没有任何职称的考古队员。在讲授"中国农业科技发展史"课程时，他直言不讳，从春秋战国的法家实行"分田而耕"的变法一直谈到实行生产责任制的历史必然性，从中国人多地少的国情、精耕细作的传统，谈到实现农业现代化不能照搬西方而要走中国自己的道路，主张中国农业的出路在于以提高单产为主实行栽培科学化。深刻而又生动的讲课，为当时正在试行的生产责任制擂鼓助威，很受欢迎。各地领导同志纷纷邀请他去讲学，陈文华先后应18个省市邀请，讲了100多场次。

展览和讲课的成功，对陈文华本人也有很大触动。他发现将农史研究与考古学结合起来将有广阔的前景，可以形成一门边缘学科，于是提出"农业考古"的概念。但要创立一门学科，仅靠个人的努力是不行的，需要形成一支队伍，最好的办法就是创办一个学术园地，团结各地的专家学者来共同努力。于是他决定用国家农委资助他的科研经费创办大型学术刊物《农业考古》。杂志一经出版，立即引起国内外学术界的强烈反响。

英国研究中国科技史的权威专家李约瑟博士来信赞扬："《农业考古》充满了迷人的作品，它是我们东亚科学史图书馆最有价值的刊物。它将引起西方世界的极大兴趣。"史学家白寿彝教授在专稿中也赞扬道："《农业考古》是近年来办得很有生气、很有特色、很有影响的一个刊物……在考古学、民族学、历史学、农史学等学科的交叉点上开拓了新的领域。"这个"新的领域"就是中国农业考古学。它在日本考古学界也产生很大影响，称陈文华为"中国农业考古第一人"，1985年邀请他到日本奈良、东京、大阪、福冈等地讲学。日本的六兴出版社也出版了由他主编的《中国稻作的起源》一书。1990年英国剑桥大学邀请他出席中国科技史国际学术讨论会，并在大会作学术报告，李约瑟博士亲自到会场听讲。这一年，他出版了《论农业考古》一书。

1991年，由陈文华主持的"首届农业考古国际学术讨论会"在南昌召开，来自国内外150多位学者参加会议，这是国际学术界对新兴学科中国农业考古学的支持和肯定。陈文华献给大会的礼物是由中国农业出版社出版的大型学术著作《中国古代农业科技史图谱》。出席会议的美国著名农业考古学家马尼士博士，会后提出要和江西合作进行考古发掘，以解决稻作起源的问题。后经国家文物局批准，组成中美联合考古队，在陈文华40年前参加发掘的江西省万年县仙人洞遗址进行考古发掘，指名由陈文华任顾问。三年之后，果然发现了1万年前的稻作遗迹，将江西稻作历史推到1万年前，引起国际学术界的重视。"第二届农业考古国际学术讨论会"于1997年又在南昌举行，来自美国、加拿大、罗马尼亚、日本、韩国和中国的学者集聚仙人洞，考察了这一重大发现。仙人洞遗址也因此被国务院确定为"国家重点文物保护单位"。2004年9月，"第四届农业考古国际学术讨论会"又在江西年县举行，仍由陈文华亲自主持。

与此同时，应文物出版社之约，陈文华出版了《农业考古》一书，对世纪农业考古发现与研究进行了全面总结，并对农业考古学的理论、方法进行了初步的概括和阐述，为中国农业考古学的构建提供了较为完整的理论体系。2005年，作为陈文华长期研究农业考古学的心血结晶，近万字的国家课题《中国古代农业文明史》由江西科技出版社出版。该书以丰富的文献和考古资料，以高屋建瓴的历史视角，对中国上万年的农业文明历史进行首次的总结，并对中西文化差异的深层次根源进行了发人深省的剖析。这是陈文华献给学术界的又一份重礼，也是他研究中国农业历史的一个极为重要的阶段性成果。

三、"茶文化"喜开幸福花

农业考古毕竟是纯学术的研究，曲高和寡，难以普及到广大群众中去。如何将书斋式的研究与现实相结合，将自己的学术研究成果普及到大众中间去，一直是陈文华的执着追求。当茶文化热潮在海峡两岸兴起之际，终于有了契机。

农业考古研究的是农业历史，茶叶是农业的一部分，本来就是陈文华的研究对象。《农业考古》从创刊开始就辟有"茶叶"专栏，只是过去侧重于栽培技术史的研究，研究面较窄。现在以文化的视野来研究，其前景就非常广阔，而当时卷入这一热潮的人文学科的学者很少，天时，地利，正是大有可为的际遇。于是，陈文华毅然投身于茶文化学事业。

1991年，他利用自己创办主编的《农业考古》杂志，每年增辟两期《中国茶文化专号》，15年来，已经出版了30辑，共发表3500多篇、1800万字的茶文化文章，成为世界上篇幅最大、学术性最强的权威性茶文化刊物，有力地推动了中国茶文化事业的发展。他在编辑茶文化刊物的同时还进行深入的学术研究，其重要成果就是2004年出版的著作《长江流域茶文化》。此书一经出版，立即获得学术界的好评，《博览群书》杂志即发表书评给以肯定，一些学校的茶艺专业也将它作为教材。

陈文华还是一位积极投身茶文化事业的社会活动家，在全国和国际性的重要活动中都可看到他的身影。许多地方起初开展的茶文化活动，都由他策划、组织或得到过他的重要帮助，如在云南思茅地区举办"首届中国普洱茶国际茶文化研讨会"，在陕西法门寺举办"首届法门寺唐代茶文化国际研讨会"，在美国洛杉矶举办"首届美国中华茶文化研讨会"，在广东佛山举办"面向新世纪的茶文化国际茶会"，在福建厦门举行"海峡两岸茶文化交流15周年研讨会"，以及在江西婺源举办"第一届婺源国际茶文化节'婺绿飘香'国际茶会"等。由于陈文华在茶文化领域的奋勇开拓和不懈努力，不但推动了茶文化事业的发展，还促进了茶文化学科的建设。2004年，江西省社会科学院在全国率先将"茶文化学"确认为重点学科，由4位研究员和4位副研究员组成学科组，拨给专门经费，进行茶文化学的基础理论研究。陈文华被聘为"茶文化学科带头人"，授予"首席研究员"，享受专门津贴。于是他又率领助手们跋涉于书山学海，向科学进军，不停地向社会奉献出他们的科研成果，在江西婺源县创办了"中国茶文化第一村"。

陈文华主持第一届婺源国际茶文化节"婺绿飘香"国际茶会开幕式

婺源国际茶文化节"婺绿飘香"国际茶会期间合影

自从1991年创办《农业考古·中国茶文化专号》以来，陈文华一直深入江西婺源县的茶区进行调查研究，走遍婺源的山山水水，终于让他发现了一处茶文化积淀深厚的美丽乡村——江湾镇上晓起村。

近年来，由陈文华担任学术总顾问、已成为南昌女子职业学校茶艺教学实习基地的"中国茶文化第一村"声名鹊起。这里先后接待过中央部委和省市的有关领导、澳大利亚和马来西亚的摄影家、法国茶道协会、法国茶文化促进会、香港以及来自各地的茶叶界人士和无数游客。来自香港的陈莛校长留下的一副楹联道出了大家的心声：

四百年古樟，水口旁，纳清风，招明月，尘俗中撑开一方清凉世界；

两三个知己，晓溪畔，追往事，忆旧情，香茶里品出无数快乐人生。

2005年10月30日，当我到陈文华家里送审稿件时，他刚从北京参加中国国际茶业博览会回来。他高兴地拿出领回来的镶有镜框的两幅奖状给我看。一幅是中国茶文化第一村生产的高山生态茶在茶博会上获得的优质奖，另一幅是南昌女子职业学校茶叶表演队在茶博会上获得的最佳表演奖。

可以说，这个荣誉对陈文华及其所从事的茶文化事业也是最新最高的奖赏。看到他乐不可支的样子，想到他家里挂着的一块小垂石，上书："选择你的爱，爱你所选择的。"我深切领悟到：陈文华选择的"爱"是农业考古学和中国茶文化学，而深层的意义上，他"爱"的是人生，是事业，是友情，是可爱的祖国，是美好的大自然。他的这种"爱"，当然魅力无穷。

（文章原载《民主》2006年第5期）

兰草幽香，寒松挺立
——记著名农业考古学家、茶文化专家陈文华

邓伟平

"为草当作兰，为木当作松，兰幽香风远，松寒不改容。"这是诗人李白的一首诗。读到这首诗，觉得用它来形容著名农业考古学家、茶文化专家陈文华教授，意味深长。

一、草木不负岁月情

1935年，陈文华出生在福建厦门的一个穷苦人家。1958年，23岁的他即将从厦门大学毕业时，被打成"右派"，安排到江西省博物馆搞考古工作。"文革"一开始，他又被打成"反动学术权威"，接受批斗，下放劳动改造。这期间，他虽然像一棵草被任意践踏，但他总是默默地学习，刻苦钻研，踏实干活，不断积累知识，增长才华。

粉碎"四人帮"后，陈文华的"右派"得到改正，他发起创办的"中国古代农业科技成就展览"，获得了江西省科技成果一等奖，赴京展出，广获好评。接着他应中共中央组织部等单位之邀，先后六次进京为全国农业领导干部研究班主讲"中国农业科技发展史"课程，随后又应18个省市的邀请，为各地农业领导干部讲课100多场次。

1981年，他创办了《农业考古》大型学术杂志。这门新兴学科很快在国内外学术界产生影响。1986年，他首次应邀出访日本讲学，被日本考古界称为"中国农业考古第一人"。

他勤奋写作著述多。先后出版了《中国稻作的起源》《论农业考古》《中国古代农业科技史图谱》《中华茶文化基础知识》《长江流域茶文化》《中国古代农业文明史》等，《中国农业考古图录》获得第九届中国图书奖。

他潜心治学成果丰。1990年，他首次应邀出访英国剑桥大学、法国自然博物馆，此后还应邀出访奥地利、瑞士、德国、意大利、丹麦、芬兰、挪威等国。他协助云南、广西、山西、福建、广东、上海、江西等地成功举办了多次"国际茶会"。1996年，他出席在韩国举行的"国际茶文化研讨会"，入选英国剑桥国际名人传记中心出版的《世界名人辞典》，并获得美国传记协会颁发的"1996年杰出成就金奖"。他出任了于美国洛杉矶举行的"美国中华茶文化国际研讨会"大会主席（这是首次在北美举行的中国茶文化学术会议）。

他不再是一棵小草，不但成为香飘四方的兰草，而且是一棵大树，一棵坚忍不拔的松树。

二、茶艺文化耕耘人

"中国茶文化第一村"，是陈文华雄心勃勃做的一篇"立体的茶文化"文章。

自从1991年以来，陈文华一直深入婺源县茶区进行调研，走遍了婺源的山山水水，终于让他发现了一处茶文化积淀深厚的美丽乡村——江湾镇上晓起村。

上晓起村始建于唐代，全村400多人口，自唐至今一直以种茶为主，山上山下、山前山后、村前村后、屋前屋后到处都是茶树，是典型的传统种茶村。但是由于交通不便、信息不畅，经济发展滞后，缺乏资金，一直未得到开发。陈文华到上晓起村察看了几次，映入眼帘的是一派郁郁葱葱的绿色世界：茂密参天的古树，清澈见底的溪流，青翠碧绿的茶园，粉墙黛瓦的徽派建筑，历经沧桑的运茶古道，古朴典雅的茶亭，令人陶醉的啼鸟，迷乱人眼的山花……这是一处人间仙境、世外桃源啊！更为难得的是，这里还保存着一台古老的水力驱动的木制捻茶机，这是全国都难得一见的活文物，过去只在元代的农书中见过记载的制茶机具，没想到还在这山村中保存着，真是无价之宝啊！其实，这里处处都和茶文化有关，是个典型的茶文化村。一首茶乡童谣的初稿在他心中萌生："迷人上晓起，风光美无比。自然铺锦绣，文化是根底。传统小作坊，令人惊且喜。水转捻茶机，人醉茶香里。"

老骥伏枥，志在千里。陈文华决定充分挖掘这宝贵的不可再生的资源，自己来干一场。只用了几个月时间，这个"中国茶文化第一村"就初具规模。古老的山村，重新弥漫着茶文化的气息：茶亭、运茶古道、茶艺画廊、茶画馆、茶作坊、茶客栈、灵泉古井、溪边茶园……这处天然的茶文化村在全国恐怕很难找到第二处。许多文人墨客称誉它为"绿茶金三角"（皖浙赣边境三角地带是中国绿茶的最重要产区）旅游线上的一颗璀璨明珠。

短短的时间里，由陈文华担任学术总顾问的、已成为南昌女子职业学校茶艺教学实习基地的"中国茶文化第一村"声名鹊起。学生们在茶园中采茶、在茶作坊里制茶、在溪水中嬉戏、在田野中奔跑，其快乐之情溢于言表。而专家们在百年古樟树下、绿水边、山花旁，坐在靠背椅上手执无线话筒探讨学术问题，犹如诗人们在大自然的怀抱中吟诵美丽诗篇，不由得让人惊叹：严肃的学术会议居然可以开得这样诗意盎然，真是美的享受！

陈文华看到此情此景，高兴地说："这是茶神对我辛勤劳碌的最大奖赏。它使我在忙碌中忘记了烦恼，忘记了年纪，忘记了衰老。"

三、经霜犹茂古松枝

陈文华并非一个幸运儿。他的人生，有着非同一般的坎坷经历。还在他十岁的时候，因生活所迫，父亲就漂泊到海外谋生，善良的母亲节衣缩食供他读书。他发奋苦读，在知识的海洋里遨游，成为厦门大学历史系一位高才生。毕业前夕，命运把他推上了"右派"的末班车，他戴着一顶沉重的帽子被发落到江西省博物馆，干的是又苦又累又危险的考古挖掘工作，同窗多年的恋人也为免受牵连而与他分手了。他满腹冤屈无处申诉，暗暗在日记本上记下了自己的心迹："历史终究会证明，我是真正拥护党、热爱祖国的。"他不甘沉沦，立志潜心治学，决心要在科学的道路上踏出一道足迹。

在博物馆的八年中，他参加挖掘了上千座古墓，江西几个大型水库他几乎是用脚一步一步量完的。在无数个充满瘴气的墓穴里，他总是头一个进去，掘墓时掉下的砖头泥土经常砸得他头昏眼花。有时为了守卫文物，他还要在墓地过夜。

为搜集农业考古资料，他跑遍了全国除西藏、台湾外的各省博物馆，有一次，6个人一同到新疆，其他人都去天池游览，唯有他一头扎进了博物馆的仓库，找到了第一手新疆出土的古代农作物资料。

然而，动乱的风暴不肯放过这个已经被压在生活底层的人。"文革"时他第一个被揪出来，停止了工作。1968年10月，他又被勒令带着妻子、60岁的丈母娘和刚10个月的儿子下放到边远山区。临走时，他心疼地卖掉了所有的杂志书籍，只留了自己的一摞考古资料和笔记本。

"一片芳心千万绪，人间哪无安排处？"终于，陈文华的"右派"错案得到改正，他又被调回了省博物馆。这时，他没有伸手向党索取什么，而是以40岁出头的年纪从头开始，潜心研究农业考古学。

自从创办了《农业考古》杂志后，他的精神生活几乎全被它占据了。他包揽了编稿、校对、通联的几乎全部工作。他每天晚上都要忙到两三点钟，从来没有星期日，天气再炎热也待在房子里。偶尔有吸引人的好电影电视，他看了几个小时，夜晚就补上几小时。他出差也带个小折叠椅，将稿件带到火车上，坐在车厢过道的空隙处编辑。他走南闯北，不是应邀讲课、参加活动，就是去考察、调研，从不去游山玩水。60岁过后，他还自学使用电脑，现在写书、编杂志都是自己用电脑操作。

天道酬勤，岁月有情，人间自有公道在。在改革开放时期，陈文华对祖国科学事业的贡献赢得了党和人民的赞赏。1988年，他荣获"国家级有突出贡献的中青年专家"的称号，随后又被任命为江西省社会科学院副院长，担任全国政协委员、中国民主促进会中央委员、省政协委员、省侨联副主席等职。陈文华十分激动地说："我做了一点工作，却获得了如此多的'殊荣'，首先要归功于祖国，归功于给予我极大支持的各级领导。我的精神生活寄托在社会的承认、人民群众的赞扬之中。"

是的，在陈文华的信念里，中国是农业大国，农业的历史最悠久，中国的农业考古学，中国的茶文化学，离开了祖国大地，就成了空中楼阁。他的父亲侨居菲律宾几十年，母亲和弟弟也在香港定居，他多年没有去探过亲。在日本访问时，日本考古学界希望他留在日本当一年客座教授，他婉言谢绝了。他动情地说："我的事业在祖国大地。"

现在，陈文华可以说是功成名就了，但他仍然不知疲倦地工作。一年四大本的《农业考古》杂志，他依然亲自主编；国内外各种茶文化活动，他依然奔波参加；他又被省社会科学院聘为重点学科——茶文化学学科带头人、首席研究员。2005年10月，陈文华到北京参加中国国际茶业博览会，领回了两张奖：一张是中国茶文化第一村生产的高山生态茶在茶博会上获得的优质奖，另一张是南昌女子职业学校茶艺表演队获得的最佳表演奖。应该说，这个荣誉对陈文华及其所从事的茶文化事业也是最高的奖赏。

（文章原载《当代江西》2006年第9期）

陈文华：人醉茶香里

司晋丽

一、因祸得福走入茶香世界

茶是清甜的，淡泊的。想象中与茶结缘的人，也会疏淡而超然。而陈文华的性格里，绝非仅仅有这一面。年逾古稀的他，直到现在，仍在为中国茶文化弘扬至海内外而奔忙着。

陈文华的家乡在美丽的厦门。1958年，他从厦门大学历史系毕业前夕，被错划为"右派"，远派至江西省博物馆。"从事历史研究仍会与政治牵扯上关系，我打了'考古'这个擦边球，8年间跑遍了全国各地。"

然而之后，"文革"又使他戴上了"反动学术权威"的帽子，已有家室的陈文华，偕同妻儿辗转到江西宁都，在那里的乡村，开始了3年的劳动生活。

"现在看来，这11年的经历，为我奠定了研究农业考古的基础。"在蒙受冤屈的日子里，陈文华坦然面对，刻苦钻研。"拨乱反正"之后，他到江西省社会科学院工作，借着开明的风气，提出了"农业考古"概念，从考古角度研究中国自古以来的农业史。

1981年，他主编的《农业考古》杂志正式出版，其中有一个专栏就是茶叶。恰逢其时，"茶文化"风起。"这股风潮来得正是时候，喝茶并不单单是解渴那么简单，它是一种精神享受，应该去慢慢品读其中的韵味。"陈老感慨地说，"自鸦片战争以来，国人在黑暗与贫穷中挣扎，丢掉了祖先留下的许多珍贵遗产，现在国力日昌，是重新整理的时候了"。

二、让中国茶文化走向海外

"深厚的理论支持是茶文化发展的土壤和后盾，因此一定要注重学术深度的挖掘。"从1991年起，陈文华在《农业考古》开辟《中国茶文化专号》，每年面向海内外发行两期。各地茶文化学者的投稿让他应接不暇。"可见中国研究茶文化的学者不少，只是缺乏一个可供大家交流的平台，才使得先前的学术理论流于形式，昙花一现。"

《中国茶文化专号》每年出两期，一期60万字。目前已经出版三十四期，所有的来稿都是陈文华亲自编辑、校对。16年来，陈文华对学术始终如一的忠诚，使这本刊物成为世界茶文化研究中学术性最强、最具权威性的杂志。"前几年，日本出了一本《东洋茶文化大观》，总共111篇文章，就有5篇中国的文章全来自我的杂志。"陈文华不无得意地说道，他的杂志在日本反响特别大，每期都会订到10本以上。

1999年，在陈文华的提议下，江西南昌女子职业学校开设了茶艺专业，他亲自给同学们上课。几年间，学生被邀请到法国、芬兰、俄罗斯、日本、韩国等国家表演，而陈先生本人也多次被请至国外讲授茶艺。提起最经常去授课的日本，陈文华笑着说，"日本的茶道也是一门博大精深的文化，但是因为它受宗教上束缚太多，反而丧失了品茶的兴趣，相比之下，日本的年轻人更痴迷于中国别致而不失古朴的品茶艺术。"

三、结庐在人境

"晓起三月满地金，风送花香醉人心。"这里的"晓起"，说的是江西省婺源县的一个村子。这个村子种茶的历史可以追溯至唐代，堪称千年茶乡。然而，如果没有陈文华，晓起村的茶文化也许会就此衰落。

"三年前，我去晓起旅游，这个村子不仅风景如画，更让我惊讶的是，它保留着天然的茶文化因子，茶农用的是古老的水转捻茶机，村口的青石板路中间有明显的沟槽，是古代运茶的独轮车磨损的痕迹……"先生的心被这种原始的气息浸润了，通过发展旅游重振晓起茶文化的想法在他脑子里跳跃。

陈文华自出经费，在晓起村进行了修缮和整合工作，建起了茶画馆、茶艺画廊等，还将全村的土地组织起来成立了合作社，鼓励村民在地里种上油菜，由他这个社长给予补贴。金黄的油菜花铺满一地，与满山茶林相呼应，参天的古树下溪流静静流淌，掩映着两岸的青山、古树和徽派建筑，游人踩踏着青石板，在古色古香的茶亭喝茶小憩。这是陈文华展示给记者的上晓起村图片上的迷人美景。

现在，晓起村已打出品牌，被誉为"中国茶文化第一村"，各方游客慕名前来，被这里的宁静美丽吸引，眷恋不已。作为最大的功臣，陈文华也在村里开了一家茶客栈，接待客人，隔段时间他和家人也会过来小住，"那是一种原始而清静的生活状态"。"村民的收入明显增加了，茶文化和旅游的发展给他们带来不少实惠，"陈文华和蔼地笑道，"打造立体的茶文化一直是我的追求，学术、茶艺、旅游现在办起来了，但还有什么新的突破口？我还在寻找。"

（文章原载《农业考古》2008年第2期）

陈文华：赋予古村新的文化内涵

鹿鸣

晓起村是婺源县的一个著名旅游景点，由下晓起和上晓起两个自然村落组成，这里百年古樟郁郁葱葱、明清古宅高低错落，如果不是新近修成的杭瑞高速公路从村庄边上穿过，喧嚣和尘世仿佛与这里绝缘。

上晓起村是一个只有90户人家的村庄，在村民们抱怨这里的闭塞和落后时，却有一个73岁的老人来到这里，他热爱这个古老村庄散发的所有气息，这位中国茶文化研究的顶级大师，像个隐士一样，在这里进行一个或许永无结果的"乌托邦"试验。

刚从江西省社会科学院副院长任上退下来不久的陈文华，随一个参观团来到了上晓起村，作为一位农业考古专家，他曾不止一次来到这里，但这一次却是以一个游客身份来的，轻松且有些漫不经心。

在上晓起村参观一家建于20世纪50年代的茶厂时，陈文华发现了一套完全用水力带动的捻茶机，这样一套现在还能制茶的活"文物"，却栖身在一间快要坍塌的旧厂房里。当时，他很想找到这里的村长，告诉他这套捻茶机的价值，并希望村里能把茶厂保护起来。

行程结束时，陈文华头脑里却闪过一个奇异的念头：这件事为什么不能自己来做呢？因此，他一头扎进了上晓起。

陈文华曾是全国政协委员，不仅是农业考古专家，也是农业问题专家，20世纪80年代曾多次进京给"讲课"，是目前国内茶文化研究的大师级人物。2004年春天，他直接找村委会协商，每年交一万元承包这个破败不堪的茶厂，合同一签就是30年。

在发现和复原这家原生态茶厂的过程中，残存在陈文华心里的"最初商业冲动"也消失了，因为上晓起村本身就是茶文化研究的"活化石"。这个村有1200年的历史，种茶、制茶的历史可以追溯到唐代。这里气候湿润、山高林深，其出产的茶叶在陆羽的《茶经》中也能找到记载，至今家家户户都会手工制茶。

陈文华终于明白自己要做什么了，他要保护的不仅仅是一家茶厂而是一座村庄。

4年里，他投资80余万元，这差不多是他全部的积蓄和稿酬，除了修复了老茶厂外，还筹资办了一家客栈和一所双语幼儿园，并且以"新农村合作社"的方式，承包了村里所有的土地，带领村民种植油菜和菊花。

虽是一己之力，但他却显得那么急迫："我今年73岁了而不是37岁。"

一、情迷"上晓起"

《新法制报》：上晓起是个什么样的村庄，为何会如此吸引你？

陈文华：上晓起是一个了不起的村庄，但村民们并不知道它的价值，这让我感到担忧。

　　这个村至今不通汽车，连接外部的是一条一米宽左右的青石板路，村民们曾议论要把它改造成水泥路。但这条路是万万动不得的，这是一条明清时期的古驿道，是连接鄱阳湖和古徽州的官道，已经有几百年的历史，踏上青石板就等于走进了历史。但我的这些理由村民并不一定能接受，我只能跟他们说，这条路是这个村庄的"风水"，动不得。

　　事实上，这条不足两公里的古驿道，还是一个天然的屏障，可以把喧嚣挡在外面。比如下晓起村，还不到5年时间，就失去了原有的宁静和古朴的风貌，成了一个喧闹的旅游景点，到处都是卖木器和假古董的店铺。

　　上晓起村始建于唐朝，至今仍有盛唐遗风，夜不闭户、路不拾遗，但这样的世风能否一直延续，并没有肯定的答案，村里的青壮年包括妇女几乎全在外面打工，而且许多人赚钱的目的就是为了搬离这个村庄，传统和现实之间的裂缝已越来越大。

二、我不能只做旁观者

　　《新法制报》：你有什么办法来改变这样的状况吗？

　　陈文华：凭一己之力恐怕很难，这实际上是一个"鱼"和"渔"的问题，我一辈子都生活在书斋里，做与农业、茶业有关的研究，现在退休了，我可以边做学者边做"乡绅"，在实践中寻找方法。

　　我在接待一些到访的学者时，总是习惯说"我的上晓起"，事实上，村民才是这里真正的主人。刚来这里时，我写了一首诗："迷人上晓起，风光美无比。传统小作坊，令人惊且喜。自然铺锦绣，文化是根底。水转揉捻机，人醉茶香里。"后来我又为它谱了曲并灌制成光碟。我把这首歌带到村里后，把村里3岁以上的孩子全部召集起来，教他们学唱这首歌，谁学会了就给谁发糖。现在村里的每个孩子都会唱这首歌。

　　但村民们对这些并不买账，总觉得我这个退休教授是在"演戏"，这也是后来促使我成立"新农村合作社"的原因之一，我不能只做一个旁观者。

三、只知掏钱的"傻教授"

　　《新法制报》：村民们知道你是一个知名学者吗？

　　陈文华：没有什么人知道，村里人知道我完全是因为一次偶然。大概是2005年的五一节，时任上饶市委书记姚亚平来上晓起检查工作，无意间在村里遇到了我。

　　在村口的古樟下，我请姚亚平喝茶，他是学者出身，我们之间曾有过工作来往，非常熟悉。姚亚平对当地领导说，陈教授在学术界是个"国宝级"的人物，请都请不来。

　　但村民不管你是不是学者，他们只看你为村里做了些什么。几年下来，我没有从上晓起村带走一分钱，除了兴办茶厂、客栈、幼儿园外，还为村里做了许多铺路修桥的事，只知道一个劲从口袋里掏钱，村里人都认为我是一个"傻教授"，所以也慢慢地接受了我。

四、孤军奋战最缺人才

　　《新法制报》：你的"企业"能赚钱吗？如果不赚钱，靠什么来支撑？

陈文华：幼儿园是一件纯公益的事，3个幼师是我从南昌高薪请来的，她们很不容易，放弃了城市生活跟我来到这里。但在当地，办幼儿园还是遭到了种种阻力，因为收费低、条件好、教学正规，对当地的幼儿园构成了冲击。

生态茶厂，除了每年春季收茶、制茶外，还在厂门口的两棵老樟树下开了个"天然茶艺馆"，现在管理这个茶厂的，是我从本村聘请的一位姑娘，茶艺小姐也是从当地请的，从去年开始，收入已能维持日常开支，虽然还没开始赚钱，但"晓起毛尖"的品牌开始有了一定的影响。

"上晓起茶客栈"是我4年前花5万元买的一幢老宅，后来又投资20余万元进行内部改造。这是我来上晓起后一次性投入最大的一次。这个客栈我太喜欢了，完全是"修旧如旧"，门前是菜地、溪流，后面是茶园、高山，住在客房里，能透过窄窄的木窗看见对面的古祠。我刚来的时候，很少有游客来到这里，所以一直亏本，但从去年开始，状况有了好转，油菜花开的季节，游客会从全国各地涌来，但距离收回投资还是遥遥无期。

我现在最缺的是人，刚来的时候，还有几个学生跟着我一起来，但他们谁也耐不了寂寞，全部都回去了，只剩下我一个老头子（笑）。

唯一的办法只能人才本土化，但要在村庄里找一个合适的人来做我的助手，同样不容易。

五、创造自己的新农村模式

《新法制报》：那么，你为村民们又做了些什么呢？

陈文华：上晓起村地处峡谷之间，人多地少，人均只有几分地，全村只有一头耕牛，许多劳力外出打工之后，一些小片的土地没人再愿意耕种。

2006年10月4日，我按乡下办大事的习俗，摆了6桌酒席，宴请村民，商议成立"上晓起新农村合作社"，并商定："村民以土地入股，合作社为维护社员的基本利益，保证每亩地每年至少有300千克稻谷的收入，年终如有盈利，再按土地面积分红。土地入股后，由合作社统一经营、管理，社员参加劳动另行给予报酬。"

一年过后，我又在客栈里摆了10桌酒，让每家都派一个人参加，频频举杯之后，公布合作社账目，收支一算亏了3万多元。不过，上晓起的油菜花海和梯田稻浪在互联网上是惊艳一片。去年我又从安徽买了几万株白菊花苗，今年开始试种。

《新法制报》：在上晓起做这些事，你感到值吗？

陈文华：做自己喜欢做的事，没有什么值不值，但有时感到很孤独，很多人不理解我，好在有家人和一些文人朋友的支持。然而今年我已经73岁了，将来把这些交给谁还是个问题。

"有陈文华的上晓起是'活'的、有灵魂的"，我喜欢一位学者对我这般的评价。

（文章原载《农业考古》2008年第5期）

振兴江西茶叶的思考

——著名茶文化专家陈文华先生访谈录

陈东有　陈文华

一、关于江西茶史

陈东有：说到江西的茶叶，许多人都会想起白居易《琵琶行》的诗句"商人重利轻别离，前月浮梁买茶去。"江西茶历史可谓久矣。陈老师，您是我国著名的农业考古和茶文化研究专家，说到茶，说到江西的茶，您肯定有说不完的话。

陈文华：江西是产茶大省，历史悠久，早在汉代庐山的僧人就开始制茶，一直到唐朝，在全国都非常畅销。白居易的诗其实有个背景，那就是当年全国三分之一的茶叶在浮梁县集散。

根据文献记载，唐玄宗开元年间（713—741）饮茶渐成北方风俗，"自邹、齐、沧、棣，渐至京邑，城市多开店铺煎茶卖之，不问道俗，投钱取饮。"中唐时期，饮茶之风更普遍，"上自宫省，下至邑里，茶为食物，无异米盐。"当时北方和山东一带的茶主要就是由浮梁供应的，虽然它品质一般，但销售范围很大，属大众饮用的商品。从唐宋到明清，浮梁那一带，包括邻近的婺源（当年婺源归安徽的歙州管），山区的交通不便，婺源的水系是流到江西的，从星江流到乐安河，再从乐安河流到鄱阳湖进长江。很多茶叶从江西流出，浮梁因而成为重要的茶叶之乡。婺源一带茶的品质非常好。唐朝陆羽的《茶经》就谈到了歙州（今安徽歙州），说"歙州茶生婺源山谷"。

再看庐山。唐代诗人白居易曾在香炉峰遗爱寺附近建草堂、辟茶园，亲自种茶，饮茶作诗，从他的"药圃茶园为产业"和"起尝一瓯茗""晚送一瓯茶"等诗句，不难看出他早晚以茶相伴的情怀。宋明以渐渐成名茶。

江西修水、婺源、南昌、吉安及宜春等地，都适合种茶，也都有好茶。江西的自然条件、生态环境，特别是降水量、气候、土壤等，特别适合茶叶种植。尤其是婺源一带，在江西、安徽、浙江三省交界地区，是著名的"绿茶金三角"——江西婺源、浙江开化和安徽休宁。绿茶金三角核心区山高云雾多，休宁的齐云山、黄山，婺源的大鄣山，开化的大龙山，都是盛产高山生态茶的地方。优越的自然环境和一如既往的生态保护，孕育了江西茶优异的自然品质。

江西茶主要是绿茶，有很多品牌，如"双井绿""庐山云雾""狗牯脑"等。品牌要历史形成，由历史决定。比如说"婺绿"，已经有几百年了。美国茶学专家威廉·乌克斯的《茶叶全书》中赞道："婺源茶不独为路庄绿茶中之上品，且为中国绿茶中品质之最优者"。宋代，"婺源谢源茶"是全国六大名茶绝品之一。明代嘉靖年间，大畈灵山的"天竹峰茶"

被列为贡品。明清两代，婺源多个茶叶品种被列为贡茶。当时列为贡茶生产的每年有5000千克，并曾获得嘉庆皇帝的赏赐匾额。清乾隆年间，婺源绿茶开始大量出口，成为当时英国贵族中不可缺少的饮品。

过去我们国家出口的最重要的物资，一个丝绸，一个瓷器，一个就是茶叶，后两者是江西的强项。江西自然条件不错，茶叶品质也好，可从营销手段和经营的角度来看，江西弱势明显。再加上多年来不怎么重视茶文化的传承，尤其是改革开放之后，GDP主要是靠工业。

现在茶叶占GDP的比重越来越小了，政府对这方面的重视和投入也不够。所以尽管江西生态好，有机茶出口大，茶叶污染不严重，可江西茶叶制作不精、经营不善、缺乏战略眼光，对茶文化的作用也认识不足。

二、关于江西茶文化地位

陈东有：江西茶历史悠久，然抚今追昔，令人感慨。不过江西当今的茶文化及其研究，倒是在全国闯出了一条大道，延续了千年辉煌，甚至将其发扬光大了。国内外茶叶界说到今天的中国茶文化，就不能不提到老师您和师母程光茜老师的功劳了。

陈文华：江西茶确实局限不少，但唯有一项不错，即茶文化事业在全国很突出。这就好比当年俄罗斯经济不发达，文学却非常发达。江西茶文化历史悠久，因为江西的各个县都适合种茶，种茶人员很多，历来占农业的比重、占经济作物的比重都较大，这使得江西的茶文化有一个很好的物质基础，茶文化中的茶歌、茶舞、茶戏（特别是采茶戏）在全国都是很突出的。

江西的茶文化有几大物质优势：一是名优茶多。我们山陵多，山高水冷，云雾缭绕，特别适合茶叶种植，东南西北都有好茶。二是水好。江西的水源丰富，所有的山泉水都很适合泡茶。陆羽遍游祖国的名山大川，品尝各地的碧水清泉，按冲出茶水的美味程度，评出了天下20处名泉，江西独占三泉，其中"庐山康王谷水帘水第一""庐山招贤寺方桥潭水第六""洪州西山西东瀑布水第八"。三是茶具。景德镇的瓷器如此发达，这跟茶有关系。现在的茶具除了瓷器就是紫砂，紫砂是明朝中期才盛行的，而景德镇的瓷器是早在唐朝就发展起来的。浮梁一带固然有高岭土，但不要忽略了浮梁县是唐朝最大茶叶集散地。婺源也是在唐朝建县。那一带也是皖南山区茶叶的集散地。这些都是景德镇瓷器产业的强大推动力。

此外，明清以来形成的采茶歌、采茶灯、采茶舞，最后形成采茶戏，这是茶文化的直接产物，在全国也是独一无二的，从清代开始就传播各地直至台湾。

古代茶文化研究方面，江西在明代也出了几位茶学家。最突出的是朱元璋第十七个儿子朱权就在南昌写过一部《茶谱》，是明代最早的一部茶书，也是最早记载古代茶叶从饼茶冲点转为散茶冲泡的著作，在茶艺方面有突出的贡献。江西进贤的熊明遇撰写的《罗岕记》对浙江湖州的名茶有专门记载，在古代茶书中占有一席之地；南昌人喻政在万历年间编撰的《茶书全集》汇编了自唐至明27部茶书，保存了不少资料，后传入日本。

现代的茶文化研究，主要是改革开放以来，江西在茶文化的研究、出版、教育等方面在全国相当突出。国内茶文化研究是从20世纪80年代末期才开始启动，1991年，江西社科院就创办了《农业考古·中国茶文化专号》，每年两期，300多页。这是全国（甚至世界）篇幅最大、最具权威性的学术性茶文化杂志，至今已坚持了23年。全国各地研究茶文化的学术性文章基本上都集中到这本杂志上，它还成为日本观察中国茶文化研究的主要窗口。日本人曾出了一部《茶道学大系·东洋的茶》，专谈茶的历史，中日韩都有，其中选了日本6篇，韩国3篇，中国6篇。中国的文章全是转载《中国茶文化专号》杂志，作为主编为之自豪。

在茶文化学科建设方面，江西社科院从2004年开始建立了茶文化重点学科，这在全国是开了先例的。第一届的学科带头人是我，4年之后就换了余悦先生。去年余悦退下来了，暂时终止了。两届8年，我们举办了三次全国性学术研讨会，发表了一系列论文，出版了十几本茶文化著作，还协助各地筹办多次大型茶文化活动。可以说，在推动中国茶文化学科建设方面，江西是做出了贡献，拥有话语权的。

谈江西茶文化不能不谈茶艺馆。在这方面，江西不落人后。早在1992年，江西就出现两家新型的茶艺馆："江西茶艺馆"和"神农茶艺馆"（要知道北京是到1994年才出现第一家茶艺馆）。到了20世纪90年代后期，各市县陆续创办了很多茶艺馆。2001年，南昌女子职业学校创办了"白鹭原茶艺馆"，不带餐饮，不让打牌，天天有茶艺表演，开创"品茗赏艺"新模式。先后被重庆、河北所复制。前两年，在红谷滩又出现了一家高档次的"泊园老茶馆"，成为江西茶艺馆界的龙头，被评为全国十家茶馆之一。在今年全国百家茶馆评比中江西有六家。形势相当喜人。它们在普及茶文化知识，促进茶叶消费方面都起了很大作用。

南昌泊园老茶馆参加活动（2012年12月）

再一个就是江西的茶艺教育和茶艺表演，1992年，我太太和朋友创办了南昌女子职业学校，我在里头建了个茶艺队，开了茶艺选修课。1999年，经主管部门批准开办中专茶艺专业，2002年又开办了大专茶艺班，先后培养了数以千计的国家茶艺师，被誉为"全国最大的茶艺师的摇篮"。现在，除了南昌女职，南昌市第一职业学校、江西工业贸易职业技术学院都开办茶文化专业，培养茶艺人才。据我所知，还有一些学校也在筹备开设茶艺专业。

在茶艺表演方面，江西的起步也较早。1991年江西婺源就推出《农家茶》《文士茶》等茶艺，1993年江西茶艺馆推出的《禅茶》和《擂茶》，20年来一直在演出并传播到外地。江西的茶艺不但在全国影响很大，多次获得大奖，在境外也有不小的影响，十多年来南昌女子职业学校茶艺队3次去法国，并先后到韩国、日本、挪威、俄罗斯，并且在我国港、澳、台地区表演过，扩大了中国茶文化在国内外的影响。

2001年，我跟余悦先生接受当时劳动部的委托，主持《国家茶艺师职业标准》的制定并于2001年颁布，迄今10多年了，全国各地仍在实行。我们还同时编写了《国家职业资格培训教程·茶艺师》教材，在全国推广。这无疑会对全国茶艺师队伍的建设起很大推动作用。

由此可见，江西的茶文化事业在全国影响不小。早在2006年的一个全国茶文化学科讨论会上，安徽农业大学丁以寿教授在论文中就指出：中国茶文化理论阵地有三大重地，第一个是台湾，第二个是杭州，第三个就是南昌。台湾研究得早，开全国风气之先，拥有"天时"；杭州有中国农业科学院茶叶研究所，中国国际茶文化研究会的总部也在那里，有全国唯一的一位茶叶科学院士，还有最大的茶叶出口公司，称得上占尽了"地利"；而南昌有以上诸多方面的成绩，有一支研究队伍，一门重点学科，还有一本权威学术杂志，可以称之为"人和"。

三、关于江西茶产业

陈东有：江西有好茶，有悠久的历史，更有一批全国拔尖的茶文化研究人员，可为什么江西的茶产业却不强呢？就以南昌来说，到处都是普洱、铁观音，现在连喝黑茶的人也多了起来，但江西绿茶火不起来。

陈文华：现在我们感到最纠结的、很焦急的，就是江西的茶产业在种植、加工、贸易、文化方面迈的步伐不大，不给力。

茶的贸易不如别的省市，有一些历史原因。拿婺源绿茶来说吧，婺源人明清时期很会做生意，茶商很多，现存那么多"徽派建筑"，全是茶商从武汉、广州、上海等地赚来的钱修建的。新中国成立以来一直到改革开放前，茶叶和盐一样，统购统销，婺源每年的绿茶全部由上海茶叶进出口公司包销的，历来不愁没销路，因此婺源就不去开拓市场，商业就萎缩了。不像安溪铁观音，他们派了多少茶商小贩去全国闯荡啊！

过去实行"统购统销"，"婺绿"是作为配料拼配到其他绿茶中，统称"中国绿茶"。所以除了业内人士，一般人都不知道，缺少知名度。改革开放以后，从零开始，只得重新打造品牌。

再看制作。江西绿茶以前主要市场是出口，供外国人做袋泡茶的绿碎茶，进出口公司收购只要毛茶，反正是要粉碎，粗制茶就可以。制作不精的毛病一直延续到了现在。有很多人来采购，一喝这个绿茶，味道挺好；一看这玻璃杯子，不好看，不高档。庐山云雾也好，婺源绿茶也好，我们的制作技术和龙井、碧螺春等名茶差距就很大了。由于劳动力不足，现在要培养一批制茶名师，难度就很大了。

还要说说茶文化推广的观念问题。现在每年全国各地都搞茶叶博览会，一些茶叶大省特别是云南、湖南、贵州、浙江、安徽等省份，每次都是领导带队组团参与，有的甚至是省领导亲自带队，几十个展位一字排开，很有气势。尤其是云南普洱茶，有的展览会三分之二的展位都被它占了。贵州、湖南是后起之秀，也非常大气。江西呢？有时七八家，有时三五家，最可怜的时候只有一两家，令人尴尬得很。我们茶叶协会在2005年、2006年也组织了两次，最多一次有二十多家，都是民间在张罗，政府无人出面来组织，来推动。后来参加得越来越少。这样江西的茶叶在全国的影响力就越来越小，还谈得上什么知名度？实际上在博览会上是卖不了多少茶叶的，参展是抱团扩大全省茶叶知名度，这不能是企业的自发行为，应该是由政府来牵头组织，不应该推到企业身上。外省有很多都是政府要求企业去参展，展费由政府出，企业就有积极性。这个影响就非常大。目前为止，江西没有举办过省级主办的茶文化研讨会，也没有以政府名义出钱来举办过国际茶会，更没有具有全国影响力的茶叶博览会。江西茶叶行业要在全国打响品牌战，还真是任重道远啊。

我想云南、福建的做法值得借鉴。20年前，有多少人知道普洱茶？几十元乃至十几元钱一斤。首届中国普洱茶国际学术研讨会是我帮忙举办的，那是1993年，当年思茅地委书记李师程同志想发展普洱茶，云南这么偏僻的地方，路也不好，担心请不到人去参加。于是派了考古专家黄桂枢来找我，当时我就说搞国际茶会光靠一次两次不行，要坚持办五六次才会形成效益，否则不如不办。果然，他们两年一届办下去，到了五六届普洱茶就火了。令人敬佩的是，云南省市县各级政府与大小茶商们共同努力，大力开展多种多样的普洱茶文化活动，将普洱茶推向国内外，取得有目共睹的成绩。

另一个成功的例子是福建省安溪县。安溪原来是贫困县，安溪当年的县委书记是厦门大学中文系毕业的，他很有文化眼光，从文化入手打造铁观音品牌。多次在本地和外地大搞茶王赛，一直搞到香港去。2000年还专门请我去主持搞乌龙茶国际大会，并邀请南昌女子职业学校的茶艺队去表演。参加大会的2000多人全部免费，气魄很大。更厉害的是他们动员了一批文化干部，停薪留职，到外地去开办茶艺馆，专门推销工夫茶艺普及铁观音，现在有几位都成了大企业家。当年还派出6000个小商小贩到全国各地去开铁观音专卖店，现在据统计有10万个安溪茶商在外地推销铁观音。结果不但使安溪脱贫，使茶农致富，还将铁观音推向世界，成为享有盛誉的国际名牌。由此我们可以看到，安溪发展茶产业是从茶文化入手的，并且是由政府主导的。

所以我觉得政府应该花一点气力来打造江西的茶文化品牌。光靠茶农、茶商是不行的。现在政府也拿出了不少钱来扶植茶农，推动种植，提高产量。但我觉得要振兴茶产业仅有这个是不够的。光有产量卖不出去，茶叶就成了干枯的树叶子。卖茶靠茶商，没有知名度谁来买？而知名度是靠文化来打造的。道理是，茶是文化含量最高的饮料，饮茶是一种文化行为。所以，千万不要轻视文化的力量！

江西的茶叶种植面积85万亩，在全国排名第12位，比云南少了475万亩，比贵州少了

285万亩。江西产量只有3万吨，是福建的11.2%，云南的14.5%，浙江的18.1%。如果只单纯从面积和产量去寻求突破，恐怕不是出路。出路只能是依靠传统的茶文化优势，凭借优越的生态资源，提升茶叶的内在品质，做大做强名优特茶的品牌。这需要社会各界的共同努力，关键还是要由政府来主导。

（文章原载《农业考古》2014年第2期）

著作评论

陈文华著《长江流域茶文化》述评

陶德臣

陈文华教授的新作《长江流域茶文化》以近50万字的篇幅，向学界展示了这一领域的最新研究成果。该书是由著名学者季羡林任总主编的"长江文化研究文库"丛书中的一种。《长江流域茶文化》是近年来出版的篇幅最大的茶文化学术专著，也是论述最充分、最全面，学术分量最重的茶文化专著之一。

全书分为导论、正文和后记三部分。导论科学界定了茶艺、茶道、茶文化等重要概念。正文共8章。第一章"南方有嘉木"，论述茶树起源、茶叶种类、功效和传播。第二章"源远流长的茶文化"，叙述从旧石器时代至现代中国茶文化的历史。第三章"茶滋于水，水藉于器"，探讨饮茶方式流变及茶具发展史。第四章"品茗艺术"，论述历代品茗艺术内涵与特点。第五章"品茶之道"，讨论中国茶道精神的形成及与儒释道和民众观念的关系。第六章"异彩纷呈的茶俗"，叙述长江流域上游、中游、下游及闽台两广不同地域的茶俗。第七章"茶文化的小传"，介绍东西南北四路茶文化传播世界各地的情况。第八章"茶文化与文学艺术"，叙述历代茶诗、茶画、茶歌、茶舞、茶戏、茶小说、茶散文、茶传说、茶谚、茶谜、茶联，为各章篇幅最大的一章，约占全书三分之一。

通过阅读，认为该书有如下鲜明特点：

一、资料翔实丰富

为保证学术研究的科学性，提高讨论问题的说服力，作者非常重视资料的搜集和分析，凡正史、农史、考古材料、民族资料、类书、文集、资料集、笔记、小说、茶书、金石碑刻、地方志、诗歌、散文以及近现代人的研究成果，均不遗余力搜集，且每条资料均注明出处，便于读者核查。一册在手，中国茶文化史上的重要史料大都包含在内。正是建立在丰富扎实的资料基础上，分析问题，有根有据，结论自然令人信服。

二、研究方法科学

该书虽取名《长江流域茶文化》，实际上是从历史角度考察中国茶文化的发展历程。按照这种方法进行研究，便于找准历史坐标，搞清问题的来龙去脉，从而更好地解决问题。如作者系统研究中国古代所有古茶书后，得出一个重要发现，即中国茶艺非常发达，茶道观念却相对薄弱。尽管早在唐代已出现"茶道"一词，但中国古茶书中唯有明代张源《茶录》谈及"造时精，藏时燥，泡时洁，茶道尽矣"，这与现代的茶道概念无关。中国茶道观念的真正发达是20世纪的后20年，在中国海峡两岸重新兴起茶文化热潮之后，专家们对中国茶道精神进行总结，才提出各种各样的见解。

三、持论平实，结论公允

作者讨论问题既不人云亦云，也不刻意标新立异，而是通过对资料的详细分析，得出客观真实的结论。对前人研究成果，在充分把握的基础上，既一一加以介绍，给以客观评价，充分肯定成就，又指出其不足，在此基础上提出自己的看法。如作者在详细介绍关于中国茶道的各家观点后说，"目前要形成统一的认识，提出大家都能认同的中国茶道的严格定义，是相当困难的，甚至是难以做到的"，因而主张专家学者继续对中国茶道的定义进行探索，以求有更准确、更科学的界定。

四、视野广阔，研究规范

该书取名《长江流域茶文化》，实际上论述的还是中国的茶文化。其重点探讨中国历代茶艺、茶道、茶俗，却以更大的篇幅论述历代与茶文化相关的文化艺术，并认为离开了这些，中国茶文化就只剩下几杯解渴的茶汤。该书的研究重点在唐宋明清时期，但又真正做到了博古通今，对当代茶文化活动及研究成果，都有涉及，做了全面公正的评述。另外，研究规范也值得提倡。该书在前人研究基础上进行讨论，全书除了注明引证的历史文献外，对于近现代人的研究成果尽可能进行学术追踪，读后使人对学术渊源和流变比较清晰。作者坦言"博大精深的中国茶文化，不可能是一个人就可将它研究透的，必然要依靠大家的共同努力，才有可能使这一新兴的学科早日走向成熟。因此，本书在撰写过程中必然要引用在本书之前已出版的众多茶文化论著。凡是为我采纳的他人研究成果，以及与我不谋而合但在我之前发表的高见，我都在书里或注释中标明它的出处，以示不掠人之美，并表示对其他作者的尊重和感谢。如果本书还有某些价值的话，那是因为综合了众人的研究成果。所以，在一定意义上说，本书也是集体智慧的结晶"。这与某些学者不遵循学术规范，动辄自吹自擂的不良品质截然不同。

五、科学性与通俗性的统一

该书仅从每条资料均有出处及315条注释即可知，讨论问题言之有据。加上充分吸收了学者的最新研究成果，提出了许多自己的见解，给人耳目一新之感。在充分考虑科学性的基础上，该书文字通俗流畅，全无一般学术著作艰涩难读之感，真正做到了雅俗共赏，完全可以适应不同层次读者的需要。

当然，该书也有不足之处。如著述应尽可能使用第一手资料，其次再求之于资料集，应尽量少用或不用转引资料。可能是受时间、精力所限，书中使用了部分非第一手资料，这就难免会出错误。同时，书名最好改称《长江流域茶文化史》，这样才名副其实。既然是《长江流域茶文化》，研究地域就应严格限定在长江流域，把研究领域放大至全国范围似觉不妥。另外，《新唐书·地理志》记载的唐代贡茶州郡为17个，非16个，故应补充申州义阳郡。而睦州新安郡，实为睦州新定郡之误。如果该书能改正这些小问题，一定更加完美。

（文章原载《中国农史》2006年第1期）

"中国茶文化学"的开山之作
——读陈文华教授《中国茶文化学》

王学铭

当今世界和平与发展已成为世界发展的主题。经济全球化的趋势在加速进行，社会文化的多元化发展也呈现出丰富多彩的局面，所以关于文化问题的研究已凸显出来，在这种情况下，我国的各个人文学科的学者，也都从不同角度参与了文化问题的研究。陈文华教授更是责无旁贷地将中国茶文化学作为重点科研课题，历时三年撰写了《中国茶文化学》，它既是中国茶文化学重点科研课题的成果之一，又是很好的中国茶文化学学科教材。

现在文化问题及其在我国新时期发展战略中的地位和意义，已被人们所认识，并日益受到重视，已经看到文化问题的研究与世界格局和国际形势的变化的密切关系，而我国关于文化问题的研究，迄今还没有系统地、科学地、全面地关于"文化学"方面的论述，国家也还没在大专院校设立"文化学"学科。而世界上不少国家的学者早已开始文化战略的研究。美国亨廷顿教授还提出"以文明作为未来世界之间关系的基础和冲突的主要根源"，当然我们是不同意他的"文明的冲突"的理论，我们更应致力于关于这方面的深入研究。作为茶文化方面的专家，陈文华教授首先写出《中国茶文化学》来摆脱这种在中国连文化学学科专业都没有的尴尬局面。当我从邮递员手中接过邮购来的《中国茶文化学》，闻着书香，对书中的一些章节反复阅读时，崇敬之情油然而生，古稀之年的老教授日常事务纷繁，还在百忙中写出填补我国茶文化领域中的一块空白的《中国茶文化学》，成为中国茶文化学的开山之作。

在《中国茶文化学》的开宗明义第一章的"中国茶文化学概念"里，对一些基本概念的解释中，立论精辟，观点鲜明，通俗易懂。如对"文化"的解释，陈教授在书中把"文化"分为广义和狭义，广义的文化是指人类社会历史实践过程中所创造的物质财富和精神财富的总和，也就是人类在改造自然和社会的过程中所创造的一切财富，都属于文化范畴。狭义的文化是指社会的意识形态，即人类所创造的精神财富，如文学、艺术、教育、科学等，同时也包括社会制度和组织机构等。使文化的观点更加鲜明，更便于阅读和记忆。一个文明社会是不能没有文化的，它是文明社会的标志。看起来，外国学者多年前曾经对"文化"解释为"一切留下来的东西就是文化"的说法，就稍嫌简单了，茶文化绝不是孤立地讲"文化"。而陈教授在《中国茶文化学》中讲到的"茶文化"观点，更是目前国内比较公认的和大家普遍接受的、具有代表性的观点，书中是这样写的："广义的茶文化是指整个茶叶发展历程中所有物质财富和精神财富的总和。狭义茶文化则是专指其'精神财富'部分。"陈教授极其精辟地，用几十个字就把"茶文化"概念的内涵和外延合理地界定得清清楚楚。更重要的是他明确指出：茶文化学的对象就是狭义的茶文化。就是研究人类在使用茶叶过程中所产生的文化现象和社会现象，它的相对独立性，使之成为一门独立的学科。我体会到陈教授想要告诉人们的是，在研究茶文化学的林林总总问题时，一定要抓住精神文化这个主题。

陈文华教授在《中国茶文化学》中，突出关注人性和人的心灵，在茶文化中更注重了人性关怀。在"茶艺"中提出"要注意冲泡者在整个操作过程中的艺术美感问题。因为除非自泡自饮，只要是为他人泡茶，就处于人家视野之中，成为被观赏对象，就需讲究环境、茶具、动作以及本人的仪表和精神状态的艺术性，给人以美的感受。"他告诉我们"茶艺"中的"人"要干什么？应该怎么干？在"茶道"中说："茶道就是人们在品茶过程中所应遵循之道。它是人们在操作茶艺过程中所追求、所体现的精神境界和道德风尚，经常是和人生处世哲学结合起来而具有一种教化功能，成为茶人们的行为准则。""茶道"要怎样塑造"人"？人是文化的主体。在"茶德"中则进一步阐释人性的本能，"茶德就是品茶道德之简称，它是茶道精神概括。为了使饮茶大众对茶道精神易于理解和便于操作，专家学者们用精练的哲理语言对品茶道德的基本精神进行提炼、概括，提出许多道德要求，以便人们在茶事活动中遵循。"并将从古至今著名茶人提出的主张，择其要举出如唐代陆羽在《茶经》中指出的："茶之为用，味至寒，为饮最宜精行俭德之人。"和现代茶学专家庄晚芳教授在1990年提出的"发扬茶德，妥用茶艺，为茶人修养之道"的主张，以及其他学者陆续提出一些茶德方面的主张。还有外国的如日本的茶道提出的"和、敬、清、寂"；朝鲜茶礼提出的"清、敬、和、乐"等，这些都属于茶德范畴。并明确提出："中国茶文化学研究对象主要是人们在茶叶生产及消费过程中的行为模式和在此过程中所孕育出来的价值观念、审美情趣。"在中国茶文化的社会功能方面，更突出了人性方面的东西：如以茶雅志，陶冶个人情操；以茶敬客，协调人际关系；以茶行道，净化社会空气"可以此促进社会和谐发展。

陈文华教授虽然撰写的是《中国茶文化学》，但心中却装的是整个世界文明发展的规律和特点。读后我的最突出的感觉是，我们现在都在谈崛起，经济要崛起、科技要崛起，但事实上我们的经济和科技都还落后于发达国家，可是我们的文化并不落后于他们。而茶文化是文化的组成部分。尤其是陈教授在茶文化社会功能中提出来的：当今人类社会处于全球经济一体化（也称经济全球化）的格局中我们所面临的文化一体化的危险。当今一体化实质上是以西方尤其是以美国为核心的一体化进程，在这一进程中，美国的价值观念是伴随着它的强劲资本和高科技，连同好莱坞大片、可口可乐、百事可乐、麦当劳、肯德基等快餐文化一起涌向世界各地的。如果我们的年轻一代陶醉迷恋于这些舶来品而忘却自己的传统文化时，将会出现令人不安的局面。因此经济处于弱势的发展中国家，特别要警惕这一问题。在接受、参与全球经济一体化的过程中，在吸收其他民族、国家的优秀文化的同时，首先要认同并弘扬自己的民族文化，保持自己的特色，否则就有被西方文化淹没的危险。而茶文化正是中华优秀传统文化的有机组成部分，又具有适应社会发展潮流的新鲜活力，在与西方文化争夺年轻一代的文化较量中，正好有它的用武之地。陈教授还以我国台湾30年来开展茶文化活动为例说：在20世纪70年代，台湾经济起飞之后，伴随着西方先进生产力而来的是美国流行文化，年轻人以追求西方生活方式为时髦，穿牛仔裤，上酒吧，喝咖啡、可乐，吃麦当劳、肯德基，看好莱坞电影，对自己传统文化却无兴趣，甚至茫然无知。这种现象引起一批文化学者的忧虑。他们发现通过开展茶文化活动，推广茶艺是弘扬民族文化的好形式，陆续办起许多茶艺馆，举行各种形式的茶会，举办茶艺培训班和茶艺大赛，向社会各界特别是青少年群众普及茶文化知识。结果没用几年光景，台北就有好几百家茶艺馆，曾有人调查发现，台北市青年去茶馆的人数已超过去酒吧的人数。

现在国内正处于一个空前的社会变革时代，经济体制的深刻变革，社会结构的深刻变动，思想观念的深刻变化，正是这些促进了茶文化的发展，事实上也是这样。据《茶周刊》报道仅上海的茶叶店铺就有6000多家，茶馆有3000多家。这个数字和改革开放前没法比！和旧时也没法比！中央电视台经济频道报道：据统计，目前全国茶馆、茶坊近10万家，从业人员近百万，年营业额达200亿元。也正如陈文华教授在书中所说，"茶文化在建设民族文化的宏伟事业中也有着很重要的作用。"

可是，在"中国茶文化的社会功能"方面，陈教授却语重心长地特别强调指出：茶文化并非包治百病的万灵药方，要陶冶个人性情，协调人际关系，净化社会空气，有效途径很多，茶文化仅仅是其中一种而已。它不能代替政治思想教育和其他文化艺术。我记得像这样的话在《长江流域茶文化》中也强调过。

但是，在这方面，台湾地区的30年来开展茶文化活动所取得的明显成效最能启发我们。我们可以学习借鉴吸收这些积极成果，推动开展茶文化活动。像前面说的台湾经济起飞后的情况，就有些类似大陆近些年来的情况，我们就可以借鉴；也可以学习借鉴星巴克咖啡办品牌连锁店的经验，咖啡和茶在历史和文化上的性质有近似之处，都是饮料，我们也可以像星巴克咖啡那样办名牌茶连锁店，把茶冲进世界各国人民的杯子里。我们的2008奥运会在即，我们可以借此机会把我国茶文化通过茶产品、茶礼品、茶馆服务等推向世界。

陈教授的《中国茶文化学》有别于在2004年编撰的《长江流域茶文化》。全书很多章节都是以前从未涉及的，像第九章第五节"北方地区茶俗"等，与《长江流域茶文化》相比，《中国茶文化学》这部分内容就更为全面系统，不是简单罗列，条块结合，而是集农学、哲学、历史学、文献学、考古学、民族学、民俗学、文学等文化，融合和吸取各学科研究成果及其诸多文化现象，来展现中国茶文化学。因为《中国茶文化学》还要做教材（也可做工具书），在叙述方法上、写法上不是板起面孔说教，而是文字形象鲜明，逻辑性强，雅俗共赏，比起《长江流域茶文化》，更加提纲挈领，条分缕析，简洁易记。书中各章节无不突出"文化"这条主线，不失大家手笔，读来酣畅淋漓。

《中国茶文化学》被作者视为《长江流域茶文化》的姐妹篇。作者在《长江流域茶文化》中，发扬民族精神，利用近些年农史学、考古学、民俗学以及茶文化界一些专家的研究上的突破，加之自己的见解，"认为茶叶的食用有可能追溯到更为古老的年代，甚至早到考古学上的旧石器时代的早中期。"并在《中国茶文化学》的"中国茶文化简史"中写道"我们祖先食用茶叶的年代就有可能开始于20多万年以前的旧石器时代的早、中期了。"

这无疑是中华民族文化在人类历史上具有特殊意义和重要价值的宝贵财富。要探讨茶文化的起源，得先研究人类到底什么时候开始食用茶叶？不然只有天然茶树，并不能产生茶文化。但是对此也有专家持有异议："现在讲茶文化的历史，出现一种'竟古比早'的倾向，他们'连茶文化是饮茶或由饮茶衍生、发展起来的文化'这一基本道理都不承认，把茶文化起始推前到'旧石器时代早期''旧石器时代中期''茶图腾'等，把人类原始采食的可能推测就定为茶文化。"并对此提出"不能让一些无稽之谈混淆视听，贻笑大方。"陈文华教授在《长江流域茶文化》的第二章"源远流长的茶文化"中曾说过"要探讨茶文化的起源，就得先研究人类到底什么时候开始食用茶叶，这是至今学术界尚未彻底解决的问题。"因此人们不禁要问，人类在食用茶叶过程中所产生的文化现象就不属于茶文化范畴吗？一定是只有到饮茶之后才有茶文化吗？茶图腾、茶神话、茶传说难道就不算茶文化现象吗？那么，滇南少数民族的"腌茶"、基诺族的"凉拌茶"、德昂族的"水茶"、傣族和景颇族及哈尼族的"竹筒茶"以及侗族"打油茶"和"豆茶"、纳西族的"油茶"、羌族的"罐罐茶"以至汉族客家的"擂茶"等古老的"吃"茶而不是"饮"茶的习俗，通通都不属于茶文化范畴吗？这岂不等于宣布"茶俗"不是"茶文化"组成部分，这不更是"贻笑大方"吗？如果承认这些茶俗现象是属于茶文化范畴，那么研究这些茶俗的源头，必然就要远溯原始社会时期的新、旧石器时代，这是历史常识，绝非无稽之谈。我认为在茶文化研究问题上的一些不同见解是正常现象，这正说明很多专家学者已非常认真地进入茶文化研究领地。我读《中国茶文化学》时，把不同见解写出来，想借此说明茶文化研究的方兴未艾。如果用一个外国学者多年前说过的："一切留下来的东西就是文化。"这句话倒不失为一个检验文化的方法，用到茶俗研究方面倒是很合适的。

我们研究茶文化的目的是探讨真理。"但是从事学术研究而抱有一定的实用目的，也同样是可取的。"这是季羡林教授说的，他还说："首先是弘扬中华民族优秀文化，对内能提高人民素质，对外则能使外国了解中国，我们不能抱瑰宝而自秘，我们想提高全世界人民的文化素质，使天下共此凉热。"我也这样想！

（文章原载《农业考古》2007年第4期）

集"古代茶具"大成者之作
——读陈文华教授《中国古代茶具鉴赏》

王学铭

迄今为止还没有哪一位考古学家去刻意地关注到中国古代茶具的历史演变和鉴赏问题，更不会引领我们走向古代茶具历史的深处，让我们抚摸到古代茶具历史的脉搏，把其间意味深远的茶的文明和文化，融会到汉魏晋南北朝的朴拙、唐宋的精美、元青花的异彩、明清的繁复。随着时光的倒流，让我们几乎都回到历史上的长江流域的青山绿水，黄河上下的白雪红梅之间，去涉猎传世和出土的古代茶具，欣赏匠人和艺师们的精湛技艺。

罗列了出土和传世的历代茶具，揭开了朦胧的古代茶具的面纱，让后人能清晰地看到古代茶具的真面目。以农业考古学享誉世界的考古学家、茶文化学家陈文华教授，"考古不忘茶"，在百事缠身，事务纷繁中，编撰了《中国古代茶具鉴赏》，给中国茶文化学的学术领域，又增添了新的篇章。

谁能告诉我，最早古人是如何饮茶的？又是用什么样的器具饮茶的？我要急于知道，因为有人追问过我？我回答的是书本上的看到的一鳞半爪和一知半解的东西，自认为没有说服力。我又曾经问过很多在茶文化上有一定造诣的先生们，很遗憾！他们则是说法不一，且莫衷一是。更重要的是先生们的回答也是缺乏令人信服的东西，都是些人云亦云的说辞，很是经不住推敲。我一直在寻求具有权威性的回答，有了！一册装帧朴实无华，不太厚重的《中国古代茶具鉴赏》给我了答案。

真切的彩色照片映入眼帘，1990年在长江流域的湖州市，东汉晚期墓葬中出土的一件四系青瓷罍，在北方俗称"罐"，通高约35厘米，里外施青绿釉，表面印有几何图案，肩部刻有"茶"字，这是一件不同凡响的茶具，看着例图是件从未见到过的实物照片，太美了！这和《广雅》记载三国时期荆巴间饮茶"捣末置瓷器中，以汤浇覆之"和《茶经》"贮于瓶缶之中，以汤沃焉"的记载，从直觉上就告诉我们是件茶具，这件四系青瓷瓮就是用来"浇""沃"茶的器具，也就是《茶经》上说的"缶"，也可叫"茶缶"。书中说，这是目前已发现的时代最早，用途最明确的古人饮茶的茶具了。

茶具正式登上历史舞台是在什么时候？这也是个很难说清的问题。书中循着历史的足迹，明确地、科学地、系统地把这个问题分门别类地展开，条分缕析地阐明，用大量的实物照片印证："唐代是茶具正式登上历史舞台的时期"。饮茶方式的定型，必然要产生一整套独立使用的茶具。陆羽的《茶经》叙述的是公元八世纪（762—779），唐代宗及唐中期以前的饮茶生活，所记载的唐代煮茶的器具、饮茶的碗。如书中写道："湖南省文物考古研究所曾收藏一件瓷碗，碗底中央书有'茶'字，可见这是真正的茶碗。'茶'字是唐代中期才出现的，在此之前都写作'荼'字，因此这件茶碗的年代应是唐代中期之前，也就是陆羽《茶经》问世之前的产品。说明真正的茶具在陆羽之前就产生了；还有在湖南长沙望城出土的唐代青釉瓷碗，其碗心写有'茶垸'即'茶碗'二字，其时代也在唐

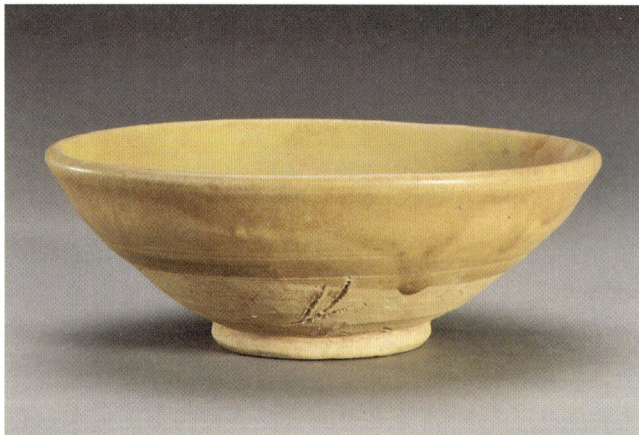

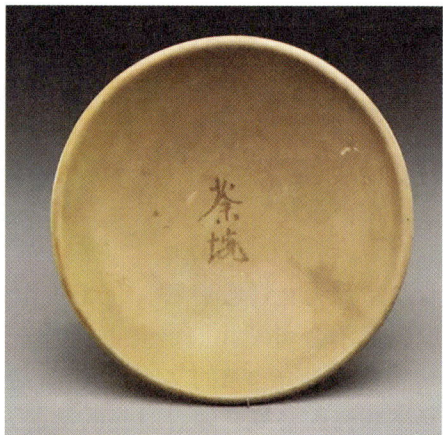

长沙窑青釉褐彩"茶垸"铭碗

中期以前，彩色照片中，可清晰地看到'茶垸'二字，可见早在陆羽之前'茶碗'的名称就已经确定了，其用途就是用来喝茶的。"作者在此有意说明，中国瓷器在唐代已高度发展。

书中特别引起我注意的是，作者就茶具的质地，将"金银茶具"，作为唐代茶具的两大类之一，做专题阐述。作者科学的历史发展观令人叹服！历史上的大唐盛世，经济繁荣，各民族和谐相处；对外经济、文化交流频繁，著名的丝绸之路，将中华文明传四海。金银器制作也发展到鼎盛时期。书中把金银茶具的来龙去脉，讲得很清楚。王公贵族们为了讲究排场，炫耀他们的显赫地位，不但披金戴银，而且还用金银制作日常生活器皿，其中当然少不了煮茶的金银器具。在唐诗中就有"金匙""金鼎""银鼎"的词句。唐代茶书《十六汤品》中记载的："以金银为汤器，惟富贵者具焉。所以策功建汤业，贫贱者不能遂也。汤器之不可舍金银，犹琴之不可舍桐，墨之不可舍胶。"这就是历史上有名的一道"富贵汤"的出处。书中告诉读者至今出土的唐代金银器皿有上千件之多。其中当以陕西省扶风县法门寺宝塔地宫中出土的金银茶具最为珍贵，1987年4月初，在法门寺塔基地宫中出土的数千件珍贵文物。其中有一套宫廷使用的后来供奉佛祖的10件鎏金银茶具为前所未见。其制作之精妙，世所罕见。当然民间也使用的金银茶具，如书中指明的，西安和平门外平康坊出土的7件唐代银质鎏金仰莲形茶盏托盘。其中一件的圈足内有錾文："大中十四年八月造成浑金涂茶托子一枚。金银共重拾两捌钱叁分"。书中有19种出土金银茶具，足以代表和反映出唐代金银茶具的水平。

唐代饮茶方式的定型，饮茶之风的普及，瓷器茶具成为社会上使用最广的茶具，它促进了陶瓷手工业的发展，书中把"瓷器茶具"放在次位论及，我想作者不会认为它不重要。在唐代各地名窑林立，陆羽《茶经》就列举了七大名窑，与其同时还有陕西的黄堡窑、四川的邛窑、浙江的瓯窑、河北的定窑等。作者对一些为人们熟知的东西，不作泛泛而谈。可能是为了突出要作重点阐述的越州窑中的精品"秘色"瓷碗。关于"秘色"窑瓷器的问题，一直困扰到大家至1987年。作者在书中说，"秘色"一词最早见于唐代诗人陆龟蒙的《秘色越器》："九秋风露越窑开，夺得千峰翠色来。好向中宵盛沆瀣，共嵇中散斗遣杯。"据记载五代时吴越国王钱镠命令烧制专供钱氏宫廷所用的瓷器，其配方、釉色、器型、烧制技术都加以保密，产品并入贡中原朝廷，民间不得使用。据传所制瓷器釉色稀见，故称为秘色瓷。但过去一直搞不清秘色瓷的真面目，直到1987年法门寺地宫出土了一批瓷器，根据《衣物帐》碑记载："瓷秘色椀七口，内二口银棱。瓷秘色盘子、迭子，共六枚。"才解开了千年之谜。书中有出土的秘色瓷茶碗彩色照片2幅，碗的胎体匀称，釉色青绿，釉质晶莹，一个内壁纯白，显得端庄秀丽；一个素面无花纹，好似一汪碧绿的湖水，确是碗中精品。

五代越窑秘色瓷莲花碗

唐代鎏金莲瓣银茶托

　　"茶兴于唐而盛于宋"。随着饮茶方式发展和演变，进入到"唐煮宋点"的"宋元茶具"中，点茶法成了宋代主流饮茶方式，这比唐代的煮茶省事些，烧水的器具就不在茶具范围内了。把宋代茶具分为瓷器、金银、漆器三大类，以瓷器茶具为主体，其他茶具居其次。瓷器茶具中又以碗、盏、瓶为主，因为它们是点茶法中最重要的瓷器茶具，在考古发掘中也是出土最多的器物。宋代饮茶风气兴盛，城市茶馆遍布。《东京梦华录》中记载，北宋时汴京城内的闹市和居民聚集之处，各类茶坊鳞次栉比。南宋吴自牧《梦粱录》在"茶肆"一节中："今之茶肆……敲打响盏歌卖，止用瓷盏漆托供卖。""盘盒器皿新洁精巧，以炫耀耳目"茶事兴盛，带动了茶具的发展。宋代成为我国陶瓷史上最为繁荣的时期，南北窑场林立，汝、官、哥、定、钧五大名窑，享誉古今。

　　各瓷窑釉色又各具特色，如有"汝窑为魁"的青釉，官窑的粉青，哥窑开片的金丝铁线纹，定窑的白釉，钧窑的天蓝釉，景德镇的宋影青、元青花釉，建窑、吉州窑的鹧鸪斑桑叶纹的黑釉茶碗等。书中用了91幅彩色照片，非常翔实地将出土和馆藏的茶具做了形象和直观的介绍。并能注意到瓷器茶具的实用，更多是从鉴赏艺术角度，把它们从造型、装饰等审美功能来说明，以各种晶莹润澈的釉色和纹饰，增添品饮时的艺术情趣，适应当时的点茶、斗茶的需要。

　　书中"宋元茶具"中，宋元时期富贵人家使用的金银和铜金属、漆器茶具用1幅彩色照片也作了介绍，这与上面提到的当时茶肆中出现的"敲打响盏歌卖，止用瓷盏漆托供卖。""盘盒器皿新洁精巧，以炫耀耳目"使用的茶具正相吻合。

宋代定窑白釉单柄杯

宋代官窑青釉盏托

作者在元代茶具中，有令人耳目一新的论述，这在一些中国陶瓷专著中很难见到。书中的有关元代青花瓷茶具资料和实物彩色照片极为珍贵，如"景德镇窑青花缠枝菊纹茶托盏"是首都博物馆藏品，出土于北京市旧鼓楼大街元大都遗址；"景德镇窑青花花卉纹茶执壶"壶嘴瘦小，颈细而流长，腹部拍压六等块，绘青花缠枝花卉纹。整体造型典雅秀美，仍具有宋代茶瓶风格；还有"元代景德镇窑青花莲池水禽松竹梅纹茶碗"等共七件。对文物爱好者、瓷器收藏家研究瓷器茶具的断代很有帮助，它提供了难得的参考系。书中"宋元茶具"的彩色照片103幅，占全书彩色照片的近三分之一。真切的实物的彩色照片，解决了茶文化爱好者以往只知茶具其名，却"不识庐山真面目"的缺憾！

进入明代，第一代皇帝朱元璋废除进贡饼茶，不流行点茶，更不再斗茶，人们普遍认为散茶比饼茶更能体现茶的真味，以前用来煮茶的茶镇，还有专门煮水用的"汤瓶"等茶具，已退出历史舞台。明代周高起在《阳羡茗壶系》中说的饮茶"旋瀹旋啜"法，就是茶叶随冲泡随饮用的饮茶方法，将茶叶放到瓷壶中，再用开水冲泡，简便至极。此法六百多年来，一直长盛不衰，直到今天仍在沿用。书中说，瀹茶法使用的茶具最重要的是茶壶（明代已不再称瓶），其次是茶瓯（即现在的盖杯）、茶碗（较小的茶碗也有称为茶盅的），其质地虽有金银、铜锡之类，但主要是陶瓷。

明清的素釉茶具相对较少，占主导地位的是青花和彩绘茶具。书中列举明永乐景德镇的白釉僧帽茶壶，明德化窑白釉双螭把茶壶、扁圆茶壶等，其中明永乐甜白釉三系竹节茶壶，为台北故宫博物院藏品；明洪武景德镇白釉茶壶，为佳士得拍卖行藏品。这几把白釉茶壶藏品，都是平时难以得见的实物照片。还有霁蓝、霁青、茶叶末、甜白、黄釉、宝石红、胭脂红、松古绿等明清两代的壶、碗，属台北故宫博物院和海内外拍卖行藏品。

明清时期景德镇青花瓷茶具声名鹊起，书中说："青花茶具，色泽鲜丽，清新淡雅，器内釉色纯白，正与明清时期，讲究茶色以绿为贵相得益彰，深受茶人欢迎，因而盛行。"列举的茶壶、茶盅，从明洪武至清光绪，彩色照片34幅，明青花在中国陶瓷史上，占有一席之地，书中的青花瓷茶具彩色照片，从中随意拿出一幅来，都可令人叹为观止！如收藏在台北故宫博物院的"清乾隆青花八宝纹茶壶"，是清乾隆三年，乾隆命督陶官唐英，仿明宣德窑，青花八宝四高足茶壶烧造。这是仿造青铜器"盉"（原为温酒、调酒的器具）的形状烧制的青花瓷茶壶。这件器物载《清档》（乾隆记事档）壶身有"八吉祥"纹饰，是佛家常用的象征吉祥的八件宝物，又称"八宝"。这八件宝物是法轮、法螺、宝幢、宝伞、莲花、宝瓶、金鱼、盘长（肠）结。这是乾隆官窑专有，是赏赐给西藏佛教的，制作件数很少。中国曾与哈萨克斯坦联合发行《盉壶与马奶壶》邮票。中方展现的是收藏于西藏自治区拉萨市罗布林卡博物馆的盉壶。邮票的底图是宋代的名画《碾茶图》。

明清两代彩绘茶具，使瓷器茶具的装饰艺术美达到了空前未有的水平。始于明代传统的青花、五彩、斗彩瓷器，当时就已驰名中外。至清代，继承发扬了明代传统青花、五彩、斗彩，并创新了粉彩、珐琅彩及多品种的单色釉霁蓝、霁红、郎红、钧红、胭脂红、青花釉里红等。其中康熙珐琅彩的四件紫砂胎的茶壶，和四件康熙珐琅彩的紫砂胎茶碗，可能是太精美了，陈教授竟然也把它们放在瓷器茶具中，做了专门介绍。彩绘茶具部分：彩色照片茶壶18幅、茶盅2幅。其中不少是平日里很难见到的，如上海博物馆收藏的明万历五彩龙凤纹提梁壶、故宫博物院收藏的清康熙青花釉里红茶壶，明嘉靖斗彩八仙纹茶盅，图中人物吕洞宾、何仙姑的动态飘逸，栩栩如生。作者没选取常见的成化斗彩"鸡缸杯"做"茶盅"例图。

青花缠枝菊纹盏托（首都博物馆藏）

《盉壶和马奶壶》邮票

　　紫砂茶具用的紫砂，是世界上少有的得天独厚的、中国特有的一种陶器原料。兴盛于明中期后，有文献记载的供春制壶开始，历代都有著名的壶艺家，明代的时大彬、惠孟臣，清代的陈鸣远、陈鸿寿、邵大亨、黄玉麟，现代的顾景舟，他们创造出古朴风雅，精美绝伦的紫砂壶，早已蜚声国内外，从出土和传世的作品中已然表明。图例中的引自《中国紫砂》的清道光"炉钧釉执壶"及近代"八卦彩绘大壶"，都是紫砂挂釉制品。前者系"上满釉"，后者是施绘彩釉。很具观赏性。但作者指出：从科学观点分析，画彩釉的原料是铅、玻璃，配制时用硝、砷，为有毒釉料，不宜在茶壶上使用。紫砂壶彩色照片46幅，囊括了从明代至现代的名家作品。

　　《中国古代茶具鉴赏》是笔者至今见到较为全面的、完善的专门论述古代茶具的著作。是对以往出土和传世的历代茶具，到目前为止进行的最为全面的总结。可以从中看到别的地方见不到的东西。既是教材，又可做茶文化研究的工具书。篇幅所限，茶具鉴赏将另作论述。

（文章原载《农业考古》2008年第5期）

中国茶艺馆学奠基之作

——读陈文华教授《中国茶艺馆学》

王学铭

近些年，在中国提起茶馆、茶艺馆来，一般人都会知道，那是休闲娱乐喝茶，说茶品茶，搞茶艺表演、茶文化讲座、学术活动的地方。如今它已遍布全国城市和乡镇。出现这么多的茶馆、茶艺馆，在20世纪50代后期的一段时间里，那是个不可思议的事情！

从1956年的社会主义改造、公私合营运动开始，整风反右、大跃进、人民公社、全民炼钢等一系列的政治运动，使全国各地茶馆日趋衰落，几近灭绝。到了"文化大革命"时期，茶馆被视为是资本主义的阵地，说它是传播小道消息、藏污纳垢的场所，从而被彻底取缔。

在距今三十多年前的很长一段时间，茶馆已是社会被遗忘的角落。人们已经不怎么知道茶馆是怎么一回事？也就是说，生长在这一期间的人们，在大脑的记忆库里，已经没有茶馆这个概念。

如今50后、60后的人们，如果不是老舍先生好像有先见之明，写出的三幕话剧《茶馆》，适时地由北京人民艺术剧院上演，并在全国引起轰动，后又走出国门，影响世界；如果没看过老舍先生写的三幕话剧《茶馆》，和以此改编的曲剧、电视剧，谁会知道"茶馆"是什么样？更不用说茶馆记录的是历史上的清朝末年、民国初年、抗战胜利后的三个历史阶段，生活在当时的三教九流的人们，在茶馆是怎样活动的；编选高中语文教材的先生们，可能没想到，他们节选的老舍先生的《茶馆》中的第二幕，让读过高中的年轻人，知道了中国曾经有过茶馆，知道了茶馆是"三教九流会面之所"，真正认识到了"一个大茶馆就是一个小社会"。老舍先生的三幕《茶馆》，填补了历史上人们对它的失忆，从茶馆五十多年的变迁中看到了无法躲开政治问题的人们，他们在工业文明的冲击下无可救赎的人生。使现在的人们认识了茶馆是什么样，进一步知道了茶馆是古已有之的历史。

中国茶文化史上茶馆的这些不堪回首的历史，直至1978年十一届三中全会改革开放的春风，才使茶馆业开始复苏。进入20世纪80年代，市场经济发展，掀起经商热潮。开茶馆也在这股热潮裹挟下，开在大街社区。茶馆业一片假繁荣，其中不少茶馆盲目开张，开业时间还不如装修的时间长，就关门大吉。一些不是茶馆业的行家里手的人，只是具备了对市场经济的超前意识，就涉足一个新的领域，肯定不能驾驭看似容易做起来的艰难的茶馆业，这些人没有想到，这时的社会经济，还不能承载这样的消费水平。

到了20世纪90年代后期，中国经济持续快速增长，人民收入提高，消费水平不断提升。据官方的财经报道，1998年城镇居民人均可支配收入5425元，农村人均纯收入2160元。人民收入的提高和消费水平的提升带动茶的消费，"上海有87.6%的市民以茶叶为常用饮料，20世纪90年代初期，人均消费茶叶200克，至1999年底已逾700克"[1]。这时的茶叶经济、茶事活动呈现出欣欣向荣的局面。茶馆数量较为集中的上海、北京、广州、杭州、成都等地的茶馆，一直领先于其他大中城市，成都、上海的茶馆早已是数以千计。像深圳的茶馆都已超过千家。

随之茶文化活动兴起。各地各种的茶叶节、茶文化节、茶交易会、茶博览会、国际茶文化研讨会等，开始以茶文化促经贸的交流，既弘扬人文历史，又有科技创新。建立茶文化的科研机构，为深入开展茶文化研究和茶文化活动提供载体，出版有关茶文化的杂志、报刊，如著名的享誉中外的《农业考古·中国茶文化专号》《中国合作时报·茶周刊》等。为普及和提高茶文化知识，提供茶文化的理论指导，导航中国茶业的发展，发挥了至关重要的作用。

在茶文化活动交流活跃，茶文化宣传普及的形势下，1982年开始筹建，1985年在杭州的"茶人之家"开张。其后，1990年的"福建茶艺馆"、1991年的上海"宋园茶艺馆"，1994年北京"五福茶艺馆"相继开业。1997年，上海、北京、广州、杭州、厦门等大城市茶艺馆相继出现。1998年后，茶艺馆在全国大中城市蔓延开来，形成茶馆业的主流。进入新世纪，茶艺馆已成为一门新兴产业。

一改几千年的叫法，不叫"茶馆"，叫"茶艺馆"！一看就与茶馆不同。从字面上看"茶艺"，喝茶要讲艺术，比叫茶馆好像高雅得多了。翻看《中国茶叶大辞典》对茶艺的解释，意为泡茶和饮茶的技艺。好像是台湾在1977年，社会上创造的一个新名词。1977年，台湾民俗学会理事长娄子匡教授为主的一批茶文化爱好者，倡议恢复品茗的民俗，大家经过讨论，为容易让普通大众接受，将传统的品茗艺术，以"茶艺"命名。不久，台北市仁爱路管寿龄女士又挂出了以"茶艺馆"命名的艺术品画廊，可能是一种巧合。它不同于一般艺廊，可边品茶，边欣赏艺术品。在这个茶艺馆里喝茶，能让你感受到，品茗是文化艺术。它供应茶水的同时，还兼营国画、陶瓷等艺术品，管女士给她的店起了一个好名字——茶艺馆。"茶艺"一词，应运而生。不过，管寿龄女士"茶艺馆"的"茶艺"是指喝茶的"茶"，欣赏艺术品的"艺"。不是我们现在说的"品茗艺术"。

注意：中国大陆的茶艺馆不同于台湾的这个茶艺馆。像1982年开始筹建，1985年在杭州落成的"茶人之家"，它比茶馆精致而又富有文化品位。开张伊始，就以"以茶会友，弘扬茶道，团结广大爱茶人，推动茶文化事业健康发展，繁荣茶业经济。"[2]为宗旨，经营理念和活动，很明显是个典型的茶艺馆，经营者具有自觉主动的茶文化意识，并向人们传授、传播茶文化、茶叶知识和品茶技艺。但是，它不以茶艺馆命名。中国第一家以茶艺馆命名的是1990年开张的"福建茶艺馆"。中国第二家茶艺馆是1991年上海的"宋园茶艺馆"。其后是1992年的江西南昌市的"江西茶艺馆""神农茶艺馆"。

这几家之所以敢于做"第一个吃螃蟹的人"，可能是因为他们地处产茶区，有着深厚的历史文化背景。"福建茶艺馆"是由福建省博物馆创办的，茶艺馆就设在博物馆的大厅里，装修典雅考究，处处突显茶文化的氛围，馆内竖立着北宋太守、茶学专家蔡襄的塑像和他撰写的《茶录》全文，刻在磨光的大青石的碑石上。陈列有关茶文化的文物和图片，展出自宋代以来的名瓷茶具等，俨然把它作为茶文化产业来办。"宋园茶艺馆"创办者是上海闸北史料馆的馆长周宝山和馆内的两位爱好茶艺的研究人员。坐落在闸北公园内，是上海市第一家茶艺馆。有一个可容纳3000多人装潢精致的大厅。经过三次扩建，已拥有

20多处茶文化特色景观。举办名茶品茗、茶道表演、茶文化知识讲座、茶具展览、凿石雕壶陈列等。融茶文化、茶经济、茶科研于一体，以中低收费标准进行高档次服务。"江西茶艺馆"也是一位文化人、茶文化爱好者、江西画报社编辑、后来的副社长陈晓璠先生主办的；"神农茶艺馆"是江西省中国茶文化研究中心专业人员主办的，打出"从西方情调走进东方境界"的标语。这几家是中国较早出现的茶艺馆，其背景都是热爱茶文化的文化人，他们有明显的志向，就是要弘扬中国茶文化。

这里要说明的是，最早打出"从西方情调走进东方境界"创意的是，1981年台湾台北市的紫藤庐茶艺馆馆主周渝先生提出"从咖啡厅到茶艺馆，从西方情调走进东方境界"的广告词，号召社会大众走向茶艺馆。周先生干的是茶艺馆，确有"先天下之忧而忧，后天下之乐而乐"的胸怀，眼前看到的是当今世界外来"文明"挑战。我认为这个提法无论是内涵还是外延，都很科学，作为中华民族的子孙、中国茶人，都可以遵循。

到1982年台湾有十几家茶艺馆相继开业，随后几年间茶艺馆如雨后春笋般涌现，至1987年台湾的茶艺馆就达到了500多家，到1991年增加到2000家，目前已高达近3000家。中国茶艺馆自20世纪70年代中期在海峡两岸兴起至今，茶艺馆这个新兴产业，遍布全国各地，并已普及到东南亚、韩国、日本、欧美等地，已成为当代茶馆业主流，目前仅大陆就有十几万家的茶艺馆，已经成为一门新型的产业，从业人员超过百万，有一支产业大军——茶艺师队伍，中国国家劳动和社会保障部为此制定了《茶艺师国家职业标准》。

茶艺馆业，经过三十多年的发展，对有关茶艺馆的历史、性质、功能、文化特色、发展方向、经营管理等必须进行研究和总结。而此前的一些全国性的茶文化研究团体成立专门研究机构，中国国际茶文化研究会下设的"茶馆专业委员会"，每年都举办全国茶馆馆主座谈会，对茶艺馆专业进行经验交流和学术研讨；中国茶叶流通协会设有"茶道专业委员会"和有关单位联合举办了几届（至今还在主办）全国百家优秀茶馆评比活动，对茶馆、茶艺馆进行研究探讨；许多专家、学者撰写了大量探讨茶艺馆的学术论文，出版茶艺馆专业的学术研究专著。同时，茶艺馆业受到各级政府部门和各级领导的重视和支持，使之健康地在全国蓬勃发展。

茶艺馆是中国改革开放市场经济发展的产物，经过三十多年来为弘扬中国茶文化的茶艺馆人的努力，充分认识到茶文化这个软实力，是社会文化多元化发展的成就，怎样才能更进一步符合时代发展潮流。必须进行必要的审视、总结经验，提高认知水平。在中国茶文化的知识领域，作为一门新兴的分支学科——中国茶艺馆学，已逐渐形成，走向成熟。

世界著名农业考古学家，国际茶文化专家，《农业考古》杂志主编，原全国政协委员、江西省社会科学院副院长陈文华教授，一直关注着中国茶艺馆业的发展，在南昌女子职业学校中国茶艺大专班讲授"中国茶文化学"课程时，考虑到学生们毕业分配，大多都会到各地茶艺馆就业，觉得非常有必要增设"茶艺馆学"的专业课程，学生们就可以在走向工作岗位前，具备一定的理论基础。陈教授多年来，在教学的同时，一直参与该校的教学实习基地"白鹭原茶艺馆"的策划和筹办，在实践过程中，对茶艺馆的性质、功能、定位、经营、茶艺表演等方面工作深有体会。多年来，积累了对茶艺馆业的认识，有了一定感悟，觉得是应该动手编写中国茶艺馆学教材，来满足学校和社会要求的时候了，于是在教学讲义的基础上，用了整一年的时间完成了《中国茶艺馆学》。

茶艺馆是中国改革开放，茶文化复兴的标识之一。《中国茶艺馆学》是以科学发展观为指导思想，结合当前茶艺馆大发展的现实，对从茶馆到茶艺馆，从历史到现实，条分缕析地进行阐述，说明茶艺馆的发展是顺应了历史发展的潮流，并为未来发展指明方向。

茶艺馆是改革开放以来的新生事物，它与传统的老茶馆是有区别的，它的最大区别在于：从前的茶馆"总体上说，茶馆更像一个民间沙龙。人们到这里来，从他人身上获取信息，了解行情，互通有无。茶客因此而来去匆匆。""茶艺馆却是趋于安静的，现代人到此，除了彼此商讨事务之外，很重要的就是休闲。""进入茶艺馆的人们是以个人为中心的，小团体为中心的，要解决的是个人的问题，说当今茶艺馆是人生的停靠站也未必不可以"[3]。《中国茶艺馆学》用理论把茶艺馆概括为：茶艺馆经营者具有自觉、主动的文化意识，把向群众传授品茶技艺和传播茶文化知识作为日常工作之一，除了进行茶汤、茶叶、茶具和茶点等商业经营之外，还经常举办茶艺讲座、开展茶文化活动，用高雅的文化熏陶感染群众，在取得经济效益的同时，更看重社会效益。可以说，茶艺馆是茶文化事业的前哨阵地。它每天都在吸收、运用专家学者研究茶文化的成果，将之普及到群众中去，对中华茶文化事业的繁荣起着很大的积极作用。这些是传统茶馆所无可比拟的。

《中国茶艺馆学》使茶艺馆功能、建设、经营管理科学化。茶艺馆走到今天，不是"平地抠饼"，而是有着历史渊源的，茶艺最早萌芽于晋代，西晋诗人张载在《登成都白菟楼》的诗中写道"芳茶冠六清，溢味播九区"。茶叶的芳香赛过各种饮品，它的滋味播撒到九州大地。喝茶已然具有审美的意味。茶艺到了唐代已成为一门表演艺术。唐代封演的《封氏闻见记》卷六记载："御史大夫李季卿宣慰江南，至临淮县馆，或言伯熊善茶者，李公请为之。伯熊著黄衫、戴乌纱帽，手持茶器，口通茶名，区分指点，左右刮目。茶熟，李公为歠两杯而止。"伯熊在为客人进行表演时，已经有了一定的服饰、程式、讲解，具有一定的观赏性，成为一项艺术表演。

两晋南北朝饮茶之风开始流行社会，市面上出现卖茶水的摊贩，喝茶有了商业性质。至近代的街头巷口的茶摊，"前门情思大碗茶"——老舍茶馆门前的二分钱的大碗茶，贩夫走卒可以驻足喝茶歇息。商业性的专用饮茶场所——茶馆，虽然都有商业性质，它们的功能却都与茶艺馆不一样。茶艺馆是传播茶文化的、具有较高消费水平的、有较高文化内涵的、讲究冲泡和品饮技艺的、能够欣赏到茶艺的、比较纯粹的品茗的地方，在优雅的氛围中得到一种精神享受。这是茶艺馆的基本功能，也是与茶馆不能混淆的。"茶艺馆除了茶要好之外，茶食要多，装修要好，要隽永耐看，一只茶杯、一只碗、一道茶食、一张桌，都要精心选择。茶艺馆的总体环境要有艺术上的独具匠心，茶艺茶艺，既要有茶又要有艺，那是缺一不可的"[3]。现代的茶艺馆装修精致，清静典雅，艺术氛围浓郁，设有不同规格与档次的包厢、雅座和大厅的普通座位，可适应各种身份客人的不同需要。

出入茶艺馆的消费者大部分是文化界、学术界、商界人士，他们除了交朋会友，记者、作家喜欢在此品茗，讨论作品；出版社的编辑和作者商谈书稿的选题和写作问题；企业家进行商务洽谈、签订合同，有时还会进行一些促销活动；青年男女与情侣约会或择偶相亲等，茶艺馆是开展社交活动的理想场所[4]。

茶艺馆是自然的信息交流场所。良好的服务设施，优秀的、素质高雅的服务人员，大厅内可做新闻发布会的会场；每年春季可举办各种茶会，品尝新上市的绿茶；秋天举办乌龙茶会；介绍新茶上市，传授品饮技艺。提供可上网的电脑使用等。举办各种展览，展示每年新上市的各地名优特茶；传播、传授品饮技艺，用各种茶艺表演，介绍、推广富有艺术情趣的饮茶方式，以其操作的方便、美感，使茶艺生活化等。

茶艺馆肩负着中国文化的传播，"茶的传播实际上就是中国文化的传播"[2]东方文化意蕴是茶艺馆发展的重中之重。茶艺馆服务于海内外茶界人士，是树立国家形象，促进国际文化交流的平台。茶艺馆服务专业、规范，服务人员大多是持有国家劳动和社会保障部颁发的"茶艺师资格证书"上岗的大中专学历的人员。优秀品质高雅举止，使整个茶艺馆洋溢着当代中国的繁荣富强，兴旺发达的景象。

《中国茶艺馆学》所描绘的茶艺馆，遍及全国。如有着"竹雨松风白鹭影，茶烟琴韵读书声"诗意的江西南昌白鹭原茶艺馆，面积有400多平方米，坐落于美丽的赣江边，馆内流水潺潺，花木扶疏。与中国民俗摄影学会副会长宫正先生的白鹭摄影作品相映成趣。四个单间茶座：以唐诗宋词中的诗意，"不要向人夸洁白，也知长有羡鱼心""见欲扁舟摇荡去，倩君先做水云媒""白鹭拳一足，月明秋水寒""毛衣新成雪不敌，众禽喧呼独凝寂"。取"羡鱼心""水云媒""秋水寒""雪不敌"，分别命名。在四室中可瀹茗对弈，操琴听曲，吟风咏月，泼墨挥毫。"白云翠竹到仙家，鹭鸶水畔觅鱼虾。原雨半晴回春暖，轻雷初过得香芽"。在茶艺馆内重现大自然之美，可以看到茶文化回归自然的真淳的生态，这里只供"品茗赏艺"。

这里又是中国最大的茶艺人才培训教育中心，是南昌女子职业学校茶艺教学实习基地，因此白鹭原茶艺馆，具有全国一流的茶艺表演队，大厅设有表演舞台，每天晚上8点半至9点半，免费给客人表演3~4个茶艺节目。近十年来她们编创了二十几套茶艺表演节目，具备历史系列、民族系列、地方风情系列和宗教系列等茶艺表演，多次在全国茶艺表演大赛中获奖，多次为国内外许多国家元首贵宾表演，并多次获邀出访港、澳、台地区和法、日、韩、芬兰、俄罗斯等国家表演，仅法国就出访三次，获得很大成功，为在欧洲弘扬中国茶艺作出了贡献，堪称是中国茶艺复兴时期的闯将。以宣传茶文化，弘扬茶文化的社会责任为己任，推出"每日有茶艺表演，每周有茶艺讲座，每月有主题活动"和"名人有约——大众文化讲堂"活动，天津的书画家陈云君先生，就曾应邀主讲过。白鹭原茶艺馆已形成规模经营。茶艺馆要专业化，必须规范化。南昌白鹭原茶艺馆如今已成为南昌市的一张名片，它的"品茗赏艺"的经营模式，是茶艺馆经营的典型。各地茶艺馆纷纷前来观摩学习，她们编创的茶艺节目已经引进到南北各地茶艺馆。2008年，重庆市将白鹭原茶艺馆的"品茗赏艺"的经营模式整体引进到重庆，用与"白鹭原茶艺馆"的同样名称，在重庆市开张营业，创造了当日开张，当日盈利的奇迹。从而足以说明"品茗赏艺"的经营模式是茶艺馆界的行之有效的成功模式。

白鹭原茶艺馆、上海的宋园茶艺馆、北京的五福茶艺馆等，"是以当代茶文化复兴的闯将和产物的双重身份出现在历史舞台上，它的出现是在一批以复兴中华传统文化为己任的文化精英们积极参与下所催生的。因此从一开始它就与中国茶文化复兴热潮结合在一起，肩负弘扬中华茶文化的历史使命，从而烙下鲜明的文化印记"[4]。

陈文华教授在《中国茶艺馆学》中注意到，从茶馆走向茶艺馆的演变过程中出现的问题。当今大中小城市中的喝茶的地方，习惯上都叫茶馆，或叫茶楼、茶府、茶院、会馆、茶坊、茶室、御茶园、茶苑、茶轩、茶文化体验馆、茶斋、茶社、茶屋、茶座、茶舍、茶园、茶宴楼等，装修得都有一定的档次，经营有一定规模。不管它的名称是否叫茶艺馆，是小异大同的茶艺馆。这正是《中国茶艺馆学》凸显科学性的地方。它尊重客观规律，符合实际情况。就笔者所知，如天津的"海雅茶园"从开业的第一天起，就一直按茶艺馆经营。一个总店，下设七个分店，店长和主要从业人员，都持有高级茶艺师资格证书上岗。有官方批准的培训学校。总经理韩国庆是天津国际茶文化研究会副会长、天津茶叶协会副会长、天津海雅职业技术培训学校校长，可是，他却不叫"茶艺馆"叫"茶园"，可能是为了迎合天津这个老城市的社会习惯，便于老百姓接受。旧时天津戏园子不卖门票，只收茶钱。这在梅兰芳《舞台生活四十年》中，梅大师就回忆说，最早的戏馆统称茶园。它是否就是沿袭此说？但是，海雅茶园的实质，确是地地道道的、典型的茶艺馆。

当然像上海著名的"秋萍茶宴馆"，就又在中国的茶文化的品茶文化上，前进了一步——"是可以吃的茶文化"，驰名中外。茶宴"西湖八景"是精美绝伦的独创茶菜。像这样的菜品有一百余款。所以，一位日本作家诚恳地告诉总经理刘秋萍："到这儿我才感悟到，中国的茶道不但存在，而且比我们日本高出一大截。""秋萍茶宴馆"是否是具有当代茶艺馆的"特异"功能的"茶宴馆"呢？我怎能妄加议论！其实在茶人圈子中，都知道馆主刘秋萍女士，早就是一位茶艺专家了，她曾经为改良"海派工夫茶"作出很大的贡献。她干的是茶宴馆，热衷的还是茶文化，还是中国茶艺，她常在茶宴开始前，亲自为客人展示冲泡名茶技巧，讲解品茶艺术，视前来就餐的客人为茶友，并乐此不疲。茶艺在茶宴中的比重很大，而茶宴中贯穿的更是"可以吃的茶文化"。

茶馆的出现从两晋至今已有近两千年的历史，而茶艺馆不过是三十多年的事。当下传统的茶馆与现代的茶艺馆如何区分？现实存在着，你中有我，我中有你的现象。像著名的"老舍茶馆"成立于1988年，其时在海峡两岸茶艺开始流行，开茶艺馆已是时尚。老舍茶馆不为所动，而是以人民艺术家老舍先生及其名著《茶馆》命名，汇聚茶文化、戏曲文化、饮食文化等优秀民族文化于一体，成为既传统又现代的京味文化的休闲茶馆，其中的清茶馆就有茶艺馆内容和功能。老舍茶馆彰显的个性，是与北京城市日常生活联系在一起的，它有着北方城市的区域性，明显区别于南方的成都茶馆。而老舍茶馆把"旧"茶馆的东西扬弃，由现代社会"新"的东西取代。从中可以看到传统茶馆，可能还要存在相当长的一段时间呢。

《中国茶艺馆学》对茶艺馆三十多年的发展实践，进行分类。这从茶馆的历史中也可看到，茶馆从宋代起就具有多种功能。因其经营各有侧重，茶馆自古以来就形成不同类型。如今的茶艺馆已然超过十万家，各自特色鲜明，无不显现出各自的个性。《中国茶艺馆学》根据不同的分类标准，科学地按规模档次、建筑风格、经营内容划分为三种。

1.按规模、档次划分

规模是指格局、形式或范围，指的是茶艺馆的营业场地大小、座位和营业人员的多少。按此标准分为大中小三种类型。大型的面积在一千平方米以上，可供上百人至数百人同时品茶；中型的面积在三四百至一千平方米之间，可供百人左右品茶；小型的面积一般为一二百平方米或百平方米以下，仅供数十人饮茶而已。

档次就是等级。是根据茶艺馆的建筑规模、装修水平、内外环境、硬件设施、经营特色、服务水平和价格高低等标准，分为高中低档三种类型。高档茶艺馆装修豪华，环境幽雅，文化氛围浓郁，投资较大，价位较高，服务优良，品种齐全，茶食精美，有经过培训的茶艺师为客人泡茶和演示茶艺；中档茶艺馆装修简洁明快，格调素雅，器具设备中等，服务人员素质尚可，但收费较为适中，能够为工薪阶层和一般民众所接受，有一定利润空间，因此生意也还不错，如果经营者茶文化素质较高的话，中档茶艺馆也可办出较高的文化品位，在茶艺馆界是一股相当活跃的生力军；低档茶艺馆因财力有限，经营面积有限，通常在一百平方米以下，设备较为简陋，装修简单，文化氛围较差，服务人员素质和服务水平稍差。有时不得不靠提供棋牌娱乐增加收入，总的来说格调不是很高。但因装修、设备简陋而成本不高，故价格低廉，易被老百姓接受，可以靠微利维持。实际上应该归类到老式茶馆中的茶室、茶舍、野茶馆之类。

以规模大小和档次高低来给茶艺馆进行分类，有时可能并不能反映出茶艺馆的真实面貌和品位的高低，但那是属于经营特点。从按规模、档次来划分茶艺馆的方法上看，还是比较科学，能量化地、尽最大努力地进行量化，并能制定出比较完善合理的标准，实属不易。

2.按外在的建筑风格划分

茶艺馆的建筑样式不同，内部装修的格调也就不同，所呈现出的文化氛围也不同，它反映的是经营者的经营理念和文化追求，所以把它作为一种分类标准。标准大体上分为十类，即：宫廷式、厅堂式、书斋式、庭院式、茶楼式、城厢式、乡土式、日本式、韩国式、西欧式。从茶艺馆的外在风格上看，去茶艺馆的人，可一言以蔽之，或可顾名思义地知道，茶艺馆内的陈设和外在的建筑风格大体上是一致的。如宫廷式的茶艺馆，从外面看，是模仿古代皇宫建筑式样修建，那室内陈设，无疑就会按照宫廷摆设来营造，里面家具大多是硬木桌椅，高悬宫灯，播放古典音乐，为茶客服务的茶艺师身着古典服装，演示仿古茶艺，一般多模仿清代宫廷生活情景。这是目前茶艺馆中最豪华、最讲究的，对经营者要求也比较高，得有较大的经济实力和较高的文化修养。

这种按建筑风格来划分茶艺馆类型的方法，具有一定的局限性。它仅仅是一种外在的形式，同样的一种建筑风格，可以经营不同的内容。所谓"金玉其外，败絮其中"是也！

3.按经营内容划分

按茶艺馆经营的主要项目和服务对象来划分类型，比较准确无误地反映茶艺馆经营特点、文化性质和价值取向，按此标准将茶艺馆分为四大类型：文化型、餐饮型、娱乐型、时尚型。文化型茶艺馆可分为三种：一是纯粹的茶艺馆，只供应清茶和简单茶点，有茶艺师专门为客人泡茶，还有专门的茶艺队为客人表演茶艺节目，或有乐队演奏民族音乐及西洋乐曲。平时还举办茶艺讲座、茶艺培训，举办茶会，开展茶文化活动，宣传普及茶文化知识。除此而外，不提供别的娱乐服务。二是与戏曲、曲艺表演相结合，除了提供茶艺服务外，茶艺馆内设有舞台，定期邀请戏剧（如京剧）或曲艺（如说书、评弹、相声等）演员进行表演。让客人一边品茗，一边欣赏优秀民族文化遗产，得到审美的愉悦，也受到高雅文化的熏陶。三是与绘画、陶瓷艺术或民俗文物相结合，在茶艺馆内悬挂名人字画，陈列陶瓷工艺品、紫砂茶具或民俗文物，经常举办书法、绘画、名家陶瓷、民间文物收藏品展览，邀请书画家现场作画，请紫砂工艺师当场制作紫砂壶，也可兼做书画、紫砂及古玩生意。

其他三种类型的像餐饮型、娱乐型、时尚型茶艺馆。名为茶艺馆，实际上是不具备茶艺服务条件的。像餐饮型的茶艺馆，不是以茶艺服务为主，客人入得馆来，不是为了品茶，而是来吃饭的。娱乐型茶艺馆除了供应茶水设有娱乐设施，如象棋、围棋、扑克、麻将甚至电子游戏机等。时尚型茶艺馆是与社会上的时尚相结合，茶艺服务不是它的重点。如用来自台湾的泡沫红茶；设陶制作坊，让客人制作陶瓷作品；提供上网电脑，网吧式的茶艺馆，重在上网不在品茶。很明显，这已经不是茶艺馆了。这些茶艺馆是中国茶艺馆学不倡导的茶艺馆。

《中国茶艺馆学》中给以肯定的茶艺馆，首先是遵纪守法，有益于社会的事业。提倡的是以茶艺服务为中心的文化型茶艺馆的经营模式，因为它们更符合新时代茶艺馆的要求，能在弘扬中华茶文化的宏伟事业中发挥更大的作用，更能在物质文明和精神文明建设中为构建和谐社会作出积极的贡献。关于茶艺馆的经营，在《中国茶艺馆学》第五章中，做了进一步的专门论述，在具备了各种硬件设施外，又对经营管理制度和方法，从六个方面进行了阐述，即：方向正确、特色鲜明、人员优秀、质量上乘、服务周到、营销策略。

（1）方向正确。茶艺馆经过三十多年的发展，已经成为新时代茶文化的一个载体，是具有自觉意识的文化产业，是"茶文化事业的前哨阵地"，从风雨中走过，如今已循着既有的轨道向前迈进，任何个人意志也不能转移，这是中国茶艺馆业的前进方向，是历史发展的必然。它与老茶馆的以单纯谋利为目的，被动式地满足顾客的自发需要，没有明确的文化追求的茶馆截然不同。茶艺馆已形成鲜明的时代特质，如果方向不明确，就会闹出南辕北辙的笑话。

（2）特色鲜明。要办出特色，就要进行文化定位，要根据茶艺馆的所在地区的客源来确定经营方针。为此书中举出在大学校区、商业繁华地区、历史名城的老城区、酒楼饭店林立地区、平民社区等，按消费水平、消费者的层次进行定位。环境、产品、服务、质量等要有特色，探索出富有创意、特色鲜明的经营模式。

（3）人员优秀。要按茶艺馆类型，设置人员结构。人是第一要素，要有一批优秀员工，才能办好茶艺馆。如属于文化型的茶艺馆，就要有经理、领班、茶艺师、营销人员、财会人员、保管人员、保安人员等。

（4）质量上乘。茶艺馆除了硬件设施高级，服务、茶叶、茶具和茶点也要质量上乘。质量是茶艺馆的生命，质量越好，茶艺馆的生命力就越强。

（5）服务周到。从客人进门到离去的整个过程，茶艺馆内的所有人员都要热情、友好、礼貌、细心、周到地服务。树立客人就是上帝的观念，将客人作为自己的茶友来对待。

（6）营销策略。用现代经营管理的科学观念，阐述茶艺馆的营销策略，结合茶艺馆的现实，指出作为茶艺馆的经营管理者，如何搞好茶艺馆的营销，有六大要素；要了解营销观念的演变历史；科学地制定茶艺馆市场营销策略；要重视茶艺馆内部的促销策略；还要掌握十种常用促销方法。

《中国茶艺馆学》把要经营茶艺馆获得成功的因素，通过实践证明了的经验，细致地、无保留地，展示在读者面前，为在经营者和拟经营者，提供了宝贵的借鉴。

茶艺馆是中国茶文化事业的前哨阵地，是国家文化战略的组成部分，它符合"十二五"规划纲要中提出的"繁荣发展文化事业和文化产业""提高全民族文明素质""传承创新推动文化大发展大繁荣"。《中国茶艺馆学》为中国茶艺馆业的健康发展指明了方向，在其指引下，茶艺馆会越来越多，茶艺馆越多社会越文明，这是我们的期待。

　　陈文华教授曾为大专院校使用的中国茶文化大专班教材，用三年时间于2006年完成了《中国茶文化学》，为中国茶文化大专班的教学解决了燃眉之急，也成为"中国茶文化学"的开山之作。事隔三年，又在百忙之中，撰写了这本《中国茶艺馆学》教材，成为"中国茶文化教程丛书"之一，也是全国高等教育自学考试"中国茶艺专业"的教材之一。在中国茶文化大专教材史上，成了"中国茶艺馆学"的奠基之作。

参考文献

[1] 刘清荣. 中国茶馆的流变与未来走向 [M]. 北京: 中国农业出版社, 2007.

[2] 余悦, 连振娟. 中国茶馆 [M]. 北京: 中国农业出版社, 2002.

[3] 王旭峰. 一杯茶, 容你停息的刹那 [J]. 小品文选刊, 2017 (3): 2.

[4] 陈文华. 中国茶艺馆学 [M]. 南昌: 江西教育出版社, 2010.

[5] 汝信. 世界文明大系·总序 [J]. 博览群书, 2000 (3): 2.

（文章原载《农业考古》2011年第5期）

回忆文章

我心目中的陈文华先生

中国农业科学院茶叶研究所　姚国坤

如果说我是以茶的自然科学研究转而成为茶文化工作者，以茶学的力量滋养茶文化，是中国当代茶文化学工作者的一种类型；那么，陈文华先生是以社会科学领域转而钻研茶文化学的另一类标志性人物，也是敢为人先的一位大学者。

据查，陈文华（1935—2014）是福建厦门人。1958年毕业于厦门大学历史系，曾任江西省社会科学院副院长、全国政协委员、江西省社会科学院学术委员会副主任、江西省中国茶文化研究中心主任、江西省社会科学院重点学科"茶文化学"学科带头人，《农业考古》杂志主编，中国农业历史学会副会长，中国国际茶文化研究会常务理事等职。

我与陈先生相识，始于1989年9月，那是在江西上饶举行的一次茶文化研讨会上，先生对茶文化研究作了深层次的发言，引起了大家的注意和深思。于是我利用会议休息时间，主动与他接近，并表达了我对先生的敬慕之情。而陈先生对我也是早有了解，两人谈的很投机。我说："陈先生，你的发言引经据典，很有哲理！"陈先生哈哈大笑道："兄弟，你不知道，我只是个杂家而已！"

我接着说："你的知识丰富，学养深厚，相貌堂堂，谈吐不凡，准是个大才子！"

谁知陈先生一高兴，就斗胆说起了往事，大意是：他之所以成为杂家，在很大程度上还要感谢有人在1957年时，把他划成了"右派份子"。陈先生还补充说："说来你可能不信，当年学校只因右派人数不够，只好去查漏网右派。漏网右派在哪里呢？就去找漏。最后查我祖宗三代，再查我平日说过的言论，就这样查到我有海外关系，对个别领导有看法、有议论，就这样我被划成漏网'右派'了。"

陈先生大学学的是考古专业，成为右派份子后，大学毕业后就发配江西去挖古墓。白天地里劳动改造，晚上独自在生产队仓库的油灯下孤身反省。为了划清界限，没有一个人敢接近他，只得如饥似渴找书读，只要能找到的书，什么都拿来看，为的是消磨日子，如此便成了一个"杂家"。

这段初次相识的谈话对我的印象很深，后来我对陈先生的认识不断加深，他实在不是自己口中谦虚所说的"杂家"，是一位在农业考古和茶文化研究领域名副其实的大学者，是当代农业考古学科的创始人之一，被日本学界称为"农业考古之父"。同时，也是当代中国茶文化学科的先行者之一，当代第一本《中国茶文化学》就是由陈老执笔编著而成的。

陈文华与姚国坤

此后，我们二人之间的距离愈来愈近，每次聚在一起就有说不尽的话，讨论不完的事。有一天，我见到陈先生的夫人程光茜女士时打趣地问道："你当年嫁给一个右派分子，是有胆识的，这勇气从何而来？"陈夫人也是一位致力于茶文化教育的女学者，她爽朗地笑答："姚先生，当年我家里有好几个是右派分子，只要他为人好，多他一个右派分子又何妨？！"

2001年，受国家劳动和社会保障部委托，由陈文华先生主编，余悦先生主笔，制定了首个"国家茶艺师职业标准"在全国执行；同时主编全国茶艺师职业技能培训教材——《茶艺师》，后由国家劳动和社会保障部批准全国公开发行。我作为专家参与其中，并与上海茶叶学会副会长、秘书长刘启贵先生一同担任教材终审。

还记得2007年上半年，中国国际茶文化研究会与浙江农林大学茶文化学院合作举办"茶文化学科建设研讨会"，我当时代表茶文化研究会出任副院长一职，与院长俞亦武教授、学科带头人王旭烽教授专门共同邀请陈文华、余悦参会，并作专题发言。后来，在茶文化学院筹备演出《中国茶谣》，由茅盾文学奖获得者、茶文化学科带头人王旭烽教授编剧，特别邀请了陈文华先生担任剧中主持人身份的"说书人"一角，我担任茶文化顾问一职。

2007年9月，由茶文化学院王旭烽教授编剧的大型舞台艺术——《中国茶谣》登上联合国世界茶叶大会舞台。茶界特地把我与陈先生请去助阵。先生率先站到茶艺室讲台上，一开口气场十足，光芒万丈，他先把我介绍了一番，说我当年在非洲种茶时，在欢迎会上裸女献舞的传奇经历说了一番，把大家逗得哈哈大笑，气氛一下子活跃起来。进而，陈先生把茶文化艺术呈现的意义和价值讲得又深又透，把台下听众都听傻了！记得那天负责拍照的是学校摄影系的一位同学，会后他高兴地说："拍人物肖像就要拍那位胖胖的教授和那位瘦瘦的教授，拍这种人，每一张的神态都精彩、有神！"这位同学说的微胖型的人就是我，而瘦削型的人就是陈文华，这等说法更促成了我与陈先生的默契同心。其实，我与陈先生二人相遇、相识，直至成为知交，从1989年到2014年陈先生作别共26年，每年至少有一两次因学术研讨会相遇。

我与陈先生最后一次见面是在哈尔滨，那次我们二人应黑龙江省茶艺师协会会长于凌汉的邀请，去哈尔滨出席茶事活动并讲学。2014年5月11日下午1时左右，陈先生携夫人先行从厦门到达哈尔滨机场等候本人。我因在宁波参加东亚茶文化研究中心举办的茶事活动，晚了一小时到达哈尔滨机场，我们几位老友在机场相聚，格外高兴。随后于凌汉会长把我们接到宾馆住下。12日上午，我们参加由黑龙江茶界人士隆重举办的茶文化活动，会上我和陈先生二人都讲了话，还分别接受了黑龙江省和哈尔滨市电视台的采访。下午，我们又参加了黑龙江茶文化爱好者组织的座谈，分别就茶文化的前世、今生和未来作了专题报告。13日上午，在于会长陪同下，参观了哈尔滨的一些文化古迹。下午又与哈尔滨茶馆馆主进行了有关茶馆发展和茶艺呈现的面对面交谈。原定次日应大庆市茶艺师协会会长邀请，14日上午赴大庆考察茶馆业并与馆主座谈，我因15日还要赶去上海参加茶文化博览会。为此，在于会长陪同下，陈先生夫妇先送我去机场，送别后再直接去大庆参加活动。岂料，这竟成永别。15日午后，我刚刚从上海回到杭州家中，手机传来短讯，说陈先生因病经抢救无效于5月14日19：40逝世！"哈城一别成永诀"，我当时脑子"嗡"的一下，一片空白，完全不敢相信，几乎失语。随即，想起马上给哈尔滨的朋友多方通话打听，最后确认是事实。天哪，这难道就是命中注定啊！我当即老泪纵横，哑然失语。

大概在陈先生过世后10天左右，茶文化学院因为专业改革方面的问题，要我去学校参加讨论。会上校领导、院领导、系领导一位一位说下来，都是严谨刻板的常规会议腔调。最后要我发言时，我不加思考，劈头就说："你们知不知道，陈文华先生死了！"也不知出于何等考虑，非要把这个"死"字说出来，实在是伤心至极，情绪失控，说完竟当着大家面哭出声来，使会场瞬间沉默了许久。从此，我再也见不到文华老兄了，可他的音容笑貌，言谈举止，时至今日，依然常常在我心目中浮现。

（文章为本书专稿）

晓起二晤陈文华

烛微

我之与陈文华教授相识，纯属偶然。

今年暮春，我想找个幽静的山村，住下来写点东西，于是来到江西婺源下晓起村。这里景色不错，但店多人杂，住了一夜，不甚理想。

次日清晨，我在村里散步，发现向西有一条颇有年痕的青石小道，依山傍水，伸向远方。便信马由缰，闻花香，听鸟声，行约一千米许，山幽林密处，有亭翼然临于坡道。亭前竖着一块横匾——"中国茶文化第一村"。登亭环望，见数十幢徽派居宅，高墙粉壁，乌瓦飞檐，散落在群山环抱之中。一条清澈见底的溪流穿村而过。有棵粗大的古樟树枝斜权横，龙蟠虬屈，自溪南直抵北岸，形成一大片绿荫。水口溪流湍急，跳珠溅玉。数丛茶树，围着一方草坪，置有石桌石凳。对岸有座古老的茶作坊，一架旧水车在缓缓转动。层层梯田，稻秧才泛青，油菜已结籽，零星菜花在风中摇曳，如点点金豆洒落在碧玉盘上。群峰云雾缭绕，墟里晨炊袅袅，两座小桥卧波，鸭儿在河里嬉戏，狗儿在田埂穿行，鸡儿竟飞上了树梢，鸟声啾啾，满目葱茏，空气清新。

上晓起迷人景色

于是走下亭子，复前行，穿过才露尖尖角的荷花塘，走到一处凉棚。见几位老人，古貌古心，衣着还是20世纪中期的式样，旧而洁净，讲着难懂的土话，神定气闲。我为眼前之景而惊诧，不由叹道："能在此间住，何羡桃花源！"

话音甫落，有人接口："欢迎来此作客。"声音洪亮、雄浑。循声望去，有一老者，乌发童颜，英气逼人，黑色西服，绛红衬衫，着一双白色旅游鞋，不像游人，更非土著，淡褐色的镜片里，一双炯炯有神的大眼睛，清纯，睿智。正犹豫间，老者又开了口："这里是上晓起，有客栈，要不要去看看？"

我随之而行，踏石道，过小桥，穿菜园，入幽径，来到一座旧宅第，但见门楼翘然，红灯高悬，墙上苔痕斑斑，门楣"上晓起茶客栈"六字行书，颇有功力。老者邀我入室，自己一马当先，腿脚敏捷，不输青年。

这是经过装修的木结构二层旧屋，厅堂宽敞，扶梯盘旋。沿梯而上，吱轧有声，楼板也随之微震。十来间客房，简而不陋，木床、布帐、桌几、电视俱全，壁上都挂有书画，雅而不俗。窗外即山，步移景换。

我一下子就喜欢上了。此地农家乐惯例，包吃住。问其价，答道："这里欢迎文人，付酬随意，不付也行。"观其色，一脸真诚，绝非客套。我则按下晓起价格谈定。于是返回，退房，住了下来。

从老者给我的名片才知道，他就是陈文华教授——"上晓起新农村合作社"社长、"华韵茶文化发展有限公司"董事长、江西省社会科学院首席研究员、江西省中国茶文化研究中心主任。真是人到泰山下，尚不知泰山！然而，他竟是那么平实、质朴、随和。

上晓起村不通公路，远离市廛，故保持着完好生态环境。八九十户人家，五六十亩山田，青壮年大多外出打工，留下的都是老人小孩。民风淳朴，道不拾遗，夜不闭户。几百年来，这里曾出过两位进士、四位举人，至今尚存十来所明清官宅，如进士第、荣禄第、

467

大夫第及大小祠堂。这里没有美容室、泡脚屋、棋牌室，只有两家村头小店，卖些烟酒糖果、日用杂品。村中有所初级小学，两位老师，教二三十个学生，给宁静的小山村带来琅琅读书声。

热情好客的陈教授带我参观茶作坊。一座建造于20世纪50年代的水力木质制茶机械，其工艺竟与六七百年前的元代农书记载相同。经陈教授租赁修复后，至今还在生产茶叶，这在全国乃至全世界都是绝无仅有的。

在悠扬的乐器声中，几位靓丽的姑娘在表演茶艺，蓝白方格头巾，土布紧身小袄，青底白花围裙，动作优雅、娴熟。观色、闻香、细啜、慢品，使我第一次领略了高山婺绿的滋味。陈老告诉我，此地绿茶，均生长在海拔八九百米以上的高山，终年云雾缭绕，雨水丰富，衍射充沛，不施化肥，不打农药，无污染，纯天然。其茶多酚含量之高，远胜龙井、碧螺春，被誉为"绿茶味精"。

这里实在太美！我在桥头漫眺，溪畔徘徊，树下吟咏，茶寮品茗，听风，听泉，看云，看山，满目皆绿，满身皆香，连吸入的空气都是那么清甜。但最使我感到不枉此生的，还是在这里结识了陈教授。

住下当日夜晚，我与陈教授坐在面山临水的平台上畅谈。星月皎洁，明河在天，万籁俱寂，只有陈老的讲述如潺潺清泉，流入我的心田。陈老涉猎广泛，且博学强记，诗词赋曲，信口而出，可见其极深的文学功底。共同的爱好，使我们越过年龄、地位的差异，两颗心碰撞在一起。

山区气候多变，适才月白风清，及我与陈老分手回到客栈，却风雨大作，狂霖如倾。或是大风刮断了电线，突然四周俱黑。我已欲睡下，有人敲门，是陈老顶着风雨摸黑送来蜡烛，浑身湿透，却一脸歉意。须知他的住处离此甚远，真想象不出他是如何走过来的。

次日清晨，雨过天晴，窗头鸟雀将我唤醒。推门而出，朝霞给绵延群峰抹上一层红晕，满山的茶林经一夜雨洗益愈郁郁葱葱，送来阵阵清香。赶早的摄影爱好者，挑选着最佳视角，架起长枪短炮，捕捉瞬息万变的美景。有位老农赶一头壮实的水牛从溪南涉水而来，角确确，蹄得得，尾摇摇，一派悠闲。一位旅客将镜头对准它，水牛似通人意，竟停步溪中，摆开了"POSE"。此情此景，岂一个"美"字了得！

忽然，农田里一点红色在绿茵中闪耀。走近发现，竟是陈教授！只见他挽袖卷裤，舒臂伸腰，动作熟练地干着农活，就像一个地道的老农。他随后邀我参观他的工作室兼卧房。原以为教授的府第一定规模可观，岂知一见便大跌眼镜！小小的二层旧屋，一丈见方的客堂，仅放一桌数椅。隔壁灶间成了临时的孵鸡房，百来只鸡雏啾啾喳喳。客堂旁边的卧室兼书房，除了多出两个书架，陈设与我住的大同小异，而且更为简陋。每年有数十万字的皇皇大作就在此完成，顿时令我肃然起敬！

陈教授的日程安排得极为紧凑。我到后的第三天，中央电视台来此拍摄专题片。承蒙错爱，我得以叨陪。在古樟树下，晓溪筏上，茶作坊里，我又欣赏到南昌女子职业学校茶艺队的精湛表演，品尝了道道名茶，领略到中国茶文化的博大精深。陈老大侃茶经，有一句我特别记得清——"爱喝茶的男人不会变坏。"诚哉斯言，自这天起，我将绿茶作为唯一饮品。

结束拍摄，陈教授要带领茶艺队去上海参加"2008年上海豫园首届国际茶文化艺术节"，然后到北京等地讲学、巡演。

分别前夜，我有幸与陈老进行了一次深谈。"成为历史学家，并非我的初衷。"——陈老以此开场，向我讲述身世。

教授出身于福建农村贫寒之家。少年时，其父迫于生计远渡海外打工，最后客死异国。全家靠母亲在街道工厂的微薄工资艰难维生。但教授终生记着父母教诲——"再苦再难也要读书上学。"

他感谢新中国的成立，使自己能顺利读书，直至大学毕业。他自小热爱文学艺术，中学时便有文章见报，还成为《厦门日报》通讯员。他的理想是当个作家、诗人、画家、演员、歌唱家、音乐家，为此他下了很大功夫。那时，天多么蓝，云多么白，水多么清，生活多么美好，前途一片光明。

高中毕业，他报考上海戏剧学院未果，被他并不喜欢的厦门大学历史学系录取。在厦大，他仍醉心文艺，当过校学生会文艺部副部长，校话剧团、合唱团团长，并继续写诗作文，苦练乐器。他像一只雄鹰，翱翔在祖国朗朗天空。他要将自己的青春和热血奉献祖国和人民。他愿当一颗构建社会主义大厦的永不生锈的螺丝钉。

然而，1957年那场突如其来的变故，却把春风得意的陈文华从天上打入地狱。从此，"右派"和"摘帽右派"的重箍压了他整整二十年。谈及此段经历，陈教授没有伤感，没有怨恨，甚至感激上苍。因为劫难变成了他一生受用的财富，造就了他后半生的辉煌。

这二十年，无论是领20余元生活费发配到考古队，长年累月钻荒山野岭，爬数以千计的古墓，还是"扫地出门"，全家下放农村，监督劳动，他不轻生，不消沉。因为他心中有着坚强的精神支柱，始终没有丧失过对未来的希望。"一切以生存为目的，活下来就是胜利。""在不幸中自我安慰，在苦难中寻觅快乐。"（陈老原话）正是在这常人难以想象和忍受的漫长岁月里，使他对中国农村和农民的实际有了深刻的认识与体会，在农业考古领域中取得突破性成就，为日后创立新学科，攀登学术高峰夯实基础。

面对纷至沓来的荣誉，陈老并没有沾沾自喜。他强调，自己并不在意周围对自己的评价，人过七十，不会为几句赞美的话冲昏头脑，反觉受之有愧，压力更大。只有竭尽余生，加倍努力，来报答国家和人民的恩情。

我眼前是一位多么善良、知足、宽宏、谦逊的老人啊！他做每件事没有功利心，而一旦认定目标，就快乐地、享受地、执着地、忘我地去做。襟怀冲淡，荣辱不惊，豁达乐观，感恩图报。当他被打入另册时如此，当他功成名就时如此，当他年老退下时依然如此。

20世纪80年代初，也就是在中央全面推行农村"家庭联产承包制"的前一年半，他认为"中国农业几千年来都是采取个体农户的生产方式。在今后农业现代化进程中，并非各地都适用农业机械和集体大规模的耕作方式，尤其是地形复杂、耕地奇缺的南方，传统个体农户的生产方式和耕作技术，经过一定的革新，仍能发挥积极作用。"要知道当时"抓纲治国""农业学大寨"的口号在神州大地余音未了！在这样的背景下，他能够讲出这样的见解，是多么睿智！

陈老是这么阐述理论，也是这么付诸实践。他在不断寻找自己的学术突破口。

早在1991年，他就敏锐地察觉到茶文化热潮将席卷中国大地，他立刻在其创办的学术杂志《农业考古》上增辟两期《中国茶文化专号》，专门发表茶文化的学术文章，引导茶文化活动朝着健康正确的方向发展。如今,《农业考古·中国茶文化专号》已经出版了30多期,发表了3000多篇学术文章,成为了世界上篇幅最大、最具权威的茶文化杂志。他为茶文化界奉上《长江流域茶文化》《中华茶文化基础知识》《中国茶文化学》《中国古代茶具鉴赏》等多部著作,其中部分作品还被列为大学教材和茶文化界必读的参考书。

2004年,尽管他年已古稀,却毅然决定倾其毕生积蓄,一头扎进江西省婺源县江湾镇上晓起村,并将这个村庄作为他研究和实践社会主义新农村建设的试验田。他租下废弃多年的茶作坊,斥资修复水力捻茶机,承包村里的农田,组织农户成立"上晓起新农村合作社",并致力于将上晓起办成全国第一个茶文化生态村。他还修缮了村里的江氏宗祠,办起了茶客栈。为让偏僻山区的儿童能像城里孩子那样享受学前教育,他又劳心耗资在村里办起"茶文化村双语幼儿园",专门从南昌请来专业的幼儿老师。至此,一位著作等身的大学者走出书斋,投身实业,成为了华韵茶文化发展有限公司董事长。

这几年,他搞水稻直播、稻田养鸭等科学试验,调整生产结构,进行多种农作物的种植。栽花果,辟荷塘,种菊花。昔日荒芜的茶山,如今又焕发勃勃生机。他的努力引来了众多媒体的关注,大大提高了上晓起的知名度,游客日益增多,给村民带来了实实在在的收益。然而,陈教授的追求远不止于此,他希望上晓起春天梨白桃红菜花黄,夏天芙蕖满塘香,荷叶连天碧,三秋稻穗紫菊花白,隆冬群山舞银蛇驰蜡象,玉树琼枝别样艳。他还特别想再凑上几万元,搞个农民文化宫,普及科技文化,丰富村民文化娱乐生活。

有人说陈教授真是个菩萨,也有人说陈教授是个傻瓜。

是啊,陈教授已年逾古稀,早就功成名就,一生辛劳,该含饴弄孙,颐养天年了,但他却无怨无悔地坚持着自己的信念和追求。他仍主编着每期60万字的双月刊《农业考古》,撰写卷帙浩瀚的专著和教材,还要带领他的茶艺队到国内外巡回演出。他工资和稿酬可谓不菲,却两袖清风,自奉极俭。因为,他把一切财力都投入到建设社会主义新农村的事业之中。

平心而论,陈教授不是称职的老板。他办企业只考虑造福村民,从不计较利润。以茶客栈为例,他曾经聘请过几位大学生和城里干部,但都因耐不住清寂而离开。他以己心度人心,有钱的朋友陈教授请他们多付点算是赞助,贫寒者就少付点,甚至手一挥,免了单。除了举办活动或旅游旺季,平时来客稀少。我居住这30几天里,好多日子整座客栈就我一个人。低廉的食宿费还不够付两个职工的工资。至于双语幼儿园,更是铁定赔钱。二十几个孩子,配三四个职工,早晚专车接送,还要供应一餐一点,一年到头要赔上几千元。

陈教授哪里是在办企业,纯粹是在搞慈善!不但倾尽数十年的积蓄,还搭上大儿子的20万元。每年还得拿出自己的退休金和稿酬来发工资和奖金。

从这点上说陈教授傻,似乎不为过。可是陈老却无怨无悔,一如既往,快乐地坚持着,执着地操劳着,积极地憧憬着。

他一脸认真地告诉我,他的合作社亏损在逐年减少,等今年白菊花丰收,乌鸡长大,可望不亏甚至小有盈利。他向我描绘上晓起的蓝图:生态茶将打出品牌,走向国际;自然环境将会进一步美化,旅游业会随着上晓起知名度的提高而大大发展;上晓起村民会更富裕,年轻人会重返家园。这里的青山绿水,蓝天白云,是他永远的世外桃源。

这是一位多么可敬可爱的老人,他有一颗永远天真纯洁的赤子之心。忽然,我明白，为什么陈老这么喜爱黑、白、红三种颜色（他长年穿着的是红上衣、白裤子、黑鞋黑帽）？我想，黑色既代表他一生的苦难，又代表他超人的智慧和学识，白色代表着他心地的纯洁和高尚的品格，而红色正代表着陈老火一般的热情，以及他对国家对人民永不熄灭的炽热的爱！

那次谈话后，我们相约在金秋九月重晤。

届时，我如约再次踏入上晓起，而陈老也专门为我这个名不见经传的自由撰稿人，特地紧缩一天行程从千里之外的厦门匆匆赶回，留给我们的时间仅几个小时。翌日上午，他又得奔别处主持重要学术活动。

上晓起山色依旧，但由于五月底一场大暴雨引发山洪冲毁村口的水坝，上半年栽的白菊花也被洪水冲毁，饲养的乌鸡也因山区蛇、鼠、猫头鹰及气候多变等众多因素影响只剩下了三分之一。今年的亏损又成定局。然而，陈老依然信心百倍：河坝下月就会重建，而且比以前更坚固壮观；菊花今年权当练兵交了学费，明年有了经验可以种得更好，可望有收益。村口鱼塘周围的桃林已成片，黄菊花茂盛，菊园已形成，下月就可吸引游客。明年三月，桃红梨白菜花黄的美景定然使上晓起成为真正的世外桃源，游客必定火爆，收益可以预期。他讲得那么开心，乐观，眼睛里燃烧着圣洁的火焰。我的心火不知不觉间也被他点燃。在拜金主义和实用主义泛滥的今天，陈老的高风亮节，更显难能可贵。

陈老之声如在天籁，我思绪遍飞，浮想联翩。

我仿佛看到那位骑瘦马、披甲胄、持长戈正在与风车大战的唐·吉珂德；看到将火种偷到人间而被捆绑在高加索山上遭鹰鹫叨啄的普罗米修斯；看到周游列国，孜孜矻矻，好学不厌，诲人不倦的孔子；看到峨冠博带，含英咀华，"路漫漫其修远兮，吾将上下而求索"的屈原；看到屡遭打击，矢志不渝，"九死南荒吾不恨，兹将奇绝冠平生"，诗文成就均达顶峰的苏轼……

以天下为己任，追求真理，献身理想，关心民瘼，为民请命，造福社会，振兴民族。数千年来，正是无数像陈文华教授那样的仁人志士，毕其一生的追求和创造，才使灾难深重的中华民族迄今傲然屹立于世界民族之林。他们才是民族的脊梁，国家的精英，知识分子的良心。

至此，我欲说无言，只是衷心祝愿陈文华先生青春永葆，生命长存，事业成功。

最后，套用一句宋代范仲淹的名言，作为本文的结束：婺山苍苍，婺水泱泱，文华之风，山高水长。

（文章原载《农业考古》2008年第5期）

我眼中的茶文化专家陈文华

《吃茶去》杂志总编辑　舒曼

确切地讲，他是一个瘦小的老人，年近八旬，不拄拐杖，却身轻如燕。每当上主席台演讲，常见他一个箭步登台而上，在这样的岁数实在难得一见，这是著名农业考古学家、

茶文化的历史学派

陈文华茶文化研究路径与学术贡献

茶文化专家陈文华的模样。陈文华是我习茶的启蒙老师，也是我的挚友，准确表达，更是老茶友。就是这么一个外表纤瘦而又平常的教授，给茶界许多见过他的人留下了难以忘怀的印象。

我记忆中最清晰的事情，就是 1991 年他在担任江西省社会科学院副院长一职时，把手头钟爱的《农业考古》杂志，专门辟出一年两期的《中国茶文化专号》这一块净地，每期 60 万字，首开中国茶文化学术期刊之先河，影响了全国茶界，这在中国茶文化事业刚刚起步阶段，有这么一本能反映当代茶文化研究成就的刊物实在令茶界欣喜，也令茶界鼓舞。我就是因在这本刊物上受益良多而踏上了弘茶途程。若干年后，他卸任行政职务后，又只身来到婺源上晓起村开始与当地茶农一起种植茶叶，并为带动当地旅游，以婺源茶文化为主轴创办了"中国茶文化第一村"。

当陈文华老师被人戴上了一顶"傻教授"帽子时，他已经在上晓起村因栽种"晓起皇菊"成了甘愿与茶农同甘共苦的人物。当时，无论他种茶抑或种菊，我能感受到他的清苦，一度还认为他是一时冲动，耐不住寂寞而选择了上晓起村。后来的事实是他种"晓起皇菊"造福了一方茶农被央视节目屡访屡播，一时间，"傻教授"种皇菊的故事由此传遍大江南北。也正在他的带领下，婺源茶农种菊大兴，收入倍增，每到深秋，呈现出的却是"婺源一夜秋风来，满地尽带黄金甲"的壮美风光。

通常而言，这般已近八十岁年纪，应该是在家安享晚年的好时候，唯独陈文华选择种茶、种菊，老当益壮，亲力亲为，一边种茶，一边种油菜、还一边种皇菊，追求采菊东篱下自然悠闲中的生活况味。俗话说"种瓜得瓜，种豆得豆"，但在常人眼里，陈文华得到的更多的是一种乐趣。而他把这种乐趣同样也带到茶文化活动中，只有他能想得出把茶文化学术论坛放在清风明月下的茶园里举行，使原本枯燥无味的学术会开得有声有色。从另一层意义上讲，也是让与会专家、学者在亲近山水、亲近自然的同时，感受婺源的无比妙境。

陈文华作为全国著名茶文化专家，常常出现在全国各地茶事讲坛上。我经常聆听他的演讲，但见他谈笑自在，随心所欲，在深入浅出的演讲中，把中国茶文化历史解读得颇为风趣，博得与会者的一致好评。他为人谦逊、随和，从不浮夸、自大，每一次演讲会总会让人得到新的感受。

我与陈文华交往已经有十几年，因茶缘，我们常常意想不到地相见，有时一年能见数面，都是在全国性茶文化论坛或交流会上相遇。但印象最为深刻的，还是在上晓起村的百年古樟树下，参加中国茶文化学科建设研讨会。那时候，他刚刚在筹建中国茶文化第一村，粉墙黛瓦建筑的茶客栈成了我们下榻之地，这既是茶文化第一村的总部，又是闻香下马旅店，也就在这样的一所茶客栈，我们一边自由自在地品尝着"婺源绿茶"，一边任性逍遥地述说着婺源的未来。说到他为何选择在上晓起村建中国茶文化第一村时，从他笑声朗朗中得知，实在恋着这座古老而又原始村落的民风乡情以及舍不得那台以水作为动力旋转的茶叶揉捻机。那一年，我在上晓起的茶客栈里写下了长篇散文《婺源神姿 古树茶韵》，把我所见到最美乡村的这份情感浓缩在自己笔下。至今，回想起月光下"晓溪竹筏烛光品茗"的惬意，也就不难理解陈文华老师的用情之深。每每说起此事，陈文华老师居然还能背出我散文中的最后一段话："到江西不到婺源就等于没到过江西，到婺源不到上晓起就等于没有到过婺源，到上晓起村不在古樟水口围坐谈茶就等于没有到过上晓起。"因为，婺源的山水的确太迷人了。虽然辛劳，但他的淡定、坦荡会感染每一位来访者。这个茶客栈

472

成了"小别浮躁人生"的据点，经常是宾朋满座，有国内知名学者光顾，也有海外著名专家莅临，一些行人时不时能听到从茶客栈里飘出的谈笑风生。

我最早读陈文华老师的书是《中华茶文化基础知识》，这本书一度还成为茶艺师培训专用教材，我所在的河北，当时也采用这本教材进行茶艺人才的培训。后来，又读到陈文华老师在从事茶文化研究和实践中的成果《长江流域茶文化》一书，以及《中国茶文化学》和《中国茶道学》《中国茶艺学》《中国茶艺馆学》等著作，从中收获自不必多言。

陈文华老师留给我太多的记忆。如今，有许多事已经淡忘了，唯有深秋的寒流衬托晓起皇菊迎接霜露时，想起他给上晓起村带来的一村菊香。尤其是当你端起一杯晓起皇菊，领悟了晓起皇菊内在的品性、情趣和风骨时，总能想起陈文华老师与菊花的因缘。我想，在现实中的红尘里，能超然于物质之上，保持一种秋菊般的优雅、淡定，充实自己的精神世界，陈文华如是也。

（文章原载《农业考古》2013年第2期）

一生功业创新学　几盏清茶著华章

——怀念陈文华先生

江西省社会科学院原党组书记　姜玮

北京出差途中，惊闻噩耗，哀思如潮。昨天我赶到厦门，代表姚亚平、熊盛文、朱虹等省领导，代表江西省社会科学院党组对家属进行了慰问，对陈文华先生的逝世表示沉痛哀悼。今天，我们汇集于此，共同追思陈文华先生，再次表达对先生的深切怀念和崇高敬意！

陈文华先生曾任我院副院长、首席研究员，是我国农业考古学科的拓荒者、全国知名的茶文化专家，被日本考古学界誉为"中国农业考古第一人"。陈文华先生的逝世，不仅是我院的重大损失，更是中国农业考古和茶文化领域的重大损失。

先生虽去，却给我们留下了许多宝贵的精神财富。他作为中国农业考古的拓荒者，对农业考古学科的一系列论著以及他创办的大型学术刊物《农业考古》，还将在学界和国际上继续产生重大影响；他作为中国茶文化研究的领军人物，对中国茶文化历史资源进行了深入挖掘，为我们留下了世界上篇幅最大、学术性最强、最具权威性的茶文化刊物；他作为我院首席研究员、学科带头人，为我院培养了一批中国农业文明史、茶文化研究人才；他作为"文化兴农"的倡导者和实践者，在婺源县上晓起村建立起"中国茶文化第一村"，引领当地农民脱贫致富；他作为中国茶文化复兴的积极推动者，创办茶艺学校，培养桃李三千，有力地促进了茶业复兴进程。

先生精神，坚韧不拔！先生青年时期，遭受许多不公平的待遇，但他总是默默学习、刻苦钻研、积累知识、增长才华。以致当改革的春风拂满神州，他却一鸣惊人地创办了"中国古代农业科技成就展览"和大型学术期刊《农业考古》，成为一株香飘四方的兰草。而后三十余年，先生在国际学术会议上发表一系列研究论文，在一线参加农业考古发掘工作，在国内外主持一系列农业考古国际学术会议，出版十多部农业考古专著，奠定了农业考古这门新兴学科，获得了学术界的广泛认同与高度赞誉，成长为一棵坚韧不拔的苍松。

先生品格，可敬可佩！先生感动我们的地方，还在于他对事业的热情、执着与投入。《农业考古》杂志在很长时间内，都是他一人担当策划、组稿、编辑、校对，事无巨细，亲力亲为，不舍昼夜。然而，他不仅仅是坐在象牙塔中的学者，还是一个在田间地头得到广大农民朋友认可的学者，他是一个在老樟树下用平实的语言吸引打着赤脚、放下锄头倾听的农民的专家，是在茶树下与广大茶农促膝谈心的学者。然而，当别人生活由温饱而小康时，他却致力于社会主义新农村建设，自费对婺源县上晓起村进行开发，带领当地农民走共同致富的道路。

先生性情，质朴率真！先生退休后，年过古稀仍坚持农业考古研究和茶文化研究推广工作，是茶界知名的"青春茶人"。他有时遨游书海，奋笔疾书，有时跋涉田野，健步如飞，有时西装革履，神采奕奕活跃于学术会议，有时灰头土面，浑身泥浆出没于荒郊古墓，跟随他的却永远是那辆二八自行车。我也经常在单位看到他瘦高俊朗的身形和矫健的脚步，和他一起畅谈研究心得和茶事活动。先生知识渊博、幽默风趣、充满活力，他敏锐的思维和超凡的智慧常常给我深刻的启迪，每每令人豁然开朗，却又如沐春风，此时此刻，犹在耳畔心头。

先生风范，永垂青史！记得在2007年1月，我院曾举行纪念陈文华先生创立农业考古学科30周年座谈会，时任江西省人民政府副省长孙刚同志出席会议，代表省政府对先生在农业考古方面所作出的贡献表示敬意和感谢，并为他颁发"创立农业考古学科30周年荣誉奖"。孙刚同志当时用"可敬可佩、可学可鉴"八个字概括了先生的卓越成就。今天，先生虽与世长辞，但他严谨治学的作风，创新求实的精神和无私奉献的风范永远活在我们心中。

上晓起春色烂漫，油菜花香，烟雨迷蒙，仿佛水墨长卷；上晓起月光如水，古道幽深，树影婆娑，留有唐宋遗风；上晓起清溪环绕，水车悠悠转动，茶香四溢，采茶制茶繁忙；上晓起秋色人家，皇菊漫天，音香浮动，村民小康可期。这一切永远都留有先生的身影。

一生功业创新学，几盏清茶著华章。这就是先生一生的真实写照，先生总是活在我们的心中。

（文章原载《农业考古》2014年第3期）

知行合一的精彩人生

——悼念陈文华先生

江西广电传媒集团有限责任公司原党委书记　梁勇

2014年5月14日晚，从遥远的黑龙江传来了噩耗，尊敬的陈文华先生在出差途中，因病医治无效溘然长逝，永远离开了我们。

陈文华先生是国际著名农业考古专家和茶文化专家，第八届、九届全国政协委员，曾担任江西省社会科学院副院长、《农业考古》主编、首席研究员，他的逝世，是我院的重大损失！

陈文华先生半生坎坷，大学时代就被错划为"右派"，"文革"中又被打成"反动学术权威"遭批斗并被下放农村，接受改造，在这种艰苦的境遇下，先生没有灰心气馁，这一段艰苦的农村生活，使他对中国农村有了更多的了解和认识，而当科学的春天到来时，他结合过去的考古学工作，开始了中国古代农业文明史的研究。1978年10月开始，陈文华先生主持筹备的"中国古代农业科技成就展览"正式展出，立即引起省内外的强烈反响，他先后6次进京为全国农业领导干部研究班主讲"中国农业科技发展史"课程，并应邀到20多个省市的160多个单位讲学近300场次。1981年，陈文华先生创办大型学术期刊《农业考古》，并先后完成了一批农业考古学论著，为中国农业考古学这一新兴学科的建立作出了开创性的贡献，被国内外学术界公认为中国农业考古学的创立者。

20世纪90年代初开始，先生醉心于对中国茶文化的研究，他创办《农业考古·中国茶文化专号》，将大批中华茶人和有志于此的学者们团结在一起，打造出了我国茶文化学界篇幅最大、学术性最强、最具权威性的核心期刊。

先生治学严谨，著作等身，为我国农业考古和茶文化学术界奉献了一大批精品力作，其中《中国古代农业科技史图谱》《中国古代农业文明史》等以丰富的史料、独到的研究视角，对中国上万年的农业文明史进行了系统总结，得到了国内外学术界的高度评价；并以《长江流域茶文化》等一批厚重之作奠定了其在茶文化研究领域的翘楚地位。

先生奉行"知行合一"，他退居二线后，并没有退回书斋里做案头学问或就此颐养天年，而是利用自己平生所学，为新农村建设出力。2004年不顾家人反对拿出自己的积蓄在婺源上晓起村建起了"中国茶文化第一村"，带领村民走产业致富的道路，十年过去，那里发生了巨大的变化，"晓起皇菊"也成了婺源的一张响当当的名片，富裕起来的村民们亲切地称陈文华先生为"傻教授"。

一位学者，一个学科，一本刊物，一座村庄，一项方兴未艾的事业。陈文华先生80年的人生，是精彩的人生，他的学术建树，他的治学态度，他的精神风范将永远引领着我们在打造社科院核心竞争力的进程中攻坚克难，不断前进。

陈文华先生，一路走好！

（文章原载《农业考古》2014年第3期）

忆陈文华

江西省科学技术厅原厅长　李国强

据我的观察，在被打成"右派"的人群中，大致有三种情况：一种是劫难之后轻生，这当然是极少数；一种是一蹶不振，从此泯然众人矣；还有一种是在逆境中奋起，依旧作出了不凡的业绩。陈文华就属于这种人。这也是我一直尊重他、如今怀念他的缘故。

茶文化的历史学派

陈文华茶文化研究路径与学术贡献

知道文华，是在20世纪70年代末。那时，他在江西省博物馆搞考古工作，1978年办了"中国古代农业科技成就展览"，并在南昌、北京等20多个城市巡回展出。当时"文革"刚结束，文化领域尚处在荒漠状态，这个展览十分抢眼，文华也因此声名鹊起。

之后文华作为民进成员、历史学家，先后成为江西省政协和全国政协委员，曾与他同时参加政协会议。一次大会选举趁计票间隙，委员们搞文艺表演，文华来了个唱歌"混搭"。他从人们熟悉的歌曲中挑些风马牛不相及的歌词串成一首歌，唱得忽而激昂，忽而低沉，忽而严肃，忽而浪漫，令人忍俊不禁，赢得满堂喝彩。这就是文华给我的第一印象：睿智、幽默、多才多艺。

文华是在厦门大学历史系读书时被打成"右派"的。他原本喜欢艺术，曾幻想当艺术家、演员或作家，但机缘巧合走上考古之路。几十年的政治压力和田野作业带来郁闷、苦痛、艰辛、坎坷，可想而知。

改革开放，"中国古代农业科技成就展"给文华带来时运转机。时任国家科委和农委的领导武衡、童大林、何康等给予高度评价。何康拨一笔科研经费给文华专款专用。农史专家梁家勉、考古专家刘敦愿说："研究下去，将来可以形成一门农业考古学科。"

"心有灵犀一点通。"文华认为要开创中国农业考古学科，需要集合一支队伍，有发表学术成果的园地，有研究活动的平台。用这一笔钱办一份专业学术刊物，无疑是最佳选择。于是，在有关方面的支持下，1981年6月30日，一份前无古人的《农业考古》杂志就在文华手里诞生了。

作为"中国农业考古学第一人"，文华当仁不让，出任《农业考古》主编。每期300多页、60万字的内容，除自己写稿外，从组稿、审稿、编发、校对、封面设计几乎是一人包揽。而且兢兢业业，乐此不疲。没有节假日，每次到省里或是北京开"两会"他都带稿子参会，利用休息时间看稿。跟他到外地出差的年轻人说，陈院长行李箱中尽是稿子。做研究员时是这样，授予国家级有突出贡献中青年专家后也是这样，当了江西省社科院副院长还是这样。直到75岁时，单位为他配备了专职主编与相关人员，文华才结束"个体户"的编辑生活，改任荣誉主编。

辛勤耕耘，收获了丰硕成果，在文华的精心呵护下，《农业考古》发行量和影响力逐年增大。到2010年发行已遍布国内和24个国家及地区，订阅单位及个人达4300多个。真正的学人是以学术为生命的，文华不断挑战自我，人到暮年壮心不已。20世纪90年代初，中国茶文化研究渐热，文华迅速投身茶文化领域的研究。他不仅撰写、主编茶文化论著，研究茶道、茶艺表演，培养茶技人才，还将《农业考古》原"茶叶"专栏扩大为"中国茶文化专号"，集中发表茶文化研究成果。继农业考古学科之后，又把中国茶文化引向国际舞台，文华也成为享誉中外的茶文化研究专家。

我于1994年调任省社科院院长，与文华共事5年；我调江西省科技厅时，文华也退休了，但他退而不休。我们过去因为不在同一研究领域，虽然同住一个院子内，也很少有接触，倒是近几年我也退休了，我们才又有相聚的机会。

2009年，我与文华到德安县，参加"海峡两岸义门陈"文化交流活动。正是在这次活动中，我才得以详询他在婺源县上晓起种"皇菊"的事。根据他的预告，我收看了CCTV-2节目中关于"傻教授"栽种"皇菊"的报道。那几年文华以农业考古专家的人文情怀和敏感，启筹经费，利用上晓起村优质地理生态环境与保存完好的一台元代制茶揉捻机，带动村民打造"中国茶文化第一村"，一时风生水起，"傻教授""皇菊"家喻户晓。

2010年，我们同车到万年县，参加仙人洞、吊桶环稻作文化标识高层论坛。文华从1961年开始，两次参与万年考古发掘；四次主持农业考古国际学术讨论会，其中第四次会议在万年召开。他说："我与万年打了一辈子交道，有着半个世纪的交情。"1992年中美联合发掘工作队美方队长、美国科学院院士、资深考古学家马尼士博士，就是文华邀请的客人。此公正是在万年会上决定申请参与万年发掘，并获得中方批准，最终获得了巨大成功。文华同样是万年仙人洞发掘的功臣，是中国农业考古走向世界的有力推动者。我在发言中提出，弘扬稻作文化，保护、利用洞穴遗址，可以参照国际惯常做法，建设遗址公园，立几尊雕塑，陈文华与马尼士博士都应该位列其中，此提议获得与会者认同。

这几年，我还与文华应奉新邀请，考察张勋庄园数次，并在文博调研、评审场合相遇。在我们二十多年的交往中，我引为师长，我们肝胆相照，相互尊重，关系融洽。文华凭着自己的学术毅力、研究能力志存高远，勤奋开拓，从考古、农业考古、茶文化研究、办刊、生态开发，一步一个脚印，一个领域，一片辉煌。文华胸怀坦荡，温文尔雅，从不搞小智术、歪门道；做事专心致志，踏踏实实埋头干事，从不多事、不愤青。早几年有期刊滥收版面费的现象，文华主编的《农业考古》依旧分文不取，稿酬照付。"众人皆醉，文华独醒。"这就是纯粹学人的定力与魅力。

平时，文华很少谈及自己的经历，但他的《三十功名尘与土》一文，即在《农业考古》创刊三十周年大会上的讲话，向世人敞开了心扉。他深情回顾办刊36年的经历，感慨万千，说："想当初，在不惑之年偶然间闯入农史界，转眼已超过古稀之年，垂垂老矣。但是人生易老，学术永恒。可喜的是后来居上，人才济济，农史事业后继有人。"可谓肺腑之言，语重心长。

如今文华走了，但他的一批著作，如《论农业考古》《中国古代农业科技图谱》《中国农业技术简史》及茶文化论著还在，他倾注了半生心血的《农业考古》阵地还在后继有人，学术永恒，文华不朽！

文华的去世，实在意外，令人痛惜。清明前夕，他还在婺源主办了茶文化论坛。就在他去东北参加茶文化活动的前几天，我俩还一起从书城前乘4路公交车，我到省政府门口下车，他到广场站取婺源活动照片。快80岁的人了，平时出门，要么骑自行车，要么挤公交车，身体健朗，生理、心理都不显老态，很是令人敬佩、羡慕。

文华是5月14日晚去世的，次日一早我就得到噩耗。随之悼念短信纷至，省文化厅孙家骅说："文华有三大贡献：我国农业考古学科的奠基人，茶文化研究的带头人，新农村文化建设的传承人。"南昌大学黄细嘉撰挽联："一世闲情寄晓起，几杯清茶著文华。"身在井冈山的余伯流说："文华确是一位学养深厚、才华横溢、达观大度、品位高雅的学者，国内著名的考古学者、茶文化大家。惜也，痛也！"

5月17日，我与俞向党参观南昌贤士艺术馆，看到陈世旭所撰一副对联："圣贤居闹市亦在尘外，高士临清波身入境中。"文华就是这样一位"居闹市亦在尘外""临清波身入境中"的高人贤士，一位大智者、真学人。

（文章原载《农业考古》2014年第3期）

身虽驾鹤西去　精神永励后人

——深切缅怀陈文华先生

南京农业大学中华农业文明研究院原院长　王思明

　　5月15日我正带团在英国雷丁大学访问，忽接《农业考古》杂志施由明主编短信，知文华先生14日在大庆出差途中突发疾病去世，噩耗传来，简直难以置信。一个多月前我应邀参加江西省社会科学院与婺源县人民政府联合举办的茶文化与乡村旅游学术研讨会期间，我们还相谈甚欢。在上晓起村他那即将竣工的皇菊加工厂兼宾馆顶楼平台，他还兴致勃勃地跟我谈他的宏伟规划，不想倏忽一个月，竟天人永隔，悲痛之余，不禁令人感叹生命无常。

　　我和文华先生相识于20世纪80年代末。他当时在江西省博物馆工作，为了筹办"中国古代农业科技成就展"，他遍访全国农史研究机构，收集了丰富的农史资料，根据自己的深刻理解，整理策划了"中国古代农业科技成就展"。展览获得了巨大成功，时任国家科委和国家农委负责人都给予高度评价，受国家农业委员会邀请，展览搬至北京展出，产生了广泛的社会影响。陈先生厦大历史系毕业，深知农业对中华文明发展的密切关系，多年参加田野考古发掘的经验，也使他认识到实物考古发掘与历史文献研究结合的重要性，因此，1981年，他克服重重困难创办了《农业考古》杂志，将实物研究与文献研究贯通，对推动中国农史事业的发展作出了重要贡献。我与陈先生的忘年交就缘于这一刊物。当时，陈先生既是《农业考古》杂志主编，也是中国农史学会副会长，非常注意学术新人的培养。我刚刚步入农史研究门径，兴趣虽浓，心得全无。出于大无畏精神，尝试着写了几篇文章请陈先生斧正，先生不弃晚生浅薄，热情来信鼓励，我最早的几篇关于中国农业历史及美国农业发展的论文，就是在先生的关心鼓励下在《农业考古》杂志发表的，这坚定了我终生从事农史研究工作的决心和信心。先生可谓我学术引路人之一。

　　进入农史研究领域后，因工作关系与先生的联系越来越频繁和密切。先生多次来南京农业大学中华农业文明研究院（又名中国农业遗产研究室）访问，国内学术研讨会上也多有机会与先生相见，先生一如既往关心和支持我的工作。我在美国国家历史博物馆和加州大学访学期间，他也关心我的成长，来信鼓励，谆谆教诲。1997年我主持中国农业遗产研究室工作之后，无论科学研究，还是人才培养，先生更是鼎力支持。研究院很多教师和研究生的论文都得到过陈先生指点，通过《农业考古》杂志发表，研究院《中国农史》杂志也与《农业考古》编辑部建立起了密切的合作关系。研究院院庆或举办重要学术会议，陈先生每请必到并发表热情洋溢的讲话，或为学生做引人入胜的学术报告。陈先生主办的学术会议，中华农业文明研究院也必定积极参与。2004年南京农业大学90周年校庆，我受命筹建南京农业大学中华农业文明博物馆，因先生这方面经验丰富，我曾当面请益，先生悉心指导并表示可以将自己收藏的一部分农业考古文物赠送博物馆，令我十分感动。

陈先生不仅是一位农业历史和农业考古的理论家，也是弘扬传统农业文化的实践者。他倡导茶文化研究，并自己投资上百万在江西婺源发展乡村文化事业。陈先生在婺源上晓起村种植晓起皇菊，创办农家客栈，后曾多次邀请我们前往参观体验，支持我们将他的农家客栈和上晓起"中国茶文化第一村"，作为我院旅游管理和文化管理系本科生的教学实习基地。

2011年《农业考古》杂志创办30周年庆典，我应邀前往南昌。晚上陈先生请我们去他位于青山湖边的家中，在阳台上一边观赏青山湖美丽夜景，一边品茗畅谈农史发展大计。庆典过后，先生又专程带我们去婺源上晓起村参观，瞻仰古木，欣赏老屋，品味农家美食。入夜，陈先生特意将一间配有清代雕花木床的客房让我和我夫人居住，据说这床价值十万，先生笑言让我们再体验一回做新郎和新娘的滋味。每次当我翻看在上晓起拍摄的这些照片时，脑海中都会浮现先生的音容笑貌，乐观、开朗、健谈、幽默栩栩如生，恍若眼前。

陈先生的一生是贡献卓著的一生，也是丰富多彩的一生。关于先生的业绩和贡献，其任职的江西省社会科学院自会作全面评价，从一个农史晚辈和学生的视角来看，陈先生在中国农史事业的发展过程中在四个方面作出了突出的贡献：一是改变了农史研究以往只关注历史文献的传统，田野考古与文献研究结合，开创了农业考古学；二是拓展了中国茶文化研究领域，丰富了茶文化研究的内容；三是创办《农业考古》杂志、《农业考古·中国茶文化专号》及茶文化学校，为中国农业历史研究及茶文化产业培育了大批人才；四是理论联系实际，身体力行，积极倡导保护农业文化遗产，发展农村文化产业造福一方农民。

先生为学，著述等身，创获多有新意；先生行事，认真勤勉，贵在持之以恒；先生为人，亲和宽厚，实为道德模范。先生身虽远去，但他开创的事业仍然后继有人，他不断进取的精神将永远激励后学不断前进。

陈文华先生千古！

（文章原载《农业考古》2014年第3期）

深切怀念陈文华先生

中国农业博物馆 徐旺生

诗曰：不尽哀思滚滚来，学坛痛失拓荒才。品茗此日推皇菊，考古专农贯若雷。

2014年5月14日是中国农业考古学界悲伤的日子，著名的农业历史与考古学家、茶文化专家陈文华教授在大庆出差途中因病逝世。5月15日，当我的同事告诉我陈文华先生不幸离世后，我都不敢相信这是真的，于是马上电话联系《农业考古》新任主编施由明先生，询问消息是否可靠。施先生告诉我："昨日19：40，陈文华先生在大庆因病去世，今天上午已火化。他儿子明天将骨灰带回厦门，过几天海葬。"已成事实，我为这位撒手西归道山的长者感到痛心。真想不到，去年两次与他在一起开会，不想精神依然如二十年前一样矍铄的他就此与我们永别了，太突然了，再也听不到他的爽朗声音了。据说是生前遗言，死后要将骨灰抛向大海。活着勤奋，死而干脆，令人佩服。他是在出差途中离世的，正应了他在去年张仲葛先生百年纪念会的发言中所说的"生命不止，奋斗不已"，一语成谶，呜乎！陈文华先生79岁的生涯中，学术是他的生命，毕竟我与他存在年龄上的差别，与他的交往并不多，但是在有限的交流中，我感受到了他至少以下几个可贵的品质，其一是提携后学；其二是尊敬师长；其三是勤奋治学；其四是知行合一；其五是光明磊落。

一、提携后学

我从事农史研究的工作，固然与我的导师张仲葛先生有关，但是也与陈文华先生主编的《农业考古》有着不解之缘。吾生也愚钝，于学术研究并不聪慧，第一篇论文于毕业7年后的1993年发表于《农业考古》。此后，有十多篇文章蒙他不弃，陆续发表在他的刊物上，计有：《中国原始畜牧业的萌芽与产生》《关于农耕起源若干问题的探讨》《中国饮食文化与晚近农业结构关系探析》《中西饮食文化之异同》《唐以前江南农业相对落后原因试析》《传统农业文化对农业现代化制约的分析》《农耕的起源和传播对中西早期文明发展影响的比较研究》《从农耕起源的角度看中国稻作的起源》《湖羊历史渊源的生态学研究》《从农耕起源的角度看汉藏民族的关系》《传统农业哲学一二千年前的经验与教训》《中国的饮食与中国文化》《中国兽医事业发展历史的透视与启示》《从间作套种到稻田养鱼、养鸭——中国环境历史演变过程中两个不计成本下的生态应对》，这些论文，从原始农业到饮食文化，再到农业文化遗产，基本上反映了我的学术路线。我的学术研究路线与陈文华先生主编的《农业考古》高度关联，我也是直接受惠者。去年在南昌会议上我做的"宏观视野下秦汉以来国家与农民的关系"的主旨发言，他在会后也给予我并非恭维的肯定，令我十分感动，我知道他是在鼓励后学。这是我在学术成长过程中受益于陈文华先生的点滴，我想还有更多的年轻学人受益于他。

受人滴水之恩，当以涌泉相报！但是在我与他交往过程中，我居然没有给他送过任何的礼物，却收到来自他的礼物。现在想来真是万分的遗憾，这份亏欠永远无法填补。2013年11月27—29日，由江西省社会科学院与南京农业大学主办，江西省社会科学院《农业考古》编辑部、南京农业大学中华农业文明研究院、江西省社会科学院中国农业文明史学科承办的"明清以来的农业农村农民"学术研讨会在南昌召开。依据国家对学术会的要求不允许赠送礼品，陈文华先生却将他长期以来在江西婺源亲自种植的特产——皇菊，作为礼物送给与会的每一位。那份真诚，令我至今难忘。

二、尊敬师长

陈文华先生尊敬师长主要体现在对学术前辈的尊重，先生主持的《农业考古》杂志凡满八十岁的农史学者可在刊物上封面，杂志必辟专栏、设封面以祝寿或者纪念其功德，同时开一个栏目介绍学术成就，年届百年诞辰同样如此。他在纪念张仲葛先生百年诞辰大会上特别强调，"生前纪念比死后追悼更有意义"。据我所知，我的导师张仲葛、著名的农史专家游修龄先生、土壤学家王云森先生、考古界的石兴邦先生等，陈先生都在期刊上面开辟专栏纪念他们80寿辰。

2013年是我的导师张仲葛先生百年诞辰，同门召集召开了一个纪念大会，当我将邀请函送达给陈先生时，他二话没说，马上答应，并迅速写好了纪念文章，会上答应在下期的《农业考古》上开辟纪念张仲葛先生诞辰百年的专栏，令我们这些晚辈十分感动。

三、勤奋治学

在中国的农史界，陈文华以多面手著称，他先是从1978年起在江西省博物馆举办"中国古代农业科技成就展览"，致力于让国人了解中国古代的农业成就。1980年，受国家农委的委托，"中国古代农业科技成就展览"在全国农业展览馆举行，引起有关方面的高度重视。尽管中国农业博物馆的筹建在此前已经酝酿，但是该展览对于中国农业博物馆"古代农业科技史陈列"的筹备起了很大的促进作用。而我也是其中的受益人。正是因为中国农业博物馆于1983年被国务院批准，1986年建成，我才会在1986年于北京农业大学科技史专业硕士毕业后被推荐来到博物馆工作。

考古学家们关注农业，农业史家们关注考古，不同学科的学者和成果在《农业考古》旗帜下，互相促进，农业历史研究向着新的领域迈进。关于中国南方主食水稻起源问题，陈先生借助《农业考古》刊物与研究中心，多次举办以稻作农业起源研究为主题的国际学术讨论会，以考古发掘为基础，力推稻作农业的中国起源说。

先生主持的《农业考古》，每期分量很重，且只有他一人操持，工作量之大可想而知，因我有切身经历才会更加体会到其中的艰辛。但是他却能够在做好这些工作之外，撰写和编写了大量的学术著作。仅公开出版的成果有：《中国古代农业科技史简明图表》（农业出版社1978年9月出版），《中国农业技术发展简史》（合作）（农业出版社1983年1月出版），《中国稻作的起源》（日本东京六兴出版社1989年1月出版，获江西省第四次优秀社会科学成果一等奖），《论农业考古》（江西教育出版社1990年7月出版）；《中国古代农业科技史图谱》（农业出版社1991年12月出版，江西省社会科学院优秀科研成果一等奖、江西省第五次优秀社会科学成果一等奖），《中国农业考古图录》（江西科学技术出版社1994年1月出版，获第九届中国图书奖、1994年度华东地区科技出版社优秀科技图书一等奖），《长江流域茶文化》（湖北教育出版社2004年8月出版，长江文化研究文库），《中国古代农业文明史》（江西科学技术出版社2005年8月出版，获华东地区优秀图书一等奖），《中国农业通史夏商西周春秋卷》（中国农业出版社2006年5月出版）；《中国茶文化学》（中国农业出版社2006年9月出版）。前面罗列的这些成果，没有十足的勤奋，是难以做到的。此外，发表于各种期刊上的论文更是数量繁多。在中国知网上输入作者与刊物，他发表仅仅农业考古上的文章就有210篇之多，还不算在其他刊物上的文章。他于学术会议之中所写的游记性文章——《西行》与《东张西望记事》，洋洋洒洒，出手成文，形象地道出异域风情。这些成就，令我自叹弗如。

四、知行合一

学人办刊物，水平固然与编者的眼光有关，但是毕竟只是加工；学者写文章，著作等身者众。天天笔耕，积累下来，如果不是特别愚钝，几本专著不算什么。如果说陈文华先生所做如上述所列的成果，就此为止，就已经是多产的学者和出版者了，这个学者和编者也可以说是没有愧对社会与单位。然而，他的兴趣与成就似乎还不仅仅局限于此。晚年的陈文华先生，把更多的精力放在茶文化的知行之中。明代王阳明首倡知行合一，陈先生可谓忠实的履行者。《农业考古》很早就开辟有"中国茶文化专号"，陈先生把部分精力放在推广中国的茶文化上面，办学，讲学。更加不可思议的是亲自来到江西婺源的上晓起村，精心种植当地特产皇菊，并打造品牌，令当地人受益匪浅。陈文华先生瘦弱的身材，哪来如此大的能量？真真令人佩服。

五、光明磊落

目前的农史界，大家都称陈文华先生为"农业考古学之父"，源于他创建《农业考古》期刊，面对这样的荣誉，他本可以坦然接受。但是，陈文华先生却在多种场合道出只有他自己才知道的事实，认为尝试创建《农业考古》是受了张仲葛先生的启发，诚实地将这一过程做了披露。

陈文华先生在2013年"纪念张仲葛先生百年诞辰纪念大会"前出版的纪念文章中（《张仲葛教授与农业考古》《仁爱一生——张仲葛先生百年诞辰纪念文集》）详细地说道："三十多年前，我在江西省博物馆从事考古工作，当时正在筹办"中国古代农业科技成就展览"，当时的学术杂志很少，农业历史方面的则一本也没有，当时能够看到的就是我们这一行的两本杂志——《考古》与《文物》。在《考古》杂志上的一些发掘简报中，经常有一些古代农具方面的材料可供参考，但是关于畜牧业方面的资料就很少，即使有也只是一些陶动物俑及一些动物骨骸的零星报道。因此展览中所反映的有关畜牧业方面内容就很薄弱，而且我们本身的这方面学识也不够，难以有什么突破。所以当1979年1期《文物》杂志邮来的时候，上面有篇文章《出土文物所见我国家猪品种的形成及其发展》引起我极大兴趣，文章运用深厚的畜牧科学史和遗传育种科学的学识对各地出土的各个时代一些陶猪进行分析，得出南北各地家猪育种方面的许多重大成就。这对我们这些从事考古工作的人来说真是别开生面、耳目一新，也对我后来尝试创建农业考古学给予很大的启示。"其中最后一句非常难得，他在9月1日下午的纪念会议上的发言中，又重复地表达了这一意思，充满了对张仲葛先生的敬意。这份我保存的录音今天重新收听感触更深。

如果不是陈先生亲自披露，有谁能够知道陈文华先生是受了张仲葛先生的启发。面对荣誉，他的诚实与磊落不言而喻，是极其难能可贵的。说明了他的大气与自信，同时丝毫不影响人们对他在"农业考古学"方面的开拓性研究地位的肯定。他没有默认那些廉价的荣誉，这些与学界某些移花接木、自我包装、自吹自擂的人真是有天壤之别。

今天是陈先生在厦门的海葬日，满眼浮现的是他那瘦弱的身材，侃侃而谈的神态。良师已逝，音容永在。

诗曰：

　　一朵青云掩碧潮，蓬山路上菊香飘。
　　知行自此无来者，瘦马镳衔迹已遥。

（文章原载《农业考古》2014年第3期）

陈文华教授一路走好！

江西省文物考古研究院　许智范

　　2014年5月15日中午，先是陈龙先生（原福省建博物院副院长）从新西兰奥克兰来电，说从互联网上获知江西省社会科学院首席研究员陈文华先生不幸去世。没过多久，彰适凡先生（原江西省博物馆馆长）、薛翘先生（原厦门市博物馆馆长）分别从上海、厦门来电话证实了这一消息：陈文华先生5月14日19：40在赴大庆出差途中因肺部感染，引发呼吸衰竭而逝世。惊闻噩耗，不胜悲伤。陈先生聪慧灵敏的大脑突然停止了思考，农业考古和茶文化学界蒙受了巨大的损失。我为又一位良师益友的离去而深深哀痛，四十年间与陈先生交往的点点滴滴清晰地浮现在眼前。

　　1973年夏天我调进江西省博物馆考古队工作，与陈文华先生成为同事。有一天我看到他和胡义慈先生满头大汗地背了一袋陶片回来。经大家论证认为这应该是商周时期遗存，由此而认定了著名的樟树吴城商代遗址。他发掘的新干界埠战国粮仓遗址和樟树牛头山战国墓群都有很高的学术价值，有关资料至今仍为学人所引用。后来我曾与陈先生一起到新干县清理明墓，开棺后他不顾尸体腐烂的恶臭挽起袖管就干了起来，为我这个新手树立了良好的榜样。入冬时我俩根据当地文化站提供的线索，同赴修水县进行文物调查，发现了两处新石器时代晚期的文化遗址。我们乘长途汽车到县城后，就在陈文华先生的陪同下，先步行至渣津在小镇的旅社里住了一夜，第二天又走了数十里地到全丰，饥渴疲劳，脚上打起了血泡，路经半露天的"人民浴室"时痛痛快快地洗了个温泉澡。我们的背包沉甸甸的，装了许多调查采集的石器和陶片标本带回南昌。20世纪60～70年代，陈文华是考古队的主力，他主持发掘了南昌市郊永和的西汉墓群与宁献王朱权墓、南城的益端王朱祐槟墓与益庄王朱厚烨墓，由他执笔撰写的考古发掘报告陆续发表在《考古学报》《文物》等刊物上，也成为我日后学习的范本。1973年11月间，我俩又一起清理了江西化纤厂基建工地发现的唐代大顺元年的墓葬。我们穿着高筒靴，踩在烂泥浆里，从棺木捞起一根根枯骨和一件件随葬器物，其中有几件唐代竹俑在我省尚属首次发现，我草拟的发掘报告经陈先生修改后发表在《考古》杂志上。

　　陈文华先生独辟蹊径，在1978年10月成功举办"中国古代农业科学技术成就展览"，展示我国古代农业科技的辉煌成就，大胆尝试利用文物考古资料为农业科技现代化服务，受到江西省人民政府的表彰，后来该展览还曾到全国各地巡回展出。陈先生曾先后六次进京为全国农业干部讲授"中国农业科技发展史"课程，并应邀到20多个省市的160多个单位讲学近300场次。1981年在农业部的支持下，他创办大型学术期刊《农业考古》，内容涵盖古代农业的方方面面，在国内外学术界产生巨大反响，引起了广泛关注。英国科技史权威李约瑟博士评价说："这样的杂志，毫无疑问很久以来就是需要的。它将引起西方世界极大的兴趣，它确实充满了最引人入胜的作品，对东亚科学史图书馆的读者来说，将是最有价值的。"经过陈先生多年不懈的努力，《农业考古》被评选为"中国中文核心期刊"。在主编刊物的同时，他还撰著有《中国稻作的起源》《论农业考古》《中国古代农业科技史图谱》《中国农业考古图录》等，为农业考古学奠定了坚实基础。

陈文华先生还先后主持了四届农业考古国际学术讨论会，我虽然提交不出像样的论文，但由于陈先生的热情邀请，我还是出席过两次盛会，听取了诸多海内外专家的学术报告。这几次学术讨论会的成功召开不光加强了农业考古的国际合作，也扩大了农业考古的社会影响。专家们就人类农业的起源、稻作农业的起源和传播、农业起源与神农炎帝、稻作农耕文化和农业工具等重大课题展开讨论，大大推动了世界农业考古学术事业的发展。

1991年陈文华先生又在《农业考古》杂志开办《中国茶文化专号》，至今已出版45辑，同样栏目新颖，内容丰富，成为茶文化研究的重要阵地。陈先生逐步将研究重点转向茶文化，他协助南昌女子职业学校在全国率先创办茶艺专业，并亲自为大专班讲授"中国茶文化学"课程，十几年来已培养近万名茶艺人才。他先后协助云南、上海、广东、香港、广西、陕西、江西、福建等地举办国际茶会。1998年主持在美国洛杉矶举行的"走向二十一世纪的中华茶文化国际研讨会"，陈先生把中国茶文化推上了国际舞台。从2004年起，他每年秋天都应邀赴日本东京、京都等地讲授中国茶文化课程，培训茶艺学员。他还应邀出访韩国、泰国、美国、德国、瑞典、芬兰、丹麦讲学，并先后三次应邀带领南昌女子职业学校茶艺队出访法国。

更令人们感动的是，2004年7月起，陈文华先生自费投资在婺源县上晓起村打造"中国茶文化第一村"，办起茶作坊、茶客栈、农民文化宫、幼儿园，带领农民成立"上晓起新农村合作社"，进行农业生产，开展养殖业，调整经济结构，大种经济作物"晓起皇菊"，带动农民发展乡村旅游事业，走共同致富的道路。由他原创的一首童谣在当地广为流传："迷人上晓起，风光美无比。自然铺锦绣，文化是根底。传统小作坊，令人惊且喜。水转揉捻机，人醉茶香里。"

2006年4月19日，我和江西省文博艺术设计中心主任娄山先生正在婺源博物馆协助筹办新馆展览，陈文华先生邀请我们去参观他的茶文化村。那里连轿车也开不进去，我们在镇里下车后步行了一个多小时的石板小路，终于抵达上晓起村。这里古树茂密参天，溪流清澈见底，青翠碧绿的茶园，粉墙黛瓦的徽派建筑，饱经风雨的运茶古道，古朴典雅的茶亭……都给我们留下了深刻的印象。陈先生兴致勃勃地向我们介绍着这里的一切，特别是那台古老的水力驱动的木制捻茶机，说这是以往仅见于元代农书中记载的制茶机具，并亲自进行操作表演。当天陈先生还赠我一册他新近出版的大著《中国古代农业文明史》。入夜我们住宿在茶客栈里，幽静的夜晚只听到沙沙的风声和潺潺流水声，早晨起床后在鸟语花香中又把整个村庄走了一遍。我感动之余写了首小诗回赠陈先生：拜访茶乡第一村，满园葱绿共赏春。石径辙痕绽汗花，山涧碧溪奏琴声。展阅宏图兴尤浓，惠赠新著情倍真。梦萦茶事闻馨香，晓起金鸡唱日升。

三十多年来，陈文华先生始终将我列为赠阅《农业考古》的对象，一期不缺地给我寄送刊物，使我从中获益良多。我也曾在他的刊物上发表过一些诗文。我除了喜欢阅读有关的专业文章，还爱看他的长篇连载《东张西望记事》。这是他多次出国访问期间忙里偷闲写的日记，详细记录了旅途中的所见所闻，加之图文并茂，文采飞扬，可读性很强。我曾建议他早日结集出版，他说现在别的事情太忙，还顾不上编辑此书，何况正式出版，需要筹集一笔经费，发行也费神思，"待以后再说吧"，他无奈地叹了口气。

尽管陈文华先生在1985年就已从江西省博物馆调往江西省社会科学院工作，但我们之间还是有不少联系。平时，我常与陈先生在江西省新闻出版局召开的主编会议上见面叙谈，相互交流工作近况；还曾几次与陈先生出差同行，如应欧潭生先生之邀，赴福建闽侯出席"昙石山遗址博物馆开馆典礼"；赴浙江温州出席"瓯文化学术研讨会"；赴浙江绍兴出席"国际越文化专家论坛"……多次聆听过他论证翔实的学术报告和妙语连珠的即兴发言。

陈文华先生多才多艺，能诗能画，能唱能演，大凡与他接触过的人都会为其幽默风趣与人格魅力所折服。出差途中，他总是背着一大包刊物或著作的校稿，有时还带着小马扎挤坐在车厢过道里，随时把校稿拿出来阅改，宾馆房间里的灯光总要亮到很晚，其刻苦精神真是可敬可佩。陈先生著作等身，这些都是他智慧和汗水的结晶，其间的甘苦非亲身经历者是难以体会的。他在《中国古代农业文明》一书的"后记"中记述道："我下狠心，放下一切工作，在2004年春节期间，一个人躲到故乡厦门，闭门撰写40多天，每天夜以继日，在键盘上敲打到深夜三四点钟，居然一口气敲出了20多万字，终于完成了全书的撰写工作，在规定的期限内上交……"他就是在这样辛勤的劳作中写出了我国第一部全面描述中国农业文明史的专著。

记得20世纪90年代陈文华先生曾发起成立"江西历史名人研究会"，中国人事出版社出版了由陈先生主编的《江西历史名人研究》。前几年南昌市在筹建青云谱"历史名人园"时，市文化局曾开会征求专家的意见，以决定选取哪些历史名人入园，那天赴会的有南昌大学俞兆鹏教授，江西师范大学许怀林、王东林教授，江西省社会科学院陈文华首席研究员，我也应邀出席会议。会上，王东林教授还曾开玩笑说："陈文华研究员来自厦门，许智范研究员来自上海，两位外省籍人士一辈子都在为江西作贡献，南昌市真应该授予你们荣誉市民的称号。"陈先生曾写过一首《晓起菊花黄》，最后四句是："春桃随风谢，秋菊傲寒霜，几番风雨后，昂首迎朝阳。"这正是他非凡人生的写照，尽管几十年里人生旅途坎坷，经历了诸多磨难，但他乐观向上，勇于创新，恰似傲霜的秋菊凛然怒放，无私地将芬芳和美丽奉献给人间。"春蚕到死丝方尽，蜡炬成灰泪始干。"陈先生如今远行了，但他的著作、他的业绩，将永久为世人所传颂，并启迪鼓舞年轻人继往开来，奋力前行。我匆匆为陈先生撰写了一副挽联：文星耀寰宇，独创农业考古，硕果丰盈赢盛誉；华章惠学苑，弘扬国茶文化，芳香馥郁寄深情。我代表陈先生的多位生前好友出席了江西省社会科学院举行的"陈文华先生学界追思会"，向陈先生表示深切的悼念，向陈先生家人致以亲切的慰问。此刻沉浸在悲伤之中的老同事、老朋友们，只能将一束束鲜花敬献在先生的灵前，轻轻地道一声：陈文华教授，一路走好！

（文章原载《农业考古》2014年第3期）

高山仰止　景行行止

——缅怀恩师陈文华先生

郑州大学历史学院　王星光

　　那是5月15日的上午，我正在参加今年将毕业的博士研究生论文答辩会。突然接到《农业考古》主编施由明先生的短信："昨晚7：40，陈文华先生在大庆因病去世，今天上午已火化。他儿子明天带回厦门，过几天海葬 ……"噩耗传来，让我一下子惊呆了，我不愿相信。就在一个月前，我还刚刚参加在江西婺源召开的"中国茶文化与生态旅游研讨会暨江西名茶论坛"，陈老师在会上作的"中国茶文化与生态旅游的发展"的演讲赢得满堂彩的情景仿佛还在眼前闪现。会后组织大家到上晓起村实地考察，陈老师带领我们走过他极力保护下来的由下晓起通往上晓起的明代铺筑的石板路，参观他开辟的"上晓起传统生态茶作坊"。紧接着，他又与我们一起沿着陡峭的山路攀登，领着大家去看那棵矗立在村东头高台上、七八个人才能围拢起来而又枝繁叶茂、郁郁葱葱的香樟树。这棵高大粗壮的大树，据说已有近千年的树龄，但却仍然挺拔茁壮，充满生机。从几十公里的婺源乘车下来，又步行好几公里，陈老师没有怎么休息，一直为我们当导游，参观他艰辛开辟的风光秀美的下晓起村。这哪里像年近80岁的老人！我在为他真诚热情的主人之谊而感动的同时，也为老师身体的硬朗而赞叹，我暗自念叨：文华老师的身体一定会像这棵古老苍劲的香樟树一样，健康长寿，永葆青春的。想到这些，我还拉着陈老师高兴地在香樟树下合影留念。当晚我写下一首打油诗："阳春三月访婺源，山新水绿红杜鹃，青砖白墙徽村落，袅袅炊烟碧蓝天。高朋满座茶文会，生态旅游齐论坛。天下闻名上晓起，文华吾师谱新篇。"可是这才刚刚三十来天，谈笑风生、精神矍铄的陈老师怎么会永远地离开我们呢？这样突然的变故，又怎能让人接受呢？当我强忍悲痛，不得不面对现实时，陈老师的音容笑貌又一幕幕浮现在我的眼前……

　　说起我与陈文华先生的相识，可追溯到20世纪80年代初期。1983年，我考上了郑州大学荆三林先生的科技史专业硕士研究生。荆先生是民国时期的老教授，新中国成立之初在厦门大学任教授，1956年筹办郑州大学时调入。我是在粉碎"四人帮"后他招的第一个研究生，因此特别重视对我授课老师的遴选。如为我请的授课老师中就有中国科学院学部委员贾兰坡先生、中国历史博物馆研究员傅振伦先生等国内学术界的耆老大儒，而当时年方四十、在江西省博物馆当助理馆员的陈文华先生也在其中。荆先生曾对我说，他在厦大任教时，学生中有他颇感自豪的"二陈"，最近都来看望他。一位是因研究"哥德巴赫猜想"而闻名全国的数学家陈景润先生，另一位就是陈文华先生。他告诉我："不要看陈文华现在名气不大，但他搞的农业考古是在国内外学术界都领先的新学科，创办的《农业考古》杂志很有影响，这项研究很有价值和发展前途，文华会随着农业考古的影响而越来越知名，所以我要请他为你上'中国农业科技史与农业考古'这门课。你一定要好好向他学习。"荆老师在20世纪30～40年代就开始了考古学、博物馆学和中国生产工具史的研究，出版的著作有《考古学通论》《博物馆学大纲》《史前中国》《西北民族研究》《中国生产工具发达简史》等论著，他当时正在一边讲授"中国生产工具史"课程，一边修订《中国生产工具发展史》专著。一向以治学严谨、选人挑剔而著称的荆先生，能聘请年轻且职称很低的陈文华老师讲授研究生课程，说明他一定有过人之处，我也对此充满期待。大约是1984年5月，我听说陈文华先生已到郑州，在为国家文物局在郑州举办的考古工作人员训练班上"农业考古"课，我就到办班所在地河南省文物考古研究所拜访了他。只见他穿着浅色风衣，身材高挑，脸庞清癯，目光炯炯，谈吐豪爽而不失文雅，他那句"我们都是荆老师的学生"，一下子拉近了我和他的距离，使我顿感到他的真诚、亲切与随和，也期待着他为我上课的日子。1985年1月22日，陈老师如期来到郑州大学。因为是为我单独授课，地点就安排在郑大宾馆陈老师入住的房间里，当时的宾馆条件较差，没有暖气，已进入冬季的郑州，天气已变得寒冷，从南方到来的陈老师一时感到不适应。我只好给陈老师送来几个暖水袋。陈老师毫无抱怨之意，上课时实在冷了就抱着暖水袋来御寒。在近半个月的时间里，陈老师系统地讲授了中国农业科技史及农业考古的基本理论和方法。他将中国农史划分为史前农业、古代农业、近代农业几个阶段，在通论的基础上，分几个大的专题来具体深入地加以阐述。如讲古代农业机械成就时，指出古代农具在汉代已基本定型，在长达2000多年的封建社会一直发挥着实际作用。之所以汉代发明的农具有如此强大的生命力，是因为中国人多地少的国情所决定。既然汉代发明的农具能满足人均约9.68亩耕地的需要，那么现在的中国人均土地只有1亩多，能够胜任人均9亩多的汉代农具必然能满足人均1亩多的耕作需要。因此，当前中国农业的出路不在于过分强调推广农业机械化，而在于靠精耕细作来提高单位面积的产量。他还结合农业历史对当时正在全国推广的联产承包责任制谈了自己的看法。认为人民公社时期的大集体的劳动方式，实际上与商周时期的"协田"及"千耦其耘"的农作方式有极大的"相似性"，这种"大锅饭式"的耕作形式，发展到一定阶段就会消极怠工，挫伤劳动者的积极性。在春秋战国时期出现的"均地分力"（《管子·乘马》）、"分田而耕"《荀子·王霸》），实为生产过程的个体形式，并且时人已认识到"公作则迟，有所匿其力也；分作则速，无所匿其力也。"（《吕氏春秋·审分》）。他联系到改革开放以来政府推行的联产承包责任制和分田到户，指出这种方法在2000多年前就已经实行过，是极大地调动农民积极性的有效方法，对当时出现的对土地所有制形式变化持怀疑态度的极左思潮，他以历史事实予以驳斥。陈老师是1958年毕业于厦门大学历史系的高才生，又长期在江西从事文物考古工作，具备扎实的历史及考古学知识；并且在"文革"期间有在江西农村下放当农民的经历，讲起课来，不但引经据典，出口成章；而且农业生产技术方面，他也是行家里手，各种实例也总是信手拈来，谈古论今，游刃有余，在风趣幽默的传授中，包含深刻精辟的道理。使人在忍俊不禁的轻松氛围中，学到广博丰富的知识。他还擅长绘画给我授课，他自己亲自描绘了上百幅农具、耕织图和相关图表，使我对农业科技发展史有了形象深刻的理解。为了使我对所学农业考古等知识有一实际生动的了解，他还带我到周口地区的淮阳县博物馆、平粮台遗址、太昊陵等地参观考察。对淮阳博物馆所藏的汉代陶院落模型，他让我注意侧院的农田布局，认为其中的块田、条田及水田，应是汉代农田状况的一个缩影，应和《汉书》

中赵过推行的代田法、《氾胜之书》中的区田法等文献记载结合起来加以分析研究。陈老师重视实地教学，并指导我要将考古学与古代文献相结合来进行研究的方法使我深受启发。

陈老师为给我上中国农业科技史及农业考古学这门课，在郑州住了整整半个月，几乎每天都上课或与我讨论问题，有时也给我讲他的人生经历和为人处世的道理。由于他性格开朗豪爽，待人真诚热情，我们师生之间在朝夕相处中无拘无束，畅所欲言，有时我爱人小魏也来听课伴读，他成了我们一家人的良师益友。当2月5日我俩送他登上返回南昌的列车时，真有一种依依不舍的感觉。陈老师给我开的这门课，实际上给我开启了一扇知识的大门，我以后的学术道路基本上就是沿着他引的农史研究与考古学相结合的道路走下去的。我一直把他视为自己学术人生的导师之一和学习的楷模。

不久，我根据陈老师为我讲课内容和个人心得，写了《试论我国传统农业生产技术的生命力》一文，作为他开的这门课的作业，陈老师不但给了我90分的高分，而且还建议我修改后在《农业考古》上发表。我根据他的意见对文章做了修改，他又认真给我删改补充，又增加了我不曾引用的史料，使文中的观点变得更加明晰透彻。文章定稿时，我理所当然得把陈老师的名字署在了前面。可是，当我在《农业考古》1985年第1期看到发表的该文时，我的名字却赫然排在了第一位，陈老师的名字倒放在了后边。陈老师奖掖后学、甘当人梯的高风亮节令我感动不已。《试论我国传统农业生产技术的生命力》是我发表的第一篇农史方面的学术论文，这与陈老师的帮助有着直接的关系，这篇文章发表后，还受到日本学者的关注和好评，这都给了我从事农史研究以很大的鼓舞和激励，对我以后的学术道路的影响是相当大的。转眼间就到了写毕业论文的时候，我在论文的选题上颇费踌躇，经反复思考，我将硕士学位论文的题目拟为《中国古代耕犁研究》。为了慎重起见，我先将这一想法告诉陈老师，征求他的意见。他说道：耕犁是我国传统农业生产中最重要的生产工具，目前还没有专门系统的研究成果，荆三林先生又是研究工具史的大家，选择这个题目很有价值。荆老师也很赞赏这一选题，提出将题目改为"中国传统耕犁的发生、发展及演变"。我的硕士论文正是因陈老师的鼓励而确定下来。在写作过程中，我从发表在《农业考古》的文章中，尤其是陈老师编纂的《中国古代农业考古资料索引·生产工具》中找到许多有用的材料。我的硕士论文很快完成，并顺利通过答辩，我也获得了中国科学院自然科学史研究所授予的硕士学位。当我把毕业论文寄给陈老师请他指正并借以感谢他的帮助时，他很快回信告诉我可以在《农业考古》上全文发表我的硕士论文。由于该文篇幅长达四万余字，从1989年第1期到1990年第2期共分四期才刊登完毕。这对一位青年学子来说，应该算是破例的。后来，他又帮我联系，促成该文的英文稿在丹麦的《工具与耕作》（1989年第2期）杂志发表，受到西方学者的关注和好评。以后我又在丹麦发表了《论中国古代梯田》《裴李岗文化时期的农具及耕作技术》等论文。这些成绩的取得，都是与陈老师的鼎力相助分不开的。

我研究生毕业后，作为荆三林教授的助手留在郑州大学历史系任教，开始了中国科技史、中国生产工具史、中国农业史等的教学和研究工作。随着学术交流活动的增多，我和陈老师见面的机会也多了起来。记得1987年9月中国农业历史学会在北京成立时，我陪荆三林先生赴会，荆三林老师在会上当选为首届中国农史学会的顾问，陈文华老师当选为副主任委员（副理事长），我们师生三代人同堂欢聚，我感到由衷的兴奋。1991年8月21日至29日，陈老师主办了首届农业考古国际学术讨论会，这次会议以农业的起源为主题，有150多位代表参加了这次盛会，来自美国、日本及我国台湾、香港地区的学者就有17人。其中的美国学者奥尔森和马尼士、日本的国分直一等都是国际知名的学者。这也是我国第一次举办如此规模的农业历史及农业考古方面的国际盛会，其规格之高、时间之长、影响之大，在我国农史界是前所未有的。我有幸出席了这次会议，并在会上作了"工具与中国农业的起源"的报告，认识了国内外的许多专家学者，真是大开眼界。我更目睹了陈老师筹备这次会议所表现的高超的组织协调能力和人格魅力之风采。会议的开幕式、大会报告、小组讨论、参观考察，一切活动都安排得井井有条，会议取得了圆满成功，美国的马尼士博士还在会后专门发来了热情洋溢的感谢信，表达了进一步联合考古发掘的愿望。当时陈老师已荣升为江西省社会科学院副院长，实际上是这次会议的策划者、实际领导人，也可以说是整个会议的灵魂。但在会议手册上标注的却是"会议执行秘书——陈文华"。陈老师高调做事、低调做人的谦虚品德给我留下了深刻印象。后来我们郑州大学举办中国农业历史学会2013年年会时，作为这次会议的主要筹备者，我也将自己定位为"会议执行秘书"。在会议筹备期间，我的博士生私自将我的身份改为筹委会"秘书长"，我发现后立刻做了更正。这样做只有我知道其中的缘由，那就是陈老师当年为我做出的榜样。这也使我想起李白当年游黄鹤楼时发出的感慨："眼前好景道不得，崔颢题诗在上头。"

《农业考古》是陈老师一手创办的专业杂志，他为此倾注了毕生的心血。在长达30年的时间里，从组稿、改稿、编稿、校对、排版，直到送印刷厂印刷、出版发行，大都是他一个人在办这份厚重的专业杂志。近些年他年事已高，但我每次开会或出差见到他，他都在利用间歇时间在改稿编稿。为了办好《农业考古》，他真可谓殚精竭虑、鞠躬尽瘁。在他的辛勤耕耘下，《农业考古》在海内外学术界声名鹊起，并被评为中文核心期刊。他办杂志，有一个明确的责任意识，就是为农史学科培养新人，有不少的年轻人正是在《农业考古》的培养下成长起来的。就我来讲，除上面提到的外，我在《农业考古》发表的文章（包括合作）还有《农业的忧思与期望》《工具与中国农业的起源》《〈丹麦耕犁史与耕作实验〉简介》《中国新石器时代粟稻混作区简论》《农业考古学的形成浅说》《中国古代花卉饮食略论》《略论农业考古学在中国的创立及发展历程》《风能在中国古代农业中的利用》《关于耦耕问题的探讨》等。我的成长进步离不开陈老师和《农业考古》的提携和扶持。因此，我一直把《农业考古》当成自己的杂志。当遇到有人对它稍有非议时，我就像自己受到伤害一样，总是毫不犹豫地挺身而出，为《农业考古》进行辩解，尽全力维护它的荣誉和尊严。令人欣慰的是，陈老师前几年已经为《农业考古》选定了以施由明为主编的几位年富力强的接班人，办刊水平在不断提高，杂志办得也越来越规范化，长江后浪推前浪，我相信《农业考古》一定会办得越来越好。

陈老师也为我们树立了尊老敬贤的典范。去年9月，陈文华师还专程来郑州参加张仲葛先生诞辰100周年纪念会。在会议期间，他还专门邀请以前曾对《农业考古》给予大力支持的河南学术界的李京华、郝本性、张履鹏、杨育彬等老先生座谈，在聚会时他念念不忘当年他们对他事业的帮助。看到这些年龄大都近80岁，甚至近90岁的老人在一起愉快交谈的情景，我为自己能为恩师做一点力所能及的小事而欣慰。我还专门请陈老师到郑州大学为我的硕士生、博士生在内的广大师生作了《学问与人生——中国农史与农业考古的探索历程的学术报告》。陈老师作为"中国农业考古第一人"的充满传奇的人生经历，百折不挠、愈挫愈勇、勇于开拓、不懈追求的探索精神，宽厚待人、奖掖后学、公而忘私、甘于奉献的高尚品德，深深感动了莘莘学子和在场的每一位听众。我更为有这样的恩师而倍感骄傲和自豪。"高山仰止，景行行止，虽不能至，然心向往之。"陈文华先生开拓的宏大事业和他的高尚品德，将永远活在我们的心中！

（文章原载《农业考古》2014年第3期）

一代大师的人格魅力
——怀念恩师陈文华先生

《农业考古》主编　施由明

2014年5月14日晚上，令人尊敬的一代大师陈文华先生在大庆的出差途中离我们远去了，他走得那么突然、那么意外，使他的家人、他的同事、他的学生、他的朋友们都一时接受不了这个现实，但意外已经发生了，人们悼念他、怀念他、追思他，堪称"一代大师"的陈文华先生永远活在他的家人、他的学生、他的朋友们心中。

陈文华先生之所以堪称"一代大师"，不仅仅是他的学术成就，他对农业考古学科的开创和对中国茶文化研究与宣传的引领，还有他独特的人格魅力，本人作为跟随他27年的学生，对先生的人格魅力有着深切的了解，他的人格魅力永远是激励学生、同事们努力工作、努力生活的典范。

一、亲和力强和宽以待人的品德

亲和、待人亲切、有磁性，这是任何一个和陈文华先生接触过的人都有的感受，人们愿意接近他、亲近他、和他交谈、听他高论，因为人们可以从与他的接触、交谈、交往中得到快乐、得到启发、学到知识、得到人生向上的力量。27年来经常在办公室、在出差途中、在上晓起村，聆听先生对人生、对社会的己见，聆听先生谈个人的经历和往事的回忆、对学术的追求和构想、对上晓起这个茶文化村的设想，他的思想、他的情怀、他的追求从来都是充满正能量，充满向上的力量，从不悲观，从不无奈地叹息，遇到再艰难的困难和问题总是从容面对，总是设法去解决，总是有着大家的风范和智慧，先生的亲和力来自他的开朗，来自他的智慧，来自他对生活永远的激情，还有来自他宽以待人、和善处世的品格，他除了学术上对作者、对学生有严格要求之外，总是以包容的心态来对待同事、朋友、学生和一切与他交往的人；即使遇到所谓"朋友"的忽悠，他总是一笑了之；他极少说人短处。

二、开拓精神和对生活的永远激情

　　勇于开拓、爱好开拓、善于开拓，这是陈文华先生的人格魅力，终其一生，他常常处在开拓状态中，"文革"后，博物馆的建制恢复、工作恢复，他首先开拓出了中国古代农业科技史展览；从"展览"开拓出了"农业考古"这门学科；为撑起这门学科，他创办了《农业考古》学术期刊，引领了中国农业考古学的研究；为奠定这门学科的基础，他勤奋研究，撰写了系列奠基之作，如《论农业考古》《中国农业考古图录》《中国古代农业科技史图谱》《中国农业通史·夏商西周春秋卷》《中国农业文明史》等。1991年他开始开拓中国茶文化的研究与宣传，他创办了《农业考古·中国茶文化专号》，开启了中国茶文化研究的新时代；此后他撰写了中国茶文化学的奠基之作《长江流域茶文化》；为了宣传与弘扬中国茶文化，他和其夫人程光茜等人创办了南昌女子职业学校，其中茶艺是学校的主要专业，为中国的茶文化传播培养了大批人才；为了奠定中国茶艺教学的基础，他撰写了《中华茶文化基础知识》《中国茶艺学》等著作，2004年，年已69岁高龄的陈文华先生，作为江西省政协常委在婺源县上晓起村考察时发现了一套水力捻茶机，这种在元代王祯《农书》上有记载的水力工具，竟然在这山区小村保存着，陈文华先生兴奋不已，他与村干部商定，包下这个村搞茶文化旅游，将这套水力捻茶机开发为旅游参观项目，可以宣传传统的中国茶文化。实际上，陈文华先生开始了他晚年艰难的开拓之路，这样一个名不见经传的小村，要把它打造为有人来参观旅游的旅游景点，那要做多少投入、多少工作！后来的实践证明，打造这样一个村，倾注了他晚年的大部分精力，从发掘与宣传这个村的文化底蕴到用茶文化打造这个村，从种茶到种菊花，不断试验，最后选定了皇菊这个品种，成立了农业合作社，带领农民发展皇菊产业；开拓、奋进，永不停息到他生命的最后时光！

　　陈文华先生的开拓精神与他对生活的永远激情紧紧相连，一个对生活没有激情的人，是不可能有开拓精神的，因为他热爱生活，对生活总是充满激情，所以他总能找到生活和学术可开拓的亮点，出人意外地开拓出学术与生活的新境界，因为他对生活的永远激情，所以面对困难，他从不气馁，总能迎难而上，总是有着革命的乐观主义心态，总是对未来有着美好的憧憬，总能感染身边的人，给身边的人以积极向上的感染！

三、对事业的执着和刻苦努力精神

　　陈文华先生是一个开朗、幽默的人，在聆听他谈及个人的经历时，我曾两次听他谈到这样的一个故事：大概在2000年以后，有一次他在上海的一个会议上，餐后正与朋友闲聊时，有个人过来和他搭讪，他并不认识这个人，也不知道这个人的来历，这个人对他说，您的人生有三度辉煌，您到了现在这个年纪，要经常穿红衣服，这个人没有多说其他就走了。陈文华先生说，他始终没搞清楚这个人的来历，他开始几年也始终没有明白，他人生哪有三度辉煌？但他吸取了这个人的建议从此爱好上了穿红衣服，冬天红夹克，夏天红衬衫，听他讲述到此，我们恍然大悟，原来先生经常穿红衣服乃源于此也。

　　2012年皇菊花开时节，我们在上晓起，先生告诉我们，他说到现在我明白了那个人说陈先生人生有三度辉煌的含义：一是他创办《农业考古》杂志和农业考古的研究，是他人生的第一度辉煌；二是指他1991年创办《农业考古·中国茶文化专号》杂志，并在中国茶文化研究与宣传方面，取得了他人生的二度辉煌；三是指他在婺源上晓起村种皇菊取得了人生的第三度辉煌，因为到2012年时，陈文华先生所种皇菊已经成为中国的食用菊花名牌，中央电视台财经频道和农业频道才多次播放对陈文华先生种皇菊的采访片，到这一年，陈文华先生已经带动婺源县并在婺源形成了一个新产业，这就是种皇菊，此时的婺源已遍种皇菊，这是陈文华先生对婺源的重要贡献。陈文华先生对这个村庄的经营也是到这一年才基本不亏不盈，此前一直处于亏损状态。

用三度辉煌来概括陈文华先生一生的事业成就是非常恰当的，他本人也是这么认为的。

陈文华先生之所以一生能取得三度辉煌，源自他对事业的执着和他刻苦努力的精神，且不论他对办好《农业考古》期刊的执着，对农业考古研究的执着，对中国茶文化的研究与宣传的执着，就以他打造与建设"中国茶文化第一村"——婺源县上晓起村为例，他是何等的执着；可能大多数认识他的人并不了解他打造这个村是如何地执着，但他的家人是深切地了解，我作为他的学生也是很了解的。

这个村庄远离南昌市，未修高速公路前需5个小时车程，后来修通高速公路之后也要3个半小时，陈先生经常来回奔波，是何等地劳累！我曾多次在陈先生面前感叹：这个村离南昌太远了！来回太累了！他总是充满信心地告诉我，待高速公路修通了就好了，待北京到婺源的高铁修好了就更好，北京到婺源只要4个小时，那时游客就更多了！这就是陈文华先生，他总是相信未来是美好的！2004年他在与晓起村委会签订协议之后，开始打造这个默默无名的小村，从修复水力捻茶机，到租下村民的田种莲藕、养观赏鹅、种茶叶、布置江氏宗祠、建设村中景观、办幼儿园，到后来种皇菊、成立农业合作社、建烘烤厂、推广皇菊花等，一个70多岁的老者，就是这样地执着，把一个无名小村打造成了中国著名的茶文化生态旅游村，使村中的农民走上了富裕路。

在学术上的刻苦努力，突出地表现在他每天都是工作到深夜两三点钟，这是他的习惯，他曾告诉我，他喜欢在夜晚从事学术研究，所以他总是工作到深夜。在他去世前，他还完成了60余万字的《插图本中国茶文化》，并交给了中国农业出版社，完成了他一生对中国茶文化研究的总结。

四、不同凡俗的才华和智慧

一个有着不同凡俗成就的人，必定有着不同凡俗的才华和智慧，只要和陈文华先生交往过的人都会从陈文华先生的谈吐、待人接物的方式和语言中明显地感到，这是一个才华横溢的人，他思维敏捷、知识面广博、人生阅历丰富，对问题的看法往往有穿透力，他很乐观、开朗、幽默，这正是他不同凡俗的才华和智慧，他能说、能唱、会拉手风琴、会画画，还喜欢写打油诗等，有着很好的文艺天赋，记得2004年，他在万年县的稻作文化国际学术研讨会上主持文艺晚会，妙语连珠，幽默风趣，充分展现了他的才华和智慧，当时我就感叹：陈文华先生确乃杰出的多才多艺的人才！至于他在学术上不同凡俗的才华和智慧，早已是公认的。

出席《德安县志》总审稿会有感戏作打油诗一首赠孙自诚主编

顾问 陈文华

志书是个宝，借鉴不可少。要知德安事，请往县志找。

奋战五六年，今日完初稿。九江十余县，德安还算早。

编者成绩大，功劳归领导。文章千古事，要把质量保。

主编有诚意，请来众代表。顾问十几位，古稀有三老。

湖北骆教授，带徒长途跑。会上争发言，老少共商讨。

客人不客气，主编如过考。肝胆能相照，争鸣不争吵。

成绩都肯定，问题也不少。今日多推敲，将来打不倒。

所言未必对，仅仅供参考。最后拍板者，市县众领导。

良机莫错过，抓紧早定稿。相处三五日，感谢招待好。

县长每天到，主任日夜跑。天天瓜子烟，频频把茶倒。

厨师手艺高，蒸煮加小炒。殷勤好款待，酒醉又饭饱。

临别赠厚礼，文房添四宝。共青有特产，著名羽绒袄。

题诗寸心表，无才只打油。语俗请勿恼，受之实有愧。

敬祝德安县，工作样样好。四化早实现，各业猛飞跑。

祝愿新县志，早日能脱稿。出书定拜读，再把眼福饱。

祝贺孙主编，很好又很好！

五、学术成就和学术魅力

陈文华先生在农业考古学、中国农业史研究、中国茶文化研究方面的学术成就，自不必再多赘述（可参见《农业考古》2013年第3期的一些悼念文章）：他的学术成就和学术魅力是构成他人格魅力的重要方面，人们尊敬他、怀念他，既离不开他为人处世的大家风范，更离不开他在学术上的成就，他开创了农业考古这门学科，撰写的著作奠定了这门学科的重要基础；他创办的《农业考古》学术期刊，引领了中国农业文明史的研究，为中国农业文明史的研究培养了许多人才；他创办的《农业考古·中国茶文化专号》，开启了中国茶文化的繁荣时代，为宣传中国茶文化有着重要贡献；他撰写的《长江流域茶文化》等茶文化著作，同样是中国茶文化学科的奠基之作；他还培养了众多茶艺方面的人才。所有这些学术成就，构成了陈文华先生的学术魅力同时是他人格魅力的重要组成部分。

一代大师陈文华先生走了，走得突然，但他即使离开这个世界时也和他一贯的风格一样——潇洒，从不拖泥带水，超脱，这种人生风格延续到他生命的最后。

送陈文华先生去医院做CT扫描的哈尔滨和大庆的茶友告诉我，陈文华先生安慰他们说："给您们添麻烦了！即使倒在传播茶文化的路上也是幸福的！"

是的，陈文华先生是幸福的！史学界的朋友们纷纷发来唁电悼念他，茶界的朋友们追思他，为他海葬，让他魂归大海！这是他的遗愿，他之前曾有过的交代，因为他生长在海边，海是他永远的安息地！

（文章原载《农业考古》2014年第5期）

青山不老　常见菊花黄

——悼念茶文化大师陈文华教授

原武汉科技大学中南分校旅游系主任　刘晓航

2014年5月15日上午，我正在海南博鳌参加"中国知青文化博鳌论坛"，突然接到武汉炎黄茶文化研究会秘书长易志学的电话，他沉痛地告诉我：江西的陈文华教授昨天（5月14日）晚上在东北的大庆走了，具体原因他语焉不详。听到这个噩耗，我非常悲伤，泪珠子立刻滚落下来；一个充满生命活力，那么俊逸潇洒的文华先生怎么就这样突然地离开了我们？今年他刚刚满80岁，他的精气神一点不显老之将至，在2008年，在由他导演并主持的《中国茶谣》中，在舞台上他身着银灰色长衫，手执纸扇，飘逸儒雅的形象永远定格在海内外茶人的心中；这是中国茶文化学者最完美的形象！

我拨通江西省社会科学院《农业考古》杂志主编施由明的电话，询问详情。他告诉我，文华先生是在东北出差突发疾病去世。常年天马行空般在国内外飞来飞去参加各种茶文化活动的文华教授老当益壮，谁知突然发病不治去世。我立刻以个人和武汉炎黄茶文化研究会的名义给他的家人发去唁电："痛悉我国农业考古创立者，中国茶文化大师陈文华教授不幸去世。他的离去是中国农业考古和茶文化事业不可弥补的损失，我们深切缅怀文华教授的开创性业绩与人格魅力。谨向他的夫人和儿子表示我们的哀思，文华大师一路走好。"施由明告诉我，陈先生的遗体已经在当地火化，按照他生前的交代，他的骨灰将送回他的家乡厦门，并在厦门大学举行海葬。

5月16日晚，来自全国各地的200多位茶人，赶到厦门的高崎机场，一色素衣，迎候文华先生的骨灰回到故乡厦门，白底黑字的横幅："文华大师，我们接你回家乡"，接着，在厦门机场附近的茶叶会所，由江西茶人协会和厦门的茶友主持了"陈文华大师追思茶会"，缅怀陈文华教授，高度评价他对中国农业考古和茶文化事业所作出的开创性贡献，他的逝世是中国农业考古和茶文化事业不可弥补的损失。许多人泣不成声，回顾与陈先生在一起的难忘时刻，赞赏他严谨的治学态度、浪漫情怀和人格魅力。与会者中，许多是从远方赶来的学者、茶人还有他的学生们。有的人追思会一结束就上飞机匆匆返回。在陈先生的头七忌日将在鼓浪屿与厦门大学之间的海面上为他举行隆重的海葬。

晚上我打开电脑，从百度上搜索"陈文华教授"主题词，我惊讶地看到，在网上已经是铺天盖地报道他逝世的消息，全国各地的茶人，甚至海外的茶人和考古学界，纷纷举行各种悼念他的活动，近10所高校的茶叶系师生为他举行追思会。我当即和武汉炎黄茶文化研究会同仁联系，决定在陈文华先生的五七忌日（即6月18日）在陈先生生前钟爱的红安天台寺为陈先生举行佛教法会，并举行隆重的追思茶会。天台寺的悟乐方丈已经为文华先生立了灵位。

5月21日是文华先生的头七忌日，来自全国各地的近400位茶人在厦门鼓浪屿为他举行隆重的海葬。清晨，人们已经聚集在鼓浪屿一号码头，由于下大雨，人们打着伞，陈家包了一艘"厦鼓"轮渡，可以乘几百人，来自各地的茶人黑压压地将船舱坐满了，最多的是南昌女子职业学校茶艺系的毕业生，一个个黑衣黑裤，人人手执一支皇菊，文华先生爱菊并亲自在婺源上晓起村种皇菊，今天大家执菊为他送行。就在轮渡启动的那一刹那，奇迹出现了，据后来南昌白鹭园老总涂馨之告诉我："天一亮就在下雨，人人打着伞，可是就在这一刻，大雨骤然停了，太阳出来了，天际上蓝天白云，水天一色，霞光万道，好像在为文华先生送行。此乃天意也！"送行的轮船绕鼓浪屿一周，船行至正对着厦门大学的建南大礼堂停下。参加送行的郑启五教授突然想起，今年恰恰是陈嘉庚先生捐建的这座全国高校最宏大的礼堂落成60周年（1954—2014），也是文华先生考进厦门大学历史系60周年（1954—2014），60年一个甲子文华同学又回来了。他用这种壮烈的方式，表达了对母校的热爱！

　　上午10：08，海葬仪式开始。江西省社会科学院首席研究员余悦教授主持仪式，文华先生的亲人——他的夫人，两个儿子，三个弟弟，一起把他的骨灰撒向大海，每一个人纷纷把手中的皇菊揉碎成花瓣撒向大海，此时此刻，大海风平浪静，成片的菊花瓣在海面形成一张美丽的菊花毯，人们望着一望无际的碧海蓝天，在心中默默念道"文华大师，这是阿拉丁的神毯，你踩住它，一路走好"。事后，郑启五以《陈文华教授的海葬——菊花海毯，阿拉丁神毯》为题发在新浪博客上，不到半个月，点击量达15万人。

　　一位学者的离去，在海内外有那么多人悼念和缅怀他，自发地为他举行各种追思和纪念活动，而且大多数是来自民间的悼念，确实是罕见的，这不能不引起人们的深思。从陈文华教授已经远去的背影，我们感悟到的是一个久经磨难的知识分子对祖国和人民的赤子之心，对科学和真理孜孜不倦地追求，对生活和亲人的无限热爱，以一颗宽厚大度的心灵去包容外部世界，永远保持年轻的心态，旷达乐观。他不仅改变着自己的命运，也影响了许多人，他就是一个大写的人，一个正直、有抱负的学者，他敢为人先，一直走在时代的潮头和前沿。他将我引进中国茶文化这个博大的领域。他开阔的文化视野和严谨的治学态度，他与人为善的君子风度深深地影响了我，激励我不断进取，不断突破自我，但求耕耘，定有收获！

　　我是在2005年4月，在婺源上晓起村口那棵百年老樟树下，有幸认识文华先生：当时我正带领武汉市一批民主党派人士参观这座清代古村——它是晚清两淮盐运使江人镜的故里，这也是我第三次来婺源（之后又去过四次）。我们一见如故，他渊博的学识和儒雅的风度令我倾倒。他领我参观了水力捻茶机及他在这里搞茶文化旅游的缘由，他鼓励我关注中国茶文化研究，他还告诉我江西省有一份中文一级期刊《农业考古》，是双月刊，其中第2、5期是《中国茶文化专刊》，他就是主编，他欢迎我为该刊写文章。在他的引导下，我开始茶文化的研究，不仅阅读大量的古今茶文化典籍资料，而且在游历四方时观察了解各地饮茶风俗和茶叶贸易的历史。2005年后，我厘清治学思路，专注于清末民初以两湖为源头的中俄茶叶之路的历史文化。从2005—2013年我在《农业考古》杂志先后发表了近20余篇茶历史文化的学术论文，其中比较有影响的有《汉口与中俄茶叶之路贸易》《湖北茶文化旅游资源亟待开发》《咸宁生牲川独领青砖风骚四百年》等，2006年4月我应邀参加文华教授主持召开的"第二届婺源国际茶文化论坛"，我在论坛上宣读了论文《整合资源，回归历史，打造中俄茶叶之路国际旅游线》，成为国内提出将中俄万里茶路文化线与保护资源、开发旅游、复活茶路相结合的第一人，在海内外茶业界产生较大的影响。从2006年后，由于我忙于旅游教学和知青文化研究，对茶文化的研究疏远了，和文华教授的联系也少了。2010年我第二次退休后，将治学的关注点又回归到茶文化研究上来，并且成为湖北省社会科学院《中俄茶叶之路》课题组成员，由于调研经费有了保证，使我在两年时间里，从福建武夷山到蒙古国的扎门乌德，沿当年万里茶路考察了一趟，参加了一系列关于中俄万里茶路的国际和国内研讨会，形成一系列较成熟的研究成果，此时文华先生虽然早已退休，但是他依旧关注我在这一领域的研究，鼓励我不断进取，在他的推荐下，我的长达两万多字的论文《东方茶叶港——汉口在万里茶路的地位与影响》在《农业考古》2013年第5期发表。自2010年以来，中央电视台的农业频道和各种媒体多次报道文华教授在江西婺源的上晓起村带领农民种茶，培育皇菊花成功的消息，已经70多岁的老人，还像一个天真烂漫的大孩子，还乐此不疲地为建设新农村辛劳，我们既心疼他，又理解他，这就是他先忧后乐的人生追求，他这种精神也感染了我们，他就是我们的楷模。近两年我们的联系又多起来。去年7月底在酷热中，他邀请我们武汉炎黄茶文化研究会一行七人去南昌，参加了在白鹭园举办的"南昌茗香禅韵茶会"，并与江西省茶人协会就共同举办"鄂赣茶文化论坛"达成共识，决定9月在武汉和红安天台寺举办第一届"鄂赣茶文化论坛"。在南昌三日，我与文华先生有了多次深谈的机会，虽然在这之前我早已读过他的专著《中国农业技术发展史》《长江流域茶文化》《中国古代农业文明史》等，但是我更想了解他的人生道路，我知道他在厦门大学读书时就被打成"右派"，这一辈子就是一部传奇。文华教授答应我，9月去武汉一定将他自己口述的人生历史资料带给我。2013年9月20日，文华教授率领70多人的江西茶人代表团来武汉参加"木兰水天赏月暨红安天台寺禅乐文化节"，他给我带来两份自己的口述历史讲稿《漫漫人生路 甘苦寸心知成》（《人生与学问》讲演录）和《三十功名尘与土》（《农业考古》创刊三十年记）。我连夜捧读，才全面了解了他传奇经历和他60年如一日不懈奋斗，为中国农业考古事业和茶文化发展做出的不朽贡献，对他的学术成就和人格魅力有了更深的敬意。

陈文华教授生前非常关心湖北和武汉的茶文化发展，多次来武汉参加茶文化活动，给武汉茶人留下美好的回忆。他的不幸逝世，使武汉的各界茶人非常悲痛。因此在文华先生的五七忌日，6月17—18日，武汉炎黄茶文化研究会和红安天台寺茶文化研究会联袂在文华先生光临过三次的天下名刹——红安天台寺为他举行法会和追思茶会。

6月17日20：00，在天台寺的"天台书院"播放了2008年陈文华教授导演的《中国茶谣》，当身着银灰色长衫的文华教授风度翩翩地出现时，台下一片静默。"天台广玄禅乐团"为文华教授作了专场演出，以表达我们的无限哀思。

6月18日早晨8：00，在天台寺的大雄宝殿，由悟乐方丈主持了陈文华教授的佛教法会。南白鹭园茶会所代表文华先生的家人参加了庄严的法会。接着在斋堂举行追思茶会。每人面前都有一杯文华教授生前培育的晓起皇菊。武汉炎黄茶文化研究会副会长兼秘书长易志学主持追思会，代表武汉茶人诵读了悼文：

> 鹭岛蒙难，岁月蹉跎，洪都创业，壮志弥坚。
>
> 农业考古，踏遍青山，激扬文字，誉满京华。

创刊办校，弟子三千，物换星移，桃李成蹊。

弘茶兴农，倡导新村，晓起皇菊，芳泽海内。

禅茶与共，引领茶旅，茶话天下，传承文明。

茶人高德，儒雅潇洒，茶品茶品，风范永存。

明月当空杜鹃泣，

青山不老常见菊花黄，

一世闲情寄晓起，

皇菊花开人去后，

空谷留音励来者。

一代茶人的风范，一个大写的人，一本杂志，一个学科，一朵皇菊，一种情怀！

文华大师一路走好，你的音容笑貌，你俊逸潇洒的背影，虚怀若谷的襟怀，将永远激励我们！

（文章原载《农业考古》2014年第5期）

歌哭陈文华老师

贵州省茶文化研究会原副会长　罗庆芳

距离我跟陈文华老师相约湄潭会面的日子越来越近，心情的激动也越来越难以抑制。我在想：陈文华老师一定长得很高大结实，要不然，他一定承受不了日以继夜的攻读和写作；他做了那么多事，写了那么多书，一般的人是承受不了的。我们虽未见过面，但我们早已是熟悉的老朋友，是难得的以文会友，我们在品读对方的文章中，早已成为相通相知的老友。

5月18日，我问贵州省茶文化研究会秘书长梁正："陈文华老师来黔考察贵州茶的事落实得妥当了吗？我们一定要让他看看这几年贵州茶的发展速度，一定要让他弄清楚这几年贵州茶种植面积是怎样从全国第十一跃居全国第一的，一定要让他看看湄潭的茶海，让他看看都匀毛尖的出产地，一定要让他看够花溪久安的54000多株古茶树，让他见识贵州的高山茶是何等的优秀。"我正讲得越来越激动呢，梁正突然沉重地低下头，难受地说："罗老师，我，我想告诉您一个不幸的消息陈文华老师已于5月14日19点40分在大庆出差途中病逝了。"

听梁正这么说，我的心好像就要停止跳动，脑子突然轰的一声，好像就要炸开，我不敢相信这是事实。十几天前，我们通电话，他还中气十足。我告诉他说："今年的国际茶博会和全国茶文化高端研讨会在贵州湄潭召开，万事俱备，只等5月28日这天开幕，我们贵州省茶文化研究会特别欢迎您前来参加，看看贵州是何等的宜茶宝地！"他兴高采烈地说："太好了，虽说时间都排满了，但是，贵州我是要去的，我还要带老伴一块来，我们虽是老朋友了，但我们还没见过面呢，这是个好机会，我一定要来，我退休了，自费也要来的。"我说："我们茶文化研究会都安排好了，我会带你到各地走走，看看贵州的大好河山，好几个茶企业，等着你光临指导呢！"他说：

"指导说不上，相互学习嘛。从你的文章中，我早知道，贵州茶有很多值得研究的东西。这是个很好的机会，我一定要来。现在讲廉洁，我们要来，我们自费来，你们领领路就行了。"听了陈老师的这番话，引起了我的许多联想：他跟我一样，都来自农村的，小时候都吃过很多苦。我说："我小时候放过牛，割过马草，栽过茶，守过橘子园，捉过鱼，砍过柴，烧过炭，挖过煤，爬山涉水，都不是什么困难事！"他说："这么说，我们的童年很相似，你经历的，也是我经历的，难怪我们有那么多相似的地方。你一定很爱读书，很爱写作，对吧！"我说："是的，从小就爱读书，就爱写作，我立志要当个对社会有贡献的作家！"他说："我爱读书，可我是学历史的，当不了作家，就想当个学者，我喜欢考古，喜欢茶！"我说："太好啦，我喜欢文学，但对茶情有独钟。你喜欢考古，也对茶产生兴趣，难怪我们总是那么说得对路。"当时，我们每次通电话，说的也仅只这些。几次与江西社会科学院的胡迎建在一块开会，方才更多地了解到陈文华老师的一些情况，但都因时间仓促，也就是了解到一些大概的情况，只觉得陈老师很合得来，堪称文友。前年，我出版两本有关茶的书：《文化力量与黔茶发展》《饮茶与文化》。我想，他与我既然那么说得来，又都有对茶的共同爱好，不如请他写个序，他一定不会推辞。没想到果然如此，我在电话上一说，他二话没讲，就答应说："这篇序，我要写，我们虽没见过面，可是我读过你的不少写贵州茶的文章，很有深度，你让我了解贵州茶，正好借这个机会，说几句想说的话。"没几天，《一位勤奋的侗族茶文化学者》的序言就这样寄来了，他写到："我至今还尚未与之谋面，但已精读过他的许多文章，并且通过这些文章，进一步了解贵州的茶叶历史，丰富了对贵州茶文化内涵的认识。说是精读，是因为这些文章大都发表在我主编的《农业考古·中国茶文化专号》上，我作为一个主编，从初审到三校，都是一个字一个字看过去的，比一般的读者要仔细得多。而且要读好几遍，自然也比一般读者的收获要大得多。在编校审读过程中，我发现罗庆芳先生的视野比较开阔，他对贵州的茶叶生产和茶文化内涵的研究都是从较高的历史视角进行观察，是站在一定的历史高度来审视贵州茶和茶文化的发展脉络，从而给人以有益的启示。"接着他以读后感的笔调，写到："仅从上述列举的几篇文章就可看出罗庆芳先生对贵州茶文化的研究是全方位的，观点鲜明，论据充分，辩论透彻，条理分明，文字娴熟，读后使我深受教益。"他还写到："罗庆芳先生本是一位作家和诗人，他是中国作家协会成员，中华诗词学会的常务理事，《贵州诗联》的主编，还是贵州省诗词楹联学会副会长，其传统诗词的功底深厚，在涉足茶文化之后，还先后撰写了400多首茶诗，仅在我主编的《农业考古·中国茶文化专号》上就刊登了80多首。这些茶诗涉及贵州茶叶及茶文化的方方面面，既给读者以美的艺术享受，又宣传普及了贵州诸多名茶，提高了它们的知名度，对贵州茶叶经济也是发挥了有益的作用。希望也能结集出版，成为贵州茶文化百花园中的一朵鲜花，散发浓郁的茶香。"既然陈老师都这样说了，我自然是日以继夜地将自己写的茶诗，从各报纸杂志中搜寻出来，并于2012年7月，以《罗庆芳茶诗选》为书名出版，并及时寄给了陈老师，很快收到了他的热情洋溢的信，他赞扬说："很好，很有诗味，像品茶一样，越读越有滋味，以后多写点，我负责刊发。"不过，我的事情太多，主要是写书的任务重，近来没有如先生之愿写得并不多，这是我对不起先生的地方，但我并不偷懒，每天都忙碌着。不过，这不能成为借口，以后我一定抽时间，再忙也要如愿于先生。

听了梁正告知的沉重的消息的当天，我立刻从网上下载了陈文华先生的纪念文章，随着四海相知们悲痛的述说，我感到一阵阵的震惊。原来先生经受的折磨比我更多更深沉，他表现出的意志和毅力当然也比我更坚实。

1981年陈文华先生创办了《农业考古》杂志，1991年又创办了《农业考古·中国茶文化专号》。

陈文华说："人品即茶品，品茶即品人。"他集官员、学者、传媒人三者为一身，位高不居宽厚待人，谦虚谨慎，他不顾车马劳顿，足迹遍及全国。他倡导"为中华茶文化事业奋斗终身"。他求真务实，坚韧不拔，严谨治学，不断创新的精神，将永远长存，亘古流芳。

我看到他的多张照片，身着红T恤，下穿牛仔裤，风度翩翩是学者，走在田野是农民。许多与他相处的人都说他品德高尚，身体健康。他是80岁的年纪，50岁的心脏，40岁的步履，30岁的干劲；史学家的深厚，艺术家的超脱，实干家的风度。从网友们的这些描述，在我的心目中，陈文华老师应该是超百岁的巨人。我到处打电话相约他5月28日在全国茶研会上相见。这一个多月来，我几乎天天都盼着见到陈老师，聆听教诲；我不时地打电话到中国国际茶文化研究会，询问他来不来开会，我多次询问省茶文化研究会，一定让陈老师在贵州期间，生活得轻松愉快。没想到他停不下来的性子，让他在长途的奔波中，在北国的大平原上，旅途的疲劳，夺去了他宝贵的生命。他怎么就走了呢？他答应我的，他很想来贵州，要考察贵州的茶业发展。他答应散会后就在贵州考察一段时间，直到满载而归。我相信他在离别人世的最后时刻，一定还想着到贵州来的夙愿吧！他不仅自己来，还要带着老伴一块来，领略贵州的无限风光的。可是，他却走了，走得那么仓促，让人都不敢相信这是真的。

这几天，我在梦里，老看到他在上晓起村植茶的情景，在农户家中与老农摆谈的情景，更看到他穿着红衬衣的潇洒气派，我多么盼望着早一天与他会面。可是，梦醒之后除了悲伤，还是悲伤！想到他几十年间吃了那么多苦，受了那么多累，却一直那么坚强执着，立足于现实勇敢地拼搏，成为顶天立地的专家学者，敬仰之心，油然而生，不由得写下我对陈老师的一片崇敬之心，纪念之情，弘扬之志。我久久地歌哭陈文华老师而吟出我的肺腑之声于尾：

> 噩耗霹雷人智昏，天旋地转泪涔涔。
> 相邀千里湄江会，急切今朝大庆湮。
> 长恨苍天摧耆凤，直奔地府告庸臣。
> 呜呼伤痛何时了，一世英灵四海钦。
> 荆丛坡坎险峰横，一路奔波百废兴。
> 人祸天灾坚砺志，坟勘书海炼丹诚。
> 辛勤考古功名就，执意强茶国运增。
> 撒手西归人共哭，莘莘学子仰痴情。

（文章原载《农业考古》2014年第5期）

陈文华先生的学术理念与学术境界

——纪念陈文华先生

江西省社会科学院哲学所所长　赖功欧

陈文华先生突然离我们而去，还没来得及让我们理解这一切，他就卸担而去……在我脑海里，我依稀记得他还有若干计划要完成、若干著作要出版、若干活动要举行，特别是，他还与我们哲学所相约6月初去他的基地——婺源晓起村调研、采访、座谈。他说：5月的行程他已安排得满满的……还说：他的60万字插图版的《中国茶文化》即将出版，在我鲜活的印象中，他还在不断购书，还在津津有味地与我谈钱穆，虽然他年届八十，给人的印象则是活力无限、魅力无穷。他是个开创性的人物，他的生命特点就在不停地开创，从不驻足……陈文华先生就是这样一个从不自满而又不断充实自己的学人，最后一次见陈先生，是在4月下旬的婺源全国学术会议上，朱虹副省长到会，高度赞扬了陈先生的学术贡献，陈先生亦在此会上慷慨陈词，对中国茶界概括有度，对中国茶文化远景、设想恢宏；让我们感到他仍是壮志未酬，会上音容笑貌还在、谈及的文化事业仍存……不承想，此会竟成诀别之会。

是该回首、总结他的学术的时候了。

我想说的第一句话是：他是一个真正的学人；是中国考古学界与茶文化界的巨人，且是作出了榜样的学术巨人。继之我要说的第二句话是：他在多个领域所留下的学术遗产是丰富的、有价值的。我想说的第三句话是：作为学人与茶人，他有不断创新的冲动，是个开创性学者。当然，我还想说第四句：陈文华先生不仅是学术大家，也是国内少有的学术文化活动家，是能够引领学术文化取向的活动家。他开创的事业还足可让我们后辈享受几十年，陈先生的学术文化生涯可概之以三个"兼具"之特点：一是古今兼具，二是道艺兼具，三是知行兼具。

一、开创农业考古学科领域

陈文华先生是中华人民共和国成立后厦门大学历史系的本科毕业生，毕业后即来到江西省博物馆从事考古工作，《农业考古》杂志即创建于此，而这一学科领域亦即同时宣告诞生，这对他的学术生命来说，是极其重要而极有意义的一个开端。

我多次听陈先生谈过他这一经历，包括"文革"下放农村，如何听党的话，专心务农；直到改革开放如何恢复原先工作，改革开放给他带来了新的机遇，而正是这一机遇赋予了他灵感，此即1978年他创办的"中国古代农业科技成就展览"在北京展出，此展可谓一鸣惊人，让陈先生从此一发不可收拾。事实证明，这样的展览不仅在当时是极富创新思维的，即便在今天，我们亦可说，人文社会科学特别是在历史领域，这类型的展览常常就是学术领域开拓者的先声。大众的普及需要它，舆论宣传需要它，就连学术领域的新开拓也需要它，而陈文华的创新理念恐不止于此，他将两个领域内在地关联起来了，逻辑地关联起来了；打开了人们的眼界，激发了人们的思维，从而大大地充实了其时的历史文化领域之成果，让人们从此而立于一个更高、更新的平台。这就是陈先生的大功劳了。

源头是重要的，陈先生这个学术原点的意义就在其大可追溯到中国农业文明之起源，学术与文化领域都是如此。它的第一推动是理念，是具有创意的灵感带来的理念，开创者不仅要有自己的辛勤劳作，更需要一种源起的灵感之迸发，我想，陈先生在灵感迸发那一刻，他定是激动不已的。陈先生接踵而来的经历说明了这一切——《光明日报》及新华社都为其刊发了通讯与专稿，随之受到中组部邀请。这一幕开启了他在北京的亮相，这期间他多次进京举办讲座及为农业部干部们讲授"中国农业科技发展史"课程。此后，可以想象到，是轰动全国的效应，纷至沓来的全国各省市的邀请，而这一讲就是300多场次。陈先生的滔滔不绝，是我们多次所领教过的；而这后面的更深层的推动力就很少有人去思考了。

他的素养、他的学识、他的积累尤其是他内在创意的第一冲动，让其农业考古的大事业，起于一个平常的展览、起于一个平常的杂志；终而在全世界开花结果，让日本人惊讶，让美国人震动，更让欧洲人刮目相看。他们都从这一视角透视远古的中国，也透视当今的中国，此前，他们当然未曾想到，两个谁也不曾经意的领域，竟被"中国稻作的源起"这样一个有逻辑黏性的理念关联起来了。考古-农业，以何为考？从何下手？考溯什么？好！陈先生这样回答你：以中国稻作为考，从稻作农具下手，考溯最具原址意义的野生麦粒及其场地，这些方面，他所取得的成果，不仅让国人，更让世界感受到一股来自历史学界的清风。也许用"清风"二字不足以表征，那就还是引用中国古老成语已有的"振聋发聩"吧。想想，学术上的"振聋发聩"意味着什么？是信息量的冲击，是眼界的打开，是思想的跃起，是文化内涵的重组！从此，人们记住的，不仅是《农业考古》这个杂志，更记住了中国是世界上最早的野生稻作发现地——江西万年仙人洞；不仅记住了中国有如此丰富的稻作家底，更记住了是陈先生把中国农业文明的起源向前推进了两三千年。不仅记住了中国古代的农业文明是如何精耕细作，更记住了诸多的农业考古发源地。我要再次提醒人们：正是陈文华先生，大大激发了人们对农业文明的起源时代的兴趣，使得全国各地的此类考古基地有不少发掘。而在全国史学界的会上，人们一再提起，中华文明五千年要改写了，要提出新的历史性文明话语—中国文明一万年。陈先生在此中功劳有多大，史学界人士早有评说，无须我等再费口舌。又有其著作为证：《论农业考古》《中国古代农业科技史图谱》《中国古代农业科技史简明图表》《中国农业考古图录》《农业的起源和发展》《中国古代农业文明史》《中国农业通史·夏商西周春秋卷》《中国农业技术发展简史》等，这些著作足以透见这位农业考古领域先行者，是如何一步一步从一个点而扩展到偌大一个包笼国际学界圈的。从陈先生连续主持四次国际农业考古学术会议这一信息中，我们当知其国际声誉之高。

质言之，农业考古领域的开创，实现了陈文华先生古今兼具的农业文明理念，他从古代农业文明中汲取到的是：精耕细作仍须体现于现代农业之中，这是从学术理念到学术境界的一种思想结晶，其所展现的是一个学人所走过的一生学术道路。

二、中国茶史、茶艺的学术探究及其茶文化与茶产业联盟之开拓

1990年，我院就有了一支自发的茶文化研究的队伍，当时只是全面查找资料，甚至从四库全书里面查找。不久，光明日报出版社不仅出版了这支队伍的共同成果，即一部几百万字的工具书《中国茶文化经典》；同时，又出版了一本探索性的茶文化论文集。作为农业考古领域的领军人物，陈文华先生以其特有的学术敏感，立即加入其中，并以其深厚的文化修养引领了这支队伍的探索方向。

从此，他又开启一次一发不可收拾的学术文化的前行，且成为一位令世界茶学术、茶文化、茶产业领域共同瞩目的人物。如果将时间前移二十几年，当时绝不会有任何人能想象到陈先生能作出如此深细的茶史探究、如此规模宏大的茶文化事业。

仍然是始于极富创意的学术理念，仍然是臻于至高层面的学术境界；仍可让后辈瞻望，仍可令后辈依循。

那么，是何理念触动并一直牵引着先生如此用心而用功呢？毋庸赘言，我们还是逻辑地循着他的学术步伐。首先我们该想到的是陈先生的领域——农史；而茶史与农史是近邻，或者可以说农史涵括了茶史。因而，先生一起步就是考古，茶史的考溯。一篇篇的论文、继而一本本的专著，都能见其史学的功力所在，君不见，那部《长江流域茶文化》，就是一部茶业的历史，茶文化的历史，它是一部历史学家眼中的"长江流域茶文化"。其书一出版，简直有让人大饱眼福之感；在学术界，能让人享此感受的著作，实为罕见。什么叫厚重，什么叫开情界，先生此书即是。重要的是，从中我们可透见的仍是他的"史料"理念——无史料不足以谈文化，更不足以谈历史，这就是陈先生所持理念所带来的气度与胸怀。是的，理念造就了他的气度胸怀，先生的茶文化著述，论文加专著，几可等身，恕不一一赘述。茶界学人尤其翘首以待的是不久将要出版的那部插图本《中国茶文化》。

当然，在茶史、茶道，甚至茶艺、茶文化诸领域，没有持之以恒的功夫，也是无法登堂入室的。继农业考古领域之后，陈先生又一次在茶的领域登堂入室，不光凭其理念，更是凭其深入的历史学家的功夫，最令我感动的是，陈先生勤奋之至而成一境界。长期以来，从不睡早觉，不到下半夜的三点钟，他不沾床边。一以贯之的他，竟养成了这一常人难耐的极刻苦习惯；诚可谓习惯成自然，一持几十年。我依稀记得他说过，上半夜他是要处理稿件与信件等杂务的（还得常给投稿者回信），因《农业考古》的整个编辑工作几乎是他一人担任的；不是他不放心他人作，而是他人作了以后，他仍要重按自己的思路重做。故每天只有到了下半夜是他思考写作的时光，才是他徜徉在自己的文化海洋中的快乐时光。而他只要真正坐下写作，其速度之快亦是惊人的；他的"不受干扰"亦是常人难及，至少我们社科院现尚无人企及。先生如此对我亲口说过：每年过年的那两三个月，他都要回到厦门，都要撰写出一部著作来，那是他快活日子。听后我总感叹嘘唏，自叹弗如，自言下辈子再来将先生这种精神学到手。先生此去，当知吾心否？

更让我难以释怀的，其实是陈先生对茶业及茶文化的卓著贡献，在我看来他的"茶事业"（此为我的独特称呼）是要分几个层次的，以上说的仅是学术层次；然后是文化层次，在这一层次，他带动了全中国的茶文化界，他创立并支撑了中国茶文化教育、茶艺表演、茶业考证等。今天，只有当我们回溯这二十多年的经历时，我们才可能在整体上将其逻辑

地连贯起来。须知，这一连贯的事业，最终是得到国务院认可的，在此基础上，整个茶文化界亦受到极大的鼓励，何以如此？让我们道出下一个层面。

陈先生茶事业卓著贡献的最后一个层面，即以茶文化而与茶产业的联盟，你只要放眼一瞧：当今茶企业界人物，无一不在重大场合请陈文华到场，一旦或缺，视若无戏。此在茶界几成常态，也就是说，中国茶界无第二人能替代之，因而先生一去，茶界震动，茶人惊呼，而后何从？一语概之，茶界有此等学养、此等眼界、此等胆魄、此等胸量其几人耶？诚然出如此中华茶文化大业者，先生是也！呜呼！先生仙去无顾吾等后辈，可耶？行耶？想来先生必在天界仍不断关照茶界，君不见先生仙去之前仍在婺源会上疾呼：中国茶业须深度发展，强力开拓！深受其感动者，岂止官员、学者、企业家等。

总之，茶史、茶艺及其茶文化领域的开拓与深究，实现了陈先生道艺兼具的理念与文化境界。

三、建立文化基地经受历史考验

我们知道，20世纪的1931年，梁漱溟就在山东开创了他的一个实验基地，此即建于山东邹平的"山东乡村建设研究院"。其间，梁漱溟极力倡导乡村建设运动，而其极深的儒学造诣亦通过此基地而向全国发显出来，此举终使其思想影响力愈来愈大，而成为中国现代新儒家的第一代代表人物，乡村建设运动及实验基地的建设，亦是梁漱溟民族复兴这一内在心志的强烈诉求。惜其在战争年代中种种条件不具而中途废之。梁氏宣称凡事一定要实验，一定要出来考察，要做持续的实践。梁漱溟确实是一个重实际而又不空谈理论的儒者——从不坐而论道，而总是思考着社会问题，一有所悟便去力行并四处寻求理解和支持，以实现他心目中的改进社会之道，基于此，才有了他的一套系统的乡村建设理论与实践。一百年后回顾20世纪中国的思想家，或许只有他和少数几个人才经得住时间的考验，而为历史所记住，

须知，从文化史的视角考量，梁漱溟此举就是从理念到实验到建立基地的知行合一之举。以梁为参照系来考量陈文华的婺源晓起村基地建设，可乎？当然可以，时代不同，立意自然不同，但同为从理念到实验到建立基地的知行合一之举。

21世纪初的婺源上晓起村的文化基地建设，投入了陈先生的绝大部分精力、时间。常人只见他种茶、种菊，像农人一般辛苦劳作等外在事象；其实他志在学术、志在文化，志在扩其文化事业而成为中国乃至世界的一个文化样板。故其不遗余力地在基地主持、主办全国性学术会议，或邀请全国学术文化领域内的各种会议来婺源上晓起村召开。一时，上晓起村名声大振，"晓起"终而成"大气"了！然而，陈先生一直是在付出，甚至是在做"赔本买卖"，央视采访亦称其为"傻教授"，可见其心志之深，定力之坚。而让人颇感欣慰的是，先生可谓终成其果——上晓起村成了人们向往之地，人们纷至沓来，一睹上晓起风貌，一睹先生事业，一睹古老婺源新凸显的文化基地，呜呼！先生此去仍留上晓起，上晓起可继，精神常在，文化再续，先生九泉之下可得以慰安。

上晓起村已然经受了十多年的风风雨雨，现实在考验它历史更要考验它。梁漱溟是上一个世纪的文化实践的先行者，而陈文华则也成了这个世纪的先行者，他们的精神境界是相通而相同的。

上晓起村文化基地的事业之开创，实现了陈先生知行兼具的理念与风格。

让我们谨记：陈先生的事业可承、能承、必承！

（文章原载《农业考古》2014年第5期）

我与茶文化大师陈文华先生二十余年的交往

中国人民解放军陆军工程大学　　陶德臣

2014年5月15日20点29分，接到茶友浙江大学黄志根先生的短信："陶先生，听说陈文华先生在昨天去了，愿他的工作及精神永久。"一看短信，不觉大吃一惊，难以相信它的真实性，因为，陈先生一向精神爽朗、精力充沛，乐观向上，除了糖尿病外，未见有任何不适啊！仅仅1个多月前，陈先生还专门给我打电话，郑重其事地说，他要买我2013年7月由长虹出版公司出版的两本拙著《中国传统市场研究——以茶叶为考察中心》《中国茶叶经济与文化研究》。他客气地要我告诉他我的详细地址，以便汇款！他说不久才从《农业考古·中国茶文化专号》看到书讯，希望我能以快递方式把书寄到江西省社会科学院，他要去上晓起，怕时间来不及。我告诉陈先生："陈教授要买我的书，这是本人的最大荣幸，作为朋友，这书是免费赠送的，我决不收钱。"第二天，我郑重其事地将两本书签名后，到邮政快递业务部门把书寄出去了。很快，陈先生收书后发来短信，表示感谢，并大大地表扬了本人对茶文化事业的"重要贡献"，说："你研究茶叶经济史业界无人能比！"这些鼓励的话语，至今仍在耳边回荡，仿佛就发生在昨天，因此，听到陈先生走了，我确实难以置信，忙追问黄志根先生："消息是否确切？陈先生遭遇了什么变故？"黄志根先生说："我也是听说，愿安息，你我且行且珍惜！来杭州，也请告诉我啊，只因想见面。"很快，从网上果然传来了噩耗：陈先生出差大庆期间，由于肺部感染，引发呼吸衰竭，于2014年5月14日晚不幸离世！悲夫！斯人已去，难以挽回！悲痛之余给江西省社会社科学院的余悦先生发短信，以示悼念。5月22日，也即陈先生在老家厦门举行海葬仪式的第二天，余悦先生给我打来了一个耗时很长的电话，深情诉说着对陈先生离世的悲痛。嗣后，我向余悦先生发出了一则短信，请余悦先生转达对陈先生夫人程光茜校长的问候："余教授，我文学功底差，不懂对联，但这挽联是我心情的真诚表达。题目《深切悼念陈文华教授》，上联：学历史，迷考古，深耕茶文化，成绩斐然；下联：忙学术，重践行，建设新农村，吾辈楷模。落款：江苏南京解放军理工大学人文教研室教授陶德臣。"回想与中国茶文化大师陈先生20多年的交往史，觉得不写点文字，略表追思和纪念，心情实在难以平静，现谨择其重点，从三个方面侧记本人与中国茶文化大师陈先生20余年的交往史。

一、交往的学术刊物

与陈先生的交往起源于他自己亲手搭建的学术平台《农业考古》杂志。陈先生1935年出生于厦门，1958年毕业于厦门大学历史系，还是学生的他由于被打成"右派"，被发配到江西省博物馆工作。虽然从事野外考古工作10年，又被送往农村劳动改造过3年，但这些经历都没有磨灭陈先生对事业的追求，正因为长期坚持不懈他才有可能敏感地抓住机会，创立了农业考古学科，成了"中国农业考古第一人"。1981年，陈先生克服重重困难，创办了国内篇幅最大的农史研究专业刊物《农业考古》杂志（1991年改为季刊，每年有两期为"中国茶文化专号"），在这面旗帜下，汇集了全国农业考古领域的大批研究者，从那时起，研究茶史、茶文化的专家学者拥有了一个新的学术之家，他们在陈文华先生搭建的学术大厦下相互学习、相互交流，共同承担起复兴祖国茶文化的使命。20多年来，陈先生为这一杂志的生存、发展呕心沥血，竭尽全力，终于换来了繁花似锦、生机勃勃的茶文化春天，毫不夸张地说，如果哪位学者声称自己是研究茶文化的，却没有看过《农业考古·中国茶文化专号》，没有在这本世界上最专业、分量最重的茶文化权威刊物上发表过论文，那他一定会被圈内人士耻笑！

本人知道陈先生的大名始于20多年前的1992年。那时正为撰写硕士论文忙碌，由于选择了《近代中国茶叶的商品化》这一主题，因而有幸接触到1991年出版的《农业考古·中国茶文化专号》第1辑、第2辑，感觉杂志印刷精美，容量特"肥"，简直就是一本大书！这杂志很有收藏价值啊！这就是我当初的真实想法。1994年我从苏州大学硕士毕业，入伍解放军工程兵工程学院政教室，8月，又赴山西忻州黄龙王沟总参大学生训练基地受训。虽然训练生活很紧张，但我没有忘记《农业考古》这份杂志。就是在太行山的那个封闭山沟里，我向陈先生发出了第一封信，购买各期《农业考古·中国茶文化专号》，最终如愿以偿。我认真学习，多方思考，也开始向陈先生主编的《农业考古·中国茶文化专号》投稿，很快，初出茅庐的我，得到了陈先生的扶持，散文《茶情》、论文《外国侵略者对茶业的资本输出及后果》刊登于《农业考古》1995年第4期，从此，我一直把向《农业考古·中国茶文化专号》投稿作为一种追求，以文章刊登于《农业考古·中国茶文化专号》为荣耀。1995—2014年的整整20年中，我在《农业考古·中国茶文化专号》上发表论文、散文70多篇，有时《农业考古》杂志一期上就有我几篇文章，陈先生经常对茶友开玩笑地说："陶德臣是我的专栏作家，他还动员儿子给我写稿呢！"其实，这体现的恰恰是陈先生对本人的关怀。这年头，学者发文章很困难，想要在核心期刊发文就更难。陈先生的刊物越办越好，如今又是中国中文核心期刊、中国人文社会科学核心期刊，稿源充足而拥挤，但有时为了学术讨论的需要，本人也提请陈先生关照发表，陈先生都是有求必应，从未拒绝过。如今，《农业考古·中国茶文化专号》第1辑至第47辑手头都有，一本不少。

正是依托陈先生主办的《农业考古·中国茶文化专号》这一交往平台，本人才能将自己多年学习、研究茶叶经济与文化的粗浅体会公之于众，并接受大家的批评与指正。在这一过程中，本人收获了良多，认识了不少茶友，也深深体会到陈先生的高风亮节。

二、交往的学术会议

陈先生是全国著名茶文化专家，在圈子内享有极高声誉，不但如此，他一向为人豁达、性格开朗，因此，茶界人士无论老少，均与陈先生关系极好。由于职业和经费的制约相当一段时间内，我没有出席过茶文化界的学术会议，因而与陈先生时时无缘见面。2004

年，我在姚国坤先生的帮助下，有幸参加了在四川雅安举行的第八届国际茶文化研讨会，以后接连参加了 2006 年、2008 年、2010 年、2012 年在山东青岛、浙江湖州、重庆永川、陕西西安举办的第九届、第十届、第十一届、第十二届国际茶文化研讨会（2014年5月27—29日在贵州遵义举行的第十三届国际茶文化研讨会，我也收到了大会的邀请信，但由于无时间参加，只好作罢），参加了2012年第四届宝鸡法门寺茶文化国际学术研讨会及中国农业历史学会举办的一些学术会议。在这些重要的茶文化及农业历史学术会议上，我总能听到陈先生风趣的谈话，见到他健步如飞的身影，体会到他多才多艺的表现。在这些学术会议上，对陈先生印象最深的有三次。

2012年第四届宝鸡法门寺茶文化国际学术研讨会闭幕式

2006年第九届国际茶文化研讨会暨第三届崂山茶文化节
（左起：余悦、陈文华、黄桂枢）

第一次是2006年，第九届国际茶文化研讨会期间，在山东青岛崂山与陈先生一起雨中看道士表演。那天，下着中雨，参加第九届国际茶文化研讨会的嘉宾，冒着淅淅不停的雨水，一边聆听道教仙乐，一边欣赏道士八卦，虽然感觉有些另类，但也别有一番风味。由于雨水把椅子都打湿了，无法落座，陈先生和我干脆站在同一张桌子边，一边品尝着崂山时令果品樱桃，一边兴致勃勃地亲切交谈。他热情邀请我下半年出席在江西婺源上晓起举行的茶文化学科建设学术研讨会，说这将是一次纯粹而真正的茶文化研讨会，一定紧紧围绕茶文化进行研讨，不搞任何商业色彩的东西，规模也不大，让大家有充分交流的机会，我愉快地答应了。如今，这一美好记忆永远定格在我心中，成为挥之不去的永恒纪念。

第二次也是2006年，在上晓起茶文化学科建设学术研讨会上，为了完成陈先生布置的写文任务。那个热天，我整天在办公室苦思冥想，几经挣扎和努力，终于写就了万余字的《中国茶文化的研究现状与科学发展》一文。8月底我怀揣论文，搭上火车，转道安徽黄山，坐汽车，到江湾终于到了风光迷人的小山村上晓起。为了筹办这次会议，70多岁的陈先生忙得不亦乐乎，甚至客人吃什么，他都要亲自加以考虑、采购，这次会议的规模确实不大，赴会人员除了江西省社会科学院陈先生的领导傅院长、同事们外，主要有上海的卢祺义先生、乔木森先生，杭州的关剑平先生、李茂荣先生，北京的邹明华女士，广州的梦雨轩女士，合肥的丁以寿先生及研究生宋丽和伍萍同学，西安的马守仁先生，天津的陈云君先生及随员，天门的石爱发先生及茶艺表演队员，武汉华中农业大学的一位女先生，南京有本人及南京大学的几位人士。开会的会址别具一格，选在上晓起村头有几百年历史的古老樟树下，边上是清清的溪水，脚旁是绿绿的茶树，真是别有一番风味。陈先生用当地的莲蓬、葛根粉、红鲤鱼等土特产招待我们，给我们住的是茶客栈，晚上还有茶会、诗会，为了助兴，白天的陈先生还让客人坐上竹筏，自己亲自撑竹竿，充当起"船夫"。客人们则在竹筏上开心地大唱："妹妹坐船头，哥哥岸上走，恩恩爱爱纤手荡悠悠……"让人们体会到山野的洒脱。这次学术会议规模虽小，但对茶文化学科建设起到了积极推动作用。其间，丁以寿先生及本人宣读的论文至今还经常有人浏览、阅读、下载、引用，足见陈先生的远见卓识。

第三次是2008年，第十届国际茶文化研讨会期间，在浙江湖州长兴观看浙江林学院（现名浙江农林大学）师生表演的《中国茶谣》。随着《中国茶谣》幕布的徐徐拉开，不经意间，一位风度极佳的说书先生进入了我的眼帘，只见他清瘦的身材，手握折扇，身穿浅色长衫，谈吐斯文优雅，颇有学者气质，特具艺术细胞，谁啊？似曾相识，但怎么也想不起来到底是谁？不会是陈先生吧？怎么会是他呢？没听说他会演戏啊！一个学者与演员如何扯上关系呢？我坚决否定了自己头脑中冒出来的这种想法，对！赶快翻节目单！翻到了果然是陈先生！真是奇才，当了演员我都看不出来，足见天赋之高啊！我不得不佩服，也不能不感慨了！为此，我后来还将这一趣事写了篇文章《茶之朝圣者陈文华》，发表于《中华合作时报·茶周刊》2008年6月18日第2版。

三、交往的学术信赖

陈先生一生学术成果丰硕，著作等身，他创立了农业考古学，这方面的主要论著有《中国古代农业科技史简明图表》《中国农业技术发展简史》《中国稻作的起源》《论农业考古》《中国古代农业科技史图谱》《中国农业考古图录》《农业的起源和发展》《农业考古》《中国古代农业文明史》《中国农业通史夏商西周春秋卷》，典型论文有《试论中国农具史上的几个问题》《试论中国传统农具的历史地位》，均发表于权威的《考古学报》。他又是公认的"全国茶文化界的领军人物"之一，在国内外茶文化界享有很高声誉，多次应邀出访韩国、日本、泰国、法国、美国、德国、瑞典、芬兰、丹麦讲学，先后出版《中华茶文化基础知识》《长江流域茶文化》《中国茶文化学》《中国茶文化典集选读》《中国古代茶具鉴赏》《中国茶道学》《中国茶艺学》《中国茶艺馆学》等著作。就是这样一位贡献突出的世界知名学者，但他一直保持低调、谦虚的作风，确实难能可贵，大著《长江流域茶文化》出版后，我马上买回一本加以阅读。陈先生得悉后，要我为这本书写一个书评，我犯难了，这可怎么办？我感到这既是一种无比的信任和光荣，也是一种巨大的挑战和压力。恭敬不如从命，我认真地拜读了全书，用我手中那支不太灵光的笔（注：本人所有著作、文章均是先用笔写在纸上，然后再输入电脑打出）写了4000多字的书评《评陈文华著〈长江流域茶文化〉》（发表于《中国农史》2006年第1期）。书评尽量做到实事求是，既肯定优点长处，也不客气地指出不足。看到这种"大不敬"的评论，陈先生不仅没有生气，反而真诚表达感谢，并谦虚地说，书上引用了不少我的研究成果。事实上是，《长江流域茶文化》虽对我的成果有引用，但绝对谈不上"很多"，原因当然十分简单，因为我的学术水平不高，还无资格在陈先生面前卖弄！但无论如何，通过陈先生要我这个无名之辈为他写书评这件事，就足以证明陈先生的大度和宽容，他没有丝毫的"学霸"味道，有的只是学术的平等及其对后辈（我1965年出生，比陈先生小整整30岁）的学术信赖。

2012年12月，我接到他的约稿电话，他希望我写篇关于运河与茶文化方面的文章，他不久前在京杭大运河边的江苏淮阴讲学，与周恩来纪念馆附近开楚州茶馆的朋友谈到这个问题，强调运河对茶文化传播的重要性，希望我能围绕这一主题写篇稿子，传回江西省社会科学院。尽管当时我生病刚从南京军区总医院出院，身体还没有得到很好恢复，但还是爽快地答应下来了，经过努力，我很快奉上了万余字的《论运河在茶叶传播运销过程中的历史地位》（后刊于《农业考古》2013年第5期），陈先生收稿后很满意，来短信表示感谢。

往事如烟，弹指一挥间，几十年的历史已经被无情翻过。如今，陈先生虽然离我们而去，但他的精神不朽，事业永存，所有真正热爱茶文化的学者在为他惋惜的同时，也深知他的事业一定会在后继者手中发扬光大，我想，有了这种继承，复兴中华茶文化的民族梦想，一定会早日实现。

（文章原载《农业考古》2014年第5期）

赠诗与挽诗

飞 龙 宴

王志云

三至上晓起，正逢数亩荷塘花事犹盛，欣填《飞龙宴》一阕，以酬塘主陈文华教授

九夏芙蓉时，暑气蒸褥，日午庭院。醉眼慵抬，隔帘清圆遥见，亭亭出水吐艳。瞬雨过，莲头香浅，田田漫展，玉润珠妍，欹葺且摇扇。

休叹，光阴忽如箭。对攘攘尘流，视而不见。蜂营蝶忙，争似君清闲。何惜百年聚散，奈区区，利牵名羁。尘心退尽，共尔荣枯默无言。

青玉案

王志云

霜天万里寥廓，望断雁阵伤回目。云梦秋深烟水阔，晚来风起，木萧涧肃，叶落梧桐阙。

辛赖东院疏疏菊，岁暮犹奏春光曲。灿黄傲金白欺雪，最宜篱下，二三知己，共将陶诗读。

赏新悦目

——品赏饮品新宠"晓起皇菊"即席感赋赠陈文华会长

王飙

一杯菊酽会相知，

淡淡恬恬品位时。

难得人生清静乐，

香茗古韵寿星诗。

悼陈文华先生

胡迎建

翼折北溟，拓开农考，尽瘁茶刊，文采科研遗世臻双美；

才倾南国，发奋明时，丰收蔗境，华章风骨如公有几人。

挽陈文华教授

朱德馨

半生困顿毕生忙，不意匆离热闹场。

农艺学推名教授，茶文化著大篇章。

当年屈负身居右，免岁珍封菊姓皇。

十载吟踪成永忆，东篱默默奉心香。

沉痛悼念陈文华教授

方跃明

年年相会菊花宴，今闻噩耗无重见。

先生一去不复归，惹我哀思恸我念。

回忆当年初识面，乙丑寒冬皇菊店。

瘦身素食谈笑生，愿将才华倾村建。

作坊客栈工厂连，幼儿园中工资献。

筹资再创文化宫，合作社里除沟堑。

桃梨芙蕖村栽遍，誓造有机第一县。

时邀专家来把脉，时撰美文赞禹甸。

时谱民谣唱茶乡，时上媒体说发现。

耕耘勤劳如蜜蜂，谋划建设勇实践。

十年扮靓上晓起，十年力挺婺源变。

辛苦十年为谁忙？奔波十年因何恋？

只因身系新农村，不肯无为空费电。

长袖飘飘歌且舞，一心只求民生倩。

我哀苍天喷火焰，我叹好人命途舛。

腐吏奸雄得长生，仁人志士遭箭剑。

如今阴阳两隔绝，有疑有惑与谁辨？

君不见笔架峰下晓溪水，滔滔翻涌泪花溅！

遥祭陈文华先生

方炎庆

三生有幸伴君游，谈笑风云历几秋？

一别人间乘鹤去，黄花应见泪双流。

步原韵

方振川

一朝辞世梦乡游，晓起黄花泣万秋。

欲捧香茶遥祭奠，哀思无限附东流？

悼陈文华教授

吴进彬

教授先生大姓陈，斯文队里一奇人。

乡村唱响茶文化，打着皇牌出国门。

其二

忆曾把盏话东篱，水碓烘房解客迷。

满地菊魂应有幸，傻翁早已布商机。

其三

诗会年年总有期，黄花白发笑相依。

惊闻大庆魂归日，风声悲咽雨凄凄。

临江仙·悼念陈文华教授

俞文鉴

晓起难忘陶令梦，春归遥望楼空，茶亭何日复寻踪，歌声长忆，弦断已随风。

皇菊园中人已静，荷塘月色朦胧。清溪桥畔感情浓，音容宛在，雨露泣陈公。

挽陈文华教授联文（一）

郎革成

含繁华闹市，恋幽僻山乡，追和靖，继陶潜，利名不计，劳苦不辞，雅号获称傻教授；
辟艳丽花区，建芬芳茶圃，友卢仝，师陆羽，风范堪钦，事功堪颂，丰碑长，老专家。

挽陈文华教授联文（二）

朱德馨

胜迹长留，云停芳树怀高范；
盛筵难再，篱动幽风忆故人。

（文章原载《农业考古》2008年第5期、2010年第2期、2014年第5期）

您总是站在舞台中央

——悼念陈文华老师

厦门大学　潘城

　　您真是一如既往地潇洒，毫无征兆，说走就走了。陈老师相貌清癯，沉默时也充满诗意，古道西风瘦马。饮茶真的会身轻换骨，真的会"两腋习习如有清风生"吧。有的人死了会很沉重，埋进土里。有的人死了如陈老师，会很轻，会飞翔起来，会看到我们所有人。而且我总是想，陈老师看到全中国的茶人都在以各种方式、各种文字，缅怀他、悼念他，他一定会忍不住站在舞台中央做总结发言，因为他总是比任何人说得都精彩！

　　2007年，我还是个大四的学生，茶文化学院开始筹备大型舞台艺术呈现《中国茶谣》。那时候"呈现"一词在茶文化领域还是一个生僻词。王旭烽老师把茶界的南山北斗们都请来助阵。有一位瘦瘦高高的老头最后发言，他站到茶艺室讲台的中央，一开口我们都听傻了！会后我问王老师，那是谁？王老师指指办公室的书架，上面是一大批20世纪90年代的《农业考古·茶文化专号》，"我们最早研究茶文化就是靠这份刊物，创始人陈文华，真正的茶文化大家！"那天负责拍照的是我摄影系的同学，他走过来跟我说："拍人物肖像就要拍这种人，精彩、有神！"

　　2008年，《中国茶谣》上演，陈文华老师出演说

《中国茶谣》陈文华老师出演说书人

书人，那是一个贯穿全场的灵魂人物。陈老师是Ａ角，我是Ｂ角，串场彩排我演，正式演出陈老师就到了。我就负责后台监督，给陈老师提台词，做跟班。于是那一年我永远是从侧面看着陈老师的。我看着他，觉得他那么认真，却又那么享受，那么大的学者每一场都来"票戏"，那一定是"随心所欲不逾矩"了。他一上场，神采飞扬，"话说盘古开天地，自有神农尝百草"，他站在舞台的中央，一袭长衫，一把折扇，用出全部的热忱。但他一下场，就赶紧找我要矿泉水，我还要连忙用手捂住话筒，因为陈老师忍不住要咳嗽。陈老师年逾古稀，背台词比我快，有时候他在台上忘词了，却圆得气定神闲，没人听得出改了词。有时候他在幕后，明明可以念，他却在背，比如道家茶礼那场关于《道德经》和《七碗茶歌》，陈老师就背诵得很享受。背得比台词写得还要多，"蓬莱山，在何处，玉川子乘此清风欲归去！"如今他真的乘此清风归去了。

2009年，我们在临安钱王祠里做禅茶月石的雅集，谁来做"茶者"呢？王老师说还得是陈老师。陈老师和陈师母是连夜赶到临安，进钱王祠踩台的。好像是个冷雨夜。怕绊，我搀着陈老师，钱王祠的台阶上黑漆漆的，陈老师站到舞台中央看了看。

2010年杭州拱宸桥运河广场表演《茶艺红楼梦》

2010年重庆永川表演《茶艺红楼梦》（潘城 供图）

2010年，我带着《茶艺红楼梦》的十二钗去重庆演出，"说书人"陈老师在永川与大家汇合。演出那天太阳很烈，陈老师站在舞台中央，汗流浃背。演完后，我记得是"妙玉"和"湘云"给陈老师打伞遮阳。陈老师很高兴，很幽默，他说："我这是临老入花丛！"

这是我认识陈老师的前三年，之后好像也一样，晓起皇菊来参加我们的国际茶席展，"傻教授"上了央视，小满的月下托付，主持《茶》纪录片的研讨会。他都是站在舞台中央。

已有学者概括了陈文华老师对茶界六大方面的贡献，然而这样一位充满了人格魅力、人生阅历丰富、高尚品德与卓越才学的师长、茶人是永远也解读不尽的。他在或者不在了，都是我们的财富，我们的精神坐标。陈老师年轻时就梦想成为一名话剧演员，却不得不钻进荒冢古墓，七十岁以后他走到了舞台的中央。陈老师不是为了"过把瘾"，他是在为中国茶文化的舞台艺术呈现做开路先锋。

我曾这样感受过：陈老师站在舞台的中央，用他那饱满的、激情的、不老的灵魂，全身心地感受这个世界瞬间的背面，是他随着血汗流失在江西农村的"右派"的残酷岁月，是他在夜晚积水的古墓中与尸骸相伴的恐怖与寒冷，是他在书桌前台灯下坚持编《农业考古》上万个夜晚的绝望般的孤独。

我想借着陈老师去年小满月光下的嘱托之言，说一些沉痛的话而不是漂亮的话。中国的茶文化学从20世纪90年代初开始一路走来，是艰辛非常的，凑热闹者多，担斧入山、披荆斩棘者少；装神弄鬼、喧哗叫嚣者多，刻苦用功、先天下之忧而忧者少；以茶养尊者多，以茶养廉者少；物欲横流者多，精行简德者少。幸而，教育的大业在我辈手中，我们都应该学习陈老师，做一个类似茶马古道上的背茶人，责任就是那么沉重，要把脊背压弯，压弯还是要一步一步走，汗如雨下，不要想苦，那不是苦，是命运，命运要我们把茶送出去！

陈老师是公认的茶文化学的奠基人，农业考古学科的创始人，正宗大学者，但他一天也没有放弃过他对文学艺术的理想与追求。我重听了陈老师去年今日的录音，他说他原本前两年就宣布封笔，他要开始写关于自己、关于茶的长篇小说，那是多么舒服的事啊！想想看，他怀着一个仲夏夜之梦，怀了八十个春秋，却用责任与坚韧把茶文化的路基垒了起来。他就像一棵老茶树，命运把他抛到哪里，只要有一点土一点水，他就能扎根，能奉献。

陈文华老师最令我感佩之处，是他的身上有一种消弭现实与理想、大地与天空界限的气质。他从来不因为自己是学术泰斗而怠慢任何一次茶艺解说，他的《农业考古·中国茶文化专号》上可以发表散文、小说和诗，他当然不会没有听到过别人说："这也算学术？"这代表了一种精神，一种懂得学术更懂得诗的精神，一种超越与飞翔的精神，一种士人精神，一种站在学术与诗的人类精神舞台中央的精神，我说这就是陈文华精神。

当年《中国茶谣》舞台上给陈文化老师做翻译的屈燕飞老师，马上就要生孩子了。一个生命走了，一个新生命来了，"茶谣"已经彻底经历了生与死，诚如它原本就演绎的那样。我仔细地看了看陈老师茶谣的剧照，星斗其学，赤子其人，这样一个人，就这样去了。但我只要想起他，他总是站在舞台中央。

（文章原载《民主》2014年第6期）

茶旅扬四海　英魂耀五洲
——深切缅怀陈文华同学

原厦门市文化局局长　彭一万

机缘巧合，得以先期拜读施由明主编的图文并茂的《中国茶文化旅游开拓先锋陈文华先生》一文草稿，获益良多，心潮澎湃。回想我与陈文华同学半个多世纪的友情及他对发展中国茶文化旅游的贡献，感触颇多，述之以文，以表怀念。

20世纪末到21世纪初，文华多次邀请我到南昌、婺源参访，还先后送我他的一系列著作，如《长江流域茶文化》《中国茶道历史》《中国茶艺学》等，这些书都是中国茶文化的奠基之作，在海内外都深有影响。

在南昌，文华陪同我观看过好几次的茶艺表演，表演者是南昌女子职业学校的学生。这所学校是陈文华及其夫人程光茜在1992年创办的，有中专班、大专班，是全国职业教育先进单位。其中的中国茶艺专业，是在陈文华直接指导下创办的特色专业，他亲自给学生讲课，还出了不少思考题让学生深思作答。他将讲稿集中、完善，出版了《中国茶艺学》一书。这个中国茶艺专业，成为全国最大规模、最有名望的茶艺师培训基地，十几年间，培养了数以千计的茶艺师，活跃在全国各地，成为毕业分配最好、收入最高的王牌专业。我亲眼目睹了茶艺表演，深深感受到其传艺育人的成功。该校的茶艺表演团，编创了许多新茶艺节目，多年来应邀赴法国、芬兰、俄罗斯、日本、韩国及港、澳、台地区进行表演，都由陈文华及其夫人程光茜亲自带队指导，场场表演圆满成功，深受好评。加上陈文华经常应邀到世界各地举办讲座，把中国茶文化之旅直接推向世界各地，深入人心。

文华陪我乘车到婺源县。我们从下晓起步行到上晓起，只见青山环绕，野趣横生，茶香扑鼻！他一路上当"导游员"，边走边介绍婺源县的地理优势、历史积淀、文化底蕴、风光魅力。走进上晓起村口，"中国茶文化第一村"木牌坊映入眼帘。我们入住客栈，其间，他陪我参观村庄、溪桥、博物馆、图书馆、江氏宗祠、茶园、茶厂、茶作坊，特别是那台水力捻茶机，系孤品、真品、珍品，历史遗珍再放韶光，给我留下深刻的印象。

我发现，这里的村民，对外来客人友好而自然，他们的乡土情怀纯朴，充满地方文化自信。他们乐于延续婺源县、上晓起村的历史文脉，具有归属感、认同感、荣誉感和责任感。他们经常举办互动体验活动，把茶文化融入日常生活，让环境更加可亲可爱。他们都赞扬文华这位"傻教授"。文华经过好些年的摸爬滚打，积极探索如何既保留生态优势，又让它同时转化为产业优势：深挖茶文化要素、当地文化和传统民俗，将茶叶和茶文化旅游，变成撬动村民致富的杠杆。他以皇菊为起点，探索出一条促使产业兴旺、百姓富裕、乡村振兴的新路子，并带动多地方、多产业的发展。

我感受到，这里的生产空间，例如小茶厂，都在促进历史文化与产业深度融合；这里的生活空间，例如房屋，翻修如旧，让历史文化遗产活起来、火起来；这里的生态空间，山清水秀，四处皆绿，空气清新，是一个宜居、宜业、宜游、宜乐的好地方。村民们都在齐心协力打造旅游精品，丰富产业内涵，让资源变资产，各尽所能，各展所长，各得其所，使"中国茶文化第一村"生机勃勃。真的是"有山有水有茶园，有诗有画有茶旅"啊！

我俩坐在古樟树下，喝着"晓起皇菊"茶，谈心聊天，回想那些历经风雨、历经波折、历经沧桑的岁月；今后将站在新起点，谋划新作为，开创新境界。文华还向我介绍了流行于婺源的《十二月采茶歌》，还唱起自己创作的茶乡童谣《迷人的上晓起》：

迷人上晓起，风光美无比。自然铺锦绣，文化是根底。传统小作坊，令人惊且喜。水转揉捻机，人醉茶香里。

他还告诉我品茶之体验有多种多样，譬如：品香、品位、品色、品形、品神韵；茶食、茶艺、茶具、茶诗、茶联、茶赋、茶话、茶画、茶史、茶歌、茶谣、茶舞、茶园、茶工艺、茶研究、茶时尚、茶美学、茶学院、茶文化馆、茶乡体验、茶叶博物馆……

我真是眼界大开啊！

他又想到故乡厦门，说："厦门大学建在当年郑成功演武场上，依山面海。当年郑成功在厦门设置仁、义、礼、智、信海路五商，以厦门港通洋裕国，成为一条海上贸易通道。郑氏政权将大量茶叶卖给"番仔"，所以阮旻锡在《安溪茶歌》里写道：'西洋番舶岁来买，王钱不论凭官牙。'你回厦门后，能否找找资料，写写文章？"

受他的启迪和指教，我花了几年时间，跑遍了我国沿海各大港口，东亚、南亚、东南亚乃至欧、美、非几十个国家，去寻找史证、物证、人证，后来写成论文《厦门——海上茶叶之路的起点》，发表在《农业考古》2013年第2期《中国茶文化专号》上。文章发表后，引起了争论；后来，经过多次辩论，证明我的观点论述是正确的。这也要感谢《农业考古》编辑部的努力及施由明主编的关怀。

文华在《长江流域茶文化》一书中论述了"闽台两广的茶俗"，还在"茶文化与文学艺术"篇章中，记载和引录了福建许多有关茶的作品，包括茶诗、茶歌、茶联、茶画、茶舞、茶小说、茶散文、茶传说等；他还协助福建举办国际茶会，这对福建省、厦门市茶文化旅游事业的发展，起了不可小觑的推动作用。

福建省是产茶大省，茶史源远流长，名优茶品类丰富，是乌龙茶、红茶、白茶及茉莉花茶的发源地，几乎县县产佳茗，城城飘茶香。当今，福建是海上丝绸之路的核心区，厦门市是对台交流的门户，是"海丝"与"陆丝"的连接港，茶叶的生产和经销，茶文化的推广，茶文化旅游的发展，日新月异，态势良好。特别是，海峡两岸的茶叶贸易，"中国好茶·海峡两岸茶王赛"，茶文化交流，茶乡、茶园、茶山之旅，红红火火，熠熠生辉。

厦门航空对飞机上的茶饮服务进行了全面升级，梳理了航线机上茶品配备及冲泡标准，形成了"天际茶道"服务规范。并特别邀请国家级高级茶艺师，专门研究、定制每款茶的冲泡方法，让乘客们在万米高空中，享茶道，品香茗。厦门航空不断优化"天际茶道"，以茶为媒，融合客舱服务与优秀文化，为厦门航空的客舱服务整体升级、"天际"服务品牌塑造，提供了有力的支撑，为旅客提供了更优质的服务，在一带一路上，向世界传播中国文化，展现中华气质。

福建省武夷山是"万里茶道"的起点，途经江西、安徽、湖南、湖北、河南、山西、河北、内蒙古等地，穿越蒙古国，最终抵达俄罗斯圣彼得堡，全程近两万公里，涉及范围包括中、蒙、俄上百个城市。

昔日繁忙的"茶埠"武夷山，如今正在转为国内外游客休闲、游览、研学的目的地。为了深入诠释武夷山茶文化内涵、全面展示"万里茶道"起点的魅力，适应武夷山茶、文、旅、商融合转型升级的新潮流、新需求，当地策划打造了多条"万里茶道"文旅线路，如：

万里茶道寻源之旅，以"寻万里茶道，访武夷人家"为主题，打造"武夷人家茶生活"品牌，吸引游客上山采茶、制茶、品茶。

万里茶道徒步之旅，弘扬"万里茶道"商道精神，让游客体会300多年前中国茶商的商道精神。积极鼓励综合性茶庄园、茶主题民宿发展，培养茶文化导游队伍，组建"茶姑娘"品牌导游队，给游客提供全新"茶旅生活"体验。

2010年3月，《印象大红袍》山水实景演出正式公演，标志着武夷山正式从观光旅游向休闲旅游转变。《印象大红袍》选准了武夷山最具代表性的茶文化，深入挖掘和展示大红袍的历史、制作技艺、茶艺，并将祭茶喊山、敬茶等当地民俗融入演出，不仅填补了武夷山夜间旅游项目的空白，还实现了非遗技艺的传承。

武夷山大红袍体验中心的主体工程之一——国内首座茶文化玻璃景观连廊，于2019年12月1日起正式开放。茶文化玻璃景观连廊全长约160米，高度超过20米，全部由三层钢化夹角超强白玻璃组成，360°映照蓝天白云，将武夷茶研习社与茶博园横跨连接，把游客的茶文化艺术体验与游玩的酣畅心情完美相融。与此同时，将茶博馆区域全新打造成集观赏陈列、文化展示、互动体验、茶艺培训与学术交流等多功能于一体，全面展示和传播武夷茶与武夷山茶文化的研习所。

文化旅游化与旅游文化是推进茶、文、旅、商一体化，促进"万里茶道"历史文化遗产保护的重要途径，为茶人提供茶文化交流平台，促使茶文化走向更广阔、更美丽的远方。

茶，不仅是福建文化的缩影，还见证了中外文化的交流与传播。2019年11月，福建"海丝茶道"文化展演活动走出国门，到菲律宾举办，旨在以茶为媒、以茶会友，讲述福建茶故事，传播中国茶文化，推动福建茶文化走向世界。展演节目分为"茶源""茶韵""茶和"3个篇章，包括《茗战》《溢青》《木偶茶艺》《畲族新娘茶与客家擂茶》《六月茉莉》《融》等。2019年12月，厦门设置的"万里茶道第一门"工夫茶体验区，走进欧洲德国、荷兰等国。

"海丝茶道"文化展演活动已成为传播福建茶文化的一项重要品牌活动。今后，各方将携手合作，延伸产业链、供应链、服务链、创新链、价值链，进一步提升中国茶的影响力和美誉度。

这些都得益于文华的超前著述与实践，树立了榜样，提供了典范；《农业考古·中国茶文化专号》，则起了很大的宣传、推动作用。

施由明主编在文章的最后，从历史印迹和情感记忆中，总结文华开拓茶文化旅游给后人的三点启示，归纳得很到位，具有地域性、客观性和前瞻性。文华一生把最大的精力和最高的热情，都注入所热爱的事业中，并赋予茶旅深刻的文化意涵，以茶旅让上晓起村、婺源县在新时代焕发新生机，加强对外文化交流，促进五洲四海民众对中华文化的了解。这具有创意性、创新性、创造性，所以人们对他充满崇敬之情。文华开发茶文化旅游的创业历程，将古代与当代、历史与现实、传统与时尚、自然与人文、科技与艺术串联融合起来，形成了内涵丰富、形式多样、出彩出新、富民强村的大格局。产业越旺，村庄越美，旅游越盛，这里的生活，是诗和远方啊！

因此我建议，根据施由明主编对案例的深刻描述，为了进一步扩展茶文化旅游的空间和时间格局，增强晓起村和婺源县的知名度、美誉度和吸引力、竞争力，可以设计一条"追寻'傻教授'茶旅足迹"的旅游线路，并开发相关的特色旅游纪念品、伴手礼，以便讲好大师精彩故事，弘扬大师创业精神，将茶文化与生态旅游深度、完美相结合。因为，延续文脉，守正创新，既有针对性，又有可操作性，利于充分调动村民和企业参与的主动性和积极性，以独特的创意来满足各类游客的需求。同时，还要通过高新技术，进行专题培训，并开展接地气的宣传，扩大话题效应，传播地域文化和地方景观的独特魅力，形成茶文化旅游聚集化、板块化、共享化、产业化的发展模式，让海内外游客了解中国茶文化的博大精深、无穷奥妙。这条具有差异化特色的旅游线路，玩的有文化，看的有文化，听的有文化，吃的有文化，购的有文化，能给游客留下最美记忆，产生情感共鸣，形成茶文化研学之旅、体验之旅的精品。争取早日创作、演出山水实景剧《"傻教授"与晓起皇菊》，充分发挥名人效应和名茶效应，将其打造成上晓起村和婺源县的文化旅游明星品牌。

当今，文化旅游业成为国家发展的战略重点，不断出现新业态，如全域旅游、体验旅游、研学旅游、智慧旅游、康养旅游等，茶文化旅游是其中的重要平台。我们要抓住新的历史契机，通过"特色文化＋全域旅游"的发展模式，提升发展的软实力和硬实力，进一步扩大茶文化旅游在海内外的影响力，取得精神、物质双丰收！

文华仙逝，内心悲痛。但他艰苦创业的精神、无私奉献的品格、勇于探索的毅力，永远铭记在我的心中！

茶旅扬四海，英魂耀五洲！

（文章原载《农业考古》2020年第2期）

让茶界先贤的遗作与精神不断传承

——陈文华研究员《中国茶道学》重印缘起

余悦

"人事有代谢，往来成古今。"

在历史的长河中，多少事物风吹云散，多少豪雄冰消瓦解，多少真相灰飞烟灭。但是，值得庆幸的是，人类得以传衍，文明得以传递，文化得以传续。

从口耳相传，到结绳记事；从文字典籍，到网络传讯，时代的变迁，传播的发达，留存下厚重的前行印迹。这些博大精深的文化遗产，得益于先贤们的丰富著述与人文精神的传扬。

无怪乎，宋初之际，已见"天不生仲尼，万古如长夜"之语。其盛赞孔子无以复加，虽明代多有诟病，但是，孔子的论说与著述点燃了道德的明灯，如日月般照耀人生并指引人类，则是不争的事实。正是从这样的历史规律出发，前贤的著述与品格需要后人学习、接续与传承。

其实，茶文化界又何曾不是如此呢？唐代陆羽撰写的世界第一本茶书——《茶经》，不仅传授了百科全书式的茶知识与制茶技能，1200多年来，更是以艺术的审美和"精行俭德"的思想，一直成为引领中国与世界茶文化的原动力。

当代社会，前贤的著述依然输送着思想的养料，前辈的风范依然展现出精神的力量。"当代茶圣"吴觉农先生主持编撰的《茶经述评》，是迄今为止最权威、最有影响力的《茶经》研究著作。

他终生事茶、无怨无悔的精神，成为后来者的典范；他倡导与体现的"茶人精神"，昭示着未来追求的方向。

改革开放以来，中国茶产业得到迅速恢复与持续发展，茶文化得到不断弘扬并再创辉煌。

在这支浩荡的队伍中，陈文华研究员是才华横溢的佼佼者，站立潮头的引领者，风流倜傥的真名士，享誉世界的大专家。

一、他是早期茶文化传播的举旗人之一

改革开放之后，茶文化的新绿开始萌芽，新潮逐渐涌动。当时，迫切需要茶文化的知识普及与理论研究。

早在1991年，文华先生就以敏锐的目光与超前的意识，创办《农业考古·中国茶文化专号》，成为当时全国独一无二、公开发行的茶文化期刊。

30年来，这份厚重的杂志，刊登了数以千计有价值的文章，成为茶文化复兴与弘扬的重要载体，也是许多人受到茶文化启蒙与最初熏陶的精神家园。

二、他是卓越的茶文化活动策划者与参与者

20世纪90年代以来陈文华活跃在各种茶文化活动场合，特别是策划、主持或者参与了当时大多数有影响的茶文化活动。

诸如：首届中国普洱茶国际学术研讨会暨中国古茶树遗产保护研讨会、首届中国普洱茶叶节（1993年），首届上海国际茶文化节（1994年），首届法门寺茶文化国际学术研讨会

陈文华和余悦一起参加茶文化活动

（1994年），第一届桂林国际茶会（1996年），首届中国五台山国际茶会（1997年）等，都倾注了文华先生的智慧与心力。

三、他是中专、大专茶艺专业的创建者

1992年，南昌女子职业学校创办之后，文华先生在学校指导开展茶艺兴趣小组学习与活动"会茶艺"成为学校人才培养的基本要求。

1997年，在文华先生的带领下，该校更是在全国率先开办中专茶艺专业，2002年开办大专茶艺专业，培养了数千茶艺人才。

随后文华先生又为全国高等教育自学考试"中国茶艺专业"编写教材与讲述课程。正因为如此江西被誉为"茶艺人才培养的摇篮"。

四、他是"中华茶文化第一村"的缔造者

群山环绕的上晓起村，保有丰富的茶文化遗存，吸引着文华先生。但是，璞玉需要雕琢，资源需要开发。2004年夏天文华先生不顾年已七旬，毅然来到上晓起村，投身新农村建设。

他出资修缮"上晓起生态传统茶作坊"，维修村里的"江氏宗祠"，举办历代茶具展览，建起历代茶文化画廊，运用与茶有关之物，如茶园、茶亭、茶室、运茶古道、制茶机械等，打造"上晓起十大景点"。

他还兴办幼儿园，开办茶客栈，研发"晓起皇菊"，成立农民合作社，举办"茶文化旅游节"，发展乡村旅游产业。如今，原来偏僻的小山村，无不彰显茶文化的魅力，成为名副其实的"中国茶文化第一村"。

余悦在婺源晓起考察

余悦（左一）、陈文华（左三）、程启坤（右二）、罗庆江（右一）等在婺源江湾考察

五、他是走出国门的国际茶文化交流的传播者

文华先生除了策划和参加在国内举行的各种类型的茶文化交流之外，还经常走出国门，进行世界范围的茶文化交流。他的足迹遍布美国、日本、韩国、泰国和欧洲多国。

每逢茶文化国际交流，文华先生大多有精彩的演讲或发言。每当他主持会议或活动，那玉树临风的风度，妙语如珠的口才，往往使参加的人员赞叹不已。

陈文华（左四）在日本举行的"第12回中国茶文化国际检定"担任鉴定教授

与日本名家清水康夫尝具
（右起陈文华、滕军、仓泽行洋、姚国坤）

在南昌中日茶文化交流期间合影
（右起舒曼、余悦、陈云君、陈文华、寇丹）

六、他是"农业考古第一人",著述颇丰的著名茶文化研究专家

作为学者,总是以开拓性学术成果与独树一帜的成就安身立命。文华先生立足于历史学科,深入考古实际,发挥博物馆优势,从举办"中国古代农业科学技术成就展览"入手,逐步创建"农业考古学科"。

而他的茶文化研究,也是以农业考古学科为依托,先从《农业考古》杂志,绽放出"中国茶文化专号"的枝条,然后培育成绿荫如盖的大树。文华先生的茶文化研究展现出他独特的学术风范:

一是以修养深厚的历史学为根底,以博古通今的文化学为视角,进行自成一家的研究。

二是继承与发扬前辈学者"龙虫并雕"的治学传统,既有视野开阔的宏观研究,又有精细入微的微观探讨;既以历史脉络为学术主线,又不乏对现实问题的深切关注。

三是把学术论文的写作与学术著作、知识普及、教材编写有机地融为一体;在茶文化研究成果的指导下,进行知识普及和课堂教学。这就使茶文化传播具有更加扎实的基石。

文华先生的行为风范与治学精神,与古代先哲倡导的立德、立功、立言"三不朽"是一脉相承的。

《左传·襄公二十四年》载"太上有立德,其次有立功,其次有立言。虽久不废,此之谓不朽"。

唐初经学家孔颖达在《春秋左传正义》中对德、功、言三者分别作了界定:"立德,谓创制垂法,博施济众";"立功,谓拯厄除难,功济于时";"立言,谓言得其要,理足可传"。

"立德"的道德操守,"立功"的事功业绩,"立言"的真知灼见形诸文字,著书立说,传于后世,文华先生都留下了浓墨重彩的篇章。

文华先生取得如此成就,与他坚忍不拔的品格和吃苦耐劳的精神是紧密相连的。我与文华先生交谊30多年,他年长我16岁,是师长,也是忘年之交;是领导,也是相契之友。

每年我们都会一起参加几十场论坛与活动,两人共同出国就有20多次,经常相伴相随,甚至形影不离。对于文华先生的辛勤付出与不懈努力,有更多的目睹与感动。

他曾经长期一个人独力支撑《农业考古》的编辑工作。当时,文华先生担负着江西省社会科学院、民主党派领导和诸多社会兼职,又要完成多个省级、国家级的研究课题。由于缺乏编辑,从选题策划到组织稿件;从审稿改稿到排版校对;从邮寄刊物到发放稿费;从解决经费到杂志发行,事无巨细,都得亲力亲为。我们一同出差,他沉甸甸的行李箱中,携带的是用于写作的电脑,需要校对的稿件,以及留下影像资料的照相机与录像机。他就像一台不会停歇的"永动机",总是不知疲倦地连轴转。

他曾经像老农民一样努力耕耘,忙碌在田头地角。文华先生七旬之时,投身于"中华茶文化第一村"的建设。那时的上晓起村,交通不便,条件简陋。他住在老旧的乡村住宅,夏天没有空调,蚊叮虫咬,冬天山区寒冷,又没有暖气。酷暑时节,他穿着短裤,打着赤膊,脸上晒得漆黑,背上油光水滑。这身打扮,这副神态,很难把他和著名专家联系在一起。他则不以为意,依然快乐地整道路,种荷花,制茶叶,育皇菊。

他曾以"教授打工"自嘲，又充满着生活的情趣。在应邀参加各项大型茶文化活动筹备工作时，文华先生常常笑称是"教授打工"。他不以身份为重，不以年龄为念，不因繁难而畏惧，不因紧张而退缩。他曾因主持活动而晕倒，也因忙碌奔波而累病，即便如此，他稍事休息后又精神饱满地投入工作。在日常生活中，他的幽默风趣，感染着大家。在联欢会的现场，他即兴能够连唱一首又一首不同的歌曲，博得满堂喝彩与热烈掌声。古稀之年去法国巴黎进行茶文化交流，他依然勇于参加迪斯尼乐园刺激的游乐项目。

"姜桂之性，老而愈辣。"文华先生的道德情操、思想风范，不仅呈现在论著的字里行间，也深深地篆刻在肥沃的大地和充实的人生中。

2014年5月14日，这是一个我们终身难忘的日子。文华先生在出差之时，突然发病，驾鹤西游。消息传开，茶界震惊，四方哀悼。网络之上，纪念文章铺天盖地。人们都为一代精英痛惜不已，更为他的风采与精神所感动！

对学者的最好纪念，是阅读他的著作，学习他的精神，继承他的事业。

多年来，中国民俗学会茶艺研究专业委员会、万里茶道（中国）协作体茶艺国际传播中心、悦读茶书会、世界茶文化图书馆、六悦河茶书房、六悦河茶学堂、江西省茶艺师职业技能培训中心、江西中和茶艺文化传播有限公司、江西省民俗与文化遗产学会倡导，联合全国多家单位发出倡议："共读先生遗作，了解先生思想，弘扬先生精神。""共读茶贤"活动，得到了全国茶界的热烈响应与积极参与。

2021年5月14日，是文华先生离开七周年，我们再次倡导阅读文华先生的茶著，这也是对文华先生最好的缅怀与纪念！在茶文化方面，文华先生发表了许多论文，参加了多种茶书写作，他独自撰写与主编的茶书就有10种。

2015年5月14日，在"陈文华教授周年祭·纪念茶会"上，我作了《陈文华先生的茶文化贡献与编撰的茶书》主题报告，得到与会人员的充分肯定与思想共鸣。文华先生的茶著，既有厚重的理论著作，又有浅近的普及读物；既有深入的学术研究，又有丰富的专题教材，展示出鲜明的研究特色与学术个性。

文华先生撰写的茶书，除学术研究之外，更多的是茶文化教育。2006年起，文华先生负责为全国高等教育自学考试"中国茶艺专业"编写教材6种，分别是《中国古代茶具鉴赏》（2007年12月出版）、《中国茶文化典籍选读》（2008年2月出版）、《中国茶艺学》（2009年10月出版）、《中国茶道学》（2010年5月出版）、《中国茶艺馆学》（2010年8月出版）、《茶叶的种植、加工和审评》（2011年5月出版），均由江西教育出版社出版。

今年的"共读茶贤"活动，我们倡导阅读陈文华先生主编的《中国茶道学》。之所以如此选择，是因为"茶道"作为茶艺的灵魂、茶文化的核心，指导茶文化活动的最高原则，在中国茶文化学科体系中，是最基本又最重要的问题。

《中国茶道学》具有理论价值、思想价值、知识价值、认识价值，既是历史性的全面总结与梳理，又能对茶文化界的现实问题释疑解惑。这本茶书的特色，体现在多个方面：《中国茶道学》的写作，具有很强的针对性。《中国茶道学》的撰写，缘起于茶道概念的模糊不清，存在着许多不正确的认识。例如：否认中国茶道的存在，认为只有日本才有茶道；借口"道可道，非常道"，将中国茶道神秘化；任意夸大茶道功能，涵盖一切，使之成为无所不包的茶文化代名词；混淆茶艺、茶道的概念，以茶艺来诠释茶道。而对中国茶道精神概括时，又众说纷纭，令人莫衷一是，有的缺乏内在逻辑联系，选用几个美丽字眼而已。《中国茶道学》通过对茶文化史的整体考察，对中国茶道作出公允的评判。

文华先生梳理茶文化史，客观公正地指出：在中国古代品茗艺术发展历程中，茶道精神始终存在，虽然时隐时现，却一直绵延不断。早在唐代，皎然茶诗中就出现"茶道"一词，其含义与当代茶文化界学者对"茶道"的界定较为接近。

虽然目前所见，直到明代茶书才再出现"茶道"，但在诗文中却时有涉及茶道精神的内容。如裴汶《茶述》中的"其性精清""其功致和"，刘贞亮《茶十德》中的"以茶利礼仁""以茶可雅志（心）""以茶可行道"，宋徽宗《大观茶论》中的"致清导和""韵高致静"，明代朱权《茶谱》中"探虚玄而参造化，清心神而出尘表"的"修养之道"，以及明末清初杜浚《茶喜》序中的"论茶四妙：曰湛、曰幽、曰灵、曰远"等。

20世纪80年代以来，茶文化界专家学者们更是自觉地从科学的角度探讨茶道的精神内涵。

《中国茶道学》对中国茶道精神、与中国美学的关系，作出了新的解读。

对于中国茶道精神的解读，大多采用四个字来概括，但缺乏严格逻辑关系，这是研究中国茶道问题的瓶颈。文华先生另辟蹊径，摆脱"四字真言"模式，尝试以"静、和、雅"三字概括中国茶道的本质特征。也就是说："静是茶之性，和是茶之魂，雅是茶之韵"。他还进一步探讨中国茶道与美学的关系提出"清静之美""中和之美""儒雅之美"。"清静之美"反映的是中国茶道审美对象客观属性的主要特征；"中和之美"反映的是中国茶道审美主体之审美意识的主要特征；"儒雅之美"反映的是主客观相互结合的表现形式的主要特征。这三者之间，存在着美学的内在逻辑，并非随便拼凑的名词罗列。

《中国茶道学》借鉴学术共识，将中国茶道分为"庶民茶道、僧侣茶道、文人茶道、贵族茶道"四个类型。茶文化界早有共识，古代社会存在四个茶文化圈：庶民茶文化圈、僧侣茶文化圈、文人茶文化圈、贵族茶文化圈。文华先生以此为据，细分各个阶层茶文化圈所形成的茶道精神的差别。他认为：庶民茶道最突出的特征是"敬、爱"，僧侣茶道最突出的特征是"清、静"，文人茶道最突出的特征是"和、雅"，贵族茶道最主要的特征是"富、贵"。这种思考，使茶道精神的探求进一步深化与细化。

《中国茶道学》篇幅不长，却要言不烦，对于中国茶道问题进行了全面探索，提出己见，对于后续研究与茶界认知大有裨益。您可以不完全同意书中的意见，却不得不认同作者的思想敏锐、见解深刻。对于中国茶道思想，我自然有自己的看法，概括为"中和之道，自然之性，清雅之美，明伦之礼"。这一观点，写入国家职业资格培训教程《茶艺师》"基础知识"（中国劳动社会保障出版社，2004年5月），后又进一步在《中国茶韵》（中央民族大学出版社，2002年12月）中进行了阐释。我还曾在《中日茶文化交流的历史考察——以茶道思想为中心》一文中指出：要区分茶道思想与茶道技能，并具体分析了日本茶道思想来源于中国，比较了两者的异同（详见《社会科学战线》2009年第3期）。

虽然文华先生在该书中坦言："实际上，有关中国茶道的许多问题，一时也很难取得定论，还需大家继续探讨，既有待于学者们努力，也寄望于学子们后来居上。"但是，《中国茶道学》对每一个茶人都有启迪作用，却是不容置疑的。倡导"共读茶贤"活动，需要相关图书。当我们联系购买《中国茶道学》一书时，由于该书出版于11年前，出版社早已没有库存。得知我们举行"共读茶贤"活动的信息，江西教育出版社大力支持，当即决定重印《中国茶道学》。总编辑桂梅编审亲自安排重印事宜，使《中国茶道学》在短短的20

多天以新面貌问世。江西教育出版社对文华先生的敬重，对"共读茶贤"活动的高度重视与大力支持，让我们激动不已，心存感念！

　　文华先生撰写的茶书，是宝贵的文化遗产，值得我们学习与研究。当然，我们倡导的"共读茶贤"活动，并非仅仅局限于文华先生的茶书，而是包括所有茶贤撰写的有创见、有价值的著作。值此世界读书日之际，我们再一次倡导：

> 阅读茶贤著作。
> 接受前辈遗教，
> 学习高尚品格，
> 继承人文精神！

"高山仰止，景行行止。"

　　让茶贤的思想与精神光辉，永远照耀着茶文化前行之路！当然，我们倡导"共读茶贤"，并非墨守成规，因循守旧，而是在茶界前贤的高度上，在继承传统的基础上，不断进行吸收与思辨，改革与创新，以更加鲜活的思想与精进的技艺，创造中国与世界茶文化的灿烂未来！

（文章收入《中国茶道学》2021年4月重印版本）

第五篇

陈文华生平与学术年表

连振娟

年份	学术
1935年	1935年10月，出生于福建省霞浦三沙
1949年	1949—1951年在厦门读初中，又在厦门读完了高中（年份不详）
1958年	毕业于厦门大学历史系，分配到江西省博物馆从事考古工作
1961年	1961年主持"江西通史"陈列工作
1968年	1968年10月被下放到宁都县石上公社当社员
1971年	被借调回南昌从事文物展览工作
1973年	1973年江西省博物馆正式恢复，陈文华先生正式调回单位
1975年	1975年之后，陈文华先生筹办"中国古代农业科技成就展览"
1978年	1978年10月，陈文华先生创办的"中国古代农业科技成就展览"在北京正式展出，展示了我国古代农业科技的辉煌成就，立即引起强烈反响
	1978年9月，《中国古代农业科技史简明图表》由农业出版社出版
1981年	在农业部支持下，陈文华先生创办大型学术期刊《农业考古》
	《试论中国农具史上的几个问题》发表于《考古学报》1981年第4期，获江西省社会科学优秀论著二等奖
1983年	《中国农业技术发展简史》（合作）由农业出版社于1983年1月出版
	《试论我国传统农业工具的历史地位》发表于《农业考古》1984年第1期
1984年	《简论农业考古》发表于《农业考古》1984年第2期
	《试论中国传统农具的历史地位》发表于《考古学报》1984年第4期，获江西省社会科学优秀论著三等奖
1985年	调入江西省社会科学院历史研究所任副所长
1986年	首次应邀出访日本讲学，被日本考古界称为"中国农业考古第一人"
	聘为研究员
1987年	加入中国民主促进会，之后连续三届当选为中央委员、民进江西省委常委
	当选为"中国农业历史学会"副会长
	被授予"江西省先进科技工作者"称号
1988年	被国家人事部授予"国家级有突出贡献中青年专家"称号
	当选为中国民主促进会中央委员、江西省政协常委
	《中国稻作的起源》由日本东京六兴出版社于1989年1月出版，获江西省第四次优秀社会科学成果一等奖
1989年	《中国稻作的起源和东传日本的路线》发表于《文物》1989年第10期
	1989年3月当选为"中国科技史学会"常务理事
	1990年3月任江西省社会科学院副院长
	1990年，应英国剑桥大学、伦敦大学及巴黎自然历史博物馆邀请赴英法讲学，并先后出访德国、意大利、法国、奥地利、瑞典、丹麦、挪威、芬兰等国
1990年	《试论中国传统农具的历史地位》《论农业考古》由江西教育出版社于1990年7月出版
	《历史告诉我们什么？——中国农业现代化道路的历史反思》发表于《农业考古》1990年第1期
	《漫谈出土文物中的古代农作物》发表于《农业考古》1990年第2期

（续）

年份	学术
1991年	走进了茶领域，在《农业考古》上开办《中国茶文化专号》，1991年6月第1期正式出版，《中国茶文化专号》开辟了茶文化研究、茶话、茶诗、茶艺、茶具、茶馆见闻、茶场记事、茶与名人等十多个栏目，成为我国研究茶文化的权威杂志 1991年1月当选为江西省侨联第三届委员会副主席 1991年享受国务院特殊津贴 1991年8月20—30日，由陈文华主持的"首届农业考古国际学术讨论会"在南昌召开，来自国内外150多位学者参加会议，这是国际学术界对新兴学科中国农业考古学的支持和肯定。 1991年12月《中国古代农业科技史图谱》由农业出版社出版，获得江西省社会科学院优秀科研成果一等奖、江西省第五次优秀社会科学成果一等奖 1991年入选英国剑桥世界名人研究中心《世界名人录》
1992年	《群策群力，为振兴中国茶文化而共同奋斗》发表于《农业考古》1992年第4期 1992年12月，当选为中央民主促进会第九届中央委员会中央委员
1993年	1993年11月15日，农业考古学家陈文华再次访日，中国稻作起源新观点受到重视，消息发表于《江西社会科学》 1993年3月当选为第八届全国政协委员 1993年11月当选为中国农业历史学会第二届理事会副会长 《中国农业考古资料索引》发表于《农业考古》1993年第1期 1993年当选为第七届江西省政协常委
1994年	《中国农业考古图录》由江西科学技术出版社于1994年1月出版，并获第九届中国图书奖、1994年度华东地区科技出版社优秀科技图书一等奖 1994年被中华全国归国华侨联合会评为先进个人，获得全国侨联颁发的"爱国奉献奖" 1994年8月当选为中国科技史学会第五届理事会副理事长 1994年当选中国国际茶文化研究会高级顾问
1995年	《请高度重视少数民族砖茶型氟中毒问题》发表于《农业考古》1995年第4期
1996年	《农业的起源和发展》由南京大学出版社于1996年3月出版 《江西省的茶叶生产和茶文化活动》发表于《农业考古》1996年第2期 《在"第一届桂林国际茶会"闭幕式上的发言》发表于《农业考古》1996年第4期 1996年又获美国传记协会"1996年杰出成就金奖" 1996年10月当选为江西省侨联第四届委员会副主席
1997年	1997年10月，主持在南昌举行的"第二届农业考古国际学术讨论会" 《在′97上海国际茶文化节学术讨论会上的讲话》发表于《农业考古》1997年第2期
1998年	1998年5月当选为中国农业历史学会第三届理事会副会长 1998年被国务院授予国家级有突出贡献专家称号 1998年当选为第九届全国政协委员 1998年当选中国民主促进会会员，第十届中央委员会中央委员

（续）

年份	学术
1998年	1998年当选为第八届江西省政协常委
	1998年9月主持在美国洛杉矶举行的"走向二十一世纪的中华茶文化国际研讨会"
1999年	1999年协助南昌女子职业学校在全国率先创办茶艺专业，并亲自为大专班讲授《中国茶文化学》课程
	《中华茶文化基础知识》由中国农业出版社于1999年出版
	《祝词》发表于《农业考古》1999年第4期
	《中国茶文化研究的丰硕成果——简评〈中国茶文化经典〉和〈中华茶文化丛书〉》发表于《农业考古》1999年第4期
	《茶艺·茶道·茶文化》发表于《农业考古》1999年第4期
2001年	2001年受国家劳动和社会保障部委托，与余悦等人主持制定《国家茶艺师职业标准》并正式颁布全国执行，同时主编"全国茶艺师职业技能培训教材"，由国家劳动和社会保障部批准全国公开发行
	《当代的〈茶经〉——简评〈中国茶叶大辞典〉》发表于《农业考古》2001年第2期
	《论当前茶艺表演中的一些问题》发表于《农业考古》2001年第2期
	《关于〈禅茶〉表演的几个问题》发表于《农业考古》2001年第4期
	由陈云君，陈文华，释净慧共创的《出席"中韩禅茶一味学术研讨会"有感即席赋诗（附和诗二首）》发表于《农业考古》2001年第4期
	《塞北茶艺界的报春花》发表于《农业考古》2001年第4期
2002年	《农业考古》由文物出版社于2002年1月出版
	《20世纪中国文物考古发现与研究丛书——农业考古》由文物出版社于2002年出版
	《老来偏饮普洱茶》发表于《农业考古》2002年第2期
	《论中国茶道的形成历史及其主要特征与儒、释、道的关系》发表于《农业考古》2002年第2期
	《〈长江流域茶文化〉后记》发表于《农业考古》2002年第4期
2003年	2003年11月应法国文化协会邀带领南昌女子职业学校茶艺队出访法国
	《论中国历代的品茗艺术（续）》发表于《农业考古》2003年第2期
	《异彩纷呈的长江流域茶俗》发表于《农业考古》2003年第4期
2004年	2004年起，每年秋天都应邀赴日本东京、京都等地讲授中国茶文化课程，培训数百名日本学员并获得中国茶艺师资格证书
	2004年6月，应法国文化协会邀带领南昌女子茶艺队出访法国，同时还在巴黎为出席"中国文化年"闭幕式的时任中央常委李长春同志专场表演茶艺
	从2004年7月起，陈文华先生与婺源县当地政府签订30年合约，自费对上晓起村进行开发，按照"文化兴农"的模式进行社会主义新农村建设的实践活动，八年来拿出自己的全部积蓄、稿费、奖金，先后投资近百万元，成立"婺源县华韵茶文化发展有限公司"（任董事长），在上晓起村建立起"中国茶文化第一村"，办起幼儿园、茶作坊、茶客栈、农民文化宫，带领农民成立"上晓起新农村合作社"，进行农业生产，开展养殖业，调整经济结构，大种经济作物（晓起皇菊），带动农民发展乡村旅游事业，走共同致富的道路
	2004年8月30日，著名农史学家陈文华研究员来华南农业大学作学术报告，消息发布于《农业考古》
	2004年，江西省社会科学院在全国率先设立"茶文化重点学科"，陈文华先生被聘为学科带头人，授予"首席研究员"
	2004年8月30日，著名农史学家陈文华研究员来华南农业大学作学术报告，消息发布于《农业考古》

（续）

年份	学术
2004年	2004年，江西省社会科学院在全国率先设立"茶文化重点学科"，陈文华先生被聘为学科带头人，授予"首席研究员" 《长江流域茶文化》由湖北教育出版社于2004年8月出版 《江西省的茶文化教学》发表于《农业考古》2004年第4期
2005年	《中国古代农业文明史》由江西科学技术出版社于2005年8月出版，并获华东地区优秀图书一等奖 2005年09月15日为中国先秦史学会第六届理事 《韩国茶文化简史》发表于《农业考古》2005年第2期 《论中国的茶艺及其在中国茶文化史上的地位——兼谈中日茶文化的不同发展方向》发表于《中国农史》2005年第3期 《论中国的茶艺及其在中国茶文化史上的地位——兼谈中日茶文化的不同发展方向》发表于《农业考古》2005年第4期 《让中国茶艺走向世界》发表于《农业考古》2005年第4期
2006年	2006年起负责为全国高等教育自学考试"中国茶艺专业"教材编写（共6册） 《中国茶文化学》由中国农业出版社于2006年9月出版 《我国饮茶方法的演变》发表于《农业考古》2006年第2期 《我国古代的茶会茶宴》发表于《农业考古》2006年第5期 《中国古代民间和宫廷的茶具》发表于《中国农史》2006年第4期
2007年	2007年1月16日"陈文华先生农业考古30年"学术座谈会在南昌举行 《中国农业通史·夏商西周春秋卷》由中国农业出版社于2007年5月出版 "陈文华农业考古三十周年"座谈会发言纪要，刊登于《农业考古》2007年第1期 《中国古代茶具鉴赏》由江西教育出版社于2007年12月出版 《中国古代的茶文化典籍》发表于《农业考古》2007年第2期 《茶具概述》发表于《农业考古》2007年第5期 《漫漫人生路 甘苦寸心知——〈人生与学问〉讲演录》发表于《农业考古》2007年第2期
2008年	《中国茶文化典籍选读》由江西教育出版社于2008年2月出版 《推出"绿茶金三角"，共享"高山生态茶"——在2008"上海豫园首届国际花文化艺术节高峰论坛"上的发言》发表于《农业考古》2008年第2期 《中国茶道与美学》发表于《农业考古》2008年第5期 《试论神农与茶》发表于《中华茶祖神农文化论坛论文集》，后也刊登于《农业考古》2009年第2期 2008年1月陈文华先生被浙江农林大学茶文化学院聘为客座教授，俞益武院长颁发聘书
2009年	2009年5月CCTV-2"财富故事会"栏目对陈文华先生在婺源的事迹进行报道 2009年12月CCTV-7"致富经"栏目对陈文华先生在婺源的事迹进行报道 2009年应邀带领南昌女子茶艺队出访法国 《中国茶艺学》由江西教育出版社于2009年10月出版 《试论神农与茶》发表于《农业考古》2009年第2期

（续）

年份	学术
2009年	《从茶馆到茶艺馆》发表于《农业考古》2009年第2期
	《中国茶艺的美学特征》发表于《农业考古》2009年第5期
	《中国茶道学》由江西教育出版社于2010年6月出版
2010年	《中国茶艺馆学》由江西教育出版社于2010年8月出版
	《中国茶艺馆往何处去？——中国茶艺馆三十年反思》发表于《农业考古》2010年第2期
	《中国茶艺的美学特性》发表于《农业考古》2010年第2期
	2011年11月29日CCTV-2"生财有道"栏目对陈文华先生在婺源事迹进行专题报道
2011年	《茶叶的种植、加工和审评》由江西教育出版社于2011年5月出版
	《发展茶经济，必须弘扬茶文化——在"江西上犹茶业发展论坛"上的讲话》发表于《农业考古》2011年第2期
2012年	《探寻"信阳红"的历史坐标——在"信阳红风暴"之北京论茶活动的发言》发表于《农业考古》2012年2期
	《浅谈唐代茶艺和茶道》发表于《农业考古》2012年第5期
2013年	《茶文化概论》由中央广播电视大学出版社于2013年5月出版
	2013年11月荣获"陆羽奖·国际十大杰出贡献茶人"称号
	由陈文华、陈刚俊、施由明、王建平共创的《"中国茶文化与生态旅游学术研讨会暨江西名茶论坛"在婺源召开》发表于《农业考古》2014年第2期
2014年	由陈东有、陈文华共创的《振兴江西茶叶的思考——著名茶文化专家陈文华先生访谈录》发表于《农业考古》2014年第2期
	《人心需静，以茶通禅，由禅悟道——略论"茶禅"如何"一味"？》发表于《农业考古》2014年第2期
	2014年12月6日陈文华获得了"2014爱故乡特殊贡献人物"

部分职位，具体时间不详：
中国经济史学会、中国百越民族史研究会的理事
并先后被厦门大学、郑州大学、南昌大学、江西师范大学聘为兼职教授
被国务院农村发展研究中心、吴文化研究所、法门寺博物馆等单位聘为特约研究员
江西省茶叶协会名誉会长
江西省中国茶文化研究中心主任
中华茶人联谊会高级顾问
中国茶叶流通协会高级顾问
华侨茶叶发展基金会高级顾问
中国国际茶文化研究会高级顾问

2008年1月陈文华先生被浙江农林大学茶文化学院聘为客座教授，俞益武院长颁发聘书

后记

POSTSCRIPT

与陈文华先生并不熟识。对于他的钦佩和敬仰，是在编辑这些文字的过程中逐步建立起来的。

印象中的陈文华先生。初见陈先生是在南昌的白鹭原茶艺馆。当时正求学于南昌大学，导师余悦教授的研究领域正是茶文化，经常带我们几个学生去切身感受茶文化的氛围。品尝各种茶，观看茶艺表演，参加茶文化会议，三年时间，给我们提供了很多机会。白鹭原茶艺馆是踏足最频繁之处。偶有一次，终于碰到了导师多次提到的陈文华先生。多年后想起，似乎已成了剪影。脑海中的形象是瘦高清癯的，眼睛大而有光彩，一直在与人笑着交谈。若换上一袭长衫，就是标准的中国传统文人的形象了。

文字作品中的陈文华先生。因本书编纂的主题是陈先生的茶文化研究成就，我首先仔细拜读的是有关的论文和著作。感受最明显的有两点。一是陈先生将茶文化的各个方面的内容都涉及了，且几乎都形成体系，有独到见解。无论是物质的茶具、美学的茶艺、理论的茶道还是技术的种植，都有论文和著作详细阐释。这无疑为中国茶文化的发展奠定了深厚的基础。陈先生的著作还有个特点，即多是服务于教学的，是为了更好地为茶文化的继承和弘扬培养更多更专业人才。另一突出特点是论坛发言的整理稿多。可以想见，陈先生是在以学术会议、论坛的形式积极扩大茶文化的宣传和影响。从这些论文和著作中，很明显地感受到，陈先生对于中国传统茶文化的传播、传承、弘扬的使命感和迫切感。

他人眼中的陈文华先生。资料汇编中还有重要的一部分，是关于陈先生的专访、报道和回忆的文章。在阅读这部分内容时，陈先生在我脑海中的形象丰满起来了。原来他年轻时的经历如此坎坷，被打成"右派"，被农活磨砺，夜晚看守墓地，最难以忍受的是事业一度看不到希望。这些都被陈先生转化成了人生的财富，将自己磨砺成了宝剑，虽然暂时沉寂，却没有丧失锐意，一有机会，就绽放出了光彩。原来茶文化之前，陈先生在农业考古领域取得了如此大的成就。举办"中国古代农业科技成就展览"，创立农业考古学科，创办《农业考古》杂志，首先设立中国茶文化重点学科，首先帮助南昌女子职业学院设立茶艺学专业。这些创新之举应是来源于陈先生对于自我突破的不懈追求。原来在茶文化研究、茶文化论坛之外，陈先生还将茶文化与农村建设付诸了实践。尤其是在已功成名就退休以后，以古稀之年推动上晓起村的建设，给我以强烈的震撼。在很多人眼里应该是颐养天年、含饴弄孙的悠闲时光，陈先生却将之打造成了造福民众的"中国茶文化第一村"。所谓立德立功立言，是建立在扎实的付出之上的。

　　陈文华先生已离世十年了。时光匆匆，记忆会变淡，文字传达的信息却不会褪色。接触到此书的读者，会通过这些文字了解一位令人尊敬的学者，其人其事其文，终将历久弥新。

　　谨以此书铭记陈文华先生。

连振娟

2024年10月22日

图书在版编目（CIP）数据

茶文化的历史学派：陈文华茶文化研究路径与学术贡献 / 余悦主编. -- 北京：中国农业出版社，2024. 10. -- ISBN 978-7-109-32492-3

Ⅰ. TS971.21

中国国家版本馆CIP数据核字第202407CN97号

中国农业出版社出版

地址：北京市朝阳区麦子店街18号楼

邮编：100125

责任编辑：郭晨茜　国　圆　　文字编辑：国　圆　郭晨茜　郭　科　谢志新

版式设计：王　怡　　责任校对：吴丽婷　　责任印制：王　宏

印刷：北京中科印刷有限公司

版次：2024年10月第1版

印次：2024年10月北京第1次印刷

发行：新华书店北京发行所

开本：787mm×1092mm　1/16

印张：34.5

字数：850千字

定价：288.00元